Ebenen des Körpers

Medianebene:	Symmetrieebene, teilt den Körper in 2 Hälften
Sagittalebenen:	Ebenen parallel zur Medianebene (parallel zur Sutura sagittalis, Knochennaht am Schädel)
Frontalebenen:	Beim aufrechten Stand parallel zur Stirn (Frons) verlaufend
Transversal-ebenen:	Beim aufrechten Stand horizontal den Körper durchquerend

Körperabschnitte

Truncus:	Stamm
Caput:	Kopf
Collum:	Hals
Thorax:	Brustkorb
Abdomen:	Bauch
Pelvis:	Becken
Extremitäten:	obere und untere Gliedmaßen

Bei den folgenden Adjektiven sind jeweils männliche, weibliche und neutrale Form (in dieser Reihenfolge) aufgeführt, sofern das entsprechende Wort nicht schon eingedeutscht ist, z.B. peripher und zentral.

Richtungs- und Lagebegriffe (Begriffspaare)

internus, -a, -um:	der, die, das innere
externus, -a, -um:	der, die, das äußere
zentral:	gegen das Körperinnere zu
peripher:	gegen das Körperäußere zu
superficialis, -is, -e:	der, die, das oberflächlich gelegene
profundus, -a, -um:	der, die, das in der Tiefe gelegene
superior, -or, -us:	der, die, das obere
inferior, -or, -us:	der, die, das untere
kranial:	gegen den Schädel zu
kaudal:	gegen die Sakralregion zu
anterior, -or, -us:	der, die, das vorne gelegene
posterior, -or, -us:	der, die, das hinten gelegene
ventral:	bauchwärts
dorsal:	rückenwärts
lateral:	seitlich (von der Medianebene weg)
medial:	gegen die Medianebene zu
median:	genau in der Mitte (in der Medianebene)

Begriffe für spezielle Körperregionen

proximal:	nahe beim Rumpf gelegen (für Arm und Bein)
distal:	vom Rumpf entfernt (für Arm und Bein)
palmar:	in Richtung der Handfläche
dorsal:	in Richtung des Handrückens
plantar:	in Richtung der Fußsohle
dorsal:	in Richtung des Fußrückens
nasal:	gegen die Nase
okzipital:	gegen den Hinterkopf
ulnar:	gegen die Kleinfingerseite (am Unterarm)
radial:	gegen die Daumenseite (am Unterarm)

Regionen der Extremitäten

Brachium:	Oberarm	Femur:	Oberschenkel
Cubitus:	Ellenbogen	Genu:	Knie
Antebrachium:	Unterarm	Crus:	Unterschenkel
Carpus:	Handwurzel	Tarsus:	Fußwurzel
Manus:	Hand	Pes:	Fuß
Digitus:	Finger	Digitus:	Zehe
Pollex:	Daumen	Hallux:	Großzehe
Palma:	Handfläche	Planta:	Fußsohle
Thenar:	Daumen-ballen	Malleolus:	Knöchel
Hypothenar:	Kleinfinger-ballen	Sura:	Wade

Bewegungsrichtungen (Begriffspaare)

Flexion:	Beugung
Extension:	Streckung
Abduktion:	Bewegung vom Körper weg
Adduktion:	Bewegung auf den Körper zu
Innenrotation:	Innenrollung
Außenrotation:	Außenrollung
Anteversion:	Bewegung nach vorne
Retroversion:	Bewegung nach hinten
Zirkumduktion:	Kreisbewegung

Bewegungen am Unterarm

Pronation:	Umwendbewegung der Hand (Daumen innen)
Supination:	Umwendbewegung der Hand (Daumen außen)

Die angegebenen Werte entsprechen Durchschnittswerten, die sowohl zwischen Mann und Frau als auch innerhalb der Altersgruppen abweichen können.

Bildung von Flüssigkeiten im Körper		
Flüssigkeit	**Menge**	**Besonderes**
Speichel	1000 – 1500 ml pro Tag	pH 6,2 – 7,4
Magensaft	3000 ml pro Tag 5 – 15 ml pro Stunde	Gesamtsekretion bei Aktivität) (Ruhesekretion)
Galle	600 – 800 ml pro Tag	pH 7,4 – 8,5
Pankreassaft	2000 ml pro Tag	pH 8,0 – 8,5

Blutdruck während der Herzaktion		
Abschnitt	**Systole**	**Diastole**
linke Kammer	120 mm Hg	2 – 8 mm Hg
Aorta	120 mm Hg	80 mm Hg
rechte Kammer	25 mm Hg	0 – 4 mm Hg
Pulmonalarterie	25 mm Hg	15 mm Hg
ZVD (Zentralvenendruck)	0 – 4 mm Hg	0 – 4 mm Hg

Blutdruck – obere Normwerte nach WHO		
Alter	**Systole**	**Diastole**
bis 40. Lebensjahr	140 mm Hg	90 mm Hg
bis 50. Lebensjahr	150 mm Hg	90 mm Hg
bis 60. Lebensjahr	160 mm Hg	95 mm Hg

Pumpleistung des Herzens	
Schlagvolumen (SV)	80 ml
Herzminutenvolumen (HMV)	5600 ml/min
Tagesvolumen (in Ruhe)	ca. 8000 l
Volumen während 80 Jahren	ca. 300 Mio. l

Anatomie und Physiologie

Lehrbuch und Atlas

Udo M. Spornitz

Anatomie und Physiologie

Lehrbuch und Atlas

2., vollständig überarbeitete und erweiterte Auflage

Mit 364 farbigen Abbildungen und 42 Tabellen

 Springer

Priv.-Doz. Dr. Udo M. Spornitz
Anatomisches Institut
Universität Basel
Pestalozzistraße 20
CH-4056 Basel

ISBN-13: 978-3-642-85595-5   e-ISBN-13: 978-3-642-85594-8
DOI: 10.1007/978-3-642-85594-8

Umwelthinweis:
Dieses Buch wurde auf chlorfrei gebleichtem Papier gedruckt.
Die Einschrumpffolie – zum Schutz vor Verschmutzung –
ist aus umweltverträglichem und recyclingfähigem PE-Material.

Ungekürzte Lizenzausgabe der RM Buch und Medien Vertrieb GmbH
und der angeschlossenen Buchgemeinschaften

© Springer-Verlag Berlin Heidelberg 1993, 1996
Softcover reprint of the hardcover 2nd edition 1996

Gesamtleitung: Dr. Wolfram Wiegers
Einbandgestaltung: HTG Werbeagentur, Bielefeld
Herstellung: Pro Edit GmbH, D-69126 Heidelberg
Satz: K+V Fotosatz GmbH, D-64743 Beerfelden
Illustration: Christiane von Solodkoff, Dr. Michael von Solodkoff, D-69151 Neckargemünd

Buch-Nr. 19137 9

Vorwort zur zweiten Auflage

Wegen des großen Verkaufserfolgs der ersten Auflage, mit ihren meist einfarbigen Strichzeichnungen, entschloß sich der Verlag, das Buch in einer zweiten Auflage mit einem vollständig neu bearbeiteten Satz von 4farbigen Abbildungen zu versehen. Die Abbildungen basieren auf dem Buchtext, sind also ausschließlich für dieses Buch gezeichnet worden. Die Zeichner Frau Ch. von Solodkoff und Dr. M. von Solodkoff haben es ausgezeichnet verstanden, meine Vorlagen und Wünsche in den neuen Abbildungen umzusetzen. Dadurch wird das Buch noch besser lesbar, die Wissensinhalte werden deutlicher veranschaulicht und damit rascher erfaßbar.

Aus Anlaß der Neuauflage habe ich verschiedene Kapitel den neuesten Erkenntnissen angepaßt. So unter anderem das Kapitel Immunologie, da auf diesem Gebiet einige Aussagen der Erstauflage durch die in rascher Folge eintreffenden Forschungsresultate ergänzt werden mußten. Andere Kapitel wurden vervollständigt, so z.B. das Kapitel Nervensystem mit dem Abschnitt Schmerz, das Kapitel Herz-Kreislauf mit dem Abschnitt Blutdruckregulation etc.

Dem verschiedentlich geäußerten Wunsch nach Ergänzung des Kapitels Bewegungsapparat bin ich mit vollständiger Berücksichtigung des speziellen Bewegungsapparats, der nun auch die Kopf-, Hals- und Rumpfmuskulatur sowie die Muskulatur der unteren Extremität enthält, nachgekommen. Außerdem hat es der Verlag ermöglicht, eine größere Zahl zusätzlicher Abbildungen zum Skelett und zur Muskulatur aufzunehmen. Der Teil Bewegungsapparat enthält damit über 80, zum Teil ganzseitige Abbildungen. Deshalb wurde dem Buch nun auch im Untertitel die Bezeichnung Atlas gegeben.

In der Neuauflage des Buches sind vielfältige Vorschläge der direkt Betroffenen (Schülerinnen und Schüler) sowie von Kolleginnen und Kollegen, die dieses Buch im Unterricht verwenden, mit eingeflossen. Besonders erwähnen möchte ich Herrn Dr. Karlrobert Schreiber aus Wedel, der mich mit vielen Detailvorschlägen unterstützt hat.

Danken möchte ich auch Frau Karin Dembowsky, Copy-Editorin des Verlags, für die sorgfältige Arbeit und die vielen nützlichen Vorschläge. Besonderer Dank gilt auch meinem Mitarbeiter Gianni Morson, der mir bei der Erstellung der Abbildungsvorlagen wertvolle Hilfe geleistet hat und der auch die beiden rasterelektronenmikroskopischen Aufnahmen hergestellt hat.

Ohne das liebevolle Verständnis meiner Frau Renate, die an vielen Abenden und Wochenenden auf gemeinsame Aktivitäten zugunsten der Arbeit an der Neuauflage verzichten mußte, wäre dieses Buch nicht möglich gewesen.

Basel, im Sommer 1996   Udo M. Spornitz

Vorwort zur ersten Auflage

Das vorliegende Buch ist aus der Praxis des Unterrichts an einer Krankenpflegeschule entstanden. Zunächst als Skriptum geschrieben, wurde es durch die vielfältigen Erfahrungen des Unterrichts immer wieder den Erfordernissen, veränderten Bedingungen und dem neuesten Kenntnisstand angepaßt, bis schließlich in der 4. Gesamtbearbeitung dieses Buch entstand. Anregungen von verschiedenen Seiten, z.B. von Mitarbeitern, Kolleginnen und Kollegen, aber v.a. von den Schülerinnen und Schülern des St. Claraspitals Basel, Kurse 1979 bis 1992, sind in dieses Buch eingeflossen.

Im Kapitel Bewegungsapparat habe ich mich absichtlich auf die allgemeinen Prinzipien beschränkt und lediglich am Beispiel des Arms die Funktionen der einzelnen Muskeln detaillierter beschrieben. Um den gesamten Bewegungsapparat mit all seinen vielfältigen Interaktionen der beteiligten Muskeln zu beschreiben, hätte der gesteckte Rahmen dieses Buches nicht ausgereicht, und der von der Krankenpflege geforderte Umfang der Information wäre deutlich gesprengt worden. Trotzdem können die meisten Muskeln auf den entsprechenden Abbildungen gefunden werden, auch wenn sie nicht detailliert im Text behandelt werden.

Die Zusammenfassungen am Ende jedes Kapitels dienen v.a. der Kontrolle des Gelernten und sind nicht als Ersatz für das Lesen der einzelnen Kapitel konzipiert worden. Sie ermöglichen, relativ rasch die entsprechenden Lücken im Wissen aufzuspüren.

Neben den vielfältigen Anregungen aus dem Kreis der Schülerinnen und Schüler möchte ich mich v.a. für die Arbeit meines Mitarbeiters Gianni Morson bedanken, der in unermüdlichem Eifer nicht nur viele meiner Ideen zeichnerisch umgesetzt hat, sondern auch bei der Suche nach Abbildungen und deren Überarbeitung wertvolle Hilfe leistete.

Last not least möchte ich meiner Frau Renate, der ich dieses Buch widme, herzlich danken. Sie hat mir, von den frühesten Anfängen des Manuskripts bis hin zum fertigen Buch, mit ihrem Verständnis immer wieder die Art von Unterstützung gegeben, die es brauchte, um dieses Buch zu schreiben.

Basel, im Sommer 1993   Udo M. Spornitz

Inhaltsverzeichnis

1	**Allgemeine Einführung**	
	und Grundbegriffe	1
1.1	Anatomie	1
1.2	Physiologie	1
1.3	Leben	1
1.3.1	Definierte Form und Größe	2
1.3.2	Beschleunigter Stoffwechsel	2
1.3.3	Bewegung	2
1.3.4	Erregbarkeit	2
1.3.5	Wachstum	3
1.3.6	Fortpflanzung	3
1.3.7	Adaptation	3
1.4	Materie	3
1.4.1	Baueinheiten der Materie	3
1.4.2	Anorganische Substanzen im menschlichen Körper	5
1.4.3	pH-Wert	5
1.4.4	Organische Substanzen im menschlichen Körper	6
1.5	Zusammenfassung Grundbegriffe	10
2	**Zytologie**	11
2.1	Allgemeines	11
2.2	Methoden der Histologie und Zytologie	11
2.2.1	Gewebekultur	12
2.2.2	Lichtmikroskopische Untersuchungen (histologische Untersuchungen)	12
2.2.3	Elektronenmikroskopische Untersuchungen	13
2.3	Zellbestandteile und Zellvorgänge	13
2.3.1	Zellmembran	13
2.3.2	Zellorganellen	16
2.3.3	Zellteilungen	26
2.3.4	Proteinsynthese	29
2.3.5	Begriffe der Genetik	32
2.3.6	Paraplasma	32
2.4	Zusammenfassung Zytologie	34
3	**Histologie**	37
3.1	Überblick über die Gewebearten	37
3.1.1	Definitionen	37
3.1.2	Differenzierung	37
3.1.3	Entwicklung der Keimblätter	37
3.2	Epithelgewebe	39
3.2.1	Oberflächenepithel	39
3.2.2	Drüsenepithelien	42
3.2.3	Epithel als Parenchym innerer Organe	45
3.2.4	Sinnesepithelien	45
3.3	Binde- und Stützgewebe	45
3.3.1	Funktion des Binde- und Stützgewebes	46
3.3.2	Interzellularsubstanz	46
3.3.3	Retikuläre Bindegewebe	50
3.3.4	Fettgewebe	50
3.3.5	Faseriges Bindegewebe	51
3.4	Knorpelgewebe	51
3.4.1	Hyaliner Knorpel	53
3.4.2	Elastischer Knorpel	54
3.4.3	Faserknorpel	54
3.5	Knochen	54
3.5.1	Bestandteile des Knochens	54
3.5.2	Knochenarten	54
3.5.3	Knochenentwicklung	56
3.5.4	Osteoklasten	57
3.5.5	Regeneration des Knochens	57
3.5.6	Knochenumbau	57
3.6	Muskelgewebe	58
3.6.1	Glatte Muskulatur	59
3.6.2	Quergestreifte Skelettmuskulatur	60
3.6.3	Herzmuskulatur	61
3.7	Nervengewebe	63
3.7.1	Nervenzellen	65
3.7.2	Nervenfasern	66
3.7.3	Nerven	67
3.7.4	Neuroglia	71
3.7.5	Degeneration und Regeneration	71
3.8	Zusammenfassung Histologie	72
4	**Bewegungsapparat**	75
4.1	Knochen	75
4.1.1	Knochenarten	75
4.1.2	Trajektorieller Bau der Spongiosa	76
4.1.3	Knochenwachstum	78

4.2	Verbindungen von Skeletteilen (Junkturen)	78
4.2.1	Synarthrosen	78
4.2.2	Diarthrosen	79
4.3	Bewegungshemmung	86
4.4	Hilfseinrichtungen des Bewegungsapparates	88
4.5	Einteilung der Muskulatur	89
4.5.1	Muskeltätigkeit	89
4.5.2	Punctum fixum/Punctum mobile	90
4.5.3	Zerlegung der Muskelkomponenten	90
4.6	Skelett	95
4.6.1	Schädel	95
4.6.2	Rumpf	100
4.6.3	Gliedmaßen	108
4.6.4	Gelenke	118
4.7	Muskulatur	118
4.7.1	Muskeln im Kopf- und ventralen Halsbereich	118
4.7.2	Dorsale Muskulatur im Kopf-, Hals- und Rückenbereich	126
4.7.3	Brustkorbmuskulatur (Thoraxmuskulatur)	130
4.7.4	Bauchmuskeln (Abdominalmuskulatur)	132
4.7.5	Beckenboden	133
4.7.6	Schultergürtelmuskulatur	135
4.7.7	Schultermuskulatur	136
4.7.8	Armmuskulatur	138
4.7.9	Handmuskulatur	144
4.7.10	Hüftmuskulatur	146
4.7.11	Beinmuskulatur	150
4.7.12	Fußmuskeln	153
4.7.13	Einteilung der Extremitätenmuskulatur nach der Funktion	158
5	**Nervensystem**	159
5.1	Einteilung	159
5.2	Entwicklung des Nervensystems	160
5.3	Nervenzellen	162
5.3.1	Synapsen	163
5.3.2	Erregbarkeit und Erregungsleitung	163
5.4	Neuroglia	168
5.4.1	Periphere Glia	169
5.4.2	Zentrale Glia	169
5.5	Rückenmark	170
5.5.1	Entstehung und Aufbau des Rückenmarks	170
5.5.2	Spinalnerven	172
5.5.3	Hautfelder (Dermatome)	174
5.5.4	Qualitäten peripherer Nerven	175
5.6	Hirnnerven	175
5.7	Gehirn	178
5.7.1	Entwicklung des Gehirns	178
5.7.2	Liquor und Hirnventrikel	179
5.7.3	Hüllen des zentralen Nervensystems	181
5.7.4	Hirnabschnitte	183
5.8	Regulation wichtiger Funktionen	196
5.9	Reflexe	196
5.9.1	Eigenreflex (monosynaptischer Reflex)	197
5.9.2	Fremdreflex (polysynaptischer Reflex)	200
5.9.3	Gegenüberstellung von Eigen- und Fremdreflex	200
5.10	Regulation der Motorik	200
5.10.1	Willkürmotorik (pyramidal-motorisches System)	200
5.10.2	Unwillkürmotorik (extra-pyramidalmotorisches System)	202
5.11	Schmerz	202
5.11.1	Allgemeines	202
5.11.2	Schmerzkomponenten	202
5.11.3	Schmerzrezeptoren (Nozizeptoren)	204
5.11.4	Schmerzbahnen (Afferenzen)	204
5.11.5	Kontrolle der Schmerzrezeption	205
5.12	Limbisches System	205
5.13	Gedächtnis	206
5.14	Vegetatives Nervensystem	207
5.14.1	Sympathikus	207
5.14.2	Parasympathikus	210
5.14.3	Regulation durch das vegetative Nervensystem	210
5.15	Elektroenzephalogramm (EEG)	211
5.16	Schlaf	212
5.17	Zusammenfassung Nervensystem	214
6	**Blut**	221
6.1	Knochenmark	222
6.2	Erythrozyten (rote Blutkörperchen)	223
6.2.1	Entstehung und Anzahl	223
6.2.2	Form und Größe	223
6.2.3	Hämoglobin	224
6.3	Leukozyten (weiße Blutkörperchen)	224
6.3.1	Granulozyten	225
6.3.2	Monozyten	226
6.3.3	Lymphozyten	226
6.4	Thrombozyten	226
6.5	Stimulierende Faktoren der Blutbildung	227

6.6	Blutsenkungsgeschwindigkeit (BSG)	227
6.7	Mittleres korpuskuläres Hämoglobin (MCH)	227
6.8	Blutgruppen	228
6.8.1	AB0-System	228
6.8.2	Rhesussystem	230
6.9	Blutplasma und seine Bestandteile	230
6.9.1	Plasmaproteine	231
6.9.2	Elektrophorese	231
6.9.3	Bindungsfähigkeit des Albumins	231
6.9.4	Pathoproteinämien	232
6.9.5	Zelluläre Proteine im Blut	233
6.9.6	Lipide im Blut	233
6.9.7	Glukose im Blut	234
6.9.8	Reststickstoff im Blut	234
6.9.9	Andere Plasmabestandteile	235
6.10	Wasser- und Elektrolythaushalt	235
6.10.1	Osmotischer Druck	235
6.10.2	Kolloidosmotischer Druck	236
6.10.3	Hydrostatischer Druck	237
6.10.4	Veränderungen im Wasser- und Elektrolythaushalt	238
6.11	Säure-Basen-Haushalt	239
6.11.1	Puffersystem des Blutes	239
6.11.2	Ausscheidungsmechanismen	239
6.12	Blutstillung, Blutgerinnung, Fibrinolyse	240
6.12.1	Blutstillung	240
6.12.2	Blutgerinnung (sekundäre Hämostase)	241
6.12.3	Gerinnungshemmung	242
6.12.4	Fibrinolyse	243
6.12.5	Gerinnungsstörungen (Koagulopathien)	243
6.13	Zusammenfassung Blut	245
7	**Herz-Kreislauf-System**	**249**
7.1	Herz (Cor)	249
7.1.1	Herzwand	250
7.1.2	Herzinnenräume	252
7.1.3	Klappenapparat und Herzskelett	254
7.1.4	Herzmuskel (Myokard)	255
7.1.5	Herzmechanik	256
7.1.6	Reizbildung und Erregungsleitung	257
7.1.7	Vegetative Herznerven	259
7.1.8	Herztöne	259
7.1.9	Pumpleistung des Herzens	259
7.1.10	Elektrokardiogramm (EKG)	260
7.2	Blutgefäßsystem	261
7.2.1	Aufbau des Blutgefäßsystems und Blutfluß	261
7.2.2	Wandbau der Gefäße	263
7.2.3	Gefäßarten	264
7.2.4	Spezielle Gefäße und Gefäßbereiche	265
7.2.5	Pulswelle, Blutdruck und Blutdruckregulation	267
7.3	Makroskopische Anatomie des Gefäßsystems	270
7.3.1	Arterien des Körperstamms	270
7.3.2	Venen des Körperstamms	271
7.3.3	Gefäße und Gefäßversorgung der Extremitäten	272
7.4	Zusammenfassung Herz-Kreislauf	278
8	**Immunologie**	**283**
8.1	Abwehrzellen und Abwehrorgane	283
8.1.1	Lymphgefäßsystem	284
8.1.2	Lymphknoten	284
8.1.3	Lymphfollikel	286
8.1.4	Milz (Lien, Splen)	286
8.1.5	Mandeln (Tonsillen)	288
8.1.6	Thymus (Bries)	289
8.1.7	Granulozyten und Monozyten	290
8.1.8	Lymphozyten	291
8.2	Abwehrmechanismen	292
8.2.1	Unspezifisch humorale Abwehr	292
8.2.2	Unspezifisch zelluläre Abwehr	293
8.2.3	Spezifisch humorale Abwehr	294
8.2.4	Spezifisch zelluläre Abwehr	297
8.3	Überempfindlichkeitsreaktionen	299
8.3.1	Allergie	299
8.4	Immunität	302
8.5	Immuntoleranz	302
8.6	Aids und HIV	303
8.7	Zusammenfassung Immunologie	305
9	**Atmungsapparat**	**309**
9.1	Respiratorischer Quotient	309
9.2	Formen der Atmung	310
9.3	Bestandteile des Atmungsapparates	310
9.3.1	Nase und Nasenhöhle	310
9.3.2	Nasennebenhöhlen (Sinus paranasales)	314
9.3.3	Rachen (Pharynx)	315
9.3.4	Kehlkopf (Larynx)	316
9.3.5	Luftröhre (Trachea)	320
9.3.6	Bronchialbaum (Arbor bronchialis)	321
9.3.7	Lunge (Pulmones) und Brustfell (Pleura)	321
9.3.8	Brustkorb (Thorax)	328
9.4	Physiologie des Atmungsapparates	330

9.4.1   Lungenvolumina und Lungen-
        kapazitäten 330
9.4.2   Atemzeitvolumen und alveoläre
        Ventilation 331
9.4.3   Lungenfunktionsprüfungen . . . 333
9.4.4   Austausch der Atemgase 334
9.5   Hämoglobin 335
9.6   Atmungsregulation 336
9.7   Zusammenfassung
        Atmungsapparat 340

10   **Verdauungsapparat** 343
10.1   Organe des Verdauungsapparates 343
10.1.1 Mundhöhle und Inhaltsgebilde . 343
10.1.2 Rachen (Pharynx) 351
10.1.3 Magen-Darm-Trakt
        (allgemeiner Bauplan) 351
10.1.4 Speiseröhre (Ösophagus) 353
10.1.5 Magen (Ventrikulus, Gaster) . . 354
10.1.6 Dünndarm 360
10.1.7 Dickdarm 366
10.1.8 Leber und Galle 368
10.1.9 Gallenwege und Gallenblase . . 371
10.1.10 Bauchspeicheldrüse (Pankreas) 374
10.2   Nahrungsbestandteile 376
10.2.1 Lipide 376
10.2.2 Proteine 377
10.2.3 Kohlenhydrate 377
10.3   Enzymatischer Abbau
        der Nahrung 377
10.4   Resorption der Nahrung 379
10.5   Zusammenfassung Verdauungs-
        apparat 380

11   **Harnapparat** 385
11.1   Anatomie der Niere 385
11.1.1 Größe, Form und Lage 385
11.1.2 Befestigung und Beweglichkeit
        der Niere 386
11.1.3 Bestandteile der Niere 387
11.1.4 Gefäßversorgung der Niere . . . 389
11.1.5 Mikroskopische Anatomie
        und Histologie der Niere 389
11.1.6 Sammelsystem 395
11.2   Anatomie der ableitenden
        Harnwege 395
11.2.1 Nierenbecken
        (Pelvis renalis, Pyelon) 395
11.2.2 Harnleiter (Ureter) 397
11.2.3 Harnblase (Vesica urinaria) . . . 397
11.2.4 Harnröhre (Urethra) 399
11.3   Physiologie der Niere 400
11.3.1 Ultrafiltration 400

11.3.2 Autoregulation der Nieren-
        durchblutung 403
11.3.3 Clearance 405
11.3.4 Regulationsmechanismus
        der Niere 409
11.3.5 Gegenstromprinzip 411
11.3.6 Harnausscheidung (Diurese) . . 414
11.3.7 Endokrine Funktion der Niere . 415
11.3.8 Eigenschaften des Harns 417
11.4   Zusammenfassung Harnapparat 418

12   **Endokrinologie** 423
12.1   Regulation der Körper-
        funktionen 423
12.2   Endokrine Organe 423
12.3   Hormone 423
12.3.1 Einteilungsmöglichkeiten
        der Hormone 424
12.3.2 Regulationsmechanismen 425
12.3.3 Wirkungsmechanismen
        der Hormone 428
12.3.4 Medizinische Bedeutung
        der Hormone 429
12.3.5 Permissive Hormonwirkungen . 429
12.4   Hypothalamus-Hypophysen-
        System 431
12.4.1 Hirnanhangsdrüse (Hypophyse) 431
12.4.2 Hypothalamus 431
12.4.3 Hormone des Hypophysenvor-
        derlappens (Adenohypophyse) . 432
12.4.4 Hormone des Hypophysen-
        hinterlappens (Neurohypophyse) 436
12.5   Schilddrüse
        (Glandula thyroidea) 439
12.5.1 Anatomie 439
12.5.2 Bau 439
12.5.3 Hormone der Schilddrüse 441
12.5.4 C-Zellen (parafollikuläre Zellen) 444
12.6   Nebenschilddrüse
        (Glandula parathyroidea) 444
12.6.1 Lage und Bau 444
12.6.2 Hormon und Hormonwirkungen 445
12.7   Nebennieren
        (Glandulae suprarenales) 446
12.7.1 Lage und Entwicklung 446
12.7.2 Nebennierenrinde (NNR) 447
12.7.3 Nebennierenmark (NNM) 452
12.8   Endokrines Pankreas 453
12.8.1 Hormone des endokrinen
        Pankreas 453
12.8.2 Regulation der Blutzucker-
        konzentration 456
12.9   Zirbeldrüse
        (Corpus pineale, Epiphyse) . . . 457

12.9.1	Die Epiphyse und ihre Zelltypen	457
12.9.2	Wirkungen des Melatonins	457
12.10	Zusammenfassung Endokrinologie	458

13	**Geschlechtsapparat und Fortpflanzung**	**465**
13.1	Geschlechtsmerkmale	465
13.1.1	Geschlechtliche Differenzierung	465
13.1.2	Pubertät	466
13.2	Weibliche Geschlechtsorgane	466
13.2.1	Primäre weibliche Geschlechtsorgane: innere Organe	466
13.2.2	Primäre weibliche Geschlechtsorgane: äußere Organe (Vulva)	481
13.2.3	Sekundäre weibliche Geschlechtsmerkmale	483
13.3	Männliche Geschlechtsorgane	486
13.3.1	Innere Geschlechtsorgane des Mannes	487
13.3.2	Äußere Geschlechtsorgane des Mannes	492
13.4	Fortpflanzung	494
13.4.1	Geschlechtsverkehr (Kohabitation)	494
13.4.2	Befruchtung (Fertilisation)	495
13.4.3	Bildung der Keimblase (Blastozyste)	495
13.4.4	„Mutterkuchen" (Plazenta)	498
13.4.5	Schwangerschaft und Entwicklung des Kindes	498
13.5	Zusammenfassung Geschlechtsapparat und Fortpflanzung	501

14	**Haut und Anhangsorgane**	**505**
14.1	Behaarte und unbehaarte Haut	505
14.1.1	Oberhaut (Epidermis)	506
14.1.2	Lederhaut (Korium)	508
14.2	Unterhaut (Subkutis)	509
14.3	Altersveränderungen der Haut	509
14.4	Hautanhangsgebilde	509
14.4.1	Haare	509
14.4.2	Nägel	511
14.4.3	Hautdrüsen	511
14.5	Hautrezeptoren	514
14.5.1	Druckempfindlichkeit	514
14.5.2	Berührungsempfindung	514
14.5.3	Vibrationsempfindung	516
14.5.4	Temperaturrezeptoren	516
14.5.5	Schmerzrezeptoren	516
14.6	Zusammenfassung Haut und Anhangsorgane	517

15	**Temperaturregulation**	**519**
15.1	Kern- und Schalentemperatur	519
15.1.1	Temperaturmessung	519
15.2	Wärmebildung	519
15.3	Wärmeabgabe	520
15.3.1	Wärmeleitung und Wärmebewegung (Konvektion)	521
15.3.2	Wärmestrahlung	522
15.3.3	Wasserverdunstung	522
15.4	Regulation der Körpertemperatur	522
15.4.1	Fieber	522
15.4.2	Hyperthermie/Hypothermie	523
15.5	Zusammenfassung Temperaturregulation	525

16	**Sinnesorgane**	**527**
16.1	Auge	528
16.1.1	Schichten des Augapfels	528
16.1.2	Glaskörper (Corpus vitreum) und Linse (Lens)	531
16.1.3	Augenhintergrund	532
16.1.4	Hilfsapparat der Augen	534
16.1.5	Augenmuskeln	534
16.1.6	Akkommodation	536
16.1.7	Sehvorgang	536
16.1.8	Augenfehler	538
16.1.9	Pupillenreflex	540
16.1.10	Sehbahn	540
16.1.11	Gesichtsfeld und räumliches Sehen	541
16.1.12	Sehschärfe	542
16.1.13	Abbildungen auf der Netzhaut	542
16.2	Ohr	542
16.2.1	Abschnitte des Ohrs	543
16.2.2	Schall, Schallreize und Hörempfindung	548
16.2.3	Schalltrauma	548
16.2.4	Hörvorgang	549
16.2.5	Hörbahn	549
16.2.6	Hörstörungen	551
16.2.7	Räumliches Hören	551
16.3	Gleichgewichtsorgan (Vestibularapparat)	552
16.3.1	Bestandteile des Gleichgewichtsorgans	552
16.3.2	Bogengänge	552
16.3.3	Vestibulum	553
16.3.4	Vestibuläre Bahnen	553
16.4	Zusammenfassung Sinnesorgane	555

Quellenverzeichnis	559
Literatur	560
Sachverzeichnis	561

1 Allgemeine Einführung und Grundbegriffe

Noch im letzten Jahrhundert wurde an vielen Universitäten ein Fach „Anatomie-Physiologie" gelehrt, eine Tatsache, durch welche die enge Verknüpfung dieser beiden Disziplinen deutlich wird. Erst durch die starke Entwicklung des Faches und die Vertiefung und Erweiterung der Kenntnisse in **Anatomie** und **Physiologie** kam es zu einer Trennung in verschiedene Arbeitsrichtungen. In den Jahren nach 1940 wurde auch immer deutlicher, daß innerhalb des Gebietes Physiologie eine chemische und eine physikalische Arbeitsrichtung enthalten sind, so daß es zu einer weiteren Teilung in die Gebiete **Physiologie** und **Biochemie** kam. Die Biochemie befaßt sich mit der Chemie des Körpers und wird deshalb auch vielfach als **physiologische Chemie** bezeichnet.

1.1 Anatomie

Die Lehre von der **Struktur und Form** (Morphologie) des menschlichen Körpers wird als Anatomie bezeichnet.

Die ersten Kenntnisse des menschlichen Körpers wurden durch Sektionen gewonnen. Der Begriff Anatomie leitet sich dementsprechend vom griechischen Wort „*anatemno*": ich zerschneide, ab. Das Gebiet Anatomie kann in verschiedene Untergebiete eingeteilt werden, die beiden wichtigsten sind die makroskopische und die mikroskopische Anatomie. Die **makroskopische Anatomie** befaßt sich mit dem Bau des menschlichen Körpers, soweit dieser mit dem bloßen Auge erfaßt werden kann (*makros*, griechisch: groß; *skopeo*, griechisch: ich sehe). Die Lehre von den Strukturen, die sich dem unbewaffneten Auge entziehen und nur mit dem Mikroskop sichtbar gemacht werden können, nennt man dementsprechend **mikroskopische Anatomie** (*mikros*, griechisch: klein).

1.2 Physiologie

Der Lehre von der Morphologie des menschlichen Körpers steht die Lehre von der Funktion an der Seite.

Die Lehre von der Funktion heißt Physiologie (*physis*, griechisch: Natur; *logos*, griechisch: Lehre). Die Aufgabe der Physiologie ist es, die **Funktion** des Körpers zu ergründen und zu beschreiben.

Ebenso wie das Verständnis für die Form erst durch die Kenntnis der Funktion möglich ist, hat umgekehrt auch die Lehre der Funktion das Wissen um die Gesetze der Form zur Voraussetzung. Alle Lebenserscheinungen sind an eine immer wiederkehrende Form gebunden, deren Aufrechterhaltung die Vorbedingung für die Erhaltung der Art bzw. der Artunterschiede ist und deren Veränderungen Zeichen einer Entwicklung sind. Form und Funktion sind somit ein unteilbares Ganzes.

1.3 Leben

Wenn man sich die Frage stellt: „Was ist Leben, was ist lebendig?", dann erscheint die Antwort auf den ersten Blick sehr einfach. „Was sich bewegt, ist lebendig" wird wahrscheinlich eine sehr häufige Antwort sein. Luft bewegt sich, metallisches Natrium auf einer Wasseroberfläche bewegt sich, Öl in Glyzerin und Alkohol sendet fußähnliche Ausläufer aus und bewegt sich amöbenartig. Daraus sehen wir, daß Bewegung allein Leben nicht definieren kann. In der Regel müssen alle der folgenden Bedingungen eingehalten sein, ehe wir von Leben sprechen:

- eine definierte Form und Größe,
- beschleunigter Stoffwechsel,
- Bewegung,
- Erregbarkeit,
- Wachstum,
- Fortpflanzung,
- Adaptation (Anpassung).

Aber auch unter Berücksichtigung all dieser Parameter ist es manchmal nicht einfach, Leben zu definieren. Das liegt nicht zuletzt daran, daß alles Leben aus unbelebter Materie besteht. So besteht der menschliche Körper zu 96% aus lediglich 4 Elementen:

- Kohlenstoff (C),
- Sauerstoff (O),
- Wasserstoff (H),
- Stickstoff (N).

Weitere 3% des menschlichen Körpers bestehen aus 4 weiteren Elementen:

- Kalzium (Ca),
- Phosphor (P),
- Kalium (K),
- Schwefel (S).

Schauen wir uns zunächst einmal die oben erwähnten Charakteristika des Lebens etwas näher an.

1.3.1 Definierte Form und Größe

Man könnte dies auch als strukturelle Organisation eines Lebewesens bezeichnen. Trotz einer gewissen Variabilität ist doch immer das gleiche Grundmuster deutlich zu erkennen. So haben Tiere und Pflanzen wie auch der Mensch eine immer wiederkehrende Größe und Form, die lediglich im Detail variiert, von einem Individuum zum nächsten. Die Bau- und Funktionseinheit der höheren Lebewesen ist die Zelle, die in Verbänden die einzelnen Organe bildet. Verschiedene Organe und die dazugehörigen Stütz- und Bindegewebe machen den Körper in seiner Gesamtheit aus. Unbelebte Materie variiert in Form und Größe viel stärker als lebende Strukturen.

1.3.2 Beschleunigter Stoffwechsel

Die Summe aller chemischen Abläufe in den Zellen wird als Stoffwechsel oder Metabolismus bezeichnet.

Auch bei unbelebter Materie kommt es zu einem Stoffwechsel, z.B. bei der Bildung von Oxiden, wie Rost, allerdings nur in einem Ausmaß, das man nicht als beschleunigten Stoffwechsel bezeichnen kann. Der Metabolismus der Zellen wird unterteilt in Anabolismus und Katabolismus. **Anabolismus** bezieht sich auf den Aufbau von komplexen aus einfachen Substanzen, **Katabolismus** bezieht sich auf den Abbau von komplexeren in einfachere Substanzen, wobei dieser Abbau sehr häufig Energie freisetzt, die für alle Lebensvorgänge von großer Bedeutung ist. Beide Vorgänge, Anabolismus und Katabolismus, laufen ständig nebeneinander in den Zellen unseres Körpers ab. Die meisten anabolen Vorgänge benötigen Energie, deshalb müssen auch genügend katabole Prozesse ablaufen, um diese Energie zu liefern, z.B. Oxidation von Traubenzucker (Glukose) zur Gewinnung von ATP (Adenosintriphosphat).

1.3.3 Bewegung

Ein weiteres Charakteristikum allen Lebens ist die Fähigkeit zur Bewegung. Bei Tieren ist die Bewegung meist sehr auffällig, bei Pflanzen kann die häufig fast nicht sichtbare Bewegung durch Zeitrafferaufnahmen sichtbar gemacht werden. Aber auch wenn wir keine Bewegung beobachten können, z.B. bei einzelligen Lebewesen, bewegt sich doch deren Zellinneres auf molekularer Ebene.

1.3.4 Erregbarkeit

Leben ist durch Erregbarkeit gekennzeichnet. Es kann auf Stimuli reagieren, wie z.B. physikalische oder chemische Veränderungen der Umgebung. So kann durch Druck, Hitze, Kälte, Geräusche, Licht oder auch durch chemische Veränderung der Umgebung eine Reaktion in den Zellen oder im Organismus hervorgerufen werden. Beim Menschen und vielen Tieren sind spezialisierte Zellen vorhanden, die etwa auf Farbe, Geruch oder Geschmacksstoffe reagieren können.

1.3.5 Wachstum

Als Resultat des Stoffwechsels wachsen Lebewesen. Dieses Wachstum kann durch Vergrößerung des Zellvolumens eines einzelligen Lebewesens, z.B. nach der Zellteilung, gegeben sein, es kann aber auch das Wachstum eines Individuums sein, wie des amerikanischen Riesenbaumes *Sequoia gigantea*, der von einem kleinen Samenkorn, aus einem tannenzapfenähnlichen Gebilde bis auf eine Höhe von 120 m anwachsen kann. Einige Lebewesen wachsen zeitlebens. Ihr Wachstum ist lediglich durch die Lebensdauer begrenzt.

1.3.6 Fortpflanzung

Die Fortpflanzung kann als eigentliche Grundvoraussetzung für das Leben betrachtet werden. Viren können sich nicht bewegen, haben keinen eigenen Stoffwechsel und werden doch als „lebendig" bezeichnet. Sie sind in der Lage, tierische oder pflanzliche Zellen so zu beeinflussen, daß diese dann neue Viren zusammensetzen (synthetisieren). Durch diesen Prozeß können sich Viren vermehren. Früher war man der Auffassung, daß Leben spontan entstehen könne: so glaubte man beispielsweise, daß Fliegenmaden aus faulendem Fleisch entstehen können oder Frösche aus dem Schlamm des Nils. Heute wissen wir: **Leben entsteht nur aus Leben**. Die Fortpflanzung kann geradezu simpel sein, wie bei den Bakterien oder einzelligen Lebewesen, die sich einfach teilen und damit 2 Tochterindividuen aus einer Zelle entstehen lassen. Sie kann aber auch so kompliziert sein wie beim Menschen oder anderen Lebewesen, bei denen spezialisierte männliche und weibliche Keimzellen gebildet werden, die sich treffen müssen, um damit die Entwicklung eines neuen Individuums zu ermöglichen.

1.3.7 Adaptation

Die Fähigkeit sich anzupassen (Adaptation) ist die Grundlage für das Überleben in einer sich verändernden Welt. Diese Anpassung kann kurzfristig sein, wie die Anpassung aufgrund der Erregbarkeit der Zellen. Sie kann aber auch langfristig sein und aufgrund von spontanen Veränderungen im Erbgut (Mutationen) die Möglichkeit beinhalten, daß eine Tier- oder Pflanzenart unter vollständig geänderten Bedingungen überleben kann. Ein typisches Beispiel dafür ist die Resistenz verschiedener Bakterienstämme gegenüber Antibiotika, die sich durch Anpassung ergeben hat. Damit wird es den entsprechenden Bakterien möglich, auch bei Vorhandensein eines Bakteriengiftes (z.B. Penizillin) weiterzuleben.

1.4 Materie

1.4.1 Baueinheiten der Materie

Wie bereits erwähnt, ist auch unser Körper aus unbelebter Materie, den **Elementen**, aufgebaut.

> Unabhängig vom Zustand, in dem sich die uns umgebende Materie befindet (fest, flüssig, gasförmig, aus einfachen Atomen oder komplexen Molekülen bestehend), besteht alles aus **Atomen**.

Es existieren insgesamt 92 natürlicherweise vorkommende Atomarten sowie ca. 15 künstlich erzeugte oder erzeugbare Atomarten. Die letzteren sind meist nur sehr kurzlebig. Die einzelnen Atomarten werden auch als Elemente bezeichnet. Reine Substanzen, die lediglich aus einer einzigen Atomart bestehen, z.B. Gold oder Kupfer, sind in der Natur relativ selten. Meist sind die verschiedenen Atome zu **Molekülen** verbunden. Der Begriff des Atoms stammt aus einer Zeit, in der man der Meinung war, diese seien die kleinsten unteilbaren Baueinheiten der Materie. Heute weiß man, daß die Atome nicht unteilbar sind. Für den Physiker sind die verschiedenen Bestandteile der Atome von Bedeutung, für uns dagegen ist es nur wichtig zu wissen, daß praktisch alle Atome aus

- Protonen (positiv geladen),
- Neutronen (neutral),
- Elektronen (negativ geladen)

bestehen. Alle Elemente sind somit aus den gleichen Bausteinen aufgebaut. Das einfachste Atom ist Wasserstoff; es besteht aus nur einem Proton und einem Elektron, Kohlen-

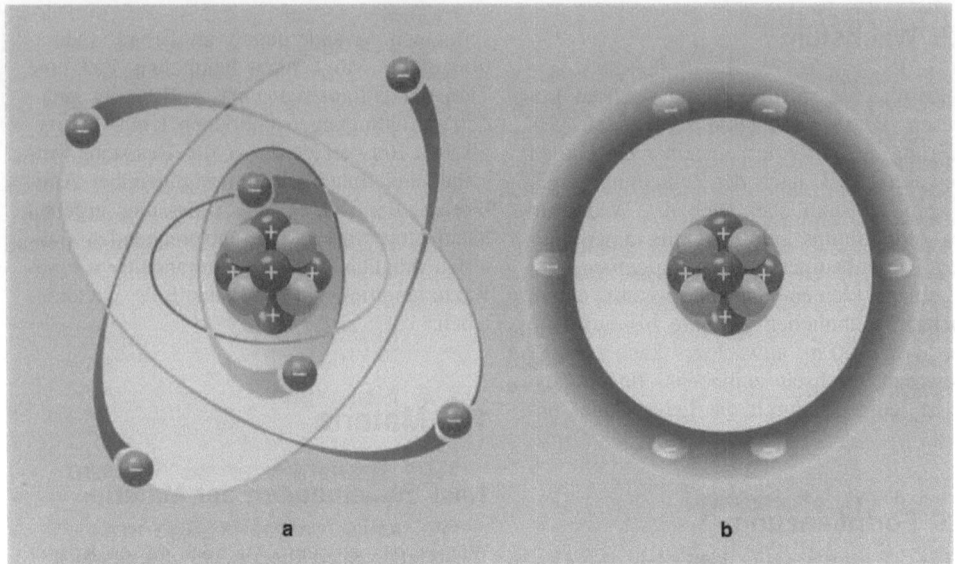

a   b

Abb. 1.1a, b. Zwei Modelle eines Kohlenstoffatoms. Im Kern sind die Protonen (+) und die Neutronen (ohne Ladung) und außen die Elektronen (–) dargestellt. **a** Historisches Atommodell, bei dem man die Vorstellung hatte, daß die Elektronen sich wie Satelliten auf einer Umlaufbahn um den Atomkern befinden. **b** Heute geht man davon aus, daß sich die Position eines Elektrons nicht exakt, sondern nur der Wahrscheinlichkeit nach angeben läßt. Elektronen befinden sich auf schalenartigen Umlaufbahnen, und die Dichte der dunkel gefärbten Hülle korreliert mit der Wahrscheinlichkeit, daß die Elektronen sich dort befinden

stoff demgegenüber aus 6 Protonen, 6 Neutronen und 6 Elektronen.

Protonen und Neutronen sind im sog. **Atomkern** vorhanden. Die Elektronen bewegen sich auf schalenartigen Bereichen um den Atomkern, ähnlich wie ein Satellit, der die Erde umkreist. Die ersten (maximal) 2 Elektronen kreisen auf der 1. Schale (K-Schale), die nächsten (maximal) 8 auf der 2. Schale (L-Schale). Auf der dritten Schale (M-Schale) können es maximal 32 Elektronen sein. Die Anzahl der Schalen und die Anzahl der Elektronen auf diesen Schalen hängt vom Element ab. So hat Wasserstoff eine Schale mit einem Elektron, Kohlenstoff hingegen zwei Schalen. Beim Kohlenstoff kreisen auf der 1. Schale 2 Elektronen und auf der 2. Schale 4 Elektronen (Abb. 1.1).

Die Anzahl der Neutronen kann bei den Atomen eines Elementes manchmal vermindert oder erhöht sein. Die entsprechenden Atome werden dann als **Isotope** bezeichnet. So hat Kohlenstoff normalerweise 6 Neutronen und 6 Protonen und wird dementsprechend als C^{12} bezeichnet. Daneben existieren aber auch andere Isotope mit mehr oder weniger Neutronen im Atomkern, wie z.B. C^{11}, C^{13} sowie C^{14}. Isotope sind häufig radioaktiv und wer-

den in der Nuklear- und Strahlenmedizin oft verwendet.

Atome sind elektrisch neutral. Positive und negative Ladungen (Protonen und Elektronen) stehen im Gleichgewicht. Bei Gewinn oder Verlust von einem oder mehr Elektronen können Atome ihre elektrische Ladung ändern: man bezeichnet sie dann als **Ionen**. Atome, die Elektronen (negative Ladungen) abgegeben haben, sind damit positiv geworden durch die im Atomkern vorhandenen Protonen (positive Ladungen). Es sind somit positive Ionen entstanden. Umgekehrt führt die Aufnahme von Elektronen zu einem Überschuß von negativen Ladungen. Wenn wir das Salz NaCl (Natriumchlorid, Kochsalz) in Wasser lösen, dann gibt das Natrium 1 Elektron an das Chlor ab, gleichzeitig trennen sich die beiden voneinander (Dissoziation), und es entsteht ein positiv geladenes Natriumion (Na^+) und ein negativ geladenes Chloridion (Cl^-). Wenn wir in eine derartige Salzlösung mit positiv und negativ geladenen Ionen ein Elektrodenpaar einbringen und so eine Stromspannung in der Flüssigkeit aufbauen, dann wandern die negativ geladenen Chloridionen zur Anode (positiv geladene Elektrode), weshalb sie auch als **Anionen** bezeichnet werden; die positiv geladenen Natriumionen wandern hingegen zur Katode (negativ geladene Elektrode), weshalb sie als **Kationen** bezeichnet werden. Diese Wanderung der dissoziierten Ionen an die entsprechenden Elektroden ist auch der Grund, warum sie als **Elektrolyte** bezeichnet werden. Elektrolyte sind also positiv oder negativ geladene Ionen. Da viele Salze bei Lösung im Wasser in positiv und negativ geladene Ionen dissoziieren, werden sie allgemein auch als Elektrolyte bezeichnet. Ihnen stehen die Nichtelektrolyte gegenüber, die bei Lösung in Wasser nicht in geladene Teile (Ionen) dissoziieren, z.B. Glukose, Alkohol etc.

Den Atomen der Elemente stehen die **Verbindungen** gegenüber. Diese besitzen als kleinste homogene Bestandteile die **Moleküle**. So ist z.B. im Wasser die kleinste Verbindung das Molekül H_2O. Jedes der entsprechenden Moleküle einer Verbindung ist genau gleich aufgebaut. Bei Glukose, einem der wichtigsten Brennstoffe unseres Körpers für die Energiegewinnung, heißt die Formel des Moleküls $C_6H_{12}O_6$; das bedeutet, daß jedes Molekül, wie aber auch jede beliebige Menge dieser Substanz, im Verhältnis von 6 Teilen Kohlenstoff zu 12 Teilen Wasserstoff zu 6 Teilen Sauerstoff aufgebaut ist.

Anders als bei den Verbindungen, kommt es bei den **Mischungen** nicht zu Verbindungen der beteiligten Atome oder Moleküle. So entstehen bei der Mischung Zucker und Mehl oder Alkohol und Wasser keine Verbindungen. Die einzelnen Bestandteile dieser Mischungen existieren jeweils nebeneinander.

In den menschlichen Zellen, wie aber auch in allen anderen Zellen, sind 2 Arten von Substanzen vorhanden: **organische** und **anorganische**.

1.4.2 Anorganische Substanzen im menschlichen Körper

Der Unterschied zwischen organischen und anorganischen Substanzen besteht im Vorhandensein von Kohlenstoff auf der Seite der organischen Substanzen. Kohlenstoff fehlt in den meisten anorganischen Substanzen. Man war ursprünglich der Auffassung, daß lediglich von Organismen produzierte Substanzen Kohlenstoff enthalten können. Heute hat man schon weit über 100000 künstliche organische Substanzen produziert, so daß diese Definition nicht mehr zutrifft. Trotzdem wird daran festgehalten, da es eine didaktisch klare Trennung ermöglicht.

Die wichtigsten anorganischen Substanzen des menschlichen Körpers neben Wasser und Kohlendioxid sind: Säuren, Basen, Salze. Neben den anorganischen Säuren, Basen und Salzen existieren aber auch kohlenstoffhaltige, die zu den organischen Substanzen gerechnet werden.

Sehr vereinfacht ausgedrückt, sind Säuren in der Lage, H^+-Ionen (Protonen) in Lösungen abzugeben, und Basen (auch Laugen genannt) geben OH^--Ionen (Hydroxylgruppen) in Lösungen ab. Wenn wir eine Säure mit ihrer Base zusammenbringen, dann entsteht daraus ein Salz und Wasser. Am Beispiel von NaOH (Natronlauge) und HCl (Salzsäure) sieht das folgendermaßen aus:

$$NaOH + HCl = H_2O + NaCl \ ,$$

d.h. es entsteht daraus Kochsalz und Wasser. Wasser, das am Körpergewicht ca. 70–75% Anteil hat, gehört ebenfalls zu den anorganischen Substanzen des menschlichen Körpers, da es keinerlei Kohlenstoff enthält.

1.4.3 pH-Wert

Basen sind alkalisch und Säuren sind sauer. Als Bewertungsmaß dafür, ob eine Substanz, z.B. eine Flüssigkeit, sauer oder alkalisch reagiert, dient der **pH-Wert** (exakte Definition: der pH-Wert bezeichnet den negativen Logarithmus der Wasserstoffionenkonzentration).

Wasser hat als weder saure noch alkalische Flüssigkeit einen pH-Wert von 7. Eine Änderung von 7 auf 6 würde dementsprechend heißen, daß eine 10fach höhere Konzentration von H^+-Ionen vorliegt. Umgekehrt bedeutet eine Veränderung von pH 7 auf pH 8 eine Verminderung der Wasserstoffionenkonzentration auf den 10. Teil. Die höchste mögliche Wasserstoffionenkonzentration findet sich bei einem pH-Wert von 1, die geringste bei einem pH-Wert von 14:

- pH 1: sehr sauer (Beispiel Salzsäure),
- pH 7: neutral (Beispiel Wasser),
- pH 14: sehr alkalisch (Beispiel Natronlauge).

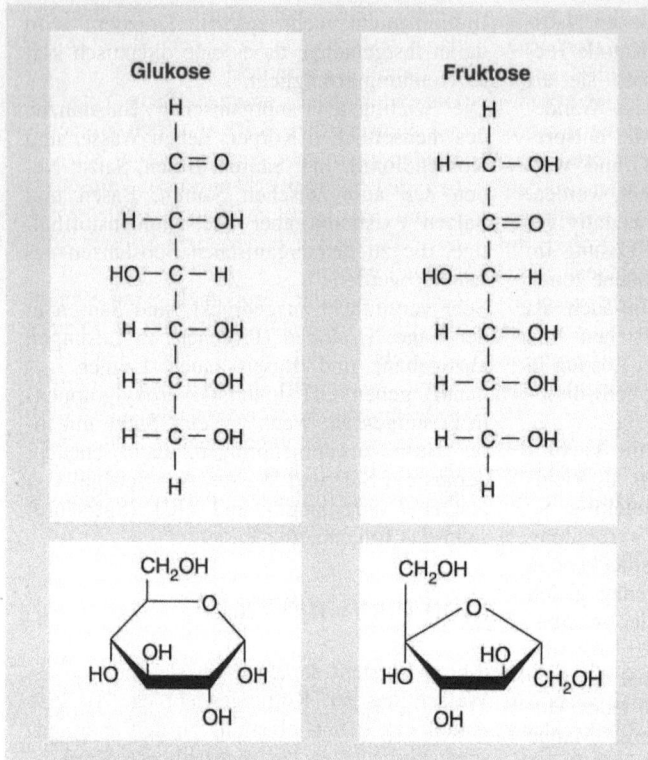

Abb. 1.2. Darstellung der Glukose und der Fruktose. *Oben* sind jeweils die linearen Strukturformeln (Fischer-Schreibweise) angegeben, die rasch die Unterschiede zwischen beiden Molekülen erkennen lassen. *Unten* sind die Projektionsformeln (Haworth-Schreibweise) angegeben, die ein dreidimensionales Bild der Moleküle zeigen. Beide Moleküle unterscheiden sich nur geringfügig voneinander

Im menschlichen Körper wird normalerweise ein pH-Wert von 7,38 aufrechterhalten. Die maximale Schwankungsbreite, die mit dem Leben noch vereinbar ist, reicht von pH 7 bis pH 7,9, somit kann nicht einmal eine Änderung um das 10fache toleriert werden (entsprechend dem Logarithmus, steigt die H^+-Konzentration zwischen pH 7,9 und pH 7 auf den 9fachen Wert).

Unser Körper verfügt über verschiedene Mechanismen, die dafür sorgen, daß diese Grenzen im Normalfall unbedingt eingehalten werden. Dazu gehören auch die Puffersubstanzen, die je nach Bedarf entweder H^+- und OH^--Ionen aufnehmen oder abgeben können. Alle Mechanismen, die für die Aufrechterhaltung des Gleichgewichtes sorgen, sowohl im pH-Bereich wie aber auch in allen anderen Bereichen (z.B. Elektrolythaushalt, Blutdruck etc.), werden in ihrer Gesamtheit als **Homöostase** bezeichnet.

1.4.4 Organische Substanzen im menschlichen Körper

Der größte Teil der organischen Substanzen in unserem Körper besteht aus **Kohlenhydraten, Proteinen, Lipiden, Nukleinsäuren** und **Steroidhormonen**. Gemeinsam ist all den organischen Substanzen der Besitz von Kohlenstoffatomen. Weil sie auf der äußersten Elektronenschale 4 Elektronen besitzen, können sie mehr unterschiedliche Verbindungen eingehen als praktisch jedes andere Atom.

Kohlenhydrate (Zucker)

Kohlenhydrate sind Substanzen, die lediglich Wasserstoff (H), Kohlenstoff (C) und Sauerstoff (O) enthalten, und zwar in einem Verhältnis von 1 C:2 H:1 O. Rohrzucker, Stärke und Zellulose sind Beispiele für Kohlenhydrate. Zellulose kommt ausschließlich in pflanzlichen Zellen vor. Einige besonders wichtige Kohlenhydrate für den menschlichen Körper sind: Maltose (Malzzucker), Galaktose (einfacher Zucker), Fruktose (Fruchtzucker), Saccharose (Rohrzucker), Laktose (Milchzucker) und Glukose (Traubenzucker) (Abb. 1.2). Vor allem Glukose ist sehr wichtig, da bei ihrem Abbau Energie frei wird, die für unseren Körper gespeichert werden kann. Durch die Verbrennung von Glukose sind unsere Zellen in der Lage, das Adenosintriphosphat (ATP) herzustellen, welches der wichtigste Energieträger im Stoffwechsel ist. Um Glukose zu speichern, wird sie in tierischen Zellen in Form von Glykogen (tierische Stärke) und in pflanzlichen Zellen in Form von Stärke in die Zellen eingelagert. Beides sind sehr ähnliche Moleküle, die durch den Zusammenschluß von sehr vielen einzelnen Glukosemolekülen zustande kommen.

Lipide (Fette)

Mit diesem Begriff wird eine Stoffklasse bezeichnet, deren Untergruppen in ihrer chemischen Struktur nur sehr wenige Gemeinsamkeiten aufweisen. Zu den Lipiden zählt man folgende Gruppen:

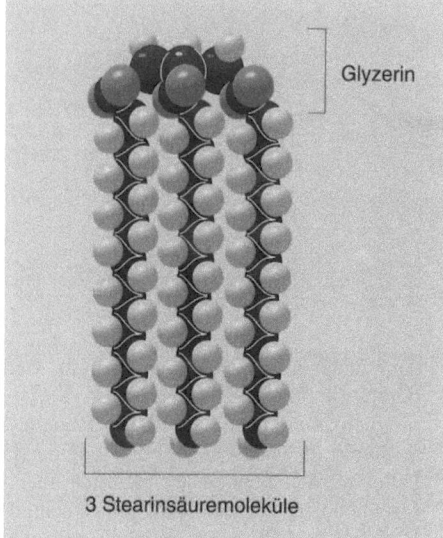

Abb. 1.3. Triglyzeridmolekül, ein typischer Vertreter der Lipide. Dieses Lipidmolekül besteht aus einem Glyzerinteil und 3 damit verbundenen Fettsäuren (Stearinsäure)

- Neutralfette,
- Glyzerinphosphatide,
- Sphingolipide,
- Steroide,
- Karotinoide.

Gemeinsames Merkmal ist der Besitz „fettfreundlicher" (lipophiler) Gruppen; dadurch sind die Lipide gut löslich in verschiedenen organischen Lösungsmitteln (z.B. Ether, Chloroform, Benzol) und praktisch unlöslich in Wasser. Ein Großteil der Lipide im menschlichen Körper gehört in die Gruppe der Neutralfette (Abb. 1.3). Diese bestehen aus einem Glyzerinmolekül und 3 mit diesem verbundenen Fettsäuremolekülen (z.B. Stearinsäure, Arachidonsäure). Lipide kommen in allen Körperzellen vor, sei es als Membranbestandteil, als Wirkstoff oder auch als Energiereserve. Lipide werden auch als sog. Depotfette gespeichert, z.B. in der Bauchhöhle und im Unterhautfettgewebe. In der Haut dient Fett nicht nur als Energiereserve, sondern auch als Isolationsmaterial.

Steroide

Steroide können auch zu den Lipiden gerechnet werden. Weil sie allerdings als Wirkstoffe eine besondere Rolle im Körper spielen, sollen sie hier gesondert erwähnt werden. Steroide enthalten 4 miteinander verknüpfte Ringsysteme von Kohlenstoffatomen. Davon sind 3 Ringe mit je 6 C-Atomen, der 4. hingegen mit 5 C-Atomen bestückt. Dieses molekulare Grundgerüst wird als Steranring bezeichnet (Abb. 1.6 a–c). Neben verschiedenen Hormonen (Nebennierenrindenhormone, Geschlechtshormone) besitzen auch Cholesterin und Vitamin D einen Steranring als Grundgerüst. Die Besetzung dieses Grundgerüstes mit verschiedenen Elementen macht den Unterschied zwischen den einzelnen Steroiden aus.

Proteine (Eiweiße)

Eiweiße oder Proteine sind eine sehr komplexe Gruppe von Molekülen, die in den Zellen eine Vielzahl von Aufgaben zu bewältigen haben. Sie sind Bausteine der Zellstrukturen, üben Hormon- und Enzymfunktion aus. Die Proteine werden aus Untereinheiten, den **Aminosäuren**, aufgebaut (Abb. 1.4). Es gibt ca. 20 verschiedene Aminosäuren im menschlichen Körper, die in der Regel in langen Ketten

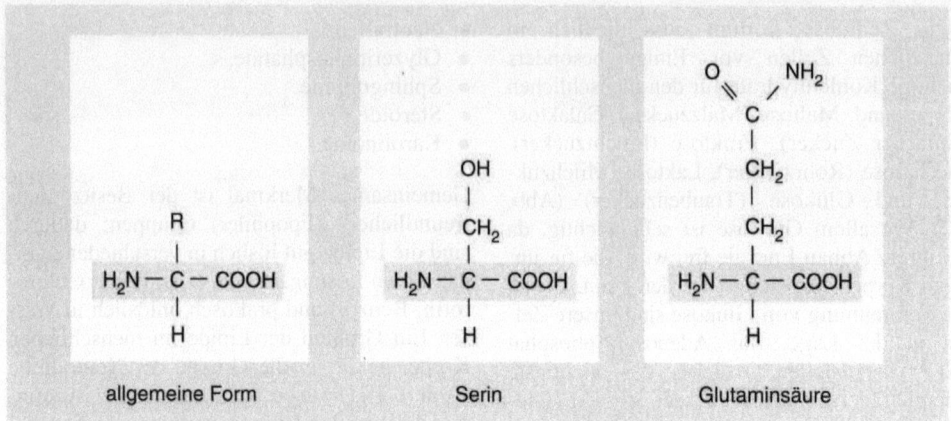

| allgemeine Form | Serin | Glutaminsäure |

Abb. 1.4. Aminosäuren. *Links* ist das allgemeine Schema der Aminosäuren dargestellt, die eine Aminogruppe (NH$_2$) und eine Karboxylgruppe (COOH) besitzen. Die mit *R* (Rest) bezeichnete Gruppe ist bei den einzelnen Aminosäuren unterschiedlich, wie an den Beispielen Serin (*Mitte*) und Glutaminsäure (*rechts*) zu sehen ist

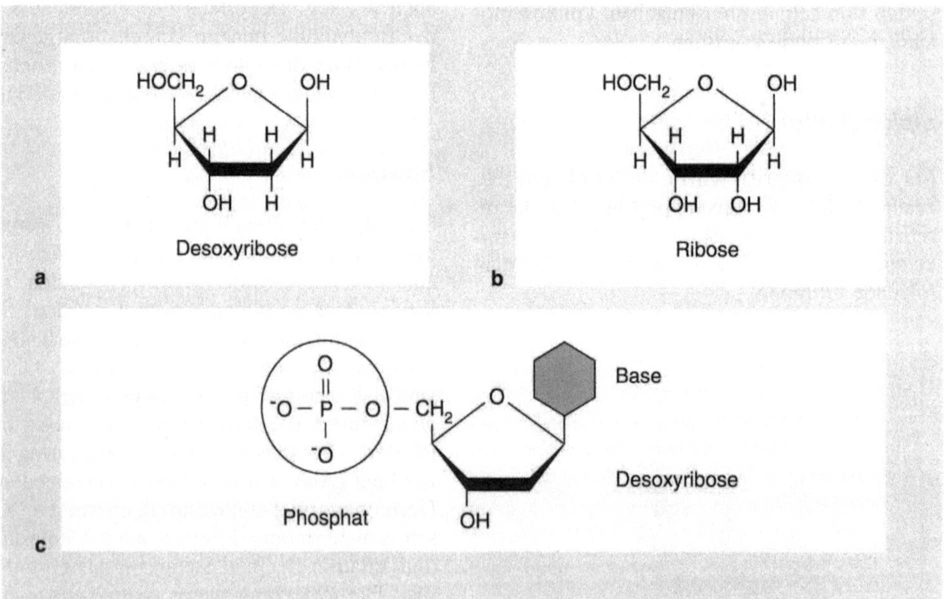

Abb. 1.5a–c. Bausteine der Nukleotide. **a** Zuckermolekül der DNA (Desoxyribose). **b** Zuckermolekül der RNA (Ribose). **c** Nukleotid bestehend aus einer Base, einem Phosphatrest und einem Zuckermolekül (in diesem Fall Desoxyribose)

von ganz verschiedenartiger Zusammensetzung vorkommen. Die Aminosäuren sind in einer Bindung aneinandergekettet, die man als Peptidbindung bezeichnet. Wenn nur wenige Aminosäuren aneinandergekoppelt sind, redet man von einem **Peptid** (Oligopeptid, Polypeptid). Wenn sehr viele Aminosäuren aneinandergekettet sind (Molekulargewicht[1] größer als 10000),

dann redet man von einem **Protein**. Bedingt durch die beinahe unbegrenzten Variationsmöglichkeiten, mit denen 20 verschiedene Aminosäuren in wechselnder Folge aneinandergekettet werden können, ist natürlich auch eine fast unendlich große Anzahl von verschiedenen Peptiden und Proteinen möglich und im Tier- und Pflanzenreich auch vorhanden. Nicht alle Aminosäuren sind jedoch in allen Proteinen vorhanden; es gibt Proteine, die sich nur aus wenigen Aminosäuren zusammensetzen.

---

[1] Statt „Molekulargewicht" verwendet man heute den Begriff „relative Molekülmasse".

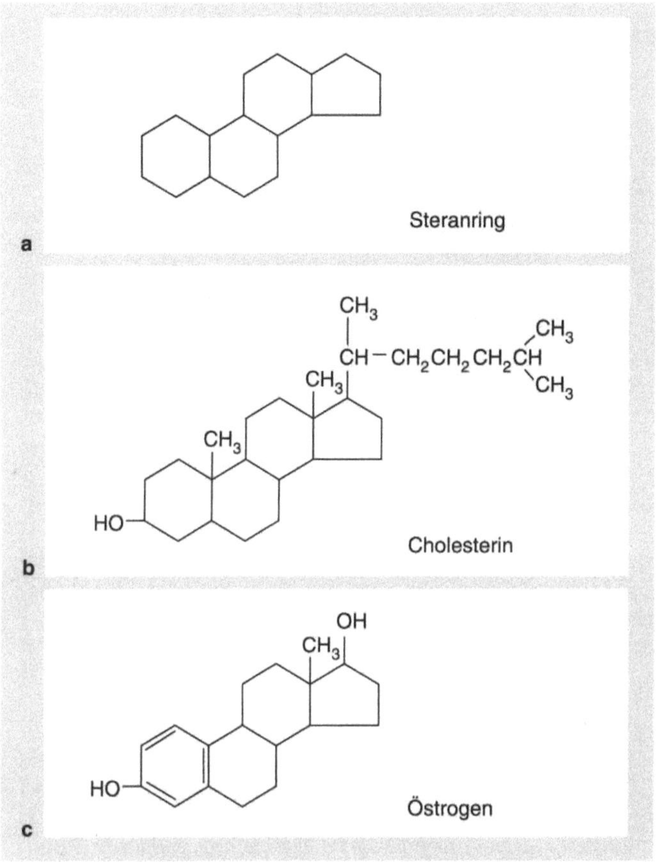

Steranring

a

Cholesterin

b

Östrogen

c

Abb. 1.6a–c. Grundstruktur der Steroide. **a** Steranring, der aus 3 Ringen mit 6 Kohlenstoffatomen und einem 5er-Kohlenstoffring besteht. Diese Grundstruktur ist allen Steroiden gemeinsam. **b** Strukturformel des Cholesterins, das, abgesehen von eigenen wichtigen Funktionen (z.B. Baustein der Membranen), bei der Bildung von Steroiden eine Zwischenstufe darstellt. **c** Auch Östrogen besitzt den typischen Steranring

Tierisches oder pflanzliches Protein, das wir mit der Nahrung zu uns nehmen, unterscheidet sich häufig sehr stark von unserem eigenen Protein, so daß wir es in der Regel im Verdauungsapparat in Peptide und Aminosäuren zerlegen müssen, die dann nach der Resorption in körpereigene Peptide und Proteine wieder neu zusammengesetzt werden können. Pflanzen können alle Aminosäuren aus einfacheren Substanzen selber zusammensetzen (synthetisieren). Der menschliche Körper kann das bei vielen, jedoch nicht allen Aminosäuren. Diese letzteren werden deshalb **essentielle Aminosäuren** genannt, da sie mit der Nahrung von außen zugeführt werden müssen.

Eigenschaften besitzen, wurden zuerst im Zellkern entdeckt. Prinzipiell unterscheiden wir 2 Arten von Nukleinsäuren: die Ribonukleinsäure (RNS; engl. Abkürzung: RNA) und die Desoxyribonukleinsäure (DNS; engl. Abkürzung: DNA).[2] Die DNA ist der **Träger der genetischen Information**, die auf den **Chromosomen** im Zellkern sitzt. Vererbung wird also über die Chromosomen mit ihrer DNA gewährleistet. DNA und RNA bestehen aus einem Zuckermolekül (Desoxyribose bzw. Ribose), einer Base (Cytosin, Guanin, Thymin, Adenin im Falle der DNA; bei der RNA wird Thymin durch Uracil ersetzt) sowie einem Phosphatrest (s. Abb. 1.5c).

Nukleinsäuren

Der Zellkern wird mit dem lateinischen Fremdwort als Nukleus bezeichnet. Nukleinsäuren, die – wie der Name besagt – saure

---

[2] RNA: „ribonucleic acid", DNA: „desoxyribonucleic acid". RNA und DNA sind die international gebräuchlichen Abkürzungen. Sie werden deshalb im vorliegenden Buch *anstelle* der deutschen Abkürzungen DNS und RNS verwendet.

1.5 Zusammenfassung Grundbegriffe

Leben:
Leben ist gekennzeichnet durch
eine definierte Form und Größe, beschleunigten Stoffwechsel, Bewegung, Erregbarkeit, Wachstum, Fortpflanzung, Adaptation.
Der menschliche Körper besteht zu 99% aus lediglich 8 verschiedenen Elementen (C, O, H, N, Ca, K, P, S).
Die Elemente bestehen aus Atomen, die ihrerseits aus Protonen, Neutronen und Elektronen aufgebaut sind.
Wenn Atome miteinander Verbindungen eingehen, entstehen die Moleküle. Atome oder Moleküle, die Elektronen abgegeben oder aufgenommen haben, nennt man Ionen. Die Ionen sind positiv oder negativ geladen. Atome, die in ihrem Atomkern mehr oder weniger Neutronen als normal besitzen, werden als Isotope bezeichnet.

Materie:
Man unterscheidet im menschlichen Körper anorganische von organischen Substanzen:
Die **organischen** Substanzen enthalten C-Atome (Kohlenstoff) im Gegensatz zu den meisten anorganischen. Die wichtigsten organischen Substanzen des menschlichen Körpers sind: Kohlenhydrate, Proteine, Lipide, Nukleinsäuren, Steroidhormone.
Die **anorganischen** Substanzen im menschlichen Körper können in 3 Klassen eingeteilt werden: Säuren, Basen, Salze.
- **Säuren** können H^+ und **Basen** können OH^- abgeben. Wenn Säuren mit ihren Basen zusammengebracht werden, entstehen Salze und Wasser.
- **pH-Wert:** Um funktionstüchtig bleiben zu können, muß der menschliche Körper einen pH-Wert von 7,38 aufrechterhalten. Der pH-Wert bezeichnet die Wasserstoffionenkonzentration; die pH-Skala reicht von 1–14; pH 1: sehr sauer (z.B. Salzsäure), pH 7: neutral (z.B. Wasser), pH 14: sehr alkalisch (z.B. Natronlauge).

2 Zytologie

2.1 Allgemeines

> Die **Zytologie** ist die **Lehre von den Zellen**. Zellen sind die kleinsten selbständigen Funktionseinheiten des Organismus.

Der gesamte menschliche Körper ist aus einzelnen Zellen und ihren Produkten, der Interzellularsubstanz, aufgebaut. Zellen sind nicht nur die Baueinheiten des menschlichen, sondern auch des tierischen Körpers und der Pflanzen. Bereits 1663 beobachtete der Engländer Robert Hooke mit einem primitiven Mikroskop kammerartige Gebilde in Kork, die er Zellen nannte, da sie ihn an die Zellen von Mönchen erinnerten. Erst viel später wurde von anderen Forschern entdeckt, daß die Zellen praktisch die Grundlage allen selbständigen Lebens bilden.

> Ohne die Zellen sind die Lebensäußerungen wie Wachstum, Empfindung, Fortpflanzung und Bewegung nicht möglich. Durch Zusammenschluß vieler Zellen kommt es zum Bau der Organe und auch des menschlichen Körpers. Zellen im Verband nennt man **Gewebe**. Die **Lehre von den Geweben** ist die **mikroskopische Anatomie** oder **Histologie**.

Eine der größten menschlichen Zellen ist die Eizelle, sie hat eine Größe von ca. 0,15 mm und ist damit gerade noch mit dem bloßen Auge sichtbar. Die meisten anderen Zellen sind wesentlich kleiner. Menschliche rote Blutkörperchen (Erythrozyten) haben einen Durchmesser von 7,5 μm (1 μm=0,001 mm). Mit Ausnahme dieser roten Blutkörperchen, die im Laufe ihrer Entwicklung ihren Kern ausstoßen, besitzen alle Zellen einen Zellkern. Der Zellkern sitzt im Zelleib (Zytoplasma), der von einer Zellmembran umge-

ben ist. Alle Zellen weisen einen gemeinsamen Bauplan auf. Die Zellen der einzelnen Gewebe und Organe haben sich im Laufe ihrer Entwicklung allerdings sehr stark differenziert. Sie haben eine spezialisierte Form entwickelt, um ihre organtypischen Funktionen (z.B. Muskelkontraktion, Exkretion) erfüllen zu können, so daß praktisch kein Zelltyp dem anderen gleicht. Alle Zellen besitzen jedoch die 3 folgenden Strukturmerkmale:

- Zellkern,
- Zytoplasma,
- Zellmembran.

Wenn diese Bestandteile nicht vorhanden sind, handelt es sich nicht um echte Zellen.

2.2 Methoden der Histologie und Zytologie

Mit bloßem Auge oder mit der Lupe sind nur wenige Zellen des menschlichen Körpers der direkten Untersuchung zugänglich. Dies liegt v.a. an der Größe der Zellen, die unterhalb des Auflösungsvermögens des Auges liegen. Das Auflösungsvermögen liegt bei ca. 0,1 mm und wird auch durch den Gebrauch einer Lupe nur unwesentlich gesteigert. Demgegenüber sind die meisten Zellen nicht größer als ca. 0,04 mm. Auf der anderen Seite sind am intakten Körper nur in Ausnahmefällen direkte Beobachtungen von Zellen möglich (Beispiel: bei Entzündungen in die Hornhaut des Auges einsprossende Blutgefäße). Es bedarf also besonderer Hilfsmittel und Arbeitsmethoden, um Einblick in Gewebe und Zellen zu erhalten. Unter den vielen vorhandenen Methoden zählen die 3 folgenden zu den wichtigsten:
- Gewebekultur,
- lichtmikroskopische (histologische) Untersuchungen,

- elektronenmikroskopische Untersuchungen (Abb. 2.1).

2.2.1 Gewebekultur

In der Gewebekultur werden dem Körper einzelne Gewebeproben (**Biopsien**) entnommen und unter sterilen Bedingungen in entsprechenden Kulturmedien weitergezüchtet.

Diese Zellen stehen somit für die mikroskopische Lebendbetrachtung wie auch für die histologische Untersuchung zur Verfügung.

2.2.2 Lichtmikroskopische Untersuchungen (histologische Untersuchungen)

Für die lichtmikroskopische Untersuchung eignen sich einschichtige Zellkulturen, die direkt im Mikroskop betrachtet werden können. Als Kulturen geben sie allerdings die Verhältnisse im Gewebe nicht genau wieder. Deshalb werden meist **Schnittpräparate** hergestellt. Dafür entnimmt man Gewebeproben, entweder als Biopsien oder nach dem Tode als Organstücke, und fixiert sie in bestimmten chemischen Substanzen (z.B. Formalin), damit das Material nicht durch Selbstauflösung (Autolyse) und Fäulnis zerstört wird.

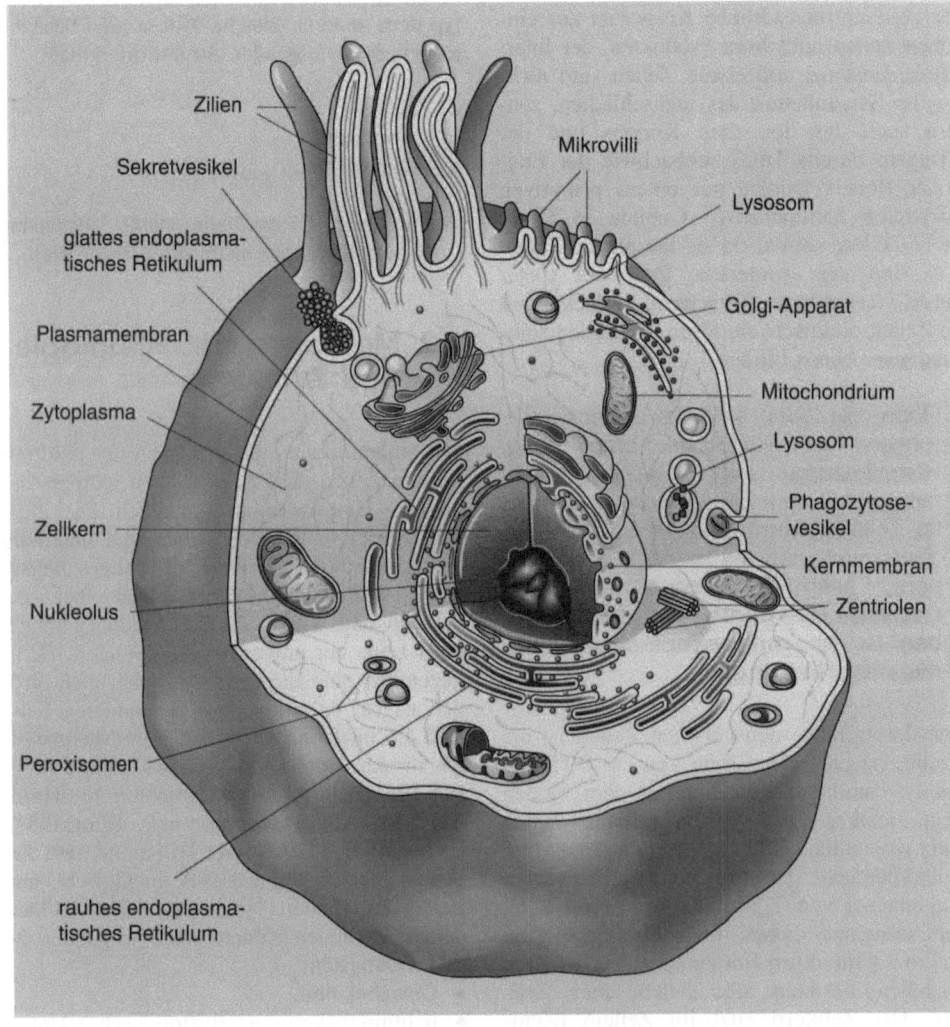

Abb. 2.1. Zelle mit den verschiedenen Organellen und möglichen Differenzierungen an der Zelloberfläche

Dann wird das Gewebe entwässert, z.B. in aufsteigenden (50%, 60%, 70% etc.) Alkoholreihen, um anschließend in Paraffin eingebettet zu werden. Auf diese Art erhält man Gewebeblöckchen, die wegen des Paraffins eine genügend hohe Festigkeit haben und es ermöglichen, daß sehr dünne Schnitte hergestellt werden können. Auf einem speziellen Instrument (Mikrotom) werden mit Metallmessern Schnitte hergestellt, die ca. 4–12 μm dick sind und sich damit gut im Lichtmikroskop durchstrahlen lassen. Diese Schnitte werden auf dünne Glasplatten (Objektträger) gebracht, die daraufhin in speziellen Färbelösungen gefärbt werden. Ohne Färbung würde man in der anschließenden Betrachtung im Mikroskop nur wenig erkennen. Außerdem können mit entsprechenden Farbstoffen die Bestandteile des Gewebes und der Zellen unterschiedlich angefärbt werden, was für ihre Identifizierung sehr hilfreich ist. Die Auflösungsgrenze des menschlichen Auges wird durch das Lichtmikroskop auf ca. 0,2 μm gesenkt, so daß die maximale Vergrößerung, mit der man die Gewebe im Mikroskop betrachten kann, ca. das 1000- bis 2000fache beträgt (Vergr. 1000:1 bis 2000:1). Damit lassen sich nicht nur Zellen und Interzellularsubstanz ausgezeichnet betrachten, sondern auch innerhalb der Zellen gelegene Partikel sind mit dem Lichtmikroskop bereits erkennbar (z.B. Mitochondrien, Lysosomen).

2.2.3 Elektronenmikroskopische Untersuchungen

Den eigentlichen Durchbruch zu vertiefter Erkenntnis stellte die Entwicklung der elektronenmikroskopischen Präparationstechnik in den Jahren seit 1950 dar. Beim Elektronenmikroskop werden Elektronen für die Abbildung verwendet, die wegen ihrer wesentlich kleineren Wellenlänge auch in der Lage sind, kleinere Details abzubilden. Die heute erreichbare Grenze der Auflösung liegt bei ca. 0,3 nm (1 nm = 1 Nanometer = 10^{-6} mm = 1 Millionstel Millimeter). Damit sind ohne weiteres Vergrößerungen von über 1 Mio. möglich. Leider lassen sich keine Schnittpräparate herstellen, die so dünn sind, daß man damit die Auflösungsgrenze des Elektronenmikroskops ausnutzen könnte. Somit werden für die meisten Untersuchungen Vergrößerungen von 10000:1 bis 80000:1 verwendet. Bei einer Vergrößerung von 10000:1 wird ein Staubpartikel von 0,1 mm Größe bereits auf die Dimension von 1 m vergrößert.

Die **elektronenmikroskopische Präparation** verläuft wie die lichtmikroskopische, jedoch mit anderen Materialien und in anderen Dimensionen. Das Gewebe wird in Epoxid-Harzen (z.B. Araldit) eingebettet und mit Diamantmessern (anstelle von Metallmessern) geschnitten, in Schnittgrößen von ca. 0,2 × 0,4 mm und Schnittdicken von ca. 50 nm. Zur besseren Sichtbarmachung im Elektronenmikroskop werden an die vorhandenen biologischen Moleküle noch Schwermetalle angelagert (Blei- oder Uransalze). Diesen Vorgang nennt man Kontrastierung. Vor allem mit Hilfe der Elektronenmikroskopie hat in den letzten 30 Jahren eine enorme Erweiterung der Kenntnisse über die Lebensvorgänge stattgefunden.

2.3 Zellbestandteile und Zellvorgänge

Nicht nur die normalen Lebensvorgänge spielen sich auf zellulärer Ebene ab, sondern auch die Krankheitsprozesse. Es ist deshalb nur verständlich, daß die Zelle, die kleinste Einheit jedes Organismus, im Mittelpunkt des Interesses der Forschung steht. Aus diesem Grund soll auch in diesem Buch zunächst die Zelle mit ihren **Bestandteilen** behandelt werden (s. Abb. 2.1):

- Zellmembran,
- Zellorganellen.

2.3.1 Zellmembran

Membranaufbau

> Die Zellmembran hat für das Bestehen und die Funktion der Zellen die allergrößte Bedeutung. Ohne Zellmembranen wäre ein Leben überhaupt nicht möglich. Auf der einen Seite muß die Zellmembran gegen die Umwelt schützen, auf der anderen Seite muß sie die Möglichkeit geben, mit dieser Umwelt gezielt Stoffe auszutauschen.

Außerdem müssen über die Zellmembran die nicht mehr verwertbaren Stoffwechselendprodukte ausgeschieden werden können. Daneben soll die Zellmembran in der Lage sein, zelluläre Produkte, die für den „Export" bestimmt sind, wie Eiweiß oder Hormone, abzugeben.

Um diese Transportaufgaben sowie diverse andere Aufgaben auszuführen, hat die Zellmembran eine ganz spezifische Struktur. Sie besteht nach neuesten Erkenntnissen aus einer mehr oder weniger flüssigen Lipidschicht, die mosaikartig von Eiweißmolekülen vollständig oder unvollständig durchzogen ist. Die Eiweißkörper schwimmen quasi in dieser **Lipiddoppelschicht** und bilden dabei ein Mosaik, weshalb das Ganze mit dem englischen Namen **„fluid mosaic model"** (flüssiges Mosaikmodell) bezeichnet wird. Lipidmoleküle haben vielfach ein wasserabstoßendes (hydrophobes) und ein wasseranziehendes (hydrophiles) Ende. In der Lipiddoppelschicht der Membranen sind diese Moleküle so angeordnet, daß die wasserabstoßenden Enden gegeneinander gerichtet sind und somit die wasseranziehenden Enden nach außen zu liegen kommen. Da sowohl

ein großer Teil des Zellinneren wie auch der Zellumgebung aus wäßriger Lösung besteht, trägt das Wasser dazu bei, diese Membranen in ihrer Struktur zu festigen (Abb. 2.2). Dabei sind die Membranen jedoch nicht unveränderlich in ihrem Aufbau festgelegt, sondern ständigen Ab-, Um- und Einbauvorgängen unterworfen.

Membrantransport

Über die Zellmembran hinweg finden Transporte statt, die es der Zelle erlauben, Nahrung aufzunehmen, Stoffwechselendprodukte auszuscheiden und ihr inneres Milieu mit hoher Spezifität zu regulieren. Wir unterscheiden 4 verschiedene Mechanismen:

Passive Diffusion
Dieser Transportvorgang beruht ausschließlich auf einem Konzentrationsgefälle über die Zellmembran hinweg. Viele Stoffe können die Zellmembran frei passieren und folgen in der Regel einfach einem Konzentrationsgra-

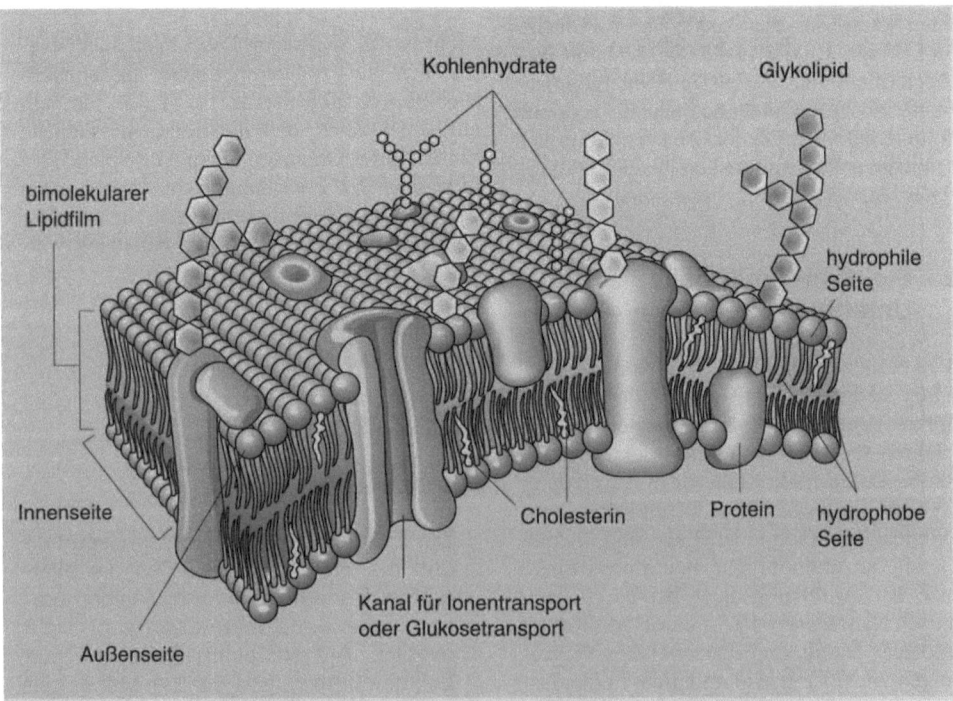

Abb. 2.2. Ausschnitt eines bimolekularen Lipidfilmes der Zellmembran. Die Proteine können nur an einer Membranseite vorliegen, sie können durchgehend sein oder sogar in Form von Kanalproteinen als Transportmoleküle fungieren. Die Lipidmoleküle weisen eine wasserabstoßende (hydrophobe) und eine wasseranziehende (hydrophile) Seite auf. Die an der Außenseite vorhandenen Glykolipide und Kohlenhydrate sind für Membraneigenschaften, wie z.B. Blutgruppen oder die selektive Aufnahme von Substanzen in die Zelle, verantwortlich

dienten, d.h. sie bewegen sich von der Seite der höheren Konzentration auf die Seite der niedrigeren Konzentration.
Beispiel: O_2, CO_2, Harnstoff, Bikarbonat.

Erleichterte Diffusion
Auch dieser Transportweg ist konzentrationsabhängig, aber ebenfalls streng passiv. Er erfordert die Anwesenheit von sog. Überträgerstoffen. An diese binden sich die Stoffwechselprodukte reversibel und gelangen so über die Membran hinweg.
Beispiel: Aminosäuren, Glukose.

Osmose
Die Osmose ist ein Spezialfall der Diffusion, sie läuft an Zellmembranen ab (s. Kap. 6).

Aktiver Transport
Dieser Mechanismus ist nicht nur unabhängig von Konzentrationen, er arbeitet vielfach sogar gegen extrem hohe Konzentrationsgradienten. Hierbei wird ständig Energie verbraucht, weshalb man diese Art des Transports als aktiv bezeichnet.
Beispiel: Natrium.

Bläschentransport
Große Moleküle werden von der Zellmembran umflossen und gelangen so als membranumhüllte Bläschen in die Zelle. Diese Bläschen werden als **Vakuolen** bezeichnet. Werden bei diesem Vorgang kleine Vakuolen gebildet, so nennt man den Transport **Pinozytose**, werden dabei größere (lichtmikroskopisch sichtbare) Vakuolen gebildet, so nennt man den Vorgang **Phagozytose**. Beides, Phagozytose und Pinozytose, werden auch als **Endozytose** bezeichnet. Ähnlich können auch Bestandteile die Zelle verlassen; dies nennt man allgemein **Exozytose**.

Funktionen der Zellmembran

Neben der Transport- und Schutzfunktion haben die Zellmembranen aber auch noch wesentliche weitere Aufgaben. So sind sie verantwortlich für den Aufbau eines **Membranpotentials**, das die Grundlage der Abgrenzung der Zelle nach außen, aber auch Grundlage der Erregungsbildung und Erregungsleitung ist. Das Membranpotential kommt durch unterschiedliche elektrische Ladung auf beiden Seiten der Membranen zustande (s. Kap. 5).

Außerdem sitzen in den Membranen Rezeptoren, d.h. spezifische Moleküle, die in der Lage sind, z.B. Hormone aus den Körperflüssigkeiten zu binden und damit erst die Wirkung dieser Moleküle auf die Zelle zu ermöglichen. Weiterhin stellen die Membranen mit ihren an die Mosaikeiweißkörper gebundenen Kohlenhydraten (Glykokalyx) die Grundlage der Blutgruppen sowie der Abstoßungsreaktionen bei Transplantationen und ganz allgemein der Erkennung von körpereigenen und körperfremden Zellen dar.
Der **Stoffaustausch zwischen der Zelle und ihrer Umwelt** geschieht über die Zellmembranen hinweg. Je größer also die Zelloberfläche mit ihrer Membran ist, desto mehr kann auch über die Zellmembranen transportiert werden.
Da Zellen aber aufgrund ihrer physikalisch-chemischen Bedürfnisse und Eigenschaften nicht allzu groß werden können, müssen sie zu einem Trick greifen, um bei erhöhtem Bedarf an Stoffaustausch über die Zellmembran hinweg den Transport sicherzustellen. Dies geschieht durch Einfaltungen und Einstülpungen der Zellmembran. Solche **Oberflächenvergrößerungen** nennt man **Mikrovilli**. Durch die Bildung von Mikrovilli kann bei transportaktiven Zellen, z.B. dem Epithel des Dünndarms, eine 20- bis 50fache Vergrößerung der Oberfläche erreicht werden.

Zellkontakte

Sobald sich Zellen gegenseitig berühren, bilden sich innerhalb der Membranen spezialisierte Zonen, die Zellkontakte (Abb. 2.3). Sie dienen in der Regel dazu, die Zellen miteinander zu verbinden und ihnen im Zellverband die entsprechende mechanische Stabilität zu verleihen. Solche Zellkontakte nennt man **Desmosomen**. Daneben sind aber noch andere Zellkontakte vorhanden, die v.a. die Aufgabe haben, den Interzellularraum gegen innere oder äußere Oberflächen abzudichten, z.B. die Haut, um sich gegen Austrocknung zu schützen („tight junctions"). Andere Zellkontakte haben die Aufgabe, die Erregungsleitung von einer Zelle auf die nächste zu erleichtern, d.h. sie dienen der Übertragung von elektrischen Impulsen („gap junctions").

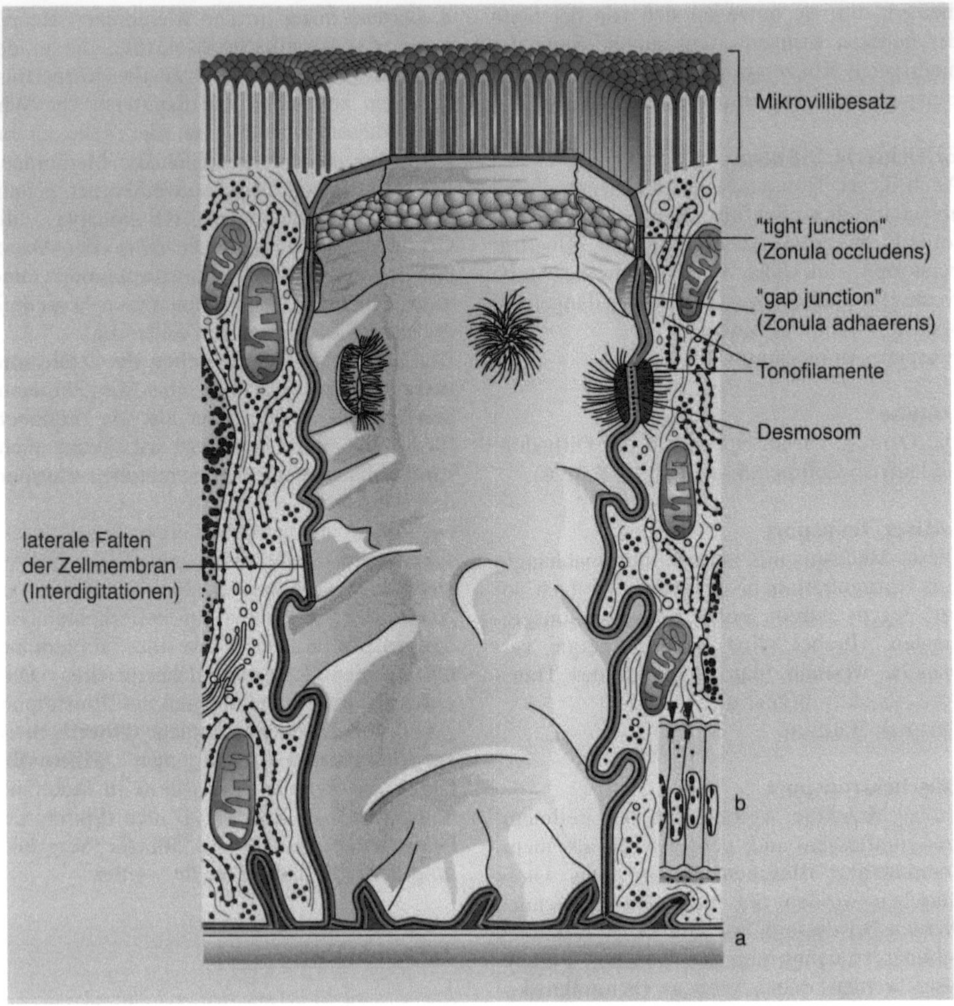

Mikrovillibesatz

"tight junction"
(Zonula occludens)

"gap junction"
(Zonula adhaerens)

Tonofilamente

Desmosom

laterale Falten
der Zellmembran
(Interdigitationen)

b

a

Abb. 2.3a. Innenansicht einer Zellmembran mit Zellkontakten. Die „tight junction" läuft kreisförmig um die gesamte Zelle und sorgt für einen dichten Abschluß des Interzellularraumes, die „gap junction" ermöglicht einen Ionenfluß von einer Zelle zur nächsten und ist damit Grundlage der Kommunikation zwischen den Zellen; die Desmosomen sind punktartige Kontaktzonen, die der mechanischen Stabilität des Zellverbandes dienen. **b** Lichtmikroskopische Darstellung einiger Epithelzellen, die beiden *Pfeile* verweisen auf die Region der Zellkontakte

2.3.2 Zellorganellen

Allgemeines

Im Zytoplasma sind verschiedene Membransysteme vorhanden, die eine Reihe von spezifischen Aufgaben zu erfüllen haben und in Analogie zu den Organen des Körpers als **Organellen** bezeichnet werden. Die wichtigsten Zellorganellen sind:

- das endoplasmatische Retikulum,
- die Ribosomen,
- der Golgi-Apparat,
- die Mitochondrien,
- die Lysosomen,
- die Peroxisomen,
- die Zentriolen,
- der Zellkern.

Endoplasmatisches Retikulum und Ribosomen

Als endoplasmatisches Retikulum (ER; im Plasma gelegenes Netzwerk) bezeichnet man ein System von **netzartigen Hohlräumen**, die miteinander in Verbindung stehen und von Membranen begrenzt sind. Diese Hohlräume werden häufig als ER-Zisternen bezeichnet.

Die Membranen des endoplasmatischen Retikulums sind ähnlich aufgebaut wie die Membranen, die die Zelle begrenzen, d.h., sie bestehen auch aus einem bimolekularen Lipidfilm. In der Regel stehen die Membranen des endoplasmatischen Retikulums sowohl in Verbindung mit der Zell- wie auch mit der Kernmembran.

Man unterscheidet 2 Arten:
- das rauhe endoplasmatische Retikulum (RER) und
- das glatte endoplasmatische Retikulum (SER; S für engl. „smooth").

Je nach Zelltyp überwiegt eine der beiden Arten. Das **RER** (Abb. 2.4) wird so genannt, weil es auf der dem Zytoplasma zugewandten Membranseite mit kleinen Partikeln besetzt ist. Dies sind die Ribosomen, kleine kugelartige Gebilde, die aus Ribonukleoprotein bestehen und an der Proteinsynthese beteiligt

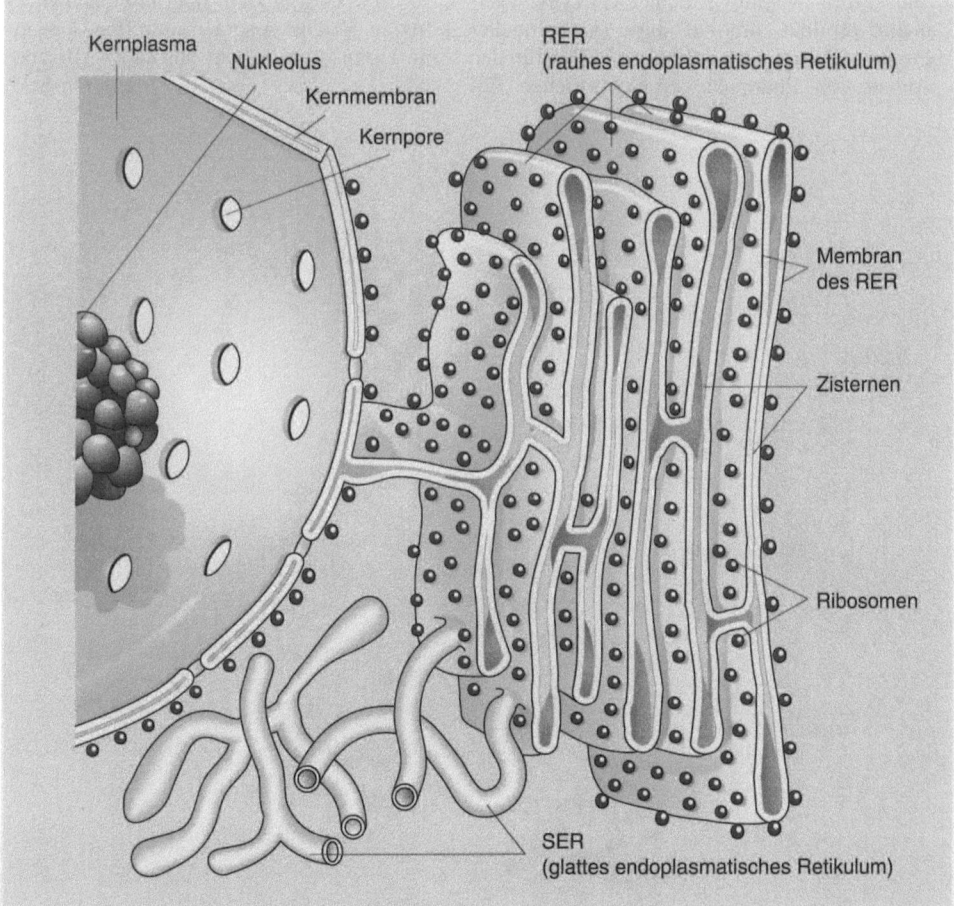

Abb. 2.4. Endoplasmatisches Retikulum. **Oben** ist die mit Ribosomen besetzte rauhe Form (RER) und **unten** der Übergang in die glatte Form (SER) zu sehen. Die rauhe Form steht in der Regel in Verbindung mit der Kernmembran. Vom Zellkern ist ein Teil der Kernmembran mit den Kernporen und ein Kernkörperchen (Nukleolus) eingezeichnet. Das Kernplasma ist aus Gründen der Übersichtlichkeit nur mit seiner Lage angegeben

sind. Dementsprechend kommt das RER auch besonders in Zellen vor, die eine starke Proteinsynthese aufweisen. Dies ist der Fall z.B. in embryonalen Zellen, welche die für den Körperbau benötigten Proteine herstellen, oder in Leberzellen, Pankreaszellen etc.

Das **SER** ist besonders stark ausgeprägt in Zellen, die Lipide und Steroide synthetisieren, z.B. in den Zellen der Nebennierenrinde. Außerdem hat es große Bedeutung beim Abbau von Fremdstoffen und Giften im Körper. So kann durch die Gabe von verschiedenen Pharmaka (z.B. Barbituraten) die Bildung von SER in der Leber sehr stark angeregt werden. Man nennt diesen Vorgang **Induktion** oder auch Enzyminduktion. Es werden nämlich die für den Abbau der betreffenden Substanzen verantwortlichen Enzyme vermehrt gebildet, um auf diese Art schneller Fremdstoffe abbauen zu können. Die für den Abbau von Pharmaka verantwortlichen En-zyme sind z.T. an den Membranen des SER lokalisiert. Durch konstante Einnahme von Medikamenten kann es zu einer Gewöhnung kommen, die z.T. auch darin liegt, daß die Abbaurate durch Enzyminduktion so stark erhöht ist.

Golgi-Apparat

Beim Golgi-Apparat handelt es sich um ein weiteres intrazelluläres Membransystem mit charakteristischer Form und spezieller Funktion. Der Golgi-Apparat setzt sich aus mehreren einzelnen **Membranfeldern** zusammen, die über die Zelle verstreut sind und als **Diktyosomen** bezeichnet werden (Abb. 2.5). Je nach Zelltyp kann man in einzelnen Zellen bis zu 30 Diktyosomen antreffen. Das einzelne Diktyosom besteht aus ca. 5–10 scheiben- oder schüsselförmigen Membransäckchen,

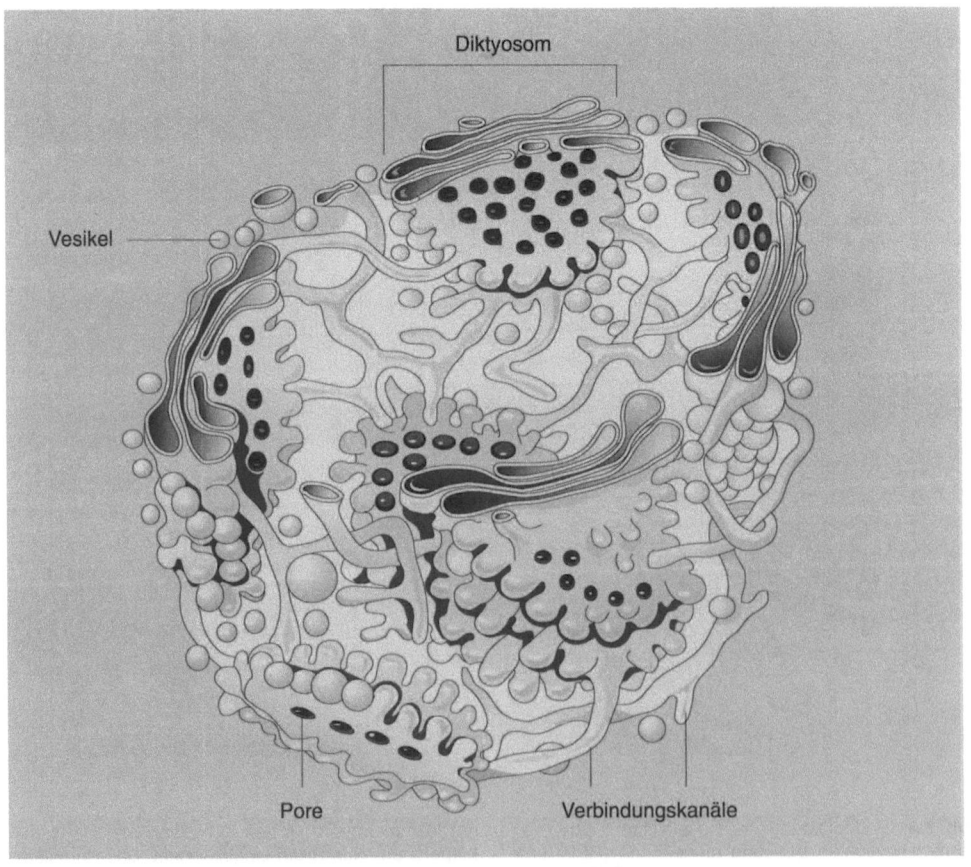

Abb. 2.5. Golgi-Apparat mit 6 einzelnen Diktyosomen, die untereinander in Verbindung stehen. Diese Diktyosomen sind um einen (nicht eingezeichneten) zentralen Zellkern angeordnet

die im Schnittbild wie Doppelmembranen
aussehen. Diese Säckchen liegen in Stapeln
beieinander und sind leicht gebogen, so daß
eine konkave und eine konvexe Seite entsteht. An den Enden sind die Säckchen häufig blasenförmig aufgetrieben, es finden sich
dort auch meist größere Bläschen (**Vesikel**),
die offensichtlich von den Diktyosomen abgeschnürt worden sind.

Eine der wichtigsten Aufgaben des Golgi-Ap-
parates ist die **Beteiligung an der Synthese
und Ausscheidung von protein- und koh-
lenhydrathaltigen Substanzen.** Der Golgi-
Apparat ist außerdem an der Bildung der Lysosomen (s. unten) beteiligt.

In den Diktyosomen werden Proteine mit Polysacchariden verknüpft zu sog. Glykoproteinen, die in den Vesikeln am Ende der einzelnen Diktyosomen abgeschnürt werden, um
dann aus der Zelle ausgeschleust zu werden.
Vereinfachend kann man sagen, daß der Golgi-Apparat das Material, das im RER synthetisiert worden ist, weiterverarbeitet und in
eine „exportierbare" Form bringt.

Mitochondrien

Die Mitochondrien sind stäbchenförmige Gebilde, die von einer Doppelmembran umgeben werden. Sie haben eine Größe von ca.
0,2 µm×2–5 µm. Die äußere Membran stellt
eine glatte Hülle dar, während die innere
Membran in Falten geworfen ist, die quer zur
Längsachse verlaufen. Diese Falten sind verantwortlich für einen Großteil der Funktionen
der Mitochondrien und können ebenfalls als
Oberflächenvergrößerungen (innere) angesehen werden. Man hat diese Falten mit dem
lateinischen Ausdruck *crista* (Kamm) bezeichnet. Die Innenmembran der Mitochondrien begrenzt 2 Räume, auf der einen Seite
das Innere der Mitochondrien, die Grundsubstanz oder Matrix, auf der anderen Seite den
zwischen Innen- und Außenmembran gelegenen Intermembranraum (Abb. 2.6 und 2.7).

In beiden Räumen laufen, entsprechend der
Ausstattung mit unterschiedlichen Enzymen,
auch verschiedene Stoffwechselprozesse ab.
An der Innenmembran und an den Cristae

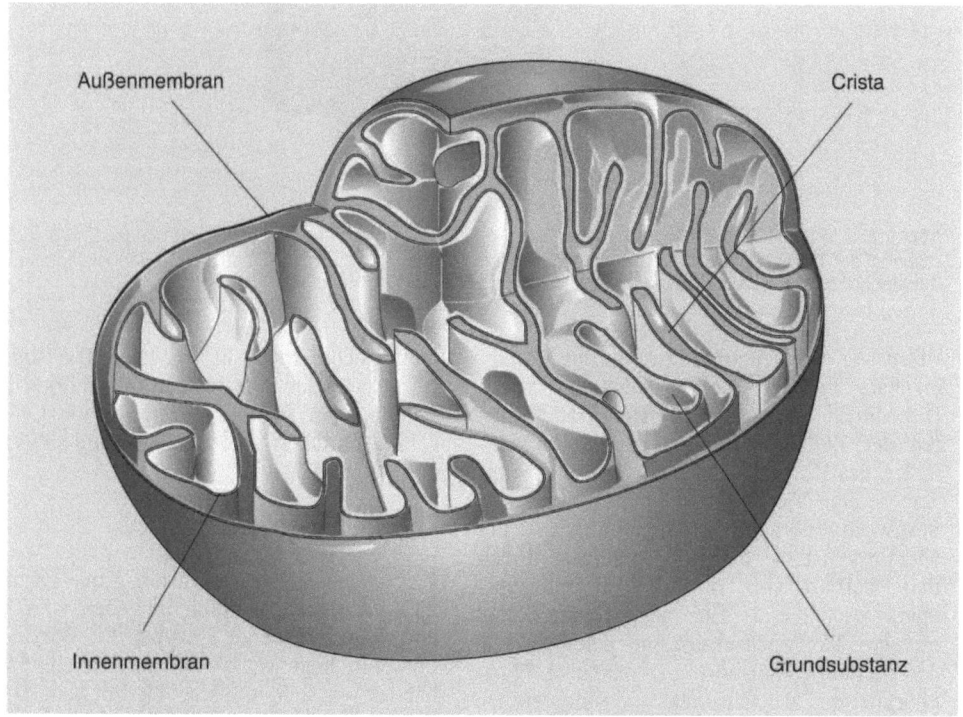

Außenmembran

Crista

Innenmembran

Grundsubstanz

Abb. 2.6. Zeichnerisch aufgeschnittenes Mitochondrium mit seiner Außen- und Innenmembran. Die Innenmembran ist kammartig in das Innere eingestülpt

(Cristae mitochondriales). Auf diese Art wird die
Oberfläche der funktionell wichtigen Innenmembran
stark vergrößert

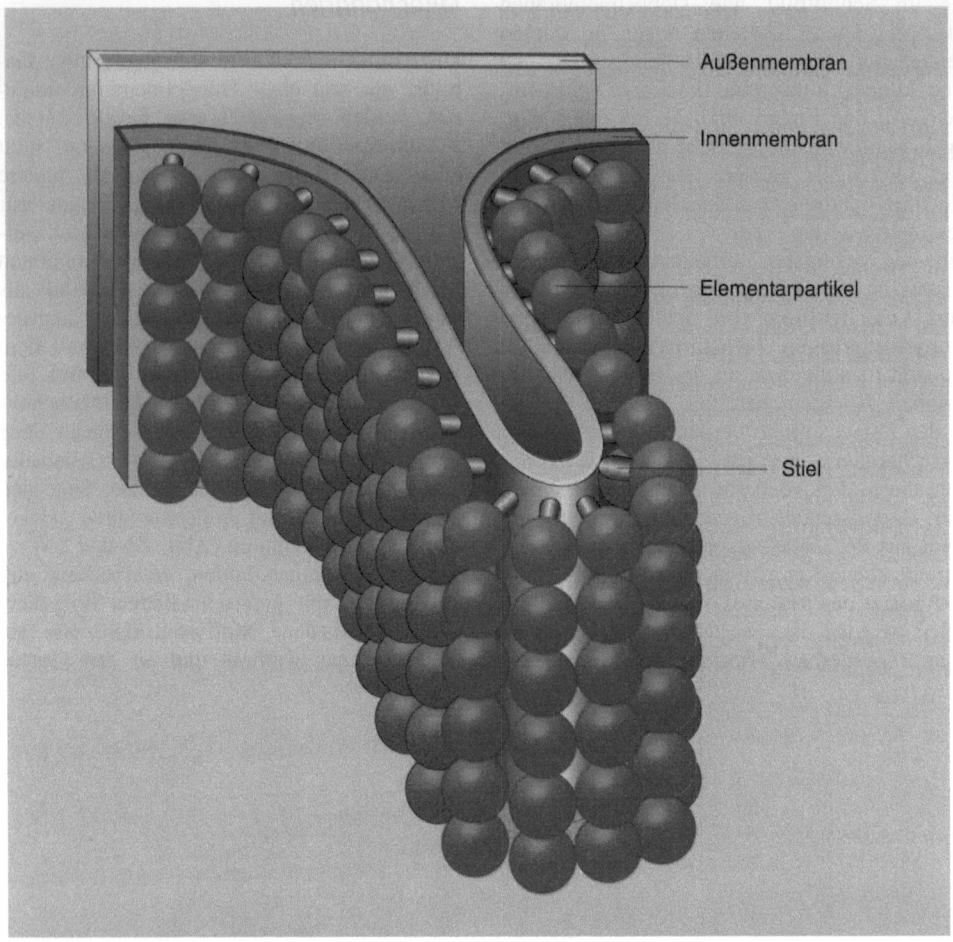

Außenmembran

Innenmembran

Elementarpartikel

Stiel

Abb. 2.7. Ausschnitt eines Mitochondriums mit Einstülpung der Innenmembran (Crista mitochondrialis). Die Innenmembran ist mit Elementarpartikeln besetzt, die für den Elektronentransport bei der Energiegewinnung, d.h. dem Aufbau des Adenosintriphosphats (ATP), benötigt werden

sitzen sog. Elementarpartikel, die im Zusammenhang mit der Energiegewinnung stehen. Die Mitochondrien sind die **Energielieferanten der Zellen** und damit die Energielieferanten des Körpers. Mit ihren Enzymen können sie eine Vielzahl von lebensnotwendigen Stoffwechselvorgängen durchführen, der wichtigste ist die **Energiegewinnung durch den Aufbau von ATP** (Adenosintriphosphat). An dieser Energiegewinnung sind mehrere Stoffwechselprozesse beteiligt, wie der Elektronentransport, die oxidative Phosphorylierung, der Zitronensäurezyklus etc. Je nach Energiebedarf der einzelnen Zellen ist natürlich auch der Gehalt an Mitochondrien sehr unterschiedlich. In Zellen mit einem hohen Energiebedarf, z.B. Herzmuskelzellen, ist die Mitochondrienzahl sehr hoch. Der Aktivitätszustand der einzelnen Mitochondrien läßt sich u.a. am Ausmaß der durch die Cristae gebildeten Oberflächenvergrößerung ablesen.

Lysosomen

Lysosomen sind 0,25–0,5 μm große Partikel, die von einer Membran umgeben sind. Sie enthalten verdauende Enzyme. Ihr Wirkungsoptimum liegt im sauren pH-Bereich. Meist handelt es sich um sog. Hydrolasen. Diese Enzyme spielen eine wichtige Rolle beim **Abbau** von **zellfremdem** und **zelleigenem** Material:

- Im ersten Fall helfen sie, Material zu verdauen, das von außen in die Zelle gelangt ist (Heterophagie).
- Sie bauen aber auch Material ab, das aus der eigenen Zelle stammt und nicht mehr benötigt wird (Autophagie).

Durch diese intrazelluläre Verdauung werden die einzelnen Bausteine des verdauten Materials frei und stehen für den erneuten Einbau in andere Moleküle wieder zur Verfügung. So werden z.B. aus den Lipiden die Fettsäuren freigesetzt und aus den Proteinen die Aminosäuren etc. (Abb. 2.8).

Der Lysosomenmembran kommt eine besondere Bedeutung zu, da sie das Zytoplasma vor den im Lysosom vorhandenen hydrolytischen Enzymen zu schützen hat. Wenn die Lysosomenmembran geschädigt wird (z.B. große Dosis an UV- oder Röntgenstrahlen oder z.B. bei eitrigen Geschwüren) dann treten die Enzyme in das Zytoplasma über. Dies

kann lokal zu Gewebeautolyse (Auflösung) führen. Nach dem Tode lösen sich die Membranen ebenfalls auf, wodurch es zur Autolyse (Selbstverdauung) kommt.

Peroxisomen (Microbodies)

Peroxisomen sind Organellen, die kleinen Lysosomen ähnlich sehen, sie beinhalten jedoch völlig andere Enzyme, die zur Hauptsache dafür verantwortlich sind, H_2O_2, das bei verschiedenen Stoffwechselvorgängen entsteht und ein schweres Gift ist, **sofort in H_2O und O zu spalten**, das dann den Zellen für den weiteren Stoffwechsel wieder zur Verfügung steht.

Zentriolen und Kinozilien

Zentriolen sind zylinderförmige Gebilde, die von einer homogenen Plasmazone umgeben

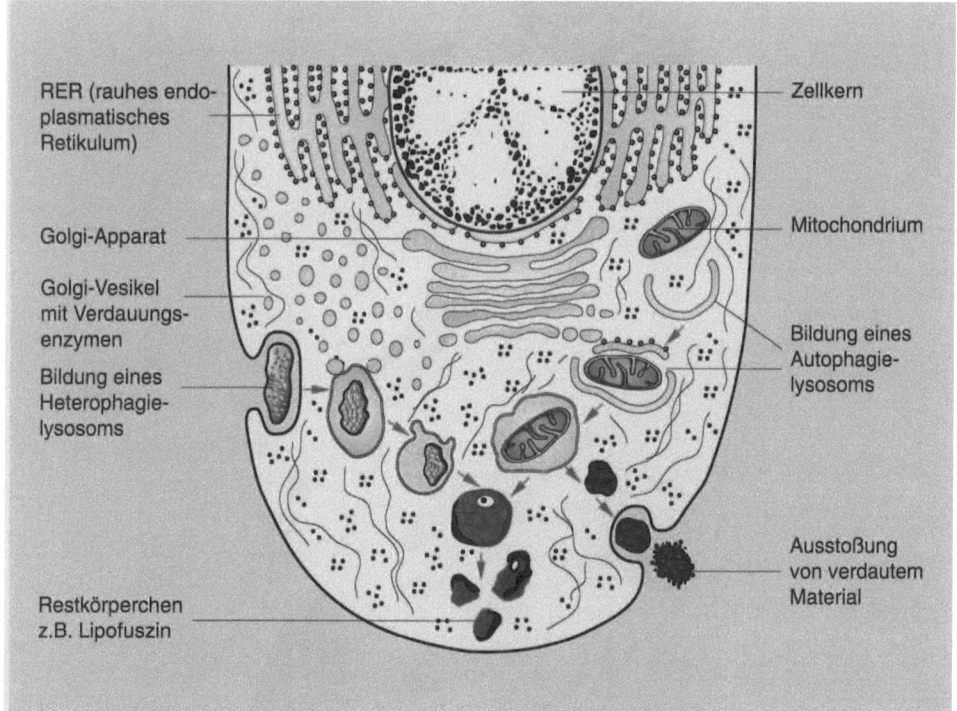

RER (rauhes endoplasmatisches Retikulum)

Golgi-Apparat

Golgi-Vesikel mit Verdauungsenzymen

Bildung eines Heterophagielysosoms

Restkörperchen z.B. Lipofuszin

Zellkern

Mitochondrium

Bildung eines Autophagielysosoms

Ausstoßung von verdautem Material

Abb. 2.8. Darstellung der beiden wichtigsten Formen der intrazellulären Verdauung. Durch Aufnahme eines Fremdpartikels (Heterophagie) und Bildung eines Heterophagielysosoms können zellfremde Bestandteile abgebaut werden. Durch die Bildung von Autophagielysosomen können überalterte oder nicht mehr benötigte zelleigene Bestandteile verdaut werden. In beide Lysosomenarten werden Golgi-Vesikel mit Verdauungsenzymen aufgenommen. Nicht weiter abbaubare Bestandteile können in Form von Restkörperchen in den Zellen eingelagert oder aus den Zellen ausgestoßen werden

sind und meist in Kernnähe liegen. Jede Zelle – mit wenigen Ausnahmen – weist ein Zentriolenpaar auf, deren beide Zentriolen im Normalfall T-förmig zueinander liegen (Abb. 2.9). Jedes Zentriol wird aus 9 im Querschnitt kreisförmig angeordneten Gruppen von je 3 **Mikrotubuli** gebildet. Diese Mikrotubuli sind kleine röhrenförmige Gebilde, die auch an anderen Orten der Zelle einzeln vorkommen. Sie bestehen aus Protein, das kontraktile Eigenschaften hat, und dienen der Stabilisierung und der Bewegung von Zellen.

Zentriolen spielen eine wichtige Rolle während der Zellteilung (Mitose und Meiose), bei der sie für die Ordnung und Bewegung der Chromosomen sorgen.

Genau gleich gebaut wie die Zentriolen sind **Basalkörnchen** (**Kinetosomen**). Kinetosomen kommen in Zellen vor, die mit Flimmerhaaren besetzt sind. Sie sitzen dort normalerweise in einer Reihe direkt unterhalb der Zellmembran an der Basis (deshalb Basalkörnchen) der **Flimmerhaare**, die selber auch als **Kinozilien** bezeichnet werden. Die Kinozilien entspringen von den Basalkörnchen, die noch innerhalb der Zelle liegen, und ragen dann als lange fädige Gebilde über die Zellmembran hinaus. Der herausragende Teil ist der Zilienschaft. Im Zilienschaft befindet sich noch ein zusätzliches zentrales Paar von Mikrotubuli, das der gesamten Struktur ein charakteristisches 9-plus-2-Aussehen (9+2) verleiht (9mal 2 äußere und 2 innere Mikrotubuli). Diese Struktur der Zilien ist im ganzen Tierreich anzutreffen. Die Funktion der Zilien besteht im **Transport von Flüssigkeiten oder Partikeln** an der Zelloberfläche. Der eigentliche Flimmerschlag,

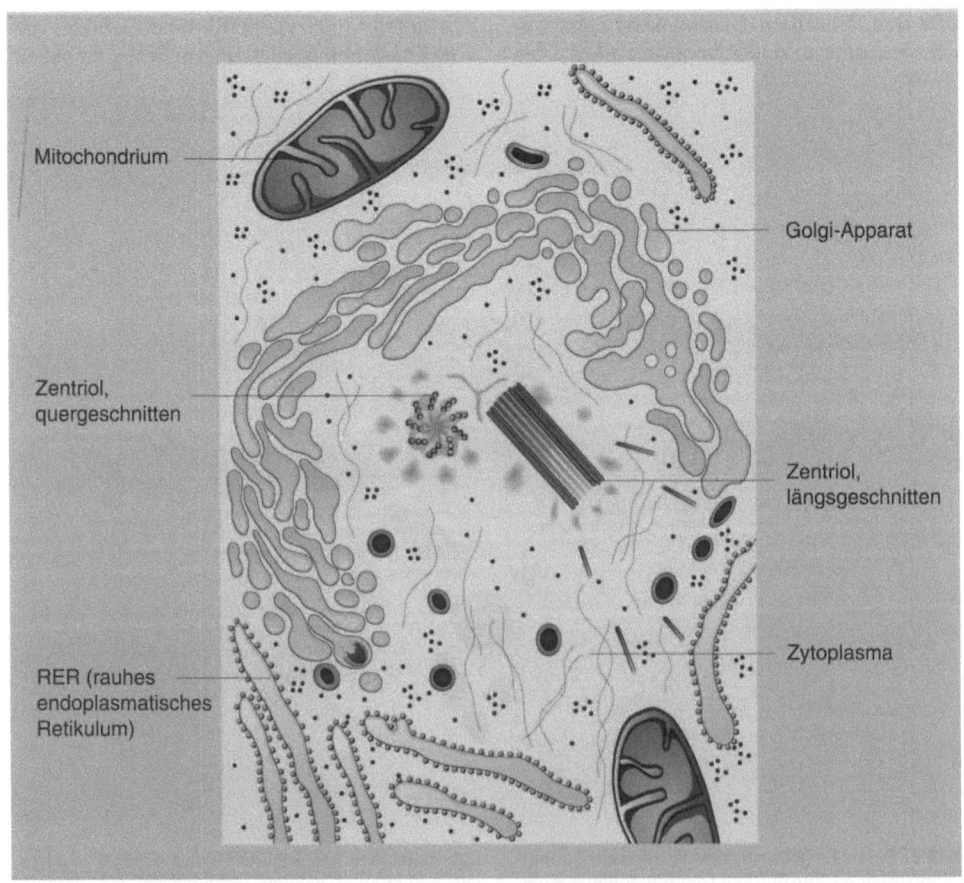

Abb. 2.9. Zentriolenpaar (Diplosom), wie es in den meisten Zellen (nicht in Nervenzellen), auch außerhalb der Zellteilungszyklen, vorkommt. Der Kranz von grauem Material um die Zentriolen wird als „Satelliten" bezeichnet. Aus diesen Satelliten wird bei Bedarf (Zellteilung) ein weiteres Zentriolenpaar aufgebaut

der diese Funktion ermöglicht, kommt durch Kontraktion der Mikrotubuli zustande. Die Flimmerzellen kommen beim Menschen z.B. im Eileiter oder in der Luftröhre vor.

Zellkern

Mit Ausnahme der Erythrozyten besitzen alle menschlichen Zellen einen **Zellkern**. Zusammen mit dem Zytoplasma bildet der Zellkern eine Funktionseinheit. Er ist das **Steuerungszentrum des Zellstoffwechsels** und gleichzeitig **Träger der genetischen Information**. Diese Information ist auf den Chromosomen vorhanden, die während der Zellteilung besonders in Erscheinung treten.

Zellkerne sind von einer Hülle umgeben, die sie vom Zytoplasma abtrennt und gleichzeitig dafür sorgt, daß ein Austausch an Material zwischen Zellkern und Zytoplasma stattfinden kann. Die Kernhülle ist eine Doppelmembran. Beide Membranen der Doppelmembran sind nach dem gleichen Prinzip des Membranaufbaus, nämlich jeweils aus einer bimolekularen Lipidschicht mit eingelagerten Proteinen, aufgebaut. Zwischen den Doppelmembranen besteht ein schmaler Spalt, der perinukleare Raum, der an dem Austausch von Material und Information zwischen Zellkern und Zytoplasma beteiligt ist. Die Kernmembran oder Kernhülle ist nicht kontinuierlich, sondern wird von sog. Kernporen durchbrochen, die einen Durchmesser von ca. 60 nm (1 nm=0,000001 mm) haben und meist von einer dünnen Membran (Diaphragma) verschlossen sind. Durch die Kernmembran wird das Kernplasma (Karyoplasma) vom Zytoplasma getrennt. Eine Kommunikation zwischen Karyoplasma und Zytoplasma ist aber durch die Kernporen wie auch durch den perinuklearen Raum möglich. Der perinukleare Raum seinerseits steht wieder mit dem endoplasmatischen Retikulum in Verbindung. Im **Karyoplasma** finden sich neben verschiedenen Einschlüssen, wie sie gelegentlich vorkommen (Lipid, Glykogen, Protein) v.a. die **Chromosomen**, die in ihrer Gesamtheit, wie sie im Ruhekern zu sehen sind, als **Chromatin** bezeichnet werden. Außerdem ist auch im Ruhekern ein **Kernkörperchen (Nukleolus)** vorhanden, das die

Aufgabe hat, RNA zu bilden, die für die Proteinsynthese im Zytoplasma benötigt wird. Das Ganze liegt in einer als Kernsaft bezeichneten Flüssigkeit. Dieser Kernsaft enthält neben den Chromosomen Wasser und **Nukleotide**, die Bausteine der Nukleinsäuren, sowie Enzyme und Zwischenprodukte des Kohlenhydratstoffwechsels (Abb. 2.10).

Chromosomen

Je nach Aktivitätsphase der Zellen kann der Zellkern verschiedene Formen annehmen. Besonders auffällig ist dies, wenn die Zelle sich teilt. Dann laufen im Zellkern charakteristische Veränderungen ab. Es werden Strukturen sichtbar, die man als **Chromosomen** bezeichnet. Dies sind **fädige, hakenförmige Gebilde mit einer Einschnürung** (Zentromer), **von der 2 unterschiedlich lange Chromosomenschenkel abgehen**. Die Länge der Schenkel und das Maß der Abknickung sind für jedes einzelne Chromosom charakteristisch, sie werden für die Klassifizierung der Chromosomen verwendet. Die Anzahl der Chromosomen in einer Zelle, der **Chromosomensatz**, ist artspezifisch und zahlenkonstant, d.h., unterschiedliche Tierarten haben möglicherweise unterschiedliche Chromosomenzahlen, aber für jedes Tier derselben Art ist die Anzahl der Chromosomen in jeder Zelle konstant. So hat z.B. die Maus 40, die Obstfliege 8 und der Mensch 46 Chromosomen. Einen solchen Chromosomensatz nennt man **diploid**. Im Unterschied dazu werden Chromosomensätze in den Geschlechtszellen (Eizellen und Samenfäden), die nur die Hälfte der Chromosomen enthalten (beim Menschen 23), **haploid** genannt. Der diploide Chromosomensatz enthält bei beiden Geschlechtern je 23 Paare von Chromosomen, die einander entsprechen, wovon je 1 Chromosom eines solchen Paares von der Mutter bzw. vom Vater stammt. Man unterscheidet dabei **Autosomen**, von denen 22 Paare vorhanden sind, und **Heterosomen** oder Geschlechtschromosomen, von denen nur 1 Paar vorhanden ist (Abb. 2.11). Das weibliche Geschlecht besitzt 2 gleichartige relativ große Geschlechtschromosomen, die als **X-Chromosomen** bezeichnet werden. Das männliche Geschlecht hat nur 1 solches X-Chromosom, das 2. der Heterosomen ist ein kleineres sog. **Y-Chromosom**. Für die Geschlechtsbestimmung eines befruchteten Eies ist also lediglich der Besitz der entspre-

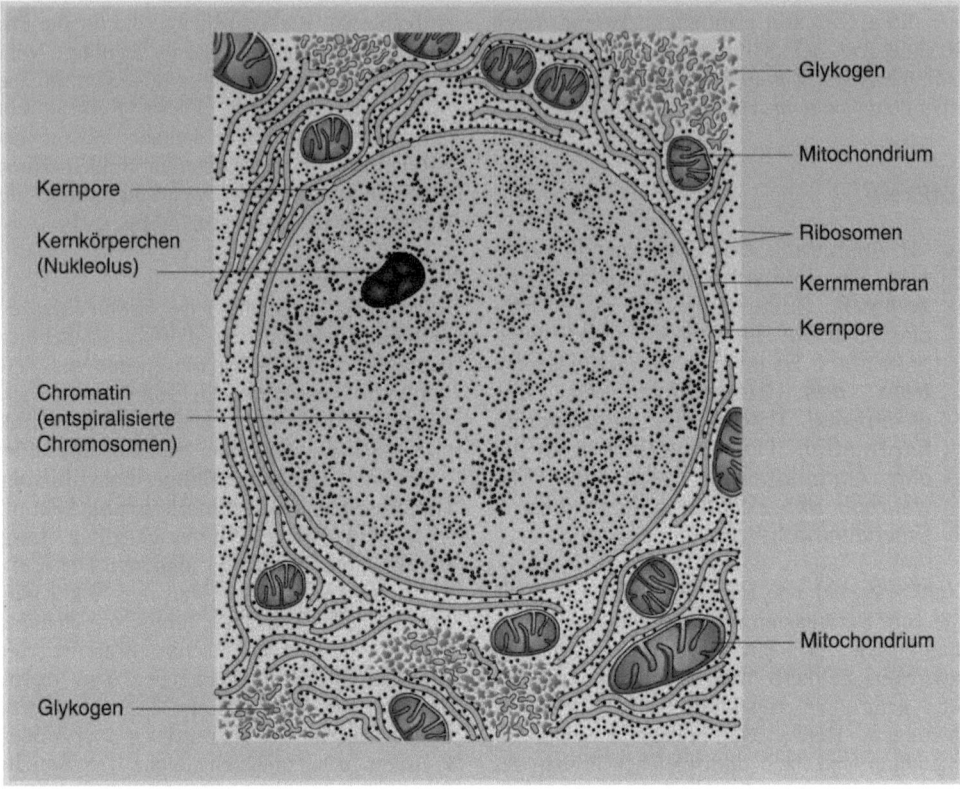

Abb. 2.10. Schnittbild durch eine Zelle in der Region des Zellkerns. Es handelt sich hier um einen Arbeitskern, bei dem das Chromatin in entspiralisierter Form vorliegt

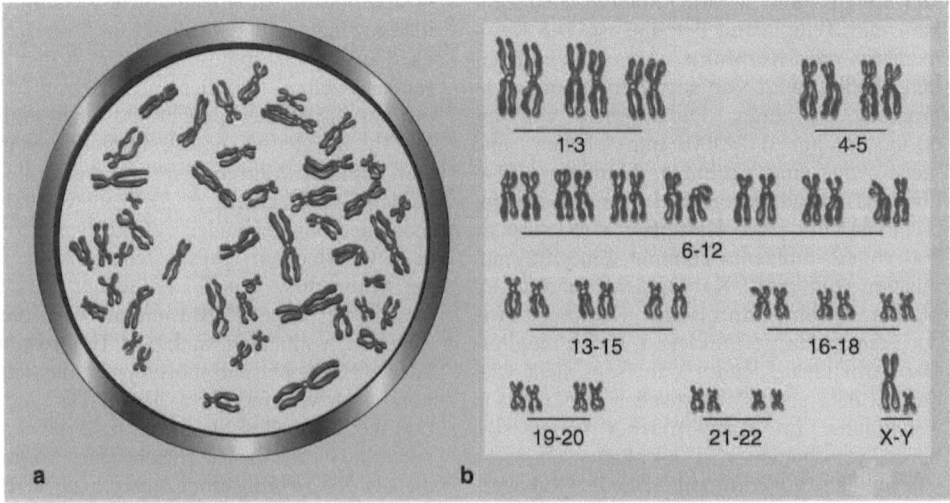

Abb. 2.11a, b. Darstellung eines menschlichen Chromosomensatzes, wie er während der Zellteilung in der Metaphase vorkommt; **a** unsortiert, **b** sortiert nach Größe der Chromosomen. Jeweils ein Chromosom pro Paar stammt vom Vater und eines von der Mutter. Der Mensch besitzt 22 Autosomenpaare, die gleich aussehen, und ein Heterosomenpaar, das beim Mann aus einem X- und einem Y-Chromosom und bei der Frau aus 2 X-Chromosomen besteht

chenden Geschlechtschromosomen von Bedeutung. Bei 2 X-Chromosomen wird es ein Mädchen, bei einem X- und einem Y-Chromosom wird es ein Junge.

In der nicht in Teilung befindlichen Zelle sind diese Chromosomen normalerweise nicht sichtbar, da sie in entspiralisierter Form vorliegen. Eine Ausnahme von diesem Zustand bildet in weiblichen Zellen eines der beiden X-Chromosomen, das auch im „Interphasenkern" (nicht in Teilung befindlich) meist mehr oder weniger spiralisiert vorliegt und dann meist innen an der Kernmembran angeheftet ist. Dieses spiralisierte X-Chromosom nennt man nach seinem Entdecker **Barr-Körperchen** (wird auch als Sexchromatin bezeichnet). In den Granulozyten (weißen Blutkörperchen) wird das 2. weibliche X-Chromosom an den vielgestaltigen Zellkernen trommelschlegelartig nach außen vorgestülpt, was ihm den englichen Namen „drumstick" (Trommelschlegel) eingetragen hat. Das Vorhandensein von spiralisierten X-Chromosomen im Interphasenkern macht man sich zunutze bei der Geschlechtsbestimmung. Blutausstriche und Mundschleimhautausstriche werden heute routinemäßig zur Bestimmung des chromosomalen Geschlechts herangezogen, z.B. bei Sportveranstaltungen. Mit dieser Geschlechtsbestimmung kann ausgeschlossen werden, daß z.B. genetische Männer mit einem weiblichen Äußeren an Frauenwettbewerben teilnehmen.

Innerhalb des Zellkerns ist auch im Interphasenkern häufig noch eine spezielle Struktur sichtbar, der **Nukleolus** (**Kernkörperchen**). Der Nukleolus ist verantwortlich für die Synthese der Ribosomen, die im Zytoplasma entweder frei liegen oder an das endoplasmatische Retikulum gebunden sind, das damit zum RER wird. Ribosomen sind die eigentlichen Orte, an denen die Proteinsynthese abläuft, unter Beteiligung von **mRNA** (messenger-RNA) und **tRNA** (transfer-RNA).

Die **Chromosomen** sind die **Träger der Erbinformation**, d.h. der genetischen Information. Sie setzen sich zu einem Teil aus Protein zusammen, zum anderen Teil aus Nukleinsäure. Die Erbinformation ist jedoch nicht auf dem Protein lokalisiert, sondern auf der Desoxyribonukleinsäure (DNA).

Die DNA setzt sich aus Nukleotiden zusammen. Die einzelnen Nukleotide wiederum bauen sich aus je 1 Zuckermolekül (Desoxyribose), 1 Phosphatanteil und 1 Base auf. Durch Phosphat-Zucker-Bindungen werden die einzelnen Nukleotide zu langen unverzweigten Ketten zusammengefügt. Es stehen insgesamt 4 verschiedene Basen zur Verfügung: Adenin, Guanin, Cytosin und Thymin. Je 2 Ketten von Nukleotiden winden sich spiralig umeinander und bilden so eine **Doppelspirale** (Doppelhelix; Abb. 2.12 und 2.13). In dieser Doppelspirale können sich nur bestimmte Basen auf den beiden DNA-Strängen gegenüberliegen, und zwar jeweils Adenin und Thymin sowie Guanin und Cytosin. In der Anordnung der einzelnen Basenpaare innerhalb eines Stranges, d.h. der Reihenfolge, in der sie in sog. Tripletts (Dreiergruppen) erscheinen, ist die genetische Information gespeichert. Dabei wird der Abschnitt des DNA-Moleküls, der in der Lage ist, die Information für ein Protein weiterzugeben, als **Gen** bezeichnet. Jeweils ein **Triplett** (Dreiergruppe von Nukleotiden) ist für den Einbau von einer Aminosäure in ein Protein verantwortlich. Je nach Größe eines Gens ist also ein Protein länger oder kürzer.

Mutationen

Mutationen sind spontan entstandene, bleibende Veränderungen des Erbgutes, die sowohl Keimzellen als auch Körperzellen betreffen können.

Mutationen innerhalb von Körperzellen sind vielfach verantwortlich für Alterungsprozesse sowie für die Bildung von Tumoren. **Mutationen in Keimzellen** äußern sich bei der Nachkommenschaft entweder als Änderung des Erscheinungsbildes oder – vielfach gekoppelt damit – in einer Änderung der Reaktionsnorm. Dies führt in vielen Fällen zu typischen Krankheitsbildern. Als Ursachen für Mutationen kommen sehr viele Faktoren in Frage, z.B. Pharmaka, Strahlen, Chemikalien etc. Bei den Keimzellen führen sehr viele Mutationen zum Tode der sich entwickelnden Frucht oder des Neugeborenen. Diese Mutationen nennt man **Letalmutationen**. Andere Mutationen stellen nicht immer eine Behinderung der Lebensfunktion dar, sie können sogar eine Verbesserung der Lebensfähigkeit bedeuten.

Zusammen mit der Selektion sind die Mutationen ein wesentlicher Mechanismus der **Evolution**, d.h. der Entwicklung von niederen in höhere Lebewesen.

- **Numerische Chromosomenmutationen:** Änderungen in der Zahl der Chromosomen, z.B. als sog. Trisomien mit pathologischen Auswirkungen. Beispiel: Mongolismus (Trisomie 21 oder Down-Syndrom).

- **Strukturelle Chromosomenmutationen:** Abweichungen im Bau der Chromosomen, z.B. durch Brüche der Chromosomen.
- **Genmutationen:** Veränderungen des molekularen Aufbaus der DNA.

2.3.3 Zellteilungen

Für sehr viele Lebensabläufe sind Zellteilungen eine wichtige Voraussetzung, z.B. für das Wachstum, die Wundheilung, die Zellmauserung oder die Bildung der Keimzellen. Wir

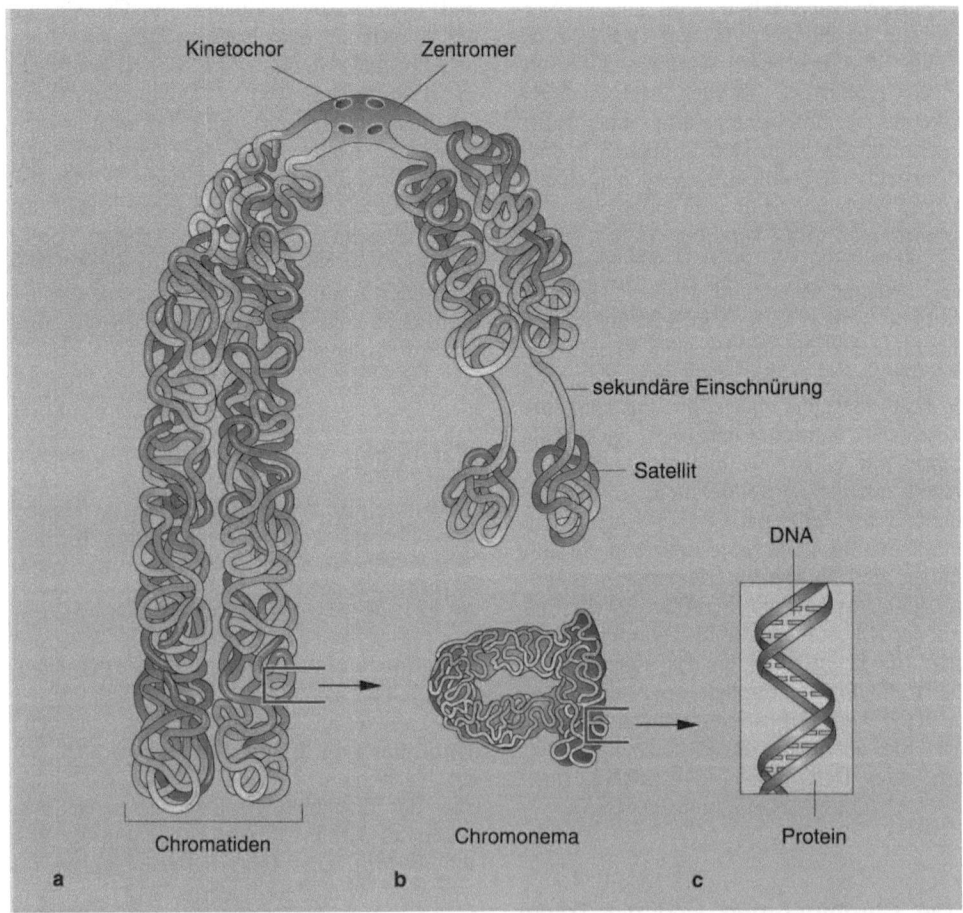

Abb. 2.12a–c. Chromosom während der Metaphase, in der es maximal spiralisiert in den Zellen vorliegt. Da die DNA zu diesem Zeitpunkt bereits identisch verdoppelt (redupliziert) ist, besteht ein Chromosom zu diesem Zeitpunkt aus 2 Chromatiden (**a**), von denen je eine während der Zellteilung auf die Tochterzellen verteilt wird. Die Chromatiden sind in der Region des Zentromers miteinander verbunden. Hier sitzt auch die Anhaftungsstelle (Kinetochor) für die Mikro-

tubuli, die an der Trennung der beiden Chromatiden beteiligt sind. In der Region der sekundären Einschnürung wird das Kernkörperchen (Nukleolus) gebildet, das für die Produktion der Ribosomen verantwortlich ist. Die nachfolgende Region heißt Satellit. Die Untereinheiten der Chromatiden sind die spiralisierten Chromonemata (**b**), die ihrerseits aus der DNA und Protein bestehen (**c**)

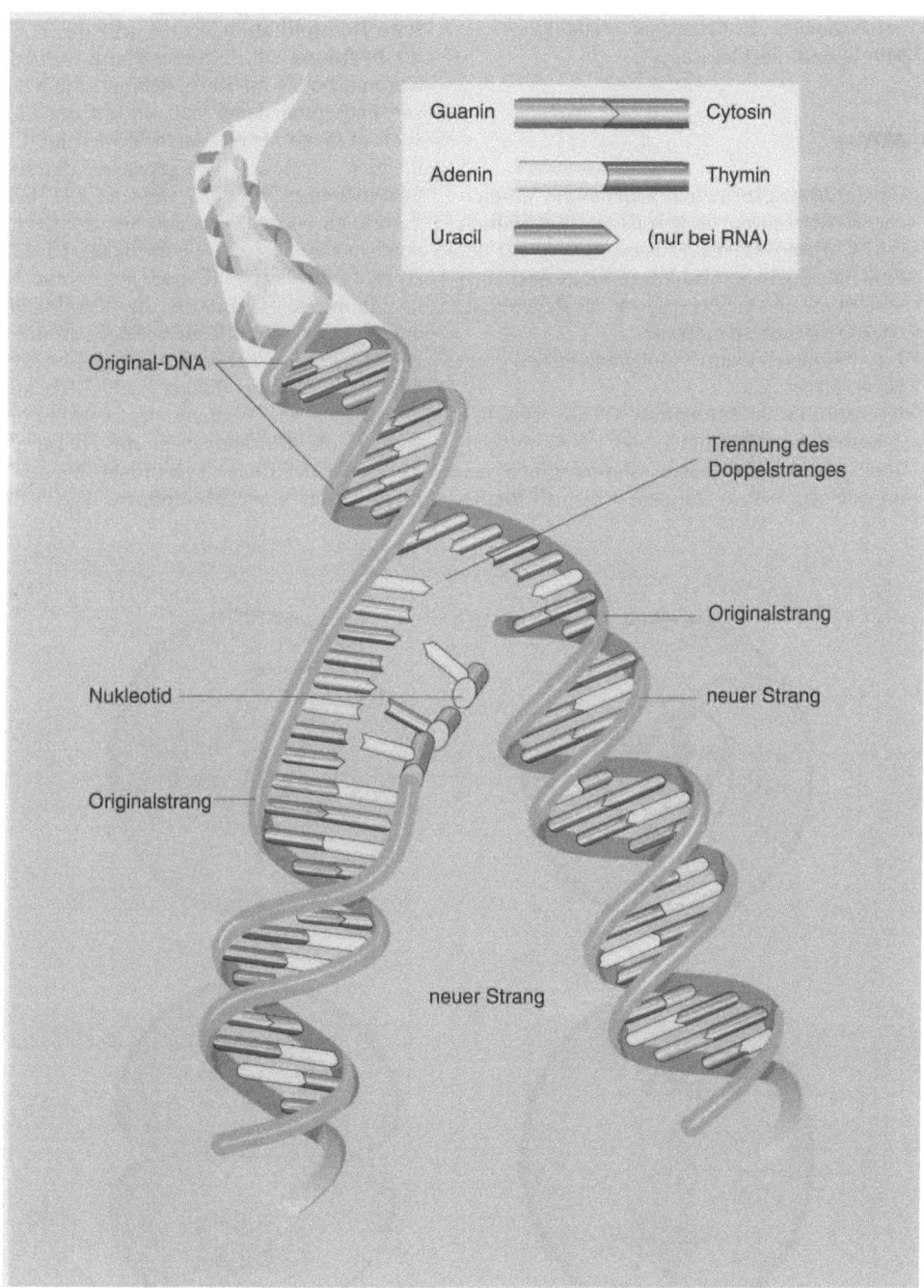

Guanin ▭▶ Cytosin

Adenin ▭▶ Thymin

Uracil ▭▷ (nur bei RNA)

Original-DNA

Trennung des
Doppelstranges

Originalstrang

Nukleotid

neuer Strang

Originalstrang

neuer Strang

Abb. 2.13. Reduplikation der DNA während der Inter-phase. Der Originaldoppelstrang der DNA trennt sich reißverschlußartig in seine beiden Teilstränge, die beide durch Anlagerung von Nukleotiden (den Bausteinen der DNA) wieder zu Doppelsträngen ergänzt werden. Da sich die Basen nur nach dem Schema Guanin/Cytosin und Adenin/Thymin paaren können, ist sichergestellt, daß die beiden neuen DNA-Moleküle identisch mit dem ursprünglichen Molekül sind

unterscheiden 2 Arten der Zellteilung: die Mitose und die Meiose.

Mitose

Bei der Mitose entstehen 2 identische, erbgleiche Tochterzellen, die jeweils einen **diploiden** (46) **Chromosomensatz** haben. Diese Art der Zellteilung ist die Grundlage eines normalen Wachstums der Gewebe sowie der Regeneration von verletztem Gewebe.

Die Mitose läuft folgendermaßen ab (Abb. 2.14):

Nachdem in der **Interphase** (Phase zwischen 2 mitotischen Teilungen) die DNA im Zellkern an den vorhandenen Chromosomen verdoppelt wurde (ein Vorgang, den man **identi-** sche **Reduplikation** nennt), tritt die Zelle in die **Prophase** ein. In dieser Phase werden die Chromosomen im Kern sichtbar. Sie verkürzen und spiralisieren sich, es tritt ein Längsspalt in ihnen auf. Dadurch werden die Chromatiden sichtbar, die ihrerseits durch die Chromonemta gebildet werden. Die beiden Zentriolen rücken auseinander, das Kernkörperchen (Nukleolus) verschwindet, der Golgi-Apparat löst sich auf, und gegen das Ende der Prophase wird auch die Kernmembran aufgelöst. Die Zentriolen wandern an die entgegengesetzten Zellpole, und zwischen den beiden Zentriolen bilden sich Mikrotubuli aus. Unter der Wirkung dieser Mikrotubuli werden die Chromosomen im Zentrum der Zelle in einer Ebene angeordnet. Dieses Stadium nennt man **Metaphase**. Die Mikro-

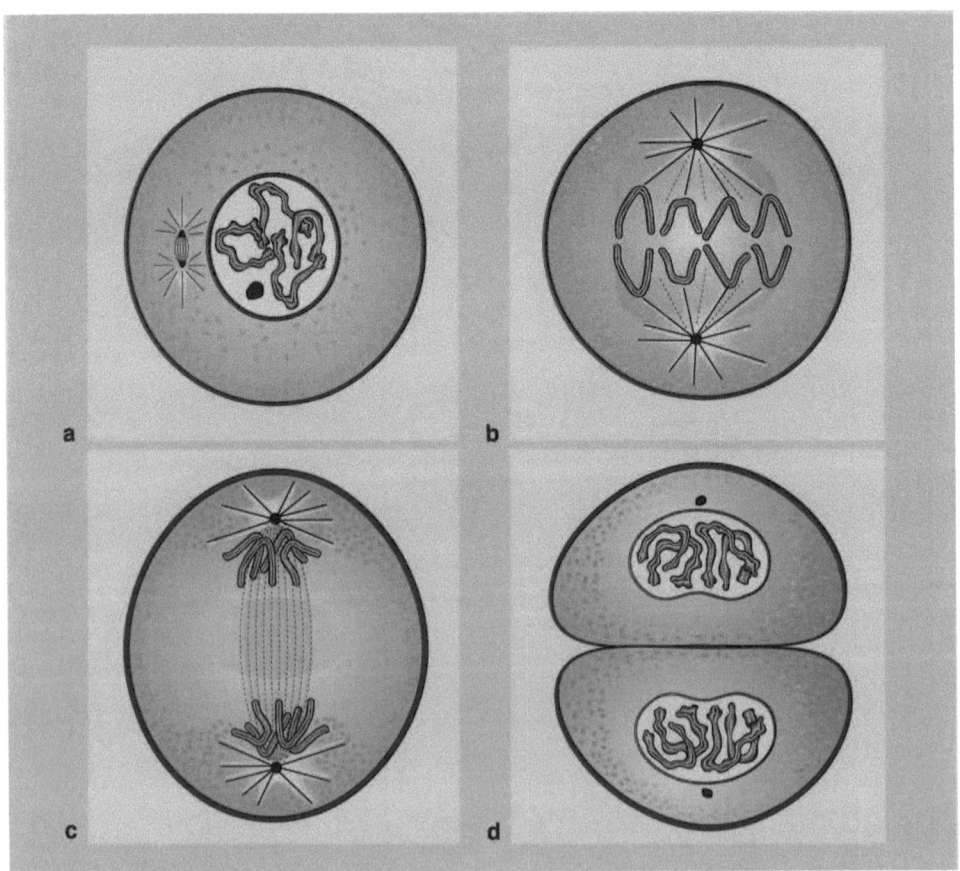

Abb. 2.14a–d. Phasen der Mitose. **a** Prophase: Die Chromosomen werden sichtbar, da die DNA spiralisiert. **b** Metaphase: Die homologen (einander entsprechenden) Chromosomen gruppieren sich in der Zellmitte (Äquatorialebene). **c** Anaphase: Die Chromosomen sind unter der Wirkung der von den Zen- triolen ausgehenden Mikrotubuli an die beiden Zellpole gewandert. **d** Telophase: Die Kernmembran hat sich wieder um die Chromosomen gebildet, die sich zu entspiralisieren beginnen; es sind 2 Tochterzellen entstanden

tubuli bilden eine spindelförmige Struktur, und verschiedene Mikrotubuli heften sich an die Einschnürung der Chromosomen. Die nächste Phase, die **Anaphase**, beginnt mit der Spaltung der Chromosomen in der Zentromerregion (Einschnürungszone). Danach bewegen sich die Chromosomenhälften, die Chromatiden (die ja durch die identische Reduplikation die vollständige Erbinformation enthalten), auf die beiden Zentriolen zu. Dies geschieht offensichtlich mit der Hilfe der Mikrotubuli. Wenn die Chromosomen sich um die Zentriolen gruppiert haben, beginnt die **Telophase**. Während der Telophase entspiralisieren sich die Chromosomen, es entsteht ein Nukleolus, und um die beiden Chromosomensätze bildet sich die Kernmembran wieder aus. Schließlich schnürt sich die Zelle zwischen den beiden Kernen ein und teilt sich. Damit sind 2 identische Tochterzellen entstanden.

Die Phasen der Mitose sind also:

* Prophase,
* Metaphase,
* Anaphase,
* Telophase.

Meiose

Die andere Art der Zellteilung, die **Meiose**, verläuft komplizierter. Ihr Ziel ist es, männliche und weibliche Geschlechtszellen (**Gameten**) für den Befruchtungsvorgang bereitzustellen. Bei der Befruchtung wird das männliche und das weibliche Erbgut miteinander vermischt. Damit es nun nicht bei jeder Befruchtung von Generation zu Generation zu einer Verdoppelung der Chromosomenzahl kommt, hat die Natur zu einem Trick gegriffen. Die Anzahl der Chromosomen wird in Geschlechtszellen durch die Meiose auf die Hälfte reduziert, d.h., von jedem Chromosomenpaar wird nur ein Chromosom mit in die einzelne Geschlechtszelle übernommen, so daß ein **haploider Chromosomensatz** vorliegt. Durch den Befruchtungsvorgang wird dann wieder ein diploider Chromosomensatz erreicht.
Damit sowohl Mitose als auch Meiose ablaufen können, muß das Erbmaterial, die Chromosomen, vor der Zellteilung zuerst verdoppelt werden. Dies geschieht durch die **Reduplikation**, bei der eine **exakte Kopie des ur-**

sprünglichen Chromosoms entsteht, damit bei der Verteilung auf die Tochterzellen gewährleistet ist, daß jede Zelle einen identischen Chromosomensatz bekommt.
Der wesentliche Unterschied zwischen Mitose und Meiose besteht darin, daß

* bei der Meiose am Schluß 4 identische Zellen mit einem haploiden Chromosomensatz vorliegen,
* aus der Mitose jedoch nur 2 identische Zellen mit einem diploiden Chromosomensatz hervorgehen.

2.3.4 Proteinsynthese

Für sehr viele Aufgaben der Zelle muß Protein hergestellt werden. Je nach Art des Proteins unterscheidet man Funktionsproteine, Strukturproteine und Exportproteine.

* **Funktionsproteine:** Hierbei handelt es sich v.a. um Enzyme, die zur Regelung der meisten zellulären Stoffwechselprozesse benötigt werden.
* **Exportproteine:** Das sind Proteine, die von den Zellen **sezerniert**, also an den Interzellulärraum **abgegeben** werden. Dies sind z.B. die Plasmaproteine (Bluteiweiß wie das Albumin), die in der Leber hergestellt werden. In die gleiche Kategorie gehören die Vorstufen für Bindegewebsfibrillen.
* **Strukturproteine:** Das sind Proteine, die für den Aufbau der Zelle und ihre Bestandteile benötigt werden.

Die Biosynthese all dieser Proteine wird durch Gene auf den Chromosomen programmiert, wobei die Reihenfolge (**Sequenz**) der Basen in den DNA-Molekülen verantwortlich ist für die Reihenfolge der Aminosäuren in den Proteinen. Durch die Reihenfolge der Aminosäuren und ihre Anzahl wird die Funktion der Proteine bestimmt: Enzymfunktion, Hormonfunktion etc. Der eigentliche Ort der Proteinsynthese ist das endoplasmatische Retikulum mit seinen Ribosomen. An diesen Ribosomen wird Protein aus den einzelnen Aminosäuren zusammengesetzt, entsprechend der Information, die von den Genen aus dem Zellkern kommt. Die auf den Chromosomen vorhandene genetische Information wird im Zellkern in einem Vorgang, der als **Transkription** bezeichnet wird, auf messenger-RNA (mRNA) übertragen. Diese mRNA wird an den Ribosomen abgelesen; hier wird mit Hilfe einer transfer-RNA (tRNA), die für jede Aminosäure spezifisch ist, eine Aminosäure in das neu synthetisierte Protein eingebaut. Dieser Vorgang wird **Translation** genannt. Für die Proteinsynthese sind also 2 Vorgänge von Bedeutung (Abb. 2.15):

● Transkription (im Zellkern),
● Translation (an den Ribosomen).

Durch die Vielzahl der Lebensvorgänge und Stoffwechselprozesse, an denen Proteine beteiligt sind, ist die Proteinsynthese ein absolut lebensnotwendiger Vorgang. Die Bedeutung der Proteinsynthese wird v.a. dann deutlich, wenn sie durch Stoffwechselgifte gehemmt ist. Dies hat teilweise lebensbedrohende Folgen, wie z.B. beim Gift des grünen Knollenblätterpilzes. Es kann aber auch lebensrettende Wirkung haben wie bei den Antibiotika, die in der Lage sind, die Protein-

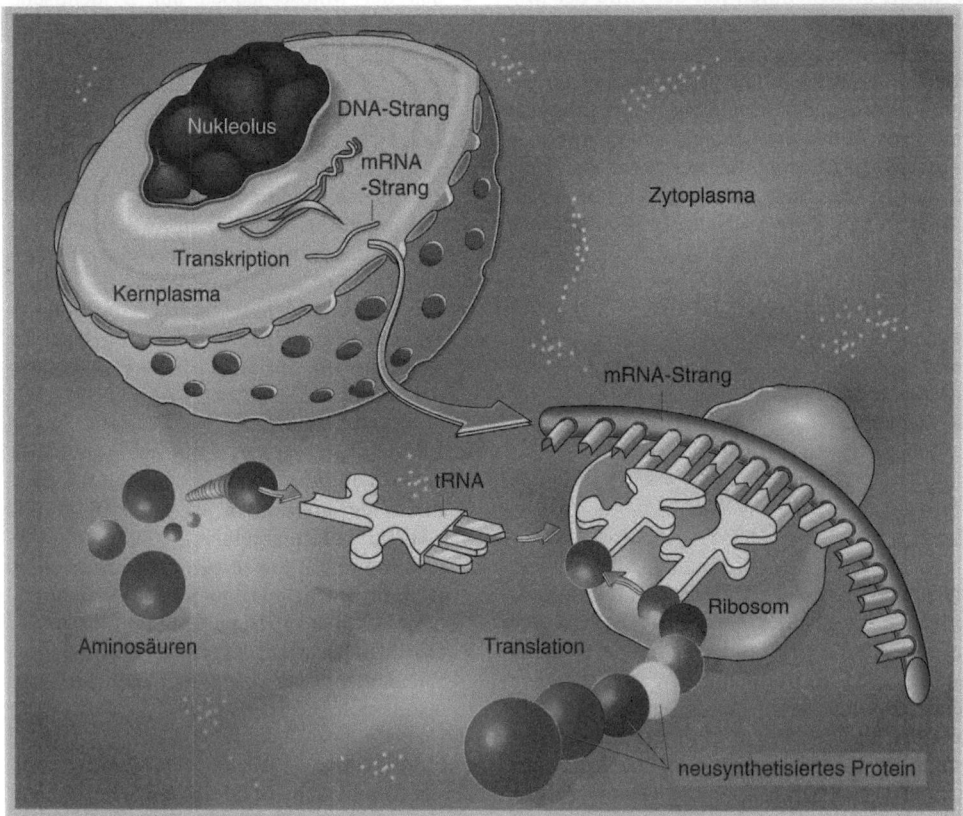

Abb. 2.15. Schematische Darstellung der Proteinbiosynthese. Im Zellkern wird von einem Gen eine Kopie in Form eines mRNA-Strangs (Transkription) hergestellt. Dieser wandert ins Zytoplasma zu einem Ribosom und wird dort abgelesen (Translation). Während der Translation wird, codiert durch 3 Basen, an der m-RNA jeweils eine spezifische Aminosäure durch t-RNA-Moleküle in die wachsende Proteinkette eingebaut

▶

Abb. 2.16. Erbgang bei einer dihybriden Kreuzung (Kreuzung mit 2 unterschiedlichen Merkmalen) in der Parentalgeneration (Elterngeneration, *P*). Die unterschiedlichen Merkmale sind: gefleckt/schwarz und einfarbig/rotbraun. Schwarz dominiert über rotbraun und einfarbig über gefleckt. Die dazugehörigen dominanten Gene sind mit Großbuchstaben gekennzeichnet, die rezessiven Gene mit Kleinbuchstaben. In der 1. Generation (Filialgeneration, *F₁*) wird das deutlich, indem alle Tiere schwarz/einfarbig sind. Obwohl der Phänotyp (die äußere Erscheinung) aufgrund des dominanten Erbgangs gleich aussieht, spalten die Tiere wegen des nicht rein vererbenden Genotyps in der *F₂*-Generation (2. Filialgeneration) von reinerbig schwarz/einfarbig, über diverse nicht reinerbige, zu reinerbig gefleckt/rotbraun auf. Lediglich die Tiere in der Diagonalen von links oben nach rechts unten (**stärker umrahmt**) sind reinerbig und würden bei einer Paarung mit dem gleichen Genotyp auch zum entsprechenden Phänotyp wie in der Parentalgeneration führen

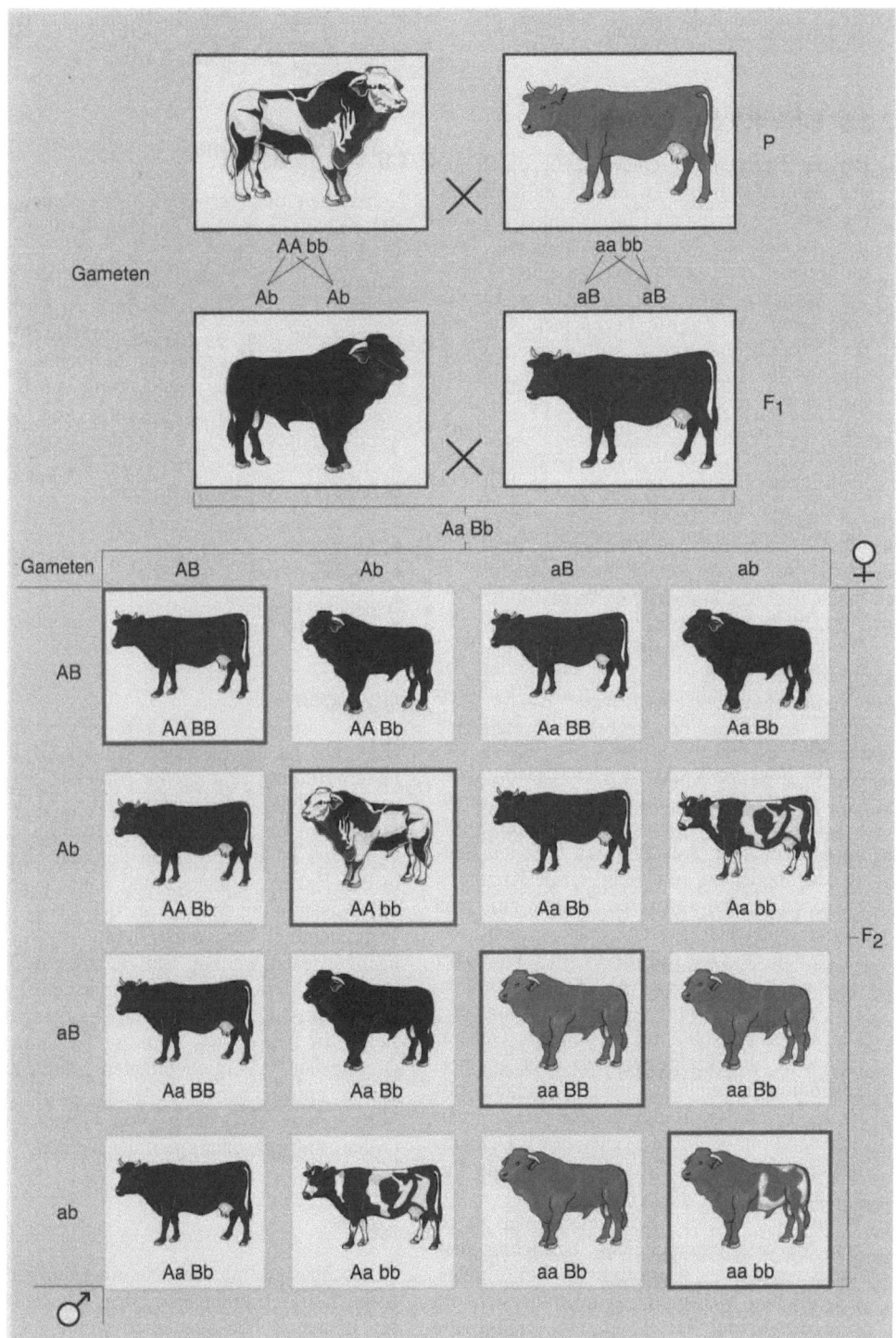

synthese bei den Bakterien zu hemmen und sie damit an der Vermehrung zu hindern.

2.3.5 Begriffe der Genetik

Bei der Befruchtung einer Eizelle durch einen Samenfaden treffen die 23 mütterlichen mit den 23 väterlichen Chromosomen zusammen, so daß aus den beiden haploiden Chromosomensätzen wieder ein diploider Chromosomensatz wird. Die befruchtete Eizelle wird auch als **Zygote** bezeichnet. Die auf den 46 Chromosomen vorhandenen Gene sind für die Ausbildung sämtlicher morphologischer wie auch physiologischer und biochemischer Merkmale des Individuums verantwortlich. Gene, die auf den mütterlichen und väterlichen Chromosomen am gleichen Ort liegen, werden als **Allele** bezeichnet. Wenn die mütterlichen mit den väterlichen Allelen in bezug auf ein Merkmal übereinstimmen, so nennt man das **homozygot**. Wenn die beiden Allele nicht übereinstimmen, dann bezeichnet man das als **heterozygot**. Bei heterozygoten Genen, d.h. wenn die beiden Allele unterschiedliche Merkmale bewirken würden, hängt das entstehende Merkmal (**Phänotyp**) von der „Stärke" der beiden Gene ab. Sind beide Allele gleich stark, dann kommt es zu einem intermediären Merkmal: Die beiden Allele werden dann als **kodominant** bezeichnet. Auf Pflanzen bezogen würde das bedeuten, daß bei einer Kreuzung zwischen weißen und roten Blumen eine rosa Blume entstehen würde. Anders sieht das aus, wenn ein Gen **dominant** ist, d.h. stärker als das andere (**rezessive**). Dann kommt es zur Ausprägung des dominanten Merkmales. Die aus einer Kreuzung entstehende Generation wird als **Filialgeneration** oder Tochtergeneration bezeichnet, meist abgekürzt als F_1, F_2, F_3 etc. (1. Tochtergeneration, 2. Tochtergeneration, 3. Tochtergeneration). Dementsprechend wird die Elterngeneration als **Parentalgeneration** (P) bezeichnet. Wenn die Gameten (Keimzellen) sich in einem Merkmal unterscheiden, bezeichnet man die Kreuzung als **monohybrid**. Bei 2 unterschiedlichen Merkmalen handelt es sich um eine **dihybride**, bei 3 um eine **trihybride** und bei mehr als 3 unterschiedlichen Merkmalen um eine **polyhybride Kreuzung**. Die entsprechenden Merkmale werden in der genetischen Schreibweise bei dominantem Ver-

halten mit einem großen Buchstaben, bei rezessivem Verhalten mit einem kleinen Buchstaben bezeichnet (Abb. 2.16).

2.3.6 Paraplasma

Neben den oben erwähnten Organellen, die alle eine eigenständige Funktion besitzen und an den Stoffwechselvorgängen oder Lebensäußerungen der Zellen aktiv beteiligt sind, existieren in den Zellen häufig noch **Einlagerungen**, die man als **Zytoplasmaeinschlüsse** oder auch als **Paraplasma** bezeichnet. Das Paraplasma dient der Speicherung von Reservestoffen oder der Ablagerung von Stoffwechselendprodukten, die weder ausgestoßen noch weiter verwertet werden können (Abb. 2.17). Solche Stoffe sind:

- Glykogen,
- Lipide,
- Speicherproteine,
- Pigmente.

Glykogen

Glykogen ist die Speicherform der **Glukose**. Durch Bildung sehr großer Molekülverbände entsteht Glykogen, das eine relative Molekülmasse von bis über 1 Mio. aufweisen kann. Glykogen ist in Form von dunklen Granula in den Zellen vorhanden und kann in größeren Ansammlungen, wie in der Leber, dem Vaginalepithel etc., auch lichtmikroskopisch nachgewiesen werden. Bei Bedarf wird Glukose aus dem Glykogen herausgelöst und steht dann für die Stoffwechselvorgänge der Zelle zur Verfügung. Glukose ist einer der wichtigsten Energielieferanten der Zelle. Durch entsprechende Vorgänge kann unter Verbrennung (Oxidation) von Glukose ATP (Adenosintriphosphat) gebildet werden.

Lipide

Überschüssige mit der Nahrung aufgenommene Kalorien können in Form von Fetttropfen in den Zellen abgelagert werden. Einige Zellarten sind dafür spezialisiert, z.B. die Fettzellen, andere können bei einem Überangebot an Lipiden diese ebenfalls einlagern. Aber auch Kohlenhydrate können in Lipide

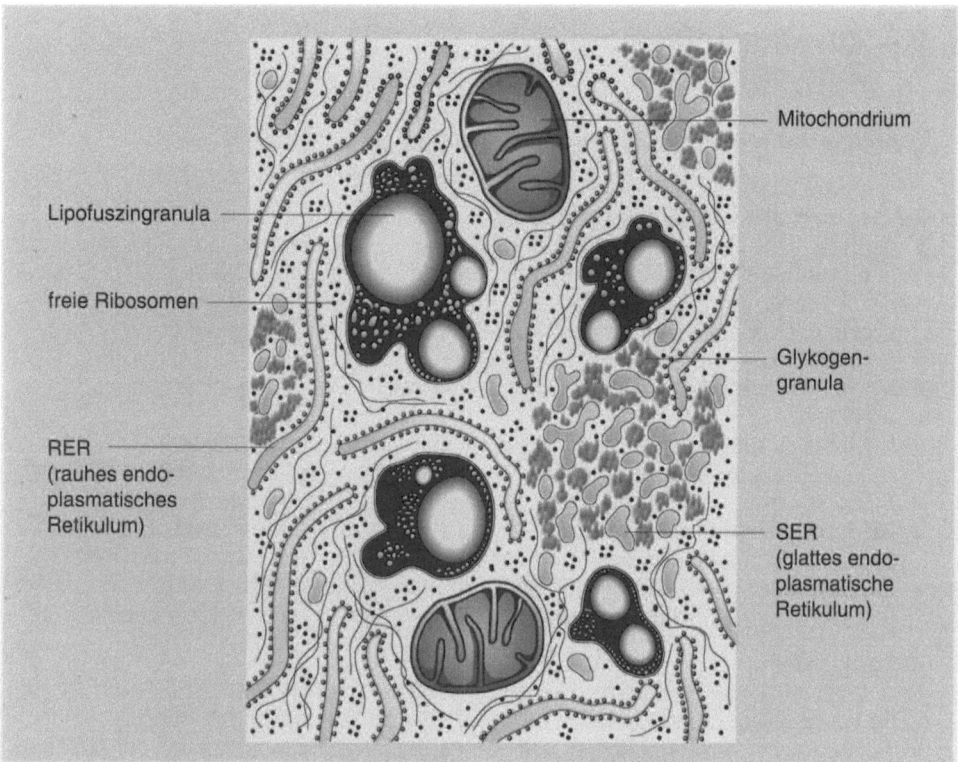

Mitochondrium

Lipofuszingranula

freie Ribosomen

Glykogen-
granula

RER
(rauhes endo-
plasmatisches
Retikulum)

SER
(glattes endo-
plasmatische
Retikulum)

Abb. 2.17. Ausschnitt aus einer Leberzelle mit Paraplasmastrukturen in Form von Glykogen (Speicherform der Glukose) und Lipofuszingranula (Endprodukt der intrazellulären Verdauung)

umgewandelt und dann gespeichert werden. Der umgekehrte Weg vom Lipid zum Kohlenhydrat ist leider nicht möglich.

Speicherproteine

In einigen Zellen können auch Proteine in kristalliner Form eingelagert werden, bis sie benötigt und dann abgebaut werden. Dies ist z. B. der Fall in den Dotterplättchen des Hühnereies.

Pigmente

Pigmente können von den Zellen selber gebildet werden (endogene Pigmente) oder von außen in den Körper gelangen (exogene Pigmente).

Bei den **endogenen Pigmenten** handelt es sich z.T. um Stoffwechselendprodukte, die dann in Form von Lipofuszin-Granula in den Zellen eingelagert werden und dort im Laufe des Lebens angereichert werden können, z.B. die Lipofuszin-Granula im Herzmuskel oder in der Nebennierenrinde.

Zu einer weiteren Gruppe endogener Pigmente gehört z.B. das Melanin, das aus der Aminosäure Tyrosin gebildet wird. Es hat die Aufgabe der Farbgebung, so in den Haaren, der Iris oder der Haut (bei der Sonnenbräunung, die einen Schutzmechanismus darstellt).

Exogene Pigmente gelangen meist über die Lunge in den Körper und können dann in Lymphknoten abgelagert werden. Sie stammen aus der Umgebungsluft oder dem Tabakrauch, können aber auch durch Arbeitsprozesse (Bergbau, Asbestindustrie etc.) in die Atemluft gelangen.

2.4 Zusammenfassung Zytologie

Wichtige Methoden der Zytologie und Histologie
Gewebekultur, Lichtmikroskopie, Elektronenmikroskopie.

Zellbestandteile und Zellvorgänge der Zellmembran:
- **Aufbau:** Die Zellmembran besteht aus bimolekularem Lipidfilm mit einseitigen oder durchgehenden Membranproteinen, die mosaikartig eingebaut sind und auf der Außenseite mit Kohlenhydraten besetzt sein können (Glykokalyx). Die Festigkeit der Membranen wird durch die Polarität der Lipidmoleküle, mit hydrophobem und hydrophilem Ende, gegeben.
- **Membrantransport:** Passive Diffusion (lediglich vom Konzentrationsgradienten abhängig).
  Erleichterte Diffusion (erfordert Anwesenheit eines Überträgerstoffes).
  Aktiver Transport (unabhängig vom Konzentrationsgradienten, benötigt Energie).
  Bläschentransport (Pinozytose und Phagozytose: Endozytose; Exozytose).
- **Membranfunktionen:** Transport, Aufbau des Membranpotentials, Sitz der Rezeptoren, Erkennung von Fremd und Eigen (Blutgruppen, Abstoßungsreaktion).
- **Zellkontakte:** Desmosomen (mechanisch); **tight junctions** (Abdichtung des Interzellularraumes); **gap junctions** (Kommunikation zwischen den Zellen).

Zellorganellen:
Endoplasmatisches Retikulum (ER), RER für die Proteinsynthese, SER für die Bildung von Steroiden und für die Entgiftung, z.B. Abbau von Barbituraten.
- **Ribosomen:** der eigentliche Ort der Proteinsynthese (benötigt mRNA und tRNA).
- **Golgi-Apparat:** besteht aus Diktyosomen.
  Ist an der Verarbeitung von Proteinen beteiligt (erzeugt u.a. exportierbare Form).
  Bildet Lysosomen.
- **Mitochondrien:** Besitzen Doppelmembran, die innere Membran bildet Cristae, an denen die Energieproduktion abläuft, hier wird ATP (Adenosintriphosphat) gebildet.
- **Lysosomen:** Intrazelluläre Verdauung von zelleigenem Material in Form von Autophagie und von zellfremdem Material in Form von Heterophagie.
- **Peroxisomen:** Abbau von H_2O_2 in H_2O und O.
- **Zentriolen:** Organisieren und ordnen die Chromosomen während der Zellteilung.
- **Kinetosomen:** Strukturen, die den Zentriolen ähnlich sind. Aus ihnen wachsen an der Zellmembran die Zilien (Flimmerhaare).
- **Zellkern:** Der Zellkern ist begrenzt von einer doppelten Kernmembran, die einen perinuklearen Raum umgibt. Die Poren der Kernmembran ermöglichen den Stoffaustausch mit dem Zytoplasma. Im Zellkern liegt das Chromatin, das bei Zellteilung zu den Chromosomen spiralisiert. Das Kernkörperchen (Nukleolus) bildet RNA.
- **Chromosomen:** Der diploide menschliche Chromosomensatz besteht aus 23 mütterlichen und 23 väterlichen Chromosomen (22 Autosomenpaare und 1 Heterosomenpaar). Die Heterosomen sind geschlechtsbestimmend.
  Die Chromosomen bestehen aus Protein und DNA. Die DNA ist aus Nukleotiden aufgebaut, die ihrerseits aus 1 Base (Thymin, Adenin, Cytosin, Guanin), 1 Zucker- und 1 Phosphatmolekül bestehen. Die genetische Information liegt in der Sequenz der Nukleotide, die jeweils als Triplett verantwortlich sind für den

Einbau einer Aminosäure in ein Protein. Mit der Transkription wird die DNA-Information auf die mRNA übertragen, und mit der Translation werden die Aminosäuren am Ribosom ins Protein eingebaut.

Mutationen:
Sie verändern die genetische Information. Wir unterscheiden: numerische Chromosomenmutation, strukturelle Chromosomenmutation und Genmutation.

Zellteilung:
Meiose resultiert in haploiden Geschlechtszellen. Mitose resultiert in diploiden Körperzellen. Die Phasen der Zellteilung sind: Prophase, Metaphase, Anaphase, Telophase.

Proteinsynthese:
Die Zellen produzieren Funktionsproteine (z.B. Enzyme), Strukturproteine (z.B. Membranproteine) und Exportproteine (z.B. Albumin).

Begriffe der Genetik:
Die diploide Zygote entsteht aus der Verschmelzung der haploiden mütterlichen und väterlichen Keimzellen. Bei Übereinstimmung der homologen Gene (Allele) herrscht Homozygotie, sonst Heterozygotie. Bei heterozygoten Allelen hängt die Ausbildung eines Merkmales von der „Stärke" der Allele ab. Bei gleichstarken Allelen resultiert ein intermediäres Merkmal. Ist ein Allel stärker, dann wird es als dominant bezeichnet. Kreuzungen zwischen Individuen der Parentalgeneration mit unterschiedlichen Merkmalen resultieren in mono-, di-, tri- und polyhybriden Filialgenerationen.
Das äußere Erscheinungsbild wird als Phänotypus, die genetische Konstitution als Genotypus bezeichnet.

Paraplasma:
Die in die Zellen eingelagerten Stoffe werden als Zytoplasmaeinschlüsse oder Paraplasma bezeichnet. Dazu rechnet man das Glykogen, die Lipidtropfen, Speicherprotein und Pigmente. Pigmente werden in endogene (körpereigene) und exogene (von außen stammende) unterteilt.

3 Histologie

3.1 Überblick über die Gewebearten

3.1.1 Definitionen

Als **Gewebe** bezeichnet man **Verbände von gleichartigen Zellen**, die gemeinsame Aufgaben zu erfüllen haben. Nach morphologischen und funktionellen Gesichtspunkten unterscheidet man die folgenden 4 großen Gruppen von Geweben, von denen jede aber wieder weiter unterteilt werden kann.

- **Epithelgewebe:** Verband eng aneinanderliegender Zellen, welche die inneren und äußeren Oberflächen des Körpers bilden. Dadurch wird dem Körper Schutz geboten, aber auch die Verbindung mit der Umwelt durch Sekretion, Resorption ermöglicht. Außerdem werden in speziellen Sinnesepithelien Sinneseindrücke wahrgenommen.

- **Muskelgewebe:** Zusammenschluß von Zellen, denen als gemeinsame Eigenschaft der Besitz von kontraktilen Filamenten eigen ist.

- **Nervengewebe:** Gewebe, das sich besonders durch seine Eigenschaft der Reizaufnahme, der Erregungsleitung sowie der Erregungsverarbeitung auszeichnet.

- **Binde- und Stützgewebe:** Dies ist eine sehr heterogene Gruppe von verschiedenen Geweben, deren Zellen v.a. mechanische Aufgaben ausüben. Aus dem Bindegewebe gehen u.a. die Bestandteile des passiven Bewegungsapparates hervor (z.B. Sehnen, Bänder etc.). Zum Bindegewebe im weiteren Sinne werden auch die Zellen des Abwehrsystems gerechnet.

Die einzelnen Organe des menschlichen Körpers setzen sich in der Regel aus mehr als einer einzigen Gewebeart zusammen. Dabei werden diejenigen Zellen, welche die organspezifischen Funktionen ausführen, als **Parenchym** bezeichnet. Demgegenüber bezeichnet man Zellen, die im Organ nur eine Stütz- oder Ernährungsfunktion ausüben, als **Stroma**. Somit setzen sich also die Organe aus Parenchym und Stroma zusammen.

3.1.2 Differenzierung

Das befruchtete Ei ist noch in der Lage, sämtliche Gewebearten aus sich hervorgehen zu lassen, d.h., es kann noch die gesamte genetische Information der Chromosomen verwirklichen. Je weiter die Entwicklung fortschreitet, desto weniger können jedoch die einzelnen Zellarten von der vorhandenen genetischen Information umsetzen. Zellen einer Gewebeart können sich nicht mehr in Zellen einer anderen Gewebeart umwandeln. Sie sind bereits determiniert. Konkret heißt das, daß aus embryonalen Zellen wohl die einzelnen Gewebearten differenzieren können, sich aus Muskelzellen jedoch keine Nervenzellen mehr bilden können oder umgekehrt. Beide sind dazu bereits zu stark differenziert.

3.1.3 Entwicklung der Keimblätter

Die Entwicklung der einzelnen Gewebearten beginnt im Prinzip mit der Befruchtung. Durch die Befruchtung entsteht aus der Eizelle und dem Samenfaden eine **Zygote**. Durch mitotische Teilungen entstehen aus der Zygote die **Blastomeren**, d.h. die Furchungszellen, die vorläufig nicht wachsen, sondern mit jedem weiteren Teilungsschritt kleiner werden. Durch mehrere solcher Teilungen erhält der wachsende Keim schließlich das Aussehen einer Maulbeere und wird deshalb **Morula** genannt. Aus den im Inneren dieser Morula liegenden Zellen entsteht der **Embryoblast**, aus dem sich der **Embryo** entwickelt. Die äußere Schicht von Zellen bildet den **Trophoblasten**, der eine Verbindung mit dem mütterlichen Gewebe in der Gebärmutterschleimhaut eingeht und mit diesem zusammen die **Plazenta** bildet. Die Zellen des Embryoblasten bilden während der weiteren Entwicklung 2 Schichten, die als inneres und äußeres Keimblatt (**Entoderm** und **Ektoderm**) bezeichnet werden. Beide Keimblätter zusammen ergeben die 2blättrige Keimscheibe, die

ungefähr 7 Tage nach der Befruchtung ausgebildet ist. Durch komplizierte Entwicklungsvorgänge, die während der 3. Entwicklungswoche ablaufen, verlagern sich Ektodermzellen zwischen die beiden Keimblätter und bilden so ein 3. Keimblatt, das mittlere Keimblatt oder **Mesoderm**. Damit sind um den 18. Entwicklungstag die 3 Keimblätter (Entoderm, Mesoderm und Ektoderm) vorhanden, aus denen sich dann die Gewebe und Organe des Körpers differenzieren (Abb. 3.1), und zwar:

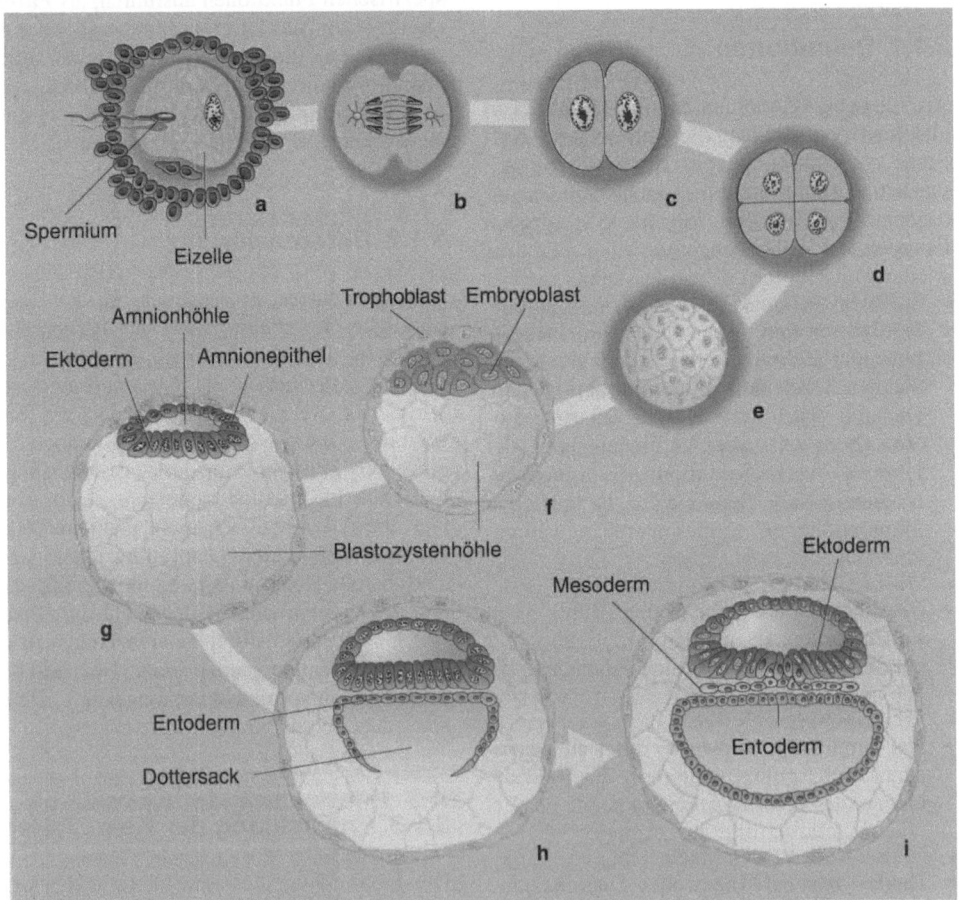

Abb. 3.1a–i. Stadien der Entwicklung von der befruchteten Eizelle (Zygote) zur 3blättrigen Keimscheibe.
a Befruchtete Eizelle mit mütterlichem Zellkern und eingedrungenem Spermium;
b erste mitotische Teilung der Zygote;
c 2-Zellstadium;
d 4-Zellstadium;
e Morula (Zellhaufen), bis zu diesem Stadium ist noch die Glashaut (Zona pellucida) vorhanden;
f Blastozyste bestehend aus Embryoblast und Trophoblast;

g aus dem Embryoblast ist die einblättrige Keimscheibe geworden;
h Bildung der 2blättrigen Keimscheibe mit innerem Keimblatt (Entoderm), äußerem Keimblatt (Ektoderm), der Amnionhöhle und dem Dottersack;
i aus dem äußeren Keimblatt wandern Zellen zwischen das äußere und das innere Keimblatt und bilden das mittlere Keimblatt (Mesoderm). Damit ist die 3blättrige Keimscheibe entstanden

- **Ektoderm:** Zentrales Nervensystem (ZNS), peripheres Nervensystem (PNS), Sinnesepithelien von Nase, Auge, Ohr, die Haut mit ihren Anhangsgebilden wie Haare, Brustdrüse etc.

- **Mesoderm:** Die Bestandteile des Skeletts, die Muskeln, das Bindegewebe, Blut und Lymphe mit ihren Gefäßen, das Herz, die Nieren, die Keimdrüsen, die Nebennieren, die Milz.

- **Entoderm:** Der Magen-Darm-Trakt, die epitheliale Auskleidung des Atmungsapparates, das Parenchym der Leber, Thymus, Schilddrüse, Nebenschilddrüse sowie epitheliale Auskleidung von Harnblase und Harnröhre.

3.2 Epithelgewebe

Die Epithelien des Körpers lassen sich entsprechend ihrer Funktion in 3 Gruppen unterteilen:

- Oberflächenepithel,
- Drüsenepithel,
- Sinnesepithel.

3.2.1 Oberflächenepithel

Bei diesem Epithel handelt es sich um geschlossene Zellverbände, die innere (z.B. Darm) oder äußere (Haut) Oberflächen bilden. Sie sitzen in jedem Fall auf einer Basallamina. Als **Basallamina** bezeichnet man eine Schicht von extrazellulärem Material, das vielfach aus Glukosaminoglykanen und Proteoglykanen besteht. Wenn diese Schicht noch durch Kollagenfasern verstärkt ist, so daß sie bereits lichtmikroskopisch sichtbar ist, bezeichnet man sie als **Basalmembran**. Die Basallamina ist homogen und hat eine Stärke von 5–15 nm. Auf der einen Seite hat sie stabilisierende Funktion, auf der anderen Seite wirkt sie als Filter.
Die Oberflächenepithelien werden nach der Form der Zellen, die sie bilden, sowie nach der Schichten- bzw. Reihenbildung der Zellen benannt (Abb. 3.2):

- Als auffälligstes Merkmal der Epithelien dient v.a. die **Zahl der Zellagen** zu seiner

Charakterisierung. So unterscheidet man einschichtiges von mehrschichtigem Epithel. Das mehrschichtige Epithel besteht in der Regel aus vielen Zellagen, von denen nur die unterste in Kontakt mit der Basalmembran steht. Epithelien mit mehreren Zellagen, deren Zellen alle mit der Basalmembran durch Zellausläufer in Verbindung stehen, bezeichnet man als mehrreihig. Dabei kommt es häufig vor, daß die Zellkerne der einzelnen Reihen von Zellen nicht auf der gleichen Höhe im Epithelverband zu finden sind. Damit täuschen sie für seine oberflächliche Betrachtung eine Mehrschichtigkeit vor.

- Ein weiteres Kriterium, das zur Einteilung der Epithelien verwendet wird, ist die **Form der Zellen**. Die Zellen können platt, kubisch (isoprismatisch) oder hochprismatisch sein. Zur Beurteilung, um welches Epithel es sich handelt, wird dann die oberste Zellage betrachtet, die z.B. kubisch ist oder platt; dementsprechend bekommt ein Epithel den Namen mehrschichtiges Plattenepithel etc.

- Ein weiteres Einteilungskriterium der Epithelien ist die **Beschaffenheit der oberen Zellagen**, die entweder verhornt oder unverhornt sein können. Ein typisches Beispiel für ein verhorntes Epithel ist die Epidermis, die oberste Epithelschicht der Haut. Einige Epithelien besitzen Kinozilien, so z.B. das Eileiterepithel und das respiratorische Epithel (Epithel aus den Atemwegen). Im Unterschied zu den Kinozilien stehen die Stereozilien, die nicht beweglich sind und lediglich lange Mikrovilli darstellen. Sie kommen im Nebenhoden vor.

Einschichtiges Plattenepithel

Die Zellen des einschichtigen Plattenepithels sind flach und miteinander verzahnt. Der kernhaltige Abschnitt wölbt sich vielfach vor. Eine spezialisierte Form des Plattenepithels, die Gefäße und Herzinnenräume auskleidet, wird **Endothel** genannt. Als **Mesothel** bezeichnet man das Epithel, das die Oberfläche der serösen Häute wie Peritoneum (Bauchfell), Perikard (Herzbeutel) etc. bildet.

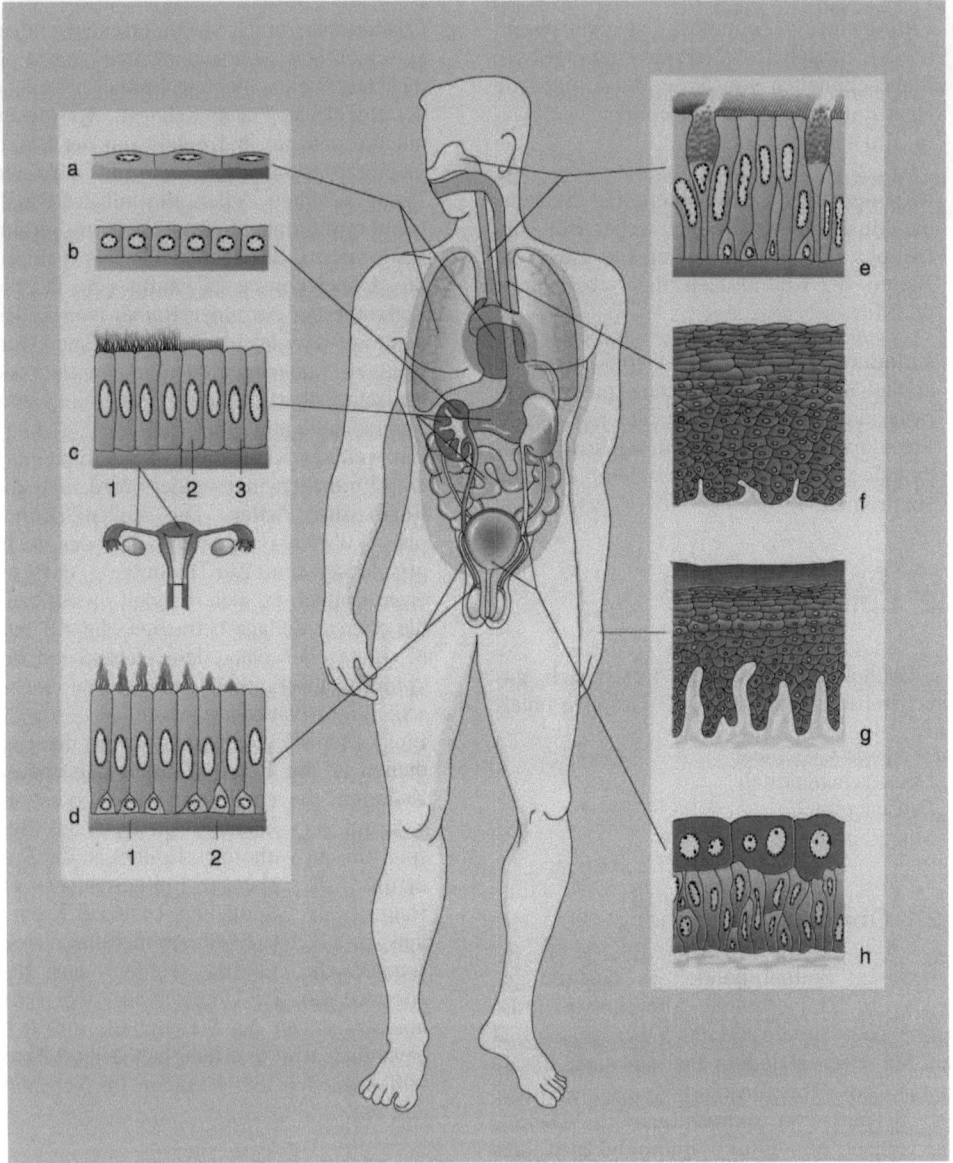

Abb. 3.2 a–h. Einteilung der Oberflächenepithelien und die wichtigsten Orte ihres Vorkommens.

a Einschichtiges Plattenepithel am Beispiel von Herzbeutel und Lungenfell;

b einschichtiges kubisches (isoprismatisches) Epithel am Beispiel der Nierentubuli;

c einschichtiges hochprismatisches Epithel *1* mit Kinozilien (Bsp. Eileiter, Gebärmutter), *2* mit Mikrovilli (Bsp. Darmtrakt), *3* ohne Mikrovilli (Bsp. Magen);

d 2reihiges Epithel *1* mit Stereozilien (Bsp. Nebenhoden), *2* mit und ohne Mikrovilli (Bsp. Samenleiter);

e mehrreihiges hochprismatisches Epithel mit Zilienzellen und Becherzellen (respiratorisches Epithel);

f mehrschichtiges unverhorntes Plattenepithel (Bsp. Speiseröhre);

g mehrschichtiges verhorntes Plattenepithel (Bsp. Haut);

h Überleitungsepithel, mehrschichtig mit Deckzellen (ableitende Harnwege)

Einschichtiges isoprismatisches (kubisches) Epithel

Diese Art des Epithels kommt v.a. an Oberflächen vor, an denen Resorptions- und Sekretionsvorgänge ablaufen, so z.B. an verschiedenen Abschnitten der Nierenkanälchen, in Drüsen und Drüsenausführungsgängen (Abb. 3.3).

Einschichtiges hochprismatisches Epithel

Diese Epithelart ist im menschlichen Körper weit verbreitet, da es praktisch im gesamten Magen-Darm-Trakt anzutreffen ist. Es ist ebenfalls mit Resorption und Sekretion in Verbindung zu bringen. Im Darmtrakt ist seine Oberfläche durch die Bildung von Mikrovilli noch stark vergrößert (Bürstensaum).

Als Flimmerepithel ist es noch mit Kinozilien besetzt und kommt z.B. im Eileiter vor.

Mehrreihiges hochprismatisches Epithel

Diese Epithelart ist auf wenige Orte im Körper beschränkt. Sie kommt z.B. in den Luftwegen vor. In verschiedenen Lehrbüchern findet man auch noch das Übergangsepithel unter den mehrreihigen hochprismatischen Epithelien aufgezählt. Neuere Untersuchungen haben allerdings gezeigt, daß das Übergangsepithel zu den mehrschichtigen Epithelien zu rechnen ist.

Übergangsepithel

Das Übergangsepithel ist ein stark spezialisiertes Epithel, es kleidet die ableitenden

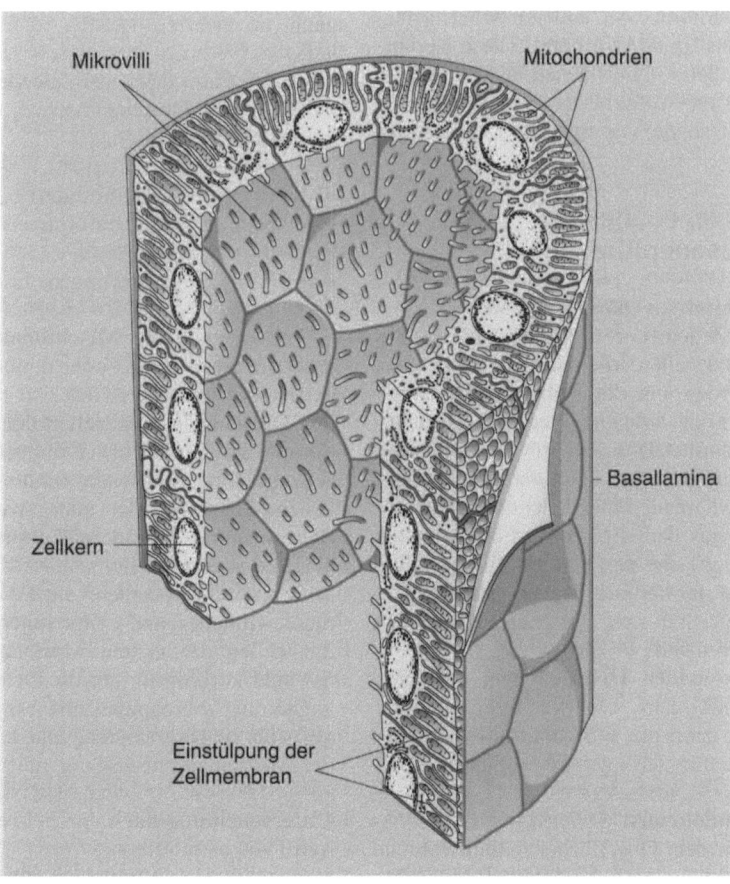

Abb. 3.3. Kubisches (isoprismatisches) Epithel am Beispiel eines Nierenkanälchens (distaler Tubulus)

Harnwege aus und ist mit einer charakteristischen Schicht von Deckzellen besetzt. Diese Deckzellen produzieren eine intrazelluläre Schutzschicht (Crusta), die direkt unterhalb der Zellmembran gelegen ist und das Epithel gegen die ätzenden Substanzen des Harns schützt. Eine weitere Besonderheit des Übergangsepithels ist seine Anpassungsfähigkeit an verschiedene Dehnungszustände, wie sie durch z.T. große Harnmengen in der Harnblase vorhanden sein können.

Mehrschichtige Epithelien

Von den mehrschichtigen Epithelien kommen die Plattenepithelien am häufigsten vor. Wir unterscheiden hier verhornte und unverhornte mehrschichtige Plattenepithelien. Beide kommen an mechanisch stärker beanspruchten Oberflächen vor. An inneren Oberflächen (Mund, Speiseröhre, Vagina, Anus) ist das Epithel unverhornt. An äußeren Oberflächen (Haut) ist das Epithel verhornt. Diese Verhornung der äußeren Oberflächen ist begreiflich, da die Haut die Aufgabe hat, den Körper vor der Umwelt sowie vor dem Austrocknen zu schützen.

3.2.2 Drüsenepithelien

Drüsen (Glandulae) sind Verbände hochspezialisierter Zellen, deren Aufgabe es ist, Sekrete bereitzustellen, die von den Zellen sezerniert werden, um dann über Ausführungsgänge (exokrine Drüsen) oder über die Blutbahn (endokrine Drüsen) an den Ort ihrer Wirkung zu gelangen. Die meisten Drüsen entstehen während der Fetalentwicklung dadurch, daß aus dem Epithel der inneren oder äußeren Oberfläche des Körpers ein epithelialer Sproß in das darunterliegende Bindegewebe vordringt und sich dort zur eigentlichen Drüse differenziert.
Bei den exokrinen Drüsen bleibt eine Verbindung mit dem Oberflächenepithel bestehen, die dann die Funktion eines Ausführungsgangs für das gebildete Sekret übernimmt.
Bei den endokrinen Drüsen wird die Verbindung mit dem Oberflächenepithel während der Entwicklung zurückgebildet (obliteriert), das Sekret wird an das Blut abgegeben. Endokrine Drüsen sind deshalb stark mit Blut-

gefäßen versorgt (vaskularisiert). Die endokrinen Drüsen werden in Kap. 12 ausführlich besprochen. Endokrine Drüsen haben keinen Ausführungsgang.

Exokrine Drüsen

Exokrine Drüsen lassen sich aufgrund verschiedener Kriterien noch weiter unterteilen, z.B. nach ihrer Form oder nach der Zähflüssigkeit (Viskosität) ihres Sekretes.

Unterscheidung nach der Form
Aufgrund der Form der Drüsen können wir unterscheiden zwischen einfachen, verzweigten und zusammengesetzten Drüsen, die folgendermaßen aussehen: Bei den verzweigten Drüsen münden mehrere Einzeldrüsen in einen Ausführungsgang. Bei den zusammengesetzten Drüsen zweigt der Hauptausführungsgang in mehrere kleine Ausführungsgänge auf.
Nach der Form des sezernierenden Drüsenanteils, der sog. Drüsenendstücke, unterscheidet man außerdem zwischen

- tubulösen (röhrenförmigen) Endstücken,
- alveolären (säckchenförmigen) Endstücken und
- azinösen (beerenförmigen) Endstücken.

Es kommen auch Mischformen vor, die dann als tubuloazinös oder tubuloalveolär bezeichnet werden (Abb. 3.4).
Die Drüsenendstücke stellen den eigentlichen sekretbildenden Teil der Drüsen dar. Die Drüsenzellen sind von einer Basalmembran umgeben. Häufig findet man zwischen dieser Basalmembran und dem Drüsenepithel noch einen weiteren Zelltyp, die Myoepithelien. Dies sind Epithelzellen, die kontraktile Filamente enthalten und damit Eigenschaften wie die Zellen der glatten Muskulatur besitzen. Sie sind korbförmig um die Drüsenendstücke angeordnet. Myoepithelzellen sind in der Lage, sich zu kontrahieren, und können so bei der Austreibung des Sekrets mithelfen.

Unterscheidung nach der Sekretbeschaffenheit (Viskosität etc.)
Handelt es sich um ein eiweißreiches, dünnflüssiges Sekret, so redet man von einer serösen Drüse. Dies sind z.B. die Tränendrüse,

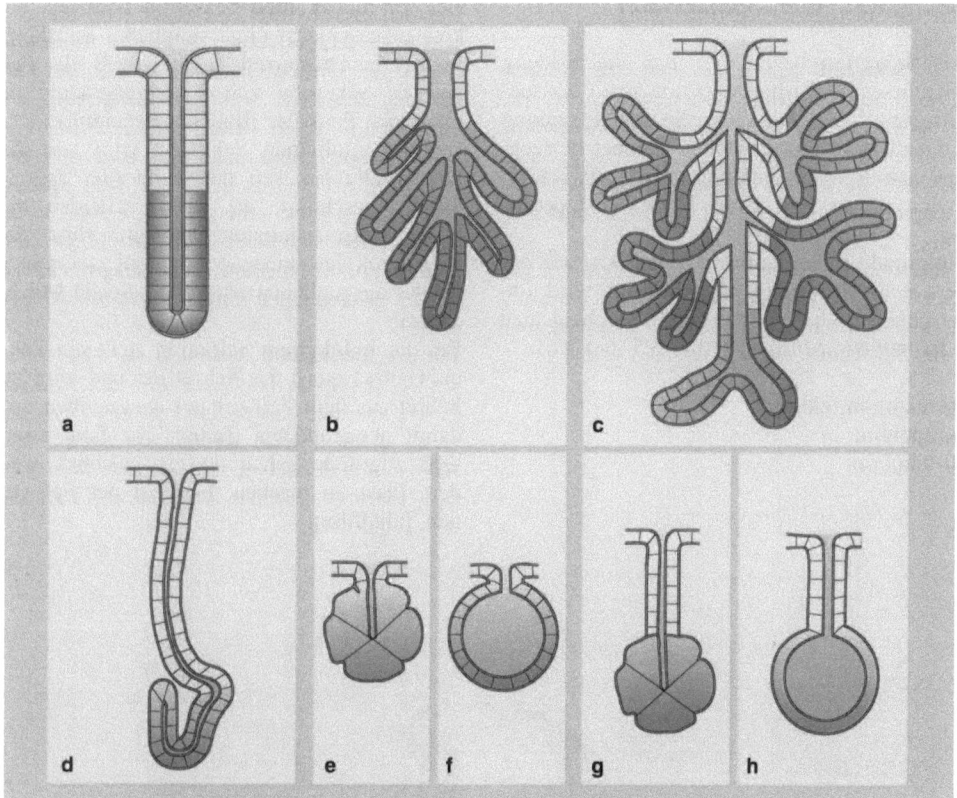

Abb. 3.4a–h. Verschiedene Formen des Drüsenepithels. Das Sekret in den Drüsen ist *blau* gezeichnet, die eigentlichen sezernierenden Drüsenendstücke *dunkelgrau.*
a Tubulös;
b tubulös verzweigt;
c tubulös zusammengesetzt (mehrere kleine Ausführungsgänge münden in einen großen Ausführungsgang);

d tubulös geknäuelt;
e azinös (beerenförmig);
f alveolär (bläschenförmig);
g tubuloazinös;
h tubuloalveolär

die Bauchspeicheldrüse (Pankreas) und die Ohrspeicheldrüse.

Bei einem dickflüssigen schleimigen Sekret redet man von einer **mukösen** Drüse bzw. Endstück, das Muzin (Schleim) produziert. Rein muköse Drüsen sind z.B. die Gaumendrüsen (Gll. palatinae) sowie die kleinen Zungendrüsen (Gll. linguales posteriores)[3]. Das Sekret dieser mukösen Drüsen ist viskös, deshalb haben ihre Drüsen- und Ausführungsgänge auch ein weites Lumen (Lich-

tung), wodurch der Abtransport des Sekrets erleichtert wird (Abb. 3.4).

Neben rein serösen oder rein mukösen Drüsen gibt es noch gemischte Formen, bei denen verschiedene Endstücke vorkommen. Dies sind z.B. die Unterkieferdrüse (Gl. submandibularis) und die Unterzungendrüse (Gl. sublingualis). In diesen Drüsen sitzen seröse Drüsenzellen den mukösen Endstücken kappenförmig auf, so daß das dünnflüssige seröse Sekret hilft, das dickflüssige muköse Sekret auszuspülen.

---

[3] Gll. bedeutet Glandulae: Plural von Glandula (Gl.). Die Abkürzungen medizinischer Begriffe werden gewöhnlich nur in fachsprachlichen *Fügungen* verwendet.

Sekret und Sekretionsformen

Als **Sekretion** bezeichnet man die Bildung (Synthese) und Abgabe (Exozytose) zellspezifischer, spezieller für die Ausscheidung synthetisierter Stoffe. Demgegenüber bezeichnet man die Ausscheidung von Stoffwechselendprodukten (z.B. in der Niere) als **Exkretion**.

Aufgrund der Sekretion, d.h. der Art, wie das Sekret aus den Zellen ausgeschleust wird, unterscheiden wir 3 verschiedene Mechanismen oder Sekretionsformen (Abb. 3.5 und 3.6):

- merokrin (ekkrin),
- apokrin,
- holokrin.

Bei der **merokrinen** Sekretion wird das Sekret ausgeschleust ohne sichtbaren Substanzverlust der Drüsenzelle. Dies ist z.B. der Fall bei der Sekretion von Zymogengranula im exokrinen Pankreas (Bauchspeicheldrüse).

Bei der **apokrinen** Sekretion wird von der Drüsenzelle ein Teil der Zelle (der apikale Teil) abgeschnürt, die Zellen erleiden dadurch einen sichtbaren Substanzverlust, der aber durch verschiedene Anpassungsvorgänge wieder ausgeglichen wird (laktierende Milchdrüse).

Bei der **holokrinen** Sekretion stellt die Zelle als Ganzes quasi das Sekret dar und wird als Sekret aus dem Zellverband ausgestoßen, um damit neugebildeten Zellen, die dann ihrerseits zugrunde gehen und ausgestoßen werden, Platz zu machen. Dies ist der Fall bei den Talgdrüsen.

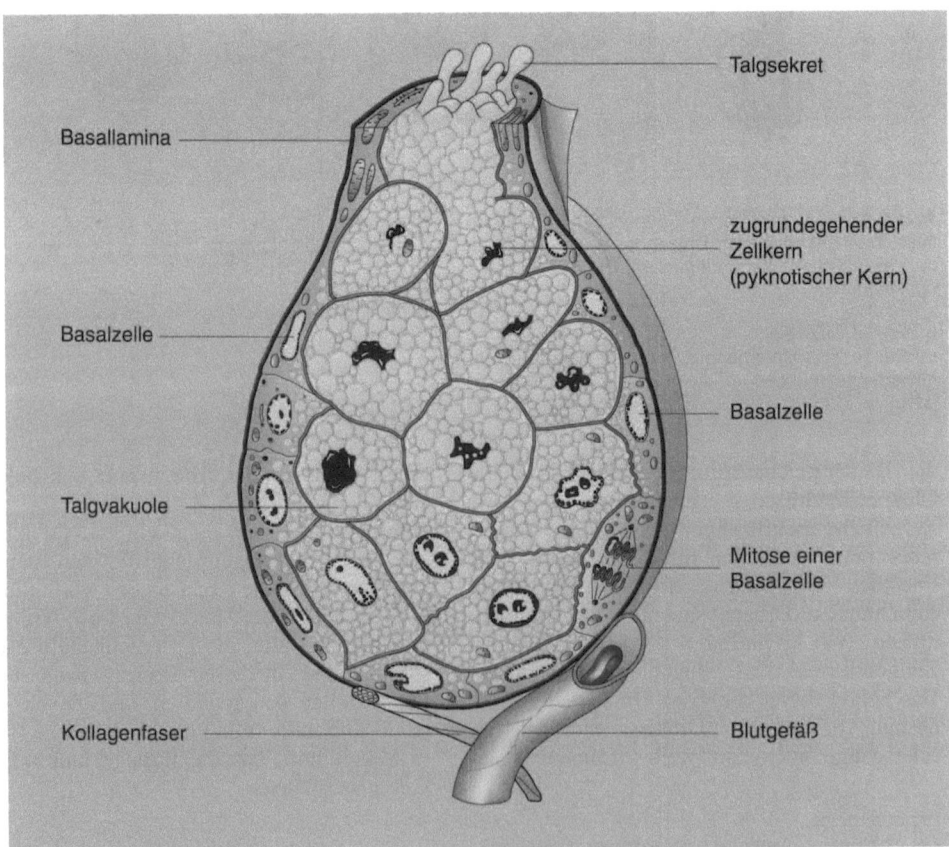

Abb. 3.5. Holokrine Talgdrüse, die meist in Haartrichter mündet. Durch Mitosen vermehren sich die basalen Zellen, füllen sich mit Talg und werden vollständig sezerniert. Bis zu diesem Zeitpunkt sind die Zellorganellen einschließlich Zellkern mehr oder weniger abgebaut worden

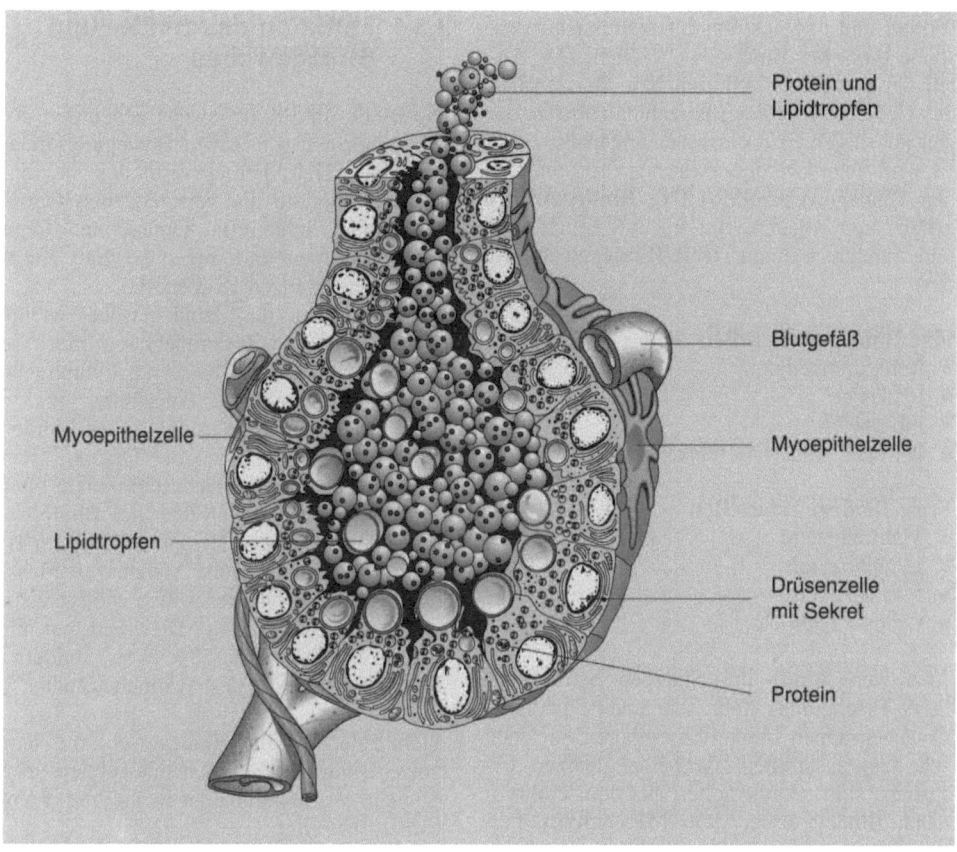

Protein und
Lipidtropfen

Blutgefäß

Myoepithelzelle

Myoepithelzelle

Lipidtropfen

Drüsenzelle
mit Sekret

Protein

Abb. 3.6. Beispiel der merokrinen und apokrinen Sekretion am Beispiel einer laktierenden (milchabgebenden) Brustdrüse. Bei der merokrinen Sekretion der Proteinbestandteile wird nur der Inhalt der Sekretgranula ausgestoßen, bei der apokrinen Sekretion sind die ausgestoßenen Fetttröpfchen von einer Membran umgeben, damit das Fett in der Milch nicht verklumpt und die Ausführungsgänge verstopft. Bei der apokrinen Sekretion kommt es zu einer Abschnürung der Zellspitze (Zellapex), und die Zellen erleiden einen lichtmikroskopisch sichtbaren Substanzverlust. Unter der Wirkung der Myoepithelzellen wird die Milch aus den Drüsenendstücken ausgepreßt

3.2.3 Epithel als Parenchym innerer Organe

Neben den bereits aufgeführten Epithelarten sind auch viele Organe aus Epithel aufgebaut, d.h. das Parenchym dieser Organe besteht aus Epithel. Es handelt sich hierbei entweder um resorbierende oder sezernierende Oberflächen, die von diesem Epithel gebildet werden, z.B. in der Niere, in der Leber etc. Die entsprechenden Epithelien werden im Zusammenhang mit den einzelnen Organen besprochen.

3.2.4 Sinnesepithelien

Die Sinnesepithelien kommen u.a. im Auge und im Ohr vor. Sie werden im Zusammenhang mit den entsprechenden Kapiteln behandelt.

3.3 Binde- und Stützgewebe

Von der Struktur, der Zusammensetzung und der Funktion ist das Binde- und Stützgewebe äußerst vielgestalt. Gemeinsam ist allen Formen das Vorkommen großer Mengen geformter und ungeformter Interzellularsubstanz sowie typischer Bindegewebezellen. Der Anteil der einzelnen Zellarten bzw. der Aufbau des Gewebes und der Interzellularsubstanz ist den jeweiligen Erfordernissen angepaßt.

Es wird unterschieden zwischen ortsgebundenen Bindegewebezellen (**fixe Bindegewebezellen**) und solchen, die frei beweglich sind und wandern können (**freie Bindegewebezellen**).

Fixe Bindegewebezellen
- Retikulumzellen,
- Fettzellen,
- Fibrozyten,
- Knorpel- und Knochenzellen.

Freie Bindegewebezellen
- Makrophagen,
- Lymphozyten,
- Plasmazellen,
- Granulozyten etc.

Auch wenn Binde- und Stützgewebe ihrer äußeren Erscheinung nach sehr unterschiedliche Gewebegruppen darstellen, gehören sie doch sehr eng zusammen, da beide gleichen Ursprungs sind. Beide gehen aus dem embryonalen Bindegewebe, dem **Mesenchym**, hervor. Dies ist eine locker strukturierte Form des Bindegewebes, die nur ungeformte Interzellularsubstanz besitzt.

Bindegewebe besitzt viel geformte und ungeformte Interzellularsubstanz.

Die Zellen des Mesenchyms sind meist in eine stark wasserhaltige Lösung von Eiweißen und Salzen gebettet. Kennzeichnend für das Binde- und Stützgewebe ist, daß zwischen den mehr oder weniger weit auseinanderliegenden Zellen reichlich Interzellularsubstanz in flüssiger oder fester Form eingelagert ist. Die Zellen berühren sich meist trotz relativ weiter Abstände durch Zellausläufer und bilden so ein schwammartiges Maschenwerk. Durch die Interzellularsubstanz erhält das Binde- und Stützgewebe eine gewisse Festigkeit. Im Falle des Knochens sind sogar größere Mengen anorganischer Salze in den Interzellularraum eingelagert.

3.3.1 Funktion des Binde- und Stützgewebes

Die Binde- und Stützgewebe geben dem Körper in Form des passiven Bewegungsapparates seinen Halt. Ferner verbinden sie innerhalb der Organe die verschiedenen Gewebe miteinander, halten die Organe und Organteile zusammen und tragen so zum Zusammenhalt des ganzen Körpers bei.

Außerdem hat das Bindegewebe wichtige Funktionen im Zusammenhang mit dem Stoffwechsel. Alle Blut- und Lymphgefäße sind im Bindegewebe eingebettet, und die Nährstoffe diffundieren durch das Bindegewebe in das Parenchym der Organe. Umgekehrt gelangen Stoffwechselprodukte sowie Exkrete von den Zellen über das Bindegewebe zu den Blut- und Lymphgefäßen. Im Bindegewebe können große Mengen an Flüssigkeit gespeichert werden sowie enorme Fettreserven vorhanden sein. Dies Fett hat nicht nur die Funktion eines Speichers, sondern ist an der Regulation des Wärmehaushaltes beteiligt.

Nicht zuletzt ist das Bindegewebe mit seinen freien Bindegewebszellen maßgeblich an der Abwehr von Krankheitskeimen und Fremdkörpern beteiligt.

Eine weitere wichtige Aufgabe ist die Mithilfe bei der Wundheilung und Regeneration.

3.3.2 Interzellularsubstanz

Man unterscheidet prinzipiell 2 Arten der Interzellularsubstanz: geformte und ungeformte.

Die **ungeformte Interzellularsubstanz** ist mit Ausnahme des Knochens und Knorpels eine Lösung von verschiedenen Substanzen, die zwischen dünnflüssig und fest variieren kann. In dieser Lösung sind neben verschiedenen Elektrolyten und Stoffwechselprodukten zur Hauptsache Proteine sowie Glukosaminoglykane und Proteoglykane enthalten. Im Falle des Knochens sind im Interzellularraum anorganische Salze eingelagert, die für die Festigkeit des Gewebes verantwortlich sind.

Der **geformte Anteil** der Interzellularsubstanz setzt sich aus Fasern zusammen. Es werden 3 verschiedene Faserarten unterschieden:

- kollagene Fasern,
- retikuläre Fasern,
- elastische Fasern.

Kollagene Fasern

Die Hauptmasse der geformten Interzellularsubstanz besteht aus kollagenen Fasern, die praktisch überall im Körper vorkommen. Sie haben ihren Namen der Tatsache zu verdanken, daß beim Kochen von Knochen, Knorpel, Sehnen etc. Leim entsteht (Knochenleim). Kollagen setzt sich aus den beiden griechischen Wörtern *kolla* (Leim) und *genesis* (Bildung) zusammen. Die kollagenen Fasern erscheinen bei der Betrachtung mit bloßem Auge weißlich. Im Lichtmikroskop sind die ungefärbten Fasern schwer zu erkennen, da sie farblos sind. Mit sauren Farbstoffen, z.B. Eosin, lassen sich die Fasern jedoch gut anfärben. Wenn man kollagenes Bindegewebe zerzupft, so erhält man Kollagenfasern, die einen Durchmesser zwischen 1 μm und 10 μm haben (Abb. 3.7).

Mit dem Elektronenmikroskop läßt sich nachweisen, daß diese Fasern aus wesentlich kleineren Untereinheiten aufgebaut sind, nämlich Kollagenmolekülen. Dies sind Proteine, die in den Zellen des Bindegewebes gebildet werden und als winzige Kollagenuntereinheiten (Tropokollagen) aus den Zellen geschleust werden. Erst im Interzellularraum legen sich diese Moleküle aneinander und vernetzen miteinander. Durch diesen Vernetzungsvorgang werden unverzweigte Kolla-

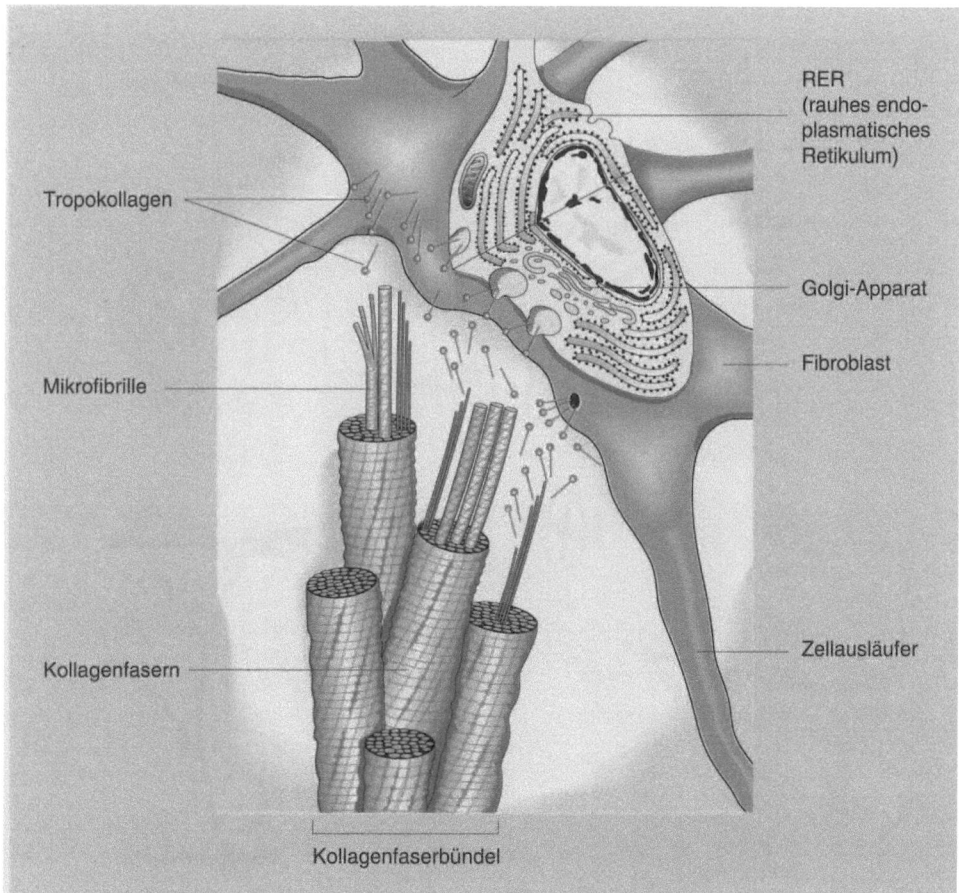

Abb. 3.7. Aktiver Fibroblast, der Kollagenfasern produziert. Das Protein der Kollagenfasern wird aus Aminosäuren aufgebaut und als Tropokollagen aus der Zelle geschleust. Die Tropokollagenmoleküle lagern sich im Extrazellulärraum zusammen und bilden die Protofibrillen. Viele Protofibrillen bilden die Mikrofibrillen, diese wiederum lagern sich zu Kollagenfaserbündeln zusammen

genfasern gebildet. Aufgrund der Molekülstruktur ergeben sich leicht gewellte Fasern
(s. Abb. 3.8 und 3.12), so daß bei einer Zugbelastung, durch „Entwellung", eine geringe
Verlängerung der Fasern möglich ist. Die Fasern sind jedoch praktisch nicht dehnbar.
Zugfestigkeit ist eine ihrer wichtigsten Eigenschaften, so können die Fasern eine Zugbelastung von 6 kg/mm^2 Querschnitt aushalten,
ohne zu zerreißen. Wegen der geringen
Dehnbarkeit der Fasern sind sie meist scherengitterartig angeordnet (z.B. in den Organkapseln), um wie textile Gewebe durch Ver-
lagerung des Gitters eine gewisse Dehnbarkeit zu ermöglichen (Abb. 3.9).

Im Elektronenmikroskop weisen die Kollagenfibrillen eine typische Querstreifung auf,
die eine Periodik von ca. 640 nm hat. Diese
kommt durch die Anlagerung von vielen klei-

nen Untereinheiten zustande. Diese Untereinheiten werden ständig um-, an- und abgebaut. Wenn die Fasern übermäßig stark bela-
stet werden, kommt es durch vermehrten Einbau von zusätzlichen Untereinheiten zu einer
Verlängerung der Fasern mit entsprechenden
Konsequenzen, z.B. Plattfuß etc. Ebenso
kann es bei langanhaltender zu geringer Belastung der Fasern zu einem Abbau bzw. einer
Verkürzung kommen. Dies äußert sich z.B.
an den Gelenkkapseln; wenn Gelenke nach
Verletzungen längere Zeit stillgelegt werden
müssen, verkürzen sich die Fasern der Gelenkkapseln und müssen erst wieder durch
entsprechendes Training auf die richtige Länge gebracht werden. Aufgrund ihrer molekularen Zusammensetzung und der daraus resultierenden Eigenschaften werden heute ca. 15
verschiedene Kollagenarten unterschieden.

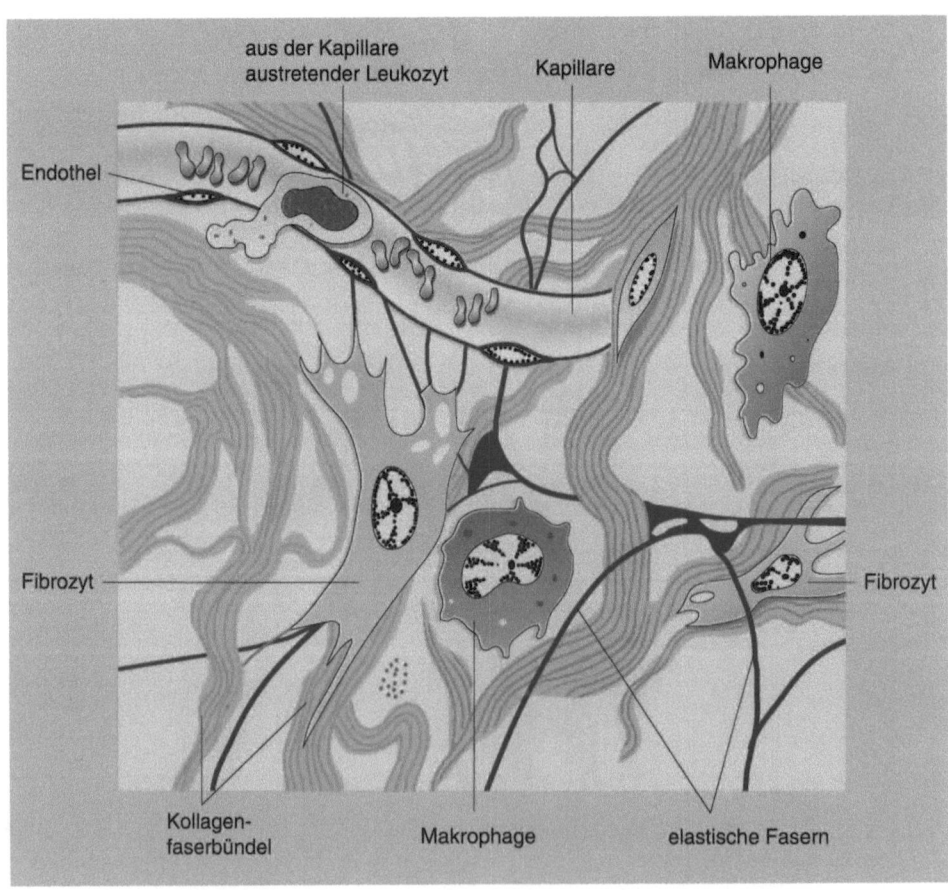

Abb. 3.8. Lockeres faseriges Bindegewebe mit Kollagenfasern, elastischen Fasern sowie verschiedenen
typischen Bindegewebszellen. Im oberen Drittel ist

eine Kapillare eingezeichnet, deren Wand von einem
austretenden Leukozyten überquert wird

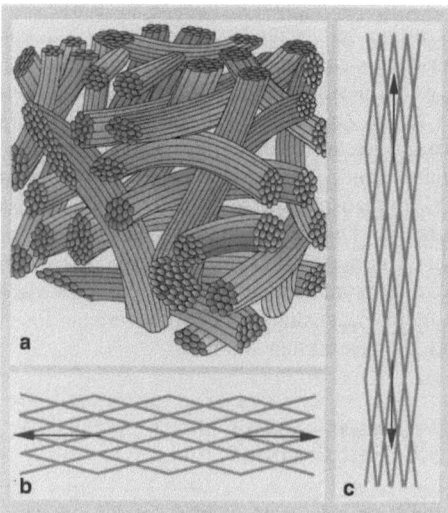

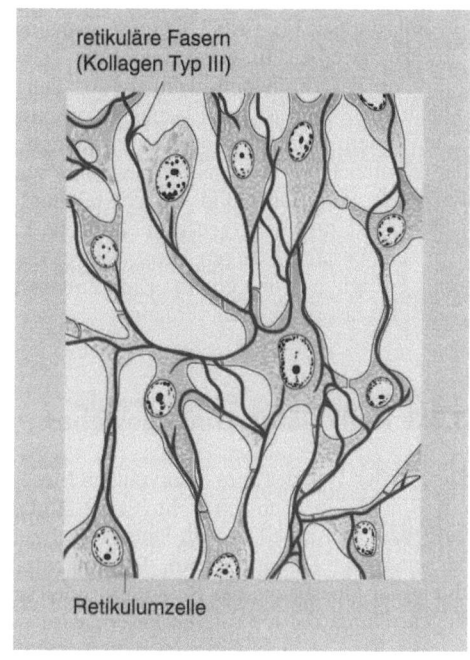

Abb. 3.9a–c. Scherengitterartig angeordnete Kollagenfasern aus straffem faserigem Bindegewebe (z.B. Organkapseln). **a** Einander durchdringende Kollagenfaserbündel; **b** und **c** wie textiles Gewebe lassen sich die Kollagenfaserbündel nicht in der Längsrichtung der Bündel dehnen, sondern nur quer zur Längsrichtung

Abb. 3.10. Retikulumzellen, mit retikulären Fasern (Kollagentyp III), die quasi als Netz die miteinander verbundenen Retikulumzellen umgeben und dadurch eine Stabilisierung des Zellverbandes bewirken

Das am häufigsten im ganzen Körper vorkommende Kollagen ist das Kollagen Typ I. Das Kollagen, das die Basallamina aufbaut, bildet keine Fibrillen und gehört zum Kollagen Typ IV. Die im nächsten Abschnitt behandelten retikulären Fasern werden häufig auch als Kollagen Typ III bezeichnet. Im Knorpel kommt z.B. vor allem Kollagen Typ II vor. Die einzelnen Kollagenarten sind ähnlich aufgebaut, sie unterscheiden sich vor allem auf molekularer Ebene.

Retikuläre Fasern (Kollagen Typ III)

Diese Fasern stehen in enger Beziehung zu den kollagenen Fasern. Wegen der Ähnlichkeit der vorhandenen Zwischenstufen werden die retikulären Fasern auch häufig **Präkollagen** genannt (Vorstufe des Kollagens). Sie haben ebenfalls eine Querstreifung, sind in der Regel aber dünner als die Kollagenfasern und weisen auch ein anderes färberisches Verhalten auf (Kollagen wird bei Versilberung braun, retikuläre Fasern schwarz). Im Unterschied zu den Kollagenfasern geben die Retikulinfasern beim Kochen keinen Leim ab. Die retikulären Fasern sind die ersten, die im embryonalen Bindegewebe entstehen. Sie

bilden Fasergerüste in Leber, Niere, Muskel (Endomysium), Nerven (Endoneurium) und anderen Geweben, an der Grenze zwischen Parenchym und Bindegewebe. Außerdem kommen sie häufig vor als Verstärkung der Basalmembranen, die dadurch lichtmikroskopisch sichtbar werden (Abb. 3.10).

Elastische Fasern

Diese Fasern unterscheiden sich morphologisch, physikalisch und chemisch sehr deutlich vom Kollagen. Sie kommen jedoch häufig als Begleitstruktur der kollagenen Fasern vor.

In der Lunge, in den Wänden der Arterien sowie im Nackenband (Ligamentum nuchae) kommen elastische Fasern in größerer Menge vor. Sie bilden dreidimensionale Netze aus Fasern, die einen Durchmesser von 0,2–5 µm haben. Sowohl licht- wie auch elektronenmikroskopisch sind elastische Fasern homogen, d.h. strukturlos ohne Querstreifung.

Elastische Fasern lassen sich aufgrund ihrer hohen Elastizität bis auf 150% ihrer Länge reversibel (umkehrbar) dehnen. Dabei können sie Belastungen bis zu 0,3 kg/mm^2 aushalten, ohne zu zerreißen. Im Alter nimmt die Elastizität der Fasern jedoch deutlich ab. Durch Abbau sowie Verlust der Elastizität der elastischen Fasern kommt es im Alter zu mangelnder Elastizität in der Haut. Dies führt zum Entstehen von Haut- und Gesichtsfalten. Im Unterschied zum Kollagen sind elastische Fasern sehr beständig gegen Hitze, Säure, Laugen. Lediglich von einem Pankreasenzym (Elastase) lassen sie sich verdauen.

3.3.3 Retikuläres Bindegewebe

Dies ist der Typ, der dem embryonalen Mesenchym noch am nächsten steht. Es ist ähnlich aufgebaut, hat allerdings im Unterschied zum Mesenchym retikuläre Fasern, die größtenteils direkt der Oberfläche der Retikulumzellen anliegen. Durch die retikulären Fasern wird der

netzartige Zellverband versteift. In den Lücken zwischen den Retikulumzellen befinden sich Gewebeflüssigkeit und freie Bindegewebezellen sowie Zellen, die eng mit dem Blut- und Lymphsystem in Verbindung stehen. Das retikuläre Bindegewebe stellt das Grundgerüst der lymphatischen Organe sowie des Knochenmarks dar. Die Retikulumzellen sind biologisch sehr aktiv, sie können phagozytieren, speichern und aufgenommene Stoffe abbauen. Außerdem können sie sich aus dem Gewebeverband lösen und als freie Zellen wandern.

3.3.4 Fettgewebe

Fettgewebe, das fast überall im Körper vorkommt, kann als Sonderform des retikulären Bindegewebes angesehen werden.
Die Fettzellen können einzeln liegen oder als größere Gruppen im Bindegewebe richtige

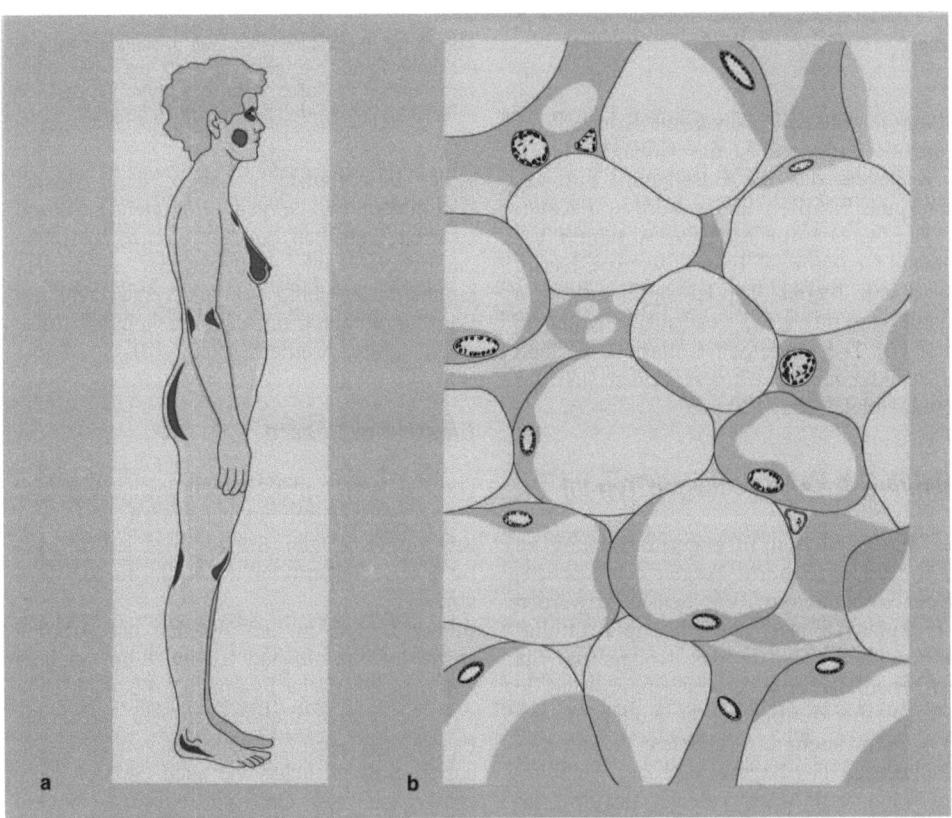

Abb. 3.11. a Darstellung der Verteilung des Baufettes in Brust, Wange (Bichat-Fettpfropf), Augenhöhle, Armbeuge, Kniekehle, Gesäß und Fußsohle. Das Baufett gehört zum weißen Fett, das aus univakuolären Fettzellen (**b**) aufgebaut ist

Fettorgane bilden. Etwa 10–20% des Körpergewichtes macht das Fettgewebe aus.

Das Fettgewebe dient auf der einen Seite als Baufett, auf der anderen Seite als Speicherfett (Abb. 3.11). Das **Baufett** hat u.a. die Aufgabe, die Organlage zu erhalten (z.B. bei der Niere) oder als Polstermaterial zu dienen, z.B. im Bereich der Wange, des Gesäßes, der Augenhöhle etc. Da es für die Erhaltung der Organlage eine wichtige Rolle spielt, wird es erst unter extremen Hungerbedingungen oder z.B. bei terminalen Krebsstadien abgebaut.

Dem steht das **Speicherfett** gegenüber, das als Energiereserve dient und außerdem die Funktion eines thermischen Isolators hat. Es ist v.a. im Unterhautbindegewebe sowie in der Bauchhöhle vorhanden. Bei Hunger und im Krankheitsfall kann es jederzeit leicht mobilisiert, d.h. abgebaut werden. Außerdem hat das Speicherfett eine wichtige Rolle bei der Regulation des Wasserhaushalts, da es die Fähigkeit hat, Wasser zu binden.

Man unterscheidet 2 Arten von Fettgewebe, das braune und das weiße Fett. Das **weiße Fett** ist in Form des Baufettes und Speicherfettes über den ganzen Körper verteilt. Das Fett in diesen Zellen ist meist in einem einzigen großen Fetttropfen (univakuolär) so im Zytoplasma angeordnet, daß der Zellkern dadurch ganz an den Rand der Zelle gedrängt wird und die Zellen ein siegelringartiges Aussehen erhalten. Das **braune Fett** kommt fast ausschließlich beim Neugeborenen vor. Es enthält Fett in vielen kleinen Fetttropfen (plurivakuolär) und außerdem eine große Anzahl von Mitochondrien. Es dient der zitterfreien Wärmebildung des Neugeborenen.

3.3.5 Faseriges Bindegewebe

Lockeres faseriges Bindegewebe
(Abb. 3.12)

Dieser Bindegewebetyp ist im ganzen Körper sehr verbreitet und besitzt keine selbständige Eigenform. Er liegt als interstitielles Gewebe zwischen den Organen und Organteilen, zwischen den Muskeln und Muskelfaserbündeln und begleitet Gefäße und Nerven. Er liefert das Stroma verschiedener Organe (Hoden, Nieren, Leber, große Drüsen etc.), bildet die weichen Hirnhäute, das Stratum papillare der Haut, die Tela subcutanea etc.

Die Interzellularsubstanz des lockeren faserigen Bindegewebes besteht aus Grundsubstanz und welligen, in verschiedenen Richtungen verlaufenden kollagenen Faserbündeln, die – wie fast überall im Körper – noch begleitet sind von elastischen Fasern. Die Hauptzellen dieses Gewebetyps sind Fibrozyten, daneben sind aber noch verschiedene freie Bindegewebezellen vorhanden.

Straffes faseriges Bindegewebe
(Abb. 3.13)

Dieser Typ des Bindegewebes ist überall dort anzutreffen, wo eine stärkere mechanische Belastung auftritt. Deshalb enthält dieser Gewebetyp auch weniger Zellen und Grundsubstanz, dafür um so mehr Fasern. Der Stoffwechsel ist deutlich geringer als im lockeren Bindegewebe, und die Anzahl der Blutgefäße sowie der freien Bindegewebezellen ist ebenfalls stark reduziert. Im Unterschied zum lockeren hat das straffe Bindegewebe eine charakteristische Eigenform. Die Fasern sind eng aneinandergedrängt und verlaufen je nach Art der Zugbelastung entweder in verschiedenen Richtungen oder sind in einer Richtung angeordnet. Das letztere ist der Fall, wenn die Beanspruchung immer in der gleichen Richtung erfolgt, z.B. bei den Sehnen, bei denen eine deutliche Ausrichtung der Fasern und Zellen parallel zur Zugrichtung vorhanden ist. Diese Art des gerichteten straffen Bindegewebes findet sich außer in den **Sehnen** auch in den **Aponeurosen** (flächenhaften Sehnen), den **Faszien** (Hüllen der Muskeln) sowie den **Bändern** (Ligamente, Verbindungen zwischen Knochenteilen).

Das geflechtartige Bindegewebe bildet Organkapseln (bindegewebige Hüllen der Organe), z.B. bei den Hoden, den Nieren, der Milz, Leber etc., außerdem die harte Hirnhaut sowie das Stratum reticulare der Haut.

3.4 Knorpelgewebe

Das Knorpelgewebe entwickelt sich aus dem Mesenchym. Die Zellen des Mesenchyms lagern sich in den Zonen, in denen Knorpel gebildet werden soll, sehr dicht aneinander, so daß ein Interzellularraum nur noch mit dem Elektronenmikroskop gesehen werden kann.

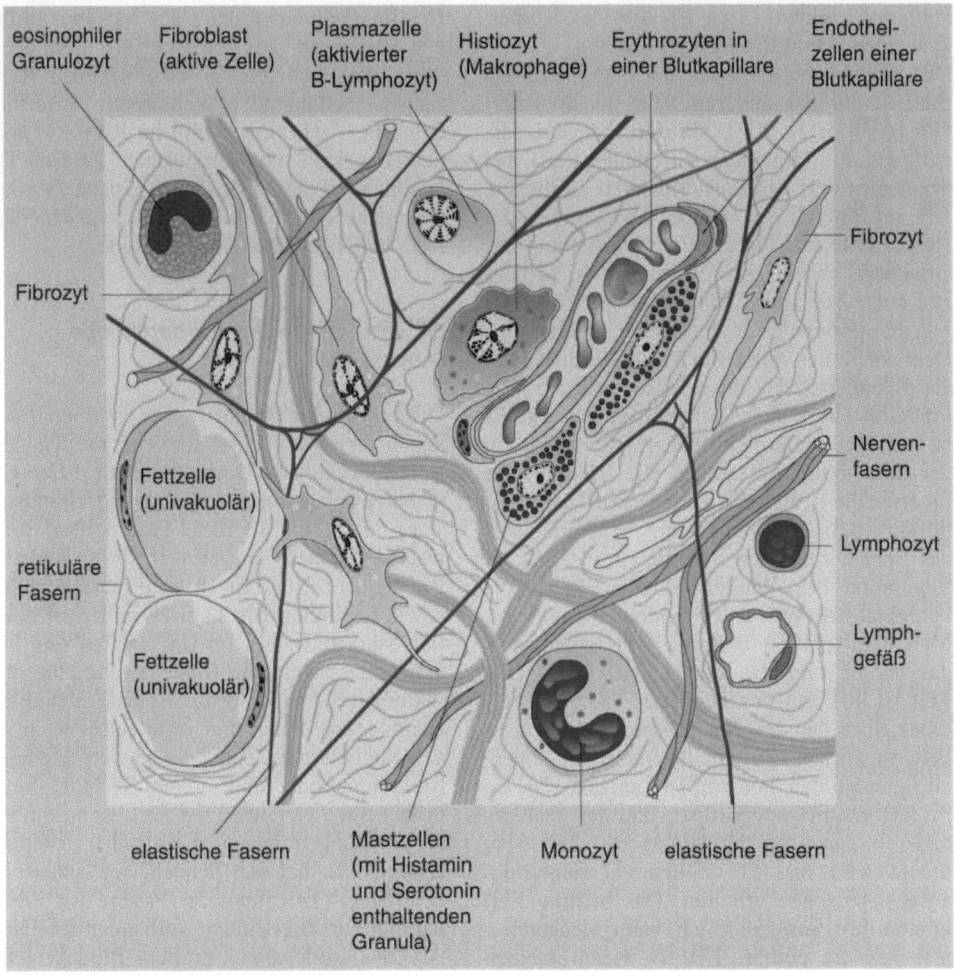

Abb. 3.12. Lockeres faseriges Bindegewebe mit den für dieses Gewebe typischen Zellarten und Strukturen

Dann beginnen diese Zellen, Interzellularsubstanz auszuscheiden. Von diesem Moment an bezeichnet man sie als **Chondroblasten** (Zellen, die den Knorpel bilden). Die Chondroblasten wachsen weiter und differenzieren sich in echte Chondrozyten (Knorpelzellen), die große Mengen an Kollagen, Glykoprotein und Chondroitinsulfat ausscheiden. Durch diese Ausscheidung an Interzellularsubstanz rücken die Zellen weiter auseinander, wobei sie sich gleichzeitig mitotisch teilen. Diese Art des Wachstums nennt man **interstitielles Wachstum**.

An der Oberfläche des Knorpels differenziert sich aus dem Mesenchym das **Perichondrium** (Knorpelhaut); die innerhalb des Perichondriums vorhandenen Chondroblasten bilden ebenfalls Knorpel. Diese Art des Wachs-

tums, bei der von außen an vorhandenes Gewebe angebaut wird, nennt man **appositionelles Wachstum**.

Knorpelwachstum erfolgt somit auf 2 Arten: in jüngeren Entwicklungsstadien interstitiell und im reifen Knorpel sowie bei der Knorpelregeneration appositionell.

Die Chondrozyten liegen gewöhnlich in kleinen Gruppen in einer sog. Knorpelhöhle, die von einer Zone faserfreier Grundsubstanz umgeben ist. Durch diese Anordnung entstehen Zellnester, die man als Chondrone bezeichnet. Knorpelgewebe ist im ausdifferenzierten Zustand relativ inaktiv (bradytroph). Dies wird besonders verdeutlicht durch die Tatsache, daß keine Blutgefäße vorhanden sind. Die Ernährung erfolgt über Diffusion.

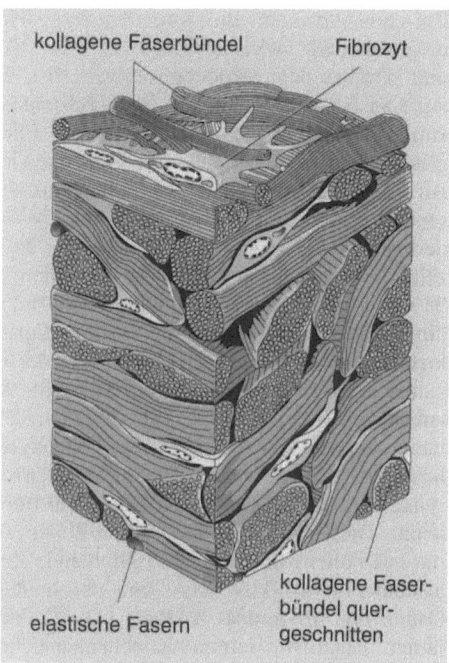

Abb. 3.13. Straffes kollagenes Bindegewebe am Beispiel der Gelenkkapsel. Die Fasern durchweben einander und stellen die Hauptmasse des Gewebes dar, die Fibrozyten sind deutlich in der Minderzahl

Aufgrund morphologischer Unterschiede, die den Gehalt an Fasern und Knorpelgrundsubstanz betreffen, lassen sich 3 Knorpelarten unterscheiden (Abb. 3.14):

- hyaliner Knorpel,
- elastischer Knorpel,
- Faserknorpel.

3.4.1 Hyaliner Knorpel

Der hyaline Knorpel ist von den 3 Knorpelarten am häufigsten vorhanden. So bestehen z.B. die Gelenkenden, die Rippenknorpel und das Knorpelgerüst von Nase und Luftröhre aus hyalinem Knorpel. Außer an den Gelenkknorpeln ist der hyaline Knorpel überall im Körper von Perichondrium überzogen. Im hyalinen Knorpel sind die Kollagenfasern weder im frischen noch im gefärbten Zustand sichtbar, da sie durch das vorhandene Chondroitinsulfat in der Grundsubstanz maskiert sind.

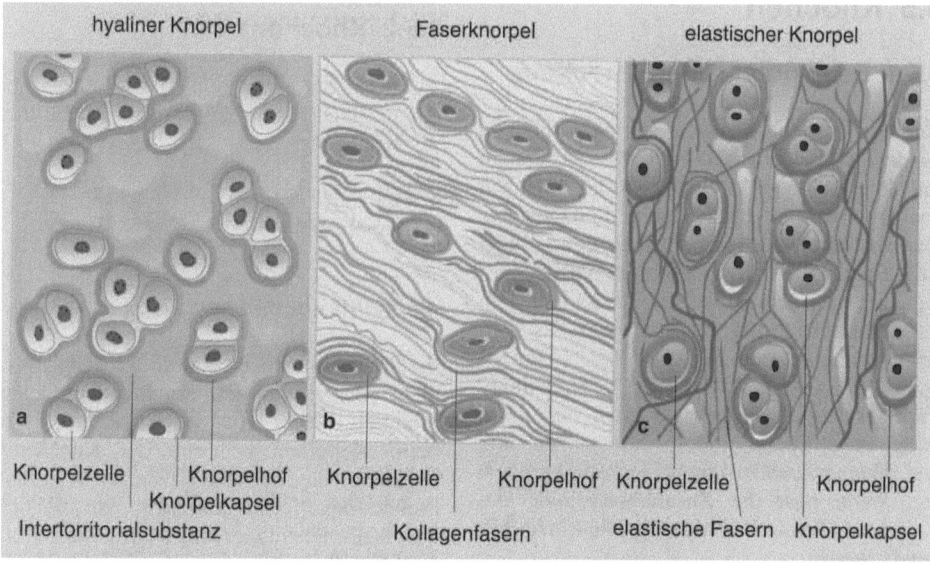

Abb. 3.14. a Hyaliner Knorpel: Die Chondrozyten sitzen in einer Knorpelkapsel und sind von einer starken Konzentration an Chondroitinschwefelsäure umgeben, die als Knorpelhof bezeichnet wird. Die Region zwischen den einzelnen Chondronen wird Interterritorialsubstanz genannt. Durch die Menge der Chondroitinschwefelsäure sind die in großer Menge vorhandenen Kollagenfasern nicht sichtbar (sie sind maskiert); b Faserknorpel mit wenig Chondroitinschwefelsäure, so daß die Kollagenfasern nicht maskiert, d.h. sichtbar sind; c elastischer Knorpel: auch hier sind die Kollagenfasern durch Chondroitinschwefelsäure maskiert, die zusätzlich vorhandenen elastischen Fasern jedoch nicht

3.4.2 Elastischer Knorpel

Der elastische Knorpel kommt nur an sehr wenigen Orten im Körper vor. Ohrknorpel, verschiedene Teile des Kehlkopfes sowie Teile der kleinsten Bronchien sind aus elastischem Knorpel aufgebaut. Die Zellen des elastischen Knorpels unterscheiden sich kaum von denen des hyalinen Knorpels. In der Grundsubstanz sind ebenfalls maskierte Kollagenfasern vorhanden, zusätzlich jedoch auch elastische Fasern, die deutlich sichtbar sind sowohl im gefärbten wie auch im ungefärbten Zustand.

3.4.3 Faserknorpel

Der Faserknorpel ist ebenfalls relativ selten. Er kommt an den Gelenken des Schlüsselbeins und des Kiefers sowie in der Schambeinfuge und in den Zwischenwirbelscheiben vor. Bei dieser Knorpelart ist relativ wenig Chrondroitinsulfat im Interzellularraum vorhanden, so daß die Kollagenfasern nicht maskiert sind, sondern deutlich sichtbar. Daher hat der Knorpel auch seinen Namen: Faserknorpel.

3.5 Knochen

3.5.1 Bestandteile des Knochens

Knochen entsteht ebenfalls aus embryonalem Bindegewebe, dem **Mesenchym**. Zusammen mit dem Zahnbein (**Dentin**) ist der Knochen das am höchsten differenzierte Stützgewebe. Die Festigkeit des Knochens gegen Druck, Zug, Biegung und Torsion beruht auf der Einlagerung von anorganischen Bestandteilen in die organische Interzellularsubstanz. Es handelt sich hierbei in erster Linie um Hydroxylapatit $[Ca_{10}(PO_4)_6(OH)_2]$, der in kristalliner Form vorliegt. Daneben kommen aber auch noch verschiedene andere Substanzen vor, wie Magnesiumbikarbonat, Kalziumkarbonat etc. Wenn man die Zusammensetzung des Knochens chemisch analysiert, erhält man folgende Werte:

- 65% anorganische Bestandteile,
- 25% organische Bestandteile,
- 10% Wasser.

Knochen stellt den größten Speicher des Körpers für Kalzium und Phosphat dar, deren Ein- und Abbau in die Knochen durch Hormone geregelt wird (s. Kap. 12). Ein Ab- und Umbau der Knochensubstanz ist ein durchaus normaler Vorgang, der konstant abläuft. Es handelt sich hierbei um ein Fließgleichgewicht. Wenn sich das Gleichgewicht auf die Seite des Abbaus oder Anbaus verschiebt, kommt es zu pathologischen Veränderungen. Die organischen Anteile der Interzellularsubstanz des Knochens bestehen zu 95% aus Kollagenfasern. Diese sind unbedingt nötig, da an ihnen die Hydroxylapatitkristalle abgelagert werden. Der Rest der organischen Interzellularsubstanz besteht aus amorpher Grundsubstanz. Die zellulären Elemente des Knochengewebes, die **Osteozyten**, liegen in Aussparungen der Interzellularsubstanz, die man Knochenhöhlen (**Lakunen**) nennt. Die Osteozyten sind flache Zellen, deren nach allen Richtungen ausstrahlende Zellausläufer in der Lage sind, mit den anderen Osteozyten in Kontakt zu treten. Die Zellausläufer liegen in feinen Knochenkanälchen. Die Ernährung der Zellen erfolgt durch Kontakt der Zellen untereinander und über Spalträume, die vorhanden sind, da die Zellen die Lakunen nicht immer vollständig ausfüllen.

3.5.2 Knochenarten

Aufgrund der Anordnung der Kollagenfibrillen unterscheidet man 2 verschiedene Arten des Knochens:

- Geflechtknochen,
- Lamellenknochen.

Geflechtknochen

In Geflechtknochen sind die Kollagenfasern nicht speziell zu den ernährenden Gefäßen orientiert. Diese Art des Knochens kommt beim Menschen während der Knochenentwicklung, der Heilung sowie an bestimmten Stellen des Schädelknochens vor. Während der Knochenentwicklung wird zuerst Geflechtknochen gebildet, der dann in den ersten Lebensjahren durch den höher strukturierten Lamellenknochen ersetzt wird.

Lamellenknochen

Der Lamellenknochen ist durch einen schalenartigen Aufbau parallel verlaufender Kollagenfaserbündel mit einer entsprechenden Ausrichtung der daran abgelagerten Hydroxylapatitkristallen charakterisiert.

Die einzelnen Schichten oder Schalen bestehen aus 3–10 μm dicken Lamellen, die konzentriert um die ernährenden Blutgefäße ausgerichtet sind. Die Verlaufsrichtung der Fasern einzelner Lamellen wechselt. Zwischen den einzelnen Lamellen bestehen Verbindungen, die helfen, den Knochen weiter zu festigen. In den Lakunen zwischen den Lamellen liegen die Osteozyten.

Die Struktur des Lamellenknochens wird am deutlichsten in den Wänden der Röhrenknochen (in der Kompakta; Abb. 3.15). Wir unterscheiden an diesen Knochen eine außen liegende Knochenhaut (**Periost**), der die Wand des Knochens (**Kompakta**) folgt, die in ein System von Knochenbälkchen (**Spongiosa**) übergeht. Direkt unter dem Periost liegen eine oder mehrere äußere Generallamellen, denen sich in der mittleren Kompaktaschicht sog. Spezialamellen anschließen. Mehrere dieser Spezialamellen, die sich um einen zentralen Kanal anordnen, in dem innerhalb des Bindegewebes ein versorgendes Gefäß liegt, werden **Osteon** genannt (Abb. 3.16). Im Zentrum des Osteons befindet sich der **Havers-Kanal**.

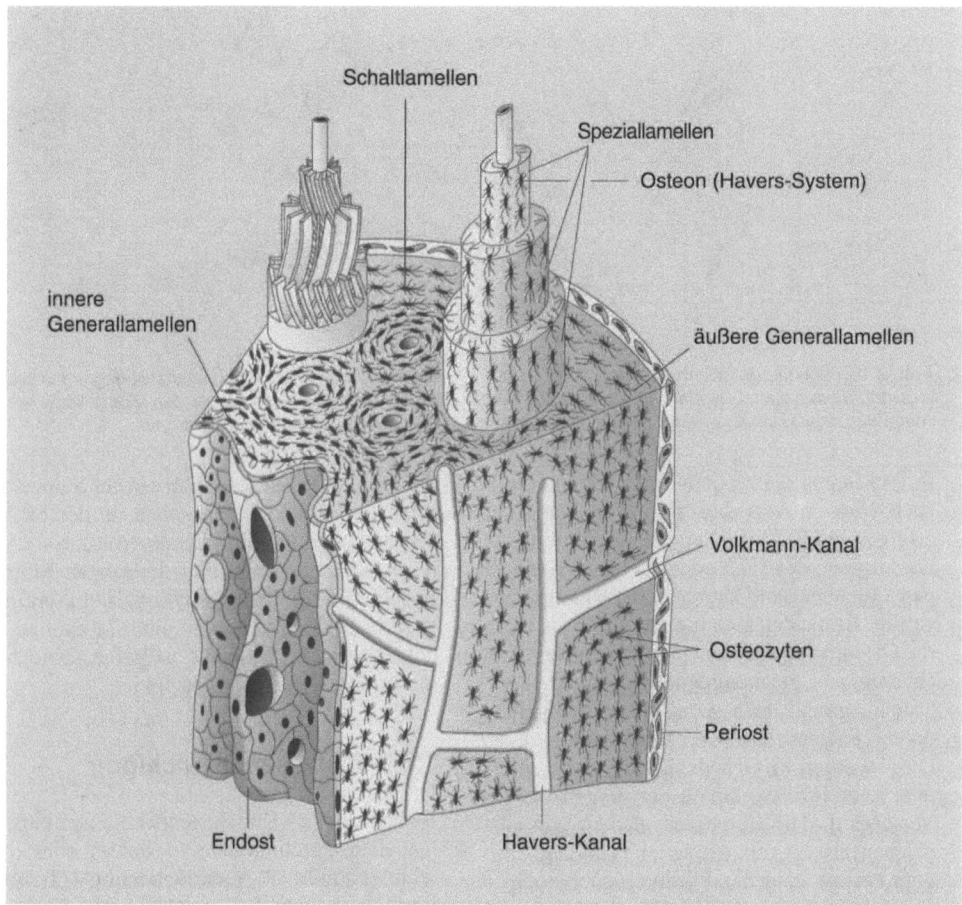

Abb. 3.15. Detail der Kompakta eines Röhrenknochens. Die Baueinheit des Lamellenknochens ist das Osteon, in dem Spezialamellen um das zentrale Havers-Gefäß in konzentrischen Schichten verlaufen (auf dem *linken* herausragenden Osteon eingezeichnet). Die querverlaufenden versorgenden Kanälchen enthalten die Volkmann-Gefäße. Zwischen den Osteonen verbleibende Reste von ehemaligen Osteonen werden als Schaltlamellen bezeichnet. Innen und außen befinden sich jeweils die Generallamellen. Die innere Generallamelle ist stellenweise noch von einer dünnen Epithelschicht überzogen, dem Endost. Die eingemauerten Osteozyten liegen mit ihren Ausläufern zwischen einzelnen Spezial- bzw. Schaltlamellen

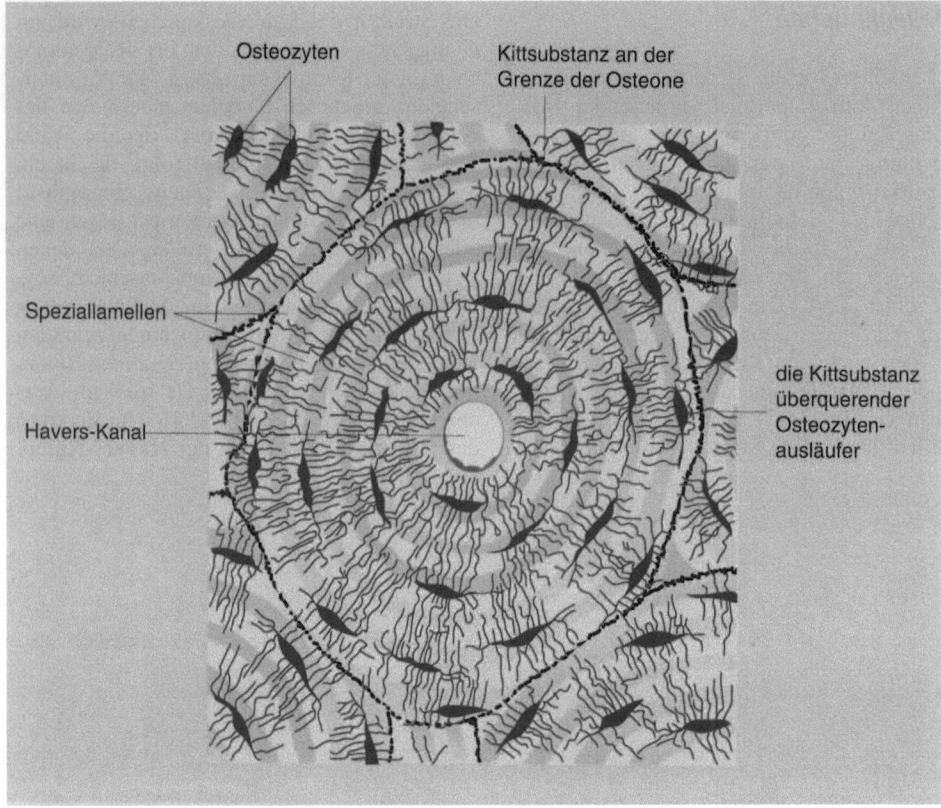

Abb. 3.16. Schnitt durch ein Osteon. Im Zentrum liegt der Havers-Kanal, in dem beim lebenden Knochen das Havers-Gefäß verläuft. Gegeneinander sind die Osteone durch Kittsubstanz abgegrenzt. Jeweils an der Grenzlinie zwischen den Speziallamellen liegen die eingemauerten Osteozyten

In ihm liegen neben dem versorgenden Gefäß auch Nerven. Von diesem Havers-Kanal aus erfolgt mittels Diffusion die Versorgung der Osteozyten. Die Lücken zwischen den einzelnen Osteonen sind durch Schaltlamellen ausgefüllt. Es handelt sich hierbei um Reste früherer Osteonanlagen, die im Rahmen des Knochenumbaus stehengeblieben sind. Jedes Osteon grenzt sich von seiner Umgebung durch Kittstreifen (oder Zementlinien) ab. Dies ist amorphe Grundsubstanz, in die wenig oder kein Hydroxylapatit eingelagert ist. Die Versorgung der Blutgefäße in den Zentralkanälchen erfolgt aus größeren Gefäßen, die – vom Periost ausgehend – durch quergerichtete (d.h. radiär verlaufende) Versorgungskanäle verlaufen, die **Volkmann-Kanäle**. Es sind also 2 Arten der Versorgungskanälchen im Knochen vorhanden:

- Havers-Kanälchen,
- Volkmann-Kanälchen.

Als Spongiosa bezeichnen wir ein Schwammwerk feiner Knochenbälkchen, in dessen Maschen sich das blutbildende (rote) Knochenmark befindet. Im Schaft der langen Röhrenknochen fehlt die Spongiosa. Dort befindet sich beim Erwachsenen die Markhöhle mit dem Fettmark. Fettmark ist gelbes Knochenmark, das kein Blut mehr bildet.

3.5.3 Knochenentwicklung

Während der Knochenentwicklung entsteht Knochen durch direkte (desmale) oder indirekte (chondrale) **Verknöcherung (Ossifikation)**. In beiden Fällen wird zuerst Geflechtknochen angelegt, der mit wenigen Ausnahmen später durch Lamellenknochen ersetzt wird.

Bei der **desmalen** (direkten) Ossifikation differenzieren sich Mesenchymzellen zu Osteoblasten (Knochenbildungszellen), die zunächst eine unverkalkte Grund- oder Interzellularsubstanz ausscheiden. Diese Interzellularsubstanz nennt man **Osteoid**. Durch vermehrte Ausscheidung von Osteoid mauern sich die Osteoblasten selber ein und werden damit zu Osteozyten. Durch allmähliche Einlagerung von Kalksalzen (Hydroxylapatit) wird das Osteoid schließlich zu Knochen. Durch die desmale Ossifikation entwickeln sich die Deckknochen des Schädeldaches und des Gesichts sowie die Schlüsselbeinknochen.

Bei der **chondralen** Ossifikation entsteht zunächst aus dem Mesenchym ein vorgeformtes Modell des späteren Knochens aus hyalinem Knorpel. Der Knorpel wird dabei abgebaut und in gleichem Umfang durch Knochen ersetzt. Die Verknöcherung des Knorpels nimmt ihren Ausgang von Ossifikationszentren (Verknöcherungszentren), die zu genau bestimmten Zeitpunkten auftreten. Dadurch läßt sich das Alter eines Kindes oder eines Fetus mit Röntgenaufnahmen bestimmen. Der Ersatz von ursprünglich knorpeligen Skelettstücken erfolgt teilweise von innen und teilweise von außen, dementsprechend unterscheidet man 2 Arten der chondralen Ossifikation:

- enchondrale Ossifikation,
- perichondrale Ossifikation.

Bei der **perichondralen** Ossifikation entsteht der Knochen aus dem Perichondrium der knorpelig vorgebildeten Röhrenknochen. Bei der **enchondralen** Ossifikation entsteht der Knochen durch eine Umwandlung der Knorpelstücke, die von innen heraus erfolgt. An Röhrenknochen unterscheidet man den Schaft (Diaphyse) von den Gelenkenden (Epiphysen). Zwischen Diaphyse und Epiphyse befindet sich beim Jugendlichen der Epiphysenknorpel (Epiphysenfuge), der die Zone des Längenwachstums der Röhrenknochen darstellt. Diese Epiphysenfuge bleibt bis zum Abschluß des Längenwachstums (21.–23. Lebensjahr) offen, d.h. sie besteht zunächst aus Knorpel, der nach Abschluß des Wachstums durch Knochen ersetzt wird.

3.5.4 Osteoklasten

Damit der Knochen während des Wachstums durch ständigen Anbau nicht zu schwer wird

und damit der Geflechtknochen in Lamellenknochen umgebaut werden kann, existiert ein System von Zellen, das in der Lage ist, Knochen abzubauen. Dies sind die **Osteoklasten**, mehrkernige Riesenzellen (Abb. 3.17). Sie können bis zu 100 µm groß sein. Ein einzelner Osteoklast ist in der Lage, das abzubauen, was 100 Osteoblasten aufbauen. So können z.b. während des Wachstums die Osteoklasten von innen abbauen und gleichzeitig die Osteoblasten von außen aufbauen, so daß es zwar zu einer Vergrößerung des Knochendurchmessers kommt, aber nicht zu einer entsprechenden Verstärkung der Wanddicke.

3.5.5 Regeneration des Knochens

Nach einem Knochenbruch (**Knochenfraktur**) zeigen Zellen des Periosts (Knochenhaut), der Havers-Kanälchen sowie retikuläre Zellen des Knochenmarks ein gesteigertes Wachstum (Proliferation) und bilden zunächst den bindegewebigen Kallus. Aus diesem geht durch Einlagerung von Kollagenfasern das Osteoid hervor, das dann bei guter Fixation der Bruchenden anschließend verkalkt und somit den neuen Knochen bildet. Bei schlechter Fixation der Bruchenden bildet sich aus dem Kallus zunächst Knorpelgewebe, das dann später durch Knochen ersetzt wird (Abb. 3.18).

3.5.6 Knochenumbau

Für die Aufrechterhaltung der inneren Struktur des Knochens ist eine dauernde ausgewogene Belastung und eine entsprechende Ernährung notwendig. Ändern sich diese, erfolgt ein Umbau des Knochens mit dem Ziel, sich den neuen Bedingungen anzupassen. Durch konstanten Druck wird der Knochen abgebaut. An Stellen, an denen der Knochen Zug ausgesetzt ist, wird Knochen angebaut. Damit der im Skelett wirksame Druck, z.B. durch Gehen, Stehen etc., nicht allzugroß wird und in einem Knochenabbau resultiert, ist in den Knochen die Spongiosa so angeordnet, daß sie in der Lage ist, den Druck in Zug umzuformen. Die Fähigkeit des Knochens, sich den Belastungen durch Umbau anzupassen, wird auch therapeutisch ausgenutzt, z.B. bei der Zahnregulierung. Hier wird durch dauernden Druck ein Umbau des

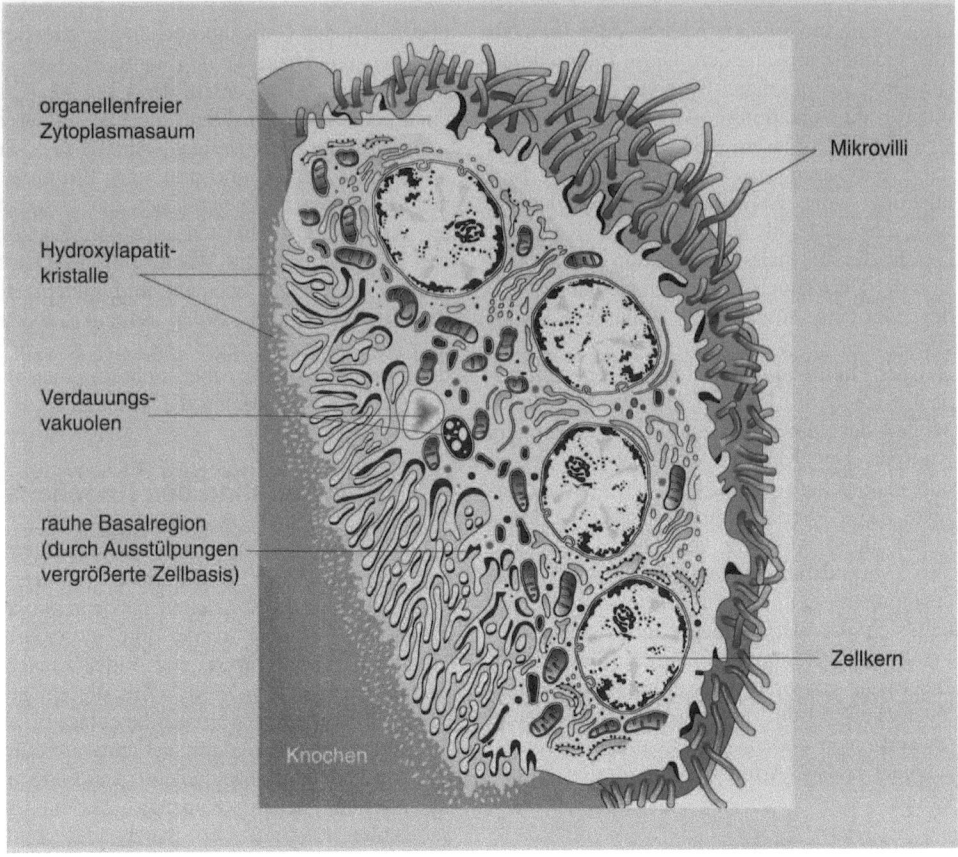

organellenfreier
Zytoplasmasaum

Mikrovilli

Hydroxylapatit-
kristalle

Verdauungs-
vakuolen

rauhe Basalregion
(durch Ausstülpungen
vergrößerte Zellbasis)

Zellkern

Knochen

Abb. 3.17. Mehrkerniger Osteoklast in einer Abbau-
zone des Knochens. In der rauhen Basalregion ist
die Zelloberfläche durch Zellausläufer vergrößert, da-

mit der Osteoklast eine größere Aktivität entfalten
kann. Hier werden abbauende Enzyme tätig, um die
Knochensubstanz aufzulösen

Knochens in den Kieferalveolen erreicht, so
daß die Zähne im Laufe der Zeit ihre Stellung ändern. Zahnbein (Dentin) und Zahnschmelz sind prinzipiell ähnlich zusammengesetzt wie Knochen. Sie unterscheiden sich
jedoch in den Mengenverhältnissen von Wasser, organischer und anorganischer Substanz.

3.6 Muskelgewebe

Mit Ausnahme von Bewegungen auf molekularer Ebene sowie der verschiedenen transmembranalen Transporte findet Bewegung im
Körper ausschließlich durch die Kontraktion
von Proteinfäden statt. Kontraktilität ist das
hervorstechendste Merkmal der Gewebeart,
die in der Umgangssprache als Fleisch und

mit dem Fachausdruck als **Muskulatur** bezeichnet wird.

Im Körper des Menschen kommen 3 verschiedene Arten von Muskelgewebe vor, deren gemeinsames Merkmal der Besitz von
kontraktilen Proteinfäden (Myofilamenten)
ist. Wir unterscheiden:

- glatte Muskulatur,
- Skelettmuskulatur,
- Herzmuskulatur.

Herz- und Skelettmuskulatur besitzen eine
charakteristische Querstreifung, die bereits im
Lichtmikroskop sichtbar ist. Hervorgerufen
wird diese Querstreifung durch eine spezielle
Anordnung der kontraktilen Proteinfäden. In
der glatten Muskulatur fehlt diese Querstreifung. Die Skelettmuskulatur ist der Willkürmotorik unterworfen, Herzmuskulatur und

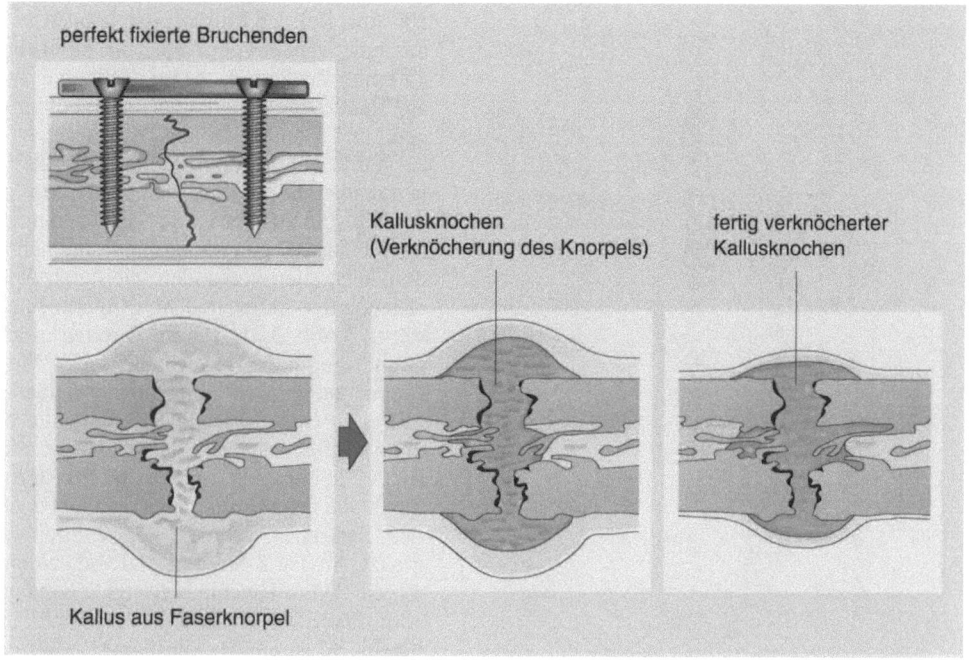

perfekt fixierte Bruchenden

Kalluslnochen
(Verknöcherung des Knorpels)

fertig verknöcherter
Kalluslnochen

Kallus aus Faserknorpel

Abb. 3.18. Verheilung von Knochenbrüchen; *oben links* sind die Bruchenden perfekt fixiert, es kommt nicht zur Kallusbildung; *unten links* sind die Bruchenden schlecht fixiert, und es kommt zunächst zur

Bildung von faserknorpeligem Kallus, der anschließend verknöchert. An dem dabei gebildeten Wulst von Kallusknochen kann später die Bruchstelle immer noch identifiziert werden

glatte Muskulatur hingegen nicht. Quergestreifte Muskulatur ist zu schnellen Kontraktionen, glatte Muskulatur nur zu langsamen Kontraktionen befähigt.

3.6.1 Glatte Muskulatur

Die glatte Muskulatur ist aus langgestreckten spindelförmigen Zellen aufgebaut, die eine Länge von 40–200 μm (in der Gebärmutter kurz vor der Geburt bis 500 μm) und eine Dicke von 4–20 μm aufweisen. Das glatte Muskelgewebe bildet den größten Teil der Wand von Eingeweideschläuchen und Hohlorganen (Darm, Gallenblase, harnableitende Wege, Gebärmutter, Scheide, Blutgefäße etc.). Außerdem kommt glatte Muskulatur an den Haaren, den Drüsen (myoepitheliale Zellen) sowie locker verteilt im Bindegewebe verschiedener Organe vor.
Untersuchungen haben gezeigt, daß die kontraktilen Proteine aller Muskelarten Aktin- und Myosinfilamente sind. Tropomyosin und Troponin als Regulatorproteine liegen in den Molekülketten des Aktins (Abb. 3.19).

In der glatten Muskulatur überwiegt die dünnere Art dieser Proteinfäden, das Aktin, d.h., es kommt weniger Myosin als Aktin vor. Beide Myofilamentarten sind in der Längsrichtung der Zellen angeordnet. Im Zentrum der Zellen ist ein länglicher Zellkern vorhanden, der sich bei Kontraktionen der Muskelzellen in Falten legen kann oder korkenzieherartig spiralisiert wird. An der Oberfläche der glatten Muskelzellen sitzen retikuläre Fasern, die zusammen mit Bindegewebezellen für einen besseren Zusammenhalt des Gewebes sorgen. Zellkontakte und Verzahnungen der Zellen untereinander sind häufig vorhanden und dienen ebenfalls der Stabilisierung des Zellverbandes (Abb. 3.20). Anders als die Herz- und Skelettmuskulatur ist die glatte Muskulatur befähigt, über längere Zeit in verschiedenen Kontraktionszuständen zu verharren, ohne zu ermüden. Damit ist sie in der Lage, einen Spannungszustand (Tonus), z.B. in der Wand eines Hohlorganes, aufrechtzuerhalten. Umgekehrt besitzt die glatte Muskulatur eine gewisse Plastizität; sie kann gedehnt werden, ohne daß die Spannung erhöht wird. Eine wichtige Ausnahme bildet

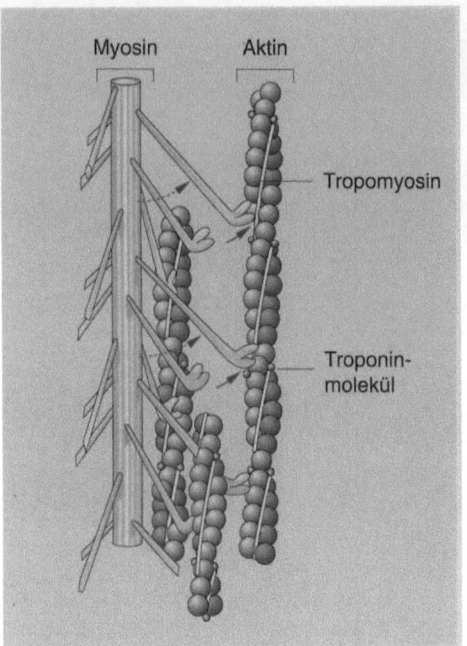

Abb. 3.19. Schematische Darstellung von 3 Aktinfilamenten und einem Myosinfilament. Das Aktin baut sich aus kugeligen Einzelproteinen auf, zwischen denen Tropomyosin- und Troponinmoleküle verlaufen. Am Myosin sitzen häkchenartige Köpfchen, die sich unter Energieverbrauch mit dem Aktin von Punkt zu Punkt verbinden können und damit die Aktinfilamente immer weiter zwischen die Myosinfilamente schieben. Das Resultat dieses Ineinanderschiebens ist eine Verkürzung des Muskels

hierbei die glatte Muskulatur in den Gefäßwänden, die praktisch immer auf eine Dehnung mit Kontraktionen reagiert (dies ist eine der Grundlagen für die Blutdruckregulation). Innerviert (mit Nervenfasern versorgt) wird die glatte Muskulatur über das vegetative Nervensystem, wobei meist ein Antagonismus (Antagonist: Gegenspieler) zwischen Sympathikus und Parasympathikus besteht.

3.6.2 Quergestreifte Skelettmuskulatur

Die Muskulatur des Bewegungsapparates besteht aus quergestreiften Muskelzellen. Skelettmuskulatur wird sie deshalb genannt, weil die meisten Muskeln am Skelett ansetzen oder vom Skelett entspringen. Die **kleinste Baueinheit** des Skelettmuskels ist die **Muskelfaser**. Die Muskelfasern können bis zu 15 cm lang sein. Ihre Dicke liegt zwischen 10 und

100 μm. Bei der Muskelfaser handelt es sich um eine vielkernige Zelle (bis zu mehreren Tausend Zellkerne), deren Zellkerne immer am Rande direkt unter der Zellmembran liegen. Der Hauptanteil des Zytoplasmas wird ausgefüllt von Myofibrillen. Myofibrillen verlaufen über die gesamte Länge einer Muskelfaser. Sie sind aus einzelnen Sarkomeren aufgebaut. Innerhalb eines Sarkomers sind helle und dunkle Streifen vorhanden, die durch die Anordnung der Aktin- und Myosinfilamente entstehen (Abb. 3.21). Diese Streifen sind die Grundlage für die Bezeichnung dieser Muskelfasern: quergestreift. Man unterscheidet helle I-Streifen (sog. **isotrope Streifen**), die durch die Aktinfilamente gebildet werden, von dunklen A-Streifen (sog. **anisotrope Streifen**), die durch die Myosinfilamente gebildet werden. Die Sarkomere werden von Z-Streifen begrenzt. An den Z-Streifen sind von beiden Seiten die Aktinfilamente befestigt. Zwischen die Aktinfilamente tauchen die Myosinfilamente hinein. So ist ein Myosinfilament jeweils von 6 Aktinfilamenten umgeben. Durch Binden der Myosinköpfchen mit den Aktinfilamenten, darauffolgendes Abknicken der Myosinköpfchen und anschließendes Lösen (ein mehrfach wiederholter Vorgang) kommt es zu einer Verkürzung der Muskelfaser (Abb. 3.22). Die Myofibrillen reichen vom einen Ende der Muskelfaser zum anderen, sie sind aus vielen Hunderten bis Tausenden von Sarkomeren aufgebaut. Zwischen den Myofibrillen liegen Mitochondrien sowie Glykogen (als Energiereserve). RER (rauhes endoplasmatisches Retikulum) ist nur sehr wenig vorhanden. Dadurch ist der Muskel auch nicht in der Lage, größere Mengen an Protein zu synthetisieren, was sich z.B. bei einer Verletzung darin zeigt, daß die verletzte Stelle im Muskel lediglich durch eine bindegewebige Narbe verschlossen wird und nicht durch Muskelfasern. Jede einzelne Muskelfaser ist von einer zarten Bindegewebehülle umgeben, dem **Endomysium**. Das Endomysium geht über in das Perimysium, das auf der einen Seite mehrere Muskelfasern zu Bündeln zusammenfaßt und auf der anderen Seite Gefäße und Nerven führt, die ins Innere der Muskeln eindringen. Der Muskel selbst wird von einer derben bindegewebigen Faszie umgeben. Die Muskeln sind nicht direkt am Skelett befestigt, sondern inserieren über Sehnen am Knochen. Am Ort der Sehnenbefestigung bilden die Muskelfasern fingerförmige Einstülpungen, in die sich die

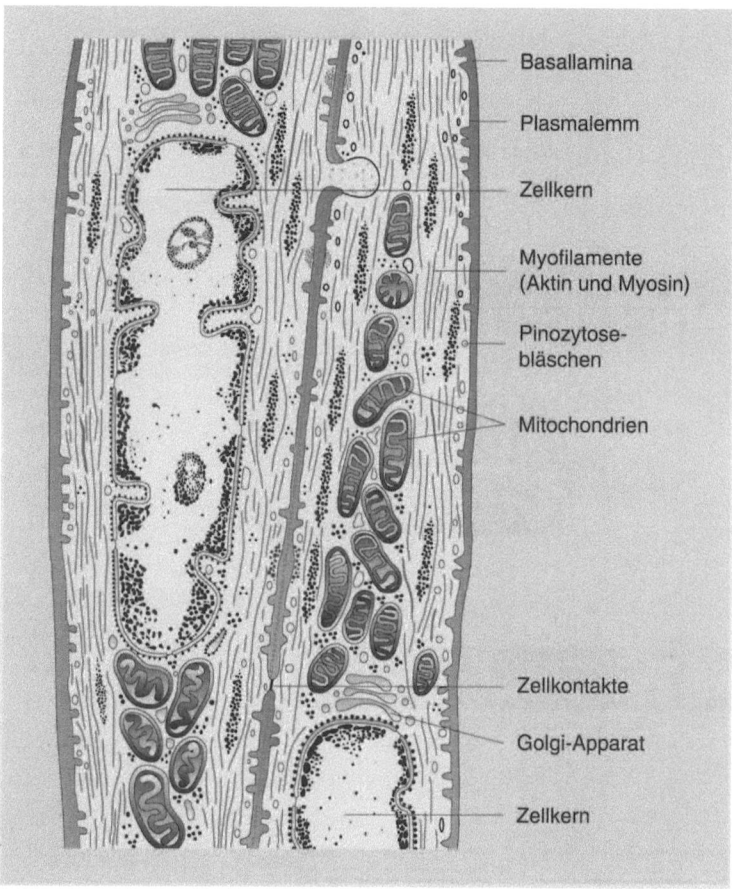

Basallamina

Plasmalemm

Zellkern

Myofilamente
(Aktin und Myosin)

Pinozytose-
bläschen

Mitochondrien

Zellkontakte

Golgi-Apparat

Zellkern

Abb. 3.20. Detail żweier glatter Muskelzellen. In der glatten Muskulatur sind die Aktin- und Myosinfilamente nicht streng geordnet, sie verlaufen aber meist in der Längsrichtung der Zellen, die sich durch Ineinanderschieben der Filamente verkürzen können

Sehnenfasern schieben, um schließlich mit dem Endomysium Verbindungen einzugehen. Die retikulären Fasern des Endomysiums setzen sich in den Sehnen fort. Im Skelettmuskel lassen sich verschiedene Muskelfasertypen unterscheiden, z.B. helle und dunkle (weiß und rot). Diese Farbdifferenz der einzelnen Fasertypen entsteht durch einen unterschiedlichen Gehalt an Muskelfarbstoff (**Myoglobin**). Myoglobin ist ähnlich aufgebaut wie das **Hämoglobin** (roter Blutfarbstoff) und hat auch ähnliche Aufgaben. Es beteiligt sich an der Umsetzung von Sauerstoff. Die hellen Fasertypen enthalten wenig Myoglobin und kontrahieren schnell, sind aber nicht für langdauernde Arbeit geeignet. Die dunklen Fasertypen enthalten viel Myoglobin, kontrahieren relativ langsam, sind dafür aber zu langandauernder kräftiger Kontraktion befähigt.

3.6.3 Herzmuskulatur

Das Muskelgewebe des Herzens unterscheidet sich deutlich von der Skelettmuskulatur und von der glatten Muskulatur. Auf der einen Seite unterliegt das Herzmuskelgewebe nicht der Willkürmotorik (wie die glatte Muskulatur), auf der anderen Seite weist es eine Querstreifung auf (wie die Skelettmuskulatur).

Im Unterschied zur Skelettmuskulatur sind die Zellen des Herzmuskels nicht vielkernig, und ihre Kerne liegen auch nicht direkt unter der Zellmembran, sondern im Zentrum der Zellen (Abb. 3.23). Ein weiterer Unterschied zum Skelettmuskel besteht darin, daß die Skelettmuskulatur aus unverzweigten Fasern besteht, während die Herzmuskeln ein dreidi-

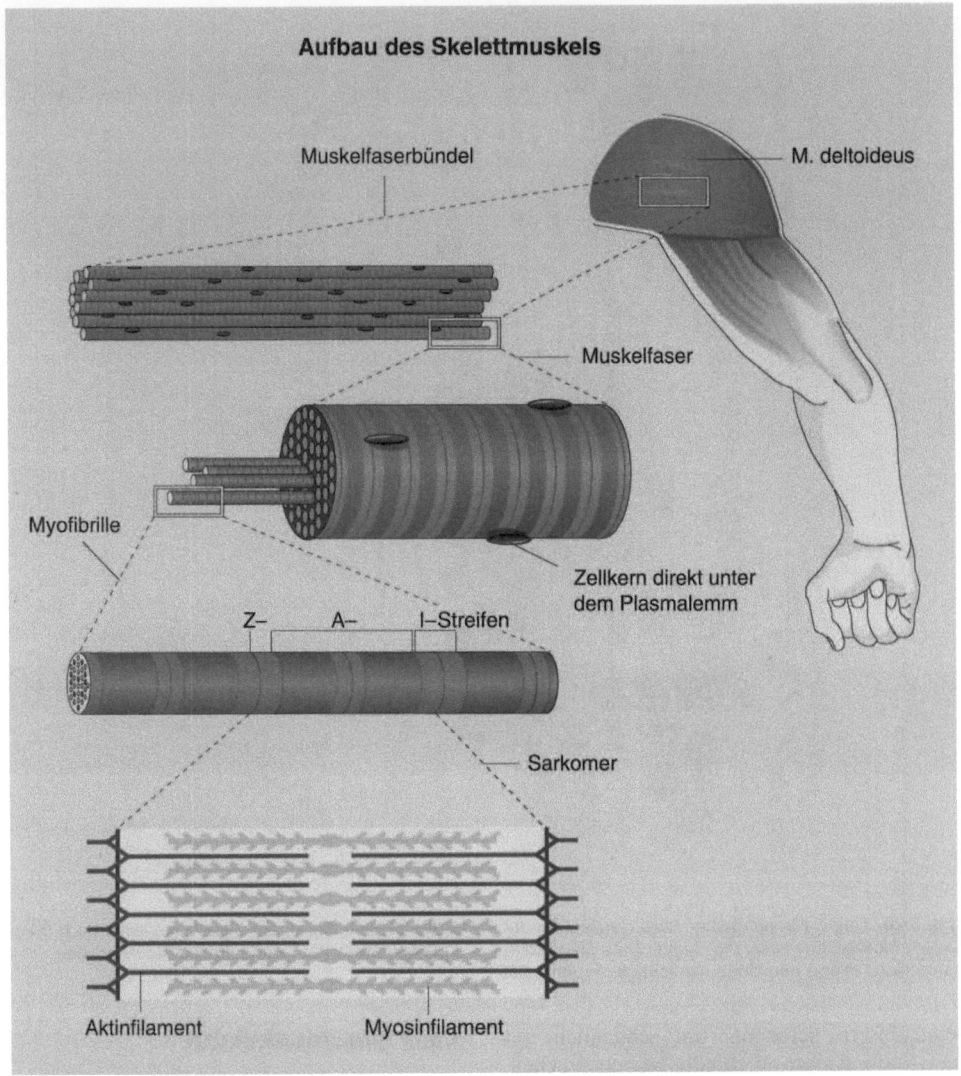

Aufbau des Skelettmuskels

Muskelfaserbündel

M. deltoideus

Muskelfaser

Myofibrille

Zellkern direkt unter dem Plasmalemm

Z–   A–   I–Streifen

Sarkomer

Aktinfilament   Myosinfilament

Abb. 3.21. Darstellung des Skelettmuskels: vom Muskelfaserbündel des M. deltoideus, in dem viele einzelne Muskelfasern (mehrkernige Baueinheiten des Skelettmuskels) zusammengefaßt sind, über die Myofibrille (Funktionseinheit des Skelettmuskels) bis hin zum Sarkomer, der mit seinen Myofilamenten, Aktin und Myosin, die Grundlage der Querstreifung darstellt. Die in den *Kästchen* gezeigten Ausschnitte sind jeweils stärker vergrößert im nächsten Bild dargestellt

mensionales verzweigtes Netz bilden. Außerdem ist die Herzmuskelzelle reicher an Organellen, v.a. Mitochondrien, was der Dauerbelastung bei den ständigen Kontraktionen entspricht. Mit zunehmendem Alter werden in den Herzmuskelzellen Lipofuszingranula eingelagert (s. 2.3.6). Lipofuszin ist ein Alterspigment, das aber offensichtlich die Funktion der Herzmuskelzellen nicht wesentlich beeinflußt.

Ein besonders charakteristisches Merkmal der Herzmuskulatur ist das Vorhandensein von **Glanzstreifen** (Disci intercalares). Dies sind spezielle Zellkontaktzonen, in denen die einzelnen Herzmuskelzellen End-zu-End miteinander verbunden sind. Durch diese Glanzstreifen wird das Gewebe des Herzmuskels in relativ kleine Zellen unterteilt, von denen jede ihren eigenen Zellkern hat (im Unterschied zu den Skelettmuskelzellen). Gele-

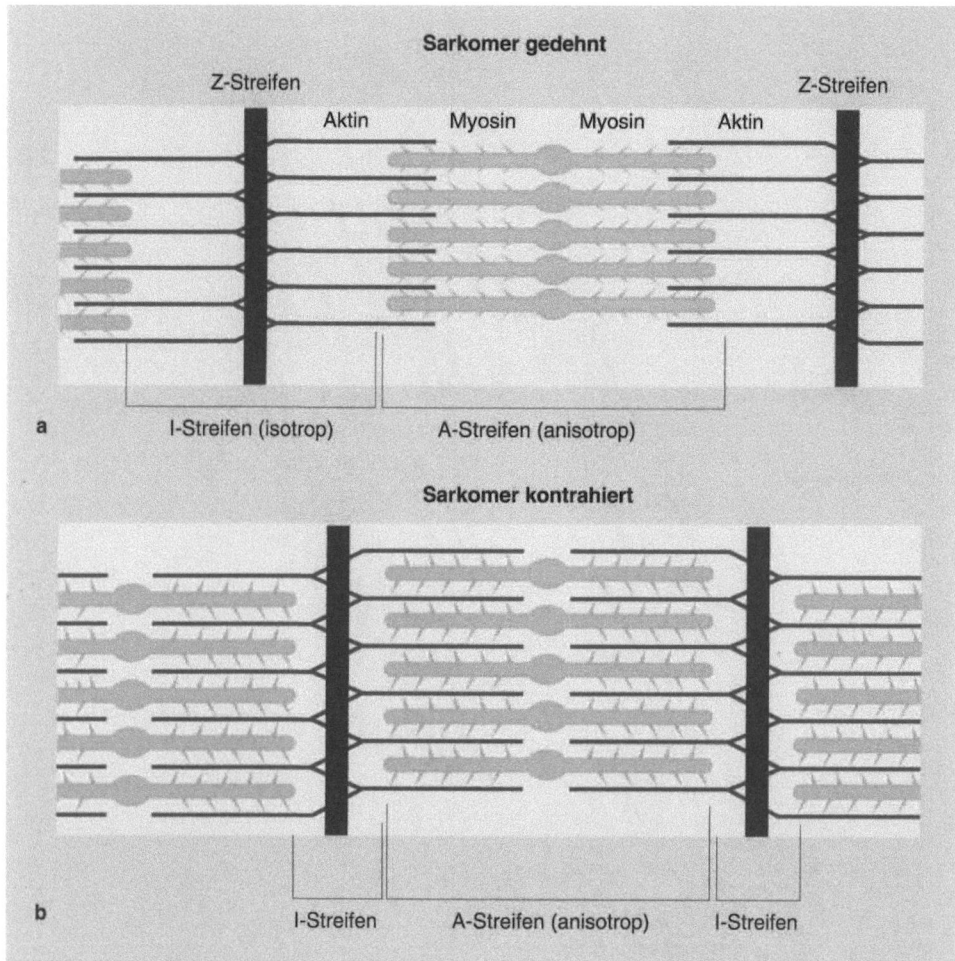

Abb. 3.22a,b. Die Myofibrillen sind aus einzelnen Sarkomeren aufgebaut. Ein Sarkomer reicht von Z-Streifen zu Z-Streifen. An den Z-Streifen sind die Aktinfilamente befestigt. In dem Bereich, in dem lediglich Aktinfilamente vorkommen, liegt der I-Streifen (isotrop); dort wo Aktin- und Myosinfilamente gemeinsam vorkommen, sind die anisotropen A-Streifen. Bei einem gedehnten Sarkomer (**a**) sind die I-Streifen relativ breit; bei einem kontrahierten Sarkomer (**b**) relativ schmal

gentlich kann es vorkommen, daß in einer Zelle 2 Zellkerne liegen. Um den zentralen Zellkern gibt es eine myofibrillenfreie Zone (**Endoplasma**). Die Myofibrillen setzen an den Glanzstreifen auf der Zellinnenseite an.

Die Glanzstreifen sind nicht nur die Zonen der Zellkontakte, die für die Muskelkontraktion nötig sind, sondern sie sind u.a. wichtig für die Ausbreitung der Erregung über den ganzen Herzmuskel.

Andere zusätzliche und wichtige Strukturen für die Erregungsverarbeitung sind die **Reizleitungsfasern** (z.B. Purkinje-Faser; ausführlich dazu s. Kap. 5).

3.7 Nervengewebe

Die Fähigkeit, durch einen passenden Reiz erregt zu werden, besitzen grundsätzlich alle Zellen. Der Unterschied zwischen Nervenzellen und anderen Zellen besteht darin, daß **Nervenzellen in der Lage sind, Erregung rasch über weite Strecken weiterzuleiten**. Die Gesamtheit aller Zellen, die in der Lage sind, Reize aufzunehmen, zu verarbeiten und weiterzuleiten, sind in 2 Systemen zusammengefaßt:

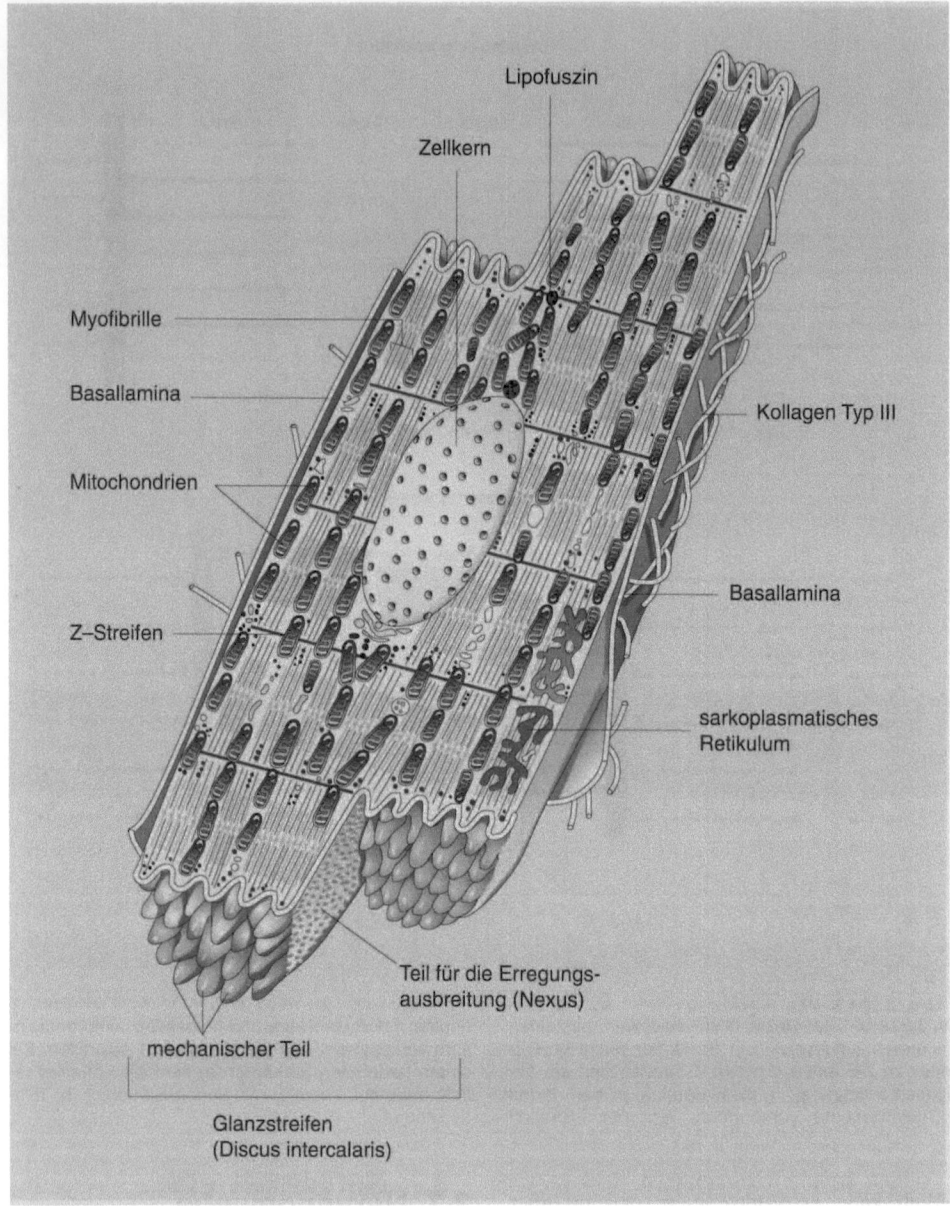

Lipofuszin

Zellkern

Myofibrille

Basallamina

Mitochondrien

Z–Streifen

Kollagen Typ III

Basallamina

sarkoplasmatisches
Retikulum

Teil für die Erregungs-
ausbreitung (Nexus)

mechanischer Teil

Glanzstreifen
(Discus intercalaris)

Abb. 3.23. Herzmuskelzelle mit zentralem Zellkern. Der Glanzstreifen (Discus intercalaris) besitzt eine zapfenartige Region für den mechanischen Kontakt der einzelnen Herzmuskelzellen untereinander und eine glatte Region, die der Ausbreitung der Erregung von einer Zelle zur anderen Zelle dient. Die Z-Strei- fen der einzelnen Myofibrillen liegen meist auf glei- cher Höhe, die Sarkomere reichen von Z-Streifen zu Z-Streifen. Das endoplasmatische Retikulum der Muskelzellen wird als sarkoplasmatisches Retikulum bezeichnet

- dem Zentralnervensystem (ZNS), das aus dem Gehirn und dem Rückenmark besteht;
- dem peripheren Nervensystem (PNS), das aus dem ZNS hervorgeht.

Sowohl ZNS als auch PNS bauen sich aus Nervenzellen und Glia auf. Die **Nervenzellen** haben die Aufgaben der Erregungsverarbeitung und -leitung, die **Gliazellen** haben eine dem Binde- und Stützgewebe vergleichbare Funktion: Stofftransport, Ernährung, Isolierung, mechanischer Schutz, Abwehr und Regeneration. Je nach Vorkommen der Glia redet man von zentraler (ZNS) und peripherer (PNS) Glia.

3.7.1 Nervenzellen

Das menschliche Nervensystem setzt sich aus ca. 30 Mrd. Nervenzellen zusammen. Die Nervenzellen besitzen einen sehr hohen Grad der Differenzierung und sind nicht mehr in der Lage, sich zu teilen. Dies geht auch deutlich aus der Tatsache hervor, daß Nervenzellen keine Zentriolen („Zentralkörperchen") besitzen. Verletzungen sind deshalb meist von bleibender Natur, da Nervengewebe

nicht regenerieren kann. Lediglich Teile der peripheren Nervenzellen können nach Verletzungen regenerieren. Das ZNS regeneriert prinzipiell nicht. Aus diesem Grunde sind im Verlaufe der **Phylogenese** (Entwicklung von niederen zu höheren Lebewesen) auch die Bestandteile des ZNS am besten geschützt worden, indem sie von Knochen bedeckt wurden (Schädelhöhle, Wirbelkanal).

Die **kleinste Baueinheit** des Nervensystems ist das **Neuron**, die einzelne Nervenzelle (Abb. 3.24). Man unterscheidet am Neuron 3 verschiedene Anteile:

- Dendrit,
- Perikaryon,
- Neurit oder Axon.

Beim **Dendriten** handelt es sich um eine Verzweigung von Zellausläufern, die in der Lage sind, von anderen Nervenzellen einen Impuls aufzunehmen und diesen in Richtung Zellkörper weiterzuleiten.

Das **Perikaryon** (Zellkörper) ist das Stoffwechselzentrum der Nervenzelle. Es beinhaltet den Zellkern und relativ viel RER, das lichtmikroskopisch schollenartig aussieht, was ihm den Namen Nissl-Schollen eingetragen hat (Abb. 3.24 und 3.25).

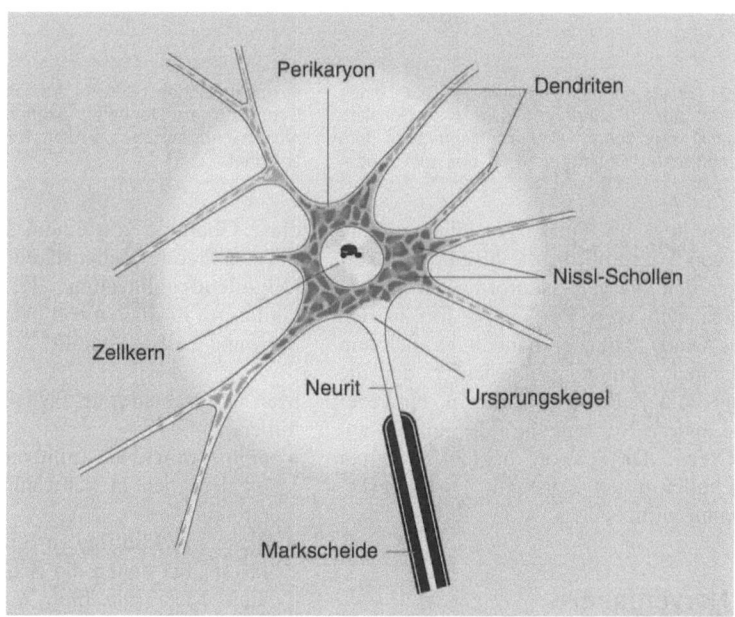

Abb. 3.24. Lichtmikroskopisches Bild einer Nervenzelle. Die Erregung wird an den Dendriten empfangen und läuft über den Zelleib (Perikaryon) zum Neuriten. Dieser Neurit ist (meist) von einer Myelinscheide umgeben

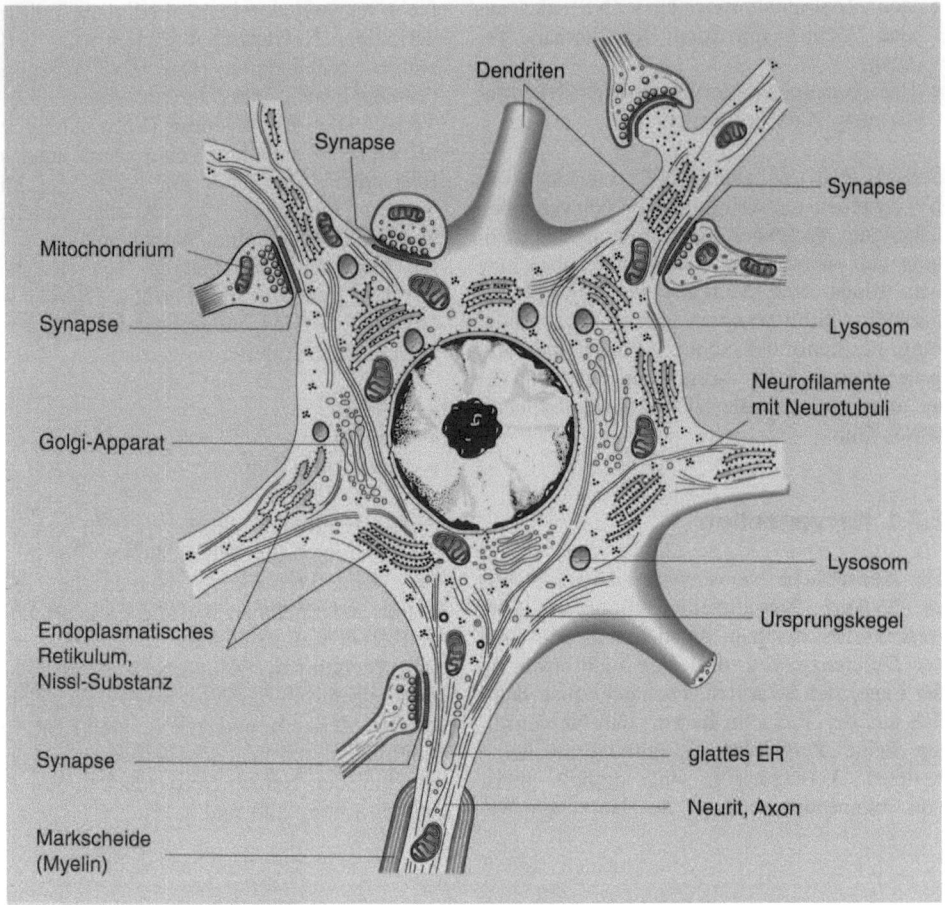

Abb. 3.25. Elektronenmikroskopisches Bild eines Nervenzellkörpers (Perikaryon). Die Nissl-Schollen des lichtmikroskopischen Bildes entsprechen dem endoplasmatischen Retikulum (ER) des elektronen- mikroskopischen Bildes. Verschiedene Arten von Synapsen (am Dendriten: axodendritisch, am Perika- ryon: axosomatisch, am Axon: axoaxonal) sind einge- zeichnet

Außerdem liegt im Perikaryon eine größere Anzahl von Mikrotubuli, die hier in den Ner- venzellen den Namen Neurofibrillen haben. Sie setzen sich vom Perikaryon fort in den **Neurit** (**Axon**). Hierbei handelt es sich um einen langen fädigen Zellausläufer, der die Erregung vom Zellkörper fortleitet, entweder auf eine andere Nervenzelle oder auf ein an- deres Organ. Das Axon beginnt in einer Nissl-Schollen-freien Zone, die Ursprungske- gel genannt wird.

3.7.2 Nervenfasern

Eine Nervenfaser besteht aus einem Axon (Neurit) und einer Gliahülle. Im ZNS wird diese Gliahülle von einem speziellen Zelltyp mit mehreren Zellausläufern gebildet, den **Oligodendrogliazellen**. Bei peripheren Ner- venfasern ist das Axon von Ausläufern der Schwann-Zellen umhüllt.

Man unterscheidet im PNS 2 Arten von Glia- hüllen:
- dünne **marklose** (unmyelinisierte) Fasern, die lediglich in Schwann-Zellen eingebet- tet sind;
- dicke **markhaltige** (myelinisierte) Nerven- fasern, bei denen die Schwann-Zellen sich viele Male mit ihren Ausläufern um das Axon gewickelt haben. Sie bilden so eine Hülle aus Lipid und Protein um das Axon, die **Myelinscheide** genannt wird.

Für die Erregungsleitung ist das Vorhandensein einer Myelinscheide (auch Markscheide genannt) von großer Bedeutung. Nervenfasern mit gut ausgebildeter Myelinscheide sind schnelleitend (bis zu 120 m/s), unmyelinisierte Nervenfasern dagegen leiten nur sehr langsam, d.h. teilweise „nur" 0,5 m/s. Die Myelinscheide hat dabei 2 Funktionen:
Sie isoliert das Axon gegenüber der Umwelt (elektrische Isolierung), und sie ermöglicht eine saltatorische (sprunghafte) Erregungsleitung (s. auch Kap. 5 Nervensystem).
Die Schwann-Zellen (im ZNS sind es die Oligodendrogliazellen) bilden an den Orten, wo die Myelinscheide der einen Zelle aufhört und die der nächsten anfängt, sog. Ranvier-Schnürringe oder Knoten (s. Abb. 3.28 und 3.29).
Bei der Erregungsleitung springt der elektrische Impuls von einem Ranvier-Knoten zum anderen, so daß die Ausbreitung schneller erfolgt.
Nervenzellen sind je nach Funktion und Ort ihres Vorkommens sehr unterschiedlich gebaut. Die kleinsten (Körnerzellen des Kleinhirns) sind nur ca. 4–5 µm groß, die größten (Motoneurone des Rückenmarks) messen 120 µm im Durchmesser. Diese Größenangaben beziehen sich auf das Perikaryon. Das Axon eines Neurons kann u.U. bis über 1 m und länger sein.
In der Regel werden Nervenzellen aufgrund der Anzahl und Art ihrer Zellausläufer klassifiziert. So unterscheidet man:

- unipolare,
- bipolare,
- multipolare und
- pseudounipolare Nervenzellen.

Nervenzellen, die nur ein Axon, aber keine Dendriten haben, sind **unipolar** (modifizierte Nervenzellen in Sinnesorganen, z.B. im Auge). **Bipolar** werden Nervenzellen genannt, bei denen ein Dendrit und ein Axon vorhanden ist (z.B. im Ganglion spirale des Ohrs). **Pseudounipolar** nennt man Nervenzellen, bei denen vom Perikaryon nur ein Fortsatz abgeht, der sich aber nach kurzem Verlauf T-förmig aufteilt, wobei ein Ast an die Peripherie läuft, der andere ins Zentralnervensystem (z.B. im Spinalganglion). Diese Zellen sind ursprünglich bipolar gewesen, die Anfangsstrecken der Fortsätze haben sich jedoch im Laufe der Entwicklung vereinigt.
Die meisten Nervenzellen sind jedoch **multipolar** (s. Abb. 3.29). Es gibt unter den multi-

polaren Zellen verschiedene Spezialformen, z.B. Purkinje-Zellen des Kleinhirns, bei denen sich der Dendrit in einer spalierbaumartigen Endigung aufzweigt.

3.7.3 Nerven

Die meisten Nervenfasern verlaufen in Bündeln; im zentralen Nervensystem (ZNS) werden diese Bündel als **Faszikel** und im peripheren Nervensystem (PNS) als Nerv oder **peripherer Nerv** bezeichnet. Die Nerven verbinden die Körperperipherie mit dem ZNS. Solche Nerven, die nur zum ZNS leitende Fasern enthalten (sensible oder sensorische Fasern), werden als **afferente** Nerven bezeichnet. Solche, die nur vom ZNS in die Peripherie leitende Fasern enthalten, werden **efferente** Nerven genannt. In der Regel sind die Nerven jedoch gemischt, d.h. es kommen sowohl efferente als auch afferente Fasern in gleichen Nerven vor. Zudem sind in den Nerven sowohl myelinisierte wie auch unmyelinisierte Fasern nebeneinander vorhanden. Die einzelnen Nervenfasern (Axon und umgebende Schwann-Zelle) sind in den Nerven in charakteristischer Weise durch Bindegewebsstrukturen untereinander und mit der Umgebung verbunden (Abb. 3.26). Man unterscheidet ähnlich wie bei den Muskelfasern:

- **Endoneurium:** zartes Bindegewebe, das die einzelnen Nervenfasern umgibt.

- **Perineurium:** straffes Bindegewebe, das mehrere bis zu mehreren hundert Nervenfasern zu Bündeln zusammenfaßt.

- **Epineurium:** lockeres Bindegewebe, das die von Perineurium umgebenen Nervenfaserbündel zu ganzen Nerven zusammenfaßt und verschieblich in das umgebende Gewebe einbaut. Große Nerven können dabei die Stärke des kleinen Fingers haben (Bsp. N. ischiadicus).

Synapsen

Die Erregungsübertragung von einem Neuron auf das nächste oder auf ein Erfolgsorgan (Muskulatur, Drüsenzellen etc.) erfolgt an **morphologisch besonders gebauten Kontaktstellen**, den Synapsen. Synapsen bauen sich auf aus:

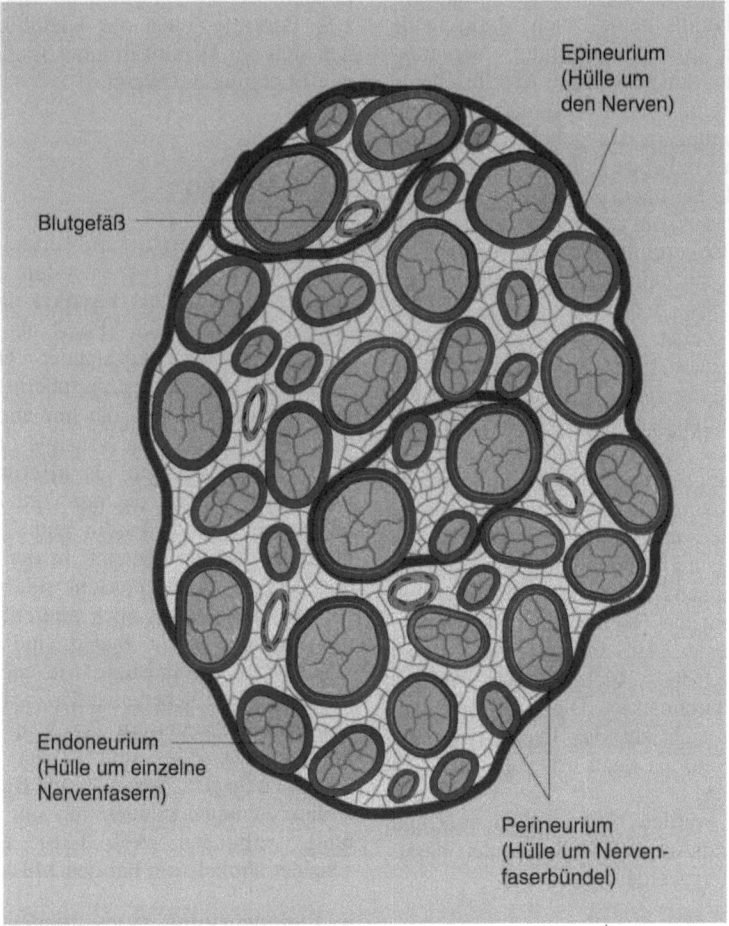

Abb. 3.26. Schnitt durch einen peripheren Nerven. Die verschiedenen Nervenfasern sind durch Bindegewebe zu einzelnen Bündeln zusammengefaßt, die in ihrer Gesamtheit den Nerv ausmachen

- einem Bouton; das ist die kolbenförmige Endformation des Axons, von dem die Erregung ausgeht;
- einem Spalt zwischen diesem Endknopf und der darauffolgenden Zelle;
- der Zellmembran der nachfolgenden Zelle.

Im Bereich der Synapse ist das Axon nicht von einer Gliahülle umgeben (Abb. 3.27). Lichtmikroskopisch können Synapsen als kolbenförmige Verdickungen durch Versilberungen dargestellt werden, wodurch sie ihren Namen „Endknöpfchen" bekommen haben. In den Endknöpfchen lassen sich im Elektronenmikroskop Vesikel nachweisen, die eine sog. Transmittersubstanz enthalten. Die über die Zellmembran des Axons im Synapsenkolben (Endknöpfchen) ankommende Erregung

(elektrischer Impuls) veranlaßt die Synapsenbläschen, ihren Inhalt, den Transmitter, nach Art der Exozytose in den Synapsenspalt abzugeben. Durch diesen Spalt gelangt der Transmitter in Kontakt mit der Zellmembran der nächsten Zelle und löst, bei genügender Menge, hier ebenfalls einen elektrischen Impuls aus.

Die Transmittersubstanz wird in Bruchteilen von Sekunden (Millisekunden) wieder abgebaut unter der Wirkung von Enzymen, so daß sie sich nicht weiter ausbreiten kann. Die Erregungsübertragung ist also mit einer rasch ablaufenden, kurzdauernden Wirkstoffabgabe verbunden. Es werden viele verschiedene Typen von Synapsen unterschieden. Als einfaches Kriterium der Einteilung lassen sich folgende Begriffe verwenden:

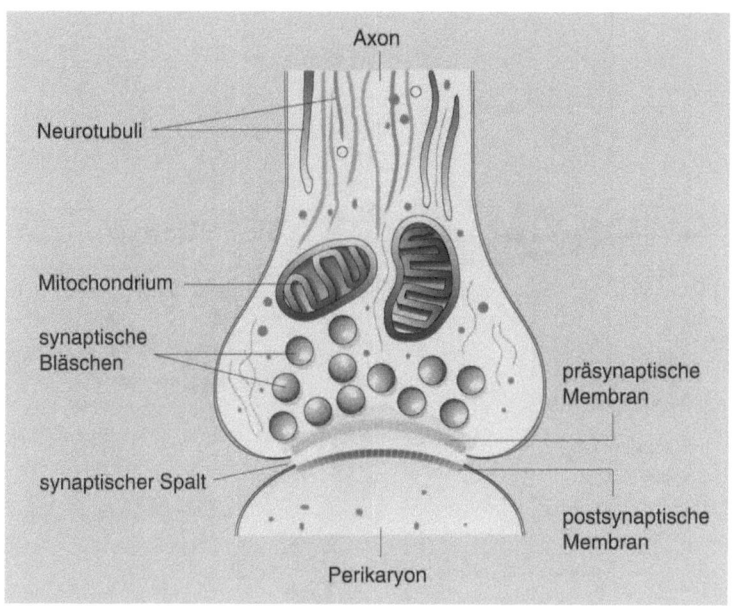

Abb. 3.27. Schema einer typischen Synapse zwischen Axon und Perikaryon

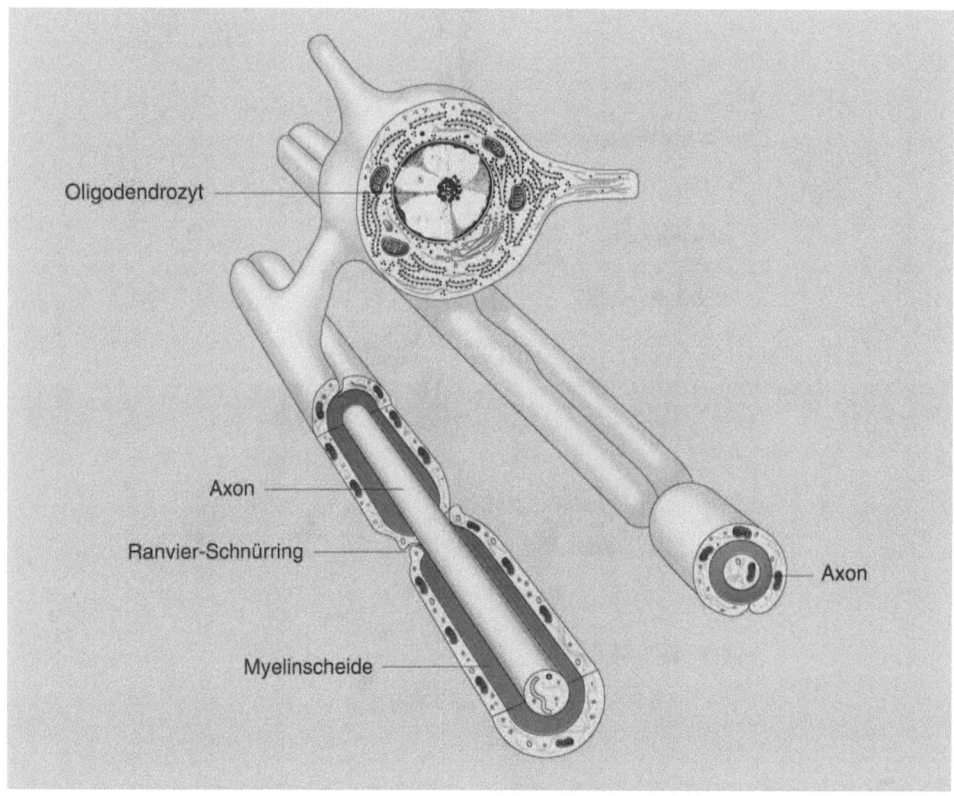

Abb. 3.28. Oligodendrozyten sind eine der 4 Arten von Gliazellen im Zentralnervensystem. Sie bauen die Myelinscheide auf. Im Unterschied zu den Schwann-Zellen des peripheren Nervensystems können sie um mehrere Axone gleichzeitig eine Myelinscheide bilden

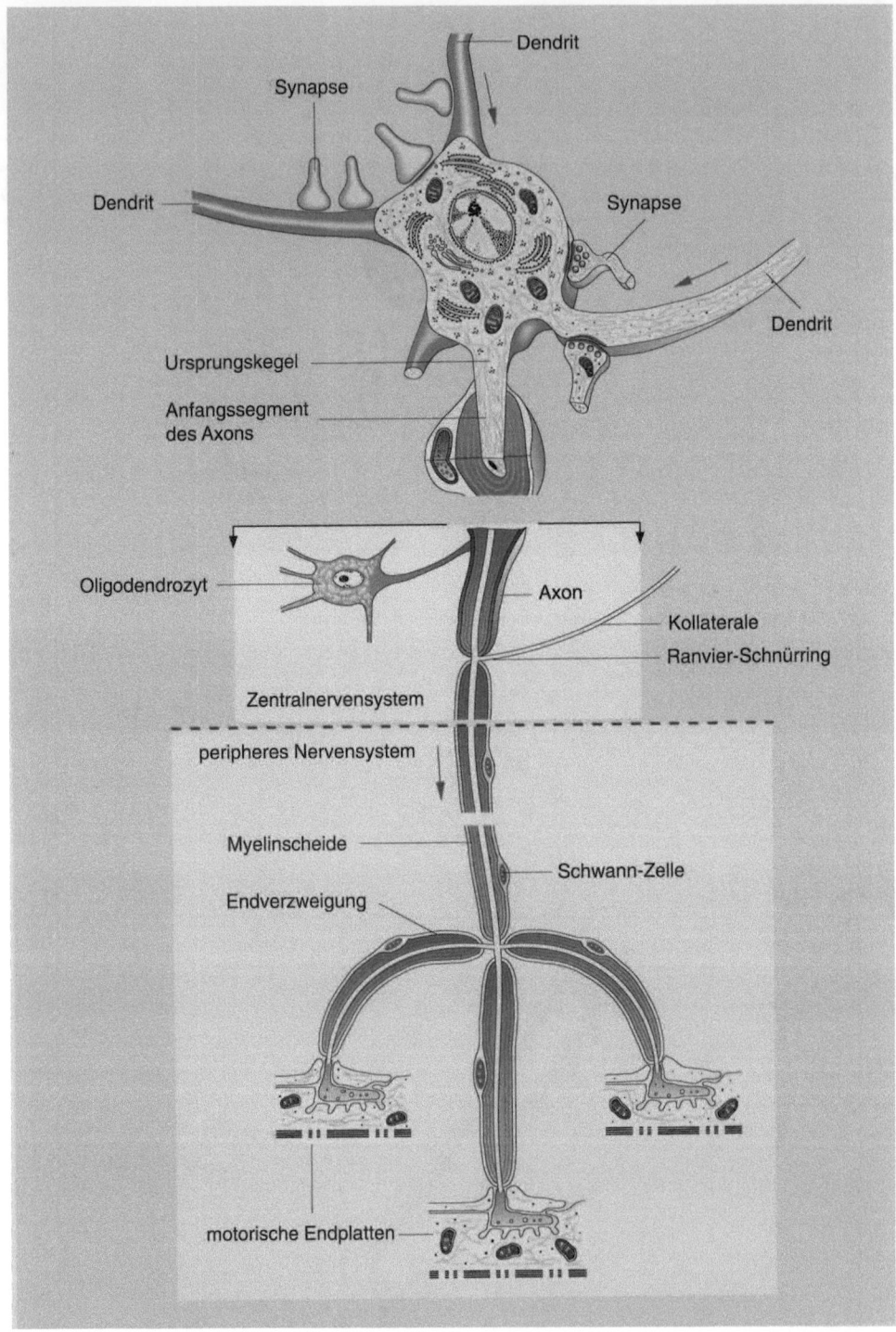

Abb. 3.29. Multipolares Neuron am Beispiel einer motorischen Nervenzelle. Der Zellkörper (Perikaryon) befindet sich im Rückenmark (d.h. im ZNS), und das Axon verläuft vom Rückenmark bis zum innervierten Muskel in der Peripherie. Es kann dementsprechend bis über einen Meter lang sein. Im Bereich des ZNS wird die Myelinscheide des Axons von Oligodendro- zyten, in der Peripherie hingegen von Schwann-Zel- len gebildet. Die motorische Endplatte ist die Syn- apse zwischen motorischer Nervenzelle und Skelett- muskelfaser. Eine Kollaterale ist eine Verzweigung des Axons, die häufig Synapsen mit anderen Neuro- nen bildet

- **interneuronale Synapsen:** Synapsen zwischen verschiedenen Neuronen;
- **myoneurale Synapsen:** Synapsen zwischen Axonen und der quergestreiften Muskulatur, spezielle Bezeichnung: motorische Endplatte;
- **neuroglanduläre Synapsen:** Synapsen zwischen Axonen und Drüsenzellen;
- **Synapse en passent:** Synapsen zwischen Nervenzellen und der glatten Muskulatur.

Weiterhin kann man unterscheiden zwischen erregenden (exzitatorischen) und hemmenden (inhibitorischen) Synapsen. Ob eine Synapse zum erregenden oder zum hemmenden Typ gehört, hängt von der Natur der Transmittersubstanz ab. Adrenalin und Noradrenalin (adrenerge Synapsen) sowie Azetylcholin (cholinerge Synapsen) sind erregende Transmittersubstanzen. Als hemmende Transmittersubstanz konnte die Aminosäure Glyzin bestimmt werden. Es sind jedoch noch einige andere erregende wie auch hemmende Transmittersubstanzen vorhanden.
Es ist berechnet worden, daß es allein im menschlichen Hirn ca. 10^{14} Synapsen (eine 1 mit 14 Nullen) gibt und daß im Durchschnitt jedes Neuron ca. 100 Synapsen von anderen Zellen erhält und seinerseits selber ca. 100 Synapsen mit anderen Zellen bildet. Daraus wird deutlich, wie groß die Zahl der Schaltungsmöglichkeiten im ZNS ist.

3.7.4 Neuroglia

Die Nervenzellen haben die Aufgabe, Nervenimpulse zu leiten. Das ist nur möglich, wenn die einzelnen Nervenfasern gegeneinander isoliert sind. Sonst würden die Nervenimpulse wahllos auf andere Nerven springen. Die **Isolation der Nervenzellen gegeneinander** ist die wichtigste Aufgabe der Neuroglia

(Abb. 3.28). Daneben hat sie Stützfunktionen, hat am Stoffaustausch sowie an Zellabbau und Narbenbildung bei pathologischen Prozessen beteiligt. Somit kommen der Glia, neben der Isolationsfunktion, ähnliche Aufgaben zu wie dem Bindegewebe in den Organen, das dort als Stroma bezeichnet wird.

Es werden 2 prinzipielle Arten der Glia unterschieden:
- zentrale Glia (im Zentralnervensystem), z.B. Oligodendrogliazellen;
- periphere Glia (im peripheren Nervensystem), z.B. Schwannzellen.

Für weitere Details s. Kap. 5.

3.7.5 Degeneration und Regeneration

Nach einer Nervenfaserdurchtrennung kommt es meist zur Degeneration des distalen Segments, d.h. des hinter der Durchtrennungsstelle gelegenen Segments, während das proximale Segment, d.h. vor der Durchtrennungsstelle gelegen, weiterhin mit dem Perikaryon in Verbindung steht und deshalb nur teilweise degeneriert (Abb. 3.29). Sobald Perikaryen von einer Verletzung betroffen sind, degeneriert das ganze Neuron. Regeneration wird nur im peripheren Nervensystem in nennenswertem Umfang beobachtet. Hierbei wächst der proximale Axonstumpf distalwärts. Der Erfolg der Regeneration hängt nun davon ab, ob der Axonstumpf die bei der Degeneration des distalen Segmentes zurückgebliebenen Schwann-Zellen findet und quasi an diesen entlang in die Peripherie wachsen kann. Wenn dies nicht geschieht, kommt es zur Ausbildung eines Knotens (Amputationsneurinom).

3.8 Zusammenfassung Histologie

Gewebearten und -entwicklung:
Epithelgewebe, Muskelgewebe, Binde- und Stützgewebe, Nervengewebe.

Aus den 3 Keimblättern (Ektoderm, Mesoderm, Entoderm) entwickeln sich die einzelnen Gewebearten. Determination schaltet einen Teil der genetischen Information während der Entwicklung ab. Damit können sich Gewebearten nicht mehr in andere Gewebearten umwandeln.

- **Epithelgewebe:**
  Oberflächenepithel, Drüsenepithel, Sinnesepithel

  Oberflächenepithel begrenzt innere und äußere Oberflächen. Es wird aufgrund der Schichten, der Beschaffenheit und Form der äußersten Zellschicht eingeteilt:
  – einschichtig, mehrreihig, mehrschichtig,
  – platt, kubisch, prismatisch,
  – verhornt und unverhornt,
  – mit oder ohne Zilien.

  Drüsenepithelien: Wir unterscheiden endokrine Drüsen (ohne Ausführgang) von exokrinen Drüsen (mit Ausführgang). Die exokrinen Drüsen können einfach, verzweigt oder zusammengesetzt sein. Die Drüsenform kann tubulös, alveolär, azinös, tubuloalveolär oder tubuloazinös sein. Man unterscheidet seröses von muköses Sekret.

  Sekretionsformen: merokrine (ohne Substanzverlust), apokrine (mit Substanzverlust) und holokrine Sekretion (Zellen als Sekret).

- **Binde- und Stützgewebe:**
  Besitzt viel geformte und ungeformte Interzellularsubstanz. Freie Bindegewebezellen: Makrophagen, Lymphozyten, Plasmazellen, Granulozyten. Fixe Bindegewebezellen: Retikulumzellen, Fettzellen, Fibrozyten, Knorpel- und Knochenzellen.

  Geformte Interzellularsubstanz: kollagene, elastische und retikuläre Fasern. Hauptmassen der Fasern: kollagene Fasern, die große Zugfestigkeit aufweisen (6 kg/mm^2). Elastische Fasern lassen sich auf 150% ihrer Ausgangslänge reversibel dehnen. Retikuläre Fasern bilden feinste Netze um Zellen und Gefäße etc.

- **Fettgewebe:**
  Bau- und Speicherfett (weißes Fett). Baufett wird nur bei extremen Hungerzuständen eingeschmolzen, Speicherfett wird u.a. im Unterhautfettgewebe und in der Bauchhöhle eingelagert. Braunes Fett dient der zitterfreien Wärmebildung (nur sehr wenig vorhanden).

Bindegewebe:
– Lockeres faseriges Bindegewebe (im ganzen Körper als interstitielles Gewebe zwischen den Organen):
– straffes faseriges Bindegewebe (in Sehnen, Faszien, Ligamenten, Organkapseln).

Knorpelgewebe:
Es wird unterschieden zwischen
- hyalinem Knorpel: z.B. Rippen, Gelenkenden;
- elastischem Knorpel: z.B. Ohr, Kehlkopf;
- faserigem Knorpel: z.B. Symphyse, Zwischenwirbelscheiben.

Im **hyalinen** und im **elastischen** Knorpel sind die kollagenen Fasern durch Chondroitinschwefelsäure maskiert. Elastische Fasern sind im elastischen Knorpel immer sichtbar. Faseriger Knorpel enthält weniger Chondroitinschwefelsäure, deshalb sind die Kollagenfasern sichtbar.

Knochen:
Geflechtknochen (während der Entwicklung, sonst nur in einigen Schädelknochen und während der Knochenheilung). Lamellenknochen mit Osteonen. Speziallamellen bilden Osteone mit einem zentralen Havers-Blutgefäß, Schaltlamellen bleiben beim Knochenumbau zwischen den Speziallamellen stehen. Osteoblasten bauen Knochen auf und mauern sich ein (Osteozyten). Osteoklasten bauen Knochen ab und sind nötig für das Wachstum und den zeitlebens stattfindenden Umbau.
Spongiosa: Knochenbälkchen aus Schaltlamellen aufgebaut.
Ossifikation: Verknöcherung.
Desmale Ossifikation: aus dem Bindegewebe. Perichondrale und enchondrale Ossifikation: Ersatz von Knorpel.
Bei der Ossifikation wird Osteoid gebildet, das durch Einlagerung von Kalziumphosphat in Form von Hydroxylapatitkristallen zu Knochen wird.
Epiphysenfuge: Wachstumszone, zwischen Epiphyse und Diaphyse. Verknöchert spätestens im 23. Lebensjahr, dann kein Längenwachstum mehr möglich.

- **Muskelgewebe:**
  Glatte Muskulatur (unwillkürlich, in der Wand von Hohlorganen), Skelettmuskulatur (quergestreift, willkürlich, Grundlage des Bewegungsapparates), Herzmuskulatur (quergestreift, unwillkürlich). In allen Muskelzellen vorhanden: Aktin- und Myosinfilamente:
  - in der glatten Muskulatur mit geringem Ordnungsgrad;
  - in der quergestreiften Muskulatur in Form von Sarkomeren;
  - in der Herzmuskulatur: Glanzstreifen für den mechanischen Kontakt und die Reduktion des elektrischen Widerstandes (Erregungsleitung).

- **Nervengewebe:**
  Baueinheit des Nervengewebes ist das Neuron. Das Neuron weist 3 Bestandteile auf: Dendrit, Perikaryon, Neurit (Axon).
  Nervenzellen sind von Gliazellen umgeben, die für die Isolation, Ernährung, Schutz etc. vorhanden sind. Gliazellen bilden Myelinscheiden. Gut myelinisierte (markhaltige) Nerven sind schnelleitend (bis 120 m/s), unmyelinisierte Nerven (markarm) sind langsam (ca. 0,5 m/s). Bei markhaltigen Nerven wird die Schnelligkeit durch saltatorische Erregungsleitung erreicht: die Erregung springt von einem Ranvier-Schnürring zum nächsten. Man unterscheidet uni-, bi-, multi- und pseudounipolare Nervenzellen.

4 Bewegungsapparat

Allgemeiner Teil

Der Bewegungsapparat des Menschen hat vielfältige Funktionen. Zum einen dient er der Bewegung des Körpers in der Umwelt, zum anderen ermöglicht er, auf die Umwelt einzuwirken, sei es direkt oder mit Werkzeugen, Musikinstrumenten etc. Außerdem ermöglicht der Bewegungsapparat die Kommunikation mit der Umwelt, in Form von Sprache, an der er beteiligt ist, aber auch in Form von Mimik oder nonverbalem Ausdruck wie Handbewegungen, Körperhaltung etc.

Da nur wenige Menschen an Krankheiten des Bewegungsapparates sterben, liegt die Versuchung nahe, beim Bewegungsapparat den bewußten Mut zur Lücke zu zeigen. Dabei wird aber vergessen, wie viele Menschen an Erkrankungen des Bewegungsapparates leiden, v.a. Erkrankungen der Gelenke und rheumatischen Beschwerden.

Der Bewegungsapparat wird unterteilt in einen aktiven und einen passiven Teil:

- **Passiver Bewegungsapparat:**
  Skelett,
  Verbindungen.
- **Aktiver Bewegungsapparat:**
  Muskeln,
  Hilfseinrichtungen (z.B. Sehnen, Schleimbeutel etc.).

Für den Bewegungsapparat, aber auch für die makroskopische Anatomie im allgemeinen, ist eine Reihe von Begriffen und Begriffspaaren von Bedeutung. Bei diesen Begriffen, wie auch sonst im Bereich der Anatomie/Physiologie sowie in der Klinik, ist es häufig nicht möglich, die z.T. recht komplizierten deutschen Übersetzungen der Fachausdrücke zu verwenden. So erscheint es nicht sinnvoll, den M. biceps brachii als „zweiköpfigen Oberarmmuskel" zu bezeichnen, da dieser Ausdruck praktisch nicht verwendet wird.

Ein anderes Beispiel ist der Processus coracoideus, der auf Deutsch „Rabenschnabelfortsatz" heißt. Deshalb erscheint es sinnvoll, die entsprechenden Fachausdrücke (auch ohne Lateinkenntnisse) zu lernen. Die für den Bewegungsapparat notwendigen Begriffe sowie einige häufig gebrauchte Abkürzungen sind in einer Übersicht zusammengestellt (s. Umschlaginnenseite).

4.1 Knochen

4.1.1 Knochenarten

Wir unterscheiden aufgrund der Form des Knochens:

- röhrenförmige Knochen (z.B. Finger, Oberarmknochen etc.),
- würfelförmige Knochen (z.B. Handwurzel- und Fußwurzelknochen),
- plattenförmige Knochen (z.B. Schädelknochen, Schulterblatt etc.).

An einem **röhrenförmigen** Knochen unterscheiden wir die beiden Gelenkenden (Epiphysen) und den Schaft (Diaphyse). Die Gelenkenden sind mit hyalinem Knorpel überzogen. Außen ist der Knochen von Knochenhaut (Periost) überzogen. Im Inneren der Epiphysen befindet sich die Spongiosa. Dies sind Knochenbälkchen, die aus Lamellenknochen bestehen. Im Schaft befindet sich die Markhöhle (Cavum medullare). Der Schaft ist aus der Kompakta aufgebaut, die ihrerseits aus Lamellenknochen besteht. In der Markhöhle wie auch zwischen den Spongiosabälkchen befindet sich das Knochenmark. Beim Erwachsenen ist das Knochenmark der Röhrenknochen nicht mehr blutbildend (rotes Knochenmark), sondern in Fettmark umgewandelt (gelbes Fettmark).

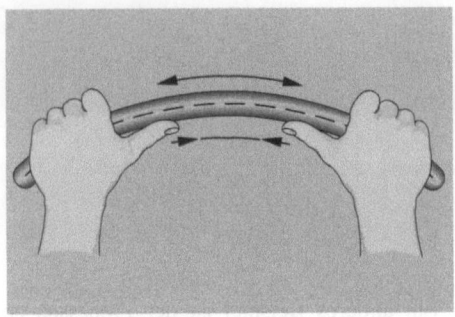

Abb. 4.1. Wenn ein Gummistab gebogen wird, entstehen auf der konvexen Seite (*oben*) Zugkräfte und auf der konkaven Seite (*unten*) Druckkräfte. In der *gestrichelten Mittellinie* heben sich Druck und Zug gegenseitig auf, hier kann ohne Festigkeitsverlust Material gespart werden, wie das z.B. beim Röhrenknochen der Fall ist

Blutbildung findet beim Erwachsenen in den würfel- und den plattenförmigen Knochen statt (s. Abb. 6.2 in Kap. Blut).

Knochen sind allgemein nach dem „Minimax-Prinzip" aufgebaut, d.h. mit einem Minimum an Material erreichen sie ein Maximum an Festigkeit. So besitzen die Röhrenknochen eine Markhöhle in den Bereichen, in denen weiteres Knochenmaterial keine zusätzliche Festigkeit bewirken würde.

Vereinfacht kann man sich das anhand eines Gummibalkens demonstrieren (Abb. 4.1): Wenn wir den Gummibalken in beide Hände nehmen und biegen, dann wird die konvexe Seite gedehnt, die konkave Seite hingegen wird gestaucht. In der Grenzregion zwischen den beiden Seiten muß offensichtlich eine Zone vorhanden sein, in der sich die beiden Kräfte (Stauchung/Dehnung) gegenseitig aufheben. Hier ist der Gummibalken weder auf Zug noch auf Druck beansprucht (Nullinie). Im Grenzbereich zwischen Dehnung und Stauchung heben sich die Kräfte gegenseitig auf. Dort kann also auf Material verzichtet werden. Material, das hier vorhanden ist, trägt lediglich zum Gewicht des Gummibalkens bei, aber nicht zu seiner Festigkeit. Dieses Prinzip findet auch in den Knochen Anwendung, z.B. bei den Röhrenknochen, bei denen im Zentrum ebenfalls kein Knochenmaterial für die Festigkeit benötigt wird. Somit kann mit wenig Material ein Optimum an Festigkeit erreicht werden. Außerdem ergibt sich daraus, den damit entstandenen Hohlraum für die Einlagerung von Knochenmark zu verwenden. Ähnlich sind auch andere

Knochen aufgebaut, z.B. plattenförmige Knochen, wie die Skapula (Schulterblatt). Die Skapula besitzt einen relativ starken äußeren Rand und ist im Zentrum so dünn, daß der Knochen hier bei der Betrachtung gegen eine Lichtquelle durchsichtig erscheint. Auch die Baueinheit des Knochens, das Osteon, ist nach einem ähnlichen Prinzip aufgebaut.

4.1.2 Trajektorieller Bau der Spongiosa

Wenn wir einen Gummiball mit dem Daumen zusammendrücken, so daß er fast flachgedrückt ist, dann entstehen in ihm Zug- und Druckkräfte. Dies wird verständlich, wenn wir uns einen waagerechten und einen senkrechten Balken in diesem Gummiball vorstellen. Der senkrechte Ball wird durch den Daumendruck gestaucht, gleichzeitig verformt sich der Gummiball so, daß er breiter wird. Der waagerechte Balken wird dabei also gleichzeitig gedehnt. Bei mechanischer Beanspruchung entstehen in einem Körper Zug- und Druckkräfte, die rechtwinklig zueinander verlaufen. Linien, die der Verlaufsrichtung der Kräfte des größten Zuges und des größten Druckes entsprechen, werden **Trajektorien** genannt. Trajektorien könnte man auch als Krafteinwirkungslinien bezeichnen (Abb. 4.2).

Die Spongiosa, d.h. die Knochenbälkchen in den Epiphysen der Röhrenknochen und im Inneren aller anderer Knochen, ist entlang den Krafteinwirkungslinien angeordnet. Deshalb spricht man auch von einem **trajektoriellen Bau.** Dabei spielt es keine Rolle, ob dies im Kopf des Femurs (Oberschenkelknochen), im Beckenknochen oder in einem Wirbelkörper ist, überall ist die Spongiosa trajektoriell aufgebaut (Abb. 4.3).

▶
Abb. 4.2. Schnittbild durch 2 Wirbel mit ihrem würfelförmigen Knochenteil. Im Wirbelkörper sind die Knochenbälkchen der Spongiosa entlang den einwirkenden Kraftlinien (Trajektorien) orientiert. Dies wird als trajektorieller Bau bezeichnet

▶
Abb. 4.3. Schnitt durch die Region des Oberschenkelkopfes. Die äußere Kompakta besteht aus Osteonen mit Speziallamellen, die Spongiosa hingegen besteht aus Resten von Osteonen, die beim Knochenumbau entlang den Krafteinwirkungslinien (Trajektorien) stehengeblieben sind. Dadurch wird auch hier ein trajektorieller Bau des Knochens erreicht. Die verknöcherten Epiphysenfugen stellen die ehemaligen Wachstumszonen dar

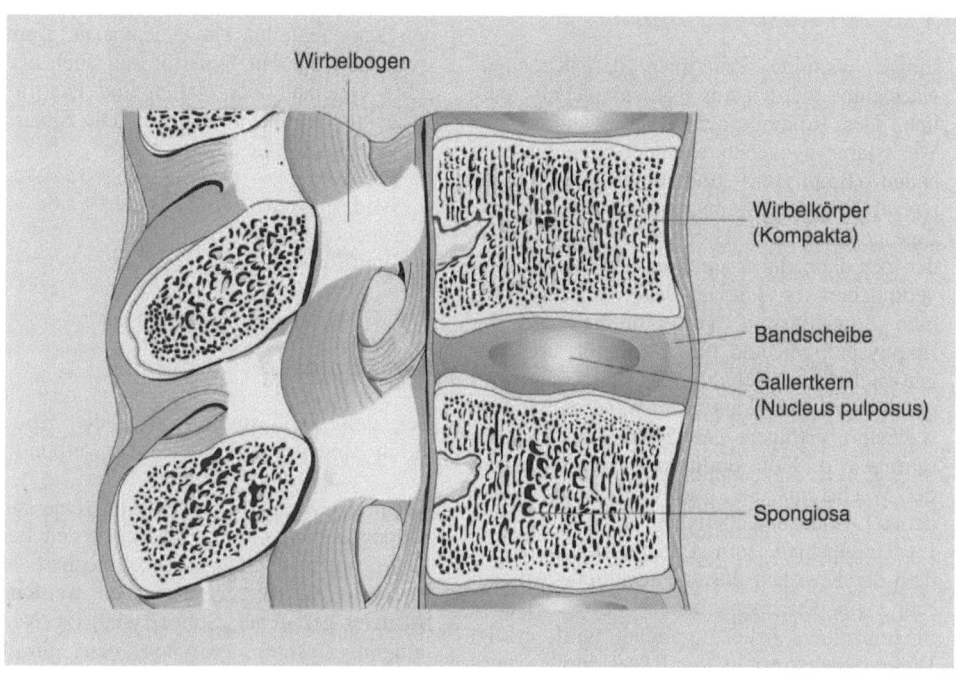

Wirbelbogen

Wirbelkörper
(Kompakta)

Bandscheibe

Gallertkern
(Nucleus pulposus)

Spongiosa

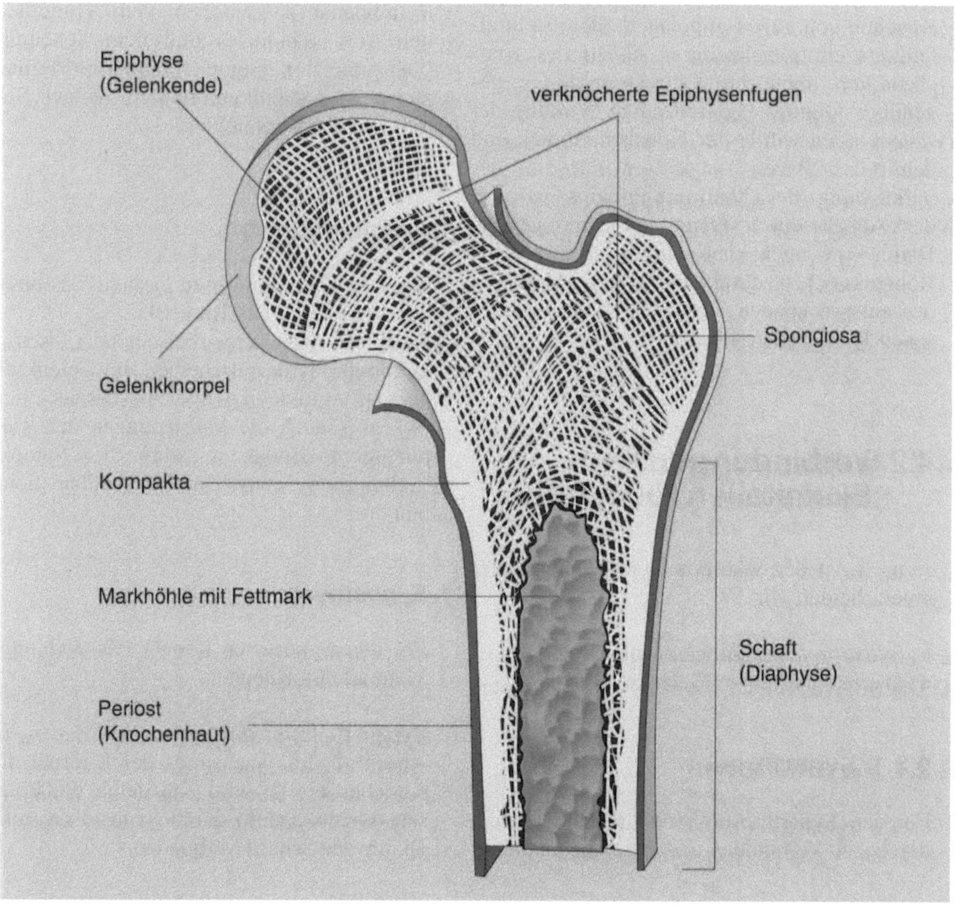

Epiphyse
(Gelenkende)

verknöcherte Epiphysenfugen

Spongiosa

Gelenkknorpel

Kompakta

Markhöhle mit Fettmark

Schaft
(Diaphyse)

Periost
(Knochenhaut)

4.1.3 Knochenwachstum

Einige wichtige Prinzipien des Knochen-
wachstums werden am Röhrenknochen deutlich. Der Röhrenknochen hat während des
Wachstums zwischen seinen beiden Gelenkenden (Epiphysen) und dem Schaft (Diaphyse) eine Wachstumszone, die **Epiphysenfuge** genannt wird. Hier wird Knorpel gebildet, der dann durch enchondrale Ossifikation
verknöchert (s. 3.5.3). Das Wachstumshormon Somatotropin wirkt fördernd auf die
Epiphysenfugen und bewirkt damit das **Längenwachstum**. Sobald die Epiphysenfugen
geschlossen sind, kann kein weiteres Längenwachstum erfolgen. Der Schluß der Epiphysenfugen, d.h. die endgültige Verknöcherung
der Wachstumszone, erfolgt meist zwischen
dem 21. und 23. Lebensjahr.

Im Unterschied zum Längenwachstum, bei
dem der Knochen durch interstitielle Anlagerung von Knochensubstanz (d.h. zwischen
die einzelnen Zellen) gebildet wird, erfolgt
Dickenwachstum in der Regel durch Apposition. Bei der Apposition wird neugebildeter
Knochen von außen angelagert. Dem steht allerdings ein gleichzeitiger Abbau des Knochens von innen, durch die Osteoklasten, gegenüber. Ohne die gleichzeitige Wirkung der
Osteoklasten würde der Knochen zu dick und
damit das Skelett zu schwer. Für die Ver-
wirklichung des Minimax-Prinzips ist also
der Abbau durch Osteoklasten notwendig.
Damit wird auch klar, warum ein kindlicher
Röhrenknochen durchaus in der Markhöhle
des entsprechenden Knochens eines Erwachsenen Platz finden würde.

4.2 Verbindungen von Skeletteilen (Junkturen)

Je nach Art der Verbindung von Gelenkteilen
unterscheiden wir:

- Synarthrosen (Haften bzw. unechte Gelenke),
- Diarthrosen (echte Gelenke).

4.2.1 Synarthrosen

Bei den Synarthrosen sind die Knochenteile
durch ein Verbindungsmaterial aneinanderge-
heftet. Bei den Diarthrosen besteht zwischen
den Knochenteilen ein Gelenkspalt. Dementsprechend werden Synarthrosen auch als unechte Gelenke oder Haften und Diarthrosen
als echte Gelenke bezeichnet. Die Synarthrosen werden weiter unterteilt in:

- Syndesmosen,
- Synchondrosen,
- Synostosen.

Syndesmosen

Bei den Syndesmosen sind die Knochen
durch Bindegewebe miteinander verbunden.

Beispiel: Membrana interossea (eine straffe
Bindegewebemembran) zwischen den beiden
Unterarm- bzw. Unterschenkelknochen.
Ebenfalls zu den Syndesmosen werden die
Suturen gerechnet. Suturen sind die Verbin-
dungen (Nähte) zwischen den einzelnen
Schädelknochen, z.B. die Sutura lambdoidea
(Lambdanaht): zwischen dem Hinterhaupt-
bein (Os occipitale) und dem Scheitelbein
(Os parietale), Sutura sagittalis (Pfeilnaht):
zwischen dem linken und dem rechten Schei-
telbein (Os parietale) etc.

Synchondrosen

Bei den Synchondrosen besteht das verbindende Material aus Knorpel.

Beispiel: Zwischenwirbelscheibe (Discus intervertebralis: Bandscheibe), die Gelenkschei-
be am Sternoklavikulargelenk (Discus articularis), aber auch die Verbindungen der Rippen
mit dem Brustbein oder die Symphyse
(Schamfuge) zwischen den beiden Schambeinen.

Synostosen

Bei den Synostosen besteht das verbindende
Material aus Knochen.

Beispiel: Epiphysenfugen, bei denen nach
Abschluß des Wachstums der Knorpel durch
Knochen ersetzt wird und damit die Epiphy-
sen (Gelenkenden) durch Synostosen mit der
Diaphyse (Schaft) verbunden sind.

Ein weiteres Beispiel für Synostosen ist das Hüftbein (Os coxae), das während der Entwicklung aus 3 einzelnen Knochen entsteht (Os ilium, Os pubis und Os ischium), die nach Abschluß des Wachstums in der Hüftgelenkpfanne knöchern miteinander verbunden sind. Unter pathologischen Bedingungen, aber auch als Abweichung von der normalen Entwicklung (als Variation) können allerdings auch echte Gelenke durch „Synostosierung" versteifen, indem die Knochen des Gelenkes sich durch Verknöcherung miteinander verbinden.

Beispiel: Sakralisation eines Lendenwirbels; dabei verschmilzt ein sonst freier Lendenwirbel mit dem Kreuzbein.

4.2.2 Diarthrosen

Alle echten Gelenke (Diarthrosen) sind prinzipiell nach dem gleichen Schema gebaut und besitzen mindestens 3 konstante Gelenkbestandteile (Abb. 4.4).

Konstante Gelenkbestandteile

Damit ein Gelenk als echtes Gelenk (Diarthrose) bezeichnet werden kann, müssen **3 konstante Gelenkbestandteile** vorhanden sein (obligatorisch):

- mindestens 2 Gelenkkörper mit aufgelagertem Gelenkknorpel,
- ein Gelenkspalt mit Gelenkflüssigkeit (Synovia),
- eine Gelenkkapsel (aus straffem Bindegewebe).

Die Synovia dient quasi als „Gelenkschmiere". Sie wird von den Gefäßen der Gelenkkapsel als Transsudat gebildet und enthält neben Plasmabestandteilen auch Reste von Knorpelgewebe sowie von der Kapselwand. Die Gelenkkapsel ist mit vielen Reservefalten ausgestattet, damit sie bei entsprechenden Bewegungen nicht zu stark einschränkend wirkt und umgekehrt aber auch nicht allzu stark gedehnt werden muß, um Bewegungen zu ermöglichen. Trotzdem setzt die Gelenkkapsel vielfach den Bewegungen ein Ende (Kapselhemmung; s. 4.3).

Inkonstante Gelenkbestandteile

Neben den konstanten Gelenkbestandteilen gibt es eine Reihe von inkonstanten Gelenkbestandteilen. Diese sind fakultativ, d.h. sie können am einzelnen Gelenk vorhanden sein oder auch fehlen. Wenn sie jedoch vorhanden sind, dann sind sie bei allen Individuen vorhanden. Damit stehen sie im Unterschied z.B. zu fakultativen Muskeln, die bei einem Menschen vorhanden sein können, bei einem anderen jedoch nicht.

Zu den fakultativen Gelenkbestandteilen rechnet man folgende **6 inkonstante Gelenkbestandteile:**

- Gelenkband (Ligamentum articulare),
- Gelenklippe (Labrum articulare),
- Meniskus (Meniscus articularis),
- Bandscheibe (Discus articularis),
- Gelenkschleimbeutel (Bursa articularis),
- Gelenkmuskel (Musculus articularis).

Gelenkband (Ligamentum articulare)
Mit den Gelenkbändern werden die Gelenkkapseln verstärkt oder Bewegungen begrenzt. Das stärkste Gelenkband des Körpers, das Lig. iliofemorale (s. Abb. 4.5), hat eine Tragkraft von 350 kg.

Gelenklippe (Labrum articulare)
Es dient der Vergrößerung der Auflagefläche eines Gelenkes, wenn der Gelenkkopf größer ist als die knöcherne Gelenkpfanne.

Beispiel: Labrum glenoidale am Schultergelenk oder Labrum acetabulare am Hüftgelenk (Abb. 4.6).

Meniskus (Meniscus articularis, halbmondförmiger Gelenkknorpel)
Die Menisci haben die gleiche Aufgabe wie die Disci.

Beispiel: die beiden Menisci im Kniegelenk. Der mediale Meniskus ist mit dem medialen Kollateralband verwachsen. Zusammen mit dem nicht verwachsenen lateralen Kollateralband stabilisieren sie das Kniegelenk (Abb. 4.7). Durch die Verwachsung des medialen Meniskus kann er häufiger als der laterale von den Kondylen überrollt und dabei verletzt werden (20mal häufiger als der laterale).

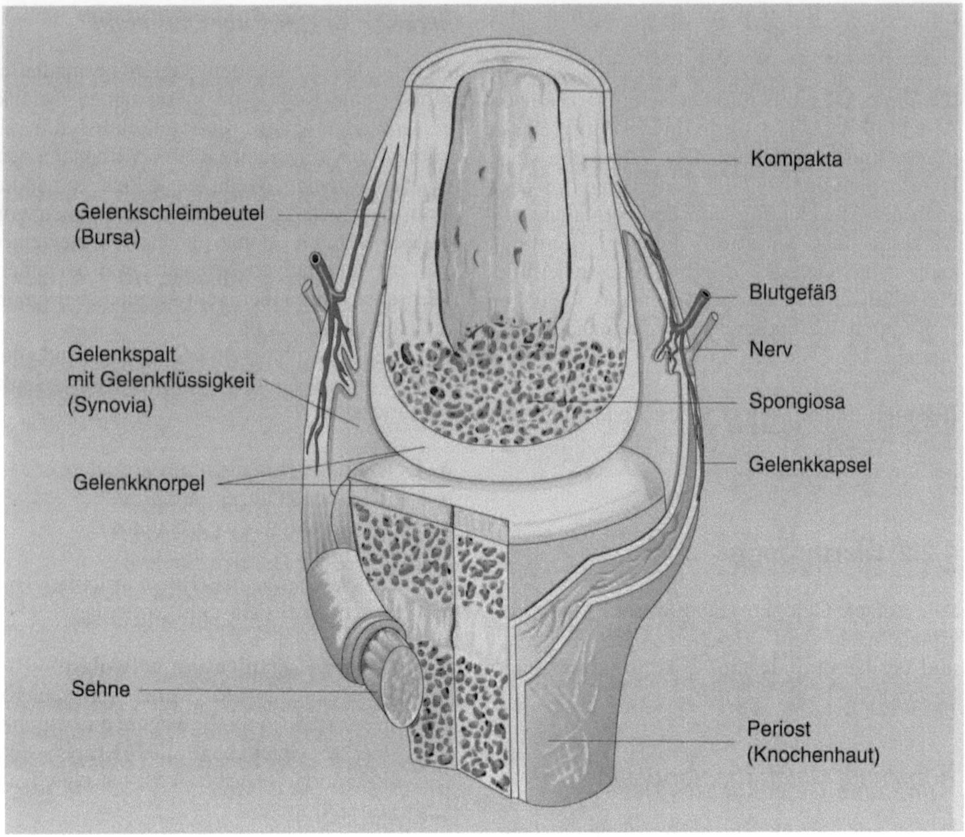

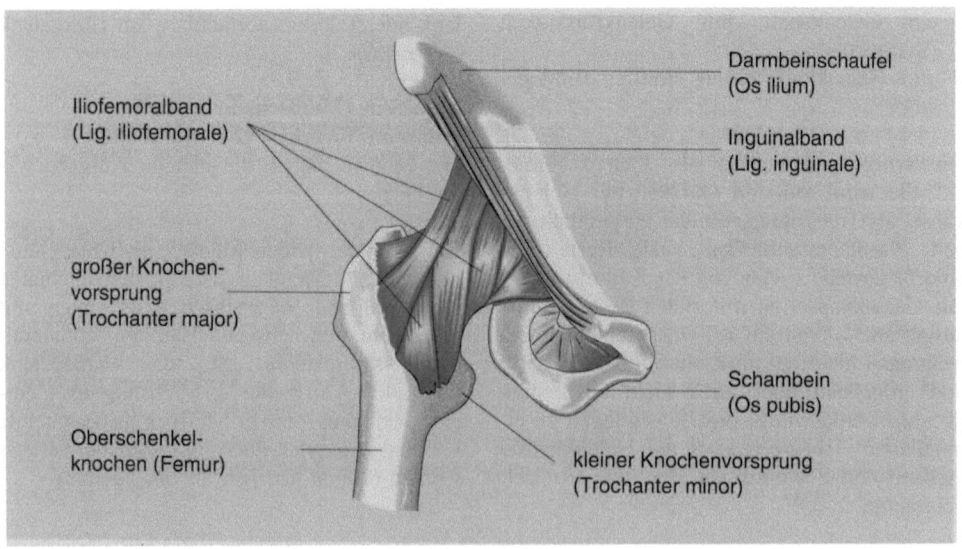

Kompakta

Gelenkschleimbeutel
(Bursa)

Blutgefäß

Nerv

Gelenkspalt
mit Gelenkflüssigkeit
(Synovia)

Spongiosa

Gelenkkapsel

Gelenkknorpel

Sehne

Periost
(Knochenhaut)

Darmbeinschaufel
(Os ilium)

Iliofemoralband
(Lig. iliofemorale)

Inguinalband
(Lig. inguinale)

großer Knochen-
vorsprung
(Trochanter major)

Schambein
(Os pubis)

Oberschenkel-
knochen (Femur)

kleiner Knochenvorsprung
(Trochanter minor)

◄
Abb. 4.4. Echtes Gelenk (Diarthrose) mit den typi-schen Bestandteilen: 2 miteinander artikulierende (gelenkbildende) Knochen, ein Gelenkspalt und eine Gelenkkapsel. Ausstülpungen der Gelenkkapsel wer-den als Gelenkschleimbeutel (Bursa articularis) be-zeichnet. Sie stellen Reserveräume für das Auswei-chen der Gelenkflüssigkeit bei Bewegungen dar

◄
Abb. 4.5. Das Hüftgelenk (Art. coxae) besitzt 3 ver-stärkende Bänder (Singular: Ligamentum articulare, Plural: Ligamenta articularia), durch welche die Ge-lenkkapsel verstärkt und das Bewegungsausmaß ge-hemmt wird. In dieser Abbildung, die das Gelenk von vorne zeigt, ist das stärkste dieser 3 Bänder, das Ilio-femoralband (Lig. iliofemorale), zu sehen

►
Abb. 4.6. Um die Auflagefläche bei Gelenken zu ver-größern, können Gelenklippen (Labrum articulare) vorhanden sein. Beim hier gezeigten Beispiel handelt es sich um ein Schnittbild durch das Hüftgelenk. Die *Pfeile* weisen auf die Gelenklippen hin

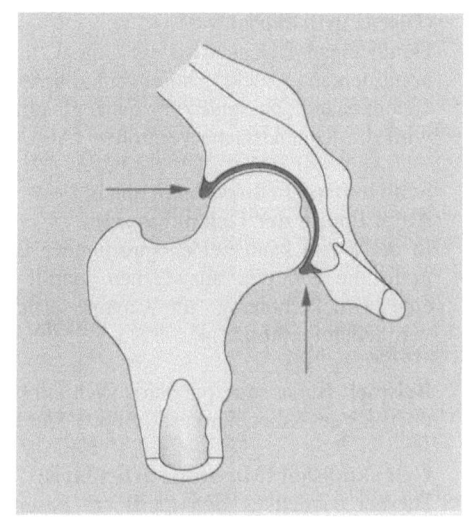

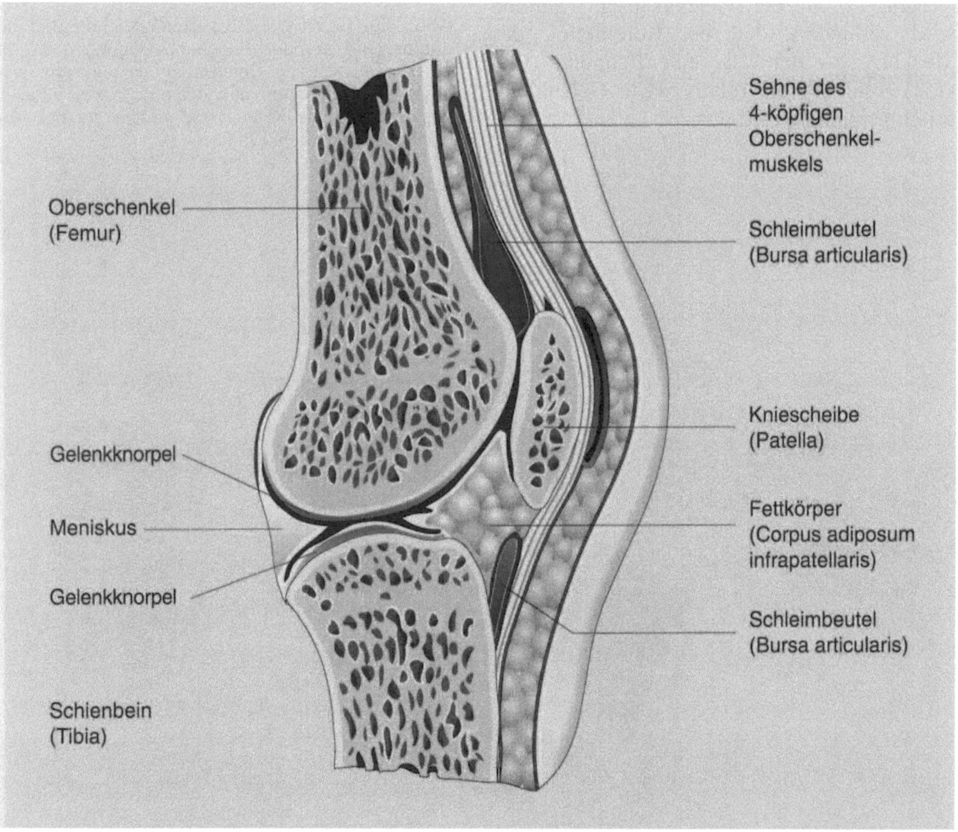

Sehne des
4-köpfigen
Oberschenkel-
muskels

Schleimbeutel
(Bursa articularis)

Oberschenkel
(Femur)

Kniescheibe
(Patella)

Gelenkknorpel

Fettkörper
(Corpus adiposum
infrapatellaris)

Meniskus

Gelenkknorpel

Schleimbeutel
(Bursa articularis)

Schienbein
(Tibia)

Abb. 4.7. Ungleichheiten zwischen den gelenkbilden-den Flächen können durch halbmondförmige Knor-pelstücke (Meniskus) ausgeglichen werden. Im Schnittbild durch das Kniegelenk ist einer der beiden Menisken zu sehen. Der auf der *unteren rechten Sei-te* bezeichnete Schleimbeutel hat keine Verbindung zum Gelenk, ebenso wie der Schleimbeutel, der di-rekt vor der Kniescheibe zu sehen ist

Bandscheibe, Gelenkscheibe (Discus articularis)

Durch einen Discus wird ein Gelenk mit inkongruenten (nicht aufeinanderpassenden) Gelenkenden „passend" gemacht, gleichzeitig wird die Kontaktfläche vergrößert (Abb. 4.8).

Schleimbeutel (Bursa articularis, Ausstülpung der Gelenkkapsel)

In die Bursa kann bei entsprechender Bewegung die Synovia ausweichen, damit wird eine Druckerhöhung im Cavum articulare vermieden (s. Abb. 4.4).

Beispiel: Bursa suprapatellaris (Schleimbeutel oberhalb des Kniegelenkes; s. Abb. 4.4 und 4.6).

Gelenkmuskel (Musculus articularis)

Hierbei handelt es sich meist um Fasern eines Muskels, der in direkter Nähe über das Gelenk hinwegzieht. Einige Fasern inserieren (setzen an) an der Gelenkkapsel. Dadurch wird verhindert, daß bei Kontraktion des Muskels, aus der z.B. eine Beugung (Flexion) resultiert, die relativ weite Gelenkkapsel eingeklemmt wird.

Beispiel: Der M. brachialis zieht auf der Flexorenseite über das Ellenbogengelenk hinweg, dabei gibt er Fasern ab, die als M. articularis fungieren (Abb. 4.9).

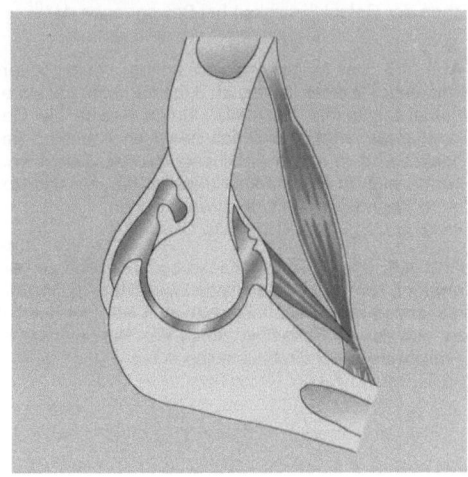

Abb. 4.9. Damit bei Muskelkontraktionen und den daraus resultierenden Knochenbewegungen die Gelenkkapsel nicht im Gelenkspalt eingeklemmt wird, ziehen häufig Fasern des entsprechenden Muskels zusätzlich an die Kapsel und ziehen sie bei einer Kontraktion aus dem Weg

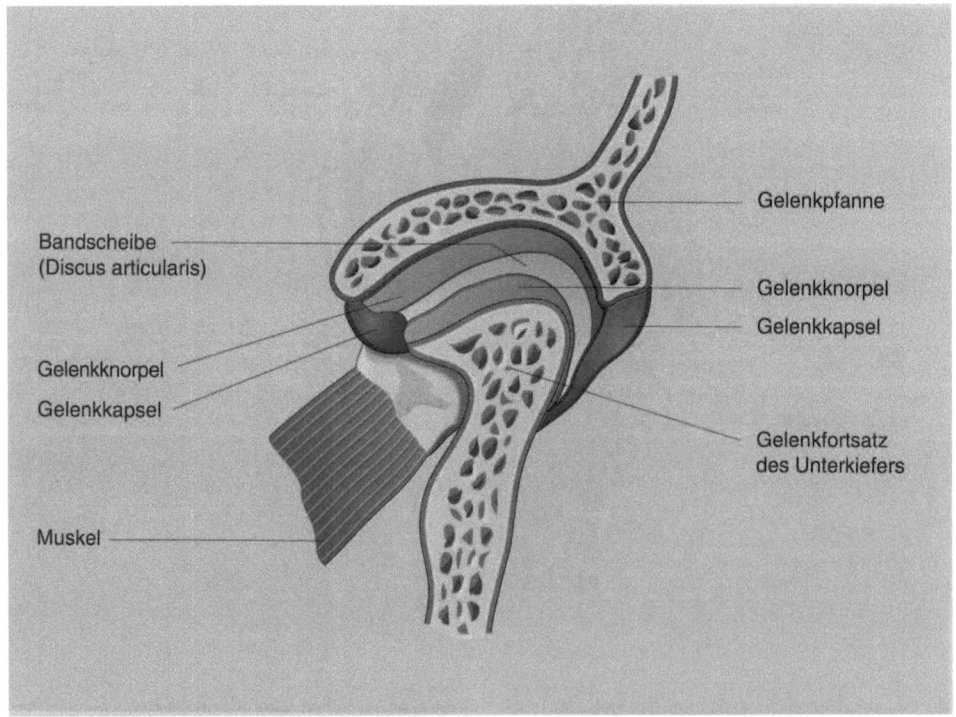

Abb. 4.8. Schnittbild durch das Kiefergelenk, bei dem die Ungleichheiten des Gelenkes durch eine Knorpelscheibe (Diskus) ausgeglichen werden und das Gelenk damit in 2 Teilgelenke unterteilt wird

Einteilung der Diarthrosen

Prinzipielle Einteilung
Aufgrund der Anzahl der Knochen, die am Aufbau eines Gelenkes beteiligt sind, unterscheidet man:

- einfache Gelenke (Articulatio simplex), **Beispiel:** Schultergelenk, Fingergelenke;
- zusammengesetzte Gelenke (Articulatio composita), **Beispiel:** Ellenbogengelenk, Handgelenke.

Einteilung nach der Form der Gelenkkörper
- Reguläres Gelenk (Articulatio regularis): Die Gelenkkörper besitzen die Form eines Rotationskörpers (z.B. Kugel, Zylinder), **Beispiel:** Art. humeri (Schultergelenk).
- Irreguläres Gelenk (Articulatio irregularis): Die beteiligten Gelenkkörper bestehen nicht aus Rotationskörpern, **Beispiel:** Art. sacroiliaca (Gelenk zwischen Kreuzbein und Hüftbein).

Wenn wir einen Gegenstand um seine Achse drehen, dann entsteht das Bild eines Rotationskörpers. Wenn wir einen Kreis um eine Achse, die durch einen Punkt auf der Kreisperipherie und das Zentrum verläuft, drehen, dann entsteht das Bild einer Kugel. Allen Rotationskörpern gemein ist die Tatsache, daß sie, aus der Richtung der Erzeugerachse betrachtet, eine kreisrunde Peripherie aufweisen.

- Reguläres Gelenk (Articulatio regularis): Die Gelenkenden bestehen aus Rotationskörpern.
- Irreguläres Gelenk (Articulatio irregularis): Die Gelenkenden bestehen nicht aus Rotationskörpern.

Freiheitsgrade der Bewegung in echten Gelenken

Das Steuerrad eines Autos kann man nach links oder rechts drehen.
Man benötigt also ein **Begriffspaar**, um diese Bewegung zu beschreiben: links/rechts. Das Steuerrad dreht sich: um eine Achse. Dementsprechend hat ein Steuerrad einen **Freiheitsgrad der Bewegung.**
Der Steuerknüppel eines Flugzeugs läßt sich demgegenüber schon um 2 Hauptachsen des Raumes bewegen. Wir brauchen also 2 Be-

griffspaare, um diese Bewegungen zu beschreiben: vorne/hinten und links/rechts. Ein Steuerknüppel hat dementsprechend 2 Freiheitsgrade der Bewegung.
Wenn wir den Steuerknüppel auch noch um die eigene Längsachse drehen könnten, dann hätte er 3 Freiheitsgrade der Bewegung. Ein Gelenk, das sich um eine Achse bewegen kann, hat einen Freiheitsgrad. Bei 2 Achsen sind es 2 Freiheitsgrade und bei 3 Achsen (mehr Hauptachsen sind nicht möglich) sind es 3 Freiheitsgrade. Die Gelenke, die sich aus Rotationskörpern aufbauen (also **reguläre Gelenke**) können nach ihrer Form weiter unterteilt werden:

Reguläre Gelenke

Die wichtigsten regulären Gelenke sind:

- Kugelgelenk,
- Eigelenk,
- Scharniergelenk,
- Zapfengelenk,
- Sattelgelenk.

Kugelgelenk (Art. sphaeroidea)
Dieser Gelenktyp hat 3 Freiheitsgrade, d.h. 3 Hauptachsen der Bewegung. Entsprechend können hier auch für die möglichen Bewegungen 3 Begriffspaare verwendet werden:
Anteversion/Retroversion (Bewegung nach vorne, Bewegung nach hinten, z.B. beim Armpendeln),
Abduktion/Adduktion (Bewegung vom Körper zur Seite und aus dieser seitlichen Stellung wieder an den Körper heran),
Innenrotation/Außenrotation (Bewegung in der Längsachse des Oberarmes).
Eine Spezialversion des Kugelgelenkes ist das **Nußgelenk** (Enarthrosis sphaeroidea), bei dem der Gelenkkopf zu mehr als 50% von der Gelenkpfanne umfaßt wird (Beispiel: Hüftgelenk). Die Nußgelenke haben ebenfalls 3 Freiheitsgrade der Bewegung (Abb. 4.10).

Eigelenk (Art. ellipsoidea)
Dieser Gelenktyp hat 2 Freiheitsgrade, die den beiden Hauptachsen der Bewegung entsprechen (Abb. 4.11). Wenn wir ein Ei in einer eiförmigen Gelenkpfanne bewegen wollen, dann können wir das nur in der Längsachse und in einer Achse, die senkrecht auf dieser Längsachse steht (Beispiel: Kopfgelenk, Art. atlan-

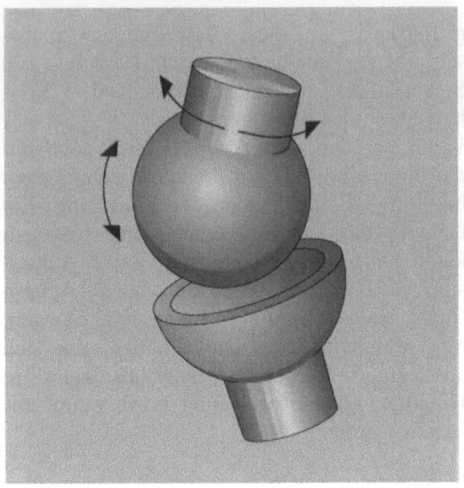

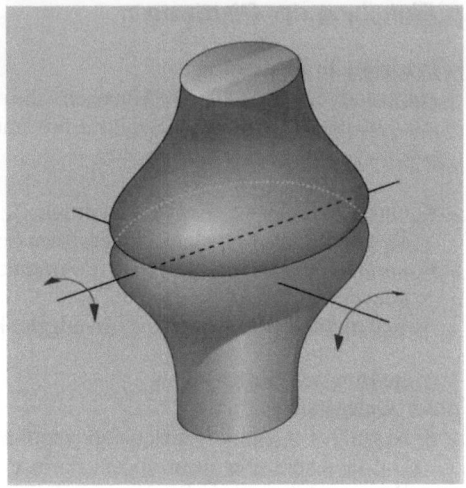

Abb. 4.10. Schema eines Kugelgelenks (Articulatio sphaeroidea), bei dem zusätzlich zu den beiden durch die *Pfeile* bezeichneten Bewegungsmöglichkeiten der Knochen vor und hinter die Papierebene bewegt werden kann. Damit gibt es 3 Freiheitsgrade der Bewegung. Im Falle eines Nußgelenkes (Enarthrosis sphaeroidea) würde die Gelenkpfanne den Gelenkkopf zu mehr als 50% umfassen

Abb. 4.11. Schema eines Eigelenkes (Articulatio ellipsoidea). Ein Eigelenk hat 2 Freiheitsgrade der Bewegung, wie durch die beiden *Pfeile* angedeutet. Im Gegensatz zum Kugelgelenk kann es nicht in der Längsachse der beteiligten Knochen gedreht werden

tooccipitalis, proximales Handgelenk, Art. radiocarpea).

Scharniergelenk (Gynglimus)

Ein Scharniergelenk besitzt eine zylinderförmige Walze, auf der eine Führungsleiste vorhanden ist (Abb. 4.12). Dadurch ist das Gelenk nur in einer Achse zu bewegen, hat also auch nur einen Freiheitsgrad. Es ist vergleichbar mit einer Schranktür, die durch ein Scharnier befestigt ist und lediglich auf- und zugemacht werden kann (Beispiel: Fingerzwischengelenke, Art. interphalangeales, Teil des Ellenbogengelenkes, Art. humeroulnaris).

Zapfengelenk (Art. trochoidea)

Der Gelenkkörper ist ebenfalls, wie beim Scharniergelenk, eine zylinderförmige Walze, allerdings ohne Führungsleiste (Abb. 4.13). Die Gelenkachse ist auch anders orientiert, sie verläuft parallel zur Oberfläche der Walze, d.h. in ihrer Längsachse (Beispiel: Teil des Ellenbogengelenkes, Art. radioulnaris proximalis).

Sattelgelenk (Art. sellaris)

Hierbei sind die miteinander artikulierenden Gelenkflächen so ausgebildet wie ein Sattel und der daraufsitzende Reiter (Abb. 4.14).

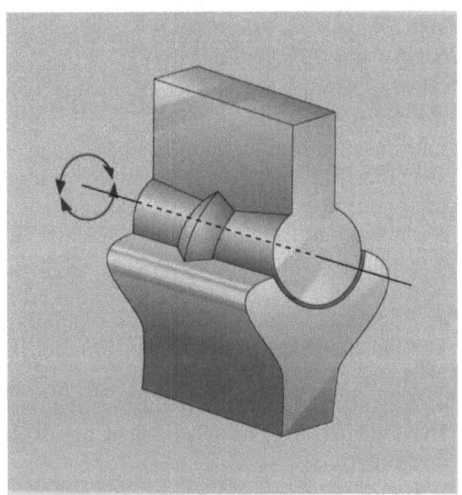

Abb. 4.12. Scharniergelenk mit einem Freiheitsgrad der Bewegung. Durch die Führungsrinne im Gelenk kann hier nur eine scharnierartige Bewegung durchgeführt werden, die der Bewegung beim Öffnen und Schließen einer Türe entspricht

Entsprechend sind auch die Bewegungsmöglichkeiten: Der Reiter kann nach links und rechts rutschen, sowie nach vorn und nach hinten kippen. Ähnlich verhält es sich beim Sattelgelenk, das damit 2 Freiheitsgrade der Bewegung aufweist (Beispiel: Daumengrundgelenk, Art. carpometacarpea pollicis).

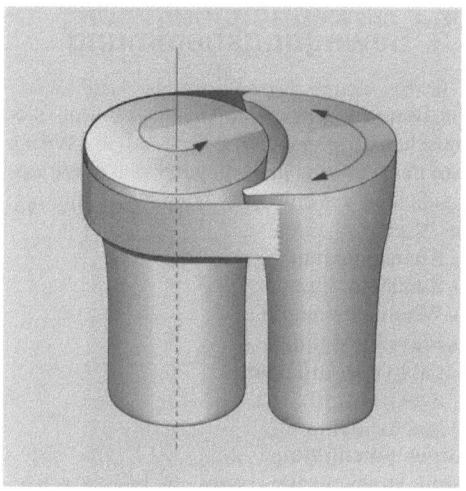

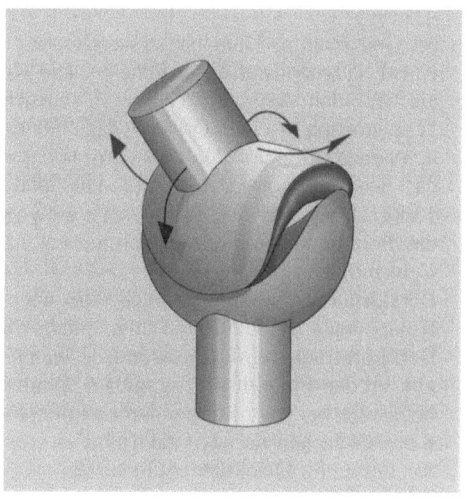

Abb. 4.13. Zapfen- oder Radgelenk. Auch hier ist nur ein Freiheitsgrad der Bewegung vorhanden, d.h. die beteiligten Knochen können nur in der Längsachse umeinander bewegt werden (*Pfeile*)

Abb. 4.14. Sattelgelenk mit 2 Freiheitsgraden der Bewegung. So wie ein Reiter auf dem Pferd nach vorne und hinten sowie nach links und rechts kippen kann, sind auch im Sattelgelenk 2 Bewegungspaare möglich

Amphiarthrosen

Die Amphiarthrosen stellen einen Spezialfall der Diarthrosen dar. Sie gehören zu den echten Gelenken, haben allerdings ein sehr eingeschränktes Bewegungsausmaß. Amphiarthrosen können praktisch nur federnd wirken. Eine eigentliche Bewegung wie in anderen Gelenken findet nicht statt. Dies ist bedingt durch eine sehr knappe, straffe Gelenkkapsel und teilweise auch durch unregelmäßige Gelenkflächen, die damit ineinander verkeilt sind (Beispiel: Kreuzbein-Hüftbein-Gelenk, Art. sacroiliaca).

Gelenkzusammenhalt

Wenn wir ein Bein frei hängen lassen, ohne die Muskeln zu betätigen, dann zieht sein ganzes Gewicht von mehreren Kilogramm (ca. 12 kg) nach unten. Trotzdem bleibt das Bein in seiner Gelenkpfanne. Für den Gelenkzusammenhalt sind verschiedene Kräfte verantwortlich:

● Adhäsion,
● Muskeln,
● Bänder,
● Luftdruck.

Adhäsion (Aneinanderhaften)

Wenn wir 2 Glasplatten befeuchten und dann aufeinanderlegen, können wir sie nur sehr schwer wieder voneinander trennen. Dies wird durch Kräfte auf molekularer Ebene bewirkt. Die Moleküle ziehen sich quasi gegenseitig an. Dies wird als Adhäsion bezeichnet. Ein ähnlicher Vorgang läuft auch in unseren Gelenken ab.

Muskeln

Die Kraft der Muskeln kann in eine Bewegungskomponente und eine Gelenkkomponente zerlegt werden (s. 4.6.3), die Gelenkkomponente ist für den Zusammenhalt des Gelenkes mitverantwortlich. Bei Muskeln, die direkt über das Gelenk hinwegziehen, d.h. die Gelenkkapsel berühren, ist die Gelenkkomponente am größten (s. Kräfteparallelogramm, Abb. 4.20).

Bänder

Die Gelenkkapseln werden durch Bänder verstärkt. In gewissen Stellungen der Gelenke verlaufen die Bänder sehr nahe an den Gelenkkörpern vorbei, so daß sie eine wesentliche Stabilisierung der Gelenke bewirken.

Luftdruck

Die Gelenkkapsel schließt luftdicht ab. Wenn wir die beiden Gelenkkörper auseinanderziehen würden, dann käme es zu einem Vakuum im Gelenkraum. Dies ist zu vergleichen mit einem Saugnapf auf einer Scheibe. Die Kraft, die auf den Saugnapf einwirkt, entspricht dem atmosphärischen Druck – das sind ziemlich genau 1 kg/cm². Auf das Hüftgelenk und das Bein übertragen bedeutet dies, daß ca. 15 kg Druck auf das Hüftgelenk einwirken, das Bein demgegenüber jedoch nur ca. 12 kg Gewicht hat.

Der Luftdruck stellt also auch eine wichtige Komponente des Gelenkzusammenhalts dar.

Der Luftdruck wird überwunden, wenn wir z.B. an den Fingern kräftig ziehen. Dann verlieren die beiden miteinander artikulierenden Knochenflächen den Kontakt, und es entsteht das bekannte, knacksende Geräusch.

Trotz dieser Mechanismen des Gelenkzusammenhalts kann es zu extremen Belastungen kommen, bei denen der Gelenkzusammenhalt nicht mehr gewährleistet ist. Wenn in diesen Situationen die Gelenkkapsel gezerrt wird, dann reden wir von einer **Verstauchung** (**Distorsion**), die z.T. sogar die Ligamente des Gelenkes mitbetreffen kann. Wenn der Kontakt der miteinander artikulierenden Knochen aufgehoben ist, dann redet man von einer **Verrenkung (Luxation)**.

4.3 Bewegungshemmung

Die Bewegung in einem Gelenk kann physiologischerweise gehemmt sein, d.h. das Ausmaß der Bewegung ist eingeschränkt. Wir unterscheiden verschiedene Arten der Hemmung:

- Knochenhemmung,
- Bandhemmung,
- Weichteilhemmung,
- Kapselhemmung,
- passive Insuffizienz,
- aktive Insuffizienz.

Knochenhemmung
Beim Strecken des Armes im Ellenbogengelenk stößt der Processus olecrani, ein Knochenfortsatz der Ulna (Elle), in die Fossa olecrani des Humerus (Oberarmknochen) auf Widerstand, so daß eine Streckung über diesen Punkt hinaus nicht möglich ist. Dies wird als Knochenhemmung bezeichnet (Abb. 4.15).

Bandhemmung
Wenn wir unser Becken beim aufrechten Stand nach hinten abwinkeln, dann kommen wir schnell an den Endpunkt dieser Bewegung. Dies wird durch das Strecken eines sehr starken Ligamentes erreicht, des Lig. iliofemorale (Abb. 4.16). Wir bezeichnen dies als Band-

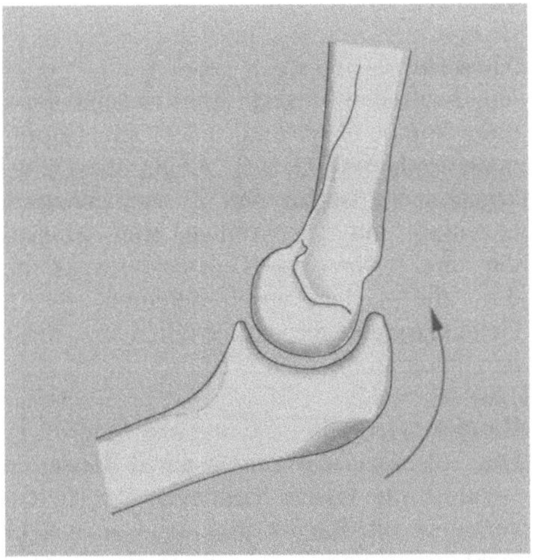

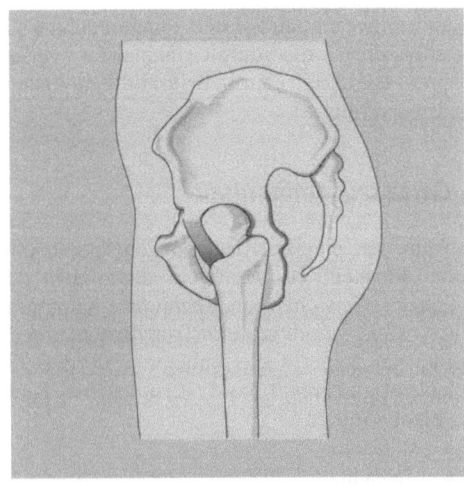

Abb. 4.15. Beispiel für die knöcherne Hemmung der Bewegung, wie sie am Humeroulnargelenk (Teil des Ellenbogengelenkes) vorkommt. Bei Bewegung der Elle (Ulna) in *Pfeilrichtung* wird das Olecranon (Knochenpunkt am Ende der Ulna) gegen den Oberarmknochen (Humerus) stoßen

Abb. 4.16. Bandhemmung am Beispiel des Iliofemoralbandes (Ligamentum iliofemorale). Durch dieses Band wird das Abkippen des Beckens nach hinten verhindert. Das Iliofemoralband ist das stärkste Band im menschlichen Körper, es hat eine Belastbarkeit von ca. 350 kg

hemmung. Durch diese Bandhemmung wird u.a. unsere Muskulatur entlastet und eine Überstreckung im Hüftgelenk verhindert.

Weichteilhemmung

Bei der Beugung des Armes im Ellenbogengelenk kommt es zum Anschlagen des Unterarmes an der Oberarmmuskulatur, besonders dann, wenn der M. biceps brachii gut ausgebildet ist. Dadurch wird die Beugung gestoppt. Dies nennt man Weichteilhemmung (Abb. 4.17).

Kapselhemmung

Beim Drehen des Oberarmes um seine Längsachse, nach vorne oder nach hinten, wird die Gelenkkapsel gespannt und damit eine weitere Drehung verhindert. Dies ist die Kapselhemmung.

Passive Insuffizienz

Beim Heben des gestreckten Beines nach vorne werden Muskeln auf der Rückseite des Beines gedehnt (**ischiokrurale Gruppe**: M. biceps femoris, M. semimembranosus und M. semitendinosus). Von einem gewissen Punkt an kann nicht weiter gedehnt werden, obwohl die Muskeln, die das Heben des Beines nach vorn bewirken, sich noch weiter zusammenziehen (kontrahieren) könnten (Abb. 4.18). Da dies ein passiver Vorgang ist (die Muskeln werden passiv bis zum Maximum ge-

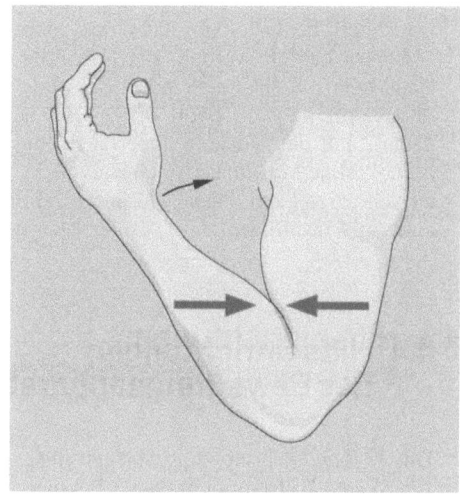

Abb. 4.17. Weichteilhemmung am Beispiel der Unterarm- und Oberarmmuskulatur. Wenn der Arm in Richtung des *gebogenen Pfeils* bewegt wird, stoßen im Bereich der *geraden Pfeilspitzen* Oberarm- und Unterarmmuskulatur aufeinander und beenden so die Bewegung

dehnt), bezeichnen wir ihn als passive Insuffizienz (Insuffizienz: ungenügende Leistung).

Aktive Insuffizienz

Wir können uns nicht selber mit der Ferse in das Gesäß treten, es sei denn, wir würden Anlauf nehmen. Bei einer langsamen Bewegung

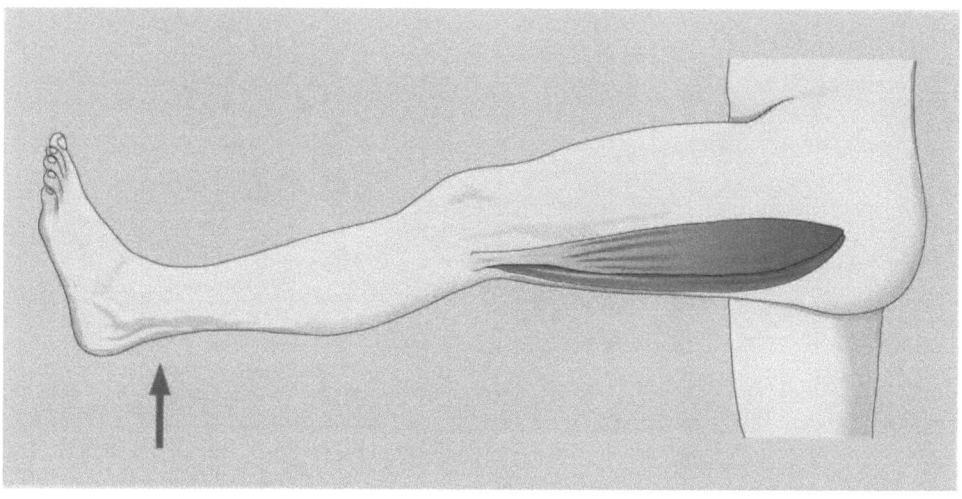

Abb. 4.18. Die ischiokrurale Muskelgruppe (M. biceps femoris, M. semimembranosus und M. semitendinosus) als Beispiel für die passive Insuffizienz. Bei Anheben des gestreckten Beins nach vorne (Anteversion) kann diese Muskelgruppe passiv nicht weiter gedehnt werden

des Unterschenkels kann das Gesäß nicht mit der Ferse berührt werden. Bei Nachhilfe von Hand oder mit entsprechendem Schwung wäre das aber möglich (Abb. 4.19). Dies beruht darauf, daß die Muskelgruppe (auch hier die ischiokrurale Muskulatur) sich aktiv nicht weiter verkürzen kann. Diese Muskeln sind damit also aktiv insuffizient.

4.4 Hilfseinrichtungen des Bewegungsapparates

Unser Bewegungsapparat verfügt über verschiedene Hilfseinrichtungen: Faszien und Umlenkungen.

Faszien

Die Faszien sind Membranen aus straffem kollagenem Bindegewebe, die Organe umhüllen, z.B. Muskulatur, und teilweise auch am Skelett ansetzen. Durch Faszien werden die Muskeln gegeneinander abgegrenzt, v.a. wenn es sich um Muskelgruppen mit unterschiedlicher Funktion handelt, z.B. Trennung der Flexoren (Beugemuskeln) von den Extensoren (Streckmuskeln). Eine Faszie bedeckt die Muskeln auch gegen die äußere Oberfläche.

Umlenkungen

Muskeln müssen, um wirksam werden zu können, Gelenke überbrücken. Dafür kann es

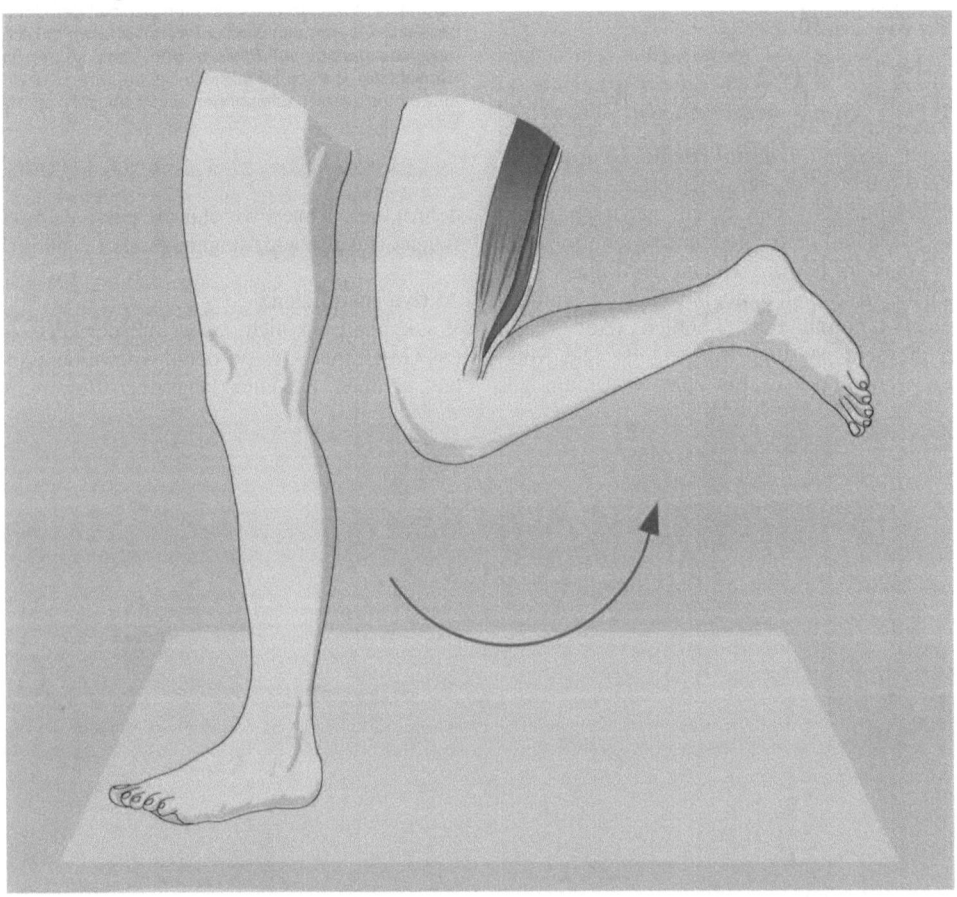

Abb. 4.19. Die ischiokrurale Muskelgruppe (M. biceps femoris, M. semimembranosus und M. semitendinosus) als Beispiel für die aktive Insuffizienz. Es ist nicht möglich, diese Muskelgruppe aktiv so stark zu verkürzen, daß man mit der Ferse das Gesäß erreichen kann, lediglich mit Schwung ist das möglich

nötig sein, daß sie umgelenkt werden müssen. Diese Umlenkung über Knochen hinweg kann geschehen

- durch Knochen (**knöcherne Umlenkung, Trochlea ossea**) oder
- mittels bindegewebiger Strukturen (**fibröse Umlenkung, Trochlea fibrosa**).

Fibröse Umlenkungen werden meist als **Retinakulum** bezeichnet. Der Strecker der großen Zehe (M. extensor hallucis longus), der von der Unterschenkelregion auf dem Fußrücken zur großen Zehe (Hallux) verläuft, würde sich bei einer Kontraktion unweigerlich aus der Region des Fußrückens fortbewegen, wenn er nicht durch ein entsprechendes Retinakulum gehalten würde.

Sehnen, die über **knöcherne Umlenkungen** verlaufen, stehen unter starker Belastung, so daß sie vielfach an den betreffenden Stellen Knorpel einbauen oder sogar verknöchern. Die daraus entstehenden Knochenstücke werden als **Sesambeine** bezeichnet. Das größte Sesambein des menschlichen Körpers ist die **Kniescheibe (Patella)**.

Die Sehnen werden zusätzlich noch geschützt:

- bei knöcherner Umlenkung häufig durch einen **Schleimbeutel** (Bursa) und
- bei fibröser Umlenkung durch eine **Sehnenscheide** (Vagina tendinis).

4.5 Einteilung der Muskulatur

Wir unterscheiden am Muskel einen fleischigen und einen sehnigen Teil, d.h., die Sehne wird als Teil des Muskels betrachtet. Der Muskel nimmt seinen Ursprung am Rumpf oder in **Rumpfnähe (Origo)** mit einer Ursprungssehne und setzt am **rumpfferneren Knochen (Insertio)** an. Dieser „Ansatzknochen" wird durch die Muskeltätigkeit bewegt.

- Eine gebräuchliche Einteilung der Muskeln berücksichtigt **Zahl der Anordnung der Fleischteile:**
  So redet man von einköpfigen, zweiköpfigen und mehrköpfigen Muskeln. Teilweise werden die Teile des Muskels auch als Bauch bezeichnet, dementsprechend redet

man von einbäuchigen, zweibäuchigen oder mehrbäuchigen Muskeln.

- Außerdem werden Muskeln auch nach ihrer **Form und der Anordnung ihrer Fasern** eingeteilt:
  So unterscheidet man spindelförmige Muskeln (M. fusiformis), gefiederte Muskeln (M. uni-, bipennatus) und flächige Muskeln (M. planus). Dies sind allerdings nur Formbezeichnungen, die meist bei der Benennung der einzelnen Muskeln nicht verwendet werden. Ausnahmen sind jedoch vorhanden, z.B. M. deltoideus (deltaförmiger Muskel am Schultergelenk), M. biceps brachii (zweiköpfiger Oberarmmuskel).
- Viel häufiger werden die Muskeln allerdings **nach ihrer Funktion und Lage** bezeichnet, z.B. der M. extensor pollicis brevis (kurzer Strecker des Daumens) oder der M. levator ani (Heber des Anus) etc.
- Allgemein werden Muskeln, die an einer Beugung beteiligt sind, als **Flexoren** und Muskeln, die an einer Streckung beteiligt sind, als **Extensoren** bezeichnet.
- Ringförmige Muskeln dienen meist dem Verschluß von Öffnungen und werden als M. sphincter (**Schließmuskel**) bezeichnet.

4.5.1 Muskeltätigkeit

Isotonische und isometrische Kontraktion

Ein Muskel kann seine Länge verändern durch **Zusammenziehung** (Kontraktion) oder durch **Dehnung** (Dilatation). Die Dehnung wird meist durch einen Gegenspieler bewirkt, der **Antagonist** genannt wird. Wenn sich 2 Muskeln in ihrer Wirkung unterstützen, dann bezeichnet man sie als **Synergisten**.

Eine Erhöhung der Muskelspannung entsteht durch eine größere Kraftentwicklung. Dies führt bei nicht fixierten Gliedmaßen zu einer Muskelverkürzung. Eine entsprechende Muskeltätigkeit bezeichnet man als **isoton** (mit gleichbleibender Kraft). Demgegenüber wird die Kraftanstrengung, die nicht zu einer Verkürzung, sondern nur zu einer Erhöhung der Muskelspannung führt, **isometrisch** (mit gleichbleibender Länge) genannt. Dies ist z.B. der Fall bei dem Versuch, die eigenen, ineinandergekrallten Hände auseinanderzuziehen. Man kann praktisch die meisten Muskeln sowohl isotonisch wie isometrisch betätigen. Damit besteht auch für bettlägerige Patienten die Möglichkeit, ihren Körper zu betätigen, sie können isometrische Übungen durchführen. Kurze isometrische Übungen (ca. 10–12 s dauernde isometrische Kontraktionen) stellen bereits einen Entwicklungsreiz für die Muskulatur dar, die darauf ähnlich reagiert wie auf den isotonischen Reiz.

Exzentrische Kontraktion

Wenn ein Muskel trotz Anspannung verlängert wird, d.h. unter Arbeit gedehnt wird, dann nennt man das eine exzentrische Bewegung. Exzentrische Bewegungen kommen häufig vor, z.B. wenn wir einen schweren Gegenstand langsam auf den Boden stellen (oder allgemein bei bremsenden Bewegungen). Dabei ist der Muskel kontrahiert (zusammengezogen), wird jedoch trotzdem gedehnt. Nach heutiger Auffassung sind es v.a. die exzentrischen, d.h. bremsenden Bewegungen, die zu einem **Muskelkater** führen. Reines konzentrisches Training (z.B. Fahrrad fahren) führt kaum zu nennenswertem Muskelkater.

Kraftentwicklung

Die maximale Kraft eines gut trainierten Muskels beträgt zwischen 5 und 10 kg/cm^2 Faserquerschnitt. Die Kraft eines Muskels errechnet sich aus dem physiologischen Querschnitt. Dieser Querschnitt muß nicht immer mit dem Muskel- bzw. anatomischen Querschnitt übereinstimmen.

- **Anatomischer Querschnitt:** Er erfolgt quer zur Verlaufsrichtung des Muskels.
- **Physiologischer Querschnitt:** Dies ist der eigentliche Faserquerschnitt (also quer zur Verlaufsrichtung der Muskelfasern). Bei schrägem Faserverlauf kann er durchaus wesentlich über dem anatomischen Querschnitt liegen.

Kontrolle der Muskulatur

In der Muskulatur sitzen spezifische **Rezeptoren** (auf Reizaufnahme spezialisierte Zellen), die im Muskel als **Muskelspindeln** und in den Sehnen als **Sehnenspindeln** bezeichnet werden (s. Kap. 5 Nervensystem). Diese Rezeptoren registrieren das Ausmaß der Kontraktion und Dehnung der Muskeln und helfen bei der Bewegungskontrolle (teils bewußt, teils unbewußt und reflektorisch). An der Bewegungs- und Haltungskontrolle sind aber auch Gleichgewichts-, Lage- und Bewegungsrezeptoren des Innenohres, Rezeptoren in den Gelenkkapseln und der Haut sowie die optischen Kontrollmechanismen beteiligt.

4.5.2 Punctum fixum/ Punctum mobile

Die Wirkungen der Muskeln auf unseren Körper hängen u.a. auch davon ab, ob die entsprechenden Gliedmaßen fixiert (fest, ruhig) oder frei beweglich sind. Wenn wir einen Ball werfen, dann ist der bewegliche Punkt (**Punctum mobile**) die Hand und der feste Punkt (**Punctum fixum**) das Schultergelenk. Wenn wir dagegen einen Klimmzug machen, ist der feste Punkt die Hand und der bewegliche Punkt die Schulter. Ähnlich ist es bei den Beinen. Hier reden wir von einem Standbein, wenn der Fuß auf dem Boden steht, und von einem Spielbein, wenn der Fuß frei bewegt werden kann. Dementsprechend unterschiedlich ist die aus einer Muskelkontraktion resultierende Bewegung.

4.5.3 Zerlegung der Muskelkomponenten

Wenn man an einem warmen Tag den Versuch unternimmt, einen Fluß schwimmend zu überqueren, wird man sich auf der anderen Seite des Flusses einen Punkt suchen, den man erreichen will. Durch die Kraft des Stromes wird man allerdings weit von diesem Punkt flußabwärts getrieben. Die Linie, die aus den Kraftanstrengungen der Schwimmbewegungen und der Kraft des Flusses resultiert, wird als **Resultante** bezeichnet. Die einwirkenden Kräfte werden **Vektoren** genannt. Um die Resultante zu berechnen, muß die Größe der Vektoren bekannt sein, d.h. die Stärke der beiden **Teilkräfte** (Schwimmer und Strom). Das ist eine relativ komplizierte Rechnung, die man für die Muskulatur zum Glück nicht ausführen muß, da die Resultante bekannt ist. Sie entspricht genau der Verlaufsrichtung des Muskels. Was hingegen nicht bekannt ist, ist das Kräfteverhältnis der beiden Teilkräfte. Die Muskelkraft kann unterteilt werden in eine Bewegungskomponente (quasi die zur Verfügung stehende Kraft) und eine Gelenkkomponente, die für den Gelenkzusammenhalt sehr wichtig ist.

Um die Größe der beiden Kräfte zu ermitteln, bedient man sich des Kräfteparallelogramms. An 2 Beispielen des Armes soll das einmal demonstriert werden. In den beiden Skizzen (Abb. 4.20a,b) ist der M. brachialis in seiner Verlaufsrichtung eingezeichnet. Er würde also der Resultante entsprechen. Aus diesen beiden Zeichnungen mit dem Kräfteparallelogramm wird deutlich, daß beim leicht gestreckten Arm die Gelenkkomponente sehr viel größer ist als die Bewegungskomponente, d.h., daß die Kraftentwicklung für eine Leistung nur relativ gering ist.

Bei angewinkeltem Arm steht eine große Bewegungskomponente einer kleinen Gelenkkomponente gegenüber.

Die praktische Anwendung dieser Tatsache haben alle schon unzählige Male durchgeführt. Niemand käme auf den Gedanken, einen schweren Gegenstand mit gestrecktem Arm aufzuheben, weil dabei die Bewegungskomponente des M. brachialis praktisch Null beträgt und die gesamte Kraft des Muskels nur als Gelenkkomponente zur Verfügung steht.

Aus anderer Sicht betrachtet, ist die Wirkung eines Muskels aber auch abhängig von der Länge seines Hebelarms. Je näher der Muskelansatz bei der Gelenkachse liegt, desto weniger muß er sich verkürzen, aber desto stärker muß er kontrahieren (d.h. Kraft entwickeln), um eine bestimmte Hubhöhe zu erzielen. Daraus folgt auch, daß bei gegebener Kontraktionskraft ein Muskel um so mehr Last bewegen kann, je weiter seine Ansatzstelle von der Gelenkachse entfernt ist.

Spezieller Teil
(Abb. 4.21–4.82)

Der spezielle Teil befaßt sich mit den Skeletten und Muskeln der einzelnen Körperregionen sowie ihrem Zusammenspiel. Ebenfalls sollen in diesem Abschnitt die Durchtrittsöffnungen an der Schädelbasis erwähnt werden. Sie haben zwar direkt nichts mit dem Bewegungsapparat zu tun; da jedoch der Schädel in diesem Kapitel dargestellt wird, erscheint es richtig, hier auch kurz auf die Schädelbasis einzugehen.

Um Teile des Körpers zu bezeichnen, muß man oft ihre Lagebeziehungen benennen. Das gleiche gilt für die Ebenen des Körpers. Für beides gibt es eine spezielle Sammlung von Begriffen, deren Kenntnis das Erlernen der Körperstrukturen und insbesondere auch des

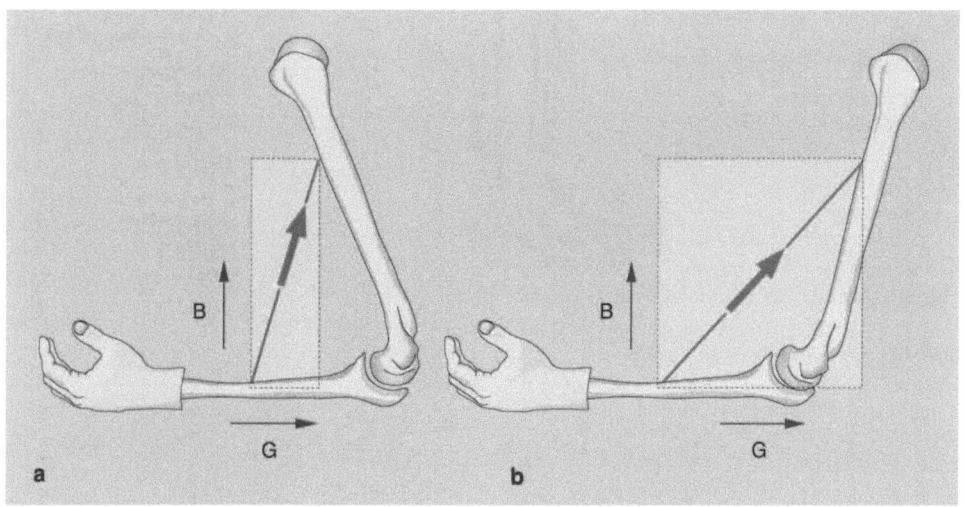

Abb. 4.20a, b. Mit dem Parallelogramm der Kräfte läßt sich am Beispiel des Arms gut zeigen, daß bei gestrecktem Arm (**b**) eine größere Gelenkkomponente (*G*) und bei angewinkeltem Arm (**a**) eine größere Bewegungskomponente (*B*) vorhanden ist. Der *dicke Pfeil* kennzeichnet jeweils den Verlauf des Muskels (hier z.B. M. brachialis) und damit zwangsläufig die Resultante des Kräfteparallelogramms

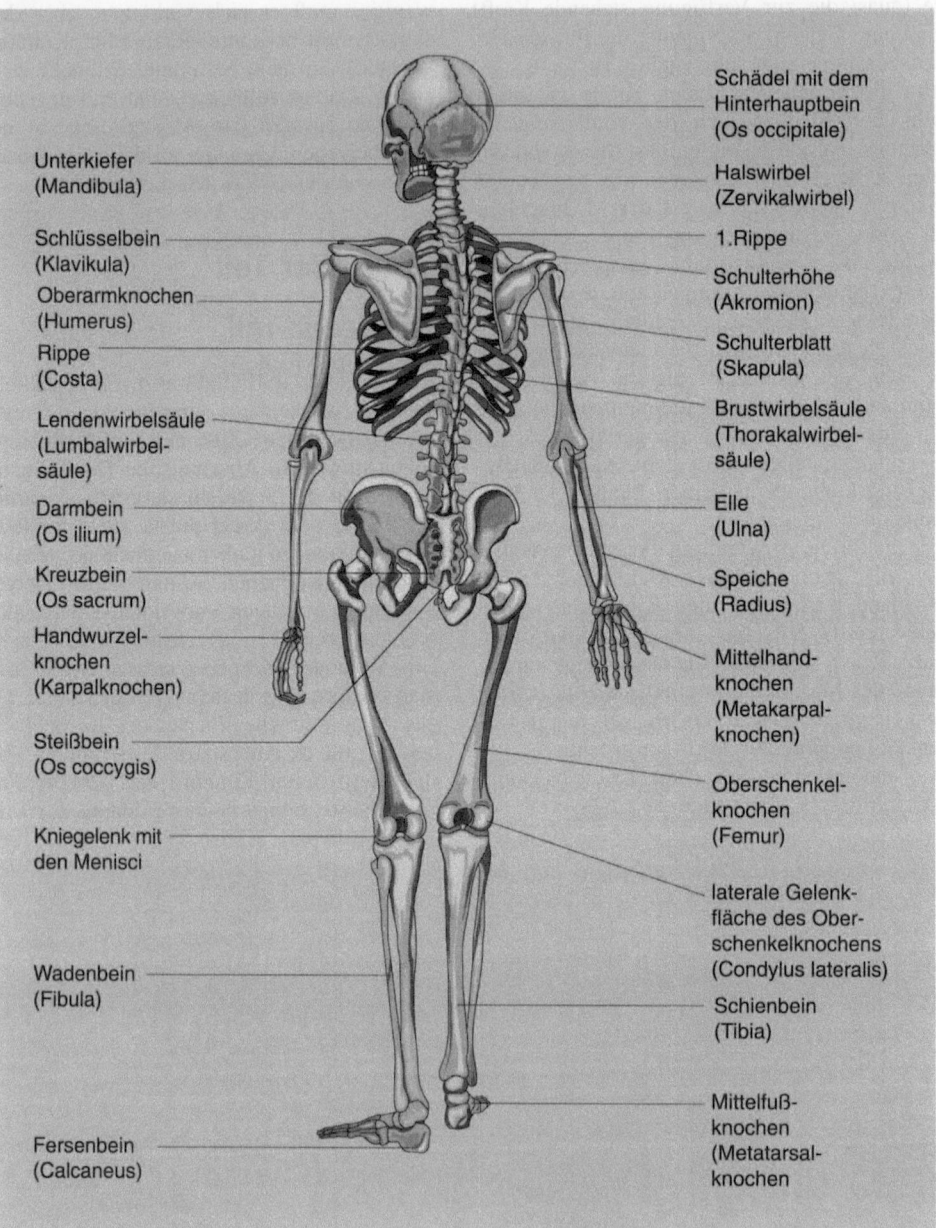

Schädel mit dem
Hinterhauptbein
(Os occipitale)

Unterkiefer
(Mandibula)

Halswirbel
(Zervikalwirbel)

Schlüsselbein
(Klavikula)

1.Rippe

Oberarmknochen
(Humerus)

Schulterhöhe
(Akromion)

Rippe
(Costa)

Schulterblatt
(Skapula)

Lendenwirbelsäule
(Lumbalwirbel-
säule)

Brustwirbelsäule
(Thorakalwirbel-
säule)

Darmbein
(Os ilium)

Elle
(Ulna)

Kreuzbein
(Os sacrum)

Speiche
(Radius)

Handwurzel-
knochen
(Karpalknochen)

Mittelhand-
knochen
(Metakarpal-
knochen)

Steißbein
(Os coccygis)

Oberschenkel-
knochen
(Femur)

Kniegelenk mit
den Menisci

laterale Gelenk-
fläche des Ober-
schenkelknochens
(Condylus lateralis)

Wadenbein
(Fibula)

Schienbein
(Tibia)

Mittelfuß-
knochen
(Metatarsal-
knochen

Fersenbein
(Calcaneus)

Bewegungsapparates erleichtert. Um die Vorstellung von einigen dieser Begriffe, die auch auf der Innenseite des Einbandes aufgeführt sind, zu verbessern, sind sie in Abb. 4.22–4.24 dargestellt.

Wir unterscheiden am Körper 4 größere Regionen:

- Kopf (Caput),
- Hals (Collum),
- Rumpf (Truncus),
- Arme und Beine (Extremitäten).

Im folgenden werden zuerst die Skelettbestandteile, dann die Gelenke und anschließend die Muskeln mit ihrer Funktion behandelt. Sowohl beim Skelett wie auch bei den Muskeln wird auf Vollständigkeit zugunsten der funktionellen Übersicht verzichtet. In den Abbildungen sind aber eine große Zahl von Knochen und Muskeln dargestellt, so daß die wichtigsten Bestandteile des Bewegungsapparates im Zusammenhang deutlich werden.

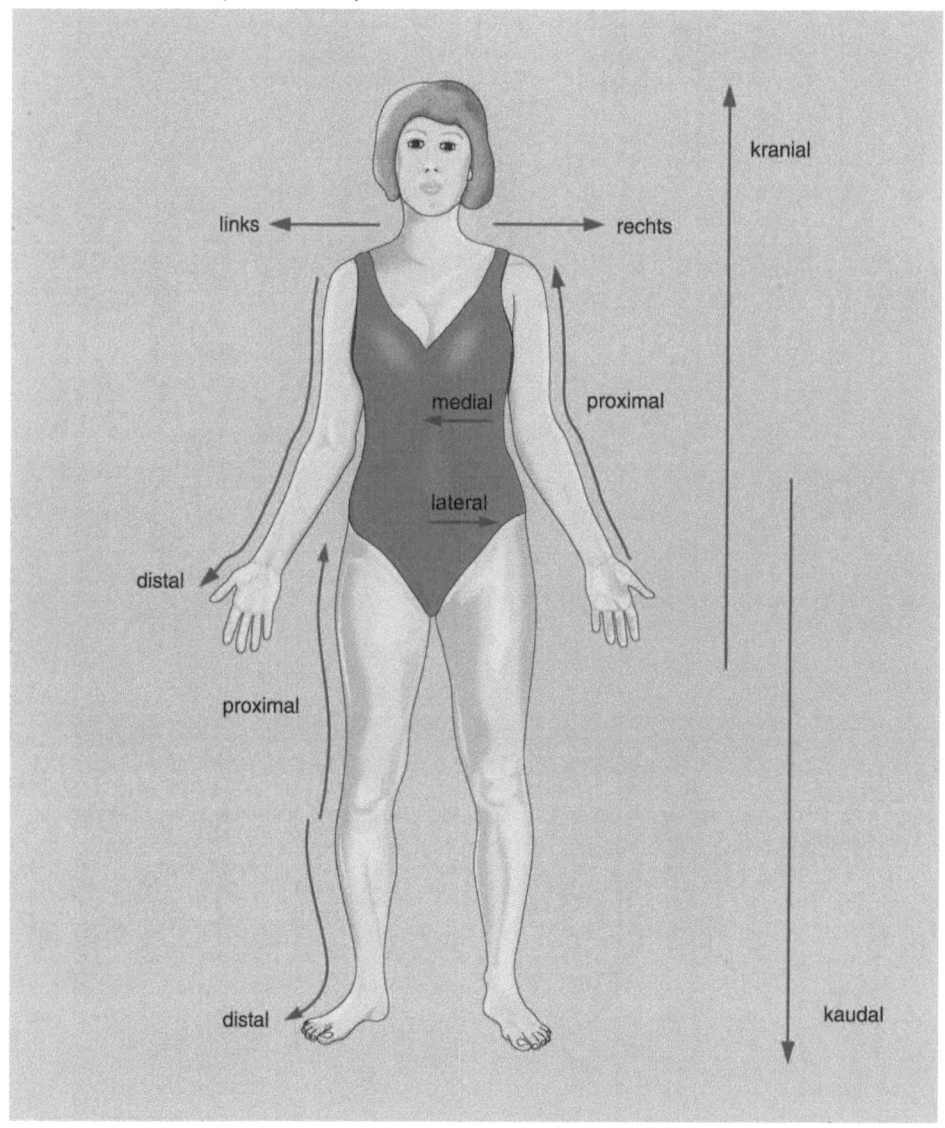

Abb. 4.22. Darstellung der verschiedenen Lage- und Richtungsbegriffe am Körper in der Vorderansicht (Ventralansicht)

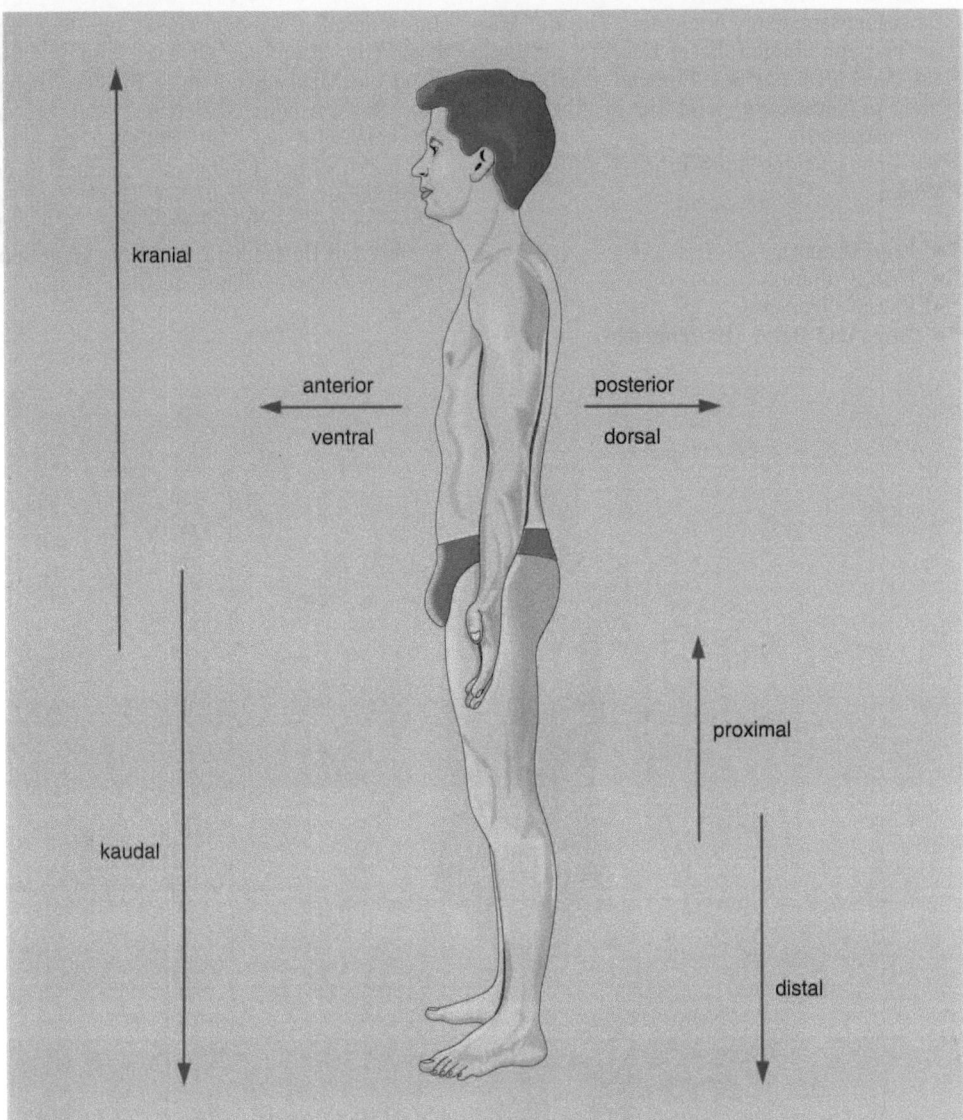

Abb. 4.23. Darstellung der verschiedenen Lage- und Richtungsbegriffe am Körper in der Seitenansicht (Lateralansicht)

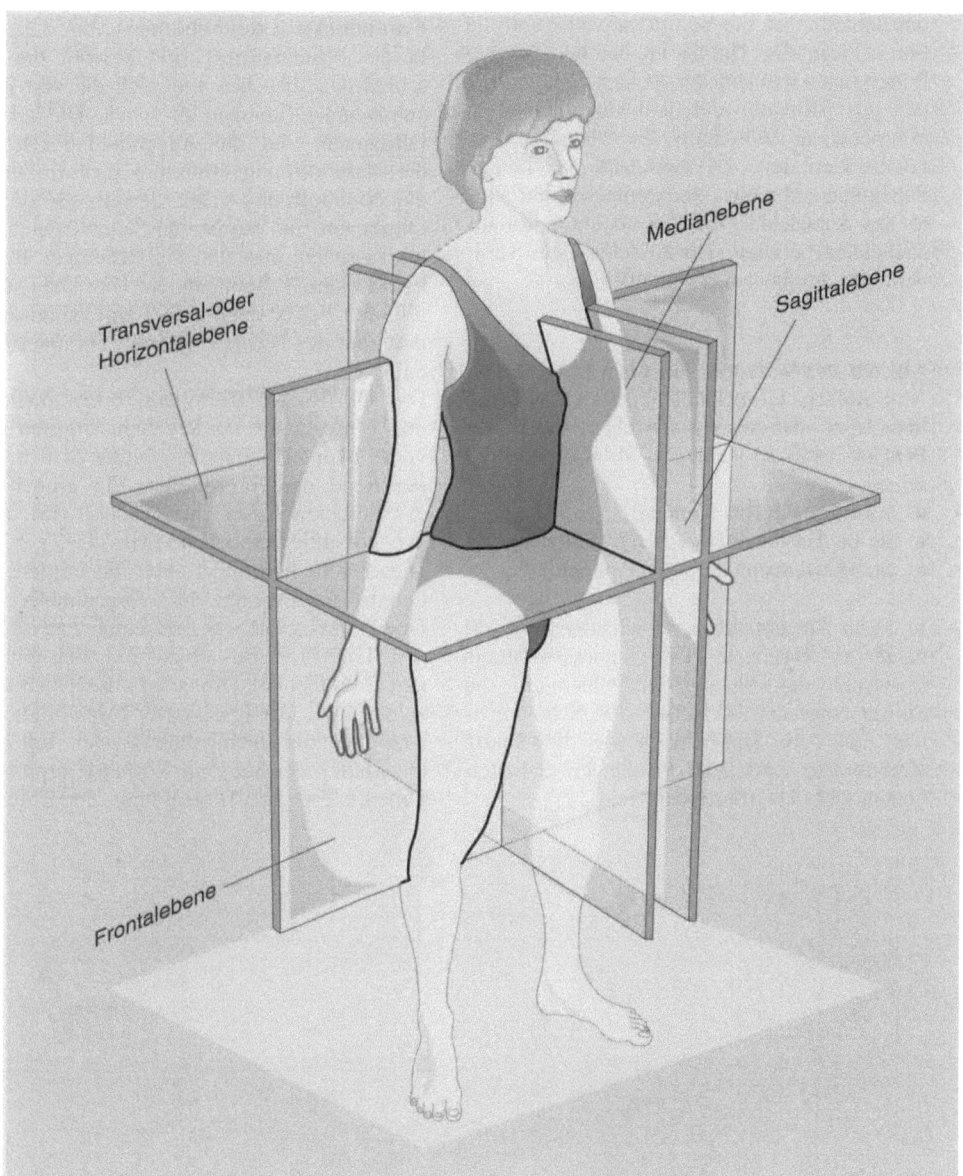

Abb. 4.24. Darstellung verschiedener Ebenen im Körper

4.6 Skelett

4.6.1 Schädel

Der menschliche Schädel besteht aus 28 Knochen. 6 davon sind die kleinsten Knochen des Körpers, die Gehörknöchelchen (Hammer, Amboß und Steigbügel), je 3 im linken und 3 im rechten Mittelohr. Diese werden im Kapitel 16 Sinnesorgane (Ohr) dargestellt. Von den restlichen 22 Knochen sollen im folgenden nur die wichtigsten behandelt werden. Die meisten Schädelknochen sind auf den entsprechenden Zeichnungen zu sehen, sie sollen deshalb hier nur kurz erwähnt werden. Dort, wo 2 oder mehr Schädelknochen aneinanderstoßen, befinden sich die Schädelnähte, die auch als Suturen bezeichnet werden. Die wichtigsten sind die Sutura lambdoidea, die Sutura coronalis und die Sutura sagittalis. Die Sutura lambdoidea befindet sich zwischen den beiden Scheitelbeinen (Os parietale) und dem Hinterhauptbein (Os occipitale) (s. Abb. 4.28). Die Sutura sagittalis befindet sich zwischen den beiden Scheitelbeinen mehr oder weniger in der Mitte des Schädeldaches. Die Sutura coronalis schließlich befindet sich zwischen dem Stirnbein und den beiden Scheitelbeinen.

Ansicht des Schädels von oben (Abb. 4.25)
Am einfachsten erscheint der Aufbau des Schädels in der Ansicht von oben. Aus dieser Perspektive sind lediglich 4 Knochen zu sehen:
● das Stirnbein (Os frontale),
● die beiden Scheitelbeine (Os parietale),
● das Hinterhauptbein (Os occipitale).

In dieser Ansicht sind auch wichtige Schädelnähte zu erkennen. Die Sutura sagittalis (zwischen den beiden Scheitelbeinen), die Sutura coronalis (zwischen den Scheitelbeinen und dem Stirnbein) sowie die Sutura lambdoidea (zwischen den beiden Scheitelbeinen und dem Hinterhauptbein).

Frontalansicht des Schädels (Abb. 4.26)
In der Frontalansicht sind sowohl die verschiedenen Knochen wie auch die von ihnen gebildeten Öffnungen zu sehen. Die größten Öffnungen sind die Augenhöhlen (Orbita), die Nasenöffnung (Apertura piriformis) und die Mundöffnung (Os). Jeweils 3 kleinere Öffnungen sind auf beiden Seiten in einer Linie zu sehen, dies sind die Öffnungen für die Endäste des N. ophthalmicus (Foramen supraorbitale), des N. maxillaris (Foramen infraorbitale) und des N. mandibularis (Foramen mentale).

Das Os frontale (Stirnbein) bildet die Stirn und begrenzt die vordere Schädelgrube nach vorne (frontal), außerdem bildet es den oberen Rand der Augenhöhle. Ein großer Teil des vorderen Geschichtsschädels wird durch den Oberkieferknochen (Maxilla) gebildet. Dieser Knochen bildet auch die mittlere und untere Begrenzung der Augenhöhle. Der Oberkieferknochen besitzt einen zahntragenden Teil (Processus alveolaris), der mit seinen Zahnfächern (Alveolen) die Oberkieferzähne trägt. Der Unterkiefer (Mandibula) besitzt ebenfalls einen zahntragenden Teil (Pars alveolaris), der auf dem Körper (Corpus) des Unterkiefers sitzt. Hinten steigt der Unterkie-

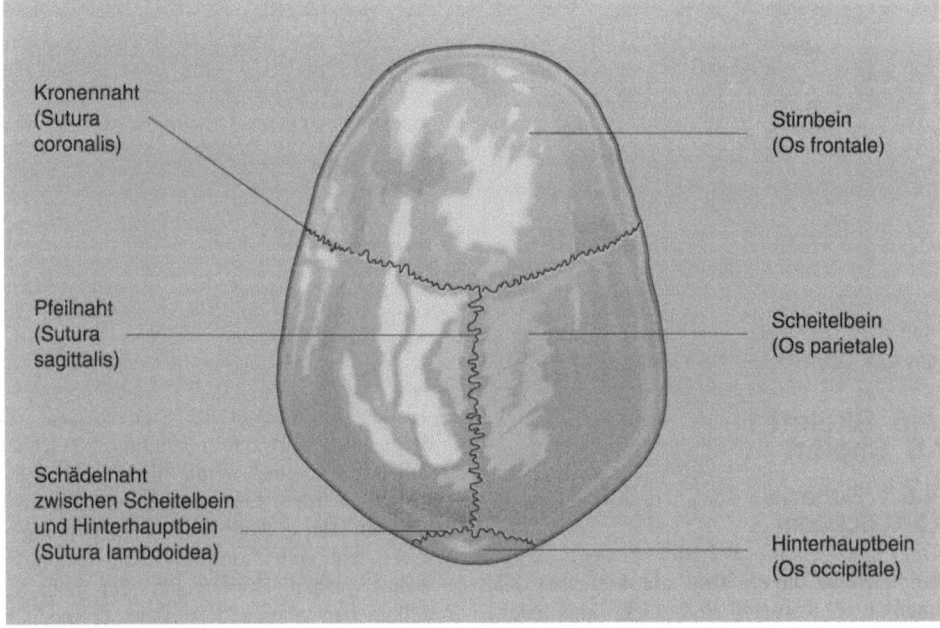

Abb. 4.25. Aufsicht auf einen Schädel von oben. Die Schädelnähte (Suturen) sind aus Stabilitätsgründen sehr stark miteinander verzahnt

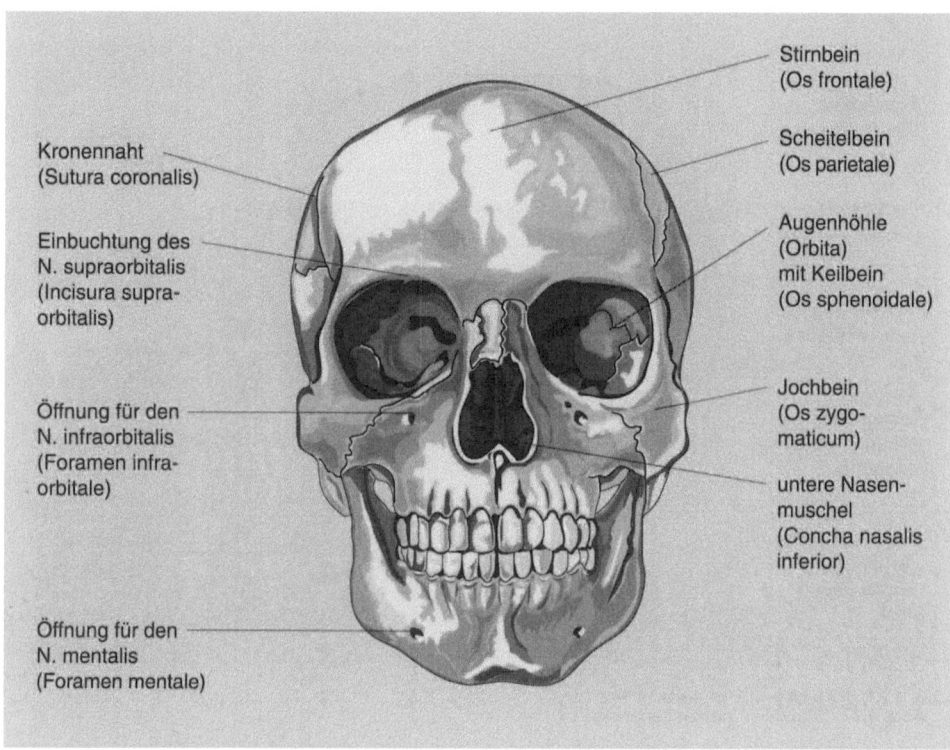

Stirnbein
(Os frontale)

Scheitelbein
(Os parietale)

Augenhöhle
(Orbita)
mit Keilbein
(Os sphenoidale)

Jochbein
(Os zygo-
maticum)

untere Nasen-
muschel
(Concha nasalis
inferior)

Kronennaht
(Sutura coronalis)

Einbuchtung des
N. supraorbitalis
(Incisura supra-
orbitalis)

Öffnung für den
N. infraorbitalis
(Foramen infra-
orbitale)

Öffnung für den
N. mentalis
(Foramen mentale)

Abb. 4.26. Schädel in der Frontalansicht

fer mit dem Unterkieferast (Ramus) gegen das Kiefergelenk auf.

Der Gelenkfortsatz (Processus articularis) bildet mit einer Vertiefung auf der Schädelunterseite (Fossa mandibularis) das Kiefergelenk. Vor dem Kiefergelenk befindet sich ein Knochenfortsatz (Processus coronoideus) für den Ansatz des größten Kaumuskels, des Schläfenmuskels (M. temporalis). Relativ klein sind die beiden Nasenknochen (Os nasale), die den oberen Bereich der Nasenöffnung begrenzen; sie grenzen oben an das Stirnbein und seitlich an den Oberkieferknochen. Weiter seitlich ist zwischen dem Stirnbein und dem Oberkiefer das Jochbein (Os zygomaticum) eingefügt. Es bildet den seitlichen Rand und einen Teil des Unterrandes der Augenhöhle. Das Jochbein ist der eigentliche Bakkenknochen, dessen Ausprägung bei den verschiedenen Menschenrassen sehr unterschiedlich ist.

Seitenansicht des Schädels (Abb. 4.27)
In der Seitenansicht sieht man neben den bisher schon beschriebenen Knochen das Schei-

telbein (Os parietale), das einen Großteil des Schädeldaches bildet, und das Hinterhauptbein (Os occipitale), das den hinteren (dorsalen) Pol des Schädels bildet. Es ist mit dem Scheitelbein durch die Sutura lambdoidea verbunden. Ein weiterer in der Seitenansicht zu sehender Knochen ist das in der unteren seitlichen Schädelregion vorhandene Schläfenbein (Os temporale). Das Loch im unteren Teil des Schläfenbeins ist die Öffnung des äußeren Gehörganges (Porus acusticus externus). In einem im Schädelinneren gelegenen Teil des Schläfenbeines, der als Felsenbein (Pars petrosa) bezeichnet wird, befindet sich das Innenohr. Im unteren hinteren Teil des Schläfenbeins ist das Warzenbein (Processus mastoideus) zu sehen, an dem der Kopfwender entspringt (M. sternocleidomastoideus). Vom Schläfenbein geht ein Fortsatz (Processus zygomaticus) ab, der mit einem Fortsatz des Jochbeins (Processus temporalis) gemeinsam den Jochbogen (Arcus zygomaticus) bildet. Unterhalb des Jochbogens läuft ein Kaumuskel, der Schläfenmuskel (M. temporalis), an den Unterkiefer.

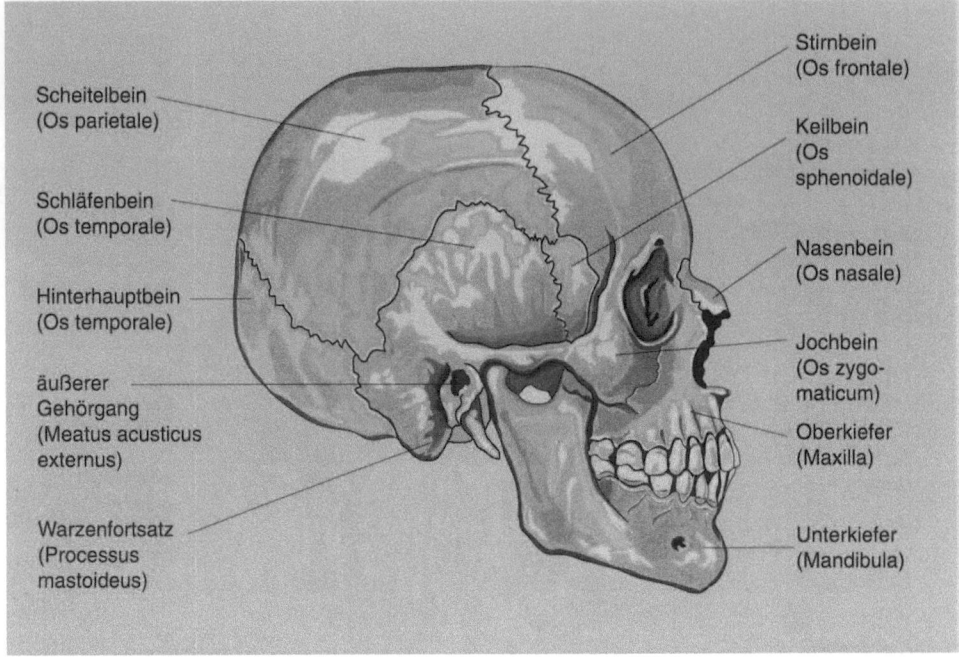

Abb. 4.27. Schädel in der Seitenansicht

Strukturen der Schädelbasis (Abb. 4.28)
An der Schädelbasis treten wichtige Leitungsbahnen in die Schädelhöhle hinein und aus dieser heraus, deshalb soll hier eine kurze Beschreibung der Schädelbasis von innen und von außen erfolgen.

Ansicht der inneren Schädelbasis
(Abb. 4.29)
Wenn die Schädelkalotte, d.h. das Dach des Schädels, abgenommen wird und die Weichteilstrukturen entfernt werden, sieht man, daß das Schädelinnere in 4 Räume aufgeteilt ist:
- die vordere Schädelgrube (Fossa cranii anterior),
- die beiden mittleren Schädelgruben (Fossa cranii media) und
- die hintere Schädelgrube (Fossa cranii posterior).

Der Boden der vorderen Schädelgrube wird zu einem Großteil vom Stirnbein gebildet. Zwischen den beiden Fortsätzen des Stirnbeines liegt das Siebbein (Os ethmoidale) mit der Siebbeinplatte (Lamina cribrosa), durch deren Löcher die Riechfäden (Fila olfactoria) nach unten in die Nasenhöhle eintreten. Die Grenze zwischen der vorderen und den beiden mittleren Schädelgruben wird durch das

Keilbein (Os sphenoidale) mit seinen beiden Keilbeinflügeln gebildet. Im Keilbein liegt auch die Öffnung in die Augenhöhle, der optische Kanal (Canalis opticus). Ebenfalls vom Keilbein gebildet wird die Grube (Fossa hypophysialis), in der die Hirnanhangsdrüse (Hypophyse) liegt. Der Boden der mittleren Schädelgrube wird zum größten Teil durch das Schläfenbein (Os temporale) gebildet. Zu diesem Schläfenbein gehört auch das Felsenbein (Pars petrosa), in dem sich das Innenohr mit dem Hörorgan und dem Gleichgewichtsorgan befindet. In der mittleren Schädelgrube sind wichtige Öffnungen für den Durchtritt von Nerven und Gefäßen vorhanden.
Die innere Karotisarterie (A. carotis interna) tritt durch das zerissene Loch (Foramen lacerum) hindurch. Das runde Loch (Foramen rotundum) ist Durchtrittsöffnung für den N. maxillaris. Das ovale Loch (Foramen ovale) dient dem N. mandibularis als Durchtrittsöffnung. Die innere Gehöröffnung (Porus acusticus internus) wird vom N. facialis und dem N. statoacusticus benutzt. Eine weitere wichtige Öffnung dient dem Abfluß des venösen Blutes aus dem Schädel, das Foramen jugulare.
Die hintere Schädelgrube wird zur Hauptsache durch das Hinterhauptbein gebildet, das auch einen Großteil des größten Loches in

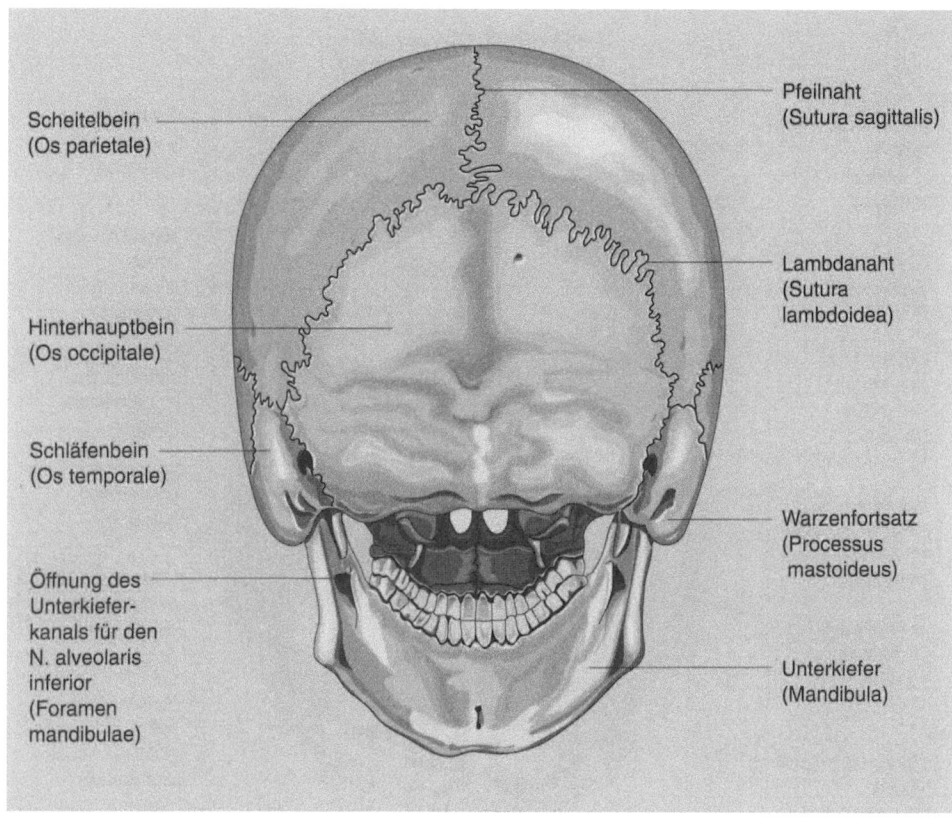

Scheitelbein
(Os parietale)

Hinterhauptbein
(Os occipitale)

Schläfenbein
(Os temporale)

Öffnung des
Unterkiefer-
kanals für den
N. alveolaris
inferior
(Foramen
mandibulae)

Pfeilnaht
(Sutura sagittalis)

Lambdanaht
(Sutura
lambdoidea)

Warzenfortsatz
(Processus
mastoideus)

Unterkiefer
(Mandibula)

Abb. 4.28. Schädel in der Dorsalansicht

der Schädelbasis begrenzt, das große Hinterhauptloch (Foramen occipitale magnum), hier
tritt der Hirnstamm mit dem Rückenmark in
Verbindung.
Bei derart vielen Verbindungen (es sind hier
nur die wichtigsten aufgeführt) ist begreiflich, daß eine Verletzung der Schädelbasis,
z.B. Schädelbasisbruch, auch die entsprechenden durchtretenden Leitungsbahnen, d.h. Nerven und Gefäße, betreffen kann und damit le-
bensbedrohliche Folgen auftreten können.

Ansicht der äußeren Schädelbasis
(Abb. 4.30)
Bei Aufsicht von unten auf die von allen
Weichteilen befreite Schädelbasis ist ebenfalls eine große Anzahl von Öffnungen zu sehen, die dem Durchtritt von Leitungsbahnen
dienen.
Im Gaumenbereich ist die Öffnung für den
N. nasopalatinus (Foramen incisivum) zu sehen. Oberhalb des hinteren Gaumenendes
sind die inneren Nasenöffnungen (Choanen)

vorhanden, die durch das Nasenseptum voneinander getrennt sind. Links und rechts davon sind das Loch für den N. mandibularis
und den N. facialis (Foramen ovale und Foramen stylomandibulare). Etwas weiter nach
hinten liegt das äußere Karotisloch (Foramen
caroticum externum) für den Durchtritt der
wichtigen, das Schädelinnere versorgenden
A. carotis interna. Lateral von diesen 3 zuletzt genannten Löchern liegt die Grube des
Kiefergelenkes (Fossa mandibularis), direkt
dahinter der Eingang in den äußeren Gehörgang (Porus acusticus externus). Deutlich
sind auf der Ansicht von unten auch die beiden Gelenkknorren des Kopfgelenkes (Articulatio atlantooccipitalis) zu sehen. Zwischen
ihnen liegt das größte Loch in der Schädelbasis, das große Hinterhauptloch (Foramen occipitale magnum), für die Verbindung von
Hirnstamm und Rückenmark. Hinter dem
Hinterhauptloch ist eine große Ursprungsfläche der Nacken- und Rückenmuskulatur vorhanden. Bei Verletzungen der Schädelbasis

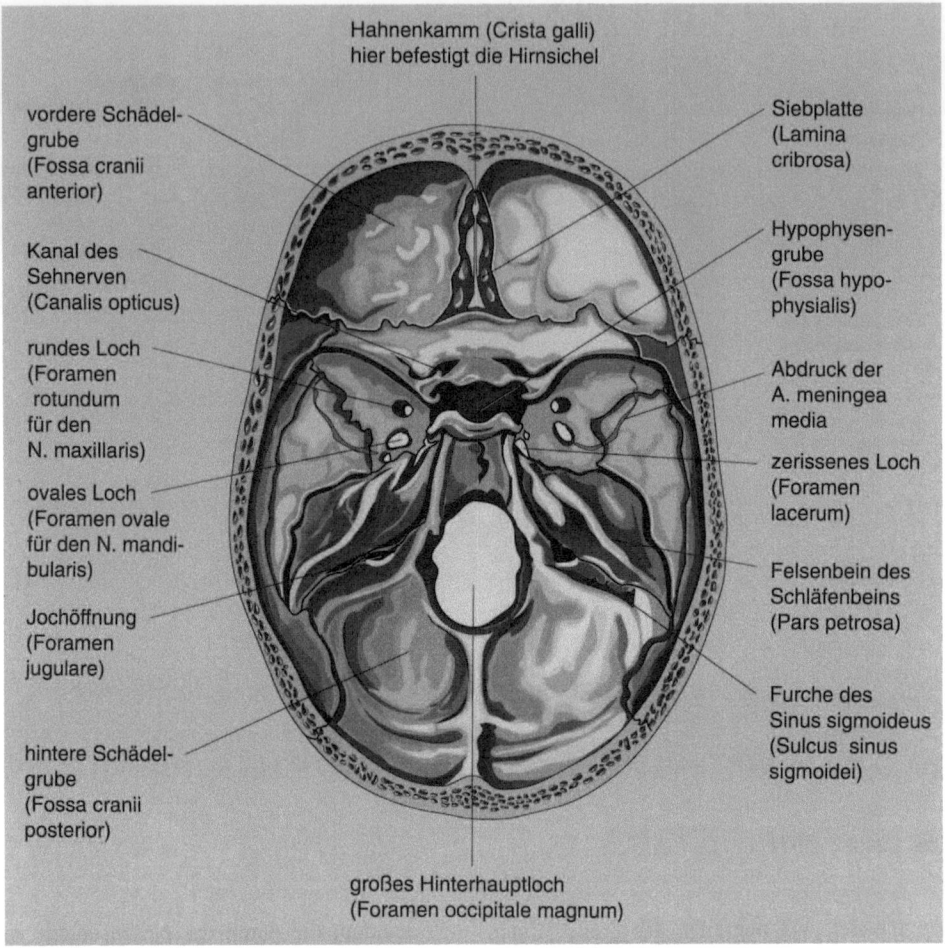

Hahnenkamm (Crista galli)
hier befestigt die Hirnsichel

vordere Schädel-
grube
(Fossa cranii
anterior)

Kanal des
Sehnerven
(Canalis opticus)

rundes Loch
(Foramen
rotundum
für den
N. maxillaris)

ovales Loch
(Foramen ovale
für den N. mandi-
bularis)

Jochöffnung
(Foramen
jugulare)

hintere Schädel-
grube
(Fossa cranii
posterior)

Siebplatte
(Lamina
cribrosa)

Hypophysen-
grube
(Fossa hypo-
physialis)

Abdruck der
A. meningea
media

zerissenes Loch
(Foramen
lacerum)

Felsenbein des
Schläfenbeins
(Pars petrosa)

Furche des
Sinus sigmoideus
(Sulcus sinus
sigmoidei)

großes Hinterhauptloch
(Foramen occipitale magnum)

Abb. 4.29. Einblick in den eröffneten Schädel von oben mit der Innenansicht der Schädelbasis

ist der Eintrittsort der Karotisarterie (Foramen caroticum externum) der gefährdetste Ort, weil Blutungen in diesem Bereich nur schwer gestoppt werden können und dann innerhalb von Minuten zum Tode führen können.

Zungenbein (s. Abb. 4.53)
In der Halsregion direkt unterhalb des Schädels befindet sich das Zungenbein (Os hyoideum). Wenn man mit den Fingern am Mundboden entlangfährt, gegen den Hals zu, kann man das Zungenbein in der Verlängerung des Mundbodens tasten. Das Zungenbein ist ein einzelner, isolierter Knochen, der quasi als Zwischenknochen für die dort ansetzende Muskulatur dient. Von oben her setzen Muskeln an, die man zur Mundbodenmuskulatur (suprahyale Muskeln, oberhalb

des Zungenbeins gelegene Muskeln) rechnet, von unten sind es Muskeln, die zwischen dem Zungenbein und dem Brustbein verlaufen, sie werden als untere Zungenbeinmuskeln (infrahyale Muskeln, unterhalb des Zungenbeins gelegene Muskeln) bezeichnet.

4.6.2 Rumpf

Das Skelett des Rumpfes besteht aus dem Brustkorb mit der Wirbelsäule und dem Becken.

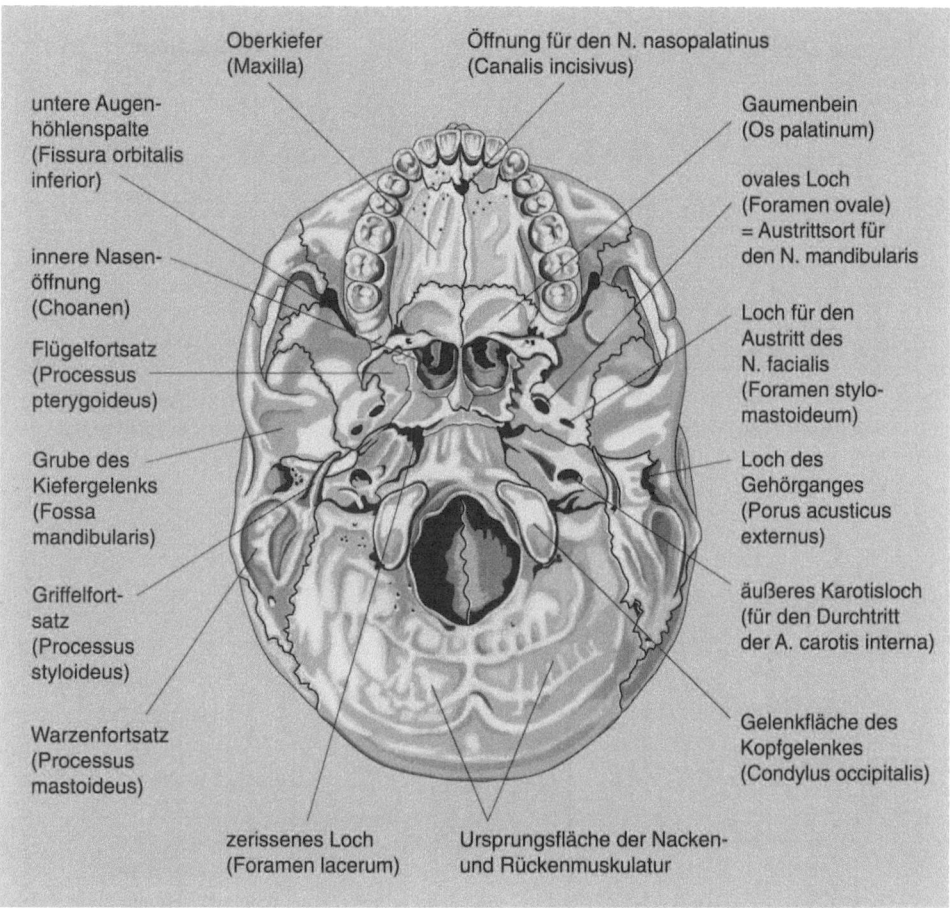

Oberkiefer
(Maxilla)

Öffnung für den N. nasopalatinus
(Canalis incisivus)

untere Augen-
höhlenspalte
(Fissura orbitalis
inferior)

innere Nasen-
öffnung
(Choanen)

Flügelfortsatz
(Processus
pterygoideus)

Grube des
Kiefergelenks
(Fossa
mandibularis)

Griffelfort-
satz
(Processus
styloideus)

Warzenfortsatz
(Processus
mastoideus)

Gaumenbein
(Os palatinum)

ovales Loch
(Foramen ovale)
= Austrittsort für
den N. mandibularis

Loch für den
Austritt des
N. facialis
(Foramen stylo-
mastoideum)

Loch des
Gehörganges
(Porus acusticus
externus)

äußeres Karotisloch
(für den Durchtritt
der A. carotis interna)

Gelenkfläche des
Kopfgelenkes
(Condylus occipitalis)

zerissenes Loch
(Foramen lacerum)

Ursprungsfläche der Nacken-
und Rückenmuskulatur

Abb. 4.30. Ansicht der Schädelbasis von außen. Im Bereich des zerrissenen Lochs (Foramen lacerum) tritt die A. carotis interna in den Schädel ein

Wirbelsäule

Die Aufgaben der Wirbelsäule sind vielfältig, ihr Aufbau dementsprechend komplex. Zu den Funktionen der Wirbelsäule rechnet man:

- Stützen bzw. Tragen von Kopf und Rumpf,
- Schutz des Rückenmarks,
- Austrittsort für die Spinalnerven,
- Ort des Ansatzes und Ursprungs von Muskeln,
- Ermöglichung von Bewegungen von Kopf und Rumpf.

Um all diesen Aufgaben gerecht zu werden, ist die Wirbelsäule aus 33–34 Wirbelkörpern aufgebaut. Die meisten dieser Wirbelkörper sind separate einzelne Knochen, einige sind jedoch miteinander verwachsen. Im Halsbereich sind 7 Halswirbel (Zervikalwirbel), im Brustbereich 12 Brustwirbel (Thorakalwirbel) und im Lendenbereich 5 Lendenwirbel (Lumbalwirbel) vorhanden. Im Bereich des Kreuzbeins sind 5 Wirbelkörper miteinander verwachsen zum Kreuzbein (Os sacrum), an das sich noch das Steißbein (Os coccygis) mit 4–5 Wirbeln anschließt, die meist auch miteinander verwachsen sind (Abb. 4.31).
Die Wirbel der einzelnen Regionen sind unterschiedlich aufgebaut, so daß man deutlich Halswirbel von Brust- und Lendenwirbeln unterscheiden kann. Die Wirbel weisen Fortsätze auf, die dem Ansatz der Muskeln für die Bewegung der Wirbelsäule dienen, an denen aber auch im Brustbereich die Rippen befestigt sind.

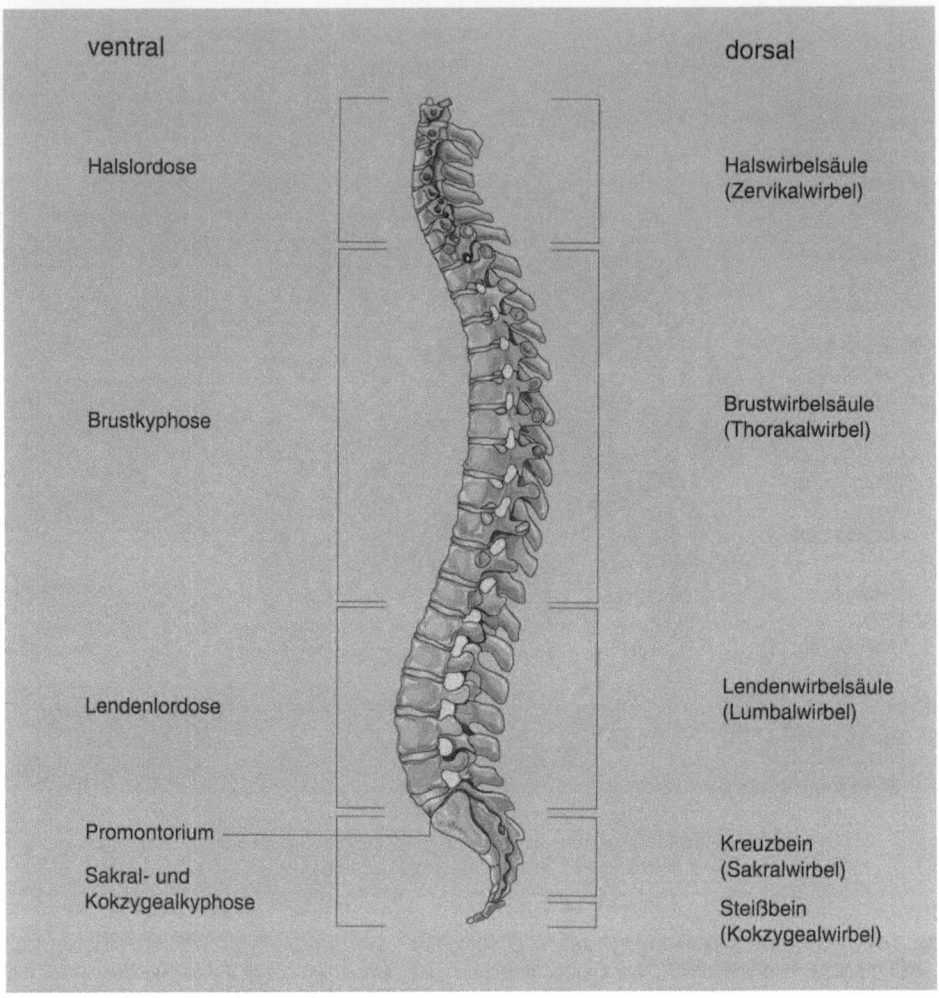

ventral   dorsal

Halslordose   Halswirbelsäule
                                           (Zervikalwirbel)

Brustkyphose   Brustwirbelsäule
                                           (Thorakalwirbel)

Lendenlordose   Lendenwirbelsäule
                                           (Lumbalwirbel)

Promontorium   Kreuzbein
                                           (Sakralwirbel)
Sakral- und
Kokzygealkyphose   Steißbein
                                           (Kokzygealwirbel)

Abb. 4.31. Seitenansicht der Wirbelsäule. Im Hals-
und im Lendenbereich ist je eine nach dorsal gerichtete Konkavität vorhanden, die als Lordose bezeichnet wird. Im Brust- und im Kreuzbeinbereich ist je
eine nach ventral gerichtete Konkavität vorhanden,
die als Kyphose bezeichnet wird

Die beiden obersten Halswirbel haben eigene
Namen: Atlas und Axis. Die Wirbel werden
meist abgekürzt nach der Region mit C (zer-
vikal) Th (thorakal) oder L (lumbal) und der
entsprechenden Zahl bezeichnet. Mit C4 wird
der 4. Halswirbel benannt, Th8 steht für den
8. Brustwirbel, und L2 bezeichnet den 2.
Lendenwirbel.

Allgemeiner Bauplan der Wirbel
(Abb. 4.32)
Mit Ausnahme des Atlas besitzen die Wirbel
einen Wirbelkörper, der von kranial nach
kaudal, d.h. von den Halswirbeln zu den

Lumbalwirbeln, an Größe zunimmt, entsprechend dem Gewicht, das er tragen muß. Die
einzelnen Wirbelkörper sind durch die Bandscheiben (Discus intervertebralis) miteinander
verbunden. Vom Wirbelkörper gehen nach
beiden Seiten Querfortsätze (Processus transversus) und nach dorsal der Wirbelbogen ab.
Vom Wirbelbogen entspringt ein Dornfortsatz
(Processus spinosus), der durch die Haut des
Rückens zu sehen und zu tasten ist. An der
Seite sind an den Wirbeln halbbogenförmige
Ausschnitte vorhanden, jeweils in Richtung
auf den oberen und unteren Wirbel. Zwei benachbarte Wirbel bilden auf diese Weise ein

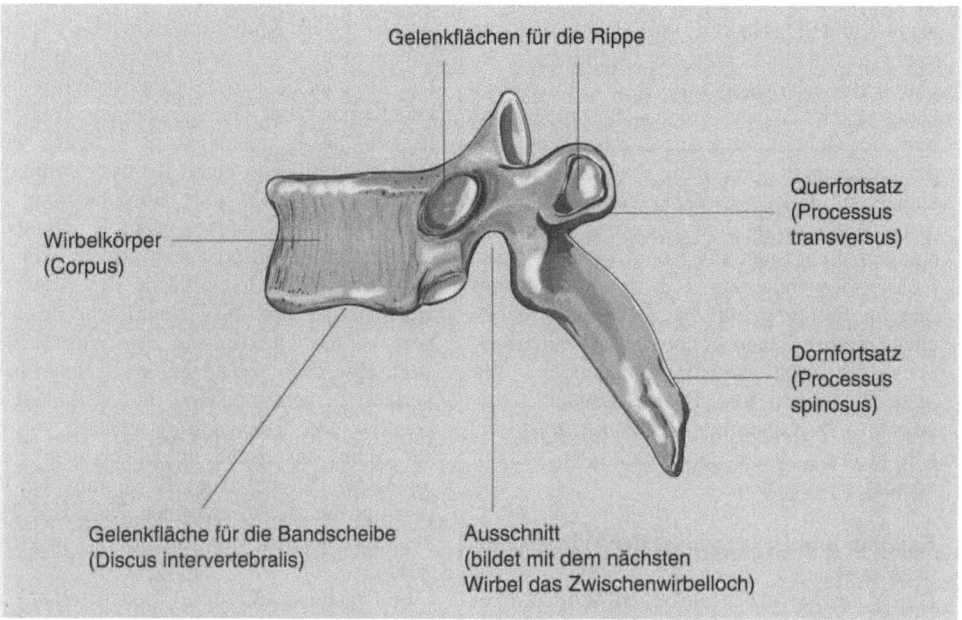

Gelenkflächen für die Rippe

Querfortsatz (Processus transversus)

Wirbelkörper (Corpus)

Dornfortsatz (Processus spinosus)

Gelenkfläche für die Bandscheibe (Discus intervertebralis)

Ausschnitt (bildet mit dem nächsten Wirbel das Zwischenwirbelloch)

Abb. 4.32. Seitenansicht eines Brustwirbels. Die Dornfortsätze der Brustwirbel sind nach unten gerichtet, so daß sie den Körper des darunter gelegenen Wirbels dachziegelartig überdecken

vollständiges Zwischenwirbelloch (Foramen intervertebrale), durch das die Spinalnerven auf beiden Seiten der Wirbelsäule austreten.

Die Halswirbel

Die Wirbelkörper der Halswirbel sind klein, der Dornfortsatz ist gespalten, und der Querfortsatz weist ein Loch auf, durch das die Arteria vertebralis verläuft. Der Atlas besteht lediglich aus einem relativ großen Wirbelbogen, in den links und rechts je eine Auflagefläche für die Gelenkbestandteile des Hinterhauptbeins (Condylus occipitalis) eingefügt sind. Im Unterschied zum 1. Halswirbel ist beim 2. Halswirbel (Axis) bereits ein relativ kleiner Wirbelkörper vorhanden, von dem eine zahnartige Struktur (Dens axis) nach oben in den vom Wirbelbogen des Atlas gebildeten Wirbelkanal verläuft. Der Atlas dreht sich um diese zahnartige Struktur, z.B. beim Bewegen des Kopfes von links nach rechts. Die weiteren Halswirbel weisen alle einen Wirbelkörper auf. Der 7. Halswirbel hat einen besonders langen Dornfortsatz, der als erster bis an die Körperoberfläche direkt unterhalb der Haut gelangt und damit tastbar wird, er wird aus diesem Grund auch hervorstehender Wirbel (Vertebra prominens) genannt.

Die Brustwirbel

Die Dornfortsätze der Brustwirbel sind meist nach unten gerichtet, so daß die oberen Dornfortsätze schuppenartig über die Dornfortsätze des jeweils darunter gelegenen Wirbels reichen. An den Querfortsätzen der Brustwirbel sind Kontaktflächen für die Rippen vorhanden. Da die Rippen mit je 2 Kontaktflächen die Wirbel berühren, ist an den Wirbelkörpern noch eine zusätzliche Gelenkfläche ausgebildet.

Lendenwirbel

Die Wirbelkörper der Lendenwirbel sind wegen des zu tragenden Gewichtes am größten. Anstelle der Querfortsätze, die hier bis auf einen kleinen Rest verkümmert sind, besitzen die Lendenwirbel sogenannte Rippenfortsätze (Processus costarius), die ähnlich aussehen und von der Entwicklung her eigentlich den Rippen entsprechen.

Bandscheiben (s. Abb. 4.2)

Die Bandscheiben sind aus Faserknorpel aufgebaut. Außen bestehen sie aus einem stark mit Kollagenfasern durchsetzten Faserring (Annulus fibrosus), innen ist ein Gallertkern (Nucleus pulposus) vorhanden. Der Gallertkern kann sich bei geringerer Belastung, z.B. nachts, mit Flüssigkeit vollsaugen und erreicht damit einen höheren Quellungsdruck. Durch die Gewichtsbelastung des aufrechten Ganges, des Tragens von Gegenständen etc. wird der Gallertkern während des Tages wieder ausgepreßt, so daß die Körpergröße abends ca. 1–2 cm weniger beträgt als morgens. Wenn der äußere Faserring den Belastungen nicht standhält, kann es zum Auspressen des Gallertkerns in den Wirbelkanal oder in Richtung auf die Zwischenwirbellöcher kommen. Dann können das Rückenmark oder die austretenden Spinalnerven gequetscht werden und Funktionsausfälle entstehen, z.B. Lähmungen oder Gefühlslosigkeit in den von den beeinträchtigten Nerven versorgten Gebieten.

Bauplan und Bewegungen der Wirbelsäule (s. Abb. 4.31)

Durch die Form der einzelnen Wirbelkörper ergibt sich bei der Wirbelsäule im Hals- und Lendenwirbelbereich jeweils eine nach ventral konvexe und nach dorsal konkave Wölbung, wie man beim Blick von der Seite sehr gut sehen kann. Im Brust- und im Sakralbereich ist die Wölbung genau umgekehrt, d.h. dorsal konvex und ventral konkav. Diese Form ermöglicht eine Abfederung bei Belastungen in Längsrichtung der Wirbelsäule. Von vorne bzw. hinten betrachtet sollte die Wirbelsäule eine gerade Linie bilden. Seitliche Abweichungen von dieser Linie sind nicht physiologisch, sie werden als Skoliose bezeichnet. Die benachbarten Wirbel sind über die Bandscheiben (Discus intervertebralis) und Gelenkfortsätze miteinander verbunden. Es sind je 2 Paare von Fortsätzen vorhanden, nach oben und nach unten gerichtet. Diese Gelenkfortsätze erlauben je nach Region unterschiedliche Bewegungen. Die Beweglichkeit ist allgemein in der Hals- und Lendenwirblregion am größten, hier geschieht das Vor- und Rückwärtsbeugen. Drehbewegungen sind besonders gut im Halswirbelbereich und weniger gut im Brustbereich möglich. Drehbewegungen des Kopfes im Kopfgelenk (Articulatio atlantooccipitalis) sind meist gekoppelt mit Drehbewegungen der Halswirbelsäule. Im Brustbereich ist die Beweglichkeit allgemein eingeschränkt, bedingt durch die Befestigung der Rippen vorne am Brustbein und hinten an der Wirbelsäule.

Brustbein und Rippen (Abb. 4.33 und 4.34)

An der 1.–10. Rippe unterscheiden wir einen knöchernen von einem knorpeligen Anteil. Die 11. und 12. Rippe besitzt lediglich einen knöchernen Teil. Die knöchernen Teile aller Rippen lassen einen Kopf (Caput), einen Hals (Collum) und einen Körper (Corpus) erkennen. Am Kopf und am Übergang zwischen Hals und Körper, dem Rippenhöcker (Tuberculum), befindet sich jeweils eine Gelenkfläche. Die Gelenkfläche des Kopfes ist am Wirbelkörper, die Gelenkfläche des Höckers ist am Querfortsatz des Wirbels befestigt. Zwischen diesen beiden Gelenkflächen verläuft dementsprechend die Achse der Bewegung. Der Rippenkörper verläuft von dieser Achse ausgehend im Bogen nach vorne unten, so daß bei einer Bewegung der Rippen um die Achse zwischen Kopf und Höcker automatisch der Brustraum vergrößert wird.

Das Brustbein (Sternum) besteht aus 3 Anteilen, dem Griff (Manubrium), dem Körper (Corpus) und dem Schwertfortsatz (Processus xiphoideus). Zwischen Griff und Körper befindet sich eine leichte Abknickung, dadurch ergibt sich ein nach innen offener Winkel (Angulus sterni). Am Griff sind auf jeder Seite 3 Gelenkflächen vorhanden, die oberste Gelenkfläche gehört zum Gelenk mit dem Schlüsselbein. Die beiden anderen gehören zum Gelenk mit der 1. und der 2. Rippe, wobei die 2. Rippe genau in der Region zwischen Griff und Körper ansetzt. Am Körper des Brustbeins sind noch einmal 6 Gelenkflächen für die 2.–7. Rippe vorhanden. Der Schwertfortsatz ist in der Jugend meist noch knorpelig und verknöchert erst beim Erwachsenen. Bei gleicher Größe ist das Sternum des Mannes meist etwas schlanker und schmaler.

Brustkorb (Abb. 4.33)

Wie weiter oben erwähnt, gehört auch der Brustkorb (Thorax) zum Rumpfskelett. Er wird aufgebaut durch die 12 Brustwirbel, den von diesen entspringenden 12 Rippen und dem ventral gelegenen Brustbein (Sternum). Die Wirbelsäule ist dabei wichtiger Träger und funktioneller Bestandteil des Brustkorbes.

Der Brustkorb ist an der Wirbelsäule aufgehängt. Von ihr entspringen auf jeder Seite 12

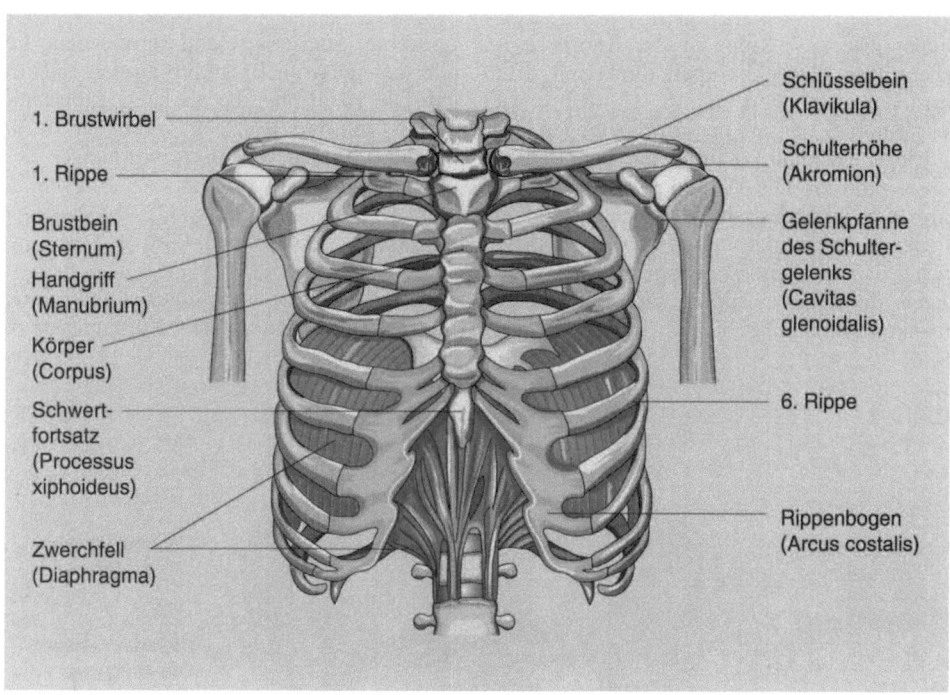

Abb. 4.33. Brustkorb in der Ansicht von ventral. Im *unteren* Teil ist das Zwerchfell eingezeichnet

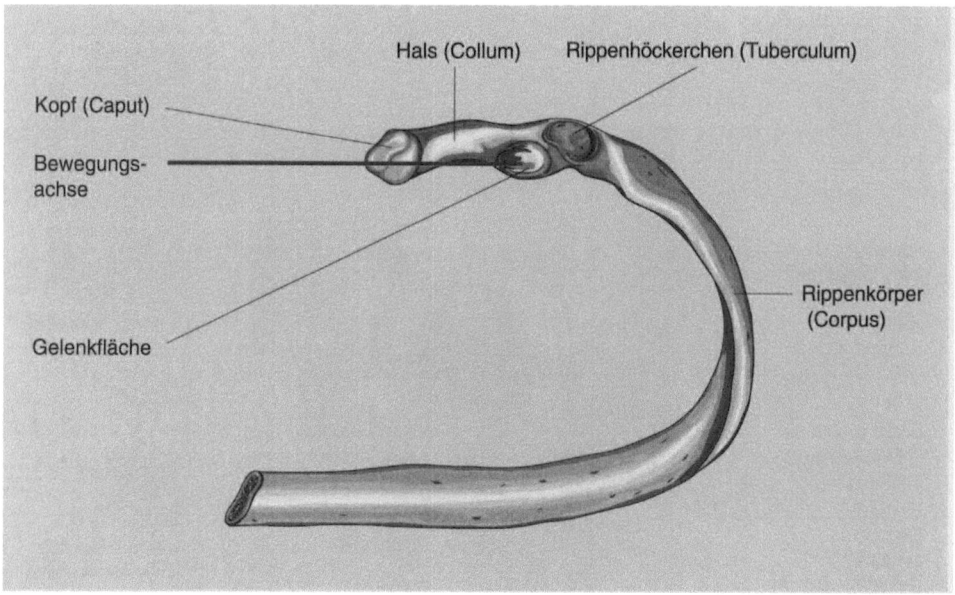

Abb. 4.34. Rippe in der Dorsalansicht. Die Rippen hängen nach unten. Die Bewegungsachse verläuft zwischen dem Kopf und der 2. Gelenkfläche, so daß sich bei der Einatmungsbewegung die Rippe um diese Achse nach oben bewegt und damit den Brustraum vergrößert

Rippen. Die 1.–7. Rippe ist über Knorpelzwischenstücke (Rippenknorpel) direkt mit dem Brustbein verbunden, die 8.–10. Rippe ist über Knorpel, der in den Knorpelbogen der 7. Rippe einstrahlt, indirekt mit dem Brustbein verbunden. Die 11. und 12. Rippe ist relativ kurz und deshalb gar nicht mit dem Brustbein verbunden. Sie werden deshalb auch als „fliegende" Rippen bezeichnet. Durch die oberste Rippe wird eine obere Brustkorböffnung gebildet, durch welche Luftröhre, Speiseröhre und verschiedene Leitungsbahnen vom Brustkorb an den Hals treten. Die 10. Rippe, die als letzte Rippe noch indirekt mit dem Brustbein verbunden ist, bildet quasi die untere Brustkorböffnung.

Becken (Abb. 4.35 und 4.36)

Das Becken bildet einen sogenannten Beckengürtel, der aus den beiden Hüftknochen (Os

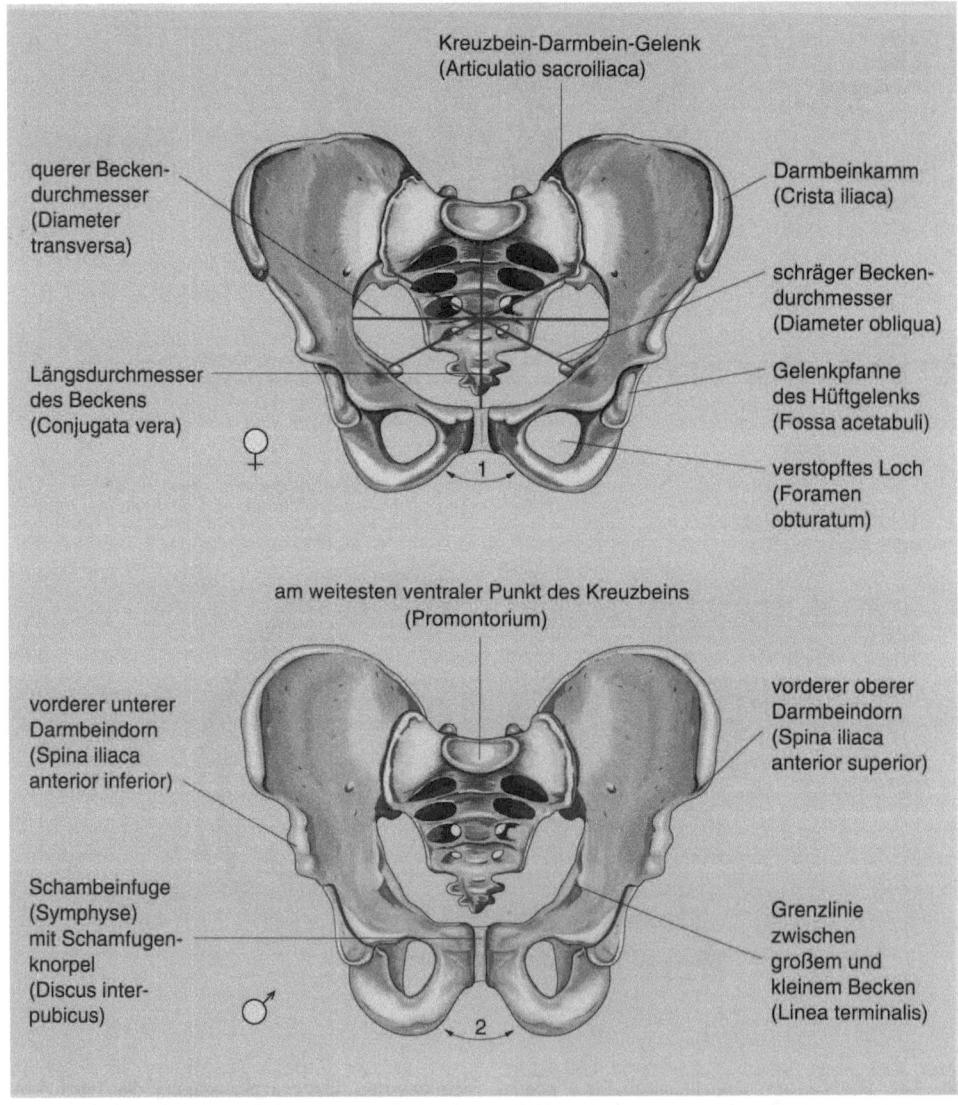

Kreuzbein-Darmbein-Gelenk
(Articulatio sacroiliaca)

querer Becken-
durchmesser
(Diameter
transversa)

Darmbeinkamm
(Crista iliaca)

schräger Becken-
durchmesser
(Diameter obliqua)

Längsdurchmesser
des Beckens
(Conjugata vera)

Gelenkpfanne
des Hüftgelenks
(Fossa acetabuli)

verstopftes Loch
(Foramen
obturatum)

am weitesten ventraler Punkt des Kreuzbeins
(Promontorium)

vorderer unterer
Darmbeindorn
(Spina iliaca
anterior inferior)

vorderer oberer
Darmbeindorn
(Spina iliaca
anterior superior)

Schambeinfuge
(Symphyse)
mit Schamfugen-
knorpel
(Discus inter-
pubicus)

Grenzlinie
zwischen
großem und
kleinem Becken
(Linea terminalis)

Abb. 4.35. Gegenüberstellung von weiblichem (*oben*) und männlichem Becken (*unten*). Beim weiblichen Becken muß die Passage eines Kindes möglich sein, es hat deshalb einen größeren Durchmesser und einen größeren Winkel zwischen den beiden Schambeinbögen (*1* Arcus pubis), als das beim männlichen Becken (*2* Angulus subpubicus) der Fall ist

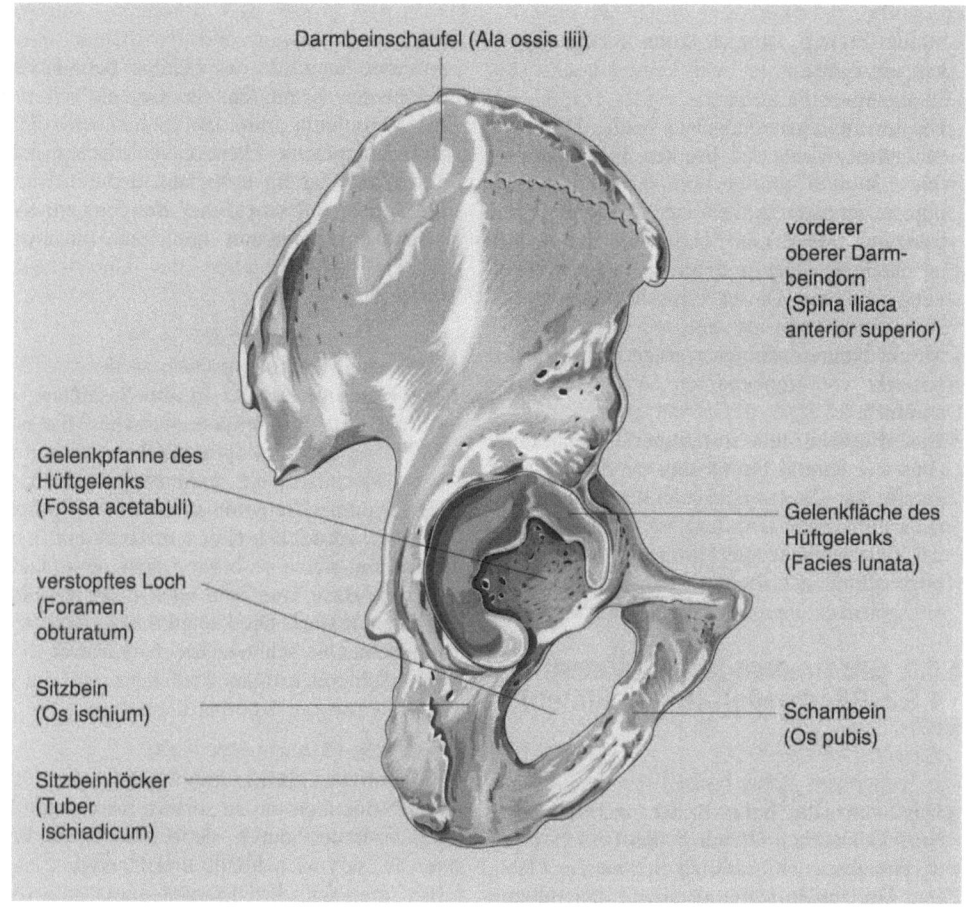

Darmbeinschaufel (Ala ossis ilii)

vorderer
oberer Darm-
beindorn
(Spina iliaca
anterior superior)

Gelenkpfanne des
Hüftgelenks
(Fossa acetabuli)

Gelenkfläche des
Hüftgelenks
(Facies lunata)

verstopftes Loch
(Foramen
obturatum)

Sitzbein
(Os ischium)

Schambein
(Os pubis)

Sitzbeinhöcker
(Tuber
ischiadicum)

Abb. 4.36. Seitenansicht des Hüftbeins (Os coxae), das während der Entwicklung aus 3 Knochen entstanden ist: dem Darmbein (Os ilium), dem Sitzbein (Os ischium) und dem Schambein (Os pubis)

coxae) und dem Kreuzbein (Os sacrum) besteht. Es wird am Becken ein kleines Becken von einem großen Becken unterschieden, die Grenze liegt auf Höhe der Grenzlinie (Linea terminalis, Abb. 4.35).

Das Hüftbein bildet sich während der Entwicklung aus 3 verschiedenen Knochen, die miteinander synostosieren (eine knöcherne Verbindung bilden). Diese Knochen sind das Schambein (Os pubis), das Darmbein (Os ilium) und das Sitzbein (Os ischium). Die Grenze zwischen diesen 3 Knochen liegt ziemlich genau im Zentrum der Pfanne des Hüftgelenkes. Das Darmbein bildet mit seiner Darmbeinschaufel das große Becken. Das Schambein und das Sitzbein bilden das kleine Becken. Am Sitzbein befindet sich der

Sitzbeinhöcker (Tuber ischiadicum), der beim Sitzen durch die Haut hindurch zu tasten ist.

Die beiden Hüftbeine sind ventral miteinander verbunden, durch eine faserknorpelige Platte, die Symphyse. Hinten sind sie mit dem Kreuzbein über ein nur wenig bewegliches, irreguläres Gelenk, das Kreuzbein-Darmbein-Gelenk (Articulatio sacroiliaca; Abb. 4.35) zum Beckengürtel verbunden. Wegen seiner geringen Beweglichkeit wird dieses Gelenk zu den Amphiarthrosen gerechnet (s. 4.3.2). Zwischen Schambein und Sitzbein befindet sich das „verstopfte Loch" (Foramen obturatum; Abb. 4.35). Es wird durch eine Bindegewebsplatte und zwei dort entspringende Muskeln verschlossen und ist ein typisches Beispiel für das Minimum-Maximum-Prinzip. Dort wo keine Kräfte einwirken, im Zentrum, ist auch keine Knochensubstanz notwendig.

Die unteren Schambeinäste beider Hüftbeine schließen zwischen sich einen nach unten offenen Winkel ein, der bei der Frau (Arcus pubis) deutlich größer ist als beim Mann (Angulus subpubicus). Das weibliche Becken ist dadurch weiter und für einen Geburtsvorgang geeignet. Dieser typische Geschlechtsunterschied kann als eine von verschiedenen Möglichkeiten genutzt werden, um das Geschlecht von unbekannten Skeletten zu bestimmen.

Das Hüftbein stellt mit seiner Gelenkpfanne (Fossa acetabuli) die Grundlage für das Hüftgelenk dar. Da das Hüftgelenk ein Nußgelenk (Enarthrosis sphaeroidea) ist, sitzt am Rand der Gelenkpfanne eine knorpelige Gelenklippe (Labrum acetabulare), die den Kopf des Hüftgelenkes über den Äquator hinaus faßt.

4.6.3 Gliedmaßen (Extremitäten)

Bein

Das Skelett des Beins besteht aus dem Oberschenkelknochen (Femur), den beiden Unterschenkelknochen, nämlich Schienbein (Tibia) und Wadenbein (Fibula), sowie den Fußknochen. Die Fußknochen werden unterteilt in die Fußwurzelknochen (Tarsalknochen), die Mittelfußknochen (Metatarsalknochen) und die eigentlichen Zehen (Phalanx).

Oberschenkelknochen (Femur) (Abb. 4.37)
Das Femur besitzt einen kugelförmigen Kopf (Caput), der über einen Hals (Collum) mit dem Schaft (Diaphyse) verbunden ist. Der Winkel zwischen Hals und Schaft (Kollodiaphysenwinkel) beträgt beim Neugeborenen ca. 150°, beim Erwachsenen ca. 120°–130°. Bei der Frau ist er in der Regel wegen des breiteren Beckens etwas kleiner als beim Mann. Im Laufe des Lebens wird dieser Winkel bei beiden Geschlechtern deutlich kleiner, so daß er im Alter evtl. nur noch 110° oder weniger beträgt. Das ist einer der Gründe, warum es im Alter relativ leicht zu einem Schenkelhalsbruch kommen kann.

Im Bereich zwischen Hals und Schaft befinden sich auf der Rückseite des Oberschenkelknochens ein größerer und ein kleinerer Höcker, die dem Ansatz der Muskulatur dienen

(Trochanter major und Trochanter minor). Am distalen Ende des Femurs befinden sich die beiden Kondylen, die Gelenkflächen für die Verbindung mit dem Schienbein (Tibia) zum Kniegelenk. Diese Gelenkflächen haben einen fast spiraligen Verlauf, dadurch werden die Seitenbänder bei einer Beugung im Kniegelenk entspannt und damit eine Innenrotation und Außenrotation des Unterschenkels möglich.

Kniescheibe (Patella) (Abb. 4.38)
Die Kniescheibe, das größte Sesambein des Körpers, ist Teil des Kniegelenkes. Sie ist in die Sehne des vierköpfigen Oberschenkelmuskels (M. quadriceps femoris) eingebaut, die hier bei einer Beugung sonst an den Knochen verletzt würde. Die Kniescheibe ist ein flacher Knochen, der eine breite, nach proximal gerichtete Basis und eine nach distal gerichtete Spitze aufweist. Die Gelenkfläche, die sowohl mit dem Oberschenkelknochen wie auch mit dem Schienbein Kontakt hat, ist wie alle Gelenkflächen mit Knorpel überzogen.

Schienbein (Tibia) (Abb. 4.39)
Das Schienbein ist an seinem proximalen Ende verbreitert durch die beiden Gelenkknorren (Condylus medialis und Condylus lateralis), die Teil des Kniegelenkes sind. Zwischen den beiden Gelenkknorren ist eine knöcherne Erhebung (Eminentia intercondylaris) vorhanden. Vor und hinter dieser Erhebung befindet sich jeweils eine Region (Area intercondylaris anterior und Area intercondylaris posterior), die für das vordere und das hintere Kreuzband sowie die Menisken als Ansatzstelle dienen. Der Schaft des Schienbeins gleicht einer dreieckigen Säule, mit einer vorderen Kante (Margo anterior), einer lateralen (Margo lateralis) und einer medialen Kante (Margo medialis). Die vordere Kante ist am Unterschenkel leicht durch die Haut zu tasten. Am oberen Ende der vorderen Kante ist eine Rauhigkeit (Tuberositas tibiae) vorhanden, die über die Patellarsehne dem Ansatz des vierköpfigen Oberschenkelmuskels dient. Das distale Ende der Tibia trägt ebenfalls eine Gelenkfläche für das obere Sprunggelenk. Auf der medialen Seite des Knochens befindet sich der innere Knöchel (Malleolus medialis), der gemeinsam mit dem äußeren Knöchel (Malleolus lateralis) des Wadenbeins die Malleolengabel bildet.

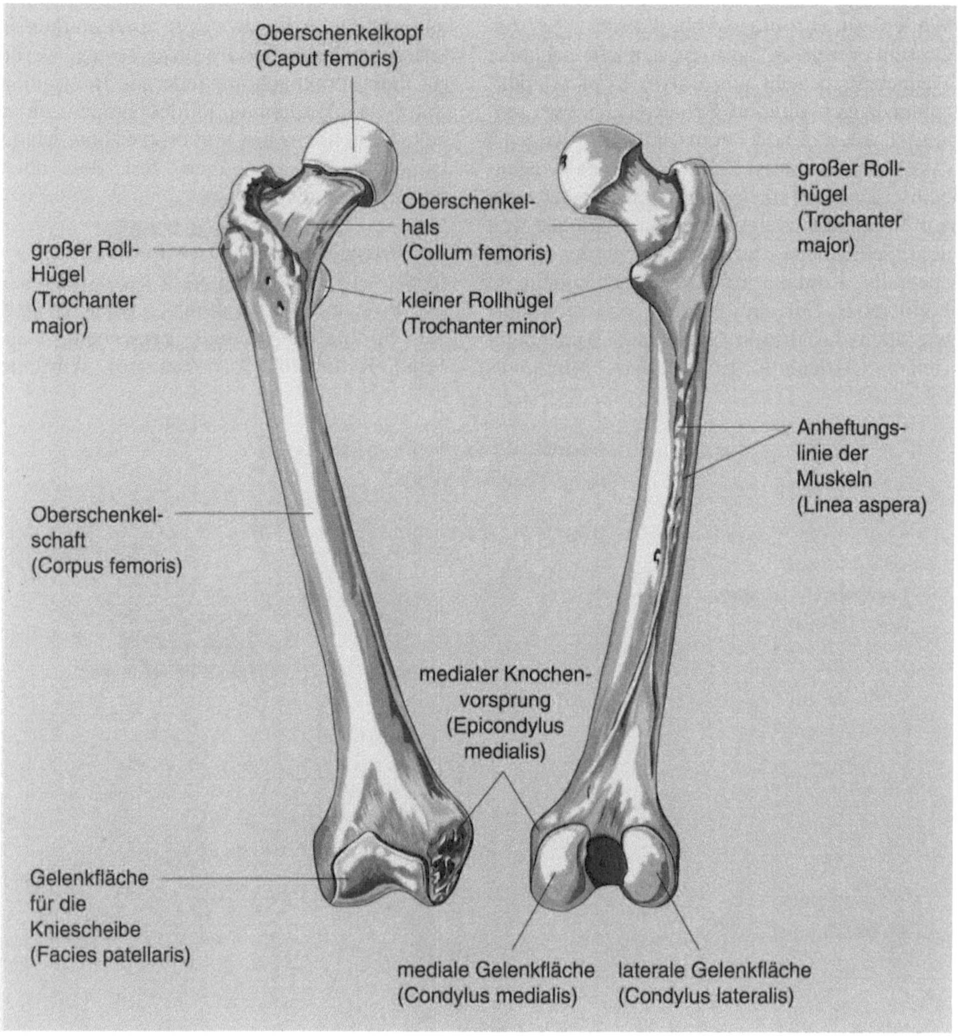

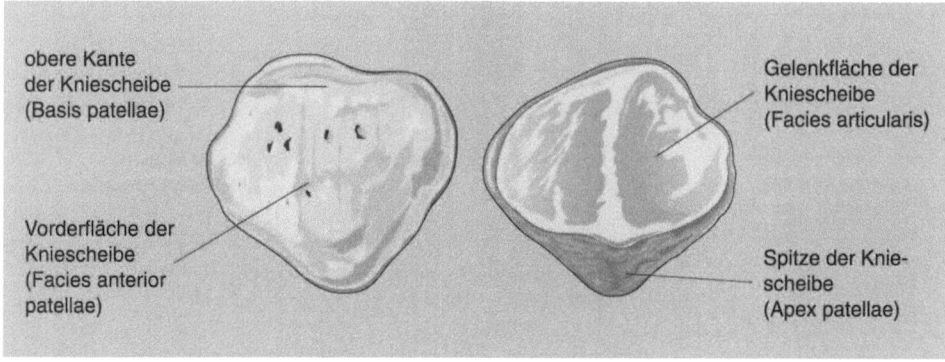

Abb. 4.37. Rechter Oberschenkelknochen (das Femur) in Ventralansicht (*links*) und in Dorsalansicht (*rechts*). Der große Rollhügel ist von außen tastbar

obere Kante
der Kniescheibe
(Basis patellae)

Gelenkfläche der
Kniescheibe
(Facies articularis)

Vorderfläche der
Kniescheibe
(Facies anterior
patellae)

Spitze der Knie-
scheibe
(Apex patellae)

Abb. 4.38. Kniescheibe in Vorderansicht (*links*) und Hinteransicht (*rechts*)

Wadenbein (Fibula) (Abb. 4.39)

Das im Vergleich zum Schienbein schlanke Wadenbein besteht aus einem Kopf (Caput), einem langen dünnen Schaft (Diaphyse) und am distalen Ende dem äußeren Knöchel (Malleolus lateralis). Der Kopf des Wadenbeins ist nicht Teil des Kniegelenkes, er steht nur über eine Gelenkfläche in Kontakt mit dem Schienbein. Am distalen Ende besteht ebenfalls Kontakt mit dem Schienbein in Form eines Gelenkes. Beide, das proximale wie auch das distale Schienbein-Wadenbein-Gelenk (Articulatio tibiofibularis proximalis

und distalis) können wegen ihrer starken Befestigung durch Bänder nicht bewegt werden, es finden praktisch nur federnde Bewegungen statt. Das Wadenbein bildet gemeinsam mit dem Schienbein die vorher erwähnte Malleolengabel, die wichtiger Teil des oberen Sprunggelenkes ist.

Fußwurzelknochen (Ossa tarsalia)
(Abb. 4.40 und 4.41)

Die Fußwurzel wird durch 7 Knochen gebildet: Sprungbein (Talus), Fersenbein (Calcaneus), Kahnbein (Os naviculare), Würfelbein

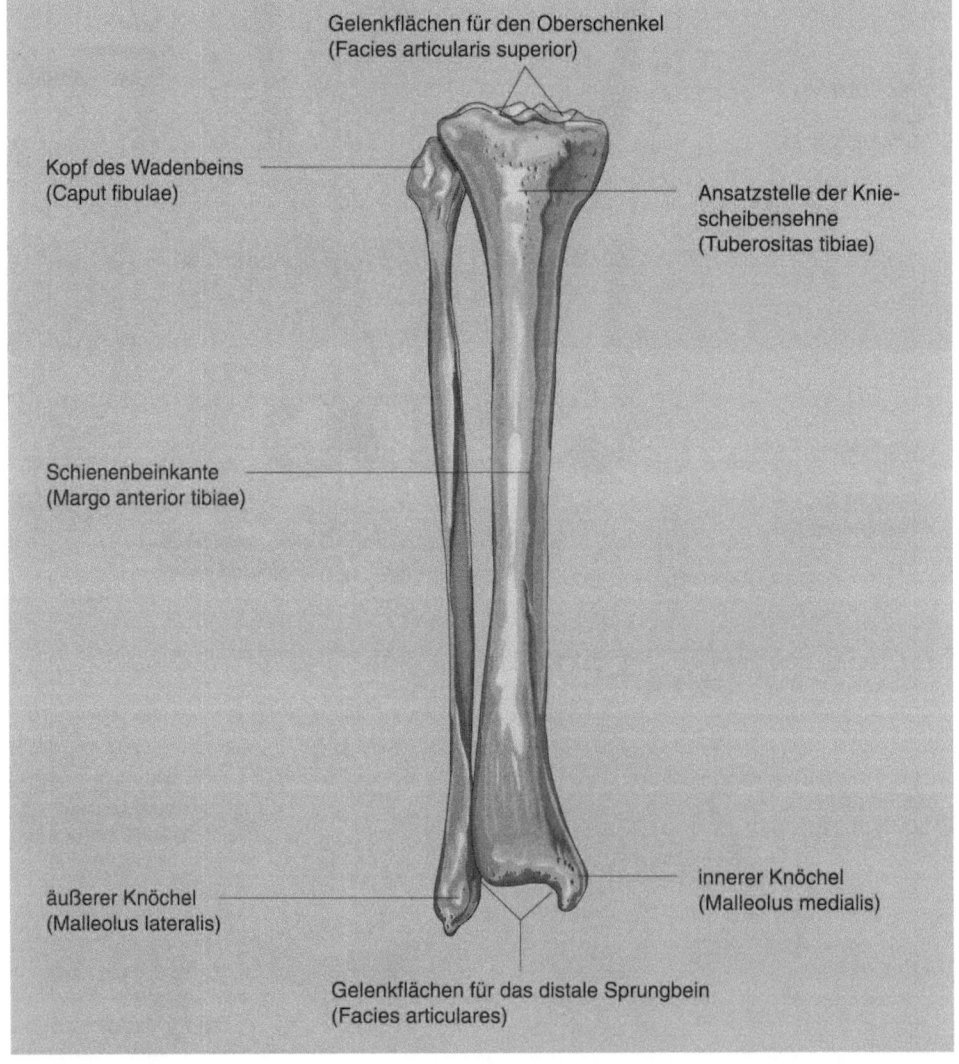

Gelenkflächen für den Oberschenkel
(Facies articularis superior)

Kopf des Wadenbeins
(Caput fibulae)

Ansatzstelle der Knie-
scheibensehne
(Tuberositas tibiae)

Schienenbeinkante
(Margo anterior tibiae)

äußerer Knöchel
(Malleolus lateralis)

innerer Knöchel
(Malleolus medialis)

Gelenkflächen für das distale Sprungbein
(Facies articulares)

Abb. 4.39. Vorderansicht der Knochen des rechten Unterschenkels: *links* das Wadenbein (Fibula), *rechts* das Schienbein (Tibia)

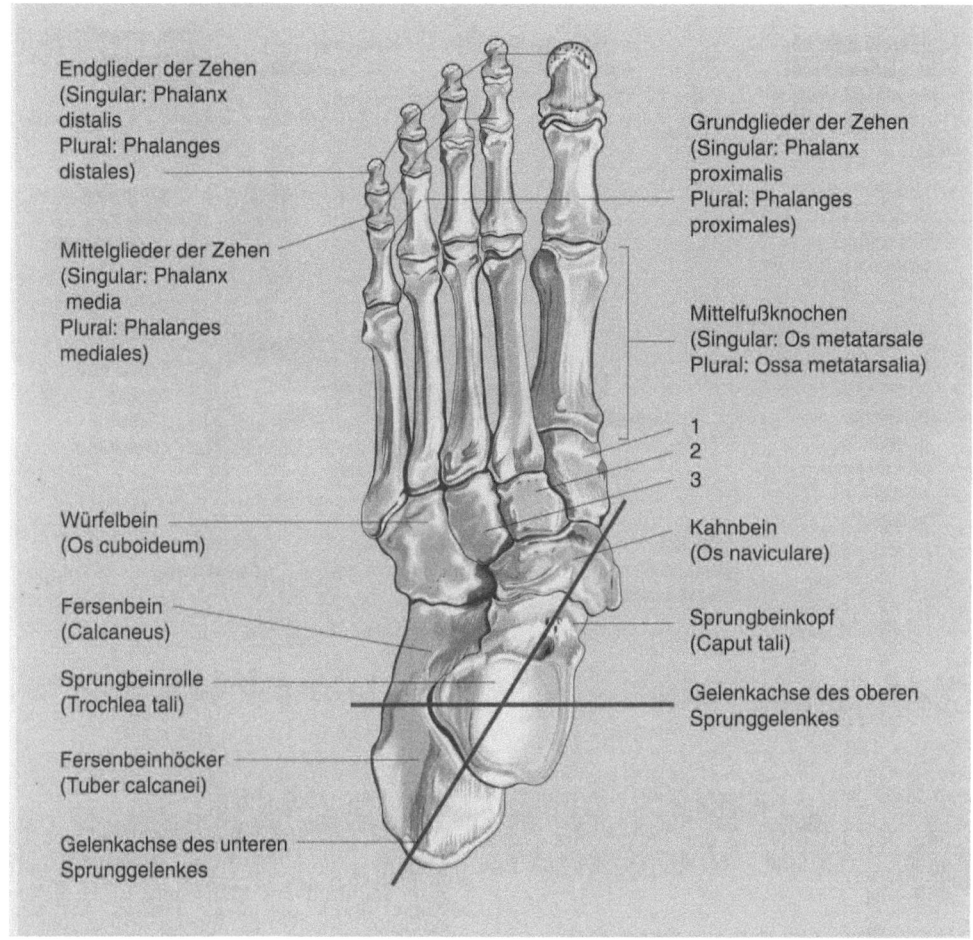

Endglieder der Zehen
(Singular: Phalanx
distalis
Plural: Phalanges
distales)

Mittelglieder der Zehen
(Singular: Phalanx
media
Plural: Phalanges
mediales)

Würfelbein
(Os cuboideum)

Fersenbein
(Calcaneus)

Sprungbeinrolle
(Trochlea tali)

Fersenbeinhöcker
(Tuber calcanei)

Gelenkachse des unteren
Sprunggelenkes

Grundglieder der Zehen
(Singular: Phalanx
proximalis
Plural: Phalanges
proximales)

Mittelfußknochen
(Singular: Os metatarsale
Plural: Ossa metatarsalia)

1
2
3

Kahnbein
(Os naviculare)

Sprungbeinkopf
(Caput tali)

Gelenkachse des oberen
Sprunggelenkes

Abb. 4.40. Fußskelett des rechten Fußes von oben. Auf der Sprungbeinrolle (Trochlea tali) ruht und bewegt sich der Unterschenkel. Die Bewegungen des unteren und des oberen Sprungbeingelenkes führen in Kombination zur sogenannten Maulschellenbewe-gung, wie sie bei der Hand bei einer Ohrfeige (Maulschelle) ausgeführt wird. *1* inneres Keilbein (Os cuneiforme mediale), *2* mittleres Keilbein (intermedium), *3* äußeres Keilbein (Os cuneiforme laterale)

(Os cuboideum) sowie 3 Keilbeine (Singular: Os cuneiforme, Plural: Ossa cuneiformia). Von diesen 7 Knochen sind vor allem die 3 Erstgenannten für die Bildung der Sprunggelenke von Bedeutung. Das Sprungbein (Talus) bildet mit der Malleolengabel das obere Sprunggelenk (Articulatio talocruralis). Dabei ist besonders die Sprungbeinrolle (Trochlea tali) wichtig, da sie eine Scharnierbewegung ermöglicht. Die Sprungbeinrolle ist vorne breit und hinten schmal, so daß bei der feststehenden Breite der Malleolengabel das dorsalflektierte Gelenk die größere Stabilität aufweist (Bsp. Skifahren: man hat die bessere Führungsmöglichkeit der Skier, wenn

man in die Knie geht und damit die breite Stelle des Sprungbeins zwischen den beiden Malleolen sitzt). Das untere Sprunggelenk besteht aus zwei Anteilen. Ein Teilgelenk besteht aus Sprungbein und Fersenbein (Articulatio subtalaris), der zweite Teil besteht aus Sprungbeinkopf, dem Fersenbein und dem Kahnbein (Articulatio talocalcaneonavicularis). Im unteren Sprunggelenk, d. h. den beiden Teilgelenken in Kombination, ist das Heben und Senken von lateralem und medialem Fußrand möglich. Wenn oberes und unteres Sprunggelenk zusammenwirken, kommt es zu der kombinierten Bewegung, die man auch als „Maulschellenbewegung" bezeich-

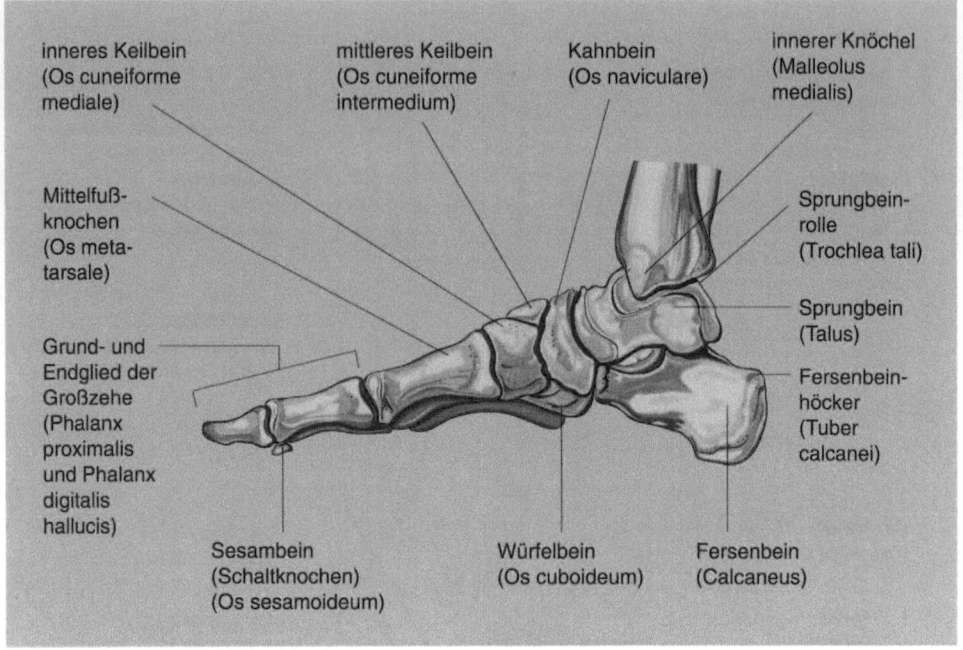

inneres Keilbein
(Os cuneiforme
mediale)

mittleres Keilbein
(Os cuneiforme
intermedium)

Kahnbein
(Os naviculare)

innerer Knöchel
(Malleolus
medialis)

Mittelfuß-
knochen
(Os meta-
tarsale)

Sprungbein-
rolle
(Trochlea tali)

Sprungbein
(Talus)

Grund- und
Endglied der
Großzehe
(Phalanx
proximalis
und Phalanx
digitalis
hallucis)

Fersenbein-
höcker
(Tuber
calcanei)

Sesambein
(Schaltknochen)
(Os sesamoideum)

Würfelbein
(Os cuboideum)

Fersenbein
(Calcaneus)

Abb. 4.41. Rechtes Fußskelett in Seitenansicht. Die große Zehe hat wie bei der Hand nur 2 Glieder, nämlich Grundglied und Endglied

nen kann. Die 3 Keilbeine sind von Bedeutung für die Bildung des Fußgewölbes, das an einer Abfederung des Körpergewichtes beteiligt ist.

Mittelfußknochen (Ossa metatarsalia)
(Abb. 4.40 und 4.41)
Die 5 Mittelfußknochen sind Röhrenknochen, an denen man eine Basis (Basis), einen Schaft (Diaphyse) und einen Kopf (Caput) unterscheiden kann. Die Basis ist gelenkig verbunden mit den Fußwurzelknochen. Der Kopf artikuliert (bildet ein Gelenk) mit den Zehenknochen.

Zehen (Abb. 4.40 und 4.41)
Die Zehen sind mit Ausnahme der großen Zehe (Hallux) 3gliedrig. Sie bestehen aus einem Grundglied (Phalanx proximalis), einem Mittelglied (Phalanx media) und einem Endglied (Phalanx distalis). Das Endglied wird auch als Nagelglied bezeichnet. Das Nagelglied trägt eine kappenartige Rauhigkeit (Tuberositas phalangis distalis), die der Befestigung des Tastballens dient.

Fußgewölbe (Abb. 4.41)
Das Fußgewölbe ist ein Ergebnis der Umwandlung vom Greiffuß der Menschenaffen zum Standfuß des Menschen. Es ist gekennzeichnet durch das Quergewölbe, das mit dem Quergewölbe des anderen Fußes eine Halbkugel bildet, und das Längsgewölbe, das ebenfalls mit dem Längsgewölbe des anderen Fußes ungefähr die Form einer Halbkugel aufweist. Das Fußgewölbe ist bedingt durch die Form und die Lagerung der Fußknochen. Es wird durch Ligamente und Muskeln unterstützt. Es dient dem federnden Tragen des Körpergewichtes.

Schultergürtel und Arm

Im Unterschied zum Hüftgelenk, bei dem das Bein knöchern mit dem Becken und dadurch mit dem Rumpf verbunden ist (feste Verbindung), ist das Schultergelenk nur indirekt mit dem Rumpf verbunden. Die knöcherne Grundlage des Schultergürtels ist durch 3 Knochen gegeben, die allerdings noch keinen eigentlichen Gürtel ausmachen; dieser entsteht erst durch den Verschluß mit den Rautenmuskeln

(Mm. rhomboidei; s. 4.55 und 4.67). Die 3 Knochen des Schultergürtels sind:

- Schulterblatt (Scapula),
- Oberarmknochen (Humerus),
- Schlüsselbein (Clavicula).

Schulterblatt (Scapula)
(Abb. 4.42 und 4.43)
Die Form des Schulterblattes ist, in der Aufsicht von hinten betrachtet, fast die eines auf die Spitze gestellten Dreiecks. Wir unterscheiden einen medialen und einen lateralen Rand (Margo medialis und Margo lateralis) sowie einen unteren, medialen und lateralen Winkel (Angulus medialis, lateralis und inferior). Das Schulterblatt hat 2 größere Knochenvorsprünge, die dem Muskelansatz dienen: 1. Die Schulterhöhe (Acromion), die aus der Schultergräte (Spina scapulae) hervorgeht, und 2. den Rabenschnabelfortsatz (Processus coracoideus), an dem z. B. der zwei-

köpfige Oberarmmuskel (M. biceps brachii) entspringt. Die Gelenkpfanne für den Kopf des Oberarmknochens ist, gemessen an seiner Größe, relativ klein, deshalb befindet sich hier noch eine knorpelige Gelenklippe (Labrum glenoidale), die der Vergrößerung der Gelenkpfanne dient. Am vorderen Rand der Schulterhöhe befindet sich eine Gelenkfläche für den Kontakt mit dem Schlüsselbein.

Schlüsselbein (Clavicula) (Abb. 4.44)
Das Schlüsselbein ist nicht direkt Bestandteil des Schultergelenkes. Es gehört jedoch zum knöchernen Teil des Schultergürtels. Über das Schlüsselbein (dem das Schulterblatt anliegt) ist der Arm mit dem Rumpf verbunden. Das Schlüsselbein sorgt dabei auch für den richtigen Abstand der Schulter vom Rumpf, so daß der Arm frei am Körper schwingen kann. Das Schlüsselbein ist ein fast S-förmiger Knochen, mit 2 Gelenkenden. Ein Gelenkende steht, wie erwähnt, mit dem

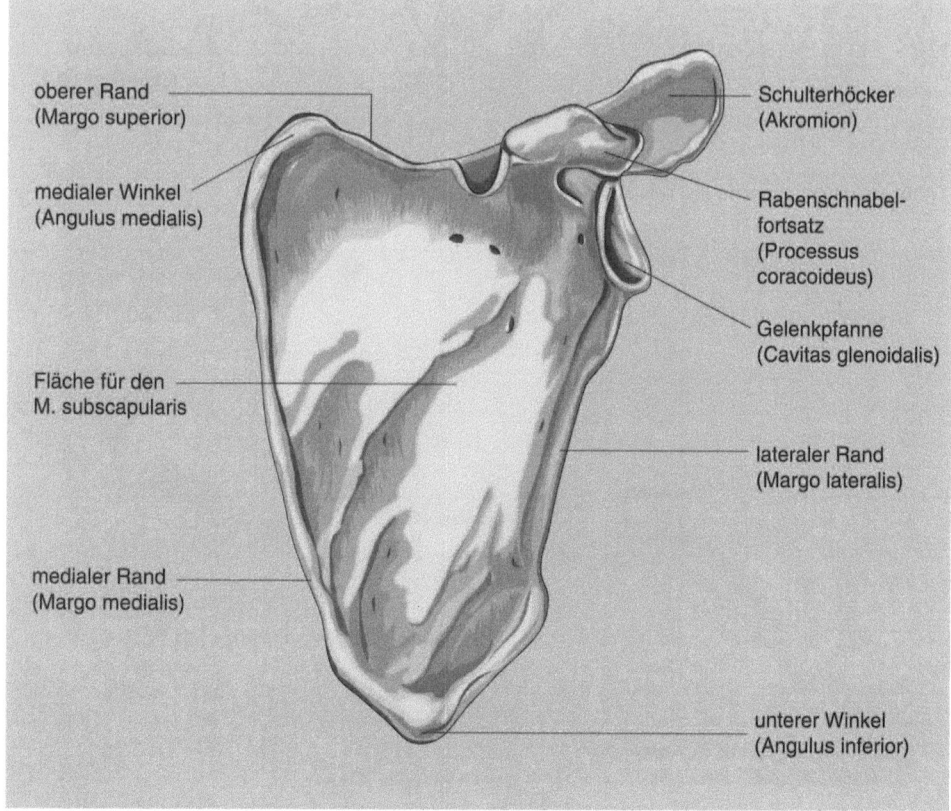

Abb. 4.42. Dorsalansicht des rechten Schulterblattes (Scapula)

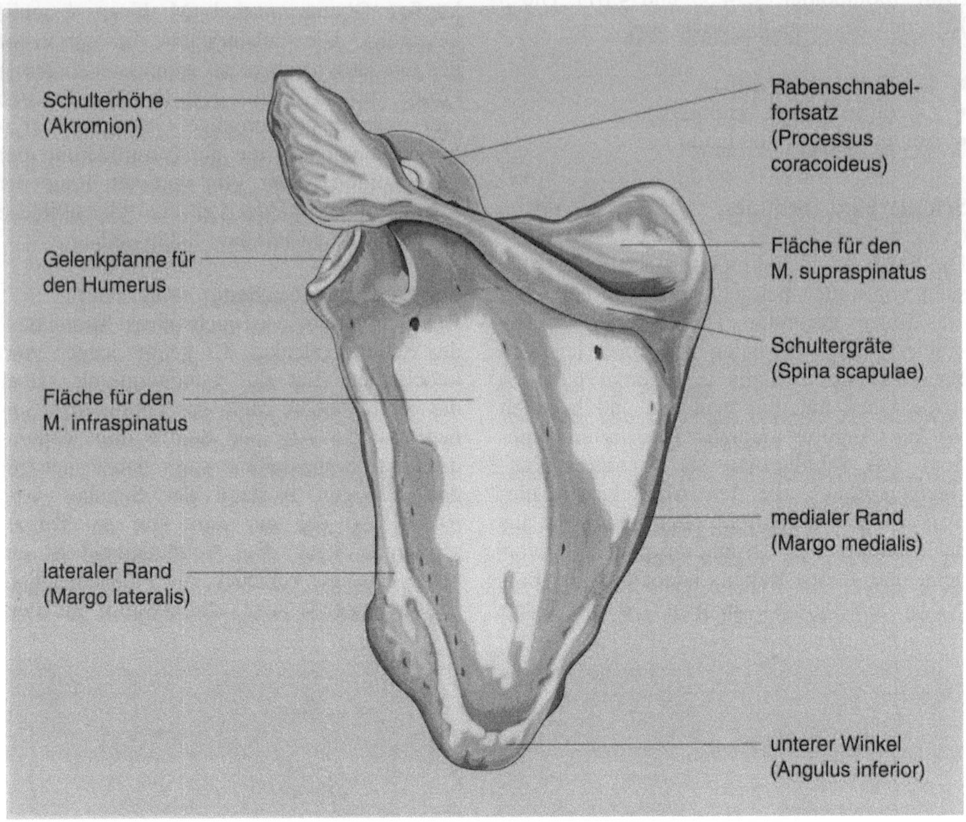

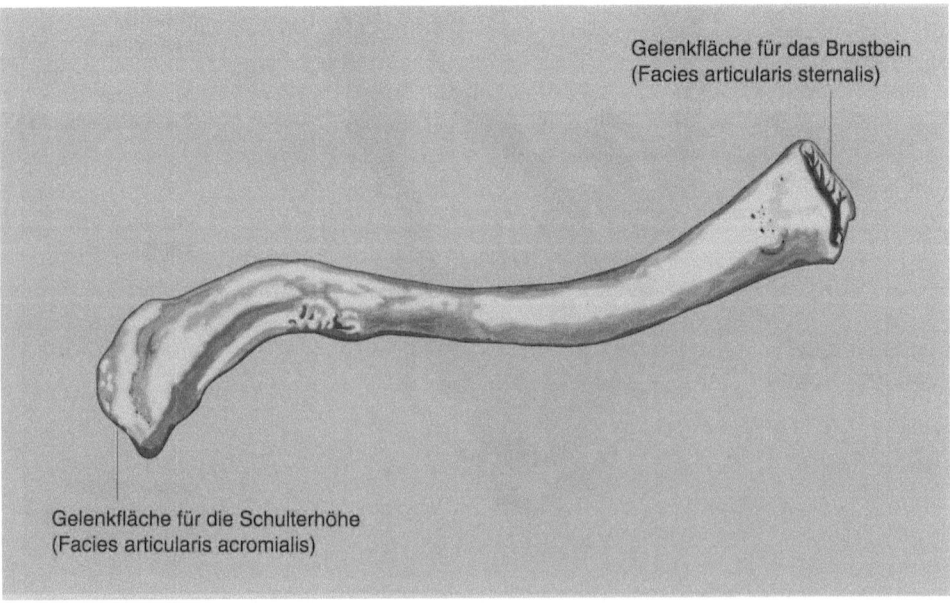

Schulterhöhe
(Akromion)

Rabenschnabel-
fortsatz
(Processus
coracoideus)

Gelenkpfanne für
den Humerus

Fläche für den
M. supraspinatus

Schultergräte
(Spina scapulae)

Fläche für den
M. infraspinatus

medialer Rand
(Margo medialis)

lateraler Rand
(Margo lateralis)

unterer Winkel
(Angulus inferior)

Abb. 4.43. Ventralansicht des linken Schulterblattes (Scapula)

Gelenkfläche für das Brustbein
(Facies articularis sternalis)

Gelenkfläche für die Schulterhöhe
(Facies articularis acromialis)

Abb. 4.44. Aufsicht auf das rechte Schlüsselbein (Clavicula) von oben

Schulterblatt in Kontakt, das andere nach medial gerichtete Gelenkende mit dem Brustbein.

Oberarmknochen (Humerus) (Abb. 4.45)
Der Oberarmknochen ist ein typischer Röhrenknochen, der aus 2 Gelenkenden und einem dazwischenliegenden Schaft aufgebaut ist. Am proximalen Gelenkende befindet sich der Kopf des Humerus (Caput humeri), der mit einem breiten, kurzen Hals (Collum anatomicum) direkt auf dem Schaft sitzt. Von

ventral betrachtet sieht man direkt unterhalb des Kopfes 2 Höcker (Tuberculum majus und Tuberculum minus), die dem Ansatz von Muskeln dienen. Zwischen beiden befindet sich eine Rinne, durch welche die Sehne des langen Bizepskopfes über den Oberarmkopf zieht und damit der Stabilität des Gelenkes dient. Direkt unterhalb der beiden Höcker befindet sich eine weniger breite Stelle des Schaftes, die bei Brüchen des Oberarmes häufig betroffen ist und deshalb als „Chirur-

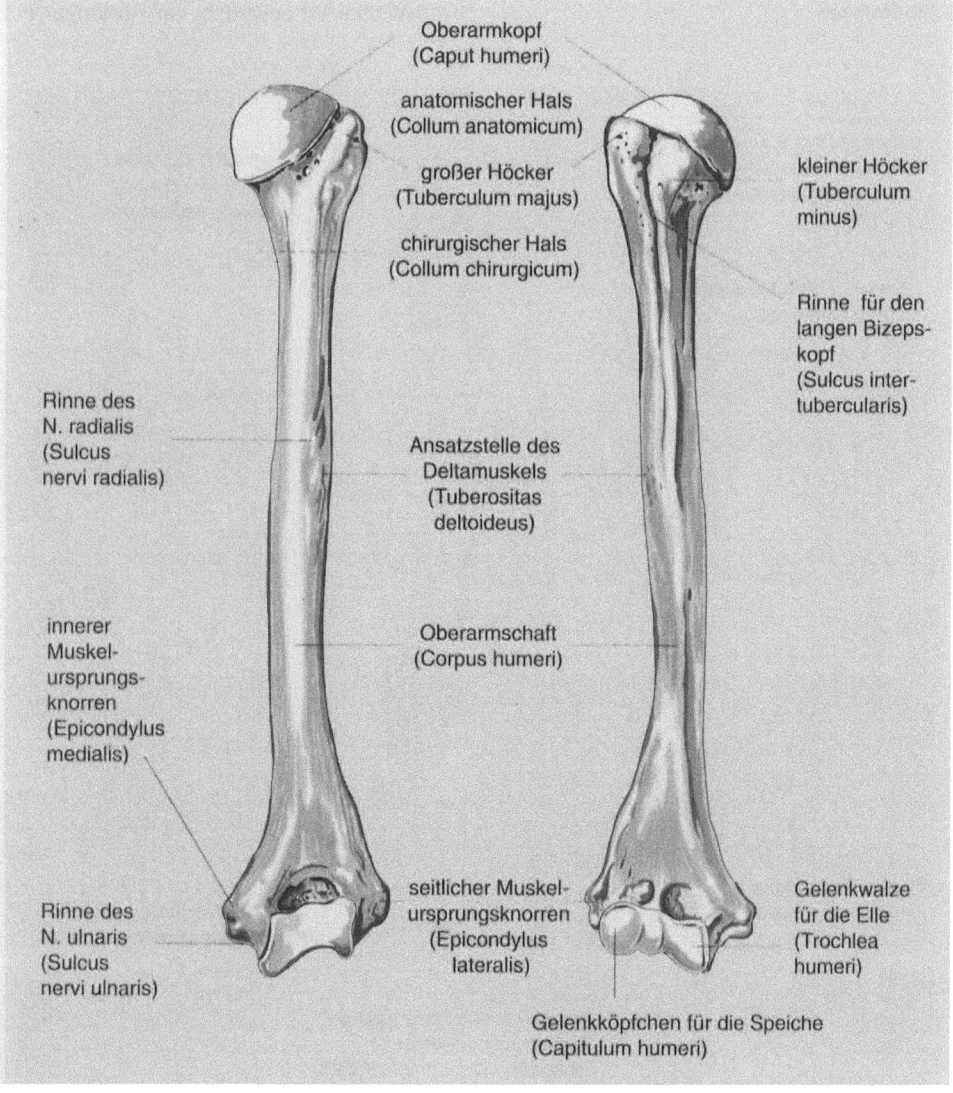

Oberarmkopf
(Caput humeri)

anatomischer Hals
(Collum anatomicum)

großer Höcker
(Tuberculum majus)

chirurgischer Hals
(Collum chirurgicum)

kleiner Höcker
(Tuberculum minus)

Rinne für den langen Bizepskopf
(Sulcus intertubercularis)

Rinne des N. radialis
(Sulcus nervi radialis)

Ansatzstelle des Deltamuskels
(Tuberositas deltoideus)

innerer Muskelursprungsknorren
(Epicondylus medialis)

Oberarmschaft
(Corpus humeri)

Rinne des N. ulnaris
(Sulcus nervi ulnaris)

seitlicher Muskelursprungsknorren
(Epicondylus lateralis)

Gelenkwalze für die Elle
(Trochlea humeri)

Gelenkköpfchen für die Speiche
(Capitulum humeri)

Abb. 4.45. Rechter Oberarmknochen (Humerus), von hinten (*links*) und von vorne (*rechts*) dargestellt. Der Anatomenhals (Collum anatomicum) liegt direkt unter dem Kopf und ist relativ breit. Bei einem Oberarmbruch bricht der Knochen häufig an der als Chirurgenhals bezeichneten Stelle

gen-Hals" (Collum chirurgicum) bezeichnet wird. Ungefähr in der Mitte der Diaphyse befindet sich lateral eine Rauhigkeit (Tuberositas deltoidea), die dem Ansatz des M. deltoideus dient. Das distale Gelenkende des Oberarmknochens hat 2 Gelenkflächen, da es Teil eines zusammengesetzten Gelenkes ist, des Ellenbogengelenkes (Articulatio cubiti). Eine Gelenkfläche ist für die Speiche vorhanden (Capitulum humeri), die zweite Gelenkfläche dient dem Kontakt mit der Elle, sie hat die Form eines typischen Scharniergelenkes (Trochlea humeri), mit einer entsprechenden Führungsrinne.

Elle (Ulna) (Abb. 4.46)

Die Elle ist ebenfalls ein Röhrenknochen. Sie weist an ihrem proximalen Ende das Gegenstück zur Scharniergelenksfläche des Oberarmknochens auf (Incisura trochlearis). Nach dorsal ist der knöcherne Teil des Ellenbogens vorhanden (Olecranon), an dem der dreiköpfige Oberarmmuskel ansetzt (M. triceps brachii). Da die Elle jedoch außerdem 2 Gelenke mit der Speiche bildet (Articulatio humeroulnaris proximalis und distalis), besitzt sie sowohl am proximalen wie auch am distalen Ende eine Gelenkfläche für die Speiche. Am distalen Ende ist außerdem ein stiftartiger Fortsatz

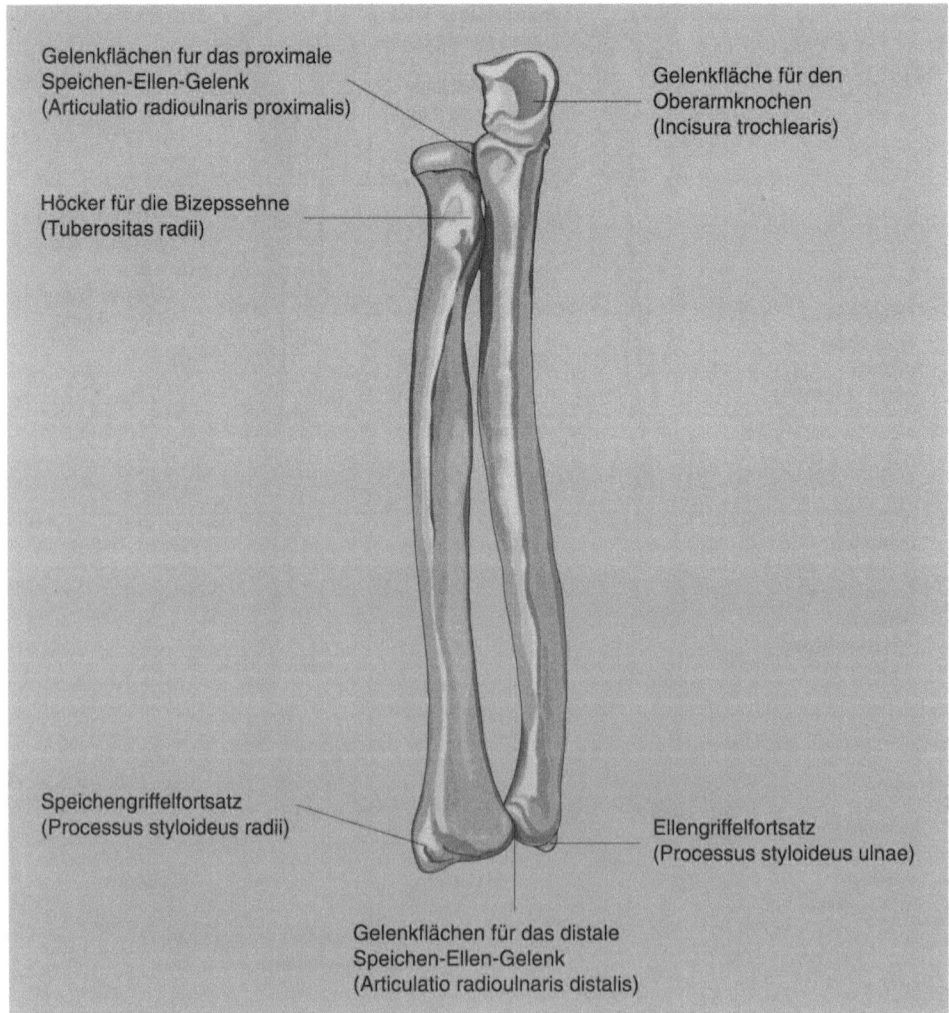

Gelenkflächen fur das proximale
Speichen-Ellen-Gelenk
(Articulatio radioulnaris proximalis)

Höcker für die Bizepssehne
(Tuberositas radii)

Gelenkfläche für den
Oberarmknochen
(Incisura trochlearis)

Speichengriffelfortsatz
(Processus styloideus radii)

Ellengriffelfortsatz
(Processus styloideus ulnae)

Gelenkflächen für das distale
Speichen-Ellen-Gelenk
(Articulatio radioulnaris distalis)

Abb. 4.46. Die beiden Unterarmknochen des rechten Arms in der Ansicht von vorne: *links* die Speiche (Radius), *rechts* die Elle (Ulna)

vorhanden, der auch von außen durch die Haut tastbar ist (Processus styloideus).

Speiche (Radius) (Abb. 4.46)
Die Speiche, wie die anderen Armknochen ein Röhrenknochen, besitzt am proximalen Ende eine Vertiefung für das Köpfchen des Oberarmknochens. Der freie Rand dieser Vertiefung dient außerdem für den Kontakt mit der Elle im proximalen Ellen-Speichen-Gelenk. Kurz unterhalb des proximalen Endes der Speiche befindet sich eine größere Unebenheit (Tuberositas radii), die dem Ansatz des zweiköpfigen Oberarmmuskels (M. biceps brachii) dient. Am distalen Ende der Speiche sind ebenfalls 2 Gelenkflächen vorhanden. Die eine Fläche dient für den Kontakt mit der Elle, die andere ist Teil des proximalen Handgelenkes. Auch an der Speiche

sitzt ein stiftartiger Fortsatz, der von außen durch die Haut tastbar ist (Processus styloideus).

Handwurzelknochen (Ossa carpalia)
(Abb. 4.47)
Die würfelförmigen Knochen der Handwurzel bestehen aus 2 Reihen von je 4 Knochen der proximalen und der distalen Reihe. Die proximale Reihe setzt sich von der Daumenseite (radial) zur Kleinfingerseite (ulnar) zusammen aus Kahnbein (Os scaphoideum), Mondbein (Os lunatum), Dreiecksbein (Os triquetrum) und Erbsenbein (Os pisiforme), das auf dem Dreiecksbein liegt. Das Erbsenbein ist ein Sesambein, es ist ulnar gut von der Handflächenseite aus zu tasten.
Die zweite (distale) Reihe von Handwurzelknochen besteht, ebenfalls von radial nach

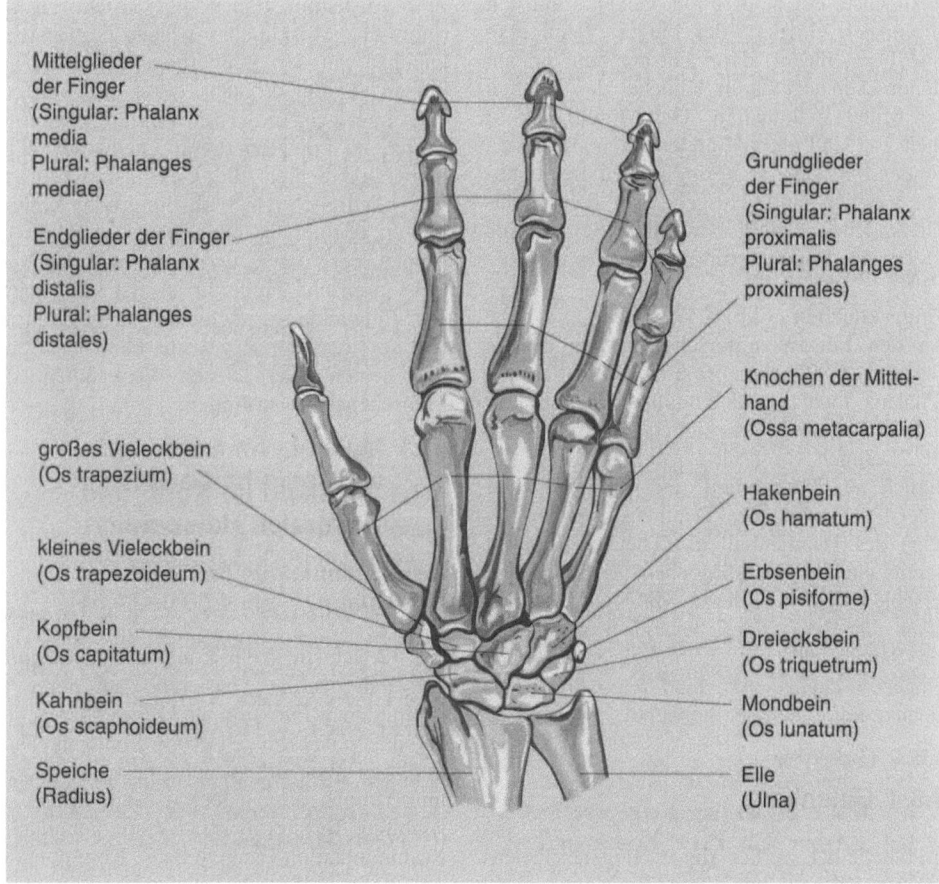

Mittelglieder
der Finger
(Singular: Phalanx
media
Plural: Phalanges
mediae)

Endglieder der Finger
(Singular: Phalanx
distalis
Plural: Phalanges
distales)

großes Vieleckbein
(Os trapezium)

kleines Vieleckbein
(Os trapezoideum)

Kopfbein
(Os capitatum)

Kahnbein
(Os scaphoideum)

Speiche
(Radius)

Grundglieder
der Finger
(Singular: Phalanx
proximalis
Plural: Phalanges
proximales)

Knochen der Mittelhand
(Ossa metacarpalia)

Hakenbein
(Os hamatum)

Erbsenbein
(Os pisiforme)

Dreiecksbein
(Os triquetrum)

Mondbein
(Os lunatum)

Elle
(Ulna)

Abb. 4.47. Blick auf den Handrücken (Dorsalansicht) der rechten Hand

ulnar, aus dem großen Vielecksbein (Os trapezium), dem kleinen Vielecksbein (Os trapezoideum), dem Kopfbein (Os capitatum) und dem Hakenbein (Os hamatum). Zwischen der proximalen Reihe von Handwurzelknochen und dem Unterarm befindet sich das proximale Handgelenk, ein Eigelenk. Das distale Handgelenk ist ein unregelmäßiges Gelenk, das eine S-förmige Struktur aufweist.

Mittelhandknochen (Ossa metacarpalia)
(Abb. 4.47)
Die distale Reihe von Handwurzelknochen steht in Kontakt mit den Mittelhandknochen. Es sind kurze Röhrenknochen, die einen Großteil des Handrückens und des Handtellers ausmachen. Sie bestehen, ähnlich wie die Mittelfußknochen, aus einer Basis (Basis), einem Schaft (Diaphyse) und einem Kopf (Caput). Die Basis bildet Gelenke mit den Handwurzelknochen, der Kopf bildet Gelenke mit den proximalen Gliedern der Finger. Wenn man eine Faust macht, dann entsprechen die am Handrücken sichtbaren Knöchel den Köpfen der Mittelhandknochen. Die Mittelhandknochen 2–5 sind durch Bänder miteinander verbunden, so daß nur geringgradige Bewegungen möglich sind. Hingegen ist der Mittelhandknochen 1 stark beweglich. Seine Basis ist Teil des Daumengrundgelenkes (s. unten).

Fingerknochen (Abb. 4.47)
An den Fingern unterscheiden wir jeweils Grundglied (Phalanx proximalis), Mittelglied (Phalanx media) und Endglied (Phalanx distalis), das auch Nagelglied genannt wird. Der Daumen (Pollex) besteht allerdings lediglich aus Grundglied und Endglied. Der unterste Knochen des Daumens, der im Bereich des Daumenballens (Thenar) liegt, ist bereits ein Mittelhandknochen. Er ist im Unterschied zu den anderen Mittelhandknochen mehr oder weniger frei beweglich und besitzt ein Sattelgelenk mit 2 Freiheitsgraden. Die Fingerzwischengelenke sind reine Scharniergelenke mit einem Freiheitsgrad.

4.6.4 Gelenke

In Tabelle 4.1 werden die wichtigsten Gelenke des Körpers mit ihren Bewegungsmöglichkeiten (Freiheitsgraden) und ihren Besonderheiten wie Mensiken, Bänder etc. aufgeführt.

4.7 Muskulatur
(Abb. 4.48 und 4.49)

Im folgenden Text werden die wichtigsten Muskeln in Tabellen aufgeführt und ihre Funktion genannt. Dabei sollte jedoch deutlich unterschieden werden zwischen der genannten Einzelwirkung eines Muskels und einer funktionellen Wirkung, die aus der Kombination von vielen Muskeln entsteht, wie sie im Bewegungsablauf typisch ist. Die Kenntnis von Ursprung und Ansatz der Muskeln geht über die notwendige Kenntnis des Bewegungsapparates hinaus und wird deshalb nur in Einzelfällen besprochen.

Die meisten Muskeln verbinden 2 oder mehr Knochen miteinander und überqueren dabei eine entsprechende Anzahl von Gelenken, die bei der Muskelkontraktion bewegt werden. Eine Ausnahme bilden die Gesichtsmuskeln (mimische Muskulatur), welche die Gesichtsknochen mit der darüberliegenden Haut verbinden. Damit können diese Muskeln die Haut bewegen. In der Entwicklung von einfacheren zu komplizierteren Lebewesen (Phylogenese) dienten die Gesichtsmuskeln zunächst lediglich der Schließung oder Kontrolle von Öffnungen im Schädel, nämlich der Lippen, der Augen, der Ohren und der Nase. Eine mimische Funktion ist erst sehr spät in der Entwicklungsgeschichte dazugekommen und somit in der Regel nur beim Menschen und seinen allernächsten Verwandten, den Menschenaffen, zu finden.

4.7.1 Muskeln im Kopf- und ventralen Halsbereich

Gesichtsmuskeln (mimische Muskulatur) (Abb. 4.50 und 4.51)

Die Gesichtsmuskeln können in 4 Gruppen eingeteilt werden, basierend auf ihrer ursprünglichen Funktion als Öffner oder Schließer der verschiedenen Kopföffnungen. Diese Funktion üben die Gesichtsmuskeln teilweise immer noch aus, jedoch ist die Mimik als wichtiger Teil der nicht an Worte gebundenen Kommunikation (nonverbale Kommunikation) beim Menschen als weitere wichtige Funktion dazugekommen. Angefangen von verschiedenen Gefühlsäußerungen wie Wut, Freude, Ärger, bis hin zu den sehr differen-

Tabelle 4.1. Gelenke

Gelenk	Gelenktyp	Freiheitsgrade der Bewegung	Besonderheiten
Schultergelenk (Articulatio humeri)	Kugelgelenk	3	Muskelsicherung Gelenklippe vorhanden (Labrum glenoidale)
Ellenbogengelenk (Articulatio cubiti)	zusammengesetztes Gelenk (3 Gelenke)		Kollateralbänder
Oberarm-Ellen-Gelenk (Articulatio humeroulnaris)	Scharniergelenk	1	
Oberarm-Speichen-Gelenk (Articulatio humeroradialis)	Form: Kugelgelenk; Funktion: eingeschränkt auf Beugung/ Streckung und Einwärts-/Aus- wärtsdrehung	2	
oberes Ellen-Speichen- Gelenk (Articulatio radioulnaris proximalis)	Rad- oder Zapfengelenk	1	
Hüftgelenk (Articulatio coxae)	Nußgelenk	3	knöcherne Sicherung und Bändersicherung (Lig. iliofe- morale, Lig. pubofemorale, Lig. ischiofemorale) Gelenklippe vorhanden ⇒ Nußgelenk
Kniegelenk (Articulatio genu)	Drehscharniergelenk	2	Bändersicherung durch Kreuzbänder (Singular: Liga- mentum cruciatum, Plural: Ligamenta cruciata) und Kol- lateralbänder (Ligamentum collaterale mediale und Liga- mentum collaterale laterale), 2 Menisken vorhanden (Meniscus medialis: weniger beweglich, da mit dem medi- alen Kollateralband verwach- sen ⇒ 20mal häufiger verletzt; Meniscus lateralis: gut beweglich)
oberes Sprunggelenk (Articulatio talocruralis)	Scharniergelenk	1	durch die Form des Talus und die unbewegliche Malleo- lengabel ist das Gelenk weni- ger stabil in der Dorsalflexion als in der Plantarflexion
unteres Sprunggelenk (Articulatio talotarsalis)	zusammengesetztes Gelenk (2 Teilgelenke)	1	Achse der Bewegung läuft durch die beiden Teilgelenke, von denen jedes einen sepa- raten Gelenkraum besitzt
proximales Handgelenk (Articulatio radiocarpea)	Eigelenk	2	Diskus vorhanden zwischen der Elle und der proximalen Reihe von Handwurzel- knochen
distales Handgelenk (Articulatio mediocarpea)	unregelmäßiges Gelenk	3 (allerdings mit sehr einge- schränktem Bewegungs- umfang)	wird praktisch nur in Kombi- nation mit dem proximalen Handgelenk betätigt
Finger- und Zehen- zwischengelenke (Articulatio interphalangealis)	Scharniergelenk	1	Kollateralbänder
Finger- und Zehengrund- gelenke (Articulatio metacarpo- phalangea)	Form: Kugelgelenk, allerdings Drehung in der Längsachse nur passiv möglich, da keine Muskeln dafür vorhanden	3	starke Kollateralbänder
Daumengrundgelenk (Articulatio carpometacarpea pollicis)	Sattelgelenk	2	Gelenk zwischen dem frei be- weglichen Mittelhandknochen (Os metacarpale 1) und dem großen Vieleckbein (Os trape- zium)

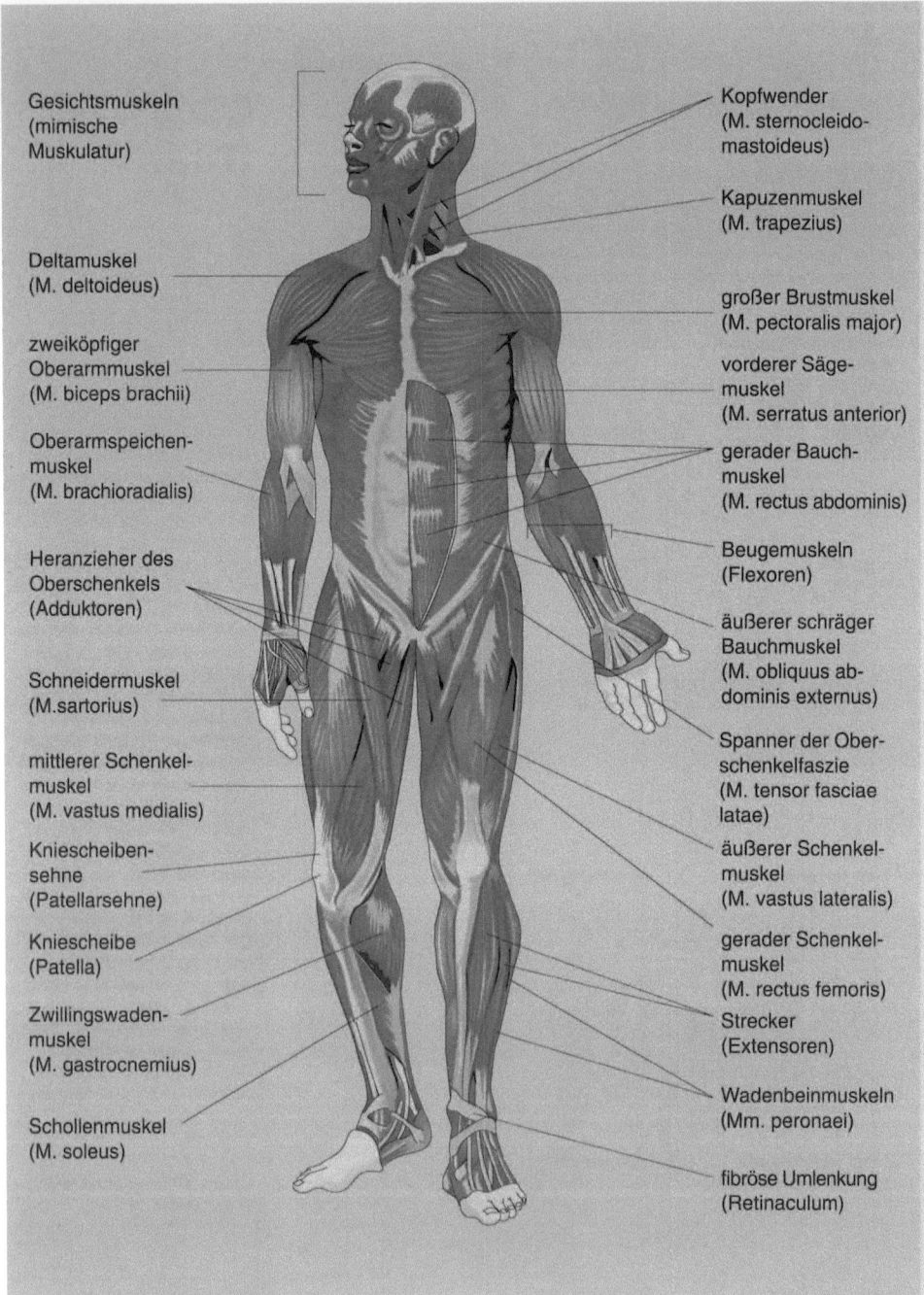

Gesichtsmuskeln
(mimische
Muskulatur)

Deltamuskel
(M. deltoideus)

zweiköpfiger
Oberarmmuskel
(M. biceps brachii)

Oberarmspeichen-
muskel
(M. brachioradialis)

Heranzieher des
Oberschenkels
(Adduktoren)

Schneidermuskel
(M.sartorius)

mittlerer Schenkel-
muskel
(M. vastus medialis)

Kniescheiben-
sehne
(Patellarsehne)

Kniescheibe
(Patella)

Zwillingswaden-
muskel
(M. gastrocnemius)

Schollenmuskel
(M. soleus)

Kopfwender
(M. sternocleido-
mastoideus)

Kapuzenmuskel
(M. trapezius)

großer Brustmuskel
(M. pectoralis major)

vorderer Säge-
muskel
(M. serratus anterior)

gerader Bauch-
muskel
(M. rectus abdominis)

Beugemuskeln
(Flexoren)

äußerer schräger
Bauchmuskel
(M. obliquus ab-
dominis externus)

Spanner der Ober-
schenkelfaszie
(M. tensor fasciae
latae)

äußerer Schenkel-
muskel
(M. vastus lateralis)

gerader Schenkel-
muskel
(M. rectus femoris)

Strecker
(Extensoren)

Wadenbeinmuskeln
(Mm. peronaei)

fibröse Umlenkung
(Retinaculum)

Abb. 4.48. Muskelmensch in Ventralansicht

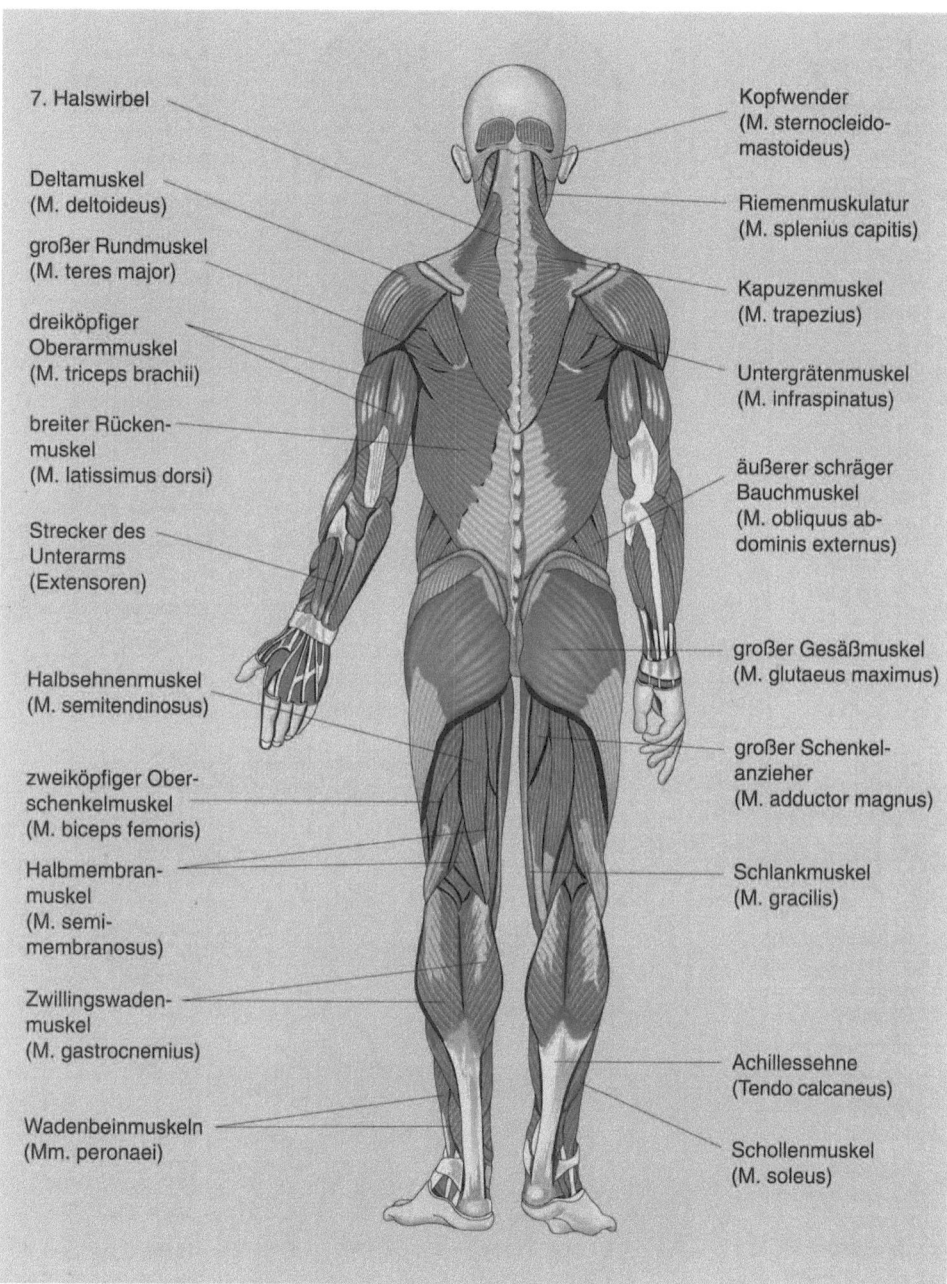

7. Halswirbel

Deltamuskel
(M. deltoideus)

großer Rundmuskel
(M. teres major)

dreiköpfiger
Oberarmmuskel
(M. triceps brachii)

breiter Rücken-
muskel
(M. latissimus dorsi)

Strecker des
Unterarms
(Extensoren)

Halbsehnenmuskel
(M. semitendinosus)

zweiköpfiger Ober-
schenkelmuskel
(M. biceps femoris)

Halbmembran-
muskel
(M. semi-
membranosus)

Zwillingswaden-
muskel
(M. gastrocnemius)

Wadenbeinmuskeln
(Mm. peronaei)

Kopfwender
(M. sternocleido-
mastoideus)

Riemenmuskulatur
(M. splenius capitis)

Kapuzenmuskel
(M. trapezius)

Untergrätenmuskel
(M. infraspinatus)

äußerer schräger
Bauchmuskel
(M. obliquus ab-
dominis externus)

großer Gesäßmuskel
(M. glutaeus maximus)

großer Schenkel-
anzieher
(M. adductor magnus)

Schlankmuskel
(M. gracilis)

Achillessehne
(Tendo calcaneus)

Schollenmuskel
(M. soleus)

Abb. 4.49. Muskelmensch in Dorsalansicht

zierten Gesichtsausdrücken, wie z. B. Bewunderung, Neugierde oder Zweifel, können wir mit der mimischen Muskulatur sehr viel mitteilen. Ein kleines Beispiel verdeutlicht die Wichtigkeit der Mimik für zwischenmenschliche Beziehungen. Auch wenn wir im freundlichsten Ton sagen: „Ich freue mich, Dich zu sehen" und unsere Mimik genau das Gegenteil vermittelt, wird man weniger unseren Worten als unserem Gesichtsausdruck Glauben schenken.

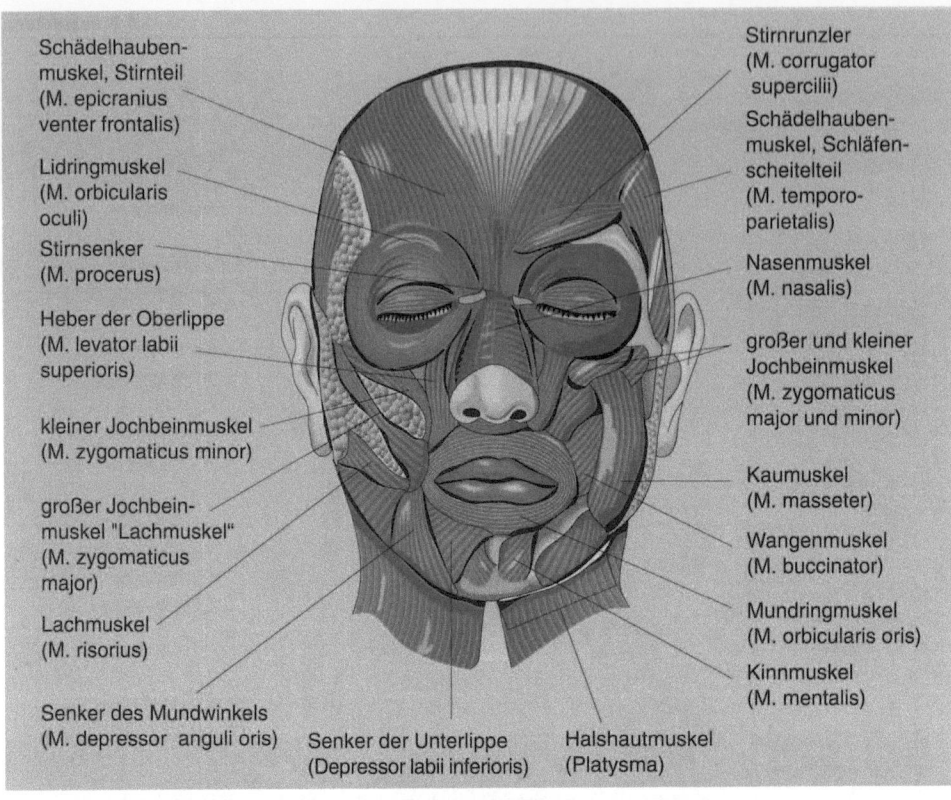

Schädelhauben-
muskel, Stirnteil
(M. epicranius
venter frontalis)

Lidringmuskel
(M. orbicularis
oculi)

Stirnsenker
(M. procerus)

Heber der Oberlippe
(M. levator labii
superioris)

kleiner Jochbeinmuskel
(M. zygomaticus minor)

großer Jochbein-
muskel "Lachmuskel"
(M. zygomaticus
major)

Lachmuskel
(M. risorius)

Senker des Mundwinkels
(M. depressor anguli oris)

Stirnrunzler
(M. corrugator
supercilii)

Schädelhauben-
muskel, Schläfen-
scheitelteil
(M. temporo-
parietalis)

Nasenmuskel
(M. nasalis)

großer und kleiner
Jochbeinmuskel
(M. zygomaticus
major und minor)

Kaumuskel
(M. masseter)

Wangenmuskel
(M. buccinator)

Mundringmuskel
(M. orbicularis oris)

Kinnmuskel
(M. mentalis)

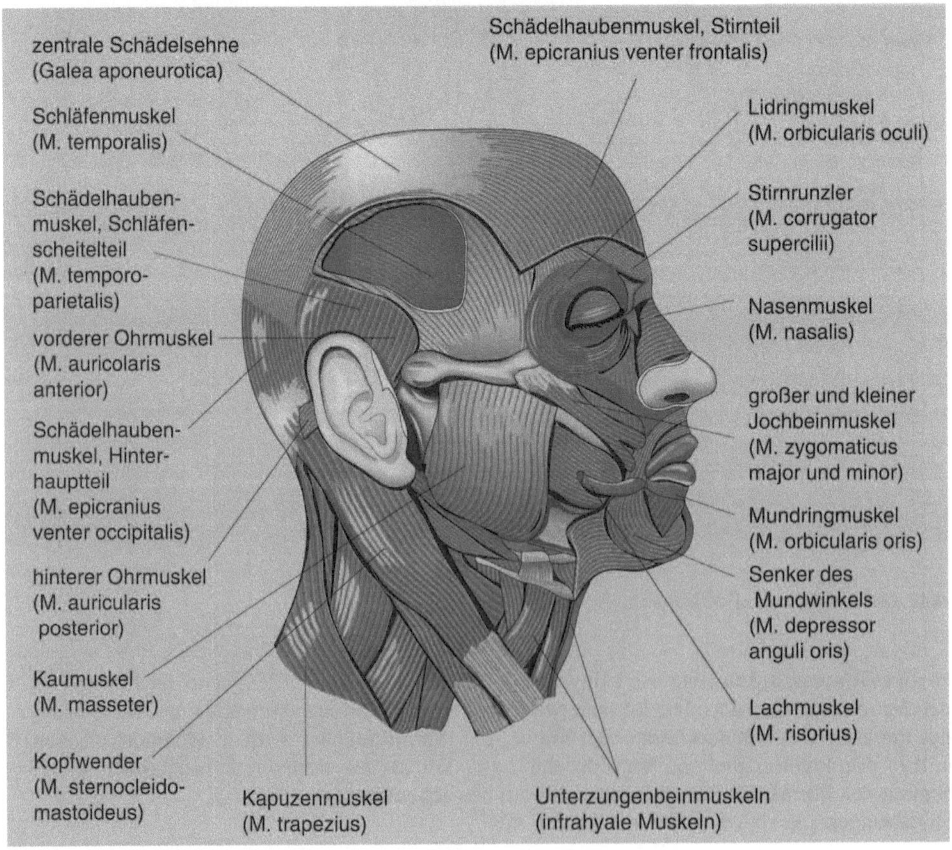

Senker der Unterlippe
(Depressor labii inferioris)

Halshautmuskel
(Platysma)

zentrale Schädelsehne
(Galea aponeurotica)

Schläfenmuskel
(M. temporalis)

Schädelhauben-
muskel, Schläfen-
scheitelteil
(M. temporo-
parietalis)

vorderer Ohrmuskel
(M. auricolaris
anterior)

Schädelhauben-
muskel, Hinter-
hauptteil
(M. epicranius
venter occipitalis)

hinterer Ohrmuskel
(M. auricularis
posterior)

Kaumuskel
(M. masseter)

Kopfwender
(M. sternocleido-
mastoideus)

Schädelhaubenmuskel, Stirnteil
(M. epicranius venter frontalis)

Lidringmuskel
(M. orbicularis oculi)

Stirnrunzler
(M. corrugator
supercilii)

Nasenmuskel
(M. nasalis)

großer und kleiner
Jochbeinmuskel
(M. zygomaticus
major und minor)

Mundringmuskel
(M. orbicularis oris)

Senker des
Mundwinkels
(M. depressor
anguli oris)

Lachmuskel
(M. risorius)

Kapuzenmuskel
(M. trapezius)

Unterzungenbeinmuskeln
(infrahyale Muskeln)

◀
Abb. 4.50. Mimische Muskulatur. Im Unterschied zu anderen Skelettmuskeln verbindet die mimische Muskulatur nicht zwischen 2 Knochen, sondern sie strahlt in die Gesichtshaut ein, die damit bewegt werden kann (Mimik)

◀
Abb. 4.51. Muskulatur im Kopf- und Halsbereich in Seitenansicht. Der Schläfenmuskel (M. temporalis) und der Kaumuskel (M. masseter) gehören beide zur Gruppe der Kaumuskeln

Als einer der wichtigsten Muskeln für die zwischenmenschlichen Beziehungen könnte der M. zygomaticus major bezeichnet werden, der eigentliche Lachmuskel, der unserem Gesicht einen freundlichen, strahlenden Ausdruck vermittelt. Vermieden werden sollte hingegen der Gebrauch des M. depressor anguli oris (Herabzieher des Mundwinkels), weil wir damit einen griesgrämigen Gesichtsausdruck bekommen (20-nach-8-Gesicht). In Tabelle 4.2 sind die wichtigsten mimischen Muskeln mit ihrer Funktion aufgeführt.

Kaumuskulatur
(Abb. 4.51 und 4.52, Tabelle 4.3)

Ebenfalls im Kopfbereich vorhanden, allerdings nicht zur mimischen Muskulatur zu rechnen ist die Kaumuskulatur. Es sind insgesamt 4 Muskeln, die alle dem Kauvorgang dienen. Von diesen 4 Muskeln ist lediglich ein Teil des äußeren Flügelmuskels (M. pterygoideus lateralis) in der Lage, auch bei der Öffnung des Mundes mitzuwirken.

Obere Zungenbeinmuskeln (suprahyale Muskulatur) (Abb. 4.53)

Die oberen Zungenbeinmuskeln werden auch als Mundbodenmuskulatur bezeichnet. Der Mundboden wird verschlossen durch den Kieferzungenbeinmuskel (M. mylohyoideus), der zwischen der Innenseite des Kinns und dem Zungenbein verläuft. Ebenfalls zu Mundbodenmuskulatur werden der Kinnzungenbeinmuskel (M. geniohyoideus), der Griffelzungenbeinmuskel (M. stylohyoideus) und der zweibäuchige Kiefermuskel (M. digastricus) gerechnet. Wenn das Zungenbein festgestellt ist (Punctum fixum), dann dienen diese Muskeln als Mundöffner, wenn das Zungenbein beweglich ist (Punctum mobile), dann dienen diese Muskeln als Heber des Mundbodens.

Halsmuskulatur (Tabelle 4.4)

Die im ventralen Bereich des Halses gelegene Muskulatur kann in 3 Schichten eingeteilt

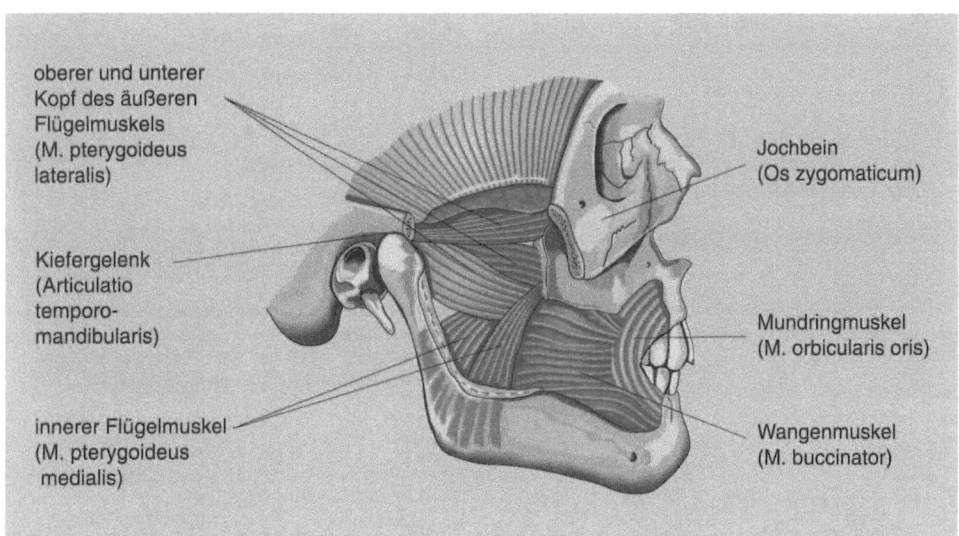

Abb. 4.52. Tiefe Kaumuskeln, innerer Flügelmuskel (M. pterygoideus medialis) und äußerer Flügelmuskel (M. pterygoideus lateralis). Der Jochbogen ist aufgeschnitten gezeichnet, um einen besseren Blick auf diese Muskeln zu ermöglichen. Der Wangenmuskel (M. buccinator), manchmal auch als Trompetenmuskel bezeichnet, bildet die Grundlage der Wange

Tabelle 4.2. Mimische Muskulatur

Muskel	Funktion
Muskeln im Bereich der Lidspalte	
Lidringmuskel (M. orbicularis oculi)	Lidschlagreflex und fester Verschluß des Augenlides
Stirnrunzler (M. corrugator supercilii)	zieht Haut der Brauen nach unten ⇒ erzeugt längsverlaufende Furche
Muskeln im Bereich der Nase	
Stirnsenker (M. procerus)	erzeugt quere Falte oben an der Nasenwurzel
Nasenmuskel	
(M. nasalis)	Verkleinerung des Nasenloches
Muskeln im Bereich der Mundöffnung	
Mundringmuskel (M. orbicularis oris)	schwache Kontraktion ⇒ Lippen liegen aufeinander starke Kontraktion ⇒ Lippen werden rüsselförmig nach vorne geschoben
Wangenmuskel (M. buccinator)	bildet die muskuläre Grundlage der Wange, hilft Nahrung beim Kauvorgang verschieben, wird auch als Trompetermuskel bezeichnet
Heber der Oberlippe (M. levator labii superioris)	hebt die Oberlippe
großer Jochbeinmuskel (M. zygomaticus major)	Lachmuskel, hebt die Mundwinkel
kleiner Jochbeinmuskel (M. zygomaticus minor)	hebt die Oberlippe
Lachmuskel (M. risorius) (der eigentliche Lachmuskel ist jedoch der M. zygomaticus major)	zieht die Mundwinkel nach hinten (Lächeln)
Senker des Mundwinkels (M. depressor anguli oris)	zieht die Mundwinkel nach unten
Senker der Unterlippe (M. depressor labii inferioris)	zieht die Unterlippe nach unten
Kinnmuskel (M. mentalis)	erzeugt bei starker Ausbildung das Grübchen im Kinn
Muskeln im Bereich der Ohren (nur schwach entwickelt, untrainiert)	
oberer Ohrmuskel (M. auricularis superior)	zieht das Ohr nach oben
vorderer Ohrmuskel (M. auricularis anterior)	zieht das Ohr nach vorne
hinterer Ohrmuskel (M. auricularis posterior)	zieht das Ohr nach hinten
Muskeln im Bereich des Schädeldaches	
Schädelhaubenmuskel (M. epicranius) besteht aus vorderem und hinterem Bauch (M. occipitofrontalis) sowie dem seitlichen Bauch (M. temporoparietalis)	vorderer Bauch ⇒ Falten der Stirne, Heben der Augenbrauen hinterer Bauch ⇒ Spannung der zentralen Sehne (Galea aponeurotica) seitlicher Bauch ⇒ Heben des Ohres, Spannung der zentralen Sehne (Galea aponeurotica)

Tabelle 4.3. Kaumuskulatur

Muskel	Funktion
Schläfenmuskel (M. temporalis) auf der Schläfenseite, setzt am Processus coronoideus des Unterkiefers an	Heben und Zurückziehen des Unterkiefers
Kaumuskel (M. masseter) beim Zusammenpressen der Zähne deutlich als Muskelwulst im Bereich des Unterkieferwinkels zu tasten	Heben und Nachvorneschieben des Unterkiefers
innerer Flügelmuskel (M. pterygoideus medialis) auf der Innenseite des Unterkiefers	Heben und Nachvorneschieben des Unterkiefers
äußerer Flügelmuskel (M. pterygoideus lateralis) besteht aus 2 Teilen (liegt auf der Innenseite des Unterkiefers auf der Höhe des Kiefergelenkes)	ein Teil ⇒ Senken des Unterkiefers, beide Teile ⇒ Steuerung der Öffnungsbewegung

werden – die oberflächliche, die mittlere und die tiefe Schicht.

Oberflächliche Schicht (Abb. 4.53): In der oberflächlichen Schicht liegen der Halshautmuskel (Platysma) und der Kopfwender (M. sternocleidomastoideus). Das Platysma ist ein breitflächiger Muskel, der direkt unter der Haut liegt und vom Unterkiefer über das Schlüsselbein bis auf die Brust verläuft. Wenn sich das Platysma kontrahiert, wird der Hals dicker und breiter.

Der Kopfwender (M. sternocleidomastoideus) teilt sich in 2 Muskelstränge. Beide entspringen gemeinsam vom Warzenfortsatz des Schläfenbeins. Ein Strang zieht zum Brust-

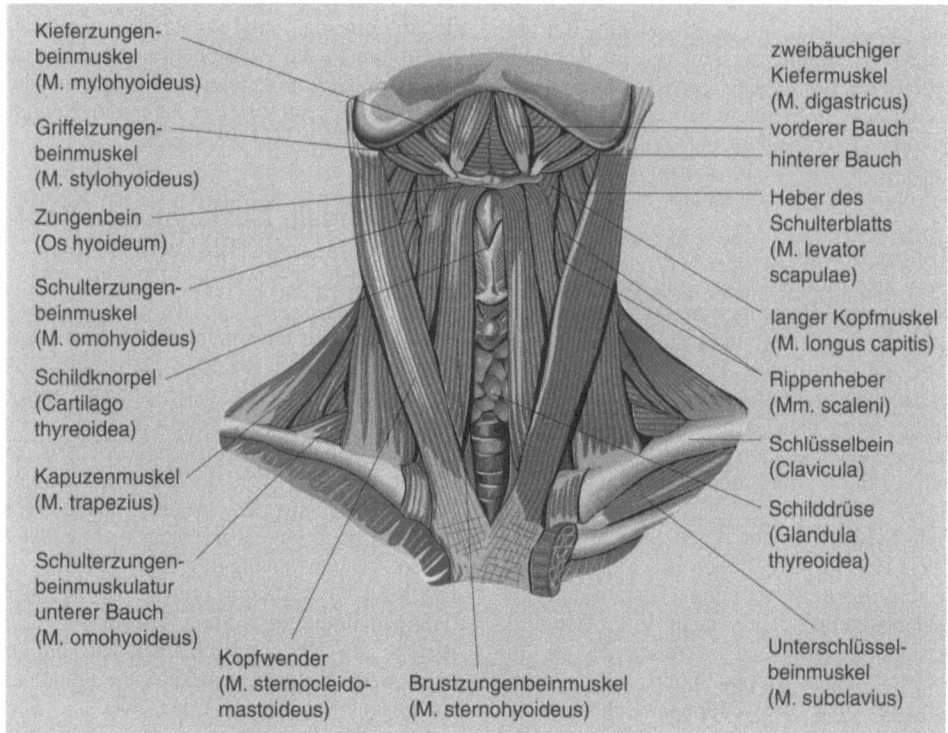

Kieferzungenbeinmuskel (M. mylohyoideus)

Griffelzungenbeinmuskel (M. stylohyoideus)

Zungenbein (Os hyoideum)

Schulterzungenbeinmuskel (M. omohyoideus)

Schildknorpel (Cartilago thyreoidea)

Kapuzenmuskel (M. trapezius)

Schulterzungenbeinmuskulatur unterer Bauch (M. omohyoideus)

Kopfwender (M. sternocleidomastoideus)

Brustzungenbeinmuskel (M. sternohyoideus)

zweibäuchiger Kiefermuskel (M. digastricus) vorderer Bauch hinterer Bauch

Heber des Schulterblatts (M. levator scapulae)

langer Kopfmuskel (M. longus capitis)

Rippenheber (Mm. scaleni)

Schlüsselbein (Clavicula)

Schilddrüse (Glandula thyreoidea)

Unterschlüsselbeinmuskel (M. subclavius)

Abb. 4.53. Halsmuskulatur in Ventralansicht; *oben* ist der Rand des Unterkiefers zu sehen

Tabelle 4.4. Ventrale Halsmuskulatur

Muskel	Funktion
Oberflächliche Schicht	Spannung der Haut im Halsbereich
Halshautmuskel (Platysma)	
Kopfwender	einseitig ⇒ Wenden des Kopfes auf die Gegenseite
(M. sternocleidomastoideus)	beidseitig ⇒ Gesicht nach oben richten
Mittlere Schicht	
Brustzungenbeinmuskel	Herabziehen des Kehlkopfes
(M. sternohyoideus)	
Brustbeinschildknorpelmuskel	Herabziehen des Kehlkopfes
(M. sternothyreoideus)	
Schildknorpelzungenbeinmuskel	Anheben des Kehlkopfes beim Schlucken
(M. thyreohyoideus)	
Schulterzungenbeinmuskel	Herabziehen des Zungenbeins, Spannung der
(M. omohyoideus)	Halsfaszie
tiefe Schicht	
vorderer Rippenhalter	Hebung der 1. Rippe und Seitwärtsdrehung des
(M. scalenus anterior)	Halses
mittlerer Rippenhalter	Hebung der 1. Rippe und Seitwärtsneigung des
(M. scalenus medius)	Halses
hinterer Rippenhalter	Hebung der 2. Rippe und Seitwärtsneigung des
(M. scalenus posterior)	Halses
vorderer gerader Kopfmuskel	Neigung des Kopfes
(M. rectus capitis anterior)	
langer Kopfmuskel	Vor- und Seitwärtsneigung von Kopf und Hals
(M. longus capitis)	
langer Halsmuskel	Vor- und Seitwärtsdrehung des Halses
(M. longus colli)	

bein, der andere zum Schlüsselbein. Bei einseitiger Betätigung wendet er den Kopf zur Gegenseite. Bei beidseitiger Kontraktion wird das Gesicht nach oben gerichtet. Sein Muskelkörper ist vor allem bei schlankeren Menschen sehr deutlich in seinem schrägen Verlauf über den Hals zu sehen.

Mittlere Schicht (Abb. 4.53): In der mittleren Schicht der ventralen Halsmuskeln liegen die unteren Zungenbeinmuskeln (infrahyale Muskeln). Sie sind an der Feststellung (als Punctum fixum) des Zungenbeines und an der Hebung und Senkung des Kehlkopfes beteiligt. Wenn diese Muskeln das Zungenbein fixieren, dann können sie auch als Hilfsmuskeln für die Öffnung des Mundes wirken.

Tiefe Schicht: In der tiefen Schicht der ventralen Halsmuskeln liegen die Skalenusgruppe und die prävertebralen Halsmuskeln. Die Skalenusgruppe kann auch zur Atemhilfsmuskulatur gerechnet werden, da sie die obersten beiden Rippen fixiert und damit die Atmung über die Rippenzwischenmuskeln möglich macht. Durch eine Lücke zwischen dem vorderen und dem mittleren Rippenhaltermuskel zieht der Gefäß-Nerven-Strang

(Plexus brachialis und A. subclavia) aus dem Brustraum in die Achselhöhle und damit auf den Arm. Die prävertebralen Muskeln wirken hauptsächlich auf die Drehung und Neigung der Wirbelsäule im Halsbereich.

4.7.2 Dorsale Muskulatur im Kopf-, Hals- und Rückenbereich
(Abb. 4.54–4.56, Tabelle 4.5)

Die Muskulatur allgemein und im besonderen die Muskulatur des Kopf-, Hals- und Rückenbereiches kann nach den unterschiedlichsten Gesichtspunkten gegliedert werden. Hier soll eine Gliederung verwendet werden, die primär auf die Lage der Muskeln eingeht. Wenn nötig, wird der eine oder andere Muskel dann noch einmal in einem mehr funktionellen Zusammenhang aufgeführt werden.
Die Rückenmuskulatur kann in zwei größere Gruppen unterteilt werden. Die eine Gruppe besteht aus den oberflächlichen Rückenmuskeln oder Gliedmaßenmuskeln, die Gliedmassenmuskeln genannt werden, weil sie auch auf den Schultergürtel einwirken. Die andere Gruppe besteht aus den tiefen Rückenmuskeln, die im Unterschied zu den oberflächli-

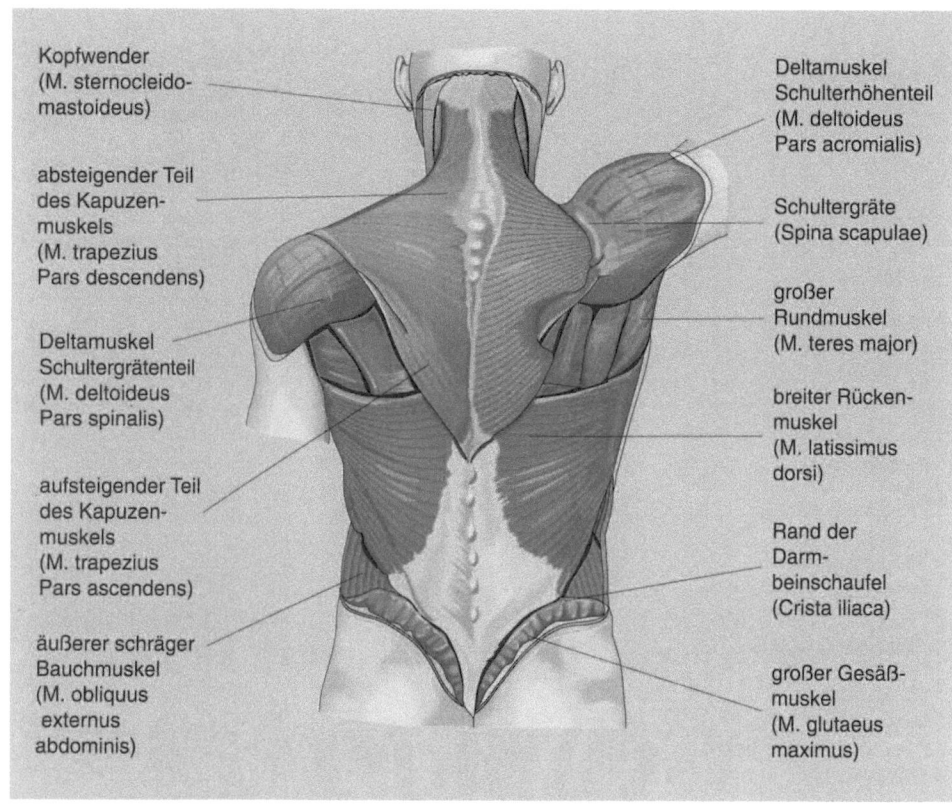

Abb. 4.54. Oberflächliche Schicht der Rückenmuskulatur

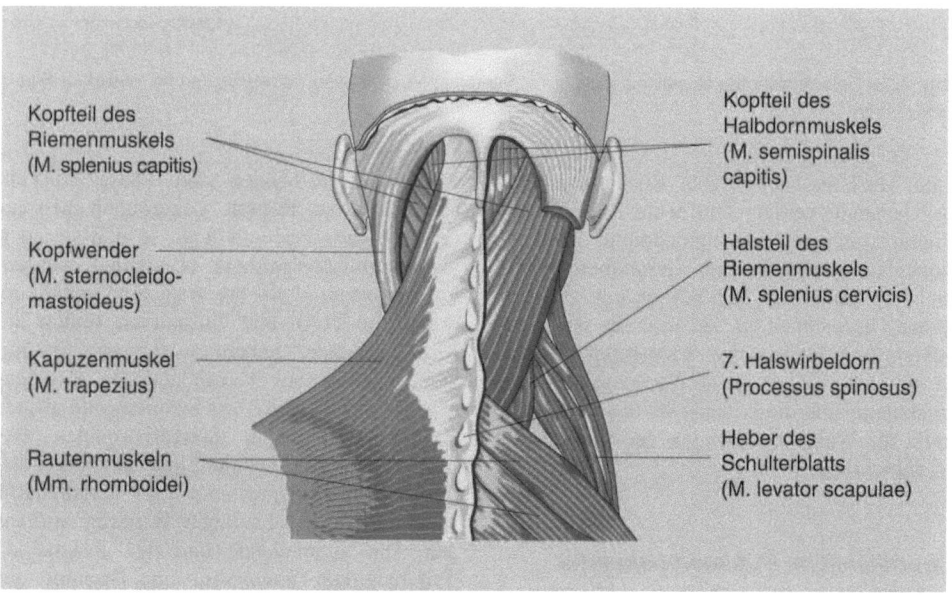

Abb. 4.55. Dorsalansicht der Halsmuskulatur. Auf der linken *Seite* ist der M. trapezius zu sehen, auf der *rechten Seite* ist er entfernt, um den Aufblick auf die darunterliegende Muskulatur zu ermöglichen

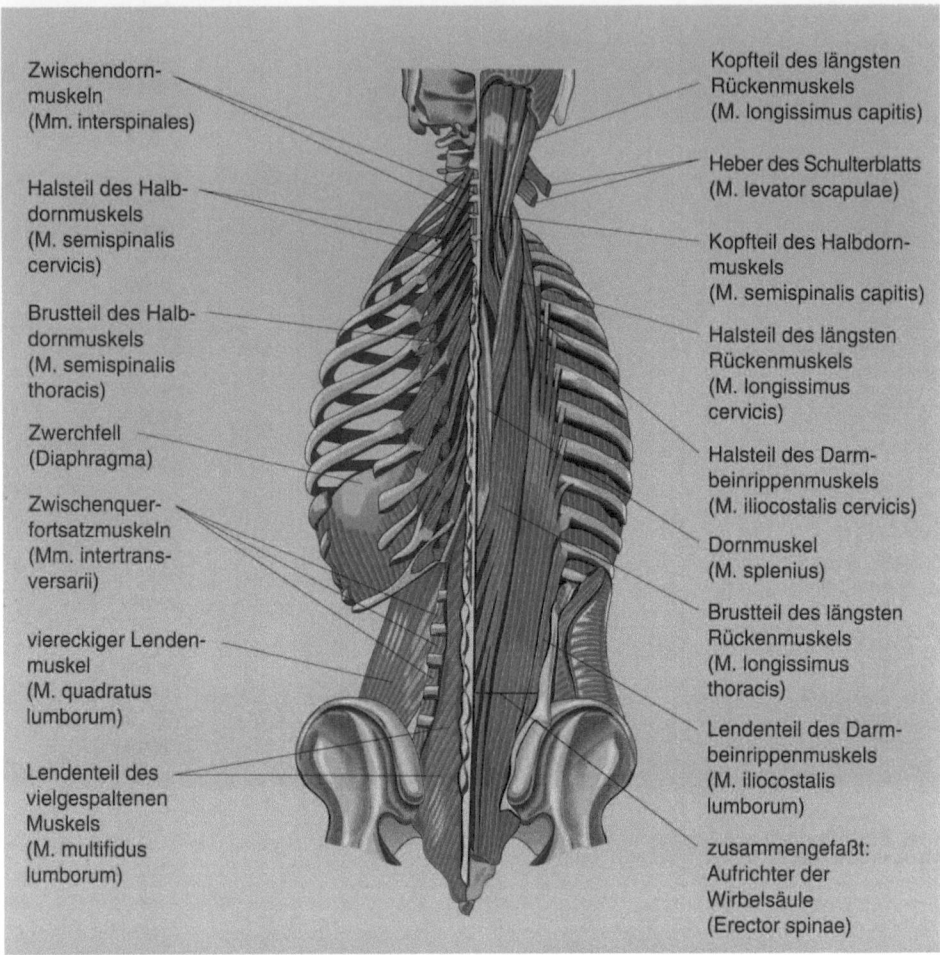

Zwischendorn-
muskeln
(Mm. interspinales)

Halsteil des Halb-
dornmuskels
(M. semispinalis
cervicis)

Brustteil des Halb-
dornmuskels
(M. semispinalis
thoracis)

Zwerchfell
(Diaphragma)

Zwischenquer-
fortsatzmuskeln
(Mm. intertrans-
versarii)

viereckiger Lenden-
muskel
(M. quadratus
lumborum)

Lendenteil des
vielgespaltenen
Muskels
(M. multifidus
lumborum)

Kopfteil des längsten
Rückenmuskels
(M. longissimus capitis)

Heber des Schulterblatts
(M. levator scapulae)

Kopfteil des Halbdorn-
muskels
(M. semispinalis capitis)

Halsteil des längsten
Rückenmuskels
(M. longissimus
cervicis)

Halsteil des Darm-
beinrippenmuskels
(M. iliocostalis cervicis)

Dornmuskel
(M. splenius)

Brustteil des längsten
Rückenmuskels
(M. longissimus
thoracis)

Lendenteil des Darm-
beinrippenmuskels
(M. iliocostalis
lumborum)

zusammengefaßt:
Aufrichter der
Wirbelsäule
(Erector spinae)

Abb. 4.56. Tiefe Schicht der Rückenmuskulatur mit lateralem Muskelstrang (*rechte Seite*) und medialem Strang (*linke Seite*)

chen Muskeln auch „echte Rückenmuskulatur" genannt werden. Die echte Rückenmuskulatur (genuine oder autochthone Rückenmuskulatur) wird in ihrer Gesamtheit häufig auch als Aufrichter der Wirbelsäule (Erector spinae) bezeichnet, da sie u. a. für das Aufrichten und Halten der Wirbelsäule verantwortlich ist. Daneben ist die echte Rückenmuskulatur allerdings auch für die Dreh- und seitlichen Neigebewegungen der Wirbelsäule verantwortlich.

Oberflächliche Rückenmuskulatur

Die oberflächliche Rückenmuskulatur besteht im wesentlichen aus 4 Muskeln, die auf jeder Körperseite vorhanden sind. Diese Muskeln entspringen am Rumpf, wirken aber auch auf den Schultergürtel und Arm, so daß sie auch als Gliedmaßenmuskeln bezeichnet werden. Der Kapuzenmuskel (M. trapezius) weist eine dreieckige Form auf. Zusammen bilden die Muskeln beider Seiten ein Trapez. Sie bestehen jeweils aus 3 verschiedenen Anteilen: einem vom Kopf bis zur Schultergräte absteigenden Teil, einem querverlaufenden Teil und einem zur Schultergräte aufsteigenden Teil, die alle entsprechend ihrer Verlaufsrichtung eine unterschiedliche Wirkung aufweisen. Der aufsteigende und der absteigende Teil bewirken gemeinsam eine Drehung des Schulterblatts.

Tabelle 4.5. Rückenmuskulatur

Muskel	Funktion
Oberflächliche Rückenmuskulatur (dorsale Schultergürtelmuskulatur)	
Kapuzenmuskel	
(M. trapezius)	
absteigender Teil	Heben der Schulter
querverlaufender Teil	Zurückziehen der Schulter
aufsteigender Teil	Senken der Schulter
alle Teile	Drehen des Schulterblattes (für die Elevation des Armes, s. Tabelle 4.14)
Breiter Rückenmuskel	Rückführung und Einwärtsdrehung des Armes
(M. latissimus dorsi)	
Schulterblattheber	hebt das Schulterblatt und dreht den unteren Winkel
(M. levator scapulae)	nach medial
großer Rautenmuskel und kleiner Rautenmuskel	sind Teil des Schultergürtels, ziehen das Schulterblatt
(M. rhomboideus major und minor)	nach medial und oben, Antagonisten des vorderen Sägemuskels
Tiefe Rückenmuskulatur (echte Rückenmuskulatur, Erector spinae)	
lateraler Muskelstrang	
Darmbeinrippenmuskel	
(M. iliocostalis)	
Lendenteil	Streckung und Seitwärtsneigen der Lendenwirbelsäule
Brustteil	Seitwärtsneigung der Brustwirbelsäule
Halsteil	Seitwärtsneigung der Halswirbelsäule
längster Rückenmuskel	
(M. longissimus)	
Brustteil	Seitwärtsneigung, Streckung und Rückwärtsneigung der Brustwirbelsäule
Halsteil	Seitwärtsneigung des Halses
Kopfteil	Seitwärtsneigung, Rückwärtsneigung des Kopfes sowie Gesichtsdrehung zur gleichen Seite
Riemenmuskel	Rückwärtsneigung und Kopfdrehung zur gleichen
(M. splenius)	Seite
Halsteil und Kopfteil	
medialer Muskelstrang (Geradsystem)	
Zwischendornmuskeln	Streckung und Rückwärtsneigung des Rumpfes
(Mm. interspinales)	
Zwischenquerfortsatzmuskeln	Seitwärtsneigung des Rumpfes, Stabilisierung der
(Mm. intertransversarii)	Wirbelsäule
Dornmuskel	Streckung und Rückwärtsneigung des Rumpfes
(M. spinalis)	
medialer Strang (Schrägsystem)	
Wirbeldreher	Drehung des Rumpfes
(Mm. rotatores)	
vielgespaltener Muskel	Streckung und Rückwärtsneigung des Rumpfes
(M. multifidus)	
Halbdornmuskel	Streckung und Rückwärtsneigung des Rumpfes
(M. semispinalis)	
kurze Nackenmuskeln	beidseitig gemeinsam: Rückwärtsneigung des Kopfes
hinterer großer gerader Kopfmuskel	Rückwärtsneigung des Kopfes, Drehung des Gesichtes nach außen
(M. rectus capitis posterior major)	
hinterer kleiner gerader Kopfmuskel	Rückwärtsneigung des Kopfes
(M. rectus capitis posterior minor)	
oberer schräger Kopfmuskel	Rückwärtsneigung und Seitwärtsneigung des Kopfes
(M. obliquus capitis superior)	
unterer schräger Kopfmuskel	Drehung des Gesichtes nach außen
(M. obliquus capitis inferior)	

Der breite Rückenmuskel wirkt direkt auf den Arm. Er kann vor allem beim erhobenen Arm eine kräftige Rückführung durchführen, z. B. beim Holzhacken (Holzhackermuskel); da er aber auch an der Einwärtsdrehung beteiligt ist, wird er auch als Schürzenbindemuskel oder Fracktaschenmuskel bezeichnet. Er führt den Arm nach hinten unter gleichzeitiger Einwärtsdrehung.

Der Schulterblattheber zieht von den ersten 4 Halswirbeln zum Schulterblatt. Er hat nicht nur hebende Funktion, sondern kann das Schulterblatt auch drehen; er wirkt dabei als Gegenspieler des vorderen Sägemuskels (M. serratus anterior), der bei den Schultergürtelmuskeln behandelt wird (Abb. 4.55).

Die Rautenmuskeln (Mm. rhomboidei) stellen den muskulären Anteil des Schultergürtels dar, der – quasi wie eine Gürtelschnalle – den Schultergürtel verschließt und damit muskulär am Brustkorb befestigt.

Tiefe (echte) Rückenmuskulatur
(Abb. 4.56)

Bei der echten Rückenmuskulatur können wir auf Grund der Lage der Muskeln zunächst 2 größere Systeme erkennen:

- den lateralen Muskelstrang, bestehend aus dem Darmbeinrippenmuskel (M. iliocostalis), dem längsten Muskel (M. longissimus) und dem Riemenmuskel (M. splenius). Der Darmbeinrippenmuskel besteht aus einem Lenden-, einem Brust- und einem Halsteil. Der längste Muskel besteht aus einem Brust-, einem Hals- und einem Kopfteil. Der Riemenmuskel hingegen besteht lediglich aus einem Hals- und einem Kopfteil;
- den medialen Muskelstrang, bestehend aus einem Geradsystem und einem Schrägsystem von Muskeln (wegen der Verlaufsrichtung so bezeichnet). Zum Geradsystem rechnen wir die Zwischendornmuskeln (Mm. interspinales), die Zwischenquerfortsatzmuskeln (Mm. intertransversarii) und den Dornmuskel (M. spinalis). Diese Muskeln weisen einen geraden Verlauf auf und verbinden, wie in ihrem Namen angedeutet, Querfortsätze (Mm. intertransversarii) oder Dornfortsätze (Mm. interspinales und M. spinalis) verschiedener Wirbel miteinander.

Zum Schrägsystem rechnen wir die Wirbeldreher (Mm. rotatores), den vielgespaltenen Rückenmuskel (M. multifidus), den Halbdornmuskel (M. semispinalis) und den Dornmuskel (M. spinalis).

Ebenfalls zur tiefen Rückenmuskulatur gehören die kurzen Nackenmuskeln. Sie sind verantwortlich für die Bewegungen zwischen dem 1. Halswirbel (Atlas) und dem Hinterhauptbein (Os occipitale) und dem 1. und 2. Halswirbel (Axis). Sie liegen in der Tiefe unter dem kräftigen Halbdornmuskel (M. semispinalis). Es sind der hintere große gerade Kopfmuskel (M. rectus capitis posterior major), der hintere kleine gerade Kopfmuskel (M. rectus capitis posterior minor), der obere schräge Kopfmuskel (M. obliquus capitis superior) und der untere schräge Kopfmuskel (M. obliquus capitis inferior).

4.7.3 Brustkorbmuskulatur (Thoraxmuskulatur)
(Abb. 4.57 und 4.58, Tabelle 4.6)

Die Muskulatur des Brustkorbes dient fast ausschließlich der Atmung. Der wichtigste Muskel für die Atmung ist das Zwerchfell (Diaphragma), das als querverlaufende halbkugelförmige Muskelplatte zwischen dem Brustkorb und der Bauchhöhle liegt. Das Zwerchfell entspringt vom unteren Rand des Brustkorbes. Die Muskelfasern ziehen zur zentralen Bindegewebsplatte (Centrum tendineum), die u. a. die Durchtrittsöffnung für die untere Hohlvene bildet (s. Abb. 4.71). Auf der Bindegewebsplatte liegt im Brustraum das Herz, das mit seinem Herzbeutel am Zwerchfell verwachsen ist. Bei der Kontraktion des Zwerchfells kommt es zu einer Vergrößerung des Brustraumes und damit zwangsläufig zu einer Einatmung (Inspiration). Weitere wichtige Muskeln für die Einatmung sind die äußeren Zwischenrippenmuskeln (Mm. intercostales externi), die zwischen den Rippen so verlaufen, daß bei fixierter 1. Rippe (durch die Rippenheber, Mm. scaleni) die unteren Rippen der 1. Rippe näher gebracht werden und damit ebenfalls eine Vergrößerung des Brustraumes (Einatmung) zustande kommt. Die inneren Zwischenrippenmuskeln (Mm. intercostales interni) bewirken das Gegenteil, bei nicht fixierter 1. Rippe senken sie die Rippen und

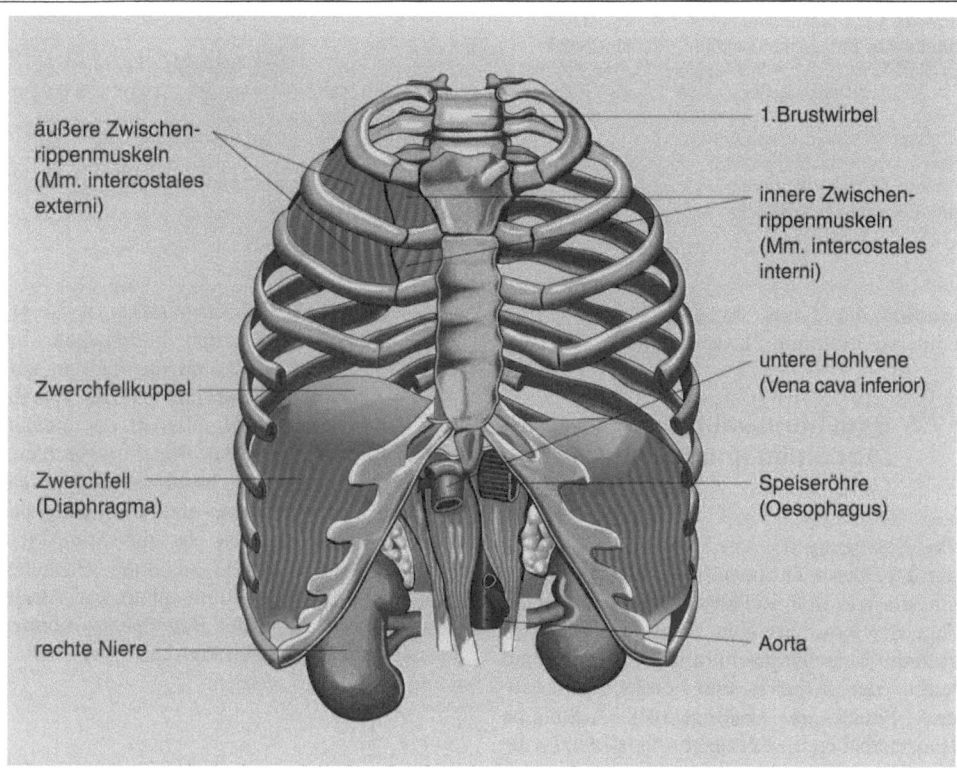

Abb. 4.57. Atemmuskeln. Auf der *oberen linken Seite* sind die Zwischenrippenmuskeln (Mm. intercostales) in 2 Interkostalräumen eingezeichnet. Zur besseren Darstellung des Zwerchfells (Diaphragma) sind die unteren Rippen nicht eingezeichnet

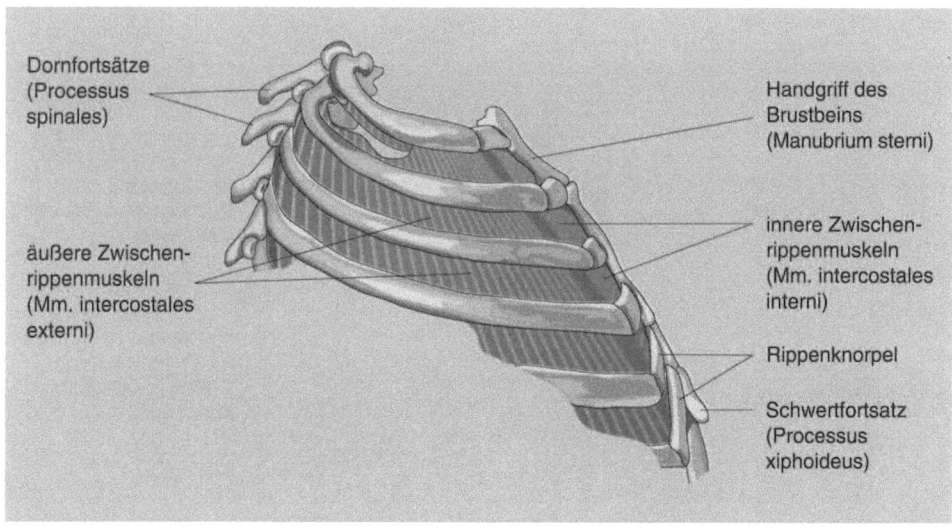

Abb. 4.58. Innere und äußere Zwischenrippenmuskeln (Mm. intercostales interni und Mm. intercostales externi)

Tabelle 4.6. Brustkorbmuskulatur (Atemmuskeln)

Muskel	Funktion
Zwerchfell (Diaphragma)	Vergrößerung des Brustraumes zu Lasten des Bauchraumes (Einatmung)
äußere Zwischenrippenmuskeln (Mm. intercostales externi)	Vergrößerung des Brustraumes durch Anheben der Rippen (Einatmung)
innere Zwischenrippenmuskeln (Mm. intercostales interni)	Verkleinerung des Brustraumes durch Senken der Rippen (Ausatmung)

bewirken damit eine Verkleinerung des Brustraumes (Ausatmung, Exspiration).

4.7.4 Bauchmuskeln (Abdominalmuskulatur) (Abb. 4.59 u. 4.60, Tabelle 4.7)

Die Bewegungen der Wirbelsäule werden von 2 größeren Gruppen von Muskeln durchgeführt, von den Rückenmuskeln und deren Gegenspielern, den Bauchmuskeln. Daneben sind die Bauchmuskeln allerdings auch am Aufbau der seitlichen und vorderen und hinteren Bauchwand beteiligt. Mit Ausnahme des viereckigen Lendenmuskels sind die Bauchmuskeln nach ihrer Verlaufsrichtung und Lage benannt. Die Bauchmuskeln sind aber auch wie die Rückenmuskeln Teil einer Muskelkette, die von den Fußmuskeln bis zum Hinterhaupt reicht und die für den aufrechten Gang verantwortlich ist. Die Bauchmuskeln beteiligen sich alle an der Bauchpresse. Die Wirkung der Bauchpresse hängt von der Stimmritze ab. Ist diese geschlossen, führt die Bauchpresse zu einer Erhöhung des Bauchrauminnendruckes. Ist die Stimmritze geöffnet, dann führt sie zu einer Verkleinerung des Brustraumes und damit zur Ausatmung. Die Muskeln der Bauchpresse können deshalb auch als Hilfsmuskeln der Ausatmung bezeichnet werden.

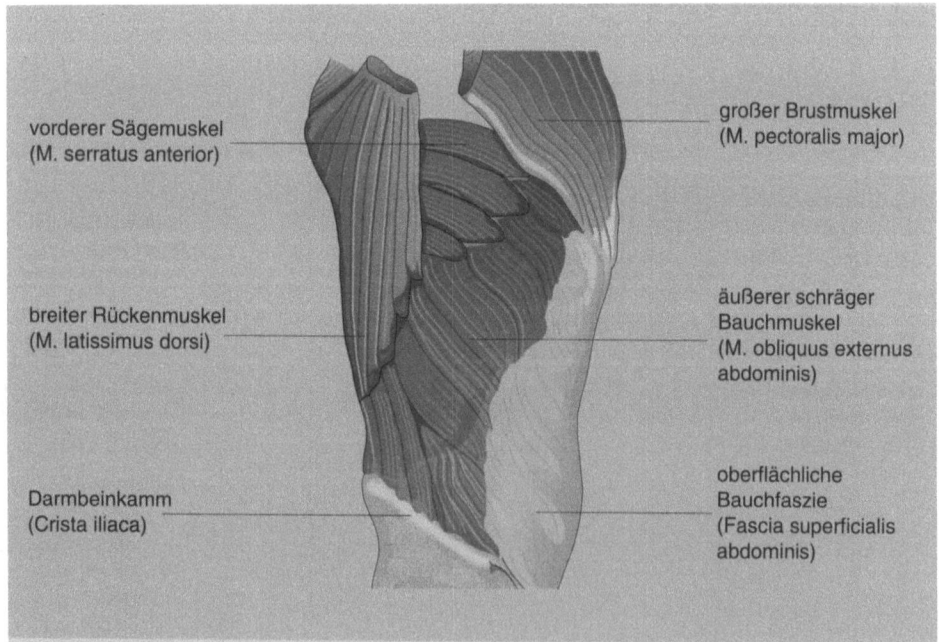

vorderer Sägemuskel
(M. serratus anterior)

großer Brustmuskel
(M. pectoralis major)

breiter Rückenmuskel
(M. latissimus dorsi)

äußerer schräger Bauchmuskel
(M. obliquus externus abdominis)

Darmbeinkamm
(Crista iliaca)

oberflächliche Bauchfaszie
(Fascia superficialis abdominis)

Abb. 4.59. Bauchmuskeln von der rechten Seite betrachtet. Der breite Rückenmuskel (M. latissimus dorsi) und der große Brustmuskel (M. pectoralis major) sind bei erhobenem Arm gezeichnet

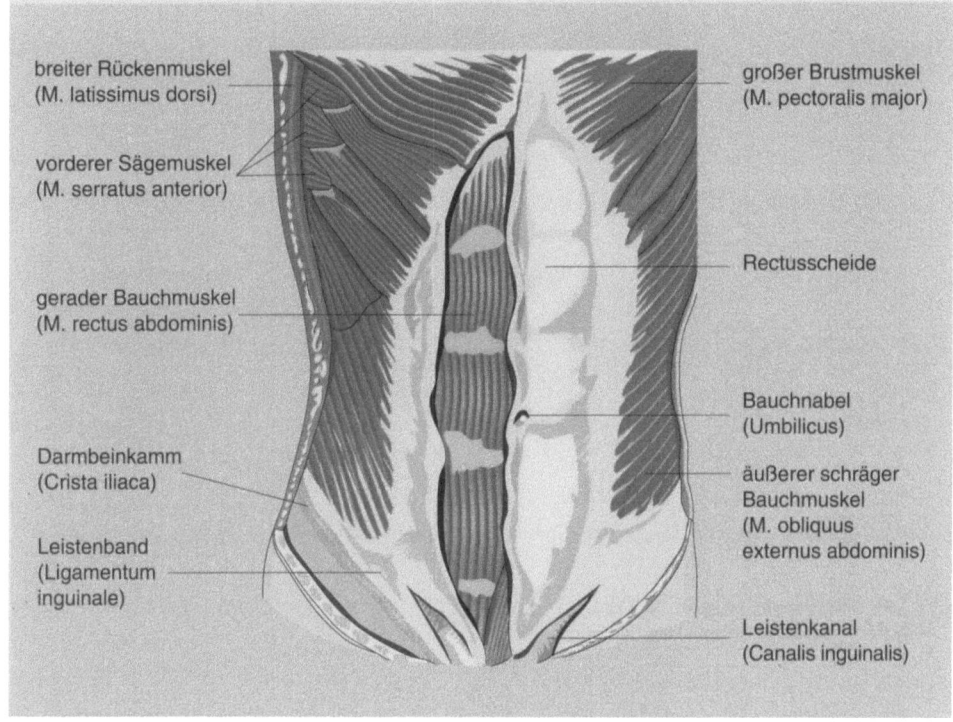

breiter Rückenmuskel
(M. latissimus dorsi)

vorderer Sägemuskel
(M. serratus anterior)

gerader Bauchmuskel
(M. rectus abdominis)

Darmbeinkamm
(Crista iliaca)

Leistenband
(Ligamentum
inguinale)

großer Brustmuskel
(M. pectoralis major)

Rectusscheide

Bauchnabel
(Umbilicus)

äußerer schräger
Bauchmuskel
(M. obliquus
externus abdominis)

Leistenkanal
(Canalis inguinalis)

Abb. 4.60. Bauchmuskulatur. Auf der *linken Seite* ist die Scheide des geraden Bauchmuskels (M. rectus abdominis) eröffnet, so daß die 5 Bäuche des Muskels mit ihren Zwischensehnen zu sehen sind

4.7.5 Beckenboden
(Abb. 4.61 und 4.62)

Das Becken bildet einen knöchernen Ring, wie bei den Beckenknochen bereits beschrieben. Dieser knöcherne Ring ist nach oben offen und hat damit eine Verbindung zur Bauchhöhle für den Durchtritt von Gefäßen und Organen. Nach unten ist der Beckengürtel ebenfalls offen, deshalb ist es wichtig, daß hier muskulöse und bindegewebige Strukturen einen Beckenboden bilden. Der Beckenboden wird durch 2 Muskelplatten mit den dazugehörigen Faszien gebildet.

Die kräftigere dieser beiden Platten wird durch den Afterheber (M. levator ani) gebildet, der von der seitlichen Innenwand des kleinen Beckens, auf der Höhe des verstopften Lochs (Foramen obturatum) entspringt. Hinten ist er mit dem Steißbein verbunden, vorne mit den Schambeinen. Zwischen dem von beiden Seiten trichterförmig in die Mitte

Tabelle 4.7. Bauchmuskeln (Abdominalmuskulatur)

Muskel	Funktion
äußerer schräger Bauchmuskel (M. obliquus externus abdominis)	Drehung und Seitwärtsneigung des Rumpfes, Senkung der Rippen, Bauchpresse
innerer schräger Bauchmuskel (M. obliquus internus abdominis)	Beugung und Seitwärtsneigung des Rumpfes, Senkung der Rippen, Bauchpresse
querer Bauchmuskel (M. transversus abdominis)	Bauchpresse
gerader Bauchmuskel (M. rectus abdominis)	Beugung des Rumpfes, Hebung des Beckens, Bauchpresse
Pyramidenmuskel (M. pyramidalis)	Spannung der mittleren Zone der Rectusscheide (Linea alba), nicht immer vorhanden
viereckiger Lendenmuskel (M. quadratus lumborum)	Senkung der Rippen und Seitwärtsneigung des Rumpfes

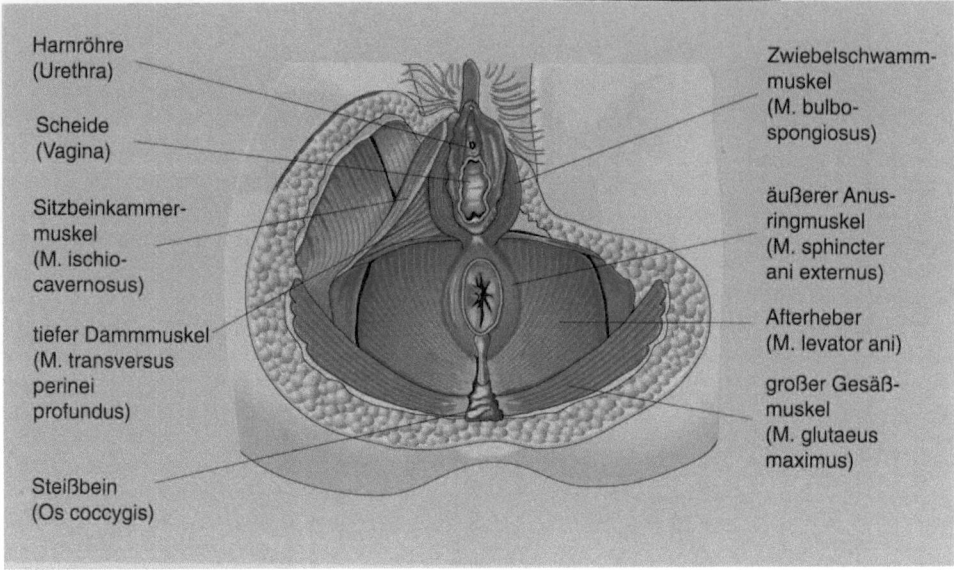

Harnröhre
(Urethra)

Scheide
(Vagina)

Sitzbeinkammer-
muskel
(M. ischio-
cavernosus)

tiefer Dammmuskel
(M. transversus
perinei
profundus)

Steißbein
(Os coccygis)

Zwiebelschwamm-
muskel
(M. bulbo-
spongiosus)

äußerer Anus-
ringmuskel
(M. sphincter
ani externus)

Afterheber
(M. levator ani)

großer Gesäß-
muskel
(M. glutaeus
maximus)

Abb. 4.61. Beckenbodenmuskeln der Frau

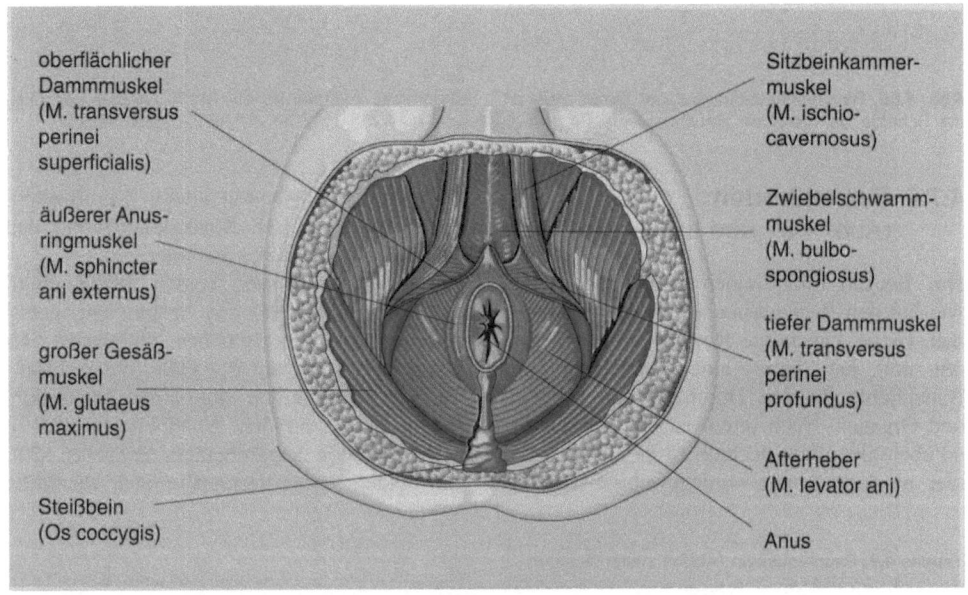

oberflächlicher
Dammmuskel
(M. transversus
perinei
superficialis)

äußerer Anus-
ringmuskel
(M. sphincter
ani externus)

großer Gesäß-
muskel
(M. glutaeus
maximus)

Steißbein
(Os coccygis)

Sitzbeinkammer-
muskel
(M. ischio-
cavernosus)

Zwiebelschwamm-
muskel
(M. bulbo-
spongiosus)

tiefer Dammmuskel
(M. transversus
perinei
profundus)

Afterheber
(M. levator ani)

Anus

Abb. 4.62. Beckenbodenmuskeln des Mannes. Die Region zwischen Peniswurzel und Anus wird als Damm (Perineum) bezeichnet

ziehenden Muskel ist eine spaltförmige Öffnung vorhanden, das Levatortor, für den Durchtritt von Darm-, Harn- und Geschlechtsapparat. Der Afterheber wird gesamthaft auch als Diaphragma pelvis bezeichnet. Im vorderen Bereich, dort wo die Harn- und Geschlechtsorgane durch das Levatortor

hindurchtreten, ist die zweite Muskelplatte vorhanden, die von den beiden Schambeinen entspringt und damit eine dreieckige Form bekommt. Diese Muskelplatte besteht aus 2 Muskeln, dem tiefen Dammuskel (M. transversus perinei profundus) und dem oberflächlichen Dammuskel (M. transversus perinei superficialis), der quasi den freien Rand der dreieckigen Muskelplatte nach dorsal bildet. Diese beiden Muskeln werden gesamthaft auch als Diaphragma urogenitale bezeichnet. Als Abspaltung des Afterhebers (M. levator ani) liegt auf dem Beckenboden im hinteren Bereich der äußere Schließmuskel des Enddarms (M. sphincter ani externus). Dieser Muskel ist ein willkürlicher Schließmuskel, im Gegensatz zum inneren Schließmuskel (s. Kap. Verdauungsapparat). Auf dem Beckenboden ist außerdem der Zwiebelschwammmuskel (M. bulbospongiosus) vorhanden, der bei der Frau den Vorhof und beim Mann den Penisschwellkörper umgreift. Auf den beiden Seiten des Beckenbodens liegt direkt unterhalb des Sitzbeinrandes der Sitzbeinschwellkörpermuskel (M. ischiocavernosus). Er zieht bei der Frau bis zur Clitoris und beim Mann bis zum Penisschwellkörper.

Ein wichtiger Teil des Beckenbodens ist die in der Dammregion (Perineum) vorhandene zentrale Sehnenplatte, das Centrum tendineum. Diese besteht aus straffem kollagenem Bindegewebe, in das glatte Muskulatur einge-woben ist. Im Centrum tendineum laufen Fasern verschiedener Beckenbodenmuskeln zusammen (M. levator ani, M. transversus perinei profundus, M. sphincter ani externus, M. bulbospongiosus). Durch diese Muskeln ist das Centrum tendineum nach allen Seiten gespannt und verleiht damit dem Damm seine Festigkeit.

4.7.6 Schultergürtelmuskulatur (Tabelle 4.8)

Der knöcherne Schultergürtel wird durch die Rautenmuskeln (Mm. rhomboidei) geschlossen. Daneben wirken eine größere Zahl von Muskeln auf den Schultergürtel ein, die auf der einen Seite helfen, den Schultergürtel am Rumpf zu befestigen, auf der anderen Seite aber auch für die große Beweglichkeit des Armes verantwortlich sind, also auf den Arm direkt einwirken.

Man kann an der Schultergürtelmuskulatur eine ventrale und eine dorsale Muskelgruppe unterscheiden.

Tabelle 4.8. Schultergürtelmuskulatur

Muskel	Funktion
Ventrale Gruppe	
großer Brustmuskel (M. pectoralis major)	alle Teile gemeinsam bewirken: Anziehen des Armes
Schlüsselbeinteil (Pars clavicularis)	an den Rumpf (Adduktion), Bewegung des Armes
Brustbein, Rippenteil (Pars sternocostalis)	nach vorne (Anteversion) und Innendrehung des Armes (Innenrotation) bei seitlich aufgestütztem Arm:
Bauchteil (Pars abdominalis)	Atemhilfsmuskel für die Einatmung
kleiner Brustmuskel (M. pectoralis minor)	zieht das Schulterblatt nach vorne, unten
Unterschlüsselbeinmuskel (M. subclavius)	stemmt das Schlüsselbein gegen das Brustbein
vorderer Sägemuskel (M. serratus anterior)	dreht das Schulterblatt, gemeinsam mit dem Kapuzenmuskel (M. trapezius), dadurch wird die Elevation ermöglicht
Hakenarmmuskel (M. coracobrachialis)	Bewegung des Arms nach vorn (Anteversion), wirkt als Gelenkmuskel (drückt den Oberarmkopf in die Gelenkpfanne)
Dorsale Gruppe	
Kapuzenmuskel (M. trapezius)	
absteigender Teil	Heben der Schulter
querverlaufender Teil	Zurückziehen der Schulter
aufsteigender Teil	Senken der Schulter
ab- und aufsteigender Teil	Drehen des Schulterblattes gemeinsam mit M. serratus anterior (für die Elevation des Armes, s. Tabelle 4.14)
breiter Rückenmuskel (M. latissimus dorsi)	Rückführung und Einwärtsdrehung des Armes
Schulterblattheber (M. levator scapulae)	hebt das Schulterblatt und dreht den unteren Winkel nach medial
großer und kleiner Rautenmuskel (M. rhomboideus major und minor)	sind Teil des Schultergürtels, ziehen das Schulterblatt nach medial und oben, Antagonisten des vorderen Sägemuskels

Ventrale Schultergürtelmuskulatur
(Abb. 4.63)

Ventral liegen der große und der kleine Brustmuskel (M. pectoralis major und minor), der Unterschlüsselbeinmuskel (M. subclavius) sowie der vordere Sägemuskel (M. serratus anterior). Der große Brustmuskel zieht vom Schlüsselbein und der vorderen Brustwand an den Oberarm. Der kleine Brustmuskel liegt direkt unter dem großen Brustmuskel, entspringt allerdings vom Rabenschnabelfortsatz (Processus coracoideus) des Schulterblatts und zieht an die 2. bis 5. Rippe. Ebenfalls vom Rabenschabelfortsatz entspringt der Hakenarmmuskel (M. coracobrachialis), der an den Oberarm zieht. Der Unterschlüsselbeinmuskel zieht von der 1. Rippe an das Schlüsselbein und sichert damit den Zusammenhalt zwischen dem Schlüsselbein und dem Brustbein.

Dorsale Schultergürtelmuskulatur

Die dorsalen Schultergürtelmuskeln gehören zur Gruppe der oberflächlichen Rückenmuskeln. Wie dort beschrieben rechnen wir die folgenden Muskeln dazu: Kapuzenmuskel (M. trapezius), den großen und den kleinen Rautenmuskel (Mm. rhomboidei major und minor), den Schulterheber (M. levator scapulae) sowie den breiten Rückenmuskel (M. latissimus dorsi).

4.7.7 Schultermuskulatur
(Tabelle 4.9)

Die Schultermuskulatur bildet einen Muskelmantel, welcher der Sicherung des Schultergelenkes dient und wegen seiner Wirkung auf den Oberarm auch als Rotatorenmanschette bezeichnet wird.

Zu dieser Muskelgruppe (Schultermuskulatur) rechnet man den Deltamuskel (M. deltoideus; Abb. 4.64), der mit seinen 3 Anteilen das Schultergelenk von hinten, an der Seite und von vorne bedeckt. Diese 3 Anteile sind: Schultergrätenteil (Pars spinalis), Schulterhöhenteil (Pars acromialis) und Schlüsselbeinteil (Pars clavicularis). Alle 3 Teile setzen über eine gemeinsame Sehne am Oberarmknochen an. Mit seinen 3 Teilen ist der Deltamuskel an den meisten Armbewegungen beteiligt (s. Tabelle 4.9).

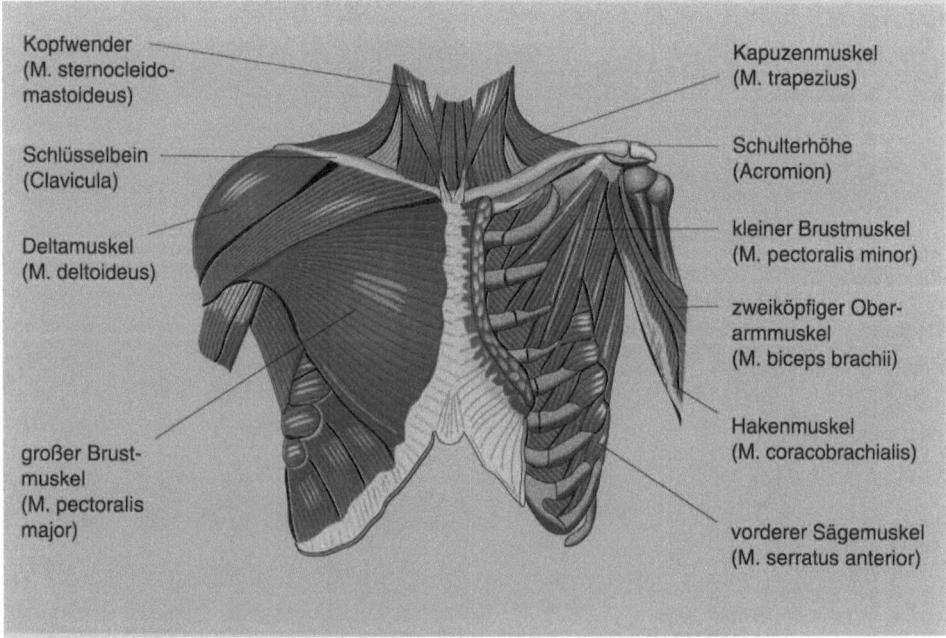

Abb. 4.63. Vorderansicht des Oberkörpers mit oberflächlicher und tiefer Brustmuskulatur

Tabelle 4.9. Schultermuskulatur

Muskel	Funktion
Deltamuskel (M. deltoideus)	
Schultergrätenteil (Pars spinalis)	bewegt den Arm nach hinten (Retroversion), Außendrehung (Außenrotation)
Schulterhöhenteil (Pars acromialis)	Wegführen des Arms vom Körper zur Seite (Abduktion)
Schlüsselbeinteil (Pars clavicularis)	bewegt den Arm nach vorne (Anteversion), Innen-
Schultergräten- und Schlüsselbeinteil	drehung (Innenrotation)
Obergrätenmuskel (M. supraspinatus)	Wegführen des Arms vom Körper zur Seite (Abduktion), Außendrehung (Außenrotation)
Untergrätenmuskel (M. infraspinatus)	stärkster Außendreher (Außenrotator)
kleiner runder Muskel (M. teres minor)	Außendrehung (Außenrotation) und Heranführen des Arms an den Körper (Adduktion)
großer runder Muskel (M. teres major)	Innendrehung (Innenrotation), Heranführen des Arms an den Körper (Adduktion), bewegt den Arm nach hinten (Retroversion)
Unterschulterblattmuskel (M. subscapularis)	stärkster Innendreher (Innenrotator), Heranführen des Arms an den Körper (Adduktion)

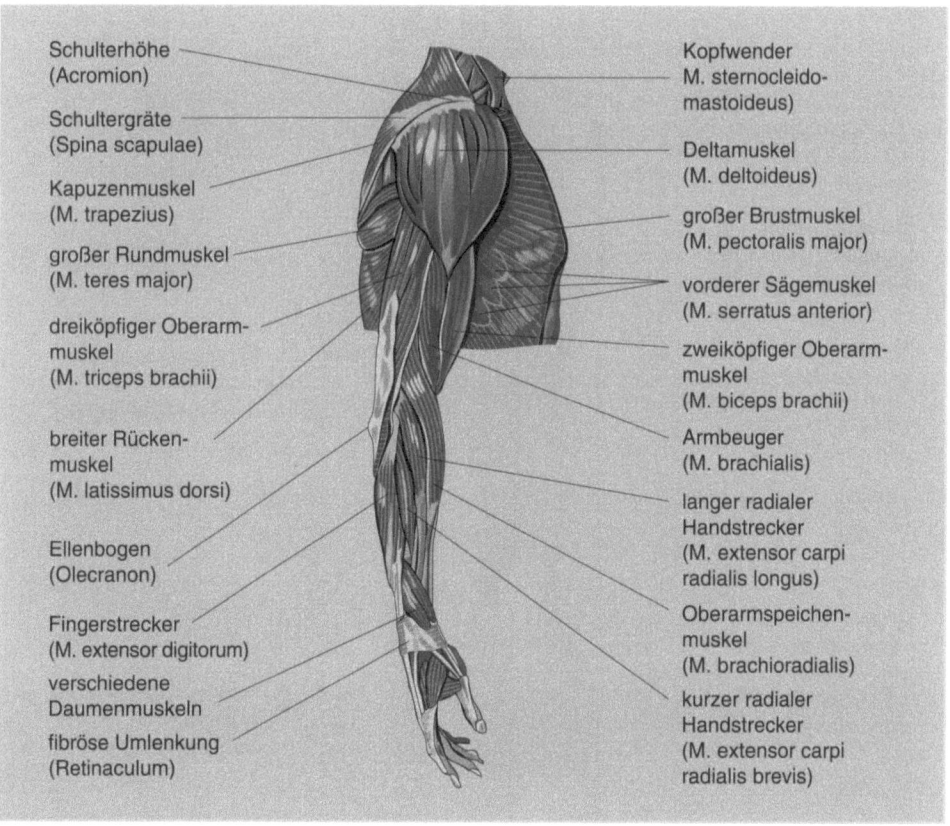

Schulterhöhe (Acromion)

Schultergräte (Spina scapulae)

Kapuzenmuskel (M. trapezius)

großer Rundmuskel (M. teres major)

dreiköpfiger Oberarmmuskel (M. triceps brachii)

breiter Rückenmuskel (M. latissimus dorsi)

Ellenbogen (Olecranon)

Fingerstrecker (M. extensor digitorum)

verschiedene Daumenmuskeln

fibröse Umlenkung (Retinaculum)

Kopfwender M. sternocleidomastoideus)

Deltamuskel (M. deltoideus)

großer Brustmuskel (M. pectoralis major)

vorderer Sägemuskel (M. serratus anterior)

zweiköpfiger Oberarmmuskel (M. biceps brachii)

Armbeuger (M. brachialis)

langer radialer Handstrecker (M. extensor carpi radialis longus)

Oberarmspeichenmuskel (M. brachioradialis)

kurzer radialer Handstrecker (M. extensor carpi radialis brevis)

Abb. 4.64. Rechte Seitenansicht von Oberkörper und Arm

Die eigentliche Rotatorenmanschette (Abb. 4.65–4.68) besteht aus:
dem Obergrätenmuskel (M. supraspinatus),
dem Untergrätenmuskel (M. infraspinatus),
dem großen Rundmuskel (M. teres major),
dem kleinen Rundmuskel (M. teres minor) und dem Unterschulterblattmuskel (M. subscapularis).

4.7.8 Armmuskulatur
(Abb. 4.64, Tabelle 4.10)

Die Muskulatur des Arms wird unterteilt in Oberarmmuskulatur und Unterarmmuskulatur. Die Oberarmmuskulatur wirkt auf das Schultergelenk und auf das Ellenbogengelenk. Die Unterarmmuskulatur wirkt auf das Ellenbogengelenk, die Handgelenke und die Finger.

Oberarmmuskeln
(Abb. 4.65 und 4.66)

Am Oberarm ist die Muskulatur durch Septen (Trennwände aus straffem kollagenem Bindegwebe) in eine dorsale Streckerloge (Extensorenloge) und eine ventrale Beugerloge (Flexorenloge) getrennt. Die Beugerloge enthält den zweiköpfigen Oberarmmuskel (M. biceps brachii) und den Armbeuger (M. brachialis). Vom Schultergürtel verläuft im gleichen Bereich der Hakenarmmuskel (M. coracobrachialis). Der zweiköpfige Oberarmmuskel besitzt einen langen und einen kurzen Kopf. Der lange Bizepskopf entspringt oberhalb der Gelenkpfanne des Schultergelenkes, seine Sehne liegt dabei innerhalb der Gelenkkapsel und läuft über den Oberarmkopf hinweg, so daß sie einen wichtigen Teil der Sicherung des Schultergelenkes nach oben

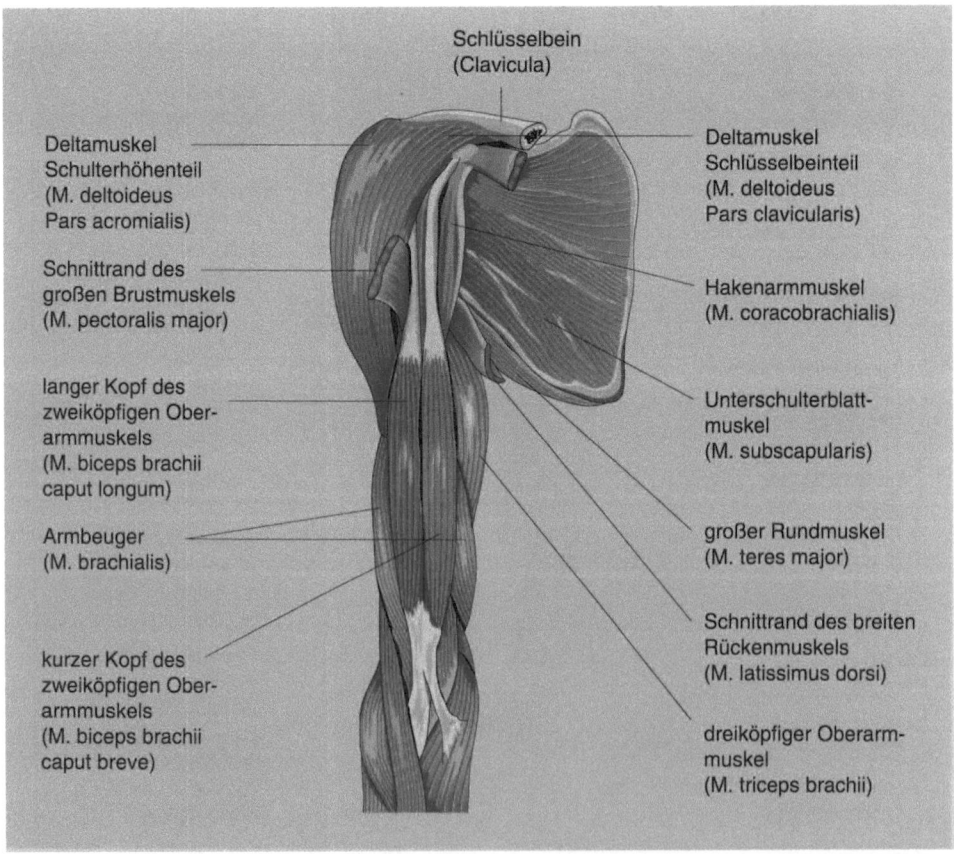

Abb. 4.65. Vorderansicht des Oberarms mit Innenansicht des Schulterblatts. Der Oberkörper steht mit seiner Dorsalseite in direktem Kontakt mit der Innenseite des Schulterblatts

Tabelle 4.10. Armmuskulatur

Muskel	Funktion
Oberarmmuskeln	
zweiköpfiger Oberarmmuskel	Beugung im Ellenbogengelenk, Supination
(M. biceps brachii)	(Umwendbewegung des Unterarms: Daumen außen)
kurzer Kopf (Caput breve)	zusätzlich Sicherung des Schultergelenkes
langer Kopf (Caput longum)	
Armbeuger (M. brachialis)	Beugung im Ellenbogengelenk
dreiköpfiger Oberarmmuskel, Armstrecker	Streckung im Ellenbogengelenk
(M. triceps brachii)	
langer Kopf (Caput longum)	zusätzlich Bewegung des Arms nach vorne
lateraler Kopf (Caput laterale)	(Anteversion)
medialer Kopf (Caput mediale)	
Ventrale Muskeln des Unterarms (Beuger, Flexoren)	
oberflächliche Schicht	
runder Einwärtsdreher	Einwärtsdrehung von Unterarm und Hand (Pronation)
(M. pronator teres)	
radialer Handbeuger	Bewegung der Hand auf die radiale Seite
(M. flexor carpi radialis)	(Radialabduktion), Beugung der Hand
langer Hohlbandmuskel	Spannung der Hohlhandsehnenplatte
(M. palmaris longus)	
ulnarer Handbeuger	Bewegung der Hand auf die ulnare Seite
(M. flexor carpi ulnaris)	(Ulnarabduktion), Beugung der Hand
mittlere Schicht	
oberflächlicher Fingerbeuger	Beugung im Hand-, Fingergrund und
(M. flexor digitorium superficialis)	Fingermittelgelenk
tiefe Schicht	
tiefer Fingerbeuger	Beugung im Hand-, Fingergrund-, Fingermittel- und
(M. flexor digitorum profundus)	Fingerendgelenk
langer Daumenbeuger	Beugung im Handgelenk und in allen Daumen-
(M. flexor pollicis longus)	gelenken
viereckiger Einwärtsdreher	Einwärtsdrehung des Unterarms und der Hand
(M. pronator quadratus)	(Pronation)
Radiale Muskeln am Unterarm	
langer radialer Handstrecker	Abwinkelung der Hand nach oben (Dorsalflexion)
(M. extensor carpi radialis longus)	Bewegung der Hand auf die radiale Seite
	(Radialabduktion)
	schwacher Beuger im Ellenbogengelenk
kurzer radialer Handstrecker	Abwinkelung der Hand nach oben (Dorsalflexion)
(M. externsor carpi radialis brevis)	schwacher Beuger im Ellenbogengelenk
Oberarmspeichenmuskel	Beugung im Ellenbogengelenk
(M. brachioradialis)	
Dorsale Muskeln am Unterarm (Strecker, Extensoren)	
langer Fingerstrecker	Abwinkelung der Hand nach oben (Dorsalflexion),
(M. extensor digitorum)	Streckung der Finger
Kleinfingerstrecker	Streckung des kleinen Fingers
(M. extensor digiti minimi)	
ulnarer Handstrecker	Abwinkelung der Hand nach oben (Dorsalflexion),
(M. extensor carpi ulnaris)	Bewegung der Hand auf die ulnare Seite
	(Ulnarabduktion)
Auswärtsdreher	Auswärtsdrehung der Hand: Daumen außen
(M. supinator)	(Supination)
langer Daumenspreizer	Abspreizung des Daumens
(M. abductor pollicis longus)	
langer Daumenstrecker	streckt den Daumen
(M. extensor pollicis longus)	
kurzer Daumenstrecker	streckt den Daumen
(M. extensor pollicis brevis)	
Zeigefingerstrecker	streckt den Zeigefinger
(M. extensor indicis)	

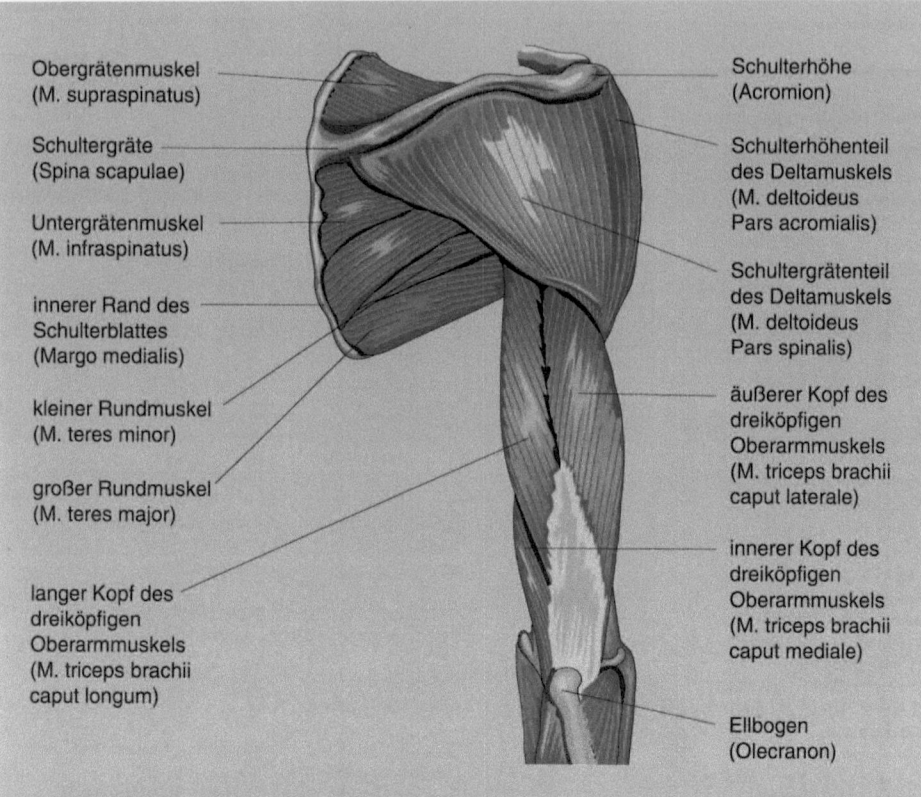

Obergrätenmuskel
(M. supraspinatus)

Schultergräte
(Spina scapulae)

Untergrätenmuskel
(M. infraspinatus)

innerer Rand des
Schulterblattes
(Margo medialis)

kleiner Rundmuskel
(M. teres minor)

großer Rundmuskel
(M. teres major)

langer Kopf des
dreiköpfigen
Oberarmmuskels
(M. triceps brachii
caput longum)

Schulterhöhe
(Acromion)

Schulterhöhenteil
des Deltamuskels
(M. deltoideus
Pars acromialis)

Schultergrätenteil
des Deltamuskels
(M. deltoideus
Pars spinalis)

äußerer Kopf des
dreiköpfigen
Oberarmmuskels
(M. triceps brachii
caput laterale)

innerer Kopf des
dreiköpfigen
Oberarmmuskels
(M. triceps brachii
caput mediale)

Ellbogen
(Olecranon)

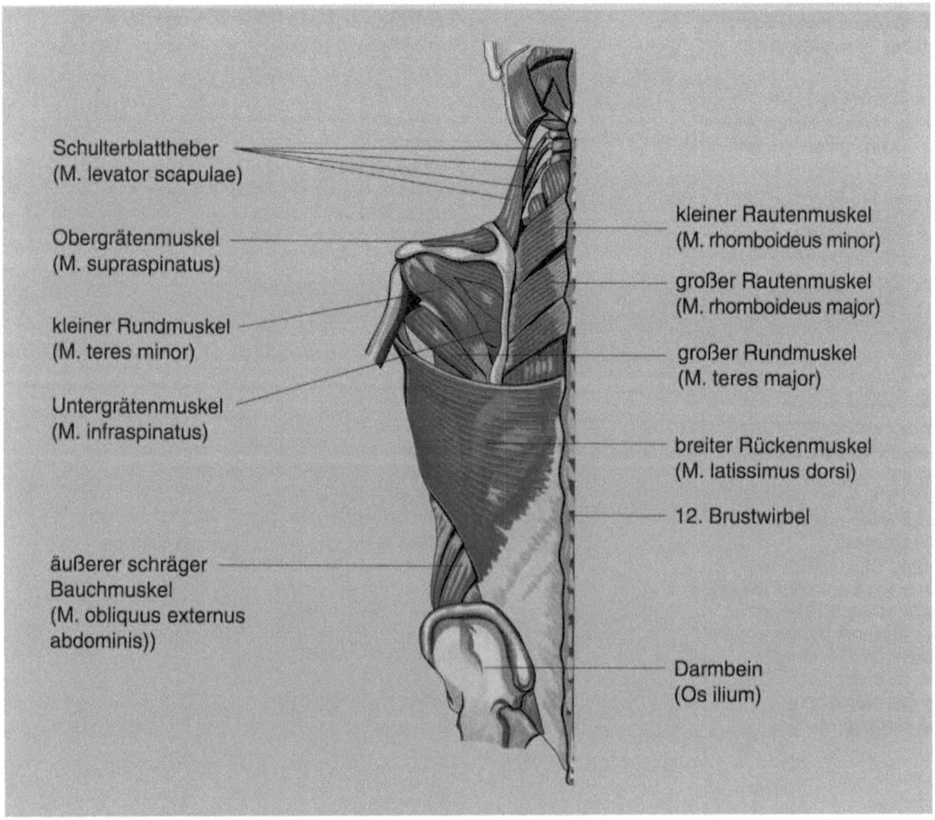

Schulterblattheber
(M. levator scapulae)

Obergrätenmuskel
(M. supraspinatus)

kleiner Rundmuskel
(M. teres minor)

Untergrätenmuskel
(M. infraspinatus)

äußerer schräger
Bauchmuskel
(M. obliquus externus
abdominis))

kleiner Rautenmuskel
(M. rhomboideus minor)

großer Rautenmuskel
(M. rhomboideus major)

großer Rundmuskel
(M. teres major)

breiter Rückenmuskel
(M. latissimus dorsi)

12. Brustwirbel

Darmbein
(Os ilium)

◄
Abb. 4.66. Hinteransicht von Oberarm und Schulterblatt

◄
Abb. 4.67. Hinteransicht des Oberkörpers mit verschiedenen Muskeln des Schultergürtels

(Dach des Schultergelenkes) darstellt. Der kurze Bizepskopf entspringt am Rabenschnabelfortsatz (mit dem Hakenarmmuskel) und zieht in die gemeinsame Sehne. Beide Bizepsköpfe sind über diese Sehne an der Speiche (Radius) befestigt. Bei Umwendbewegungen des Unterarms wird die Sehne quasi am sich in der Längsachse drehenden Radius aufgerollt, und damit kann der zweiköpfige Oberarmmuskel an den Umwendbewegungen des Unterarms teilnehmen. Der in der Tiefe gelegene Armbeuger (M. brachialis) zieht von der Vorderseite des Oberarms zur Elle und kann damit nur auf den Scharniergelenkteil (Articulatio humeroulnaris) des Ellenbogengelenkes (Articulatio cubiti) wirken.

Die Streckerloge, auf der Dorsalseite des Arms, enthält nur den dreiköpfigen Oberarmmuskel (M. triceps brachii). Wie sein Name besagt, besitzt er 3 Köpfe. Der lange Kopf entspringt vom Schulterblatt, direkt unterhalb der Gelenkpfanne. Der mediale und laterale Kopf entspringen beide vom Schaft des Oberarmknochens. Alle 3 Köpfe vereinigen sich in einer gemeinsamen Sehne, die am Olekranon (knöcherner Höcker des äußeren Ellenbogens), d. h. an der Elle, ansetzt. Der lange Kopf wirkt auf das Schultergelenk, indem er an der Bewegung des Oberarms nach hinten (Retroversion) beteiligt ist. Alle 3 Köpfe wirken streckend auf das Ellenbogengelenk. Der dreiköpfige Oberarmmuskel ist der einzige Strecker des Gelenkes.

Der zweiköpfige und der dreiköpfige Oberarmmuskel wirken als Gegenspieler (Antagonisten), da der zweiköpfige eine Beugung und der dreiköpfige eine Streckung bewirkt.

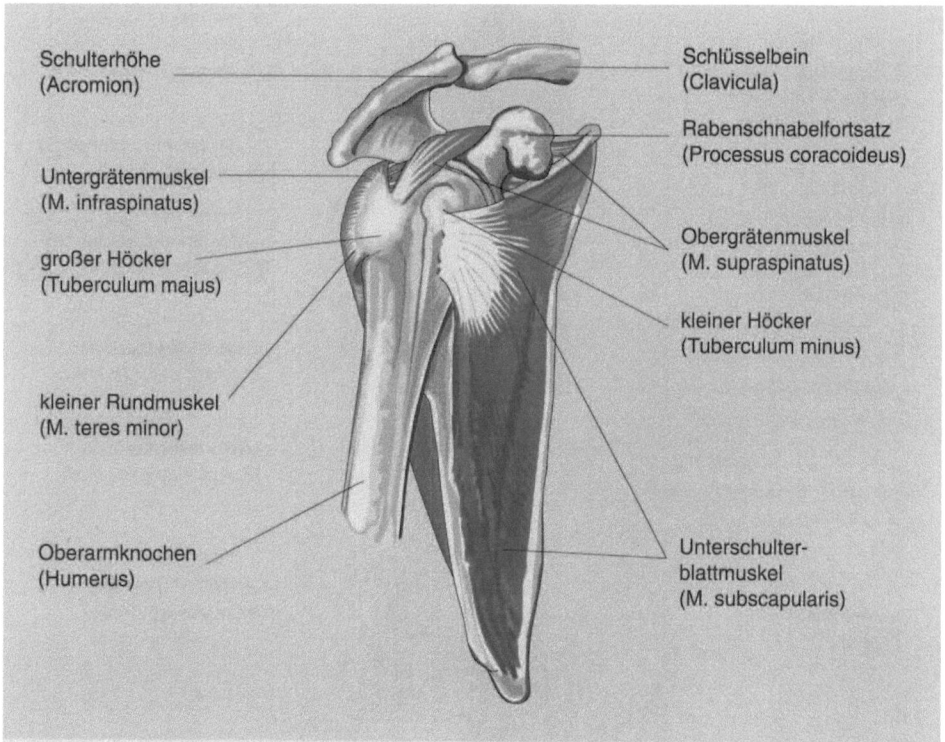

Schulterhöhe (Acromion)

Untergrätenmuskel (M. infraspinatus)

großer Höcker (Tuberculum majus)

kleiner Rundmuskel (M. teres minor)

Oberarmknochen (Humerus)

Schlüsselbein (Clavicula)

Rabenschnabelfortsatz (Processus coracoideus)

Obergrätenmuskel (M. supraspinatus)

kleiner Höcker (Tuberculum minus)

Unterschulterblattmuskel (M. subscapularis)

Abb. 4.68. Vorder-Seiten-Ansicht der Schultergelenksregion. Die Ansätze des Unterschulterblattmuskels (M. subscapularis) und des Obergrätenmuskels (M. supraspinatus) sowie des kleinen Rundmuskels (M. teres minor) am Oberarmknochen (Humerus) sind zu sehen

Unterarmmuskeln

Auch am Unterarm sind die Muskeln in eigenen Fächern oder Logen, die durch bindegewebige Septen voneinander getrennt sind, angeordnet. Hier sind 3 Muskelgruppen vorhanden: eine dorsale, ventrale und radiale.

Ventrale Beuger am Unterarm
(Abb. 4.69 und 4.70)

In der ventralen Beugerloge sind die Muskeln in 3 Schichten angeordnet: oberflächliche, mittlere und tiefe Schicht.

In der oberflächlichen Schicht liegen der runde Einwärtsdreher (M. pronator teres), der radiale Handbeugemuskel (M. flexor carpi radialis), der ulnare Handbeuger (M. flexor carpi ulnaris) und der lange Hohlhandmuskel (M. palmaris longus). Der lange Hohlhandmuskel ist fakultativ (d.h. er muß nicht vorhanden sein) bei ca. der Hälfte aller Menschen vorhanden. Er läßt sich leicht durch die Haut nachweisen, da seine Sehne neben der Sehne des radialen Handbeugemuskels in der Mitte zwischen radialer und ulnarer Seite des Unterarms bis an die Oberfläche tritt. Seine Funktion ist es, die flächige Sehne der Hohlhand (Palmaraponeurose) zu spannen. Gelegentlich kommt er am linken Arm vor und fehlt am rechten Arm oder umgekehrt.

In der mittleren Schicht der ventralen Muskelgruppe befindet sich der oberflächliche Fingerbeuger (M. flexor digitorum superficialis), der mit 3 Köpfen entspringt und sich in 4 Sehnen aufteilt. Diese laufen an die Mittelglieder des 2.–5. Fingers. In der tiefen Schicht befindet sich der tiefe Fingerbeuger (M. flexor digitorum profundus), der mit 4 Sehnen an die Endglieder des 2.–5. Fingers läuft. Ebenfalls in der tiefen Schicht befinden sich der viereckige Einwärtsdreher (M. pro-

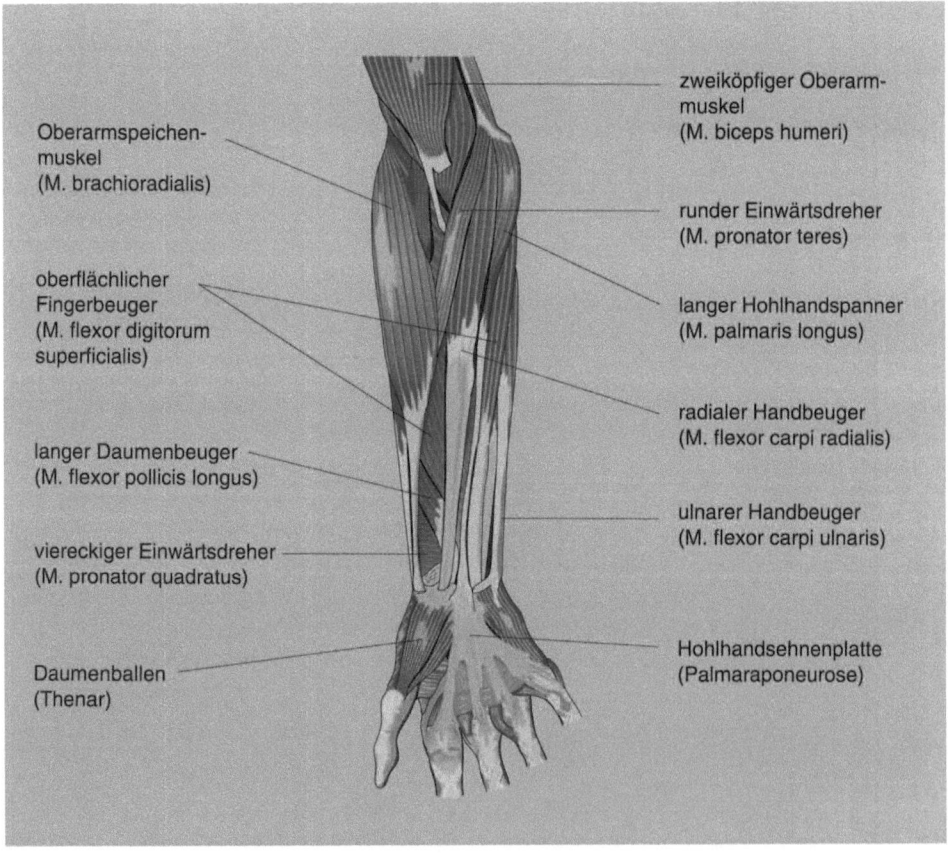

Oberarmspeichen-
muskel
(M. brachioradialis)

oberflächlicher
Fingerbeuger
(M. flexor digitorum
superficialis)

langer Daumenbeuger
(M. flexor pollicis longus)

viereckiger Einwärtsdreher
(M. pronator quadratus)

Daumenballen
(Thenar)

zweiköpfiger Oberarm-
muskel
(M. biceps humeri)

runder Einwärtsdreher
(M. pronator teres)

langer Hohlhandspanner
(M. palmaris longus)

radialer Handbeuger
(M. flexor carpi radialis)

ulnarer Handbeuger
(M. flexor carpi ulnaris)

Hohlhandsehnenplatte
(Palmaraponeurose)

Abb. 4.69. Ventralansicht des Unterarms mit den Handbeugern

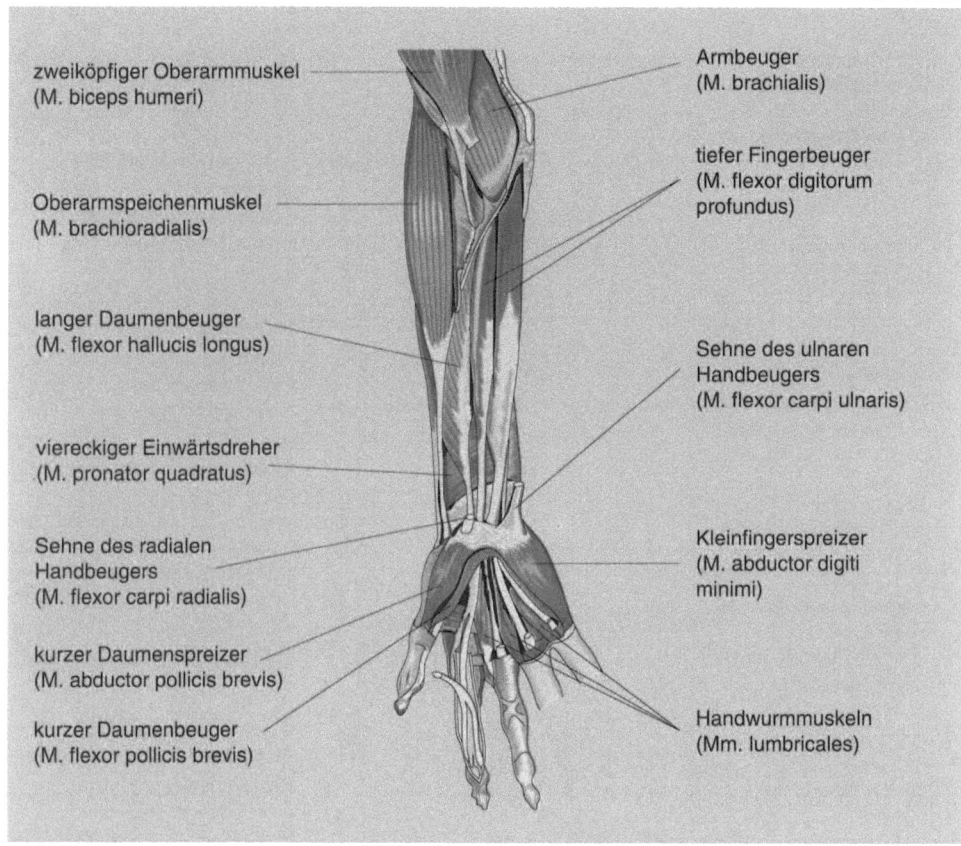

zweiköpfiger Oberarmmuskel
(M. biceps humeri)

Oberarmspeichenmuskel
(M. brachioradialis)

langer Daumenbeuger
(M. flexor hallucis longus)

viereckiger Einwärtsdreher
(M. pronator quadratus)

Sehne des radialen
Handbeugers
(M. flexor carpi radialis)

kurzer Daumenspreizer
(M. abductor pollicis brevis)

kurzer Daumenbeuger
(M. flexor pollicis brevis)

Armbeuger
(M. brachialis)

tiefer Fingerbeuger
(M. flexor digitorum
profundus)

Sehne des ulnaren
Handbeugers
(M. flexor carpi ulnaris)

Kleinfingerspreizer
(M. abductor digiti
minimi)

Handwurmmuskeln
(Mm. lumbricales)

Abb. 4.70. Ventralansicht des Unterarms mit den Fingerbeugern

nator quadratus) und der lange Daumenbeuger (M. flexor pollicis longus).

Radiale Muskeln am Unterarm
(Abb. 4.69 und 4.70)
In der radialen Gruppe sind 3 Muskeln vorhanden: der lange radiale Handstrecker (M. carpi radialis longus) und der kurze radiale Handstrecker (M. carpi radialis brevis); diese beiden gehören, wie der Name schon andeutet, zu den Streckern im Handgelenk, im Ellenbogengelenk hingegen können sie sich als schwache Beuger betätigen. Der 3. Muskel der radialen Gruppe gehört lediglich zu den Beugern, es ist der Oberarmspeichenmuskel (M. brachioradialis), der im Ellenbogengelenk beugt.

Dorsale Strecker am Unterarm
(Abb. 4.71 und 4.72)
In der dorsalen Muskelloge sind eine oberflächliche und eine tiefe Schicht vorhanden. Oberflächlich liegen der Fingerstrecker (M. extensor digitorum), der Kleinfingerstrecker (M. extensor digiti minimi) und der ulnare Handstrecker (M. extensor carpi ulnaris). Vom Kleinfingerstrecker wird scherzhaft behauptet, daß er bei älteren Engländerinnen, nach jahrelangem Training an der Teetasse, besonders gut ausgebildet sein soll. In der tiefen Schicht der dorsalen Muskelloge liegen der Auswärtsdreher (M. supinator), der lange Daumenabspreizer (M. abductor pollicis longus), der kurze Daumenstrecker (M. extensor pollicis brevis), der lange Daumenstrecker (M. extensor pollicis longus) und der Zeigefingerstrecker (M. extensor digiti minimi). Bei abgestrecktem Daumen werden die Sehnen des kurzen und langen Daumenstreckers

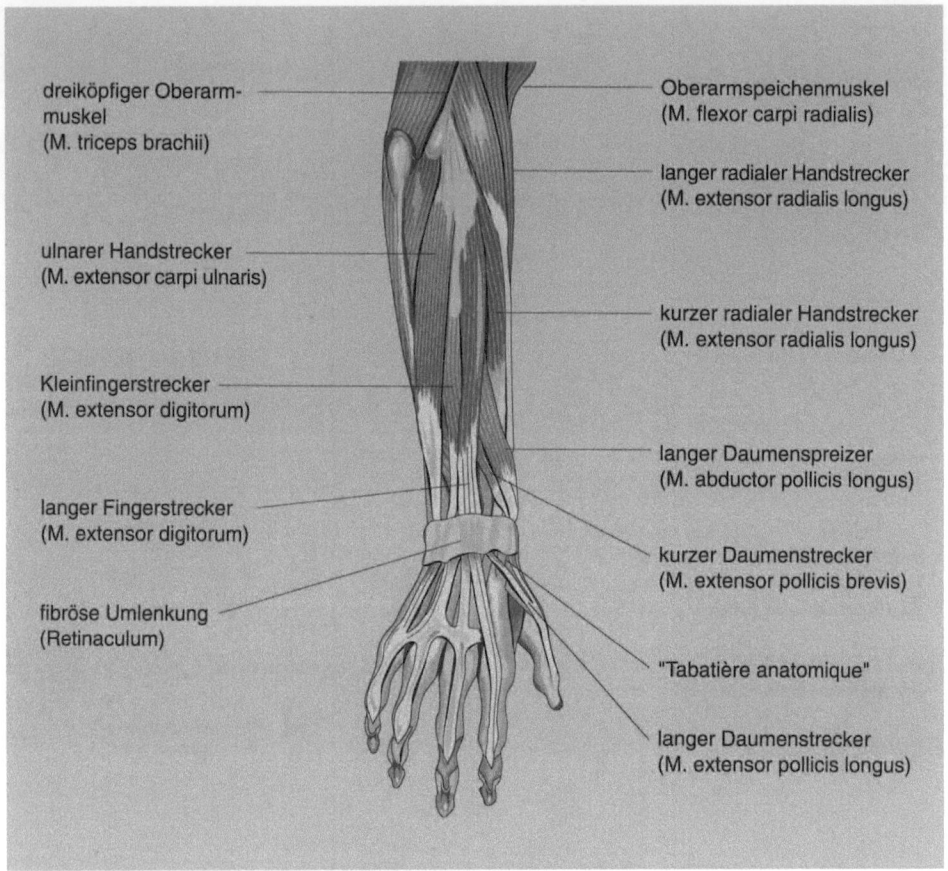

dreiköpfiger Oberarm-
muskel
(M. triceps brachii)

Oberarmspeichenmuskel
(M. flexor carpi radialis)

langer radialer Handstrecker
(M. extensor radialis longus)

ulnarer Handstrecker
(M. extensor carpi ulnaris)

kurzer radialer Handstrecker
(M. extensor radialis longus)

Kleinfingerstrecker
(M. extensor digitorum)

langer Daumenspreizer
(M. abductor pollicis longus)

langer Fingerstrecker
(M. extensor digitorum)

kurzer Daumenstrecker
(M. extensor pollicis brevis)

fibröse Umlenkung
(Retinaculum)

"Tabatière anatomique"

langer Daumenstrecker
(M. extensor pollicis longus)

Abb. 4.71. Dorsalansicht des Unterarms mit den oberflächlichen Streckern

deutlich unter der Haut sichtbar, auf der Höhe des Daumengrundgelenkes. Zwischen den beiden Sehnen befindet sich dann eine Vertiefung, die von Schnupftabakverbrauchern gerne als „Schnupftabakdose" verwendet wird zum Einstreuen von Schnupftabak für das Schnupfen. Sie hat deshalb den französischen Namen *tabatière anatomique* bekommen (anatomische Tabakdose).

Umwendbewegungen des Unterarms und der Hand (Pronation und Supination)
In den beiden Speichenellengelenken, dem proximalen und dem distalen Radioulnargelenk, finden die Umwendbewegungen des Unterarmes statt, die zwangsläufig auch zu einer Stellungsänderung der Hand führen. Die Auswärtsdrehung führt zur Drehung der Hand, so daß die Handfläche nach vorne schaut. Dies wird als Supination bezeichnet. Bei der Supination befindet sich der Daumen

auf der Außenseite der Hand. Die Gegenbewegung, d. h. die Einwärtsdrehung des Unterarms, führt zur Drehung der Hand, so daß die Handfläche nach hinten schaut und der Daumen sich auf der Innenseite befindet.

4.7.9 Handmuskulatur
(Abb. 4.69, 4.70 und 4.73)

Im Bereich der Handfläche befindet sich eine größere Zahl von Muskeln für die Fingerbewegungen, die in Muskeln des Daumenbal-

▶
Abb. 4.72. Dorsalansicht des Unterarms mit den tiefen Streckern

▶
Abb. 4.73. Muskeln der Handinnenfläche (Palmarfläche); *FD* oberflächlicher Fingerbeuger (M. flexor digitorum superficialis)

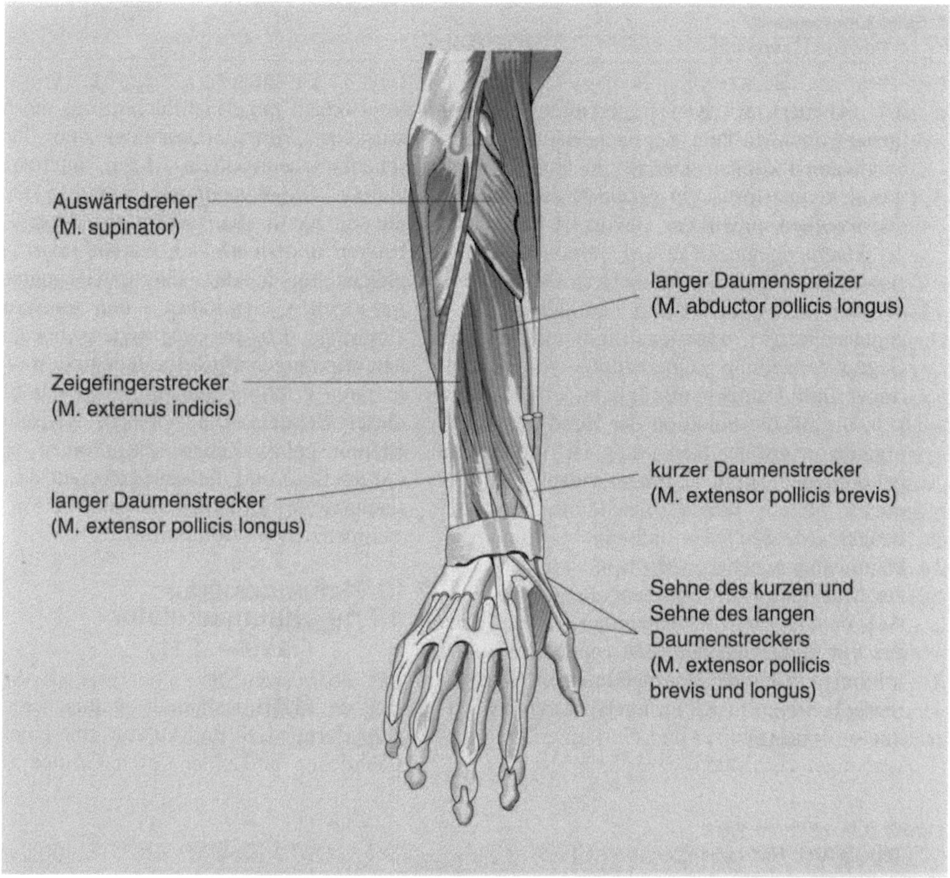

Auswärtsdreher
(M. supinator)

langer Daumenspreizer
(M. abductor pollicis longus)

Zeigefingerstrecker
(M. externus indicis)

kurzer Daumenstrecker
(M. extensor pollicis brevis)

langer Daumenstrecker
(M. extensor pollicis longus)

Sehne des kurzen und
Sehne des langen
Daumenstreckers
(M. extensor pollicis
brevis und longus)

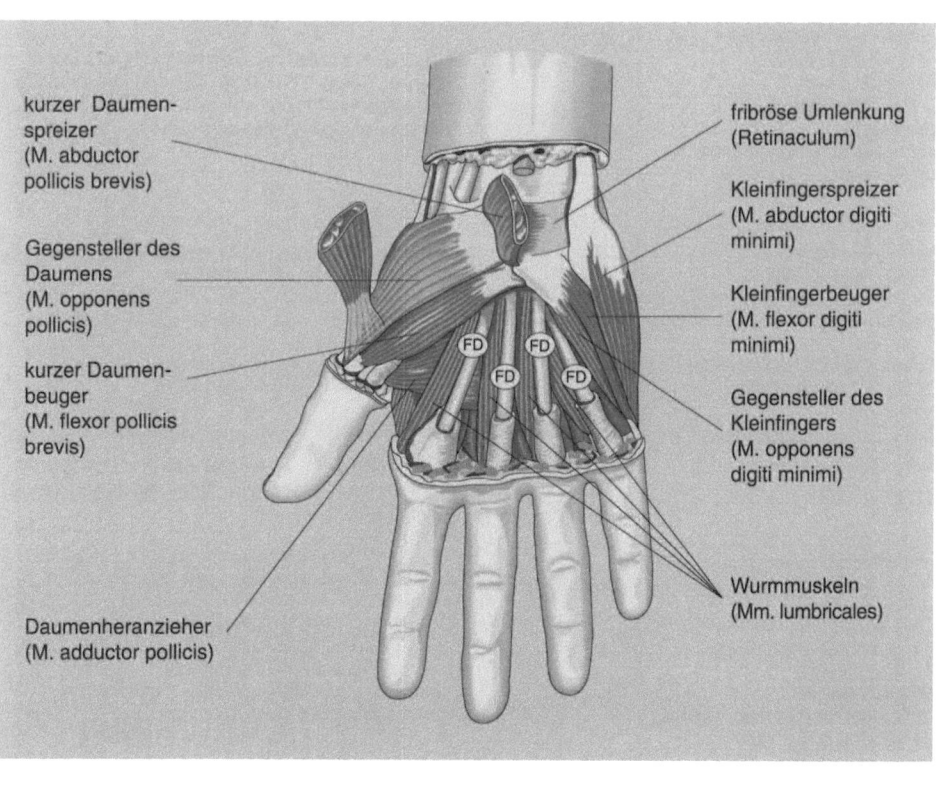

kurzer Daumen-
spreizer
(M. abductor
pollicis brevis)

fribröse Umlenkung
(Retinaculum)

Kleinfingerspreizer
(M. abductor digiti
minimi)

Gegensteller des
Daumens
(M. opponens
pollicis)

Kleinfingerbeuger
(M. flexor digiti
minimi)

kurzer Daumen-
beuger
(M. flexor pollicis
brevis)

Gegensteller des
Kleinfingers
(M. opponens
digiti minimi)

Wurmmuskeln
(Mm. lumbricales)

Daumenheranzieher
(M. adductor pollicis)

lens (Thenar), des Kleinfingerballens (Hypothenar) und Muskeln der Handfläche eingeteilt werden können. Der Daumenballen wird von 4 kleinen Muskeln gebildet, die alle auf den Daumen einwirken. Davon ist besonders der Daumengegensteller (M. opponens pollicis) zu erwähnen, der mit seinem Gegenstück auf dem Kleinfingerballen dem Kleinfingergegensteller (M. opponens digiti minimi) die Gegenüberstellung (Opposition) von Kleinfinger und Daumen ermöglicht, eine Fähigkeit, die für die Funktion der Hand als Greiforgan von größter Bedeutung ist. Außerdem gehören der kurze Daumenspreizer (M. abductor pollicis brevis), der kurze Daumenbeuger (M. flexor pollicis brevis) und der Daumenheranzieher (M. adductor pollicis) zur Muskulatur des Daumenballens.

Auf dem Kleinfingerballen sind außer dem erwähnten Gegensteller (M. opponens digiti minimi) ein kurzer Hohlhandmuskel (M. palmaris brevis), ein Kleinfingerspreizer (M. abductor digiti minimi) und ein kurzer Kleinfingerbeuger vorhanden.

Im Bereich der Handfläche sind die Wurmmuskeln (Mm. lumbricales) und die Zwischenknochenmuskeln (Mm. interossei) zu nennen. Die Wurmmuskeln sind in der Lage, die Finger in den Fingergrundgelenken zu beugen und durch den Verlauf ihrer Sehnen gleichzeitig in den Fingerzwischengelenken zu strecken. Sie haben einen transportablen Ursprung, d.h. sie entspringen von den Sehnen der langen Fingerbeuger und sind damit in ihrer Wirkung abhängig von der Stellung dieser Sehnen. Die dorsalen Zwischenknochenmuskeln können die Finger spreizen (Abduktion) und die palmaren (auf der Handflächenseite liegenden) können die Finger zusammenziehen (Adduktion).

4.7.10 Hüftmuskulatur
(Tabelle 4.11)

Bei der Hüftmuskulatur unterscheiden wir eine dorsale Hüftmuskulatur mit einer oberflächlichen und einer tiefen Gruppe von der

Tabelle 4.11. Hüftmuskulatur

Muskel	Funktion
Ventrale Hüftmuskeln	
großer Lendenmuskel (M. psoas major) Darmbeinmuskel (M. iliacus) gemeinsam: Hüftlendenmuskel (M. iliopsoas)	Beugung im Hüftgelenk, Außendrehung des Oberschenkel. Neigung der Wirbelsäule auf die Seite. Bei beidseitiger Kontraktion und feststehenden Beinen: Neigung des Oberkörpers nach vorne
Dorsale Hüftmuskeln (oberflächliche Schicht)	
großer Gesäßmuskel (M. glutaeus maximus)	Streckung im Hüftgelenk, Sicherung des Hüftgelenks, Außendrehung des Oberschenkels
mittlerer und kleiner Gesäßmuskel (M. glutaeus medius und minimus)	Abspreizung (Abduktion) des Oberschenkels am Spielbein, Sicherung des Beckens am Standbein, Einwärts- und Außendrehung des Oberschenkels
Spanner der Oberschenkelfaszie (M. tensor fasciae latae)	Spannung der Oberschenkelfaszie, Innendrehung des Oberschenkels, Schlußrotation
Dorsale Hüftmuskeln (tiefe Schicht)	
birnenförmiger Muskel (M. piriformis)	Außendrehung des Oberschenkels, Abspreizung des Oberschenkels (Abduktion), Rückziehen des Oberschenkels (Retroversion)
innerer Hüftlochmuskel (M. obturatorius internus)	Außendrehung des Oberschenkels, im Stand: Heranziehen des Oberschenkels (Adduktion), bei gebeugtem Hüftgelenk: Abspreizen des Oberschenkels (Abduktion)
äußerer Hüftlochmuskel (M. obturatorius externus)	Außendrehung des Oberschenkels Heranziehen des Oberschenkels (Adduktion)
Zwillingsmuskeln (Mm. gemelli)	Außendrehung des Oberschenkels Heranziehen des Oberschenkels (Adduktion)
viereckiger Oberschenkelmuskel (M. quadratus femoris)	Außendrehung des Oberschenkels Heranziehen des Oberschenkels (Adduktion)

ventralen Hüftmuskulatur. Diese Unterscheidung basiert auf der Lage der Muskulatur.

Ventrale Hüftmuskeln (Abb. 4.74)

Die Gruppe der ventralen Hüftmuskeln besteht aus 2 Muskeln, die eine gemeinsame Sehne bilden und mit dier am kleinen Höcker (Trochanter minor) des Oberschenkelknochens ansetzen. Die beiden Muskeln sind der Darmbeinmuskel (M. iliacus) und der große Lendenmuskel (M. psoas major). Der Darmbeinmuskel entspringt auf der Darmbeinschaufel des großen Beckens. Der Lendenmuskel entspringt von den Rippenfortsätzen der Lendenwirbel. Gemeinsam werden diese beiden Muskeln als Hüftlendenmuskel (M. iliopsoas) bezeichnet. Sie gelangen über den Beckenrand an den Oberschenkel und sind somit in der Lage, eine Beugung (Flexion) im Hüftgelenk und eine Auswärtsdrehung (Außenrotation) durchzuführen.

Dorsale Hüftmuskulatur

Oberflächliche Schicht (Abb. 4.75 und 4.76): Zur oberflächlichen Schicht der dorsalen Hüftmuskulatur rechnen wir den großen Gesäßmuskel (M. glutaeus maximus), den mittleren Gesäßmuskel (M. glutaeus medius) und den kleinen Gesäßmuskel (M. glutaeus minimus) sowie den Spanner der Oberschenkelfaszie (M. tensor fasciae latae). Der große Gesäßmuskel ist beim Menschen besonders gut ausgebildet wegen des aufrechten Ganges. Er ist der wichtigste Strecker im Hüftgelenk und wird beim Treppensteigen, und beim Aufstehen aus dem Sitzen betätigt. Außerdem hält er das Becken und verhindert somit das Vornüberkippen des Rumpfes. Der

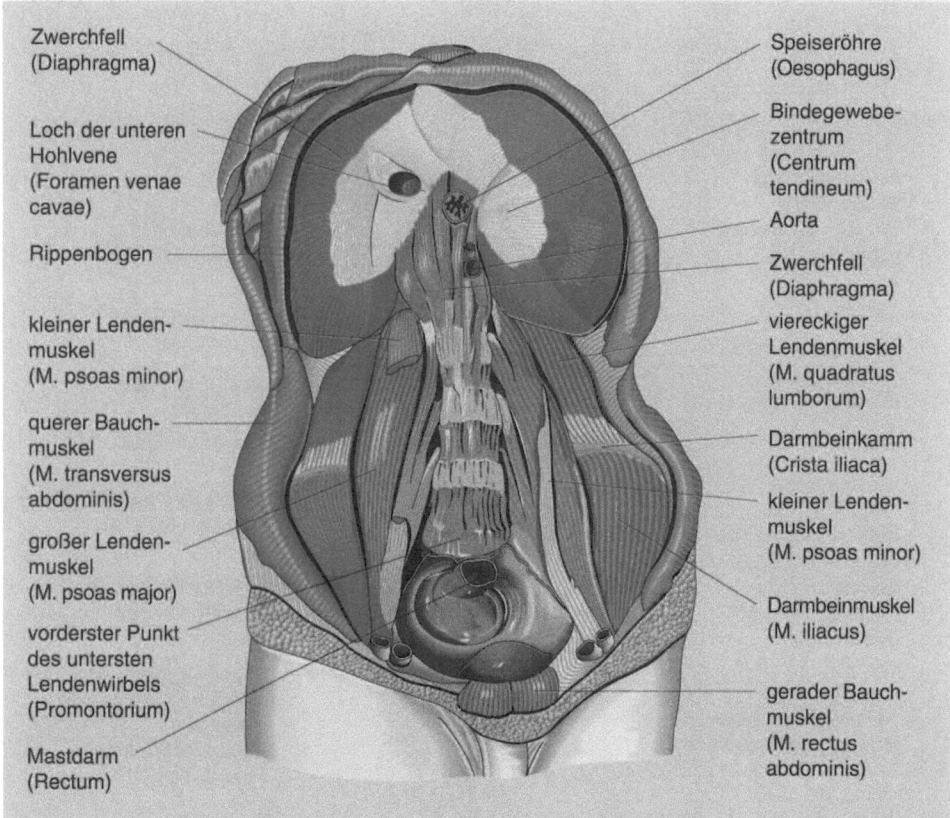

Abb. 4.74. Innenansicht des Bauchraums mit den ventralen Hüftmuskeln und der Unterfläche des Zwerchfells. Der *obere Rand* der Abbildung wird durch den Rippenbogen gebildet

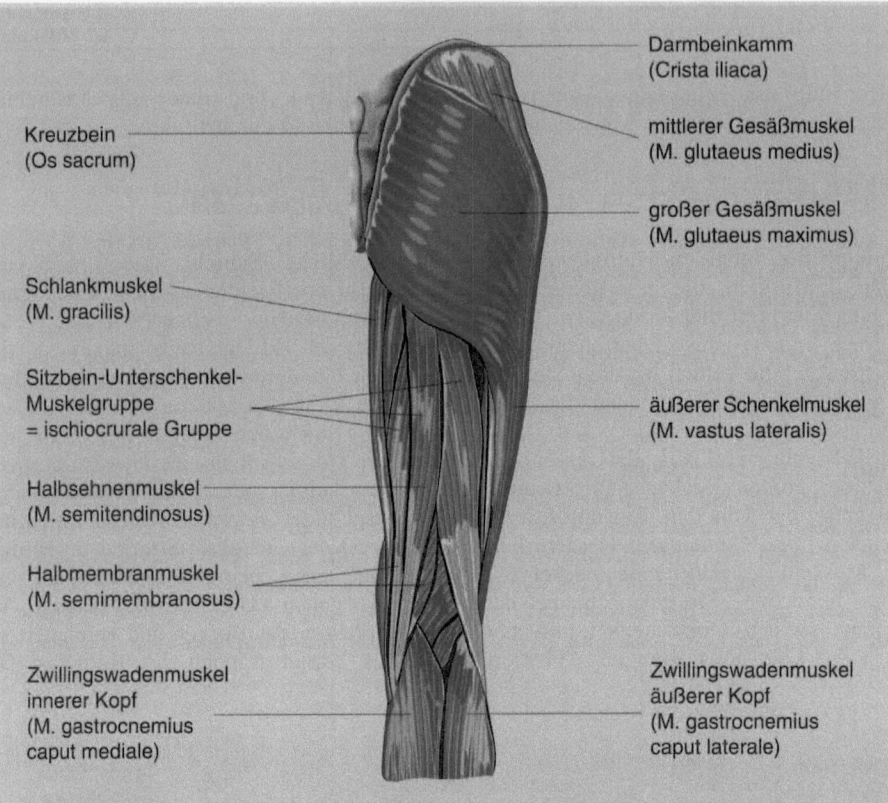

Darmbeinkamm
(Crista iliaca)

Kreuzbein
(Os sacrum)

mittlerer Gesäßmuskel
(M. glutaeus medius)

großer Gesäßmuskel
(M. glutaeus maximus)

Schlankmuskel
(M. gracilis)

Sitzbein-Unterschenkel-
Muskelgruppe
= ischiocrurale Gruppe

äußerer Schenkelmuskel
(M. vastus lateralis)

Halbsehnenmuskel
(M. semitendinosus)

Halbmembranmuskel
(M. semimembranosus)

Zwillingswadenmuskel
innerer Kopf
(M. gastrocnemius
caput mediale)

Zwillingswadenmuskel
äußerer Kopf
(M. gastrocnemius
caput laterale)

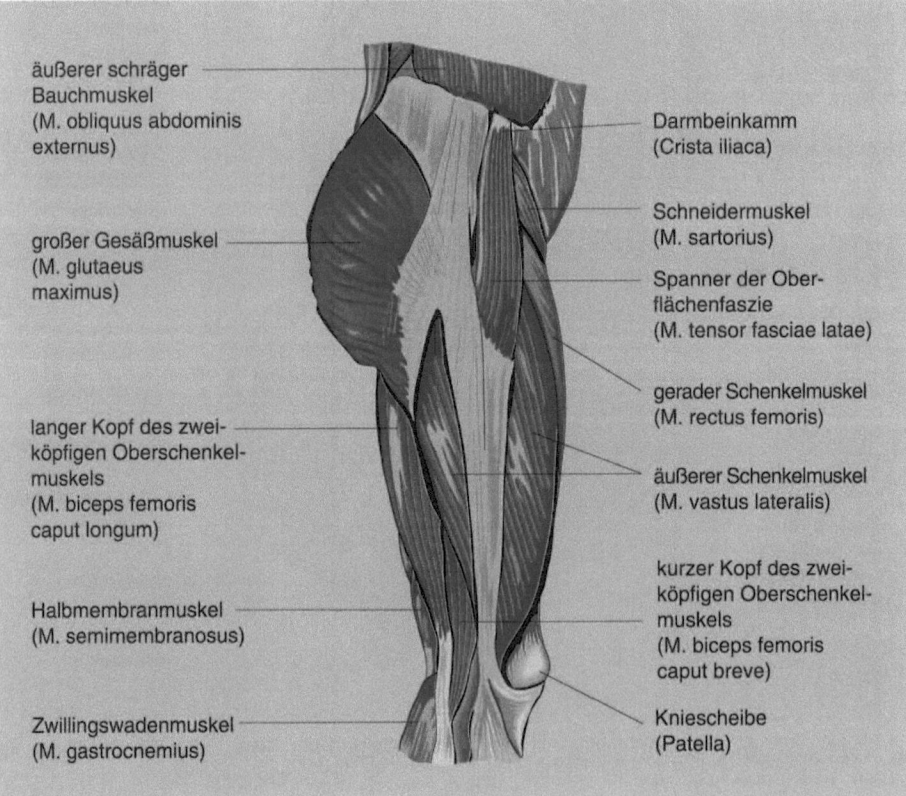

äußerer schräger
Bauchmuskel
(M. obliquus abdominis
externus)

Darmbeinkamm
(Crista iliaca)

Schneidermuskel
(M. sartorius)

großer Gesäßmuskel
(M. glutaeus
maximus)

Spanner der Ober-
flächenfaszie
(M. tensor fasciae latae)

gerader Schenkelmuskel
(M. rectus femoris)

langer Kopf des zwei-
köpfigen Oberschenkel-
muskels
(M. biceps femoris
caput longum)

äußerer Schenkelmuskel
(M. vastus lateralis)

kurzer Kopf des zwei-
köpfigen Oberschenkel-
muskels
(M. biceps femoris
caput breve)

Halbmembranmuskel
(M. semimembranosus)

Zwillingswadenmuskel
(M. gastrocnemius)

Kniescheibe
(Patella)

◄
Abb. 4.75. Oberflächliche Schicht der dorsalen Hüft-muskeln und Muskeln der ischiokruralen Gruppe

◄
Abb. 4.76. Seitenansicht des rechten Oberschenkels und der Gesäßregion

mittlere Gesäßmuskel und der kleine Gesäß-muskel liegen übereinander an der Außensei-te der Darmbeinschaufel. Sie sind für das Abspreizen des Beins verantwortlich beim Spielbein und für das Halten des Beckens in der Horizontalen beim Standbein. Bei einer Lähmung dieser Muskeln entsteht ein enten-ähnlicher Watschelgang, bei dem das Becken bei jedem Schritt abknickt. Der Spanner der Oberschenkelfaszie (Fascia lata) zieht in eine seitliche Verstärkung der Oberflächenfaszie, die bis zum Unterschenkel läuft (Tractus ilio-tibialis), womit u. a. eine Verriegelung (Schlußrotation) des Kniegelenkes bei der vollständigen Streckung ermöglicht wird, er

nimmt aber auch an der Einwärtsdrehung des Oberschenkels teil.

Tiefe Schicht (Abb. 4.77): Die tiefe Schicht der dorsalen Hüftmuskeln besteht aus einer Gruppe von Muskeln, die für die Feineinstel-lung der Außendrehung des Oberschenkels verantwortlich ist. Diese Muskeln werden deshalb auch als kleine Außendreher oder Außenroller bezeichnet. Die Kraft für die Au-ßendrehung kommt vom großen Gesäßmus-kel. Zu den kleinen Außendrehern rechnet man den birnenförmigen Muskel (M. pirifor-mis), den inneren Hüftlochmuskel (M. obtu-ratorius internus), die Zwillingsmuskeln (Mm. gemelli), den viereckigen Schenkel-muskel (M. quadratus femoris) und den äuße-ren Hüftlochmuskel (M. obturatorius exter-nus). Der äußere Hüftlochmuskel liegt ganz in der Tiefe und wird von den anderen Au-ßendrehern noch überdeckt. Insgesamt liegen die Außendreher unter dem großen Gesäß-

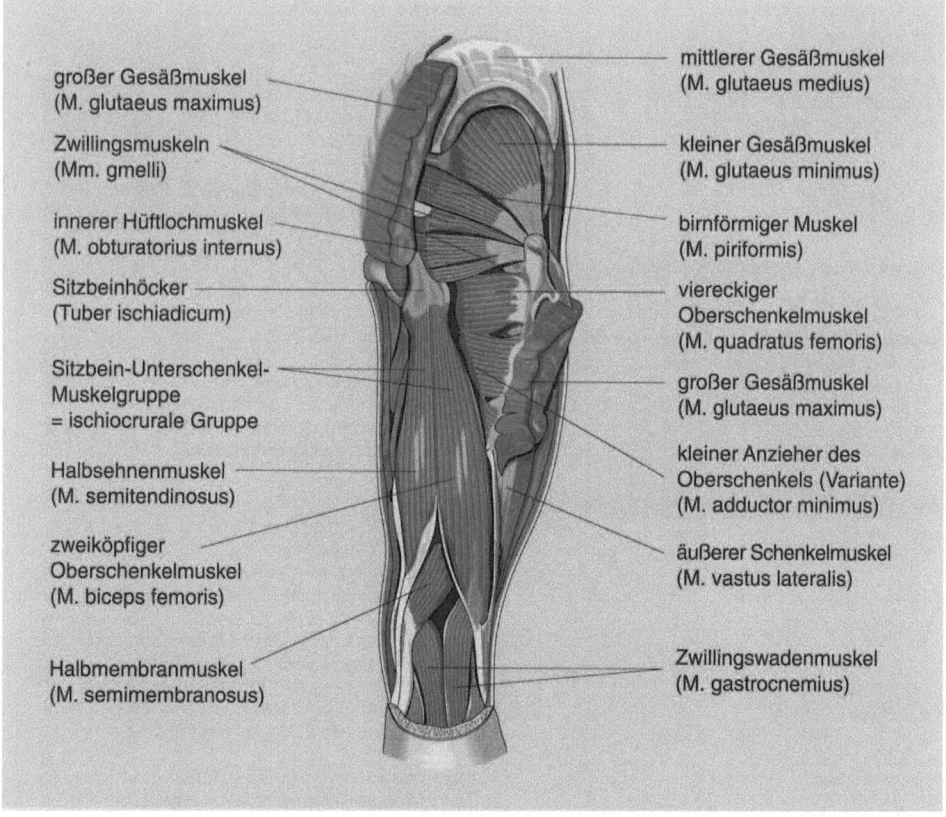

großer Gesäßmuskel
(M. glutaeus maximus)

Zwillingsmuskeln
(Mm. gmelli)

innerer Hüftlochmuskel
(M. obturatorius internus)

Sitzbeinhöcker
(Tuber ischiadicum)

Sitzbein-Unterschenkel-
Muskelgruppe
= ischiocrurale Gruppe

Halbsehnenmuskel
(M. semitendinosus)

zweiköpfiger
Oberschenkelmuskel
(M. biceps femoris)

Halbmembranmuskel
(M. semimembranosus)

mittlerer Gesäßmuskel
(M. glutaeus medius)

kleiner Gesäßmuskel
(M. glutaeus minimus)

birnförmiger Muskel
(M. piriformis)

viereckiger
Oberschenkelmuskel
(M. quadratus femoris)

großer Gesäßmuskel
(M. glutaeus maximus)

kleiner Anzieher des
Oberschenkels (Variante)
(M. adductor minimus)

äußerer Schenkelmuskel
(M. vastus lateralis)

Zwillingswadenmuskel
(M. gastrocnemius)

Abb. 4.77. Dorsalansicht des Oberschenkels mit der tiefen Muskelschicht, den kleinen Außenrollern

muskel, sie verlaufen vom Beckengürtel an den Oberschenkel.

4.7.11 Beinmuskulatur

Oberschenkelmuskulatur (Tabelle 4.12)

Die Muskulatur des Oberschenkels kann in 3 Gruppen unterteilt werden: eine mediale (Heranzieher des Oberschenkels, Adduktoren), eine ventrale (Strecker, Extensoren) und eine dorsale Gruppe (Beuger, Flexoren).

Ventrale Oberschenkelmuskeln (Abb. 4.78)
Zu den ventralen Oberschenkelmuskeln rechnet man 2 Muskeln, den Schneidermuskel (M. sartorius) und den vierköpfigen Ober-

schenkelmuskel (M. quadriceps femoris). Der Schneidermuskel verläuft lateral vom Beckenrand schraubenförmig über den Oberschenkel auf die mediale Seite des Unterschenkels. Somit überquert er 2 Gelenke (Hüft- und Kniegelenk) und wirkt dementsprechend auch auf diese beiden Gelenke. Da er im Schneidersitz, d. h. beim Sitzen am Boden mit gekreuzten Unterschenkeln, relativ deutlich unter der Haut zu sehen ist, wird er als Schneidermuskel bezeichnet. Der vierköpfige Oberschenkelmuskel besitzt, wie der Name besagt, 4 Köpfe, die alle gemeinsam am Unterschenkel über die Kniescheibensehne (Patellarsehne) ansetzen. Ein Kopf, der gerade Oberschenkelmuskel (M. rectus femoris) entspringt bereits vom Darmbein und ist damit ebenfalls zweigelenkig.

Tabelle 4.12. Oberschenkelmuskulatur

Muskel	Funktion
Ventrale Oberschenkelmuskeln	
vierköpfiger Oberschenkelmuskel (M. quadriceps femoris) bestehend aus:	Streckung im Kniegelenk
geradem Schenkelmuskel (M. rectus femoris) äußerem Schenkelmuskel (M. vastus lateralis) mittlerem Schenkelmuskel (M. vastus intermedius) innerem Schenkelmuskel (M. vastus medialis)	Beugung im Hüftgelenk
Schneidermuskel (M. sartorius)	Beugung im Hüftgelenk, Beugung im Kniegelenk, Innendrehung des Unterschenkels
Dorsale Oberschenkelmuskeln (ischiocrurale Muskeln)	
zweiköpfiger Oberschenkelmuskel (M. biceps femoris) bestehend aus kurzem Kopf (Caput breve) und langem Kopf (Caput longum)	Streckung im Hüftgelenk, Beugung im Kniegelenk, Außendrehung des Unterschenkels
Halbsehnenmuskel (M. semitendinosus)	Streckung im Hüftgelenk, Beugung im Kniegelenk, Innendrehung des Unterschenkels
Halbmembranmuskel (M. semimembranosus)	Streckung im Hüftgelenk, Beugung im Kniegelenk, Innendrehung des Unterschenkels
Mediale Oberschenkelmuskeln (Schenkelanzieher, Adduktoren)	
Kammuskel (M. pectineus)	Beugung im Hüftgelenk, Heranziehen des Oberschenkels (Adduktion) Außendrehung des Oberschenkels (Außenrotation)
großer Schenkelanzieher (M. adductor magnus)	durch 2 Ansatzorte am Oberschenkelknochen sowohl Außen- wie auch Innendrehung des Oberschenkels (Außen- und Innenrotation), Heranziehen des Oberschenkels (Adduktion)
langer Schenkelanzieher (M. adductor longus)	Heranziehen des Oberschenkels (Adduktion), Außendrehung des Oberschenkels (Außenrotation)
kurzer Schenkelanzieher (M. adductor brevis)	Heranziehen des Oberschenkels (Adduktion)
Schlankmuskel (M. gracilis)	bei gestrecktem Knie: Heranziehen des Oberschenkels und Beugung des Hüftgelenkes Beugung im Kniegelenk

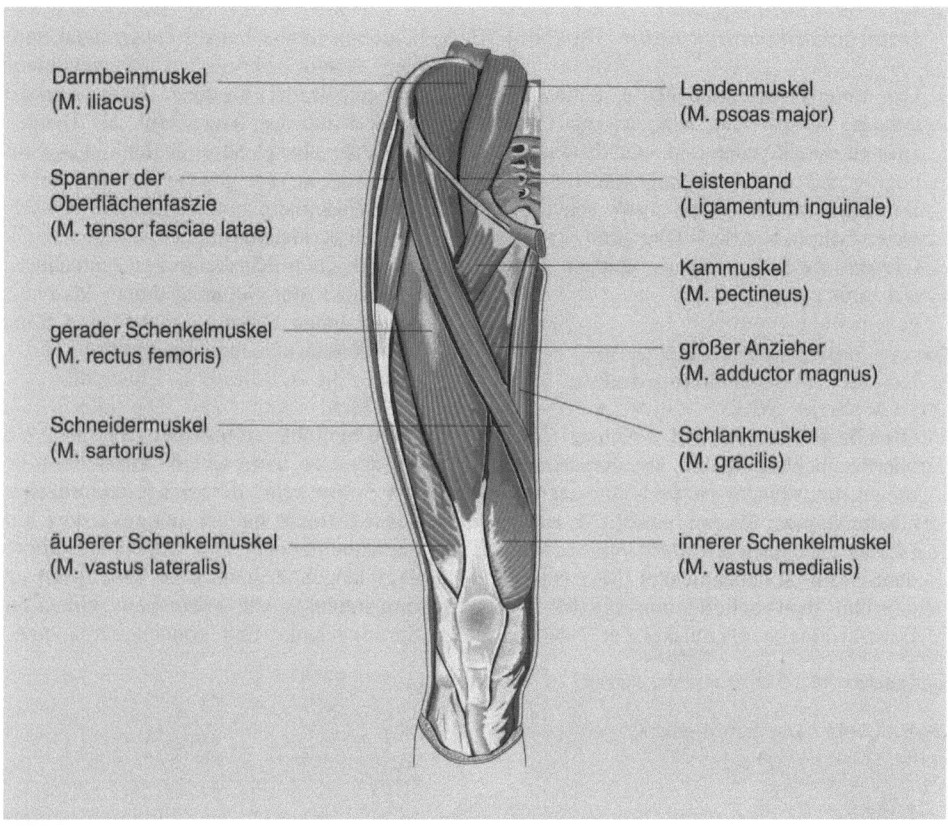

Darmbeinmuskel
(M. iliacus)

Spanner der
Oberflächenfaszie
(M. tensor fasciae latae)

gerader Schenkelmuskel
(M. rectus femoris)

Schneidermuskel
(M. sartorius)

äußerer Schenkelmuskel
(M. vastus lateralis)

Lendenmuskel
(M. psoas major)

Leistenband
(Ligamentum inguinale)

Kammuskel
(M. pectineus)

großer Anzieher
(M. adductor magnus)

Schlankmuskel
(M. gracilis)

innerer Schenkelmuskel
(M. vastus medialis)

Abb. 4.78. Ventralansicht des Oberschenkels. Oberhalb des Leistenbandes sind einige ventrale Hüftmuskeln dargestellt

Dorsale Oberschenkelmuskeln (Abb. 4.75)
Die dorsalen Oberschenkelmuskeln bestehen aus 3 Muskeln, die einen gemeinsamen Ursprung am Sitzbeinhöcker haben (Tuber ischiadicum), sie verlaufen an den Unterschenkel (Crus) und werden, aus diesen beiden Namen zusammengesetzt, auch als ischiokrurale Gruppe bezeichnet. Dazu gehören der Halbmembranmuskel (M. semimembranosus), der Halbsehnenmuskel (M. semitendinosus) und der zweiköpfige Oberschenkelmuskel (M. biceps femoris). Die ischiocrurale Gruppe wird ebenfalls zu den zweigelenkigen Muskeln gerechnet, da sie auf das Hüftgelenk und das Kniegelenk wirken. Der kurze Kopf des zweiköpfigen Oberschenkelmuskels ist nur eingelenkig, da er vom Oberschenkel direkt entspringt und damit nur auf das Kniegelenk wirkt.

Mediale Oberschenkelmuskeln (Heranzieher, Adduktoren) (Abb. 4.75 und 4.78)
Die Hauptaufgabe der medialen Oberschenkelmuskeln ist das Heranziehen des Oberschenkels gegen die Mitte. Diese Muskelgruppe füllt das zwischen Oberschenkelknochen und Becken bestehende dreieckige Feld vollständig aus. Wir rechnen zu dieser Gruppe den Kammuskel (M. pectineus), den großen Schenkelanzieher (M. adductor magnus), den langen Schenkelanzieher (M. adductor longus), den Schlankmuskel (M. gracilis) und den kurzen Schenkelanzieher (M. adductor brevis). Neben der Aufgabe des Schenkelanziehens wirken diese Muskeln aber auch als Gegenspieler des mittleren und kleinen Gesäßmuskels, indem sie das Becken nach unten ziehen. Der Schlankmuskel ist ein zweigelenkiger Muskel, der vom Beckenrand entspringt und an den Unterschenkel zieht.

Unterschenkelmuskulatur (Tabelle 4.13)

Die Unterschenkelmuskulatur kann in eine dorsale Gruppe der Beuger, eine ventrale Gruppe der Strecker und eine laterale Gruppe, die Peronaeusgruppe, eingeteilt werden. Bei der dorsalen Gruppe unterscheidet man weiter eine oberflächliche und eine tiefe Gruppe. Zwischen den 3 Gruppen befinden sich Trennwände (Septen) aus straffem kollagenem Bindegewebe.

Dorsale Unterschenkelmuskulatur

Oberflächliche Schicht (Abb. 4.79): Die oberflächliche Schicht der dorsalen Unterschenkelmuskulatur besteht aus der vielfach als dreiköpfiger Wadenmuskel (M. triceps surae) bezeichneten Gruppe von 2 Muskeln: dem Zwillingswadenmuskel (M. gastrocnemius) und dem Schollenmuskel (M. soleus). Der Zwillingswadenmuskel hat 2 Köpfe, die

beide am Oberschenkel entspringen und über die Achillessehne am Fersenbeinhöcker (Tuber calcanei) ansetzen. Damit wirkt dieser Muskel auf das Kniegelenk als Beuger und auf das obere Sprunggelenk als Strecker. Ebenfalls in die gleiche Sehne mündet der vom Wadenbein und Schienbein entspringende Schollenmuskel.

Zur gleichen Muskelgruppe gerechnet wird auch noch der Sohlenspanner (M. plantaris), dessen lange Sehne dem medialen Rand des Schollenmuskels entlang verläuft und ebenfalls in die Achillessehne einstrahlt.

Tiefe Schicht (Abb. 4.79): Die tiefe Schicht der dorsalen Unterschenkelmuskulatur besteht aus 3 Muskeln: dem langen Großzehenbeuger (M. flexor hallucis longus), dem hinteren Schienbeinbeuger (M. tibialis posterior) und dem langen Zehenbeuger (M. flexor digitorum longus). Alle 3 Muskeln wirken auf die Sprunggelenke und können damit eine Fuß-

Tabelle 4.13. Unterschenkelmuskulatur

Muskel	Funktion
Dorsale Unterschenkelmuskulatur (oberflächliche Schicht)	
Zwillingswadenmuskel (M. gastrocnemius) mit 2 Köpfen (Caput laterale, Caput mediale)	Beugung im Kniegelenk, Streckung im oberen Sprunggelenk
Schollenmuskel (M. soleus)	Streckung im oberen Sprunggelenk
Sohlenspanner (M. plantaris)	geringe Beugung im Kniegelenk und unbedeutende Beteiligung an der Streckung im oberen Sprunggelenk
Dorsale Unterschenkelmuskeln (tiefe Schicht)	
langer Großzehenbeuger (M. flexor hallucis longus)	Fußbeugung nach unten (Plantarflexion) Hebung des medialen Fußrandes (Supination)
langer Zehenbeuger (M. flexor digitorium longus)	Fußbeugung nach unten (Plantarflexion) Hebung des medialen Fußrandes (Supination)
hinterer Schienbeinmuskel (M. tibialis posterior)	Fußbeugung nach unten (Plantarflexion) Hebung des medialen Fußrandes (Supination)
Ventrale Unterschenkelmuskeln	
langer Großzehenstrecker (M. extensor hallucis longus)	Beugung der Sprunggelenke nach oben (Dorsalflexion), Mitwirkung bei Hebung (Supination) und Senkung (Pronation) des medialen Fußrandes
langer Zehenstrecker (M. extensor digitorum longus)	Beugung der Sprunggelenke nach oben (Dorsalflexion), Senkung des medialen Fußrandes (Pronation)
vorderer Schienbeinmuskel (M. tibialis anterior)	Beugung der Sprunggelenke nach oben (Dorsalflexion), Hebung des medialen Fußrandes (Supination)
Laterale Unterschenkelmuskeln (Peronaeusgruppe)	
langer Wadenbeinmuskel (M. peronaeus longus)	Bewegung der Fußsohle nach unten (Plantarflexion), Senkung des medialen Fußrandes (Pronation)
kurzer Wadenbeinmuskel (M. peronaeus brevis)	Bewegung der Fußsohle nach unten (Plantarflexion), Senkung des medialen Fußrandes (Pronation)

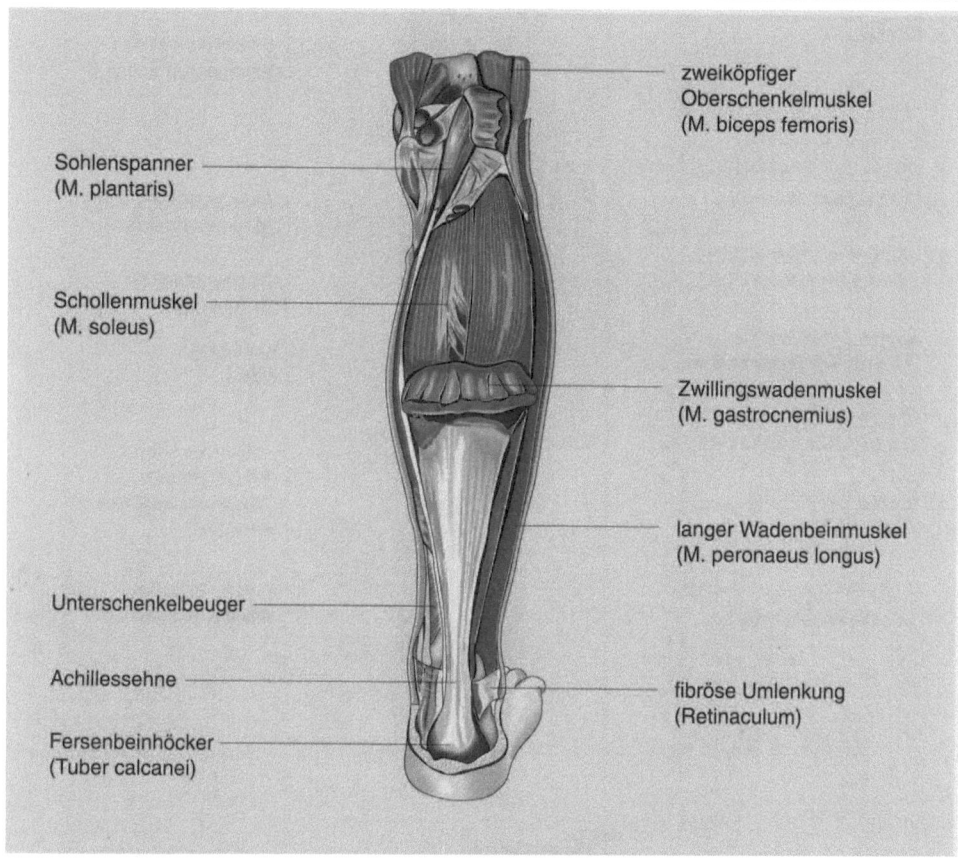

Abb. 4.79. Dorsalansicht des Unterschenkels. Der Zwillingswadenmuskel (M. gastrocnemius) ist geschnitten, um den Blick auf die darunterliegende Muskulatur zu ermöglichen

beugung nach unten (Plantarflexion) durchführen, außerdem bewirken diese Muskeln eine Hebung des medialen Fußrandes (Supination).

Ventrale Unterschenkelmuskulatur
(Abb. 4.80 und 4.81)
Die ventrale Unterschenkelmuskulatur besteht aus 3 Muskeln, dem langen Großzehenstrecker, dem langen Zehenstrecker und dem vorderen Schienbeinmuskel. Alle 3 Muskeln werden auf Grund ihrer Lage zu den Streckern gerechnet. Sie beugen den Fuß nach oben (Dorsalflexion), was zunächst beim Namen „Strecker" ein wenig verwirrt.

Laterale Unterschenkelmuskeln
(Peronaeusgruppe) (Abb. 4.81)
Auf der lateralen Seite des Unterschenkels befinden sich in einer eigenen Muskelloge 2 Muskeln, die als Peronaeusgruppe bezeichnet

werden. Es ist der lange und der kurze Wadenbeinmuskel (M. peroneus longus und brevis). Sie entspringen auf der Lateralseite des Unterschenkels und laufen dann dorsal von der Bewegungsachse der Sprunggelenke auf die Fußsohle. Der lange Wadenbeinmuskel überquert dabei die Fußsohle, um am medialen Rand anzusetzen, der kurze hingegen läuft an den lateralen Rand. Durch den Verlauf dorsal der Bewegungsachse führen diese Muskeln eine Bewegung der Fußsohle nach unten (Plantarflexion) und eine Senkung des medialen Fußrandes (Pronation) durch.

4.7.12 Fußmuskeln

Es wird unterschieden zwischen der Muskulatur des Fußrückens und der Muskulatur der Fußsohle.

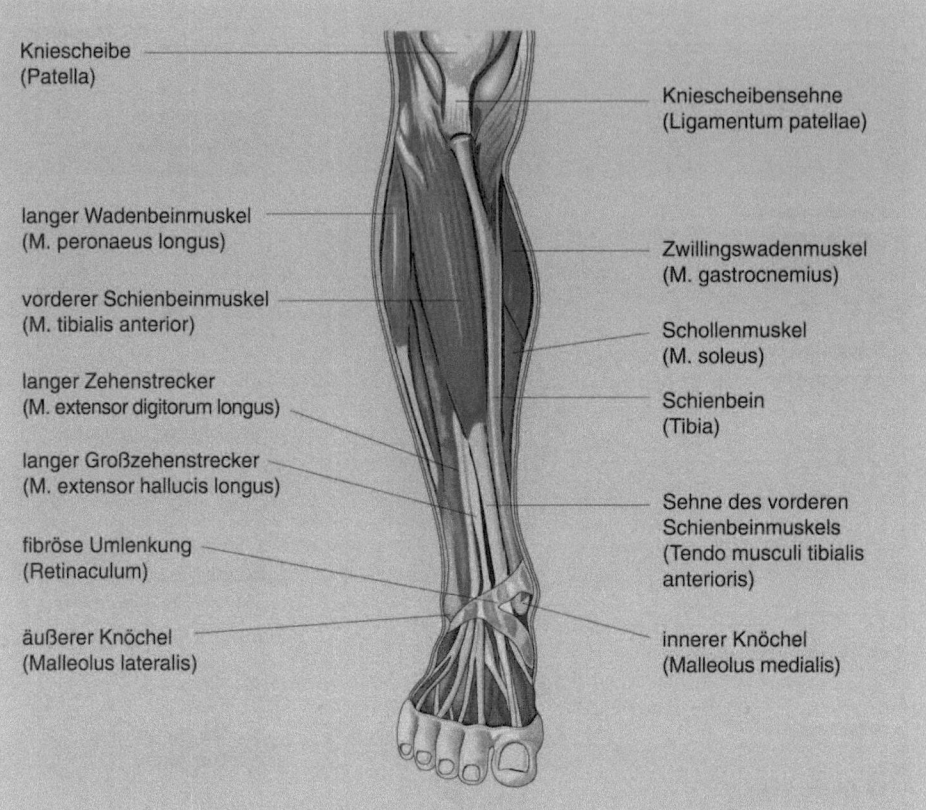

Kniescheibe
(Patella)

Kniescheibensehne
(Ligamentum patellae)

langer Wadenbeinmuskel
(M. peronaeus longus)

Zwillingswadenmuskel
(M. gastrocnemius)

vorderer Schienbeinmuskel
(M. tibialis anterior)

Schollenmuskel
(M. soleus)

langer Zehenstrecker
(M. extensor digitorum longus)

Schienbein
(Tibia)

langer Großzehenstrecker
(M. extensor hallucis longus)

Sehne des vorderen
Schienbeinmuskels
(Tendo musculi tibialis
anterioris)

fibröse Umlenkung
(Retinaculum)

äußerer Knöchel
(Malleolus lateralis)

innerer Knöchel
(Malleolus medialis)

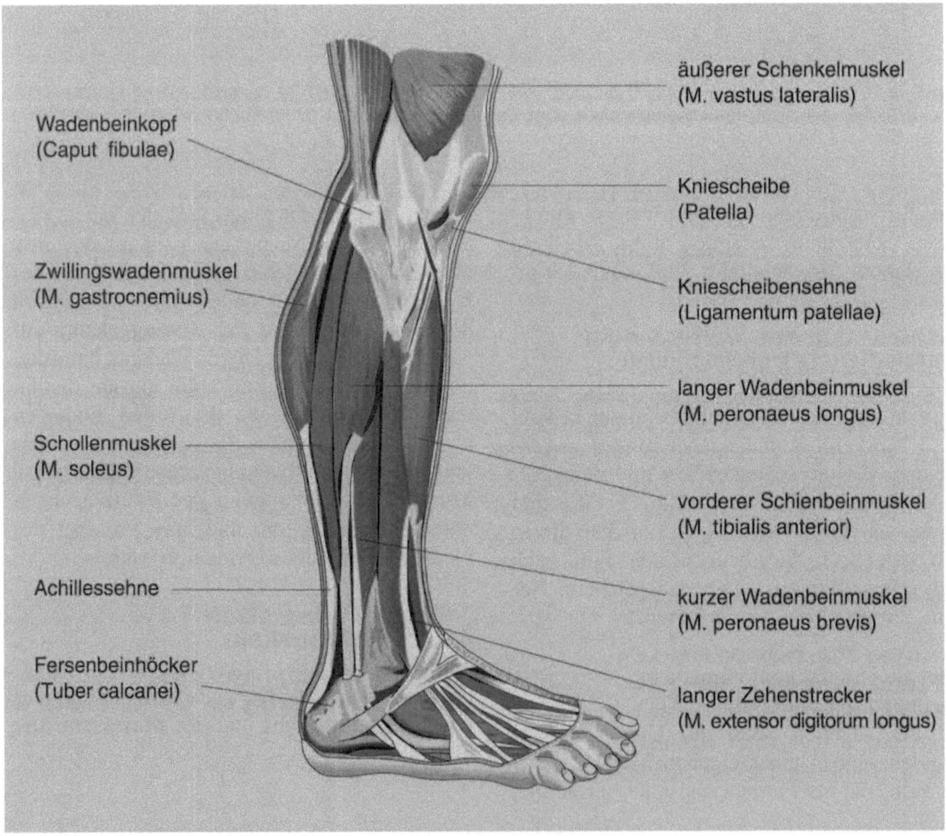

äußerer Schenkelmuskel
(M. vastus lateralis)

Wadenbeinkopf
(Caput fibulae)

Kniescheibe
(Patella)

Zwillingswadenmuskel
(M. gastrocnemius)

Kniescheibensehne
(Ligamentum patellae)

langer Wadenbeinmuskel
(M. peronaeus longus)

Schollenmuskel
(M. soleus)

vorderer Schienbeinmuskel
(M. tibialis anterior)

Achillessehne

kurzer Wadenbeinmuskel
(M. peronaeus brevis)

Fersenbeinhöcker
(Tuber calcanei)

langer Zehenstrecker
(M. extensor digitorum longus)

◀
Abb. 4.80. Ventralansicht der Unterschenkelmuskulatur

◀
Abb. 4.81. Seitenansicht der Muskulatur des rechten Unterschenkels

Muskeln des Fußrückens (Abb. 4.81)

Auf dem Fußrücken befinden sich einerseits die Sehnen der langen Strecker, die ihre Muskelbäuche am Unterschenkel haben, andererseits die Muskelbäuche der kurzen Strecker. Diese entspringen vom Fersenbein und spalten sich auf in 3 Muskelbäuche der kurzen Zehenstrecker (M. extensor digitorum brevis) und einen kurzen Großzehenstrecker (M. extensor hallucis brevis). Der kurze Zehenstrecker setzt über Sehnen an der 2.–4. Zehe an und streckt diese, der Großzehenstrecker setzt über eine Sehne an der großen Zehe an und streckt diese.

Muskulatur der Fußsohle (Abb. 4.82)

Die Muskulatur der Fußsohle kann in 3 Bereiche gegliedert werden: Muskeln des Großzehenballens, Muskeln des Kleinzehenballens und Muskeln der Sohlenmitte, die ihrerseits in 3 übereinanderliegenden Schichten vorhanden ist.

Muskeln des Großzehenballens (Abb. 4.82)
Da wir an der Fußsohle keine Gegenüberstellung von Großzehe und Kleinzehe brauchen, sind auch keine entsprechenden Gegenstellmuskeln, wie an der Hand, vorhanden. Die 3 Muskeln des Großzehenballens sind: der Abspreizer der Großzehe (M. abductor hallucis), der kurze Großzehenbeuger (M. flexor hallucis brevis) und der Großzehenanzieher (M. adductor hallucis brevis).

Muskeln des Kleinzehenballens (Abb. 4.82)
Auf der Fußsohle der Kleinzehenseite sind 2 Muskeln vorhanden, die auf die Kleinzehe einwirken: der Kleinzehenabspreizer (M. ab-

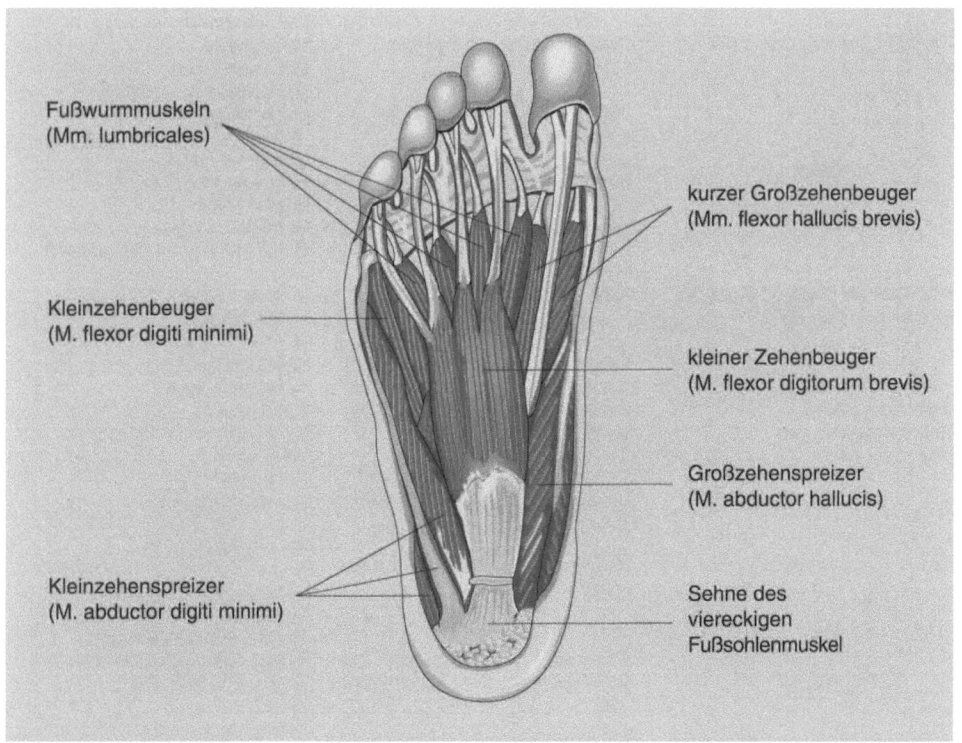

Fußwurmmuskeln
(Mm. lumbricales)

kurzer Großzehenbeuger
(Mm. flexor hallucis brevis)

Kleinzehenbeuger
(M. flexor digiti minimi)

kleiner Zehenbeuger
(M. flexor digitorum brevis)

Großzehenspreizer
(M. abductor hallucis)

Kleinzehenspreizer
(M. abductor digiti minimi)

Sehne des
viereckigen
Fußsohlenmuskel

Abb. 4.82. Oberflächliche Muskulatur der linken Fußsohle (Planta pedis)

Tabelle 4.14. Funktionelle Einteilung der Extremitätenmuskulatur

Funktionseinheit	Bewegung	Beteiligte Muskeln
Muskeln für die Armbewegungen (Schultergelenk)	Abduktion (vom Körper wegbewegen)	M. deltoideus (Pars acromialis) M. supraspinatus M. biceps brachii (Caput longum)
	Adduktion (an den Körper heranziehen)	M. deltoideus (Pars clavicularis und Pars spinalis) M. pectoralis major M. latissimus dorsi M. teres major M. coracobrachialis M. biceps brachii (Caput breve) M. triceps brachii (Caput longum)
	Anteversion (Bewegung des Armes nach vorne)	M. deltoideus (Pars clavicularis) M. pectoralis major M. biceps brachii (Caput breve) M. triceps brachii (Caput longum)
	Retroversion (Bewegung des Armes nach hinten)	M. deltoideus (Pars spinalis) M. latissimus dorsi M. teres major M. triceps brachii (Caput longum)
	Außenrotation (Außendrehung)	M. deltoideus (Pars spinalis) M. infraspinatus M. teres major
	Innenrotation (Innendrehung)	M. deltoideus (Pars clavicularis) M. subscapularis M. teres major M. pectoralis major M. latissimus dorsi M. biceps brachii (Caput longum)
	Elevation (Heben des Armes über 90° hinaus) ermöglicht durch die Drehung des Schulterblattes	M. deltoideus (Pars acromialis) M. serratus anterior M. trapezius (Pars ascendens und Pars descendens)
Muskeln des Schultergürtels	Fixation des Schultergürtels	M. subclavius Mm. rhomboidei M. trapezius (gesamthaft)
	Drehung der Skapula (für die Elevation)	M. serratus anterior M. trapezius (Pars ascendens und Pars descendens)
	Hebung der Skapula	M. levator scapulae
	Abwärtsbewegung des Schultergürtels	M. pectoralis minor M. trapezius (Pars ascendens)
	Aufwärtsbewegung des Schultergürtels	M. trapezius (Pars descendens)
Muskeln des Ellenbogengelenks (Humeroulnargelenk)	Flexion (Beugung)	M. biceps brachii M. brachialis M. brachioradialis
	Extension (Streckung)	M. triceps brachii
Muskeln der Gelenke zwischen Elle und Speiche (Radioulnargelenke)	Supination (Auswärtsdrehung des Unterarms und der Hand: Daumen außen)	M. biceps brachii M. supinator M. brachioradialis (von Extrem- in Mittelstellung)
	Pronation (Einwärtsdrehung des Unterarms und der Hand: Daumen innen)	M. pronator teres M. pronator quadratus M. brachioradialis (von Extrem- in Mittelstellung)
Muskeln des Hüftgelenkes	Fixation des Beckens (beim Standbein)	M. glutaeus medius und minimus M. tensor fasciae latae M. piriformis M. obturatorius internus
	Abduktion (Abspreizung des Oberschenkels) des Beines (beim Spielbein)	M. glutaeus medius und minimus M. tensor fasciae latae M. piriformis M. obturatorius internus

Tabelle 4.14 (Fortsetzung)

Funktionseinheit	Bewegung	Beteiligte Muskeln
	Adduktion (Heranziehen des Beines)	M. adductor magnus M. adductor longus M. adductor brevis M. gracilis M. pectineus
	Extension (Streckung)	M. glutaeus maximus M. glutaeus medius und minimus (jeweils mit ihrem hinteren Teil) M. adductor magnus M. piriformis M. semimembranosus M. semitendinosus M. biceps femoris (Caput longum)
	Flexion (Beugung)	M. iliopsoas M. tensor fasciae latae M. pectineus M. adductor longus M. adductor brevis M. gracilis M. rectus femoris M. sartorius
	Innenrotation (Innendrehung des Oberschenkels)	M. glutaeus medius und minimus (mit ihren vorderen Fasern) M. tensor fasciae latae M. adductor magnus (mit einem Teil)
	Außenrotation (Außendrehung des Oberschenkels)	M. glutaeus maximus M. quadratus femoris M. obturatorius internus M. glutaeus medius und minimus (mit ihren hinteren Fasern) M. iliopsoas alle Adduktoren außer M. gracilis
Muskeln des Kniegelenkes	Extension (Streckung)	M. quadriceps femoris bestehend aus M. rectus femoris (besonders bei gestrecktem Hüftgelenk) M. vastus lateralis M. vastus intermedius M. vastus medialis
	Flexion (Beugung)	M. semitendinosus M. semimembranosus M. biceps femoris M. gracilis M. sartorius M. gastrocnemius
	Innenrotation (Innendrehung) des Unterschenkels	M. semitendinosus M. semimembranosus M. gracilis M. sartorius
	Außenrotation (Außendrehung) des Unterschenkels	M. biceps femoris
Muskeln der Sprunggelenke	Dorsalflexion (Streckung): Bewegung der Fußspitze nach oben	M. tibialis anterior M. extensor digitorum longus M. extensor hallucis longus
	Plantarflexion (Beugung): Bewegung der Fußspitze nach unten	M. tibialis posterior M. flexor digitorum longus M. flexor hallucis longus
	Pronation (Hebung des lateralen Fußrandes)	M. peronaeus longus M. peronaeus brevis M. extensor digitorum longus
	Supination (Hebung des medialen Fußrandes)	M. gastrocnemius M. soleus M. tibialis posterior M. tibialis anterior M. flexor digitorum longus M. flexor hallucis longus

ductor digiti minimi) und der kurze Kleinzehenbeuger (M. flexor digiti minimi brevis).

Muskeln der Sohlenmitte (Abb. 4.82)
In der oberflächlichen Schicht liegt der kurze
Zehenbeuger (M. flexor digitorum brevis). In
der mittleren Schicht liegt der Sohlenviereckmuskel (M. quadratus plantae), der vom Fersenbein entspringt und an der schräg verlaufenden Sehne des langen Zehenbeugers ansetzt. Ähnlich wie an der Hand sind auch
hier Wurmmuskeln (Mm. lumbricales) vorhanden, die einen transportablen Ursprung
besitzen. Sie entspringen von der Medialseite
der langen Zehenbeugersehne und laufen an
die Grundglieder der Zehen, die sie im
Grundglied beugen und in den Endgliedern
strecken können. In der tiefen Schicht befinden sich die Zwischenknochenmuskeln (Mm.
interossei dorsales und plantares). Die dorsalen sind für die Spreizung und die plantaren
für das Heranziehen der Zehen verantwortlich.

4.7.13 Einteilung der Extremitätenmuskulatur nach der Funktion

Für den Arm und das Bein ist es sinnvoll,
eine tabellarische Zusammenstellung der Beteiligung der Muskeln an den entsprechenden
Bewegungen aufzuführen, damit bei Bedarf
die beteiligten Muskeln rasch gefunden werden können (Tabelle 4.14).
In der Regel überwiegt bei den verschiedenen Bewegungspaaren, z.B. Beugung und
Streckung, eine Gruppe von Muskeln. Dies
wird erkennbar z.B. an der Hand, wo die
Beuger deutlich in der Wirkung die Strecker
überwiegen, dementsprechend sind die Finger
in Ruhestellung gebeugt. Das gleiche gilt für
das Ellenbogengelenk. Die Arme sind in der
Regel leicht angewinkelt, bedingt durch die
Tatsache, daß die Beuger den einzigen vorhandenen Strecker (M. triceps brachii) überwiegen.

5 Nervensystem

5.1 Einteilung

Um die verschiedenen Bestandteile eines derart komplexen Systems, wie es der menschliche Körper darstellt, miteinander zu koordinieren und in einen geordneten Funktionsablauf zu integrieren, muß ein übergeordnetes Kontrollsystem vorhanden sein. Diese Aufgabe wird vom Nervensystem ausgeführt. Es ermöglicht, die Außenwelt mit der Innenwelt des Organismus sowie die inneren Regulationen des Organismus untereinander zu verknüpfen.

Vom Nervensystem werden Reize über Rezeptoren aufgenommen (Augen, Ohren, Haut etc.), in Erregungen umgewandelt und – nach entsprechender Umschaltung – effektorischen Systemen (Muskeln, Drüsen) zugeleitet. Durch Vermittlung des Nervensystems erfolgt so auf jeden Reiz eine entsprechende Antwort, die in ihrer Gesamtheit als Grundlage für die Erhaltung des Lebens angesehen werden können.

Das Nervensystem gliedert sich in 2 Anteile:

- das animale (zerebrospinale) Nervensystem (bewußt, willkürlich),
- das vegetative Nervensystem (meist unbewußt, unwillkürlich).

Die Unterscheidung der beiden Systeme beruht auf ihren unterschiedlichen Funktionen (Tabelle 5.1):
Die Aufgabe des **animalen** (zerebrospinalen) Systems besteht u.a. darin, Umweltreize aufzunehmen, sie zu verarbeiten und durch Muskelinnervation auf die Umweltreize zu reagieren.
Das **vegetative** Nervensystem hingegen reguliert und koordiniert die Funktionen der inneren Organe so, daß ihre Tätigkeit den jeweiligen Bedürfnissen des Gesamtorganismus angepaßt wird.
Das zerebrospinale System unterliegt in großem Ausmaß unserer willkürlichen Kontrolle,

das vegetative System kann hingegen nur in geringem Maße willkürlich beeinflußt werden; deshalb wird es auch als autonomes Nervensystem bezeichnet.

Eine andere, häufig vorgenommene Einteilung geht weniger auf die Funktion als auf die Lage der Bestandteile des Nervensystems ein (zentral oder peripher) und unterteilt dementsprechend unser Nervensystem in

- einen zentralen Anteil und
- einen peripheren Anteil.

Der zentrale Anteil oder auch ZNS (Zentralnervensystem) besteht aus dem Gehirn und dem Rückenmark. Als peripheres Nervensystem oder auch PNS wird alle Nervensubstanz außerhalb dieser Zentralorgane zusammengefaßt (Abb. 5.1). Dabei handelt es sich nicht um eine kompakte Masse wie im Bereich des Gehirns und des Rückenmarks, sondern um einzelne Nerven und die mit diesen

Tabelle 5.1. Einteilung des Nervensystems

Einteilung nach der Funktion	
Animales Nervensystem	Vegetatives Nervensystem
Wahrnehmung und Verarbeitung von Umweltreizen	Regulation und Koordination der Funktionen der inneren Organe
Reaktion auf die Umweltreize durch Muskelinnervation	
Unterliegt weitgehend der willkürlichen Kontrolle	Kann nur in sehr geringem Maße willkürlich beeinflußt werden (daher „autonomes" Nervensystem)
Einteilung nach der Lage der Bestandteile des Nervensystems	
Zentrales Nervensystem (ZNS)	Peripheres Nervensystem (PNS)
Gehirn und Rückenmark (kompakte Masse)	Alle Nervensubstanz außerhalb der Zentralorgane (einzelne Nerven und Nervenzellkörper: Ganglien)

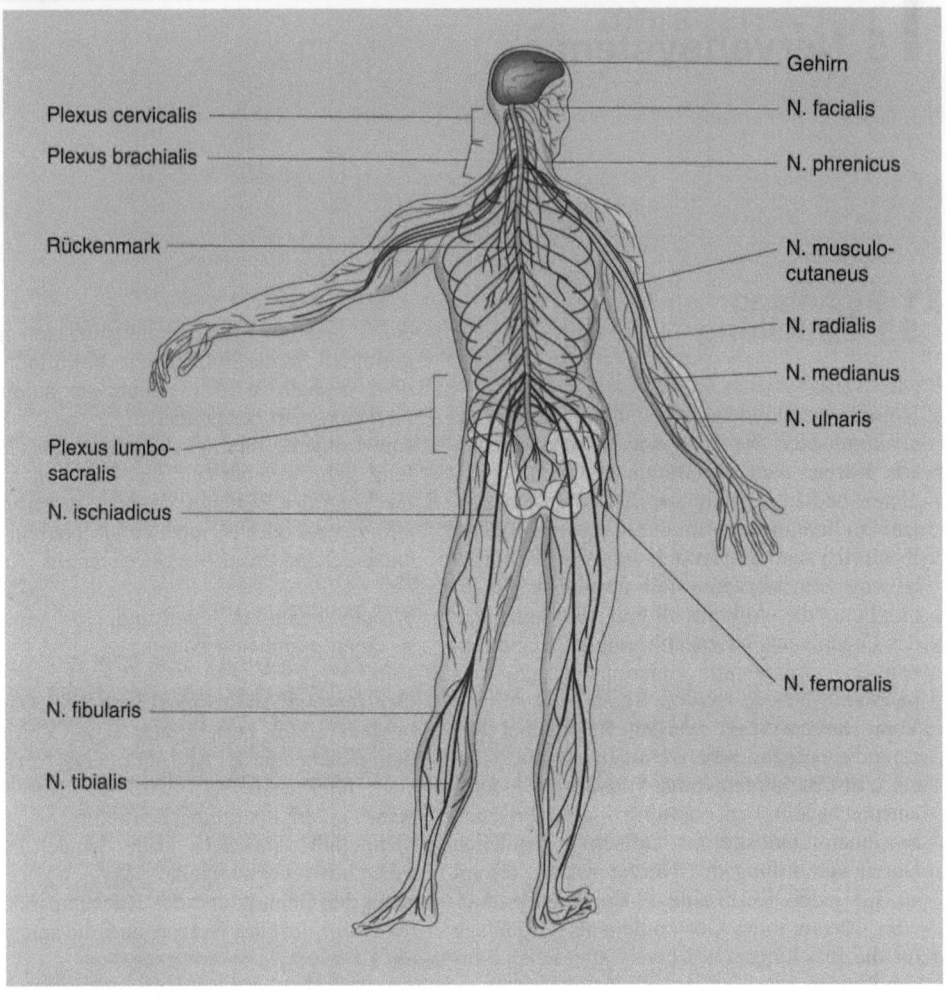

Plexus cervicalis

Plexus brachialis

Rückenmark

Plexus lumbo-
sacralis

N. ischiadicus

N. fibularis

N. tibialis

Gehirn

N. facialis

N. phrenicus

N. musculo-
cutaneus

N. radialis

N. medianus

N. ulnaris

N. femoralis

Abb. 5.1. Darstellung des Gehirns, des Rückenmarks und der wichtigsten peripheren Nerven. Die Vermi-schung von Nervenfasern aus verschiedenen Rük-kenmarksabschnitten wird als Plexus bezeichnet

Nerven verbundenen Ansammlungen von Nervenzellkörpern, die Ganglien.

5.2 Entwicklung des Nervensystems

Die Ausbildung des Nervensystems beginnt beim menschlichen Embryo zu einem sehr frühen Zeitpunkt. Bereits in der 3. Embryo-nalwoche bildet sich im Bereich des äußeren Keimblattes (Ektoderm) eine Verdickung, die als **Neuralplatte** bezeichnet wird. Die Rän-der dieser Neuralplatte stülpen sich nach au-ßen und bilden so in der Längsrichtung des

Embryos die **Neuralwülste**, zwischen denen eine Vertiefung liegt, die **Neuralrinne**. Die Neuralrinne senkt sich weiter ab, und die Neuralwülste verschmelzen miteinander. Da-durch wird die Neuralrinne zum **Neuralrohr**, wobei der Verschmelzungsvorgang in der Mitte des Embryos beginnt und dann sowohl nach kranial (kopfwärts) wie auch nach kau-dal (schwanzwärts) fortschreitet. Im kranialen Bereich des Neuralrohrs, dem späteren Ge-hirn, nimmt die Zahl der neugebildeten Zel-len rascher zu als im kaudalen Bereich, dem späteren Rückenmark (Abb. 5.2).
Wenn der Verschluß der Neuralrinne oder die Zellvermehrung gestört wird, sei es durch in-nere oder äußere Faktoren, so kommt es zu

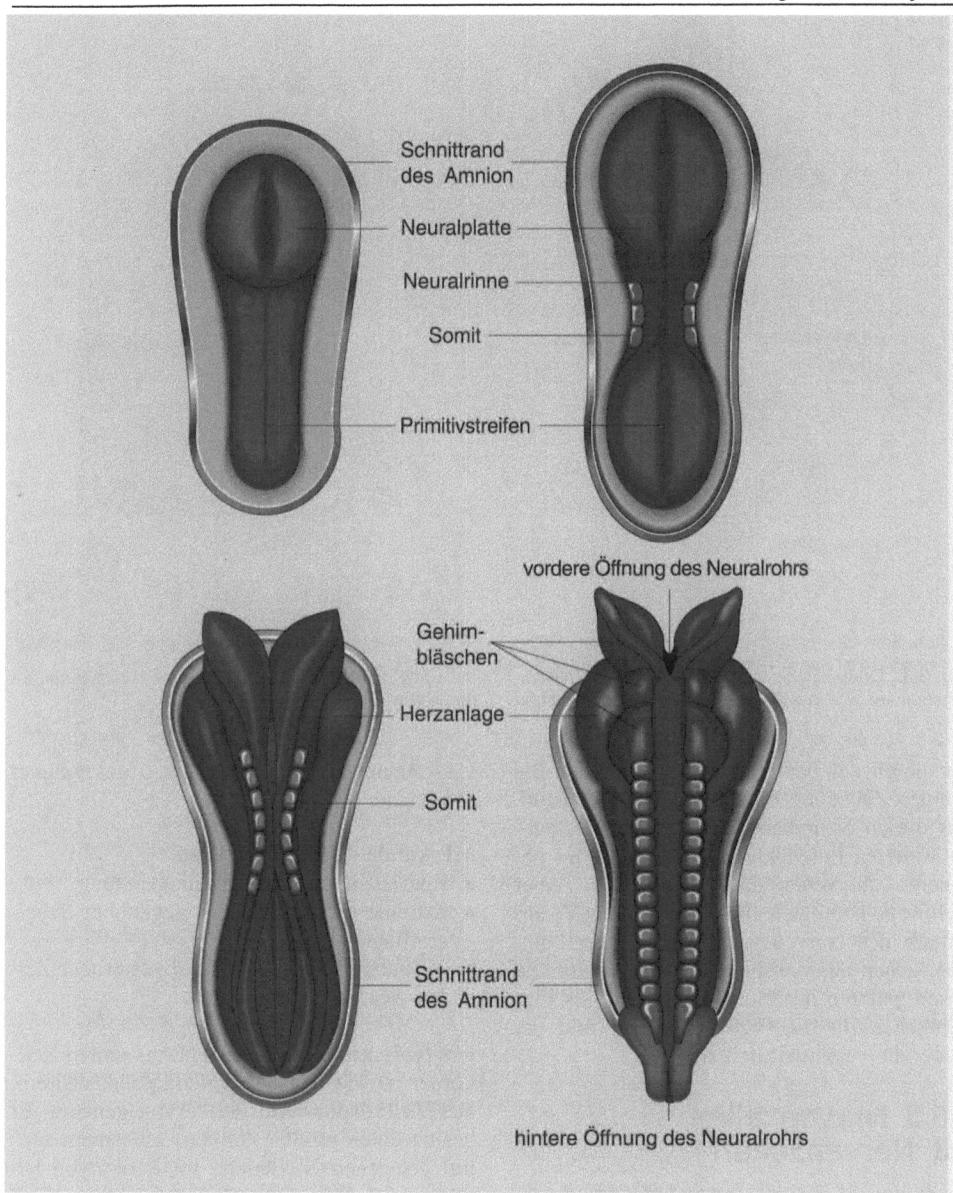

Abb. 5.2. Entwicklung des Nervensystems, Dorsalansichten menschlicher Embryonen zwischen dem 19. und 22. Tag der Entwicklung. Man sieht deutlich die Entwicklung von der Neuralrinne bis zum Neuralrohr

Mißbildungen, wie z.B. Fehlen (Anenzephalus) oder zu geringe Entwicklung (Mikrozephalus) des Gehirns, aber auch zur Spina bifida, d.h. dem mangelhaften oder fehlenden Verschluß des Neuralrohrs und damit verbunden meist auch des Wirbelkanals. Das Entstehen einer Spina bifida ist häufig genetisch bedingt, scheint aber auch von Umweltfaktoren abzuhängen. So liegt in den USA die Wahr-scheinlichkeit, ein Kind mit Spina bifida auf die Welt zu bringen, bei ca. 1:1500, in einigen Regionen im Westen Englands kann sie jedoch auf bis zu 1:100 ansteigen. Durch eine ausreichende Zufuhr von Folsäure in der Frühschwangerschaft kann das Risiko einer solchen Mißbildung erheblich reduziert werden. Während der Bildung des Neuralrohrs durch Verschmelzung der Neuralwülste wandern

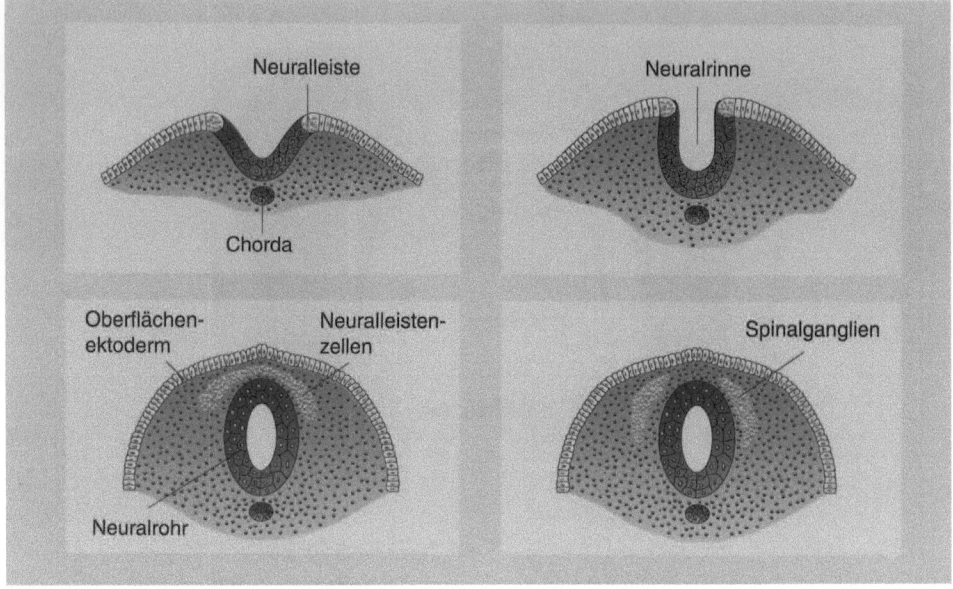

Abb. 5.3. Querschnitte aus der gleichen Entwicklungsperiode wie in Abb. 5.2 dargestellt, an welchen die Entwicklung von der Neuralrinne zum Neuralrohr deutlich wird

aus diesen auf beiden Seiten Zellen aus, die je einen Zellstrang bilden, die **Neuralleisten**. Aus diesen Neuralleisten entstehen im Laufe der weiteren Entwicklung die Anteile des peripheren Nervensystems (Abb. 5.3). Aber auch sog. neurogene Elemente, die z.T. außerhalb des Nervensystems zu liegen kommen, gehen aus den Neuralleisten hervor. Zu diesen gehören die Melanozyten, die als Pigmentzellen für die Farbe der Haut und der Haare etc. verantwortlich sind.

5.3 Nervenzellen

Die Einteilung des Nervensystems in einen peripheren und einen zentralen Anteil ist willkürlich und lediglich durch die Lage der Bestandteile zu erklären. Sowohl von der Funktion als auch von der zugrundeliegenden Struktur ist das Nervensystem ein einheitliches Ganzes. Der strukturelle wie auch der funktionelle Grundbaustein des Nervensystems ist – wie in allen anderen Systemen des Körpers – die Zelle. Die Zellen des Nervensystems werden meist als **Neurone** oder gelegentlich als Neurozyten bezeichnet. Von anderen Körperzellen unterscheiden sie sich nicht nur aufgrund ihrer Struktur, sondern

v.a. auch aufgrund einiger funktioneller Merkmale.

Merkmale der Nervenzellen
- Spezialisierung für Erregungsleitung,
- extreme Empfindlichkeit gegenüber Sauerstoffmangel,
- Vermehrungsunfähigkeit, abgestorbene Zellen werden nicht ersetzt.

Ein typisches Neuron besteht aus einem Zellkörper sowie verschiedenen Zellausläufern. Der **Zellkörper** wird Perikaryon genannt. Er besitzt einen großen Zellkern mit einem zentral gelegenen Nukleolus. Im Perikaryon befinden sich lichtmikroskopisch sichtbare Granula, die der Zelle ein scholliges Aussehen geben. Nach ihrem Entdecker werden diese Granula **Nissl-Schollen** genannt. Sie bestehen aus rauhem endoplasmatischem Retikulum (mit Ribosomen besetzt). Vom Perikaryon entspringen mehrere kürzere Zellausläufer, die der Zelle in einigen Fällen das Aussehen eines mit Ästen besetzten Baumes oder Strauches geben; deshalb werden sie **Dendriten** (Äste) genannt. Die Dendriten nehmen Impulse von anderen Neuronen auf und leiten sie zum Perikaryon. Von einer Zone des Perikaryons, in der sich kein rauhes endoplasmatisches Retikulum befindet und die Ursprungskegel genannt wird, entspringt ein einzelner langer Zellausläufer, der **Neurit** (auch Axon genannt). Über den Neuriten werden Nervenimpulse vom Perikaryon zu den Dendriten anderer Neurone, zu Muskeln oder Drüsen abgeleitet.

Die Neuriten wachsen zum Teil in die Peripherie aus (z.B. vom Rückenmark bis zu den Muskeln). Sie können bis zu 1,20 m lang sein, wobei ihr Durchmesser teilweise nur 5–20 μm beträgt.

Damit ist ein Neuron grundsätzlich polar gegliedert, was seiner physiologischen Funktion entspricht, nämlich Erregung, d.h. einen Nervenimpuls, am Pol der einen Seite (Dendrit) aufzunehmen und sie am Pol der anderen Seite (Neurit) abzugeben. Die beiden Pole werden dementsprechend als **Rezeptorpol** (Dendrit) und **Effektorpol** (Neurit) bezeichnet (Abb. 5.4).

5.3.1 Synapsen

Die Übertragung eines Nervenimpulses von einer Zelle auf die andere geschieht durch Synapsen. Die Neuriten enden meist mit zahlreichen kleinen Auftreibungen, den Endknöpfchen, die auch als Boutons bezeichnet werden. Zusammen mit der Membran des folgenden Neurons, dem diese Boutons anliegen, bilden sie die Synapse, an der die Übertragung der Erregung von einer Zelle auf die andere erfolgt (s. Kap. 2 Zytologie und Kap. 3 Histologie).

Den Synapsen kommt eine Ventilfunktion zu, da sie die Erregung nur in einer Richtung leiten. Damit wird durch die Funktion der Synapsen eine geordnete Tätigkeit des Nervensystems überhaupt erst ermöglicht (Abb. 5.5).

Man unterscheidet allgemein
- erregende und
- hemmende Synapsen.

Eine Hemmung kann präsynaptisch oder postsynaptisch erfolgen:
Präsynaptisch ist sie, wenn die Ausschüttung des Transmitters reduziert oder verhindert wird. **Postsynaptisch** ist sie, wenn die Hemmung an der postsynaptischen Membran (Membran der Folgezelle) erfolgt. Dies kann bedeuten, daß ein nachfolgender erregender Impuls aus einem anderen Neuron ohne Wirksamkeit bleibt oder daß ein stärkerer Im-

puls nötig wird. Für die postsynaptische Hemmung sind verschiedene Transmittersubstanzen gefunden worden, so z.B. die Aminosäure Glyzin oder ein Aminosäurederivat, die γ-Amino-Buttersäure (GABA).

Die meisten Nervenzellen bilden mehrere Synapsen mit anderen Nervenzellen und erhalten gleichzeitig hemmende oder erregende Impulse von anderen Zellen. Man hat berechnet, daß es allein im Gehirn ca. 10^{14} Synapsen gibt und daß jedes Neuron etwa 100 Zuleitungen erhält (Konvergenz) und andererseits an etwa 100 Neurone Verbindungen abgibt (Divergenz). Hierbei handelt es sich jedoch um Durchschnittswerte. Die Zahl der Synapsen pro Einzelzelle schwankt zwischen einer Synapse im Mittelhirn und mehreren tausend, z.B. an einer motorischen Vorderhornzelle des Rückenmarks, an der bis zu 5500 Endknöpfchen, d.h. Synapsen, anliegen. Bei einer derartigen Zelle sind bis zu 40% ihrer Zellmembran von synaptischen Endknöpfchen bedeckt (Abb. 5.6).

Synapsen scheinen „lernfähig" oder trainierbar zu sein. Praktisch unbenutzte Synapsen funktionieren nur schlecht. Häufig benutzte Synapsen hingegen funktionieren sehr rasch, d.h. die Erregungsübertragung läuft an ihnen besser.

5.3.2 Erregbarkeit und Erregungsleitung

Nervenzellen können im Unterschied zu den meisten anderen Zellen sehr leicht erregt werden. Sie haben eine sog. niedrige **Erregbarkeitsschwelle**. Der Reiz, der dabei zu einer Erregung führt, kann im Experiment elektrisch sein; unter physiologischen Bedingungen ist er jedoch meist chemisch oder mechanisch. Die Impulse, die durch solche Reize entstehen, werden entlang eines Neuriten einer Nervenzelle bis zu seinem Ende weitergeleitet. Diese Leitung ist ein aktiver, energieverbrauchender Prozeß. Der Impuls bewegt sich bei dieser Leitung mit einer konstanten Stärke und Geschwindigkeit am Nerv entlang. Grundlage für diese Impulsleitung ist die Veränderung im Membranpotential.

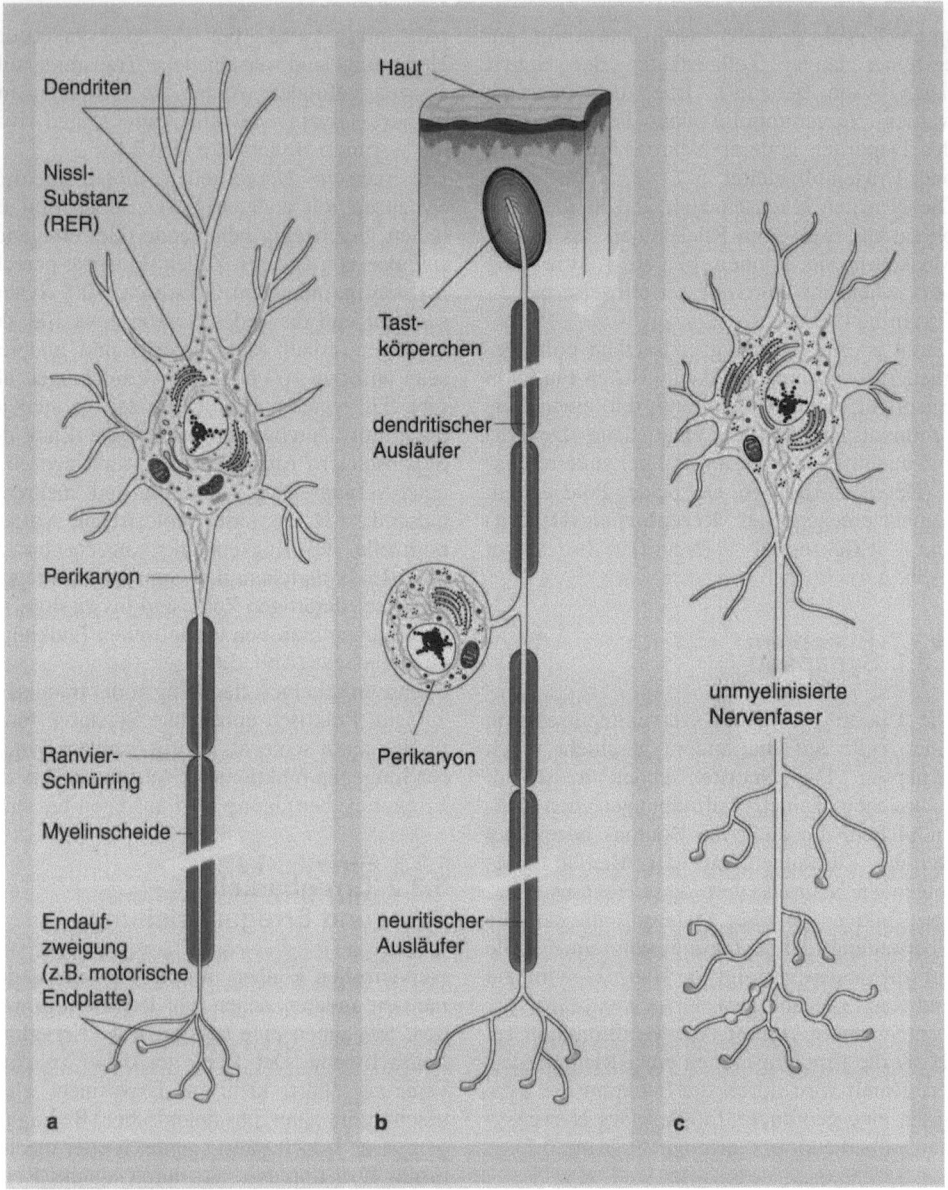

Abb. 5.4 a–c. Darstellung verschiedener Neuronenty-pen. **a** Multipolares Motoneuron mit myelinisiertem Axon; **b** pseudounipolares Neuron mit dendritischem und neuritischem Ausläufer, beide sind myelinisiert; das Perikaryon dieser pseudounipolaren Neurone be-findet sich im Spinalganglion; **c** multipolares vegetati-ves Neuron, dessen Axon nicht myelinisiert ist

Wenn man von 2 Elektroden, die mit einem Verstärker und einem Oszillo-graphen verbunden sind, eine Elektro-de in das Zellinnere einer Nervenzelle führt und die andere auf der Außensei-te der Zelle läßt, kann man über den Oszillographen eine dauernde Poten-tialdifferenz zwischen dem Inneren der Zelle und der Außenseite messen, so-lange die Zelle nicht erregt ist, d.h. so-lange sie sich in Ruhe befindet. Wenn keine Potentialdifferenz meßbar ist, dann ist die Zelle nicht mehr lebens-fähig.

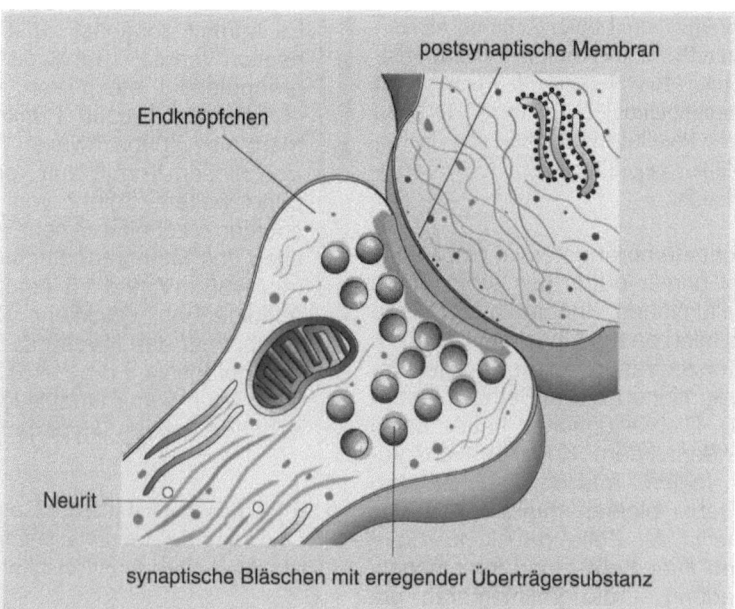

Abb. 5.5. Endknöpfchen, das mit der Folgezelle eine Synapse bildet. Eine Synapse besteht aus der präsynaptischen Membran, dem synaptischen Spalt und der postsynaptischen Membran in der Folgezelle, auf die der Impuls übertragen werden kann. Im Endknöpfchen befinden sich synaptische Bläschen mit Überträgersubstanz

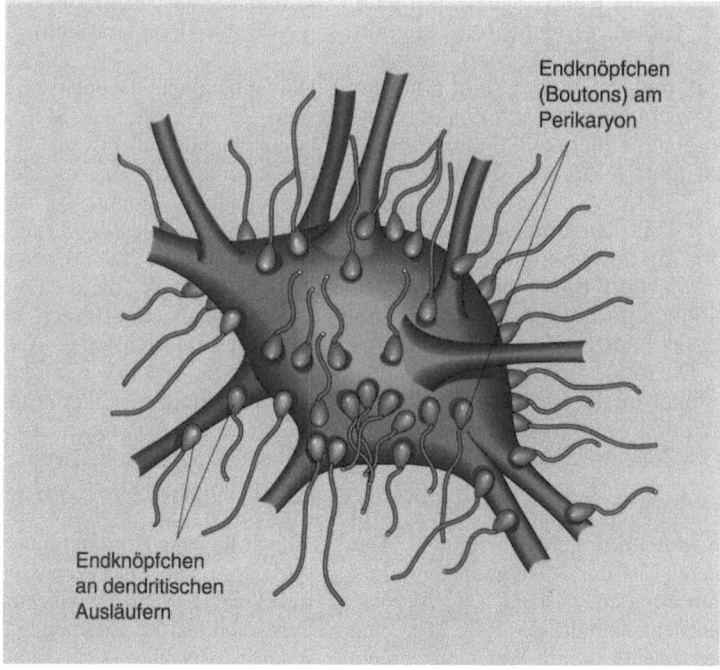

Abb. 5.6. Perikaryon einer Nervenzelle mit einer größeren Zahl von Endknöpfchen verschiedener Neurone, die hier mit dem Perikaryon Synapsen bilden

Das Membranpotential einer Zelle im nichterregten Zustand wird als **Ruhemembranpotential** bezeichnet. Bei Nervenzellen beträgt das Ruhemembranpotential ca. −70 mV. Es wird als negatives Potential bezeichnet, da das Innere der Zellen gegenüber dem Äußeren negativ geladen ist.

> Das Ruhemembranpotential einer Zelle entsteht primär durch das Ausströmen von Kaliumionen. Innerhalb der Zelle (intrazellulär) besteht eine ca. 30mal höhere Konzentration an positiv geladenen Kaliumionen als außerhalb (extrazellulär). Die Kaliumionen haben somit die Tendenz, dem Konzentrationsgradienten folgend aus der Zelle zu strömen. Dabei bleiben negativ geladene Proteine in der Zelle zurück, für die – aufgrund ihrer Größe und ihrer negativen Ladung – die Zellmembran undurchlässig ist. Somit entsteht also durch den Ausstrom von positiven Ladungen (K^+) ein Überschuß an negativen Ladungen im Inneren der Zelle. Sobald die Ladungsdifferenz zwischen Zellinnerem und Extrazellularraum eine gewisse Größe erreicht hat, können keine weiteren Kaliumionen ausströmen. Das ganze System steht dann im Gleichgewicht, das je nach Zellart zu einem unterschiedlichen Ruhemembranpotential führt (Nerven: −70 mV, Herzmuskel: −80 mV, Skelettmuskulatur: −90 mV). Das Gleichgewicht ist Ausdruck des ausgewogenen Kräfteverhältnisses zwischen nach innen gerichtetem Ladungsgradienten und nach außen gerichtetem Konzentrationsgradienten. Die Ionenströme treten prinzipiell nur lokal im Bereich der Zellmembran auf und beeinflussen die Ionenverteilung im Zellinneren nur unwesentlich.

Dem Ruhemembranpotential der Nerven wird das **Aktionspotential** gegenübergestellt. Das Aktionspotential ist das Membranpotential einer Zelle im erregten Zustand. Das Aktionspotential entsteht, sobald ein Reiz über eine Nervenfaser geleitet wird. Wenn aus einem synaptischen Endknöpfchen genügend Transmittersubstanz freigesetzt wird (z.B. Azetylcholin oder Noradrenalin), verändert sich das Membranpotential an der postsynaptischen Membran in charakteristischer Weise.

> Es kommt zunächst zu einer Depolarisation von ca. 15 mV, d.h., das Membranpotential steigt von −70 mV auf −55 mV an. Diesen Punkt bezeichnet man als „Zündschwelle" (firing level). Von diesem Punkt aus kommt es nun ohne weitere Zufuhr von Transmittersubstanz zu einem sehr raschen Anstieg des Membranpotentials auf ungefähr +35 mV und zu einer sofort darauffolgenden Rückkehr (Repolarisation) bis auf das Niveau des Ruhemembranpotentials, d.h. −70 mV. Dieser Wert kann sogar kurzfristig noch unterschritten werden (Hyperpolarisation).

Das Aktionspotential ist also die gesamte Veränderung des Membranpotentials während der Leitung eines Impulses (Abb. 5.7):

● zuerst ein relativ „langsames" Ansteigen bis zur Schwelle (Aufstrich mit anschließender Depolarisation),
● dann ein sofortiges Überschießen bis auf ca. +35 mV (overshoot) und
● daran anschließendes Absinken auf −70 mV (Repolarisation).

Die anfängliche Depolarisation muß mindestens 15 mV betragen, d.h. das Ruhemembranpotential muß bis auf −55 mV ansteigen, da es sonst nicht zur Ausbildung eines Aktionspotentials kommt. Ist diese anfängliche Depolarisation auf −55 mV erreicht, so kommt es unter allen Umständen zu einem Aktionspotential: diese Tatsache wird als **„Alles-oder-Nichts-Gesetz"** bezeichnet.

Der fast explosionsartige Anstieg des Potentials auf ca. +35 mV wird durch eine plötzliche Änderung der Permeabilität der Zellmembran für Na^+-Ionen erreicht. Bei einem Ruhemembranpotential von −70 mV ist die Zellmembran praktisch undurchlässig für Natriumionen, die im Extrazellularraum in ca. 10fach höherer Konzentration als in der Zelle vorliegen. Von einer gewissen Höhe der intrazellulären Natriumkonzentration nimmt die Permeabilität der Zellmembran für Natriumionen wieder ab und für Kaliumionen gleichzeitig zu, so daß es zu einer Umkehr des Prozesses kommt und damit zu einer Rückkehr zum normalen Ruhemembranpotential.

Die plötzliche Änderung des Membranpotentials wird ermöglicht durch eine Öffnung der

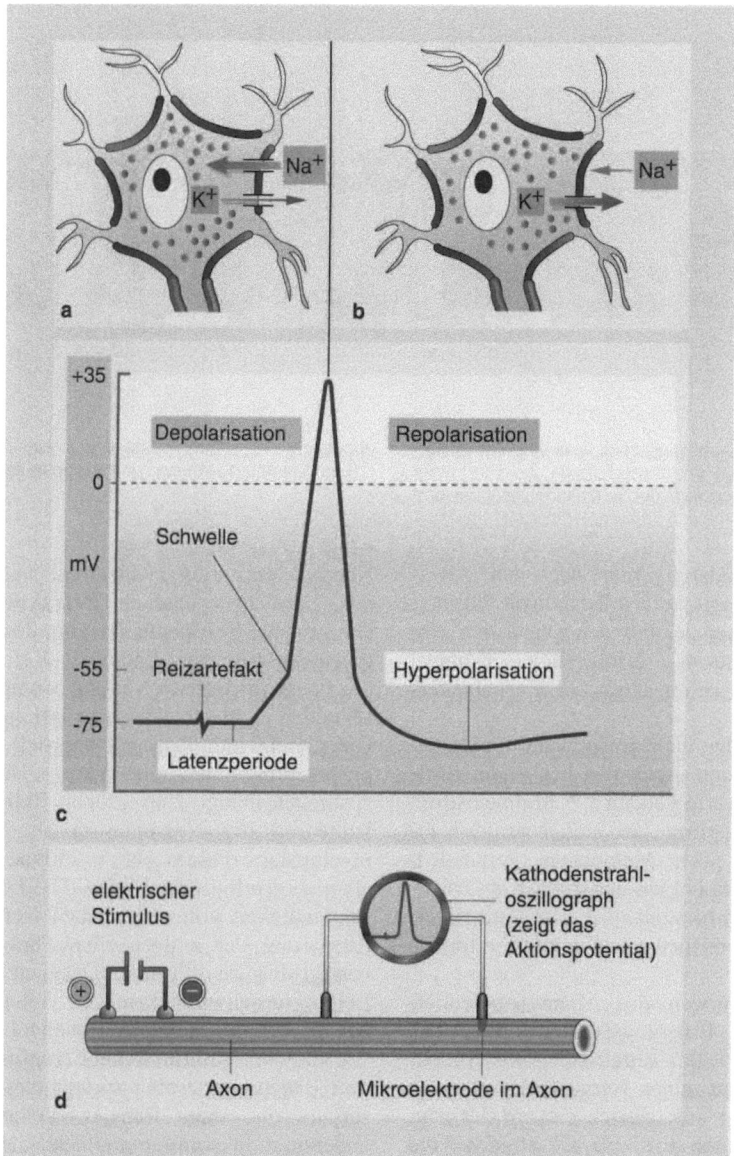

Abb. 5.7 a–d. Darstellung des Aktionspotentials. Im *oberen Teil* der Abbildung sind die Ionenströme als Grundlage von Depolarisation und Repolarisation zu sehen. **a** Natriumeinstrom während der Depolarisation; **b** Kaliumausstrom während der Repolarisation; **c** Darstellung der Potentialänderungen während des gesamten Aktionspotentials mit einem Kathodenstrahloszillographen; **d** Meß- und Reizanordnung für die Ableitung eines Aktionspotentials von einem Axon

Natriumkanäle in der Zellmembran. Diese Ionenkanäle werden durch Kanalproteine gebildet, die im Ruhezustand geschlossen sind. Es handelt sich bei den Kanalproteinen um Proteine, die so in die bimolekulare Lipidschicht der Zellmembran eingebaut sind, daß sie diese durchdringen und damit zwischen Extrazellularraum und Intrazellularraum verbinden (Abb. 5.8). Durch eine genügende Menge an erregender Transmittersubstanz (z.B. Azetylcholin) werden einige dieser Kanäle geöffnet und die daraus resultierende Mem-

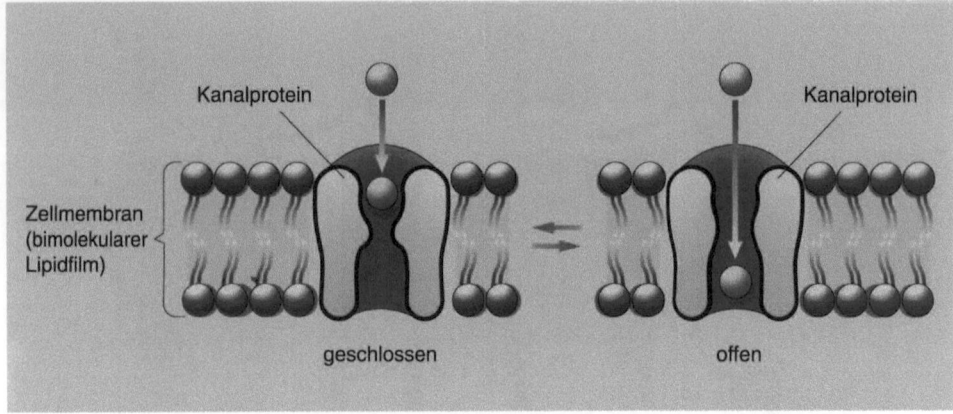

Abb. 5.8. Diese Abbildung zeigt *links* einen geschlossenen Ionenkanal im bimolekularen Lipidfilm einer Zellmembran, *rechts* ist der Ionenkanal geöffnet und ermöglicht damit den Eintritt von Ionen in die Zelle, z.B. von Natrium während des Aktionspotentials

branpotentialänderung führt nach dem Alles-oder-Nichts-Gesetz zur vollständigen Öffnung aller Natriumkanäle. Für den gegen den Natriumioneneinstrom erfolgenden Kaliumionenausstrom ist ein ähnlicher Mechanismus vorhanden.

Damit die Zellen nicht irgendwann funktionsuntüchtig werden durch den bei jedem Aktionspotential erfolgenden Natriumeinstrom und Kaliumausstrom, ist eine Natrium-Kalium-Pumpe in den Membranen vorhanden, die durch Rückpumpen der Ionen das Gleichgewicht wiederherstellt, das zum Aufrechterhalten des Ruhemembranpotentials erforderlich ist.

Die Veränderungen des Membranpotentials während der Erregungsleitung sind lokal, z.B. nur gerade im Bereich der postsynaptischen Membran einer Nervenzelle, pflanzen sich dann aber automatisch entlang der ganzen Zellmembran fort, bis sie an den vom Neuriten gebildeten Endknöpfchen ankommen und dort die Ausschüttung von Transmittersubstanz bewirken. Während des Aktionspotentials und der direkt darauffolgenden kurzen Phase, dem Nachpotential, das sogar zu einer sog. Hyperpolarisation führen kann (Abfall des Membranpotentials unter –70 mV, z.B. bis –80 mV), ist die Reizschwelle eines Neurons derart verändert, daß auch der stärkste Reiz wirkungslos bleibt und nicht zu einem sofortigen zweiten Aktionspotential führt. Diesen Zeitraum, in dem die Natriumkanäle inaktiviert sind und keine Natriumionen mehr fließen können, weshalb die Neurone kurzzeitig nicht erregt werden können, bezeichnet man als **Refraktärperiode**. Die gesamte Zeitspanne (Beginn des Aktionspotentials bis zum Ende der Refraktärperiode) liegt im Bereich von nur wenigen Millisekunden (1 ms=1 Tausendstelsekunde).

Die Geschwindigkeit, mit der sich ein Aktionspotential über eine ganze Nervenfaser ausbreitet, hängt zum großen Teil von der Isolierung der Nervenfasern ab. So leiten myelinisierte Fasern bis zu 250mal schneller als nichtmyelinisierte Fasern. Die Leitungsgeschwindigkeit von motorischen Nervenfasern (Steuerung der aktiven Muskelbewegungen) beträgt bis zu 120 m/s. Dagegen liegt die Leitungsgeschwindigkeit von Schmerzfasern bei ca. 0,5 m/s. Für die schnelle Leitung ist v.a. die sog. **saltatorische Erregungsleitung** von Bedeutung: Dabei springt die Depolarisation von einem Ranvier-Schnürring zum anderen, und somit muß nicht die gesamte Länge eines Neuriten langsam durchlaufen werden.

5.4 Neuroglia

Die Aufgabe der Nervenzellen besteht darin, Impulse zu leiten. Damit diese Impulse nicht wahllos von einer Nervenzelle auf die andere überspringen können, müssen die Nervenzellen und ihre Ausläufer gegeneinander isoliert sein. Diese Aufgabe wird von verschiedenen Zellen erfüllt, die man unter dem Begriff

Neuroglia zusammenfaßt. Neben der **Isolation** von Nervenzellen hat die Glia aber auch noch andere Aufgaben, wie sie in der Regel in anderen Organen vom Bindegewebe übernommen werden: z.B. **Stützfunktion, Stoffaustausch** und – bei pathologischen Prozessen – **Abbau** und **Narbenbildung**. Man unterscheidet 2 prinzipielle Arten von Glia:

- periphere Glia im peripheren Nervensystem,
- zentrale Glia im zentralen Nervensystem.

5.4.1 Periphere Glia

Die periphere Glia umschließt die Nervenfasern und Nervenzellkörper in der Peripherie. Wir unterscheiden 2 verschiedene Zelltypen:

- Schwann-Zellen,
- Mantel- oder Hüllzellen.

Schwann-Zellen

Sie isolieren die Neuriten der einzelnen Neurone gegeneinander, entweder in Form einer Myelinscheide (vgl. Kap. 3 Histologie) oder indem sie lediglich den Neuriten mit ihrem Zelleib umbetten und damit von anderen Neuriten isolieren.

Mantel- und Hüllzellen

Mantel- und Hüllzellen isolieren in den Ganglien die Perikaryen einzelner Neurone gegeneinander und gegenüber den verschiedenen Ausläufern der Neurone.

5.4.2 Zentrale Glia

Die zentrale Glia gliedert sich in 4 verschiedene Zelltypen:

- Oligodendroglia,
- Astrozyten,
- Mikroglia,
- Ependymzellen.

Oligodendroglia

Die Oligodendroglia ist für die Markscheidenbildung verantwortlich, d.h. die Isolierung

der Zellausläufer der Nervenzellen gegeneinander. Im Unterschied zur peripheren Glia, bei der die Schwann-Zellen nur um ein einziges Axon eine Scheide bilden, kann jedoch eine einzelne Oligodendrogliazelle Markscheiden um 3–5 verschiedene Fortsätze bilden. Sie sendet dafür Ausläufer an verschiedene Neuriten, die dort jeweils in einem kurzen Abschnitt eine Myelinscheide bilden. Auch im zentralen Nervensystem mit seinen Oligodendrozyten folgt eine Zelle auf die andere, so daß zwischen den von einzelnen Zellen myelinisierten Abschnitten jeweils ein Ranvier-Schnürring vorhanden ist (s. Abb. 3.28).

Astrozyten

Die wichtigste Aufgabe der Astrozyten ist es, die Zusammensetzung des extrazellulären Milieus zu regulieren. Außerdem bilden die Astrozyten die äußere Begrenzung der Hirnsubstanz und der Rückenmarksubstanz. Sie füllen die Räume zwischen den Perikaryen, Dendriten und Neuriten vollständig aus.

Man unterscheidet faserige Astrozyten von protoplasmatischen Astrozyten (Abb. 5.9). Die faserigen Astrozyten mit relativ dünnen Zellausläufern kommen vor allem in der weißen Substanz vor, d.h. dort, wo primär die Neuriten der Nervenzellen sind. Die protoplasmatischen Astrozyten mit relativ kräftigen Zellausläufern kommen demgegenüber vor allem in der grauen Substanz vor, dort wo die Perikaryen der Nervenzellen liegen.

Früher war man der Auffassung, daß Astrozyten die Blut-Hirn-Schranke aufbauen. Heute weiß man, daß dies durch das Kapillarendothel geschieht, das für sehr viele Stoffe eine absolut dichte Barriere darstellt, die nicht überwunden werden kann.

Mikroglia

Die Zellen der Mikroglia werden auch Hortega-Zellen genannt. Sie haben die Funktion von „Abräumzellen", die v.a. bei pathologischen Bedingungen perivaskulär (um die Gefäße herum) vermehrt auftreten. Sie sind in der Lage, durch Phagozytose körpereigene und körperfremde Bestandteile abzubauen.

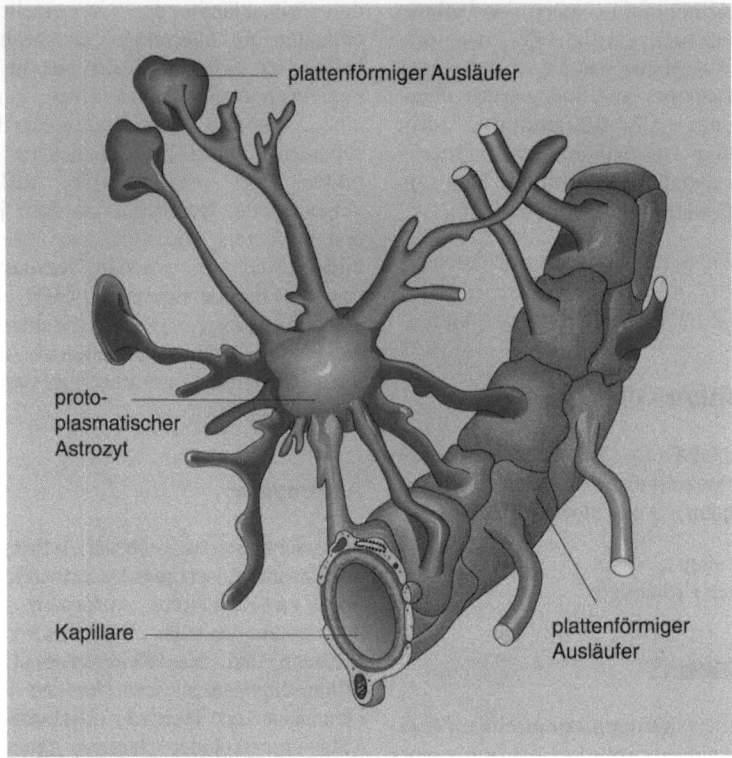

Abb. 5.9. Zur zentralen Glia gehörender protoplasmatischer Astrozyt, der mit seinen plattenförmigen Ausläufern eine Grenzschicht um eine Kapillare bildet

Ependymzellen

Die Ependymzellen kleiden die Innenräume des Zentralnervensystems aus. Damit sind sie als innere Oberfläche in den Ventrikeln des Gehirns und im Zentralkanal des Rückenmarks vorhanden.

5.5 Rückenmark

5.5.1 Entstehung und Aufbau des Rückenmarks

Aus dem größten Teil des Neuralrohrs ist während der Entwicklung das Rückenmark (Medulla spinalis) hervorgegangen. Es liegt im Wirbelkanal optimal geschützt und reicht dort vom großen Hinterhauptloch (Foramen occipitale magnum) bis zur Höhe des 2. Lendenwirbels. Es ist ca. 40–45 cm lang.

Während der frühen Embryonalzeit wird das Rückenmark in der ganzen Länge der Wirbelsäule angelegt, doch wächst die Wirbelsäule in der Folge stärker als das Rückenmark, so daß unterhalb des 2. Lendenwirbels keine kompakte Masse mehr vorliegt, sondern nur noch Wurzelfäden (Fila radicularia) vorhanden sind, die nach Austritt durch die Zwischenwirbellöcher zu den Spinalnerven werden (Abb. 5.10). In ihrer Gesamtheit nennt man diese Wurzelfäden Pferdeschweif (Cauda equina).

Das Rückenmark stellt einen kompakten Strang in der Stärke eines Fingers dar, der sowohl in der Zervikalgegend wie auch in der Lumbalgegend etwas verdickt ist. Diese Anschwellungen werden als Intumescentia cervicalis und Intumescentia lumbalis bezeichnet. Sie sind bedingt durch eine große Anzahl von Perikaryen (motorische Nervenzellen), die, von hier ausgehend, ihre langen Fortsätze zu den Muskeln der Extremitäten schicken.

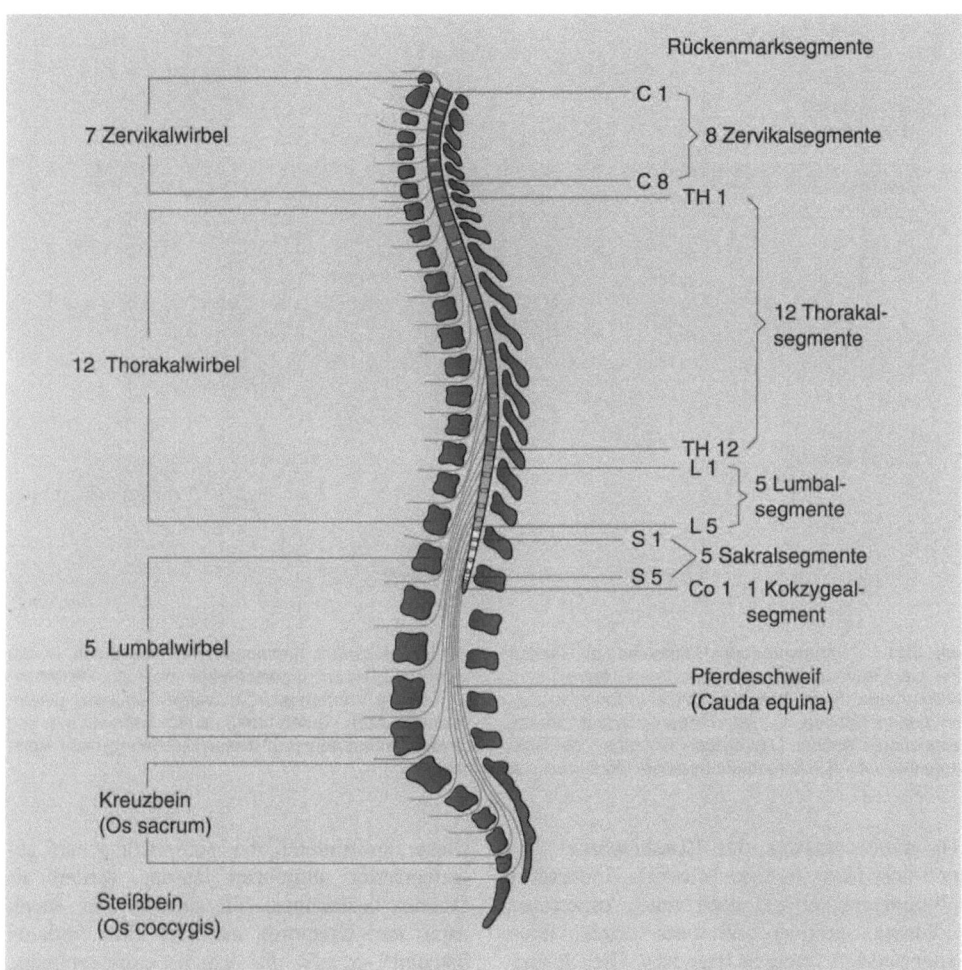

Rückenmarksegmente

7 Zervikalwirbel

C 1

8 Zervikalsegmente

C 8

TH 1

12 Thorakal-
segmente

12 Thorakalwirbel

TH 12
L 1

5 Lumbal-
segmente

L 5

S 1

5 Sakralsegmente

S 5

Co 1 1 Kokzygeal-
segment

5 Lumbalwirbel

Pferdeschweif
(Cauda equina)

Kreuzbein
(Os sacrum)

Steißbein
(Os coccygis)

Abb. 5.10. Längsschnitt durch die Wirbelsäule mit eingezeichnetem Rückenmark. Das Rückenmark ist nur bis auf die Höhe von L1–L2 kompakt, weiter gegen das Kreuzbein zu besteht es nur noch aus den Wurzelfäden (Fila radicularia) des Pferdeschweifs (Cauda equina). Als Rückenmarksegmente (Zervikal- bis Sakralsegmente) sind die Regionen des kompakten Rückenmarks bezeichnet, aus denen die Wurzelfäden aus dem Rückenmark in den Wirbelkanal eintreten

Auf der gesamten Länge des Rückenmarks treten seitlich – durch die Zwischenwirbellöcher – die Spinalnerven aus, jeweils paarweise auf beiden Seiten. Deshalb redet man auch von Spinalnervenpaaren (Abb. 5.11).

An einem Schnitt durch das Rückenmark erkennt man, daß es durch ein bindegewebiges Septum dorsale und durch einen tiefen vorderen Einschnitt, die Fissura mediana anterior, in 2 symmetrische Hälften gegliedert ist. Deutlich tritt auf einem derartigen Schnitt auch eine graue schmetterlingsförmige Innenzone hervor, die von einer weißen Außenzone umgeben ist. Die **graue Substanz** besteht hauptsächlich aus den Nervenzellkörpern, den Perikaryen; die **weiße Substanz** enthält aufsteigende oder absteigende Leitungsbahnen, d.h. Bündel von Nervenfasern (Abb. 5.11).

Die graue Substanz (Schmetterlingsfigur) besteht auf jeder Seite aus

- einem Vorderhorn (Cornu anterius),
- einem Hinterhorn (Cornu posterius) und
- einem verbindenden Seitenhorn (Cornu laterale).

Dreidimensional betrachtet, handelt es sich bei den Hörnern um Zellsäulen, die durch ein Mittelstück verbunden sind.

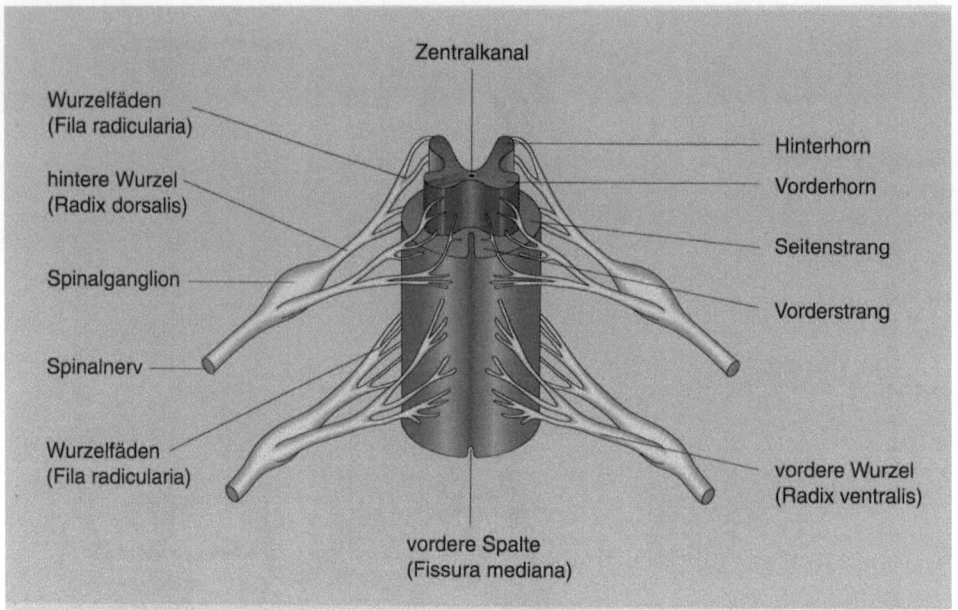

Abb. 5.11. 2 Segmente des Rückenmarks. Gezeigt sind die Verbindungen des peripheren Nerven zum Rückenmark. In der hinteren Wurzel ziehen die aufsteigenden Bahnen, in der vorderen Wurzel die absteigenden Bahnen. Die graue Substanz des Rückenmarks ist als schmetterlingsartige Figur aus der weißen Substanz hervorstehend gezeichnet. In der grauen Substanz unterscheidet man ein Hinterhorn von einem Vorderhorn. Die weiße Substanz gliedert sich in einen Vorderstrang, einen Seitenstrang und einen Hinterstrang (auf dieser Zeichnung nicht sichtbar)

Die graue Substanz des Rückenmarks gliedert sich also in eine schmale Hintersäule (Columna posterior), eine breite Vordersäule (Columna anterior) und eine spitze, kleine Seitensäule (Columna lateralis). Die Seitensäule kommt allerdings nur im Brustmark sowie in den angrenzenden Markabschnitten vor. Das Verbindungsstück, das die Zellsäulen der grauen Substanz miteinander verbindet, enthält einen Zentralkanal, der von Ependym ausgekleidet ist (s. 5.4.2). Durch den Verlauf der Zellsäulen sowie den Eintritt von Nervenfasern in das Hinterhorn und den Austritt von Fasern aus dem Vorderhorn wird die weiße Substanz, die ja die graue Substanz umgibt, in 3 Zonen oder Stränge gegliedert. Auf diese Weise lassen sich in jeder Rückenmarkhälfte 3 Stränge abgrenzen:

- ein Vorderstrang (Funiculus anterior),
- ein Seitenstrang (Funiculus lateralis) und
- ein Hinterstrang (Funiculus posterior).

Innerhalb dieser Stränge sind auf- und absteigende Nervenfasern entsprechend ihrer Funktion in einzelnen Bündeln zusammengefaßt.

Diese Faserbündel, die sich nicht scharf gegeneinander abgrenzen lassen, werden als Tractus bezeichnet. Sie sind in der Regel nach dem Ursprung und Ziel ihres Verlaufs benannt; so z.B. der Tractus corticospinalis, der aus der Hirnrinde (Kortex) ins Rückenmark (Medulla spinalis) verläuft. Er ist eine wichtige Leitungsbahn für die Motorik.

5.5.2 Spinalnerven

Die Nervenfasern, die das Rückenmark verlassen, stammen aus 2 Wurzeln: der vorderen Wurzel (Radix ventralis) und der hinteren Wurzel (Radix dorsalis). Jede Wurzel besteht aus einer größeren Anzahl einzelner Wurzelfäden (Fila radicularia), die, kurz bevor sich die beiden Wurzeln einander nähern, zu einheitlichen Strängen verschmelzen.

In der hinteren Wurzel befindet sich, durch die hier vorhandenen Perikaryen (Zellkörper) hervorgerufen, eine Anschwellung, das Ganglion spinale. Hier sitzen die Perikaryen der sensiblen Neurone, die Impulse aus dem peripheren ins zentrale Nervensystem leiten.

Kurz hinter dem Ganglion spinale vereinigt sich die hintere mit der vorderen Wurzel zum Spinalnerv. Auf jeder Seite tritt je 1 Spinalnerv durch die Zwischenwirbellöcher aus (Abb. 5.12). In der hinteren Wurzel des Spinalnerven verlaufen Fasern, die Impulse vom peripheren Nervensystem zum Rückenmark leiten. Sie werden dementsprechend als afferente Bahnen bezeichnet. In der vorderen Wurzel der Spinalnerven hingegen verlaufen Fasern, die Nervenimpulse vom Rückenmark zur Peripherie – also in umgekehrte Richtung – leiten und dementsprechend als efferente Bahnen bezeichnet werden.

Bestandteile eines Spinalnerven
- Efferenzen aus dem Vorderhorn für die Skelettmuskulatur: somatomotorische Fasern,
- Afferenzen sensibler Neurone, die ins Hinterhorn ziehen: somatosensible Fasern,
- Efferenzen aus dem Seitenhorn für die Eingeweide- und Vasomotorik: visceromotorische Fasern,

- Afferenzen sensibler Neurone aus den Eingeweiden: viszerosensible Fasern.

Die Afferenzen und Efferenzen der Eingeweide gehören zum vegetativen Nervensystem und werden dort noch weiter behandelt (s. 5.14).

Periphere Innervation

Die Zahl der Spinalnervenpaare entspricht der Zahl der vorhandenen Wirbel. Eine Ausnahme gibt es lediglich im Halsbereich, da hier 8 Halsnervenpaare vorkommen (bei 7 Halswirbeln). Somit verlassen den Wirbelkanal auf jeder Seite:

Spinalnerven
- 8 Halsnerven (Nn. cervicales),
- 12 Brustnerven (Nn. thoracici),
- 5 Lendennerven (Nn. lumbales),
- 5 Kreuzbeinnerven (Nn. sacrales),
- 1–2 Steißbeinnerven (Nn. coccygei).

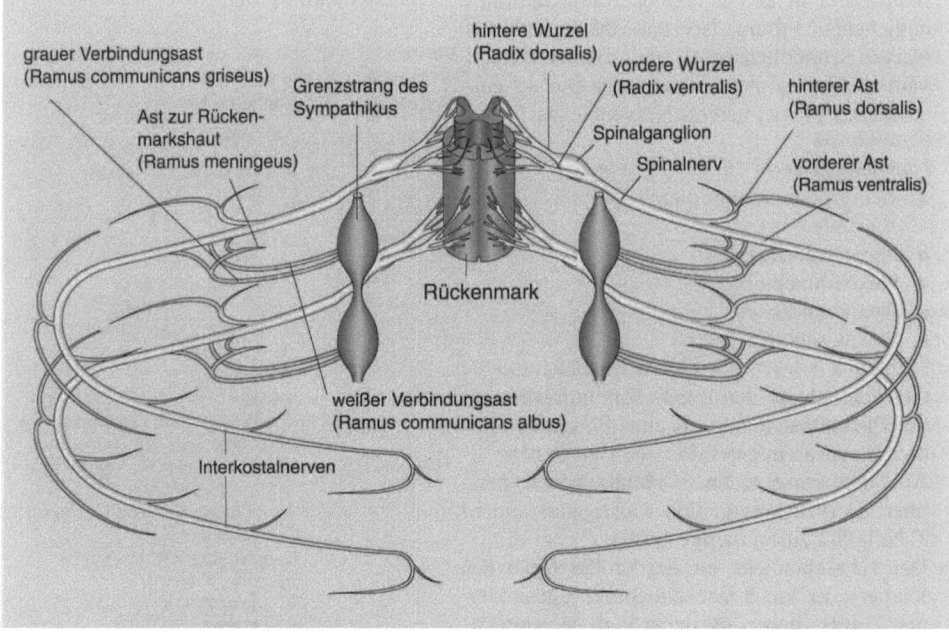

Abb. 5.12. Darstellung der Spinalnervenpaare im Thorakalbereich. Der Spinalnerv gibt einen hinteren Ast (Radix dorsalis) für die Haut des Rückens und die Rückenmuskulatur, einen vorderen Ast (Radix ventralis) für die Haut der Körpervorderseite und die Interkostalmuskulatur sowie einen Rückenmarkhautast (Ramus meningeus) für die Versorgung der Rückenmarkhäute ab. Der weiße Verbindungsast (Ramus communicans albus) mit den myelinisierten präganglionären Fasern und der graue Verbindungsast (Ramus communicans griseus) mit den markarmen postganglionären Fasern stellen die Verbindung zum Grenzstrang, einem sympathischen Teil des vegetativen Nervensystems, her

Nachdem die Spinalnerven durch die Zwischenwirbellöcher den Wirbelkanal verlassen haben, teilen sie sich in 4 Äste (Rami):

- **Ramus dorsalis:** Das ist ein hinterer Ast, der sensibel die Haut des Rückens und motorisch die sog. genuine Rückenmuskulatur, d.h. den Erector trunci, versorgt.
- **Ramus ventralis:** Das ist ein vorderer Ast für die sensible und motorische Innervation des Rumpfes und der Glieder.
- **Ramus communicans albus:** Dieser Ast stellt eine Verbindung mit dem vegetativen Nervensystem dar; er läuft zum sympathischen Grenzstrang (s. 5.14, vegetatives Nervensystem).
- **Ramus meningeus:** Dieser Ast dient der Versorgung der Rückenmarkhäute.

Die vorderen Äste der Spinalnerven (Rami ventrales) haben das größte Versorgungsgebiet. Im Bereich des Hals-, Lenden- und Kreuzbeinmarks bilden sie große Nervengeflechte, die als **Plexus** bezeichnet werden. Dabei kommt es zu einer ausgiebigen Vermischung der in den einzelnen Rami ventrales enthaltenen Fasern, so daß die peripheren Nerven schließlich aus Fasern mehrerer Rami ventrales zusammengesetzt sind. Die so entstandenen Plexus heißen Nervenplexus.

Nervenplexus
Zu den großen Nervenplexus gehören:

- Plexus cervicalis,
- Plexus brachialis,
- Plexus lumbalis,
- Plexus sacralis.

Gelegentlich werden der Plexus lumbalis und der Plexus sacralis auch zum Plexus lumbosacralis zusammengefaßt.
Aus den verschiedenen Plexus gehen periphere Nerven hervor. Die wichtigsten sind in Tabelle 5.2 zusammengestellt.
Der N. ischiadicus ist der größte Nerv des Körpers. Er kann fast die Stärke eines kleinen Fingers haben. Bedeckt vom M. glutaeus maximus tritt er aus dem kleinen Becken auf die Körperrückseite aus und teilt sich während seines Verlaufs auf der Rückseite des Beines in seine beiden Hauptäste, den N. tibialis und den N. peroneus.
Die Spinalnerven im Bereich des Brustmarkes bilden keine Plexus. Sie verlaufen jeweils zwischen den Rippen und versorgen sensibel die Haut über dem Brustkorb und motorisch die Interkostalmuskulatur.
Nerven sind in der Regel durch das sie umgebende Peri- und Epineurium (vgl. Kap. 3 Histologie) locker und verschieblich in ihre Umgebung eingebaut, so daß sie bei Kontraktionen der Muskulatur nicht gequetscht werden. Wenn sie allerdings einem längerdauernden Zug oder Druck ausgesetzt sind, z.B. beim Übereinanderschlagen der Beine, dann kann eine – meist vorübergehende – Teillähmung auftreten, durch welche die Erregungsleitung stark erschwert oder gehemmt ist. Die Muskeln werden nicht mehr ausreichend innerviert, und die Haut wird unangenehm überempfindlich, was allgemein als „Ameisenkribbeln" oder „Eingeschlafensein" bezeichnet wird.

5.5.3 Hautfelder (Dermatome)

Prinzipiell ist die sensible Innervation der Haut unseres Körpers so geregelt, daß jedes Rückenmarksegment die afferenten Signale

Tabelle 5.2. Die aus den verschiedenen Plexus hervorgehenden peripheren Nerven

Plexus	Periphere Nerven+wichtigste Funktion
Plexus cervicalis	**N. phrenicus** Zwerchfellinnervation (Atmung)
Plexus brachialis	Nerven für die somatomotorische und somatosensible Innervation von Arm und Hand
	N. musculocutaneus z.B. für den M. biceps
	N. radialis für die Extensoren an Oberarm und Unterarm
	N. medianus für die meisten Flexoren am Unterarm
	N. ulnaris für die Flexoren auf der Kleinfingerseite des Unterarms
Plexus lumbalis	Nerven für die somatomotorische und somatosensible Innervation der Unterbauchregion und des Oberschenkels
	N. femoralis z.B. für den M. quadriceps femoris
	N. obturatorius z.B. für die Adduktoren
Plexus sacralis	**N. ischiadicus** mit seinen beiden Hauptästen: **N. tibialis** und **N. fibularis** N. tibialis z.B. Flexoren am Unterschenkel **N. peroneus** z.B. für die Extensoren am Unterschenkel

aus einem bestimmten Hautstreifen des Hinterkopfes, Halses, Rumpfes oder der Extremitäten erhält.

> Das von einem Rückenmarksegment sensibel innervierte Hautfeld wird Dermatom genannt. Insgesamt gibt es 30 Dermatome, die entsprechend dem Austrittsort des zugehörigen Spinalnerven segmental von C 2 (2. Zervikalsegment) bis S 5 (5. Sakralsegment) bezeichnet werden.

Das 1. Zervikalsegment besitzt keine sensible Wurzel, so daß auch kein entsprechendes Dermatom existiert. Die Karte der Dermatome bzw. der Verlauf der Grenzlinien zwischen den einzelnen Dermatomen ist für die Höhendiagnostik von Rückenmarkläsionen von großer Bedeutung (Abb. 5.13).
Durch die Plexusbildung sind in den peripheren Nerven Fasern aus verschiedenen Rückenmarksegmenten vorhanden, so daß die von ihnen versorgten Hautfelder nicht identisch mit den von einzelnen Segmenten versorgten Dermatomen sind.

5.5.4 Qualitäten peripherer Nerven

> Als **sensibel** werden Impulse bezeichnet, die von niederen Sinnesorganen stammen, so z.B. Tastsinn, Wärme- und Kälteempfinden.
> Als **sensorisch** werden Impulse bezeichnet, die von höheren Sinnesorganen stammen, z.B. von den Augen oder den Ohren.

> **Afferenzen** kommen aus der Peripherie und werden ins zentrale Nervensystem geleitet. Es handelt sich also um sensible und sensorische Qualitäten.
> **Efferenzen** kommen aus dem zentralen Nervensystem und werden in die Peripherie geleitet. Es handelt sich um motorische und sekretorische (die Drüsentätigkeit regulierende) Qualitäten.

Im Kapitel 3 (Histologie) wurde schon einmal auf die Nervenfasern eingegangen, und sie wurden grob unterteilt in markhaltig und marklos. Das waren allerdings nur sehr einfache Einteilungskriterien. Für die genaue Definition der Qualität und Funktion der verschiedenen Nervenfasern ist eine differenziertere Einteilung notwendig.
Aufgrund der Funktion, des Faserquerschnittes, der praktisch durch die Funktion bedingt ist, und der daraus resultierenden Leitungsgeschwindigkeit kann man 6 verschiedene Typen von Nervenfasern unterscheiden (Tabelle 5.3).

5.6 Hirnnerven

Die Hirnnerven gehören ebenfalls zum peripheren Nervensystem. Im Unterschied zu den bisher behandelten Nerven verlaufen sie jedoch nicht über das Rückenmark, sondern treten direkt aus dem Gehirn aus. Sie werden mit den römischen Zahlen von I–XII bezeichnet, wobei allerdings der erste und der zweite Hirnnerv, nämlich der Bulbus olfactorius und der Nervus opticus keine Nerven im strengen Sinne sind, sondern in die Peripherie verlagerte Hirnteile (Abb. 5.14).

Tabelle 5.3. Nervenfasertypen

Typ	Funktion	Querschnitt	Leitungsgeschwindigkeit
Aα	motorisch (efferent) zur Skelettmuskulatur Afferenz von Muskelspindel	15 μm	70–120 m/s
Aβ	Afferenz von Hautrezeptoren (Berührung und Druck)	8 μm	30–70 m/s
Aγ	motorisch (efferent) zu Muskelspindel	5 μm	15–30 m/s
Aδ	Afferenz von Hautrezeptoren für Temperatur und Schmerz (1. Schmerz)	>3 μm	12–30 m/s
B	vegetativ präganglionär	3 μm	3–15 m/s
C (marklos)	Schmerzfasern vegetativ postganglionär Schmerz (2. Schmerz)	1 μm	0,5–2 m/s

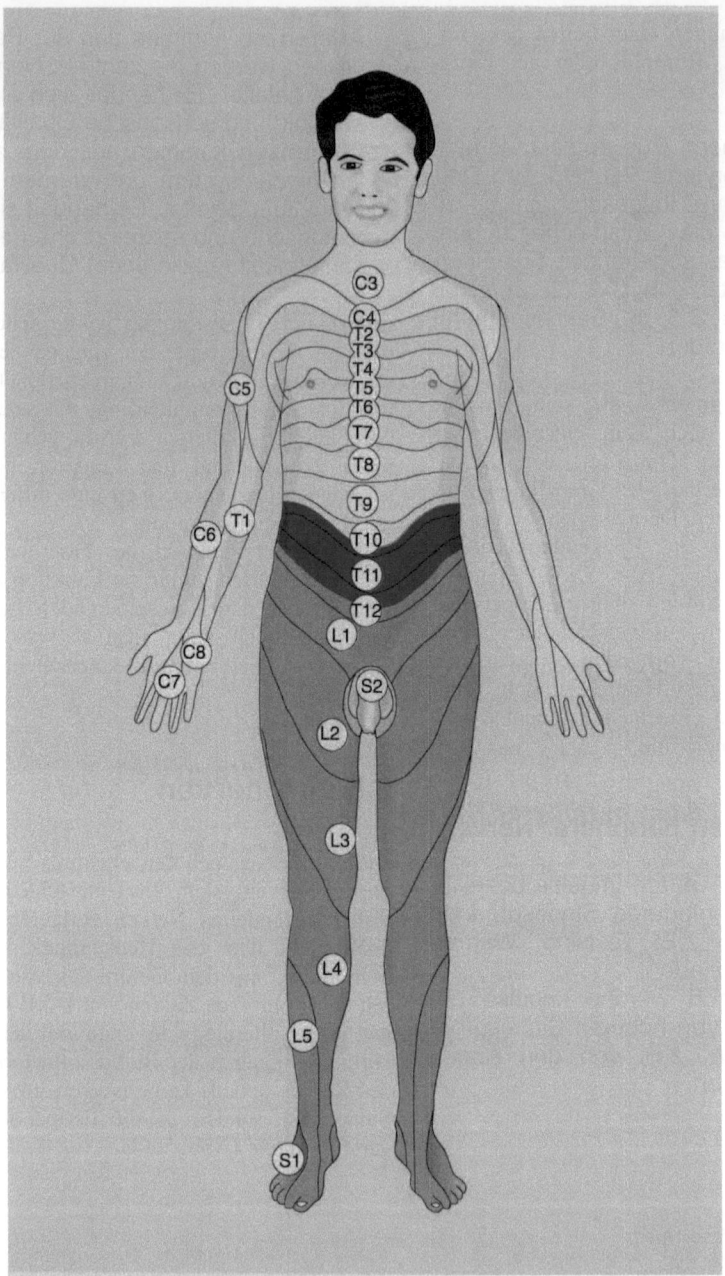

Abb. 5.13. Auf der rechten Körperseite sind die Hautfelder (Dermatome) eingezeichnet, die von den entsprechenden Rückenmarksegmenten versorgt werden. Auf der linken Körperseite sind die den entsprechenden Nerven zugeordneten Hautfelder eingezeichnet. Die Hautnerven enthalten in der Regel von
mehreren Rückenmarksegmenten ihre Zuflüsse, so
daß die Felder der Hautnerven nicht mit den Dermatomen übereinstimmen

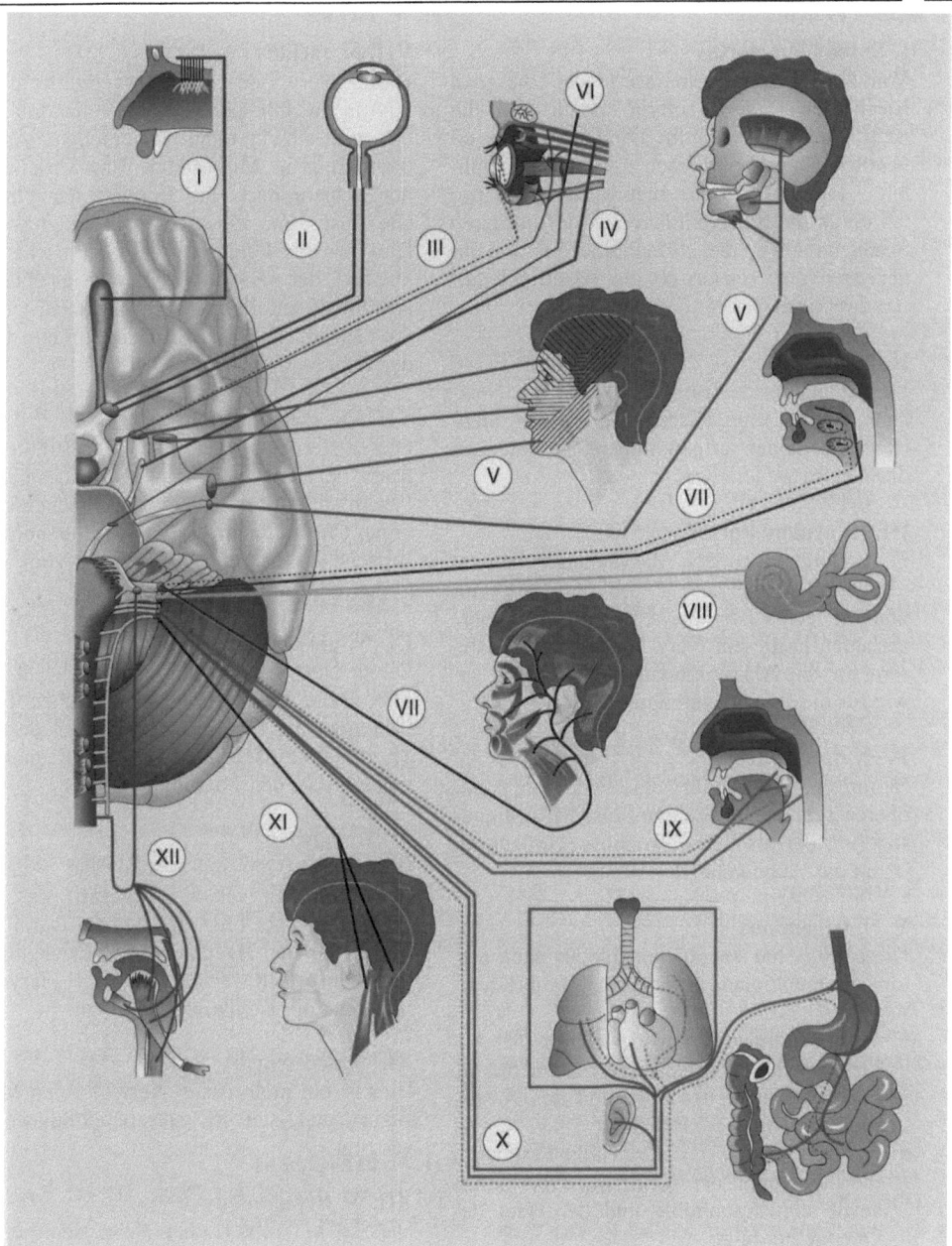

Abb. 5.14. Aufsicht auf die Hirnbasis von unten. Hier sind die Abgänge der 12 Hirnnerven zu sehen. Die Hirnnerven sind, entsprechend ihrem Austrittsort, von vorn (nasal) nach hinten (okzipital) mit den römischen Ziffern I–XII bezeichnet. Die wichtigsten Versorgungsgebiete sind jeweils am Ende des einzelnen Hirnnerven angegeben (Erläuterungen s. Text)

I. Bulbus olfactorius

Von ihm gehen Nervenfasern aus, die man Riechfäden (Fila olfactoria) nennt und die nach neuerem Verständnis vielfach als die eigentlichen – unter römisch I zusammengefaßten – Hirnnerven betrachtet werden. Sie treten durch die Siebbeinplatte aus der vorderen Schädelgrube in die Nasenhöhle ein und innervieren dort sensorisch die Regio olfactoria, das Riechepithel.

II. N. opticus

Der N. opticus versorgt sensorisch die Netzhaut, indem seine Fasern die an den Stäbchen und Zapfen aufgenommenen Impulse an das Gehirn weiterleiten.

III. N. oculomotorius

Er versorgt motorisch die äußeren Augenmuskeln (Ausnahme: M. obliquus superior und M. rectus lateralis, s. unten). Außerdem verlaufen in diesem Nerv Parasympathikusfasern für die Akkommodation des Auges sowie für die Pupillenverengung.

IV. N. trochlearis

Motorischer Nerv für die Versorgung des oberen schrägen Augenmuskels, M. obliquus superior, der über eine Trochlea (Umlenkrolle) an das Auge gelangt.

V. N. trigeminus

Dieser Nerv hat sowohl sensible als auch motorische Funktionen. Er besitzt 3 Hauptäste:

- N. ophthalmicus (V_1), der durch die Augenhöhle hindurch sensible Fasern für die Hautinnervation der Stirn und des Nasenrückens führt;
- N. maxillaris (V_2), der sensible Fasern für die Innervation der Zähne des Oberkiefers sowie der Nasenhöhle und der Haut des Oberkiefers führt;
- N. mandibularis (V_3), der den motorischen Anteil des N. trigeminus für die Innervation der Kaumuskulatur sowie sensible Fasern für die Zähne und die Haut des Unterkiefers enthält.

VI. N. abducens

Das ist der dritte motorische Nerv für die Augenmuskulatur. Dieser Nerv innerviert den Muskel, der eine Abduktion des Auges, d.h. eine Seitwärtsbewegung bewirkt, nämlich den M. rectus lateralis.

VII. N. facialis

Dieser Nerv bildet ein Nervengeflecht (Plexus) in der Ohrspeicheldrüse (Glandula parotis) und schickt dann verschiedene Äste an die mimische Muskulatur. Bei Verletzungen oder Operationen im Bereich der Ohrspeicheldrüse kann dieser Nerv verletzt werden. Dies hat zur Folge, daß die mimische Muskulatur der entsprechenden Gesichtshälfte ausfällt. Ebenfalls mit dem N. facialis verlaufen sensorische Fasern für das vordere Drittel der Zunge.

VIII. N. statoacusticus

Dieser Nerv wird auch als N. vestibulocochlearis bezeichnet. Er hat sowohl sensorische Fasern, die Afferenzen vom Gleichgewichtsorgan (Vestibularapparat) leiten, als auch sensorische Fasern, die Afferenzen vom Corti-Organ (Hörorgan) leiten.

IX. N. glossopharyngeus

Dieser Nerv hat sowohl sensorische als auch motorische Fasern. Die sensorischen Fasern versorgen die hinteren zwei Drittel der Zunge, die motorischen Fasern die Rachenmuskulatur, d.h. den Pharynx.

X. N. vagus

Dieser Nerv hat motorische und vegetative Funktionen. Er versorgt **vegetativ** das Herz, die Lunge und Teile des Magen-Darm-Traktes. Er ist der Hauptnerv des Parasympathikus. **Motorisch** versorgt er als N. laryngeus recurrens die Kehlkopfmuskulatur.

XI. N. accessorius

Dies ist ein motorischer Nerv, der den M. trapezius und den M. sternocleidomastoideus versorgt.

XII. N. hypoglossus

Dies ist ein motorischer Nerv, der die Zungenmuskulatur versorgt.

5.7 Gehirn

5.7.1 Entwicklung des Gehirns

Nach Verschluß des vorderen Teiles des Neuralrohres weitet sich dieses zu 3 hintereinanderliegenden Bläschen aus, den primären Hirnbläschen:

- Vorderhirnbläschen (Prosenzephalon),
- Mittelhirnbläschen (Mesenzephalon),
- Rautenhirnbläschen (Rhombenzephalon).

Von den 3 Hirnbläschen ist das Mittelhirnbläschen am wenigsten stark ausgeweitet. Am Prosenzephalon entwickeln sich sehr frühzeitig 2 seitliche Ausstülpungen, die Endhirnbläschen (Telenzephalon). Dadurch wird der hinterste Teil des Prosenzephalons von diesen beiden Bläschen eingezwängt und bildet eine eigenständige Struktur, die man als Zwischenhirn (Dienzephalon) bezeichnet. Damit sind aus den 3 primären Hirnbläschen 5 sekundäre Hirnbläschen entstanden:

- Endhirn (Telenzephalon; 2 Bläschen),
- Zwischenhirn (Dienzephalon),
- Mittelhirn (Mesenzephalon),
- Rautenhirn (Rhombenzephalon).

Durch weitere Entwicklung entstehen in der Region des Rautenhirns (Rhombenzephalon):

- das Hinterhirn (Metenzephalon) mit Brücke (Pons) und Kleinhirn (Cerebellum) und
- das Nachhirn (Myelenzephalon).

Damit sind folgende **definitive Hirnabschnitte** vorhanden (Abb. 5.15):

> **Endhirn** (Telenzephalon),
> **Zwischenhirn** (Dienzephalon),
> **Mittelhirn** (Mesenzephalon),
> **Hinterhirn** (Metenzephalon),
> **Nachhirn** (Myelenzephalon).

Das Nachhirn (Myelenzephalon) wird häufig auch als Medulla oblongata (verlängertes Mark) bezeichnet, da es am Foramen occipitale magnum in das Rückenmark mündet.
Im Verlaufe der weiteren Entwicklung zeigt das Gewebe der Hirnbläschen ein gesteigertes Wachstum (es proliferiert), und die vorhandenen Hohlräume werden bis auf kleine Bereiche (s. unten) mit Hirngewebe gefüllt.

5.7.2 Liquor und Hirnventrikel

Bedingt durch die Bildung der Hirnabschnitte als Bläschen, die sich aus dem Neuralrohr ausgestülpt haben, entstehen **Hohlräume**, die auch im definitiven Gehirn bestehenbleiben und dort als **Ventrikel** bzw. Ventrikelsystem bezeichnet werden (Abb. 5.16).

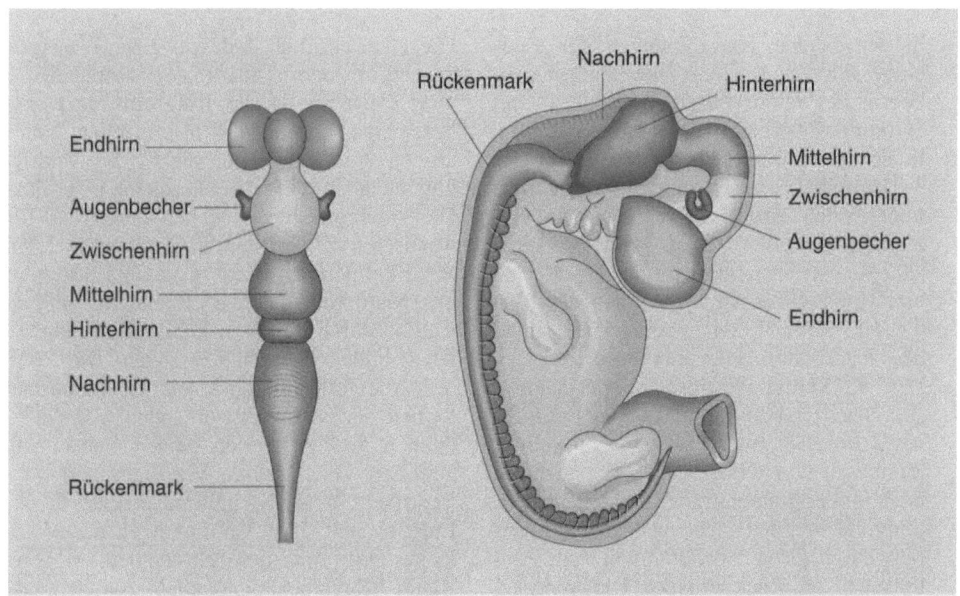

Abb. 5.15a,b. Entwicklung des Gehirns zum Zeitpunkt der 4. Entwicklungswoche. Aus dem Neuralrohr im späteren Gehirnbereich haben sich zu diesem Zeitpunkt bereits die Hirnbläschen entwickelt. **a** Hirnbläschen in Dorsalansicht; im Bereich des Zwischenhirns (Dienzephalon) ist bereits der Augenbecher ausgestülpt, für die weitere Entwicklung des Auges; **b** Neuralrohr in Seitenansicht des Embryos

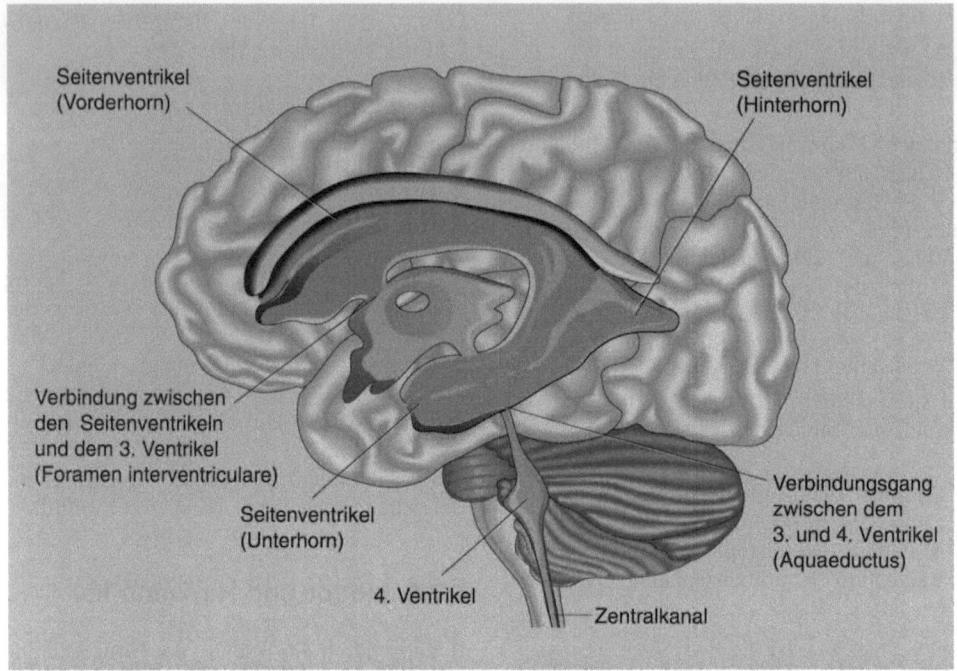

Seitenventrikel
(Vorderhorn)

Seitenventrikel
(Hinterhorn)

Verbindung zwischen
den Seitenventrikeln
und dem 3. Ventrikel
(Foramen interventriculare)

Verbindungsgang
zwischen dem
3. und 4. Ventrikel
(Aquaeductus)

Seitenventrikel
(Unterhorn)

4. Ventrikel

Zentralkanal

Abb. 5.16. Darstellung der Hirnventrikel in Seitenansicht von links. Die Ventrikel sind durchscheinend gezeichnet. Die beiden Seitenventrikel sind untereinander, aber auch mit dem 3. Ventrikel durch einen Verbindungsgang (Foramen interventriculare) verbunden. Der 3. Ventrikel steht über einen weiteren Verbindungsgang (Aquaeductus) mit dem 4. Ventrikel in Verbindung. Der 4. Ventrikel schließlich ist über eine mittlere und 2 seitliche Öffnungen (s. Abb. 5.17) mit dem Spinnwebsraum (Cavum subarachnoidale) der Hirnhäute verbunden

- In den beiden Ausstülpungen des Endhirns, d.h. in den Großhirnhemisphären, liegt je ein **Seitenventrikel**, die als 1. und 2. Ventrikel bezeichnet werden.
- In der Mitte des Zwischenhirns liegt der **3. Ventrikel**, dessen hinteres (kaudales) Ende in den **Aquädukt** mündet, eine Verbindung zwischen dem 3. und 4. Ventrikel. Sie ist entstanden durch das Wachstum von Zellmassen im Bereich des Mittelhirns, wodurch das vorhandene Lumen des Neuralrohres eingeengt wurde.
- Der **4. Ventrikel** liegt im Rautenhirn (Rhombenzephalon) und hat die Form eines Zeltes. Der Boden dieses Ventrikels ist rhombisch und wird deshalb Fossa rhomboidea oder Rautengrube genannt. Der 4. Ventrikel verjüngt sich nach kaudal ebenfalls durch Gewebeproliferation zum Zentralkanal des Rückenmarks. Die Ventrikel sowie der Zentralkanal werden von Ependym ausgekleidet (Glia-Art). Im Kindesalter sind Ventrikel sehr eng; sie werden im Laufe des Lebens weiter.

Die Hirnventrikel sind von einer Flüssigkeit ausgefüllt, dem Liquor cerebrospinalis. Er wird meist nur in der Kurzform als **Liquor** bezeichnet. Liquor wird in speziellen, zottenartigen Adergeflechten, die in die Ventrikel hineinhängen (Plexus choroideus), gebildet. Die Adergeflechte entstehen durch das Einwachsen von Gefäßen in die Ventrikel. Die Ventrikel nehmen dabei quasi als Einstülpung der Ventrikelwand das Ependym mit und sind so durch eine von kubischen Epithelzellen gebildete Schicht überzogen. Die Zotten der Adergeflechte sind nur an bestimmten Stellen der Ventrikel vorhanden, nämlich an einigen Stellen in den beiden Seitenventrikeln, am Dach des 3. Ventrikels und im 4. Ventrikel vor der Kleinhirnunterseite.

Liquor fließt über Verbindungen des Ventrikelsystems mit den Hirnhäuten in einen Raum (Subarachnoidalraum) zwischen den Hirnhäuten, wo er eine wichtige Aufgabe zu erfüllen hat (s. unten).

Die gesamte vorhandene Liquormenge beträgt ca. 150 ml. Sie wird in ca. 2 Tagen umgesetzt, da die Tagesproduktion an Liquor ungefähr 70–100 ml beträgt.

Liquor ist eine eiweißarme, wäßrige Flüssigkeit, die nur wenige Lymphozyten enthält (ca. 6/mm^3). Liquor ist quasi ein Ultrafiltrat des Blutes mit einer Osmolarität, die der des Blutes entspricht. Bei seiner Bildung muß Liquor 3 Schichten überqueren:

Schichten der Blut-Liquor-Schranke:
- das Kapillarendothel,
- die Basalmembran,
- das Plexusepithel.

Diese 3 Schichten bilden für viele Stoffe eine Permeabilitätsbarriere: die Blut-Liquor-Schranke (Abb. 5.17).

Der Rückfluß des gebildeten Liquor cerebrospinalis ins Blut geschieht über Ausstülpungen der Spinnwebshaut, welche in die venösen Blutleiter der harten Hirnhaut (Sinus durae matris) hineinragen (Abb. 5.17). Diese Spinnwebszotten (Arachnoidalzotten, Granulationes arachnoidales) ermöglichen eine Zirkulation des im Adergeflecht gebildeten Liquors und verhindern dadurch einen Überdruck im Ventrikelsystem.

Bei Erkrankungen des zentralen Nervensystems kann sowohl die Zusammensetzung des Liquors als auch die Zahl der in ihm vorhandenen Zellen verändert sein. Deshalb ist die Untersuchung des Liquors von diagnostischer Bedeutung. Um Liquor für eine Untersuchung zu gewinnen, kann eine Lumbalpunktion oder eine Subokzipitalpunktion durchgeführt werden.

Bei der **Lumbalpunktion** wird zwischen 2 unteren Lendenwirbeln eingestochen. Dabei gelangt man in den Wirbelkanal und in den Liquorraum, in welchem an dieser Stelle kein Rückenmark mehr liegt. Hier befinden sich die Wurzelfäden der Spinalnerven (Cauda equina), die in der Regel beim Eindringen der Kanüle gut ausweichen können.

Bei der **Subokzipitalpunktion** wird zwischen Hinterhaupt und Atlas (oberster Halswirbel) eingestochen in eine Erweiterung des Liquorraums zwischen Kleinhirnunterseite und dem verlängerten Mark (Cisterna cerebellomedullaris). Direkt darunter liegt allerdings die Medulla oblongata mit lebenswichtigen Zentren, so daß man – wenn immer möglich – eher eine Lumbalpunktion durchführt.

Auf beiden Wegen (Subokzipital- und Lumbalpunktion) können auch Arzneimittel direkt in den Liquor abgegeben oder die Hirnventrikel mit Luft gefüllt werden. Dabei gelangt die in den Liquorraum gegebene Luft über ein Loch in den 4. Hirnventrikel, um von dort weiter in die übrigen Ventrikel einzudringen. Die luftgefüllten Ventrikel lassen sich dann mit dem Röntgengerät darstellen (Ventrikulographie). Auf diese Weise kann man Geschwülste, Blutungen, Verformungen durch Narben oder andere mit einer Anschwellung einzelner Hirnteile verbundene Krankheiten erkennen, die in der Regel die normale Form der Ventrikel verändern. Heute wird allerdings häufiger eine zerebrale Computertomographie (CCT) oder Kernspintomographie durchgeführt, für welche die Ventrikel nicht zuerst mit Luft gefüllt werden müssen.

5.7.3 Hüllen des zentralen Nervensystems

Die Zentralorgane des Nervensystems, d.h. das Gehirn und das Rückenmark, sind von 2 bindegewebigen Hüllen umgeben, der harten und der weichen Hirn- bzw. Rückenmarkhaut. Die **harte Hirnhaut** (Pachymeninx) wird als Dura mater encephali, die **harte Rückenmarkhaut** als Dura mater spinalis bezeichnet. Unter der harten Hirnhaut liegt eine zweite Schicht, die **weiche Hirnhaut** oder Leptomeninx. Die Leptomeninx ihrerseits teilt sich wiederum in 2 Schichten, die sog. **Spinnwebhaut** (Arachnoidea) und die eigentliche **weiche Hirn-** oder **Rückenmarkhaut** (Pia mater), die direkt auf der Oberfläche des Rückenmarks oder des Hirngewebes liegt (Abb. 5.17). Zwischen der Arachnoidea und der Pia mater liegt ein Bindegeweberaum, der **Subarachnoidalraum**. Er steht mit den Hirnventrikeln über Öffnungen, die sich im Bereich der Rautengrube befinden, in Verbindung. Diese Öffnungen sind die seitlichen Öffnungen (Aperturae laterales) und die mittlere Öffnung (Apertura mediana) des 4. Ventrikels.

In den Subarachnoidalraum fließt der Liquor cerebrospinalis aus dem Ventrikelsystem hinein. Dadurch schwimmen Gehirn und Rückenmark im Liquor.

Im Unterschied zur harten Hirnhaut (Dura mater encephali) ist die harte Rückenmark-

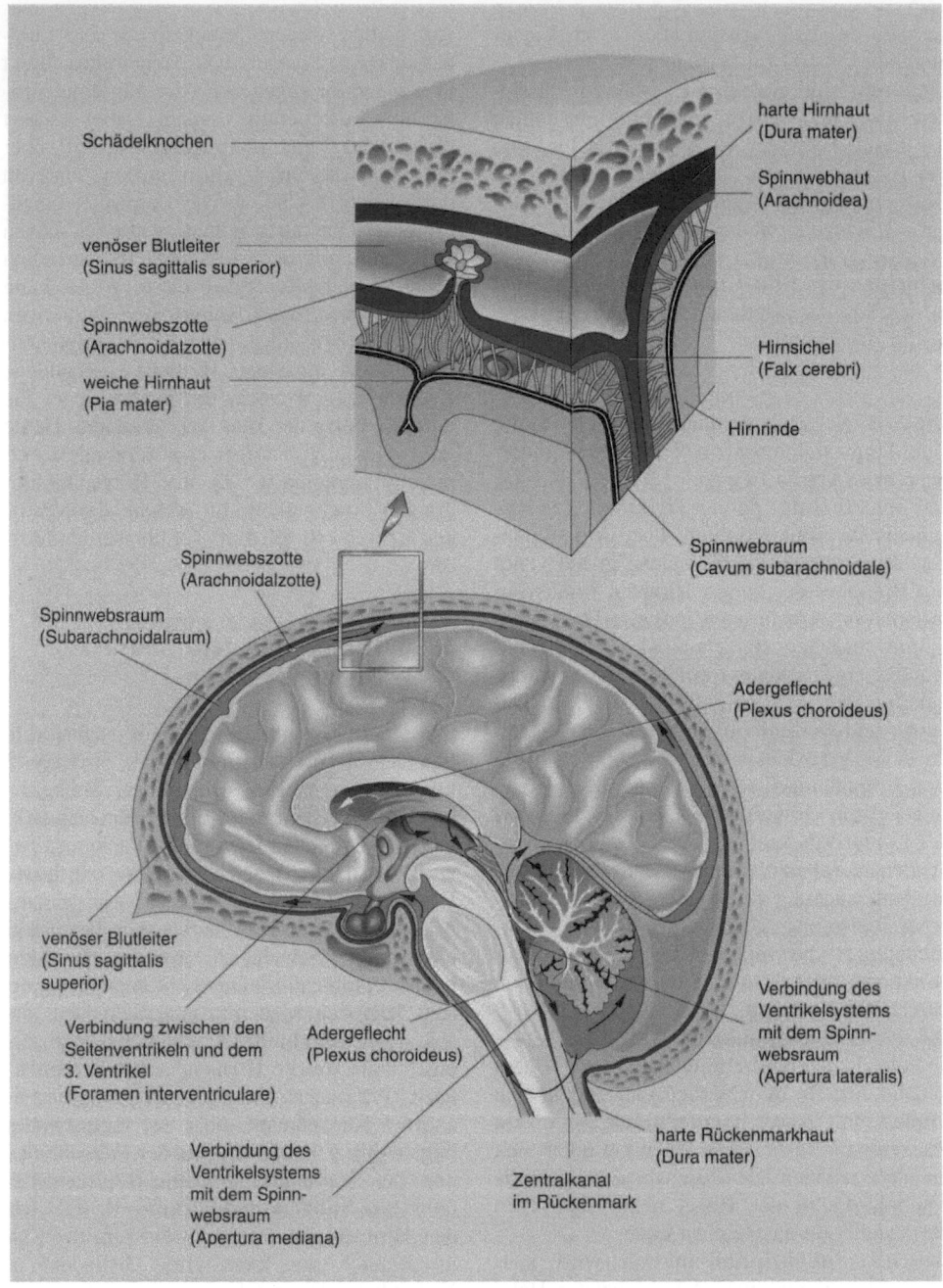

Schädelknochen

venöser Blutleiter
(Sinus sagittalis superior)

Spinnwebszotte
(Arachnoidalzotte)

weiche Hirnhaut
(Pia mater)

harte Hirnhaut
(Dura mater)

Spinnwebhaut
(Arachnoidea)

Hirnsichel
(Falx cerebri)

Hirnrinde

Spinnwebraum
(Cavum subarachnoidale)

Spinnwebszotte
(Arachnoidalzotte)

Spinnwebsraum
(Subarachnoidalraum)

Adergeflecht
(Plexus choroideus)

venöser Blutleiter
(Sinus sagittalis
superior)

Verbindung zwischen den
Seitenventrikeln und dem
3. Ventrikel
(Foramen interventriculare)

Adergeflecht
(Plexus choroideus)

Verbindung des
Ventrikelsystems
mit dem Spinn-
websraum
(Apertura lateralis)

Verbindung des
Ventrikelsystems
mit dem Spinn-
websraum
(Apertura mediana)

Zentralkanal
im Rückenmark

harte Rückenmarkhaut
(Dura mater)

Abb. 5.17. Durch die Lagerung des Gehirns in den Hirnhäuten und die Füllung des Spinnwebsraums (Cavum subarachoidale) mit Hirn-Rückenmarks-Flüssigkeit (Liquor cerebrospinalis) ist das Gehirn schwimmend in der Schädelhöhle befestigt. Der vorhandene Auftrieb reduziert das wirksame Gehirngewicht von ca. 1350 g auf ca. 50 g. Die Hirn-Rückenmarks-Flüssigkeit wird am Adergeflecht der Ventrikel gebildet und steht über Öffnungen im Ventrikelsystem (Apertura lateralis und Apertura mediana, beide im 4. Ventrikel) mit dem Spinnwebsraum in Verbindung. Aus dem Spinnwebsraum gelangt sie über die Spinnwebszotten (Granulationes arachnoidales) in die venösen Blutleiter (z.B. Sinus sagittalis superior), womit der Kreislauf dieser Flüssigkeit geschlossen ist

haut (Dura mater spinalis) in ein äußeres und ein inneres Blatt geteilt, zwischen denen sich ein Spaltraum, das Cavum epidurale, befindet. Dieses enthält neben Fett und Lymphgefäßen ein dichtes Venengeflecht. Bei Bewegungen der Wirbelsäule bildet das Cavum epidurale ein Polster um das Rückenmark.

Die Hirnhäute (Meningen) und der im Subarachnoidalraum vorhandene Liquor schützen das Gehirn und das Rückenmark gegen Stoß und Schlag, aber auch gegen große Wärmebelastungen. Gehirn und Rückenmark schwimmen quasi in einem Flüssigkeitsmantel. Da ein in Flüssigkeit eingetauchter Körper soviel an Gewicht verliert, wie er an Flüssigkeit verdrängt (Auftrieb), sind Gehirn und Rückenmark nahezu schwerelos aufgehängt. Das menschliche Gehirn wiegt in Luft ca. 1350 g, in der Liquorflüssigkeit dagegen nur noch 50 g. Ohne die Schutzfunktion des Liquors und der Meningen könnten bereits geringe Krafteinwirkungen das Gehirn schädigen. So würde z.B. ein einfacher Boxhieb ausreichen, um eine mechanische Hirnschädigung hervorzurufen.

5.7.4 Hirnabschnitte

Das Gehirn des erwachsenen Menschen hat ein mittleres Gewicht von ca. 1350 g. Es ist von den Hirnhäuten und dem Liquor umgeben und füllt die knöcherne Schädelhöhle aus. Die definitiven Hirnabschnitte, die sich während der Entwicklung durch entsprechendes differentielles Wachstum und Gestaltungsbewegungen aus den Hirnbläschen gebildet haben, sind in der Übersicht noch einmal zusammengefaßt (Abb. 5.18):

Definitive Hirnabschnitte:
Nachhirn (Myelenzephalon bzw. Medulla oblongata),
Hinterhirn (Metenzephalon):
– Brücke (Pons),
– Kleinhirn (Cerebellum),
Mittelhirn (Mesenzephalon),
Zwischenhirn (Dienzephalon),
Endhirn (Telenzephalon).

In diesen Hirnabschnitten unterscheidet man ebenfalls – wie im Rückenmark – graue und weiße Substanz.

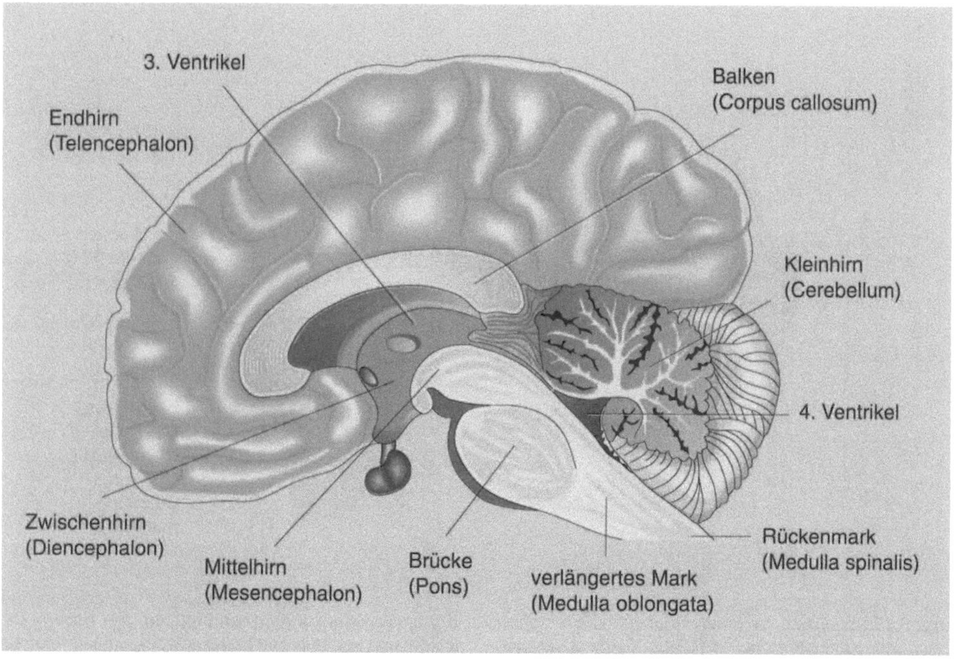

Abb. 5.18. Bei einem Medianschnitt durch das Gehirn wird die linke von der rechten Hirnhälfte getrennt. Diese Abbildung zeigt die rechte Hirnhälfte in Aufsicht aus der Mitte. Die verschiedenen Hirnabschnitte sind farblich unterschieden. Den größten Teil nimmt das Endhirn (Telenzephalon) ein

Die weiße Substanz (Substantia alba) wird durch myelinisierte und nichtmyelinisierte Nervenfasern gebildet, die graue Substanz (Substantia grisea) hingegen durch Ansammlungen von Perikarya (Zellkörpern). Je nach Lokalisation der grauen Substanz redet man von:

- Rinde (Kortex) und
- Kerngebiet (Nukleus).

Im Bereich des Mittelhirns liegt graue Substanz, auch um den Aquädukt, relativ zentral. Diese bezeichnet man als Substantia grisea centralis.

Nachhirn (Medulla oblongata, Myelenzephalon)

Das verlängerte Mark ist die Verbindung zwischen Rückenmark und Hinterhirn. Es reicht von der Brücke bis zum Foramen occipitale magnum und hat damit eine Länge von ca. 3 cm.

Beim Anblick von vorn auf das Nachhirn (Medulla oblongata) ist ein Einschnitt sichtbar, der sich vom Rückenmark auf die Me-

dulla fortsetzt: die **Fissura mediana** anterior. Durch diese Fissur werden 2 Vorwölbungen voneinander getrennt, die **Pyramiden**. In den Pyramiden verlaufen Fasern der Leitungsbahnen für die Willkürmotorik, die aus diesem Grunde auch Pyramidenbahn heißt (s. 5.10).

Seitlich von den Pyramiden befinden sich 2 Vorwölbungen, die **Oliven**. Das sind Umschaltzentren, die der Überwachung der unwillkürlichen Motorik dienen. Da die Fasern dieser nichtwillkürlichen Motorik außerhalb der Pyramidenbahnen laufen, wird sie auch als Extrapyramidalmotorik bezeichnet (Abb. 5.19). Zwischen den Pyramiden und den Oliven sowie seitlich von den Oliven treten Fasern der Hirnnerven VI–XII aus.

Von hinten betrachtet wird das Nachhirn (Medulla oblongata) zu einem großen Teil vom Kleinhirn überdeckt. Nach Abtrennung des Kleinhirns wird sowohl die Medulla oblongata wie auch die Rautengrube (Fossa rhomboidea), die den Boden des vierten Hirnventrikels bildet, sichtbar. Unterhalb der Fossa rhomboidea sind links und rechts 2 Vorwölbungen vorhanden. Sie enthalten Nervenzellgruppen, in denen sensible Hinterstrangbahnen des Rückenmarks umgeschaltet werden. Dies sind der mediale Nucleus graci-

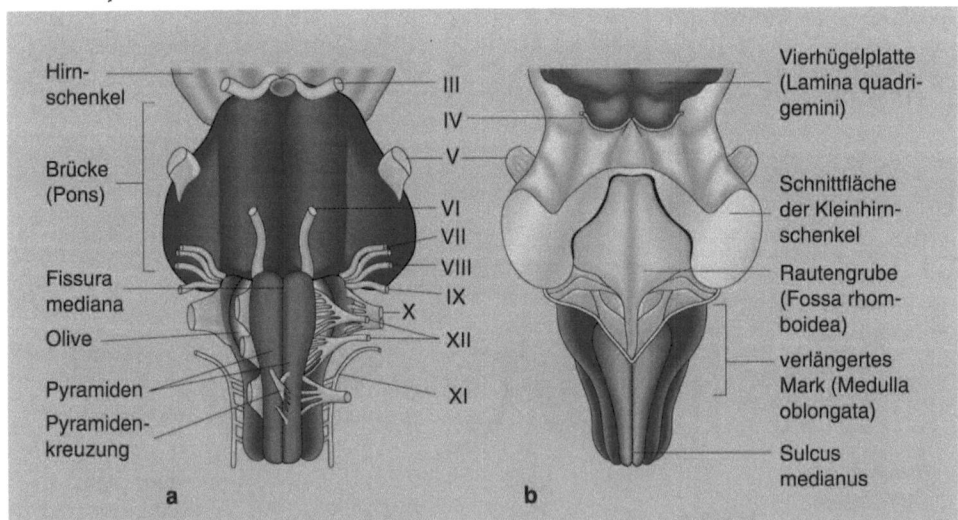

Abb. 5.19a,b. Diese beiden Hirnabschnitte entsprechen dem untersten Teil der Abb. 5.18: **a** ist von ventral und **b** von dorsal gezeichnet. Die römischen Ziffern bezeichnen die entsprechenden Hirnnerven. **a** Der Nervus trochlearis (IV) ist der einzige Hirnnerv, der dorsal austritt. Unterhalb der Pyramiden ist die Kreuzung der Fasern der Willkürmotorik zu sehen (Pyramidenkreuzung). Hier kreuzen die Fasern der linken und rechten Hirnhälfte jeweils auf die Gegenseite. Die Oliven sind wichtige Schaltstellen für die Unwillkürmotorik (Extrapyramidalmotorik). **b** Die Rautengrube stellt den Boden des 4. Ventrikels dar. Sie ist nur zu sehen, wenn, wie auf dieser Zeichnung, das Kleinhirn entfernt worden ist

lis und der laterale Nucleus cuneatus. Die Rautengrube wird im unteren Teil von der Medulla oblongata und im oberen Teil von Metenzephalon gebildet. In beiden Regionen sind verschiedene Vorwölbungen vorhanden, die durch die Kerne der von hier ausgehenden Hirnnerven gebildet werden.

Man unterscheidet **Ursprungskerne** (Nuclei originis), von denen die motorischen Fasern der Hirnnervenkerne ausgehen, und **Endkerne** (Nuclei terminationis), an denen die sensiblen Fasern der Hirnnerven enden.

In der Medulla oblongata befindet sich auch ein Teil des als Formatio reticularis bezeich-

neten vegetativen Systems, zu dem Atemzentrum, Kreislaufzentrum etc. gerechnet werden (s. 5.8, Formatio reticularis).

Außerdem sind in der Medulla oblongata verschiedene Reflexzentren lokalisiert, z.B. Saugreflex, Schluckreflex, Hustenreflex, Lidschlußreflex etc.

Hinterhirn (Metenzephalon)

Zum Hinterhirn (Metenzephalon) zählen wir die Brücke (Pons) und das Kleinhirn (Cerebellum; s. Abb. 5.20).

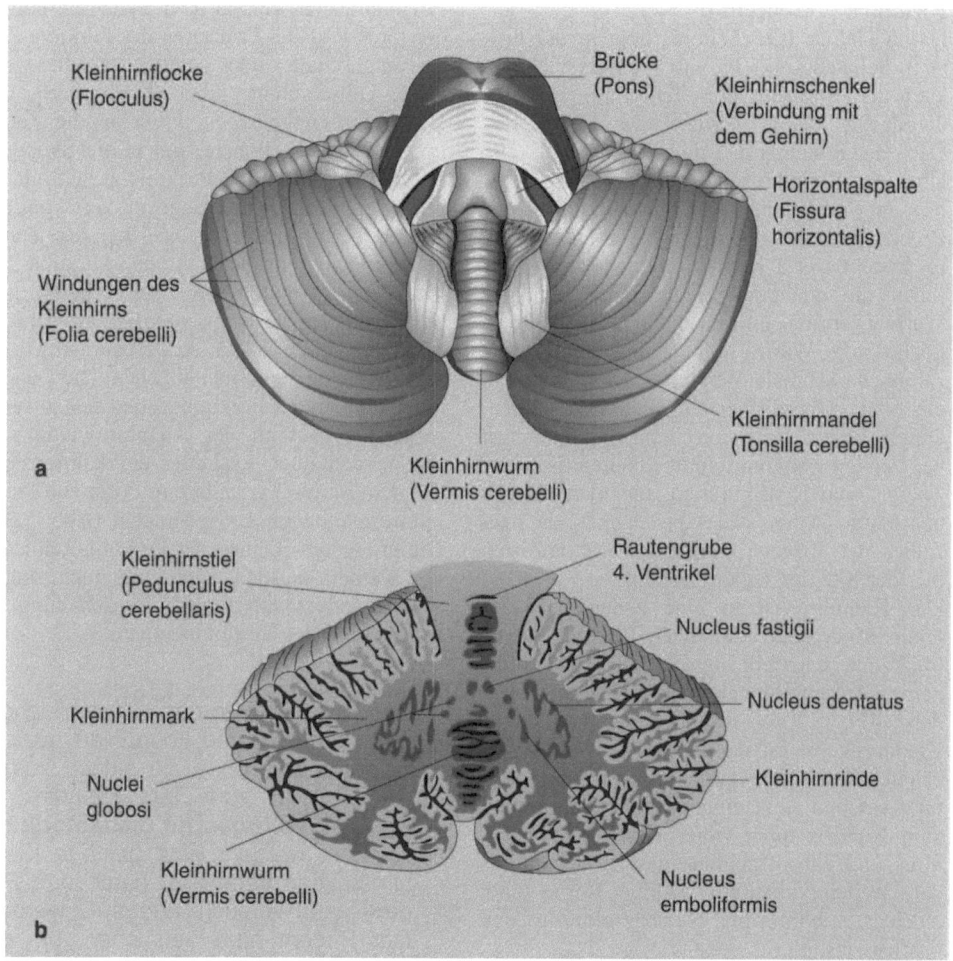

Abb. 5.20a,b. Darstellung des Kleinhirns. **a** Außenansicht. Ein Teil der Brücke (Pons) und des Kleinhirns (Cerebellum) sind nicht dargestellt, um den Aufblick auf die Kleinhirnschenkel zu ermöglichen, mit denen das Kleinhirn mit dem Großhirn verbunden ist. **b** Schnitt durch das Kleinhirn auf der Höhe der Kleinhirnkerne. Der Nucleus dentatus (gezähnter Kern) ist der größte Kleinhirnkern

Brücke (Pons)

Die Brücke bildet den ventral liegenden Anteil des Hinterhirns. Sie ist von der Hirnbasis als großer, weißer Wulst sichtbar. Die Brücke wird hauptsächlich von queren, die Mittellinie kreuzenden Faserzügen gebildet, zwischen denen die Brückenkerne (Nuclei pontis) liegen.

> Die Brücke dient der Umschaltung zwischen Kleinhirn und Großhirn, d.h., sie ist **Schaltstation** der Bahnen, die die Großhirnrinde mit der Kleinhirnrinde verbinden.

Kleinhirn (Cerebellum)

Das Kleinhirn (Cerebellum) liegt in der hinteren Schädelgrube. Es wird von einer Duplikatur der Hirnhäute, dem Tentorium cerebelli, überdacht. Seine Vorderfläche bildet das Dach der Rautengrube, d.h. des 4. Ventrikels. Über die Kleinhirnschenkel steht das Kleinhirn in Verbindung mit dem Mittelhirn, der Brücke und dem verlängerten Rückenmark. Es besteht aus 2 Kleinhirnhemisphären, zwischen die ein mittlerer unpaarer Teil, der Wurm (Vermis), eingeschaltet ist. Die Oberfläche von Wurm und Hemisphären zeigt zahlreiche schmale Windungen und Furchen, die der Oberflächenvergrößerung dienen. Durch diese Furchen erscheint das Kleinhirn bei einem Sagittalschnitt baumartig verzweigt, eine Konfiguration, die man als Lebensbaum (Arbor vitae) bezeichnet, da man früher der irrigen Annahme war, daß sich hier der Sitz des Lebens befände.

Das Kleinhirn ist in eine außen gelagerte graue Rinde und eine innen liegende weiße Markzone unterteilt, in der sich Kleinhirnkerne (Ansammlungen von Perikarya) befinden (Abb. 5.20b). Der bedeutendste dieser Kleinhirnkerne ist der Nucleus dentatus (gezähnter Kern). Er weist eine sehr starke Faltung auf und stellt eine wichtige Verbindung zum Nucleus ruber (roter Kern) des Mittelhirns und zum Thalamus des Zwischenhirns dar. Weitere, ebenfalls paarige Kerne sind: Nucleus emboliformis, Nucleus globosus und Nucleus fastigii.

Im Kleinhirn ist die graue Substanz nicht nur in den vorher erwähnten Kerngebieten, sondern v.a. in der Rinde vorhanden. Die Rinde hat einen typischen 3schichtigen Aufbau. Von außen nach innen wird die Kleinhirnrin-

de durch folgende Schichten gebildet (Abb. 5.21):

- Molekularschicht (Stratum moleculare),
- Ganglienzellschicht (Purkinje-Zellschicht, Stratum ganglionare),
- Körnerzellschicht (Stratum granulosum).

In die Kleinhirnrinde gelangen im wesentlichen 2 Afferenzen (Erregungen von der Peripherie): eine über die sog. Moosfasern und die zweite über die Kletterfasern (Abb. 5.22). Die **Moosfasern** werden an den Zellen des Stratum granulare umgeschaltet, deren Ausläufer bis in das Stratum moleculare gelangen und dort als Parallelfasern verlaufen. Die **Parallelfasern** werden über Synapsen entweder direkt auf die Dendriten der Purkinje-Zellen umgeschaltet oder gelangen an diese erst nach Umschaltung über Korbzellen. Die **Kletterfasern** gelangen direkt an die Zellen im Stratum ganglionare, indem sie Synapsen mit den Dendriten der Purkinje-Zellen bilden. Die efferenten Impulse dagegen verlassen das Kleinhirn nur über die Neuriten der Zellen aus der Ganglienzellschicht, den Purkinje-Zellen. Das sind multipolare Zellen, die ein großes Perikaryon besitzen, von dem in Richtung Molekularschicht 1–2 spalierbaumartig sich verzweigende Dendriten abgehen. Die Dendritenbäumchen der Purkinje-Zellen stehen senkrecht zum Verlauf der Kleinhirnwindungen. Sie werden über Ausläufer der Körnerzellen aus dem Stratum granulare in Form von Parallelfasern miteinander verbunden (Abb. 5.22). Die efferenten Bahnen der Purkinje-Zellneuriten werden an den Kleinhirnkernen umgeschaltet oder laufen ohne Umschaltung zu den Kernen des Vestibularapparates.

> Das Kleinhirn hält das Körpergleichgewicht aufrecht und koordiniert gezielte Bewegungen, ohne sie jedoch auszulösen. Somit kann das Kleinhirn als **Regulationsorgan für die Motorik** bezeichnet werden. Eine gestörte Kleinhirnfunktion kann z.B. durch den Finger-Nasen-Versuch überprüft werden. Der Patient muß versuchen, bei geschlossenen Augen seinen Finger an die Nasenspitze zu legen, was bei einem Kleinhirndefekt häufig nicht gelingt, da der Finger in einer Zickzacklinie an der Nase vorbeigeführt wird.

Mittelhirn (Mesenzephalon)

Das Mittelhirn (Mesenzephalon) liegt zwischen dem Hinter- und Zwischenhirn (Met- und Dienzephalon). Es besteht aus 3 großen Struktureinheiten (Abb. 5.23):

● Dach (Tectum),
● Haube (Tegmentum),
● Hirnschenkel (Crura cerebri).

Der hintere Teil, das **Dach** (Tectum), wird aus einer Platte, der Vierhügelplatte (Lamina tecti), gebildet. Die 2 oberen Hügel (Colliculi superiores) dieser Platte sind Schaltstellen der Sehbahn und die 2 unteren Hügel (Colliculi inferiores) Schaltstellen der Hörbahn. Aus

diesen Schaltstellen verlaufen Seh- und Hörreflexe zum Rückenmark.

Zwischen Dach (Tectum) und den Hirnschenkeln (Crura cerebri) ist die Haube (Tegmentum) eingeschaltet, die wichtige Kerngebiete für die Extrapyramidalmotorik enthält:

● roter Kern (Nucleus ruber),
● schwarzer Kern (Substantia nigra).

Unter der Haube liegen die Hirnschenkel, in deren Mitte jeweils links und rechts die Pyramidenbahn verläuft.

Die **Pyramidenbahn** ist zu beiden Seiten von den Bahnen umgeben, die die Großhirnrinde über die Brücke mit der Kleinhirnrinde verbinden (Tractus corticopontini). Zwischen

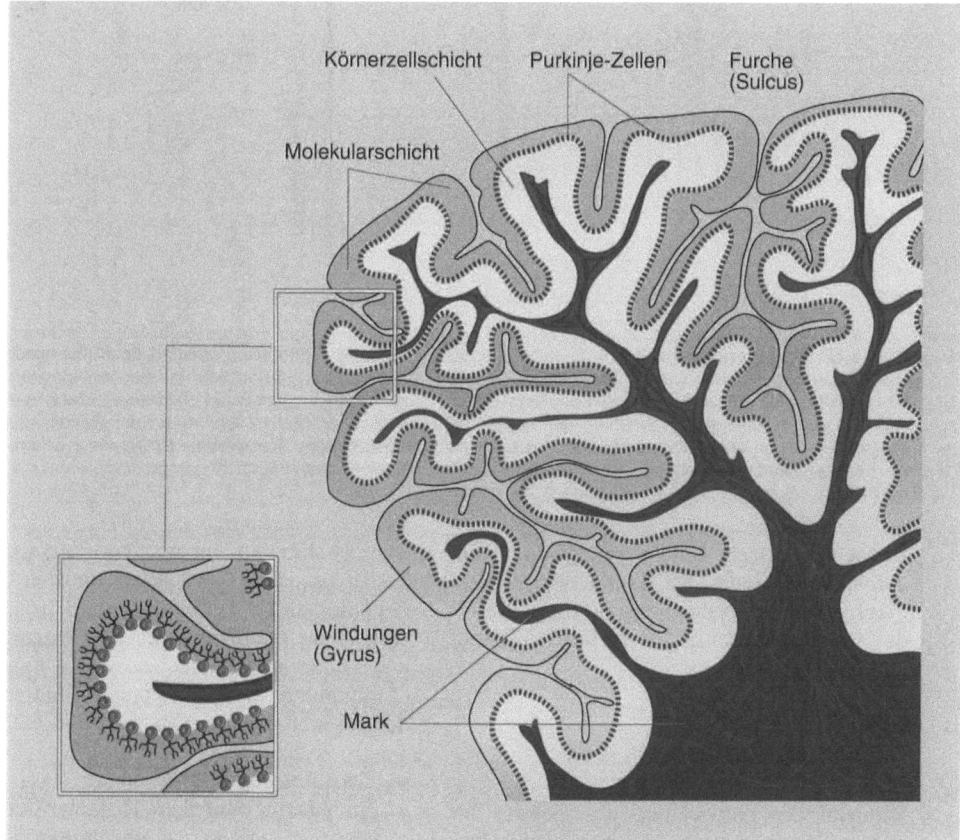

Abb. 5.21. Ausschnitt aus der Kleinhirnrinde. Die Kleinhirnrinde hat einen 3schichtigen Aufbau. Außen liegt die Molekularschicht (Stratum moleculare), in der Mitte die Purkinje-Zellschicht, die auf dieser Zeichnung durch eine durchgehende Reihe von *Punkten* dargestellt ist, im Inneren liegt die Körnerzellschicht (Stratum granulare). Die Körnerzellen gehören zu den kleinsten Zellen des menschlichen Körpers. Das Mark enthält die weiße Substanz, d.h. die Ausläufer der Neurone mit ihren Hüllen

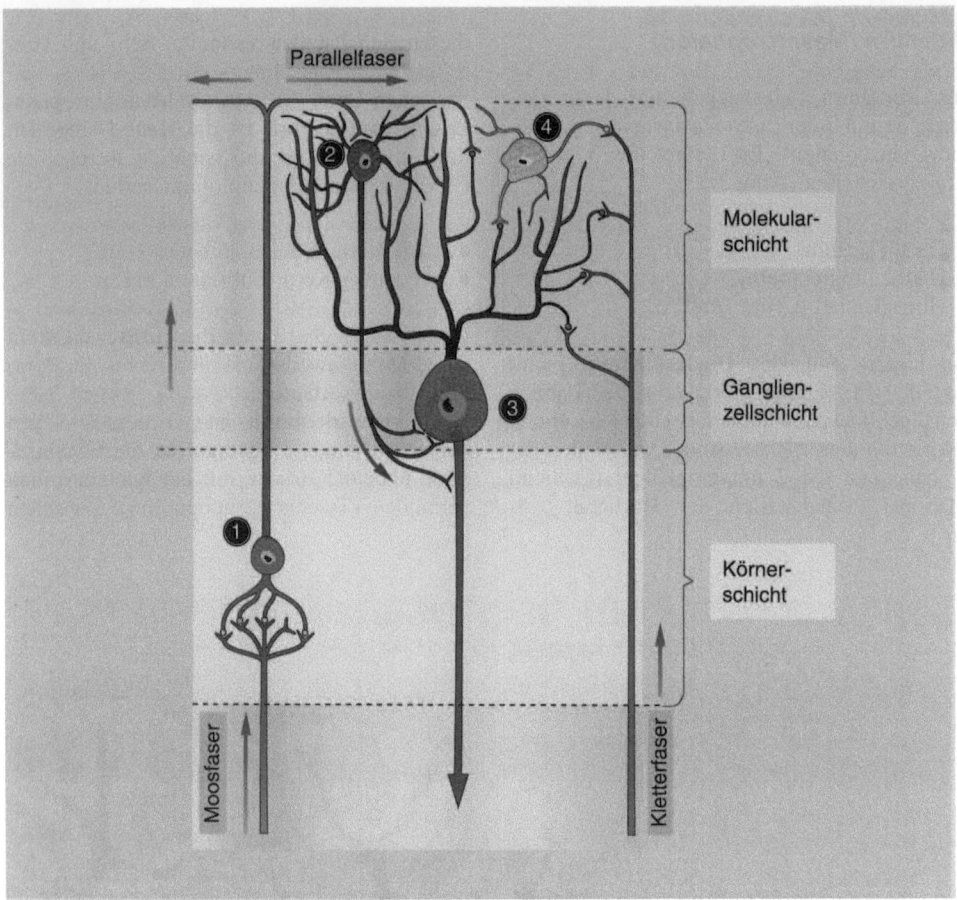

Parallelfaser

Molekular-
schicht

Ganglien-
zellschicht

Körner-
schicht

Moosfaser

Kletterfaser

Abb. 5.22. Ins Kleinhirn gelangen 2 aufsteigende Nervenfaserarten (Afferenzen): Die Moos- und die Kletterfasern. Die Moosfasern werden an den Körnerzellen (*1*) umgeschaltet. Die Neuriten der Körnerzellen steigen in die Molekularschicht auf, wo sie sich als Parallelfasern verzweigen, um direkt oder über Korbzellen (*2*) an die Purkinje-Zellen (*3*) zu gelangen. Die Kletterfasern steigen direkt bis in die Molekularschicht auf, um dort an den Dendriten der Purkinje-Zellen umgeschaltet zu werden. Sie können aber auch über Sternzellen (*4*) an die Purkinje-Zelle geschaltet sein. Der Neurit der Purkinje-Zellen ist die einzige absteigende Nervenfaser (Efferenz) aus dem Kleinhirn

Haube und Dach läuft der Aquädukt hindurch; er verbindet den 3. mit dem 4. Ventrikel. In seiner Nähe liegen weitere Kerne, der motorische Kern des N. oculomotorius und des N. trochlearis.

Zwischenhirn (Dienzephalon)

Während der Entwicklung des Gehirns hat sich aus dem vordersten der 3 primären Hirnbläschen (dem Prosenzephalon) links und rechts je ein Endhirnbläschen (Telenzephalon) ausgestülpt. Dadurch wurde der hintere Teil des Vorderhirns zwischen dem Endhirn und dem Mittelhirn eingezwängt und das Zwischenhirn kommt um den 3. Hirnventrikel zu liegen. Es wird dabei von den beiden Großhirnhälften umfaßt (s. Abb. 5.15).

Am **Zwischenhirn** werden topographisch und funktionell verschiedene Kerngebiete (Ansammlungen von Zellkernen) unterschieden. Es sind dies (s. Abb. 5.24 und 5.25):

- Thalamus (Sehhügel),
- Epithalamus (**auf** dem Thalamus/Sehhügel liegender Teil des Zwischenhirns),
- Metathalamus (**seitlich** vom Thalamus liegender Teil des Zwischenhirns),
- Hypothalamus (**unter** dem Thalamus liegender Teil des Zwischenhirns).

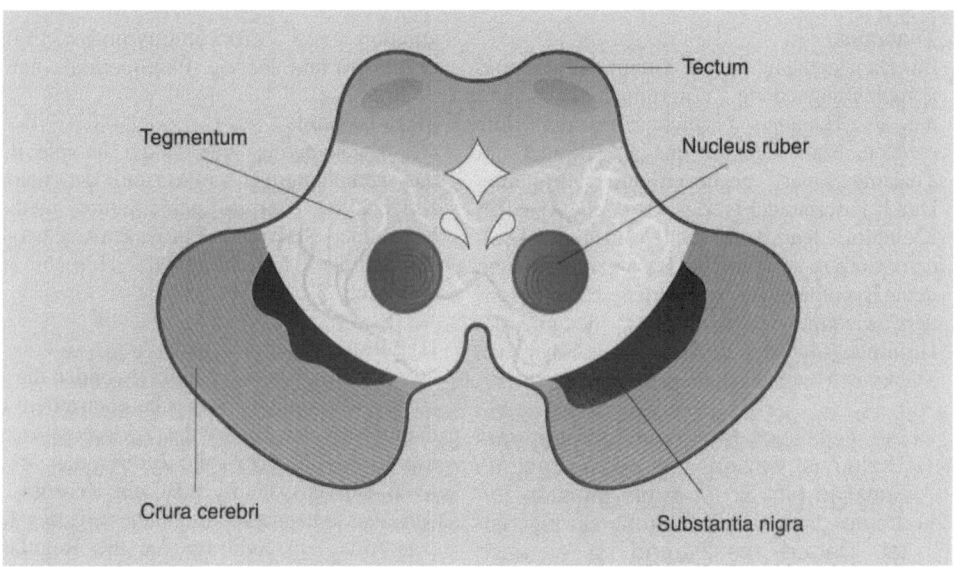

Abb. 5.23. Schnitt durch das Mittelhirn (Mesenzephalon) in einer Region, wo die wichtigsten Mittelhirnbestandteile zu sehen sind. Im Dach (Tectum) sind 2 Kerne der Vierhügelplatte (Lamina tecti) getroffen. Die Haube (Tegmentum) enthält den roten Kern (Nucleus ruber), der Teil der Unwillkürmotorik (Extrapyramidalmotorik) ist. Die Hirnschenkel (Crura cerebri) enthalten die Bahnen, über die das Endhirn mit dem Rückenmark verbunden sind, z.B. die Bahnen der Willkürmotorik (Pyramidalmotorik). Der schwarze Kern (Substantia nigra) ist wie der rote Kern wichtige Umschaltstation für die Unwillkürmotorik. An der Grenze zwischen Haube und Dach befindet sich in der Mitte der Aquädukt, der den 3. mit dem 4. Hirnventrikel verbindet

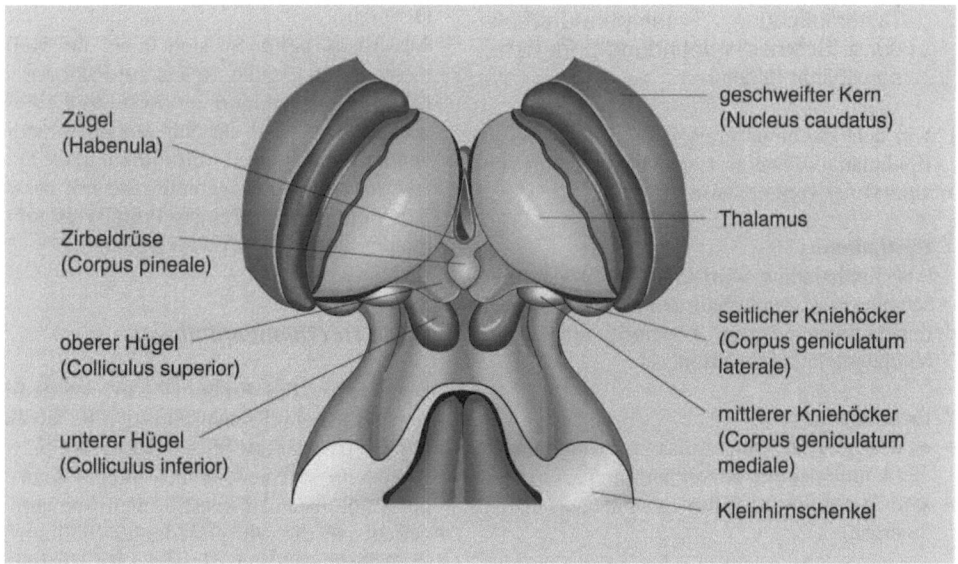

Abb. 5.24. Dorsalansicht der Region des Zwischenhirns (Dienzephalon) und des Mittelhirns (Mesenzephalon). Die beiden oberen der Vierhügel (Singular: Colliculus superior, Plural: Colliculi superiores) sind Schaltstation der Sehbahn, die beiden unteren der Vierhügel (Singular: Colliculus inferior, Plural: Colliculi inferiores) sind Schaltstationen der Hörbahn. Die Zirbeldrüse (Corpus pineale) ist der Produktionsort von Melatonin. Sie befindet sich am Dach des 3. Ventrikels. Die schlitzartige Öffnung oberhalb der Zirbeldrüse führt in den 3. Ventrikel. Der seitliche Kniehöcker (Corpus geniculatum laterale) ist Teil der Sehbahn, und der mittlere Kniehöcker (Corpus geniculatum mediale) ist Teil der Hörbahn

Thalamus

Im Dienzephalon beider Gehirnhälften sind komplex gegliederte Kerngruppen vorhanden, die als Thalamus bezeichnet werden. Die meisten Sinnesbahnen enden gekreuzt im Thalamus der **gegenseitigen** Hirnhälfte. Durch Faserbündel ist der Thalamus mit dem Kleinhirn, dem Pallidum (s. Basalganglien), dem Corpus striatum (s. Basalganglien) und dem Hypothalamus verbunden. Eine besonders wichtige Verbindung ist die mit der Hirnrinde, mit der der Thalamus über den Stabkranz (Radiatio thalami) verbunden ist.

> Die vielfältigen Faserverbindungen des Thalamus weisen auf seine zentrale Funktion hin. Er ist in die meisten Systeme direkt oder indirekt eingeschaltet. Daraus resultierend ist er auch kein einheitliches Gebilde. In grober Einteilung kann man eine dorsale, eine mediale, eine laterale und eine ventrale Kerngruppe des Thalamus unterscheiden, die ihrerseits aus ca. 100 einzelnen Kernen zusammengesetzt sind.
> Der Thalamus ist das wichtigste unbewußt arbeitende Integrationszentrum der allgemeinen Sensibilität. Hier sind Tastempfindung, Temperaturempfindung, Schmerzempfindung und Tiefensensibilität lokalisiert.

Um den Thalamus gruppieren sich dorsal der Epithalamus, lateral der Metathalamus und ventral der Hypothalamus.

Epithalamus

Als Epithalamus wird der Anteil des Zwischenhirns (Dienzephalon) bezeichnet, der an der Hinterwand des 3. Ventrikels über der Vierhügelplatte lokalisiert ist.

Er besteht aus
- den Zügeln (Habenula) einer Schaltstätte für Impulse der Riechbahn und
- der Epiphyse (Corpus pineale, Zirbeldrüse).

Die **Epiphyse** ist bei niederen Wirbeltieren ein lichtempfindliches Organ. Beim Menschen wird der Epiphyse die Funktion zugeschrieben, die Ausreifung der Genitalien bis zur Pubertät zu hemmen. Die Epiphyse produziert Melatonin, das eine Rolle bei der Regulation von Zirkadianrhythmen (Tagesrhythmen) und der sog. Photoperiodik hat.

Metathalamus

Als Metathalamus werden der laterale (Corpus geniculatum laterale) und der mediale Kniehöcker (Corpus geniculatum mediale) bezeichnet. Sie sind wichtige Umschaltstellen der Sehbahn (lateral) und der Hörbahn (medial; Abb. 5.24).

Hypothalamus

Der Hypothalamus schließlich bildet die unterste Ansammlung von Ganglienzellen und damit auch den Boden des Zwischenhirns. In ihm liegen übergeordnete Zentren des vegetativen Nervensystems, z.B. ein Zentrum für den Wasserhaushalt, die Steuerung der Körperwärme, ein Zentrum für die Regulation der Nahrungsaufnahme und des Stoffwechsels ganz allgemein sowie ein Kreislaufzentrum.

Außerdem sind im markarmen Hypothalamus Kerngebiete vorhanden, die einen Teil des endokrinen Regulationssystems darstellen (Abb. 5.25). Dazu gehören der Nucleus supraopticus und der Nucleus paraventricularis. Sie sind für die Bildung der Wirkstoffe der Neurohypophyse verantwortlich (ADH und Oxytozin).

Außerdem befinden sich hier die Kerngebiete, in denen die Releasing-Faktoren oder Liberine des endokrinen Systems hergestellt werden. Dies sind der Nucleus dorsomedialis, ventromedialis und infundibularis. Die 3 letztgenannten Kerngebiete sind mit der Adenohypophyse über einen Portalkreislauf verbunden (s. Kap. 12 Endokrinologie).

Endhirn (Telenzephalon)

Der Aufbau des Endhirns wird am deutlichsten an einem Frontalschnitt, d.h. an einem Schnitt parallel zur Stirnebene (Abb. 5.26).
An einem solchen Schnitt erkennt man, daß das Endhirn aus 2 Großhirnhemisphären aufgebaut ist, die wie ein Mantel (Pallium) das Zwischenhirn und Teile des Hirnstamms überdecken.
Die beiden Großhirnhemisphären sind durch einen tiefen Einschnitt (Fissura longitudinalis) voneinander getrennt. Die Oberfläche der Hemisphären wird durch Furchen (Sulci) und Windungen (Gyri) gegliedert. Auf beiden

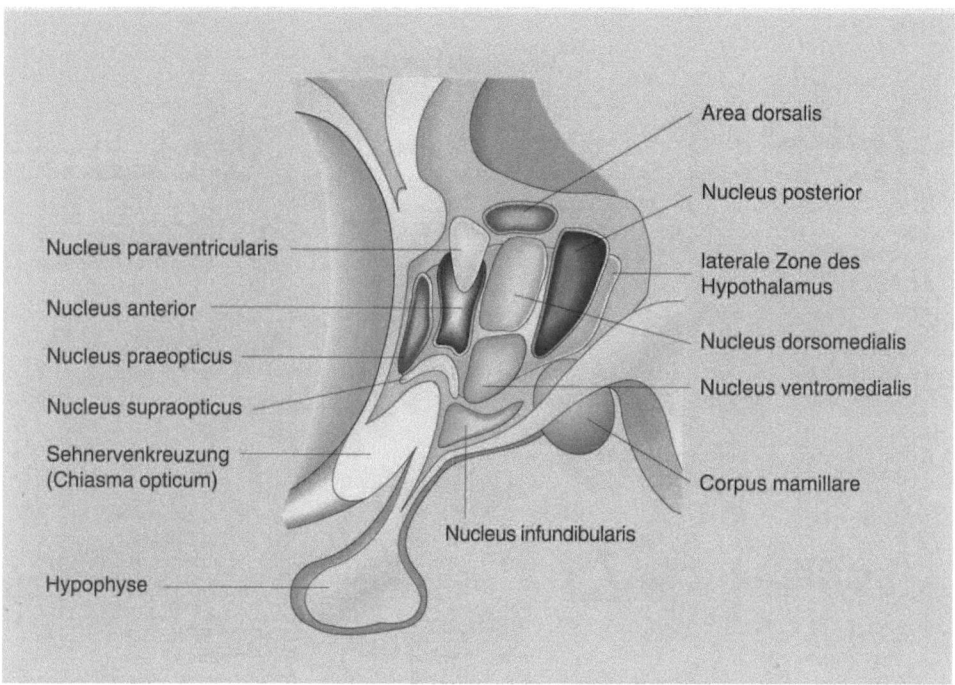

Abb. 5.25. Region des Hypothalamus mit seinen verschiedenen Kerngebieten. Die Kerngebiete des Nucleus dorsomedialis, ventromedialis und infundibularis (*rot*) sind funktionell mit dem Hypophysenvorderlappen verbunden. Die Kerngebiete des Nucleus paraventricularis und supraopticus (*blau*) sind funktionell mit dem Hypophysenhinterlappen verbunden (für beide Verbindungen s. Kap. 12 Endokrinologie)

Seiten liegt in jeder Großhirnhemisphäre ein Sulcus lateralis, der einen tiefen Einschnitt bildet und sich zur sog. Fossa lateralis erweitert. An der inneren Fläche dieser Grube liegt die Insel (Insula).

Graue Substanz (Hirnrinde, Kortex)
Durch die Furchen (Sulci) und Windungen (Gyri) wird die Großhirnoberfläche ca. 3mal vergrößert. Die graue Substanz, d.h. die Hirnrinde (Kortex), ist außen angelagert und wird durch die Bildung der Furchen ebenfalls mit in die Tiefe hineingezogen. Im Inneren liegen die weiße Substanz (Hirnmark) sowie die subkortikalen Kerne. Zusammen mit dem zum Zwischenhirn (Dienzephalon) gehörenden Pallidum werden die subkortikalen Kerne als Basalganglien bezeichnet.
Zu den **Basalganglien** rechnet man:

- Nucleus caudatus,
- Putamen,
- Globus pallidus (Pallidum),
- Corpus amygdaloideum (Amygdala),
- Claustrum.

Nucleus caudatus und Putamen sind durch die Capsula interna voneinander getrennt, sie werden häufig auch zusammengefaßt als Corpus striatum (Streifenkörper).
Die Capsula interna ist eine Zone aus markhaltigen Fasern, die die Großhirnrinde mit tieferen Hirnabschnitten verbindet.

Der Streifenkörper (Corpus striatum) stellt die oberste subkortikale Schaltstelle des extrapyramidalmotorischen Systems dar. Dem Corpus striatum (Nucleus caudatus und Putamen) kommt bei der Regulation der Motorik eine hemmende, dem Pallidum hingegen eine fördernde Funktion zu.

- Das Putamen hemmt die Bewegung.
- Das Pallidum fördert Bewegung.
Bei Ausfall des Corpus striatum kommt es zu **Hyperkinese**, d.h. Bewegungsunruhe, wie sinnloses Drehen von Kopf und Rumpf etc.

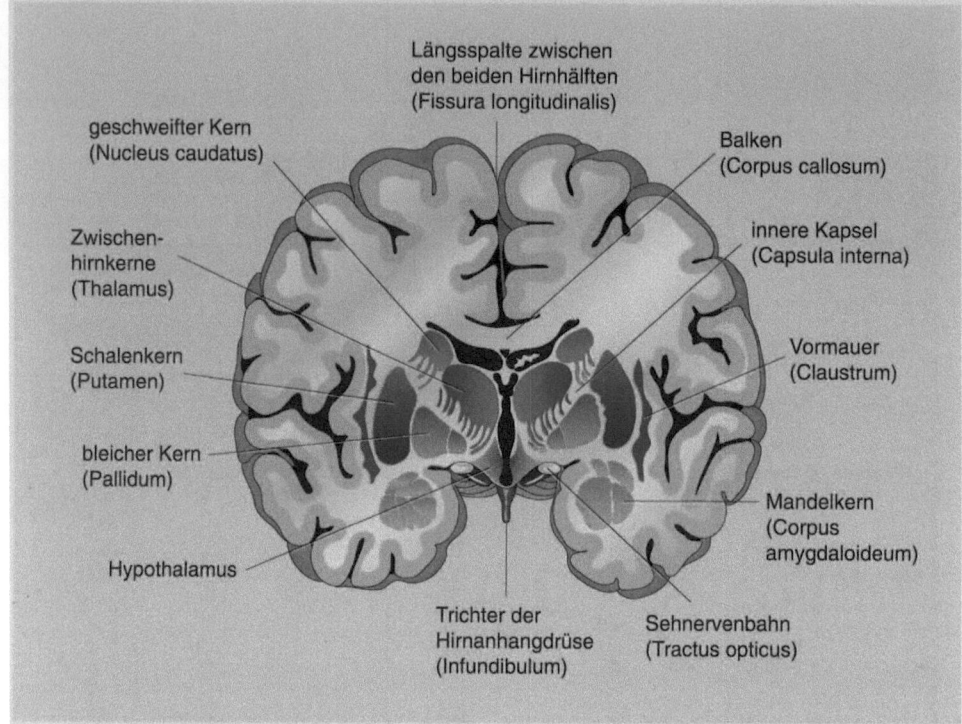

Abb. 5.26. Frontalschnitt durch Endhirn (Telenzephalon) und Zwischenhirn (Dienzephalon) auf der Höhe der Basalganglien. Der Balken (Corpus callosum) ist die wichtigste Verbindung (Kommissur) zwischen den beiden Großhirnhemisphären. Schalenkern (Putamen) und bleicher Kern (Pallidum) bilden zusammen den Linsenkern (Nucleus lentiformis)

> Bei Ausfall des Pallidum hingegen kommt es zu **Hypokinese**, d.h. Bewegungsarmut, alle Bewegungen werden sehr langsam ausgeführt.

Der Mandelkern (Corpus amygdaloideum) befindet sich auf der Innenseite des Temporallappens. Funktionell ist dieser Kern dem limbischen System zugeordnet (s. 5.12).
Die graue Substanz der Rinde wird als Kortex bezeichnet.
Der Kortex der Großhirnhemisphäre gliedert sich in 6 Zellschichten, die durch Silberimprägnation, Zellfärbung oder Markscheidenfärbung dargestellt werden können (Abb. 5.27).

Man unterscheidet von außen nach innen folgende Kortexschichten:

I   molekulare Schicht (Lamina molecularis),
II äußere Körnerschicht (Lamina granularis externa),
III äußere Pyramidenschicht (Lamina pyramidalis),
IV innere Körnerschicht (Lamina granularis interna),
V   innere Pyramidenschicht (Lamina ganglionaris), im motorischen Kortex mit besonders großen Pyramidenzellen (Betz-Riesenzellen),
VI multiforme Schicht (Lamina multiformis).

Es lassen sich insgesamt über 200 verschiedene Rindenfelder erkennen, die sich in ihrem Aufbau, sei es im Vorherrschen einzelner Rindenzellschichten oder in der Ausprägung der Markscheiden, voneinander unterscheiden.

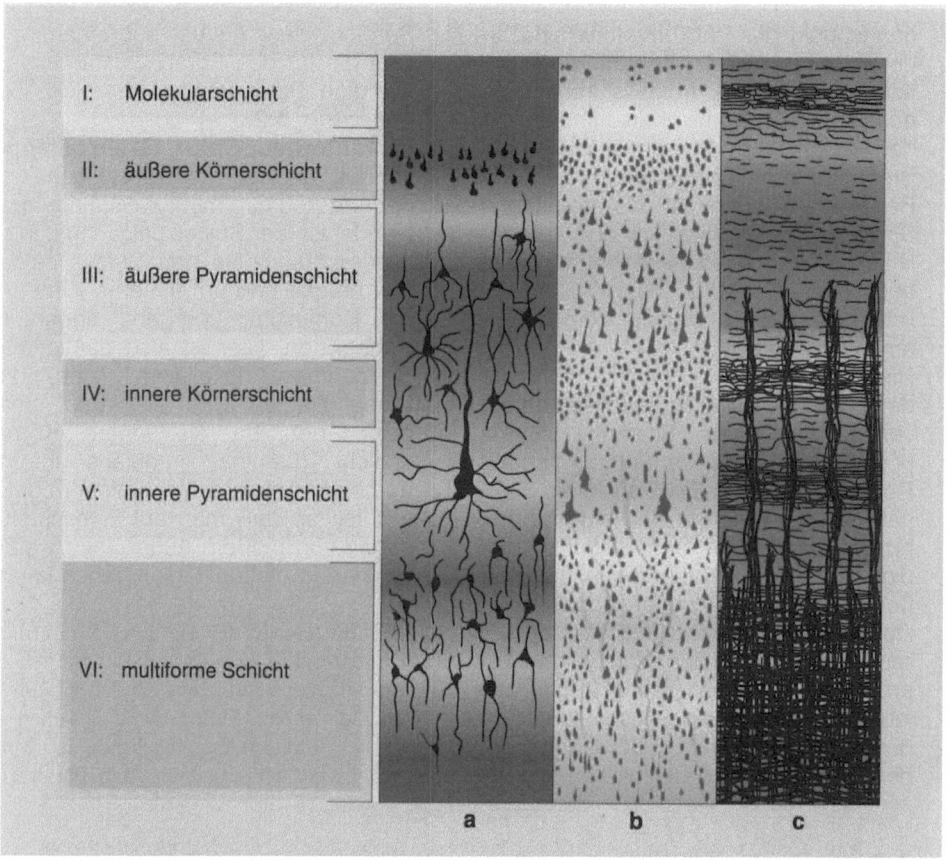

I: Molekularschicht

II: äußere Körnerschicht

III: äußere Pyramidenschicht

IV: innere Körnerschicht

V: innere Pyramidenschicht

VI: multiforme Schicht

a   b   c

Abb. 5.27 a–c. Das Endhirn (Telenzephalon) hat einen 6schichtigen Rindenbau. Die 6 Schichten sind auf den 3 Teilen der Abbildung mit unterschiedlichen Färbemethoden dargestellt. **a** Darstellung der Nervenzellen mit ihren Ausläufern (Silberimprägnation); **b** Darstellung der Perikaryen (Färbung der Nissl-Substanz); **c** Darstellung der weißen Substanz (Myelinscheidenfärbung)

In sensiblen oder sensorischen Kortexarealen überwiegen die Körnerzellschichten; sie können als Endpunkt von Sinnesempfindungen angesehen werden.
In den motorischen Kortexarealen überwiegen die Pyramidenzellen. Sie gelten als Ausgangspunkt der Motorik.

So sind z.B. die Betz-Riesenzellen der 5. Rindenzellschicht (innere Pyramidenschicht) ein typisches Kennzeichen für den motorischen Kortex, d.h. für den Aufbau der Rindensubstanz des Gyrus praecentralis.

Hirnlappen (Lobi) und Rindenfelder:
Jede der beiden Großhirnhemisphären wird in 5 Abschnitte (Endhirnlappen) unterteilt:

- Frontal- bzw. Stirnlappen (Lobus frontalis),
- Scheitellappen (Lobus parietalis),
- Hinterhauptlappen (Lobus occipitalis),
- Schläfenlappen (Lobus temporalis),
- Insel (Insula).

Der **Frontal- bzw. Stirnlappen** reicht von der Stirn bis zum Sulcus centralis, einem tiefen Einschnitt, der vom Sulcus lateralis bis zur Fissura longitudinalis verläuft. Die im Frontallappen vorhandenen Rindenfelder dienen überwiegend motorischen Funktionen. Besonders wichtig sind hierbei eine Windung (Gyrus praecentralis) und die angrenzenden Regionen, die der Ausgangspunkt der Willkürmotorik sind. In der Pars triangularis, der unteren Frontalwindung (Gyrus frontalis inferior) in der linken Hirnhemisphäre, findet sich das motorische Sprachzentrum, das **Broca-Zentrum** (Abb. 5.28).

Bei Rechtshändern ist das motorische Sprachzentrum prinzipiell nur auf der linken Seite, bei Linkshändern meist auch links. Es kann jedoch gelegentlich rechts oder sogar auf beiden Seiten lokalisiert sein.

Hinter dem Sulcus centralis beginnt der **Parietal- bzw. Scheitellappen**. In seiner vordersten Windung (Gyrus postcentralis) und den angrenzenden Regionen enden die sensiblen Bahnen. Diese Rindenfelder sind primär für die somatische Sensibilität zuständig. Sie werden daher auch als Körperfühlsphäre bezeichnet (Abb. 5.28).

Der **Temporal- bzw. Schläfenlappen** enthält unterhalb des Sulcus lateralis an seiner dorsalen Fläche 2 querverlaufende Windungen (Heschl-Querwindungen), in denen die Hörbahnen enden. Am Ende des Sulcus lateralis, im Bereich des Gyrus supramarginalis, liegt die für das Sprachverständnis zuständige Rindenregion (Wernicke-Zentrum; Abb. 5.28).

Im **Hinterhaupt bzw. Okzipitallappen** verläuft an der medialen Fläche, die der anderen Großhirnhemisphäre zugewendet ist, der Sulcus calcarinus. In der Rindenregion, die den Sulcus calcarinus umgibt und am hinteren Hirnpol in die Konvexität übergeht, enden die Sehbahnen. Hier ist also das primäre Sehzentrum lokalisiert (Abb. 5.28). Diese Region wird als Area striata bezeichnet, da die innere Körnerschicht (Lamina granularis interna) durch myelinisierte Nervenfasern unterteilt ist, so daß man auf Hirnschnitten schon von bloßem Auge einen weißen Streifen in dieser Region sehen kann.

Die **Insula** liegt in der Tiefe der Seitenfurche (Sulcus lateralis) und ist von Windungen des Temporallappens umgeben, so daß sie am intakten Gehirn von außen nicht zu sehen ist. Über die Funktion der Inselrinde ist wenig bekannt. Man weiß jedoch, daß bei Verlet-

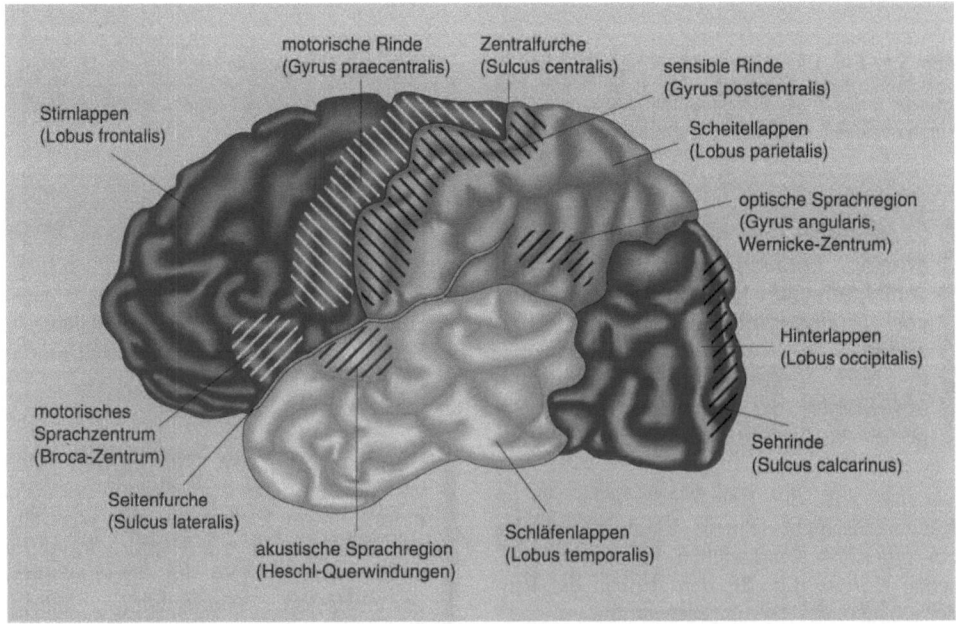

Abb. 5.28. Endhirnhemisphäre in der Seitenansicht. 4 der 5 Hirnlappen sind hier sichtbar. Der 5. Hirnlappen (die Insula) liegt in der Tiefe (s. Abb. 5.27) und kann in der Außenansicht nicht gesehen werden. Hervorgehoben sind außerdem die wichtigsten Hirnregionen mit ihren Funktionen, z.B. das Broca-Zentrum (motorisches Sprachzentrum) im Stirnlappen

zungen der Inselrinde Übelkeit, Speichelfluß und Veränderungen im Blutdruck auftreten können.

Reizexperimente in verschiedenen Rindenfeldern zeigten, daß die Rindenfelder in Projektionsfelder gegliedert sind, d.h., bestimmte Rindenareale sind bestimmten Muskelgruppen oder sensiblen Arealen des Körpers zuzuordnen. Eine solche Zuordnung von Arealen des zentralen Nervensystems zu Strukturen in der Peripherie wird als somatotopische Gliederung oder **Somatotopie** bezeichnet (Abb. 5.29). Eine somatotopische Gliederung ist sowohl im motorischen wie auch im sensiblen Kortex vorhanden.

Weiße Substanz (Hirnmark)

Die weiße Substanz des Endhirns besteht zum größten Teil aus markhaltigen Nervenfasern, die sich in verschiedenen Richtungen durchflechten. Auf Horizontalschnitten durch die Hemisphären sind in den Gebieten oberhalb der Basalganglien große Zonen mit Fasern zu sehen, die direkt unter der Rindensubstanz beginnen und aufgrund ihrer Form als Centrum semiovale bezeichnet werden.

Je nach Funktion unterscheidet man 3 verschiedene Fasertypen:

- Kommissurenfasern,
- Assoziationsfasern,
- Projektionsfasern.

Kommissurenfasern:

Die Kommissurenfasern verbinden gleiche Rindenareale der beiden Hemisphären miteinander.

Die wichtigste Kommissur ist das Corpus callosum (Balken), das am Boden der Fissura longitudinalis die beiden Hemisphären verbindet (Abb. 5.26). Durch das Corpus callosum verlaufen Fasern für vielfältige Verbindungen zwischen den beiden Hirnhälften. Besonders wichtig sind die Fasern, die die motorischen Rindenfelder in den beiden Hemisphären verbinden.

Da die Fasern der linken Hemisphäre für die Innervation der rechten Körperhälfte und die Fasern der rechten Hemisphäre für die der linken Körperhälfte verantwortlich sind, hat z.B. die linke Hemisphäre für einen Rechtshänder die größere Bedeutung als die rechte.

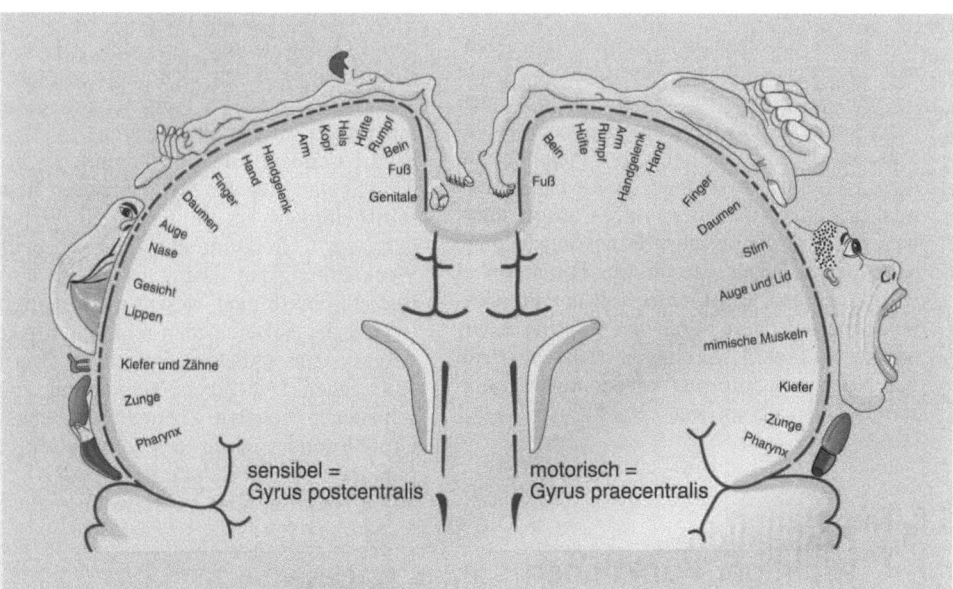

Abb. 5.29. Zuordnung der verschiedenen Körperregionen zu den motorischen und sensiblen Hirnrindengebieten (Somatotopie); *links:* Darstellung der sensiblen Hirnwindung (Gyrus postcentralis), die hinter dem Sulcus centralis liegt; *rechts:* Darstellung der motorischen Hirnwindung (Gyrus praecentralis), die vor dem Sulcus centralis liegt (zur Lage des Sulcus centralis und der beiden angrenzenden Hirnwindungen s. Abb. 5.28). Entsprechend ihrer Bedeutung sind Gesicht und Hand in beiden Hirnwindungen mit einem großen Areal repräsentiert als z.B. Rumpf und Beine

So können bei Unterbrüchen im Bereich der Kommissuren zwischen dem rechten und dem linken motorischen Kortex (Gyrus praecentralis) Bewegungsunsicherheiten auftreten (Dyspraxien). Diese Störungen äußern sich v.a. bei komplizierten Bewegungen wie Grüßen, Winken oder Drohen mit der Hand, nicht jedoch bei einfachen Bewegungen wie Heben, Tragen etc.

Weitere Kommissurenfasern sind auch in der Commissura anterior sowie in der Commissura fornicis vorhanden.

Assoziationsfasern: Die Assoziationsfasern verbinden Rindenfelder innerhalb einer Hemisphäre miteinander.

Dabei sind längere und kürzere Assoziationsbahnen vorhanden. Die kürzeren Bahnen werden durch Bogenfasern (Fibrae arcuatae) gebildet, bei längeren Bahnen redet man von Faszikeln, z.B. Fasciculus frontooccipitalis superior, der vom lateralen Stirn- zum Scheitel- und Hinterhauptlappen verläuft.

Projektionsfasern: Bei den Projektionsfasern handelt es sich um lange Faserzüge, die zur Großhirnrinde ziehen (z.B. sensible Bahnen) oder von der Großhirnrinde ausgehen (z.B. die Pyramidenbahn).

Durch die Basalganglien werden diese Bahnen zu einer schmalen Faserplatte (Capsula interna) zusammengedrückt, die auf der einen Seite vom Nucleus caudatus und vom Thalamus, auf der anderen Seite vom Putamen und dem Pallidum (zusammen Nucleus lentiformis) begrenzt wird. Hier in der Capsula interna verlaufen die meisten Projektionsbahnen. Von hier gelangen sie in die Hirnschenkel (Crura cerebri). Ein kleiner Teil der Projektionsbahnen verläuft durch die Capsula externa; diese Fasern vereinigen sich unterhalb des Nucleus lentiformis wieder mit den Fasern der Capsula interna.

5.8 Regulation wichtiger Funktionen

Vom Nachhirn (Medulla oblongata) über das Hinterhirn (Metenzephalon) und Mittelhirn (Mesenzephalon) bis zum Zwischenhirn (Dienzephalon) zieht sich ein Netzwerk von weißer und grauer Substanz mit sehr verstreut liegenden Nervenzellen. Dieses Netzwerk bezeichnet man als Formatio reticularis. Im Bereich des Tegmentums, im Mittelhirn, ist die Formatio reticularis am stärksten entwickelt (Abb. 5.30).

Besonders wichtig in der Formatio reticularis sind das sog. Atemzentrum und das Kreislaufzentrum. Das **Atemzentrum** ist unter Normalbedingungen, d.h. in Ruhelage, weitgehend selbstgesteuert (Autorhythmie). So existieren in diesem Gebiet inspiratorische und exspiratorische Neurone, die eine rhythmische Folge der Atmungsphasen durch abwechselnd salvenartige Entladung bewirken. Während der Aktivität der einen Zellgruppe ist die andere jeweils gehemmt. Dieser zentrale Atmungsrhythmus kann zusätzlich durch periphere Einflüsse stabilisiert werden, z.B. in der Art des Hering-Breuer-Reflexes (s. Kap. 9 Atmungsapparat).

Im weiteren wird das Atemzentrum über Sauerstoffmangel und CO_2-Partialdruck reguliert. Zusätzlich kann natürlich die selbständige Rhythmik der Atmung willkürlich beeinflußt werden.

Das **Kreislaufzentrum** – ebenfalls im Bereich der Formatio reticularis lokalisiert – steuert die Frequenz des Herzschlags und die Kontraktionskraft des Herzens. Es wird durch den CO_2-Partialdruck und den pH-Wert des Blutes sowie durch Dehnungsrezeptoren im Karotissinus und im Aortenbogen gesteuert, die auf den Blutdruck reagieren.

Eine besondere Funktion kommt der Formatio reticularis für den **Grad unserer Bewußtseinshelligkeit** zu, da sie durch Verbindungen zur Großhirnrinde eine bedeutende Weckwirkung hat. Damit ist sie an unserem Bewußtseinszustand wesentlich beteiligt. Sie ist Teil des aufsteigenden retikulären Aktivierungssystems (ARAS), das am Morgen beim Aufwachen erst durch Verbindung zu verschiedenen höheren Zentren (Thalamus und Großhirnrinde) quasi das Bewußtsein „einschaltet". Unterbrechung des ARAS, z.B. durch Narkose, führt zur Bewußtlosigkeit.

5.9 Reflexe

Die kleinste selbständige Baueinheit des Nervensystems ist, wie wir gesehen haben, das Neuron. Demgegenüber ist die einfachste funktionelle Einheit des Nervensystems der

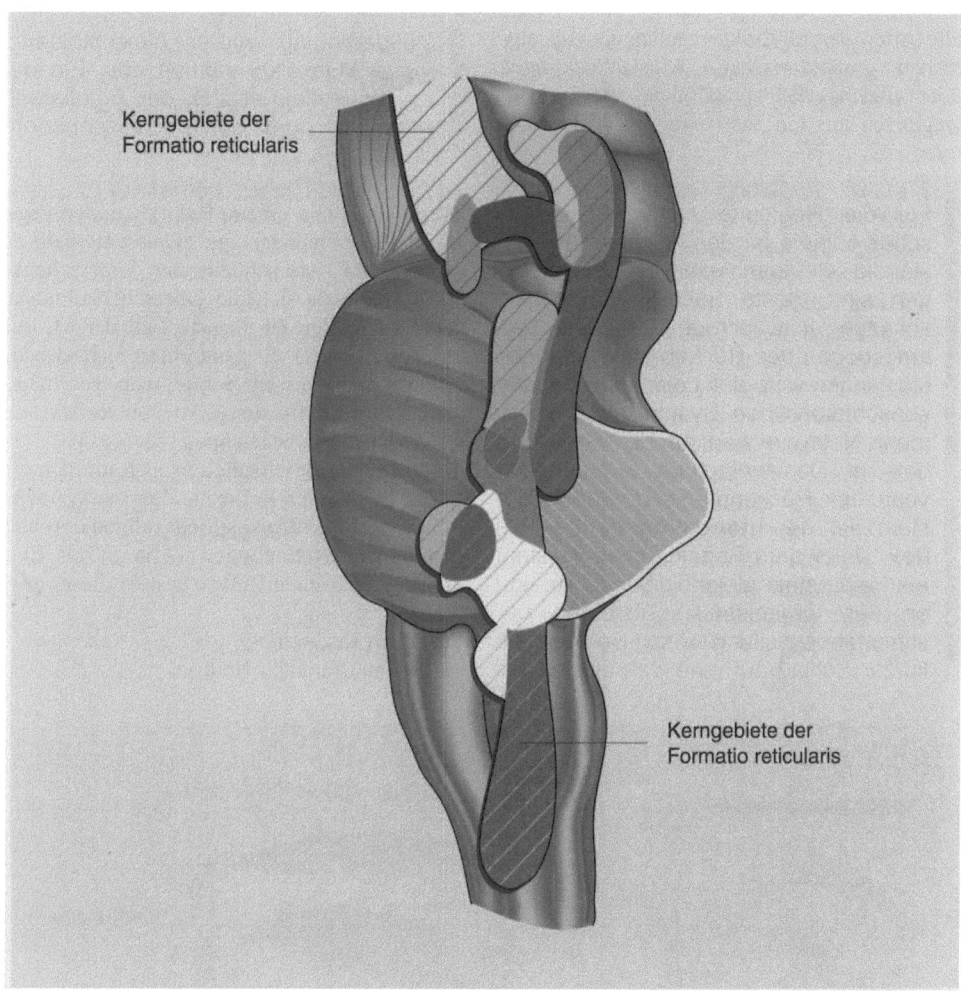

Kerngebiete der
Formatio reticularis

Kerngebiete der
Formatio reticularis

Abb. 5.30. Medianschnitt durch die Region des Hirn-stamms. Hier befinden sich die funktionell wichtigen Kerngebiete (z.B. das Atemzentrum) der Formatio re-ticularis. Die Formatio reticularis erstreckt sich vom Zwischenhirn (Dienzephalon) am *oberen Rand* der Abbildung bis zum verlängerten Mark (Medulla oblon-gata) im *unteren Drittel* der Abbildung

Reflexbogen. Der Reflexbogen ermöglicht es, auf einen Stimulus eine Reflexantwort zu ge-ben. Der Reflexbogen besteht im einfachsten Fall aus einem Rezeptor, einem afferenten oder sensiblen Neuron, einem efferenten oder motorischen Neuron und einem Effektor (z.B. Muskel). Wir unterscheiden Eigenrefle-xe (monosynaptisch) von Fremdreflexen (po-lysynaptisch). Über einen Rezeptor vermittel-te Aktionspotentiale werden im afferenten Schenkel des Reflexbogens ins Rückenmark geleitet und dort direkt (monosynaptisch) oder über Zwischenneurone (polysynaptisch) auf den efferenten Schenkel umgeschaltet.

Der efferente Schenkel leitet dieses Signal an den Effektor (Muskel), der sich daraufhin kontrahiert.

5.9.1 Eigenreflex (monosynaptischer Reflex)

Jede Muskeltätigkeit wird ermöglicht durch ein Regelsystem, das im einfachsten Fall aus einem afferenten und einem efferenten Schenkel sowie dem Muskel besteht. Dieses System wird als **sensomotorischer Funkti-onskreis** bezeichnet. Er ist die Grundlage für alle Arten der Motorik, angefangen von einfachen „reflektorischen" Muskelzuckungen über Gleichgewichtsreaktionen, erlernte Bewegungen, bis hin zur bewußten Willkürmotorik.

Für die Regelung einfacher motorischer Abläufe ist das Rückenmark zuständig. Je komplexer die Bewegungen sind, desto höhere Hirnzentren schalten sich in die einfachen Leitungsbögen des Rückenmarks ein, desto länger wird die Leitungsbahn des sensomotorischen Systems und desto mehr Neurone sind an der Regelung beteiligt. Das einfachste, auf dem Niveau des Rückenmarks geregelte System, ist der **monosynaptische Reflex**. Unter dem Begriff Reflex versteht man eine stets gleichbleibende Reaktion des Organismus auf einen bestimmten sensiblen Reiz. So löst ein kurzer Schlag auf eine Sehne eine bei

Wiederholung immer gleichbleibende kurze Muskelkontraktion aus. Ein derartiger Reflex ist z.B. der Patellarsehnenreflex oder der Achillessehnenreflex.

Wenn man mit einem Reflexhammer gegen die Patellarsehne schlägt, etwas unterhalb der Kniescheibe, so schnellt der Unterschenkel nach vorne, da sich die Oberschenkelmuskulatur kontrahiert (in diesem Fall der M. quadriceps femoris). Es kontrahiert sich also der Muskel, auf dessen Sehne man geschlagen hat. Deshalb wird diese Art von Reflex auch als **Eigenreflex** bezeichnet.

Beim Eigenreflex handelt es sich um den einfachsten Typ des Reflexes, den monosynaptischen Reflex. Man spricht allgemein auch von einem **Reflexbogen** (Abb. 5.31): Beim monosynaptischen Reflex besteht dieser aus

- einem Rezeptor,
- einem afferenten Neuron,

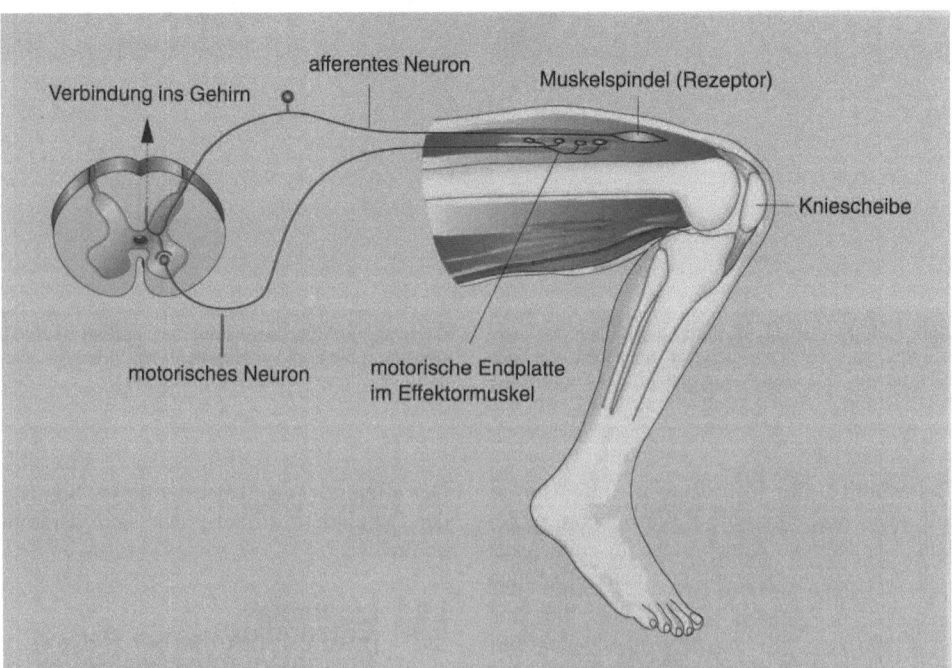

Abb. 5.31. Reflexbogen des Eigenreflexes (monosynaptischer Reflexbogen) am Beispiel des Patellarsehnenreflexes. Durch Schlag auf die unterhalb der Kniescheibe liegende Patellarsehne kommt es zur Dehnung der Muskelspindel, die einen Impuls über das afferente Neuron ins Rückenmark hinein sendet. Bevor dieser Impuls im Gehirn registriert worden ist, kommt es auf der Höhe des Rückenmarks schon zur Umschaltung auf den efferenten Schenkel des Reflexbogens, der als Motoneuron den gleichen Muskel innerviert, in dem die Muskelspindel liegt. Das Resultat ist eine Muskelzuckung, die zur Entlastung der Muskelspindel führt

- einem efferenten Neuron und
- einem Effektor (dem Muskel).

Im Muskel befinden sich Dehnungsrezeptoren in Form von sog. Muskelspindeln, die bei Schlag auf die Sehne gereizt werden und damit über ein afferentes Neuron einen Impuls ins Rückenmark leiten. Die afferente Faser tritt durch die hintere Wurzel ins Rückenmark ein und wird über eine Synapse im Vorderhornbereich auf eine motorische Vorderhornzelle umgeschaltet; deren Motoaxon (motorisches Axon) läuft mit einer efferenten Faser zurück an den Muskel. Dort wird über eine motorische Endplatte der Muskel zur Kontraktion veranlaßt, so daß die Muskelspindel nicht mehr gedehnt ist.

Unter normalen Bedingungen erfolgt die Auslösung eines Eigenreflexes natürlich nicht durch einen Reflexhammer, sondern durch eine plötzliche passive Überdehnung einer Muskelgruppe, z.B. beim Einknicken des Knies. Der Körper kann in einem solchen

Moment auf schnellstem Weg (über den kurzen Reflexbogen) der Störung entgegenwirken, ohne daß hierbei primär das Bewußtsein eingeschaltet werden muß.

Damit in einem solchen Fall nicht eine langanhaltende Kontraktion zustande kommt, müssen Hemmungsmechanismen vorhanden sein, welche die reflektorische Muskeltätigkeit begrenzen. Dies wird erreicht:

- durch die Kontraktion des Muskels, der der Dehnung der Muskelspindel entgegenwirkt.
- durch einen in der Sehne vorhandenen Rezeptor (Golgi-Rezeptor oder Sehnenspindel), der nach Dehnung mit einem Impuls reagiert, der über ein zweites afferentes Neuron ebenfalls ins Hinterhorn des Rückenmarks gelangt, dort ein inhibitorisches (hemmendes) Zwischenneuron erreicht, das seinerseits am Motoneuron des Vorderhorns über eine Synapse zur Hemmung des Motoneurons führt. Das inhibitorische

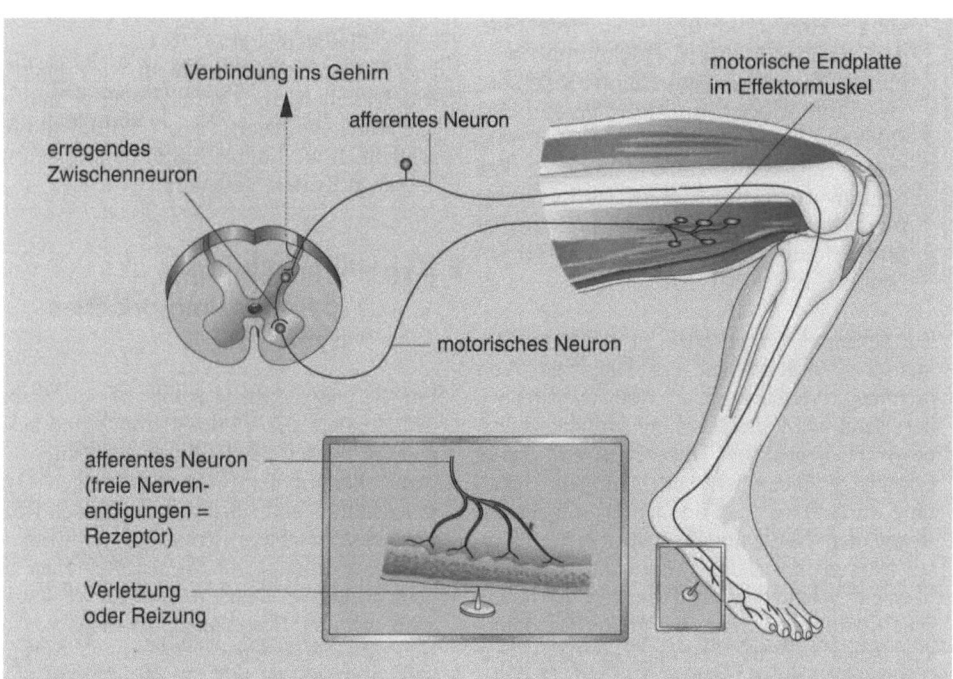

Abb. 5.32. Reflexbogen des Fremdreflexes (polysynaptischer Reflexbogen). Bei einer Verletzung leiten die Schmerzrezeptoren den Impuls über ein afferentes Neuron ins Rückenmark. Hier wird er über ein Zwischenneuron umgeschaltet auf ein Motoneuron, das sofort die Kontraktion des dazugehörigen Muskels (hier z.B. den M. biceps femoris) veranlaßt, so

daß der Fuß zurückgezogen wird. Dies geschieht teilweise schon, bevor der Schmerz im Gehirn richtig wahrgenommen wird. Da Rezeptor (freie Nervenendigungen) und Effektor (Muskel) nicht im gleichen Organ liegen, bezeichnet man diesen Reflex als Fremdreflex

Zwischenneuron, auch Renshaw-Zelle genannt, führt zu einer Hyperpolarisierung des Motoneurons, so daß damit eine zu starke Spannungsentwicklung des Muskels verhindert wird. Ebenfalls über inhibitorische Zwischenneurone werden die antagonistischen Muskeln gehemmt.

Sowohl von der Pyramidalmotorik wie auch von der Extrapyramidalmotorik wird die gleiche motorische Endstrecke benutzt. Beide wirken also auf das Motoneuron in der Vordersäule des Rückenmarks ein.

5.9.2 Fremdreflex (polysynaptischer Reflex)

Dem Eigenreflex kann der **Fremdreflex (polysynaptischer Reflex)** gegenübergestellt werden.

> Beim Fremdreflex sind meist mehrere Neurone in den Reflexbogen eingeschaltet. Typisch für den polysynaptischen Reflex ist auch die Tatsache, daß er über mehrere Rückenmarksegmente läuft. Die Regulation geschieht zwar immer noch auf dem Niveau des Rückenmarks, allerdings sind 3–4 oder mehr Segmente daran beteiligt. Bei diesem polysynaptischen Reflex redet man von Fremdreflex, weil Rezeptor und Effektor nicht im gleichen Organ liegen (Abb. 5.32).

Ein bekannter Fremdreflex ist z.B. das automatische Zurückziehen der Hand bei Verbrennung, Verletzung etc. Beim Verbrennen der Hand wird diese schon zurückgezogen, bevor man sich des Hitzeschmerzes richtig bewußt geworden ist. Die neuronale Schaltung verläuft so, daß in der Haut gelegene Rezeptoren Nervenimpulse über ein afferentes Neuron in das Hinterhorn leiten, wo sie über ein Schaltneuron auf mehrere Motoneurone der gleichen Seite, bei großer Reizintensität sogar auf die Neurone der Gegenseite weitergeleitet werden. Daraus resultiert in der Regel eine biologisch zweckmäßige Bewegung (z.B. Rückzug der Hand). Neben diesen Schutzreflexen, zu denen z.B. auch der Lidschlußreflex gehört, existiert noch eine große Anzahl von Fremdreflexen, die durch das autonome Nervensystem gesteuert werden, z.B.

der Hering-Breuer-Reflex für die Selbststeuerung der Atembewegung des Brustkorbes (s. Kap. 9 Atmungsapparat).

5.9.3 Gegenüberstellung von Eigen- und Fremdreflex

Fremdreflexe haben, da sie über mehrere Synapsen geschaltet werden, meist eine längere Reflexzeit als Eigenreflexe. Sie sind auch im Gegensatz zu diesen ermüdbar, und die Reflexantwort besteht in einer längerdauernden Muskelkontraktion.

5.10 Regulation der Motorik

Die höheren sensomotorischen Systeme werden auch durch höher gelegene Zentren reguliert, so z.B. die wichtigen Gleichgewichtsreaktionen durch das Rhombenzephalon. Dabei liegen die Rezeptoren für die Kontrolle des Gleichgewichtes zum Großteil im Innenrohr, im Vestibularapparat (s. 16.3).

Die **Extrapyramidalmotorik** wird durch die Basalganglien, die Mittelhirnkerne und das Kleinhirn gesteuert. Die **Willkürmotorik** schließlich wird durch das Großhirn, den motorischen Kortex, gesteuert.

5.10.1 Willkürmotorik (pyramidalmotorisches System)

Für die übergeordnete Kontrolle der Motorik, insbesondere der Willkürmotorik, sind besondere Strukturen des Endhirns zuständig.

Dabei kommt dem vorher genannten Gyrus praecentralis und seinen angrenzenden Regionen eine wichtige Rolle zu. Obwohl ein wichtiger Impuls von diesen Regionen ausgeht, weiß man heute, daß der Bewegungsantrieb und der Bewegungsplan nicht von diesen Rindengebieten stammen. Aufgrund neuerer Befunde ist man zu der Ansicht gekommen, daß das limbische System (s. 5.12) sehr stark an diesem Antriebs- und Planungsprozeß beteiligt ist und die motorischen Rindengebiete im Gyrus praecentralis die Funktion von Schaltstätten haben, in denen der Bewegungsplan in Impulsmuster zur Aktivierung der beteiligten Muskulatur umgesetzt wird. Diese Impulse leitet die sog. Pyramidenbahn, die von der motorischen Rinde ausgeht und zu den Segmenten des Rückenmarks verläuft.

Von den ca. 1 Mio. Pyramidenzellen des Gyrus praecentralis verlaufen die Axone ohne Unterbrechung bis ins Rückenmark. Sie sind daher z.T. über 1 m lang. Sie ziehen dabei zunächst durch die Großhirnschenkel und die Brücke bis zur Medulla oblongata, wo sie als pyramidenförmige Stränge an der Vorderseite des Hirnstammes zu sehen sind. Durch diese Pyramiden hat die ganze Bahn ihren Namen erhalten (Abb. 5.33).

Beim Übergang zum Rückenmark kreuzen ca. 75% der Fasern auf die andere Seite (Decussatio pyramidum) und verlaufen dann im

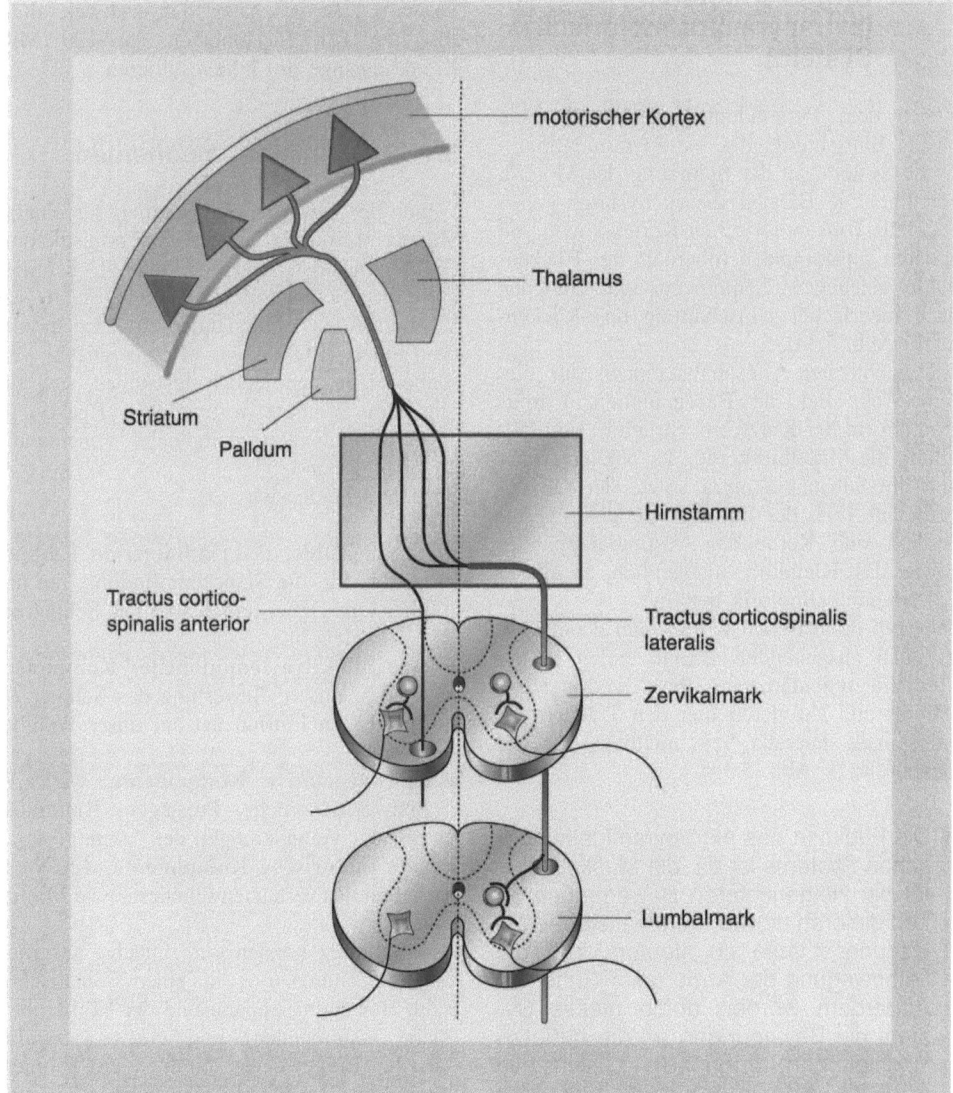

Abb. 5.33. Schema der Bahnen der Willkürmotorik (Pyramidalmotorik). Im motorischen Kortex (Gyrus praecentralis) beginnt die Pyramidenbahn. Sie läuft zwischen Striatum/Pallidum und Thalamus durch die innere Kapsel (Capsula interna) und anschließend durch den Hirnstamm. Im Hirnstamm kreuzen ca. 75% der Fasern auf die andere Seite (Decussatio py- ramidum), wo sie im Tractus corticospinalis lateralis bis auf die Höhe ihres Austrittsegments laufen. Unge- fähr 25% der Fasern der Pyramidenbahn laufen auf der gleichen Seite weiter im Tractus corticospinalis anterior und kreuzen erst auf der Höhe ihres Aus- trittsegments auf die andere Seite des Rückenmarks

Seitenstrang abwärts im sog. Tractus corticospinalis lateralis.
Die restlichen ca. 25% der Fasern bleiben auf
der gleichen Seite und bilden im Vorderseitenstrang den Tractus corticospinalis anterior.
Die Fasern dieser Bahn kreuzen im Rückenmark dort, wo sie im Spinalnerv austreten,
ebenfalls auf die andere Seite.

5.10.2 Unwillkürmotorik (extrapyramidalmotorisches System)

Neben dem Pyramidenbahnsystem ist eine
zweite Einrichtung, das extrapyramidalmoto-
rische System, an der Steuerung der Motorik
beteiligt. Die Bahnen dieses Systems gehen
ebenfalls vom motorischen Kortex sowie von
anderen supraspinalen (oberhalb des Rückenmarks gelegenen) Zentren aus und erreichen
nach mehrfacher Umschaltung das Rückenmark (Abb. 5.34).
Die wichtigsten Umschaltstationen auf diesem Weg sind die Basalganglien, Corpus
striatum (in der Kurzform: Striatum) und Pallidum, die Mittelhirnkerne, der Nucleus ruber
und die Substantia nigra sowie der Oliven-
kern und Teile der Formatio reticularis. Außerdem sind Kerne des Vestibularapparates
sowie das Kleinhirn maßgeblich an dieser
Extrapyramidalmotorik beteiligt.
Die vom motorischen Kortex und den Basalganglien ausgehenden Axone enden in der
Formatio reticularis im Bereich des Hirnstamms und aktivieren hier den Tractus reticulospinalis lateralis bzw. medialis auf der
Gegenseite (s. Abb. 5.34).

> Die Funktion des extrapyramidalmotori-
> schen Systems ist es, die Muskelaktivi-
> tät bei zielgerichteten Bewegungen zu
> koordinieren sowie automatisierte Be-
> wegungsabläufe zu steuern, z.B. die
> Mitbewegung der Arme beim Gehen.
> Außerdem werden durch dieses Sy-
> stem die Bewegungen an die äußeren
> Bedingungen angepaßt. Gleichzeitig
> wird für eine Aufrechterhaltung des
> Gleichgewichts gesorgt. Das Kleinhirn
> hat dabei die wichtige Funktion der Ko-
> ordination. Es ist zu diesem Zweck mit
> den anderen motorischen Zentren ver-
> bunden und erhält Informationen aus
> praktisch allen Sinnesorganen.

5.11 Schmerz

5.11.1 Allgemeines

Mehr als 50% aller Patienten in der ärztli-
chen Praxis klagen über Schmerzen. Das
zeigt, daß Schmerz ein großes medizinisches
Problem ist. Schmerz hat allerdings auch
wichtige soziale und wirtschaftliche Aspekte.
So wird z.B. geschätzt, daß weltweit allein
aus den Rückenschmerzen ca. 100 Mio.
Krankheitstage pro Jahr resultieren.

5.11.2 Schmerzkomponenten

Wegen der Tatsache, daß Schmerz als einzige
Sinnesempfindung immer nur unlustbetonte
Gefühle auslöst, sind wir geneigt, Schmerz
und die Schmerzreaktion (und auch das
Schmerzleiden) miteinander zu koppeln und
als Einheit aufzufassen. Mit geeigneten Versuchen läßt sich jedoch feststellen, daß die
mit dem Schmerz verbundenen Reaktionen
und Komponenten weitgehend voneinander
unabhängig sind.
So unterscheiden wir

- eine **sensible, diskriminierende Komponente**, d.h. die Sinnesempfindung, die uns
  über Ort, Dauer und Stärke des Schmerzes
  Auskunft gibt;
- eine **affektive (emotionelle) Komponente**, d.h. unsere Bewertung des Schmerzes,
  die großen Einfluß hat auf unser Wohlbe-
  finden;
- eine **vegetative Komponente**, wie z.B.
  Schweißausbrüche, Pulsjagen, Blutdruckanstieg, Veränderungen der Atmung;
- eine **motorische Komponente**, d.h. Weg-
  ziehen des verletzten Gliedes sowie Mimik.

Den Schmerz können wir zunächst aufgrund
des Entstehungsortes in einen somatischen
(vom Bewegungsapparat und der Körperoberfläche stammenden) und einen viszeralen
(aus den Eingeweiden stammenden) Schmerz
unterteilen. Der Oberflächenschmerz läßt sich
noch in einen 1. scharfen (gut lokalisierba-
ren) und einen 2. dumpfen (schlecht lokalisier-
baren) Schmerz unterteilen. Der 1. Schmerz
klingt meist nach Unterbrechung der Reizung
rasch ab. Der 2. Schmerz ist vielfach bren-
nend und klingt nur langsam ab.

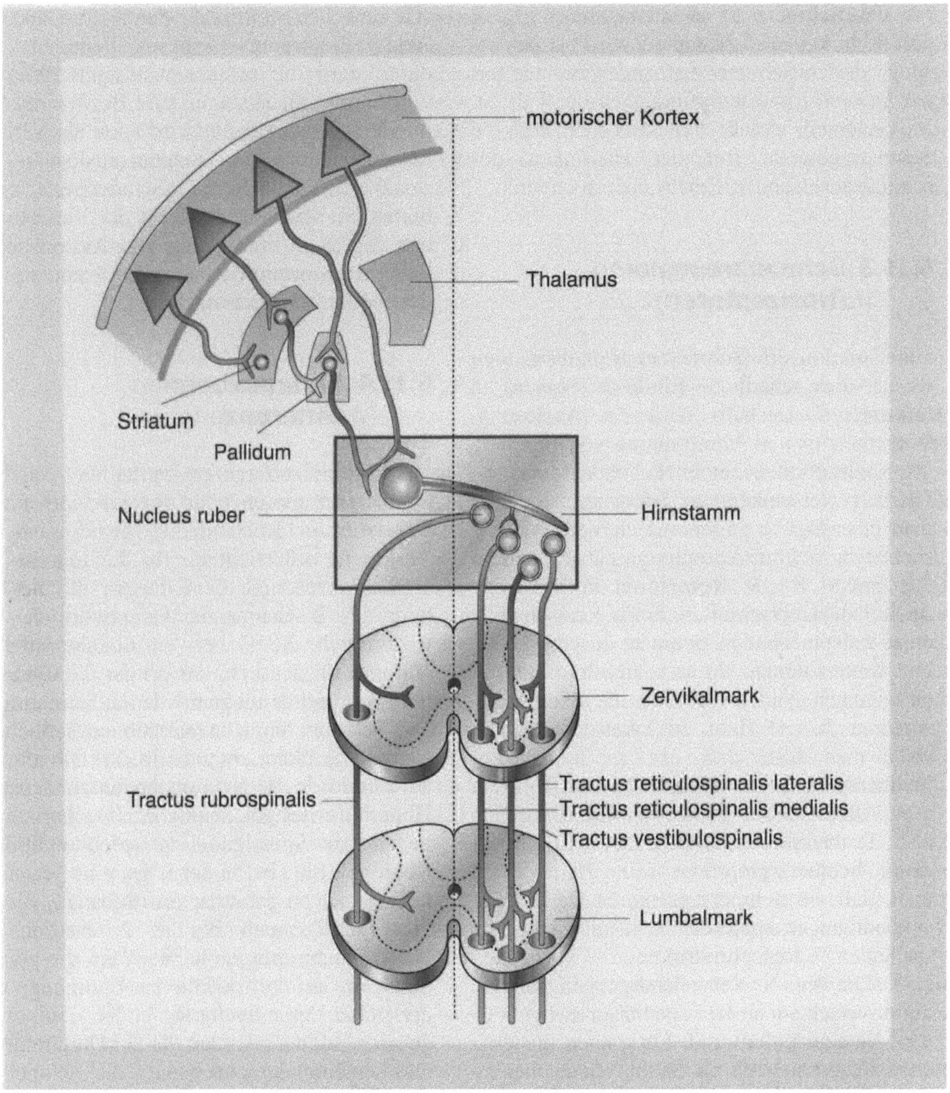

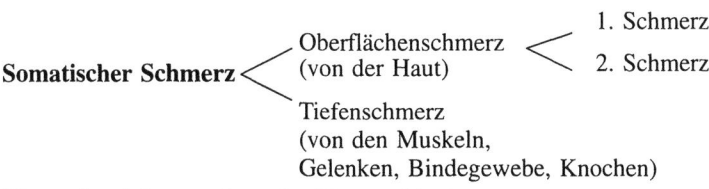

Abb. 5.34. Schema der Bahnen der Unwillkürmotorik (Extrapyramidalmotorik). Die Impulse kommen aus dem motorischen Kortex, werden in den Basalganglien (Striatum und Pallidum) umgeschaltet, kreuzen im Hirnstamm (im Mesenzephalon) auf die andere Seite, werden an Nucleus ruber und Substantia nigra umgeschaltet und verlaufen dann über verschiedene Tractus bis auf die Höhe ihres Austrittsegments. Der Tractus rubrospinalis wird zur Hauptsache vom Kleinhirn beeinflußt, der Tractus vestibulospinalis erhält Impulse aus dem Gleichgewichtsorgan im Innenohr

Der viszerale Schmerz kommt aus den Eingeweiden (z.B. Gallenkolik, Ulkusschmerz, Blähungen, Blinddarmentzündung etc.) und ist meist nur schwer lokalisierbar.

Somatischer Schmerz ⟨ Oberflächenschmerz (von der Haut) ⟨ 1. Schmerz / 2. Schmerz

Tiefenschmerz (von den Muskeln, Gelenken, Bindegewebe, Knochen)

Viszeraler Schmerz (von den Eingeweiden)

Für den Schmerz ist es charakteristisch, daß praktisch keinerlei Adaptation, d.h. Anpassung, an den Schmerz vorhanden ist, wie das bei anderen Sinnesempfindungen der Fall ist. Im Gegenteil, es läßt sich feststellen, daß die Schmerzschwelle mit der Häufigkeit des schmerzauslösenden Reizes eher noch sinkt.

5.11.3 Schmerzrezeptoren (Nozizeptoren)

Die Funktion des Schmerzes liegt darin, den Körper über schädliche Einflüsse (Noxen) zu informieren. Deshalb wird die Auslösung, Weiterleitung und Verarbeitung von Schmerz als Nozizeption bezeichnet. Wegen der Vielfalt der verschiedenen Schmerzreize hatte man ursprünglich angenommen, daß es keine speziellen Schmerzrezeptoren gäbe, sondern daß praktisch alle Rezeptoren in der Lage seien, bei Überschreiten einer Reizschwelle einen entsprechenden Schmerz zu empfangen und weiterzuleiten. Wenn man allerdings mit einer feinen Nadel versucht, die Schmerzrezeptoren in der Haut zu lokalisieren, dann stellt man fest, daß es ca. 9mal mehr Schmerzpunkte als Tastpunkte in der Haut gibt. Allein schon aus diesem Grund können also Tastrezeptoren unmöglich auch gleichzeitig Schmerzrezeptoren sein. Heute weiß man, daß die Schmerzrezeptoren freien Nervenendigungen entsprechen, somit also keine speziellen Rezeptorstrukturen vorhanden sind. Die freien Nervenendigungen können durch verschiedene Reizqualitäten erregt werden, sie sind polymodal. So können die gleichen Rezeptoren durch Säure, Hitze, mechanische Stimulation etc. erregt werden. Schmerz kann im Körper mit verschiedenen Substanzen ausgelöst werden: z.B. durch einen Abfall des pH-Wertes (unter 6,0), einen Anstieg der extrazellulären Kaliumkonzentration (größer als 20 mmol/l), durch Azetylcholin, Serotonin, Histamin, Bradykinin. Die 4 letztgenannten Substanzen werden häufig bei Verletzungen aus Zellen des Verletzungsgebietes freigesetzt. Von besonderer Bedeutung für die Schmerzauslösung ist das Prostaglandin E_2. Diese Substanz ist selbst nicht in der Lage, Schmerz auszulösen, die Schmerzrezeptoren werden allerdings sensibilisiert durch Prostaglandin, so daß sie bei einer Schmerzauslösung heftiger reagieren. Man kann die Prostaglandinbildung, die in diver-

sen Geweben stattfindet, durch die Gabe von Azetylsalicylsäure (Aspirin) hemmen. Dadurch wird die schmerzauslösende Wirkung von Serotonin, Histamin und Bradykinin vermindert. Prostaglandin wird auch als Vermittler (Mediator) der Schmerzauslösung bezeichnet. Nozizeptoren (Schmerzrezeptoren) bilden bei Reizung zunächst ein Rezeptorpotential, das in eine Folge von Aktionspotentialen transformiert wird, deren Frequenz von der Stärke des Reizes abhängt.

5.11.4 Schmerzbahnen (Afferenzen)

Die Schmerzafferenzen verlaufen von den Schmerzrezeptoren über die Aδ- und die C-Fasern zum Rückenmark. Dabei sind die Aδ-Fasern offensichtlich für die Leitung des 1. Schmerzes und die C-Fasern für die Leitung des 2. Schmerzes verantwortlich. Das wird durch die Gabe von Lokalanästhetika wie Procain deutlich, das primär die C-Fasern blockiert und damit zuerst den 2. Schmerz und erst bei höheren Konzentrationen schließlich auch den 1. Schmerz unterdrückt. Die afferenten Fasern des 1. Neurons enden zunächst im Hinterhorn des Rückenmarks. Ihre Perikaryen liegen im Spinalganglion (pseudounipolare Neurone). Sie sind in der Lage, eine Transmittersubstanz zu produzieren (Substanz P), die hier im Rückenmark das 2. Neuron der Schmerzbahn erregen kann. Wenn die gleiche Substanz an der peripheren Endigung, d.h. der freien Nervenendigung in der Haut, abgegeben wird, dann fördert sie die Durchblutung und sensibilisiert gleichzeitig die Schmerzrezeptoren. Dies scheint mit ein Grund dafür zu sein, daß bei chronischen Schmerzen der Prozeß unabhängig vom auslösenden Reiz über längere Zeit fortbestehen kann.

Vom 2. Neuron, das auch als Interneuron bezeichnet wird, werden die Impulse auf ein 3. Neuron übertragen, dessen Axon auf die Gegenseite kreuzt, um dann im Vorderseitenstrang (Tractus spinothalamicus lateralis) aufwärts zu ziehen. Die letzte Umschaltung auf ein 4. Neuron erfolgt im lateralen Kerngebiet des Thalamus (Nucleus ventroposterolateralis). Von hier aus gelangen die Schmerzimpulse zu den sensiblen Projektionsfeldern des Gyrus postcentralis und gelangen damit in unser Bewußtsein. Andere Fasern endigen im Nucleus centralis lateralis oder im Nucleus

parafascicularis. Die im Nucleus ventroposterolateralis endenden Fasern vermitteln vor allem die diskriminative (gut lokalisierbare)
Schmerzempfindung, die anderen Fasern vermitteln primär diffuse Schmerzen.

Daneben sind noch eine Reihe weiterer Zentren an der Schmerzbewertung und Verarbeitung beteiligt. So ist z.B. das ARAS (aufsteigendes retikuläres Aktivierungssystem,
s. 5.8) an der Bewertung des Schmerzerleb-
nisses beteiligt. Die durch den Schmerz aus-
gelösten emotionellen Reaktionen werden
über das limbische System gesteuert, unter
Beteiligung der dort vorhandenen Unlusta-
reale. Die vegetativen Reaktionen hingegen
werden über den Hypothalamus gesteuert. Einige dieser erwähnten Systeme erhalten ihre
Signale aus dem Thalamus, andere, vor allem
im Bereich des Hirnstamms (z.B. das
ARAS), erhalten ihre Signale direkt über die
afferenten Schmerzbahnen.

Zusammenfassend kann gesagt werden:
Schmerz wird über 4 Neurone geleitet. Die
entstehenden Impulse werden zunächst über
die Aδ- oder die C-Fasern, dann über ein Interneuron auf die Gegenseite geleitet, wo sie
auf ein 3. Neuron geschaltet werden, das
über den Tractus spinothalamicus lateralis in
den Thalamus verläuft, und von dort aus gelangen die Impulse mit einem 4. Neuron in
die Hirnrinde in den Gyrus postcentralis.

5.11.5 Kontrolle
der Schmerzrezeption

Es hat sich gezeigt, daß das nozizeptive System einer Kontrolle durch hemmende Mechanismen untersteht. Es existieren neben
den Afferenzen auch Efferenzen, die als
schmerzhemmende absteigende Systeme bezeichnet werden. Durch sie wird der Zustrom
von Schmerzsignalen reguliert.

Die Fasern des efferenten Systems gehen dabei vom zentralen Höhlengrau (Substantia
grisea centralis), das im Bereich des Mittelhirns um den Aquaeductus herum vorhanden
ist, aus. Reizung dieser Areale hat eine anal-
getische Wirkung, die einer Menge von ca.
10–50 mg Morphin pro kg Körpergewicht
entspricht. Ein weiteres Zentrum für die Regulation von Efferenzen ist die Region des
großen Raphekerns (Nucleus raphe magnus),
der sich ebenfalls im Mittelhirn befindet. Beide Kerngebiete werden heute vielfach als

periaquädukterielle Zellregionen bezeichnet.
Von beiden Regionen ziehen Fasern in das
Hinterhorn des Rückenmarks, wo sie Enkephalin und Endorphin (körpereigene mor-
phinähnliche Substanzen) freisetzen und damit die Schmerzempfindung über die spino-
thalamischen Bahnen modulieren können.
Dies ist unter anderem möglich über die
Hemmung der Freisetzung von Substanz P.

Da bei Einnahme von Morphinen (Drogen
wie Heroin) auch die körpereigene Produktion von Enkephalin und Endorphin gestoppt
wird, fehlen diese Substanzen bei Suchtmit-
telentzug. Dies führt dazu, daß die physiologischerweise durch Enkephalin und Endorphin unterdrückten Schmerzen aus den Gelenken, Eingeweiden und anderen Körperregionen voll zum Tragen kommen können.
Damit sind Schmerzen in der Regel auch lo-
gische Folgen des Entzuges.

5.12 Limbisches System

Unter dem Begriff „limbisches System" werden verschiedene Strukturen zusammengefaßt, die das Corpus callosum (Balken) wie
ein **Saum** (**Limbus**) umgeben. Diese Hirnge-
biete sind entwicklungsgeschichtlich sehr alt
und machen bei niederen Säugern (z.B. Rat-
ten) noch den allergrößten Teil des Telenzephalons aus (Abb. 5.35).

Früher war man der Auffassung, daß es sich
beim limbischen System lediglich um Hirn-
anteile handelt, die für die Riechfunktion zuständig sind. Aufgrund neuerer Untersuchungen weiß man, daß neben der **Riechfunktion**
noch wesentliche andere Funktionen vorhanden sind. So hat das limbische System mit
dem **Verhalten bei Nahrungsaufnahme**,
dem **Sexualverhalten**, der **Kontrolle biologischer Rhythmen**, aber besonders auch mit
emotionellen Reaktionen zu tun. Hier sind
v.a. Wut, Angst, Lust und Unlust, aber auch
Motivation lokalisiert.

> Bei Versuchen mit Ratten, denen in be-
> stimmten Arealen des limbischen Sy-
> stems Elektroden eingepflanzt worden
> waren, die sie durch Tastendruck
> selbst stimulieren konnten, zeigte sich,
> daß diese Tiere die Selbststimulation
> sogar der Nahrungsaufnahme und
> dem Trinken vorzogen.

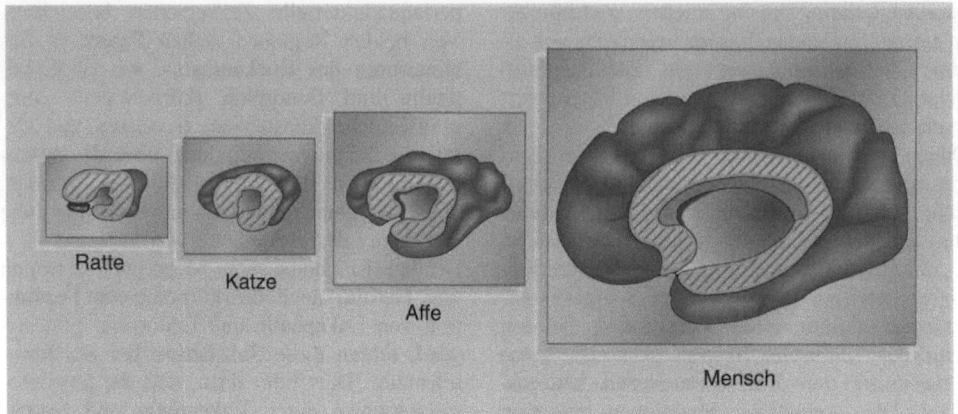

Abb. 5.35. Darstellung des limbischen Systems bei Ratte, Katze, Affe und Mensch. Hier wird deutlich, daß das limbische System bei Menschen nur einen kleinen Teil des Endhirns ausmacht, bei der Ratte hingegen den größten Teil

Daneben ist das limbische System auch im Dienste der **Koordination von Gedächtnisvorgängen** wie dem Übergang vom Kurzzeit- zum Langzeitgedächtnis tätig.

5.13 Gedächtnis

Über die eigentliche Art und Weise, in der die Gedächtnisinhalte (Engramme) in unserem Gehirn gespeichert sind, d.h. über die strukturelle oder molekulare Basis des Gedächtnisses, ist bisher nur sehr wenig bekannt.

Das Gedächtnis selbst weist mindestens 3 verschiedene Speicherformen auf:

- das sensorische Gedächtnis,
- das Kurzzeitgedächtnis,
- das Langzeitgedächtnis.

Das sensorische Gedächtnis könnte auch als Ultrakurzzeitgedächtnis bezeichnet werden. Es ist aktiv während wir etwas hören, anschauen oder agieren. Sein Inhalt wird meist nach deutlich weniger als einer Sekunde wieder gelöscht. Falls der hier vorhandene Inhalt wichtig genug ist, dann wird er in das Kurzzeitgedächtnis übernommen. Das Kurzzeitgedächtnis behält seinen Inhalt während einiger Sekunden bis zu einigen Minuten. Die Anzahl der hier gespeicherten Informationen ist limitiert (bei Zahlen z.B. für die meisten Menschen maximal 7stellige Zahlen). Durch Gruppierung der Information kann hier jedoch auch mehr gespeichert werden (Zahlen z.B. durch 2er- oder 3er-Gruppen). Die Grundlage für das Kurzzeitgedächtnis liegt wahrscheinlich in der Veränderung von Membranpotentialen. Die Membranpotentialveränderungen können jederzeit durch die Ankunft von neuen Informationen, d.h. Signalen, aufgehoben oder geändert werden, womit der Gedächtnisinhalt verloren geht.

Wenn die Informationen des Kurzzeitgedächtnisses wichtig genug sind oder für wichtig gehalten werden, dann können sie in das Langzeitgedächtnis eingespeichert werden. Am Übergang des Kurzzeit- in das Langzeitgedächtnis ist das limbische System beteiligt. Hier sind es im Speziellen der Hippokampus und der Mandelkern. Beide liegen im Temporallappen. Wenn der Temporallappen verletzt oder gestört ist, kann der Übergang vom Kurzzeit- in das Langzeitgedächtnis nicht mehr funktionieren. Patienten mit einer derartigen Störung können sich Sekunden nach einem Ereignis schon nicht mehr an dieses erinnern.

Im Langzeitgedächtnis sind ein Faktengedächtnisteil von einem Tätigkeitsgedächtnisteil zu unterscheiden. Im Faktengedächtnisteil werden Namen, Plätze, Ereignisse gespeichert und im Tätigkeitsgedächtnisteil werden Abläufe wie Fahrradfahren, Schlittschuhlaufen, Tennisspielen etc. eingespeichert. Inhalte des Tätigkeitsgedächtnisteils werden vor allem im Kleinhirn und im frontal vor dem motorischen Kortex liegenden Teil des Großhirns gespeichert.

5.14 Vegetatives Nervensystem

> Das vegetative Nervensystem reguliert und koordiniert die Funktion der inneren Organe. Dafür stehen dem Körper 2 Fasersysteme zur Verfügung: der **Sympathikus** und der **Parasympathikus**.

Das vegetative Nervensystem (also Sympathikus und Parasympathikus) ist ebenso wie das somatische auf der Basis eines Reflexbogens organisiert. Impulse, die in den Eingeweiden entstehen, werden über afferente Neurone ins zentrale Nervensystem (ZNS) geleitet, dort auf verschiedenen Ebenen umgeschaltet und über 2 efferenten Neurone zu den viszeralen Organen (Eingeweide) geleitet. Das erste aus dem ZNS austretende Neuron zieht zu einem vegetativen Ganglion und wird dort umgeschaltet auf ein zweites, zum Erfolgsorgan ziehendes Neuron (Abb. 5.36).

Wegen der Lage zum Ganglion werden die beiden Neurone als präganglionäres bzw. postganglionäres Neuron bezeichnet. Die Zellkörper des präganglionären Neurons sind in den Seitenhörnern des Rückenmarks und in den entsprechenden Kerngebieten verschiedener Hirnnerven lokalisiert. Bei den präganglionären Axonen handelt es sich um myelinisierte und bei den postganglionären um nichtmyelinisierte Fasern. Jedes präganglionäre Neuron wird in der Regel auf mehrere postganglionäre Neurone umgeschaltet, so daß die vegetativen Effekte diffusen Charakter haben.

Trotz dieser vielen gemeinsamen Merkmale des Sympathikus und des Parasympathikus unterscheiden sich beide doch in ganz wesentlichen Punkten (Tabelle 5.4 und Abb. 5.37).

5.14.1 Sympathikus

Die präganglionären Neurone des Sympathikus nehmen ihren Ursprung im Seitenhorn

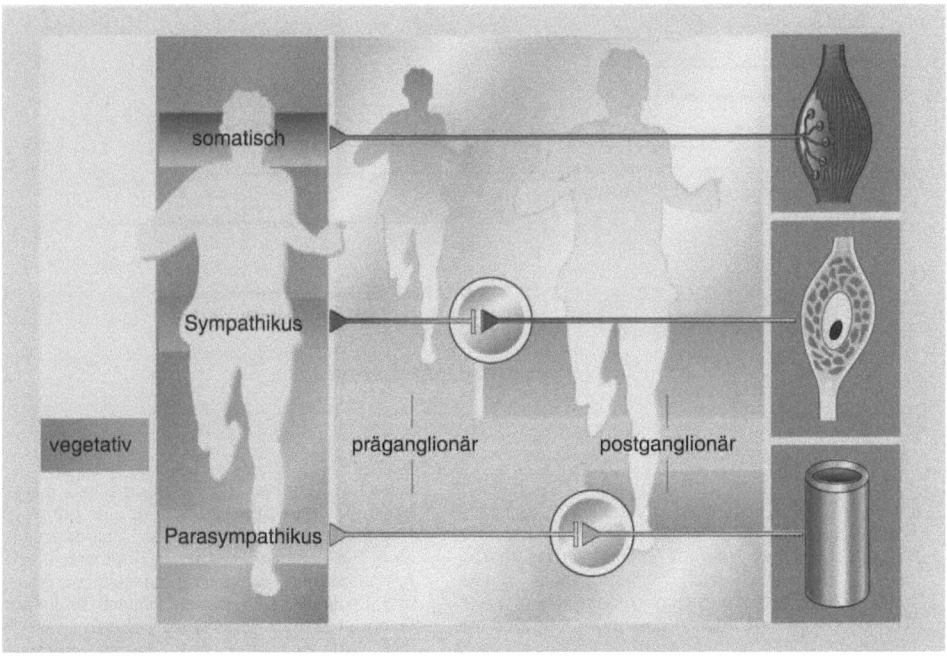

Abb. 5.36. Schema der verschiedenen Anteile des Nervensystems. Es zeigt deutlich, daß im somatischen Nervensystem (auf die Skelettmuskulatur einwirkend) nur ein efferentes Neuron (Motoneuron) vorhanden ist (*oben*). Im Sympathikus und im Parasympathikus hingegen (*Mitte* und *unten*) sind 2 efferente Neurone vorhanden. Ein präganglionäres Neuron wird in einem Ganglion auf ein postganglionäres Neuron umgeschaltet. Im Sympathikus ist das präganglionäre Neuron (---) kurz und das postganglionäre (——) lang, im Parasympathikus ist es umgekehrt

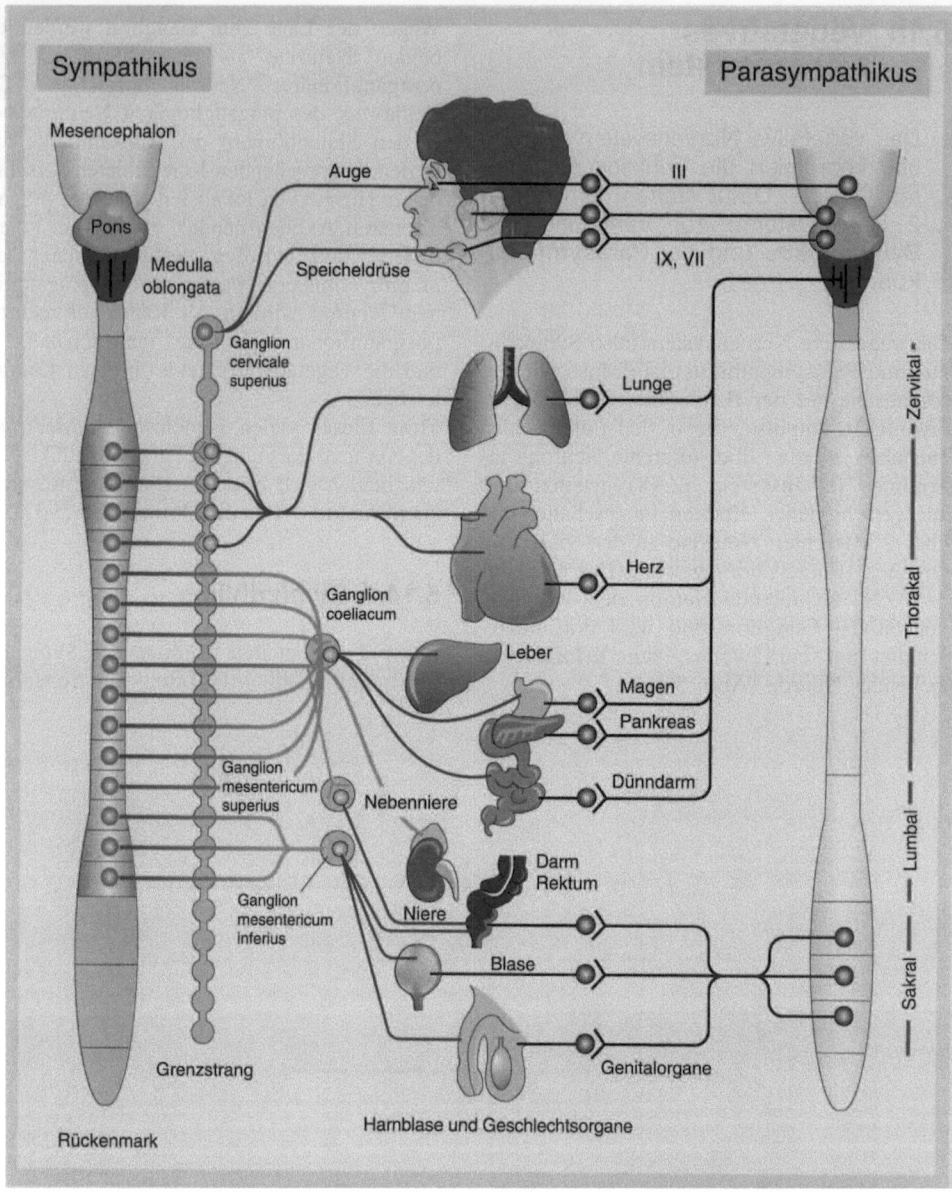

Abb. 5.37. Gegenüberstellung vom Sympathikus (*links*) und Parasympathikus (*rechts*). Der Sympathikus besteht aus einem thorakolumbalen System, dessen präganglionäre Neurone ihren Ursprung im Thorakal- und Lumbalbereich nehmen. Diese werden meist in den Grenzstrangganglien oder in den prävertebralen Ganglien (Ganglion coeliacum, Ganglion mesentericum supericus, Ganglion mesentericum inferius) der Bauchhöhle umgeschaltet auf die postganglionären Neurone. Der Parasympathikus besteht aus einem kraniosakralen System, dessen präganglionäre Neurone aus dem Schädel- und Sakralbereich stammen. Seine Fasern werden im Kopfbereich in 4 parasympathischen Ganglien umgeschaltet, im Bauch- und Beckenbereich jedoch vielfach in intramuralen Ganglien (in der Organwand gelegen). Für die meisten Organe besteht eine Doppelversorgung über Sympathikus und Parasympathikus

Tabelle 5.4. Unterschiede zwischen Sympathikus und Parasympathikus

Merkmal	Sympathikus	Para-sympathikus
Ursprung 1. Neuron (präganglionär)	thorakal und lumbal	kranial und sakral
Lage der Ganglien	paravertebral (neben der Wirbelsäule) prävertebral	intramural (in der Wand der Organe gelegen)
Postganglionäre Transmitter-substanz	Noradrenalin (adrenerges System)	Azetylcholin (cholinerges System)
Wirkung auf Erfolgsorgane	ergotrop (leistungs-bezogen)	trophotrop (ernährungs-bezogen)

des thorakalen und oberen lumbalen Rückenmarks. Sie ziehen von dort als myelinisierte, weiße Fasern im Ramus communicans albus zum sympathischen Ganglion.

Die sympathischen Ganglien liegen beiderseits direkt neben der Wirbelsäule in Form des **Grenzstranges** (Truncus sympathicus) vor. Der Grenzstrang besteht aus segmental angeordneten Ganglien, die kettenartig durch Nervenfasern miteinander verbunden sind. Diese direkt neben der Wirbelsäule liegenden Ganglien werden auch als paravertebrale Ganglien bezeichnet und damit den prävertebralen Ganglien gegenübergestellt, die sich innerhalb großer Nervengeflechte (Plexus) im Brust-, Bauch- und Beckenbereich befinden.

Der Grenzstrang besteht aus:
● Halsteil (3 Ganglien),
● Brustteil (12 Ganglien),
● Lendenteil (4–5 Ganglien),
● Kreuzbeinteil (4–5 Ganglien),
● Steißbeinteil (1 unpaares Ganglion).

Eine direkte Faserversorgung über einen Ramus communicans albus ist jedoch nur im Brustteil und im oberen Lendenteil vorhanden, die anderen Ganglien werden auf- oder absteigend ebenfalls durch den Brust- oder Lendenteil versorgt.

Kopf- und Brustorgane: Die Ursprungskerne der präganglionären Fasern des Sympathikus, welche die Kopf- und Brustorgane versorgen, liegen im oberen Thorakalbereich. Die Fasern für den Kopfbereich werden im obersten Grenzstrangganglion (Ggl. cervicale

superius) umgeschaltet, die Fasern für den Brustbereich hingegen im 3. Grenzstrangganglion (Ggl. cervicale inferius), das meist mit dem 1. Brustganglion (Ggl. thoracicum I) zum Sternganglion (Ggl. stellatum) verschmilzt. Ein Großteil der Fasern für den Kopfbereich verläuft dann mit der A. carotis interna als Plexus caroticus internus. Von der A. carotis interna und ihren Ästen verlaufen die Fasern direkt zu den versorgten Organen, wie z.B. den Speicheldrüsen, den Schleimhäuten und dem M. dilatator pupillae.

Bauch- und Beckenorgane: Die präganglionären Fasern, welche die Bauch- und Beckenorgane versorgen, ziehen durch die Grenzstrangganglien hindurch und werden erst in Ganglien, die in der Körpermitte vor der Wirbelsäule liegen (prävertebrale Ganglien), umgeschaltet. Es handelt sich um unpaare Ganglien.

Prävertebrale Ganglien (Sympathikus)
● Ganglion coeliacum,
● Ganglion mesentericum superius,
● Ganglion mesentericum inferius.

Mit Ausnahme dieser prävertebralen Ganglien ist es für den Sympathikus typisch, daß die Ganglien, in denen die präganglionären auf die postganglionären Fasern umgeschaltet werden, relativ nahe beim ZNS (dem Rückenmark) liegen. Damit sind die postganglionären Fasern in der Regel erheblich länger als die präganglionären. Die nichtmyelinisierten postganglionären Fasern erscheinen grau. Sie verlaufen nicht nur zu den Eingeweiden, sondern teilweise auch mit den Spinalnerven in die Peripherie, wo sie z.B. an Gefäßwänden und Schweißdrüsen enden. Diese in die Peripherie verlaufenden Fasern gelangen über den Ramus communicans griseus (der sich vom Ramus communicans albus durch seine graue Farbe unterscheidet) zu den Spinalnerven.

Die präganglionäre Transmittersubstanz des Sympathikus ist ebenso wie die präganglionäre Transmittersubstanz des Parasympathikus das Azetylcholin. Postganglionär hingegen unterscheiden sich die beiden Anteile des vegetativen Nervensystems dadurch, daß der Sympathikus Noradrenalin und der Parasympathikus Azetylcholin als Transmittersubstanz einsetzt. Wegen der unterschiedlichen postganglionären Transmittersubstanz spricht man auch von einem cholinergen System im Falle des Parasympathikus und einem adrenergen System im Falle des Sympathikus.

Beim **adrenergen System** wird die Wirkung am Erfolgsorgan über 2 verschiedene Rezeptoren vermittelt: α-Rezeptoren und β-Rezeptoren.

Die **α-Rezeptoren** werden durch Noradrenalin und die **β-Rezeptoren** durch Adrenalin gereizt. Meist vermitteln die α-Rezeptoren die erregende und die β-Rezeptoren die hemmende Wirkung. So wird z.B. an Blutgefäßen eine Verengung (Vasokonstriktion) durch die α-Rezeptoren und eine Erweiterung (Vasodilatation) durch die β-Rezeptoren vermittelt.

5.14.2 Parasympathikus

Die präganglionären parasympathischen Neurone liegen zum Teil im Gehirn und zum Teil im Sakralmark. Deshalb bezeichnet man den Parasympathikus auch als ein kraniosakrales System (Cranium: Schädel). Die Fasern des kranialen Teiles verlaufen mit verschiedenen Hirnnerven (N. oculomotorius, N. trigeminus, N. facialis und N. glossopharyngeus) zu den versorgten Erfolgsorganen. Die Umschaltung der präganglionären auf die postganglionären Fasern erfolgt in 4 parasympathischen Kopfganglien.

Kopfganglien des Parasympathikus
- Ganglion ciliare (in der Augenhöhle),
- Ganglion pterygopalatinum (in der Fossa pterygopalatina),
- Ganglion submandibulare (unterhalb der Mandibula),
- Ganglion oticum (medial vom Ramus mandibulae).

Brust- und Bauchorgane: Die Fasern für die Brust- und Bauchorgane verlaufen im N. vagus. Die Fasern aus dem sakralen Parasympathikus verlaufen über die Nn. splanchnici pelvini, die gelegentlich auch unter dem Sammelbegriff des N. pelvicus zusammengefaßt werden.

Im Unterschied zu den sympathischen sind die parasympathischen präganglionären Fasern sehr lang, da sie meist in der Nähe der Erfolgsorgane oder in diesen selbst (intramurale Ganglien: in der Wand der Organe gelegen) umgeschaltet werden. So werden z.B. im Magen-Darm-Trakt die Fasern des N. vagus (Hauptnerv des Parasympathikus) im Plexus myentericus und im Plexus submucosus umgeschaltet (s. Kap. 10 Verdauungsapparat). Die postganglionären Fasern sind dementsprechend sehr kurz. Die Transmittersubstanz sowohl der prä- wie auch der postganglionären Fasern ist das Azetylcholin.

5.14.3 Regulation durch das vegetative Nervensystem

Bei den meisten Erfolgsorganen des vegetativen Nervensystems ist die Wirkung von Sympathikus und Parasympathikus antagonistisch, also entgegengesetzt (s. Tabelle 5.5). Ganz allgemein kann gesagt werden, daß der Sympathikus den Körper äußeren Belastungen anpaßt, indem bei einer notwendigen Aktivitätssteigerung Energieumsatz, Blutdruck, Herzfrequenz etc. positiv beeinflußt werden. Dementsprechend wird die sympathische Reaktionslage des Körpers als **ergotrop** (leistungsfördernd) bezeichnet.

Tabelle 5.5. Überblick über die Wirkungen von Sympathikus und Parasympathikus auf die verschiedenen Organe

Organ/ Körperteil	Sympathikus	Parasympathikus
Gehirn (indirekt)	Bewußtseinssteigerung	Bewußtseinsdämpfung
Auge	Pupillenerweiterung Akkommodation	Pupillenverengung
z.B. Kopfgefäße	Vasokonstriktion	Vasodilatation
Herz	Schlagbeschleunigung Verkürzung der Überleitungszeit Koronarerweiterung Steigerung der Kontraktionskraft	Schlagverlangsamung Verlängerung der Überleitungszeit
Lunge	Bronchodilatation	Bronchokonstriktion
Magen	Peristaltikhemmung	Peristaltikförderung
Darm	Peristaltikhemmung	Peristaltikförderung
Leber	Glykogenabbau	Glykogenspeicherung
Dickdarm	Kotverhalten	Defäkation
Blase	Harnverhalten	Harnentleerung
Genitale	Ejakulation	Erektion

Der Parasympathikus hingegen fördert die Erholung des Körpers und hilft, Leistungsreserven wieder aufzubauen. Unter seiner Wirkung werden Blutdruck und Herzfrequenz gesenkt, Darm- und Drüsentätigkeit aktiviert, Glykogen in der Leber aufgebaut und die Exkretionsrate (z.B. in der Niere) erhöht.

Die parasympathische Reaktionslage des Körpers wird dementsprechend als **trophotrop** (der Ernährung zugewandt) bezeichnet.

Der Sympathikus, der die Aufmerksamkeit steigert, überwiegt am Tag. Der Parasympathikus, der die Bewußtseinshelligkeit reduziert, überwiegt in der Nacht.

Ein Großteil der Regulation des vegetativen Nervensystems erfolgt durch autonome Reflexe. Diese Reflexe laufen wie die schon weiter oben erwähnten Fremd- und Eigenreflexe auch über Reflexbögen, d.h., sie laufen über Rezeptoren, afferente Neurone, werden umgeschaltet auf efferente Neurone und gelangen über Assoziationszellen an Effektorzellen, die dadurch in charakteristischer Weise beeinflußt werden. Das Beispiel Blutdruckregulation soll das erläutern: In der Wand der herznahen großen Arterien sitzen Druckrezeptoren (Baro-, Pressorezeptoren), deren Aufgabe es ist, Schwankungen im arteriellen Blutdruck über afferente Neurone in das verlängerte Mark (Medulla oblongata) zu melden. Hier werden Assoziationsneurone eingeschaltet, welche die einlaufende Information verarbeiten und entsprechende Aktionspotentiale über efferente Neurone (Sympathikus- bzw. Parasympathikusfasern) zurück zum Herzen schicken. Am Herzen führen diese

Impulse dann je nach Abweichung entweder zu einer Erhöhung oder Erniedrigung der Herzfrequenz und/oder der Schlagkraft; gleichzeitig werden über diesen Reflex auch die peripheren Gefäße beeinflußt. Somit wird der Blutdruck konstantgehalten.

Für die Aufrechterhaltung des Lebens ist die Regulation des inneren Milieus von größter Bedeutung. Hierbei ist es nötig, einen Gleichgewichtszustand (z.B. für die Körpertemperatur, die Ionenkonzentration in den Flüssigkeitsräumen, die Glukosekonzentration im Blut etc.) zu erreichen, den man als **Homöostase** bezeichnet. Für die Erhaltung der Homöostase ist u.a. der Hypothalamus (ein Teil des Zwischenhirns) verantwortlich. Hier werden die verschiedenen hormonellen und vegetativen Regulationsmechanismen koordiniert (s. auch Kap. 12 Endokrinologie).

5.15 Elektroenzephalogramm (EEG)

Von der Schädeloberfläche können durch Anlegen von Elektroden elektrische Ströme abgeleitet werden. Geschieht dies mit 2 differenten Elektroden, dann redet man von einer bipolaren (zweipoligen) Ableitung. Geschieht es mit einer differenten und einer indifferenten Elektrode, dann redet man von einer unipolaren (einpoligen) Ableitung (Abb. 5.38). Die abgeleiteten Ströme werden über einen Verstärker auf einem Kathodenstrahloszillographen sichtbar gemacht. Es handelt sich da-

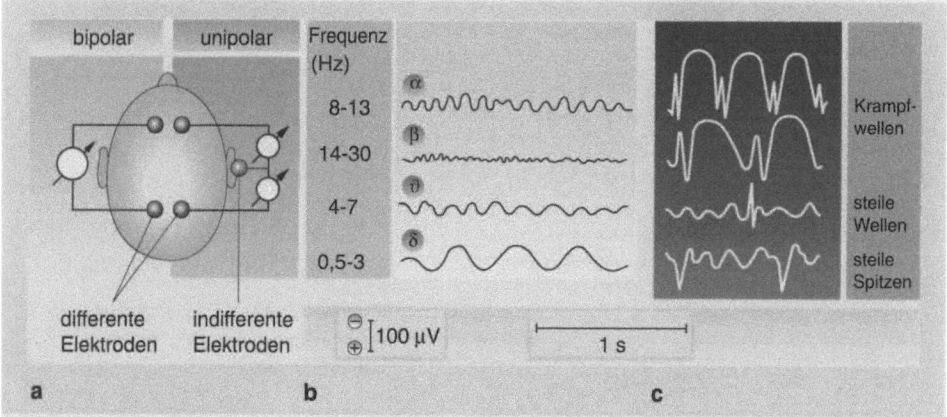

Abb. 5.38. a Darstellung der unipolaren und bipolaren Ableitung eines Elektroenzephalogramms (EEG); **b** Darstellung der 4 physiologischen Wellenformen (alpha-, beta-, theta- und gamma-Wellen) mit ihren Frequenzen; **c** verschiedene pathologische Wellenformen, wie sie z.B. bei Epilepsie auftreten

bei um die Summation der verschiedenen hemmenden und erregenden Impulse (Aktionspotentiale) der unter der Schädelkalotte liegenden Hirnregionen mit ihrer riesigen Zahl an einzelnen Neuronen. In Abhängigkeit von Lebensalter und Wachzustand kann man verschiedene Frequenzen der Hirnströme (Wellen) feststellen:

α-(Alpha)-Wellen: 8–13 Hz,
β-(Beta)-Wellen: 14–30 Hz,
ϑ-(Theta)-Wellen: 4–7 Hz,
δ-(Delta)-Wellen: 0,5–3 Hz.

Bei der Ableitung des EEG sollte der Patient die Augen geschlossen halten, da sonst über sensorische Impulse von der Retina in die Hirnrinde der α-Rhythmus blockiert wird und nur noch der hochfrequente β-Rhythmus gemessen werden kann.
Beim Säugling und beim Kleinkind überwiegen die δ- und ϑ-Wellen. Mit zunehmender Reife kommt es zur Ausbildung von α- und β-Wellen. Beim Erwachsenen sind unter Entspannung v.a.

α-Wellen, bei angespannter Aufmerksamkeit v.a. β-Wellen vorhanden. Im Schlaf überwiegen die δ-Wellen mit ihrer relativ niedrigen Frequenz. Auch verschiedene pathologische Zustände können zum Überwiegen der δ-Wellen führen, z.B. Hypoxie, Hypoglykämie, Hirnödem, Epilepsie (Abb. 5.39).
Durch Pharmaka können die Frequenzen der Hirnströme auch stark beeinflußt werden. So wird z.B. unter geringen Dosen von Barbituraten die Aufmerksamkeit erhöht, d.h., die Frequenz verschiebt sich zunächst in Richtung der α-Wellen, um sich dann bei größeren Dosen über ϑ-Wellen zu δ-Wellen zu verändern. Narkose und Koma sind gekennzeichnet durch δ-Wellen von ca. einer Schwingung pro Sekunde und weniger.

5.16 Schlaf

Beim Gesunden sind δ-Wellen nur während des Schlafes vorhanden.

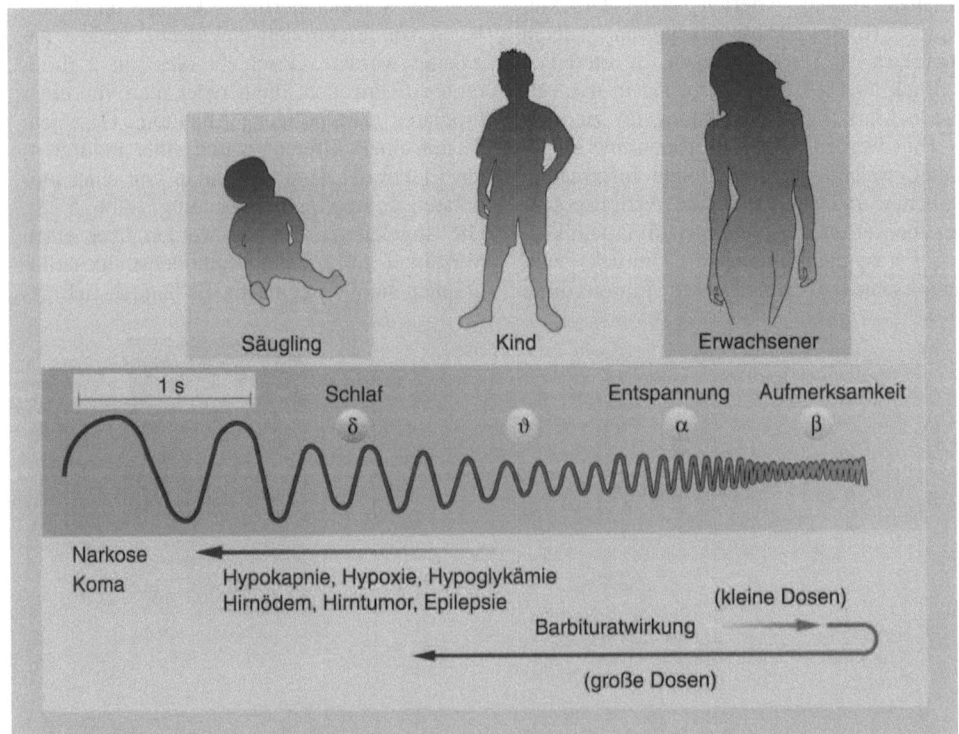

Abb. 5.39. Darstellung der verschiedenen Wellenformen des EEG (Elektroenzephalogramm) mit ihrer Bedeutung. Beim Kind überwiegen die theta-Wellen, beim Erwachsenen unter Entspannung die alpha-Wellen und bei Aufmerksamkeit die beta-Wellen. Im Schlaf sind es vor allem delta-Wellen, die auftreten

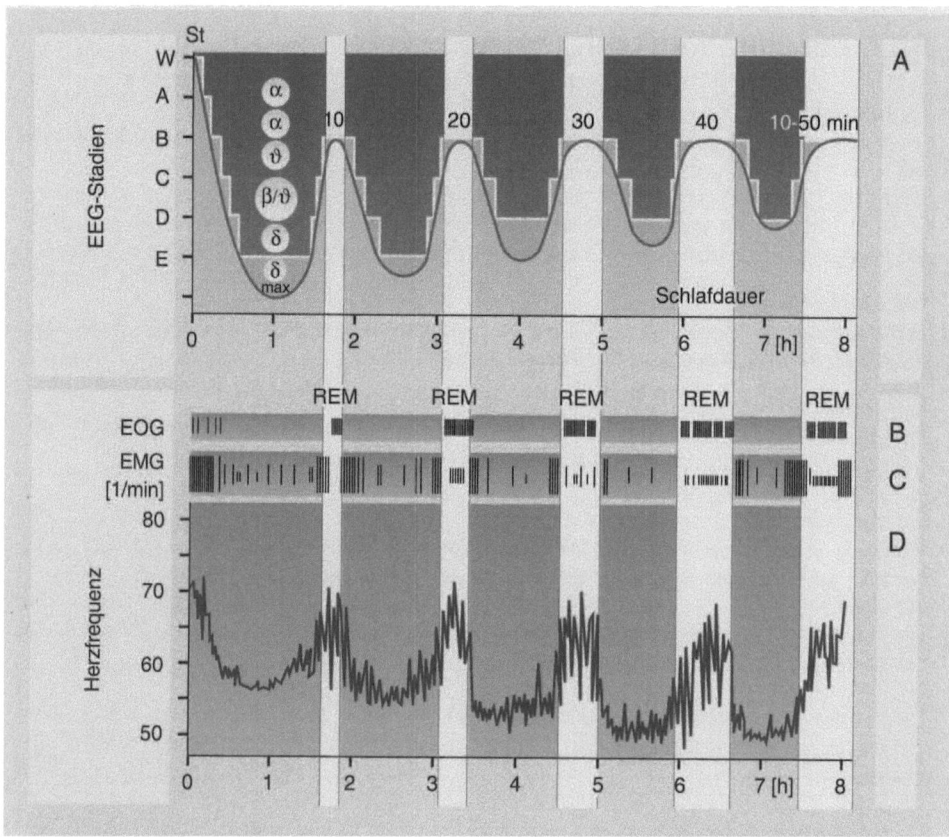

Abb. 5.40. Gegenüberstellung der verschiedenen Schlafphasen und ihrer typischen EEG-Stadien und verschiedener Körperfunktionen. *EOG* Elektrookulogramm (Ableitung der Augenbewegungen), *EMG* Elektromyogramm (Ableitung des Muskeltonus), *REM* „rapid eye movement" (Phasen schneller Augenbe- wegungen, wie sie mit dem EOG gemessen werden können). Während einer Nacht werden die REM-Pha- sen ca. 5- bis 6mal durchlaufen. Während der REM- Phasen ist die Herzfrequenz erhöht, und die delta- Wellen des Schlafes werden von beta- und theta- Wellen abgelöst. Weitere Erläuterungen s. Text

Der Schlaf ist gekennzeichnet durch das Vor- kommen verschiedener Schlafstadien, die im Laufe einer Nacht mehrfach durchlaufen wer- den. Aufgrund des EEG-Bildes werden 5 Sta- dien A–E unterteilt, wobei A die Phase des Wachseins und E die Phase des Tiefschlafes mit δ-Wellen darstellt (Abb. 5.40).
Eine besondere Phase ist der **REM-Schlaf** (REM: „rapid eye movement"). Das EEG zeigt zur Zeit des REM-Schlafes typische niederamplitudige B-Phasen-Frequenz, die sonst nur während des Einschlafens auftritt. Die Herzfrequenz und die Atmungsfrequenz sind erhöht, und das EOG (Elektrookulo- gramm) zeigt heftige Augenbewegungen. Trotzdem sind Schlaftiefe und Muskeltonus (schlaff) ähnlich wie beim Tiefschlaf. Aus diesem Grunde nennt man die Phase des REM-Schlafes auch paradoxen Schlaf. Wenn man Personen zum Zeitpunkt des REM- Schlafes weckt, dann erinnern sie sich in der Regel deutlich an Träume. Somit kann man annehmen, daß während der Phase des REM- Schlafes geträumt wird. Die REM-Schlafpha- sen treten ca. 5- bis 6mal pro Nacht auf und dauern bis zu 20 min.
In REM-Phasen kommt es außerdem, offen- sichtlich unabhängig vom Trauminhalt, zu Erektionen des Penis und einer Mehrdurch- blutung der Klitoris. Ersteres ist beim Mann auch dann der Fall, wenn psychogene Impo- tenz (d.h. Unfähigkeit zur Erektion und da- mit Unfähigkeit, den Geschlechtsakt durchzu- führen) vorliegt. Als psychogen wird die Im- potenz in der Regel bezeichnet, wenn keine organischen Veränderungen als Ursache in Betracht kommen.

5.17 Zusammenfassung Nervensystem

Einteilung
Das Nervensystem besteht aus einem zerebrospinalen und einem vegetativen Anteil.

Sowohl der zerebrospinale Teil des Nervensystems als auch der vegetative setzt sich aus einem zentralen (ZNS) und einem peripheren (PNS) Anteil zusammen.

Entwicklung
Während der Entwicklung geht das Nervensystem aus dem Ektoderm durch Bildung des Neuralrohres und der Neuralleisten hervor.

Nervenzellen
Nervenzellen sind: spezialisiert für die Erregungsleitung, extrem empfindlich gegenüber Sauerstoffmangel und können sich nicht mehr mitotisch teilen.

Nervenzellen und ihre Ausläufer werden durch Glia gegeneinander isoliert. Die Glia des PNS besteht aus Schwann-Zellen und Mantelzellen. Die Glia des ZNS besteht aus Oligodendrozyten, Astrozyten, Mikroglia und Ependymzellen.

Die Übertragung von Erregung geschieht durch Synapsen, die Transmittersubstanz freisetzen (z.B. Azetylcholin).

Das Ruhemembranpotential der Zellen kommt durch das Ausströmen von positiv geladenen Kaliumionen und die negative Ladung der intrazellulären Proteine zustande.

Das Aktionspotential basiert auf einem Einstrom von Na^+-Ionen. Die Permeabilität der Membranen wird durch eine Depolarisation bis an die Schwelle (–55 mV) ermöglicht. Von der Schwelle an läuft das Aktionspotential unter allen Umständen ab (Alles-oder-Nichts-Gesetz).

Rückenmark
Das Rückenmark enthält im Inneren die graue Substanz (Schmetterlingsfigur), der außen die weiße Substanz in Form von Leitungsbahnen angelagert ist.

Das Rückenmark ist nur bis auf die Höhe des 1.–2. Lumbalwirbels kompakt, weiter kaudal besteht der Inhalt des Wirbelkanals aus Wurzelfäden (Cauda equina).

Die graue Substanz des Rückenmarks wird unterteilt in
- ein Vorderhorn,
- ein Hinterhorn und
- im Brustmark in ein Seitenhorn.

Die weiße Substanz des Rückenmarks wird unterteilt in
- einen Vorderstrang,
- einen Seitenstrang und
- einen Hinterstrang.

- **Spinalnerven**
  Die Spinalnerven entstehen durch den Zusammenschluß von Nervenfasern aus dem Vorderhorn (vordere Wurzel) und dem Hinterhorn (hintere Wurzel). In Form von Wurzelfäden verlassen sie das Rückenmark, um als periphere Nerven

(Spinalnervenpaare) auf jeder Körperseite durch die Zwischenwirbellöcher aus-
zutreten. In der hinteren Wurzel befindet sich das Spinalganglion, das die Perikarya der afferenten sensiblen Nerven enthält.

Ein Spinalnerv enthält: somatosensible und viszerosensible Fasern (Afferenzen)
sowie somatomotorische und viszeromotorische Fasern (Efferenzen).

Es sind 8 Halsnervenpaare (Nn. cervicales), 12 Brustnervenpaare (Nn. thoracici), 5 Lendennervenpaare (Nn. lumbales), 5 Kreuzbeinnervenpaare (Nn. sacrales) und 1– 2 Steißbeinnervenpaare (Nn. coccygei) vorhanden.

Spinalnerven geben 3 größere Äste ab:
– Ramus dorsalis (sensible und motorische Versorgung dorsaler Bereiche, z.B.
  Erector trunci),
– Ramus ventralis (sensible und motorische Versorgung des Rumpfes und der
  Gliedmaßen),
– Ramus communicans albus (Verbindung zum sympathischen Grenzstrang).

● **Plexus (Nervengeflecht)**
Durch Vermischung der in den Rami ventrales vorhandenen Nervenfasern
kommt es zur Plexusbildung. Man unterscheidet: Plexus cervicalis, Plexus brachialis, Plexus lumbalis, Plexus sacralis.

Wichtigste Nerven des **Plexus cervicalis**: N. phrenicus (Diaphragma).

Wichtigste Nerven des **Plexus brachialis**: N. musculocutaneus (M. biceps), N.
radialis (Extensoren an Ober- und Unterarm), N. medianus (Flexoren am Unterarm), N. ulnaris (ulnare Flexoren am Unterarm).

Wichtigste Nerven des **Plexus lumbalis:** N. femoralis (M. quadriceps femoris),
N. obturatorius (Adduktoren am Oberschenkel).

Wichtigste Nerven des **Plexus sacralis**: N. ischiadicus mit 2 Ästen: N. fibularis
(Extensoren am Unterschenkel), T. tibialis (Flexoren am Unterschenkel).

Dermatome
Dermatome sind Hautareale (insgesamt 30), die segmental vom entsprechenden
Spinalnerven versorgt werden. Die Kenntnis der Dermatome ist wichtig für die Lo-
kalisation von Rückenmarkläsionen.

Hirnnerven
Direkt aus dem Gehirn austretende, in die Peripherie verlaufende Nerven werden
als Hirnnerven bezeichnet. Man unterscheidet 12 Hirnnervenpaare (I–XII).

Gehirn
Das Gehirn besteht aus dem Endhirn (Telenzephalon), dem Zwischenhirn (Dienzephalon), dem Mittelhirn (Mesenzephalon), dem Hinterhirn (Metenzephalon) und
dem Nachhirn (Myelenzephalon, Medulla oblongata).

Im Gehirn befinden sich 4 mit Liquor cerebrospinalis gefüllte Ventrikel. Der 3. und
der 4. Ventrikel sind über den Aquädukt miteinander verbunden. Liquor wird im
Plexus choroideus gebildet und fließt aus dem Ventrikelsystem in den Subarachnoidalraum, von wo aus es über Blutgefäße wieder aufgenommen wird.

Liquor ist eine zell- und proteinarme Flüssigkeit. Insgesamt werden 150 ml in ca. 2 Tagen umgesetzt. Liquor kann durch Subokzipital- oder Lumbalpunktion gewonnen werden. Durch Liquor im Subarachnoidalraum wird das wirksame Gewicht des Gehirns von 1350 g auf 50 g reduziert (Auftrieb).

Zentrales Nervensystem

Die Bestandteile des Zentralnervensystems (Gehirn und Rückenmark) sind von Hirn- und Rückenmarkhäuten umgeben: Leptomeninx (Arachnoidea, Spinnwebshaut und Pia mater, **weiche Hirnhaut**) und Pachymeninx (Dura mater, **harte Hirnhaut**). Zwischen Arachnoidea und Pia mater befindet sich der mit Liquor gefüllte Subarachnoidalraum.

Die Dura mater spinalis (harte Rückenmarkhaut) ist in 2 Blätter geteilt, zwischen denen sich im Fettgewebe (im Cavum epidurale) ein venöser Plexus befindet.

- Die **Medulla oblongata** (Nachhirn, verlängertes Mark) ist die Verbindung zwischen Gehirn und Rückenmark. Sie hat eine Länge von ca. 3 cm. Bei Anblick von ventral sieht man Vorwölbungen: die Pyramiden (hier verlaufen Fasern der Pyramidenbahn: Willkürmotorik) und die Oliven (hier liegt der Nucleus olivarius: Schaltzentrum der Extrapyramidalmotorik). Auf der Dorsalseite bildet die Medulla oblongata einen Teil der Fossa rhomboidea, die ihrerseits den Boden des 4. Ventrikels bildet.

- Das **Metenzephalon** (Hinterhirn) besteht aus Pons (Brücke) und Cerebellum (Kleinhirn). In der Brücke befinden sich querverlaufende Faserzüge und die Brückenkerne (Nuclei pontini). Die Brücke ist Schaltstation der Bahnen, welche die Großhirnrinde mit der Kleinhirnrinde verbinden.

  Das **Kleinhirn** (Cerebellum) steht über die Kleinhirnschenkel in Verbindung mit dem Mittelhirn, der Brücke und dem Rückenmark. Die Rinde des Kleinhirns ist 3schichtig; von außen nach innen: Stratum moleculare (mit Parallelfasern), Stratum ganglionare (mit Purkinje-Zellen), Stratum granulare (mit Körnerzellen).

  Über die Moosfasern und die Kletterfasern gelangen die Afferenzen ins Kleinhirn. Über die Purkinje-Zellneuriten werden die efferenten Impulse zu den Kleinhirnkernen (Nucleus dentatus, Nucleus emboliformis, Nucleus fastigii, Nucleus globosus) geleitet, wo sie umgeschaltet werden (2 Afferenzen, 1 Efferenz).

  Das Kleinhirn ist an der Aufrechterhaltung des Körpergleichgewichtes beteiligt und koordiniert gezielte Bewegungen, ohne sie jedoch auszulösen. Es ist ein Regulationsorgan der Motorik.

- Das **Mesenzephalon** (Mittelhirn) besteht aus dem Dach (Tectum), der Haube (Tegmentum) und den Hirnschenkeln (Crura cerebri). Das Dach wird aus der Vierhügelplatte gebildet. Die Colliculi rostrales sind Schaltstellen der Sehbahn, die Colliculi caudales sind Schaltstellen der Hörbahn. In der Haube befinden sich Nucleus ruber und Substantia nigra. Beides sind Schaltzentren der Extrapyramidalmotorik. Im Zentrum der Hirnschenkel liegt die Pyramidenbahn (Willkürmotorik).

- Das **Dienzephalon** (Zwischenhirn) besteht aus Thalamus, Epithalamus, Metathalamus und Hypothalamus. Der Thalamus ist das wichtigste unbewußt arbeitende Integrationszentrum der allgemeinen Sensibilität. Der Epithalamus besteht aus der Epiphyse (Zirbeldrüse) und der Habenula (Zügel). Der Metathalamus besteht aus Corpus geniculatum laterale (Schaltzentrum der Sehbahn) und Corpus geniculatum mediale (Schaltzentrum der Hörbahn). Der Hypothalamus ist wichtiges Regulationszentrum des vegetativen Nervensystems und des endokrinen Systems.

- Die **Formatio reticularis** („Schaltzentrale") zieht sich netzartig mit verschiedenen Kernstrukturen von der Medulla oblongata bis in das Dienzephalon hinein. In ihr sind Regulationszentren für die Atmung, den Kreislauf etc. lokalisiert. Ebenso ist das aufsteigende retikuläre Aktivierungssystem (ARAS), das für die Weckreaktion und den Grad der Bewußtseinshelligkeit verantwortlich ist, in der Formatio reticularis lokalisiert. Durch Unterbrechung des ARAS, z.B. durch Narkose, kommt es zur Bewußtlosigkeit.

- Die Oberfläche des **Telenzephalons** (Endhirn) ist durch Windungen (Gyri) und Furchen (Sulci) 3mal vergrößert. Das Telenzephalon besteht aus 5 Lappen (Lobi): Lobus frontalis, Lobus parietalis, Lobus temporalis, Lobus occipitalis und Insula.
  - Die **graue Substanz** liegt in der Rinde sowie in den Basalganglien.

Die **Rinde** ist in den meisten Bereichen des Telenzephalons 6schichtig; von außen nach innen: Molekularschicht, äußere Körnerschicht, äußere Pyramidenschicht, innere Körnerschicht, innere Pyramidenschicht und multiforme Schicht.

Zu den **Basalganglien** werden gerechnet: Nucleus caudatus, Putamen (beide zusammen als Corpus striatum oder kurz Striatum bezeichnet), Globus pallidus (Pallidum), Corpus amygdaloideum (Amygdala) und Claustrum.

Das Putamen hemmt die Bewegung, das Pallidum fördert sie.

Der Sulcus centralis trennt den Lobus frontalis vom Lobus parietalis. Im Gyrus praecentralis (vor dem Sulcus centralis) liegt der motorische Kortex. Im Gyrus postcentralis liegt der sensible Kortex. Die Körperregionen sind in diesen Gyri somatotopisch angeordnet.

Die Heschl-Querwindungen im Temporallappen sind die primäre Hörrinde. Das Broca-Sprachzentrum ist für die Motorik der Sprache verantwortlich. Das Wernikke-Zentrum ist optische Sprachregion. Im Sulcus calcarinus liegt die Sehrinde.

- Die **weiße Substanz** besteht aus Nervenfasern und ihren Hüllen (zentrale Glia). Man unterscheidet Kommissurenfasern, Assoziationsfasern, Projektionsfasern. Kommissurenfasern verbinden die 2 Hirnhälften miteinander. Assoziationsfasern verbinden Kortexareale innerhalb der gleichen Hirnhälfte. Projektionsfasern verbinden eine Hirnhälfte mit der gegenseitigen Körperhälfte.

Reflexe
Man unterscheidet 2 wichtige Reflexe: den monosynaptischen oder Eigenreflex und den polysynaptischen oder Fremdreflex. Beim Eigenreflex liegen Rezeptor (z.B. Muskelspindel) und Effektor (Muskel) im gleichen Organ. Beim Fremdreflex liegen sie in verschiedenen Organen (z.B. Haut und Muskel). Polysynaptische Reflexe sind ermüdbar, monosynaptische Reflexe nicht.

Regulation der Motorik

Die Motorik wird auf 2 Wegen reguliert: über die Willkürmotorik (Pyramidalmotorik) und die Unwillkürmotorik (Extrapyramidalmotorik). Bewegungsantrieb und Bewegungsplan gehen meist von subkortikalen Regionen aus (z.B. limbisches System).

- ### Willkürmotorik

  Der eigentliche Impuls der Willkürmotorik stammt aus dem Gyrus praecentralis (motorischer Kortex). Von hier aus laufen die Fasern über die Capsula interna und kreuzen zu 75% im Bereich der Medulla oblongata in der Pyramidenkreuzung auf die Gegenseite. Sie verlaufen dann als Tractus corticospinalis lateralis bis auf die Höhe des Rückenmarks, wo sie als Wurzelfäden des Spinalnerven austreten. Die restlichen 25% der Fasern verlaufen im Tractus corticospinalis anterior und kreuzen dann ebenfalls dort, wo sie im Spinalnerv das Rückenmark verlassen.

- ### Unwillkürmotorik

  Die Fasern der Extrapyramidalmotorik laufen über das Striatum und das Pallidum zum Hirnstamm, wo sie in der Substantia nigra und dem Nucleus ruber umgeschaltet werden. Sie verlaufen weiter über den Tractus reticulospinalis lateralis und medialis der Gegenseite. Kleinhirn und Vestibularapparat (Gleichgewichtsorgan des Innenohrs) sind maßgeblich an der Extrapyramidalmotorik beteiligt. Ihre Aufgabe ist es, die Muskelaktivität bei zielgerichteten Bewegungen zu koordinieren und automatisierte Bewegungsabläufe zu steuern.

Beide Systeme, sowohl die Pyramidalmotorik als auch die Extrapyramidalmotorik, benutzen die gleiche motorische Endstrecke, d.h. das motorische Neuron mit Ursprung im Vorderhorn des Rückenmarks.

Schmerz

Man unterscheidet beim Schmerz vier verschiedene Komponenten: eine sensible, affektive, vegetative und motorische Komponente. Bei der sensiblen Komponente wird somatischer vom viszeralen Schmerz unterschieden. Der somatische Schmerz läßt sich unterteilen in Oberflächen- und Tiefenschmerz. Der Oberflächenschmerz tritt als 1. Schmerz (scharf, gut lokalisierbar) und als 2. Schmerz (dumpf, schlecht lokalisierbar) auf. Die Rezeptoren des Schmerzes (Nozizeptoren) sind die freien Nervenendigungen. Körpereigene schmerzauslösende Substanzen sind: Azetylcholin, Serotonin, Histamin, Bradykinin. Prostaglandin sensibilisiert die Schmerzrezeptoren. Azetylsalicylsäure hemmt die Bildung von Prostaglandin und reduziert damit die schmerzauslösende Wirkung. Schmerzrezeptoren adaptieren nicht. An der Bewertung des Schmerzes ist das limbische System mit seinen Unlustarealen beteiligt. Schmerzen verlaufen über die Aδ (1. Schmerz) und die C-Fasern (2. Schmerz). Die Substanz P ist Transmittersubstanz für die Übertragung vom 1. auf das 2. Neuron der Schmerzbahn. Nach Umschaltung über zwei weitere Neurone endet das 4. Neuron der Schmerzbahn im Gyrus postcentralis. Kontrolle der Schmerzrezeption geschieht über das zentrale Höhlengrau und den großen Raphekern über die Freisetzung von Endorphinen.

Limbisches System

Das limbische System umgibt den Balken wie ein Saum (Limbus). Es steuert u.a. emotionelle Reaktionen (Lust, Unlust, Angst, Wut etc.), ist aber auch an der Koordination von Gedächtnisvorgängen, wie dem Übergang vom Kurzzeit- ins Langzeitgedächtnis, beteiligt.

Gedächtnis

Das Gedächtnis weist 3 verschiedene Speicherformen auf: das sensorische, das Kurzzeit- und das Langzeitgedächtnis. Das sensorische Gedächtnis wird meist nach weniger als 1 Sekunde gelöscht, wenn sein Inhalt nicht von besonderer Wichtigkeit ist. Das Kurzzeitgedächtnis behält seinen Inhalt nur wenige Minuten, die Anzahl der gespeicherten Informationen ist limitiert. Am Übergang vom Kurzzeit- in das Langzeitgedächtnis ist das limbische System beteiligt. Im Langzeitgedächtnis kann ein Faktengedächtnis (Bsp. Namen, Plätze etc.) von einem Tätigkeitsgedächtnis (Bsp. Fahrradfahren, Tennisspielen etc.) unterschieden werden. Das Faktengedächtnis befindet sich im Temporallappen, das Tätigkeitsgedächtnis im Kleinhirn und im frontal vor dem Gyrus praecentralis gelegenen Großhirn.

Vegetatives Nervensystem

Das vegetative Nervensystem setzt sich aus Sympathikus und Parasympathikus zusammen. Durch das vegetative Nervensystem werden vegetative Funktionen gesteuert.

- **Sympathikus**
  Der Sympathikus wird entsprechend dem Ursprung seiner präganglionären Fasern als thorakolumbales System bezeichnet. Die präganglionären Fasern werden zum größten Teil in den Grenzstrangganglien auf postganglionäre Fasern umgeschaltet. Einige Fasern für die Bauchregion werden in 3 unpaaren Ganglien umgeschaltet: Ganglion mesentericum superius, Ganglion mesentericum inferius, Ganglion coeliacum. Diese 3 Ganglien werden den paravertebralen Ganglien des Grenzstranges als prävertebrale Ganglien gegenübergestellt.

  Die postganglionäre Transmittersubstanz des Sympathikus ist das Noradrenalin. Die Wirkung des Sympathikus ist leistungsbezogen (ergotrop). Die Rezeptoren für die Sympathikuswirkung werden in α- und β-Rezeptoren unterteilt. Die α-Rezeptoren vermitteln meist die erregende und die β-Rezeptoren die hemmende Wirkung des Sympathikus.

- **Parasympathikus**
  Der Parasympathikus wird entsprechend dem Ursprung seiner präganglionären Fasern als kraniosakrales System bezeichnet. Die präganglionären Fasern werden im Kopfbereich in 4 Ganglien umgeschaltet: Ganglion ciliare, Ganglion pterygopalatinum, Ganglion submandibulare, Ganglion oticum. Der Hauptnerv des Parasympathikus ist der Hirnnerv X (N. vagus). Ein Großteil der Parasympathikusfasern wird in intramuralen (in der Wand der Organe gelegenen) Ganglien umgeschaltet, z.B. Plexus submucosus, Plexus myentericus etc.
  Die postganglionäre Transmittersubstanz des Parasympathikus ist das Azetylcholin. Die Wirkung des Parasympathikus ist ernährungs- und erholungsbezogen (trophotrop).

EEG

Das Elektroenzephalogramm ist die Ableitung der Hirnströme, die durch Summation der Aktionspotentiale der Hirnneurone entstehen. Man unterscheidet α-Wellen (8–13 Hz), β-Wellen (14–30 Hz), θ-Wellen (4–7 Hz), δ-Wellen (0,5–3 Hz). δ-Wellen sind beim Gesunden nur im Schlaf vorhanden. β-Wellen entsprechen der Aufmerksamkeit, α-Wellen der Entspannung, θ-Wellen überwiegen bei Kindern und Säuglingen.

Schlafphasen

Das Elektroenzephalogramm (EEG) kann beim Übergang zum Schlaf in 5 Phasen unterteilt werden, die von A–E bezeichnet werden. A ist die Phase des Wachseins,

E die Phase des Tiefschlafes. 5- bis 6mal pro Nacht wird eine Phase durchlaufen, deren Muskeltonus und Schlaftiefe dem Tiefschlaf entsprechen, deren EEG-Wellen, Atemfrequenz und Herzrhythmus jedoch der B-Phase (Einschlafen) entsprechen. In diesen Schlafphasen kommt es zu heftigen Augenbewegungen („rapid eye movement", REM); deshalb wird dieser Schlaf auch REM-Schlaf genannt. In den REM-Phasen träumt der Mensch.

6 Blut

Blut ist im wesentlichen ein **Transportmittel**, das über die Transportfunktion hinaus auch an anderen Aufgaben beteiligt ist. Die wichtigsten Funktionen des Blutes sind:

- Transport der Atemgase O_2 und CO_2 zwischen den Geweben und der Lunge,
- Transport der im Verdauungstrakt resorbierten Nahrungsbestandteile an den Ort des Verbrauches oder der Speicherung.

Darüber hinaus ist das Kreislaufsystem auch an anderen wichtigen Körperfunktionen beteiligt:

- **Exkretion:** Durch Transport von Stoffwechselendprodukten in die Niere können diese ausgeschieden werden (s. Kap. 11 Harnapparat).
- **Temperaturregulation:** Das Blut ist Transportmittel für die im Körperinneren erzeugte Wärme, die an der Körperoberfläche abgegeben werden kann (s. Kap. 15 Temperaturregulation).
- **Hormonhaushalt:** Mit dem Blut werden die Hormone aus den endokrinen Drüsen an die **Zielorgane** transportiert (s. Kap. 12 Endokrinologie).
- **Abwehrvorgänge:** Die an der Abwehr beteiligten Zellen (Leukozyten) wandern aus dem Blut in die Gewebe ein (s. Kap. 8 Immunologie).
- **Regulation des inneren Milieus:** Über das Blut, das mit den anderen Körperräumen (Interzellularraum, Intrazellularraum) im Austausch steht, wird das innere Milieu konstant gehalten.

Praktisch alle diese Aufgaben beinhalten eine Transport- und/oder Verteilerfunktion. Deshalb fließt das Blut in einem Verteilersystem, den Gefäßen, die gemeinsam mit dem Herzen einen geschlossenen Kreislauf darstellen (s. Kap. 7 Herz-Kreislauf-System).

Die Blutmenge eines Individuums ist korrelierbar mit dem Körpergewicht; sie beträgt in der Regel 8% des Körpergewichts. Das entspricht einer Blutmenge von 4–6 l bei einem Körpergewicht von 50–70 kg. Diese Blutmenge ist allerdings während des Tages Schwankungen unterworfen, da sie von 2 Faktoren abhängt:

- Wasseraufnahme (Trinken) und
- Wasserabgabe (Harn, Schweiß, Atemluft).

Der Verlust von 500 ml Blut (z.B. Blutspende; ca. 10% des Blutvolumens) bewirkt bei einem normalgewichtigen Individuum (mindestens 50 kg) noch keinerlei funktionelle Veränderungen im Herz-Kreislauf-System. Bei Verlust von ca. 30% der Gesamtblutmenge treten jedoch deutliche Schocksymptome auf. Der Verlust von 50% der Gesamtblutmenge ist in der Regel ohne sofortige Hilfsmaßnahmen tödlich.

Wenn man Blut zentrifugiert, so sinken die **geformten Blutbestandteile** (Blutkörperchen) auf den Boden, und es bildet sich im Überstand eine blaßgelbe, klare Flüssigkeit, das **Blutplasma**. Das Blutplasma beträgt ca. 55% des Gesamtblutes, der volumenmäßige Anteil der geformten Blutbestandteile (Blutkörperchen) beträgt 45%; er wird als **Hämatokrit** bezeichnet (s. unten). Dieser Wert schwankt mit den täglichen Schwankungen des Wassergehaltes.

Blutbestandteile:
- Hämatokrit ca. 45% (geformte Bestandteile, Blutkörperchen);
- Blutplasma ca. 55% (blaßgelbe, klare Flüssigkeit).

Der Hämatokrit der Frau liegt unterhalb des Wertes beim Mann bei ca. 41–43%. Neugeborene haben einen Hämatokrit von ca. 48% und Kleinkinder einen Wert von ca. 37%.

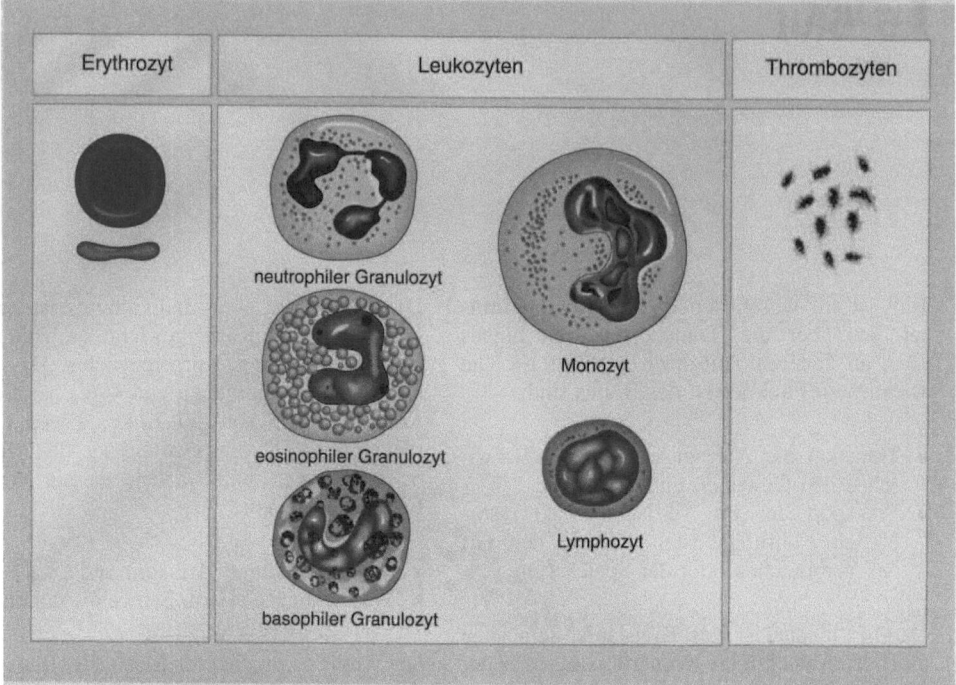

| Erythrozyt | Leukozyten | Thrombozyten |

neutrophiler Granulozyt

Monozyt

eosinophiler Granulozyt

Lymphozyt

basophiler Granulozyt

Abb. 6.1. Darstellung der geformten Blutelemente. *Links* ist ein rotes Blutkörperchen (Erythrozyt) in der Aufsicht und der Seitenansicht dargestellt. Die Granulozyten, wie auch die Monozyten und die Lymphozyten (*Mitte*), gehören zu den weißen Blutkörperchen (Leukozyten). Die Blutplättchen (Thrombozyten) sind abgeschnürte Zytoplasmabereiche der Stammzellen, d.h. der Knochenmarksriesenzellen (Megakaryozyten)

Die geformten Blutbestandteile (Abb. 6.1) bestehen aus

- Erythrozyten (rote Blutkörperchen),
- Granulozyten, ⎱ Leukozyten
- Monozyten, ⎰ (weiße
- Lymphozyten, ⎰ Blutkörperchen)
- Thrombozyten (Blutplättchen).

Die durchschnittliche Anzahl der geformten Blutbestandteile pro Kubikmillimeter (mm^3) Blut eines Erwachsenen beträgt:

- 4,6 Mio. Erythrozyten (Frau) bzw. 5,2 Mio. Erythrozyten (Mann),
- 4000–9000 Leukozyten,
- 200 000–300 000 Thrombozyten.

6.1 Knochenmark

Während der Entwicklung im mütterlichen Körper wird beim Fetus an verschiedenen Orten Blut gebildet, z.B. in der Milz und in der Leber. Beim Kind und beim Erwachsenen wird Blut nur noch im Knochenmark gebil- det. Das blutbildende Knochenmark wird auch als rotes Knochenmark bezeichnet. Beim Kind ist das rote, also blutbildende Knochenmark noch in den meisten Knochen vorhanden, auch in den langen Röhrenknochen. Beim Erwachsenen wird das Mark im Schaft der langen Röhrenknochen in gelbes Fettmark umgewandelt, das nicht mehr an der Blutbildung teilnimmt. Somit sind beim Erwachsenen nur noch die plattenförmigen und würfelförmigen Knochen sowie die Enden der langen Röhrenknochen mit blutbildendem Mark gefüllt (Abb. 6.2). Das Gesamtgewicht des blutbildenden Knochenmarks beträgt beim Erwachsenen durchschnittlich 1400 g. Auf Grund der Lebensdauer der einzelnen Blutelemente und der Menge der vorhandenen Zelltypen hat man errechnet, daß im roten Knochenmark pro Tag ca. 250 Mrd. Erythrozyten (ca. 2,8 Mio. pro Sekunde), 15 Mrd. Granulozyten, 15 Mrd. Monozyten und 500 Mrd. Thrombozyten produziert werden. Die gleiche Anzahl geformter Blutelemente muß dementsprechend auch pro Tag abgebaut werden, damit das Gleichgewicht aufrechterhalten bleibt.

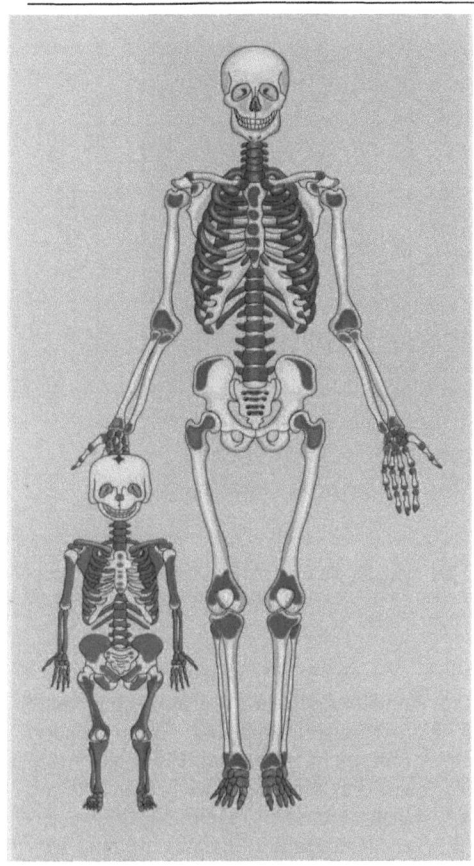

Abb. 6.2. Darstellung der blutbildenden Knochenmarksbereiche beim Kind und beim Erwachsenen. Beim Kind wird in den langen Röhrenknochen noch Blut gebildet, beim Erwachsenen hingegen befindet sich in diesen das Fettmark. Blutbildung findet beim Erwachsenen nur noch in den würfelförmigen und den plattenförmigen Knochen statt

Das Grundgerüst des roten Knochenmarks besteht aus retikulärem Bindegewebe, in dessen Maschen sich die blutbildenden Zellen befinden. Als Stammzelle aller roten und weißen Blutkörperchen wird der Hämozyt angesehen, eine noch wenig differenzierte Ausgangszelle, aus der sich alle Blutzellen entwickeln können.

6.2 Erythrozyten (rote Blutkörperchen)

Die Hauptmenge der geformten Blutbestandteile wird durch die roten Blutkörperchen (Erythrozyten) gebildet. Im Blut sind rund 700mal mehr rote als weiße Blutkörperchen vorhanden. Die Hauptaufgabe der roten Blutkörperchen ist der Gastransport, d.h. die Beteiligung an der Atmung, indem sie Sauerstoff (O_2) und das Gas der Kohlensäure (CO_2) an Hämoglobin gebunden transportieren.

Besonders wichtig ist in diesem Zusammenhang der Gehalt der Erythrozyten an Carboanhydrase. Dieses Enzym ist an der Umsetzung von Kohlensäuregas (CO_2) und Wasser (H_2O) zu Bikarbonat (HCO_3^-) und Wasserstoffionen (H^+) beteiligt. Als Bikarbonat wird der Hauptanteil des CO_2 in den Erythrozyten transportiert. Die Umsetzung von CO_2 und H_2O zu Bikarbonat und Wasserstoffionen läuft in den Erythrozyten unter der Wirkung der Carboanhydrase ca. 10 000mal schneller ab, als das im Plasma der Fall wäre.

In der Lunge kommt es unter der Wirkung der Carboanhydrase zur umgekehrten Reaktion, so daß CO_2 und H_2O gebildet werden.

6.2.1 Entstehung und Anzahl

Die Erythrozyten entstehen durch mitotische Teilung aus Stammzellen. Sie reifen über verschiedene Stufen zu kernlosen roten Blutkörperchen heran. Reife Erythrozyten enthalten keinerlei Organellen. Ihr Inneres ist sowohl im Licht- als auch im Elektronenmikroskop homogen und beinhaltet praktisch nur den roten Blutfarbstoff, das **Hämoglobin**.

In Form von Retikulozyten (bereits kernlose, mit noch sehr wenigen Organellen besetzte Formen) gelangen die frisch gebildeten roten Blutzellen in den Kreislauf. Hier reifen sie vollständig zu Erythrozyten, indem sie ihre Organellen abbauen. Sie bleiben ca. 120 Tage funktionstüchtig, um dann abgebaut zu werden, z.B. in der Milz.

6.2.2 Form und Größe

Erythrozyten sind bikonkave, kernlose Scheiben, die einen Durchmesser von ca. 7,5 μm aufweisen (Abb. 6.3). Sie besitzen eine Randdicke von ca. 2 μm und eine Zentrumsdicke von ca. 1 μm. Durch ihre spezielle Form wird ihre **Hauptaufgabe** – Gastransport und Gasaustausch – wesentlich begünstigt, da nur kurze Strecken im Inneren überwunden werden müssen. Die Gesamtoberfläche aller Erythrozyten im Blut eines Men-

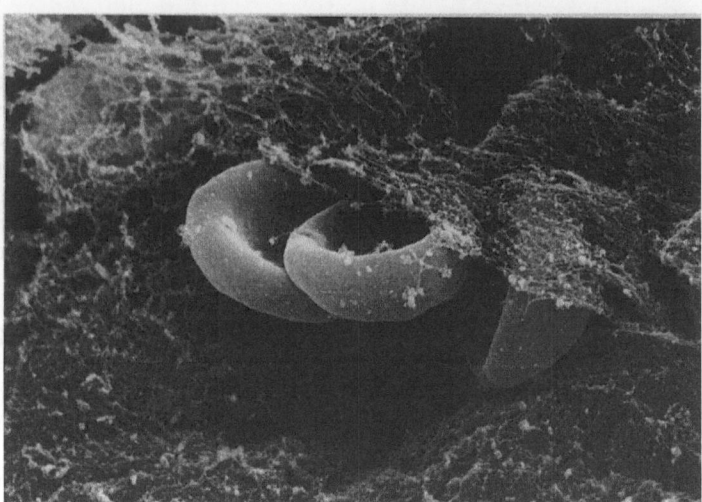

Abb. 6.3. Rasterelektronenmikroskopische Aufnahme von Erythrozyten. Die Napfform, bedingt durch den Verlust des Zellkerns, ist deutlich zu sehen. Bei den, auf den und um die Erythrozyten vorhandenen fadenförmigen und körnchenartigen Strukturen handelt es sich um Fibrin

schen kann auf ca. 3800 m^2 (!) berechnet werden. Erythrozyten sind sehr flexibel, sie können beim Durchfließen enger Kapillaren häufig die Form eines Napfes annehmen. Deshalb ist es ihnen auch möglich, Blutgefäße zu durchfließen, die einen Durchmesser von weniger als 7,5 µm aufweisen.

6.2.3 Hämoglobin

Der wichtigste Inhaltsstoff der Erythrozyten (ca. 90%) ist das Hämoglobin (Hb). Die restlichen 10% sind andere Proteine, die u.a. für die Energiegewinnung der Erythrozyten verantwortlich sind. Hämoglobin besteht aus 4 Untereinheiten. Jede dieser Untereinheiten ist aus einem Häm-Molekül aufgebaut, das an eine Polypeptidkette gebunden ist. Es sind beim Erwachsenen 2 a-Ketten und 2 β-Ketten vorhanden (Abb. 6.4). Das Häm-Molekül besteht aus einem Porphyrinring, in dessen Zentrum ein 2wertiges Eisenion vorhanden ist. Die 4 Untereinheiten falten sich zu einem globulären (kugeligen) Protein. In jedem Häm-Molekül ist ein Eisenion vorhanden, so daß ein Hämoglobinmolekül gesamthaft 4 Eisenionen aufweist, die den metallischen Geschmack des Blutes ausmachen. Im menschlichen Körper sind ca. 4 g Eisen enthalten, die Hälfte davon in gebundener Form im Hämoglobin. Um die konstant erfolgende Neubil-

dung von Hämoglobin zu ermöglichen, muß der Körper ausreichend mit Eisen versorgt sein. Wenn nicht genügend Eisen zugeführt wird, kann dies vor allem bei Frauen, die mit dem Menstruationsblut regelmäßig Eisen verlieren, zu Blutarmut (Anämie) führen. Embryonales und fetales Hämoglobin weichen in ihrem Aufbau und in der größeren Fähigkeit, Sauerstoff zu binden, vom nachgeburtlich vorhandenen Hämoglobin ab. Durch die Anlagerung von Sauerstoff an das Eisen nimmt das Hämoglobin eine hellrote Farbe an (Oxyhämoglobin). Diese O_2-Aufnahme führt nicht zu einer Veränderung in der Wertigkeit des Eisens. Sie ist also keine Oxidation, weshalb der Vorgang als **Oxygenation** bezeichnet wird. Nach Abgabe des Sauerstoffs (desoxygeniertes Hämoglobin) wird es dunkelrot. CO_2 wird für den Transport nicht an das Eisen, sondern an die Polypeptidketten des Hämoglobins gebunden.

6.3 Leukozyten (weiße Blutkörperchen)

Von den im Körper vorhandenen Leukozyten zirkulieren in der Regel nur ca. 5% im Blutkreislauf, der Rest (95%) befindet sich in den Geweben und in den Organen des lymphati-

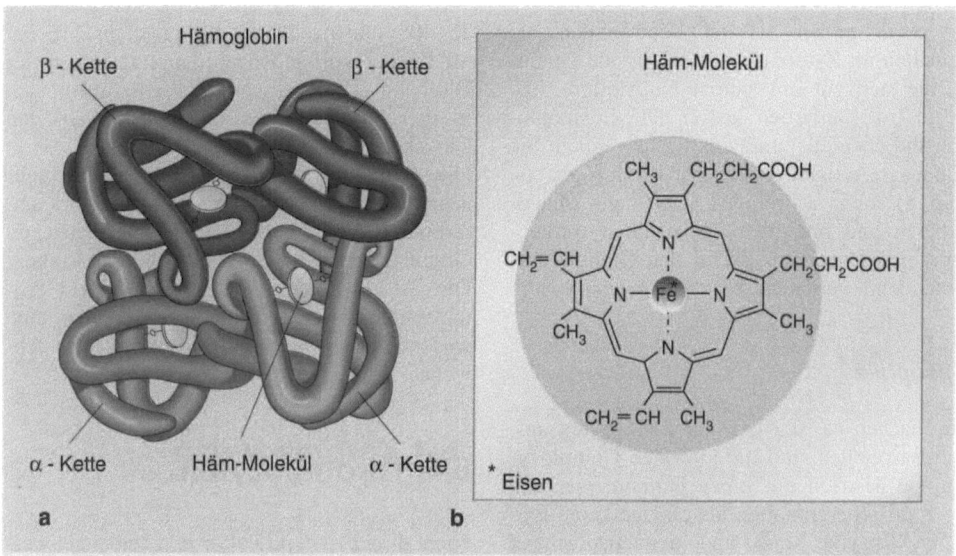

Abb. 6.4 a Schematische Darstellung des Hämoglobinmoleküls. Die 4 Proteinketten (beim Erwachsenen 2 α- und 2 β-Ketten) enthalten je ein Häm-Molekül. Dieses ist in der Lage, mit seinem 2wertigen Eisen Sauerstoff reversibel zu binden. Die Molekülstruktur des Häm-Moleküls ist in **b** mit dem zentralen 2wertigen Eisen dargestellt

schen Systems (s. Kap. 8 Immunologie) sowie im Knochenmark. Von dort können sie bei Bedarf auswandern und ins Blut gelangen, wo sie in der Regel nur eine kurze Verweildauer von wenigen Tagen haben.

6.3.1 Granulozyten

Die größte Gruppe der Leukozyten sind die Granulozyten. Alle Granulozyten besitzen körnchenartige Strukturen (Granula) in ihrem Zytoplasma, denen sie ihren Namen verdanken. Wir unterscheiden nach Färbbarkeit, Struktur und Funktion 3 verschiedene Arten von Granulozyten:

- neutrophile Granulozyten,
- eosinophile Granulozyten,
- basophile Granulozyten.

Neutrophile

Sie machen ca. 55–70% der Leukozyten aus. Die Neutrophilen haben einen Durchmesser von ca. 12 μm. Ihre Granula lassen sich nur schwach anfärben. Es handelt sich bei diesen Granula zur Hauptsache um Lysosomen mit hohem Gehalt an verdauenden Enzymen,

z.B. Hydrolasen und Proteasen, die beide in der Lage sind, Proteine zu spalten. Die neutrophilen Granulozyten zeigen eine ausgesprochen amöbenartige[4] Beweglichkeit, durch die sie ausgezeichnet befähigt sind, die Blutgefäße zu verlassen und in das umgebende Gewebe einzudringen. Diesen Vorgang nennt man Diapedese. Die Neutrophilen sind wichtige Funktionsträger der unspezifischen Abwehr, da sie Fremdmaterial, Gewebetrümmer und Krankheitserreger unschädlich machen (phagozytieren) können (s. Kap. 8).
Nach dem Verlassen des Knochenmarks bleiben die Neutrophilen während ca. 10–12 Stunden im Blut, um dann in das Gewebe auszuwandern. Im Gewebe sind sie in der Regel ca. 1–2 Tage lang lebensfähig. Neutrophile produzieren das Enzym Lysozym, das von ihnen ausgeschüttet wird, um an der Zerstörung von Bakterien mitzuwirken (s. 8.2.2, unspezifische humorale Abwehr).

Eosinophile

Sie machen ca. 2–4% der Leukozyten aus. Die Eosinophilen sind mit 14 μm Durchmes-

---

[4] Amöben: Einzeller, die sich durch Zytoplasmaausläufer fortbewegen.

ser etwas größer als die Neutrophilen, sie enthalten im Zytoplasma relativ große Granula, die sich gut mit sauren Farbstoffen, z.B. Eosin (rot), anfärben lassen. Die Eosinophilen sind ebenfalls amöbenartig beweglich. Sie können Antigen-Antikörper-Komplexe (s. Kap. 8) sowie artfremdes Eiweiß gut phagozytieren und mit eiweißabbauenden (proteolytischen) Enzymen, die in den Granula enthalten sind, verdauen.

Basophile

Sie machen ca. 0,5–1% der Leukozyten aus. Die Basophilen sind die kleinsten Granulozyten, sie besitzen nur einen Durchmesser von ca. 8 µm. Sie enthalten als einzige keine lytischen Enzyme und sind dementsprechend auch nicht an der Phagozytose (Unschädlichmachung von Fremdstoffen) beteiligt. Ihre Granula lassen sich mit basischen Farbstoffen schwarz färben. Sie enthalten Histamin, Heparin und Serotonin. Über die Funktion der Basophilen ist nur wenig bekannt, möglicherweise entsprechen sie den im Gewebe vorhandenen Mastzellen, die u.a. für Symptome der Allergie verantwortlich sind.

6.3.2 Monozyten

Eine weitere im Knochenmark gebildete Zellart sind die Monozyten. Sie sind die größten Blutzellen und haben teilweise einen Durchmesser von 20 µm. Sie machen ca. 4–6% der Leukozyten aus. Ihr Zellkern ist vielfach nierenförmig und liegt meist am Rande der Zellen. Monozyten sind ebenfalls sehr gut amöboid beweglich und phagozytieren sehr große Partikel, z.B. tote Blutzellen. Monozyten halten sich meist nur kurze Zeit (direkt nach ihrer Bildung) im Blutkreislauf auf. Sie wandern in das Gewebe ein, wo sie sich in Makrophagen umwandeln. Monozyten und die aus ihnen hervorgehenden Gewebemakrophagen (Histiozyten, Kupffer-Sternzellen, Alveolarmakrophagen, Peritonealmakrophagen etc.) haben die höchste Phagozyserate.

6.3.3 Lymphozyten

Obwohl die Anzahl der Lymphozyten unter den im Blut zirkulierenden Leukozyten ca.

25–40% ausmacht, ist nur ungefähr 1% der im Körper vorhandenen Lymphozyten in der Blutbahn. Die restlichen 99% befinden sich in den lymphatischen Organen und in den Geweben.

Die Lymphozyten besitzen nur einen sehr schmalen Zytoplasmasaum um den stark anfärbbaren Kern und keine zytoplasmatischen Granula. Sie enthalten zahlreiche Ribosomen. Dies ist ein Zeichen, daß die Zellen zur Proteinsynthese befähigt sind. Sie spielen eine wesentliche Rolle bei der spezifischen Abwehr.

6.4 Thrombozyten

Nicht direkt zu den Leukozyten gerechnet werden andere geformte Blutelemente, deren deutsche Bezeichnung „Blutplättchen" (Thrombozyten) richtiger ist, da es sich bei den Thrombozyten nicht um vollständige Zellen handelt. Es sind lediglich Zellbruchstücke, die von Knochenmarksriesenzellen, den Megakaryozyten, abgegeben werden. Damit besitzen die Thrombozyten keinen Zellkern. Randbereiche der Megakaryozyten, die mit den typischen Granula der Thrombozyten gefüllt sind, werden in großer Zahl abgeschnürt und in die Blutbahn abgegeben. Eine Knochenmarksriesenzelle kann ca. 1000 Blutplättchen bilden. Die Blutplättchen sind flach, unregelmäßig rund und haben einen Durchmesser von ca. 1–4 µm und eine Höhe von ungefähr 0,5–0,75 µm. Sie enthalten neben anderen Inhaltsstoffen z.B. Adenosindiphosphat (ADP) und Serotonin. Sie sind an der Blutgerinnung beteiligt und sind dort ein wichtiger Bestandteil des für die Blutstillung gebildeten weißen Thrombus (s. 6.12.1). In der Plättchenmembran (der äußeren begrenzenden Membran) befindet sich außerdem ein Phospholipidkomplex (Plättchenfaktor III), der ebenfalls für die Blutgerinnung wichtig ist. Thrombozyten werden an verletzten Gefäßwänden aktiviert. Ihre Verweildauer im Blut beträgt ca. 5–9 Tage.

6.5 Stimulierende Faktoren der Blutbildung

Die Bildung der Erythrozyten wird durch innere und äußere Faktoren stimuliert. Die wichtigsten **exogenen** (äußeren) Faktoren sind:

- Eisen,
- Vitamin B_{12} („extrinsic factor"),
- Vitamin B_6,
- Folsäure,
- Kobalt.

Kobalt ist ein Bestandteil des Vitamin B_{12}. Der wichtigste **endogene** (innere) Faktor ist:

- Erythropoietin.

Erythropoietin ist ein Hormon, das in der Niere produziert wird. Die Bildung dieses Hormons wird durch einen relativen Sauerstoffmangel (z.B. bei Aufenthalt in großer Höhe) sowie durch Blutverlust induziert.
Erythrozyten reagieren sehr stark auf Veränderungen des osmotischen Druckes in ihrer Umgebung. Wenn sie in stark hypotone Lösungen (mit geringem osmotischem Druck) eingebracht werden (z.B. destilliertes Wasser, das bekanntlich keine Elektrolyte enthält), dann strömt so lange Wasser in die Erythrozyten, bis sie platzen. Dieser Vorgang wird **Hämolyse** genannt.
Infusionslösungen sollten deshalb immer mit dem Blut isoton sein (d.h. den gleichen osmotischen Druck besitzen; Beispiel: physiologische Kochsalzlösung, 0,9% NaCl). Hämolyse kann aber auch durch andere Faktoren hervorgerufen werden, z.B. Schlangengifte und Bakterientoxine.

6.6 Blutsenkungsgeschwindigkeit (BSG)

In einer Blutprobe, die durch Zusatz von Natriumzitrat ungerinnbar gemacht worden ist, sinken die Blutzellen aufgrund ihrer größeren Dichte zu Boden. Die Dichte der Blutzellen beträgt 1,1 g/ml, die Dichte von Blutplasma 1,03 g/ml. Dadurch trennen sich geformte von ungeformten Blutbestandteilen. Dies verläuft ähnlich wie bei der Hämatokritbestim-

Tabelle 6.1. Normwerte der Blutsenkungsgeschwindigkeit (BSG) beim Mann und bei der Frau

BSG-Werte	Frau	Mann
Nach:		
1 Stunde	−8 mm	−5 mm
2 Stunden	−20 mm	−15 mm

mung. Bei der Bestimmung der BSG wird jedoch nicht Zentrifugalkraft, sondern lediglich die Erdanziehungskraft genutzt.
Zur Bestimmung der BSG wird das mit Natriumzitrat versetzte Blut in 200 mm lange Spezialpipetten gebracht. An diesen senkrecht aufgestellten Pipetten wird die BSG (in mm) nach einer bzw. 2 Stunden abgelesen. Die Normwerte sind in Tabelle 6.1 angegeben.
Eine Erhöhung der Normwerte ist als Zeichen einer krankhaften Veränderung zu werten. Die Schwere der Krankheit ist allerdings nicht immer mit dem Ausmaß einer BSG-Erhöhung zu korrelieren. Außerdem führt nicht jede Krankheit zu einer Erhöhung der Normwerte.
Der diagnostische Wert der BSG besteht darin, daß sie als unspezifischer Krankheitssuchtest und als Test für den Verlauf von Krankheitsprozessen eingesetzt werden kann.
Ursache für eine BSG-Erhöhung ist eine reversible Zusammenballung von mehreren Erythrozyten zu Agglomeraten durch Agglomerine. **Agglomerine** sind verschiedene Proteine. Dies können physiologischerweise vorhandene, unter pathologischen Bedingungen vermehrt auftretende Proteine sein. Es können aber auch rein pathologische Proteine sein, die beim Gesunden nicht vorkommen.

6.7 Mittleres korpuskuläres Hämoglobin (MCH)

Zur Beurteilung der Bluteigenschaften wird auch der Hämoglobingehalt (Hb) der einzelnen Erythrozyten herangezogen. Dabei wird die Einheit Pikogramm (pg) verwendet. 1 pg $= 10^{-12}$ g, d.h. 1 g enthält 10^{12} pg.
- hypochrom: Hb < 28 pg,
- normal: Hb $= 28$–32 pg,
- hyperchrom: Hb > 32 pg.

6.8 Blutgruppen

Erythrozyten weisen an ihrer Oberfläche eine Vielzahl spezieller Moleküle auf, die einen stark antigenen Charakter besitzen. Gegen diese Antigene können selbstverständlich auch Antikörper gebildet werden. Dabei besteht, wie bei anderen Körperzellen auch, eine Immuntoleranz gegen eigene Erythrozytenantigene. Mit spezifischen Untersuchungsmethoden können mehr als 30 verschiedene Blutgruppensysteme bestimmt werden, von denen v.a. das AB0 (A-B-Null)- und das Rhesussystem eine besondere klinische Bedeutung haben.

6.8.1 Das AB0-System

Die spezifischen antigenen Determinanten (s. Kap. 8) der Erythrozytenmembranen des AB0-Systems werden durch Glykosphingolipide gebildet, die man als **Agglutinogene** bezeichnet. Der molekulare Aufbau dieser Agglutinogene ist genetisch festgelegt, d.h. er wird vererbt.

Je nach Blutgruppe können die Erythrozytenmembranen eine von 4 Eigenschaften aufweisen bzw. verschiedene Agglutinogene besitzen. Diese Agglutinogene bezeichnet man als **A** und **B**, **AB** und **0** (Null). Die gegen diese Agglutinogene gebildeten Antikörper werden Agglutinine genannt. Die Glykosphingolipide mit der Eigenschaft 0 haben jedoch so schwachen antigenen Charakter, daß gegen sie praktisch keine Antikörper bzw. Agglutinine gebildet werden.

Die Agglutinine gehören zur Gruppe der Immunglobuline M (IgM). Sie entstehen in der Regel einige Monate nach der Geburt und werden durch Kontakt mit nichtpathogenen Keimen, mit gleichen Glykosphingolipiden wie auf den Erythrozyten, induziert. Diese Bakterien kommen physiologischerweise im Darm vor. Das Blut enthält dann nur solche Agglutinine, die nicht gegen die eigenen Erythrozytenantigene gerichtet sind (Abb. 6.5).

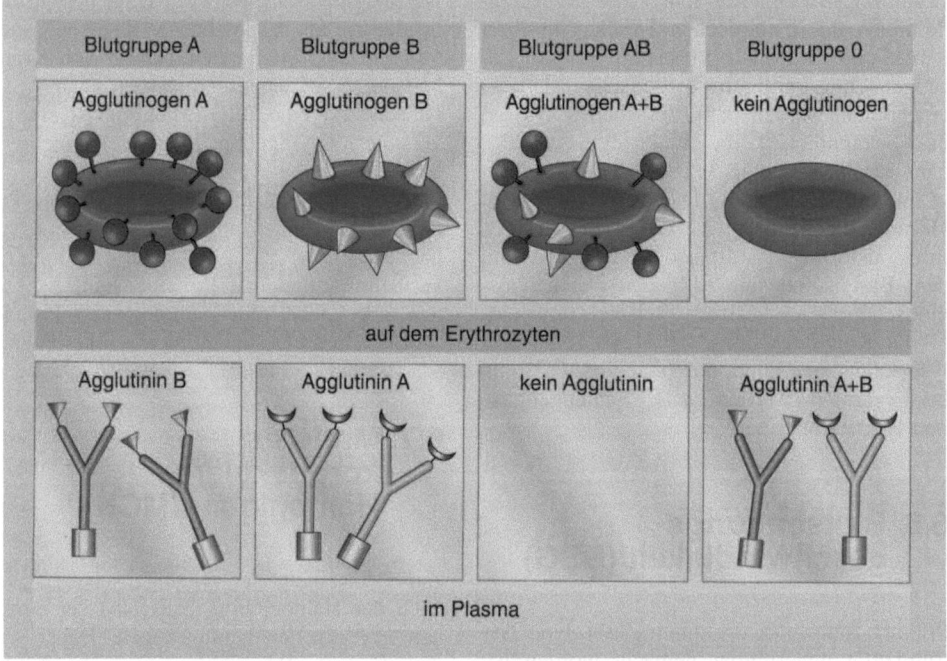

Abb. 6.5. Schematische Darstellung von Erythrozyten der 4 Blutgruppen. Auf den Erythrozyten der Blutgruppen A, B und AB befinden sich Agglutinogene (antigenartige Moleküle), die Blutgruppe 0 hingegen besitzt keine derartigen Agglutinogene. Im Blutplasma der entsprechenden Blutgruppe befinden sich gegen fremde Blutgruppen gerichtete Agglutinine (Antikörper). Die Ausnahme bildet hier die Blutgruppe AB, da hier nur gegen die Blutgruppe 0 gerichtete Antikörper gebildet werden können, diese jedoch keine Agglutinine besitzt. Die Antikörper sind jeweils direkt unterhalb der entsprechenden Blutgruppe dargestellt

Agglutinogene: Moleküle mit Antigencharakter auf der Erythrozytenmembran.
Agglutinine: gegen Erythrozytenantigene gerichtete Antikörper, die auch als Antiagglutinogene bezeichnet werden können.

Im Blut eines Menschen der Blutgruppe A befindet sich Agglutinin (Anti-B) gegen die Blutgruppensubstanz B; im Blut eines Menschen der Blutgruppe B befindet sich Agglutinin (Anti-A) gegen die Blutgruppensubstanz der Blutgruppe A etc. (Tabelle 6.2).
Werden Erythrozyten einer bestimmten Blutgruppe mit Blut zusammengebracht, das Agglutinine (Antikörper) gegen diese enthält, so

Tabelle 6.2. Erythrozytenantigene und dagegen gerichtete Antikörper

Agglutinogen (Antigen auf Erythrozyt)	Agglutinin (Antikörper im Blut)
0	Anti-A, Anti-B
A	Anti-B
B	Anti-A
AB	keine

kommt es zur **Agglutination** (Abb. 6.6); d.h., die Erythrozyten werden zusammengeballt und hämolysieren anschließend (lösen sich auf). Bei der Transfusion gruppenungleichen Blutes kann es daher zu schweren Transfusionszwischenfällen kommen (Transfusionsschock und sogar Tod), besonders

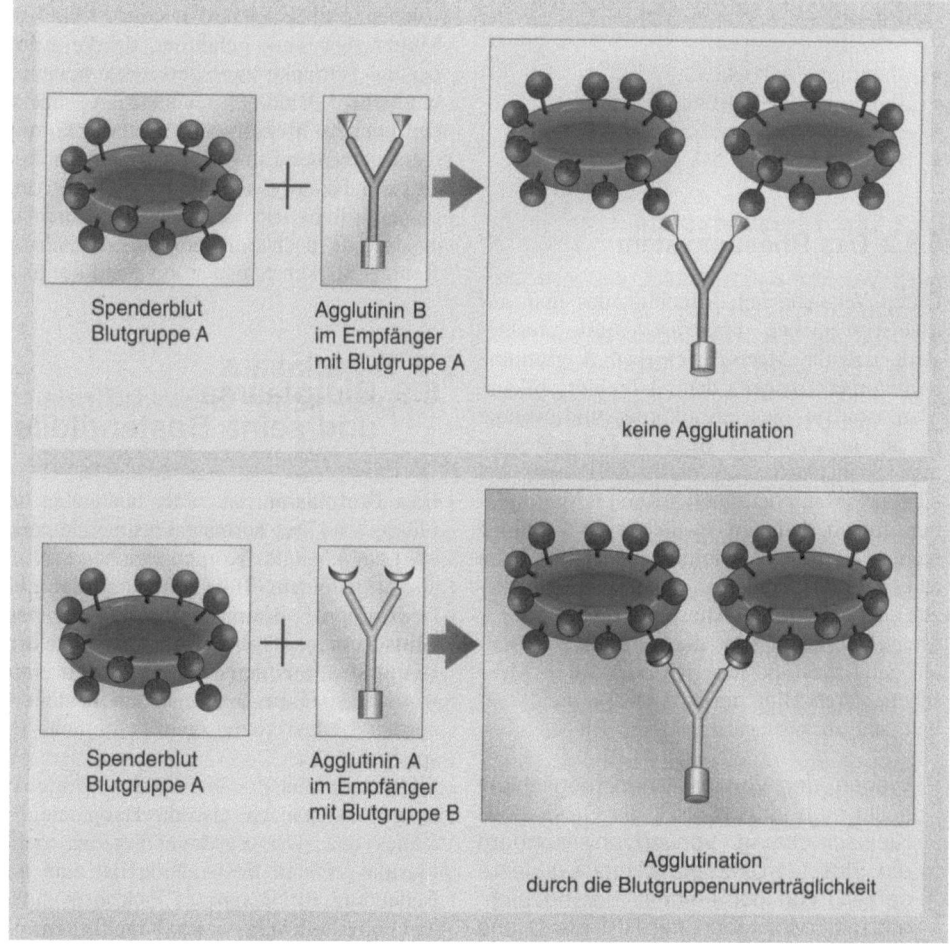

Spenderblut
Blutgruppe A

Agglutinin B im Empfänger mit Blutgruppe A

keine Agglutination

Spenderblut
Blutgruppe A

Agglutinin A im Empfänger mit Blutgruppe B

Agglutination durch die Blutgruppenunverträglichkeit

Abb. 6.6. Darstellung der Blutgruppenverträglichkeit im *oberen Teil* der Abbildung und der Blutgruppenunverträglichkeit im *unteren Teil* der Abbildung. Bei Unverträglichkeit kommt es durch Bindung der Agglutinogene mit den Agglutininen zu einer Agglutination

dann, wenn der Empfänger Antikörper (Agglutinine) gegen das Spenderblut aufweist. Diese Reaktion nennt man **Majorreaktion**. Eine **Minorreaktion** tritt dagegen auf, wenn das Spenderblut Antikörper gegen die Empfängererythrozyten besitzt.

Wenn man die Minorreaktion außer acht läßt, so kann man die Blutgruppe 0 als Universalspender und die Blutgruppe AB als Universalempfänger bezeichnen. Wegen der Minorreaktion wird allerdings – wenn möglich – immer gruppengleiches Blut transfundiert. Nur in äußersten Notfällen wird auf Blut ausgewichen, das Agglutinine (Antikörper) gegen das Empfängerblut enthält.

Die Häufigkeit der einzelnen Blutgruppen sieht in verschiedenen Kontinenten sehr unterschiedlich aus. Für Europa gelten folgende Zahlen:

- Blutgruppe A: 43%,
- Blutgruppe 0:   40%,
- Blutgruppe B: 12%,
- Blutgruppe AB: 5%.

6.8.2 Das Rhesussystem

Durch Versuche mit Affenblut, das man auf Meerschweinchen übertrug, wurde festgestellt, daß die Meerschweinchen Agglutinine (Antikörper) gegen das Affenblut bilden. Man isolierte diese Antikörper und wandte sie auf menschliches Blut an. Dabei konnte man beobachten, daß diese Antikörper bei 85% der Menschen auch zu einer Agglutination führen, bei den restlichen 15% jedoch nicht. Da diese Agglutinogene zuerst beim Rhesus-Affen entdeckt worden waren, bezeichnet man sie als **Rhesusfaktor**.

Menschen, deren Blut diese Faktoren enthalten, sind rhesuspositiv (Rh oder Rh^+). Menschen, deren Blut diese Faktoren nicht enthält, sind rhesusnegativ (rh oder Rh^-).

Wegen der Verwechslungsmöglichkeit sollte man jedoch nicht die Groß- bzw. Kleinschreibung verwenden, sondern ein Plus (+) bzw. ein Minus (–) dazusetzen. Von der Genetik her bezeichnet man Menschen mit Rh^+ als D und Menschen mit Rh^- als d.

Im Unterschied zu den Agglutininen gegen AB0-Agglutinogene werden die Agglutinine gegen Rhesusfaktoren nicht durch Kontakt mit Keimen oder Nahrungsbestandteilen in den ersten Lebensmonaten induziert, sondern sie entstehen erst nach einem vorausgegangenen Kontakt mit rhesuspositivem Blut.

Rhesuspositive Individuen bilden selbstverständlich keine Antirhesusagglutinine aus. Die Antikörperbildung tritt also nur bei rhesusnegativen Individuen auf. Eine erste Bluttransfusion von Rh^+-Blut auf ein Rh^--Individuum kann deshalb ohne Zwischenfälle verlaufen. Vorsicht ist trotzdem geboten, da entsprechende Antikörper nicht erst nach massivem Kontakt, wie bei einer Bluttransfusion, gebildet werden. Es reichen vielfach schon kleinste Mengen, wie sie bei einem Geburtsvorgang von einem Rh^+-Kind auf die Rh^--Mutter übertragen werden können. In einem solchen Fall ist jedes weitere Kind dieser Mutter sehr stark gefährdet, da die Antikörper die Schranke zwischen mütterlichem und kindlichem Blut (Plazentabarriere) überwinden können. Im Körper des Kindes kommt es dann unter der Einwirkung dieser Antikörper zu einer Hämolyse, die einen starken Anstieg des Bilirubins nach sich zieht. Dadurch kann es dann je nach Schweregrad zu mehr oder weniger starken Schäden am Kind kommen.

6.9 Blutplasma und seine Bestandteile

Das **Blutplasma** ist eine blaßgelbe, klare Flüssigkeit. Das normale Plasmavolumen beträgt ca. 4,5% des Körpergewichts, d.h. mehr als 3 l bei einem 70 kg schweren Menschen.

Dem Begriff Blutplasma steht der Begriff **Blutserum** gegenüber. Darunter versteht man Blutplasma, aus dem das Fibrinogen entfernt worden ist. **Fibrinogen** ist ein Protein, das bei der Blutgerinnung eine wesentliche Rolle spielt (s. 6.9.2).

Plasma ist eine 7- bis 9%ige wäßrige Lösung. Wasser macht also die Hauptmenge des Blutes aus. Die Zusammensetzung der im Plasma gelösten Bestandteile hat eine große Bedeutung für Diagnose, Prognose und Behandlungskontrolle vieler Krankheiten. Deshalb ist es wichtig, sowohl die qualitative wie auch die quantitative Zusammensetzung des Plasmas unter normalen, d.h. nichtpathologischen Bedingungen zu kennen.

6.9.1 Plasmaproteine

Den Hauptanteil der gelösten Stoffe im Blut machen die Plasmaproteine (Eiweiße im Blutplasma) aus. Der Gesamtproteingehalt des Plasmas beträgt 6–8 g/100 ml.

Die Plasmaproteine sind ein komplexes Gemisch aus vorwiegend zusammengesetzten Proteinen (Glykoproteine, Lipoproteine). Ihre Zahl wird auf über 100 geschätzt. Es sind immer noch nicht alle Plasmaproteine in ihrer Zahl und Funktion bekannt.

Die Funktionen der Plasmaproteine sind vielfältig; sie dienen als:

- Proteinreserve für die Ernährung des Körpers,
- Trägerproteine für den Substanztransport,
- Puffer für den pH-Wert des Blutes,
- Träger des onkotischen Druckes,
- Gerinnungsproteine für die Blutgerinnung,
- Antikörper für die Immunfunktionen.

Einige dieser Funktionen werden weiter unten näher beschrieben.

Um die Plasmaproteine qualitativ und quantitativ zu untersuchen, müssen sie isoliert, d.h. voneinander getrennt werden. Eine einfache Methode der Trennung ist die Trägerelektrophorese.

6.9.2 Elektrophorese

Proteine sind unterschiedlich groß und besitzen unterschiedliche elektrische Ladungen. Aufgrund dieser beiden Tatsachen können sie voneinander getrennt werden. Die Trennung geschieht folgendermaßen:

Plasma (in der Klinik meist Serum) wird auf eine z.B. mit Gel überzogene Trägerplatte gebracht. An diese Platte wird an einem Ende eine positiv geladene Elektrode (Anode) und am anderen Ende eine negativ geladene Elektrode (Kathode) befestigt. Im Bereich der Kathode wird das Plasma aufgetragen. Es wandert nun, durch die elektrischen Ladungen getrieben, in Richtung auf die Anode. Je nach Ladung und Größe wandern die einzelnen Proteine unterschiedlich schnell (Abb. 6.7).

Auf diese Art können 5 verschiedene Gruppen von Plasmaproteinen voneinander getrennt werden.

Tabelle 6.3. Menge und Funktion verschiedener Plasmaproteine

Protein	Menge im Blutplasma [g/l]	Funktion
Albumin	45	Osmoregulation, Transport
α_1-Globuline	5	z.B. Lipidtransport (durch das α_1-Lipoprotein)
α_2-Globuline	4	z.B. Kupfertransport (durch das Zäruloplasmin)
β-Globuline	4,5	z.B. Eisentransport (durch das Transferrin)
Fibrinogen	3	Blutgerinnung
γ-Globulin (IgA, IgE etc.)	7	Abwehrfunktion (Antikörper)

In Tabelle 6.3 sind die 5 Proteingruppen sowie das Fibrinogen, das häufig mit den Gammaglobulinen (γ-Globulinen) wandert, aufgeführt.

Mit der **Immunelektrophorese** werden die Trägerelektrophorese und die Möglichkeit der Bildung von Antigen-Antikörper-Komplexen miteinander kombiniert. Elektrophoretisch getrennte Proteine werden mit Antikörpern in Kontakt gebracht. Dadurch wird eine **Ausfällung** (Präzipitation) bewirkt, die zu einer mondsichelartigen Ansammlung von Immunkomplexen am Fällungsort führt. Auf diese Art ist es möglich, bis zu 40 verschiedene Proteine zu identifizieren.

6.9.3 Bindungsfähigkeit des Albumins

Albumin besitzt eine ausgesprochene Fähigkeit zur **Wasserbindung**. Deshalb ist es auch an der Regulation des kolloidosmotischen Druckes und des Wassergehaltes des Blutes entscheidend beteiligt. Es fungiert auch als Transportmolekül für niedermolekulare, wasserunlösliche Substanzen. Ein einziges Albuminmolekül kann 20–25 Bilirubinmoleküle, 9 Stearinsäuremoleküle oder 5 Salizylsäuremoleküle reversibel binden. Aber auch verschiedene andere Substanzen, z.B. Penizillin, werden an Albumin gebunden transportiert.

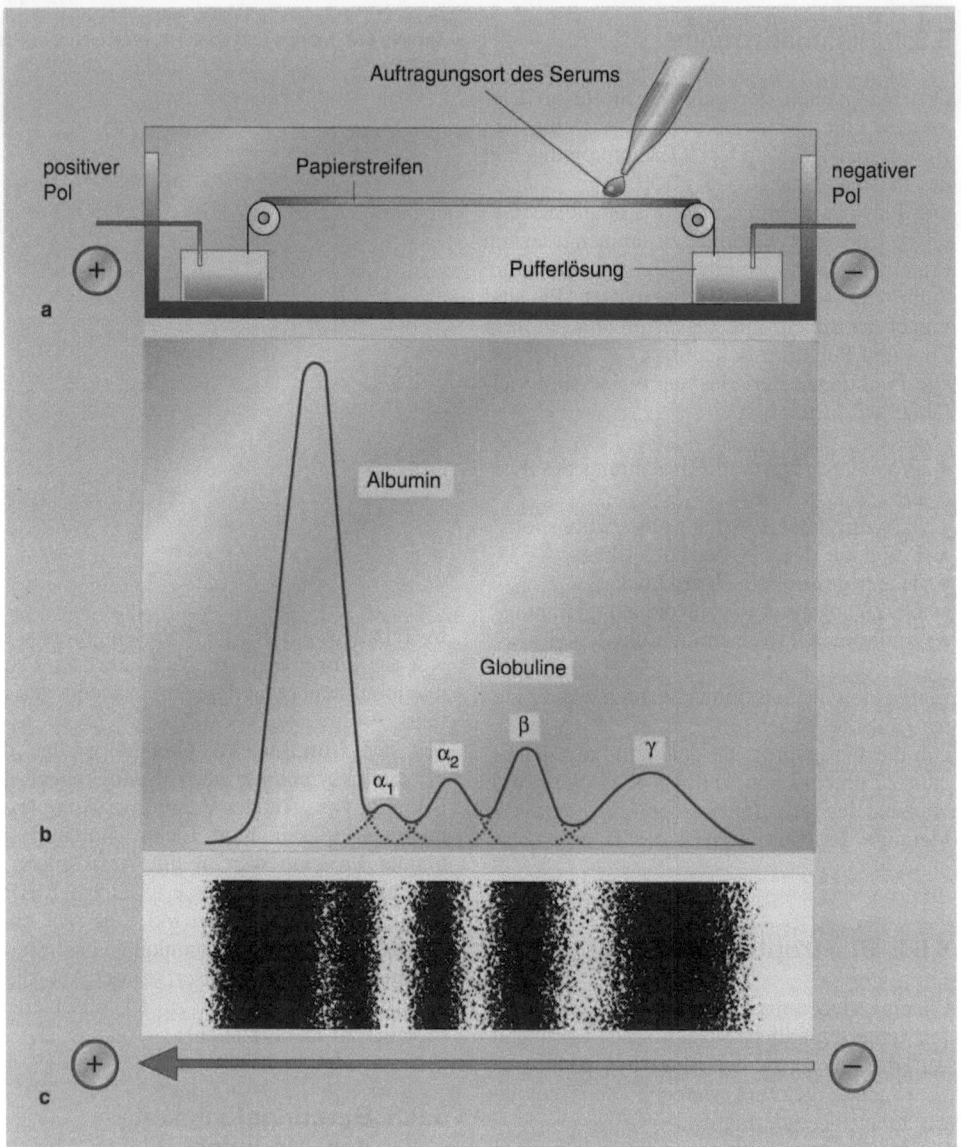

Abb. 6.7a–c. Elektrophoretische Trennung der verschiedenen Plasmaproteine. **a** Auftragen des Blutplasmas auf einen Papierträger, der mit einem negativen und einem positiven elektrischen Pol verbunden ist. Die Proteine sind negativ geladen und wandern deshalb vom negativen Pol, entsprechend ihrer Ladung und Größe, zum positiven Pol; **b** zeigt das Verteilungsmuster, das mit einem Dichtemeßgerät (Densitometer) aufgrund der Verteilung auf dem Papierstreifen (**c**) gemessen wurde

6.9.4 Pathoproteinämien

Bei der Untersuchung der Plasmaproteinzusammensetzung können im Krankheitsfall mehr oder minder starke Abweichungen von der „normalen" Proteinzusammensetzung gefunden werden. Dies wird als Pathoproteinämie bezeichnet. Man unterscheidet Dys-, Defekt- und Paraproteinämie.

- **Dysproteinämie:** Wenn die in Tabelle 6.3 angegebenen Verhältniszahlen für die einzelnen Proteine und Proteinfraktionen verschoben sind, wenn also mehr oder weniger als normal von einem Protein vorhanden ist, dann spricht man von einer **Dysproteinämie**. So sind z.B. bei akuten Entzündungen die α_1-Globuline erhöht, bei chronischen Entzündungen hingegen die γ-Globuline.

Unterernährung, Nierenerkrankungen und Resorptionsstörungen im Darm können zu einer Erniedrigung der Gesamtproteinmenge im Blut führen. Dies wird als **Hypoproteinämie** bezeichnet. Da die meisten Plasmaproteine in der Leber synthetisiert werden, können auch Leberfunktionsstörungen zu einer Veränderung der Proteinzusammensetzung (z.B. Hypoproteinämie) führen.

- **Defektproteinämie:** Als Defektproteinämie wird der Mangel oder das Fehlen eines oder mehrerer Plasmaproteine bezeichnet. Es handelt sich dabei hauptsächlich um genetisch bedingte Defekte, bei denen ein oder mehrere Proteine nicht gebildet werden können. Eine typische Defektproteinämie ist das Fehlen des kupfertransportierenden Zäruloplasmins, das zum Morbus Wilson führt.
- **Paraproteinämien:** Bei einigen Erkrankungen kommt es zur Bildung von Proteinen, die normalerweise im Blut gar nicht oder nur unterhalb der Nachweisgrenze vorkommen. In einem solchen Fall redet man von einer Paraproteinämie. Ein bekanntes Protein dieser Art ist das Bence-Jones-Protein, das beim multiplen Myelom (Plasmozytom) auftritt und mit dem Urin ausgeschieden wird. Beim Plasmozytom handelt es sich um ein bösartiges Wuchern von Plasmazellen.

6.9.5 Zelluläre Proteine im Blut

Unter normalen physiologischen Bedingungen sterben im menschlichen Körper fortlaufend Zellen der verschiedensten Organe. Diese werden zum Teil wieder ersetzt. Durch den Zelluntergang gelangen Proteine ins Blut, bei denen es sich meist um Enzyme handelt. Von besonderer Bedeutung sind die Enzyme aus der Gruppe der Dehydrogenasen und der Gruppe der Transaminasen. Dies sind z.B.:

- LDH: Laktatdehydrogenase,
- GLDH: Glutamatdehydrogenase,
- HBDH: Hydroxybutyratdehydrogenase,
- GOT: Glutamat-Oxalazet-Transaminase,
- GPT: Glutamat-Pyruvat-Transaminase.

Ein weiteres wichtiges zelluläres Protein im Blut ist die:

- CPK: Kreatinkinase.

Mit der Bestimmung der zellulären Proteine im Blut kann auch eine Organschädigung diagnostiziert werden. In einem derartigen Fall kommt es zu einer Veränderung des typischen Enzymmusters. Aus dieser Veränderung kann man Rückschlüsse ziehen auf die Art der Schädigung. So führen z.B. Schäden an der quergestreiften Muskulatur (z.B. Herzinfarkt) zur vermehrten Freisetzung von CPK und HBDH. Bei Schädigung der Leber (z.B. Zirrhose) wird v.a. GPT und GLDH vermehrt freigesetzt.

6.9.6 Lipide im Blut

Im Plasma erscheinen nach der Nahrungsaufnahme Lipide in Form von kleinen Fetttropfen, dies sind die **Chylomikronen**. Sie werden aus dem Darm in das Lymphgefäßsystem aufgenommen und über den Venenwinkel (Ductus thoracicus) ins Blut transportiert. Sie sind für eine Trübung des Blutes (postalimentäre Lipämie) verantwortlich.

Die Chylomikronen werden unter der Wirkung der Lipoproteinlipase abgebaut. Da sich das Plasma bei diesem Vorgang klärt, wird das Enzym auch als Klärfaktor bezeichnet. Die Chylomikronen sind Zusammenlagerungen von verschiedenen Lipiden (u.a. Lipoproteine, Phospholipide etc.); sie enthalten relativ viele Triglyzeride.

Neben den zusammengesetzten Chylomikronen kommen im Blut noch andere Lipide vor:

- Triglyzeride,
- Cholesterin,
- freie Fettsäuren,
- HDL („high density lipoprotein"),
- VLDL („very low density lipoprotein"),
- LDL („low density lipoprotein"),
- Phospholipide.

Die freien Fettsäuren werden meist an Albumin gebunden transportiert.

VLDL ist ein Lipoprotein mit sehr geringer Dichte, es besteht zu mehr als 50% aus Triglyzeriden sowie aus gleichen Anteilen Cholesterin und Phospholipiden, es ist das Transportvehikel für endogene Glyzeride.

LDL entsteht aus VLDL durch Abspaltung von Triglyzeriden; praktisch die Hälfte dieses Moleküls besteht aus Cholesterin.

HDL enthält nur wenig Lipid und besteht fast zur Hälfte aus Protein. Aufgrund seines niedrigen Cholesteringehaltes ist es ebenfalls in der Lage, freies (schädliches) Cholesterin aus dem Blut aufzunehmen und in die Leber zu transportieren, wo der eigentliche Stoffwechsel des Cholesterins stattfindet. Somit ist HDL in besonderem Maß an der Regulation der zellulären Cholesterinbilanz beteiligt. Es wird vielfach als „gutes" Fett bezeichnet und damit dem „schlechten" LDL gegenübergestellt.

Die Angaben für Normwerte der einzelnen Lipoproteine schwanken, und besonders die Bedeutung der Werte wird nicht einheitlich beurteilt. Es scheint sich aber in der letzten Zeit die Auffassung durchzusetzen, daß der Wert für Gesamtcholesterin unterhalb von 5,2 mmol/l liegen sollte. Außerdem ist der Quotient von Cholesterin zu HDL von großer Bedeutung; er sollte kleiner als 5 sein.

Wenn der Cholesteringehalt des Serums über 5,2 mmol/l (200 mg/100 ml) und der Cholesterin-HDL-Quotient über 5 liegt, wird das als Risikofaktor für die Entwicklung einer koronaren Herzkrankheit (KHK) angesehen.

Gelegentlich findet man immer noch Angaben über die Menge der Gesamtlipide, die im Normbereich ca. 570 mg/100 ml betragen.

Die Zusammensetzung der Lipide im Serum ist sehr stark abhängig von genetischen (vererbten) Faktoren sowie vom Alter, von der Rasse, den Eßgewohnheiten und dem Geschlecht.

6.9.7 Glukose im Blut

Glukose ist einer der wichtigsten Nährstoffe im Blut. Das Gehirn ist fast ausschließlich auf die Verbrennung von Glukose für die Energiegewinnung angewiesen (s. Kap. 9 Atmungsapparat). Die Glukosekonzentration im Blut ist während des ganzen Lebens relativ konstant und unabhängig von Alter und Geschlecht. Nach 12 Stunden Fasten beträgt der Blutzuckerwert ca. 3,33–5,55 mmol/l (60–100 mg/100 ml). Nach einer kohlenhydratreichen Mahlzeit steigt der Blutzuckerwert auf 6,66–7,15 mmol/l an (120–130 mg/100 ml), um dann nach ca. 2 Stunden wieder auf den Normalwert abzusinken.

Durch Bilanzversuche konnte festgestellt werden, daß der Mensch ca. 300 mg Glukose pro Kilogramm Körpergewicht pro Stunde

(300 mg Glukose/kg KG/h) braucht. Die nötige Glukose wird in der Regel von der Leber bereitgestellt und stammt aus 3 verschiedenen Quellen:

- Verdauung (Nahrungsglukose),
- Leberglykogen (Abbau der Reserven),
- Glukoneogenese (vom Körper neu aufgebaute Glukose).

Da die obengenannten Blutzuckerwerte unter allen Umständen eingehalten werden müssen (Hypoglykämie kann zu zentralnervösen Ausfallerscheinungen, hypoglykämischem Schock und Koma mit Todesfolge führen), baut der Körper nötigenfalls andere Kohlenhydrate in Glukose um. Bei Bedarf baut der Körper sogar Proteine ab, um aus den damit freiwerdenden glukoplastischen Aminosäuren neue Glukose aufzubauen. Diese beiden Prozesse werden als **Glukoneogenese** bezeichnet. Wenn der venöse Blutzuckerwert über 8,88 mmol/l (160 mg/100 ml) ansteigt, wird mit dem Harn Glukose ausgeschieden, da die Nierenschwelle erreicht ist. Das bedeutet, daß die Niere nicht mehr die gesamte Glukose aus dem Primärharn (s. Kap. 11 Harnapparat) rückresorbieren kann. Dies ist beim Diabetiker der Fall, bei dem aufgrund einer Erkrankung der Bauchspeicheldrüse (Pankreas) Insulinmangel besteht. Dadurch kann die vorhandene Glukose nicht mehr in die Zellen aufgenommen werden; d.h. die Glukose bleibt zum größten Teil im Blut, was zum Überschreiten der Nierenschwelle führt.

Demgegenüber wird ein Versagen des Transportmechanismus in der Niere als renaler Diabetes bezeichnet. In diesem Fall ist das Pankreas nicht gestört und genügend Insulin im Blut vorhanden.

6.9.8 Reststickstoff im Blut

Die Aminosäuren (Baueinheiten der Proteine) sind die wichtigsten Stickstoffträger im Körper. Wenn sie mit verschiedenen Methoden, z.B. durch Ausfällung, aus dem Serum entfernt werden, bleiben in dem resultierenden eiweißfreien Filtrat stickstoffhaltige, wasserlösliche Verbindungen zurück, die in ihrer Gesamtheit als Reststickstoff (Rest-N; Stickstoff = Nitrogenium = N) bezeichnet werden. Es handelt sich beim Rest-N vorwiegend um Endprodukte des Intermediärstoffwechsels.

Tabelle 6.4. Reststickstoff im Blut

Substanz	Konzentration
Harnstoff	4 mmol/l
Kreatinin	100 µmol/l
Harnsäure	300 µmol/l

Tabelle 6.5. Wasserverteilung im Körper

Kompartiment	Wasseranteil	
	[l]	[%]
Blut	3–4	4–5
Interstitium	10–15	15–20
Intrazellularraum	28–35	40–50

Sie werden als harnpflichtige Substanzen ausgeschieden. Für die klinische Diagnostik sind v.a. 3 stickstoffhaltige Stoffwechselendprodukte von Bedeutung (Tabelle 6.4).

● Harnstoff ist Endprodukt des Aminosäure- und Proteinstoffwechsels.
● Kreatinin ist ein Endprodukt des Stoffwechsels in der Muskulatur.
● Harnsäure ist Endprodukt des Nukleinsäurestoffwechsels.

Wenn im Körper zuviel Harnsäure zurückbehalten wird, kann es zur Gicht kommen. Dabei wird Harnsäure in Gelenken, der Niere etc. eingelagert.

6.9.9 Andere Plasmabestandteile

Das Blut ist Verteilersystem für alle Substanzen, die der Körper benötigt. Deshalb sind im Blut noch weitere Substanzen vorhanden, z.B. Vitamine, Hormone, Spurenelemente und Elektrolyte. Von diesen Stoffen werden die Hormone gesondert in Kap. 12 (Endokrinologie) dargestellt.
Die Elektrolyte bilden zusammen mit dem Wasser eine funktionelle Einheit, deshalb sollen sie im folgenden genauer besprochen werden:

6.10 Wasser- und Elektrolythaushalt

Wasser ist ein absolut lebensnotwendiger Faktor. Es gibt Lebewesen, die ohne Licht und ohne Sauerstoff existieren können, es gibt jedoch kein Lebewesen, das sich ohne Wasser über längere Zeit am Leben zu erhalten vermag.
Der Mensch ist bei einem Wasserverlust von 11% nicht mehr lebensfähig. Dieser Wasserverlust entspricht ca. einer Durstperiode von 6–7 Tagen unter normalen Klimabedingun-

gen. Unter Wüstenbedingungen ist dieser Verlust schon nach ca. 3 Tagen erreicht.
Der Hauptbestandteil des Blutes ist Wasser. Dieses Wasser steht in konstantem Austausch mit dem Wasser der anderen Flüssigkeitsräume. Ein großer Teil des menschlichen Körpers besteht aus Wasser. Wasser macht ca. 75% des Körpergewichtes aus (Tabelle 6.5).
Die Flüssigkeitsräume des Menschen sind nicht unabhängig, sondern sie sind über die Mechanismen der Wasseraufnahme und -abgabe mit der Außenwelt verbunden.
Die treibenden Kräfte für den Austausch (Drucksysteme) zwischen den 3 großen Kompartimenten des Körpers sind:

● der osmotische Druck,
● der kolloidosmotische Druck,
● der hydrostatische Druck.

6.10.1 Osmotischer Druck

Unter **Osmose** versteht man die Bewegung von Lösungsmittelmolekülen (z.B. Wasser) durch eine semipermeable (halbdurchlässige) Membran hindurch. Semipermeable Membranen sind durchlässig für das Lösungsmittel, nicht aber für die gelöste Substanz.

In der Regel besteht die Tendenz, daß das Lösungsmittel auf die Seite der Membran diffundiert (eindringt), auf der die höhere Konzentration eines gelösten Stoffes besteht, um so quasi die Druckunterschiede auszugleichen (Abb. 6.8).
Osmotischer Druck in einer Lösung entsteht durch das Aufeinanderprallen der gelösten Moleküle. Je höher die Konzentration an gelösten Substanzbestandteilen ist, desto öfter prallen die Moleküle aufeinander und desto höher ist der osmotische Druck.
Bei den **Elektrolyten**, die in Lösung Elektronen aufnehmen oder abgeben und damit ne-

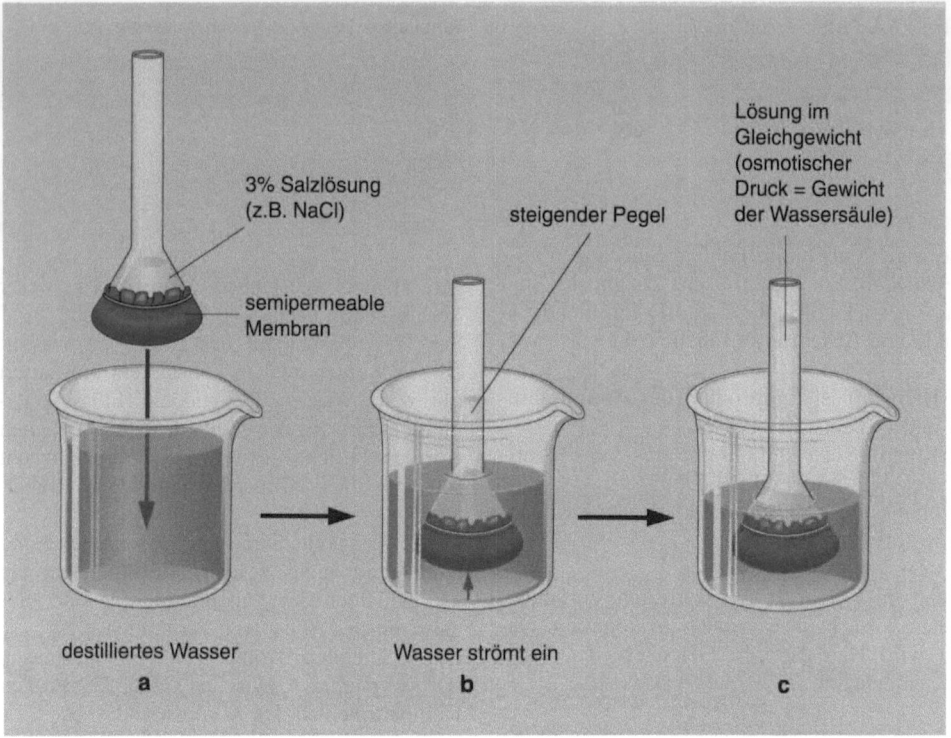

3% Salzlösung
(z.B. NaCl)

semipermeable
Membran

steigender Pegel

Lösung im
Gleichgewicht
(osmotischer
Druck = Gewicht
der Wassersäule)

destilliertes Wasser

Wasser strömt ein

a

b

c

Abb. 6.8a–c. Demonstration des osmotischen Drucks an einer halbdurchlässigen (semipermeablen) Membran. **a** Die Salzlösung wird, nur durch eine halbdurchlässige Membran getrennt, in destilliertes Wasser gegeben. **b** Hier kommt es durch den Druck der gelösten Salzionen zum Eindringen von Wasser in die Salzlösung. Wenn das Gleichgewicht erreicht ist (**c**), dann entspricht die Höhe der Wassersäule dem osmotischen Druck der Salzlösung

gativ oder positiv geladen sind, handelt es sich nicht um Moleküle, die gelöst sind, sondern um negativ oder positiv geladene **Ionen**. In einem Röhrensystem, in dem sich eine semipermeable Membran zwischen 2 Kompartimenten mit unterschiedlicher Konzentration an gelöster Substanz befindet, kommt es automatisch zu einem Flüssigkeitsübertritt von der Seite mit der niedrigeren Konzentration auf die Seite mit der höheren Konzentration. Wenn man auf die Seite der höheren Konzentration einen Druck ausübt, kann man die Flüssigkeitsbewegung zum Stehen bringen. Der Druck, der die Flüssigkeitsbewegung gerade zum Stehen bringt, wird als **effektiver osmotischer Druck** der Lösung bezeichnet. Ebenso wie andere Erscheinungen (Dampfdruckerniedrigung, Gefrierpunkterniedrigung, Siedepunkterhöhung) hängt auch der osmotische Druck vorwiegend von der Zahl der Teilchen in einer Lösung und nicht von der Art (z.B. Ionen oder Moleküle) der Teilchen ab.

Die **Abhängigkeit des osmotischen Druckes von der Anzahl der gelösten Teilchen** ist eine Eigenschaft, die alle Lösungen aufweisen.

Der osmotische Druck hat sowohl im Bereich Zelle-Interstitium wie auch in den intrazellulären Kompartimenten (Golgi-Apparat, Mitochondrien, RER etc.) seine Bedeutung.

6.10.2 Kolloidosmotischer Druck

Der kolloidosmotische oder onkotische Druck entsteht nach den gleichen Prinzipien wie der osmotische Druck. Es ist der Druck, der im Blutgefäßsystem unter der Wirkung von Proteinen auftritt. Die Wand der Blutgefäße, v.a. der Kapillaren, ist an den meisten Orten undurchlässig für die in kolloidaler Form (d.h. in feinster Verteilung) vorliegenden Plasmaproteine, so daß diese einen Druck von ca. 25 mmHg auf die Kapillarwand ausüben. Durch diesen Druck entsteht eine Sogwirkung auf die außerhalb der Gefäße vorhandene Flüssigkeit. Dies ist die Grundlage für den Rücktransport von Flüssigkeit in das Blutgefäßsystem.

6.10.3 Hydrostatischer Druck

Der hydrostatische Druck hat seine Ursache in der Herzkontraktion und dem Gefäßtonus (Spannung der Muskulatur der Gefäßwand). Für den Flüssigkeitsstrom im Bereich der Kapillaren aus dem Gefäß hinaus in das Interstitium (Zwischenzellraum) hinein ist v.a. der hydrostatische Druck verantwortlich.
Der Druck im arteriellen Teil des Kapillarschenkels ist größer als der Druck im Interstitium, so daß konstant ein Austritt von Flüssigkeit in das Interstitium stattfindet. Umgekehrt findet im Bereich des venösen Teils der Kapillaren ein Rückstrom der Flüssigkeit in

das Blutgefäß statt. Dieser Rückstrom ist dadurch bedingt, daß im venösen Schenkel der Kapillaren der kolloidosmotische (onkotische) Druck mit 20–30 mm Hg größer ist als der hydrostatische Druck mit ca. 16 mm Hg. Damit sind im Bereich der Kapillarversorgung v.a. der hydrostatische und der kolloidosmotische Druck für den konstant ablaufenden Flüssigkeitsaustausch verantwortlich. Dadurch wird die Versorgung der Gewebe mit Substraten und der Abtransport von Endprodukten des Stoffwechsels sichergestellt. Ein Teil der Flüssigkeit im Interzellularraum wird über die Lymphgefäße abtransportiert (Abb. 6.9).
Wenn der Zufluß von Flüssigkeit größer ist als der Abtransport, kommt es zu einer Flüssigkeitsansammlung im Gewebe, die man als Ödem bezeichnet.

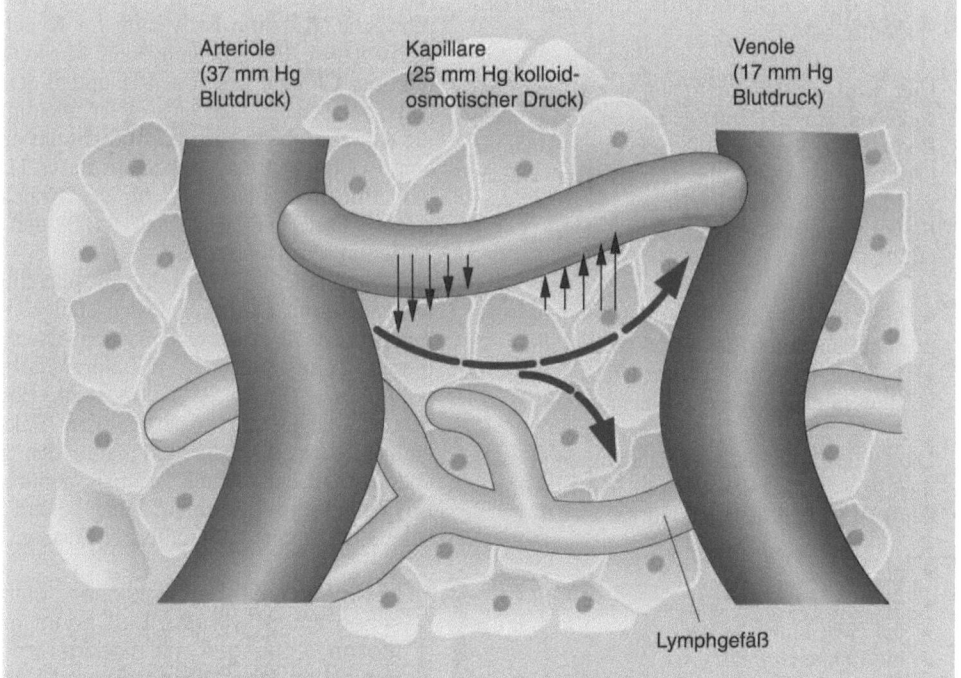

Abb. 6.9. Darstellung der Druckverhältnisse vom arteriellen Schenkel über die Kapillaren bis hin zum venösen Schenkel des Gefäßsystems. Der Blutdruck überwiegt in der Arteriole den onkotischen Druck um 12 mm Hg. Dementsprechend wird im arteriennahen Bereich der Kapillare (zwischen Arteriole und Venole) Flüssigkeit ausgepreßt. Im venennahen Bereich hingegen überwiegt der nach innen gerichtete Sog des onkotischen Drucks, so daß Flüssigkeit wieder in die Kapillaren zurückgezogen wird. Die *Pfeile* geben die Größe und die Richtung des Flüssigkeitsstroms an. Das Lymphgefäß führt zusätzlich Flüssigkeit aus dem Gewebe über die Lymphbahn ab

6.10.4 Veränderungen im Wasser- und Elektrolythaushalt

Eine Erhöhung der Zahl von osmotisch wirksamen Teilchen in einem Kompartiment oder auch nur in einer Region eines Kompartiments zieht sofort eine entsprechende Flüssigkeitsverschiebung von einem Kompartiment in das andere nach sich und umgekehrt. Damit sind der Wasserhaushalt und der Elektrolythaushalt zwangsläufig aneinandergekoppelt.

Der osmotische Druck im Intrazellularraum ist deutlich höher als der Druck im Interstitium und im Blutplasma. Er wird über aktive Transportmechanismen aufrechterhalten, die gleichzeitig auch für die Aufrechterhaltung des entsprechenden Membranpotentials verantwortlich sind. Ohne Aufrechterhaltung des Membranpotentials würden die Zellen sofort absterben.

> Der Wasser- und Elektrolythaushalt des gesamten Körpers wird über Zentren des Zwischenhirns (Dienzephalon) gesteuert.

Hier wird die Konzentration der Körperflüssigkeiten, v.a. im Blut, gemessen und je nach Bedarf ein Regelimpuls für die Aufnahme (Trinken) oder Abgabe (Harn) von Wasser gegeben. Ein Ausgleich des Wasser- und Elektrolythaushaltes ist auf zweierlei Weise möglich:

- Veränderung der Flüssigkeitsmenge und damit auch der Elektrolytkonzentration,
- Veränderung der Elektrolytzusammensetzung in einem Kompartiment.

Die Organe, die diese Veränderungen vornehmen bzw. die auf den Wasser- und Elektrolythaushalt Einfluß haben, sind:

- die Nieren,
- die Leber,
- die Haut und
- die Lungen.

Die Verteilung der wichtigen Elektrolyte im Körper zeigt Tabelle 6.6.
Die Summe der Anionen und Kationen in den einzelnen Kompartimenten ist gleich.

Tabelle 6.6. Verteilung wichtiger Elektrolyte im Körper (in mval/l)

Elektrolyte	Serum	Interzellularraum/ Interstitium	Zelle
Kationen:			
Natrium	142	145	10
Kalium	4	4	160
Kalzium	5	5	2
Magnesium	2	2	26
Gesamt	153	156	198
Anionen:			
Chlorid	101	114	3
Bikarbonat	27	31	10
Phosphat	2	2	100
Sulfat	1	1	20
Organische Säuren	16	1	65
Gesamt	153	156	198

Natrium macht den Hauptteil der positiv geladenen Ionen aus, es ist wichtig für die osmotische Regulation. Mangel an **Kalium** führt zu Herzrhythmusstörungen und Muskelschwäche. **Kalzium** ist wichtig für Knochenstoffwechsel, Blutgerinnung und Muskelkontraktion. **Chlorid** macht den Hauptteil der negativ geladenen Ionen aus, es ist wichtig für die osmotische Regulation. **Bikarbonat** spielt eine wichtige Rolle im Säure-Basen-Haushalt. **Phosphat** ist wichtig für den Knochenstoffwechsel, Energiehaushalt (ATP) und die Pufferung des Blutes.

Die Gesamtheit der sowohl im Interstitium wie auch im Plasma gelösten Teilchen ist maßgebend für den osmotischen Druck in diesen Kompartimenten. Im Normalfall beträgt dieser Druck ca. 300 mosmol. Lösungen, die die gleiche Anzahl gelöster Teilchen enthalten wie das Blut und damit den gleichen osmotischen Druck ausüben, nennt man **physiologische Lösungen**. Eine solche Lösung ist z.B. eine 0,9%ige NaCl-Lösung.

> Lösungen mit dem gleichen osmotischen Druck wie das Blut nennt man **isoton**, Lösungen mit niedrigerem osmotischen Druck **hypoton** und Lösungen mit höherem osmotischem Druck **hyperton**.

6.11 Säure-Basen-Haushalt

Der pH-Wert des arteriellen Blutes beträgt 7,4; im venösen Blut liegt er mit 7,38 nur geringfügig darunter. Sehr viele Lebensvorgänge sind äußerst pH-spezifisch, d.h. sie laufen nur bei genau eingehaltenem pH-Wert ab. Die noch mit dem Leben vereinbare maximale Schwankungsbreite der H^+-Konzentration der Extrazellularflüssigkeit liegt im pH-Bereich zwischen 7,0 und 7,7; d.h., vom Minimum bis zum Maximum entspricht das einem 7fachen Konzentrationsunterschied.

6.11.1 Puffersystem des Blutes

Die im Stoffwechsel anfallenden Säuren, die bei Hyperventilation (gesteigerte Atmung) abnehmende H_2CO_3-Konzentration und der Säureverlust beim Erbrechen von Magensaft (um nur einige Beispiele zu nennen) verändern die Reaktion des Blutes in einem Ausmaß, das vom Körper normalerweise ausgeglichen werden kann. Die Fähigkeit des Körpers, sich den Schwankungen des Säure-Basen-Haushaltes anzupassen, beruht auf 2 grundsätzlich verschiedenen Mechanismen:

- den physikalisch-chemischen Eigenschaften des Blutes (Pufferfähigkeit) und
- den Regulationssystemen (Lunge, Niere), die durch Veränderung der Ausscheidungsgröße saurer Valenzen das Säure-Basen-Verhältnis beeinflussen können.

Wenn vermehrt Säuren im Körper entstehen oder von außen aufgenommen werden, wenn zuviel Säure durch Erbrechen oder durch Abgabe von CO_2 dem Körper entzogen wird, so daß er zu alkalisch wird, dann kann das in einem gewissen Rahmen durch Puffersubstanzen im Blut ausgeglichen werden. Diese Puffersubstanzen sind in der Lage, je nach Bedarf H^+-Ionen (Protonen) aufzunehmen oder abzugeben und damit stabilisierend in die H^+-Ionenkonzentration einzugreifen. Es gibt viele verschiedene Puffer, die im Blut wirksam sind. Die wichtigsten sind:

- Bikarbonat:
H_2CO_3 steht mit $H^+ + HCO_3^-$ im Gleichgewicht.

H_2CO_3 ist die protonierte Form, $H^+ + HCO_3^-$ ist die dissoziierte (getrennte) Form.

- Hämoglobin (Hb):
Bei Hb steht die protonierte Form HHb im Gleichgewicht mit der dissoziierten (getrennten) Form $H^+ + Hb^-$.
- Protein:
Hier steht ebenfalls die protonierte Form (HProt) mit der dissoziierten Form ($H^+ + Prot^-$) im Gleichgewicht.

Am Beispiel des Bikarbonats, das den wichtigsten Puffer im Blut darstellt, soll die Blutpufferung erklärt werden:
H_2CO_3 ist die Kohlensäure, HCO_3^- (Bikarbonat) ist das Salz dieser Säure. Im Blut befinden sich von beiden große Mengen, die in der Regel im Gleichgewicht stehen wie oben angeführt. Wenn zu diesem Gleichgewichtssystem H^+-Ionen gegeben werden, dann bindet der größte Teil davon an HCO_3^-, das damit zu H_2CO_3 wird. Damit wird ein Anstieg der H^+-Konzentration, also ein Abfall des pH-Wertes verhindert. Wenn aus dem Blut H^+-Ionen entfernt werden, dann dissoziiert die Kohlensäure (H_2CO_3), und es entstehen Bikarbonat (HCO_3^- und H^+-Ionen. Damit wird ein Anstieg des pH-Wertes verhindert. Wenn die Produktion von CO_2 im Gewebe ansteigt, z.B. durch Arbeit, dann wird dieses CO_2 zunächst zu Bikarbonat umgewandelt in den Erythrozyten transportiert. Bei dieser Umwandlung entsteht das erwähnte H^+-Ion. In der Lunge wird unter der Wirkung der Carboanhydrase das Bikarbonat wieder in CO_2 zurückverwandelt, das als Gas eingeatmet werden kann. Bei dieser Umwandlung wird auch das H^+-Ion wieder gebunden und damit eine Übersäuerung des Blutes verhindert. Umgekehrt kann bei einer Hyperventilation mit gesteigerter CO_2-Abatmung auch zu viel H^+ gebunden werden, so daß es zu einem Anstieg des pH-Wertes im Blut kommt.

6.11.2 Ausscheidungs-
mechanismen

Neben den Puffersystemen des Blutes sind es v.a. die Ausscheidungsmechanismen über die Niere oder die Lunge, die für eine Aufrechterhaltung des Säure-Basen-Gleichgewichts sorgen.

Tabelle 6.7. Ursachen der respiratorischen und metabolischen Alkalose bzw. Azidose

Ursache	Alkalose	Azidose
Respiratorisch	Hyperventilation	Hypoventilation
Metabolisch	z.B. – andauerndes starkes Erbrechen, – übermäßige Alkalizufuhr mit der Nahrung	abnorm hohe Säure- produktion (z.B. bei Diabetes mellitus)

Die **Niere** ist in der Lage, je nach Erfordernis des Stoffwechsels mehr oder weniger H^+ und Bikarbonat auszuscheiden. Bei Hyperventilation infolge alveolärer Hypoxie (Sauerstoffmangel, z.B. durch Höhenanpassung) scheidet die Niere vermehrt Bikarbonat aus und ermöglicht so, daß der pH-Wert des Blutes bei erniedrigtem arteriellem CO_2-Wert nicht übermäßig ansteigt. Umgekehrt kann die Niere bei Anstieg des arteriellen CO_2-Wertes H^+-Ionen ausscheiden und so eine Übersäuerung des Blutes verhindern.

Durch die Funktion der **Lunge** nimmt das Bikarbonat eine besondere Stellung unter den Puffern ein, da es zu H_2O und CO_2 zerfällt, wobei das CO_2 über die Lungen abgeatmet werden kann.

Störungen des Säure-Basen-Gleichgewichts werden als Alkalose bzw. Azidose bezeichnet.

- Alkalose: Anstieg des pH-Wertes (Verschiebung in den basischen/alkalischen Bereich),
- Azidose: Abfall des pH-Wertes (Verschiebung in den sauren Bereich; *acidum*: Säure).

Je nach Ursache einer solchen Störung spricht man von einer respiratorischen (durch die Atmung hervorgerufenen) bzw. metabolischen (durch den Stoffwechsel bedingten) Alkalose und Azidose (Ursachen s. Tabelle 6.7).

6.12 Blutstillung, Blutgerinnung, Fibrinolyse

Weiter oben wurde bereits dargestellt, daß ein Blutverlust von 30% bereits lebensbedrohend sein kann und ein Blutverlust von 50% ohne sofortige Hilfsmaßnahmen tödlich verläuft. Es müssen also Mechanismen vorhanden sein, die bei normalen Verletzungen einen zu großen Blutverlust verhindern können. Um-

gekehrt darf es nicht zu einer Blutgerinnung in den Gefäßen kommen, da diese ebenfalls nicht mit dem Leben zu vereinbaren ist. In 10 ml Blut befinden sich genügend gerinnungsauslösende Stoffe, um das gesamte Blut innerhalb von Sekunden gerinnen zu lassen.

6.12.1 Blutstillung

Die Blutstillung wird als Hämostase bezeichnet. Man unterscheidet eine primäre und eine sekundäre Hämostase:

Die **primäre Hämostase** führt zur Bildung eines reversiblen Thrombus (auflösbarer Blutpfropf), die **sekundäre Hämostase** umfaßt die eigentliche Blutgerinnung, die zur Bildung eines irreversiblen (nicht auflösbaren) Thrombus führt. Allgemein gesehen sind an der Hämostase 3 verschiedene Faktoren beteiligt:

- Blutgefäße,
- Blutplättchen (Thrombozyten),
- eigentlicher Gerinnungsvorgang (sekundäre Hämostase).

Bei einer Verletzung kommt es zur Freisetzung von Substanzen aus der Gefäßwand, die eine Konstriktion (Zusammenziehung) der Gefäßwand bewirken. Dies führt bereits zu einer Blutstillung.

Die Vasokonstriktion (Gefäßverengung) kann so stark sein, daß sogar bei einer queren Durchtrennung eines Gefäßes von der Größe der A. radialis die Blutung zum Stehen kommen kann. Bei Verletzungen in Längsrichtung des Gefäßes und bei unvollständiger Durchtrennung kommt dieser Mechanismus allerdings nicht voll zur Wirkung, so daß eine Versorgung des verletzten Gefäßes auf jeden Fall schnellstens vorgenommen werden muß.

Gleichzeitig mit der Gefäßkonstriktion kommt es zur Bildung eines noch reversiblen Thrombozytenpfropfes (weißer Thrombus).

Durch die Gefäßverletzung werden mit dem Einreißen des Endothels auch subendotheliale kollagene Fasern freigelegt. Diese Fasern zeigen Ladungseigenschaften, die sich stark unterscheiden von denen der Thrombozyten. Dadurch werden die Thrombozyten angezogen und lagern sich massiv am Kollagen an. Als Folge dieser Anlagerung setzen die Thrombozyten ADP (Adenosindiphosphat) und Serotonin frei. ADP dient zur chemotaktischen Anlockung weiterer Thrombozyten, Serotonin führt zu einer Gefäßkonstriktion. Mit einem weißen Thrombus kann ein verletztes Gefäß nicht dauerhaft verschlossen werden.

Beim Nachlassen der Vasokonstriktion und dem daraus resultierenden Anstieg des lokalen Blutdrucks wird der reversible Thrombozytenpfropf unweigerlich wieder herausgepreßt.

Die Zeit von der Verletzung bis zum Ende der Blutung wird als Blutungszeit bezeichnet. Bei kleineren peripheren Gefäßen beträgt sie ca. 2 min. Die Blutungszeit gibt Auskunft über die Funktion der Thrombozyten; sie kann etwas über einen Mangel an Thrombozyten oder eine gestörte Funktion der Thrombozyten aussagen.

6.12.2 Blutgerinnung (sekundäre Hämostase)

Die Vorgänge, die einen weißen Thrombus in einen roten Thrombus überführen und damit aus einem reversiblen einen irreversiblen Thrombus machen, bezeichnet man als eigentliche Blutgerinnung.

An der Blutgerinnung sind 12 verschiedene Faktoren beteiligt, die in der Regel Eigennamen besitzen, aber auch der Reihenfolge ihrer Entdeckung nach mit den römischen Zahlen von I–XIII bezeichnet werden. Die Numerierung der Faktoren stimmt nicht mit der Reihenfolge ihrer Beteiligung am Gerinnungsvorgang überein. Der Faktor VI mußte nach seiner Entdeckung wieder aus der Numerierung genommen werden, weil er mit dem bereits früher entdeckten Faktor V identisch war.

Mit Ausnahme des Faktors IV (Kalzium, Ca^{2+}) handelt es sich bei allen Faktoren um Proteine, die vielfach Enzymwirkung haben und meist in einer **inaktiven Form** im Plasma, in den Thrombozyten oder im Gewebe vorliegen.

Sobald die Faktoren **aktiviert** worden sind, werden sie mit einem kleinen a (aktiv) bezeichnet, z.B. IXa (aktive Plasmathromboplastinkomponente).

Die Blutgerinnung kann über 2 Systeme in Gang gesetzt werden:

- Intravasales („intrinsic") System: Es kommt über Thrombozytenzerfall in Gang.
- Extravasales („extrinsic") System: Es wird über die Zerstörung von Gewebe in Gang gesetzt.

Nicht alle der 12 Faktoren werden bei beiden Systemen benötigt. Wenn die Blutgerinnung in Gang gesetzt worden ist, gleicht das Geschehen einer Kettenreaktion, bei der ein aktivierter Faktor die Aktivierung des nächsten Faktors bewirkt, dieser dann wiederum die Aktivierung des nachfolgenden Faktors usw.

Im Zentrum des Geschehens steht der aktivierte Faktor X (Xa), der auch als Prothrombinaktivator bezeichnet wird. Er wird durch beide Systeme (intra- und extravasales) produziert und setzt die weiteren Abläufe in Gang.

Bei der Blutgerinnung unterscheidet man 3 Phasen:

- Vorphase,
- Phase 1,
- Phase 2.

Das extravasale System unterscheidet sich vom intravasalen lediglich in der Vorphase. Phase 1 und 2 laufen bei beiden Systemen identisch ab.

Die **Vorphase** führt zur Bildung des oben erwähnten zentralen Faktors Xa.

In der anschließenden **Phase 1** kommt es unter der Wirkung von Faktor Xa zur Bildung von Thrombin aus Prothrombin.

In **Phase 2** wird aus dem im Blut zirkulierenden Fibrinogen das Fibrin gebildet. Dies geschieht unter der Wirkung von Thrombin. Das Produkt der Gerinnung (Fibrin) besteht aus fädigem Protein, das die korpuskulären Blutbestandteile miteinander verbindet und damit ein Ausschwemmen verhindert. Nach der Bildung des Fibrins muß dieses allerdings noch stabilisiert werden. Dies geschieht unter der Wirkung des Faktors XIII, der eine Vernetzung der Fibrinuntereinheiten verursacht. Damit werden „kovalente" (chemisch äußerst sta-

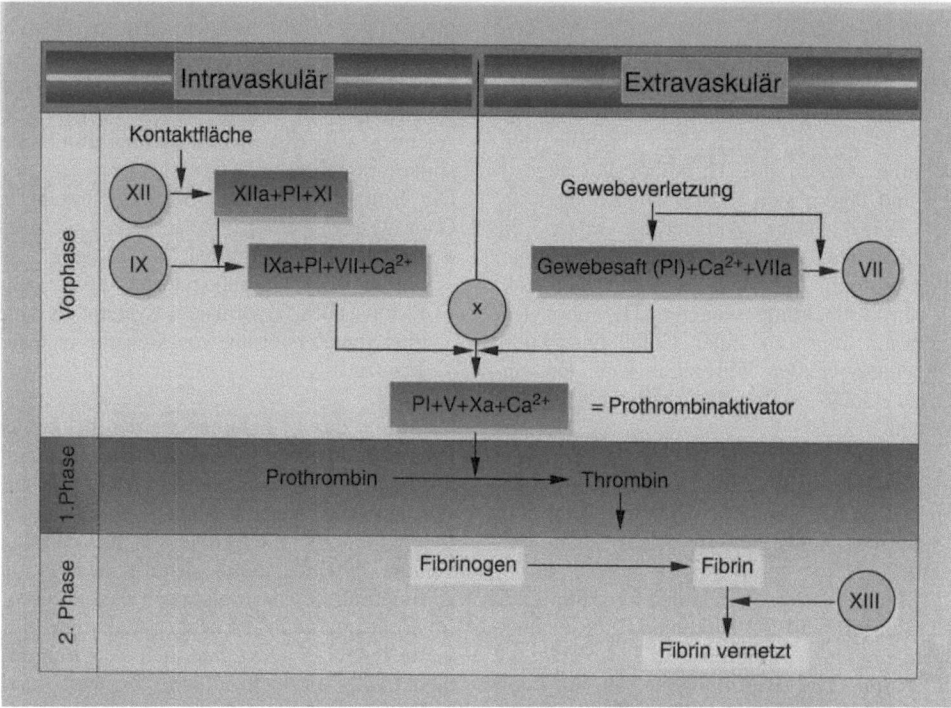

Abb. 6.10. Schema der Blutgerinnung. Im Zentrum der Gerinnung steht der auf 2 Arten (intravaskulär und extravaskulär) aktivierbare Faktor X, der in seiner aktivierten Form zusammen mit Phospholipid (*Pl*), dem Faktor V und Kalzium (*Ca²⁺*) als Prothrombinumwandlungsfaktor bezeichnet wird. In Phase 1 wandelt er Prothrombin in Thrombin um, das dann seinerseits in Phase 2 Fibrinogen in Fibrin umwandelt. Das Fibrin wird unter der Wirkung von Faktor XIII vernetzt und damit stabilisiert

bile) Bindungen geknüpft, die nur sehr schwer wieder zu lösen sind (Abb. 6.10).

Nach dieser eigentlichen Gerinnung kommt es nach einiger Zeit noch zur **Retraktion**; d.h., die Fibrinfäden ziehen sich zusammen und werden teilweise molekular gefaltet. Damit nähern sich die Wundränder einander, und die Wunde wird noch besser verschlossen. Äußeres Zeichen der Retraktion ist das Erscheinen einiger Tropfen Flüssigkeit auf dem roten Thrombus, die durch die Retraktion aus dem Thrombus ausgepreßt werden. Der Vorgang der Retraktion ist auf das Vorhandensein funktionstüchtiger Thrombozyten angewiesen, die außer ATP (das neben dem bereits erwähnten ADP auch vorhanden ist) auch noch ein muskelfilamentähnliches Protein enthalten. Die einzelnen Faktoren für die Blutgerinnung sind in Tabelle 6.8 zusammengestellt.

6.12.3 Gerinnungshemmung

Die Aktivität des Gerinnungssystems muß bei Bedarf gehemmt werden können. Dies geschieht physiologischerweise durch Inhibi-

Tabelle 6.8. Faktoren der Blutgerinnung

Faktor	Bezeichnung
I	Fibrinogen
II	Prothrombin
III	Thromboplastin
IV	Kalzium
V	Akzeleratorglobulin
VII	Prokonvertin
VIII	antihämophiles Globulin A
IX	Christmas-Faktor
X	Stuart-Prower-Faktor
XI	Plasmathromboplastinantezedent (Rosenthal-Faktor)
XII	Hagemann-Faktor (Oberflächenfaktor)
XIII	Laki-Lorand-Faktor (fibrinstabilisierender Faktor)

toren (Hemmstoffe), die dafür sorgen, daß die Gerinnung sich nicht über den zur Blutungsstillung notwendigen Bereich hinaus ausbreiten kann. Die beiden wichtigsten Inhibitoren sind:

- Antithrombin III in Verbindung mit Heparin,
- Protein C.

Diese Inhibitoren sind in der Lage, aktivierte Gerinnungsfaktoren zu neutralisieren. Daneben bewirkt auch die Verdünnung durch das Blut selber eine gewisse Schutzfunktion.
Die Gerinnung wird bezeichnet als Koagulation; die Gerinnungshemmung als Antikoagulation.
In der Klinik ist v.a. Hemmung der Blutgerinnung durch Medikamente (Antikoagulanzien) von Bedeutung. Man unterscheidet:

- direkt (sofort) wirkende Antikoagulanzien,
- indirekt wirkende Antikoagulanzien.

Zu den **direkt wirkenden Antikoagulanzien** wird das Heparin gerechnet.

Heparin ist eine körpereigene Substanz, die zuerst in der Leber entdeckt wurde (Leber: Hepar). Die heute zu therapeutischen Zwecken verwendeten Heparinpräparate werden in der Regel aus Schweinedarm hergestellt. Heparin wird im Körper u.a. von Mastzellen ausgeschüttet und bildet mit dem bereits im Blut vorhandenen Kofaktor Antithrombin III das Antithrombin. Dieses führt zu einer Blockierung der Thrombinwirkung. Somit kann Fibrinogen nicht mehr in Fibrin überführt werden. Nach der Gabe von therapeutischen Heparindosen hält die Gerinnungshemmung mehrere Stunden an. Durch die Gabe eines Heparinantidots (Antidot = Gegenmittel) kann die Heparinwirkung sofort aufgehoben werden. Die Heparinantidote können sich an die Schwefelsäure des Heparins anlagern und somit inaktive Komplexe bilden. Hierfür werden stark basische Polypeptide eingesetzt, z.B. Protamin.

Die **indirekt wirkenden Antikoagulanzien** hemmen in der Leber die Bildung der notwendigen Gerinnungsfaktoren.

Für die Synthese einiger Gerinnungsfaktoren (II, VII, IX, X) wird Vitamin K benötigt. Durch Gabe von Vitamin-K-Antagonisten wird Vitamin K verdrängt. Somit können Gerinnungsfaktoren nicht mehr produziert werden. Entsprechend ihrer Konzentration im Blut und ihrer Halbwertszeit sinkt ihre Konzentration langsam ab. Innerhalb 24–36 Stunden setzt die Wirkung dieser indirekt wirkenden Antikoagulanzien ein. Eines der wichtigsten ist das Dicumarol, ein Oxidationsprodukt des Cumarins. Dicumarol entsteht z.B. in faulendem Heu oder Klee. Durch massive Gabe von Vitamin K können Dicumarol oder andere indirekt wirkende Antikoagulanzien wieder aus der Leber verdrängt werden, so daß dieser Prozeß innerhalb weniger Stunden reversibel ist.

6.12.4 Fibrinolyse

Dem System der Blutgerinnung steht das fibrinolytische System gegenüber.
Seine Aufgabe ist es,

- die Fibrineinlagerungen in Grenzen zu halten und so die Bildung von Thromben in den Gefäßen zu verhindern sowie
- andererseits an verletzten Stellen abgelagertes Fibrin durch das fibrinolytische System abzubauen und so die Reparatur von Gewebsdefekten durch zelluläre Elemente einzuleiten.

Unter normalen Bedingungen steht das fibrinolytische System mit dem Gerinnungssystem im Gleichgewicht, so daß es zu einem ständigen Abbau des Fibrins, das an verschiedenen Stellen des Körpers in den Gefäßen gebildet wird, kommt.
Bei der Fibrinolyse wird ein im Blut vorhandenes Protein, das Plasminogen, entweder über Plasmaaktivatoren oder durch Gewebeaktivatoren in Plasmin überführt. Plasmin löst Fibrin in lösliche Spaltprodukte, die Fibrinopeptide, auf. Plasmin wird durch das Vorhandensein eines Antiplasmins in seiner Aktivität gehemmt. Da sich Plasmin jedoch aufgrund einer besonderen Affinität v.a. im Inneren von Blutgerinnseln ansammelt, das Antiplasmin hingegen nicht, kann Plasmin dort ungehindert arbeiten und führt schließlich zur Auflösung von Thromben.

6.12.5 Gerinnungsstörungen (Koagulopathien)

Durch den Mangel eines oder mehrerer Gerinnungsfaktoren kann die Gerinnung erheblich gestört werden. Eine Ausnahme bildet das Kalzium (Faktor IV), da bei seiner Verminderung die Symptome der Erregbarkeitssteigerung (Tetanie) schon lebensbedrohlich sind, bevor die benötigte Menge für den Gerinnungsvorgang unterschritten wird.
Man unterscheidet zwischen angeborenen und erworbenen Störungen der Blutgerinnung:
Die angeborenen Störungen betreffen meist einen einzelnen Faktor und weisen auch einen typischen Erbgang auf. Die erworbenen Störungen betreffen vielfach mehrere Faktoren.

- Die bekannteste unter den **angeborenen Gerinnungsstörungen** ist die Hämophilie A („Bluterkrankheit"). Sie beruht auf einem Mangel an Faktor VIII. Trotz ihrer Seltenheit ist diese Hämophilie schon sehr frühzeitig bekannt geworden, da sie wegen ihres typischen Erbgangs im europäischen Hochadel verbreitet war. Bei der Hämophilie B fehlt der Faktor IX, der auch als Christmas-Faktor bezeichnet wird.

  Beide Gendefekte (Hämophilie A und B) werden heterosomal rezessiv über das X-Chromosom vererbt; d.h., Frauen sind in der Regel nur Trägerinnen des defekten Gens, bei Männern hingegen manifestiert sich die Krankheit zwangsläufig, da sie kein zweites (gesundes) X-Chromosom aufweisen.

- Die **erworbenen Gerinnungsstörungen** basieren meist auf der Unfähigkeit der Leber, die entsprechenden Faktoren zu synthetisieren, sei es durch einen Leberschaden oder durch einen Vitamin-K-Mangel.

  Bei Verbrauchskoagulopathien sind ebenfalls nicht genügend Gerinnungsfaktoren im Blut, so daß dadurch die Neigung zu Blutungen erhöht ist. Dies wird durch eine große Neigung zur Bildung intravasaler Gerinnsel bedingt. Diese Gerinnsel werden meist durch eine gesteigerte Fibrinolyse wieder aufgelöst, so daß sie keine schädigende Wirkung aufweisen. Der Verbrauch an Gerinnungsfaktoren ist dabei aber so hoch, daß die Leber nicht mehr genügend nachliefern kann und daraus eine Blutungsneigung resultiert.

6.13 Zusammenfassung Blut

Die normale Blutmenge entspricht 8% des Körpergewichts, also 4–6 l bei 50–70 kg.

Blutbestandteile:
Hämatokrit (Menge der geformten Blutbestandteile am Gesamtblut): 45% beim Mann, 41–43% bei der Frau. Plasma ergänzt auf 100%, d.h. beim Mann 55%, bei der Frau 57–59%.

Erythrozyten gehen aus Erythroblasten hervor. Sie sind kernlos und enthalten fast nur noch Hämoglobin. Erythrozyten pro mm^3: beim Mann 5,2 Mio., bei der Frau 4,6 Mio. Wichtigster endogener Faktor für die Blutbildung: Erythropoietin (Hormon aus der Niere). Die Hauptaufgabe der Erythrozyten ist der Gastransport.

Andere geformte Blutbestandteile:
Pro mm^3 4000–9000 Leukozyten und 200 000–300 000 Thrombozyten.

Hämoglobin
Der Inhalt der Erythrozyten besteht zu 90% aus Hämoglobin. Hämoglobin ist ein Protein, das aus 4 Untereinheiten aufgebaut ist. Die funktionelle Gruppe am Hämoglobin ist ein Porphyrinring, in dessen Zentrum sich 2wertiges Eisen befindet, das Sauerstoff reversibel binden kann.

Knochenmark
Das Knochenmark ist beim Kind und Erwachsenen der eigentliche Ort der Blutbildung. Beim Erwachsenen wandelt sich das Knochenmark im Schaft der langen Röhrenknochen in Fettmark um. Die Gesamtmenge des blutbildenden Knochenmarks beträgt beim Erwachsenen ca. 1400 g. Pro Tag werden einerseits ca. 250 Mrd. Erythrozyten gebildet und andererseits auch wieder abgebaut.

Weiße Blutkörperchen (Leukozyten)
Zu den weißen Blutkörperchen rechnet man die Granulozyten (Granula enthaltende Zellen), die in neutrophile, eosinophile und basophile Granulozyten unterteilt werden. Außerdem gehören zu den weißen Blutkörperchen die Monozyten, aus denen bei Bedarf Makrophagen hervorgehen. B- und T-Lymphozyten werden ebenfalls zu den Leukozyten gerechnet.

Blutplättchen (Thrombozyten)
Thrombozyten sind keine Zellen, da sie keinen Zellkern enthalten. Sie sind durch Abschnürung von Knochenmarksriesenzellen (Megakaryozyten) entstanden. Thrombozyten nehmen an der Blutgerinnung und an der Bildung des weißen Thrombus teil. Sie enthalten u.a. Adenosindiphosphat (ADP) und Serotonin.

Blutsenkungsgeschwindigkeit (BSG) wird durch Agglomerine erhöht.

Das mittlere **korpuskuläre Hämoglobin** (MCH) beträgt 28–32 pg (Pikogramm).

Blutgruppen:
Agglutinogene auf den Erythrozytenmembranen (antigene Determinanten) können die Eigenschaften A, B, AB und 0 (Null) aufweisen (AB0-System). Gegen fremde Agglutinogene können Antikörper (Agglutinine) gebildet werden. Die Blutgruppe 0

weist schwache antigene Eigenschaften auf, daß gegen sie keine Agglutinine gebildet werden.

Die Majorreaktion bei der Transfusion gruppenungleichen Blutes entsteht, wenn der Empfänger Agglutinine (Antikörper) gegen das Spenderblut besitzt. Die **Minorreaktion** entsteht, wenn der Spender Agglutinine gegen das Empfängerblut besitzt.
85% der Menschen besitzen einen Faktor (rhesuspositiv, Rh$^+$) auf ihren Erythrozyten, gegen den die restlichen 15% (rhesusnegativ, Rh$^-$) einen Antikörper bilden können (Kontakt vorausgesetzt). Deshalb kann es bei Schwangerschaften einer rhesusnegativen Mutter mit einem rhesuspositiven Kind zu Problemen kommen.

Blutplasma:
Die Menge des Blutplasmas beträgt ca. 4,5% des Körpergewichts. Serum ist Plasma ohne Fibrinogen. Plasma ist eine 7–9%ige wäßrige Lösung. Proteine machen den Hauptanteil der gelösten Stoffe aus (6–8 g/100 ml). Mit Elektrophorese lassen sich 5 verschiedene Gruppen von Proteinen trennen: Albumin, α_1-Globuline, α_2-Globuline, β-Globuline, γ-Globuline (Fibrinogen wandert bei der Elektrophorese mit den γ-Globulinen).

Die meisten Plasmaproteine haben Transportaufgaben, 1 Albuminmolekül kann 25 Bilirubinmoleküle transportieren (Albumin ist auch für den onkotischen Druck verantwortlich.

Bei **Pathoproteinämien** ist die Zusammensetzung der Plasmaproteine verändert. Man unterscheidet Dys-, Para- und Defektproteinämien.

Zelluläre Proteine im Plasma sind Ausdruck eines physiologischen (und auch pathologischen) Zelluntergangs, bei dem Enzyme ins Blut gelangen. Bei Herzinfarkt sind HBDH und CPK erhöht, bei Leberzirrhose GPT und GLDH.

Lipide im Plasma sind Triglyzeride, Cholesterin, freie Fettsäuren, HDL („gutes Fett"), VDL, LDL („schlechtes Fett") und Phospholipide. Der Cholesteringehalt des Serums sollte unter 5,2 mmol/l liegen.

Glukose wird als Substrat für die Energiegewinnung (ATP) benötigt. Der Nüchternwert sollte zwischen 3,33 mmol/l und 5,55 mmol/l liegen. Bei Bedarf werden die Glykogenreserven mobilisiert oder der Weg der Glukoneogenese beschritten (Umwandlung von Kohlenhydraten und Proteinen in Glukose).

Stickstoffhaltige Substanzen, die nach Ausfällung der Proteine (die Stickstoff enthalten) noch im Blut vorhanden sind, werden als Rest-N bezeichnet. Von Bedeutung sind Kreatinin (Muskelstoffwechsel), Harnstoff (Aminosäuren- und Proteinstoffwechsel) und Harnsäure (Nukleinsäurestoffwechsel).

Wasser- und Elektrolythaushalt:
Beide Haushalte sind zwangsläufig aneinandergekoppelt wegen des osmotischen Ausgleichs an semipermeablen Membranen. Die treibenden Kräfte zwischen dem Blut, dem Interstium und dem Intrazellularraum sind: osmotischer, onkotischer und hydrostatischer Druck.

Osmotischer und onkotischer Druck sind lediglich von der Anzahl gelöster Teilchen in der entsprechenden Flüssigkeit abhängig. Der onkotische Druck beträgt 25 mm Hg, er sorgt für einen Rückstrom von Flüssigkeit im venennahen Kapillarbereich.

Die Summe der **Anionen** (negativ geladene Ionen) und der **Kationen** (positiv geladene Ionen) ist in den einzelnen Kompartimenten gleich groß.
Der **pH-Wert** des arteriellen Blutes beträgt 7,4 und darf nur im Bereich zwischen 7,0 und 7,7 variieren. Dies entspricht einer 7fachen Konzentrationsänderung der H^+-Ionen. Durch **Puffersubstanzen im Blut** werden je nach Bedarf H^+-Ionen aufgenommen oder angegeben, um die Konstanz des pH-Wertes zu ermöglichen. Die wichtigsten Puffersubstanzen des Blutes sind: Bikarbonat, Protein, Hämoglobin.

Abweichungen des pH-Wertes:
Sie werden je nach Entstehung als respiratorische oder metabolische Alkalose bzw. Azidose bezeichnet.

Blutstillung:
Ein 30%iger Blutverlust ist lebensbedrohlich, ein 50%iger tödlich. Deshalb verfügt der Körper über 2 Mechanismen der Hämostase (Blutstillung):

Primäre Hämostase führt zur Gefäßkonstriktion (Serotonin der Thrombozyten) und zur Bildung eines weißen Thrombus (reversibel).
Die eigentliche Blutgerinnung ist die **sekundäre Hämostase**. Sie führt zur Bildung des irreversiblen roten Thrombus. Die sekundäre Hämostase kann in 3 Phasen unterteilt werden:
– Vorphase: Sie kann auf 2 Wegen in Gang gesetzt werden („extrinsic"/extravasal oder „intrinsic"/intravasal). Sie führt zur Bildung des Prothrombinumwandlungsfaktors.
– Phase 1: Der Prothrombinumwandlungsfaktor wandelt Prothrombin in Thrombin um.
– Phase 2: Unter der Wirkung von Thrombin wird Fibrinogen in Fibrin umgewandelt.

Blutgerinnung:
An der Blutgerinnung sind 12 Gerinnungsfaktoren beteiligt (numeriert mit den römischen Zahlen I–V und VII–XIII). Unter der Wirkung von Faktor XIII wird Fibrin stabilisiert. In der Nachgerinnung kommt es zur Retraktion des Fibrins, damit nähern sich die Wundränder, und es wird Flüssigkeit ausgepreßt.

Gerinnungshemmung:
Die Gerinnungshemmung läuft physiologischerweise unter der Wirkung von Antithrombin III und Protein C ab.

Für die **therapeutische Gerinnungshemmung (Antikoagulation)** werden direkt und indirekt wirkende Antikoagulanzien eingesetzt.
Direkt wirkendes Antikoagulans: Heparin. Es bildet zusammen mit einem Blutfaktor das Antithrombin, das die Bildung von Fibrin hemmt. Heparinwirkung kann durch basische Polypeptide aufgehoben werden, z.B. durch Protamin.
Indirekt wirkende Antikoagulanzien: Vitamin-K-Antagonisten, z.B. Dicumarol. Es verdrängt Vitamin K aus der Leber, wo es für die Synthese der Gerinnungsfaktoren benötigt wird. Wirkung tritt nach 24–36 Stunden ein. Kann durch hochdosiertes Vitamin K aufgehoben werden.

Fibrinolyse:
Fibrinolyse hält physiologischerweise die Fibrineinlagerung in Grenzen, löst außerdem vorhandenes Fibrin auf und leitet damit die Reparatur von Gewebsdefekten ein. Fibrinolyse steht normalerweise mit der Gerinnung im Gleichgewicht. Plasmin baut Fibrin in Fibrinopeptide ab, die löslich sind. Antiplasmin hält die Aktivität des

Plasmins in Grenzen. Plasmin kann gut in Thromben eindringen, Antiplasmin nicht. Somit kann Plasmin Thromben von innen heraus auflösen.

Gerinnungsstörungen (Koagulopathien):
Bei Fehlen einzelner oder mehrerer Gerinnungsfaktoren kommt es zur Gerinnungsstörung.
Angeborene Gerinnungsstörung: Hämophilie A (Faktor VIII fehlt) und Hämophilie B (Faktor IX fehlt).
Erworbene Gerinnungsstörung: Leberschaden oder Vitamin-K-Mangel. In beiden Fällen können Gerinnungsfaktoren nicht produziert werden.

7 Herz-Kreislauf-System

Das Herz ist verantwortlich für die Zirkulation des Blutes. Ohne ein funktionierendes Kreislaufsystem sind die Organe unseres Körpers nicht in der Lage, ihre spezifischen Aufgaben zu erfüllen. Das Herz einer gesunden Person mit einem Gewicht von 70 kg pumpt pro Minute ca. 5,6 l Blut, d.h. pro Tag ca. 8000 l. Umgerechnet auf eine durchschnittliche Lebensdauer von 75 Jahren ergibt das eine Menge von rund 220 Mio. l. Da das Herz aber unter körperlicher Belastung wesentlich mehr pumpt, liegt die effektiv während eines Lebens umgewälzte Menge Blut in der Regel auch deutlich höher. Wenn das Herz nur wenige Minuten nicht schlägt, ist das Leben in Gefahr, da die Organe, vor allem das Gehirn, dringend auf die Versorgung mit Sauerstoff angewiesen sind. Wie wir im Kapitel 6 (Blut) bereits gesehen hatten, ist das Kreislaufsystem vor allem ein Transportsystem, mit dessen Hilfe der notwendige Transport von und zu den Organen sowie die Feinverteilung aller beteiligten Stoffe vorgenommen wird. Für die Durchführung dieser vielfältigen Transportaufgaben ist ein geschlossenes Kreislaufsystem nötig. Dieses besteht aus

- Arterien und Kapillaren als Verteilersystem,
- Venen und Lymphgefäßen als Rückleitungssystem,
- dem Herzen als Pumpe,
- dem Blut als Transportmittel.

7.1 Herz (Cor)

Durch das Herz werden 2 hintereinandergeschaltete Kreisläufe angetrieben. Dementsprechend ist das Herz in 2 Abschnitte gegliedert, die man als das „rechte Herz" und das „linke Herz" bezeichnet. Beide sind durch die Herzscheidewand (Septum) voneinander getrennt. Das rechte Herz betätigt den klei-

nen Kreislauf (Lungenkreislauf), das linke Herz betätigt den großen Kreislauf (Körperkreislauf). Um ihre Funktion auszuüben, könnten die beiden Herzen durchaus voneinander getrennt in verschiedenen Körperregionen liegen. Durch die Zusammenlagerung wird allerdings die Koordination der Aktionen von linkem und rechtem Herzen vereinfacht (Abb. 7.1).

Schematisiert (Abb. 7.2) hat das Herz die Form eines Kegels mit abgerundeter Spitze. Die Basis des Kegels zeigt im Körper nach hinten oben und die Spitze nach vorne unten. Sie berührt auf der Höhe der Medioklavikularlinie im 5. Interkostalraum die vordere Brustwand. (Die Medioklavikularlinie ist eine Linie, die senkrecht durch die Mitte der Klavikula – Schlüsselbein – gezogen verläuft, sie ist ungefähr mit der Mamillarlinie, durch die Brustwarze verlaufend, identisch.)

Wenn vom Kontaktpunkt der Herzspitze mit der Brustwand eine Linie durch das Herz gezogen wird, so daß diese Linie durch die Mitte der Herzbasis verläuft, dann ist diese Achse ca. 40° geneigt – sowohl zur Horizontal- wie auch zur Vertikalebene. Da das Herz in Abhängigkeit von den Atembewegungen ständig seine Lage ändert, variiert allerdings auch diese Achse mit den Atembewegungen.

Das Herz hat ca. die 1,5fache Größe der Faust seines Trägers. Sein Gewicht ist sehr stark abhängig vom Trainingszustand und vom Lebensalter. Es beträgt durchschnittlich 280 g (Frau) bzw. 330 g (Mann), kann jedoch bei entsprechend trainierten Sportlern auf 500–700 g vergrößert sein.

Das Herz liegt im Mediastinum (Mediastinum anterius), dem vorderen Mittelfellraum, direkt hinter dem Sternum (Brustbein). Die Unterseite hat direkten Kontakt zu der zentralen Bindegewebeplatte (Centrum tendineum) des Diaphragmas (Zwerchfells). Die Umhüllung des Herzens, der Herzbeutel, ist mit seinem äußeren Blatt mit dem Diaphragma verwachsen. Das Herz sitzt zwischen den beiden

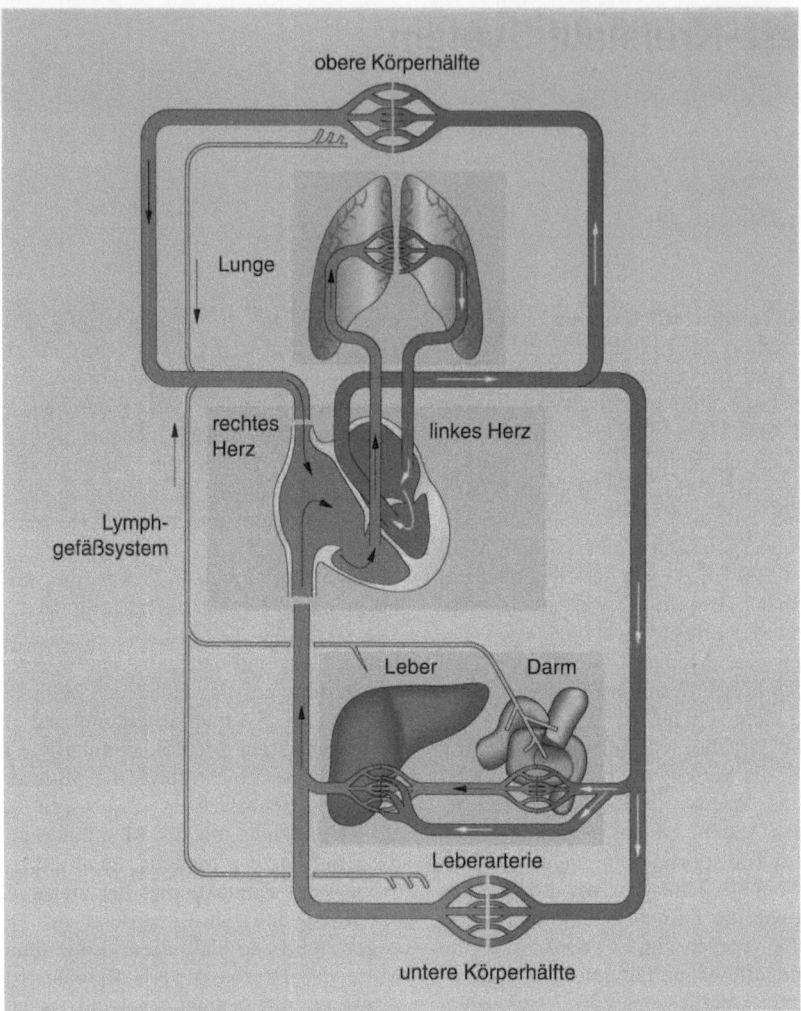

Abb. 7.1. Schema des großen und des kleinen Kreislaufs sowie des Lymphgefäßsystems. Die *Pfeile* geben die Strömungsrichtung an. Die Leber ist sowohl über die Leberarterie (A. hepatica) wie auch über die Pfortader (V. portae) versorgt. Die Aufzweigungen der gezeichneten Gefäße stellen das Kapillarsystem dar

Lungenflügeln, so daß zwei Drittel links der Medianebene und ein Drittel rechts der Medianebene liegen. Die rechte Begrenzung des Herzens liegt ca. fingerbreit rechts vom rechten Brustbeinrand (Abb. 7.3).

7.1.1 Herzwand

Bei einem Schnitt durch die Herzwand wird deutlich, daß das Herz mit seinen Hüllen aus 4 **Schichten** aufgebaut ist. Von innen nach außen sind das:

Abb. 7.2. Darstellung des Herzens, von vorne betrachtet. Die Herzspitze (Apex) zeigt nach vorne unten, die Achse des Herzens liegt damit schräg im Körper. Die beiden Herzohren sind Teil der Herzvorhöfe

Abb. 7.3. Lage des Herzens im Mediastinum. Die rechte Herzkontur ragt über den Rand des Sternums nach rechts hinaus. Die Herzspitze liegt auf der Höhe des 5. Interkostalraums. Die in der Ventilebene eingezeichneten *Ringe* stellen die Herzklappen dar

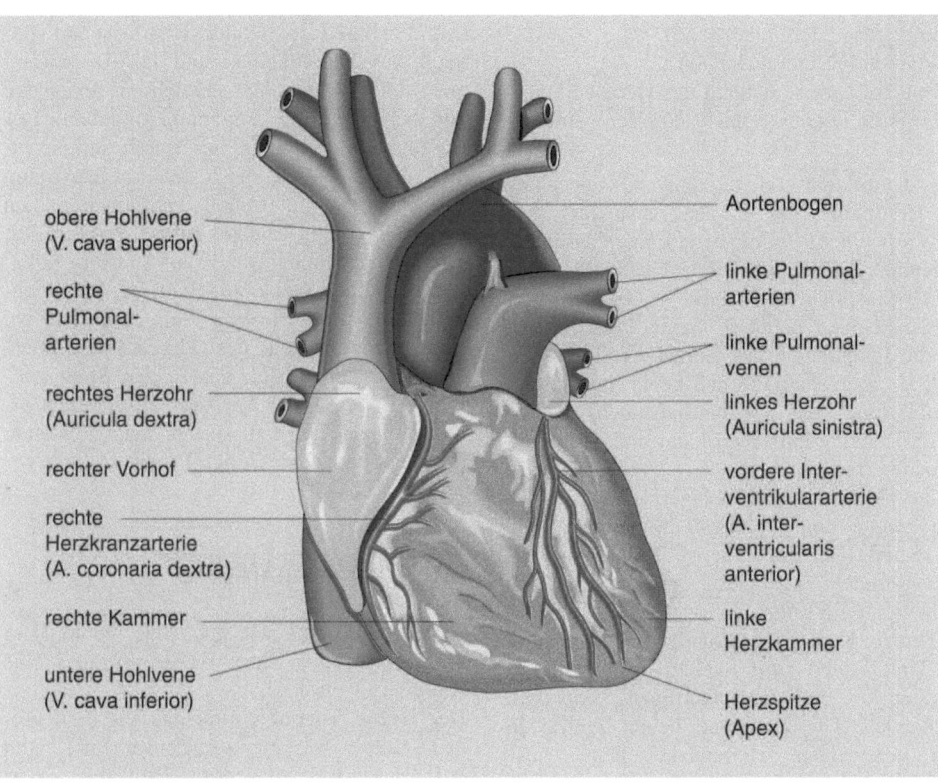

obere Hohlvene
(V. cava superior)

rechte
Pulmonal-
arterien

rechtes Herzohr
(Auricula dextra)

rechter Vorhof

rechte
Herzkranzarterie
(A. coronaria dextra)

rechte Kammer

untere Hohlvene
(V. cava inferior)

Aortenbogen

linke Pulmonal-
arterien

linke Pulmonal-
venen

linkes Herzohr
(Auricula sinistra)

vordere Inter-
ventrikulararterie
(A. inter-
ventricularis
anterior)

linke
Herzkammer

Herzspitze
(Apex)

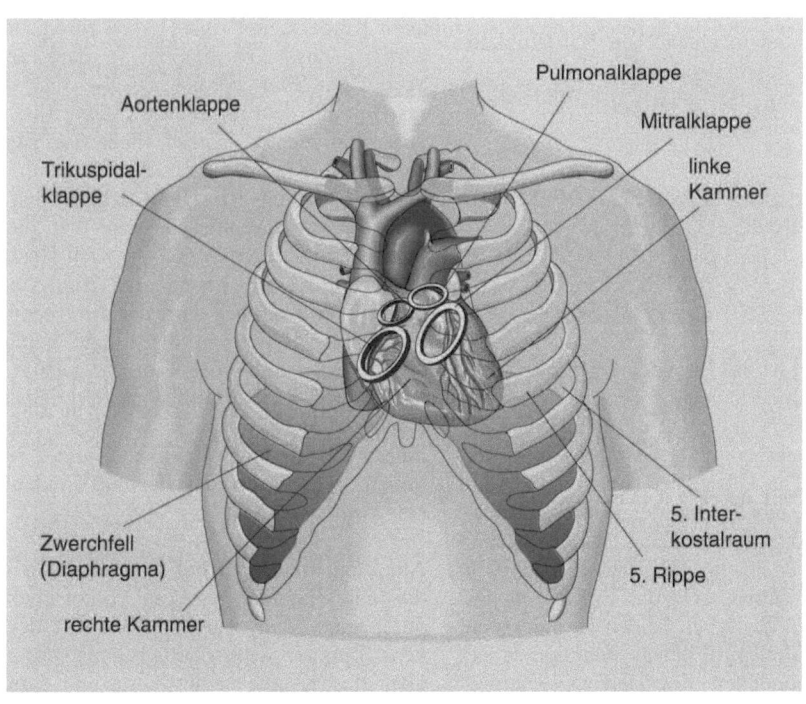

Aortenklappe

Trikuspidal-
klappe

Zwerchfell
(Diaphragma)

rechte Kammer

Pulmonalklappe

Mitralklappe

linke
Kammer

5. Inter-
kostalraum

5. Rippe

- Endokard (Herzinnenwand),
- Myokard (Herzmuskulatur),
- Epikard (innere Schicht des Herzbeutels),
- Perikard (äußere Schicht des Herzbeutels).

Das **Endokard** (Herzinnenwand), welches die Hohlräume des Herzens auskleidet, besteht aus einem Endothel und einer darunterliegenden Schicht aus Bindegewebe. Das Endothel entspricht dem auch in Gefäßen vorhandenen Plattenepithel. Seine Funktion ist es, die Innenräume des Herzens vollkommen glatt zu überziehen, so daß keine Strömungsbehinderung des vorbeifließenden Blutes durch Reibung entstehen kann und sich auch dementsprechend keine Gerinnungsprodukte an der Herzinnenwand ablagern.

Die zweite und wichtigste Schicht ist das **Myokard** (Herzmuskulatur). Es besteht aus quergestreifter Muskulatur, unterliegt jedoch nicht der Willkürmotorik wie die Skelettmuskulatur (s. Kap. 3 Histologie).

Im Unterschied zum Skelettmuskel sind im Herzmuskel keine vielkernigen Synzytien vorhanden. Die Zellkerne liegen zentral in den verzweigten Herzmuskelzellen. Diese sind über Glanzstreifen (Disci intercalares) miteinander verbunden. Diese Glanzstreifen haben eine **Doppelfunktion**:

- Erhöhung der mechanischen Haftfähigkeit der Zellen untereinander und
- Herabsetzung des elektrischen Widerstandes zwischen den Zellen.

Dadurch wird die Erregungsausbreitung über das ganze Myokard erleichtert.

Nach außen folgen auf das Myokard zwei **Schichten des Herzbeutels**: die innere (Epikard) und die äußere Schicht (Perikard).

Das **Epikard** ist das viszerale Blatt des Herzbeutels. Es überkleidet die gesamte Oberfläche des Herzens und steht mit dem Myokard entweder direkt oder über kleine Fettpolster in Kontakt. Die Fettpolster dienen dem Ausgleich von Unebenheiten der Herzoberfläche. In der Region der Herzbasis, an der Stelle, wo die Gefäße in das Herz hinein oder von diesem weg führen, geht das Epikard in das Perikard über. Zwischen beiden befindet sich ein seröser **Gleitspalt**, dessen Funktion es ist, die Verschieblichkeit des Herzens während der Herzaktionen zu gewährleisten.

Das **Perikard** (parietales Blatt) ist im Bereich des Diaphragmas und der Brustwand mit seiner Umgebung verwachsen, ansonsten nur locker in seine Umgebung eingebaut. Der Herzbeutel wird nicht nur durch seinen Inhalt, sondern auch durch den im Brustraum herrschenden Unterdruck weitgehalten. Im Unterschied zum Epikard ist das Perikard nur sehr wenig dehnbar, da es aus straffem kollagenem Bindegewebe aufgebaut ist. Bei Stichverletzungen des Herzens kann es deshalb zu einer Kompression des Herzens kommen, und zwar durch Blut, das in den Spalt zwischen Epikard und Perikard ausgetreten ist. In einem solchen Fall spricht man von einer Herztamponade; sie verläuft meist tödlich.

7.1.2 Herzinnenräume

Sowohl das linke wie auch das rechte Herz besitzen je einen Vorhof (Atrium) und eine Kammer (Ventrikel).

Der **rechte Vorhof** nimmt das aus dem großen Körperkreislauf zurückströmende Blut auf. Dieses Blut ist venöses Blut, d.h., es ist O_2-arm und CO_2-reich. Es wird über die obere und untere Hohlvene (V. cava superior und V. cava inferior) aus der oberen und unteren Körperregion zum Herzen zurück transportiert. Zusätzlich mündet in den rechten Vorhof der Sinus coronarius, über den venöses Blut aus dem Herzmuskel selber fließt.

Aus dem rechten Vorhof fließt das Blut in die rechte Kammer, von der es durch eine Klappe getrennt ist. Diese Klappe hat die Funktion eines Ventils und kann wie die anderen Ventile des Herzens – je nach Herzaktion – geöffnet oder geschlossen sein. Aus der rechten Herzkammer wird das Blut ebenfalls durch eine Klappe in die Lunge gepumpt. Nach Durchlaufen der Lungen gelangt das frisch mit Sauerstoff beladene (arterialisierte) Blut zum Herzen zurück. Es mündet über 2 linke (Vv. pulmonales sinistrae) und 2 rechte Venen (Vv. pulmonales dextrae) in den linken Vorhof (Abb. 7.4).

Aus dem **linken Vorhof** gelangt das Blut in die linke Kammer, die vom Vorhof ebenfalls durch eine Klappe getrennt ist. Aus der linken Kammer schließlich gelangt das Blut über eine Klappe in die Aorta und damit in den großen Körperkreislauf (s. Abb. 7.1).

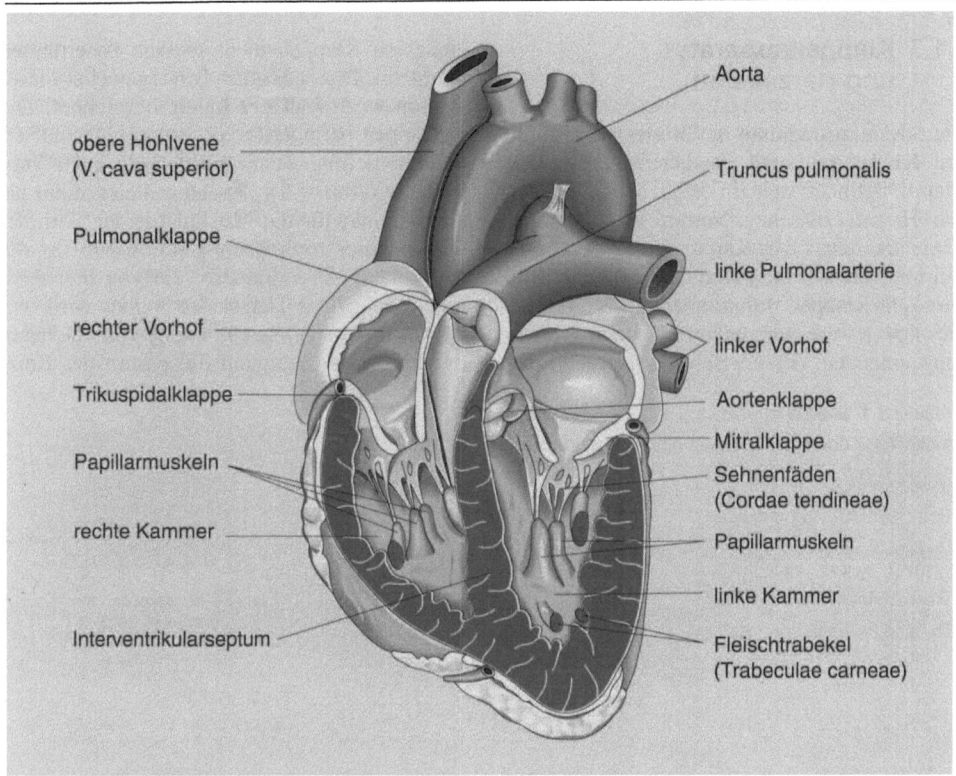

Abb. 7.4. Schnitt durch das Herz von der Basis zur Herzspitze, bei dem beide Vorhöfe und beide Kammern getroffen sind. Vom Boden der Kammern entspringen die Papillarmuskeln, die über Sehnenfäden (Chordae tendineae) an der Trikuspidal- und der Mitralklappe ansetzen

Der Widerstand im Körperkreislauf, gegen den das Blut aus dem linken Herzen ausgepumpt werden muß, ist viel größer als der Widerstand im Lungenkreislauf, gegen den das Blut aus dem rechten Herzen ausgepumpt werden muß. Deshalb ist die Wand des linken Ventrikels mit ca. 1 cm doppelt so dick wie die Wand des rechten Ventrikels. Die Muskulatur der Vorhöfe ist dagegen nur sehr dünn, da die Funktion der Vorhöfe größtenteils eine passive ist.

Die Wand, die zwischen den beiden Herzen liegt, besteht aus einem bindegewebigen und einem muskulären Teil.

Der **muskuläre Teil** ist besonders im Bereich der Kammern (Ventrikel) stark ausgebildet; er wird deshalb als Septum interventriculare bezeichnet (s. Abb. 7.4). Die Wände der Vorhöfe sind glatt. Als Vergrößerung der Vorhöfe sind die Herzohren (Auricula dextra und sinistra) zu verstehen. Ihre Innenwand wird durch kammartige Muskeln (Mm. pectinati) gebildet.

Im Bereich der **Herzkammern** ist die Wand ebenfalls durch Muskelzüge, die sich wulstartig vorbuchten, geformt. Diese Muskelwülste werden hier **Fleischtrabekel** (Trabeculae carneae) genannt (s. Abb. 7.4). Aus diesen Fleischtrabekeln ziehen vom Boden des Ventrikels papillenartige Muskeln an die Klappen zwischen Vorhof und Kammer, die Papillarmuskeln (Mm. papillares). Sie heften über Sehnenfäden (Chordae tendineae) an den Segelklappen an und sorgen dafür, daß die Segelklappen bei einer Kontraktion des Herzmuskels nicht auf die andere Seite umschlagen können. Dies ist wichtig, da sonst eine gleichbleibende Strömungsrichtung nicht gewährleistet ist.

7.1.3 Klappenapparat und Herzskelett

Die Strömungsrichtung des Blutes wird durch den **Klappenapparat** gewährleistet. Je eine Klappe befindet sich im rechten wie im linken Herzen zwischen Vorhof und Kammer sowie zwischen der Kammer und dem großen bzw. dem kleinen Kreislauf (Tabelle 7.1). Diese 4 Klappen funktionieren als Ventile. Sie sind jeweils von einem bindegewebigen Ring umgeben, der im Bereich zwischen den

einzelnen Klappen in dreieckige Faserplatten übergeht. Das gesamte Bindegewebe dieser Region wird als **Herzskelett** bezeichnet. Die 4 Klappen befinden sich hier ungefähr auf einer Ebene; man nennt sie deshalb auch **Ventilebene** (Abb. 7.5). Das Herzskelett dient als Ansatzpunkt für die Muskulatur der Vorhöfe, die von hier nach oben zieht, sowie für die Muskulatur der Kammern, die von hier nach unten zieht. Das Herzskelett selber wird weder von Muskelfasern noch von Gefäßen durchbrochen. Lediglich die Fasern des Reiz-

Tabelle 7.1. Lage und Bezeichnung der Herzklappen

Herzklappe	Rechts	Links
Zwischen Vorhof und Kammer	Trikuspidalklappe (3-Segelklappe)	Bikuspidalklappe (Mitralklappe, 2-Segelklappe)
Zwischen Kammer und A. pulmonalis	Pulmonalklappe (Taschenklappe)	–
Zwischen Kammer und Aorta	–	Aortenklappe (Taschenklappe)

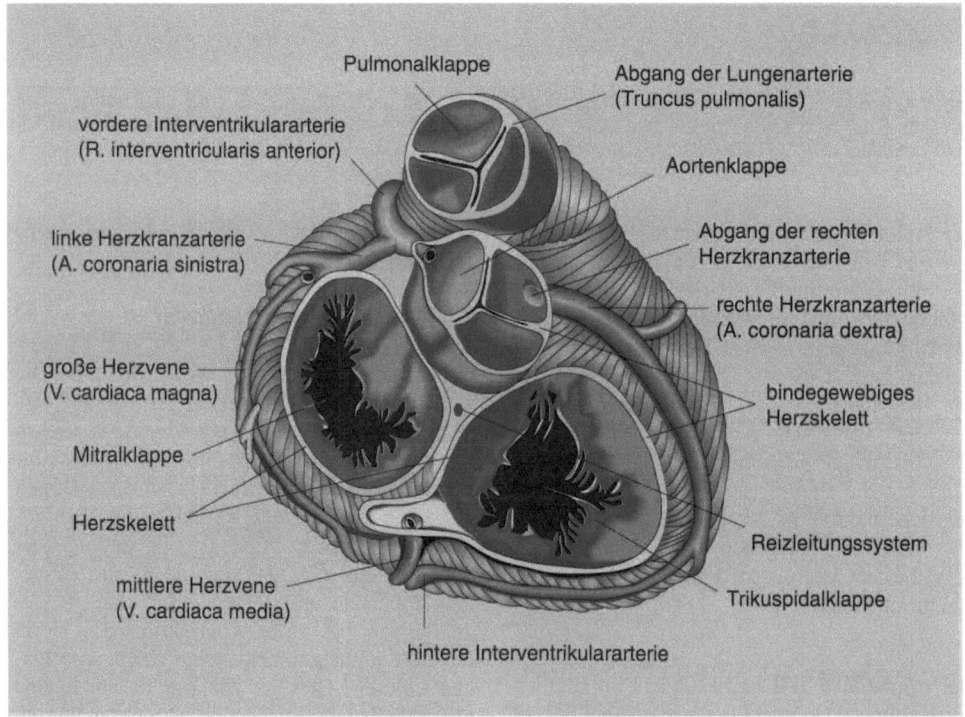

Abb. 7.5. Aufsicht auf die Ventilebene des Herzens, aus Richtung der Herzvorhöfe, die hier nicht dargestellt sind. Im Körper liegt die *oben* gezeichnete Pulmonalklappe ventral. Das Reizleitungssystem durchbricht das Herzskelett. Deutlich sind auch die Abgän-ge der Herzkranzgefäße aus der Aorta zu sehen. In der Ventilebene liegt ein System aus Bindegewebsfasern, das Herzskelett, welches die Herzklappen umgibt und damit befestigt

leitungssystemes durchbrechen das Bindegewebe des Herzskeletts, indem sie vom rechten Vorhof zu den Kammern ziehen.

7.1.4 Herzmuskel (Myokard)

Die Faserzüge des Myokards, die vom Herzskelett zur Herzspitze ziehen, weisen einen
komplizierten Verlauf auf. Außen sind
Schrägfasern, innen Längsfasern und in der
Mitte Ringfasern vorhanden, die schraubenförmig auf die Herzspitze zulaufen. Dabei gehen die Fasern der einzelnen Schichten ineinander über, so daß alle 3 Schichten miteinander verbunden sind. Dadurch wird eine
gleichmäßige Verkleinerung der Herzinnenräume ermöglicht, die ja der Austreibung des
Blutes dient. Wegen der größeren Kraftentwicklung des linken Herzens ist die Wand
des linken Herzens auch deutlich stärker als
die Wand des rechten Herzens (s. Abb. 7.4).

Blutversorgung des Herzmuskels (Myokard)

Im Unterschied zum Skelettmuskel, dem es
möglich ist, eine Sauerstoffschuld einzugehen und diese später in einer Erholungsphase
wieder abzubauen, ist der Herzmuskel auf
eine **kontinuierliche Versorgung mit sauer-
stoffreichem Blut** angewiesen. Dafür genügt
keinesfalls die Diffusion aus den Innenräu-
men des Herzens. Das Blut des rechten Herzens ist zudem noch sauerstoffarm. Die Versorgung des Myokards geschieht deshalb
über ein eigenes Gefäßsystem. Dafür stehen
dem Herzmuskel 2 Herzkranzarterien (Koronararterien) zur Verfügung, die aus der Aorta,
direkt nach ihrem Abgang aus dem Herzen,
entspringen. Diese beiden Gefäße verlaufen
in der Herzkranzfurche (Sulcus coronarius)
zwischen den Kammern und den Vorhöfen.
Von hier aus geben die Herzkranzarterien
verschiedene Äste ab, die das Myokard versorgen (Abb. 7.6). Die wichtigsten Äste sind

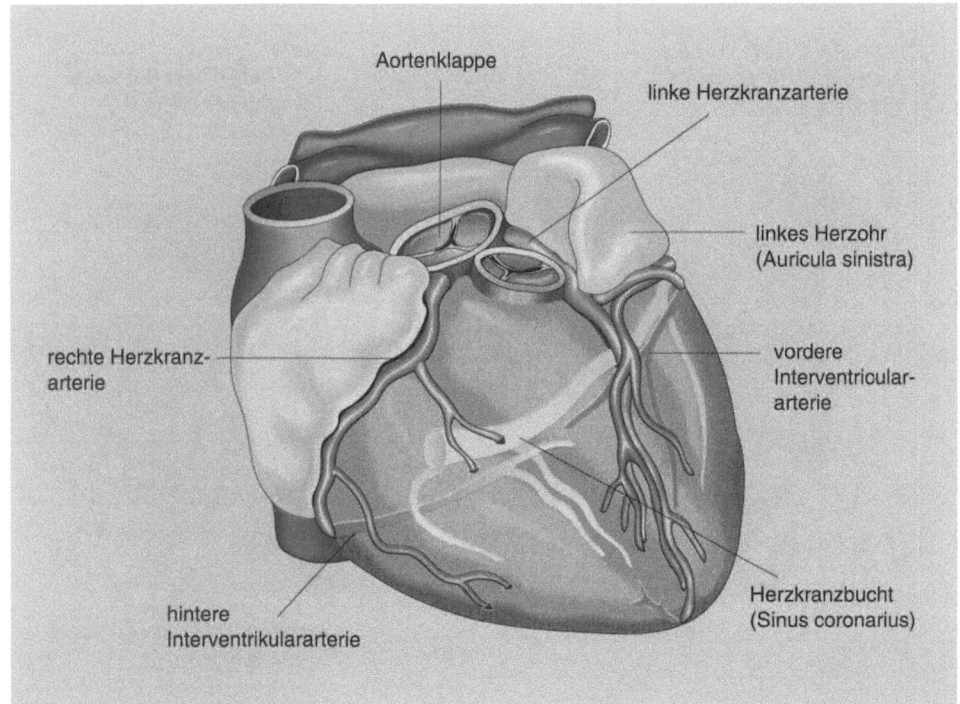

Aortenklappe

linke Herzkranzarterie

linkes Herzohr
(Auricula sinistra)

rechte Herzkranz-
arterie

vordere
Interventricular-
arterie

hintere
Interventrikulararterie

Herzkranzbucht
(Sinus coronarius)

Abb. 7.6. Darstellung der Herzkranzgefäße mit ihren
wichtigsten Ästen. Sowohl die linke wie auch die
rechte Herzkranzarterie entspringen aus der Aorta direkt oberhalb der Aortenklappe. Die Herzkranzbucht
(Sinus coronarius) befindet sich auf der Dorsalseite
des Herzens und ist deshalb nur schemenhaft gezeichnet. Sie ist ein venöses Gefäß, über das die
meisten Herzvenen in den rechten Vorhof münden

der Ramus interventricularis anterior (aus der linken Herzkranzarterie) und der Ramus interventricularis posterior (im Normalfall aus der rechten Herzkranzarterie).

Zwischen den beiden Herzkranzarterien bestehen Verbindungen (Anastomosen), so daß sie anatomisch betrachtet keine Endarterien sind. Diese Anastomosen sind allerdings nur sehr wenig leistungsfähig. Daher kann bei Ausfall einer Herzkranzarterie ihr Versorgungsgebiet nicht von der anderen Herzkranzarterie übernommen werden. Sie werden deshalb als **funktionelle Endarterien** bezeichnet.

Je nach Belastung des Körpers und damit auch Schnelligkeit des Herzschlages werden zwischen 5 und 10% des gesamten Blutvolumens in die Koronararterien abgegeben. Dabei ist die Durchblutung des Myokards phasischen Schwankungen unterworfen:

Während der Kontraktion des Myokards ist die Versorgung vermindert, während der Dilatation erhöht.

Zu Beginn der Kontraktion ist z.B. der Einstrom in das linke Herzkranzgefäß fast vollständig unterbrochen. Während der Dilatation sind die Gefäße dann erweitert und können stärker durchblutet werden. Relativer Sauerstoffmangel ist ein sehr stark dilatierend wirkender Faktor.

7.1.5 Herzmechanik

Die Kontraktion der Herzwand wird **Systole**, die Dilatation wird **Diastole** genannt. Die einzelne Herzaktion beginnt mit einer Kontraktion der Vorhöfe (Vorhofsystole), durch welche die Ventilebene, bei offenen Segelklappen, über das Blut vorhofwärts hinweggezogen wird (Abb. 7.7).

Ungefähr 30% des Inhalts der Ventrikel werden durch die Vorhofsystole in die Kammern hineinbefördert. 70% der Ventrikelfüllung erfolgen passiv während der Kammerdiastole, durch den bei der Dilatation erfolgenden Einstrom des Blutes in das Herz.

Bei jedem Herzschlag folgt auf die Systole der Vorhöfe (bei gleichzeitiger Diastole der Kammern) die Systole der Kammern (bei

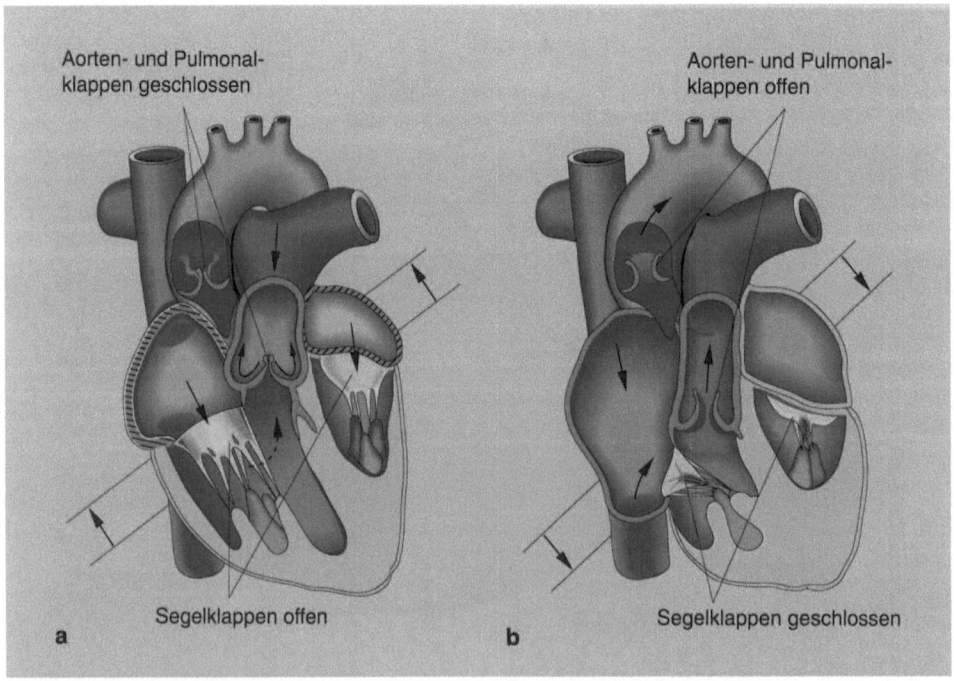

Abb. 7.7a, b. Pumpvorgang des Herzens. **a** Vorhofkontraktion bei gleichzeitiger Diastole der Kammer. **b** Kammerkontraktion (Systole) bei gleichzeitigem Einstrom von Blut in den Vorhof. Die *inneren Pfeile* geben die Strömungsrichtung des Blutes an. Die *äuße-* *ren Pfeile* zeigen die gleichzeitig erfolgende Verschiebung der Ventilebene, durch die ein Großteil des Blutvolumens in die Kammer (**a**) und in den Vorhof (**b**) verschoben wird

gleichzeitiger Diastole der Vorhöfe). Wenn sich Vorhöfe und Kammern gleichzeitig kontrahieren (z.B. bei AV-Rhythmus), kann das Füllen der Ventrikel durch die Vorhöfe nicht durchgeführt werden. Daraus entsteht eine Leistungsverminderung des Herzens. Bei 75 Schlägen pro Minute liegt zwischen 2 Kontraktionen der Herzmuskulatur eine Pause von 0,4 s.

Die Systole der Kammern wird in 2 Phasen unterteilt:

- Anspannungszeit,
- Austreibungszeit.

Während der **Anspannungszeit** kommt es zunächst zu einer **isovolumetrischen Kontraktion.** Das bedeutet:

Der Herzmuskel zieht sich zusammen, die Atrioventrikularklappen schließen sich. Der Inhalt des Herzens, das Blut, ist inkompressibel, d.h. es kann in seinem Volumen nicht verkleinert werden. Deshalb wird die Kontraktion **isovolumetrisch** genannt (gleichbleibendes Volumen).

Der Druck des Blutes, das vom Myokard umschlossen ist, steigt hingegen steil an bis zu dem Punkt, an dem er mindestens gleich hoch oder höher als im anschließenden arteriellen Teil des Gefäßsystems ist. Dann öffnen sich durch den hohen Druck die Semilunarklappen (Taschenklappen), und die **Austreibungsphase** beginnt, d.h. das Blut wird ausgetrieben. Gegen Ende der Austreibungsphase (auch Ende der Systole) liegt der ventrikuläre Blutdruck wieder etwas unterhalb des arteriellen Druckes. Durch die vermittelte kinetische Energie (Trägheit des Blutes) wird trotzdem noch ein wenig mehr Blut ausgetrieben. Durch den höheren arteriellen Druck kommt es dann aber sofort zum Verschluß der Taschenklappen, so daß kein Blut mehr in die Kammern zurückströmen kann (Tabelle 7.2).

Die Vorgänge während eines Herzschlags laufen im linken wie im rechten Herzen analog ab, jedoch mit einer geringen zeitlichen Verschiebung, die durch unterschiedliche Erregungsausbreitung und durch Unterschiede des Blutdruckes in der Aorta und der Pulmonalarterie bedingt sind.

7.1.6 Reizbildung und Erregungsleitung

Das Erregungsleitungssystem hat folgende Bestandteile (Abb. 7.8):

- Sinusknoten (SA-Knoten, Schrittmacher),
- AV-Knoten,
- His-Bündel (2 Schenkel; der linke teilt sich in einen vorderen Ast, den anterioren Faszikel und einen hinteren Ast, den posterioren Faszikel),
- Purkinje-Fasern (Endaufzweigung).

Die Herzmuskulatur benötigt zur Kontraktion (ebenso wie die Skelettmuskulatur und die glatte Muskulatur) einen nervösen Impuls. Wenn das Herz ausreichend mit Sauerstoff, Energieträgern und Elektrolyten versorgt wird, kann es auch außerhalb des Körpers schlagen. Daran wird deutlich, daß der **nervöse Impuls** nicht von außen an das Herz gelangt, sondern aus dem Herzen selber stammt. Die rhythmische Folge der Herzkontraktionen wird deshalb als **Autorhythmie** bezeichnet. Die Autorhythmie hat ihre Ursache darin, daß gewisse Regionen des Herzens ein instabiles Membranpotential aufweisen, das nach jedem Impuls vom Ruhepotential spontan wieder bis zur „Schwelle" absinkt, an der automatisch ein Aktionspotential abläuft.

Ein Aktionspotential ist die Grundlage für die dadurch ausgelöste Myokardkontraktion. In anderen Geweben wird ein Nervenimpuls immer über Nervenfasern geleitet, deshalb hat man auch im Herzen lange Zeit vergeblich nach Nervenfasern gesucht. Die Zellen, welche die im Herzen gebildeten Impulse weiterleiten, sind modifizierte Muskelfasern, die relativ wenige kontraktile Fibrillen enthalten und größer sind als die anderen Herzmuskelzellen. Wegen ihrer Ähnlichkeit mit den normalen Myokardzellen sind die Zellen der Erregungsleitung lange Zeit übersehen worden.

Tabelle 7.2. Druckverhältnisse während der Herzaktion

Abschnitt	Systole [mm Hg]	Diastole [mm Hg]
Linke Kammer	120	2–8
Aorta	120	80
Rechte Kammer	25	0–4
Pulmonalarterie	25	15

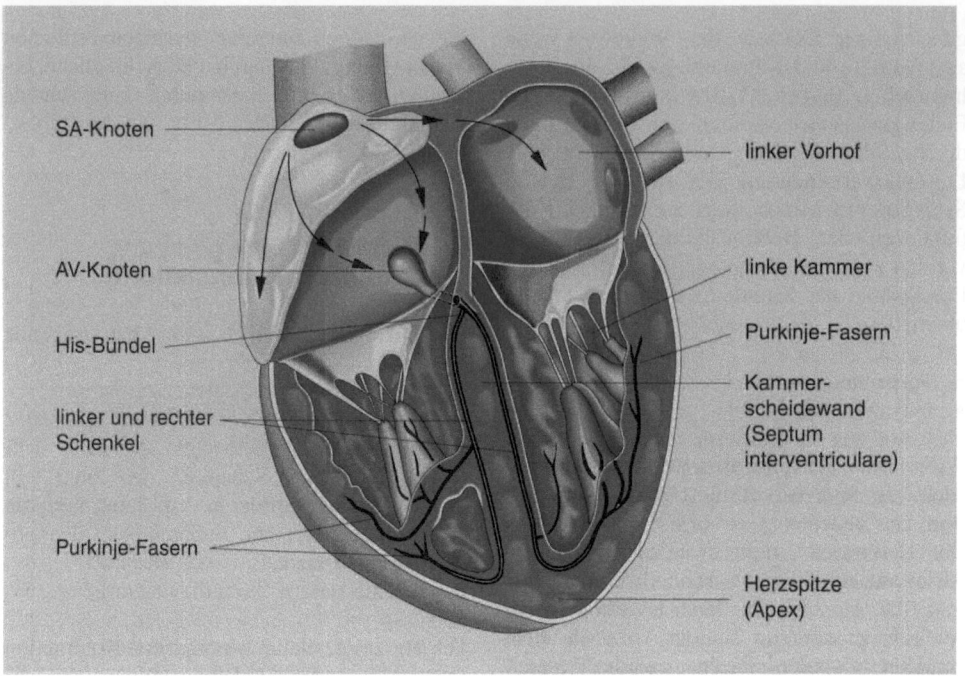

Abb. 7.8. Reizleitungssystem des Herzens. Der Schrittmacher der Herzfrequenz ist der Sinusknoten (SA-Knoten, Sinoatrialknoten). Der Atrioventrikularknoten (AV-Knoten) wird über die Vorhofmuskulatur erregt und leitet den Impuls weiter über das His-Bündel mit seinen Schenkeln bis zu den Purkinje-Fasern. Die *Pfeile* zeigen die Erregungsausbreitung im Bereich der Vorhöfe an

Der Ablauf der Kontraktionen im Herzen ist durch die spezifische Art der Erregungsausbreitung und Erregungsleitung im Herzen so gestaltet, daß sich die Vorhöfe zwangsläufig vor den Kammern kontrahieren. Der Impuls für die Erregung entsteht in der Wand des rechten Vorhofs, am Übergang zur oberen Hohlvene (V. cava superior). Dieses Gebiet wird als Sinuatrialknoten (Sinusknoten bzw. SA-Knoten oder auch Keith-Flack-Knoten) bezeichnet. Der **Sinusknoten** ist also der eigentliche Schrittmacher der Herzaktionen.

Neben dem Sinusknoten ist noch eine andere Gewebezone zur Autorhythmie befähigt, das Gewebe des Atrioventrikularknotens (AV-Knoten oder Aschoff-Tawara-Knoten). Der **AV-Knoten** liegt unmittelbar oberhalb und neben der Trikuspidalklappe im Vorhofbereich. Zwischen Sinusknoten und AV-Knoten besteht keine direkte Verbindung, die Erregungsausbreitung erfolgt nur über die Vorhofmuskulatur. Dies ist sinnvoll, da die Ausbreitung über das Myokard etwas langsamer ist als über das Erregungsleitungssystem. Dies sowie eine kurze Verzögerung der Wei-

terleitung durch den AV-Knoten machen die „Überleitungszeit" aus, die gewährleistet, daß der Vorhof sich vor der Kammer kontrahiert. Sobald der AV-Knoten erregt ist, leitet er die Erregung über das Erregungsleitungssystem an das restliche Myokard weiter. Zum Erregungsleitungssystem (aus den erwähnten modifizierten Muskelfasern bestehend) gehören das His-Bündel, das sich in 2 Schenkel aufteilt, die links und rechts im Kammerseptum verlaufen und sich in die Purkinje-Fasern im Bereich der Herzspitze aufspalten (Abb. 7.8).

Fällt der Sinusknoten als Schrittmacher aus, dann kann diese Funktion theoretisch auch vom AV-Knoten übernommen werden (AV-Rhythmus). Seine Entladungsfrequenz liegt allerdings deutlich unterhalb der des Sinusknotens, d.h. das Herz schlägt damit auch deutlich langsamer.

Das Myokard selber ist auch zur Autorhythmie befähigt; allerdings liegt seine Frequenz noch tiefer als die Frequenz des AV-Knotens. Mit ihr wäre die Funktionstüchtigkeit des Herzens nicht mehr gewährleistet.

Die Frequenzen des Herzens unter vegetativem Einfluß betragen:

- Sinusknotenfrequenz:
  60–80 Herzschläge/min,
- AV-Knotenfrequenz:
  40–60 Herzschläge/min,
- Myokardfrequenz:
  30–40 Herzschläge/min.

Wenn unter pathologischen Bedingungen die Schrittmacherfunktion nicht mehr vom Sinusknoten gewährleistet ist und z.B. vom AV-Knoten übernommen wird, arbeiten Vorhöfe und Kammern nicht mehr synchron (Überleitungszeit), und die Leistung des Herzens ist beeinträchtigt. Deshalb muß in solchen Fällen ein künstlicher Schrittmacher eingepflanzt werden.
Zwischen der Schrittmacherregion, d.h. zwischen dem Sinusknoten und dem AV-Knoten, sowie den übrigen Bestandteilen des Erregungsleitungssystems besteht lediglich über die Muskulatur des rechten Vorhofs eine Verbindung.

7.1.7 Vegetative Herznerven

Unter dem Begriff der Herznerven versteht man Nerven, die von außen an das Herz gelangen und es in seiner Aktivität beeinflussen. Es sind Fasern des Sympathikus und des Parasympathikus. Sie üben einen regelnden Einfluß auf das Herz aus. Dies wird deutlich, wenn ein Herz aus dem Körper entnommen wird und damit vom regelnden Einfluß des vegetativen Nervensystems befreit wird; dann schnellt der Rhythmus von ca. 70 Schlägen/min auf 100 Schläge/min in die Höhe.

Sympathikus und **Parasympathikus** (die beiden Antagonisten im vegetativen Nervensystem) beeinflussen sowohl die Schlagfrequenz, die Kraftentwicklung, den Erregungsablauf wie auch die Erregbarkeitsschwelle. Der Sympathikus fördert die Herztätigkeit im positiven Sinne, der Parasympathikus dagegen hemmt die Herztätigkeit im Sinne einer Leistungsverringerung. Die Transmittersubstanzen (Überträgerstoffe) des Sympathikus und Parasympathikus haben dementsprechend eine große Wirkung auf die Herztätigkeit. So ist z.B. das Azetylcholin, die Überträgersubstanz des Parasympathikus, noch in einer

Verdünnung von 1:1000000 herzwirksam und dämpft die Herztätigkeit.

7.1.8 Herztöne

Es wird deutlich unterschieden zwischen Herztönen und Herzgeräuschen.

Herztöne sind physiologisch, **Herzgeräusche** dagegen sind in der Regel pathologisch und beruhen meist auf einem Defekt, z.B. an den Herzklappen.
Unter Normalbedingungen sind während der Herzkontraktion 2 Herztöne zu hören:

- Die beginnende Kammersystole erzeugt den 1. tieferen **Anspannungston**. Dieser Ton hat eine Frequenz von ca. 25–45 Hz (Schwingungen pro Sekunde) und entsteht durch die Schwingung der geschlossenen Segelklappen sowie der gesamten Ventrikelwand bei der Kontraktion um den inkompressiblen Inhalt.
- Der 2. Herzton ist kürzer und besitzt eine etwas höhere Frequenz von ca. 50 Hz. Er wird verursacht durch den Aorten- und Pulmonalklappenschluß (beides Taschenklappen). Durch zeitliche Verschiebung von Aorten- und Pulmonalklappenschluß kann es zu einer Spaltung (Verdoppelung) des 2. Herztones kommen.

Unter besonderen Umständen können noch ein 3. und ein 4. Herzton vorhanden sein.

- Der 3. eventuell vorhandene Herzton kommt durch den diastolischen Bluteinstrom in den Ventrikel zustande.
- Der 4. Herzton kann durch eine Schwingung der Vorhofmuskulatur entstehen.

7.1.9 Pumpleistung des Herzens

Die Blutmenge, die pro Herzaktion von jeder Herzkammer (Ventrikel) gefördert wird, bezeichnet man als **Schlagvolumen** (SV). Es beträgt bei einem Menschen durchschnittlicher Größe in Ruhe und Rückenlage ca. 80 ml. Die Förderleistung des Herzens pro Zeiteinheit (pro Minute) wird als **Herzminutenvolumen** (**HMV**)[5] bezeichnet. Unter den

---

[5] Eine andere Bezeichnung für Herzminutenvolumen ist der Begriff Herzzeitvolumen (HZV).

obengenannten Bedingungen beträgt das HMV ca. 5,6 l/min (80 ml·70 Schläge/min). Die Anpassung des HMV an die jeweiligen Erfordernisse erfolgt durch Änderung des Schlagvolumens und/oder durch Änderung der Frequenz des Herzschlages. Dabei wird das Schlagvolumen auf 3 Arten verändert:

- durch die Länge der Herzmuskelfasern (Vordehnung),
- durch den Druck in der Aorta (peripherer Widerstand),
- durch Sympathikuswirkung (Kontraktilitätszunahme des Myokards).

Sympathikusreizung verstärkt bei einer gegebenen Faserlänge die Kraft der Myokardkontraktion. Kräftigere Systolen bei unveränderter Faserlänge vergrößern allerdings das Schlagvolumen auf Kosten des endsystolischen Restvolumens. Das heißt nichts anderes, als daß mehr Blut ausgestoßen wird und dementsprechend weniger Blut im Ventrikel am Ende der Systole zurückbleibt. Dies wiederum bedeutet, daß die Vordehnung des Myokards geringer ist. Das Verhältnis zwischen Länge und Spannung der Muskelfasern ist beim Myokard ähnlich, wie es beim Skelettmuskel ist. Bei Dehnung des Muskels nimmt seine Spannung bis zu einem Maximum zu, um dann bei noch stärkerer Dehnung wieder abzunehmen. Diese Zusammenhänge sind im **Frank-Starling-Herzgesetz** formuliert worden:

> Die Kraft der Kontraktion ist proportional der initialen Länge der Herzmuskelfaser. Die Länge der Herzmuskelfaser (Vordehnung) ist proportional dem enddiastolischen Volumen (EDV), d.h. der Ventrikelfüllung.

Die Funktion des Herzens ist normalerweise so geregelt, daß beim Anstieg des venösen Rückstroms zum Herzen der diastolische Einstrom größer wird, woraus eine größere Vordehnung resultiert. Dies führt zu einer größeren Kraft; dementsprechend kontrahiert der Herzmuskel kräftiger und kann mehr Blut ausstoßen. Während Arbeit nimmt der venöse Rückstrom zu, und zwar durch die Muskelpumpe (Druck der Muskulatur auf die Gefäße) und durch die verstärkte Atmung, die durch den im Brustkorb erzeugten Unterdruck den Rückfluß fördert. Zusätzlich wird

in der arbeitenden Muskulatur durch Stoffwechselprodukte, die zu einer arteriellen Gefäßdilatation führen, der periphere Widerstand reduziert. Das Ergebnis ist ein rascher und deutlicher Anstieg des HMV. Über den Frank-Starling-Mechanismus wird eine Erhöhung oder Erniedrigung des peripheren Widerstandes im Sinne einer Autoregulation ausgeglichen.

Am Ende der Systole (Kontraktion) bleiben im Ventrikel durchschnittlich 70 ml Blut zurück. Dies ist ein normaler Vorgang, der zu der nötigen Vordehnung der Myokardfasern führt.

7.1.10 Elektrokardiogramm (EKG)

Wie alle anderen lebenden Zellen haben auch die Myokardzellen ein **Ruhemembranpotential**; es beträgt −80 mV. Durch ein rhythmisches Absinken dieses Ruhemembranpotentials bis an den „firing level" (Schwelle bei −55 mV) kommt es im Bereich des Sinusknotens zur Ausbildung von Aktionspotentialen, die sich aufgrund der Disci intercalares (Glanzstreifen der Herzmuskulatur) zwischen den einzelnen Herzmuskelzellen und aufgrund des Reizleitungssystems sehr rasch über das gesamte Myokard ausbreiten können. Dadurch wird die Kontraktion der Herzmuskelzellen ausgelöst. Die Geschwindigkeit des Absinkens (Depolarisation) des Membranpotentials bis zur Schwelle ist verantwortlich für die Schnelligkeit des Herzschlags.

Das **Aktionspotential**, das sich rhythmisch über den Herzmuskel ausbreitet, gelangt aber auch an die Körperoberfläche, da es über die Körperflüssigkeiten weitergeleitet wird. In den Körperflüssigkeiten befinden sich Elektrolyte, die – als gute elektrische Leiter – eine Ausbreitung der Potentialänderungen bis an die Körperoberfläche ermöglichen. Die an der Oberfläche meßbaren Potentialschwankungen betragen ca. 1 mV, müssen also mit entsprechenden Geräten verstärkt werden. Die Potentialschwankungen entsprechen der algebraischen Summe aller gebildeten Aktionspotentiale.

Das an der Körperoberfläche gemessene EKG ist Ausdruck der Herzerregung und nicht der Muskelkontraktion. Die Muskelkontraktion ist allerdings durch die elektromechanische Koppelung gewährleistet, durch die sich der Muskel bei Erregung zwangsläufig kontrahieren muß.

Für die Messung des EKG werden in der Regel 2 verschiedene Meßmethoden angewandt:

- die unipolare Ableitung (nach Wilson),
- die bipolare Ableitung (nach Einthoven).

Unipolare Ableitung:

Bei der unipolaren Ableitung werden 3 Extremitätenableitungen durch Widerstände miteinander verbunden, dadurch heben sich die meßbaren Schwankungen gegenseitig auf, und die daraus resultierende Ableitung wird als indifferent bezeichnet. An 6 verschiedenen genau definierten Orten der Brustwand (V_1–V_6) wird eine differente Elektrode angelegt. Gemessen werden die Schwankungen zwischen differenter und indifferenter Elektrode.

Bipolare Ableitung:

Bei der bipolaren Ableitung werden die Potentialänderungen jeweils zwischen 2 Extremitäten gemessen. Hierbei gilt:

- Ableitung I: rechter Arm–linker Arm,
- Ableitung II: rechter Arm–linker Fuß,
- Ableitung III: linker Arm–linker Fuß.

Durch die Erregungsausbreitung (**Depolarisation**) und den Erregungsrückgang (**Repolarisation**) kommt ein typisches Muster von Summenpotentialschwankungen zustande; diese werden als **Elektrokardiogramm** bezeichnet (Abb. 7.9 zeigt ein typisches EKG bei einer bipolaren Ableitung II).

Die inkonstante U-Welle entsteht wahrscheinlich durch die Repolarisierung der Papillarmuskeln.

Die einzelnen Zacken und Ausschläge beim EKG werden mit den Buchstaben **P**, **Q**, **R**, **S**, **T** bezeichnet. Dabei sind v.a. die Intervalle zwischen den Zacken von Bedeutung (Tabelle 7.3).

Die Überleitungszeit ist die Zeit vom Beginn der Vorhoferregung bis zum Beginn der Kammererregung. Diese Zeit beträgt in der Regel weniger als 0,2 Sekunden. Sie ist notwendig, um die Vorhofkontraktion vor der Kammerkontraktion ablaufen zu lassen, und ist bedingt durch die Verzögerung der Reizleitung im AV-Knoten.

Die normale Ruheherzfrequenz beträgt ca. 70 Schläge/min. Im Schlaf schlägt das Herz langsamer. Durch Arbeit, Schmerz, Emotionen, Fieber etc. wird der Herzrhythmus erhöht. Eine Verminderung des Herzrhythmus unter 60 Schläge/min nennt man **Bradykardie**, eine Erhöhung über 100 Schläge/min **Tachykardie**.

7.2 Blutgefäßsystem

7.2.1 Aufbau des Blutgefäßsystems und Blutfluß

Die Funktion des Kreislaufs ist zwingend an das Vorhandensein eines Gefäßsystems gebunden. In das Gefäßsystem sind das linke und das rechte Herz als Pumpen eingefügt.

Das vom linken Herzen ausströmende Blut verteilt sich auf die parallel geschalteten Organe und wird nach dem Durchlaufen der Organe zum rechten Herzen zurückgeführt. Dieser Abschnitt des Kreislaufs wird als großer oder **Körperkreislauf** bezeichnet.

Das vom rechten Herzen weitertransportierte Blut fließt durch das Lungengefäßsystem und gelangt dann wieder zum linken Herzen zurück. Dieser Abschnitt des Gefäßsystems wird als kleiner oder **Lungenkreislauf** bezeichnet.

Die Verteilung des Blutes in den einzelnen Organen und Abschnitten des Kreislaufs ist von der Körperfunktion abhängig. Bei starker Muskeltätigkeit wird die Zufuhr zu inneren Organen reduziert, und die Muskelgefäße weiten sich, damit möglichst viel Blut die Muskulatur mit Sauerstoff versorgen kann.

Die Gesamtmenge des Blutes ist nicht ausreichend, um alle Organe gleichzeitig maximal zu versorgen. Deshalb kann die Versorgung der einzelnen Organe sehr stark variieren.

- Gefäße, die das Blut dem Herzen zuführen, werden als **Venen** bezeichnet.
- Gefäße, die das Blut vom Herzen wegführen, werden als **Arterien** bezeichnet.

Die großen Arterien teilen sich auf in kleine Arterien, aus denen dann die Ateriolen hervorgehen. Diese münden in Kapillaren ein. In den Kapillaren findet der Stoffaustausch zwischen dem Blut und dem Gewebe statt. Aus den Kapillaren fließt das Blut in Venolen

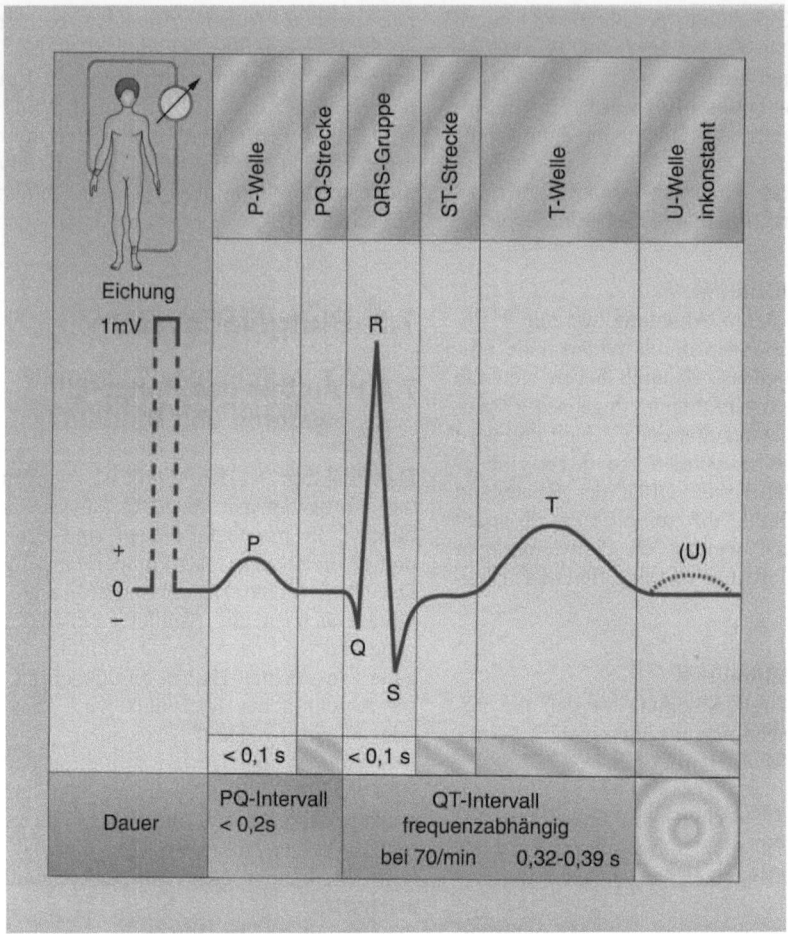

Abb. 7.9. Elektrokardiogramm (EKG) einer bipolaren Ableitung (nach Einthoven). Der *gestrichelte Teil* der Kurve entspricht der Eichung von 1 mV. Die U-Welle ist nicht immer vorhanden und entspricht wahrscheinlich der Repolarisierung der Papillarmuskeln; zur Bedeutung der Intervalle s. Tabelle 7.3

(auch als Venulen bezeichnet), von denen mehrere zu kleinen Venen zusammenfließen, die ihrerseits in große Venen münden. Die großen Venen bringen das Blut zum Herzen zurück.

Auf Abbildungen des Blutgefäßsystems werden die Gefäße mit sauerstoffhaltigem Blut häufig rot und die Gefäße mit sauerstoffarmem Blut blau gezeichnet. In Analogie zum großen Kreislauf wird dementsprechend auch von venösem und von arterialisiertem Blut gesprochen.

Im Gegensatz zum großen Kreislauf ist im kleinen Kreislauf das Blut in den Venen jedoch sauerstoffhaltig und in den Arterien sauerstoffarm.

Tabelle 7.3. Bedeutung der EKG-Intervalle

Intervall	Bedeutung
PR	Vorhofdepolarisation
QRS	Ventrikeldepolarisation
QT	Depolarisation+Repolarisation der Ventrikel
ST	Repolarisation der Ventrikel
PQ	Überleitungszeit

Die Bezeichnung Arterie und Vene bezieht sich also nicht auf den Sauerstoffgehalt, sondern lediglich auf die Tatsache, daß das Blut **vom Herzen weg** oder **auf dieses zu** transportiert wird.

7.2.2 Wandbau der Gefäße

Blut, das vom Herzen wegtransportiert wird, hat einen höheren hydrostatischen Druck als Blut, das zum Herzen zurücktransportiert wird. Dementsprechend ist auch die Gefäßwand sehr unterschiedlichen mechanischen Belastungen ausgesetzt. Dies wiederum führt zu einem unterschiedlichen Wandbau der einzelnen Gefäßtypen.

Auf einem histologischen Schnitt wird der Aufbau der Gefäße deutlich. Bei den größeren Gefäßen (Arterien und Venen) unterscheidet man 3 Schichten:

- Intima,
- Media,
- Adventitia.

Intima

Die Intima ist die innerste Schicht der Gefäße, sie setzt sich zusammen aus dem Endothel (einschichtiges Plattenepithel), den subendothelialen Kollagenfasern sowie einer elastischen Membran, der Elastica interna. Je nach Größe des Gefäßes ist die Elastica interna stärker oder schwächer ausgebildet.

Media

Die Media ist eine Schicht von zirkulär und spiralförmig angeordneten glatten Muskelzellen, zwischen denen Bindegewebsfasern liegen. Neben Kollagenfasern sind es v.a. elastische Fasern, die einen Teil der Media ausmachen.

Adventitia

Die Adventitia schließlich baut die Gefäße in die Umgebung ein. Sie ist eine Schicht aus Bindegewebezellen und -fasern, in der auch häufig Fettzellen vorkommen. Außerdem verlaufen in dieser Schicht auch die versorgenden Nervenfasern und Gefäße (Abb. 7.10 und 7.11).

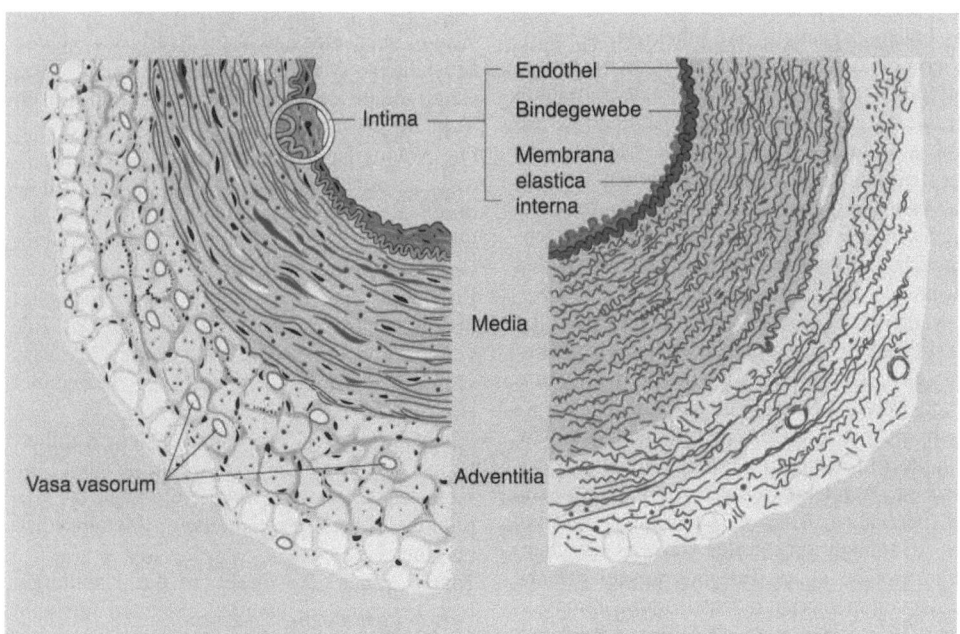

Abb. 7.10. Schnitt durch die Wand einer Arterie. Auf der *linken Hälfte* der Zeichnung ist eine normale Übersichtsfärbung dargestellt, auf der *rechten Hälfte* eine Färbung, die speziell elastische Fasern hervorhebt. Damit wird deutlich, daß die elastischen Fasern nicht nur in der Membrana elastica interna vorhanden sind, sondern auch in der Muskulatur und dem Bindegewebe der Adventitia. Endothel, Subendothel und Membrana elastica interna bilden zusammen die Intima. Im äußersten Teil der Adventitia sind Fettzellen vorhanden. Die Vasa vasorum (Gefäße der Gefäße) sind für die Blutversorgung der Gefäßwand verantwortlich

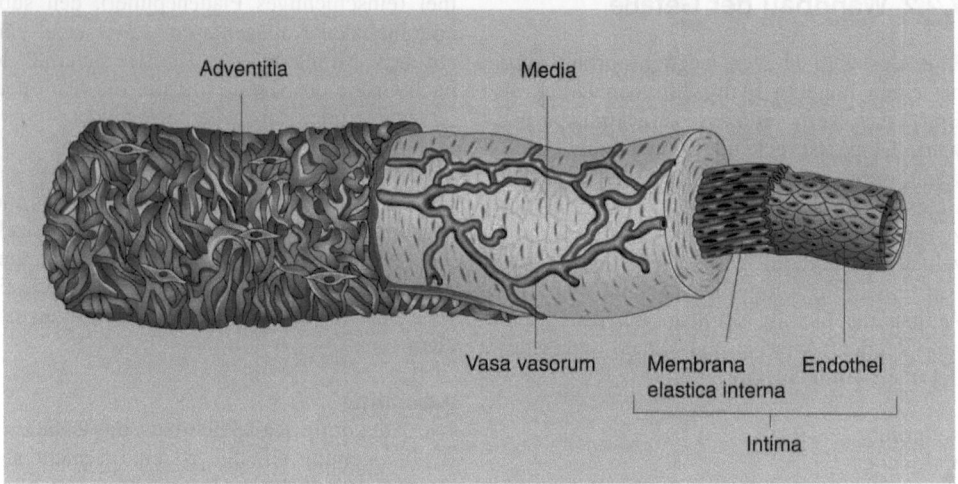

Abb. 7.11. Typischer Gefäßaufbau mit den Schichten der Intima, der Media und der Adventitia

7.2.3 Gefäßarten

Arterien

Die großen herznahen Arterien (Aortà, Truncus brachiocephalicus, A. subclavia, A. carotis communis) sind durch eine dicke Intima und durch dichte elastische Netze innerhalb der Media gekennzeichnet (s. Abb. 7.11). Sie sind aufgrund der elastischen Fasern sehr stark reversibel dehnbar und werden deshalb als **Arterien vom elastischen Typ** bezeichnet. Diese Arterien haben eine große Bedeutung für den kontinuierlichen Blutfluß in den peripheren Gefäßabschnitten. Mit jeder Systole des Herzens wird ein Blutvolumen von 70–140 ml in das arterielle System ausgeworfen. Die dadurch hervorgerufenen rhythmischen Volumenschwankungen setzen sich jedoch nicht bis in die peripheren Gefäßabschnitte fort, sondern werden infolge der elastischen Wandeigenschaften der Aorta und der herznahen Arterien gedämpft. Während der Austreibungsphase des Herzens speichern diese Gefäße einen Teil des ausgeworfenen Schlagvolumens durch Ausdehnung ihres Lumens. Bei sinkendem Gefäßinnendruck im Verlauf der Diastole wird das gespeicherte Volumen an die anschließenden Gefäßabschnitte weitergegeben. Man bezeichnet das als **Windkesselfunktion** (in Analogie zu den in früheren Jahrhunderten bei der Feuerwehr verwendeten Windkesseln). Die Windkesselfunktion tritt prinzipiell nur bei den Arterien

vom elastischen Typ auf. Mit größerer Entfernung vom Herzen nehmen in der Media die elastischen Fasern ab und die glatten Muskelfasern zu. Dadurch besitzen diese Gefäße eine geringere Dehnbarkeit in ihrer Wand, aber eine größere Kraft der glatten Muskulatur. Man bezeichnet sie als Widerstandsgefäße oder **Gefäße vom muskulären Typ.**

Die Wand der größeren Gefäße ist so dick, daß sie nicht mehr vollständig von innen durch das strömende Blut ernährt werden können. Deshalb sind in der Wand größerer Gefäße eigene Gefäßäste vorhanden, die die Ernährung und Versorgung der Gefäßwand übernehmen. Sie verlaufen meist in der Adventitia und der Media. Sie werden als Vasa vasorum (Gefäße der Gefäße) bezeichnet (s. Abb. 7.10).

Kleinere Arterien, die kurz vor dem Kapillargebiet liegen, werden Arteriolen genannt. Die kleinsten Arteriolen, welche direkt in die Kapillaren überleiten, heißen Metarteriolen (s. Abb. 7.12).

Kleine Venen, die direkt an das Kapillargebiet anschließen, werden Venolen genannt (auch gebräuchlich: Venulen).

Venen

Venen haben eine wesentlich dünnere Wand als gleichgroße Arterien aus dem gleichen Stromgebiet. Auch bei ihnen kann man aber eine Intima, eine Media und eine Adventitia unterscheiden. Charakteristisch für die Venenwand ist eine dünne und aufgelockerte Media, die meist deutlich weniger Muskelfasern als die Arterienwand enthält. Durch das Vorhandensein von elastischem und kollagenem Bindegewebe sind die Muskelzellen bündelweise auseinandergedrängt.

Kapillaren

In den Kapillaren findet der eigentliche Stoff- und Gasaustausch statt. Somit stellen die Kapillaren den **funktionell wichtigsten Teil des Kreislaufsystems** dar, auch wenn sie nur ca. 5% des gesamten zirkulierenden Blutes beinhalten. Ihre Wandung besteht praktisch nur noch aus der Intima (Abb. 7.12), d.h. es ist nur noch das Endothel mit einer Basallamina vorhanden. Je nach Organ kann das Endothel Lücken aufweisen (Leber) oder vollständig geschlossen sein (Gehirn).

Kapillaren, die stark ausgeweitet sind und mit ihren Buchten wesentlich zur Strömungsverlangsamung beitragen, werden als sinusoide Kapillaren oder **Sinusoide** bezeichnet. Sinusoide kommen z.B. in der Milz und in der Leber vor.

7.2.4 Spezielle Gefäße und Gefäßbereiche

Venenarten

Bei den Venen werden 2 prinzipielle Arten unterschieden:

- die Hautvenen und
- die Begleitvenen.

Bei den **Hautvenen** handelt es sich um **unpaare** oberflächlich gelegene Venen, die in der Subkutis verlaufen. Sie weisen eine große Zahl von Verbindungen (Anastomosen) untereinander auf und sind durch ihre Lage direkt an der Temperaturregulation beteiligt.

Bei den tiefer gelegenen **Begleitvenen** handelt es sich um **paarige** Venen, die jeweils mit einer gleichnamigen Arterie verlaufen und ebenfalls sehr viele Anastomosen untereinander aufweisen. Diese Anastomosen laufen quer von einem Teil des Venenpaares zum anderen, so daß diese Venen auch den Namen „Strickleitervenen" erhalten haben. Die Begleitvenen liegen meist mit kleineren oder mittleren Arterien in einer gemeinsamen Gefäßscheide aus Bindegewebe. Die Bedeutung dieser „arteriovenösen Koppelung" liegt

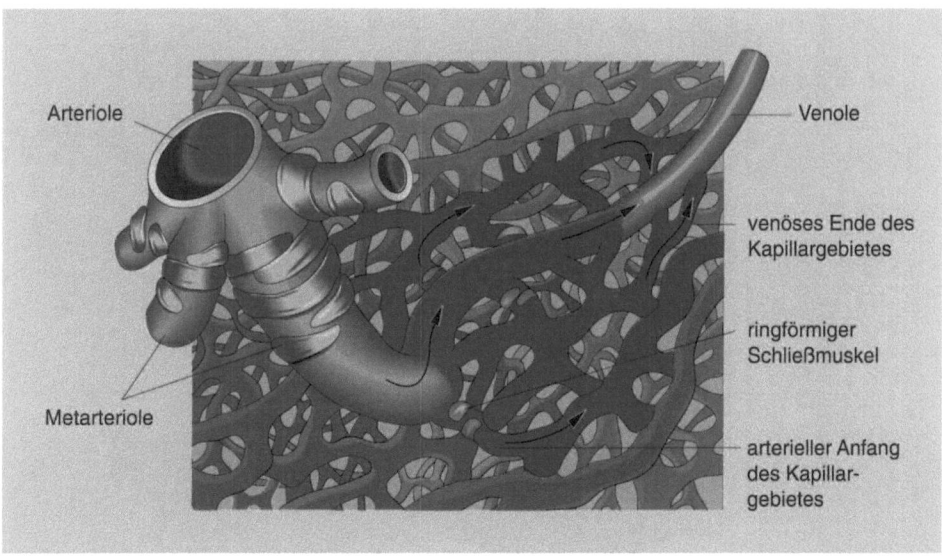

Abb. 7.12. Zwischen der Arteriole und der Venole befindet sich das Kapillarnetz. Vor dem Beginn der Kapillaren befindet sich in der Arteriole ein ringförmiger Schließmuskel (präkapillärer Sphinkter), der die Blutversorgung des Kapillargebietes drosseln kann

darin, daß das Lumen der Venen beim Vor-
beistreichen der Pulswelle in der Arterie zusammengedrückt wird und damit das Blut
verschoben wird. Da in den Venen ventilartige Klappen vorhanden sind (Venenklappen),
kann das Blut nur in Richtung Herz fließen
(Abb. 7.14).
Weitere wichtige Motoren für die Bewegung
des Blutes in den Venen sind

- die Muskelpumpe und
- die Atmung mit ihrem Unterdruck.

Durch die **Muskelpumpe** werden die Gefäße
in den Muskeln zusammengedrückt, und das
Blut muß wegen der Venenklappen herzwärts
fließen. Die durch die **Atmung** bedingte Verstärkung des Unterdrucks im Brustraum hält
das Lumen der Hohlvene offen und begünstigt damit den Blutstrom zum Herzen.

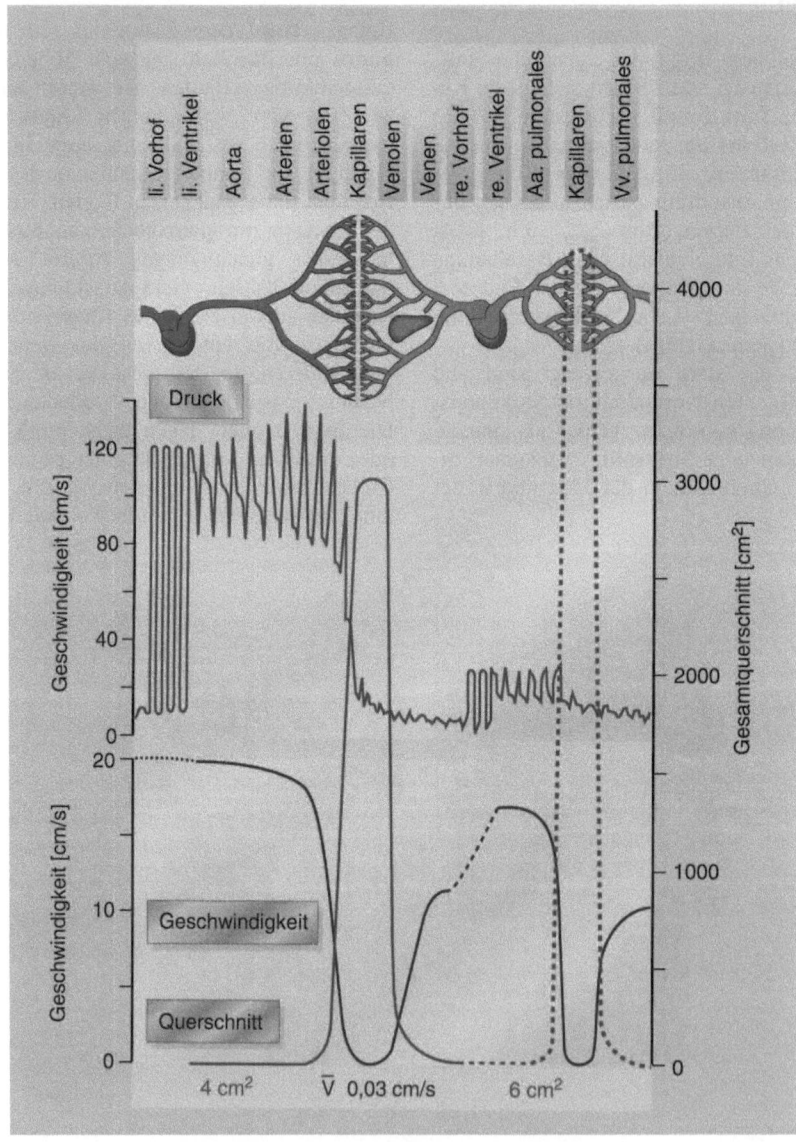

Abb. 7.13. Darstellung der Zusammenhänge zwischen Blutdruck, Gesamtquerschnitt der Gefäße und
der Strömungsgeschwindigkeit in den einzelnen Gefäßabschnitten

Kollateralkreislauf

Als Kollateralkreislauf bezeichnet man die **Verbindung zwischen 2 Arterien** (arterioarterielle Anastomosen). Ihre Funktion liegt in der Aufrechterhaltung der Versorgung einer Region, auch dann, wenn über eines der beiden Gefäße des Kollateralkreislaufs aus physiologischen oder pathologischen Gründen nur noch wenig oder kein Blut mehr fließt. Ein derartiger Kollateralkreislauf ist z.B. im Bereich des Armes vorhanden.

Wenn in einem Stromgebiet keinerlei arterioarterielle Anastomosen vorhanden sind, werden die entsprechenden Arterien als **Endarterien** bezeichnet.

Anastomosen

Verbindungen von Gefäßen untereinander, ohne dazwischengeschaltetes Kapillarnetz, werden – wie bereits oben erwähnt – als Anastomosen bezeichnet. Man unterscheidet

- arterioarterielle Anastomosen,
- arteriovenöse Anastomosen,
- venovenöse Anastomosen.

Zu den **arterioarteriellen** Anastomosen gehören die Kollateralkreisläufe. **Arteriovenöse** Anastomosen sind Kurzschlüsse zwischen Arterien und Venen, deren Funktion darin liegt, die geringe Menge des vorhandenen Blutes im Körper optimal zu verteilen. So wird bei Bedarf der Magen-Darm-Trakt über arteriovenöse Anastomosen nur gering versorgt und dafür z.B. das Blut vermehrt in die Muskulatur geleitet. Grundlage für eine Regulation des Blutstromes sind spezielle sphinkterartige Muskelzüge in der Media der Gefäße, die bei Bedarf kontrahiert werden können.

Venovenöse Anastomosen sind die Venengeflechte in und um verschiedene Organe, aber auch die Hautvenen in der Subkutis. Sie garantieren unter praktisch allen Umständen einen Blutabfluß. Auch dann, wenn z.B. in der Haut durch Liegen, Aufstützen, Sitzen etc. die Venen einer Region so stark komprimiert sind, daß ein Blutdurchfluß nicht mehr möglich ist. Bei besonders ausgeprägten Anastomosen zwischen Venen redet man von einem **Venenplexus**.

7.2.5 Pulswelle, Blutdruck und Blutdruckregulation

Wenn das Blut aus dem Herzen ausgeworfen wird, kommt es zu einer Pulswelle, die sich wesentlich rascher über die Gefäßwände fortsetzt als der Stromfluß in den Gefäßen selber. Pulswelle und Stromfluß haben zwar die gleiche Ursache, nämlich der durch die Kontraktion erfolgte Ausstoß von Blut, sind jedoch völlig unterschiedliche Phänomene. Die Pulswelle entsteht durch den Druckanstieg im Blutgefäßsystem, der Stromfluß durch den Ausstoß des Blutes. Die Pulswellengeschwindigkeit nimmt mit der Entfernung vom Herzen zu. In der Nähe des Herzens beträgt sie ca. 4–5 m/s. In den Arterien des Unterschenkels steigt sie bis auf 9 m/s an. Dies hängt u.a. mit der Zunahme des Widerstandes in den peripheren Gefäßen bzw. der Abnahme der Elastizität zusammen (s. Gefäßarten, 7.2.3).

Die Strömungsgeschwindigkeit des Blutes hängt u.a. vom Gesamtquerschnitt der Blutgefäße in den verschiedenen Stromgebieten ab. Diese Zusammenhänge sind in der Abb. 7.13 dargestellt.

Der Blutdruck selber ist unter Ruhebedingungen abhängig vom peripheren Widerstand und dieser wiederum ist u.a. abhängig vom Alter des Individuums. Die Elastizität der Gefäße nimmt mit dem Alter ab, der Widerstand dementsprechend zu, so daß der Blutdruck steigt. Wenn der Blutdruck einen maximalen Wert übersteigt, spricht man von einer **Hypertonie** (zu hoher Blutdruck). Diese ist nach WHO-Standard (WHO: Weltgesundheitsorganisation) erreicht bei einem Wert von systolisch 160 mmHg und diastolisch 95 mmHg. Diese starre Einteilung berücksichtigt allerdings nicht die altersabhängigen Veränderungen, so daß die folgende Bezeichnung der **oberen Normgrenze** sinnvoller erscheint:

- bis zum 40. Lebensjahr 140/90 mmHg,
- bis zum 50. Lebensjahr 150/90 mmHg,
- bis zum 60. Lebensjahr 160/95 mmHg.

Von einer **Hypotonie** (zu niedriger Blutdruck) spricht man bei einem systolischen Wert von unter 100 mmHg.

Unter Normalbedingungen beträgt der Blutdruck im rechten Vorhof ungefähr 0–4 mmHg, dieser Druck wird auch als **Zentralvenendruck (ZVD)** bezeichnet. Da die

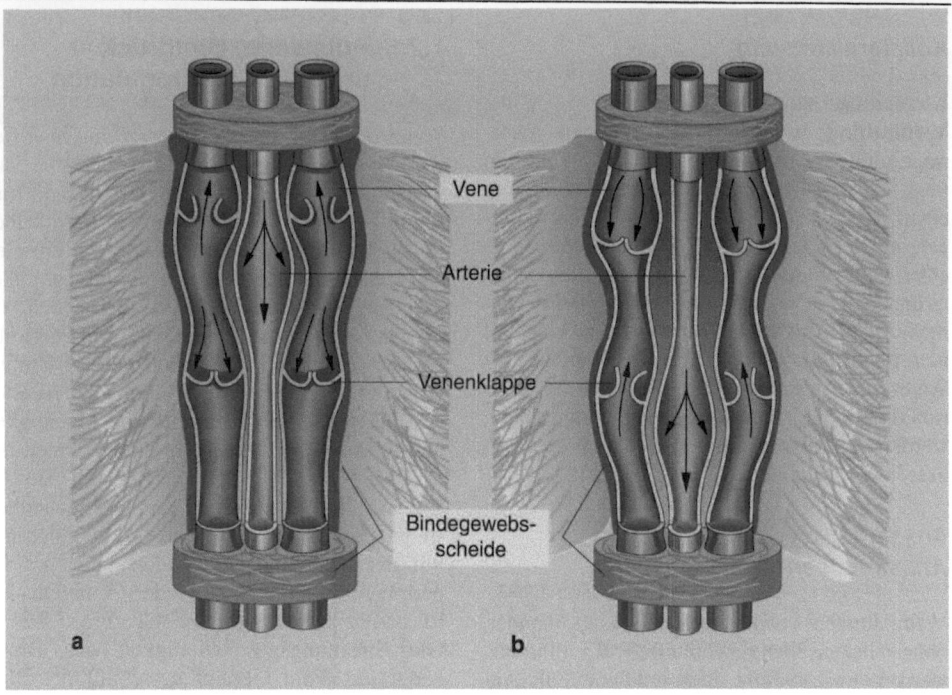

Abb. 7.14. Viele Arterien verlaufen mit 2 (d. h. paarigen) Begleitvenen in derselben Bindegewebsscheide. Damit wird die arteriovenöse Koppelung des venösen Rückstroms des Blutes ermöglicht. Die Pulswelle der Arterie führt zum Zusammendrücken der venösen Gefäße, deren Blut dadurch weitertransportiert wird. Die Richtung des Blutflusses ist durch die Venenklappen geregelt

Erdanziehung einen Einfluß auf das fließende Blut ausübt, ist der Blutdruck einer stehenden Person im venösen Stromgebiet des Körpers oberhalb der Herzebene vielfach negativ und unterhalb der Herzebene, z.B. in den Beinen relativ hoch. So kann der Blutdruck in den Venen des Kopfes durchaus ca. −10 mmHg betragen und in den Beinvenen gelegentlich Werte bis zu 90 mmHg erreichen.

Als Schock oder Kreislaufkollaps wird meist eine mangelhafte Versorgung einzelner Körperregionen oder des gesamten Körpers bezeichnet. In einem solchen Fall ist der Blutdruck meist nur sehr klein oder schlecht meßbar. Ein Kreislaufkollaps kann verschiedene Ursachen haben, z.B. Blutverlust, Plasmaverlust, fehlender oder mangelhafter Tonus der Gefäßwände. Der Gefäßtonus wird über das Nervensystem aufrechterhalten, so daß auch ein Ausfall der entsprechenden Regulationszentren zu einer maximalen Weitstellung der peripheren Gefäße führen kann, woraus resultiert, daß nicht mehr genügend Blut zum Herzen zurückfließt. Die maximale Weitstellung der Gefäße (z.B. in der Haut) kann allerdings auch bei Überlastung der Wärmeabgabemechanismen auftreten und dann zu einem Hitzekollaps führen.

Die Regulation des Blutstroms und auch die Regulation des Blutdrucks ist für die optimale Versorgung der abhängigen Gewebe von großer Bedeutung, da die Blutversorgung dem jeweiligen Bedarf angepaßt werden kann.

Lokale Regulation der Blutversorung und des Blutdrucks

Für die lokale Regulation des Blutstroms stehen verschiedene Möglichkeiten zur Verfügung:

- Präkapilläre Sphinkter (vor dem Kapillargebiet gelegene Ringmuskeln in den kleinsten Arteriolen), welche die Durchströmung des hinter dem Ringmuskel gelegenen Gebietes regulieren können;
- Stoffwechselprodukte, die z.B. bei Sauerstoffmangel entstehen, führen zu einer Di-

latation (Erweiterung) der versorgenden Gefäße, so daß der Blutfluß erhöht wird.

Nervöse Kontrolle des Gefäßwandtonus

Die arteriellen und venösen Gefäße sind sowohl mit Muskelfasern, wie auch mit Nervenfasern ausgestattet. Durch die Nervenfasern werden die Muskelfasern innerviert. Es sind in den meisten Körperregionen Fasern des Sympathikus und im Bereich der Skelettmuskeln zusätzlich auch des Parasympathikus. Die Fasern stammen aus dem Vasomotorenzentrum des verlängerten Marks (Medulla oblongata). Der Überträgerstoff im Sympathikus ist das Noradrenalin, im Parasympathikus ist es das Azetylcholin. Die sympathische Innervation führt in den meisten Körperregionen zu einer Gefäßverengung (Vasokonstriktion; Ausnahme Herzmuskel; hier führt sie zu einer Gefäßerweiterung, Vasodilatation). Da konstant Impulse aus dem Sympathikus an die Gefäßwände gelangen, sind diese tonisch kontrahiert (weisen eine konstante Muskelspannung auf). Die im Bereich der Skelettmuskulatur vorhandenen parasympathischen Fasern führen zu einer Erweiterung der Gefäße (Vasodilatation), sie sind nicht tonisch aktiv. Eine Verletzung der sympathischen Fasern führt automatisch zu einer Gefäßerweiterung, da der Tonus nach Verletzung sofort nachläßt.

Für die sympathische Innervation, die zu einer Erhöhung der Muskelspannung in der Gefäßwand und damit des peripheren Widerstandes führt, gilt, daß sie meist kombiniert sowohl an den Arterien wie auch den Venen auftritt. Wenn das nicht so wäre, könnte eine Erhöhung des Muskeltonus an den Arterien zu einem Versacken des Blutes im venösen Schenkel des Blutgefäßsystems führen, und der venöse Rückstrom wäre gefährdet.

Generelle Regulation des Blutdrucks

Für die generelle Blutdruckregulation stehen dem Körper ebenfalls verschiedene Mechanismen – chemische, hormonelle und nervöse – zur Verfügung.

Besonders wichtig ist die Regulation über Druckrezeptoren (Baro- oder Pressorezeptoren). Im Bereich des Aortenbogens und im Bereich einer Erweiterung in der A. carotis interna befindet sich je eine Region mit Druckrezeptoren, die bei einem normalen Blutdruck mit einer konstanten, aber niedrigen Entladungsrate einen Impuls an das Kreislaufregulationszentrum im verlängerten Mark (Medulla oblongata) senden. Bei einer Blutdruckerhöhung reagieren diese Druckrezeptoren mit einer erhöhten Entladungsfrequenz der Neurone in das verlängerte Mark hinein. Dies führt zu einer Abnahme der Sympathikusaktivität und einer Zunahme der Parasympathikusaktivität. Sympathikusaktivität steigert in der Regel die Herztätigkeit (Schlagfrequenz, Schlagvolumen etc.), unter Parasympathikuseinfluß wird die Herzleistung reduziert (s. 5.14 vegetatives Nervensystem). Bei verminderter Aktivität der Druckrezeptoren, d.h. bei einem Druckabfall, laufen entgegengesetzte Mechanismen ab, mit dem Ziel, den Blutdruck wieder zu erhöhen.

Das System der Druckregulation über die Druckrezeptoren und den nachgeschalteten nervösen Regelkreis ist im eigentlichen Sinn ein Reflex mit dem dazugehörigen Reflexbogen (s. 5.9 Reflexe).

Dieser in sich geschlossene Regelkreis, der je nach Ausgangslage zur Aktivierung von Sympathikus oder Parasympathikus führt, kann auch als homöostatische Selbststeuerung bezeichnet werden. Bei akuten Abweichungen des arteriellen Blutdrucks wird mit diesem Regelkreis das Gleichgewicht wiederhergestellt.

Über den gleichen Mechanismus wird zum Teil auch die Anpassung des Blutdrucks und die Umverteilung des Blutes beim Übergang vom Liegen zum Stehen (Orthostase) durchgeführt. Bei diesem Vorgang versacken zunächst einmal ca. 400–600 ml Blut aus dem Brust- und Bauchraum in den Beingefäßen, das führt über die Druckabnahme im Bereich der Druckrezeptoren zur Gegenregulation u.a. über eine Erhöhung des Gefäßtonus und eine Steigerung des Herzzeitvolumens.

Neben diesen hier aufgeführten sind noch eine Vielzahl weiterer Mechanismen an der Blutdruckregulation und Regulation der Blutversorgung beteiligt, deren Behandlung aber den Rahmen dieses Buches sprengen würde.

Messung des Blutdrucks

Der Blutdruck kann über eine in die Arterie gestochene Kanüle und ein daran angeschlossenes Manometer direkt gemessen werden. Diese Messung wird auch als blutige Messung bezeichnet. In der Regel genügt allerdings die unblutige Messung, die nach der **Methode von Riva-Rocci** durchgeführt wird. Hierbei legt man eine aufpumpbare Manschette um den Oberarm in der Höhe des Herzens (damit die Messung nicht durch den hydrostatischen Druck, d.h. den Druck der stehenden Blutsäule verfälscht wird). Die Manschette wird jetzt mit einer Pumpe aufgeblasen, so daß durch den starken Druck die Arterien des Armes zusammengedrückt werden und kein Blut mehr hindurchfließen kann. Über ein Ventil wird dann der Druck in der Manschette reduziert. Gleichzeitig wird in der Ellenbeuge mit dem Stethoskop das Geräusch abgehört, das beim systolischen Blutdruck entsteht, wenn die Druckverhältnisse so sind, daß mit der Blutdruckspitze gerade ein wenig Blut in die zusammengedrückte Arterie fließen kann. Sobald dieses Geräusch auftaucht, liest man am Manometer den entsprechenden systolischen Druck ab. Bei weiterem Ablassen der eingepumpten Luft wird nun der Druck an dem Punkt gemessen, an dem das Blut wieder frei fließen kann und keinerlei Geräusch mehr feststellbar ist. Dies entspricht dem diastolischen Blutdruck. Mit dieser Methode lassen sich leicht und schnell die Werte für den systolischen und den diastolischen Blutdruck ermitteln.

7.3 Makroskopische Anatomie des Gefäßsystems

Viele Gefäße werden nach der Körperregion benannt, die sie durchlaufen. Deshalb hat häufig die Weiterführung eines Gefäßes in der folgenden Region einen anderen Namen. Die meisten Arterien, auch wenn es sich um Seitenäste eines größeren Gefäßes handelt, besitzen einen eigenen Namen. Die Venen haben mit wenigen Ausnahmen immer den gleichen Namen wie die Arterien, die sie begleiten.

7.3.1 Arterien des Körperstamms

Die größte Arterie des Körpers nimmt ihren Ausgang vom linken Herzen, sie heißt mit Eigennamen Aorta oder große Körperschlagader (Abb. 7.15). Sie hat ungefähr die Form eines Spazierstocks und steigt zunächst vom Herzen auf als aufsteigende Körperschlagader (Aorta ascendens), bildet nach wenigen Zentimetern den Aortenbogen (Arcus aortae), der wieder nach unten führt als absteigende Körperschlagader (Aorta descendens). Bis zum Durchtritt durch das Zwerchfell heißt die absteigende Körperschlagader auch Brustaorta (Aorta thoracica). Nach dem Durchtritt durch das Zwerchfell bezeichnet man sie als Bauchaorta (Aorta abdominalis). In Höhe des 4. Lendenwirbels teilt sich die Aorta abdominalis in eine rechte und eine linke A. iliaca communis, aus denen die Arterien für das Becken, A. iliaca interna, und die Arterien für die unteren Gliedmaßen, A. iliaca externa, hervorgehen.

Vom Arcus aortae gehen 3 große Arterienstämme ab:

- Truncus brachiocephalicus, der sich teilt in die A. subclavia dextra für den rechten Arm und die A. carotis communis dextra für die rechte Kopfhälfte;
- A. subclavia sinistra, die den linken Arm versorgt;
- A. carotis communis sinistra, welche die linke Kopfhälfte versorgt.

Die Aorta thoracica gibt paarige Zwischenrippenarterien ab, die in den Interkostalräumen verlaufen und die Muskulatur und die Haut des Thorax versorgen.

Aus der Aorta abdominalis entspringen die ebenfalls paarigen Arterien zum Zwerchfell (A. phrenica), zu den Nieren (A. renalis), zu den Keimdrüsen (A. ovarica bzw. A. testicularis). Außerdem gibt die Aorta abdominalis 3 große unpaare Äste an die Eingeweide ab:

- den Truncus coeliacus, für die Versorgung von Magen, oberem Duodenum, Leber, Milz und Pankreas,
- die A. mesenterica superior und
- die A. mesenterica inferior für die Versorgung der anderen Darmabschnitte.

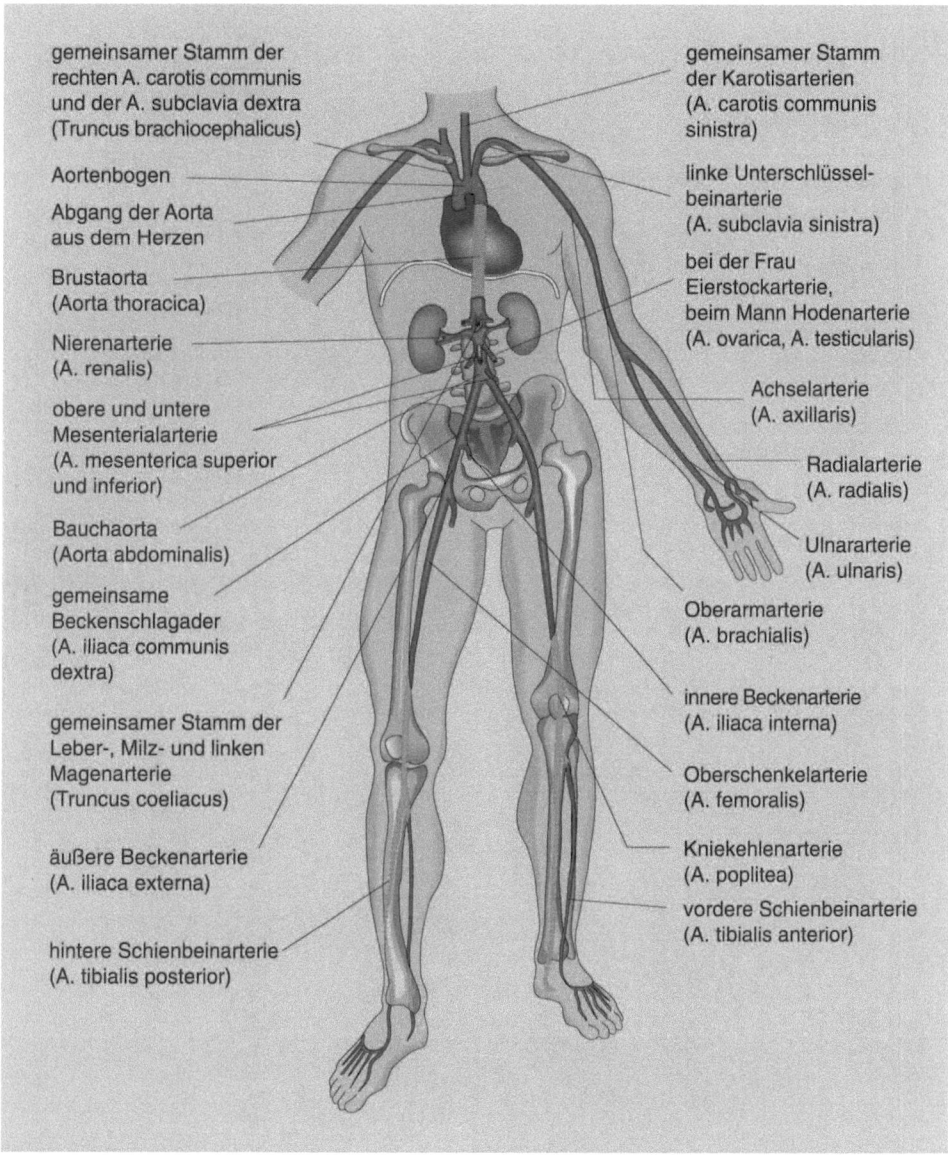

Abb. 7.15. Darstellung der Hauptäste der großen Arterien. Die Bezeichnung der Gefäße steht meist im Zusammenhang mit der Körperregion, durch die das entsprechende Gefäß verläuft

7.3.2 Venen des Körperstamms

Das Blut, das auf jeder Seite vom Kopf und Hals durch die V. jugularis interna und vom Arm durch die V. subclavia zurückströmt, sammelt sich auf beiden Seiten in einer V. brachiocephalica (Abb. 7.16). Die rechte und die linke V. brachiocephalica vereinigen sich zur oberen Hohlvene (V. cava superior), die in den rechten Vorhof des Herzens einmün-

det. Das Blut, das aus den Beinen und dem Becken zurückfließt, läuft über die linke und die rechte V. iliaca communis, die sich zur unteren Hohlvene (V. cava inferior) vereinigen. Die V. cava inferior nimmt während ihres Aufstiegs zum Herzen das Blut der paarigen Baucheingeweide auf und mündet ebenfalls in den rechten Vorhof.
Das Blut aus großen Teilen des Magen-Darm-Traktes, der Milz und des Pankreas

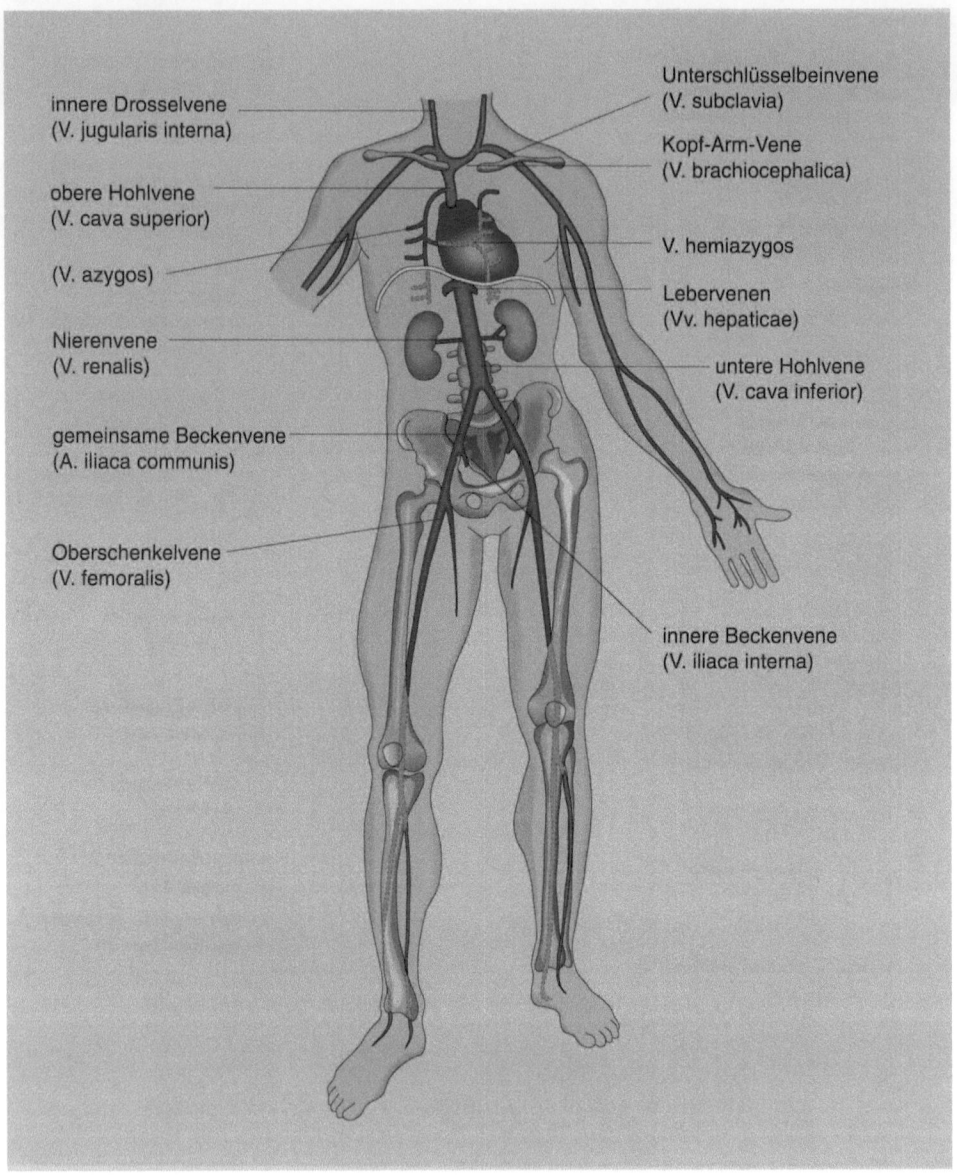

Abb. 7.16. Darstellung der wichtigsten großen Venen des Körpers

wird in der V. portae gesammelt, durchströmt dann die Leber und fließt mit den Lebervenen (Vv. hepaticae) ebenfalls in die V. cava inferior.

Zwischen den Venensystemen der oberen und der unteren Körperhälfte bestehen Anastomosen, die im Fall einer Behinderung des venösen Rückflusses einen Kollateralkreislauf zwischen V. cava inferior und V. cava superior ermöglichen. Die beiden wichtigsten Anastomosen sind die V. hemiazygos auf der linken und die V. azygos auf der rechten Körperseite.

7.3.3 Gefäße und Gefäßversorgung der Extremitäten

Armarterien

Die arterielle Blutversorgung des Armes stammt aus der A. subclavia, die – wie ihr

Name besagt – unter der Klavikula hindurchläuft und in der Region der Achselhöhle A. axillaris heißt. Nach Übertritt an den Oberarm wird sie zur A. brachialis, die als wichtigsten Ast die tiefe Oberarmarterie, die A. profunda brachii, abgibt. Ungefähr auf der Höhe der Ellenbogen teilt sie sich in eine A. radialis und eine A. ulnaris, die für die Versorgung des Unterarms und der Hand verantwortlich sind. Kurz nachdem sich die A. brachialis in die A. radialis und die A. ulnaris geteilt hat, gibt jede dieser Arterien verschiedene rückläufige Arterienäste ab, die weiter oben am Arm wiederum mit der A. brachialis anastomosieren. Diese rückläufigen Arterien gehören zum Kollateralkreislauf des Arms. Sie erhalten ihre volle Bedeutung im Falle

einer Stenose oder Obstruktion der A. brachialis, da sie dann die Blutversorgung des Arms weitgehend sicherstellen können. Im Bereich der Hand bilden die A. radialis und die A. ulnaris zusammen einen tiefen und einen oberflächlichen Hohlhandbogen, die 2 wichtige Anastomosen zwischen der A. radialis und der A. ulnaris darstellen.

Aus dem tiefen Hohlhandbogen gehen die eigentlichen Fingerarterien hervor. Bedingt durch die Anastomosen zwischen der A. radialis und der A. ulnaris (den Hohlhandbögen) ist bei einer Verletzung eines dieser Gefäße das andere ebenfalls zu unterbinden, da sonst die Blutung nicht zum Stehen kommt (Abb. 7.17).

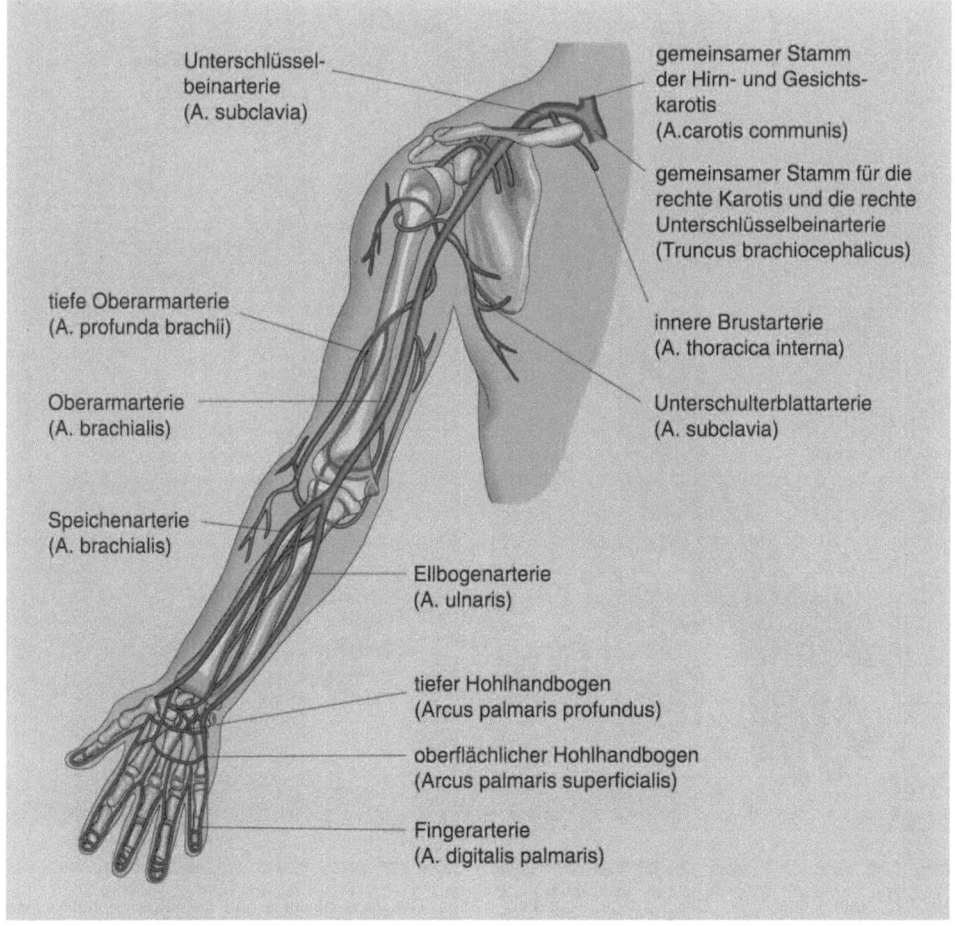

Abb. 7.17. Arterien des Arms

Armvenen

Das venöse Blut des Unterarms wird zur Hauptsache in den tief liegenden Begleitvenen gesammelt. Ein Teil fließt über die verschiedenen kleinen und kleinsten Hautvenen ab, deren Blut im wesentlichen in 2 großen Hautvenen gesammelt wird. Das Blut der Radialseite des Unterarms sammelt sich in der V. cephalica, die im Bereich oberhalb des M. deltoideus in die V. axillaris mündet.

Das Blut der Ulnarseite sammelt sich in der V. basilica, die im Bereich unterhalb des M. deltoideus in die V. brachialis mündet. Die V. brachialis geht über in die V. axillaris.

Der weitere Verlauf ist: V. subclavia, V. brachiocephalica, V. cava superior, rechter Vorhof.

Im Bereich der Ellenbeuge ist eine Verbindung zwischen dem Gebiet der V. cephalica und der V. basilica vorhanden, die V. intermedia cubiti. Als Hautvene ist sie sehr gut sichtbar und wird deshalb häufig als Einstichstelle für Injektionen oder Blutentnahmen verwendet. Dies ist nicht immer möglich, da die V. intermedia cubiti – wie alle Hautvenen – eine große Variabilität von Individuum zu Individuum zeigt. Deshalb ist sie manchmal nur sehr klein oder gar nicht vorhanden (Abb. 7.18).

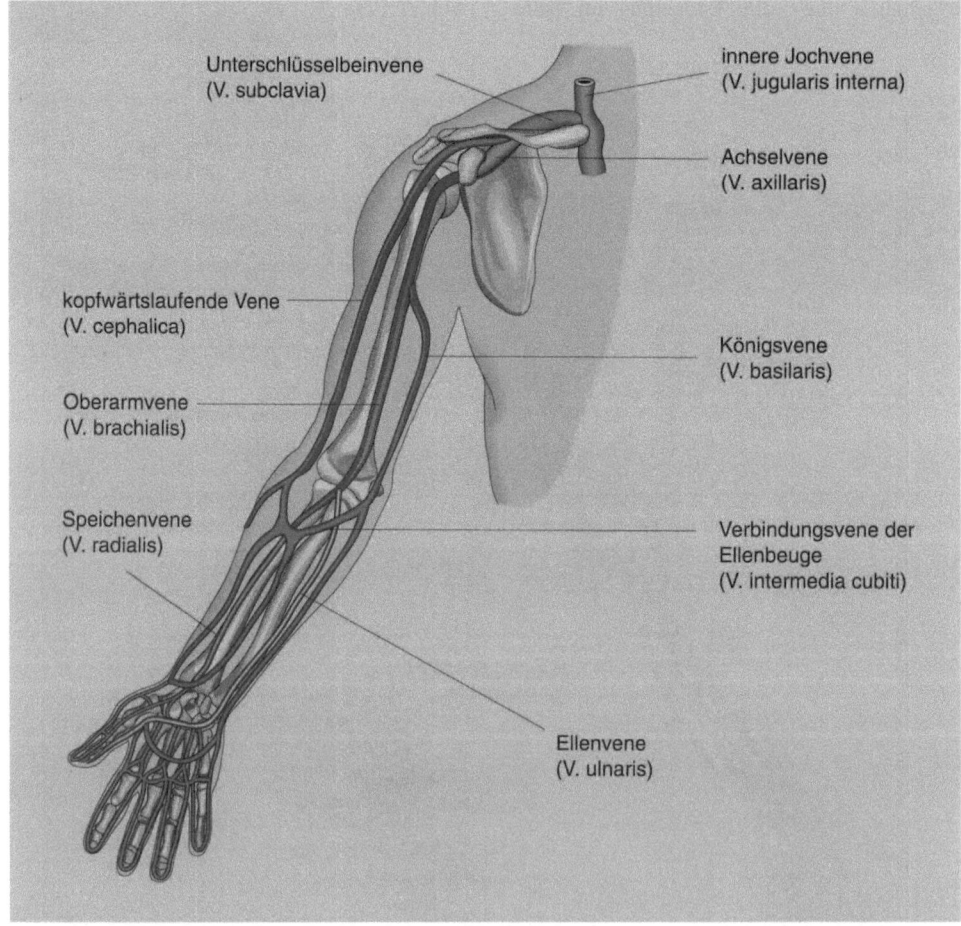

Unterschlüsselbeinvene
(V. subclavia)

innere Jochvene
(V. jugularis interna)

Achselvene
(V. axillaris)

kopfwärtslaufende Vene
(V. cephalica)

Königsvene
(V. basilaris)

Oberarmvene
(V. brachialis)

Speichenvene
(V. radialis)

Verbindungsvene der
Ellenbeuge
(V. intermedia cubiti)

Ellenvene
(V. ulnaris)

Abb. 7.18. Venen des Arms. Die nicht gezeichneten Hautvenen variieren so stark in ihrer Ausbildung und in ihrem Verlauf, daß sie sich bei den meisten Menschen deutlich voneinander unterscheiden; man müßte für jeden Menschen ein eigenes Bild zeichnen. Die Vena basilaris und die Vena cephalica sind jedoch bei den meisten Menschen vorhanden. Die Vena intermedia cubiti wird gelegentlich immer noch als Vena mediana cubiti bezeichnet

Beinarterien

Aus der Aorta gehen die rechte und die linke A. iliaca communis hervor, die sich jeweils in 2 Äste teilen: die A. iliaca interna, die die Beckenorgane versorgt, und die A. iliaca externa, welche ihrerseits das Bein versorgt.

Die A. iliaca externa läuft unter dem Ligamentum inguinale (Leistenband) hindurch auf die Vorderseite des Oberschenkels und wird dort zur A. femoralis. Die A. femoralis gibt verschiedene kleinere Äste ab, die den Oberschenkel versorgen. Ein wichtiger Ast, der ebenfalls den Oberschenkel versorgt, ist die A. profunda femoris. Kurz bevor die A. femoralis diese Region verläßt, läuft sie durch den Adduktorenkanal auf die Rückseite des Kniegelenks und wird dort zur A. poplitea. Damit folgt sie einem wichtigen Prinzip: es besagt, daß die Arterien immer auf der Beugeseite über ein Gelenk hinwegziehen, damit sie bei der Beugung mechanisch nicht zu

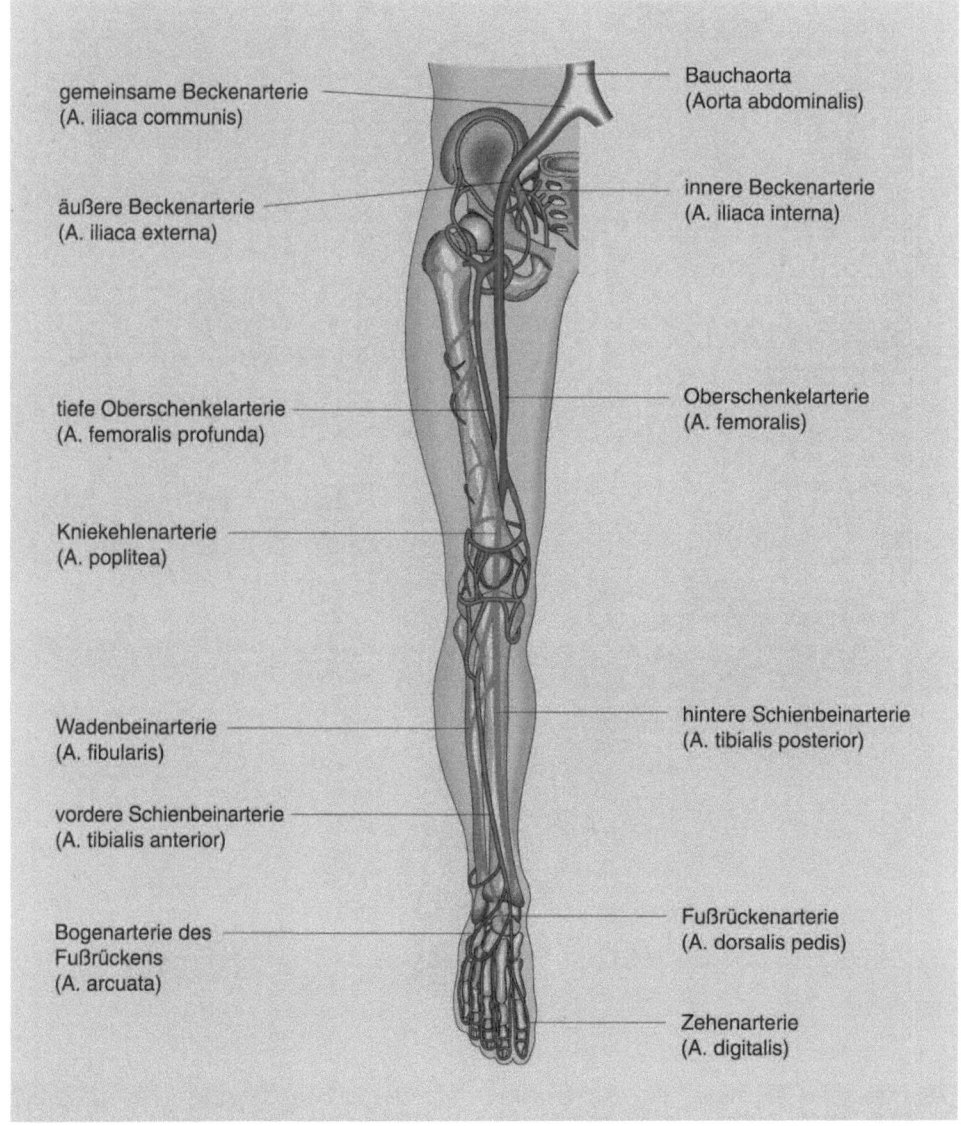

gemeinsame Beckenarterie
(A. iliaca communis)

äußere Beckenarterie
(A. iliaca externa)

tiefe Oberschenkelarterie
(A. femoralis profunda)

Kniekehlenarterie
(A. poplitea)

Wadenbeinarterie
(A. fibularis)

vordere Schienbeinarterie
(A. tibialis anterior)

Bogenarterie des
Fußrückens
(A. arcuata)

Bauchaorta
(Aorta abdominalis)

innere Beckenarterie
(A. iliaca interna)

Oberschenkelarterie
(A. femoralis)

hintere Schienbeinarterie
(A. tibialis posterior)

Fußrückenarterie
(A. dorsalis pedis)

Zehenarterie
(A. digitalis)

Abb. 7.19. Arterien des Beins

sehr beansprucht werden (Zug, Quetschung etc.).

Aus der A. poplitea gehen 3 wichtige Äste für die Versorgung des Unterschenkels und des Fußes hervor:

- die A. tibialis anterior, die auf der Vorderseite des Unterschenkels verläuft,
- die A. peronea, die auf der Außenseite des Unterschenkels verläuft,

- die A. tibialis posterior, deren Endäste die Fußsohle versorgen (Abb. 7.19).

Beinvenen

Neben den tief gelegenen Begleitvenen, die wie am Arm paarig die versorgenden Arterien begleiten, sind am Bein regelmäßig 2 große Hautvenen vorhanden.

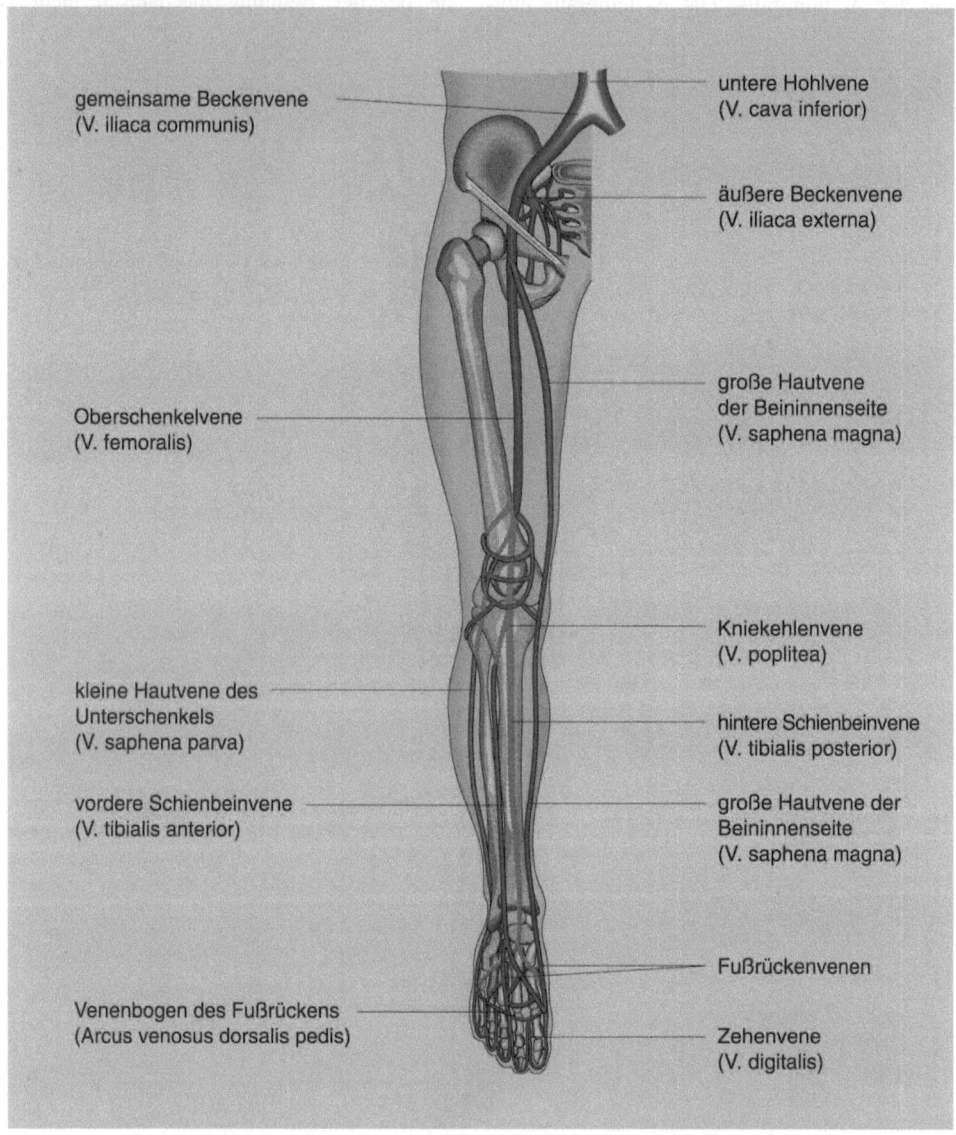

gemeinsame Beckenvene
(V. iliaca communis)

untere Hohlvene
(V. cava inferior)

äußere Beckenvene
(V. iliaca externa)

Oberschenkelvene
(V. femoralis)

große Hautvene
der Beininnenseite
(V. saphena magna)

Kniekehlenvene
(V. poplitea)

kleine Hautvene des
Unterschenkels
(V. saphena parva)

hintere Schienbeinvene
(V. tibialis posterior)

vordere Schienbeinvene
(V. tibialis anterior)

große Hautvene der
Beininnenseite
(V. saphena magna)

Fußrückenvenen

Venenbogen des Fußrückens
(Arcus venosus dorsalis pedis)

Zehenvene
(V. digitalis)

Abb. 7.20. Venen des Beins. Auch die Hautvenen des Beins, wie die Hautvenen allgemein, sind so variabel von Individium zu Individium, daß dafür kein für alle gültiges Schema gezeichnet werden kann. Deshalb sind auf dieser Abbildung nur die standardmäßig vorhandene Vena saphena magna und die Vena saphena parva dargestellt

Die V. saphena magna entsorgt auf der Medialseite des Beines und mündet im Oberschenkelbereich in die V. femoralis. Die V. saphena parva entsorgt im Lateralbereich des Unterschenkels und mündet in die V. poplitea, die ihrerseits nach Durchtritt durch den Adduktorenkanal zur V. femoralis wird.

Bei entsprechender Prädisposition sowie bei einer Abflußbehinderung kann es zu einer Bildung von Krampfadern (Varizen) kommen. Varizen sind auch an anderen Orten im Körper möglich (Anus, Ösophagus etc.). Im Bereich der Beine betreffen sie immer Äste der V. saphena magna und/oder Äste der V. saphena parva (Abb. 7.20).

7.4 Zusammenfassung Herz/Kreislauf

Herz
Das Herz liegt im Mediastinum auf dem Zwerchfell. Die Herzspitze berührt auf der Medioklavikularlinie den 5. Interkostalraum. Das durchschnittliche Herzgewicht beträgt 280 g (Frau) bzw. 330 g (Mann). Der rechte Herzrand überragt das Brustbein um Fingerbreite. Die Herzwand besteht von innen nach außen aus: Endokard, Myokard, Epikard, Perikard. Das Epikard ist das viszerale Blatt des Herzbeutels, das Perikard das parietale. Das Perikard ist mit der zentralen Bindegewebsplatte des Zwerchfells (Centrum tendineum) verwachsen.
Das rechte Herz treibt den kleinen Kreislauf an, das linke Herz den großen. Linkes und rechtes Herz sind durch das Herzseptum voneinander getrennt.
Sowohl das linke wie auch das rechte Herz besitzt einen Vorhof (Atrium) und eine Kammer (Ventrikel). Atrium und Ventrikel sind durch die **Segelklappen** voneinander getrennt. Links: Mitral- oder Bikuspidalklappe; rechts: Trikuspidalklappe. Die Ventrikel sind vom dahinterliegenden Gefäßabschnitt durch die **Taschenklappen** getrennt. Links: Aortenklappe; rechts: Pulmonalklappe. Die Herzklappen (Ventile) liegen in einer Ebene, der Ventilebene. Sie sind von Bindegewebefasern, an denen die Muskulatur ansetzt, umgeben. Die Bindegewebefasern werden als Herzskelett bezeichnet.

Herzmuskel (Myokard)
Das Myokard wird durch 2 **Herzkranzgefäße** versorgt: die linke Herzkranzarterie (A. coronaria sinistra) und die rechte Herzkranzarterie (A. coronaria dextra). Die beiden wichtigsten Endäste dieser Gefäße sind: Ramus interventricularis anterior und posterior. Die Herzkranzgefäße sind funktionelle Endarterien. Je nach Belastung werden zwischen 5 und 10% des HMV ins Myokard gepumpt, das keine Sauerstoffschuld eingehen kann.

Die Kontraktion des Myokards heißt **Systole**, die Dilatation **Diastole**. Während der Vorhofsystole wird die Ventilebene verlagert. Dabei werden die Kammern zu 30% gefüllt. Die restlichen 70% strömen während der Kammerdiastole nach. Das Herz arbeitet als Saug- und Druckpumpe.

Pulswelle
Die Pulswelle entsteht durch den Druckanstieg in der Aorta als Resultat der Herzkontraktion. Sie pflanzt sich in herznahen Gefäßen mit einer Geschwindigkeit von ca. 4–5 m/s und in herzfernen Gefäßen mit bis zu 9 m/s fort.

Blutdruck
Der arterielle Blutdruck im großen Kreislauf beträgt im Normalfall 120/80 (Systole/Diastole), im Lungenkreislauf 25/15 (jeweils mmHg). In Abhängigkeit vom Alter werden Normgrenzen des Blutdrucks definiert, z.B. 160/95 bei 60jährigen. Als Hypotonie bezeichnet man einen systolischen Wert von unter 100 mmHg.
Der Blutdruck im rechten Vorhof mit 0–4 mmHg wird auch als Zentralvenendruck (ZVD) bezeichnet. Bei Schock oder Kreislaufkollaps ist der Blutdruck meist sehr klein oder nicht meßbar. Dies kann ausgelöst werden z.B. durch Blutverlust oder maximale Weitstellung peripherer Gefäße.

Regulation des Blutdrucks
Lokal wird der Blutdruck durch präkapilläre Sphinkter (Schließmuskeln) oder Stoffwechselprodukte reguliert.

Die **nervöse Kontrolle** des Blutdrucks geschieht zur Hauptsache über den Sympathikus, der eine tonische Kontraktion der Gefäßwandmuskulatur bewirkt. Seine Fasern entspringen aus dem Vasomotorenzentrum der Medulla oblongata. Aktivierung der Sympathikusfasern führt zu einer Erhöhung des Blutdrucks, vermittelt über eine Vasokonstriktion (Ausnahme Herzmuskel: hier führt sie zu einer Vasodilatation).

Die **generelle Regulation** des Blutdrucks wird chemisch, hormonell und nervös durchgeführt. Besonders wichtig ist die Regulation über Druckrezeptoren im Bereich des Aortenbogens und der A. carotis interna, die einen Reflexbogen darstellt. Dieser Reflexbogen ist Teil einer homöostatischen Selbststeuerung. Sie ist auch an der Anpassung des Blutdrucks beim Übergang vom Liegen zum Stehen (Orthostase) beteiligt.

Messung des Blutdrucks
Die gängigste unblutige Meßmethode des Blutdrucks ist die Messung nach Riva-Rocci mit einer Armmanschette. Sie wird auskultatorisch durchgeführt, der systolische Druck wird beim Entstehen eines Geräusches (Korotkow-Geräusch) im Augenblick des ersten Durchfließens von Blut durch das komprimierte Gefäß abgelesen. Beim Aufhören dieses Geräusches (freier Blutfluß durch ein unkomprimiertes Gefäß) wird der diastolische Druck abgelesen.

Herzmechanik
Die Kammersystole besteht aus Anspannungs- und Austreibungszeit. Während der Anspannungszeit kommt es zu einer isovolumetrischen Kontraktion, die der intraventrikulären Druckerhöhung dient. Sobald der arterielle Druck erreicht ist, öffnen sich die Taschenklappen, und die Austreibungszeit beginnt.

Erregung und Herznerven
Das SV wird durch den Frank-Starling-Mechanismus geregelt. Dieser besagt, daß die Kraft der Kontraktion proportional der Länge der Herzmuskelfaser ist und die Länge vom enddiastolischen Volumen abhängt.

- **Herztöne:** 1. Ton: 25–45 Hz, Anspannungston; 2. Ton: 50 Hz, wird durch Schluß der Taschenklappen erzeugt.
- **Pumpleistung:** Schlagvolumen (SV) in Ruhe und Rückenlage: ca. 80 ml; Herzminutenvolumen (HMV)=SV·Frequenz (F): ca. 5,6 l/min.

Die Erregung des Myokards geht vom Sinusknoten (Schrittmacherregion) aus, wird durch Erregung der Muskelzellen weitergeleitet an den AV-Knoten, um von hier aus über das His-Bündel (2 Schenkel) in die Endaufzweigungen, die Purkinje-Fasern, zu gelangen.
Die vegetativen Herznerven (Sympathikus/Parasympathikus) modulieren die Herzfrequenz, die Kraftentwicklung, die Erregbarkeitsschwelle sowie den Erregungsablauf nach oben (Sympathikus) oder unten (Parasympathikus).

Elektrokardiogramm (EKG)
Das Elektrokardiogramm ist die Ableitung von Summenpotentialen der Herzpolarisation und Repolarisation an der Körperoberfläche. Die Ausschläge des EKG werden mit den Buchstaben P, Q, R, S, T bezeichnet. Man unterscheidet unipolare (Wilson V_1–V_6) und bipolare Ableitungen (Einthoven I, II, III).
Bedeutung der Intervalle: PR–Vorhofdepolarisation, QRS–Ventrikeldepolarisation, QT–Depolarisation und Repolarisation der Ventrikel, ST–Repolarisation der Ventrikel, PQ–Überleitungszeit.

Arterien und Venen

Der Aufbau von Arterien und Venen ist ähnlich: Beide besitzen eine Intima (Endothel, Elastica interna), Media (glatte Muskelfasern, elastische Fasern) und Adventitia (Bindegewebe, Fett). Bei Arterien sind aufgrund des höheren Innendrucks v.a. die Intima und die Media stärker gebaut als bei Venen.

Herznahe Arterien besitzen viele elastische Fasern in der Media, sie gehören zu den elastischen Arterien und haben eine Windkesselfunktion.
Herzferne Arterien besitzen eine muskelstarke Media und werden als Arterien vom muskulären Typ zu den Widerstandsgefäßen gerechnet.

Der eigentliche Stoffaustausch findet in den **Kapillaren** statt. Sie enthalten nur 5% des Blutes. Kapillaren besitzen lediglich die Intima. Je nach Stromgebiet können sie vollständig geschlossen, fenestriert oder buchtenartig erweitert sein (Sinusoide).
Im Unterschied zu Arterien besitzen Venen Klappen, die die Strömungsrichtung vorgeben.
Durch einen Kollateralkreislauf wird die arterielle Versorgung von 2 oder mehreren Arterien gewährleistet (z.B. A. ulnaris, A. radialis).

Anastomosen sind Kurzschlüsse zwischen Gefäßen. Meist sind es Kurzschlüsse zwischen Arterien und Venen ohne dazwischengeschaltetes Kapillargebiet. Anastomosen zwischen Arterien nennt man **Kollateralkreislauf**, Anastomosen zwischen Venen heißen **Plexus**.

Begleitvenen sind meist paarig (Ausnahme: große herznahe Venen). **Hautvenen** sind unpaar, liegen in der Subkutis und sind sehr variabel.

Große Arterien des Körperstamms

Aortenbogen (gibt ab: Truncus brachiocephalicus, A. subclavia sinistra, A. carotis communis sinistra), Aorta thoracica, Aorta abdominalis, A. iliaca communis (dextra und sinistra), A. iliaca interna und externa (dextra und sinistra).

- **Äste der A. abdominalis:** Paarig: A. phrenica, A. renalis, A. ovarica bzw. A. testicularis.
  Unpaar: Truncus coeliacus, A. mesenterica superior, A. mesenterica inferior.

Venen des Körperstamms

- Vom Kopf und Arm: V. jugularis interna, V. subclavia (Arm), V. brachiocephalica, V. cava superior.
- Aus der unteren Körperregion (Beine und Bauchraum): V. portae in die Leber (Magen-Darm-Trakt) Vv. hepaticae, V. cava inferior.
- Aus den unteren Extremitäten: V. iliaca externa.
- Aus dem unteren Bauchraum: V. iliaca interna; V. iliaca externa und interna bilden die V. iliaca communis, die in die V. cava inferior mündet.

Armarterien

A. subclavia, A. axillaris, A. brachialis. Die A. brachialis spaltet sich in A. radialis und A. ulnaris und A. profunda brachii.

Hautvenen des Armes: V. cephalica (von der Radialseite), V. basilica (von der Ulnarseite).

Beinarterien
A. iliaca externa, A. femoralis, A. tibialis anterior, A. tibialis posterior, A. peronea.

Hautvenen des Beins: V. saphena magna (Medialseite), V. saphena parva (Lateralseite).

8 Immunologie

Der menschliche Körper wird in allen Lebenslagen und an allen Orten mit Krankheitserregern und Fremdstoffen konfrontiert. Deshalb muß er in der Lage sein, sich gegen Bakterien, Viren, Pilze, Einzeller, artfremdes Protein (z.B. bei einem Bienenstich) sowie Fremdkörper zu wehren. Die physiologischen Mechanismen, die dafür zur Verfügung stehen, werden als **Abwehrmechanismen** bezeichnet. Durch erfolgreiche Abwehrmechanismen kann der menschliche Körper unempfänglich oder **immun** gegen Krankheitserreger werden. Aus dem lateinischen Wort *immun* (unempfänglich) leitet sich der Begriff der Immunologie ab.

Abwehrmechanismen lassen sich in ein **spezifisches** und ein **unspezifisches** System einteilen (Tabelle 8.1). Beide Systeme verfügen über je eine humorale und eine zelluläre Komponente (humoral: an Flüssigkeit gebunden, z.B. im Blut oder in der Interzellularflüssigkeit).

8.1 Abwehrzellen und Abwehrorgane

Wie alle Lebensvorgänge sind auch die Abwehrmechanismen an Flüssigkeiten gebunden. Die beiden Systeme, in denen im menschlichen Körper Flüssigkeit transportiert wird und in denen die Abwehr zum Teil stattfindet, sind

- das **Lymphsystem** und
- der **Blutkreislauf**

mit den angeschlossenen entsprechenden Organen.

Voraussetzung für das Verständnis der Abwehrvorgänge ist also die Kenntnis der Organe und Zellsysteme des Blutkreislaufs und des Lymphsystems. Die Gefäße des Blutkreislaufs werden in Kap. 7 (Herz-Kreislauf-System) besprochen. Hier soll auf die Abwehrzellen (weiße Blutkörperchen, Leukozyten, s. auch 6.3) sowie auf die Abwehrorgane eingegangen werden.

Zu den **Abwehrzellen** (Leukozyten) gehören (s. Abb. 6.1):

- Granulozyten,
- Monozyten,
- Lymphozyten.

Abwehrorgane (lymphatische Organe) sind:

- Thymus,
- Knochenmark,
- Lymphknoten,
- Milz,
- Tonsillen (Mandeln),
- Lymphfollikel.

Von besonderer Bedeutung für das Lymphsystem ist auch die Lymphbahn, deren morphologische Grundlage das Lymphgefäßsystem ist.

Tabelle 8.1. Einteilung der Abwehrmechanismen

Abwehrsystem	Zelluläre Abwehr	Humorale Abwehr
Unspezifisch	Phagozytose von Fremdmaterial durch Leukozyten und Zellen des mononukleären Phagozytensystems (MPS)[a]	Eiweißkörper im Blut reagieren mit Fremdmaterial und machen es dadurch unwirksam
Spezifisch	T-Lymphozyten	B-Lymphozyten

[a] Früher wurde das MPS als retikuloendotheliales System bezeichnet.

8.1.1 Lymphgefäßsystem

Die Nährstoffe und Elektrolyte, die zu den Geweben und Zellen transportiert werden, können meist nur in gelöster Form aus den Blutkapillaren austreten. Dies ist ein Vorgang, bei dem zwangsläufig gleichzeitig viel Flüssigkeit aus den Gefäßen in die Gewebe, d.h. den Interzellularraum, transportiert wird. Diese Flüssigkeit bringt nicht nur Nährstoffe und Elektrolyte an die Zellen, sondern transportiert auch die aus dem Zellstoffwechsel anfallenden Zwischen- und Endprodukte ab. Zum Teil geschieht dieser Abtransport auf dem gleichen Wege, d.h. über das Blutkreislaufsystem, zum Teil aber auch über die Lymphgefäße. Die in den Lymphgefäßen fließende Flüssigkeit bezeichnet man als **Lymphe**. Sie ist nicht identisch mit der Interzellularflüssigkeit (Gewebeflüssigkeit), da viele Bestandteile der Gewebeflüssigkeit nicht in das Lymphgefäßsystem gelangen können. Lymphe enthält

- Wasser,
- Elektrolyte,
- Proteine und
- Lymphozyten.

Das Lymphgefäßsystem fängt im Bindegewebe in praktisch allen Regionen des Körpers mit blind beginnenden Kapillaren an. Lediglich Gehirn und Rückenmark verfügen mit der Liquorflüssigkeit über ein eigenes System des Flüssigkeitsaustausches.
Ein eigentliches Pumporgan wie das Herz im Blutkreislauf gibt es im Lymphgefäßsystem nicht. Der **Transport der Lymphe** kommt auf andere Art zustande:
In das Gefäßsystem sind zahlreiche Klappen eingebaut, die als Ventile funktionieren und somit einen Rückstrom unmöglich machen. Dadurch wird die Richtung des Lymphstroms bestimmt. Der eigentliche Flüssigkeitsstrom wird verursacht durch **Kontraktion der größeren Lymphgefäße,** die durch Muskulatur in der Wand dieser Gefäße hervorgerufen wird. Außerdem werden die Lymphgefäße bei normalen Körperbewegungen komprimiert, wodurch ebenfalls ein Lymphstrom entsteht. In das Lymphsystem sind **Lymphknoten** eingeschaltet, die auch mit Klappen ausgestattet sind. Das ganze System der Lymphgefäße mündet in das Blutgefäßsystem, und zwar im sog. Venenwinkel zwischen V. jugularis sinistra und V. subclavia sinistra als Ductus thoracicus (Brustmilchgang). Dieser beginnt auf der Höhe des 1. Lumbalwirbels mit der Cisterna chyli, einer Erweiterung, die durch den Zusammenfluß verschiedener Lymphgefäße aus der unteren Körperhälfte erfolgt. Auf der rechten Körperseite mündet ein sehr kurzer Gang ebenfalls in den Venenwinkel zwischen V. jugularis dextra und V. subclavia dextra; dies ist der Ductus lymphaticus dexter (Lymphgang).
Im Unterschied zum Blutkreislauf, der geschlossen ist, hat das Lymphgefäßsystem einen Anfang (im Gewebe) und ein Ende (im Venenwinkel).

8.1.2 Lymphknoten

Die Lymphknoten sind, wie bereits erwähnt, in das Lymphgefäßsystem eingeschaltet (Abb. 8.1). Der menschliche Körper besitzt zwischen 500 und 1000 einzelne Lymphknoten (Nodus lymphaticus) mit einem Gesamtgewicht von ca. 50–60 g. Beim einzelnen Lymphknoten handelt es sich um ein rundlich bis bohnenförmiges Körperchen, das mehrere Millimeter groß ist und von einer Bindegewebekapsel umschlossen wird (Abb. 8.2).

Von dieser Kapsel strahlen **Bindegewebebälkchen (Trabekel)** ins Innere des Lymphknotens. An einer Seite des Lymphknotens ist meist eine Einbuchtung vorhanden (**Hilum**); hier treten die Blutgefäße ein und aus, und das abführende Lymphgefäß (Vas efferens) verläßt den Lymphknoten. Mehrere zuführende Lymphgefäße (Singular: Vas

▶
Abb. 8.1. Diese Abbildung zeigt die wichtigsten regionären Lymphknoten zusammen mit den größeren Lymphbahnen. In die Cisterna chyli münden die Lymphbahnen der unteren Körperhälfte. Die Lymphe des rechten Arms und der rechten Kopfhälfte münden im rechten Venenwinkel. Alle anderen Lymphbahnen münden im linken Venenwinkel. Der Venenwinkel wird auf beiden Körperseiten jeweils von der V. subclavia und der V. jugularis interna gebildet

▶
Abb. 8.2. Schnitt durch einen Lymphknoten mit mehreren zuführenden und einem abführenden Lymphgefäß. Das abführende Gefäß tritt am Hilum aus. In den Lymphgefäßen befinden sich Lymphklappen zur Regelung der Flußrichtung der Lymphe. In den Lymphfollikeln befinden sich B-Lymphozyten und in der Zone direkt unterhalb der Lymphfollikel (parakortikale Zone) T-Lymphozyten

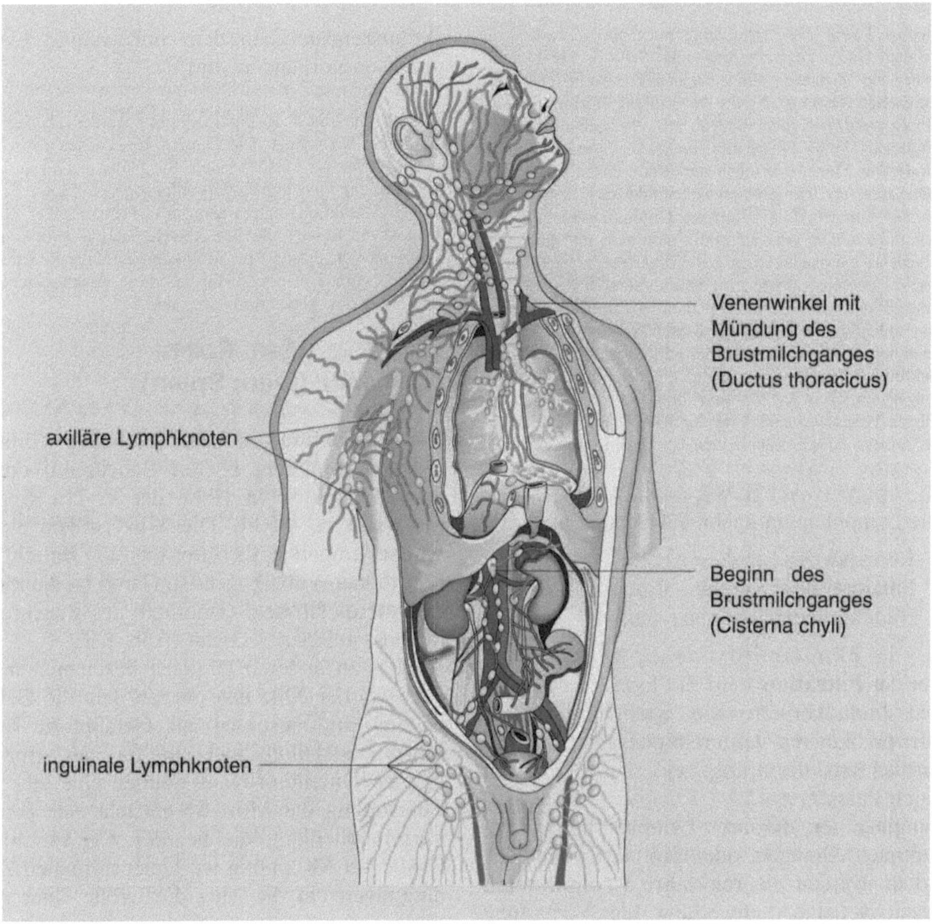

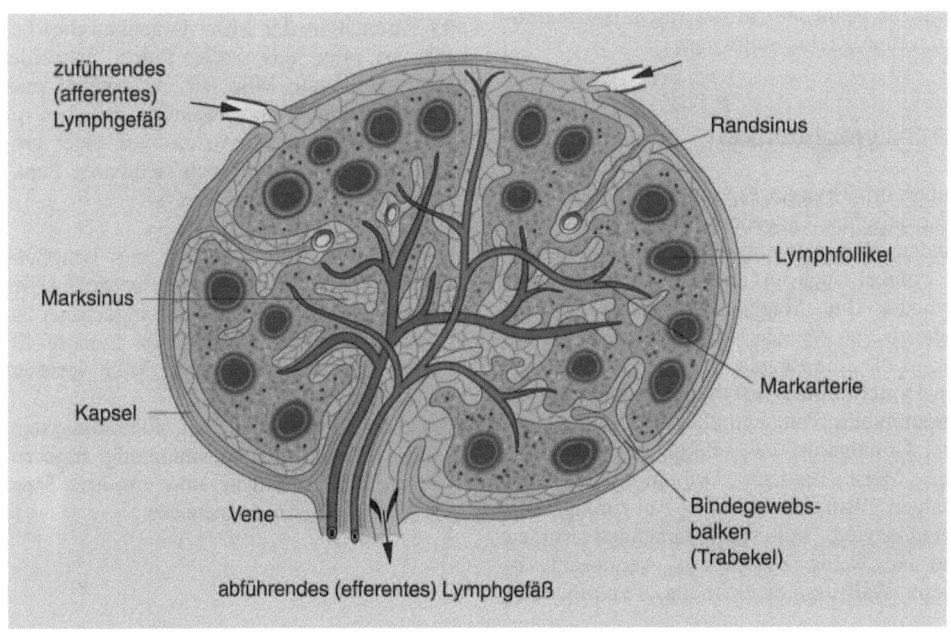

Venenwinkel mit
Mündung des
Brustmilchganges
(Ductus thoracicus)

axilläre Lymphknoten

Beginn des
Brustmilchganges
(Cisterna chyli)

inguinale Lymphknoten

zuführendes
(afferentes)
Lymphgefäß

Randsinus

Lymphfollikel

Marksinus

Markarterie

Kapsel

Vene

Bindegewebs-
balken
(Trabekel)

abführendes (efferentes) Lymphgefäß

afferens, Plural: Vasa afferentia) treten normalerweise auf der dem Hilum gegenüberliegenden Seite in den Lymphknoten ein. Zwischen den einzelnen Trabekeln liegt **lymphatisches Gewebe**, das der Neubildung (**Lymphopoese**) von Lymphozyten dient und an Abwehrmechanismen beteiligt ist. Dieses lymphatische Gewebe gliedert sich in **Rinde** und **Mark**. Zwischen der Rinde und der Bindegewebekapsel des Lymphknotens befindet sich der Randsinus, ein unregelmäßig geformtes Leitungssystem, das die Lymphe aus den Vasa afferentia aufnimmt und über verschiedene Intermediärsinus und Marksinus schließlich in das Vas efferens mündet. Im **Rindenbereich** der Lymphknoten liegen die Rindenknötchen (**Lymphfollikel**); das sind Anhäufungen von Lymphozyten (s. unten). Die Sinus der Lymphknoten sind mit einer **endothelartigen Zellauskleidung** (Uferzellen) versehen, die dem mononukleären Phagozytsystem (MPS) angehören und zu einer ausgeprägten Phagozytose befähigt sind (Abb. 8.2). In den Sinus selber sind v.a. Leukozyten vorhanden (Granulozyten, Monozyten, Lymphozyten).

Die Lymphknoten haben 2 Hauptaufgaben:

- Filtration der Lymphe,
- Bildung neuer Lymphozyten.

Bei der **Filtration** wird die Lymphe gereinigt von Fremdkörpern wie Krankheitserregern oder partikulären Verunreinigungen, z.B. Rußpartikel aus der Lunge etc. Dies geschieht durch Phagozytose.

Lymphknoten, die ihren Lymphzufluß aus bestimmten Organen oder Körperregionen erhalten, werden als **regionäre Lymphknoten** bezeichnet. Ihre Schwellung oder Verhärtung (dadurch werden sie häufig unter der Haut tastbar) läßt meist auf pathologische Veränderungen schließen (in der Regel Entzündungen, selten Krebsgeschwulste).

8.1.3 Lymphfollikel

Außer im Thymus (s. unten) sind in allen lymphatischen Geweben Lymphfollikel vorhanden. Häufig können einzelne oder mehrere Follikel auch in anderen Geweben vorkommen. Im Magen-Darm-Trakt, der im Rahmen der Abwehr eine spezielle Aufgabe hat, ist dies die Regel.

Ein Lymphfollikel besteht aus einer größeren Ansammlung von Lymphozyten, die in einem Grundgerüst aus retikulären Zellen liegen. Meist besitzen Lymphfollikel einen dunklen Wall, der durch Anhäufung von Lymphozyten, mit stark färbenden Kernen und nur wenig Zytoplasma, verursacht ist. Dieser Wall umgibt ein helles Zentrum (Re-

aktionszentrum), in dem nur wenige Lymphozyten vorhanden sind.

Follikel mit einem Reaktionszentrum werden als Sekundärfollikel bezeichnet. Die Zentren können neu entstehen und auch wieder verschwinden. Sie fehlen bei Feten und Neugeborenen sowie bei steril aufgezogenen Tieren. Follikel ohne Reaktionszentren nennt man Primärfollikel. Nach Kontakt mit Reizen, die eine Abwehrreaktion verursachen, bilden sich in diesen Primärfollikeln ebenfalls Reaktionszentren, woraus man schließt, daß diese Reaktionszentren eine Folge des Abwehrprozesses sind.

8.1.4 Milz (Lien, Splen)

Die Milz befindet sich auf der linken Körperseite im hinteren, oberen Bauchraum unter dem Zwerchfell in Höhe der 9.–11. Rippe. Sie wiegt ca. 150 g. Die Milz ist von einer **Kapsel** umgeben, die ihrerseits von **Bauchfell** (Peritoneum) überzogen ist. Damit ist die Milz ein **intraperitoneal** (innerhalb des Bauchfellraumes) gelegenes Organ (Abb. 8.3).

Analog zu anderen Organen bezeichnet man auch bei der Milz den Ort, an dem die Gefäße ein- und austreten, als Gefäßpforte (Hilum). Das Hilum und ein Teil des großen Netzes (Omentum majus) bilden eine lockere Befestigung der Milz. So entsteht eine große Verschieblichkeit, die bei der z.T. variablen Größe der Milz nötig ist. Unter normalen Bedingungen hat die Milz die Größe einer geschlossenen Faust, bei Erkrankung kann sie jedoch auf ca. die doppelte Größe anschwellen.

Das Parenchym der Milz (Organgewebe) besteht aus roter und weißer Pulpa. Schneidet man eine frische Milz auf, so erkennt man unter der Bindegewebekapsel ein weiches rotes Gewebe (rote Pulpa), das von einer großen Anzahl von eben noch sichtbaren Punkten (weiße Pulpa) durchsetzt ist.

- Die **weiße Pulpa** besteht aus lymphatischem Gewebe, das um die arteriellen Gefäße in Form von Scheiden angeordnet ist, sowie aus einer Vielzahl von Lymphfollikeln, die über die ganze Milz verstreut sind.
- Die **rote Pulpa** stellt ein Hohlraumsystem dar, das sich aus schwammartig angeordneten Pulpasträngen und großen Sinus (Bluträumen) zusammensetzt.

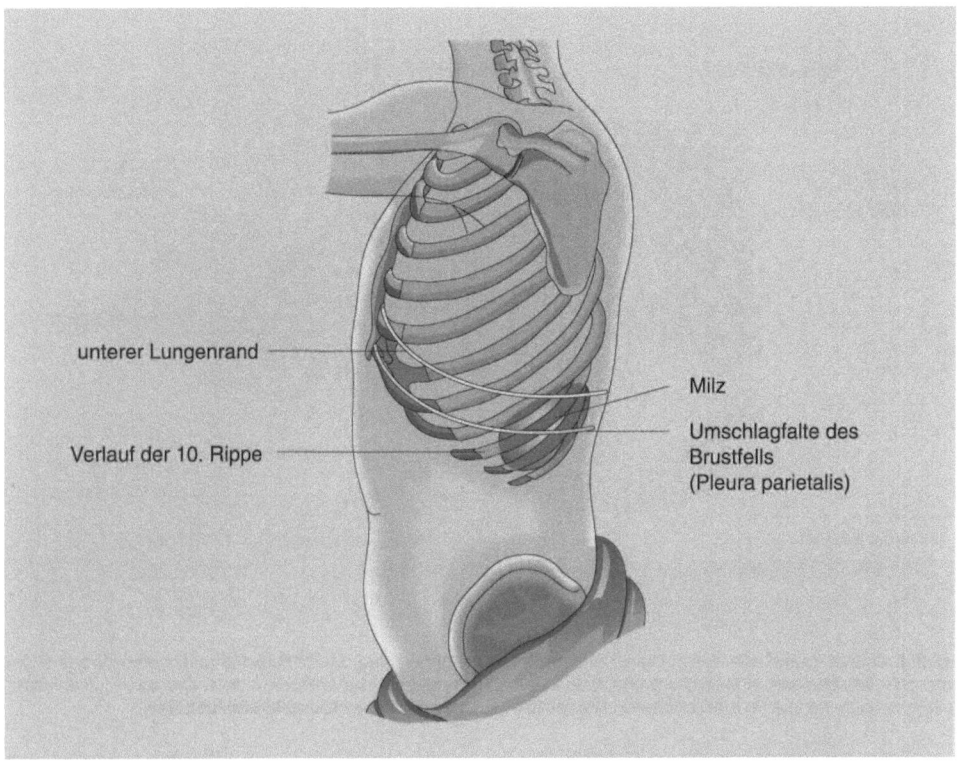

Abb. 8.3. Lage der Milz in der linken Oberbauchregion. Die Achse der Milz verläuft parallel zur 10. Rippe

Obwohl nur die weiße Pulpa zum lymphatischen Gewebe gerechnet wird, ist die Milz das Organ mit der größten Ansammlung von lymphatischem Gewebe. Sie enthält etwa genausoviel lymphatisches Gewebe, wie in der Gesamtheit der Lymphknoten vorhanden ist. Im Gegensatz zu den Lymphknoten ist die Milz allerdings nicht in die Lymphbahn, sondern in den Blutkreislauf eingeschaltet.

Die **Milzkapsel** ist ca. 0,1 mm dick und besteht, wie andere Organkapseln auch, aus einem straffen geflechtartigen Bindegewebe. Vom Hilum aus ziehen kräftige Bindegewebefaserzüge (Trabekel) in die Tiefe des Organs. Innerhalb dieser Trabekel laufen Arterien und Venen, die sich wie die Trabekel stark verzweigen und dabei immer dünner werden. Es sind Äste der A. und V. splenica.
Von der Kapsel strahlen ebenfalls kleine Trabekel in die Tiefe des Organs, die allerdings gefäßlos sind.
Die Gesamtheit der Trabekel bilden das **Stroma** der Milz, die rote und weiße Pulpa das **Parenchym**. In den Maschen des Stromagerüstes, das durch die Trabekel gebildet wird, liegt das Parenchym. Nachdem die Arterien sich in den verzweigten Trabekeln mehrfach aufgegabelt haben, treten sie aus den Trabekeln in die Pulpa ein, wo sie eine Scheide aus lymphoretikulärem Gewebe bekommen. Auf ihrer Endstrecke verlaufen die Arterien durch Lymphfollikel hindurch. Nach dem Durchgang durch die Lymphfolli-

kel fließt das Blut in erweiterten venösen Räumen, den **Milzsinus**. Das sind weite Röhren, deren Wände von Retikulumzellen ausgekleidet sind, die den Uferzellen der Lymphknoten ähneln. Durch die Sinus kommt es zu einer Verlangsamung der Strombahn. Aus den Sinus läuft das Blut in die Milzvenen, die ebenfalls, wie die Arterien, in den Trabekeln verlaufen; schließlich wird es über die V. splenica in die V. portae geführt (Abb. 8.4).

Die Retikulumzellen der Sinuswände bilden keine geschlossene Auskleidung, so daß die Blutzellen aus den Sinus in das lockere Maschenwerk des Milzretikulums austreten und auch ohne Schwierigkeiten von dort wieder zurück in den Blutkreislauf gelangen können. Das Milzretikulum bildet einen Blutschwamm (rote Pulpa), dessen Aufgabe es ist, vorübergehend Erythrozyten aufzunehmen und – falls nötig – sie bei entsprechendem Alter (ca. 120 Tage) abzubauen. Der Farbstoff der abgebauten Erythrozyten (Hämoglobin) gelangt dann mit dem Blut der V. portae (Pfortader) in die Leber und wird dort zu Gallenfarbstoffen verarbeitet (z.B. Bilirubin).

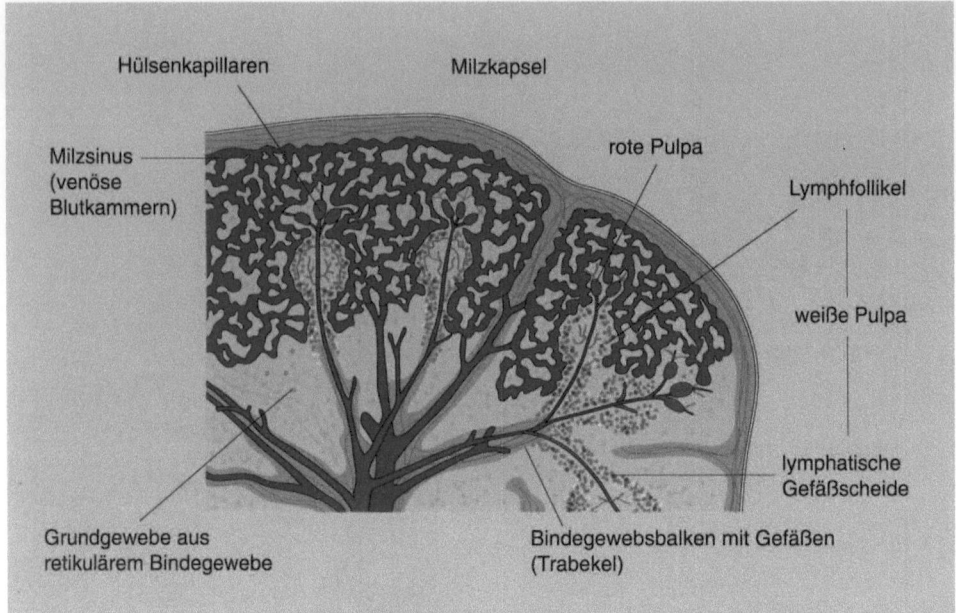

Abb. 8.4. Schnitt durch die Milz. Die Lymphfollikel und die Gefäßscheiden stellen die weiße Pulpa dar, die Milzsinus (sind nur in der *oberen Hälfte* einge- zeichnet) und das blutgefüllte Maschenwerk des Milz- grundgerüsts stellen die rote Pulpa dar. Hülsenkapil- laren sind spezifische Milzblutgefäße

Der **offene Kreislauf der Milz** ist einmalig im Körper. Er verhindert in der Regel die Rettung einer verletzten Milz (wenn sie z.B. durch einen Stich getroffen oder durch stumpfe Einwirkung gerissen ist). Wegen der Gefahr einer nicht stillbaren und daher tödli- chen Blutung in die Bauchhöhle muß die Milz dann meist ganz entfernt werden. Dies ist jedoch möglich, da die Milz **nicht lebens- notwendig** ist. Ihre Aufgaben können von anderen lymphatischen Organen übernommen werden.

Hauptaufgaben der Milz:

- Teilnahme an Abwehrreaktionen durch die Lymphfollikel;
- Phagozytose (Auflösung und Unschädlich- machung) von Fremdmaterial durch die Zellen des MPS;
- Abbau von überalterten Erythrozyten (Le- bensdauer ca. 120 Tage).

8.1.5 Mandeln (Tonsillen)

Der Rachenraum besteht aus 3 Etagen (s. Kap. 9 Atmungsapparat). In der oberen und mittleren Etage befinden sich verschiedene lymphatische Organe, die Mandeln, deren Namen alle von der Gaumenmandel (Tonsilla palatina) abgeleitet sind.

In den Mandeln befinden sich Lymphfollikel, wie sie zahlreich im ganzen Verdauungstrakt zu finden sind.

Die Lymphfollikel der Mandeln stehen meist in enger Beziehung zu den Epithelien (ober- ste Zellschicht/Deckgewebe), die die inneren Oberflächen auskleiden. Sehr oft unterwan- dern sie sogar diese Epithelien, weshalb man die Mandeln als lymphoepitheliale Organe be- zeichnet. Bei der Unterwanderung des Epithels durch die Lymphozyten wird dieses teilweise aufgelöst, so daß „physiologische Wunden" entstehen. Diese Wunden können z.B. Bakte- rien als Angriffsort dienen. In solchen Situatio- nen werden an diesen Stellen sofort entspre- chende Abwehrmechanismen in Gang gesetzt.

Zu den Tonsillen (Mandeln des Rachenrin- ges) rechnet man (Abb. 8.5):

- Gaumenmandel: Tonsilla palatina,
- Zungenbälge: Tonsilla lingualis,
- Rachenmandel: Tonsilla pharyngealis,
- Tubenmandel: Tonsilla tubaria.

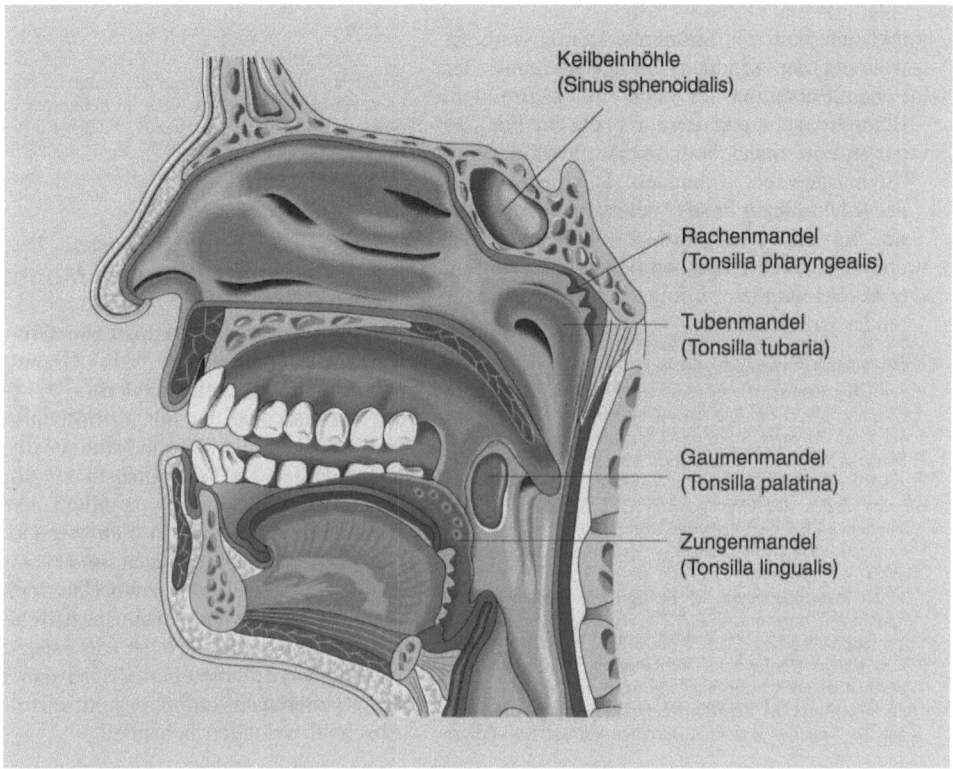

Keilbeinhöhle
(Sinus sphenoidalis)

Rachenmandel
(Tonsilla pharyngealis)

Tubenmandel
(Tonsilla tubaria)

Gaumenmandel
(Tonsilla palatina)

Zungenmandel
(Tonsilla lingualis)

Abb. 8.5. Medianschnitt durch die untere Kopfregion. Die Mandeln des lymphatischen Rachenrings, Rachenmandel, Gaumenmandel, Zungenmandel und Tubenmandel, sind eingezeichnet. Die Tubenmandel befindet sich am Rand des Eingangs in die Ohrtrompete (Tuba auditiva)

Gaumenmandel (Tonsilla palatina)

Sie befindet sich links und rechts zwischen den beiden Gaumenbögen (paariges Organ). Sie ist von einer bindegewebigen Kapsel umgeben, aus der sie bei einer Mandelentfernung (Tonsillektomie) herausgelöst werden kann.

Zungenbälge (Tonsilla lingualis)

Die Tonsilla lingualis besteht aus einer Vielzahl von sog. Zungenbälgen, die sich am Zungengrund hinter dem V-linguae (s. 10.2.1, Zunge, sowie Abb. 10.3) befinden (unpaariges Organ).

Rachenmandel (Tonsilla pharyngealis)

Sie befindet sich am Rachendach hinter den Nasengängen (Pars nasalis pharyngis) (s. 9.4.3). Sie kann v.a. bei Kindern sehr groß werden und verlegt dann den Atemweg durch die Nase, was als Polypen bezeichnet wird. Diese können operativ entfernt werden;

oft bilden sie sich bis zum Erwachsenenalter aber zurück. Die Tonsilla pharyngealis ist unpaar.

Tubenmandel (Tonsilla tubaria)

Bei der Tonsilla tubaria handelt es sich um lymphatisches Gewebe an der Öffnung der linken und rechten Tuba auditiva (Ohrtrompete). Die Tonsilla tubaria ist paarig.
Neben diesen 4 Tonsillen befindet sich in der seitlichen Rachenwand häufig noch zusätzliches lymphatisches Gewebe: der **Seitenstrang**.

8.1.6 Thymus (Bries)

Der Thymus gehört auch zu den lymphoepithelialen Organen, da er sich während der Entwicklung aus dem Epithel der 3. und 4. Schlundtasche gebildet hat. Er liegt im Mediastinum, über dem Herzbeutel und direkt unterhalb des Sternums. Der Thymus ist während der Kindheit am größten; mit der Pubertät beginnt er sich zurückzubilden. Beim Erwachsenen ist nur noch ein Fettkörper (retrosternaler Fettkörper) mit sehr wenig Thymusgewebe vorhanden. Diesen Vorgang der Rückbildung bezeichnet man als **Involution**. Es gibt eine normale Altersinvolution und eine durch Krankheit bedingte Involution (z.B. bei Kindern infolge schwerer auszehrender Krankheiten).

Der kindliche Thymus zeigt während seiner Blütezeit einen Läppchenbau, dessen Grundgerüst aus einem lockeren lymphoepithelialen Zellverband besteht. Man unterscheidet beim Thymus in jedem Läppchen eine Rinde vom Mark (Abb. 8.6a). In der Rinde sind sehr viele Lymphozyten eingelagert, im Mark überwiegen die lymphoepithelialen Zellen des Grundgerüstes. Die Lymphozyten des Thymus bilden im Unterschied zu anderen lymphatischen Organen keine Lymphfollikel (weder primäre noch sekundäre).

In der Markzone lagern sich häufig Retikulumzellen zwiebelschalenförmig umeinander, wobei die Zellen im Inneren zugrundegehen (Abb. 8.6b). Diese Strukturen nennt man Hassall-Körperchen. Die Bedeutung der Hassall-Körperchen ist noch nicht eindeutig geklärt. Man faßt sie jedoch teilweise als Reaktionszentren auf. Bis zur Pubertät hat die Zahl der Hassall-Körperchen auf ca. 1,5 Mio. zu

genommen, sie reduziert sich bis zum Erwachsenenalter auf ca. 0,5 Mio., um dann im Greisenalter auf ungefähr 50000 abzusinken. Zu diesem Zeitpunkt ist ohnehin nur noch sehr wenig Thymusgewebe im Fettkörper vorhanden (Abb. 8.6c). Schwere Krankheiten, die den Körper auszehren, führen zu einer Reduktion der Hassall-Körperchen, entzündliche Prozesse hingegen führen zu einer starken Erhöhung.

8.1.7 Granulozyten und Monozyten

Wie bereits erwähnt, besteht die Gruppe der weißen Blutkörperchen aus Granulozyten, Monozyten und Lymphozyten (s. 6.3 für weitere Details). An der unspezifischen Abwehr sind die neutrophilen und die eosinophilen Granulozyten als Mikrophagen beteiligt. Bei den Monozyten sind es vor allem deren Abkömmlinge, die sich in den verschiedenen Geweben zu Makrophagen und Histiozyten differenzieren. Sie sind sowohl an der spezifischen wie auch an der unspezifischen Abwehr beteiligt. Als Träger der spezifischen Abwehr werden die ebenfalls zu den Leukozyten gehörenden Lymphozyten im folgenden Abschnitt gesondert behandelt.

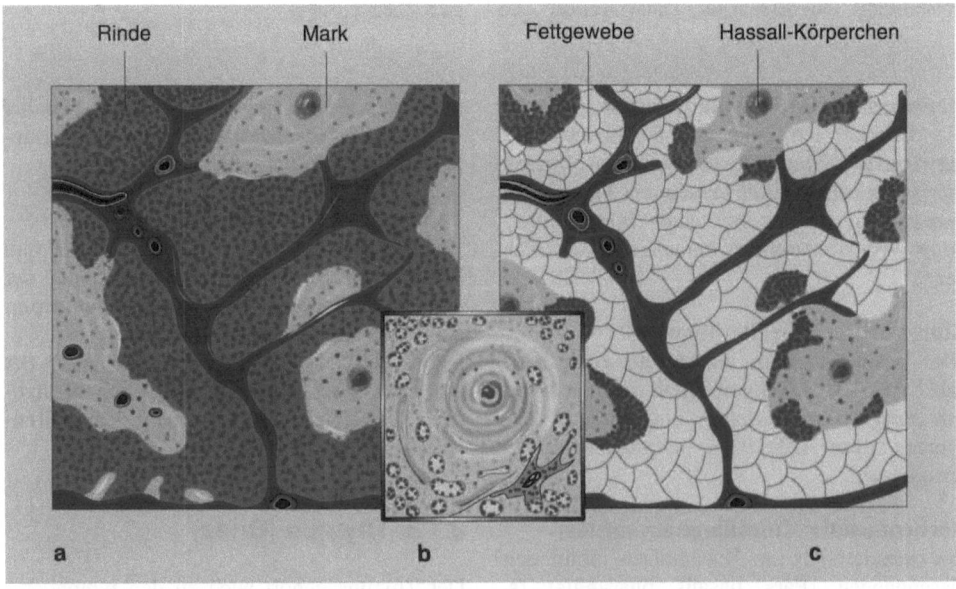

| Rinde | Mark | Fettgewebe | Hassall-Körperchen |

a   b   c

Abb. 8.6a–c. Schnitte durch den Thymus. **a** Kindlicher Thymus, mit voll entwickelter Rinde und deutlichem Mark. **b** Hassall-Körperchen aus dem Markbereich in starker Vergrößerung. Die Hassall-Körper chen bestehen aus zwiebelschalenartig umeinander gelagerte Retikulumzellen. **c** Thymus eines Erwachsenen. Die Rinde ist durch Rückbildung (Involution) zurückgebildet und durch Fettgewebe ersetzt worden

8.1.8 Lymphozyten

Für die spezifische Abwehr sind die Lymphozyten verantwortlich. Es können 2 verschiedene Arten von Lymphozyten unterschieden werden:

- B-Lymphozyten,
- T-Lymphozyten.

Beide Lymphozytenarten entstehen während der Entwicklung aus einer gemeinsamen Stammzelle, sie werden allerdings an unterschiedlichen Orten für ihre weitere Aufgabe geprägt. Die T-Lymphozyten erhalten ihre immunologische Prägung im **Thymus**. Als lymphatische Stammzellen wandern sie in den Thymus ein und reifen dort zu T-Lymphozyten, die nach dieser Prägung in verschiedene lymphatische Organe auswandern können, um dort ihre Aufgaben wahrzunehmen. Die B-Lymphozyten erhalten beim Menschen ihre immunologische Prägung im Knochenmark. Bei den Vögeln, wo sie ursprünglich genauer untersucht worden sind, erhalten sie ihre Prägung in der Bursa fabricii, einem Organ, das beim Menschen nicht vorhanden ist. Das B der **B**ursa fabricii hat bei der Namensgebung der Lymphozyten Pate gestanden.

T-Lymphozyten

Durch ihre Prägung im Thymus sind die T-Lymphozyten mit Oberflächenrezeptoren ausgestattet worden, die für ihre spezifische Funktion wichtig sind. Durch diese Oberflächenrezeptoren sind sie in der Lage, die Antigene (s. S. 297) direkt an ihre Oberfläche zu binden. Bis zur Rückbildung des Thymus sind genügend T-Lymphozyten gebildet und geprägt worden, und sie wandern in andere lymphatische Organe aus, deren Besiedelung mit Lymphozyten dementsprechend aus beiden Lymphozytenarten (B und T) besteht.
T-Lymphozyten sind meist in Bewegung. Sie pendeln zwischen den lymphatischen Organen, die sie nach der Auswanderung aus dem Thymus besiedeln, und dem Blut hin und her. Ihre Verweildauer im Blut ist meist nur sehr kurz, ca. 1 Stunde.

Da der Thymus beim Erwachsenen weitgehend zurückgebildet wird, übernimmt die Haut die Aufgabe des Thymus. Intensive Sonnenbestrahlung führt dementsprechend

zu einem ungünstigeren Verlauf von Infektionskrankheiten, da dabei die Stimulierung der T-Lymphozyten gehemmt wird.
Wenn man bei Tieren vor dem Zeitpunkt, zu dem die Thymuszellen im Thymus ihre Prägung erfahren, diesen entfernt (Thymektomie), dann kommt es zu einem verlangsamten Wachstum und einem allgemein schlechten Gesundheitszustand. Dies führt bei den meisten Tieren zum Tode. Wenn die thymektomierten Tiere jedoch schwanger werden, dann verbessert sich ihr Gesundheitszustand bis zur Geburt, um dann wieder schlechter zu werden. Dies kann offensichtlich darauf zurückgeführt werden, daß der Thymus der heranreifenden Feten die Funktion des fehlenden mütterlichen Thymus übernehmen kann.

Die T-Lymphozyten sind eine funktionell uneinheitliche Zellgruppe, die sich in mehrere weitere Zelltypen unterteilen läßt.

- T-Effektorzellen:
  - T-Lymphozyten,
  - zytotoxische T-Zellen,
  - natürliche Killerzellen.
- T-Regulatorzellen:
  - T-Helferzellen,
  - T-Suppressorzellen.

T-Effektorzellen

Die Effektorzellen umfassen die eigentlichen T-Lymphozyten sowie einige Untergruppen. Eine Untergruppe der Effektorzellen stellen die **zytotoxischen** T-Zellen dar, die in der Lage sind, das Protein Perforin zu bilden. Mit Hilfe dieses Proteins können sie Membranen von körperfremden Zellen perforieren, so daß diese quasi „angebohrten" Zellen zugrunde gehen. Daneben existiert noch eine weitere Art von zytotoxischen Zellen, die **natürlichen Killerzellen** (natural killer cells). Hierbei handelt es sich um relativ große, mit Granula versehene Lymphozyten, die in der Lage sind, körpereigene infizierte Zellen oder Tumorzellen zu zerstören.

T-Regulatorzellen

T-Helferzellen. Von den T-Regulatorzellen sind die T-Helferzellen notwendig, um die B-Lymphozyten zur Vermehrung zu stimulieren und ihre Differenzierung in Plasmazellen (s. S. 291) auszulösen. Diese Hilfe kann direkt oder indirekt erfolgen. Direkt wäre der Kontakt von Zelle zu Zelle; indirekt helfen sie über die Abgabe von Signalstoffen (Zytokine), die speziell als Interleukine (IL1, IL2 etc.) bezeichnet werden. Besonders das Interleukin 2 (IL2) beeinflußt das Wachstum der B-Zellen.

Tabelle 8.2. Unterscheidung der B- und T-Lymphozyten nach ihrem Vorkommen und ihren Eigenschaften

	B-Lymphozyten	T-Lymphozyten
Vorkommen	Rindengebiete der Lymphknoten Lymphfollikel (Reaktionszentren)	– Gefäßscheiden in der Milz – direkt unterhalb der Rinde der Lymphknoten (parakortikale Zone)
Eigenschaft	ortsgebundene Zellen	meist in Bewegung befindliche Zellen (wandern aus dem Thymus in andere Organe)

T-Suppressorzellen. Die T-Suppressorzellen wirken auf die T-Helferzellen, indem sie ihre Aktivität hemmen. Dazu müssen sie allerdings selber zunächst von den T-Helferzellen aktiviert worden sein. Damit entsteht ein Regelkreis, in dem sich die Aktivitäten der beiden Zelltypen selbst regulieren.

B-Lymphozyten

B-Lymphozyten lassen sich morphologisch nicht von T-Lymphozyten unterscheiden. Die Unterschiede zwischen B- und T-Lymphozyten sind in Tabelle 8.2 aufgeführt. Als Teil einer Antwort auf Kontakt mit Antigenen (s. S. 296) wandeln sich B-Lymphozyten in Immunoblasten um, aus denen Plasmazellen hervorgehen (Abb. 8.7). Die Plasmazellen sind verantwortlich für die Bildung von Antikörpern, durch welche die Antigene gebunden und damit meist unschädlich gemacht werden.

Gedächtniszellen

Sowohl B- wie auch T-Lymphozyten können nach Kontakt mit einem Antigen aktiviert werden (s. S. 296 und 297) und spezifische Reaktionen durchlaufen. Eine der möglichen Reaktionen ist die Bildung von Gedächtniszellen, die selber nicht an den Abwehrreaktionen teilnehmen, jedoch bei einem späteren wiederholten Kontakt in der Lage sind, relativ rasch durch Umwandlung in Abwehrzellen zu reagieren.

8.2 Abwehrmechanismen

8.2.1 Unspezifisch humorale Abwehr

Die **unspezifisch humorale Abwehr** bedient sich einiger Substanzen, die entweder im Blut ständig zirkulieren oder aber aus geschädigten phagozytierenden Zellen freigesetzt werden:

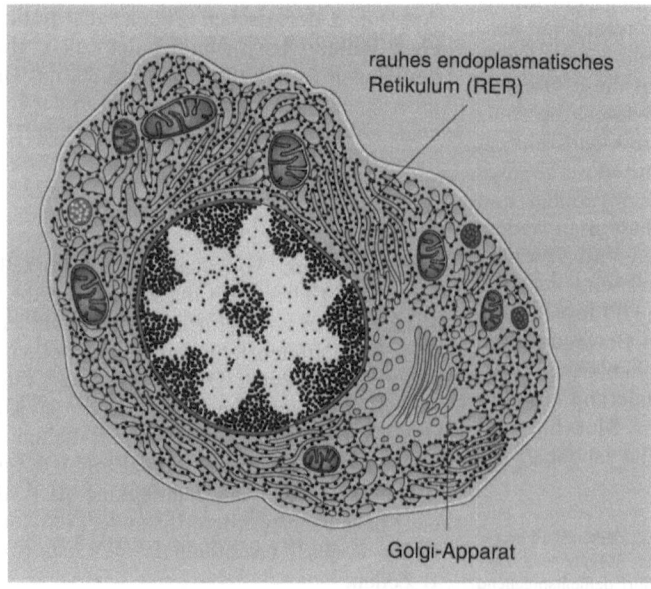

rauhes endoplasmatisches Retikulum (RER)

Golgi-Apparat

Abb. 8.7. Plasmazelle mit stark aktivem Syntheseapparat (rauhes endoplasmatisches Retikulum und Golgi-Apparat). Die Plasmazellen entwickeln sich aus B-Lymphozyten. Eine Verwandtschaft mit diesen ist auf grund der Morphologie der Plasmazelle nur schwer nachvollziehbar

- Komplementsystem,
- Lysozym,
- Interferon,
- Akute-Phase-Proteine.

Komplementsystem

Besonders wichtig für die unspezifisch humorale Abwehr sind die Faktoren des Komplementsystems. Hierbei handelt es sich um ca. 20 verschiedene **Glykoproteine** (Verbindungen aus einem Eiweißbestandteil und einem Kohlenhydratanteil), die kaskadenartig (wie hintereinandergeschaltete Wasserfälle) auf 2 Arten aktiviert werden können:

- **Klassische Kaskade:** Sie wird durch Antigen-Antikörper-Komplexe in Gang gesetzt.
- **Alternative Kaskade:** Sie wird durch Bakterien, Viren, Pilze und Protozoen, die über das Properdinsystem wirken, in Gang gesetzt.

Nach Aktivierung des Komplementsystems kommt es zu folgenden **Abwehrreaktionen**:

- Zellen mit Abwehrfunktionen werden stimuliert, z.B. Makrophagen.
- Phagozytose wird eingeleitet durch Opsonisierung (s. unten), und die Makrophagenkooperation (s. unten) wird in Gang gesetzt.
- Fremde Organismen werden aufgelöst (Bakterien, Protozoen etc.).
- Antigen-Antikörper-Komplexe (Immunkomplexe) werden aufgelöst.

Lysozym

Lysozym ist ein Enzym, das beim Zerfall von phagozytierenden Zellen freigesetzt wird. Es ist in der Lage, die Wände von grampositiven Bakterien (z.B. Staphylokokken, Streptokokken etc.) zu schädigen, so daß die Bakterien quasi auslaufen und zugrunde gehen. Lysozym kommt v.a. im Bronchialschleim und in der Tränenflüssigkeit vor.

Interferon

Interferon ist ein Glykoprotein, das von verschiedenen Zellen als Folge einer Wechsel-wirkung mit Viren gebildet werden kann. Es ist in der Lage, die Vermehrung der Viren zu verhindern. Diesen Effekt nennt man **antiviral**. Interferon wirkt dabei unspezifisch auf die meisten RNA- und DNA-Viren. Dies ist meist der erste in Gang gesetzte Wirkmechanismus bei einer Virusinfektion. Daneben kann Interferon aber auch die zytotoxischen T-Zellen aktivieren und die Vermehrung von Tumorzellen hemmen.

Akute-Phase-Proteine

Nach Gewebeschädigung oder im Gefolge einer Entzündungsreaktion treten im Körper eine Reihe von Proteinen auf, die als „Akute-Phase-Proteine" bezeichnet werden. Ein sehr wichtiges Protein dieser Reihe ist das CRP (Calcium-reaktives Protein). Die Haupteigenschaft dieses Proteins ist seine kalziumabhängige Fähigkeit, sich an Mikroorganismen zu binden, wodurch die klassische Kaskade des Komplementsystems in Gang gesetzt wird. Als Folge davon wird die Oberfläche des Mikroorganismus mit einem Faktor des Komplementsystems überzogen und damit für die Phagozytose durch Phagozyten bereit gemacht oder, wie es mit dem Fremdwort bezeichnet wird, **opsonisiert** (Opsonisierung: Vorbereitung einer Mahlzeit).

8.2.2 Unspezifisch zelluläre Abwehr

Die unspezifisch zelluläre Abwehr beruht auf der Phagozytosetätigkeit folgender Leukozyten:

- Neutrophile ⎫ Mikrophagen
- Eosinophile ⎭
- Monozyten ⎫
- aus Monozyten hervorgehende Zellarten ⎭ Makrophagen

Abwehrvorgang

Von Bakterientoxinen, Zerfallsprodukten körpereigener Zellen oder von Stoffen, die von körperfremden Zellen abgegeben werden, werden die phagozytoseaktiven Zellen angelockt. Diesen Vorgang nennt man **Chemotaxis**. Die phagozytierenden Zellen umfließen mit ihrem Zytoplasma das aufzunehmende Partikel (Bakterium, Virus etc.) und nehmen es von Zellmembranbestandteilen umhüllt ins Zytoplasma auf. Im Zytoplasma werden dann in dieses Phagolysosom entsprechende Enzyme abgegeben und das Partikel damit verdaut. Wo dies nicht möglich ist, bleiben Restkörper vorhanden oder werden zum Teil wieder ausgestoßen.

8.2.3 Spezifisch humorale Abwehr

Begriffe der Immunologie

Häufig genügen die Mechanismen der unspezifischen Abwehr, die als erster Schutzwall eingeschaltet werden, nicht, um eine durch Krankheitserreger hervorgerufene Entzündung unter Kontrolle zu bringen. Deshalb muß der Körper spezifische Abwehrmechanismen in Gang setzen. Bei diesen spezifischen Abwehrmechanismen spielen die Lymphozyten die zentrale Rolle, sowohl bei der zellulären wie bei der humoralen Komponente. Um die Abläufe der spezifischen Abwehr besser zu verstehen, müssen zunächst einige Begriffe erklärt werden.

Immunogen

Ein **Immunogen** ist eine Substanz, die bei Kontakt mit immunkompetenten Zellen[6] in der Lage ist, an diesen Zellen eine Immunreaktion auszulösen. Im Bereich der Lipide, Proteine und Kohlenhydrate sind das Moleküle, die eine relative Molekülmasse von über 10000 haben.

Strukturen, die eine kleinere relative Molekülmasse haben, können selbständig keine Immunantwort auslösen. Sie müssen an ein größeres Molekül gebunden sein, z.B. an ein Plasmaprotein, um dies zu ermöglichen. Diese kleinen Moleküle, die allein nicht in der Lage sind, eine Immunreaktion auszulösen, heißen Antigene. Die Antigene können also nur unter gewissen Bedingungen eine Immunreaktion auslösen, während Immunogene dies auf jeden Fall, d.h. immer, bewirken.

---

[6] Immunkompetente Zelle: Jede Zelle, die zu einer spezifisch immunologischen Reaktion befähigt ist, wenn sie mit einem Immunogen in Kontakt kommt.

Außer der Größe eines Immunogens, die durch die relative Molekülmasse bedingt ist, muß für die Auslösung einer Immunreaktion noch eine zweite Voraussetzung erfüllt sein: Es muß eine besondere chemische Gruppierung verschiedener Atome vorhanden sein (eine **antigene Determinante**), die man auch als Epitop bezeichnet. Dies ist die Grundlage für das Erkennen von „fremd" und „eigen", ohne die der Körper Immunreaktionen gegen sich selber auslösen würde.

Antikörper

Durch den Kontakt mit Immunogenen werden verschiedene Immunantworten hervorgerufen. Eine davon ist die Produktion von spezifischen Proteinen, die eine dem Antigen genau komplementäre (ergänzende) Gruppe von Molekülen besitzen. Diese Moleküle sind unsere Antikörper.

Die Antikörper sind in der Lage, mit antigenen Determinanten im Sinne des Schlüssel-Schloß-Prinzips zu reagieren. Sie sind somit streng spezifisch jeweils für eine einzelne antigene Determinante programmiert, mit der sie reagieren können, um einen **Antigen-Antikörper-Komplex** (Immunkomplex) zu bilden. Die Antigen-Antikörper-Komplexe sind entweder unschädlich oder können leicht phagozytiert werden. Antikörper sind Proteine aus der Gruppe der Gamma-Globuline (γ-Globuline; eine Proteingruppe aus dem Blutplasma).

Monoklonale Antikörper

Normalerweise tragen Immunogene immer mehrere antigene Determinanten, so daß nach einem Kontakt mit einem Immunogen meist verschiedene Antikörper gegen dieses Immunogen gebildet werden. Die verschiedenen Antikörper werden jeweils von einem Klon (von der gleichen Mutterzelle abstammende Tochterzellen) gebildet. Man nennt dies **polyklonale** Immunantwort.

Vor einigen Jahren ist es gelungen, einzelne isolierte B-Lymphozyten mit Tumorzellen zu fusionieren. Die daraus entstandenen Zellen haben die Möglichkeit der Antikörperbildung und gleichzeitig die Fähigkeit der permanenten Zellteilung. Alle aus ihnen hervorgehenden Zellen haben die gleiche Information, z.B. die Information, einen einzigen Antikörper zu bilden. Es handelt sich bei diesen Zellen um einen Klon. Somit werden die geklonten Zellen in Zellkultur ständig einen einzigen spezifischen Antikörper produzieren. Man nennt diese Antikörper **monoklonal.**

Haupthistokompatibilitätskomplex (MHC, major histocompatibility complex) und Zelloberflächenrezeptoren der Leukozyten
Im Zusammenhang mit Transplantationsversuchen war festgestellt worden, daß es auf den Zelloberflächen Gewebsantigene gibt. Diese Gewebsantigene wurden zunächst auf Leukozyten näher beschrieben und deshalb als humane Leukozyten Antigene (HLA) bezeichnet. Heute bezeichnet man sie als Haupthistokompatibilitätskomplexmoleküle.
Diese zellständigen Antigene sind auf der einen Seite die Grundlage für die Erkennung von fremd und eigen. Auf der anderen Seite sind sie Hilfsmoleküle, die bei der Antigenpräsentation (s. unten) eine wichtige Rolle spielen. Es werden 2 Haupthistokompatibilitätsmoleküle unterschieden (major histocompatibility complex MHCI und MHCII). Die MHC-Moleküle werden durch eine spezifische Region auf dem Chromosom 6 codiert. Diese Genregion hat den Namen des Haupthistokompatibilitätskomplexes erhalten. In den Genen dieser Region liegt die Information für die Produktion der MHC-Moleküle.
Die MHCI-Moleküle sind auf der Oberfläche fast aller kernhaltigen menschlichen Zellen zu finden, die MHCII-Moleküle hingegen auf B-Lymphozyten und aktivierten T-Lymphozyten, nicht hingegen auf ruhenden T-Lymphozyten.
Neben dem MHCI- und MHCII-Oberflächenmolekülen gibt es auf den Oberflächen der Zellen des Immunsystems eine große Zahl von spezifischen Molekülen, die, gemäß einer internationalen Übereinkunft, in das System der „**cluster of differentiation**" (CD, Differenzierungsgruppe) eingeteilt werden. Diese Oberflächenmoleküle dienen u.a. auch als Rezeptoren für Antigene. In diesem CD-System, in dem bis heute schon über 80 verschiedene Oberflächenmoleküle klassifiziert sind, stellen z.B. CD4 den Rezeptor für das MHCI-Molekül und CD8 den Rezeptor für das MHCII-Molekül dar. Die T-Helferzellen tragen CD4 an ihrer Oberfläche, die zytotoxischen T-Zellen CD8.

Antigenpräsentierende Zellen
T-Lymphozyten benötigen die Hilfe von anderen Zellen, um Antigene zu erkennen. Diese Zellen nehmen die Antigene auf und bauen sie in einer unschädlichen Form, gebunden an die Haupthistokompatibilitätsmoleküle, in ihre Membranen ein. In dieser Form werden sie den T-Lymphozyten präsentiert, die daraufhin mit einer Immunantwort reagieren können, d.h. sie können sich in die T-Effektorzellen umwandeln.
Die körperfremden Antigene werden von den antigenpräsentierenden Zellen aufgenommen, in kurze Bestandteile abgebaut und dann gemeinsam mit dem MHC-Komplex an der Zelloberfläche präsentiert. Zu den antigenpräsentierenden Zellen für körperfremde (exogene) Antigene gehören vor allem die Makrophagen, aber auch B-Lymphozyten sind dazu in der Lage. Wegen der Beteiligung von Makrophagen an der Antigenpräsentation wurde dies früher als Makrophagenkooperation bezeichnet.
Neben den körperfremden Antigenen können allerdings auch körpereigene (endogene) Antigene von praktisch allen Körperzellen präsentiert werden. Dies geschieht vor allem bei pathologisch veränderten Zellen, z.B. Tumorzellen, deren Oberflächenmarker im – durch die Krankheit – veränderten Zustand von den immunkompetenten Zellen als „fremd" betrachtet werden. Damit sind diese veränderten körpereigenen Antigene in der Lage, zytotoxische T-Zellen anzulocken, welche in der Folge die entarteten Zellen zerstören.

Lymphokine (Zytokine)
Von verschiedenen Zellen des Immunsystems können Signalstoffe produziert werden, die auf andere Zellen wirken und diese in ihrer Abwehraufgabe stärken. Als Lymphokine werden sie im Immunsystem bezeichnet, demgegenüber ist die Bezeichnung Zytokine auch auf solche Wirkstoffe zutreffend, die nicht direkt im Zusammenhang mit dem Immunsystem stehen. Zu den Lymphokinen werden vor allem die verschiedenen Arten der Interleukine (IL) gerechnet. Interleukin 1 (IL1) ist z.B. an der Vermehrung bereits aktivierter Lymphozyten (B und T) sowie an der – Ausbildung von Fieber beteiligt. Interleukin 2 (IL2) stimuliert das Wachstum von aktiivierten Lymphozyten (B und T). Interleukin 3 (IL3) schließlich fördert die Neubildung von B- und T-Lymphozyten.

Allgemeine Bemerkungen

Wenn ein B-Lymphozyt und ein Immunogen zum 1. Mal zusammentreffen, wandelt sich der B-Lymphozyt in einen B-Immunoblasten um. Aus diesem gehen anschließend durch mitotische Teilung 2 verschiedene Zellarten hervor:

- Plasmazellen und
- Gedächtniszellen.

Die **Plasmazellen** sind die eigentlichen Produzenten der Antikörper, die jeweils gegen ein Antigen gebildet werden. Bei jedem Kontakt mit neuen bzw. anderen Antigenen werden jeweils spezifische Antikörper gegen diese gebildet; d.h. bei jedem Kontakt mit einem neuen Antigen entstehen entsprechende Immunoblasten, die dann wiederum zu Gedächtniszellen und Plasmazellen werden.

Besonderes Kennzeichen der Plasmazellen ist ein stark ausgebildeter Syntheseapparat in Form von Golgi-Apparat (s. Abb. 8.7) und rauhem endoplasmatischem Retikulum (s. Kap. 2 Zytologie). Man hat errechnet, daß die Plasmazelle in der Lage ist, mit diesem Syntheseapparat bis zu 2000 identische Antikörper pro Sekunde zu produzieren.

Die **Gedächtniszellen** können auch nach Jahren noch ein Antigen wiedererkennen, wenn der Körper erneut einer Krankheit ausgesetzt ist. Sie sind dann dafür verantwortlich, daß eine derartige Wiederbegegnung anders abläuft als eine Erstbegegnung. Dabei geschieht folgendes: Beim wiederholten Kontakt mit einem Immunogen kann sehr schnell von einer Stammzelle eine größere Anzahl von identischen Plasmazellen gebildet werden, von denen jede die gleiche Information für die Bildung der entsprechenden Antikörper besitzt (Klon).

Antikörper

Durch ein Verfahren, das Immunelektrophorese (s. S. 231) genannt wird, kann man insgesamt 5 verschiedene Klassen von Antikörpern trennen. Die Antikörper werden auch als **Immunglobuline** bezeichnet, die Abkürzung lautet **Ig**. Die 5 verschiedenen Immunglobuline heißen: IgG, IgM, IgA, IgD und IgE.

- Das **IgG** kann als Prototyp der Immunglobuline betrachtet werden (Abb. 8.8). Es ist symmetrisch gebaut und besteht aus 4 Proteinketten (2 leichten und 2 schweren). Die Bindungsstelle für das Antigen sitzt auf der Seite der Aminogruppe (NH_2). Hier befindet sich eine sogenannte „variable Domäne" des Antikörpers. Diese ist genau komplementär zum Antigen, gegen das der Antikörper gebildet worden ist. Hier paßt das Epitop des Antigens entsprechend dem Schlüssel-Schloß-Prinzip genau hinein. Diese Zone wird auch als **Paratop** bezeichnet. Das Paratop des Antikörpers paßt also genau auf das Epitop des Antigens, ja mehr noch, es ist spezifisch nur für dieses Epitop gebaut worden. Je nach Antigen muß also der Körper in der Lage sein, eine riesige Zahl von spezifischen Antikörpern mit sehr verschiedenen Bindungsstellen (Paratopen) in der variablen Domäne des Antikörpers zu bilden. Durch den symmetrischen Bau des Antikörpers hat dieser 2 Antigenbindungsstellen. Sie sitzen auf dem Teil des Antikörpers, den man als **Fab-Teil** (Fragment, das Antigen bindet) bezeichnet. Dem Fab-Teil steht der **Fc-Teil** (crystallizing fragment; Fragment, das kristallisiert) gegenüber. Der Fc-Teil ist z.B. verantwortlich für die Passage durch die Plazenta, damit später das neugeborene Kind schon geschützt ist. Daneben setzt der Fc-Teil die Komplementkaskade (s. S. 293) in Gang.
- Das **IgA** ist auf die Abwehrvorgänge an Schleimhautoberflächen spezialisiert und wird dementsprechend auch als **Sekretantikörper** bezeichnet. Es kommt in der Tränenflüssigkeit, im Speichel, aber auch in der Muttermilch vor.
- **IgM** ist der größte der 5 Antikörper und tritt bei einer Immunisierung immer zuerst auf. Während IgG gebildet wird, nimmt die Konzentration von IgM rasch ab.
- **IgD** spielt als Oberflächenrezeptor bei der Reifung von B-Lymphozyten eine Rolle.
- **IgE** tritt bei Parasitenbefall in Erscheinung, z.B. bei Wurmerkrankungen etc. Außerdem ist IgE an den Allergieerscheinungen beteiligt.

Diese 5 Immunglobulinklassen unterscheiden sich aber auch durch andere Eigenschaften: durch ihre relative Molekülmasse, ihre Lebensdauer, ihr Vorkommen sowie Bakterien- und Virushemmung etc.

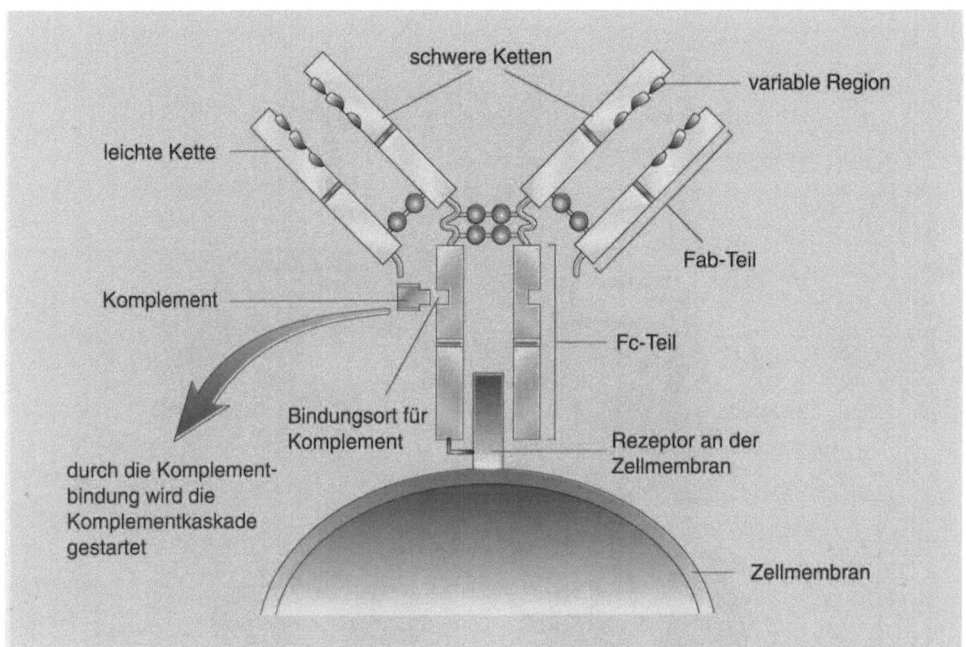

schwere Ketten

variable Region

leichte Kette

Fab-Teil

Komplement

Fc-Teil

Bindungsort für
Komplement

Rezeptor an der
Zellmembran

durch die Komplement-
bindung wird die
Komplementkaskade
gestartet

Zellmembran

Abb. 8.8. Stark schematisierte Zeichnung eines zell-ständigen Antikörpers. Die Zelle und der Antikörper sind nicht maßstabsgerecht gezeichnet (der Antikör-per ist zur Verdeutlichung überdimensioniert). Die va-riable Region am Fab-Teil (Fab: **f**ragment **a**ntigen **b**inding) besitzt Bindungsstellen, die jeweils ganz spezifisch für lediglich ein bestimmtes Antigen aufge-baut sind. Am Fc-Teil (**f**ragment **c**rystallizing) sitzt der Bindungsort für den Rezeptor an der Zellmembran und der Bindungsort für das Komplement. Bindung des Komplements an den Fc-Teil führt zur Auslösung der Komplementkaskade

Antigen-Antikörper-Reaktion

Antikörper können mit den spezifischen anti-genen Determinanten, gegen die sie gebildet wurden, reagieren. Dadurch entstehen Anti-gen-Antikörper-Komplexe (Immunkomplexe). Durch diese Bindung an die Antikörper ver-lieren die Antigene meist ihre schädigende Wirkung für den Organismus. Die Antigen-Antikörper-Komplexe können präzipitieren (ausfallen), agglutinieren (sich zusammenbal-len) und lysiert (aufgelöst) werden.

8.2.4 Spezifisch zelluläre Abwehr

Die T-Lymphozyten sind für die spezifischen zellulären Abwehrmechanismen verantwort-lich (s. Tabelle 8.1). Sie besitzen an ihrer Oberfläche Strukturen, die den komplementä-ren Gruppen (Paratop) auf den Antikörpern entsprechen. Die Bildung dieser Moleküle wird ebenfalls erst durch den Kontakt mit Im-munogenen bewirkt; die Information für ihre Bildung wird dann von einer Zelle auf die an-dere, d.h. die Tochterzelle, weitergegeben.

Wie bei den B-Lymphozyten bildet sich nach einem Erstkontakt mit einem Immunogen ein T-Lymphozyt und bildet so einen Klon von T-Lymphozyten (in diesem Fall T-Effektorzel-len), die alle an ihrer Oberfläche eine dem Antigen komplementäre Gruppe besitzen. Ei-nige der neugebildeten Tochterzellen stellen langlebige Gedächtniszellen dar. Diese Zellen haben ebenso wie die Gedächtniszellen der B-Lymphozytenpopulation die Eigenschaft, bei erneutem Kontakt mit dem gleichen Anti-gen schnell und u.U. heftig zu reagieren. Sie haben „gelernt", sich mit einem bestimmten Antigen zu verbinden, das auf diese Weise unschädlich gemacht wird.

Besonders stimulierend für die Aktivierung der T-Lymphozyten ist die Antigenpräsentati-on durch Makrophagen.

Für eine optimale Immunantwort ist meist die Zusammenar-beit zwischen T- und B-Lymphozyten nötig. So sind z.B. die **T-Helferzellen** dafür verantwortlich, die B-Lymphozy-ten zu einer raschen Antikörperproduktion zu stimulieren. Andererseits wird durch die **T-Suppressorzellen** die Anti-

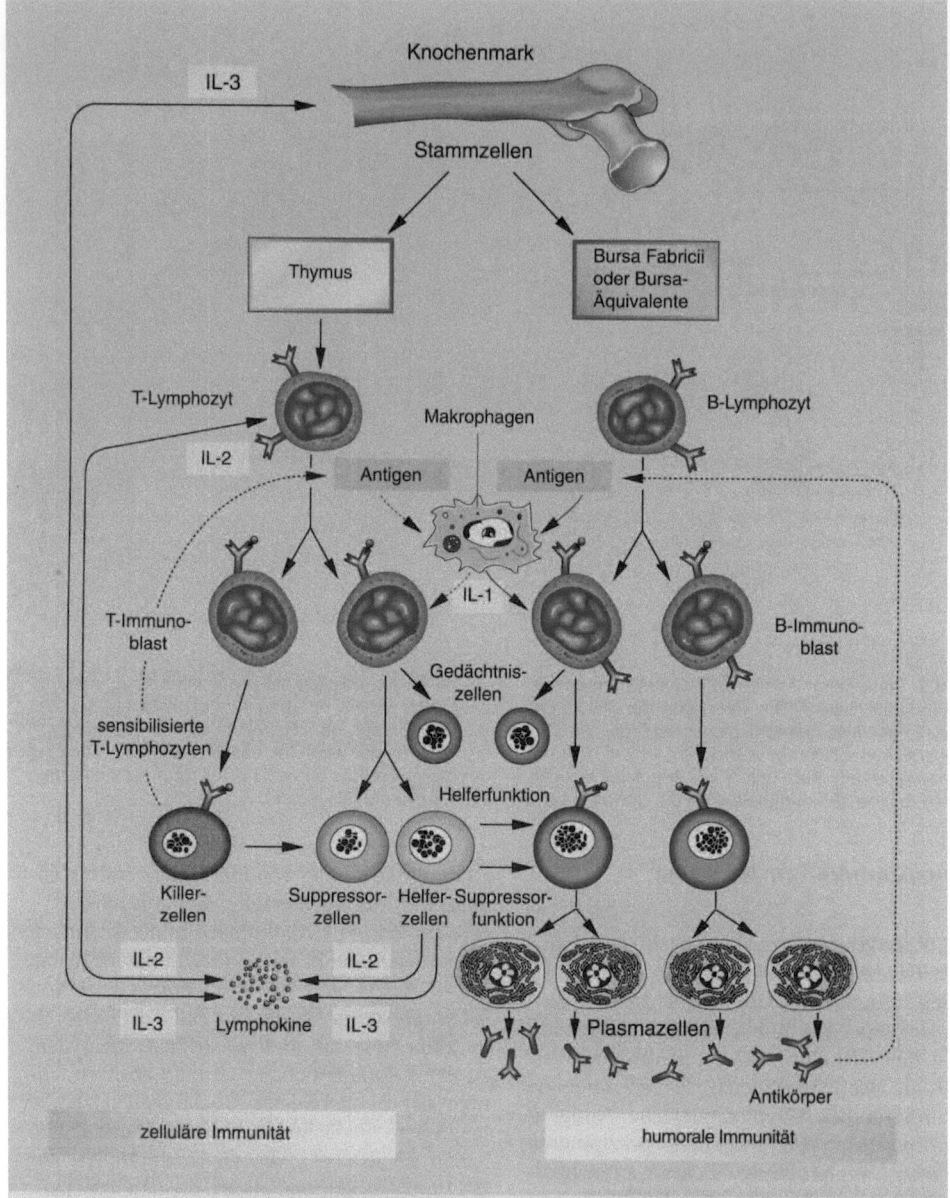

Abb. 8.9. Schema der zellulären und humoralen spezifischen Abwehrreaktionen. *IL-1, IL-2* und *IL-3* steht jeweils für die verschiedenen Interleukinarten, die von den Zellen produziert werden, um die aufgeführten Reaktionen auszulösen. So ist Interleukin 1 (*IL-1*) an der Antigenpräsentation beteiligt, die *im Zentrum der Zeichnung* aufgeführt ist. Eine Bursa fabricii existiert beim Menschen nicht, man nimmt deshalb an, daß das Knochenmark die Aufgabe der Prägung von B-Lymphozyten übernimmt

körperproduktion gehemmt. Offensichtlich wird für eine optimale Immunantwort die richtige Konzentration von Antikörpern bei einer gegebenen Menge von Antigenen benötigt. Gibt es mehr Antikörper, als gebraucht werden, um einen Immunkomplex zu bilden, dann läuft die ganze Reaktion ebenfalls schlecht ab. Somit wird also die optimale Menge von Antikörpern durch die Einwirkung von T-Zellen reguliert. Deshalb werden diese beiden Zellarten auch **T-Regulatorzellen** genannt.

Welche der beiden Lymphozytenarten nach Antigenkontakt an der Immunantwort beteiligt ist, hängt von den chemischen und physikalischen Eigenschaften des Antigens ab. Bei der Transplantatabstoßung (s. unten) und bei der Tumorabwehr sind es v.a. die T-Lymphozyten, die aktiv werden.

8.3 Überempfindlichkeits-reaktionen

8.3.1 Allergie

Der Begriff „Allergie" bezeichnet eigentlich eine veränderte Reaktionslage des Körpers gegenüber bestimmten Antigenen (die auch als Allergene bezeichnet werden). Dies kann eine fehlende, eine abgeschwächte oder eine verstärkte Reaktion sein. Trotz dieser ursprünglichen Definition des Wortes Allergie hat sich der Gebrauch im Sinne einer **Überempfindlichkeitsreaktion** eingebürgert. Wir unterscheiden 4 Arten von Überempfindlichkeitsreaktionen:

- anaphylaktische Reaktion (allergische Reaktion Typ I),
- zytotoxische Reaktion (allergische Reaktion Typ II),
- Immunkomplexreaktion (allergische Reaktion Typ III),
- Reaktion vom verzögerten Typ (allergische Reaktion Typ IV).

Anaphylaktische Reaktion (allergische Reaktion Typ I), Überempfindlichkeitsreaktion vom Soforttyp

Ein 1. Kontakt mit einem Antigen verläuft in der Regel in einer Antigen-Antikörper-Reaktion, die ohne äußerlich feststellbare Zeichen abläuft. Ein 2. Kontakt und jeder weitere Kontakt führt dann in der Regel ebenfalls zu einer stummen Reaktion, bei der das Antigen unschädlich gemacht wird.

In einigen Fällen kann es aber bei einer 2. und jeder weiteren Reaktion zu einer Überempfindlichkeitsreaktion kommen, d.h. zu einer **allergischen** Reaktion. Der Erstkontakt mit einem Allergen wird als **Sensibilisierung** bezeichnet.

Bei einer derartigen Sensibilisierung werden vor allem Immunglobuline vom Typ IgE gebildet. Diese Antikörper haben die Fähigkeit, sich auf der Oberfläche von Mastzellen festzusetzen. Mastzellen enthalten Histamin, Serotonin und Heparin.

Die IgE-Antikörper binden sich an die Mastzellen mit dem Fc-Teil, so daß die Antigenbindungsstellen am Fab-Teil noch frei sind. Bei einem nächsten Kontakt mit dem Anti-

gen bindet sich dieses nun an den Fab-Teil. Das führt zu einer Veränderung der Membraneigenschaften der Mastzellen. Diese schütten ihre Granula aus; diesen Vorgang bezeichnet man als **Degranulation**. Dadurch werden die Wirkstoffe freigesetzt, die innerhalb kürzester Zeit zu starken Sekundärreaktionen führen. Dies sind v.a. Gefäßerweiterung und Steigerung der Gefäßpermeabilität. In der Folge davon kommt es zu Ödemen und Nesselsucht (Urtikaria). Die anaphylaktische Reaktion ist häufig örtlich begrenzt, z.B. bei Heuschnupfen, Asthma bronchiale etc. Wenn sie jedoch generalisiert auftritt, d.h. im ganzen Körper, kann es zu lebensbedrohenden Reaktionen kommen.

Die Erweiterung der Blutgefäße im ganzen Körper führt zu Blutdruckabfall und Kreislaufkollaps. Daneben kommt es aber auch zu Krämpfen der Bronchialmuskulatur. Diese beiden Erscheinungen sind in der Regel die Todesursache beim **anaphylaktischen Schock**. Dieser kann ausgelöst werden durch Medikamentenunverträglichkeit (z.B. Penizillin) oder nach Bienen-/Wespenstich. Die Heftigkeit der anaphylaktischen Reaktion steigert sich von Mal zu Mal, kann jedoch auch schon beim 2. Mal eine derartige Stärke erreichen, daß es zum anaphylaktischen Schock kommt (Abb. 8.10).

Es besteht bis heute noch keine Klarheit darüber, warum gewisse Personen allergisch reagieren und andere nicht. Man nimmt jedoch an, daß die T-Suppressorzellen eine wesentliche Rolle dabei spielen. Sie sind in der Lage, die Produktion von IgE zu supprimieren (zu unterdrücken) oder auf einem niedrigen Niveau zu halten. Wenn die T-Suppressorzellen diese Aufgabe nicht optimal durchführen, dann wird zu viel IgE produziert, und es kommt zur Freisetzung von Histamin durch die Mastzellen. Was allerdings der Grund für diese Fehlfunktion im Einzelfall sein könnte, ist nicht bekannt.

Zytotoxische Reaktion (allergische Reaktion Typ II)

Diese Art der allergischen Reaktion wird durch Bindung von IgG und IgM an zellständige Antigene ausgelöst. Ein typischer Vertreter dieser Reaktion ist die Unverträglichkeitsreaktion bei der Transfusion von Blut einer falschen Blutgruppe. Auch Diabetes mel-

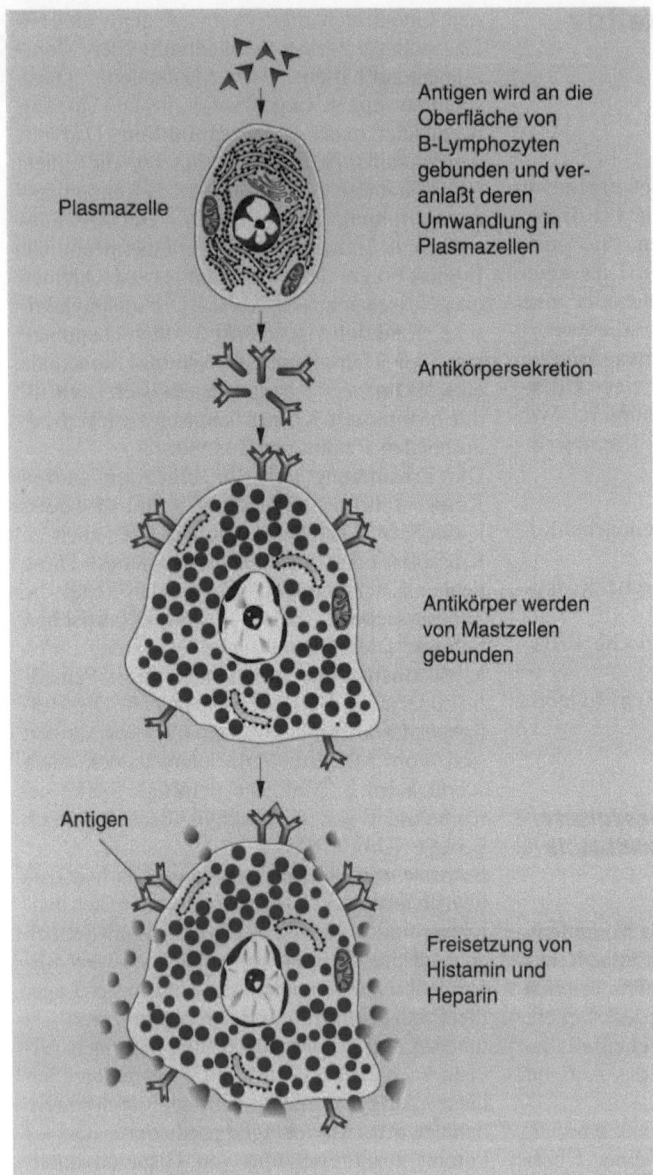

Antigen wird an die Oberfläche von B-Lymphozyten gebunden und veranlaßt deren Umwandlung in Plasmazellen

Plasmazelle

Antikörpersekretion

Antikörper werden von Mastzellen gebunden

Antigen

Freisetzung von Histamin und Heparin

Abb. 8.10. Darstellung des Ablaufs von der Bildung einer Plasmazelle (*oben*), die Antikörper produziert, über die Bindung der Antikörper auf der Mastzellenoberfläche (*Mitte*), bis zur Freisetzung von Histamin und Heparin aus Mastzellen (*unten*). Der wichtige Schritt dabei ist die Überbrükkung der Antikörperbindungsstellen auf der Mastzelle durch die Antigene. Dadurch kommt es zu einer Histamin- und Heparinfreisetzung und einer anschließenden allergischen Reaktion

litus vom Typ I dürfte auf zytotoxische Reaktionen zurückzuführen sein.

Immunkomplexreaktion (allergische Reaktion Typ III)

Dies sind Reaktionen, die durch Antigen-Antikörper-Komplexe (Immunkomplexe) ausgelöst werden. Hierbei sind die Immunkomplexe selber die Auslöser der Krankheitser-

scheinungen. Je nachdem, welcher Teil (Antigen oder Antikörper) bei dieser Reaktion überwiegt, kommt es zu einer lokalen oder generalisierten Wirkung.

- Überwiegen die **Antikörper**, so kommt es an der Eintrittsstelle der Antigene zu einer **lokalen** Wirkung. Dies können Lungenerkrankungen sein, wie z.B. die Farmerlunge oder die Vogelzüchterlunge. Im Fall der Farmerlunge kommt es durch den wiederholten Kontakt mit verschimmeltem Heu, im Fall der Vogelzüchterlunge durch wiederholten Kontakt mit Exkrementen von Tauben und Hühnern zu einer Überempfindlichkeitsreaktion in der Lunge.

- Überwiegen die **Antigene**, so daß nicht genügend Antikörper vorhanden sind, um sie gleich an der Eintrittsstelle in den Körper abzufangen, so kommt es zu einer **generalisierten** Überempfindlichkeitsreaktion. In Organen mit starker Durchblutung werden dann die Immunkomplexe in der Gefäßwand eingelagert. Daraus können Entzündungen in den Gefäßwänden entstehen. In der Niere kann es z.B. zu einer Glomerulonephritis kommen; dies ist eine Erkrankung der Nierenkörperchen.

Desensibilisierung

Um eine allergische Reaktion zu vermeiden, gibt es in der Regel nur 2 Möglichkeiten: die **Allergenkarenz** und die **Desensibilisierung**.

- **Allergenkarenz** bedeutet völlige Vermeidung von Kontakten mit dem entsprechenden Allergen. Das ist häufig leichter gesagt als getan, da viele Allergene in allen Lebensbereichen vorkommen.
Bei einigen Allergien ist die Allergenkarenz durchaus durchführbar, z.B. bei Fisch- und Schalentierallergien. Bereits bei einer Milchallergie ist es viel schwieriger, denn viele Nahrungsmittel werden aus Milch oder Milchprodukten hergestellt.
Bei einer Glutenallergie ist es noch viel schwieriger, da in vielen Lebensmitteln Getreidestärke enthalten ist. Bei verschiedenen Lebensmittelallergien (z.B. der Allergie auf Milchprodukte) ist das Abwehrsystem gar nicht beteiligt, da es sich lediglich um das Fehlen eines Enzyms handelt. Bei der Milchallergie fehlt z.B. die Laktase, so daß der Milchzucker nicht richtig abgebaut werden kann. Dies wiederum führt zur Diarrhö (Durchfall). Da es sich hierbei nicht um echte Allergien handelt, sollte man diese Erkrankungen eher als Lebensmittelunverträglichkeiten bezeichnen. Milcheiweiß kann allerdings auch zu echten Allergien führen, diese sind jedoch sehr selten.
- Bei der **Desensibilisierung** wird das Allergen in zunächst geringen, dann aber steigenden Dosen unter die Haut appliziert, um damit neben IgE auch IgG gegen das

Allergen zu induzieren. IgG reagiert nicht mit den Mastzellen, sondern ist in der Lage, die Allergene abzufangen, bevor sie mit den IgE-Molekülen auf der Mastzellmembran reagieren können. Gleichzeitig werden bei der Desensibilisierung noch zusätzliche T-Suppressorzellen gebildet, die dann in der Lage sind, die IgE-Produktion zu regulieren.

Reaktionen vom verzögerten Typ (allergische Reaktion Typ IV)

Die Reaktionen vom verzögerten Typ werden auch als **Spätreaktionen** bezeichnet, da sie im Unterschied zu den allergischen Reaktionen vom Typ I–III frühestens einen Tag nach Allergenkontakt ihren Höhepunkt erreichen. Die Typ-IV-Reaktionen werden durch sensibilisierte T-Zellen hervorgerufen. Es scheinen verschiedene T-Zellen beteiligt zu sein.

Akute Transplantatabstoßung

Die akute Transplantatabstoßung ist der Prototyp der Typ-IV-Reaktionen. Diese Art der Überempfindlichkeitsreaktion gewinnt mit der Zunahme der Transplantationen in letzter Zeit immer mehr an Bedeutung. Nach einer Organtransplantation werden die transplantierten Organe um so intensiver und schneller abgestoßen, je weniger die Gewebsantigene des Empfängers denjenigen des Spenders entsprechen. Als Gewebsantigene bezeichnet man die an fast allen Zellen des Körpers vorhandenen, in den Zellmembranen sitzenden antigenen Determinanten. Die bekanntesten antigenen Determinanten dieser Art sitzen auf den roten Blutkörperchen und bilden die Grundlage der verschiedenen Blutgruppen (aber auch die Grundlage für die zytotoxische Reaktion). Allgemein bezeichnet man die Gewebsantigene als HLA („human leukocyte antigen", menschliches Leukozytenantigen, s. MHC S. 295).
Das MHC-System hat derart viele verschiedene Bausteine, daß deren Kombination Tausende individueller „Antigenmosaike" liefert. Daher ist es auch so schwer, einen Organspender zu finden, dessen MHC-System mit dem des Empfängers identisch ist. Man muß sich daher bei Transplantationen mit einer möglichst weitgehenden Übereinstimmung begnügen und die T-Zellreaktionen mit Medikamenten unterdrücken. Dies geschieht heute

– trotz verschiedener Nebenwirkungen – relativ erfolgreich, z.B. mit Cyclosporin A (von niederen Pilzen gewonnene Substanz; s. 8.5, Immuntoleranz).

Kontaktallergien der Haut

Kontaktallergien können besonders nach wiederholten Kontakten mit Chromaten, Messing, Kupfer, Nickelsalzen, Haarfärbemitteln, Desinfektionsmitteln etc. auftreten. Bei besonders empfindlichen Personen kann das so weit gehen, daß sie nicht einmal Goldschmuck tragen können. Im Gold, das zu Schmuck verarbeitet wird (18 Karat), sind erhebliche Mengen unedler Metalle enthalten, durch die es zum einen härter wird, zum anderen können damit Farbtöne erzeugt werden, die in reinem Gold nicht vorkommen.

Überempfindlichkeitsreaktion gegenüber Tuberkulin

Die Reaktion gegenüber Tuberkulin (Bestandteil der Zellwand von Tuberkulosebakterien), das bei der „Mantoux-Probe" intrakutan verabreicht wird, gehört ebenfalls zum verzögerten Typ. Dabei kommt es bei einer Person, die gegen Tuberkulose immun ist, zu einer geröteten Hautverdickung an der Injektionsstelle. Ist 24–48 Stunden nach Injektion keine Reaktion erfolgt, dann liegt i.allg. keine Immunität gegen Tuberkulose vor.

8.4 Immunität

> Von Immunität reden wir, wenn der Körper in der Lage ist, ein Antigen (z.B. Rötelnviren) unschädlich zu machen, ohne daß dabei eine pathologische (krankhafte) Reaktion auftritt.

Der Körper ist dann gegen dieses Antigen immun. Bei den „Kinderkrankheiten" sind wir in der Regel zeitlebens immun gegen eine Wiedererkrankung, weil der immunologische Schutz, der während der Erkrankung im Kindesalter aufgebaut wurde, so lange anhält, daß wir bei wiederholtem Kontakt mit dem Antigen nicht noch einmal erkranken können. Dies ist z.B. der Fall bei Mumps, Röteln, Windpocken, Masern, Keuchhusten etc.

Sehr wichtig für die Immunisierung sind die Gedächtniszellen, die bei einem erneuten Kontakt sofort mit der Produktion von Antikörpern (Immunglobulinen) beginnen können.

Da Immunität durch das Vorhandensein von Antikörpern vermittelt wird, kann man die entsprechenden Antikörper auch von außen zuführen. Diesen Vorgang nennt man **passive Immunisierung** oder passive Impfung. Es wird in diesem Fall die γ-Globulinfraktion aus dem Blut eines immunisierten Individuums einem nichtimmunisierten Individuum eingespritzt, das damit vorübergehend ebenfalls immun ist. Leider werden die Antikörper, die sich in der γ-Globulinfraktion befinden, in einigen Tagen bis Wochen wieder abgebaut, so daß man mit der passiven Immunisierung keinen bleibenden Schutz erhält. Diese Immunisierung eignet sich v.a. bei kurzfristig durchzuführenden Reisen in Gebiete, in denen gewisse Krankheiten endemisch sind (nur dort begrenzt vorkommen). In einem solchen Fall ist die Zeit für eine aktive Immunisierung zu kurz und die Gefahr einer Ansteckung vorhanden.

Bei der **aktiven Immunisierung** oder Impfung führt man dem Körper unschädlich gemachte Antigene oder die antigenen Determinanten von Erregern zu. Es handelt sich dabei um abgeschwächte oder tote Erreger, deren antigene Determinanten noch intakt sind. Damit kann der Körper dann Immunglobuline gegen die Erreger bilden, ohne der Gefahr einer Infektion ausgesetzt zu sein. Bei einem effektiv stattfindenden Kontakt mit den lebenden Erregern ist der Körper dann mit Antikörpern und den dazugehörigen Gedächtniszellen ausgestattet. Leider ist nicht bei allen Erregern ein lebenslanger Schutz möglich, da die zirkulierenden Antikörper abgebaut werden. Offensichtlich verschwinden die Gedächtniszellen nach und nach, oder es waren von Anfang an zu wenige gebildet worden. Deshalb gibt es Impfungen, die nach Ablauf einiger Monate bis Jahre wiederholt werden müssen (z.B. Polio-, Tetanus-Impfung).

8.5 Immuntoleranz

Wenn unser Körper nach Kontakt mit antigenen Determinanten keine Antikörper bildet, dann liegt eine Immuntoleranz vor. Dies kann u.U. erwünscht sein, z.B. bei Organtransplantationen. Wenn die Verträglichkeit des implantierten Gewebes nicht gewährleistet ist, dann muß das Immunsystem gezielt unterdrückt oder ausgeschaltet werden. Diesen Vorgang nennt man **Immunsuppression.** Immunsuppression kann durch Cyclosporin A, alkylierende Substanzen, Glukokortikoide, Antimetaboliten und ionisierende Strahlung erreicht werden. Der Körper zeigt in der Regel seinen eigenen Geweben gegenüber eine natürliche Immuntoleranz. Diese ist auf eine Antigenerkennung in der Embryonalzeit zurückzuführen. Alles, was zu diesem frühen Zeitpunkt der Entwicklung in unserem Körper vorhanden ist, wird als eigen erkannt. Das sind selbstverständlich alle körpereigenen Gewebe. Es können aber auch Erreger sein, die dann zeitlebens nicht mehr als fremd erkannt werden und dementsprechend nicht unschädlich gemacht werden können. Ein von der Natur durchgeführtes Experiment zeigt die Wirkung dieser embryonalen Antigenerkennung sehr deutlich:

Bei Kühen kommt es im Falle von 2eiigen Zwillingen gelegentlich zu einem gemeinsamen plazentaren Blutkreislauf. Dabei tauschen die Zwillinge gegenseitig ihre Blutkörperchen aus. Nach der Geburt lassen sich dann alle Organe des einen Kalbes ohne Probleme und ohne Abstoßungsreaktion auf das andere Kalb transplantieren, da das transplantierte Gewebe aufgrund der embryonalen Antigenerkennung als „eigen" betrachtet wird. Bei 2eiigen Kälbern, die keinen gemeinsamen plazentaren Blutkreislauf aufweisen, würden die Transplantate größtenteils abgestoßen werden.

Wenn der Körper die Toleranz seinem eigenen Gewebe gegenüber verliert, dann wird das als **Autoimmunkrankheit** bezeichnet. Autoimmunkrankheiten kommen mit zunehmendem Alter häufiger vor. Man rechnet zu den Autoimmunkrankheiten z.B. eine Schilddrüsenerkrankung (Hashimoto-Thyreoiditis) oder eine Zuckererkrankung (Diabetes vom Typ I). Insgesamt sind bis heute ca. 60 verschiedene Autoimmunkrankheiten bekannt. Über die Ursachen weiß man z.T. noch sehr wenig. (Weitere Autoimmunkrankheiten sind: Pemphigus, Lupus erythematodes, Myasthenia gravis, rheumatoide Arthritis etc.)

8.6 Aids und HIV

Der Ausdruck Aids („acquired immune deficiency syndrome") bezeichnet einen erworbenen Defekt des Immunsystems. Dieser wird ausgelöst durch das humane Immunodefizienzvirus (HIV). Dieses Virus bindet bevorzugt an Zellen des Typs CD4 (T-Helferzellen, s. S. 295), es bindet hingegen praktisch nicht an Zellen des Typs CD8 (zytotoxische T-Zellen). Als Folge werden die CD4-Zellen (gelegentlich auch als T_4-Zellen bezeichnet) zerstört. Eine stark verringerte Zahl von CD4-Zellen, bei gleichzeitig unveränderter Zahl von CD8-Zellen, ist dementsprechend meist ein deutliches Zeichen für eine HIV-Infektion.

1981 war man wegen des vermehrten Auftretens einer sehr seltenen Krankheit, der Pneumocystis-carinii-Pneumonie, zuerst auf Aids aufmerksam geworden, ohne jedoch zu wissen, worum es sich handelte. Heute weiß man, daß Aids durch ein **Retrovirus** übertragen wird. Der Infektionsweg ist ähnlich dem der Hepatitis B. Das Vollbild der Krankheit Aids tritt Monate bis Jahre nach der Infektion auf.

Unter dem Vollbild Aids versteht man schwer verlaufende, opportunistische Infektionen und/oder ein Kaposi-Sarkom (ein Gefäßtumor) in Verbindung mit immunologischen Veränderungen. Eine der Infektionen, die als Folge von Aids auftritt, ist die Pneumocystis-carinii-Pneumonie. Vor dem vollen Ausbruch von Aids kommt es häufig zu ARC („Aids related complex"). Bei ARC sind über einen längeren Zeitraum Lymphknotenvergrößerungen ohne opportunistische Infektionen vorhanden. Es läßt sich zum heutigen Zeitpunkt noch nicht sagen, ob alle HIV-Positiven letztlich Aids entwickeln werden. Die Wahrscheinlichkeit ist allerdings groß. Zur Zeit liegt die Aids-Quote der langjährig HIV-Positiven bereits bei 80%, mit steigender Tendenz.

Die eigentliche Todesursache bei Aids ist also nicht auf die direkte Wirkung der Viren auf den menschlichen Körper zurückzuführen, sondern auf die sekundären (opportunistischen) Infektionen, die aufgrund einer Infektion auftreten. Diese Infektionen können durch das Fehlen von T-Helferzellen und andere Veränderungen im Abwehrsystem hervorgerufen werden.

Da Aids einen ähnlichen Infektionsweg wie die Hepatitis-B hat, ist auch die Möglichkeit, sich davor zu schützen, relativ einfach. Die meisten Infektionen mit Aids erfolgen durch „unsaubere" Spritzen bei Drogenabhängigen sowie durch ungeschützten Geschlechtsverkehr mit Aids-/HIV-Infizierten. Die Anstekkungen von Blutern und Transfusionsempfängern über infizierte Blutkonserven und Gerinnungsmittel, die es vor einigen Jahren noch gab, sind in der Zwischenzeit praktisch völlig auszuschließen, da heute alle Blutkonserven auf Aids getestet werden.

Ein Problem bei der Diagnose von Aids und damit auch bei der Kontrolle von Spenderblut besteht darin, daß nicht das Virus nachgewiesen wird, sondern die gegen dieses Virus gerichteten Antikörper. Aufgrund der spezifischen Verhältnisse bei einer Infektion sind allerdings erst ca. 12 Wochen nach einer Ansteckung mit dem Virus die entsprechenden Antikörper nachweisbar. Wird vor diesem Zeitraum Blut gespendet, kann die Infektion in der Regel nicht nachgewiesen werden.

8.7 Zusammenfassung Immunologie

Abwehrzellen und Abwehrorgane
Primär lymphatische Organe sind Knochenmark und Thymus. Von hier aus werden die sekundär lymphatischen Organe besiedelt: Milz, Lymphknoten, Tonsillen, Lymphfollikel. Zu den Abwehrzellen werden die Granulozyten, die Monozyten und insbesondere die Lymphozyten gerechnet. Alle diese Zellen gehören zur Gruppe der Leukozyten.

Das **Lymphgefäßsystem** hat einen Anfang (blind beginnende Lymphkapillaren in fast allen Körperregionen) und ein Ende (im Venenwinkel zwischen V. jugularis interna und V. subclavia) (im Gegensatz zum Blutgefäßsystem, das in sich geschlossen ist). Der Brustmilchgang (Ductus thoracicus), ein Hauptlymphgefäß, beginnt auf Höhe des 1. Lumbalwirbels mit der Cisterna chyli und endet im linken Venenwinkel. Der rechte Lymphgang (Ductus lymphaticus dexter) beginnt in der Halsregion und mündet im rechten Venenwinkel.

- **Lymphknoten** sind in die Lymphgefäße eingeschaltet. Sie funktionieren als Filterstationen für die Lymphe und dienen der Lymphozytenneubildung.
- Mit Ausnahme des Thymus sind in allen lymphatischen Geweben **Lymphfollikel** vorhanden. Dies sind Ansammlungen von Lymphozyten in einem retikulären Grundgerüst. Primär heißen sie vor dem Kontakt mit Krankheitserregern und sekundär, wenn sie nach Kontakt mit Krankheitserregern ein Reaktionszentrum und einen Lymphozytenwall besitzen.
- Das Parenchym der **Milz** besteht aus roter und weißer Pulpa. Die rote Pulpa setzt sich aus den Blutsinus und dem bluthaltigen retikulären Grundgerüst zusammen. Die weiße Pulpa besteht aus Lymphfollikeln (B-Lymphozyten) und den lymphatischen Scheiden um die Blutgefäße (T-Lymphozyten). Die Milz ist in den Blutkreislauf eingeschaltet. Die Funktionen der Milz sind: Abwehrreaktionen durch Lymphozyten, Phagozytose von Fremdmaterial, Abbau von überalterten Erythrozyten (>120 Tage).
- Die 4 **Tonsillen** (Tonsilla palatina, lingualis, pharyngealis und tubaria) sind als lymphatischer Ring um den Rachen angeordnet. Dort durchwandern die Lymphozyten das bedeckende Epithel und bilden damit eine physiologische Wunde: hier können die Lymphozyten sofort Kontakt mit eindringenden Keimen aufnehmen.
- Der **Thymus** liegt über dem Herzbeutel im Mediastinum. Bei Kindern hat er seine größte Ausdehnung. Im Alter wird er durch Involution in einen Fettkörper zurückgebildet. Durch Bindegewebe ist der Thymus in Läppchen gegliedert. Der Thymus besteht aus Rinde und Mark. In der Rinde sind v.a. T-Lymphozyten vorhanden, die hier ihre Prägung erhalten. Im Mark tritt das retikuläre Grundgerüst deutlich in Erscheinung, hier kommen Hassall-Körperchen vor. Der Verlust des Thymus vor Prägung der Lymphozyten führt unweigerlich zum Tode.

Die **Abwehr** wird von Leukozyten durchgeführt. Man unterscheidet: Lymphozyten (B und T; s. Übersicht), Monozyten (Stammzelle der Makrophagen) und Granulozyten (Mikrophagen: Neutrophile, Eosinophile, Basophile).

Lymphozyten

Wir unterscheiden B-Lymphozyten und T-Lymphozyten.
Die T-Lymphozyten lassen sich weiter unterteilen in:

T-Effektorzellen:

– normale T-Lymphozyten,
– zytotoxische Zellen,
– natürliche Killerzellen.

T-Regulatorzellen:

– T-Helferzellen,
– T-Suppressorzellen.

Sowohl B- wie auch T-Lymphozyten können **Gedächtniszellen** bilden, die bei einem wiederholten Antigenkontakt sehr rasch mit Abwehrvorgängen reagieren können.

Abwehrmechanismen: unspezifisch und spezifisch humoral sowie unspezifisch und spezifisch zellulär.

Unspezifisch humorale Abwehr: Komplementsystem mit ca. 20 verschiedenen Glykoproteinen.
Die klassische Kaskade der Komplementaktivierung wird durch Immunkomplexe in Gang gesetzt. Die alternative Kaskade geschieht über Bakterien, Viren, Pilze etc., die das System aktivieren.
Lysozym kann grampositive Bakterien auflösen. Interferon wirkt antiviral. Die „Akute-Phase-Proteine" sind in der Lage, sich an Mikroorganismen zu binden und können damit die klassische Kaskade des Komplementsystems in Gang sezten. Daraus resultiert eine Opsonisierung der Mikroorganismen und anschließende Phagozytose.

Unspezifisch zelluläre Abwehr: Mikrophagen und Makrophagen phagozytieren Fremdkörper; durch Chemotaxis finden sie den Weg, durch Opsonisierung wird ihre Phagozytosebereitschaft erhöht.

Immunogene können an immunkompetenten Zellen eine Immunreaktion auslösen. Dafür ist die antigene Determinante (Epitop) verantwortlich. Antigene mit einer relativen Molekülmasse kleiner als 10000 müssen sich für die Auslösung einer Immunreaktion zuerst an ein größeres Molekül binden.

Antikörper werden als Teil der Immunantwort gebildet von Plasmazellen, die aus B-Lymphozyten über Immunoblasten entstehen. Es gibt 5 verschiedene Klassen von Antikörpern (Immunoglobuline, Ig). Dies sind: IgG, IgA, IgD, IgE, IgM. Verbindungen von Immunoglobulinen mit Antigenen bezeichnet man als Antigen-Antikörper-Komplexe oder als Immunkomplexe. Ein Antikörper hat einen Fab-Teil und einen Fc-Teil. Am Fab-Teil sitzen 2 Antigenbindungsstellen.

Haupthistokompatibilitätskomplex und CD-Oberflächenmoleküle

Als **Haupthistokompatibilitätskomplex** (MHC) bezeichnet man die auf praktisch allen Körperzellen vorkommenden Gewebsantigene. Sie stellen die Grundlage für die Erkennung von fremd und eigen dar. Es werden 2 Molekülarten unterschieden: MHCI und MHCII. MHCI kommen auf praktisch allen kernhaltigen Zellen vor, MHCII kommen auf B-Lymphozyten und aktivierten T-Lymphozyten vor. Auf Zellen des Immunsystems finden sich außerdem weitere Oberflächenmoleküle, die als

Antigenrezeptoren fungieren können. Sie werden als Differenzierungsgruppen (cluster of differentiation, CD) bezeichnet. T-Helferzellen tragen CD4 und zytotoxische T-Zellen CD8 an ihrer Oberfläche.

Antigenpräsentierte Zellen
Makrophagen und B-Lymphozyten können Antigene aufnehmen und sie an MHC-Moleküle gebunden an ihrer Zelloberfläche den T-Lymphozyten „präsentieren". Diese wandeln sich daraufhin sofort in T-Effektorzellen um. Diese Antigenpräsentation beschleunigt die Abwehrvorgänge.

Signalstoffe des Immunsystems
Von Zellen des Immunsystems können Signalstoffe produziert werden, die mit dem Sammelbegriff als Lymphokine bezeichnet werden. Besonders wichtig sind die Interleukine (IL1, IL2, IL3). IL1 ist u.a. an der Bildung von Fieber beteiligt. IL3 fördert die Neubildung von Lymphozyten.

Spezifisch humorale Abwehr. Bei Erstbegegnung eines B-Lymphozyten mit einem Immunogen wandelt sich der Lymphozyt in einen Immunoblasten um; aus diesem gehen Plasmazellen und Gedächtniszellen hervor.

Plasmazellen produzieren Antikörper, Gedächtniszellen können sich bei einem Zweitkontakt mit dem gleichen Immunogen relativ rasch in Plasmazellen umwandeln und sofort mit der Antikörperbildung beginnen.

Für eine optimale Wirkung der Antigene auf die Lymphozyten (B+T) wird die Antigenpräsentation benötigt. Die Makrophagen präsentieren die Antigene auf ihrer Zellmembran gebunden an die MHC-Moleküle den Lymphozyten in einer optimalen Form. Dadurch läuft die Immunreaktion viel besser und rascher ab. Gegen jedes Antigen wird ein spezifischer Antikörper gebildet, der nach dem Schlüssel-Schloß-Prinzip nur auf dieses Antigen paßt. Die Stelle des Antikörpers, in die das Epitop des Antigens genau hinein paßt, wird Paratop genannt.

Spezifisch zelluläre Abwehr. Sie wird durch T-Lymphozyten vermittelt. Typisches Beispiel ist die Transplantatabstoßung. Diese wird durch T-Effektorzellen ausgeführt. Auch T-Zellen bilden Gedächtniszellen. Die T-Regulatorzellen (Helfer- und Suppressorzellen) sind für eine Regulation der B-Lymphozyten verantwortlich, die dadurch eine genaue dosierte (optimale) Menge an Antikörpern bilden. Bei den T-Zellen sitzen die antikörperähnlichen Strukturen direkt auf der Zelloberfläche.

Bei den **Überempfindlichkeitsreaktionen** unterscheiden wir: anaphylaktische Reaktion (Typ I), zytotoxische Reaktion (Typ II), Immunkomplexreaktion (Typ III) und Reaktion vom verzögerten Typ (Typ IV).

Bei der **anaphylaktischen Reaktion** werden nach einer Sensibilisierung der Mastzellen durch IgE-Besatz, bei einem Zweitkontakt durch das Allergen, die Bindungsstellen überbrückt. Dadurch kommt es zu einer Degranulation der Mastzellen. Dies kann Urtikaria oder einen anaphylaktischen Schock zur Folge haben. Todesursache beim anaphylaktischen Schock ist meist ein Krampf der Bronchialmuskulatur, verbunden mit einem Kreislaufkollaps.

Bei der **zytotoxischen Reaktion** werden IgG und IgM an zellständige Antigene gebunden. Beispiel: Unverträglichkeitsreaktion bei der Transfusion von gruppenungleichem Blut.

Immunkomplexreaktionen können durch Antigen-Antikörper-Komplexe ausgelöst werden. Wir unterscheiden lokale Reaktionen von generalisierten Reaktionen.

Bei lokalen Reaktionen überwiegen die Antikörper, bei generalisierten Reaktionen überwiegen die Antigene. Beispiel für lokale Reaktionen: Vogelzüchter- und Farmerlunge; Beispiel für generalisierte Reaktion: Glomerulonephritis.

Desensibilisierung und **Allergenkarenz** sind die beiden einzigen Möglichkeiten, allergische Reaktionen zu vermeiden.

Reaktionen vom verzögerten Typ werden durch T-Zellen hervorgerufen.

Zu diesem Typ rechnen wir:
– Kontaktallergien und
– Transplantatabstoßungen.

Durch **Immunsuppression** kann eine Transplantatabstoßung vermieden werden.

Immunität kann aktiv durch Impfung mit abgeschwächten oder toten Erregern erreicht werden, passiv durch Impfung mit der γ-Globulinfraktion eines bereits immunisierten Individuums.

Immuntoleranz besteht gegenüber eigenen Geweben. Dies wird erreicht durch die Antigenerkennung während der Embryonalphase der Entwicklung. Es kommt immer wieder vor, daß das Immunsystem eigene Organe angreift und schwächt oder zerstört. Dies wird als **Autoimmunkrankheit** bezeichnet. Sie beruht auf einem Fehler im Immunsystem.

9 Atmungsapparat

Für fast alle Vorgänge in unserem Körper wird Energie benötigt. Dies beginnt bereits bei scheinbar unbedeutenden chemischen Prozessen innerhalb einzelner Zellen und geht hin bis zu den Bewegungen des Körpers. Die gesamte Energie wird durch **oxidativen (aeroben) Abbau**, d.h. durch „Verbrennung" der Nahrung gebildet.

Es ist auch möglich, Energie ohne die Anwesenheit von Sauerstoff zu gewinnen, durch den **anaeroben Abbau**, z.B. von Glukose. Anaerober Abbau ist allerdings nicht sehr ökonomisch, da zum Gewinnen der gleichen Energiemenge die 15fache Menge an Glukose abgebaut werden muß. Deshalb wird Energie zum großen Teil durch **aeroben** (oxidativen) Abbau gewonnen.

> **Glukose ist das wichtigste Substrat für die Energiegewinnung.**

Beim oxidativen Abbau von einem 1 Mol[7] Glukose ergibt sich ein Gewinn an freier Energie von ca. 2900 kJ. Diese freie Energie wird entweder in den Zellen direkt für energieverbrauchende Prozesse verwendet oder für die Produktion des energiereichen Moleküls ATP (Adenosintriphosphat).

ATP kann in den Zellen in molekularer Form gespeichert werden. Adenosintriphosphat ist ein Nukleotid, an das 3 Phosphatreste gekoppelt sind. Der Aufbau verläuft von AMP (Adenosinmonophosphat) über ADP (Adenosindiphosphat) bis hin zum ATP. Erst die Koppelung eines 3. Phosphatrestes macht das Molekül zu einem Energiespeicher, dessen Energie bei Bedarf durch Abspaltung dieses Phosphatrestes wieder freigesetzt wird und damit für Arbeit in den Zellen zur Verfügung steht. Die Energie, die bei anaeroben Abbaubedingungen (d.h. ohne Sauerstoff) aus 1 Mol Glukose freigesetzt wird, entspricht lediglich ca. 200 kJ. Trotzdem kommt es jedoch in verschiedenen Geweben immer wieder zu einem anaeroben Abbau der Glukose, z.B. im Knorpel oder bei Sauerstoffmangel im Muskel.

---

[7] Ein Mol ist die Menge eines Stoffes, die der relativen Molekülmasse in Gramm entspricht, d.h. 1 Mol=180,2 g Glukose.

Den oxidativen (aeroben) Abbau der Nahrung kann man mit einer vereinfachten Formel darstellen, die für Glukose folgendermaßen aussieht:

$$ADP + P + Glukose + O_2 \rightarrow CO_2 + H_2O + ATP$$

ADP: Adenosindiphosphat,
ATP: Adenosintriphosphat,
P: Phosphat,
O_2: Sauerstoff,
CO_2: Kohlendioxid (Gas der Kohlensäure),
H_2O: Wasser,
Glukose: $C_6H_{12}O_6$.

Die biologische Oxidation der Nahrung, wie auch die Bildung von ATP, findet in den „Kraftwerken" der Zelle, den Mitochondrien, statt (s. Kap. 2 Zytologie).

9.1 Respiratorischer Quotient

Aus der Oxidation von Nahrung mittels Sauerstoff resultiert, wie wir vorher gesehen haben, CO_2 und H_2O (abgesehen von der Energie, die dabei möglicherweise in Form von ATP gespeichert wird). Je nach Grundmolekül, das verbrannt wird, benötigt der Körper dafür mehr oder weniger Sauerstoff. Dementsprechend ist das Verhältnis von ausgeatmetem CO_2 zu eingeatmetem O_2 größer oder kleiner. Dieses Verhältnis CO_2/O_2 bezeichnet man als **respiratorischen Quotienten (RQ)**. Er hat bei der Verbrennung von Kohlenhydraten, Proteinen und Fetten folgende Werte:

- Kohlenhydrat: RQ=1,0
- Protein: RQ=0,8
- Fett: RQ=0,7

Bei Kohlenhydraten sind Sauerstoff und Wasserstoff im gleichen Verhältnis vorhanden; deshalb beträgt der RQ 1,0. Bei Fett und Protein dagegen muß zusätzlich Sauerstoff zugeführt werden für die Wasserbildung (H_2O).

Der RQ der einzelnen Gewebearten ist im Körper teilweise unabhängig von der aufgenommenen Nahrung. So beträgt der RQ des Gehirns 0,99. Daraus kann geschlossen werden, daß Hirngewebe praktisch ausschließlich Kohlenhydrate verbrennt und damit auf die Versorgung mit Glukose absolut angewiesen ist.

9.2 Formen der Atmung

Der für die Verbrennung benötigte Sauerstoff (O_2) wird über den Atmungsapparat eingeatmet. Das Gas der Kohlensäure (CO_2), das bei der Oxidation der Nahrung entsteht, wird über den Atmungsapparat ausgeatmet.

Wir unterscheiden 2 Formen der Atmung:

- Lungenatmung (äußere Atmung): Aufnahme von O_2 in die Lunge und Abgabe von CO_2 aus dem Blut in die Lungen und von dort an die Luft.
- Gewebeatmung (innere Atmung): Verbrennungsvorgänge in den Zellen, bei denen O_2 aus dem Blut aufgenommen und CO_2 abgegeben wird.

Zwischen den Orten, an denen die innere bzw. äußere Atmung stattfindet, muß das Gas transportiert werden; dies geschieht durch den Blutkreislauf. Das Blut dient mit seinen roten Blutkörperchen als Transportmittel der Atemgase O_2 und CO_2. Der eigentliche Atemvorgang bei der äußeren Atmung ist der **Gasaustausch**.

9.3 Bestandteile des Atmungsapparates

Für die Atmung stehen dem Körper verschiedene Organe zur Verfügung (Abb. 9.1). Diese werden entsprechend ihrer Aufgabe unterteilt in ein **Luftleitungssystem** und ein **Diffusionssystem**.

Von besonderer Bedeutung für die Atemmechanik ist der Brustraum (Thorax); deshalb

wurde er auch in die Liste der beteiligten Organe aufgenommen.

Organe des Atmungsapparates

- Nase, Nasenhöhle (Cavitas nasi),
- Nasennebenhöhlen (Sinus paranasales),
- Rachen (Pharynx),
- Kehlkopf (Larynx),
- Luftröhre (Trachea),
- Bronchialbaum (Arbor bronchialis),
- Lunge (Singular: Pulmo, Plural: Pulmones),
- Brustkorb (Thorax).

Der Bereich von der Nase bis zum Bronchialbaum ist das Luftleitungssystem. Die Gasaustauschfläche der Lungenbläschen (Alveolen) wird als Diffusionssystem bezeichnet.

9.3.1 Nase und Nasenhöhle

Die **äußere Nase** wird durch das Os nasale und die knorpeligen Nasenflügel sowie einige kleinere Knorpelstücke gebildet. Die gesamte Nase ist von Gesichtshaut überzogen.

Die Nasenlöcher (Nares) führen über den Nasenvorhof (Vestibulum nasi) in die Nasenhöhle (Cavitas nasi). Der Nasenvorhof wird durch einen Grenzwall (Limen nasi) von der Nasenhöhle abgetrennt. Im Nasenvorhof befinden sich spezialisierte Haare, die Vibrissae, die als Schutzmechanismus gegen eindringende Fremdkörper dienen.

Die **Nasenhöhle** wird durch die Nasenscheidewand, das Septum nasi, in 2 Höhlen unterteilt, die untereinander nicht in direkter Verbindung stehen (Abb. 9.2). Die Scheidewand ist aus Knorpel und Knochen aufgebaut:

- Im hinteren und oberen Teil besteht sie aus Knochen, der Lamina perpendicularis des Os ethmoidale und dem Vomer (Pflugscharbein).
- Im vorderen und unteren Teil besteht sie aus einer Knorpellamelle.

Von der Seitenwand ragen jeweils 3 **Nasenmuscheln** (Singular: Concha nasalis) in die beiden Nasenhöhlen hinein, dadurch werden unterhalb der Muscheln 3 Nasengänge (Meatus nasi) gebildet. Im Bereich der 3 Nasenmuscheln ist die Schleimhaut durch ein ausgeprägtes Gefäßnetz zu einer Art Schwellkörper ausgebildet, der bei Entzündungen stark

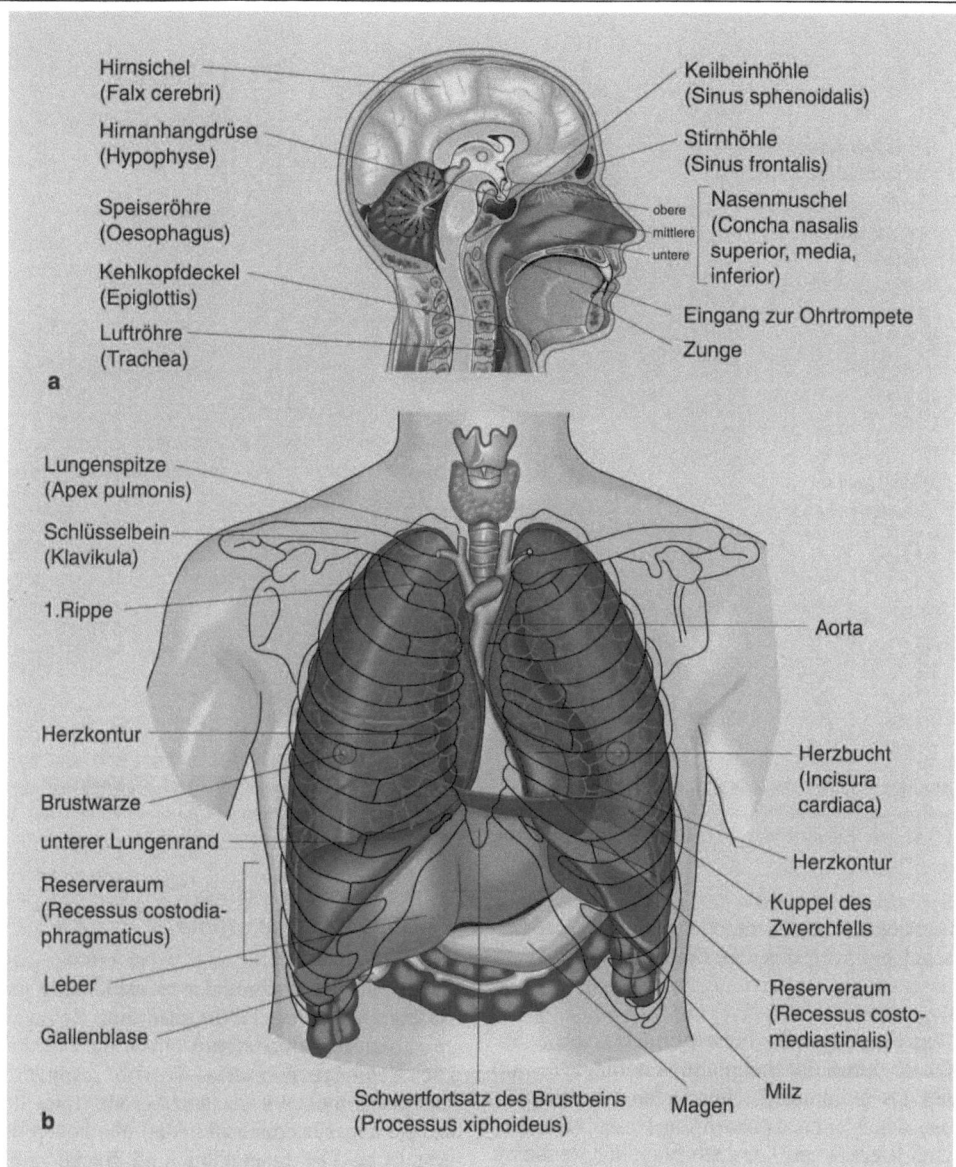

Hirnsichel
(Falx cerebri)

Hirnanhangdrüse
(Hypophyse)

Speiseröhre
(Oesophagus)

Kehlkopfdeckel
(Epiglottis)

Luftröhre
(Trachea)

a

Keilbeinhöhle
(Sinus sphenoidalis)

Stirnhöhle
(Sinus frontalis)

obere
mittlere
untere

Nasenmuschel
(Concha nasalis
superior, media,
inferior)

Eingang zur Ohrtrompete

Zunge

Lungenspitze
(Apex pulmonis)

Schlüsselbein
(Klavikula)

1.Rippe

Herzkontur

Brustwarze

unterer Lungenrand

Reserveraum
(Recessus costodia-
phragmaticus)

Leber

Gallenblase

b

Aorta

Herzbucht
(Incisura
cardiaca)

Herzkontur

Kuppel des
Zwerchfells

Reserveraum
(Recessus costo-
mediastinalis)

Milz

Schwertfortsatz des Brustbeins
(Processus xiphoideus)

Magen

Abb. 9.1 a, b. Übersichtszeichnung der Organe des Atmungsapparates. **a** Medianschnitt des Kopfes, auf dem die Nasenhöhle mit den Nasenmuscheln, einge-zeichnet ist. **b** Ventralansicht des Brustkorbs. Die Knochen des Brustkorbs und die Organe des Ober-

bauchs sind als Orientierungshilfe angegeben. Die Ausdehnung der Reserveräume der Lunge (z.B. Recessus costadiaphragmaticus) entspricht den *dunkel-blau* dargestellten Regionen

anschwellen kann und dann die Nasengänge so stark einengt, daß die Luftpassage er-schwert oder unmöglich gemacht wird (Abb. 9.2, rechter Teil).

In einem Bereich am Nasenseptum ist die Durchblutung besonders ausgeprägt, und

zwar am **Kiesselbach-Fleck**. Von hier kön-nen spontan Blutungen ausgehen.

Unter der mittleren Nasenmuschel befindet sich der Hiatus semilunaris (halbmondförmi-ger Schlitz), eine Öffnung mit Verbindung zur Stirnhöhle, zur Kieferhöhle und zu den

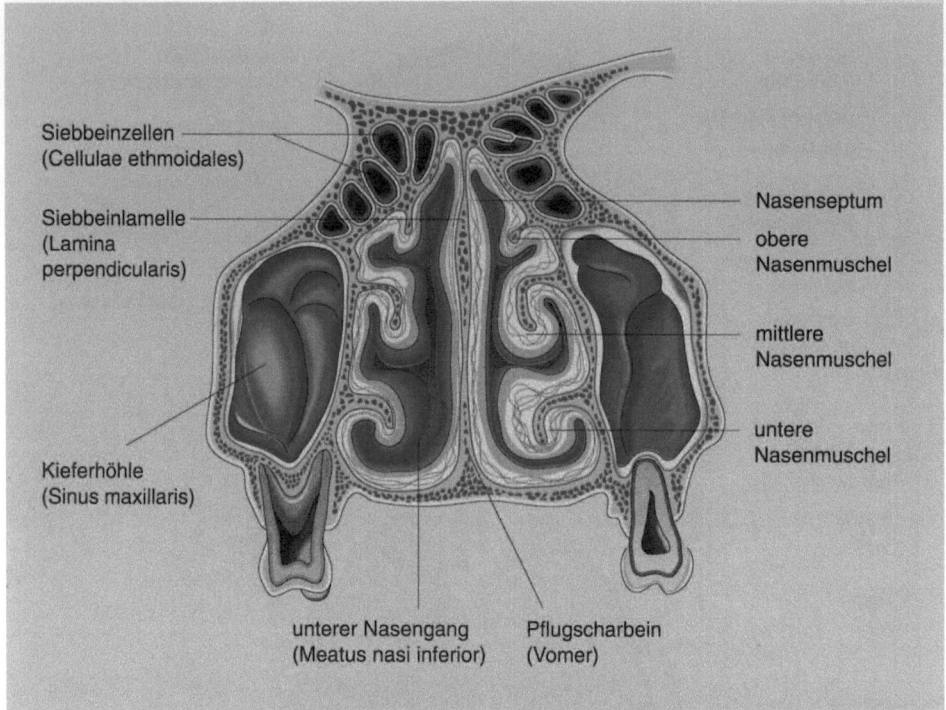

Abb. 9.2. Schnitt durch die Nasenhöhle und die angrenzenden Siebbeinzellen (Cellulae ethmoidales) sowie die Kieferhöhlen (Singular: Sinus maxillaris, Plural: Sinus maxillares). Die *rechte Hälfte* der Abbildung zeigt den Zustand bei einer Erkältung mit geschwollenem Epithel

Siebbeinzellen. Unter der unteren Nasenmuschel befindet sich die Öffnung des Tränennasenganges (Ductus nasolacrimalis).

Begrenzungen der Nasenhöhlen (Abb. 9.3):
Oben: durch die Siebplatte (Lamina cribrosa) des Os ethmoidale. Hier treten die Riechfäden des N. olfactorius in die Nasenhöhle ein. Die Riechfäden kommen aus der vorderen Schädelgrube und durchbrechen in der Siebplatte den Knochen.
Unten: durch den harten und weichen Gaumen (Palatum durum und Palatum molle).
Lateral: durch die Siebbeinzellen (Cellulae ethmoidales) des Os ethmoidale sowie durch die 3 Nasenmuscheln.
Medial: durch die Nasenscheidewand (Septum nasi).
Hinten: die Nasenhöhlen gehen hinten über die inneren Nasenlöcher (Choanen) in den Pharynx (Pars nasalis) über.

Epithel der Nasenhöhle

Aufgrund der epithelialen Auskleidung der Nasenhöhle unterscheidet man eine Regio respiratoria von einer Regio olfactoria.
Die **Regio respiratoria** ist von respiratorischem Epithel, wie es auch große Teile des Luftleitungssystems auskleidet, überzogen. Es besteht aus Flimmerzellen und Becherzellen (Abb. 9.4). Die Becherzellen sezernieren ein schleimartiges Sekret, das dazu dient, Fremdkörper, die in die Nasenhöhle gelangt sind, abzufangen, damit sie durch die Flimmerzellen aus der Nasenhöhle transportiert werden können. Die Regio respiratoria ist ca. 140 cm^2 groß. Nicht nur die Seitenwände mit den Nasenmuscheln, sondern auch das Septum wird von respiratorischem Epithel überzogen. Demgegenüber hat die **Regio olfactoria** nur eine Fläche von ca. 5 cm^2. Sie ist mit einem Sinnesepithel überzogen, das für die Geruchswahrnehmung spezialisiert ist. Bei verschiedenen Tieren, z.B. Hunden, ist fast die gesamte Nasenhöhle von olfaktorischem

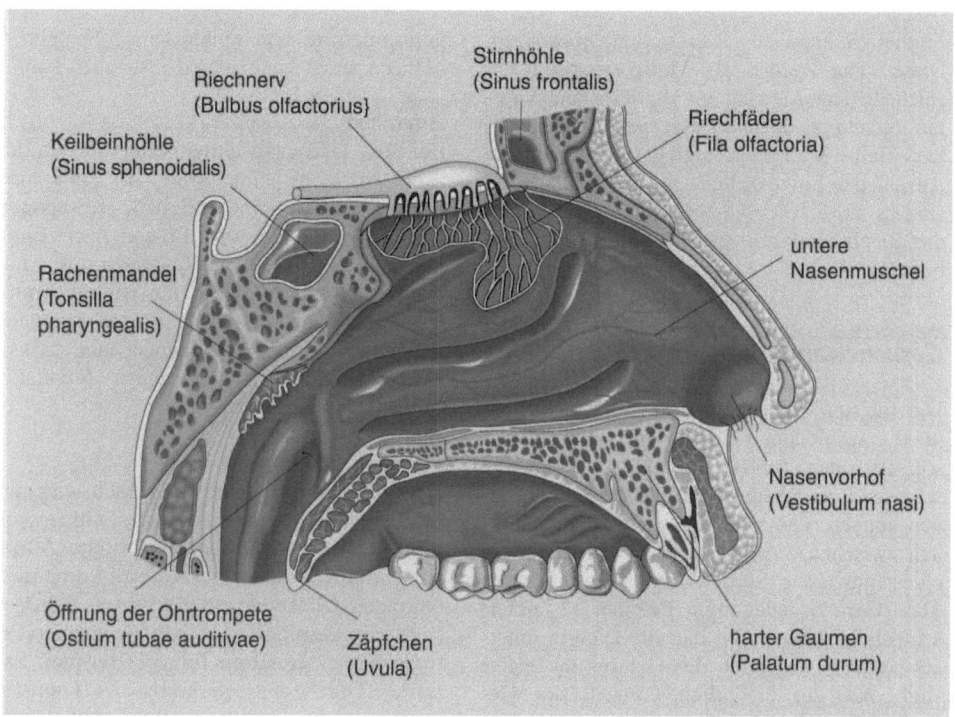

Keilbeinhöhle
(Sinus sphenoidalis)

Riechnerv
(Bulbus olfactorius)

Stirnhöhle
(Sinus frontalis)

Riechfäden
(Fila olfactoria)

Rachenmandel
(Tonsilla
pharyngealis)

untere
Nasenmuschel

Öffnung der Ohrtrompete
(Ostium tubae auditivae)

Zäpfchen
(Uvula)

Nasenvorhof
(Vestibulum nasi)

harter Gaumen
(Palatum durum)

Abb. 9.3. Blick auf die linke Wand der Nasenhöhle mit den 3 Nasenmuscheln (Singular: Concha nasalis, Plural: Conchae nasales). Im *oberen Teil* der Zeichnung sind die Riechfäden (Fila olfactoria) zu sehen, die vom Riechnerv (Bulbus olfactorius) aus der vorderen Schädelgrube in die Nasenhöhle an das Riechepithel (Regio olfactoria) ziehen

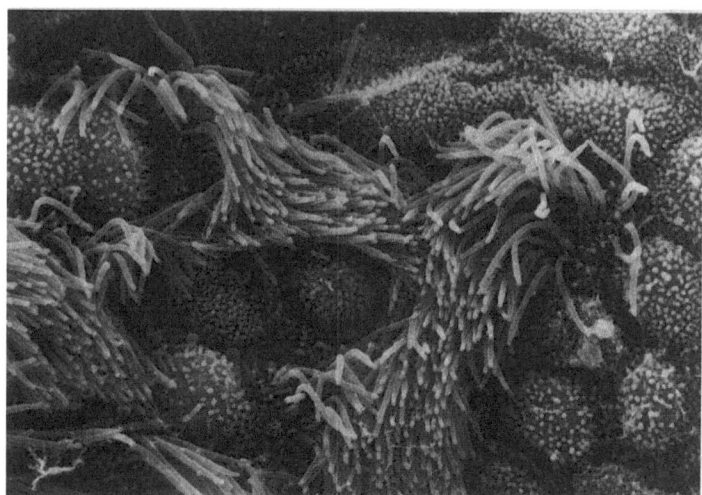

Abb. 9.4. Rasterelektronenmikroskopische Aufnahme des respiratorischen Epithels aus der Luftröhre (Trachea). Die Flimmerzellen sind durch einen Besatz mit langen Zilien gekennzeichnet, die Becherzellen besitzen an ihrer Oberfläche kurze, stummelförmige Mikrovilli (Aufnahme Gianni Morson)

Epithel (Schicht aus Riechzellen) überzogen. Diese Tiere werden als **Makrosmatiker** bezeichnet. Der Mensch mit seiner kleinen Regio olfactoria dagegen ist ein **Mikrosmatiker**. Beim Menschen beträgt die berechnete Anzahl der Sinneszellen ca. 10^7, beim Hund sind es ca. $3 \cdot 10^8$. Die Sinneszellen sind über die Riechfäden mit dem N. olfactorius verbunden.

Geruchswahrnehmung

Die meisten Menschen können etwa 2000–4000 verschiedene Gerüche unterscheiden. Es soll Personen geben, die bis zu 7000 verschiedene geruchswirksame Stoffe unterscheiden können. Die reine Unterscheidungsfähigkeit zwischen 2 Stoffen und die Möglichkeit, einen gewissen Stoff zuordnen zu können (das Geruchsgedächtnis), stellen 2 unterschiedliche Leistungen dar, die auch in unterschiedlichen Regionen des Gehirns lokalisiert sind. Wie der eigentliche Prozeß der **Geruchswahrnehmung** und auch **Geruchsidentifizierung** vor sich geht, ist noch weitgehend ungeklärt. Man nimmt an, daß auf die einzelnen Geruchskomponenten jeweils nur wenige Zellen reagieren und daß es das Muster dieser verschiedenen Zellen ist, das registriert werden kann und das für die Diskriminierung zwischen verschiedenen Geruchskomponenten verantwortlich ist. Die meisten geruchswirksamen Stoffe besitzen 3–20 Kohlenstoffatome. Die Empfindlichkeit für die einzelnen Stoffe ist sehr unterschiedlich.

Geruchswirksame Stoffe
Für **Merkaptane** besitzen wir eine außerordentlich tiefe Schwelle der Wahrnehmung. Bereits in einer Konzentration von weniger als 10^{-6} mg pro Liter Atemluft wird von vielen Menschen die Geruchskomponente des Knoblauchs, das Methylmerkaptan, wahrgenommen.
Für Buttersäure, die z.B. nach bakterieller Zersetzung im Schweiß vorkommt, ist die Schwelle bereits 1000mal höher, sie liegt bei 10^{-3} mg pro Liter Atemluft.
In einer ähnlichen Größenordnung liegt die Schwelle für Skatol, einer Geruchskomponente des Stuhls.
Die Unterscheidungsfähigkeit für Geruchsintensitäten ist nur sehr gering ausgebildet. Es bedarf in den meisten Fällen einer Konzentra-

tionsänderung von mindestens 30%, ehe der Mensch einen Unterschied feststellen kann.

Hormone
Bei der Geruchswahrnehmung spielen aber auch Hormone eine Rolle. Es gibt Stoffe (z.B. Exaltolid, eine mögliche Komponente von Parfums), die von Frauen nach Entfernung der Eierstöcke (Ovariektomie) nicht mehr und von Männern nie wahrgenommen werden können, Frauen im reproduktionsfähigen Alter nehmen sie dagegen am stärksten zum Zeitpunkt des Eisprungs (Ovulation) wahr.

Schmerzkomponenten
Zur Eigenart gewisser geruchswirksamer Stoffe gehört es auch, daß sie Schmerzkomponenten enthalten, die bei geringer Ausprägung zum Charakter der Geruchskomponente beitragen (Beispiele: Pfefferminze, Senf), bei stärkerer Ausprägung jedoch zu einem **reflektorischen Atemstopp** führen (Beispiel: Salzsäure). Durch den reflektorischen Atemstopp wird erreicht, daß dem Riechepithel keine weitere Luft zugeführt wird – ein Schutzmechanismus, der verhindern soll, daß schädigende Stoffe mit der Atemluft in die Lungen gelangen können.

> Die Nasenhöhle hat folgende Funktionen zu erfüllen:
> - Befeuchtung der Atemluft,
> - Erwärmung der Atemluft,
> - Reinigung der Atemluft,
> - Geruchswahrnehmung.

9.3.2 Nasennebenhöhlen (Sinus paranasales)

Die 4 Nebenhöhlen

In den Knochen des Schädels befinden sich pneumatisierte (mit Luft gefüllte) Räume, die mit der Nasenhöhle in Verbindung stehen. Sie werden Nasennebenhöhlen genannt und sind paarig angelegt. Wie die Nasenhöhle selbst sind auch sie mit respiratorischem Epithel ausgekleidet.
Wir unterscheiden 4 Nasennebenhöhlen (Abb. 9.5):

- Stirnhöhle (Sinus frontalis),
- Kieferhöhle (Sinus maxillaris),

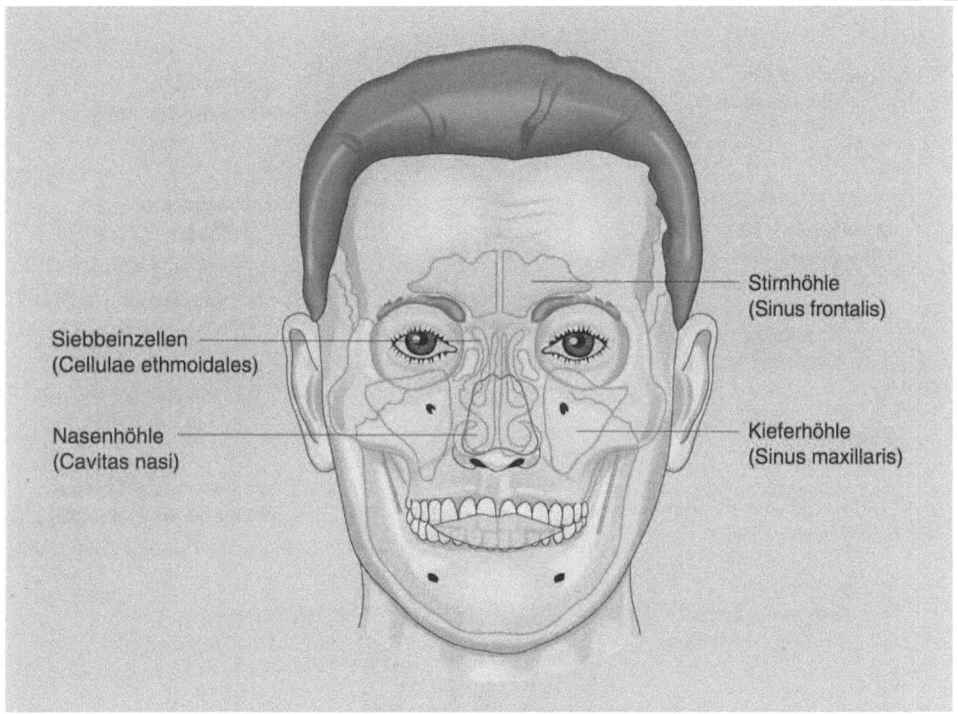

Abb. 9.5. Projektion der Nasenhöhle und der Nasennebenhöhlen auf die Oberfläche des Kopfes. Von den Nasennebenhöhlen ist die weiter hinten liegende Keilbeinhöhle (Sinus sphenoidalis) nicht eingezeichnet, da sie in der Projektion die anderen überlagern würde

- Keilbeinhöhle (Sinus sphenoidalis; s. Abb. 9.6):
- Siebbeinlabyrinth (Sinus ethmoidalis) oder Siebbeinzellen (Cellulae ethmoidales).

Durch ihre Verbindung mit der Nasenhöhle sind die Nasennebenhöhlen bei Infektionen ebenfalls sehr häufig in Mitleidenschaft gezogen. Außerdem kann es durch die enge Beziehung zu anderen Schädelbereichen, z.B. Augenhöhle (Orbita) und Schädelgrube, zu einer Infektionsausbreitung bis in diese Räume hinein kommen.

> Die Nasennebenhöhlen haben folgende Funktionen:
> - Gewichtsersparnis im Schädel,
> - Erwärmung der Atemluft,
> - Funktion als Resonanzorgan.

9.3.3 Rachen (Pharynx)

Hinter den inneren Nasenlöchern (Choanen) beginnt der Pharynx. Dieser wird in 3 Etagen unterteilt (Abb. 9.6):

- Pars nasalis,
- Pars oralis,
- Pars laryngea.

Pars nasalis
In die Pars nasalis mündet links und rechts jeweils die Ohrtrompete (Tuba auditiva). Sie verbindet den Pharynx mit dem Mittelohr und ermöglicht den **Druckausgleich** bei Luftdruckänderungen (Wetter, Bergfahrt, Lift im Wolkenkratzer etc.). Dies ist nötig, um die Funktion des Trommelfells aufrechtzuerhalten. Durch die Ohrtrompete können allerdings auch Entzündungen des Halsraumes in das Mittelohr übergreifen.
Am Rachendach liegt die Tonsilla pharyngealis (Rachenmandel), die v.a. im Kindesalter relativ groß werden kann und dann die Luft-

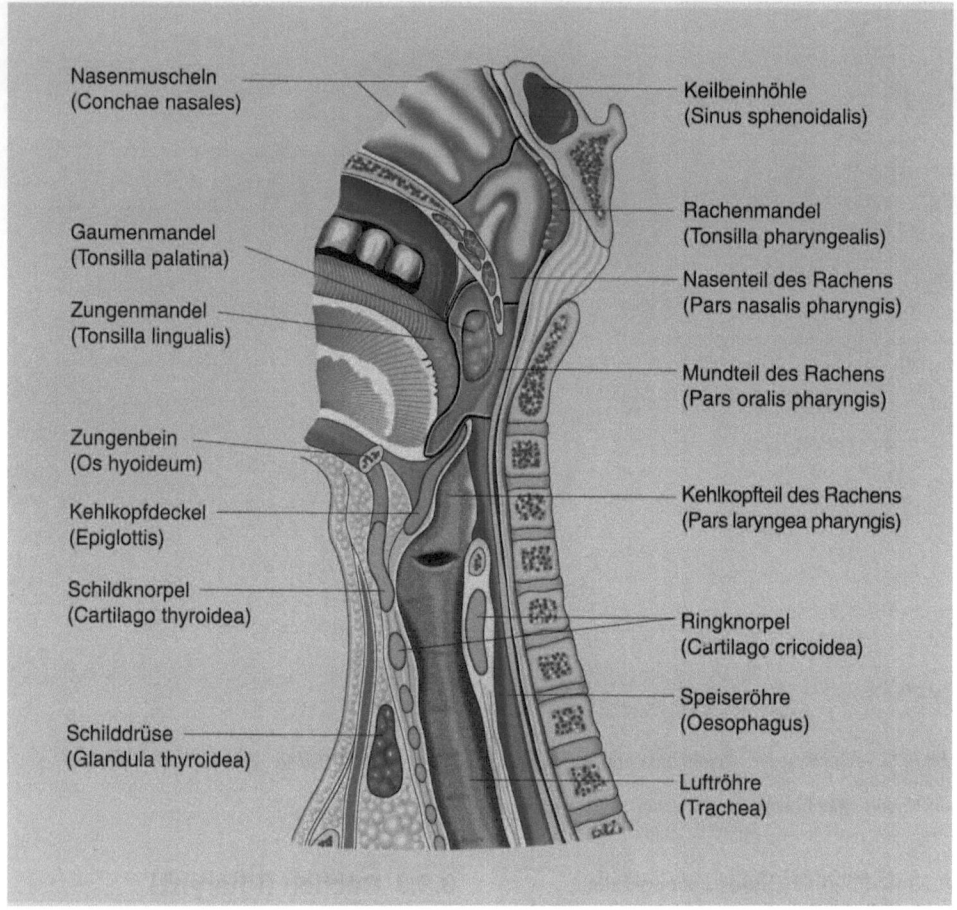

Abb. 9.6. Medianschnitt durch die Rachenregion, mit dem oberen Teil der Atemwege. Der Rachen (Pharynx) ist mit seinen 3 Etagen (Nasenteil, Mundteil, Kehlkopfteil) durch *stärkere Linien* hervorgehoben. Vor der Rachenmandel liegt der von einem Wulst markierte Eingang zur Ohrtrompete (Tuba auditiva)

passage, als Polyp, behindert. Meist bildet sich die Tonsilla pharyngea während der Pubertät weitgehend zurück.

Pars oralis

An die Pars nasalis schließt sich direkt die Pars oralis an; die Grenze liegt ungefähr am Ende des Gaumensegels. In der Pars oralis kreuzen die Luft- und Nahrungswege. Aus diesem Grunde werden beim Schluckakt komplizierte Bewegungsabläufe notwendig, damit die Nahrung nicht in die Luftwege gerät (s. Kap. 10 Verdauung, S. 349). Die untere Grenze der Pars oralis liegt auf der Höhe des oberen Endes des Kehlkopfdeckels.

Pars laryngea

Der unterste Abschnitt des Rachens (Pars laryngea) ist auch gleichzeitig der längste; er beginnt am Kehlkopfdeckel und geht hinter dem Ringknorpel (Cartilago cricoidea) in den Ösophagus (Speiseröhre) über. In der Pars laryngea liegt der Eingang zum Kehlkopf und damit der Eingang in die unteren Luftwege.

9.3.4 Kehlkopf (Larynx)

Aufbau

Der Kehlkopf besteht aus einem knorpeligen Skelett, dessen Bestandteile durch Bänder und Gelenke miteinander verbunden sind.

Kehlkopfskelett

- Kehlkopfdeckel (Epiglottis),
- Schildknorpel (Cartilago thyroidea),
- 2 Stellknorpel (Cartilago arytaenoidea),
- Ringknorpel (Cartilago cricoidea).

Oberhalb des Kehlkopfes liegt das **Zungenbein** (Os hyoideum), das wie eine Zwischensehne in die Mundbodenmuskulatur und die Halsmuskulatur eingeschaltet ist. Das Zungenbein ist mit dem Schildknorpel über die Membrana thyrohyoidea verbunden. Das Kehlkopfskelett ruht auf dem Ringknorpel, der seinerseits auf der Trachea sitzt. Der Ringknorpel ähnelt in seiner Form einem Siegelring, dessen Siegelplatte im Kehlkopfskelett nach hinten zeigt (s. Abb. 9.8).
Auf dem Ringknorpel ruht der Schildknorpel, der aus 2 miteinander verbundenen Platten besteht. Der Zusammenschluß dieser beiden Platten bildet vorn einen vorspringenden Punkt, den **Adamsapfel** (Prominentia laryngea). Ebenfalls auf dem Ringknorpel ruhen hinten die beiden Stellknorpel, während der Kehlkopfdeckel von der vorderen Innenseite des Schildknorpels entspringt.
Zwischen den einzelnen Kehlkopfknorpeln verlaufen elastische Bänder. Davon ist v.a. der Conus elasticus zwischen Ring- und Schildknorpel von Bedeutung, da er Teil des Verschlußsystems der oberen gegen die unteren Luftwege ist (Abb. 9.7 und 9.8).
Der obere freie Rand des Conus elasticus bildet die **Stimmbänder** (Ligamentum vocale), die sich von einem Fortsatz des Stellknorpels bis zum Schildknorpel ziehen. Im Stimmband verläuft ein Muskel (M. vocalis), der die Spannung der Stimmbänder verändern kann. Der stimmbildende Teil des Kehlkopfes wird **Glottis** genannt. Die Atemluft muß den Spaltraum zwischen den beiden Stimmbändern (Stimmritze, Rima glottidis) passieren (Abb. 9.9). Die Öffnung der **Stimmritze** wird durch mehrere Muskeln geschlossen (z.B. M. cricoarytaenoideus lateralis, auch als Lateralis bezeichnet, und M. thyroarytaenoideus), jedoch nur durch einen einzigen Muskel offen gehalten, den M. cricoarytaenoideus posterior. Er wird meist als **Postikus** bezeichnet. Bei einer Postikuslähmung kommt es durch Überwiegen der Schließmuskeln zu einem Atemstopp. Kann die Lähmung nicht sofort beseitigt werden, kommt als lebensrettende Maßnahme meist nur eine Tracheotomie

(Luftröhrenschnitt) oder eine Koniotomie (Schnitt durch den Conus elasticus) in Frage. Vom 5. Lebensjahr bis zum Beginn der Pubertät wächst der Kehlkopf nur unwesentlich. Mit Einsetzen der Pubertät kommt es unter der Wirkung der Geschlechtshormone zu einem verstärkten Wachstum, das v.a. beim Mann zu einer starken Vergrößerung des Kehlkopfes (der Adamsapfel wird sichtbar) mit Verlängerung der Stimmbänder führt. Durch ein ungleichmäßiges Wachstum der beiden Stimmbänder kommt es dann zu den Doppeltönen, die so typisch für die Zeit des **Stimmbruchs** sind.
Der Kehlkopf wird durch Äste des N. vagus versorgt: der N. laryngeus superior versorgt den äußeren Kehlkopf, der N. laryngeus recurrens versorgt den inneren Kehlkopf.

Stimmbildung (Phonation)

Die Stimmbildung geschieht zu einem wesentlichen Teil an den Stimmbändern. Diese werden durch die vorbeiströmende Luft in Schwingungen versetzt. Wie bei einem Musikinstrument unterscheidet man bei der Stimmbildung ein Anblasrohr (Lunge, Trachea) von einem Ansatzrohr (Pharynx, Mund-, Nasen-, Nasennebenhöhlen).
An der **Glottis** werden lediglich **Vokale** gebildet; dabei ist die Frequenz der Schwingungen des Ligamentum vocale durch die Form und Spannung der Stimmbänder gegeben. Die Frequenz der Schwingungen ist verantwortlich für die Tonhöhe, die Amplitude (das Ausmaß der Schwingungen) ist verantwortlich für die Lautstärke. Die Glottis hat dabei eine für Mann und Frau unterschiedliche **Grundfrequenz**:

- Bei der Frau liegt sie bei 200–300 Hz (Hertz=Schwingungen pro Sekunde),
- beim Mann bei ca. 100–130 Hz.

Erst durch **Obertöne** (Formanten) werden größere Unterschiede bedingt. Die Frequenzen der Formanten liegen zwischen 200 und 4000 Hz. Der größere Teil der Sprache liegt in einem Bereich zwischen 1000 und 4000 Hz, das ist genau der Bereich, in dem das menschliche Ohr die größte Empfindlichkeit aufweist (s. Kap. 16 Ohr).
Konsonanten werden durch **Unterbrechung des Luftstromes** gebildet. Dies kann an ver-

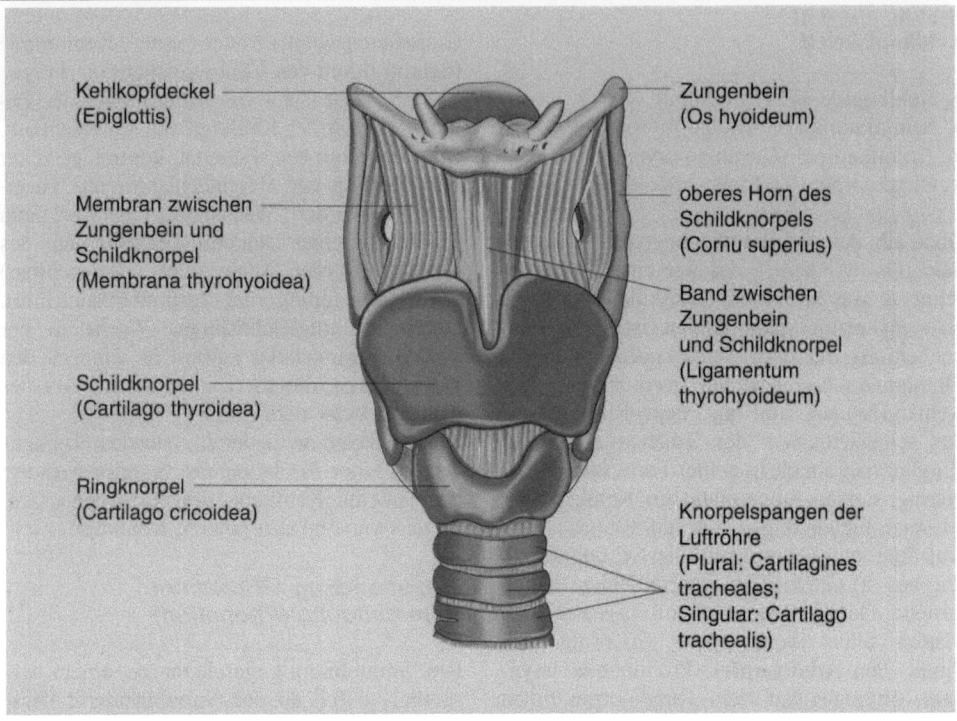

Abb. 9.7. Lagebeziehung von Kehlkopf (Larynx) und Zungenbein (Os hyoideum) bei erhobenem Kinn. Kehlkopf und Zungenbein sind durch Membranen und Bänder miteinander verbunden

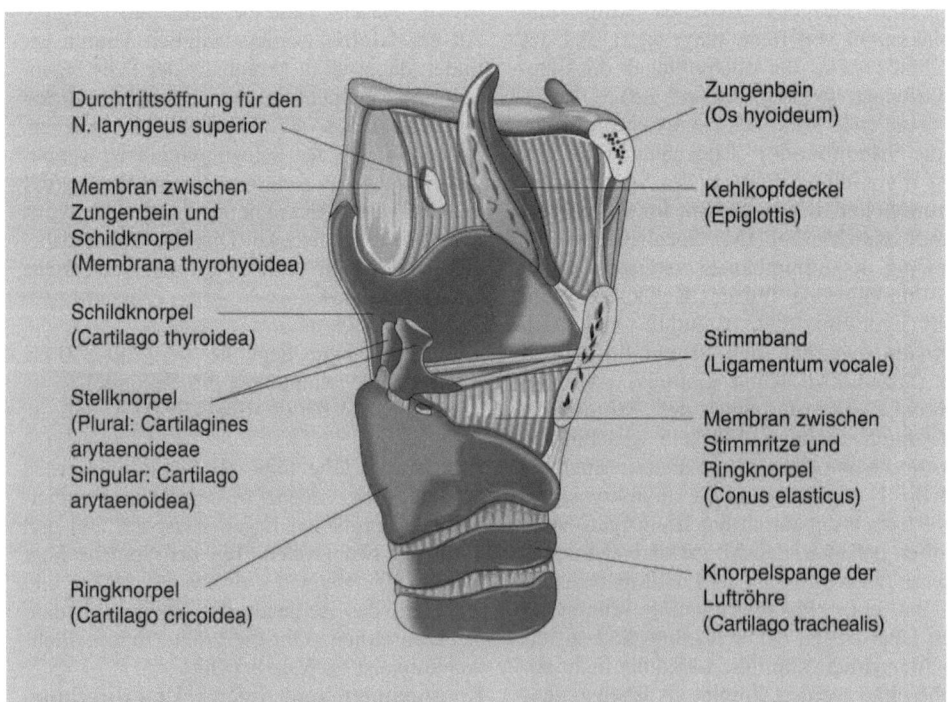

Abb. 9.8. Seitenansicht des Kehlkopfes (Larynx). Im *oberen Teil* ist ein Medianschnitt gezeichnet, beginnend in der Region des Stimmbandes ist der *untere Teil* in kompletter Außenansicht dargestellt

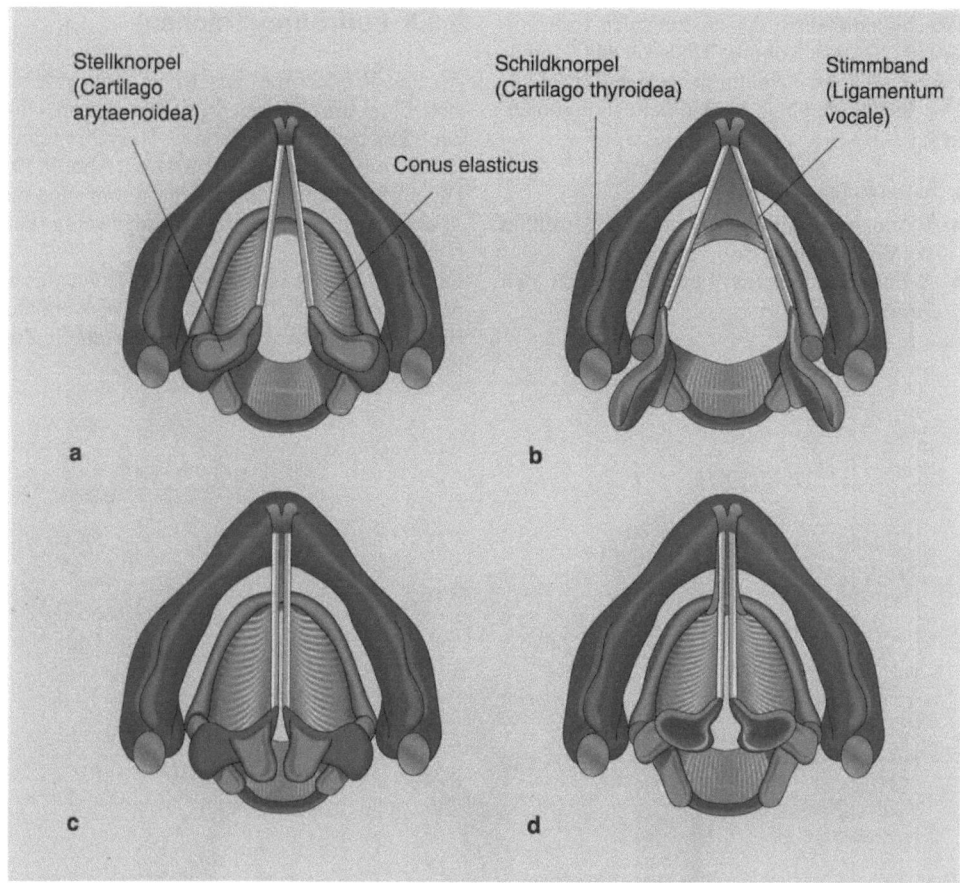

Abb. 9.9 a–d. Aufsicht auf die Stimmritze (Rima glotti-dis oder Glottis) von oben. Von der Innenseite des Schildknorpels (Cartilago thyroidea) verläuft das Stimmband (Ligamentum vocale) an die Stellknorpel (Singular: Cartilago arytaenoidea, Plural: Cartilagines arytaenoideae). Zwischen dem Stimmband und dem Ringknorpel (Cartilago cricoidea) verläuft eine Mem-bran (Conus elasticus), welche die unteren Luftwege gegen das Stimmband zu abschließt. **a** Normale Ru-heatmung, **b** forcierte Atmung, **c** Stimmbildung (Pho-nation), **d** Flüstersprache

schiedenen Orten geschehen, z.B. an den Zähnen, der Zunge, dem Gaumen oder den Lippen.

Stimmhafte Konsonanten (z.B. M oder N) werden mit gleichzeitiger Schwingung der Stimmbänder ausgeführt.

Die Flüstersprache kommt ebenfalls ohne Stimmbänder zustande. Die Artikulation er-folgt dabei durch Veränderungen im Ansatz-rohr, d.h. Mundhöhle, Pharynx etc. Da die Öffnung der Glottis bei Flüstersprache größer ist als bei der stimmhaften Sprache, muß bei der Flüstersprache öfter Luft geholt werden.

Der Verschluß des Kehlkopfes erfolgt:

- Aktiv: Verschluß der Glottis, z.B. bei Reizgasen, oder reflexartig bei Kontakt der Schleimhaut am Kehlkopfeingang durch Nahrungsbestandteile etc.
- Passiv: Beim Schluckakt wird der ganze Kehlkopf nach oben gezogen, die Zunge drückt den Kehlkopfdeckel dann nach un-ten.

Bei Eindringen von Fremdkörpern in die un-teren Luftwege oder bei vorhandenem Schleim kommt es zum Verschluß der Glottis mit anschließender Anspannung sämtlicher exspiratorischer Muskeln. Dadurch wird ein sehr großer Druck aufgebaut. Die Glottis öff-net sich dann explosionsartig, wodurch es zu

Geschwindigkeiten der austretenden Luft von bis zu 120 m/s kommt, wodurch die Fremdkörper oder der Schleim ausgehustet werden. Der Kehlkopf übt 3 wesentliche Funktionen aus:

- Stimmbildner,
- Pforte der Atemluft (wichtiger Verschluß bei der Bauchpresse),
- Schutz der unteren Luftwege durch den Hustenreflex.

9.3.5 Luftröhre (Trachea)

An den Ringknorpel des Kehlkopfes schließt sich die Luftröhre an. Vom Ringknorpel bis zur Gabelung in die beiden Hauptbronchien ist die Luftröhre ca. 12 cm lang (Abb. 9.10). Die Luftröhre liegt im Mediastinum, vor der Speiseröhre, mit der sie bindegewebig verbunden ist.

Die Luftröhre ist ein biegsames Rohr, das je nach Kopfstellung beträchtliche Lageveränderungen mitmachen muß. Es kann durch Zug bis zu 4 cm verlängert werden.

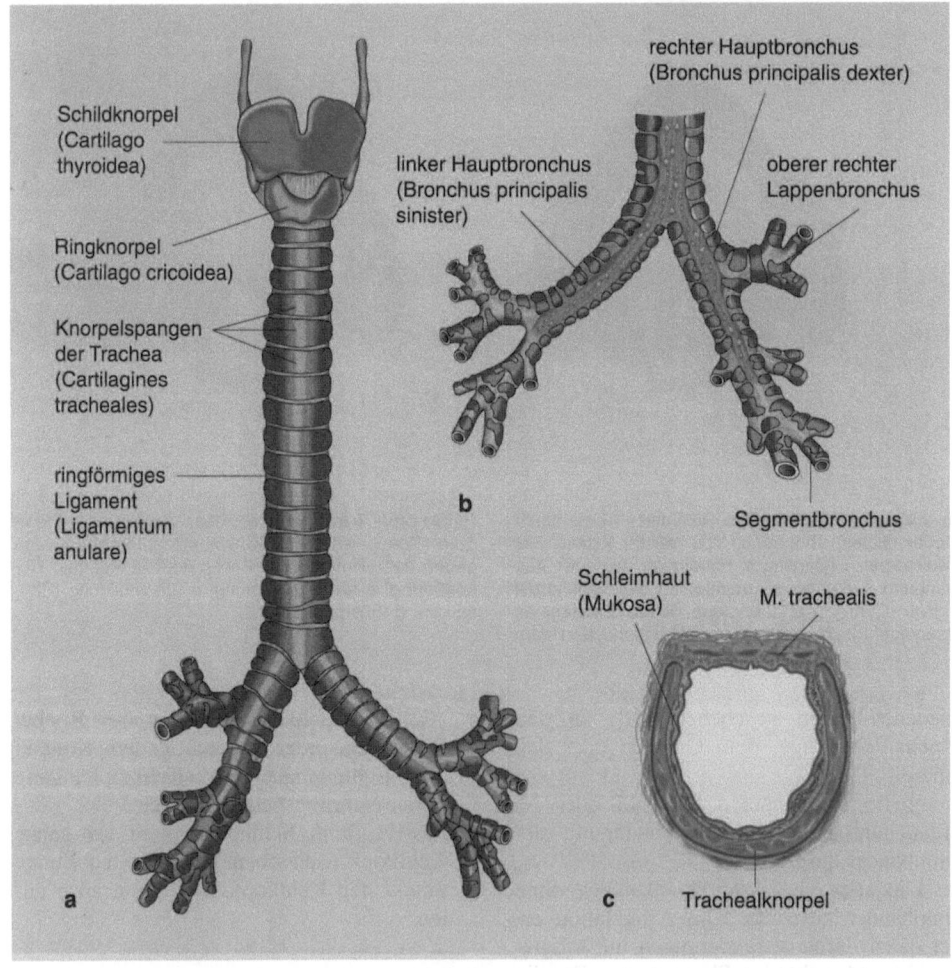

Abb. 9.10a–c. Kehlkopf (Larynx), Luftröhre (Trachea) und Bronchialbaum (Arbor bronchialis). **a** Zeichnung bei Aufsicht von vorne, so daß zwischen Ringknorpel (Cartilago cricoidea) und Schildknorpel (Cartilago thyroidea) der Conus elasticus (s. auch Abb. 9.9) zu sehen ist. **b** Querschnitt durch die Luftröhre auf der Höhe einer Knorpelspange. **c** Darstellung der Aufgabe-

lung der Trachea (Bifurcatio tracheae) in die Haupt-, Lappen- und Segmentbronchien, bei Aufsicht von hinten (Dorsalansicht). In der Dorsalansicht sieht man auch den *blau* eingezeichneten membranartigen Wandteil (Paries membranaceus) der Luftröhre, in dem sich der Luftröhrenmuskel (M. trachealis) befindet

Die Luftröhre hat eine hufeisenförmige Struktur (Abb. 9.10b). Sie wird aus ca. 15–20 Knorpelspangen aufgebaut, die untereinander durch bindegewebige Ligamente (Singular: Ligamentum anulare, Plural: Ligamenta anularia) verbunden sind. Die beiden Enden der Knorpelspangen sind durch eine bindegewebige Platte, in der sich der glatte M. trachealis befindet, verschlossen. Dieser Teil wird als Paries membranaceus (Membranwand) bezeichnet.

Das Lumen der Luftröhre wird von respiratorischem Epithel ausgekleidet. Die Flimmerzellen des respiratorischen Epithels haben eine wichtige Funktion. Durch ihren Flimmerschlag gewährleisten sie, daß kleinere Staubpartikel bis auf die Höhe des Kehlkopfes transportiert und von dort aus ausgehustet werden. Bei starken Rauchern ist das Flimmerepithel meist zerstört, was sich häufig darin äußert, daß Fremdpartikel, wie z.B. Kondensat aus den Zigaretten, nur noch ausgehustet werden können.

9.3.6 Bronchialbaum (Arbor bronchialis)

Auf der Höhe des 5. Thorakalwirbels teilt sich die Trachea in einen linken und einen rechten **Hauptbronchus**, die beide im Bereich des Lungenhilum in die Lunge eintreten und sich aufgabeln in **Lappenbronchien** (Abb. 9.10c). Entsprechend der Anzahl der Lungenlappen sind rechts 3 Lappenbronchien und links nur 2 vorhanden.

Der linke Hauptbronchus ist weniger steil, etwas länger und auch ein wenig enger als der rechte Hauptbronchus. Aus diesem Grunde sind meist Fremdkörper, die in die Lunge geraten, im steileren und weiteren rechten Hauptbronchus zu finden.

Aus den Lappenbronchien gehen die **Segmentbronchien** hervor, links 9, rechts 10. In mehreren Teilungsschritten verkleinert sich jetzt das Lumen der nachfolgenden Bronchien, zunächst die **Endbronchien**, dann die **Bronchioli**. Das Lumen der Bronchien muß offengehalten werden wie bei der Trachea. Aus diesem Grund sind Knorpelstücke in die Wand der Bronchien eingelagert. Diese Knorpelstücke sind nicht in der Form von Spangen, wie bei der Trachea, sondern lediglich als Wandverstärkungselemente in die Bronchien eingebaut. Ein weiteres wichtiges Charakteristikum

der Bronchienwand ist das Vorhandensein von glatten Muskelfasern. Der Übergang von den Bronchien in die Bronchioli ist gekennzeichnet durch den Wegfall der Knorpelstücke. Die Muskelfasern laufen fast ringförmig in der Wand der Bronchioli. An die Bronchioli schließen sich die Bronchioli terminales an. Bis zu diesen wird das Ganze als luftleitendes System bezeichnet, an das sich das gasaustauschende System anschließt. Im Bereich zwischen dem gasleitenden und dem gasaustauschenden System (auch als Zone bezeichnet) ist eine Übergangszone, in der bereits vereinzelte Alveolen vorhanden sind. In dieser Zone vergrößert sich der Gesamtquerschnitt der luftleitenden und gasaustauschenden Strukturen massiv (Abb. 9.11).

Zum gasaustauschenden System rechnet man den Bronchiolus respiratorius, den Ductus alveolaris und die Alveolen. Mehrere Alveolen zusammengefaßt werden auch als Saccus alveolaris (Lungenbläschensack) bezeichnet.

Nachfolgend eine zusammenfassende Übersicht über das luftleitende und das gasaustauschende System (Abb. 9.11).

Luftleitendes System:
- Nase,
- Rachen (Pharynx),
- Kehlkopf (Larynx),
- Luftröhre (Trachea),
- Hauptbronchus,
- Lappenbronchus,
- Segmentbronchus mit Ästen,
- Bronchiolus,
- Bronchiolus terminalis.

Gasaustauschendes System:
- Bronchiolus respiratorius,
- Ductus alveolaris,
- Alveolus.

9.3.7 Lunge (Pulmones) und Brustfell (Pleura)

Lunge

Die Lunge besteht aus 2 Lungenflügeln, die lediglich durch die Aufspaltung der Trachea in die beiden Hauptbronchien miteinander in Verbindung stehen.

Die **Lungenflügel** füllen den Raum rechts und links des Mediastinums aus. Die Außenflächen liegen der inneren Thoraxwand an,

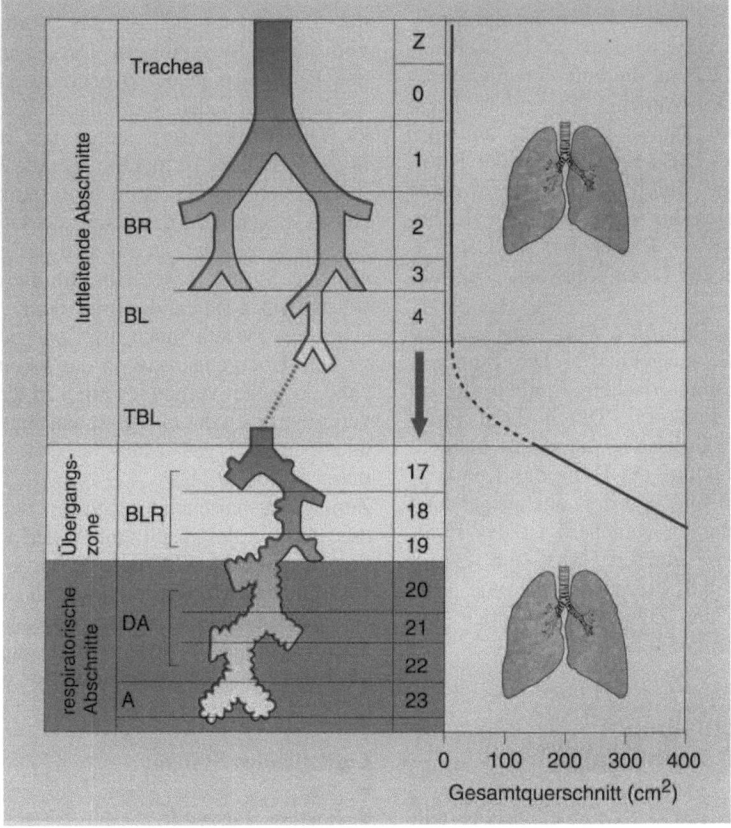

Abb. 9.11. Schema der luftleitenden und der gasaustauschenden (respiratorischen) Abschnitte der Atemwege. Unter *Z* ist die Zahl der Teilungsschritte (eine Luftröhre, 2 Hauptbronchien etc.) aufgeführt. Auf der *rechten Seite* der Abbildung ist der Gesamtquerschnitt der einzelnen Abschnitte angegeben. *BR* Bronchien, *BL* Bronchioli (kleinere Bronchien), *TBL* terminale Bronchioli, *BLR* respiratorische Bronchioli, *DA* Ductus alveolares (Alveolengänge), *A* Alveolen (Lungenbläschen). In der Übergangszone, d.h. zwischen dem 17. und 19. Teilungsschritt, befinden sich sowohl luftleitende wie auch gasaustauschende Abschnitte der Luftwege

die Unterflächen liegen auf dem Zwerchfell (Diaphragma).

Der linke Lungenflügel besteht aus 2, der rechte aus 3 Lungenlappen. Das Herz liegt mit zwei Dritteln seiner Größe links von der Körpermitte. Dies dürfte der Grund dafür sein, daß der Lunge auf der linken Seite eines von 10 Segmenten fehlt (Abb. 9.12). Man unterscheidet an der Lunge eine Basis (Basis pulmonis) von einer Spitze (Apex pulmonis; Abb. 9.13). Die **Spitze** der Lunge ragt bis über das Schlüsselbein empor und kann in der Schlüsselbeingrube gut abgehört werden. Hier ist die Lunge auch nur schlecht geschützt, so daß Verletzungen in diesem Bereich leicht zu einem Pneumothorax (s. unten) führen können.

Die **Flächen** der Lunge werden entsprechend ihrem Kontakt als

- Facies diaphragmatica (Zwerchfellfläche),
- Facies costalis (den Rippen zugewandte Fläche) und
- Facies medialis (gegen die Körpermitte gerichtete Fläche) bezeichnet.

Im Bereich der Facies medialis befindet sich das Lungenhilum, an dem die Hauptbronchien sowie die Gefäße in die Lunge ein- und austreten (Abb. 9.13 und 9.14). Hier liegen auch die für die Lunge wichtigen Lymphknoten (Nodi lymphatici bronchopulmonales). Diese können bei krankhafter Vergrößerung an der Schattenbildung bei Rönt-

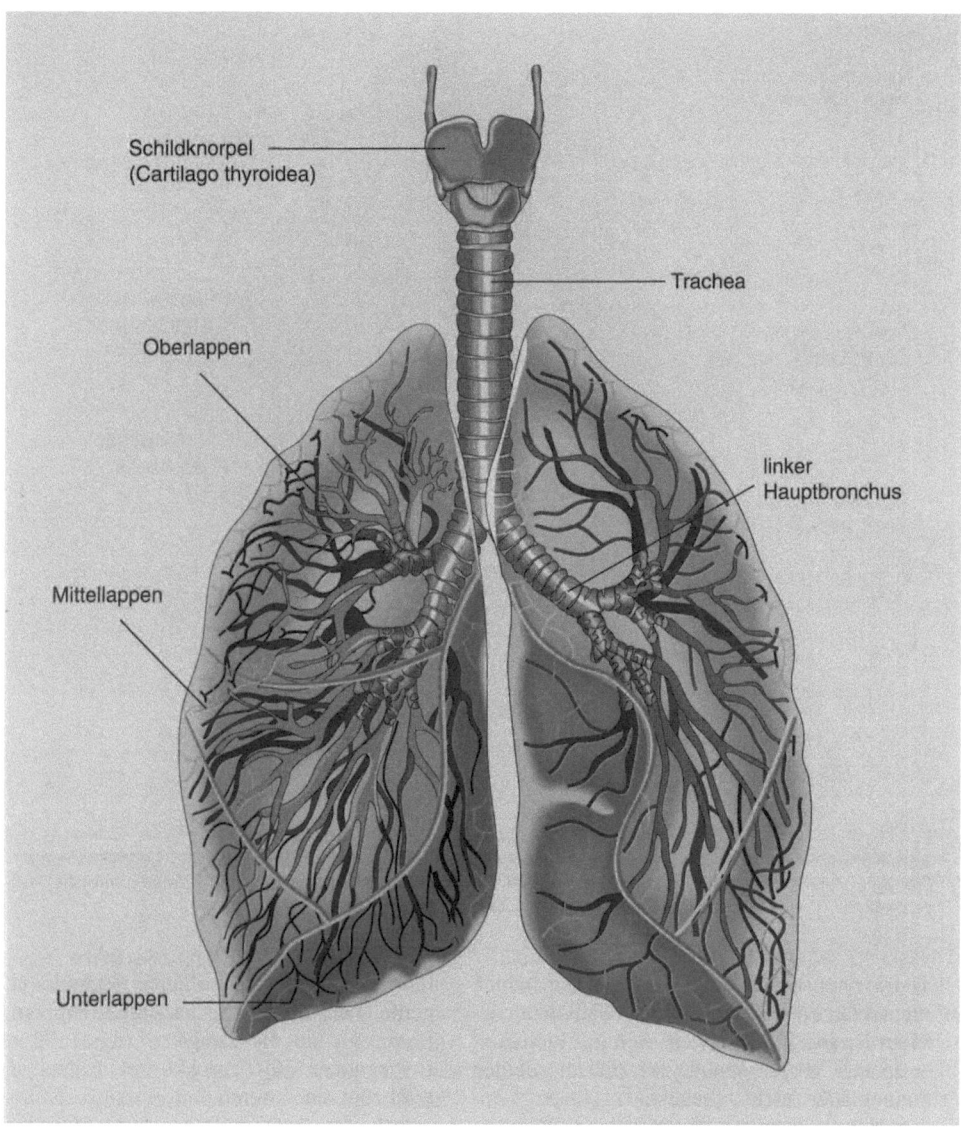

Schildknorpel
(Cartilago thyroidea)

Trachea

Oberlappen

linker
Hauptbronchus

Mittellappen

Unterlappen

Abb. 9.12. Aufsicht auf die Lunge von vorne (Ventralansicht). Die Grenzen der Lungenlappen sind eingezeichnet, rechts sind 3 Lappen und links nur 2 Lappen vorhanden. Die größten Äste des Bronchial-baums sind *durchscheinend* gezeichnet. Am linken Lungenflügel ist die Aussparung für das Herz (Incisura cardiaca) zu sehen

genaufnahmen beteiligt sein. In ihnen wird Staub, der aus der Lunge mit Alveolarmakrophagen abtransportiert wird, teilweise eingelagert. Dadurch vergrößern sich die Lymphknoten im Laufe eines Lebens und nehmen häufig eine dunkle Färbung an.

Brustfell

Das Brustfell (die Pleura) ist ähnlich dem Bauchfell in ein viszerales und ein parietales Blatt gegliedert.

Das **viszerale Blatt** (Pleura visceralis, Pleura pulmonalis, Lungenfell) überzieht die Lungen vollständig und geht im Bereich des Lungenhilum in das parietale Blatt über, das den

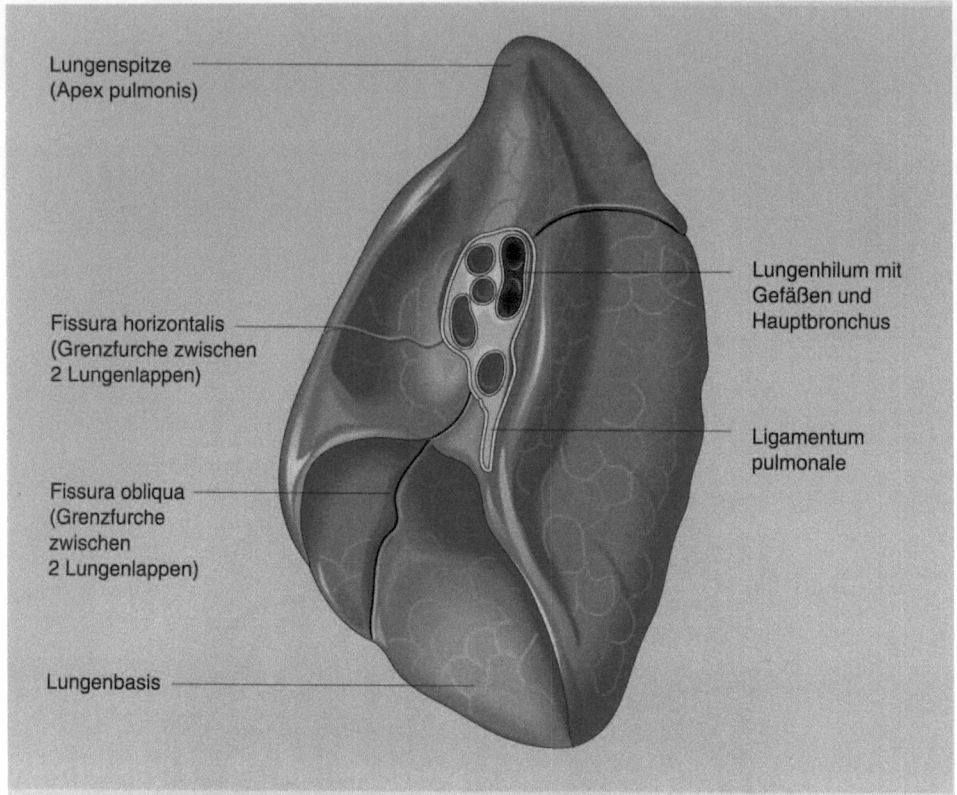

Lungenspitze
(Apex pulmonis)

Fissura horizontalis
(Grenzfurche zwischen
2 Lungenlappen)

Fissura obliqua
(Grenzfurche
zwischen
2 Lungenlappen)

Lungenbasis

Lungenhilum mit
Gefäßen und
Hauptbronchus

Ligamentum
pulmonale

Abb. 9.13. Medialansicht des rechten Lungenflügels. Die 3 Lungenlappen sind deutlich zu sehen. Das Ligamentum pulmonale (Lungenband) stellt den Schnittrand des Lungenfells (Pleura visceralis) dar. Hier schlägt das Brustfell (Pleura parietalis) auf das Lungenfell um

Thoraxraum auskleidet. Zwischen den beiden Pleurablättern liegt ein dünner Gleitspalt, der **Pleuraspalt,** in dem sich wenig Flüssigkeit befindet – gerade genug, daß sich die beiden Pleurablätter nicht voneinander lösen, sondern nur aufeinander gleiten.

Das **parietale Blatt** der Pleura (Pleura parietalis, Rippenfell) ist an einigen Orten deutlich größer als das viszerale Blatt. Dies führt zur Bildung von **Reserveräumen,** in die hinein sich die Lunge bei maximaler Inspiration ausdehnen kann. Die beiden wichtigsten Reserveräume sind:

- Recessus costodiaphragmaticus (zwischen den Rippen und dem Diaphragma),
- Recessus costomediastinalis (zwischen den Rippen und dem Mediastinum).

Auch bei maximaler Inspiration sind die Reserveräume immer etwas größer als die Lunge (s. Abb. 9.1). Die Flüssigkeit im Pleuraspalt führt zur Haftung der Pleura visceralis (Lungenfell) auf der Pleura parietalis (Rippenfell). Dadurch muß die Lunge zwangsläufig allen Bewegungen des Brustkorbes folgen. Dies wird zum einen durch den Flüssigkeitsfilm gewährleistet, zum anderen durch den Unterdruck, der im Pleuraspalt herrscht (Donders-Druck, –3 bis –8 mm Hg), so daß der normale Druck der Atemluft die Lunge an die Wand der Pleurahöhle preßt.

Die Unversehrtheit der Pleura ist also eine der Voraussetzungen für das Funktionieren der Atemmechanik. Wird die Pleura verletzt, z.B. durch einen Stich, so zieht sich die Lunge aufgrund ihrer Elastizität, die durch die elastischen Fasern gegeben ist, sofort zurück. Damit wird das Lungenvolumen auf ein Drittel verkleinert; die Lunge kann den Atemexkursionen des Brustkorbes nicht mehr folgen. Damit ist die Atemfunktion stark beeinträchtigt bzw. bei beidseitigem Pneumothorax vollständig aufgehoben.

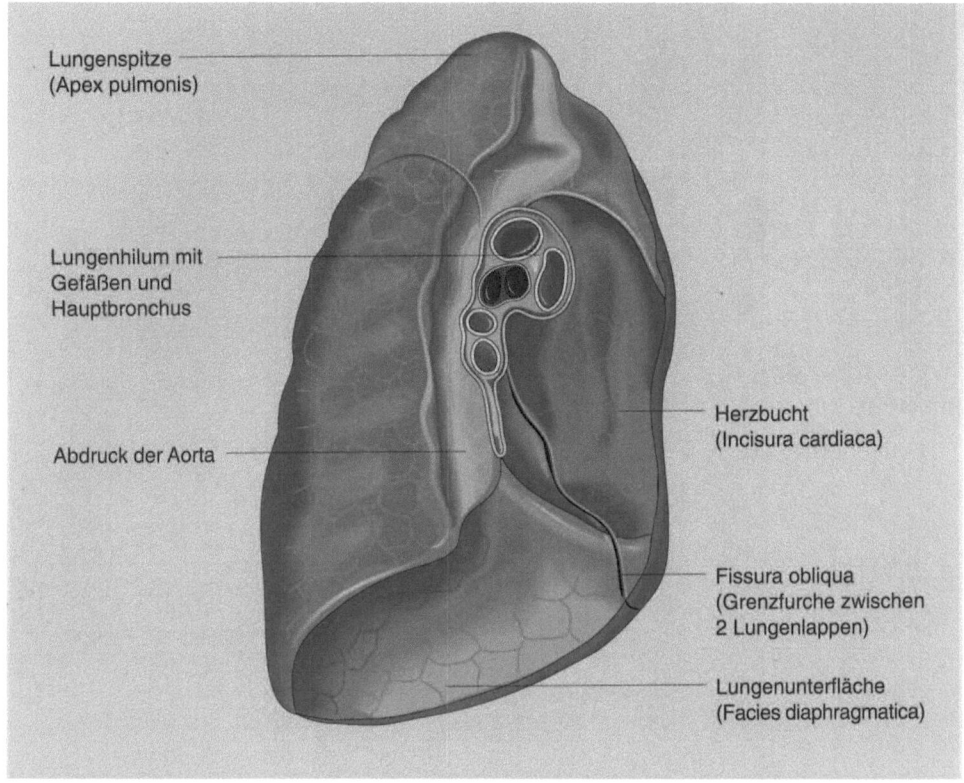

Lungenspitze
(Apex pulmonis)

Lungenhilum mit
Gefäßen und
Hauptbronchus

Abdruck der Aorta

Herzbucht
(Incisura cardiaca)

Fissura obliqua
(Grenzfurche zwischen
2 Lungenlappen)

Lungenunterfläche
(Facies diaphragmatica)

Abb. 9.14. Medialansicht des linken Lungenflügels. Der Schnittrand des Lungenbandes (Ligamentum pulmonale) läuft, wie beim rechten Lungenflügel, um das Lungenhilum herum und stellt auch hier die Umschlagsfalte zwischen Lungenfell (Pleura visceralis) und Brustfell (Pleura parietalis) dar

Alveolen (Lungenbläschen)

Beide Lungenflügel haben zusammen ca. 300 Mio. Alveolen (Abb. 9.15–9.17). Sie stellen den eigentlichen Ort des Gasaustauschs dar. Alveolen sind bläschenartige Erweiterungen. Sie haben einen Durchmesser von ca. 0,2 mm, variieren bei der Ein- und Ausatmung jedoch in ihrer Größe. Durch die Alveolen wird die innere Oberfläche der Lungen auf ca. 80–100 m^2 vergrößert. Bei maximaler Einatmung kann die innere Oberfläche einer gut trainierten Lunge ca. 130 m^2 betragen.
Die Wand der Alveolen (Alveolarepithel) wird von 2 Zellarten gebildet: den Pneumozyten Typ I und den Pneumozyten Typ II:

Die **Pneumozyten Typ I** stellen das eigentliche Alveolarepithel dar, sie begrenzen die Alveolen.

Die **Pneumozyten Typ II** sind in geringerer Anzahl vorhanden. Sie produzieren eine Substanz, die **Surfactant** genannt wird. Der Surfactant besteht aus einer Mischung von Proteinen und Lipiden. Die wichtigsten Lipide für die Funktion des Surfactants sind Lezithine, u.a. das Dipalmitoyllezithin (DPL).
Das Alveolarepithel ist vollständig mit Surfactant überzogen. Seine Funktion besteht darin, die Oberflächenspannung der Alveolen dem Exspirations- (Ausatmung) und Inspirationszustand (Einatmung) anzupassen, damit die Alveolen weder platzen noch kollabieren.
Die Bedeutung des Surfactants für die Atmung zeigt sich besonders bei Frühgeborenen. Vor der 32. Woche ist der Surfactant nur unvollständig ausgebildet, ohne Surfactant kollabieren die Alveolen rasch wegen der großen Oberflächenspannung. Die Atemarbeit ist entsprechend groß und Ermüdung der Atemmuskulatur häufig die Todesursache beim „Atemnot-Syndrom" der Frühgeborenen.

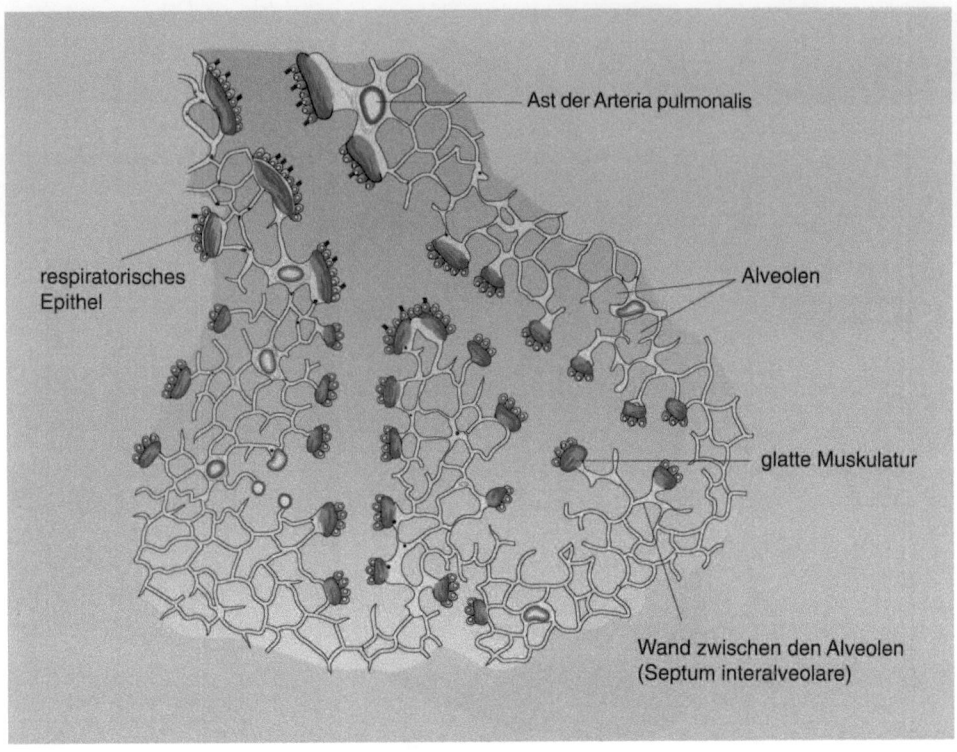

respiratorisches
Epithel

Ast der Arteria pulmonalis

Alveolen

glatte Muskulatur

Wand zwischen den Alveolen
(Septum interalveolare)

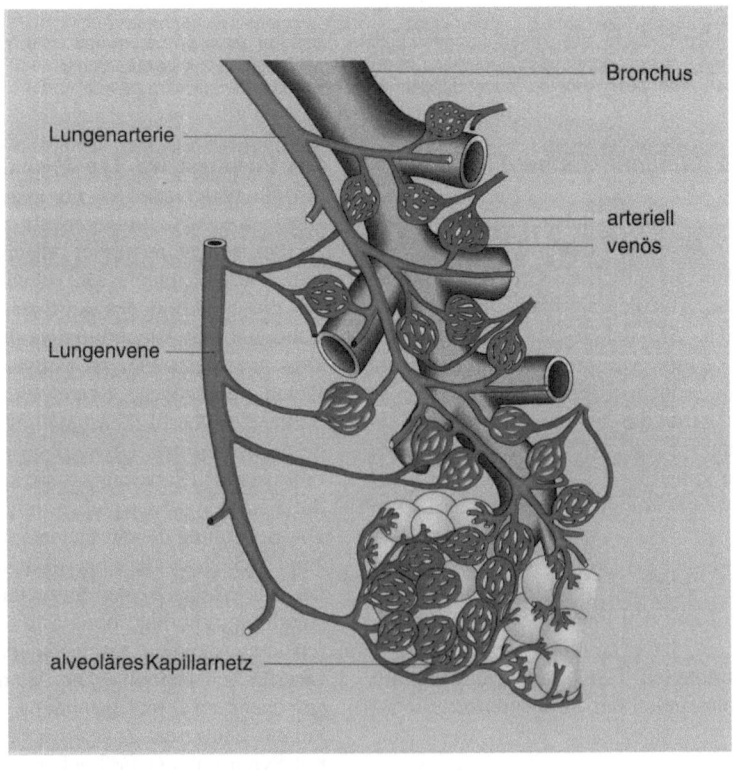

Lungenarterie

Lungenvene

alveoläres Kapillarnetz

Bronchus

arteriell
venös

◀

Abb. 9.15. Schnittbild durch das Lungengewebe. die *dunklen* Zellspitzen im *oberen Teil* der Abbildung stellen die Flimmerhärchen des respiratorischen Epithels dar. Die glatten Muskelzellen (*rot*) können sich bei Bronchialasthma (Asthma bronchiale) kontrahieren und damit den Ein- und Ausstrom der Luft behindern; Details zu den Lungenbläschen (Alveolen) s. Abb. 9.16 und 9.17

◀

Abb. 9.16. Detailzeichnung der Lungenbläschen (Aveolen) und ihrer Blutversorgung. In der Lungenarterie, die vom Herzen kommt, fließt sauerstoffarmes (venöses) Blut. In der Lungenvene, die zum Herzen zurückführt, fließt sauerstoffreiches (arterialisiertes) Blut. Der Gasaustausch findet im Bereich der Lungenbläschen statt und ist durch den Übergang vom *blauen* (sauerstoffarm) zum *roten* (sauerstoffreich) Blut gekennzeichnet

Neben den Pneumozyten Typ I und II sind im Alveolarepithel vielfach auch Alveolarmakrophagen vorhanden (Abb. 9.17). Sie sind aus den Septen zwischen den Alveolen (Interalveolarsepten) eingewandert. Ihre Aufgabe ist es, in die Lungen gelangte Staub- und Schmutzpartikel sowie Surfactantreste zu phagozytieren und abzubauen. Sie dienen damit der Selbstreinigung der Lunge. Darüber hinaus sind sie aber auch an der Abwehr beteiligt, indem sie Viren und Bakterien nach Phagozytose abbauen. Alveolarmakrophagen werden mit dem Auswurf (Sputum) ausgehustet.

Die Pneumozyten (Typ I und II) sitzen auf einer Basalmembran, wie jedes Epithel. Sie teilen die Basalmembran häufig mit dem Kapillarendothel der benachbarten Kapillaren, welche die Alveolen netzartig umspannen (Abb. 9.17).

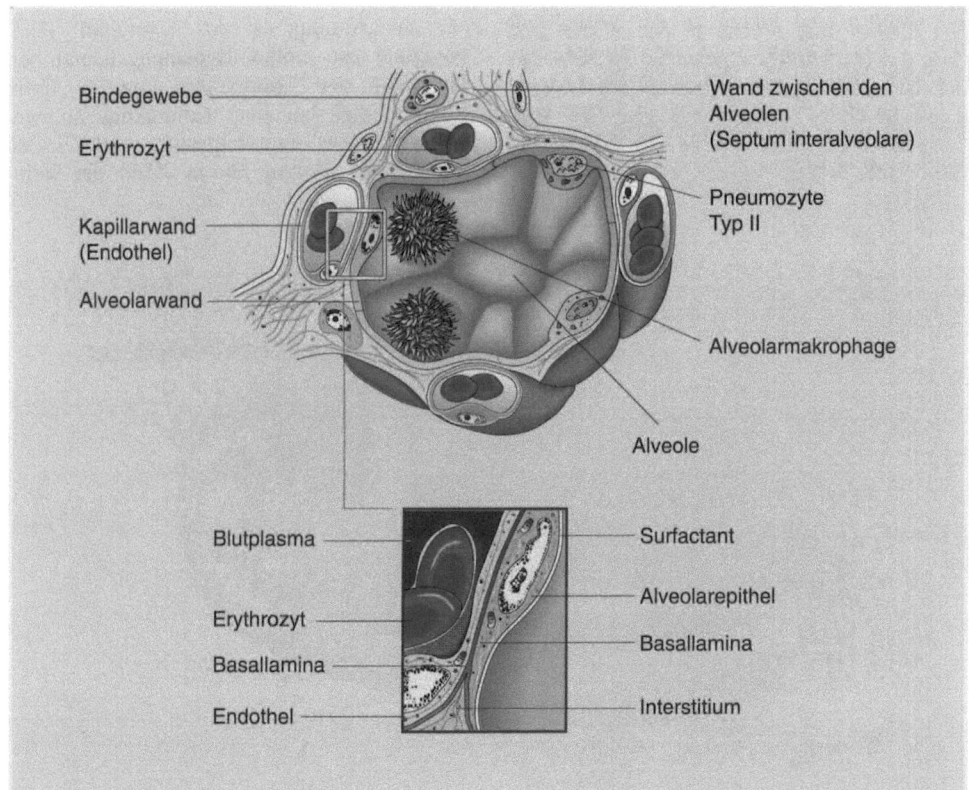

Abb. 9.17. Aufgeschnittenes Lungenbläschen (Alveole). In der *oberen* Abbildung sind 2 Alveolarmakrophagen (Abräum- oder Freßzellen) eingezeichnet. Der *oben* markierte Ausschnitt ist unten vergrößert dargestellt, er zeigt die Wand zwischen Blutkapillare und Luftbläschen, über die hinweg die Diffusion der Atemgase stattfindet. Die Pneumozyten Typ II sind die Produzenten des Surfactants. In der unteren Detailzeichnung ist ein Pneumozyt Typ I eingezeichnet. Dieser Zelltyp stellt das normale auskleidende Alveolarepithel dar

Beim Gasaustausch müssen dementsprechend folgende Schichten (Abb. 9.17) überwunden werden:

- Surfactant,
- Alveolarepithel,
- Basalmembran,
- Interstitium,
- Kapillarendothel,
- Blutplasma,
- Erythrozytenmembran.

9.3.8 Brustkorb (Thorax)

Die knöcherne Grundlage des Brustkorbes wird von

- der Brustwirbelsäule,
- den Rippen und
- dem Brustbein (Sternum) gebildet.

Die Rippen sind hinten an der Wirbelsäule über 2 Kontaktflächen gelenkig so befestigt, daß eine Hebung der Rippen in der Gelenkachse zu einer Vergrößerung und eine Senkung zu einer Verkleinerung des Brustkorbes führt (Abb. 9.18).

Atemmuskulatur und Atemtechnik

Durch Verkleinerung/Vergrößerung des Brustraumes, der die Lunge sich jeweils anpassen muß (Donders-Unterdruck), wird Luft in die Lunge hinein- oder aus ihr herausgetrieben.

Den Vorgang der Einatmung nennt man **Inspiration**, den Vorgang der Ausatmung **Exspiration**.

Während der Inspiration und der Exspiration gleiten die Flächen der Pleura visceralis (Lungenfell) und der Pleura parietalis (Rippenfell) frei gegeneinander, ohne daß sie sich voneinander lösen können. Wegen der Elastizität der Lungen ist bei ruhiger Atmung die Inspiration ein aktiver, die Exspiration ein passiver Vorgang. Deshalb sind bei ruhiger Atmung v.a. die Muskeln von Bedeutung, die eine Vergrößerung des Thoraxraumes bewirken können.

Inspiration

Für die Atmung ist das Zwerchfell (Diaphragma) von größter Bedeutung. Durch seine gegen den Thoraxraum konvexe Form flacht es sich bei einer Kontraktion ab, wodurch der Brustraum vergrößert wird. Dies ist bei ruhiger Atmung für ca. 75% der Volu-

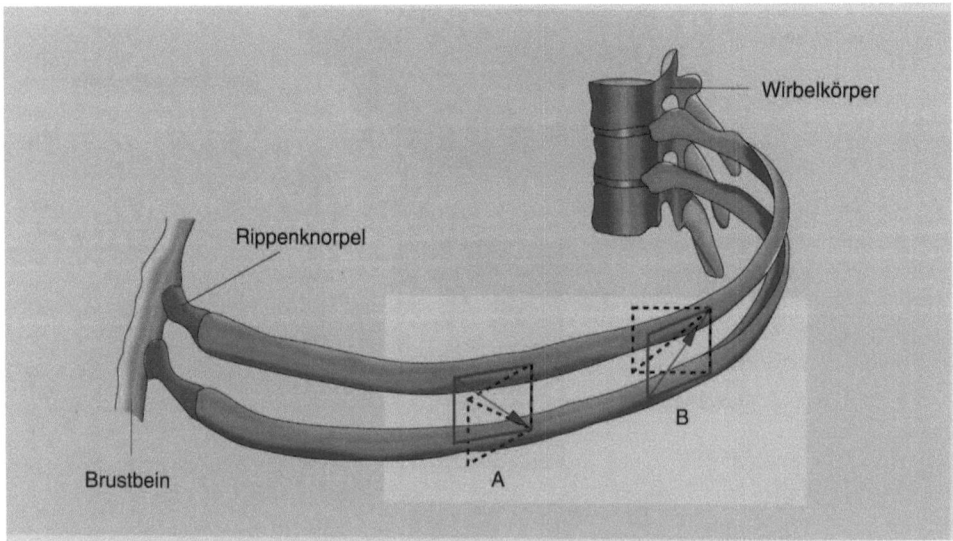

Abb. 9.18. Ausschnitt des Brustkorbs mit 2 Rippen, die hinten am Wirbel und vorne am Brustbein befestigt sind. *A* Verlaufsrichtung der für die Ausatmung verantwortlichen inneren Zwischenrippenmuskeln (Mm. intercostales interni), *B* Verlaufsrichtung der für die Einatmung verantwortlichen äußeren Zwischenrippenmus-keln (Mm. intercostales externi). Durch die *gestrichelten Rechtecke* ist der Effekt der entsprechenden Muskeln dargestellt. Bei der Ausatmung (*A*) wird der Rippenbogen und damit der Brustkorb gesenkt, bei Einatmung (*B*) wird der Rippenbogen und damit der Brustkorb gehoben

Abb. 9.19. Darstellung der Ein- und Ausatmung (Inspiration und Exspiration) unter der Beteiligung des Zwerchfells (Diaphragma). Bei Kontraktion des Zwerchfells kommt es zum Senken der Zwerchfellkuppel, d. h. zur Vergrößerung des Brustraums und damit zur Einatmung. Beim Nachlassen der Kontraktion erfolgt das Gegenteil

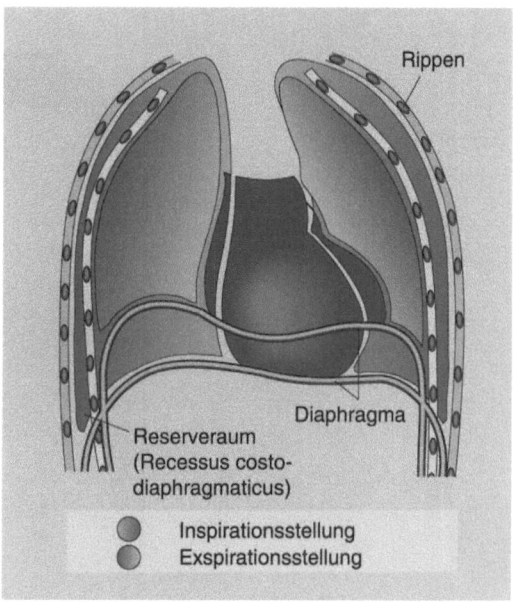

menveränderung der Lunge verantwortlich. Das Diaphragma wirkt dabei wie der Stempel einer Pumpe. Das Bewegungsausmaß kann zwischen 1,5 cm und 7 cm schwanken (Abb. 9.19), abhängig von der Art der Atmung (ruhige oder forcierte Atmung).

Neben dem Diaphragma sind es v.a. die Mm. intercostales externi, die für eine Vergrößerung des Brustraumes verantwortlich sind.

Voraussetzung für eine optimale Wirkung dieser Muskeln ist die Beteiligung der Muskeln, die den Brustkorb im oberen Bereich fixieren: die Mm. scaleni und der M. sternocleidomastoideus (Abb. 9.20). Bei einer Kontraktion heben dann die Mm. intercostales externi die Rippen nach oben, so daß es zu einer Vergrößerung des Brustraumes kommt.

Bei ruhiger Atmung könnten entweder die Mm. intercostales externi oder das Diaphragma allein eine genügende Ventilation (Belüftung) der Lunge aufrechterhalten. Entsprechend redet man von **Bauchatmung** oder **Brustatmung**.

Bei der Brustatmung sind es v.a. die Mm. intercostales externi, bei einer Bauchatmung v.a. das Diaphragma. Bei Frauen überwiegt in der Regel die Brustatmung, bei Männern hingegen die Bauchatmung.

Das Diaphragma wird durch den N. phrenicus innerviert. Der N. phrenicus verläßt den Wirbelkanal bereits auf der Höhe des 4. Zervikalwirbels. Bei Verletzungen der Wirbelsäule unterhalb des 4. Zervikalwirbels ist er deshalb in der Regel nicht betroffen, so daß Paraplegiker[8] und Tetraplegiker[9] diesem Umstand ihr Leben verdanken.

An einer forcierten Einatmung können weitere Muskeln beteiligt sein:

- M. pectoralis major,
- M. pectoralis minor.

Zusammen mit den Mm. scaleni und dem M. sternocleidomastoideus werden sie als Atemhilfsmuskeln bezeichnet. Damit der M. pectoralis major optimal wirken kann, müssen die Arme in der Hüfte aufgestützt werden, da er vom Brustkorb entspringt und am Arm ansetzt.

Exspiration

Bei der Ruheatmung genügen die Elastizität der Lunge sowie der intraabdominale Druck für eine geregelte Ausatmung. Durch den im Bauchraum vorhandenen Druck wird das Diaphragma nach oben verschoben. Dies und

---

[8] Paraplegiker: doppelseitig gelähmter Mensch (meist an den unteren Gliedmaßen).
[9] Tetraplegiker: an allen 4 Gliedmaßen gelähmter Mensch.

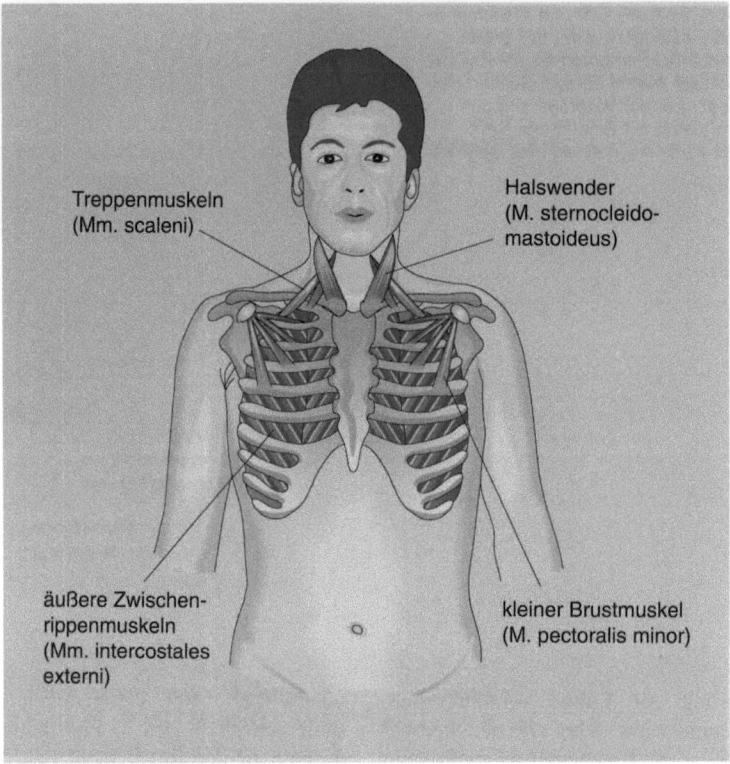

Treppenmuskeln
(Mm. scaleni)

Halswender
(M. sternocleido-
mastoideus)

äußere Zwischen-
rippenmuskeln
(Mm. intercostales
externi)

kleiner Brustmuskel
(M. pectoralis minor)

Abb. 9.20. Darstellung der wichtigsten Muskeln der Einatmung (Inspiration). Die Treppenmuskeln (Mm. scaleni), der Halswender (M. sternocleidomastoideus) und der kleine Brustmuskel (M. pectoralis minor) werden auch als Atemhilfsmuskeln bezeichnet. Durch ihre Wirkung wird der Brustkorb von oben fixiert, so daß die äußeren Zwischenrippenmuskeln (Mm. intercostales externi) ihre vergrößernde Wirkung auf den Brustkorb ausüben können

die Rückstellkräfte der elastischen Fasern führen zu einer Verkleinerung des Brustraumes. Bei forcierter Atmung genügen diese Kräfte nicht. Dann werden v.a. die Mm. intercostales interni und die Muskeln der **Bauchpresse** eingesetzt (Abb. 9.21). Dies sind:

- M. obliquus externus und internus abdominis,
- M. transversus abdominis,
- M. rectus abdominis.

Durch Kontraktion der Bauchwandmuskulatur wird der intraabdominale Druck erhöht. Dadurch kann das Diaphragma rascher in seine Ausgangslage zurückkehren.

9.4 Physiologie des Atmungsapparates

9.4.1 Lungenvolumina und Lungenkapazitäten

Das **Atemvolumen** ist die Luftmenge, die bei jeder Inspiration ein- und bei der anschließenden Exspiration ausgeatmet wird (ein Atemzug; daher gibt es dafür auch die Bezeichnung Atem*zug*volumen). Nach der Einatmung in Ruheatmung kann allerdings zusätzlich noch eine relativ große Luftmenge bis zur maximalen Aufnahmekapazität der Lunge eingeatmet werden. Dies ist das **inspiratorische Reservevolumen**.

Das Volumen, das nach normaler Exspiration noch zusätzlich ausgeatmet werden kann, ist das **exspiratorische Reservevolumen**. Auch nach maximaler Ausatmung bleibt immer

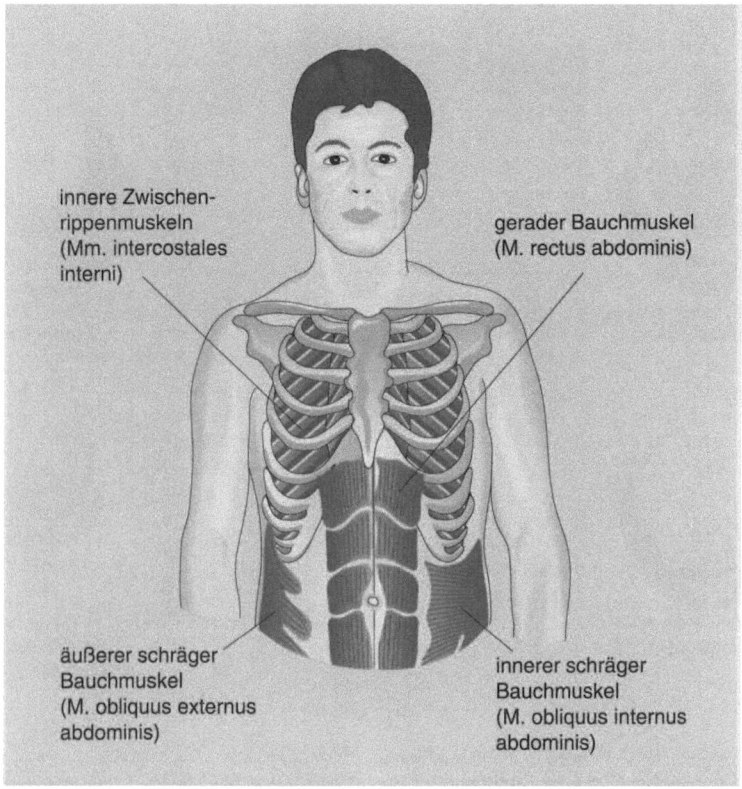

Abb. 9.21. Atemhilfsmuskeln für die Ausatmung (Exspiration). Für die normale Ausatmung unter Ruhebedingungen reichen die elastischen Kräfte innerhalb der Lunge aus, so daß es bei Nachlassen der Kontraktion der Einatmungsmuskeln automatisch zur Ausatmung kommt. Unter forcierter Atmung werden die hier eingezeichneten Muskeln wirksam. Bei geschlossener Stimmritze (Glottis) sind diese Muskeln auch für die Bauchpresse verantwortlich

noch ein Restvolumen in der Lunge zurück. Wenn das nicht so wäre, dann würde bei jeder maximalen Ausatmung die Lunge kollabieren, d.h. die Wände der Alveolen würden sich gegenseitig berühren, und die Lunge wäre funktionsunfähig. Dieses Volumen, das bei der maximalen Exspiration immer noch in der Lunge verbleibt, wird als **Residualvolumen** bezeichnet.

Inspiratorisches und exspiratorisches Reservevolumen werden zusammen mit dem Atemvolumen als **Vitalkapazität** bezeichnet. Die Vitalkapazität kann somit als Summe der 3 Volumina bezeichnet werden (Abb. 9.22).

Das Volumen, das am Gasaustausch in keiner Weise beteiligt ist, da es nur die Räume des luftleitenden Systems füllt (Nasenhöhle, Rachenraum, Kehlkopf, Trachea und Bronchialbaum), wird als **Totraum** bezeichnet.

Residualvolumen und exspiratorisches Reservevolumen werden gemeinsam als **funktionelles Residualvolumen** bezeichnet, da das exspiratorische Reservevolumen bei der normalen Ruheatmung nicht ausgeatmet wird. Das funktionelle Residualvolumen beträgt ca. 2300 ml.

Die Volumina bzw. Kapazitäten der Lungenräume sind in Tabelle 9.1 zusammengestellt. Die Messung der Lungen- und Atemvolumina erfolgt mit einem Spirometer (Abb. 9.23).

9.4.2 Atemzeitvolumen und alveoläre Ventilation

Aus der Frequenz der Atmung (F) und dem Atemvolumen (AV) errechnet sich das Atemzeitvolumen (Produkt aus beiden: AV·F).

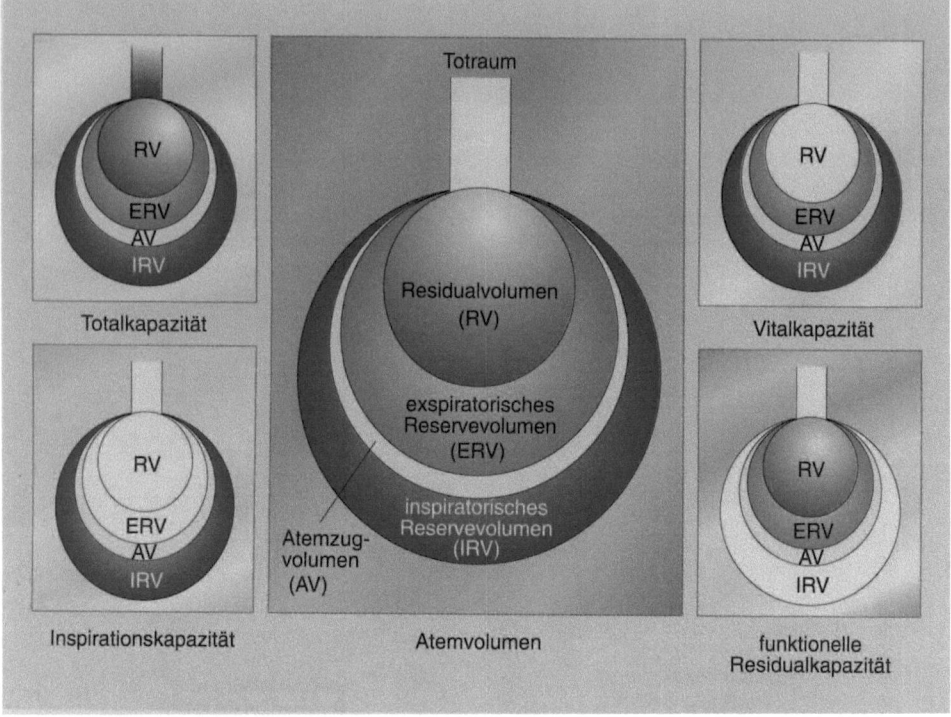

Abb. 9.22. Lungenvolumina, dargestellt anhand eines riesigen Lungenbläschens, das stellvertretend für die Gesamtheit der Lungenbläschen steht. Die einzelnen Volumia sind in den *kleineren Abbildungen* separat dargestellt, die jeweils nicht dazugehörigen Anteile der Totalkapazität sind *weiß* gezeichnet

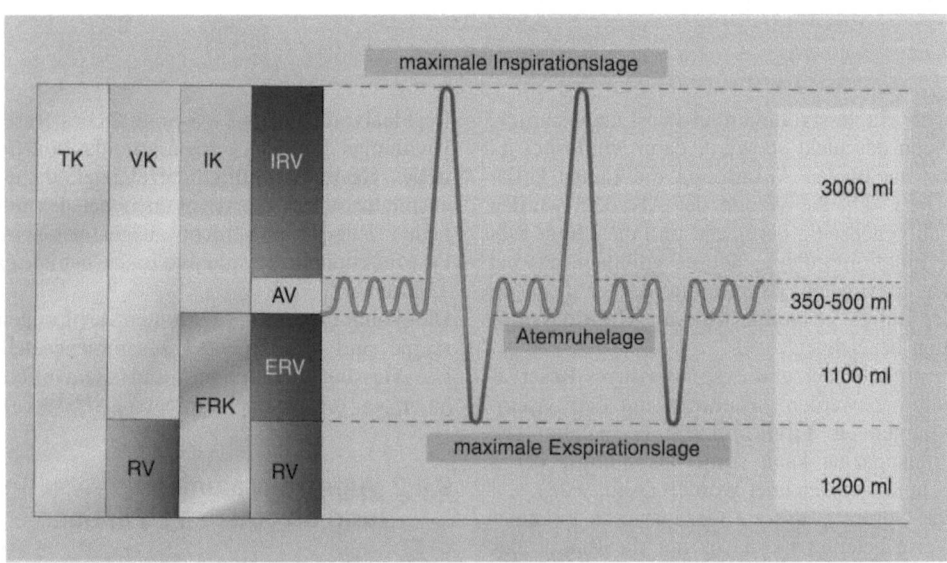

Abb. 9.23. Lungenvolumina, wie sie mit dem Spirometer gemessen werden. *TK* Totalkapazität, *VK* Vitalkapazität, *RV* Residualvolumen, *IK* Inspirationskapazität, *FRK* funktionelle Residualkapazität, *IRV* inspiratorisches Reservevolumen, *AV* Atemvolumen, *ERV* exspiratorisches Reservevolumen

Tabelle 9.1. Verschiedene Lungenräume und ihre Kapazitäten bzw. Volumina

Totraum	150 ml
Residualvolumen	1200 ml
Exspiratorisches Reservevolumen	1100 ml
Atemvolumen	350–500 ml
Inspiratorisches Reservevolumen	3000 ml
Funktionelle Residualkapazität	2300 ml
Vitalkapazität[a] Mann	4500 ml
Vitalkapazität[a] Frau	3600 ml

[a] Bei der angegebenen Vitalkapazität handelt es sich lediglich um Durchschnittswerte, da die Vitalkapazität von verschiedenen Parametern abhängt, z.B. Alter, Geschlecht, Körpergröße, Körperstellung, Trainingszustand, Rasse etc.

Bei ruhiger Atmung beträgt das Atemvolumen durchschnittlich 500 ml und die Atemfrequenz ca. 14/min, wobei allerdings größere Abweichungen (10–18/min) zu beobachten sind. Höhere Atemfrequenzen findet man bei Kindern (20–30/min), Kleinkindern (30–40/min) und Neugeborenen (40–50/min).

Für die **Ruheatmung** eines Erwachsenen ergibt sich demnach ein Atemzeitvolumen (AZV) von 7000 ml/min (14·500 ml). Bei körperlicher Anstrengung kann das Atemzeitvolumen bis auf 100 l/min ansteigen.

Für die Beurteilung der Atmung kommt dem Atemzeitvolumen nur eine bedingte Bedeutung zu, da es keine Kenngröße des **Atmungseffekts**, d.h. der **alveolären Ventilation**, ist. Für den **Atmungseffekt** ist die Relation des Totraums (Volumen, das am Gasaustausch nicht teilnimmt) zum Atemzeitvolumen von größter Bedeutung.

Mit einer frequenten (schnellen) und flachen Atmung wird ein geringerer Atemeffekt erreicht als mit einer langsamen und tiefen Atmung, da nach Abzug des jeweiligen Totraumvolumens die erreichte alveoläre Ventilation eine geringere ist (die alveoläre Ventilation errechnet sich aus dem pro Atemzug eingeatmeten Volumen abzüglich des Totraumvolumens). Tabelle 9.2 macht dies deutlich. Im Beispiel der frequenten, flachen Atmung resultiert dementsprechend eine alveoläre Ventilation von 1500 ml gegenüber 4500 ml bei tiefer langsamer Atmung. Beide weisen jedoch ein Atemzeitvolumen von 6000 ml/min auf.

Für die Praxis ist daraus zu schließen, daß z.B. beim Tauchen ein verwendeter Schnorchel nicht zu lang sein darf, da sonst nur Luft im vergrößerten Totraum hin- und hergeschoben

Tabelle 9.2. Alveoläre Ventilation bei flacher und bei tiefer Atmung

	Frequente, flache Atmung	Langsame, tiefe Atmung
Atemfrequenz	30/min	10/min
Atemvolumen	200 ml	600 ml
Atemzeitvolumen	6000 ml	6000 ml
Totraum-Frequenz	4500 ml/min	1500 ml/min
Alveoläre Ventilation	1500 ml/min	4500 ml/min

wird, ohne eine genügende alveoläre Ventilation (Atemeffekt) zu gewährleisten.

Durch pathologische Veränderungen kann die Lungenbelüftung gestört sein. Aus diagnostischen Gründen ist es notwendig, diese Störungen in 2 Gruppen zu unterteilen: die **restriktiven** und die **obstruktiven** Ventilationsstörungen. Als restriktive Störungen gelten z.B. die Verwachsung von Brustfell (Pleura parietalis) und Lungenfell (Pleura visceralis) oder eine Verkleinerung des belüfteten Raumes bei Lungenfibrose. Dadurch kann die Lunge nicht maximal vergrößert werden, und als Resultat ist die Vitalkapazität verringert. Obstruktive Ventilationsstörungen treten bei einer Verengung der Atemwege u.a. bei Schleimansammlungen in den Bronchien (z.B. bei chronischer Bronchitis) oder bei Verkrampfung der Bronchialmuskulatur (Asthma bronchiale) auf. Im Fall der obstruktiven Ventilationsstörung muß ständig gegen einen erhöhten Widerstand ausgeatmet werden, wodurch in fortgeschrittenen Stadien eine Überblähung der Lungen auftreten kann, mit gleichzeitiger Vergrößerung der funktionellen Residualkapazität.

9.4.3 Lungenfunktionsprüfungen

Für die Beurteilung der Funktion des Atmungsapparates stehen verschiedene Methoden zur Verfügung:

- Messung der Atemfrequenz (F),
- Messung der Vitalkapazität (VK),
- Perkussionsuntersuchung (Untersuchung der belüfteten Gebiete der Lunge durch Abhören des Klopfschalls),
- Auskultation (Abhören der Atemgeräusche mit dem Stethoskop),
- Röntgenuntersuchung (normale Übersichtsaufnahme oder Computertomogramm).

Von besonderer Bedeutung ist das

- Sekundenvolumen oder der Atemstoßtest nach Tiffeneau:

Hierbei wird nach maximaler Inspiration die während 1 s maximal ausgeatmete Luftmenge gemessen. Sie sollte ca. 70–80% der Vitalkapazität betragen, d.h. 3000–3600 ml. Wenn die Menge der ausgeatmeten Luft unterhalb dieser Größe liegt, dann ist der Atemwegwiderstand erhöht (Abb. 9.24).

- Atemgrenzwert: Zu seiner Ermittlung wird die maximal mögliche Menge der Atmungsluft während 10 s gemessen und dann auf 1 min umgerechnet. Der Atemgrenzwert sollte das 18- bis 20fache der Vitalkapazität betragen, d.h. ca. 80–90 l/min. Der Atemgrenzwert ist sowohl bei restriktiven wie auch bei obstruktiven Ventilationsstörungen verringert. Bei gleichzeitiger Verringerung von Vitalkapazität und Atemgrenzwert liegt in der Regel

eine restriktive Ventilationsstörung vor. Bei gleichzeitiger Verringerung des Sekundenvolumens und des Atemgrenzwertes liegt in der Regel eine obstruktive Ventilationsstörung vor.

9.4.4 Austausch der Atemgase

Luft ist ein Gemisch aus verschiedenen Gasen.

Zusammensetzung der Luft (gerundete Prozentzahlen):

- Stickstoff (N_2):   78%,
- Sauerstoff (O_2):   21%,
- Kohlensäure (CO_2):   0,04%,
- Edelgase (Argon, Xenon,   1%.
  Helium).

Nach dem Gasgesetz von Dalton übt jedes Gas in einem Gasgemisch einen Teildruck (**Partialdruck**) aus, der seinem Anteil am Gesamtvolumen, d.h. seiner Konzentration

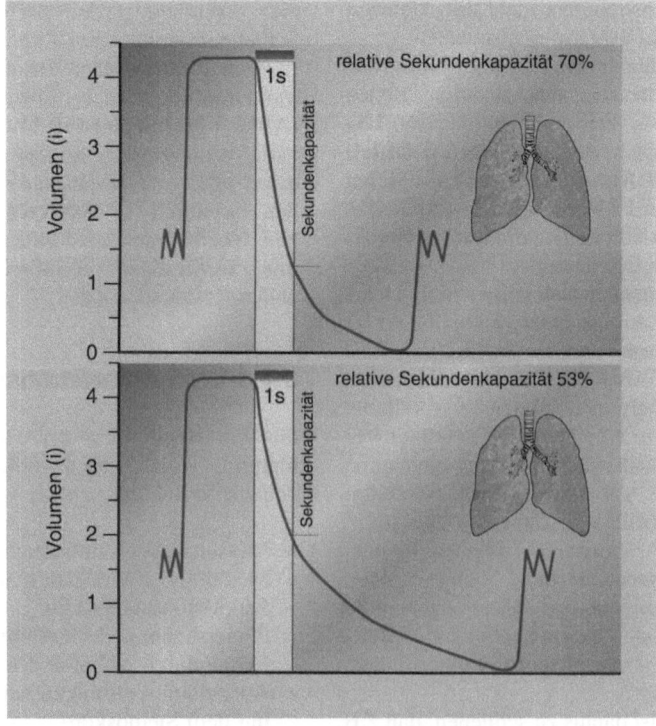

Abb. 9.24. Darstellung der Messung des Sekundenvolumens (auch als relative Sekundenkapazität bezeichnet), *oben* bei einem Jugendlichen, *unten* bei einem älteren Menschen. Beim älteren Menschen ist das Sekundenvolumen reduziert. *Links* ist das Volumen in Litern angegeben

entspricht. Dieser Druck wird in der Regel in mm Hg (Millimeter Quecksilbersäule)[10] angegeben. Der Gesamtluftdruck ist von der Höhe über Meeresspiegel abhängig. Je höher wir steigen, desto dünner wird die Luft, und desto geringer ist der Luftdruck. Auf Meereshöhe (NN) wird ein Normaldruck von 760 mm Hg (=1013 mb) gemessen. Bereits in 3000 m Höhe beträgt der Druck nur noch 525 Torr (=700 mb).

Entsprechend der Konzentration der Gase in der Atemluft läßt sich auch ein entsprechender Partialdruck errechnen. Für Sauerstoff beträgt der Partialdruck bei 760 mm Hg (NN):

$$760 \cdot 0,21 = 160 \text{ mm Hg}$$

(Der Wert ergibt sich aus der Konzentration des Sauerstoffs in der Atemluft von 21%).

Dieser Wert von 160 mm Hg berücksichtigt allerdings nicht, daß in der normalen Luft immer noch ein Teil Wasserdampf (die Luftfeuchtigkeit) vorhanden ist. Wenn wir die Luftfeuchtigkeit noch in Abzug bringen, dann beträgt der durchschnittliche Partialdruck unserer Umgebungsluft für Sauerstoff noch 150 mm Hg.

So läßt sich selbstverständlich auch der **Partialdruck der Gase in der Alveolarluft**, d.h. in den Lungenbläschen, berechnen. In der Alveolarluft beträgt die relative Luftfeuchtigkeit 100%, d.h. die Luft ist vollständig mit Wasserdampf gesättigt.

Der Partialdruck der Gase in den Alveolen wird abgekürzt als p_A geschrieben.

Die alveolären Partialdrücke:

- $p_A O_2$ = 100 mm Hg,
- $p_A H_2O$ = 47 mm Hg,
- $p_A CO_2$ = 40 mm Hg.

Die treibenden Kräfte des **Gasaustausches** (Diffusion), sowohl bei der äußeren wie auch bei der inneren Atmung, sind lediglich die

Konzentrationsunterschiede in den einzelnen Kompartimenten (z.B. alveoläre Luft, Blut, Gewebe etc.) bzw. die aus ihnen resultierenden Partialdruckdifferenzen. Das bedeutet, daß ein Gas immer die Tendenz hat, sich von einem Ort mit hohem Partialdruck, wo es sehr oft mit Nachbarmolekülen zusammenstößt, an einen Ort mit niedrigem Partialdruck zu begeben, wo die Zusammenstoßhäufigkeit reduziert ist.

Um die Diffusionsbedingungen optimal zu gestalten, müssen folgende Bedingungen erfüllt sein:

- Die Austauschfläche muß groß sein.
- Der Diffusionsweg muß klein sein.
- Die Partialdruckdifferenz sollte möglichst groß sein.

Die Diffusionskapazität der Lungen ist für Kohlendioxid ca. 20mal größer als für Sauerstoff. Das bedeutet, daß auch bei Verschlechterung der Diffusionsbedingungen Kohlendioxid immer noch ausreichend diffundieren kann. Wenn Diffusionsstörungen auftreten, z.B. durch pathologische Verkleinerung der Austauschfläche (Atelektase, Durchblutungsstörung etc.) oder durch Vergrößerung des Diffusionsweges (Lungenfibrose), dann ist davon primär die O_2-Diffusion betroffen. Die Partialdrücke der Gase der einzelnen Kompartimente des Körpers sind in Abb. 9.25 dargestellt.

9.5 Hämoglobin

Für den Transport des Sauerstoffs im Blut sind die Erythrozyten verantwortlich. Erythrozyten sind kernlose rote Blutkörperchen, die während ihrer Entwicklung den Zellkern ausgestoßen und alle Organellen zurückgebildet haben. Sie bestehen deshalb nur noch aus der Zellmembran und dem roten Blutfarbstoff, dem Hämoglobin. Hämoglobin ist ein Protein, das aus 4 Untereinheiten aufgebaut ist (s. auch 6.2).

Durch die Eisenionen (Fe^{2+}) pro Hämoglobinmolekül können 4 O_2-Moleküle reversibel gebunden werden. Dementsprechend beträgt die Bindungsfähigkeit des Hämoglobins für Sauerstoff maximal 1,34 ml O_2 pro 1 g Hämoglobin. Die Konzentration des Hämoglobins beträgt ca. 15 g/100 ml Blut. Somit können in 100 ml maximal 19,5 ml O_2 gebunden sein (15 g·1,34 ml O_2). Die Menge des im

---

[10] Die empfohlene Einheit für Druck (p) ist Pascal (Pa). Sie wird gemessen in Newton pro Quadratmeter (N/m^2). Nicht mehr empfohlen werden folgende Einheiten: atm, bar, Torr, mm H_2O und mm Hg. Im medizinischen Bereich findet mm Hg jedoch immer noch breite Verwendung. Im folgenden wird daher einheitlich die Größe mm Hg verwendet! Umrechnungsgrößen:
1 mm Hg=1 Torr=133,322 Pa.
1 bar=100000 Pa.

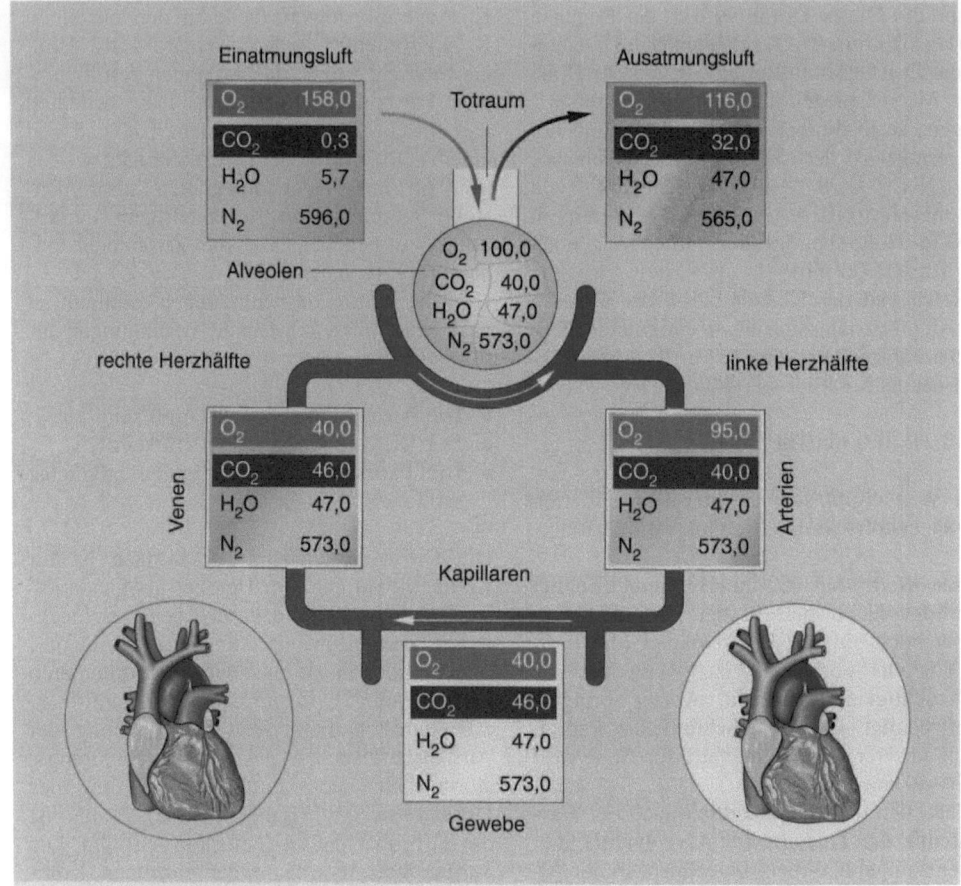

Abb. 9.25. Partialdruck der Atemgase in den einzelnen Räumen (Kompartimenten). Im großen Kreislauf sind im Gewebe die Kapillaren zwischen Arterien und Venen eingeschaltet. Der kleine Kreislauf verläuft zwischen rechter und linker Herzhälfte. Die für das Verständnis wichtigen Werte von CO_2 und O_2 sind farblich hervorgehoben. Alle Zahlenangaben sind in mmHg. Für CO_2 reicht eine Partialdruckdifferenz von 46 mmHg im venösen Blut zu 40 mmHg in den Alveolen, um den Austausch durchzuführen. Zwischen dem arteriellen Blut und dem Gewebe beträgt die Differenz für CO_2 ebenfalls nur 6 mmHg

Blutplasma gelösten O_2 (d.h. nicht an Hämoglobin gebundenen) ist gering, sie beträgt nur ca. 0,3 ml/100 ml Blut. Im venösen Blut sind lediglich 15,2 ml O_2 pro 100 ml vorhanden, d.h. 4,6 ml/100 ml sind im Bereich der Kapillaren ins Gewebe diffundiert.

9.6 Atmungsregulation

Je nach Aktivität und Stoffwechsellage hat der Körper einen unterschiedlichen O_2-Bedarf; er weist dementsprechend auch eine unterschiedliche Menge an produziertem CO_2 auf. Das heißt, die Atmung muß den aktuellen Bedürfnissen angepaßt werden. Das Ziel der Anpassung ist es,

- die Atemtiefe und Atemfrequenz möglichst ökonomisch zu regulieren, d.h. unter geringstmöglichem Aufwand;
- die Atmung den Bedingungen des Sprechens, Schluckens, Singens etc. anzupassen;
- sowohl in Ruhe als auch unter Belastung, z.B. körperliche Arbeit, eine optimale O_2-Zufuhr zu gewährleisten.

Die beiden Parameter, auf die – im Sinne einer Regulation – Einfluß genommen werden kann, ist die **Atemtiefe** und die **Atemfrequenz**.

Im Rhombenzephalon (Rautenhirn) ist ein Atmungszentrum vorhanden, in dem exspira-

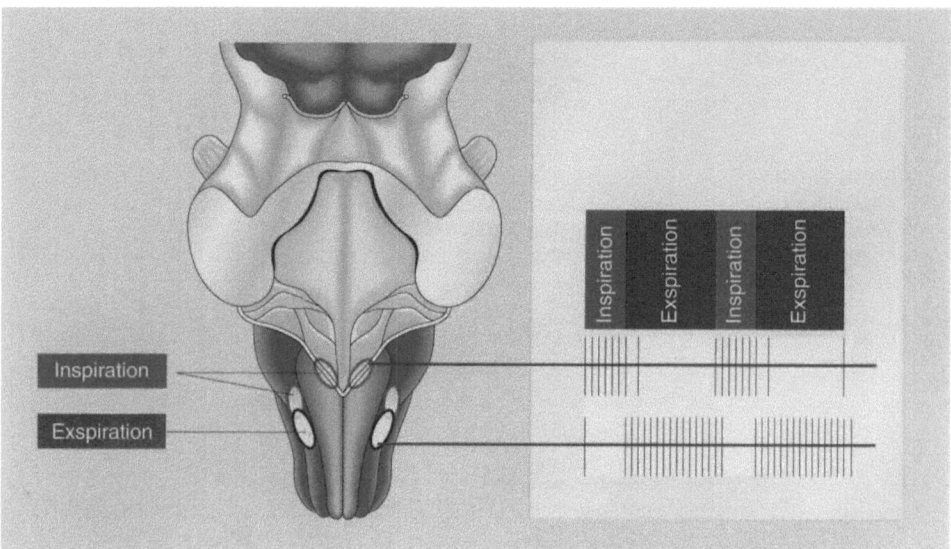

Abb. 9.26. Die *linke Seite* der Abbildung zeigt den Hirnstamm von dorsal mit dem Rautenhirn (Rhombencephalon). Hier befindet sich das Atemzentrum mit den inspiratorischen und exspiratorischen Kerngebieten und ihren Neuronen. Auf der *rechten Seite* der Abbildung ist die Ableitung der Erregung aus diesen Kerngebieten während der Inspiration und Exspiration graphisch dargestellt. Während der Einatmung (Inspiration) sind die inspiratorischen Kerngebiete aktiv, während der Ausatmung (Exspiration) sind die exspiratorischen Kerngebiete mit ihren Neuronen aktiv. Aktivität der einen Neurone führt jeweils zur Hemmung der Aktivität der anderen Neurone

torische und inspiratorische Neurone unterschieden werden können (Abb. 9.26). Die Inspiration und Exspiration werden durch jeweils wechselnde Folge von salvenartigen Entladungen der inspiratorischen und exspiratorischen Neurone ausgelöst. Durch die Aktivität der einen Neuronengruppe wird die andere Neuronengruppe gehemmt. Die Entladungen der Neurone werden über Nerven (z.B. den N. phrenicus, der das Diaphragma innerviert) an die entsprechenden Muskeln geleitet, die je nach Impuls kontrahieren oder erschlaffen.

Die wechselnde Entladung der inspiratorischen und exspiratorischen Neurone wird als **zentraler Atmungsrhythmus** bezeichnet. Dieser zentrale Atmungsrhythmus wird durch periphere Einflüsse stabilisiert und auch modifiziert (Abb. 9.27). So befinden sich z.B. in der Lunge Dehnungsrezeptoren, die auf eine gewisse Atemtiefe (bedingt durch die Aufblähung bzw. Inflation der Lunge) reagieren und ein Signal an das Atmungszentrum im Rhombenzephalon leiten, wodurch der Übergang von der Inspiration zur Exspiration bewirkt wird. Daneben existieren in der Lunge Rezeptoren, welche die Ausatmungstiefe

(Deflation) registrieren und an das Atmungszentrum weiterleiten, wodurch der Übergang von der Exspiration zur Inspiration bewirkt wird.

Diese Selbstregulation der Atmungstätigkeit, wodurch unter Normalbedingungen die Tiefe der Ein- und Ausatmung begrenzt wird, nennt man **Hering-Breuer-Reflex**.

Neben dieser mechanisch-reflektorischen Regulation der Atmung existieren noch andere Mechanismen, von denen v.a. die **chemische Regulation** von großer Bedeutung ist: Hierbei werden durch zentrale (im Hirnstamm gelegene) und periphere Chemorezeptoren die Partialdrücke für CO_2 und O_2 (pO_2, pCO_2) sowie der pH-Wert des arteriellen Blutes überwacht und mit den Soll-Werten (pO_2= 90 mm Hg, pCO_2=40 mm Hg, pH-Wert= 7,38) verglichen (Abb. 9.28).

Abweichungen der Ist-Werte von den Soll-Werten veranlassen das Atmungszentrum zu einer Aktivitätsänderung, wodurch über die Atmungsmuskulatur eine Änderung des Atemzeitvolumens zustande kommt. Die peripheren Chemorezeptoren liegen in sog. Paraganglien; das sind Ansammlungen von modifizierten Nervenzellen, die aus dem vegetativen Ner-

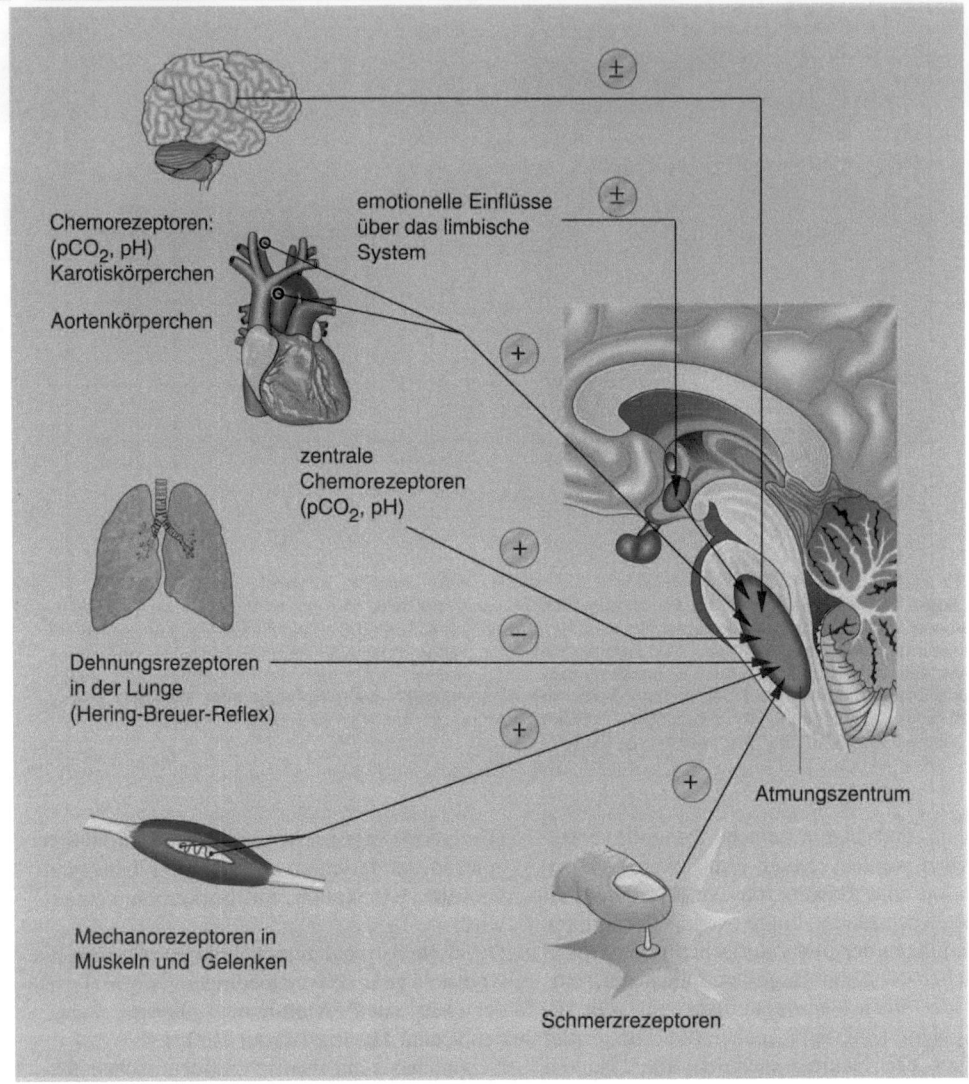

Chemorezeptoren:
(pCO_2, pH)
Karotiskörperchen

Aortenkörperchen

emotionelle Einflüsse
über das limbische
System

zentrale
Chemorezeptoren
(pCO_2, pH)

Dehnungsrezeptoren
in der Lunge
(Hering-Breuer-Reflex)

Atmungszentrum

Mechanorezeptoren in
Muskeln und Gelenken

Schmerzrezeptoren

Abb. 9.27. Darstellung der verschiedenen Einflüsse auf das Atmungszentrum im Hirnstamm. Die führende Regelgröße ist der Partialdruck für CO_2 (pCO_2)

vensystem hervorgegangen sind und die Nervenimpulse zum Atmungszentrum leiten können. Je ein Paraganglion liegt an der Teilungsstelle der linken wie der rechten Halsschlagader (A. carotis communis); es wird als Karotiskörperchen (Glomus caroticum) bezeichnet. Weitere Paraganglien liegen im Bereich des Aortenbogens und heißen Aortenkörperchen (Paraganglion supracardiale).
Die führende Regelgröße für die chemische Atmungskontrolle ist der Partialdruck des ar-

teriellen CO_2 (p_aCO_2)[11]. Durch Veränderungen des O_2-Partialdruckes und des pH-Wertes können nur geringe Änderungen des Atemzeitvolumens bewirkt werden.
Als unspezifische Einflüsse auf die Atmung werden eine Reihe von Reizen bezeichnet,

---

[11] Die Abkürzungen p_aO_2 bzw. p_aCO_2 und p_AO_2 bzw. p_ACO_2 dürfen nicht miteinander verwechselt werden: das kleine a steht für „arteriell", während das große A „alveolär" bedeutet.

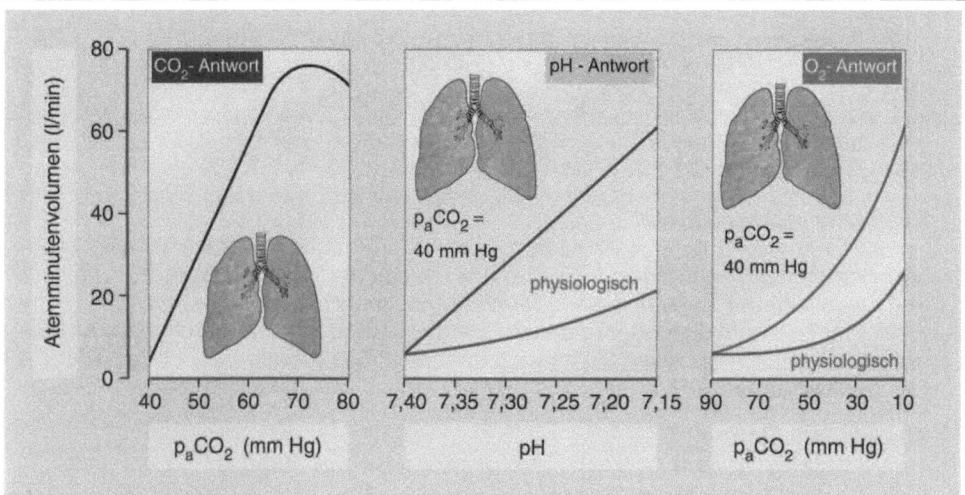

Abb. 9.28. Darstellung des Atemzeitvolumens (*AZV*) in Relation zum Partialdruck für CO_2 im Blut (*links*), zum pH-Wert des Blutes (*Mitte*) und zum Partialdruck für O_2 im Blut (*rechts*). Wenn der Partialdruck von CO_2 experimentell konstant gehalten wird, fällt die entsprechende „Antwort" deutlicher aus, wie in der *mittleren* und *rechten* Abbildung mit der oberen Kurve im Gegensatz zur physiologischen Kurve dargestellt ist

die zwar die Atmungstätigkeit beeinflussen, jedoch nicht im eigentlichen Sinn regulieren. Dies sind z.B. Schmerz- und Temperaturreize, aber auch arterielle Druckreize. Die Druckreize werden durch Druckrezeptoren (Presso- oder Barorezeptoren) des Kreislaufsystems vermittelt und wirken ebenfalls auf das Atmungszentrum. Auch Hormone können steigernd auf die Atmungstätigkeit einwirken. So wird die Aktivität des Atmungszentrums unter der Wirkung von Adrenalin und Progesteron erhöht.

9.7 Zusammenfassung Atmungsapparat

Ein großer Teil der Energie, die der Körper für alle Lebensäußerungen benötigt, wird durch die Verbrennung von Glukose produziert. Bei der Verbrennung wird ATP (Adenosintriphosphat) gebildet.

Respiratorischer Quotient
Je nach Art der Nahrung, die der Körper verbrennt, ändert sich das Verhältnis des abgegebenen Kohlendioxids (CO_2) zum aufgenommenen Sauerstoff (O_2). Dieses Verhältnis wird als respiratorischer Quotient (RQ) bezeichnet.
Bei reiner Kohlenhydratnahrung beträgt der RQ=1,0, d.h. es wird genausoviel Sauerstoff aufgenommen, wie CO_2 abgegeben wird. Bei Protein beträgt der RQ=0,8 und bei Fett ist RQ=0,7.

Formen der Atmung
Lungenatmung: äußere Atmung; Gewebeatmung: innere Atmung.

Bestandteile des Atmungsapparates
- **Nasenhöhle:** Am Eingang in die Nasenhöhle befindet sich der Nasenvorhof, in dem Vibrissae als Schutz gegen eindringende Fremdkörper dienen. Die Nasenhöhle wird durch das Nasenseptum in 2 Teile unterteilt. Das Nasenseptum besteht aus einer Knorpellamelle sowie dem Vomer und der Lamina perpendicularis des Os ethmoidale. Von der Seitenwand ragen 3 Nasenmuscheln in die Nasenhöhle. Die Nasenhöhle ist mit respiratorischem Epithel ausgekleidet. **Ausnahme:** Regio olfactoria ca. 5 cm^2, die mit olfaktorischem Epithel (Riechzellen) ausgekleidet ist.

Die **Geruchswahrnehmung** erfolgt über die 10^7 Sinneszellen des olfaktorischen Epithels, das über die Siebplatte mit dem Bulbus olfactorius (Riechnerv) verbunden ist. Geruchswirksame Stoffe besitzen meist zwischen 3 und 20 C-Atomen. Die Fähigkeit, zwischen Geruchsintensitäten zu unterscheiden, ist nur gering ausgebildet. Die Anpassung ist bei der Geruchswahrnehmung sehr ausgeprägt.

- **Nasennebenhöhlen:** Aufgaben der 4 Nasennebenhöhlen (Sinus frontalis, maxillaris, sphenoidalis und Cellulae ethmoidales):
  - Gewichtsersparnis,
  - Erwärmung der Atemluft und
  - Resonanzorgan.

- **Rachen** (Pharynx): Er besteht aus 3 Etagen: Pars nasalis, Pars oralis, Pars laryngea.

- **Kehlkopf** (Larynx): Das „Skelett" des Kehlkopfes besteht aus 5 Knorpeln: Epiglottis, Schildknorpel, Ringknorpel und 2 Stellknorpel.
  Der stimmbildende Teil des Kehlkopfes wird Glottis genannt. Wichtigster Bestandteil der Glottis ist das Ligamentum vocale, das durch den M. vocalis in seiner Spannung verändert werden kann.
  Der Postikus ist der Öffner der Stimmritze. Der N. laryngeus recurrens ist für die Stimmbildung verantwortlich.

  Bei der **Phonation** unterscheiden wir eine Grundfrequenz von den Formanten (Obertöne). Bei der Frau beträgt die Grundfrequenz 200–300 Hz, beim Mann 100–130 Hz.

Die Frequenzen der Formanten liegen zwischen 200 und 4000 Hz. Sprache bedient sich der Frequenz von ca. 1000 Hz. In diesem Bereich besitzt das Ohr die größte Empfindlichkeit.

Vokale werden durch Schwingungen der Stimmbänder erzeugt, **Konsonanten** durch Unterbrechung des Luftstromes an Zunge, Gaumen, Zähnen, Lippen.

Bei **stimmhaften Konsonanten** schwingen gleichzeitig die Stimmbänder mit.

Der **Kehlkopf** hat 3 Funktionen:
- Pforte der Atemluft (Bauchpresse),
- Schutz der unteren Luftwege (Hustenreflex) und
- Phonation.

- **Luftröhre** (Trachea): Sie ist ca. 12 cm lang und wird durch hufeisenförmige Spangen aus hyalinem Knorpel offen gehalten, ca. 15–20 Knorpelspangen werden durch bindegewebige Ligamente untereinander zusammengehalten. Die Enden der Knorpelspangen werden durch eine Bindegewebeplatte mit dem M. trachealis verschlossen. Die Trachea wird durch respiratorisches Epithel ausgekleidet. Sie teilt sich in die beiden Hauptbronchien.

- **Bronchialbaum:** Er beginnt mit der Teilung der Luftröhre auf der Höhe des 5. Thorakalwirbels. Die beiden Hauptbronchien teilen sich in je 10 Segmentbronchien, die sich ihrerseits über Bronchioli in Bronchioli terminales verzweigen. In der Wand der Bronchien befindet sich Muskulatur, die Wand wird durch Knorpelstücke stabilisiert. Bronchioli besitzen keine Knorpelstücke mehr, sondern nur noch glatte Muskulatur. Von der Nase bis zum Bronchiolus terminalis wird das Ganze als luftleitendes System bezeichnet.

- **Lunge:** Gasaustauschendes System: Es wird gebildet vom Bronchiolus respiratorius, Ductus alveolaris und von den Alveolen.

Die 300 Mio. **Alveolen** beider Lungenhälften vergrößern die innere Oberfläche auf ca. 100 m^2. Die Alveolen werden von 2 Zellarten gebildet: Pneumozyten Typ I und II. Pneumozyten Typ I stellen das Alveolarepithel dar. Pneumozyten Typ II bilden den Surfactant, der die Oberflächenspannung der Alveolen ihrem Durchmesser anpaßt.
Die Lunge besteht aus 2 Lungenflügeln; der rechte ist aus 3, der linke aus 2 Lappen aufgebaut. Jeder Lungenflügel besitzt eine Basis und einen Apex. Die Lunge ist von 2 Schichten der Pleura umgeben: Die Pleura visceralis (Lungenfell) überdeckt die Lunge und geht am Hilus in die Pleura parietalis (Rippenfell) über, welche den Brustraum auskleidet. Zwischen beiden befindet sich ein mit Pleuraflüssigkeit gefüllter Gleitspalt, in dem ein Unterdruck herrscht (–3 bis –8 mm Hg). Gleitspalt und Unterdruck bewirken, daß die Lunge den Bewegungen des Brustkorbes (Atmungsexkursionen) folgen muß. Reserveräume der Pleura sind der Recessus costodiaphragmaticus und der Recessus costomediastinalis.

Wichtigste **Atemmuskeln** für die Einatmung sind das Diaphragma (Zwerchfell) und die Mm. intercostales externi.
Für die forcierte Ausatmung sind die Muskeln der Bauchpresse und die Mm. intercostales interni wichtig.
Die Mm. scaleni, M. sternocleidomastoideus sowie der M. pectoralis major und M. pectoralis minor werden als **Atemhilfsmuskeln** bezeichnet.

Physiologie des Atmungsapparates

- **Lungenvolumen:** Das gesamte Lungenvolumen beträgt ca. 6000 ml. Es wird unterteilt in das inspiratorische (2000 ml) und exspiratorische Reservevolumen

(2000 ml) sowie das Atemvolumen 500 ml. Alle 3 zusammen werden als Vital-kapazität (beim Mann 4500 ml) bezeichnet. Auch bei stärkster Ausatmung ver-bleibt ein (notwendiges) Residualvolumen (Restvolumen bei maximaler Exspira-tion; 1200 ml). Außerdem ist das Totraumvolumen (150 ml) in den gasleitenden Abschnitten des Atmungsapparates vorhanden.

- **Alveoläre Ventilation:** Wichtigste Kenngröße der Atmung ist die **alveoläre Ven-tilation** (Atemzeitvolumen minus Totraumvolumen).

- **Lungenfunktionsprüfungen:** Wichtige Lungenfunktionsprüfungen sind Mes-sung von:

  - Atemfrequenz,
  - Vitalkapazität (3600–4500 ml),
  - Atemgrenzwert (18 bis 20·Vitalkapazität),
  - Atemstoßtest (80% Vitalkapazität) sowie
  - Auskultation,
  - Perkussion und
  - Röntgenübersichtsaufnahme.

Der **Partialdruck der Atemgase** errechnet sich aus ihrem Anteil an der Atemluft (O_2=21%, N_2=78%, CO_2=0,04%). Die Partialdruckdifferenz zwischen den einzel-nen Kompartimenten (arterielles und venöses Blut, Alveolen, Gewebe) ist die trei-bende Kraft für die Diffusion der Gase.

- **Austausch der Atemgase:** Optimale Diffusionsbedingungen
  - Austauschfläche möglichst groß,
  - Diffusionsweg möglichst klein und
  - Partialdruckdifferenz möglichst groß.
Die Diffusionskapazität für CO_2 der Lunge ist ca. 20mal größer als die für O_2.

Hämoglobin
Der rote Blutfarbstoff Hämoglobin ist der einzige Inhalt der Erythrozyten. Er be-steht aus 4 Untereinheiten, die jeweils ein 2wertiges Eisenion im Zentrum besit-zen. Das Eisenion kann O_2 reversibel binden. 1 g Hämoglobin bindet 1,34 ml O_2. In 100 ml arteriellem Blut sind ca. 15 g Hämoglobin vorhanden, die dementspre-chend maximal 19,5 ml O_2 binden können. Venöses Blut bindet lediglich 15,2 ml O_2 pro 100 ml.

Atmungsregulation
Die Atmungsregulation paßt die Atmung der Aktivität und Stoffwechsellage des Körpers an, und zwar durch Veränderung des Atemzeitvolumens.
Im Rhombenzephalon befindet sich das Atemzentrum mit seinen inspiratorischen und exspiratorischen Neuronen. Diese bestimmen den „zentralen Atmungsrhyth-mus". Der **zentrale Atmungsrhythmus** wird durch periphere Einflüsse stabilisiert und reguliert:

- Mechanisch-reflektorisch: Hering-Breuer-Reflex zur Begrenzung der normalen Atemexkursionen.
- Chemisch über zentrale Sensoren und periphere Rezeptoren. Diese ermitteln den Partialdruck für CO_2 (führende Regelgröße), für O_2 und den pH-Wert. Bei Abweichungen von den Soll-Werten (pCO_2=40 mm Hg, pO_2=90 mm Hg und pH-Wert=7,38) wird die Atmung angepaßt.

Unspezifische Atmungseinflüsse sind Blutdruck, Schmerz, Temperatur, Adrena-lin, Progesteron.

10 Verdauungsapparat

Um existieren zu können, benötigt unser Körper Nahrung in Form von Eiweißen (Proteinen), Fetten (Lipiden) und Zucker (Kohlenhydraten) sowie Vitaminen, Elektrolyten und Spurenelementen.

Damit diese Stoffe in unseren Körper aufgenommen werden können, müssen sie mechanisch zerkleinert, enzymatisch gespalten und somit in ihre **Baubestandteile** zerlegt werden, um anschließend in den Wänden des Magen-Darm-Trakts aufgenommen (resorbiert) zu werden.

Die Untereinheiten der 3 Substanzklassen (Proteine, Lipide, Kohlenhydrate) sind besonders wichtig. Es sind bei den

- Proteinen die Aminosäuren,
- Lipiden die Fettsäuren,
- Kohlenhydraten die Zuckermolekülen.

So, wie die Kohlenhydrate, Proteine und Lipide in der Nahrung vorkommen, können sie nicht in unserem Körper weiterverwendet werden, da pflanzliche und tierische Proteine, Lipide und Kohlenhydrate z.T. eine völlig andere Zusammensetzung haben als die menschlichen. Deshalb ist es notwendig, daß die Nahrungsbestandteile in ihre Untereinheiten bzw. Baubestandteile zerlegt werden. Das ist die Aufgabe der **Verdauung**.

An die Verdauung schließt sich die **Resorption** (Aufnahme) an. Hierbei nimmt das Epithel der Darmwand die für den Körper nötigen Bestandteile aus dem Darminhalt auf.

Mit der Resorption werden die Endprodukte der Verdauung sowie das aus der Verdauung resultierende Wasser (aus der Nahrung, den Verdauungssäften etc.), die Mineralstoffe und Vitamine aus dem Darmlumen über die Darmschleimhaut in das Blut oder die Lymphe aufgenommen. Nach der Resorption können dann aus den Untereinheiten der Nahrung **körpereigene** Lipide, Kohlenhydrate und Proteine zusammengesetzt werden, oder durch oxidativen Abbau kann **Energie** gewonnen werden.

10.1 Organe des Verdauungsapparates

Zum Verdauungsapparat gehören folgende Organe (s. unten und Abb. 10.1).

In den folgenden Abschnitten werden Struktur, Funktion und Zusammenspiel dieser Organe besprochen.

10.1.1 Mundhöhle und Inhaltsgebilde

Die Mundhöhle wird wie folgt begrenzt:

- *seitlich* von den Wangen,
- *vorne* durch die Lippen,
- *unten* durch den Mundboden,
- *oben* durch den Gaumen (weich und hart),

Deutscher Begriff	Fachausdruck	s. unter Abschnitt
Mundhöhle	Cavitas oris	10.1.1
Schlund oder Rachen	Pharynx	10.1.2
Speiseröhre	Oesophagus	10.1.4
Magen	Gaster, Ventriculus	10.1.5
Dünndarm	Intestinum tenue	10.1.6
Leber	Hepar	10.1.8
Gallenblase	Vesica biliaris	10.1.9
Bauchspeicheldrüse	Pancreas	10.1.10
Dickdarm	Intestinum crassum	10.1.7

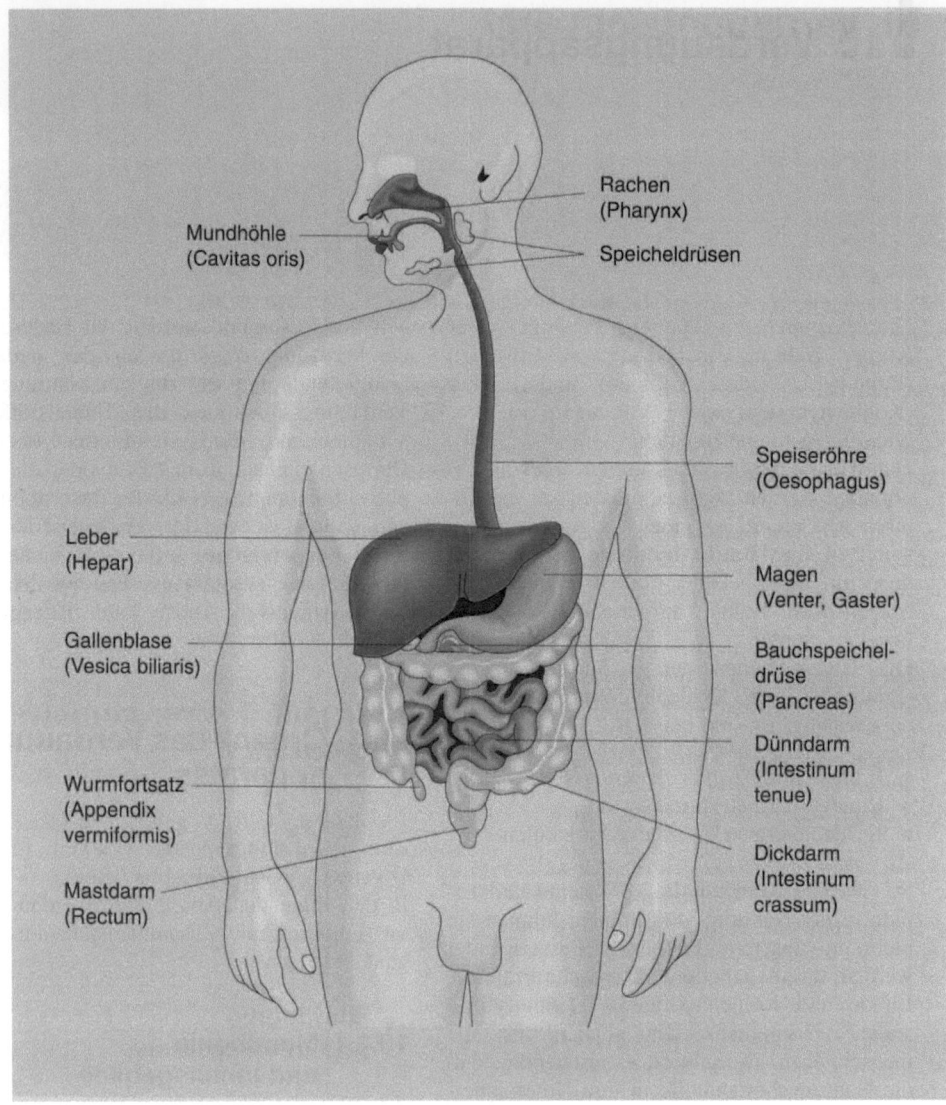

Abb. 10.1. Übersicht über die Organe des Verdauungsapparates

– *hinten* vom Übergang in den Pharynx (Pars oralis).

Am Übergang zum Pharynx (Rachen) liegen die beiden Gaumenbögen; zwischen ihnen befindet sich auf jeder Seite die Tonsilla palatina. Den Raum zwischen den Zähnen und zahntragenden Kieferfortsätzen einerseits und den Lippen und Wangen andererseits bezeichnet man als **Mundvorhof** (Vestibulum oris).

Zu den „Inhaltsgebilden" der Mundhöhle gehören die Zähne, die Zunge sowie die in die Mundhöhle mündenden Speicheldrüsen.

Die **Mundhöhle** ist von einer Schleimhaut ausgekleidet. Diese wird von einem mehrschichtigen unverhornten Plattenepithel gebildet, das auf dem Zungenrücken in ein leicht verhorntes mehrschichtiges Plattenepithel übergeht.

Der **Mundboden** wird von einer Muskelplatte gebildet (Diaphragma oris). Der wichtigste Muskel dieser Muskelplatte ist der M. mylohyoideus, der mit 2 Teilen von der Innenseite der Mandibel entspringt und sich in der Mitte in einer bindegewebigen Zone (Raphe mylo-hyoidea) vereinigt.

Zunge

Die Hauptmasse des Zungenkörpers besteht aus Muskulatur. Wir unterscheiden **Eigen-muskulatur** und **Fremdmuskulatur**. Die Eigenmuskulatur verläuft nur innerhalb der Zunge, die Fremdmuskulatur strahlt von außen in die Zunge ein.

Die Zungenmuskulatur ist quergestreift und unterliegt der Willkürmotorik. Die Fasern der Eigenmuskulatur werden unterteilt in longitudinale, transversale und vertikale Züge, die sich gegenseitig durchdringen (M. longitudinalis linguae, M. verticalis linguae, M. transversalis linguae). Beim Zurückziehen der Zunge durch Kontraktion der longitudinalen Fasern und der einstrahlenden Fremdmuskeln wird die Zunge dicker und wirkt so wie der Stempel einer Saugpumpe. Dies ist die Grundlage für den Saugakt beim Stillen.

Die Verlängerung der Zunge (Hinausstrecken) wird durch die transversalen und vertikalen Faserzüge ermöglicht, die dabei gleichzeitig die Zunge länger und dünner werden lassen. Bei der Kontraktion von jeweils 2 der 3 Zungeneigenmuskeln wird der 3. Muskel gedehnt.

Die Zunge hat einen frei beweglichen Zungenrücken und einen befestigten Zungengrund. Letzterer macht das hintere Drittel der Zunge aus und leitet zum Pharynx (Rachen) über.

Die ganze Zunge ist von einer Schleimhaut überzogen, die auf der Unterseite nur locker auf dem darunterliegenden Bindegewebe befestigt ist (Abb. 10.2). In der Mitte läuft die

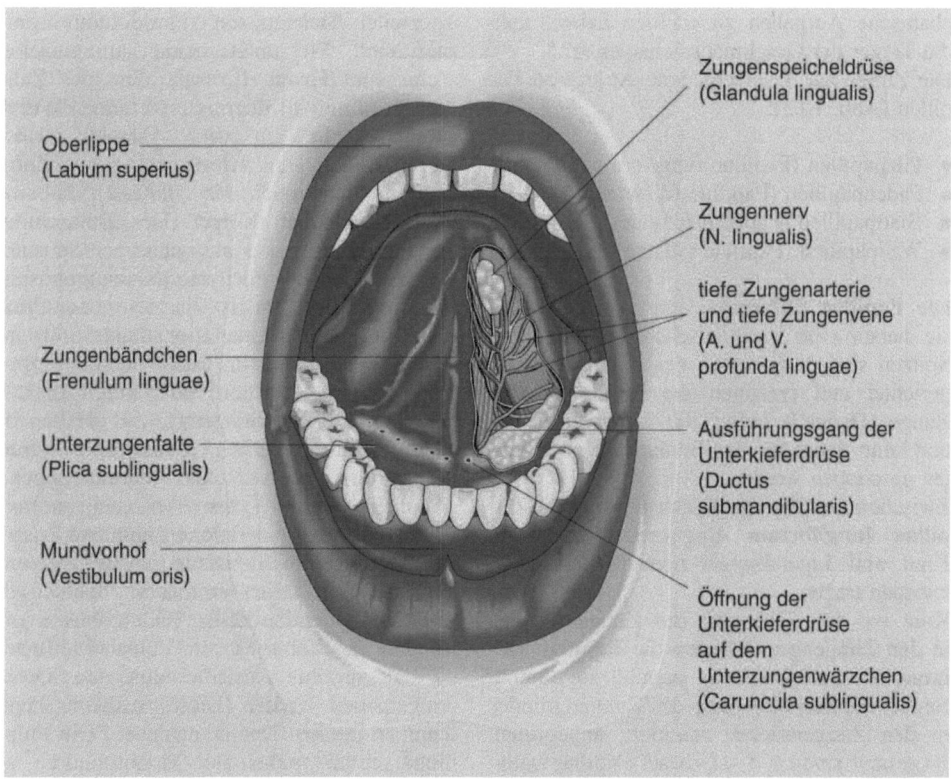

Abb. 10.2. Blick in die Mundhöhle bei erhobener Zunge. Auf der *rechten Seite* ist die Schleimhaut der Zungenunterseite nicht eingezeichnet, so daß die am Zungenboden verlaufenden Gefäße und Nerven sichtbar sind. Auf der Unterzungenfalte (Plica sublin-gualis) münden die Ausführungsgänge der Unterzungendrüse (Glandula sublingualis) und auf dem Unterzungenwärzchen der Ausführungsgang der Unterkieferdrüse (Glandula submandibularis)

Schleimhaut der Unterseite in das Zungenbändchen (Frenulum linguae) zusammen. Seitlich der Zunge liegt je eine Falte (Plica sublingualis), unter der eine Speicheldrüse liegt, die Glandula sublingualis (s. unten). Im vorderen Teil der Plica sublingualis befindet sich jeweils links und rechts vom Frenulum ein Wärzchen, die Caruncula sublingualis, auf der die Glandula submandibularis mündet. Auf dem Zungenrücken ist das Schleimhautbindegewebe straff und die Schleimhaut damit unverschieblich. Dadurch wird eine bessere mechanische Belastbarkeit der Zunge ermöglicht. Hier befindet sich eine große Zahl von Nervenendigungen, die es der Zunge ermöglichen, als empfindliches Tastorgan zu funktionieren und noch feinste Unebenheiten wahrzunehmen. Infolge der dichten Anordnung dieser Nervenendigungen scheint die Zunge die abgetasteten Gegenstände zu vergrößern. Auf dem Zungenrücken bildet die Schleimhaut verschiedene Arten von Papillen (*papilla*, lateinisch: Wärzchen), die teils mechanische Aufgaben zu erfüllen haben, teils die Träger der Geschmacksknospen sind.
Die Zunge hat 4 verschiedene Arten von Papillen (Abb. 10.3):

- Pilzpapillen (Papillae fungiformes),
- Fadenpapillen (Papillae filiformes),
- Blattpapillen (Papillae foliatae),
- Wallpapillen (Papillae vallatae).

Die **Papillae filiformes** sind die häufigsten, sie haben eine mechanische Funktion. Ihre Spitzen sind nach hinten gegen den Pharynx gerichtet und erzeugen die Rauhigkeit der Zunge. Dadurch haftet die Nahrung besser und kann damit für den Schluckakt nach hinten geschoben werden.
Zwischen den Papillae filiformes sind die **Papillae fungiformes** eingestreut, die beim Kind und Jugendlichen noch Geschmacksknospen tragen.
Kurz vor dem Übergang des Zungenrückens in den Zungengrund liegen die **Papillae vallatae**. Sie sind V-förmig parallel zur Grenzfurche, die den Übergang des Zungengrundes in den Zungenrücken markiert, angeordnet. Insgesamt sind ca. 8–12 dieser Papillae vallatae vorhanden. Sie sind von einem Graben und einem daran anschließenden Wall von Schleimhaut umgeben. In der Tiefe des Grabens liegen ebenfalls Geschmacksknospen. Damit die in den Graben gelangenden Geschmacksstoffe nicht darin liegenbleiben, münden von unten Spüldrüsen in den Graben, durch welche die Geschmacksstoffe mit einem dünnflüssigen Sekret fortgespült werden. Damit wird anderen Geschmacksstoffen der Zugang ermöglicht.

Die **Papillae foliatae** schließlich liegen am hinteren seitlichen Zungenrand, sie sind ebenfalls mit Geschmacksknospen besetzt.
Hinter der Grenzfurche (Sulcus terminalis) beginnt der Zungengrund, in dem sich eine Ansammlung von lymphatischem Gewebe befindet, die man als Tonsilla lingualis (Zungenbälge/Zungenmandel) bezeichnet. Sie gehört zum lymphatischen Rachenring (s. Kap. 8 Immunologie).

Zähne

In den Alveolen (Zahnfächern) der Kieferfortsätze stecken die Zähne, die mit einem speziellen Halteapparat (Parodontium) befestigt sind. Wir unterscheiden am einzelnen Zahn eine **Krone** (Corona), die das Zahnfleisch (Gingiva) überragt, von einer **Wurzel** (Radix), die in der Alveole steckt (Abb. 10.4). Die Krone ist vom **Zahnschmelz** überzogen, der härtesten Substanz im menschlichen Körper. Der Zahnschmelz besteht zu 96% aus anorganischer Substanz, die sich hauptsächlich aus Kalziumphosphat zusammensetzt. Das ist eine tote, unempfindliche und nicht regenerationsfähige Substanz. Der Schmelz kann im Laufe der Jahre abgekaut werden (Attrition) oder durch zusätzliche mechanische Belastung, z.B. Halten der Pfeife beim Rauchen, abgerieben werden (Abrasion), so daß das darunterliegende Zahnbein (Dentin) zum Vorschein kommt. Das **Dentin** hat eine knochenähnliche Zusammensetzung. Im Unterschied zu den Osteozyten, die sich selber einmauern, bleiben die zahnbeinbildenden Zellen (Odontoblasten) im Inneren des Zahnes in der Pulpahöhle liegen, so daß nur ihre Ausläufer durch das Dentin eingemauert werden. Diese Ausläufer liegen dann in dünnen Dentinkanälchen. Die Pulpahöhle enthält neben den Odontoblasten v.a. Bindegewebe und Nerven sowie die versorgenden Gefäße. Diese gelangen durch den Wurzelkanal in die Pulpahöhle. Bei mehrwurzeligen Zähnen (z.B. bei den Backenzähnen) hat jede Wurzel einen solchen Wurzelkanal,

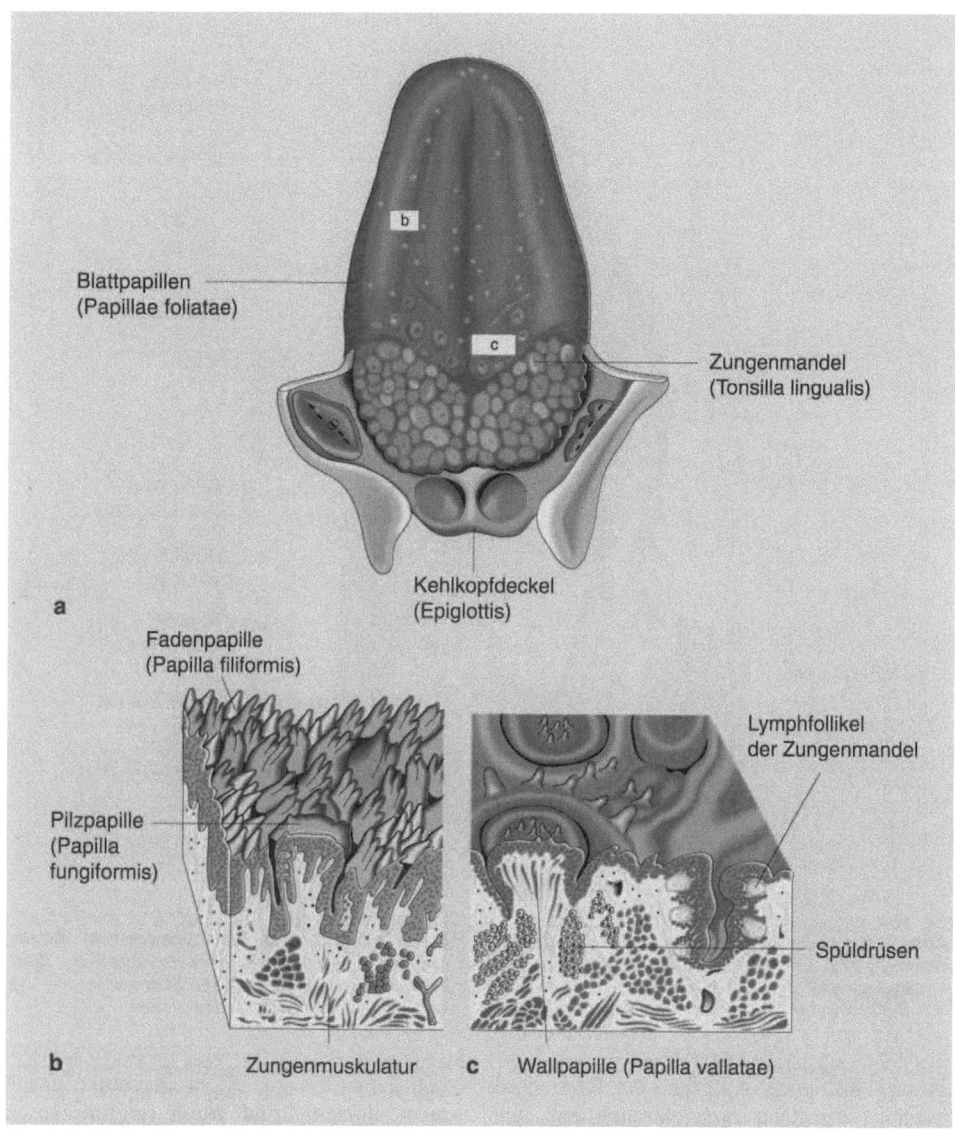

Abb. 10.3. a Aufsicht auf den Zungenrücken mit den verschiedenen Papillen. Die Wallpapillen (Papillae vallatae) stehen V-förmig und bilden mit der Grenzfurche zwischen Zungenrücken und Zungenwurzel (mit der Zungenmandel) das Zungen-V (V-linguae). **b** Fadenpapillen (Papille filiformes) und Pilzpapillen (Papillae fungiformes), **c** Wallpapille (Papilla vallata) und Anschnitt der Zungenmandel (Tonsilla lingualis)

die dann in eine gemeinsame Pulpahöhle münden.

Im Bereich der Wurzel ist das Dentin von Zement umgeben, das eine ähnliche Zusammensetzung wie der Knochen hat. Zement dient zum Einbau des Zahnes in die Alveole des Kiefers. Zement ist umgeben von der Wurzelhaut (Desmodontium), die die Wurzel wie ein elastisches Kissen umgibt. Obwohl sie nur ca. 100 μm dick ist, enthält sie zahlreiche Blut- und Lymphgefäße sowie Nerven. Durch eine Entzündung der Wurzelhaut wird der Zahn etwas aus der Alveole herausgedrückt, so daß beim Zubeißen die Schmerzen noch verstärkt werden. Die Befestigung des Zahnes in der Alveole erfolgt durch kollagene Fasern, die einerseits in den Kieferknochen, andererseits in das Zement als Sharpey-

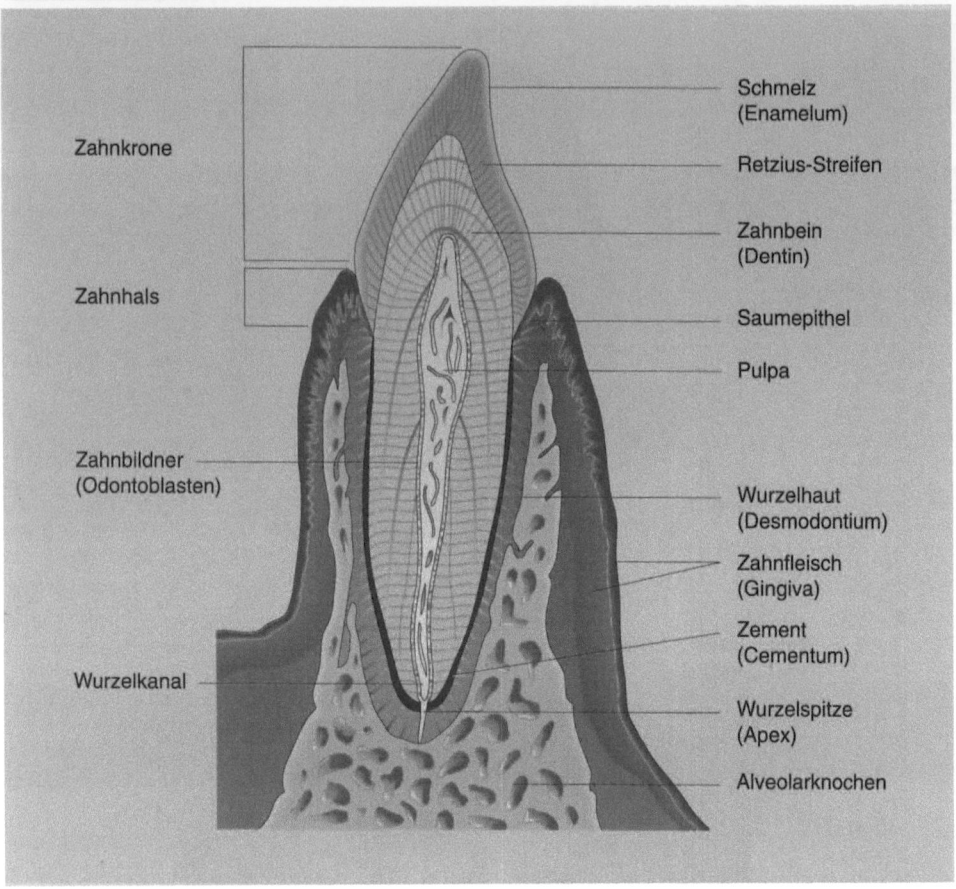

Schmelz
(Enamelum)

Retzius-Streifen

Zahnbein
(Dentin)

Saumepithel

Pulpa

Zahnkrone

Zahnhals

Zahnbildner
(Odontoblasten)

Wurzelhaut
(Desmodontium)

Zahnfleisch
(Gingiva)

Zement
(Cementum)

Wurzelkanal

Wurzelspitze
(Apex)

Alveolarknochen

Abb. 10.4. Schnittbild durch einen Schneidezahn im Zahnfach (Zahnalveole). Das Zahnfleisch (Gingiva) enthält keinerlei Muskulatur (Fleisch), sondern lediglich Bindegewebe. Das Saumepithel ist der Teil des Zahnfleischs, der dem Zahn zugewandt ist. Die Retzius-Streifen im Zahnschmelz entsprechen Wachstumslinien, die während der Schmelzbildung durch Wachstumsschübe zustandekommen

Fasern einstrahlen. Aufgrund der Faseranordnung ist der Zahn zwar ziemlich fest, aber doch bis zu einem gewissen Grad federnd in die Alveole eingebaut. Die Kollagenfasern verlaufen dabei so, daß Druck auf den Zahn (beim Beißen) in Zug umgewandelt wird. Der Ort, an dem das Zement in den Zahnschmelz übergeht, bezeichnet man als Zahnhals (Collum). Alveolarknochen, Desmodontium und Zement werden zusammen auch als **Parodontium** bezeichnet.

Das Zahnfleisch (Gingiva) besteht nur aus Mundhöhlenepithel und dem darunterliegenden Bindegewebe. Es stellt also kein Fleisch (Muskelgewebe) dar. Der dem Zahn anliegende Teil der Gingiva heißt Saumepithel. Es umschließt den unteren Teil der Zahnkrone dicht. Dies wird durch seine Befestigung mit

kollagenen Fasern, die weiter unten am Zement ansetzen, und durch ringförmige, um den Zahnhals laufende Fasern erreicht. Wenn sich diese Befestigung lockert, kann eine Zahnfleischtasche entstehen. Dies ist ein idealer Bereich für die Bildung von Fäulnisherden. Sehr häufig sind im Zahnfleisch Ansammlungen von Lymphozyten vorhanden. Diese dienen der Infektionsabwehr und werden als Zahnfleischtonsille bezeichnet.

Definitives Gebiß
Das **endgültige Gebiß** besteht aus 32 Zähnen:

– 8 Schneidezähnen (Dentes incisivi),
– 4 Eckzähnen (Dentes canini),
– 8 Backenzähnen (Dentes praemolares),
– 12 Mahlzähnen (Dentes molares).

Der hinterste Mahlzahn (Weisheitszahn) zeigt oft Rückbildungserscheinungen. Häufig ist er gar nicht oder erst im Erwachsenenalter ausgebildet.

Das **Milchgebiß** besitzt lediglich 20 Zähne:

- 8 Schneidezähne (Dentes incisivi),
- 4 Eckzähne (Dentes canini),
- 8 Mahlzähne (Dentes molares).

Der 1. Mahlzahn des definitiven Gebisses wird ca. im 6.–7. Lebensjahr gebildet, die 1. Zahnlücke entsteht meist zwischen dem 7. und 8. Lebensjahr (Dens incisivus). Damit ist der 1. Mahlzahn fast noch ein verspäteter Milchzahn. Dies dürfte der Grund sein, warum er häufig schlecht ausgebildet ist. Benachbarte Zähne berühren sich mit ihren Kronen nahe der Kaufläche, während zum Zahnhals hin Lücken bleiben, die durch Zahnfleisch (Gingiva) ausgefüllt sind. Beim Biß treffen sich die Zähne des Oberkiefers mit den Zähnen des Unterkiefers normalerweise so, daß sie leicht gegeneinander verschoben sind und somit jeweils die Kauspitzen nicht genau aufeinandertreffen.

Kauvorgang und Schluckakt

Neben der eigentlichen **Kaumuskulatur** (s. Kap. 4 Bewegungsapparat) sind am Kauvorgang die **Zähne**, die **Zunge**, die **Wangen**, der **Mundboden** und der **Gaumen** beteiligt. Durch Bewegungen von Zunge, Lippen und Wangen wird die Nahrung immer wieder zwischen die Zähne geschoben und zwischen diesen durch Schneide- und Mahlbewegungen zerkleinert. Während des Kauvorganges wird die Nahrung mit Speichel durchmischt und damit gleitfähig gemacht. Durch Zungenbewegungen nach hinten wird der Schluckakt eingeleitet. Der Bissen (Bolus) wird durch den **Schluckakt** in die Speiseröhre (Ösophagus) befördert. Von einem gewissen Punkt an verläuft der ganze Schluckakt **unwillkürlich** (reflektorisch). Der 1. Teil des Schluckens besteht in einer **willkürlichen Zungenbewegung**, die den Bissen in Richtung Pharynx schiebt. Durch Berührung der Gaumenbögen, des Zungengrundes oder der Rachenhinterwand wird der reflektorische Teil des Schluckens ausgelöst. Dabei muß zunächst die Verbindung zum Nasenraum durch Heben des Gaumensegels verschlossen werden. Danach erfolgt der Verschluß des Kehlkopfeinganges durch Vorschieben des Kehlkopfes und Umklappen des Kehlkopfdeckels (Epiglottis). Beides ist wichtig, da im Rachen der Speiseweg den Luftweg kreuzt.

Durch Betätigung der Rachenmuskulatur findet anschließend der Transport des Bissens in den oberen Abschnitt des Ösophagus statt. Am Schluckakt sind ca. 20 verschiedene Muskeln beteiligt, die unter Kontrolle eines Schluckzentrums koordiniert werden, das in der Medulla oblongata liegt (das ist ein Teil des Hirnstamms kurz vor dem Übergang in das Rückenmark) (s. Kap. 5 Nervensystem). Kurzfristiger Atemstillstand und Verschluß der Stimmritze sind Teil des Schluckreflexes. Wenn während des Essens Luft geschluckt wird (Aerophagie), wird diese meist wieder regurgitiert (aufgestoßen), resorbiert (in der Darmwand) oder zum größten Teil mit dem Darminhalt bis in den Dickdarm befördert. Hier vermischt sie sich mit dem von Darmbakterien gebildeten Wasserstoff, Schwefelwasserstoff, Methan und Kohlendioxid und wird über den Anus an die Umgebung abgegeben (Flatus).

Speicheldrüsen

Der Mundspeichel wird von 2 histologisch gut voneinander unterscheidbaren Zelltypen produziert. Der eine Zelltyp produziert enzymhaltigen, dünnflüssigen Verdauungs- und Verdünnungsspeichel, der andere einen schleimhaltigen Gleitspeichel. In der Mundhöhle liegen 3 größere paarige und eine große Anzahl kleinerer Speicheldrüsen (Abb. 10.5). Die größte dieser Speicheldrüsen ist die **Ohrspeicheldrüse** (Glandula parotis bzw. Parotis). Sie liegt zwischen dem aufsteigenden Unterkieferast und dem äußeren Gehörgang. Ihr Ausführgang mündet im Mundvorhof gegenüber dem 2. oberen Backenzahn.

Auf seinem Weg dorthin überquert er den M. masseter (Kaumuskel) und durchbricht den Wangenmuskel (M. buccinator). Die Drüse ist zusammen mit dem M. masseter von einer derben Faszie umhüllt (Fascia masseterica) und wird bei jeder Kieferbewegung zwischen Muskel und Faszie massiert, wodurch die Ausschüttung ihres Sekretes veranlaßt wird. Die Parotis ist, wie die meisten Drüsen, sehr weich, so daß sie von außen nicht getastet werden kann. Bei Entzündungen schwillt sie jedoch teilweise stark an, so daß der Fasziensack, der sie umgibt, prall gefüllt ist und die Drüse damit durch die Haut getastet werden kann. In einem solchen Fall schmerzt die Drüse bei

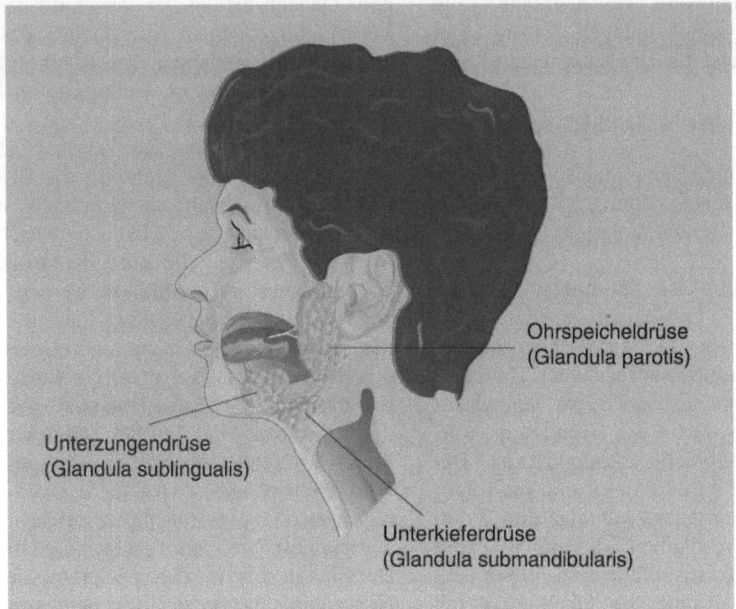

Ohrspeicheldrüse
(Glandula parotis)

Unterzungendrüse
(Glandula sublingualis)

Unterkieferdrüse
(Glandula submandibularis)

Abb. 10.5. Lage der 3 großen Speicheldrüsen der Mundhöhle

jeder Bewegung des Kiefers, da sie nicht ausweichen kann. Eine der häufigsten Erkrankungen der Parotis ist der Mumps (Parotitis epidemica), eine Entzündung, die durch Viren verursacht wird.

Die **Unterzungendrüse** (Glandula sublingualis) ist ebenfalls eine paarige Speicheldrüse, die beiderseits unterhalb der Zunge auf dem Mundboden liegt. Sie produziert einen schleimigen Speichel, der mit mehreren Ausführgängen auf beiden Seiten der Zunge, im Bereich der Plica sublingualis, in die Mundhöhle gelangt.

Die **Unterkieferdrüse** (Glandula submandibularis) ist ebenfalls eine paarige Drüse. Sie liegt unterhalb des Mundbodens jeweils neben dem Unterkiefer. Auch diese Drüse wird durch ihre Lage bei jeder Kieferbewegung massiert, so daß der Speichel ausgepreßt wird. Es kann sogar passieren, daß beim Öffnen des Mundes (z.B. beim Gähnen) das größtenteils dünnflüssige Sekret dieser Drüse in einem weiten Bogen zu beiden Seiten des Frenulums („Zungenbändchen") herausspritzt. Die Unterkieferdrüse ist eine gemischte Drüse, die sowohl muköses (schleimiges) als auch seröses (wäßriges) Sekret produziert. Die serösen Zellen sitzen kappenartig auf den schleimproduzierenden Zellen. Damit können sie das muköse Sekret ausspülen.

Speichelsekretion

Die 3 großen paarigen Speicheldrüsen sowie einige weitere kleinere produzieren gemeinsam pro Tag ca. 1–1,5 l Speichel. Die Zusammensetzung dieses Speichels ist abhängig von der Art der Nahrung:
Durch trockene Speisen wird die Sekretion eines dünnflüssigen Spülspeichels bewirkt; flüssigkeitshaltige Speisen regen die Sekretion eines dickflüssigen Verdauungsspeichels an.
Speichel enthält ein kohlenhydratspaltendes Enzym, die **α-Amylase,** die in Form von Ptyalin abgegeben wird. Daneben enthält Speichel v.a. Muzin, einen Schleim, der hauptsächlich aus Glykoprotein besteht. Die Wirkung des kohlenhydratspaltenden Ptyalins wird bei längerem Kauen von Brot deutlich, da dann unter der Wirkung des Enzyms aus der Stärke des Brotes Glukose freigesetzt wird. Glukose schmeckt leicht süßlich.
Speichel hat 3 wesentliche Funktionen zu erfüllen:

- Erhöhung der Gleitfähigkeit der Nahrung,
- Reinigung der Mundhöhle,
- Teilnahme an der Verdauung von Kohlenhydraten.

Speichel ist durch Bikarbonat gepuffert und hält damit den pH-Wert im Bereich zwischen

6,2 und 7,4 konstant. Bei stark saurem Speichel (niedriger pH-Wert) wird Kalzium aus den Zähnen gelöst. Bei einem zu hohen pH-Wert wird Zahnstein gebildet, besonders in der Nähe der Ausführungsgänge der Speicheldrüsen.

Die Sekretion des Speichels wird reflektorisch ausgelöst. Der auslösende Reiz ist der Kontakt der Nahrung mit dem Schleimhautepithel der Mundhöhle. Der Geruch oder die Vorstellung einer Speise können – wie wir alle wissen – ebenfalls zu vermehrtem Speichelfluß führen: „Das Wasser läuft einem im Munde zusammen".

Auch ohne Nahrungsaufnahme findet eine basale Sekretion statt (Ruhesekretion). Die Aktivierung des Parasympathikus bewirkt die Absonderung eines dünnflüssigen Speichels, die Aktivierung des Sympathikus hingegen die Absonderung eines dickflüssigen Speichels (zu Sympathikus und Parasympathikus s. Kap. 5 Nervensystem).

Gaumen (Palatum durum und molle)

Das Dach der Mundhöhle wird in den vorderen zwei Dritteln durch den harten Gaumen und im hinteren Drittel durch den weichen Gaumen gebildet.

Der **harte Gaumen** (Palatum durum) entsteht durch die Knochenfortsätze der Maxilla und im hinteren Teil, kurz vor dem Übergang in den weichen Gaumen, durch eine horizontal verlaufende Knochenplatte des Os palatinum. Die Knochen des harten Gaumens sind von Periost (Knochen) und Schleimhaut überzogen, die in der Nähe der Zähne unverschieblich befestigt sind und in das Zahnfleisch übergehen. Weiter hinten am harten Gaumen liegt zwischen Periost und Schleimhaut ein Feld von kleinen Schleimdrüsen, die Glandulae palatinae, die ein muköses Sekret produzieren, das als Gleitschleim für die Passage der Nahrung dient.

Der **weiche Gaumen** (Palatum molle) hängt hinten vom harten Gaumen segelförmig herab und wird deshalb auch als Velum palatinum oder **Gaumensegel** bezeichnet. In erschlafftem Zustand liegt das Gaumensegel auf dem Zungengrund. Es bildet 2 Gaumenbögen, die im Zäpfchen münden (Uvula). Im Gaumensegel sowie in der Uvula verlaufen

Muskeln, die am Schluckakt beteiligt sind. Durch den Verlauf der Gaumenbögen (zwischen denen auf beiden Seiten die Tonsilla palatina liegt) wird die Rachenenge gebildet, der muskulös verschließbare Eingang zum Pharynx.

10.1.2 Rachen (Pharynx)

Der Pharynx (Rachen) ist ein ca. 12 cm langer Muskelschlauch, der an der Schädelbasis aufgehängt ist. Er geht in den Ösophagus (Speiseröhre) über. Die hintere Rachenwand ist flach und ohne Lücken bzw. Öffnungen. Vorne dagegen sind 3 Öffnungen vorhanden; diese bilden den Zugang zur Mundhöhle, zur Nasenhöhle und zum Kehlkopf. Dementsprechend wird auch der Pharynx in 3 Etagen unterteilt:

- Pars nasalis (im Bereich der Nasenhöhle),
- Pars oralis (Zugang zur Mundhöhle) und
- Pars laryngea (Zugang zum Kehlkopf).

In der **Pars oralis** kreuzen sich Atem- und Speiseweg. Beim Neugeborenen steht der Kehlkopfdeckel noch hoch im Pharynx, so daß die Nahrung seitlich am Kehlkopfdeckel vorbeizieht, ohne den Luftweg zu gefährden. Säuglinge können aus diesem Grund gleichzeitig trinken und atmen.

Während der weiteren Entwicklung wird der Rachen höher, und der Kehlkopf liegt tiefer, so daß es zu einer Kreuzung von Atem- und Speiseweg kommt. Aus diesem Grunde muß während des Schluckvorgangs der Atemweg kurzfristig abgesperrt werden. Dies geschieht unwillkürlich und ist Teil des Schluckakts.

10.1.3 Magen-Darm-Trakt (allgemeiner Bauplan)

Die verschiedenen röhrenförmigen Abschnitte des Verdauungstraktes haben alle einen generellen Bauplan, der – abgesehen von kleineren Unterschieden im Wandbau und der Ausbildung eines Oberflächenreliefs – in allen Bereichen identisch ist. Damit sind vom Ösophagus bis zum Rektum überall die gleichen Schichten in der Wand des Verdauungsapparates vorhanden (Abb. 10.6).

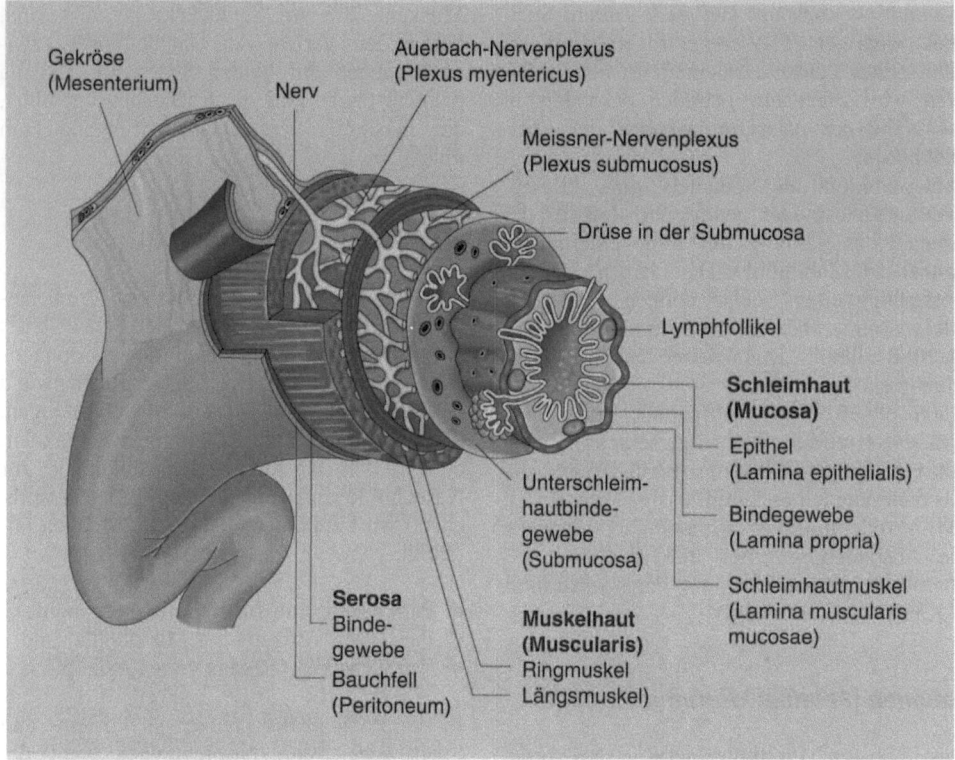

Gekröse
(Mesenterium)

Nerv

Auerbach-Nervenplexus
(Plexus myentericus)

Meissner-Nervenplexus
(Plexus submucosus)

Drüse in der Submucosa

Lymphfollikel

**Schleimhaut
(Mucosa)**

Epithel
(Lamina epithelialis)

Unterschleim-
hautbinde-
gewebe
(Submucosa)

Bindegewebe
(Lamina propria)

Schleimhautmuskel
(Lamina muscularis
mucosae)

Serosa
Binde-
gewebe

Bauchfell
(Peritoneum)

**Muskelhaut
(Muscularis)**
Ringmuskel
Längsmuskel)

Abb. 10.6. Schema des Magen-Darm-Trakts (am Bei-spiel des Darms) mit seinen verschiedenen Schich-ten. Über das Gekröse (Mesenterium) gelangen die versorgenden und entsorgenden Gefäße und Nerven an das Darmrohr. Die dargestellten Drüsen in der Submukosa deuten darauf hin, daß es sich um einen Ausschnitt des Zwölffingerdarms (Duodenum) mit den Brunner-Drüsen handelt. Der Auerbach- und der Meissner-Plexus sind für die Peristaltik des Darms verantwortlich

Schichten des Magen-Darm-Traktes

- Schleimhaut (Mukosa),
- Unterschleimhaut (Submukosa),
- Muskelhaut (Muskularis),
- Bauchfell oder Bindegewebe (Serosa oder Adventitia).

Mukosa
Zur Mukosa (Schleimhaut) gehören:

- das Epithel,
- das darunterliegende Bindegewebe (die Propria)
  und im Magen-Darm-Trakt
- eine dünne Schleimhautmuskelschicht (Lamina muscularis mucosae).

Submukosa
Die Submukosa ist das unter der Schleim-hautmuskelschicht liegende Bindegewebe. In

der Submukosa befindet sich ein Nervenple-xus (Plexus submucosus Meissner), der für die Versorgung der Schleimhautmuskel-schicht verantwortlich ist. Je nach Abschnitt des Magen-Darm-Traktes sind in der Submu-kosa auch Drüsen vorhanden (Duodenum: Brunner-Drüsen).

Muskularis
Die Muskularis (Muskelhaut) ist zweischich-tig: innen verläuft eine Ringmuskelschicht, außen eine Längsmuskelschicht. Diese Mus-kelschichten sind die Grundlage für den peri-staltischen Transport im Magen-Darm-Trakt. Zwischen den beiden Muskelschichten ver-läuft ein weiterer Nervenplexus (Plexus myentericus Auerbach), der für die nervöse Versorgung der beiden Muskelschichten ver-antwortlich ist.

**Bauchfellüberzug (Serosa)
oder Bindegewebszone (Adventitia)**

Je nach Lage des Organs ist ein Bauchfellüberzug (Peritoneum, meist nur mit der äußeren epithelialen Schicht als Serosa bezeichnet) vorhanden. Der Brustteil der Speiseröhre (Ösophagus) ist z.B. mit einer Bindegewebszone (Adventitia) in die Umgebung eingebettet, der Bauchteil hingegen ist mit Serosa überzogen. Allgemein kann man sagen, daß eine Adventitia das entsprechende Organ immer dann überzieht, wenn keine Serosa vorhanden ist.

10.1.4 Speiseröhre (Ösophagus)

Die Speiseröhre ist ein ca. 25 cm langer, muskulärer Schlauch, der hinter der Luftröhre (Trachea) und vor der Wirbelsäule verläuft (Abb. 10.7).

Beim Erwachsenen beträgt der Weg von der vorderen Zahnreihe bis zum Mageneingang ca. 40 cm.

Entsprechend seiner Funktion (Gleitrohr zum Magen) ist der Ösophagus mit einem mehrschichtigen unverhornten Plattenepithel aus-

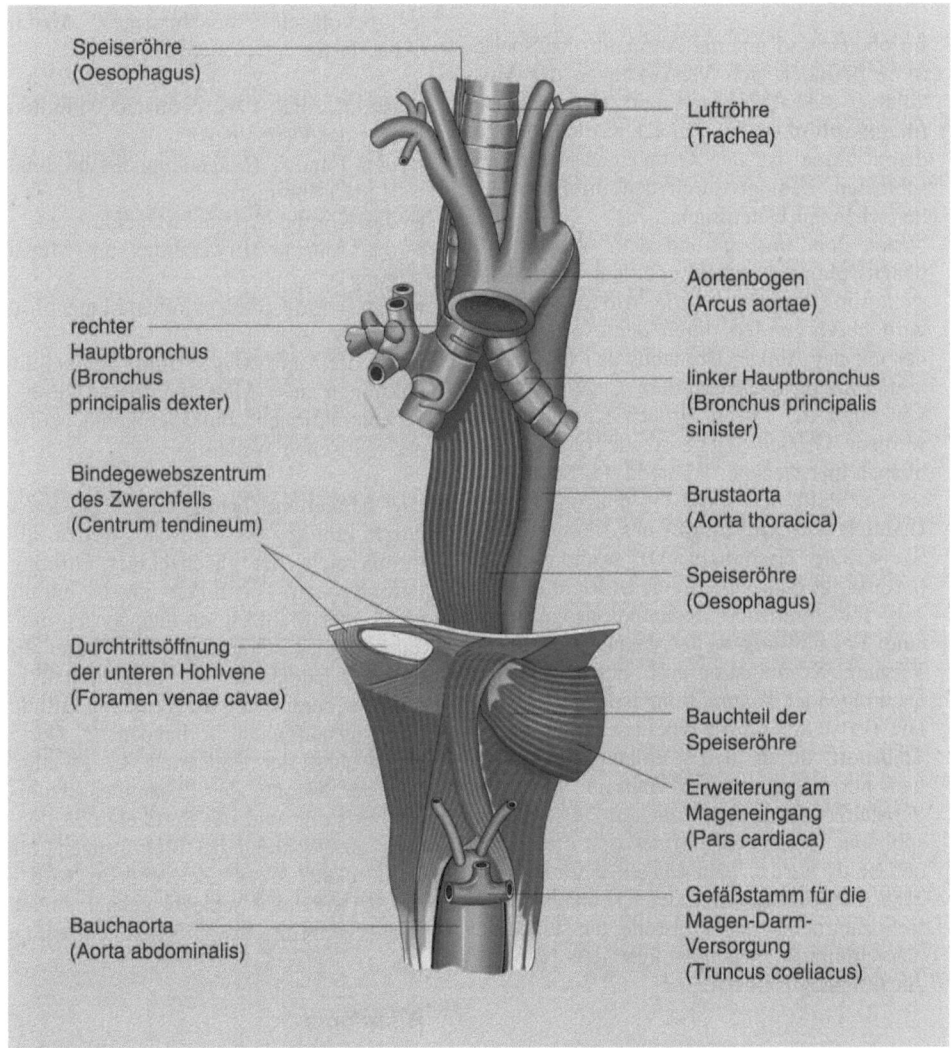

Speiseröhre
(Oesophagus)

Luftröhre
(Trachea)

Aortenbogen
(Arcus aortae)

rechter
Hauptbronchus
(Bronchus
principalis dexter)

linker Hauptbronchus
(Bronchus principalis
sinister)

Bindegewebszentrum
des Zwerchfells
(Centrum tendineum)

Brustaorta
(Aorta thoracica)

Speiseröhre
(Oesophagus)

Durchtrittsöffnung
der unteren Hohlvene
(Foramen venae cavae)

Bauchteil der
Speiseröhre

Erweiterung am
Mageneingang
(Pars cardiaca)

Bauchaorta
(Aorta abdominalis)

Gefäßstamm für die
Magen-Darm-
Versorgung
(Truncus coeliacus)

Abb. 10.7. Verlauf der Speiseröhre (Ösophagus), die zwischen Luftröhre (Trachea) und Wirbelsäule (Columna vertebralis) liegt und durch das Zwerchfell (Diaphragma) aus dem Brustraum (Thorax) in den Bauchraum (Abdomen) eintritt. Im Bereich des Aortenbogens befindet sich die engste Stelle in der Speiseröhrenpassage

gekleidet, in das mehrere in der Submukosa gelegene Schleimdrüsen (Glandulae oesophageae) münden, die mit ihrem Sekret die Gleitfähigkeit erhöhen.

Im oberen Drittel besteht die Ring- und Längsmuskulatur aus quergestreiften, im mittleren Drittel teilweise aus glatten Muskelfasern. Im unteren Drittel sind nur noch glatte Muskelfasern vorhanden. Die quergestreiften Muskelfasern des Ösophagus unterliegen nicht der Willkürmotorik.

Ösophaguspassage

Im oberen und unteren Abschnitt der Speiseröhre befinden sich Verstärkungen der Muskulatur, die als **oberer** und **unterer Ösophagussphinkter** bezeichnet werden. An anderen Orten ist der Ösophagus nicht verschlossen, bedingt durch den im Brustraum herrschenden Unterdruck.

Neben dem unteren und dem oberen Ösophagussphinkter besteht noch eine dritte Engstelle im Ösophagus: die **Aortenenge.** Sie wird hervorgerufen durch den Aortenbogen, der mit dem linken Bronchus den Ösophagus komprimiert. Diese mittlere Enge kann nur von einer ca. 13 mm großen Kugel passiert werden. Größere Gegenstände oder Bissen bleiben hier stecken. Während des Schluckaktes erschlafft der obere Ösophagussphinkter. Dadurch wird der Eintritt des Bissens in die Speiseröhre ermöglicht. Der weitere Transport erfolgt dann durch eine in Richtung Magen fortschreitende Kontraktionswelle, der eine Erschlaffungswelle vorausläuft. Dieser Vorgang (Kombination einer Erschlaffung mit nachfolgender Kontraktion) heißt **Peristaltik.** Die Peristaltik ist die Voraussetzung für den Transport durch den Verdauungstrakt. Sie läuft normalerweise in **Wellen** ab. Wenn eine Peristaltikwelle den unteren Ösophagussphinkter erreicht hat, öffnet sich dieser, und der Bolus wird in den Magen befördert. Der Transportvorgang durch den Ösophagus untersteht zentralnervöser Kontrolle, die steuernden Nervenimpulse gelangen über den N. vagus zur Ösophagusmuskulatur.

10.1.5 Magen (Ventrikulus, Gaster)

Anatomie

Der Ösophagus mündet nach seinem Durchtritt durch das Diaphragma (Zwerchfell) in den Magen. Der Magen ist in ungefülltem Zustand ca. 20 cm lang. Äußerlich unterscheidet er sich von den übrigen Darmabschnitten durch seine Form und seine beiden **Mesenterien**, Omentum maius und Omentum minus (großes und kleines Netz), von den übrigen Darmabschnitten.

Man unterscheidet am menschlichen Magen makroskopisch verschiedene **Abschnitte** (Abb. 10.8):

- die Kardia (Pars cardiaca, Mündungsgebiet des Ösophagus),
- den Fundus (Magenkuppel, die links die Kardia überragt),
- das Korpus (Corpus, Magenkörper),
- das Antrum (Erweiterung am Magenausgang),
- den Pylorus (Pars pylorica, Magenpförtner).

Auch der leere Magen führt zeitweise Kontraktionen aus (Magenknurren). Diese Hungerkontraktionen sind aber keine geordneten peristaltischen Wellen.

Die **Magenentleerung** findet portionsweise durch kräftige peristaltische Wellen im Antrumbereich, bei gleichzeitiger Öffnung des Pylorus, statt. Die Entleerung ist unmittelbar nach einer Mahlzeit am intensivsten und wird dann immer schwächer. Von dieser Entleerung ist jedoch nur der Mageninhalt betroffen, der bereits vor der gerade stattfindenden Nahrungsaufnahme vorhanden ist. Der zeitliche Ablauf der Entleerung hängt allgemein von der Menge, der Zusammensetzung, der Aufbereitung und der Partikelgröße der Nahrung ab. Während bei breiförmiger Nahrung nach relativ kurzer Zeit entleert wird, kann die Verweildauer schlecht gekauter oder fettreicher/Nahrung bis zu 5 Stunden betragen.

Histologie

An der Kardia geht das mehrschichtige Plattenepithel des Ösophagus in ein einreihiges Zylinderepithel, das den Magen auskleidet, über.

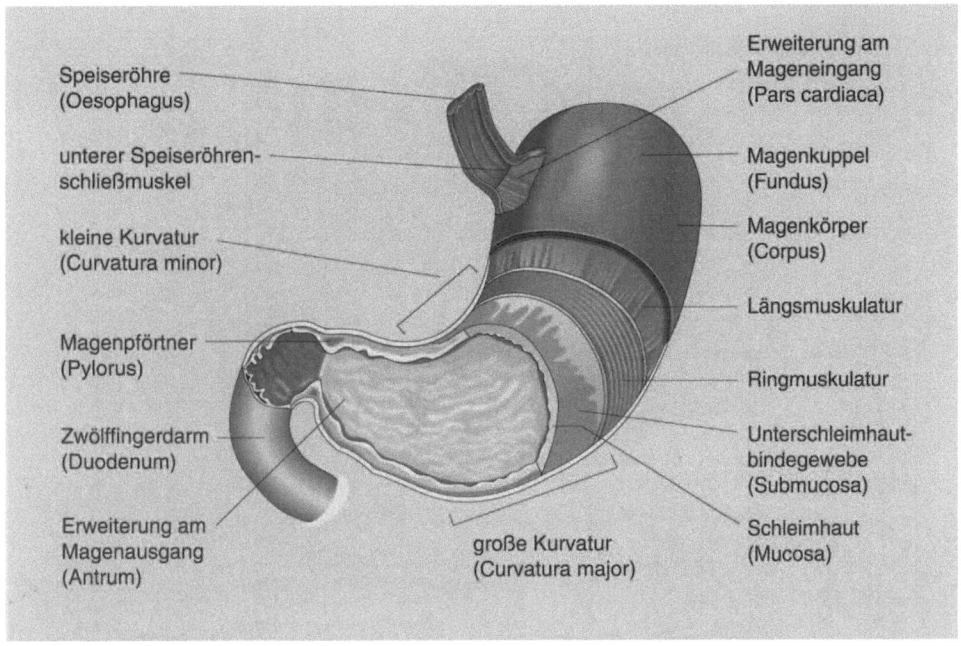

Abb. 10.8. Magen (Ventriculus, Gaster) mit seinen makroskopischen Bestandteilen. In der Magenkuppel (Fundus) befindet sich auch bei gefülltem Magen eine Gasblase. Die Speiseröhre (Ösophagus) mündet in eine Erweiterung beim Mageneingang (Pars car-diaca). Die einzelnen Schichten des Magen-Darm-Traktes sind eingezeichnet. Im *unteren Teil* der Abbildung sind die Falten der Magenschleimhaut zu sehen. Am Magenpförtner (Pylorus) geht der Magen in den Zwölffingerdarm (Duodenum) über

Die Schleimhautoberfläche zeigt außer den Falten (Grobrelief) noch zahlreiche millimetergroße Felder (Areae gastricae, Feinrelief) sowie mit der Lupe erkennbare punkt- und schlitzförmige Grübchen (Foveolae gastricae) (Abb. 10.9). In jedes Grübchen münden mehrere **Magendrüsen** (Glandulae gastricae). Die Magendrüsen sind Einsenkungen des Oberflächenepithels in die Bindegewebeschicht der Schleimhaut (Propria), sie reichen bis zur Schleimhautmuskulatur (Lamina muscularis mucosae). In den einzelnen Magenregionen unterscheiden sie sich hinsichtlich ihrer Funktion, ihrer zellulären Zusammensetzung und ihrer Form. Es gibt Fundusdrüsen, Kardiadrüsen und Pylorusdrüsen.

Die Drüsen im Bereich von Fundus und Korpus sind gestreckt, dicht angeordnet und enthalten 3 Zellarten (**heterokrine Drüse**).

- Im Drüsenhals liegen hauptsächlich Nebenzellen, die einen neutralen Schleim bilden;
- im Mittelstück der Drüsen findet man Hauptzellen und
- Belegzellen (Abb. 10.9c).

Hauptzellen sind die Bildner der proteolytischen (eiweißverdauenden) Enzyme des Magensaftes. Die **Belegzellen** sind vom Drüsenlumen etwas abgedrängt und stehen mit diesem durch intrazelluläre Sekretkanälchen in Verbindung. Sie sind auf die Bildung von Salzsäure (HCl) spezialisiert.

Kardiadrüsen liegen in einer ca. 1–2 cm breiten Zone direkt um den Mageneingang verteilt. Sie gleichen in der Form den Fundus- und Korpusdrüsen, besitzen jedoch nur einen Zelltyp (**homokrine Drüse**), der Schleim bildet, so daß saurer Mageninhalt das Epithel der Magenwand nicht zerstört. Die Grübchen der Pars pylorica sind tiefer als die der übrigen Magenregionen. Die Zellen der Pylorusdrüsen bilden ebenfalls zur Hauptsache Schleim. Mit Spezialfärbungen lassen sich jedoch auch sog. basalgekörnte Zellen darstellen (G-Zellen). Dies sind die Produzenten des Gewebehormons Gastrin. Wie in den anderen Regionen des Magen-Darm-Traktes, so kommen auch im Magen in der Propria häufig Lymphfollikel vor (Abb. 10.9a).

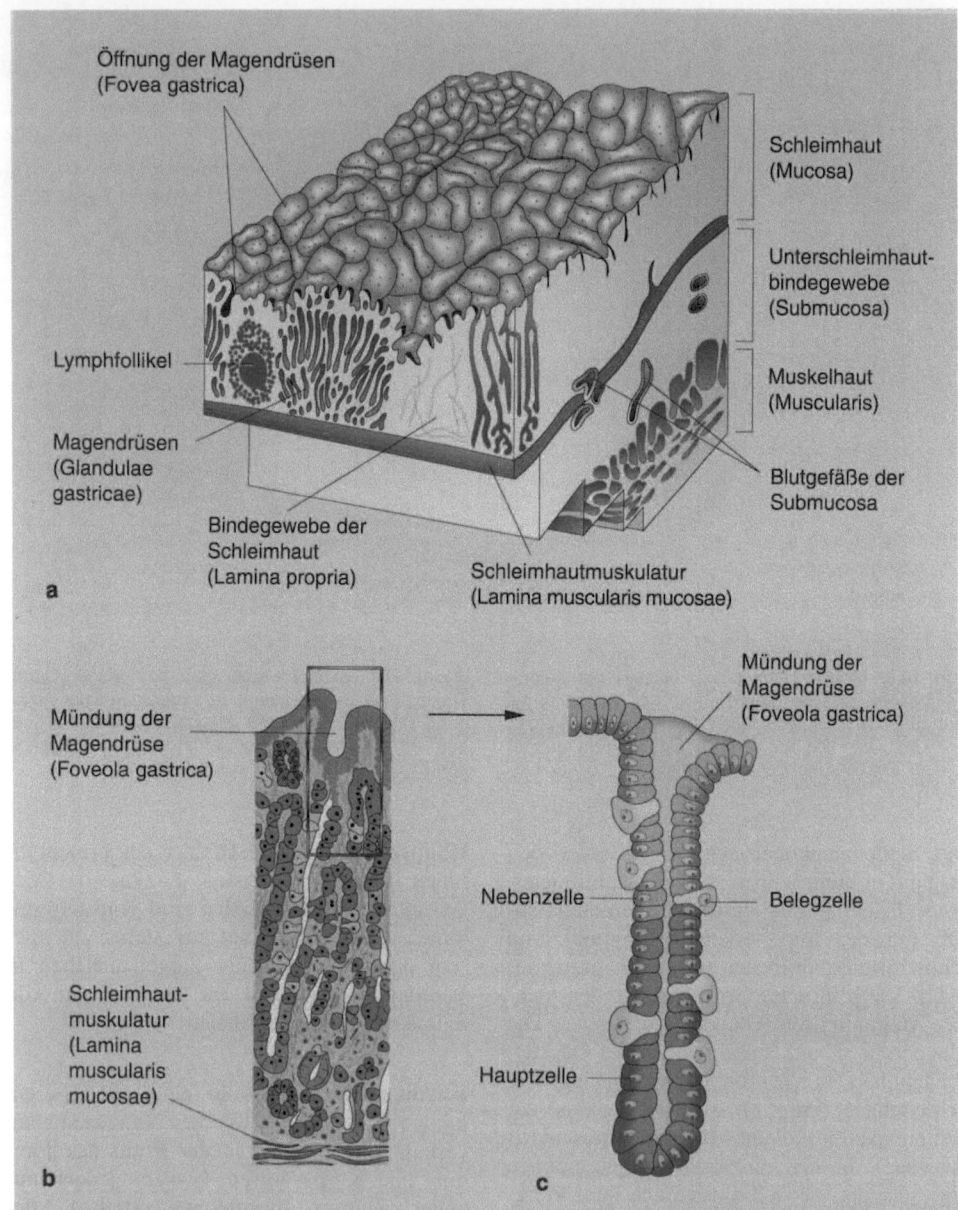

Abb. 10.9a–c. Histologische Strukturen der Magenschleimhaut. **a** Feinrelief der Magenschleimhaut mit den punktförmigen Öffnungen der Magendrüsen (Singular: Foveola gastrica). Lymphfollikel kommen überall im Magen-Darm-Trakt, als Ausdruck von Abwehrvorgängen, vor. **b** Die Magendrüsen der Magenkuppel (Fundus) und des Magenkörpers (Corpus) sind heterokrine Drüsen (d. h. sie produzieren mehrere Sekretbestandteile). **c** Darstellung einer heterokrinen Drüse mit 3 verschiedene sekretorischen Zellen (Hauptzellen, Belegzellen und Nebenzellen)

Magensaftsekretion

Salzsäuresekretion

Ein wesentlicher Bestandteil des Magensaftes ist die Salzsäure. Durch die Säure wird ein pH-Wert des Magensaftes von ca. 1 erreicht. Die Salzsäure wird von den Belegzellen der Korpus- und Fundusdrüsen produziert. Dabei vollbringen diese Zellen eine erstaunliche Leistung. Um selber funktionieren zu können, müssen sie unter allen Umständen in ihrem Inneren einen pH-Wert von ca. 7,2 aufrechterhalten. Daher erfolgt der Wasserstofftransport nicht in ionaler Form (durch Ionen, d.h. elektrisch geladene Teilchen), sondern gebunden. Erst beim Transport über die Zellmembran hinweg geschieht die Umwandlung in Wasserstoffionen (H^+). Man nimmt an, daß entweder H_2O oder organische Verbindungen (z.B. Glukose) Lieferanten für das H^+ sind. Fest steht, daß für jedes ausgeschiedene H^+ ein OH^- (Hydroxylion) in der Zelle verbleibt ($H_2O \rightarrow H^+ + OH^-$). Dieses OH^- wird durch ein H^+ neutralisiert, das aus der Dissoziation von H_2CO_3 (Kohlensäure) stammt (s. auch Kap. 9 Atmungsapparat), entsprechend folgendem Schema:

$$H_2O + CO_2 \rightarrow H_2CO_3 \rightarrow HCO_3^- + H^+ + Cl^- \ .$$

Das Cl^--Ion stammt aus der interstitiellen Flüssigkeit. Sein Transport aus der Zelle hinaus ist aus Gründen der Elektroneutralität streng an den H^+-Transport gekoppelt. Das venöse Blut des Magens weist einen relativ hohen Gehalt an HCO_3^- auf. Während Phasen hoher H^+-Sekretion kann deshalb das Blut einen leicht alkalischen pH-Wert annehmen.

Die Salzsäure des Magensaftes hat folgende Aufgaben:

- Aktivierung von inaktiven Enzymvorstufen,
- Schaffung eines optimalen pH-Wertes für die Enzymwirkung,
- Denaturierung (Wasserentzug) von Proteinen,
- durch Denaturierung auch Abtötung von Bakterien.

Pepsinogensekretion

Pepsinogen ist die inaktive Vorstufe des proteolytischen Enzyms[12] Pepsin. Es wird in den Hauptzellen der Magendrüsen produziert, in denen es in Form von Zymogengranula gespeichert wird. Nach der Freisetzung aus den Hauptzellen erfolgt die Aktivierung von Pepsinogen zu Pepsin durch die Abspaltung von Inhibitoren (Hemmstoffen). Diese Reaktion wird durch die Salzsäure eingeleitet und läuft dann **autokatalytisch** weiter, d.h., sie kann nach der ersten Salzsäurebeteiligung auch ohne Salzsäure weiterlaufen.

Muzinbildung

Die Oberflächenzellen der Magenwand, die Zellen der Kardiadrüsen und der Drüsen im Pylorusgebiet sowie die Nebenzellen produzieren den Magenschleim (Muzin). Muzin enthält Glykoproteine, die eine gute Haftung des Schleims an der Magenwand bewirken. Der Schleim überzieht somit die Magenwände und trägt zum Schutz gegen Selbstverdauung durch Pepsin und Salzsäure bei.

Intrinsic factor

Der Magensaft enthält außer den bereits erwähnten Bestandteilen noch ein lebenswichtiges **Glykoprotein**, das „intrinsic factor" genannt wird. Es wird von den Belegzellen gebildet. Ohne dieses Glykoprotein ist die intestinale Resorption von Vitamin B_{12}, dem „extrinsic factor", nicht möglich. Wenn der „intrinsic factor" fehlt, kommt es zu einer schweren Störung im blutbildenden System (**perniziöse Anämie**). Um diese zu verhindern, muß Vitamin B_{12} unter Umgehung des Verdauungsapparates (parenteral) verabreicht werden. Somit kann Patienten mit perniziöser Anämie sehr gut geholfen werden.

Regulation der Magensaftsekretion

Die Magendrüsen produzieren pro Tag ca. 3000 ml Magensaft (Sekretion). Auch im nüchternen Zustand findet eine Basissekretion von ca. 5–15 ml pro Stunde statt. Dieses **Basissekret** enthält weder Pepsin noch HCl.

---

[12] Proteolytische Enzyme (Proteasen) setzen den Abbau von Proteinen und Peptiden in Gang, indem sie die Peptidbindung hydrolytisch spalten (Proteolyse).

Es ist neutral bis leicht alkalisch und enthält
Wasser, Schleim sowie Elektrolyte.
Die vermehrte Sekretion des Magensaftes
steht immer in Zusammenhang mit der Nahrungsaufnahme. Man teilt die Magensaftsekretion in 3 Phasen ein (Abb. 10.10):

- kephale Phase,
- gastrische Phase,
- intestinale Phase.

Kephale Phase
Die kephale Sekretionsphase steht unter dem
Einfluß nervöser Impulse aus dem Gehirn.
Geruchs- und Geschmacksempfindungen lö-
sen reflektorisch eine Sekretion aus. Ebenso
wirkt der Anblick oder die Vorstellung von
Speisen sekretionsfördernd. Der N. vagus

(der X. Hirnnerv und gleichzeitig Hauptnerv
des Parasympathikus) leitet die entsprechenden Impulse an die Magenwand. Dadurch
wird Azetylcholin (Transmittersubstanz) freigesetzt, das die HCl- und Pepsinogensekretion direkt stimuliert. Außerdem bewirkt die
Vagusaktivierung in Zellen des Antrums die
Freisetzung des Hormons Gastrin. Gastrin gelangt dann auf dem Blutweg bis zu den Belegzellen und regt diese ebenfalls zur Sekretion an.

Gastrische Phase
Die gastrische Phase der Magensaftsekretion
wird durch direkten Kontakt der Nahrung mit
der Magenwand ausgelöst. Die mechanische
Dehnung bewirkt eine Sekretion von Magensaft. Daneben sind es aber auch chemische

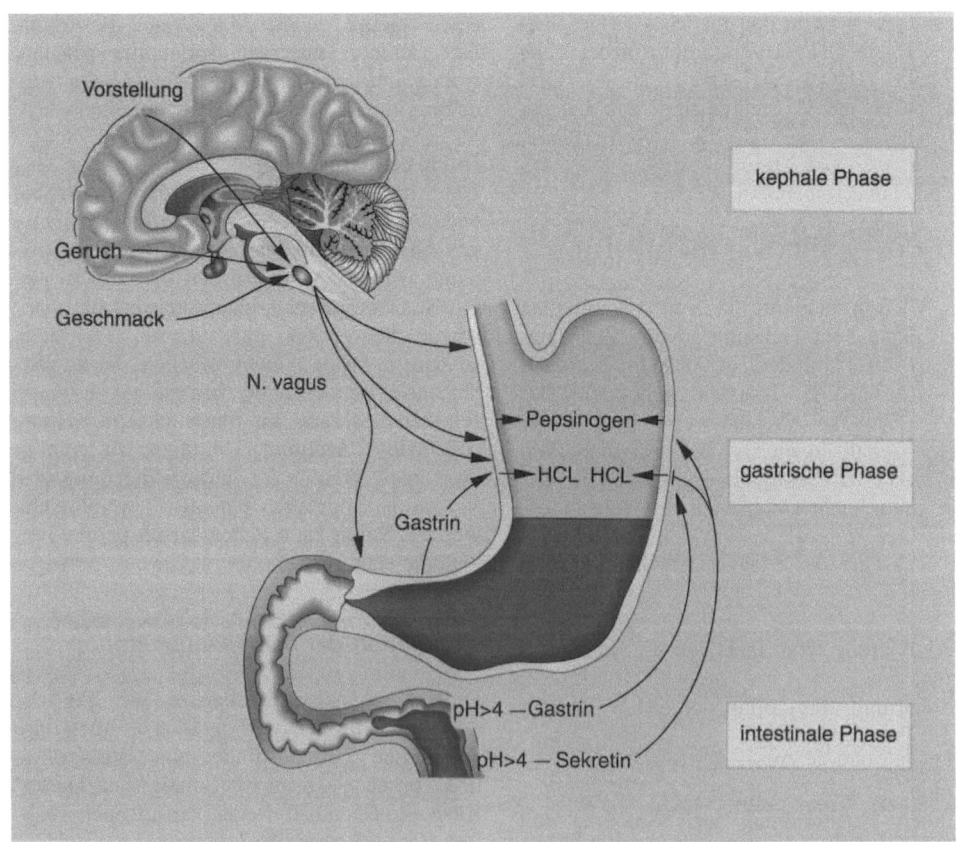

Abb. 10.10. Schema der Magensaftsekretion mit ihren 3 Phasen: kephale, gastrische und intestinale
Phase. Bei Übertritt von Mageninhalt in den Zwölffingerdarm (*links unten* im Anschluß an den Magen gezeichnet) mit einem pH-Wert >4 wird Gastrin freigesetzt, das über den Blutweg die Sekretion von Salzsäure anregt. Umgekehrt führt ein pH-Wert<4 zu einer Freisetzung von Sekretin, das auf dem Blutweg
die Sekretion von Salzsäure hemmt und gleichzeitig
die Bildung von Pepsinogen anregt

Reize (z.B. Produkte der Eiweißverdauung, Alkohol oder Kaffee), die eine Gastrinsekretion auslösen können. Einen Aperitif vor dem Essen zu trinken, hat dementsprechend einen stimulierenden Einfluß auf die Magensaftsekretion.

Intestinale Phase
Die intestinale Phase wird ausgelöst, sobald Bruchstücke der Eiweißverdauung in das Duodenum (Zwölffingerdarm) gelangen. Sie lösen hier ebenfalls die Sekretion von Gastrin aus, das nicht nur in der Schleimhaut des Magens, sondern auch des Zwölffingerdarms gebildet wird. Es gelangt dann auf dem Blutweg in die Magenwand und bedingt einen Anstieg der Magensaftsekretion. Sobald jedoch saurer Mageninhalt (pH<4) ins Duodenum übertritt, führt dies zur Freisetzung des Hormons Sekretin, das dann die HCl-Bildung hemmt.

Bedingter Reflex
und psychische Einflüsse

Durch bestimmte Umweltsignale kann ebenfalls Magensaftsekretion ausgelöst werden. Dies nennt man einen **bedingten (konditionierten) Reflex**. Für den Menschen können die unterschiedlichsten Signale einen derartigen Reflex auslösen, z.B. Tellerklappern beim Tischdecken, der Ton eines Tischgongs etc.
Auch Emotionen haben einen Einfluß auf die Magensaftsekretion und die Magenmotilität. Bei Aggressionen, Ärger oder Streß kommt es zu einer Tonussteigerung der Wandmuskulatur, einer Erhöhung der Magensaftsekretion und einer stärkeren Durchblutung des Magens.
Trauer oder Furcht können das Gegenteil bewirken. Auch diese emotionalen Reize werden über den N. vagus geleitet. Die Durchtrennung des N. vagus (Vagotomie) unterbindet diese Einflüsse.

Gastrointestinale Hormone

Gastrointestinale Hormone werden im Gastrointestinaltrakt (Magen-Darm-Trakt) und in der Bauchspeicheldrüse produziert. Sie beeinflussen die Funktion der Verdauungsorgane. Die gastrointestinalen Hormone gehören in die Gruppe der Gewebshormone (s. Kap. 12 Endokrinologie). Alle gastrointestinalen Hormone sind Polypeptide, d.h., sie sind aus mehreren Aminosäuren aufgebaut.
Neben Gastrin und Sekretin sind z.B. Motilin und CCK-PZ von Bedeutung. Motilin stimuliert die Darmmotilität und CCK-PZ (Cholezystokinin-Pankreozymin) stimuliert die Ausschüttung von Gallenflüssigkeit und Pankreassekret.

Peristaltik

Die Peristaltik ist die Grundlage des Transportes von Nahrung durch den Magen-Darm-Trakt. Neben dem Transport dient sie aber auch der Durchmischung der Nahrung mit den Magen- und Darmsäften. Außerdem ermöglichen die Bewegungen des Darmrohres den notwendigen Kontakt des Darminhalts mit der Darmwand, wodurch die **Resorption**, d.h. die eigentliche Aufnahme der Nahrungsbestandteile in den Körper, ermöglicht wird. Man unterscheidet:

* **Peristaltische und antiperistaltische Bewegungen:** peristaltische Bewegungen treten ebenso wie die gegenläufigen, antiperistaltischen Bewegungen an kurzen Abschnitten des Magen-Darm-Traktes auf. Durch sie wird der Magen-Darm-Inhalt vorwärts und rückwärts geschoben.
* **Propulsive Peristaltik:** Sie dient dem Transport über weitere Strecken. Durch sie wird schließlich auch der Stuhl (die Fäzes) aus dem Darm entleert.
* Sehr häufig treten auch vereinzelte Kontraktionen an einem Ort des Darmrohres auf. Diese werden als **Segmentationen** bezeichnet und dienen der Durchknetung des Darminhaltes (Abb. 10.11).

Magenmotilität

Entleerung und Motilität (reflektorische/unwillkürliche Muskelbewegungen) des Magens werden durch Nervengeflechte (Plexus) in der Magenwand gesteuert. Diese enthalten Nervenfasern des Sympathikus und des Parasympathikus.
Die sympathischen Fasern stammen aus dem Plexus coeliacus, die parasympathischen Fasern sind Äste des N. vagus.

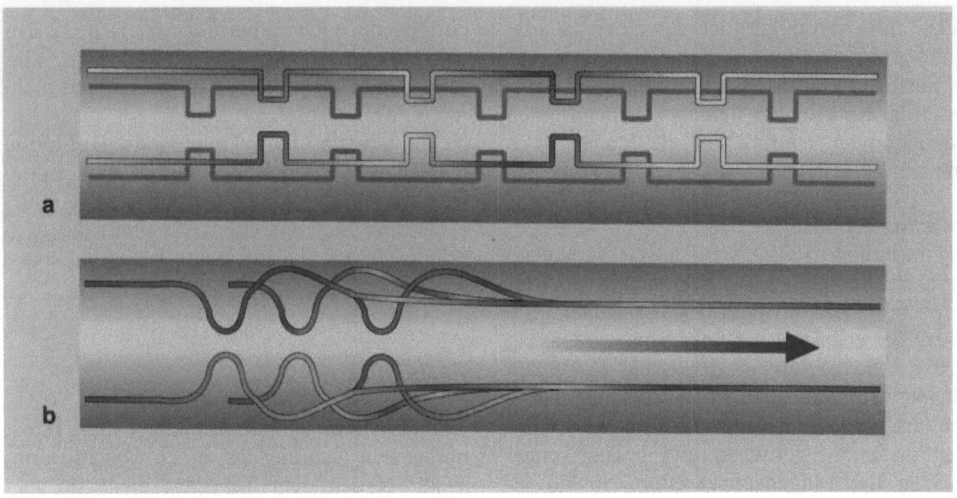

Abb. 10.11a,b. Schema der Peristaltik am Beispiel des Darmrohrs. **a** Rhythmische Segmentationen, die ringförmig, ohne sich fortzupflanzen, den Darminhalt (Chymus) durchkneten. **b** Propulsive Peristaltik, bei der einer sich fortpflanzenden Kontraktionswelle eine Erschlaffungswelle vorauseilt

Mechanischer Kontakt der Nahrung mit der Magenwand führt reflektorisch zur Auslösung peristaltischer Kontraktionen.

- Parasympathikuswirkung: Unter dem Einfluß **parasympathischer Nervenimpulse**, die über den N. vagus geleitet werden, kommt es zu einer erheblichen Steigerung der Motilität. Die Parasympathikuswirkung kann aufgehoben werden durch Verabreichung eines Parasympathikolytikums (z.B. Atropin). Es hebt die Wirkung des Parasympathikus auf. Dies führt zu einer Reduktion des Muskeltonus und einer Hemmung der Peristaltik.
Die Entleerung des Magens erfolgt, vermittelt durch den N. vagus, auf reflektorischem Wege. Allerdings wird der zeitliche Ablauf des Entleerungsvorgangs vom Füllungszustand des ersten Dünndarmabschnittes beeinflußt. Auch eine hohe Konzentration von Fettsäuren sowie ein großer Säuregehalt im Duodenum (Zwölffingerdarm) hemmen den Entleerungsreflex. Diese Hemmung wird bewirkt durch gastrointestinale Hormone, besonders durch Sekretin und Cholezystokinin-Pankreozymin (CCK-PZ), die in der Dünndarmschleimhaut gebildet werden und auf dem Blutweg zum Magen gelangen.

- Sympathikuswirkung: Unter Sympathikuswirkung wird die Magenmotilität gehemmt.

10.1.6 Dünndarm

Abschnitte des Dünndarms

An den Magenausgang schließt sich direkt der Dünndarm an, der sich in 3 Abschnitte unterteilen läßt:

- Zwölffingerdarm (Duodenum),
- Leerdarm (Jejunum),
- Krummdarm (Ileum).

Makroskopisch lassen sich diese einzelnen Abschnitte nur schwer voneinander unterscheiden. Sie gehen kontinuierlich ineinander über. Je nach Kontraktionszustand der Ring- und Längsmuskulatur beträgt die Länge des gesamten Dünndarms ca. 4–6 m.

Das **Duodenum** ist der kürzeste Teil des Dünndarms, seine Länge beträgt nur ca. 25–30 cm. Der Anfangsteil des Duodenums ist erweitert zum Bulbus duodeni. Das Duodenum hat die Form eines C, das den Kopfteil des Pankreas (Bauchspeicheldrüse) umschließt. In den absteigenden Schenkel mündet der Ausführgang des Pankreas (Ductus pancreaticus) und der Ausführgang der Gallenblase (Ductus choledochus). Beide Gänge münden in ein gemeinsames Endstück auf der Papilla duodeni major, die einen Schließmuskel besitzt (Sphinkter). Wenn ein zusätzlicher Pankreasgang vorhanden ist (Ductus pancreaticus accessorius), dann mündet dieser auf einer eigenen Papilla duodeni minor (s. Abb. 10.24).

In der Submukosa des Duodenums liegen die Brunner-Drüsen (Glandulae duodenales), die für die Produktion eines leicht alkalischen Sekretes verantwortlich sind. Durch das Sekret dieser Drüsen wird der saure Mageninhalt neutralisiert, damit die Enzyme der Verdauungssäfte des Darmes richtig arbeiten können.

An das Duodenum schließt sich das **Jejunum** an, das ca. 2/5 der Gesamtlänge des Dünndarms ausmacht. Die Bezeichnung Jejunum oder Leerdarm ist auf die Tatsache zurückzuführen, daß durch Peristaltik nach dem Tode eines Menschen dieser Darmabschnitt in der Leiche regelmäßig leer ist.

Die restlichen 3/5 des Dünndarms werden durch das **Ileum** gebildet, wobei der Übergang fließend ist. Die Bezeichnung Ileum (*eileo*, griechisch: ich krümme mich) deutet auf den stark geschlängelten Verlauf dieses Darmabschnittes hin. Makroskopisch lassen sich das Jejunum und das Ileum praktisch nicht voneinander unterscheiden (Abb. 10.12). Histologisch ist das aufgrund der Höhe der Schleim-

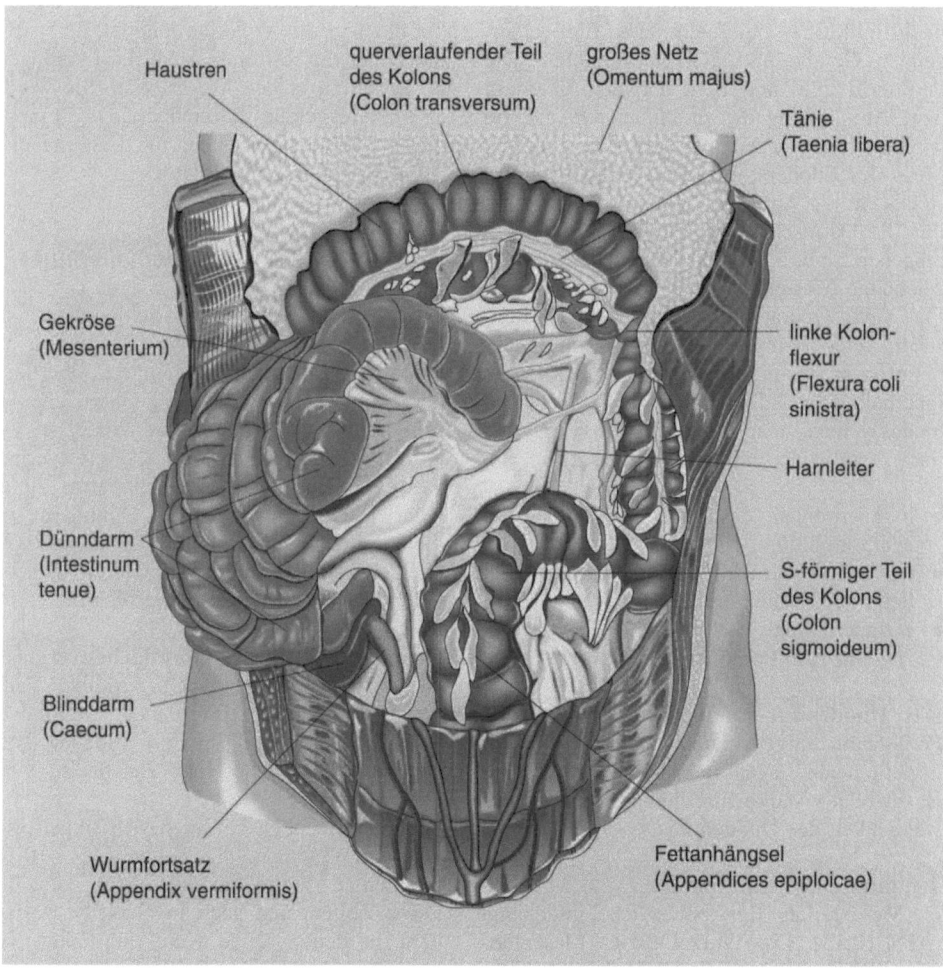

Abb. 10.12. Organe des Bauchraums. Um die Aufsicht auf die dorsale Körperwand mit der Wurzel des Gekröses (Radix mesenterii) zu gestatten, sind das Querkolon (Colon transversum) nach oben und die Bestandteile des Dünndarms auf die rechte Körperseite geschlagen worden

hautfalten (höher im Jejunum) und der Lymphfollikelaggregate im Ileum gut möglich.

Mesenterium

Die gesamte Bauchhöhle ist von einem dünnen einschichtigen Epithel, dem Peritoneum
(Bauchfell), ausgekleidet. Diese Epithelaus-
kleidung, die vielfach auch Serosa genannt
wird, besteht aus einem parietalen und einem
viszeralen Blatt.

Das **parietale Blatt** bedeckt die Wände des
Bauchraums, es schlägt im Bereich der Organe in das **viszerale Blatt** um, das die Organe umgibt. Durch diese Abfaltung von der
Wand der Bauchhöhle entsteht eine **Peritonealduplikatur**, innerhalb derer die versorgenden Gefäße und Nerven verlaufen. Die
Peritonealduplikatur dient u.a. der Fixierung
bzw. Aufhängung des umhüllten Organs, sie
wird als Meso bezeichnet (z.B. Mesosalpinx,
Meso des Eileiters; Mesovar, Meso des Eierstocks etc.).
Für die Darmschlingen, die von Peritoneum
umgeben sind, lautet die entsprechende Bezeichnung **Mesenterium**.
Für viele Operationen oder bei pathologischen Veränderungen der Organe im Bauchraum ist es wichtig zu wissen, ob das Organ
innerhalb oder außerhalb der Hülle des Peritoneums liegt, man redet deshalb von einer
intra-, retro- oder extraperitonealen Lage:

- intraperitoneal: das Organ ist von Peritoneum umhüllt;
- retroperitoneal: das Organ ist nur auf einer
  Seite von Peritoneum bedeckt;
- extraperitoneal: das Organ hat keine Beziehung zum Peritoneum.

Das **Duodenum** ist nicht vollständig von
Peritoneum umgeben und hat damit eine retroperitoneale Lage, die auch verantwortlich
ist für relativ starke Einschränkungen der Beweglichkeit des Duodenums.

Jejunum und **Ileum** hingegen sind durch ihre Mesenterien frei beweglich aufgehängt
(Abb. 10.13). Die Wurzel dieses Mesenteriums (Radix mesenterii) verläuft von links
oben schräg nach rechts unten, vor der Wirbelsäule entlang, auf einer Länge von ca.
20 cm. Das freie, den Darm beinhaltende

Stück des Mesenteriums ist ca. 4–6 cm lang
und muß sich also in krause Falten legen.
Dies erklärt auch den deutschen Namen
„Gekröse" für das Mesenterium. Ileum und
Jejunum liegen also im Gegensatz zum Duo-
denum intraperitoneal.

Blutversorgung des Dünndarms

Zwischen den beiden Schichten des Mesenteriums, die durch das Peritoneum (Bauchfell) gebildet werden, liegt nicht nur Bindegewebe, dort verlaufen auch die Nerven und
die versorgenden Gefäße. Dies sind Äste der
A. mesenterica superior, die aus der Aorta
abdominalis entspringt. Der venöse Rückfluß
geschieht über die V. mesenterica superior,
die dann in die V. portae mündet, deren Blut
die Leber durchströmt. Auch die Lymphgefäße verlaufen in den Mesenterien. Sie werden
als Chylusgefäße bezeichnet. Die Lymphe
dieser Gefäße fließt über die Cisterna chyli
ab (s. Kap. 8 Immunologie).

Aufbau der Dünndarmschleimhaut

Die Hauptaufgabe der Schleimhaut des
Dünndarms besteht in der Resorption der
Nahrungsbestandteile. Die innere Oberfläche
des Darmrohres beträgt ohne Oberflächenvergrößerung ca. 0,33 m^2. Dies würde bei wei-
tem nicht ausreichen, um die erforderliche
Resorptionskapazität des Dünndarms zu gewährleisten. Deshalb ist der Dünndarm, wie
viele andere Strukturen unseres Körpers
auch, durch verschiedene Faktoren in seiner
inneren Oberfläche stark vergrößert.

In einer **1. Stufe der Oberflächenvergrößerung** ist die Schleimhaut in zirkuläre Falten
geworfen, die Kerckring-Falten. Sie sind am
aufgeschnittenen Darm mit bloßem Auge
sichtbar, da sie eine Höhe von bis zu 8 mm
haben.
Auf diesen Falten befinden sich fingerförmige Ausstülpungen, die Zotten (Abb. 10.14),
die den **2. Vergrößerungsfaktor** darstellen.
Diese Zotten sind auch in Gebieten vorhanden, in denen keine Kerckring-Falten vorkommen. Das Epithel der Zotten besteht v.a.
aus Saumzellen (Enterozyten).
Auf der dem Lumen zugewandten Oberfläche
tragen die Enterozyten einen dichten Besatz

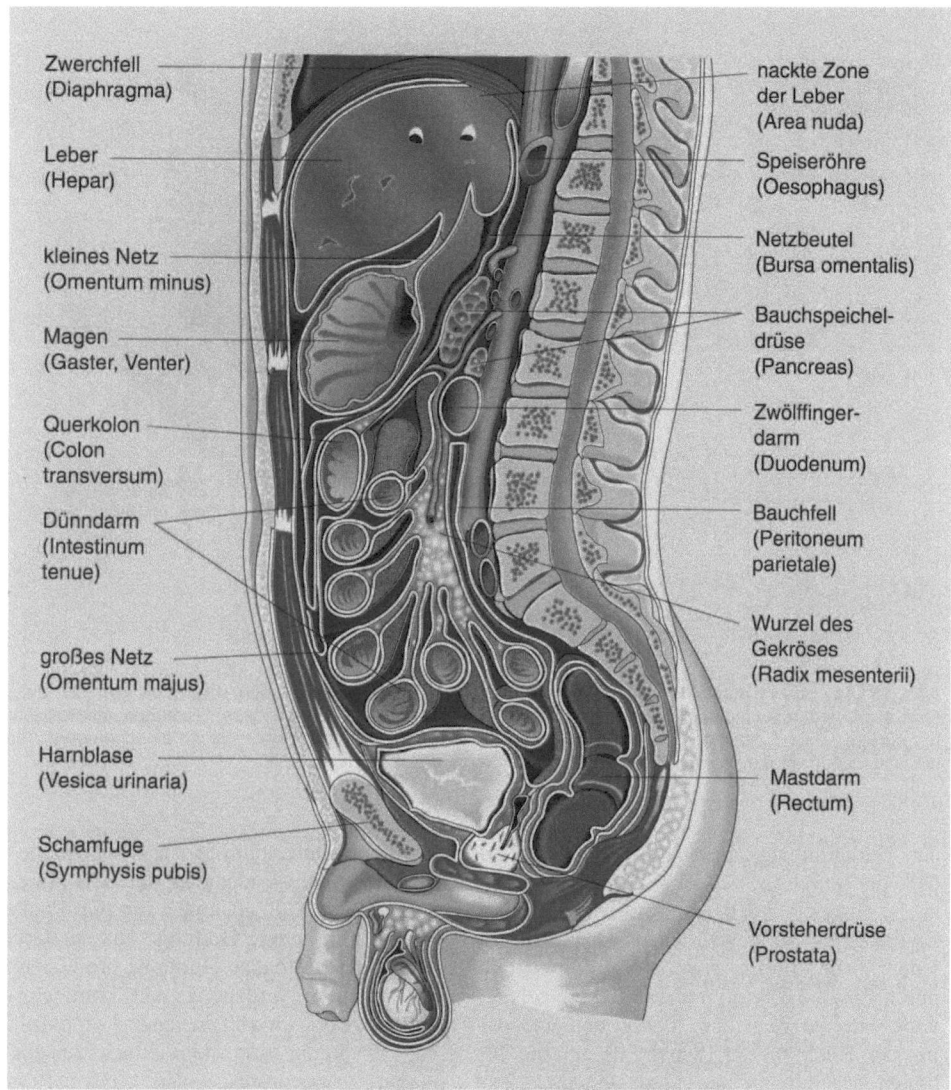

Zwerchfell
(Diaphragma)

Leber
(Hepar)

kleines Netz
(Omentum minus)

Magen
(Gaster, Venter)

Querkolon
(Colon
transversum)

Dünndarm
(Intestinum
tenue)

großes Netz
(Omentum majus)

Harnblase
(Vesica urinaria)

Schamfuge
(Symphysis pubis)

nackte Zone
der Leber
(Area nuda)

Speiseröhre
(Oesophagus)

Netzbeutel
(Bursa omentalis)

Bauchspeichel-
drüse
(Pancreas)

Zwölffinger-
darm
(Duodenum)

Bauchfell
(Peritoneum
parietale)

Wurzel des
Gekröses
(Radix mesenterii)

Mastdarm
(Rectum)

Vorsteherdrüse
(Prostata)

Abb. 10.13. Medianschnitt durch den Bauchraum. Von der Wurzel des Gekröses (Radix mesenterii) verläuft das Bauchfell (Peritoneum) um die verschiedenen Bestandteile des Dünn- und Dickdarms, so daß ihre Lage im Bauchraum gleichbleibend gewährleistet ist. Die Darmschlingen liegen dadurch zum größten Teil intraperitoneal, und das Gekröse wirkt wie ein Aufhängeapparat für den Darm. Leber und Magen sind ebenfalls vom Bauchfell umgeben

aus Mikrovilli, die die **3. Stufe der Oberflächenvergrößerung** darstellen.

Durch diese verschiedenen oberflächenvergrößernden Faktoren wird aus der ursprünglichen Oberfläche von ca. 0,33 m^2 eine Oberfläche von ca. 200 m^2. Das bedeutet, daß die innere Oberfläche um einen Faktor von ca. 600 vergrößert wird.

Die Oberfläche wird von einem einschichtigen Zylinderepithel gebildet, das vorwiegend Enterozyten enthält, in die vereinzelt schleimproduzierende Becherzellen eingestreut sind.

Dicht unter dem Epithel liegt ein engmaschiges Kapillarnetz, das neben der Versorgung der Zotten v.a. der Aufnahme der resorbierten Stoffe dient. Über arteriovenöse Anastomosen kann das Kapillarnetz teilweise von

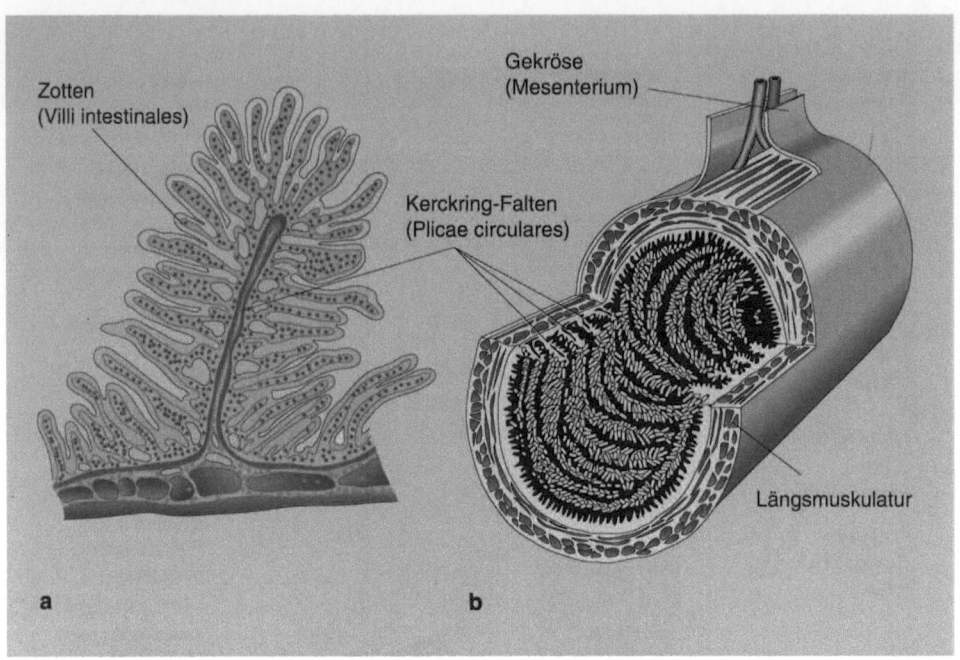

Zotten
(Villi intestinales)

Gekröse
(Mesenterium)

Kerckring-Falten
(Plicae circulares)

Längsmuskulatur

a   b

Abb. 10.14a. Schnitt durch den Dünndarm am Beispiel des Leerdarms (Jejunum) mit den Kerckring-Falten und den darauf sitzenden Zotten. Durch die Falten und Zotten ist die innere Oberfläche des Darmrohres bereits deutlich vergrößert (**b**), die auf den
Saumzellen (Enterozyten) sitzenden Mikrovill stellen
einen weiteren Faktor der Oberflächenvergrößerung
dar

der Durchblutung abgeschnitten werden, so
daß die durchströmende Blutmenge gerade
noch ausreicht, den Ruhestoffwechsel der
Epithelzellen zu gewährleisten. Im Zentrum
jeder Zotte findet sich ein Lymphgefäß,
durch das die Darmlymphe (Chylus) geleitet
wird. Für die Bewegung der Zotten und damit den Rückfluß der Lymphe ist u.a. die Tätigkeit der Lamina muscularis mucosae verantwortlich, die deshalb auch Zottenpumpe
genannt wird. Bei Kontraktion der Lamina
muscularis mucosae, die bis in die Zotten
hineinreicht, werden die Zotten verkürzt und
dementsprechend der Inhalt ausgepumpt.
Durch Lymphklappen wird gewährleistet, daß
die Lymphe nicht zurückfließen kann.
Zwischen den Zotten senken sich tubuläre
Drüsen, die Lieberkühn-Drüsen oder -Kryp-
ten in die Tiefe. Am Boden dieser Drüsen-
schläuche liegen gekörnte Zellen (Paneth-
Körnerzellen), die u.a. Lysozym enthalten,
das antibakteriell wirkt (s. Kap. 8 Immunologie). Daneben sind in den Lieberkühn-Kryp-
ten ebenfalls Becherzellen vorhanden, die
Schleim produzieren (Abb. 10.15). Außerdem
sind vor allem in den oberen Dünndarmab-

schnitten (Duodenum) noch verschiedene endokrine Zellen vorhanden, die z.B. Gastrin,
Sekretin, CCK-PZ (Cholezystokinin-Pankreozymin) und andere Hormone aus der Gruppe
der gastrointestinalen Hormone produzieren.
Im gesamten Verdauungstrakt kommen vereinzelte, der Abwehr dienende Lymphfollikel
vor. Im Ileum sind sie vielfach zu ganzen
Platten   angeordnet,   den   Peyer-Plaques
(Lymphfollikelaggregate), die meist auf der
dem Mesenterium gegenüberliegenden Seite
liegen (Abb. 10.16).

▶
Abb. 10.15 a, b. Darstellung einer Zotte (**a**) und einer Krypte (**b**). Zwischen die Saumzellen (Enterozyten) sind schleimproduzierende Becherzellen eingestreut. Die Paneth-Zellen produzieren einen Teil des
Verdauungssaftes

▶
Abb. 10.16. Schnitt durch das Ileum. Auf der dem
Mesenterium gegenüberliegenden Seite befinden
sich Lymphfollikelplatten, die Peyer-Plaques

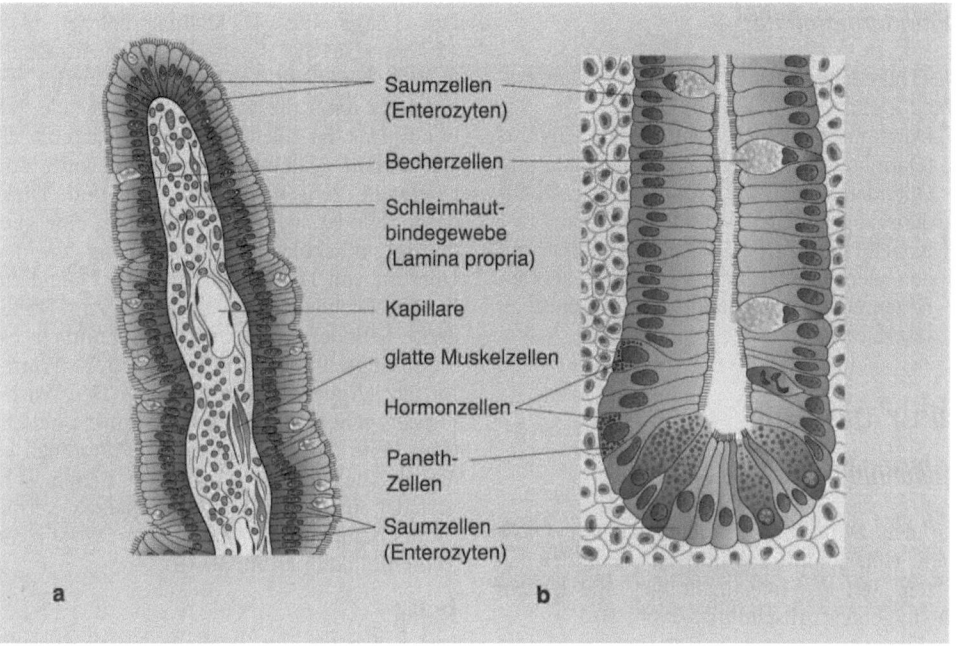

Saumzellen
(Enterozyten)

Becherzellen

Schleimhaut-
bindegewebe
(Lamina propria)

Kapillare

glatte Muskelzellen

Hormonzellen

Paneth-
Zellen

Saumzellen
(Enterozyten)

a   b

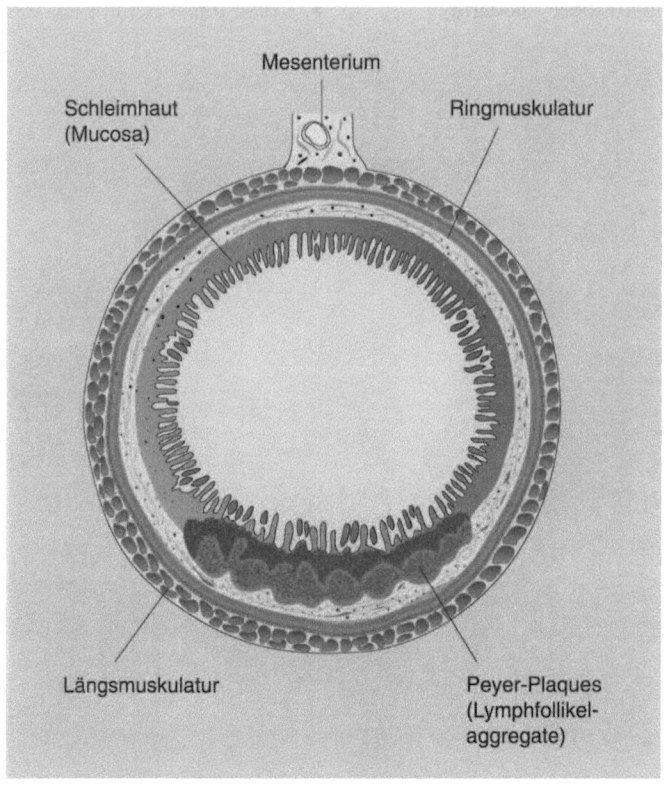

Mesenterium

Schleimhaut
(Mucosa)

Ringmuskulatur

Längsmuskulatur

Peyer-Plaques
(Lymphfollikel-
aggregate)

Dünndarmmotilität

Die Dünndarmmotilität verfolgt zur Hauptsache 2 Ziele:
- Durchmischung der Nahrung, als Chymus (Darmbrei), mit den verschiedenen im Dünndarm gebildeten und in den Dünndarm abgegebenen Verdauungssäften;
- Kontakt der Zellen des Saumepithels mit den mechanisch und enzymatisch zerkleinerten Nahrungsbestandteilen, um diese zu resorbieren.

10.1.7 Dickdarm

Abschnitte

An den Dünndarm schließt sich der Dickdarm (Intestinum crassum) an. Er bildet den letzten Teil des Intestinaltraktes und besteht aus folgenden Abschnitten (Abb. 10.17):

- Zäkum (Blinddarm),
- Appendix vermiformis (Wurmfortsatz),
- Kolon (Grimmdarm),
- Rektum (Mastdarm oder Enddarm).

Die Länge des Dickdarms beträgt etwa 150 cm. Da das Ileum praktisch in einem rechten Winkel in den Dickdarm mündet, beginnt der unter dieser Mündung liegende Teil blind. Das ist auch der Grund, daß er als **Blinddarm** (Zäkum) bezeichnet wird. Am Übergang zwischen Dünndarm und Dickdarm befindet sich die Valva ilealis, eine ventilartige, muskuläre Sperreinrichtung, die den Übertritt von Darminhalt aus dem Dünndarm in den Dickdarm steuern kann. Am Blinddarm befindet sich der durchschnittlich ca. 9 cm lange und etwa 0,5–1 cm dicke Wurmfortsatz (Appendix vermiformis). Der Wurmfortsatz geht von der zur Körpermitte gerichteten Seite des Blinddarms ab. Allerdings ist dieser Abgang, wie auch seine Länge, sehr variabel. In der Wand der Appendix vermiformis befindet sich eine größere Anzahl von Lymphfollikeln (Abb. 10.18).

Kolon
Das Kolon beginnt oberhalb der Ansatzstelle des Ileums am Dickdarm. Man unterscheidet:

- Colon ascendens (aufsteigender Teil),
- Colon transversum (querverlaufender Teil),

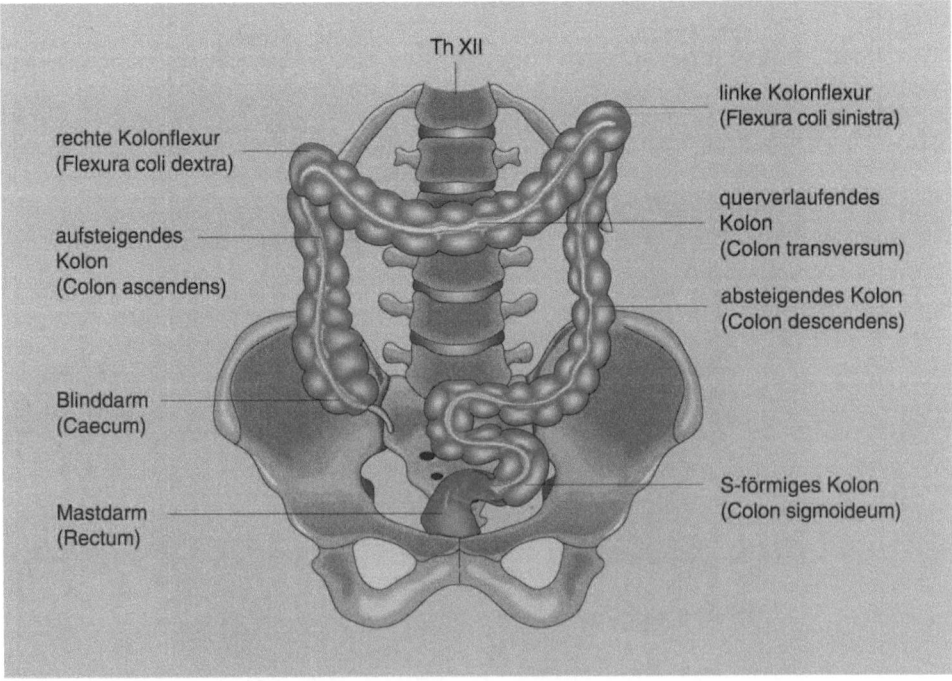

Th XII

linke Kolonflexur
(Flexura coli sinistra)

rechte Kolonflexur
(Flexura coli dextra)

querverlaufendes
Kolon
(Colon transversum)

aufsteigendes
Kolon
(Colon ascendens)

absteigendes Kolon
(Colon descendens)

Blinddarm
(Caecum)

S-förmiges Kolon
(Colon sigmoideum)

Mastdarm
(Rectum)

Abb. 10.17. Übersicht über den Dickdarm, der mit dem Blinddarm (Caecum) beginnt und am Mastdarm (Rectum) mündet

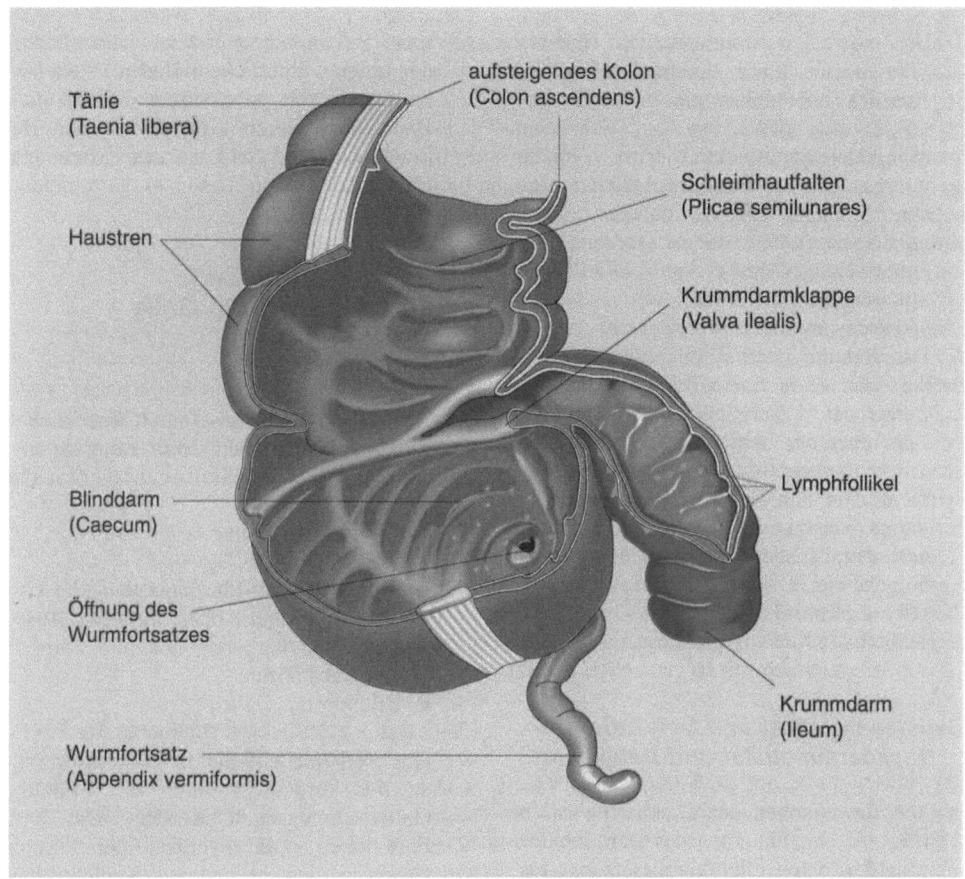

Tänie
(Taenia libera)

aufsteigendes Kolon
(Colon ascendens)

Haustren

Schleimhautfalten
(Plicae semilunares)

Krummdarmklappe
(Valva ilealis)

Blinddarm
(Caecum)

Lymphfollikel

Öffnung des
Wurmfortsatzes

Krummdarm
(Ileum)

Wurmfortsatz
(Appendix vermiformis)

Abb. 10.18. Mündung des Krummdarms (Ileum) in den Blinddarm (Caecum) mit der Krummdarmklappe (Valva ilealis). Im unteren Blinddarmteil ist die Mündung des Wurmfortsatzes (Appendix vermiformis) zu sehen. Durch die Kontraktion der Ringmuskulatur entstehen die Haustren und im Inneren die Falten (Plicae semilunares). Die Längsmuskulatur ist zu Streifen zusammengefaßt, die als Tänien bezeichnet werden

● Colon descendens (absteigender Teil),
● Colon sigmoideum (S-förmiger Teil).

Das Kolon hat eine Länge von ca. 120 cm und eine Weite des Lumens (Durchmesser) von ca. 6–8 cm. Ein besonderes Kennzeichen dieses Darmabschnitts sind die Tänien und die Haustren.

Die 3 **Tänien** (Taenia libera, omentalis und mesocolica) sind oberflächlich gelegene Streifen der äußeren Längsmuskulatur. Die Muskelspannung der Tänien und die Kontraktion der Ringmuskulatur lassen Einschnürungen entstehen, zwischen denen sich die Darmwand ausbuchtet. Diese Ausbuchtungen nennt man **Haustren**. Durch die Einschnürungen entstehen auf der Innenseite des Darmrohres Falten, die ins Darmlumen ragen (Plicae semilunares).

Ein weiteres Charakteristikum des Kolons sind die Fettanhängsel (Appendices epiploicae), deren Ausbildung stark vom Ernährungszustand abhängt. Korpulente Personen haben große und stark mit Fett gefüllte Fettanhängsel.

Rektum

Das Rektum ist der letzte Teil des Dickdarms. Es liegt unterhalb des Peritoneums (subperitoneal). Äußerlich unterscheidet es sich vom Kolon durch das Fehlen der Fettanhängsel, der Haustren und der Tänien.

Die äußere Längsmuskelschicht besteht beim Rektum aus einer durchgehenden Schicht. Aus der inneren Ringmuskelschicht hat sich im Bereich des Anus ein Schließmuskel (Sphinkter) abgespalten, der M. sphincter ani internus. Ihm steht auf der Außenseite ein äußerer Schließmuskel aus quergestreifter Muskulatur gegenüber, der M. sphincter ani externus. Dieser Muskel kann willkürlich betätigt werden, ein Vorgang, der im Kindesalter erst mühsam erlernt werden muß.

Das Rektum beginnt mit einer Erweiterung, der Ampulla recti. Am Ende des Rektums im Bereich der Zona haemorrhoidalis befindet sich unter der Schleimhaut ein venöser Plexus, der ebenfalls dem Verschluß des Anus dient. Die Schleimhaut des gesamten Dickdarms weist keine Zotten auf, dafür hat sie besonders ausgeprägte Krypten. Die Hauptaufgabe des Dickdarms besteht in der Wasserresorption, d.h. der Eindickung der Fäzes, deshalb ist hier im Enddarm das Epithel besonders reichlich mit Becherzellen besetzt.

Dickdarmmotilität und Defäkation

Die Bewegungen der Dickdarmwand bewirken eine Durchknetung des Darminhaltes und schaffen damit die Voraussetzung für den hier stattfindenden Flüssigkeitsentzug. Langsame peristaltische Bewegungen der Ringmuskulatur laufen dabei fast konstant ab. Diesen Bewegungen überlagern sich 1- bis 3mal am Tag große peristaltische Wellen (propulsive Peristaltik), die vom Zäkum ausgehen und bis zum Colon sigmoideum ziehen. Sie treten insbesondere nach der Nahrungsaufnahme auf und verschieben den Darminhalt in Richtung Rektum. Alle diese Bewegungen stehen unter der Kontrolle des Nervenplexus (Plexus myentericus). Dabei übt der Parasympathikus einen fördernden und der Sympathikus einen hemmenden Einfluß aus, was bereits erwähnt wurde.

Die Defäkation stellt einen willkürlich beeinflußbaren, reflektorischen Vorgang dar. Durch Reizung von Dehnungsrezeptoren im Rektum werden Nervenimpulse ausgelöst, die über afferente Fasern zum Centrum anospinale im Sakralmark (Teil des Rückenmarks) geleitet werden. Von hier erfolgt die Aktivierung parasympathischer Fasern, die eine Erschlaffung der glatten Muskulatur des inneren Sphinkter bewirken. Die Darmentleerung

kann jedoch nur eintreten, wenn gleichzeitig der unter willkürlichem Einfluß stehende äußere Sphinkter entspannt und der Druck im Bauchraum durch Kontraktion der Bauchmuskulatur und Senkung des Zwerchfells erhöht wird. Diesen letzten Vorgang nennt man Bauchpresse.

10.1.8 Leber und Galle

Leberfunktionen

Die Leber hat in unserem Körper eine Vielzahl von Funktionen. Man kann sie als das zentrale Organ des Stoffwechsels bezeichnen.

Aufgaben der Leber

- Produktion der Plasmaproteine,
- Entgiftung und Abbau, teilweise Ausscheidung von körpereigenen und körperfremden Substanzen,
- Bildung der Galle.

Hier soll v.a. auf die Beteiligung der Leber an der Verdauung durch die Bildung der Galle eingegangen werden. Die anderen Funktionen (z.B. Synthese der Plasmaproteine) werden in anderen Kapiteln besprochen.

Makroskopie der Leber

Die Vielzahl der Leberfunktionen erklärt auch ihre Größe. Beim Erwachsenen beträgt ihr Gewicht ca. 1,5 kg. Die Leber liegt zu einem großen Teil unter der rechten Zwerchfellkuppel, ein kleinerer Teil zieht über die Mittellinie des Körpers bis auf die Vorderfläche des Magens. Der untere Leberrand zieht schräg von rechts unten nach links oben, bis auf die Höhe des 7. Rippenknorpels.

Die Leber besteht aus **4 Lappen** (Abb. 10.19):

- Lobus dexter (rechter Lappen, der größte Lappen),
- Lobus sinister (linker Lappen),
- Lobus quadratus,
- Lobus caudatus.

Die Grenze zwischen Lobus dexter und Lobus sinister ist bei Vorderansicht gut zu sehen, da sie entlang dem Ligamentum falci-

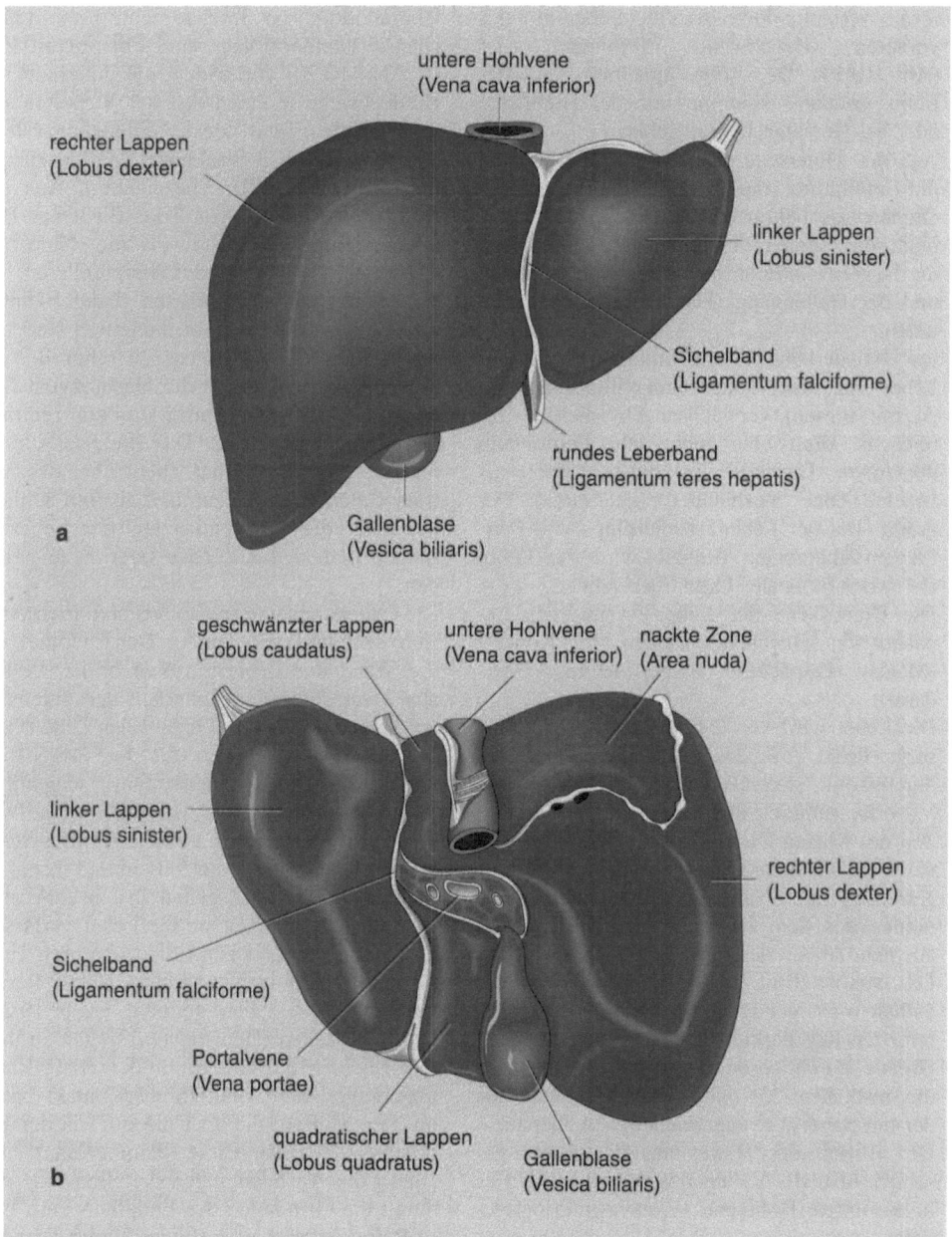

Abb. 10.19. a Leber von vorne (ventral). Die Gallen-
blasenspitze überragt den unteren Leberrand. Durch
das Sichelband (Ligamentum falciforme) wird die Leber in einen rechten und einen linken Lappen geteilt.
b Leber von der Unterseite dargestellt, mit Aufblick
auf die Leberpforte (Porta hepatis). Durch den Kontakt mit verschiedenen Organen entstehen Abdrücke
(Impressionen) auf der Leber, so im rechten Lappen
ein Nierenabdruck (Impressio renalis) und im linken
Leberlappen ein Magenabdruck (Impressio gastrica).
Die nackte Zone (Area nuda) stellt die Kontaktfläche
mit dem Zwerchfell dar. Hier ist die Leber ohne
Bauchfellüberzug

forme verläuft, durch das die Leber mit der vorderen Bauchwand verbunden ist (Abb. 10.19). Der Lobus quadratus und der Lobus caudatus sind nur von der Unterseite oder bei Dorsalansicht zu sehen.

Auf der Unterseite der Leber befindet sich die Gefäßpforte, die Porta hepatis (in anderen Organen als Hilum bezeichnet), in deren Bereich die beiden versorgenden Gefäße und die Nerven eintreten sowie die Lymphgefäße und der Gallengang (Ductus hepaticus) austreten.

Ein Teil der oberen und hinteren Fläche der Leber liegt dem Diaphragma direkt an und ist mit diesem verwachsen. In diesem Bereich ist die Leber nicht von Peritoneum überzogen. Deshalb wird dieses Gebiet als „nackte Zone" bezeichnet (Area nuda). Der größte Teil der Leber ist allerdings von Peritoneum überzogen; deshalb wird die Leber als intraperitoneales Organ bezeichnet.

Die Unterfläche der Leber ist mit den benachbarten Baucheingeweiden in Kontakt (Magen, Duodenum, Niere rechts, Dickdarm).

Die Leber wird von 2 Gefäßen mit Blut versorgt: Rund 75% des Blutes, das die Leber durchströmt, stammen aus der V. portae. Die V. portae sammelt das Blut aus einem großen Teil des Magen-Darm-Traktes sowie der Milz und dem Pankreas. Dieses Blut ist somit angereichert mit Nahrungsbestandteilen, Hormonen aus dem Pankreas und Blutfarbstoff aus dem Abbau der Erythrozyten in der Milz. Das venöse Blut der Pfortader (V. portae) enthält nicht genügend Sauerstoff, da es bereits den Kapillarkreislauf der entsprechenden Organe durchflossen hat. Deshalb stammen die restlichen 25% der Blutversorgung aus der mit Sauerstoff angereicherten A. hepatica. Der Abfluß des Blutes aus der Leber geschieht über die V. hepatica, von dort wird es in die untere Hohlvene (V. cava inferior) geleitet.

Histologie der Leber

Die Leber ist aus Leberläppchen (Lobuli hepatis) aufgebaut (Abb. 10.20). Dies sind unregelmäßig geformte, meist polygonale Bauelemente, die einen Durchmesser von ca. 1,5–2 mm aufweisen. Ungefähr 50000–100000 solcher Läppchen machen die Gesamtheit der Leber aus.

Überall dort, wo 3 oder mehr dieser Läppchen zusammenstoßen, sind **Periportalfelder** (s. Abb. 10.20) vorhanden, die innerhalb von Bindegewebe je einen Ast der V. portae, der A. hepatica und des Gallengangsystems enthalten (diese 3 Strukturen werden zusammen als Glisson-Trias bezeichnet). Aus den Blutgefäßen der Glisson-Trias fließt das Blut über kleine Gefäßäste in die Sinusoide (Abb. 10.21). Dies sind Leberkapillaren, die sich von anderen Kapillaren dadurch unterscheiden, daß sie sehr buchtenreich sind und ihr Endothel gefenstert ist. Zwischen den Sinusoiden befinden sich die Hepatozyten (Leberzellen), die plattenartig um ein zentrales Gefäß angeordnet sind. Das Blut, das die Sinusoide durchströmt hat, fließt über das zentrale Gefäß, die V. centralis, ab, um schließlich über die V. hepatica aus der Leber zu fließen und in die V. cava inferior zu gelangen.

Die Lebersinusoide anastomosieren (vernetzen sich) sehr stark miteinander. Das Endothel, das die Wand der Lebersinusoide bildet, besteht aus 2 verschiedenen Zellarten: den gefensterten Endothelzellen (Mehrzahl der Zellen) und den Kupffer-Sternzellen, die dem MPS (mononukleäres Phagozytensystem) angehören, da sie eine große Phagozytoseaktivität aufweisen. Bei Bedarf können sich die Kupffer-Sternzellen aus dem Endothelzellverband lösen, sie runden sich ab und gehen ins zirkulierende Blut über; so können sie die Leber verlassen. Die Wand der Lebersinusoide ist durch einen kleinen, spaltförmigen Raum (Disse-Raum) von den Leberzellen getrennt (Abb. 10.22). Die Leberzellen (Hepatozyten) tragen an ihrer Oberfläche Mikrovilli, die in den Disse-Raum hineinragen und somit direkt Kontakt haben mit den Stoffen, die über die Lücken der Kapillarwand in den Disse-Raum gelangt sind. Durch die Ausbuchtungen der Sinusoide und durch die Öffnungen des Endothels zum Disse-Raum kommt es zu einer Verlangsamung der Strömungsgeschwindigkeit des Blutes bzw. des Blutplasmas. Damit steht der Leber mehr Zeit zur Verfügung, die nötigen Bestandteile aus dem Blut aufzunehmen.

Die Hepatozyten sind zu Zellplatten zusammengelagert. Zwischen den einzelnen Zellen dieser Zellplatten befinden sich die Gallenkapillaren. Sie sind durch Auffaltung der Leberzellmembran entstanden. Jeweils zwischen 2 aneinanderstoßenden Hepatozyten befinden sich somit Kanäle (Gallenkapillaren), die

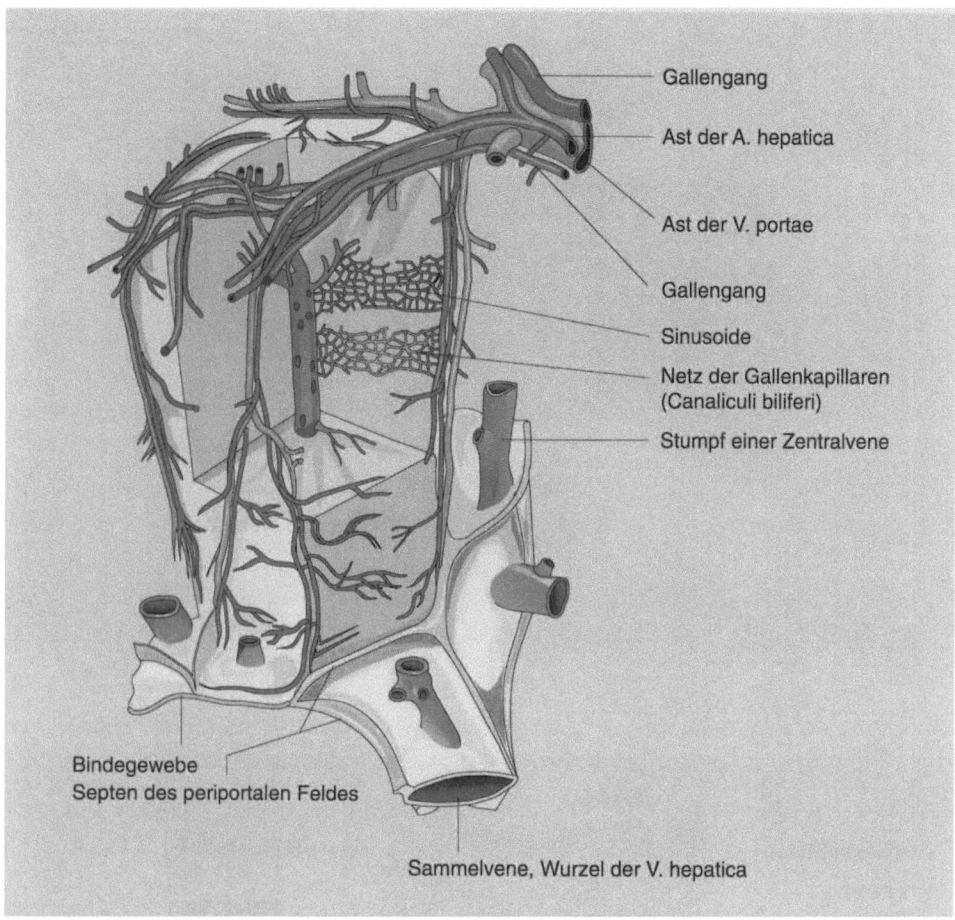

Gallengang

Ast der A. hepatica

Ast der V. portae

Gallengang

Sinusoide

Netz der Gallenkapillaren
(Canaliculi biliferi)

Stumpf einer Zentralvene

Bindegewebe
Septen des periportalen Feldes

Sammelvene, Wurzel der V. hepatica

Abb. 10.20. Dreidimensionale Darstellung eines Leberläppchens (Lobulus hepatis). An den Eckpunkten des Läppchens verlaufen je ein Ast der A. hepatica, der V. portae und ein Gallengang im periportalen Feld

vollständig durch Zellkontakte (z.B. „tight junctions") abgedichtet sind. Die Gallenkapillaren haben somit keine eigene Wand; ihre Wand wird durch die Membran der Leberzellen gebildet. Die Gallenkapillaren beginnen im Zentrum der Lobuli und verlaufen bis zum Periportalfeld. Während ihres Verlaufs zur Peripherie vernetzen sie sich (anastomosieren) stark miteinander.

Im Periportalfeld münden die Gallenkapillaren in Gallengänge, die eine eigene, durch Epithelzellen gebildete, Wand besitzen. Unter physiologischen Bedingungen kommt die Galle nie mit dem Blut in Berührung, da die „tight junctions" abdichten. Bei einer Gallestauung (Ikterus) können die Zellkontakte allerdings reißen, und damit gelangt Gallenfarbstoff (Bilirubin und Biliverdin) ins Blut.

10.1.9 Gallenwege und Gallenblase

Aufbau

An der Leberpforte beginnen die extrahepatischen (außerhalb der Leber gelegenen) **Gallenwege** mit einem rechten und einem linken Lebergallengang (Ductus hepaticus dexter und sinister), die sich zu einem gemeinsamen Ductus hepaticus communis vereinigen.

Der Ductus hepaticus communis ist ca. 4–6 cm lang. Er vereinigt sich seinerseits mit dem Ductus cysticus der Gallenblase zum Ductus choledochus, der hinter dem Bulbus duodeni zum absteigenden Teil des Duodenums läuft, um gemeinsam mit dem Ductus pancreaticus auf der Papilla duodeni major zu münden. Diese Mündung wird von einem

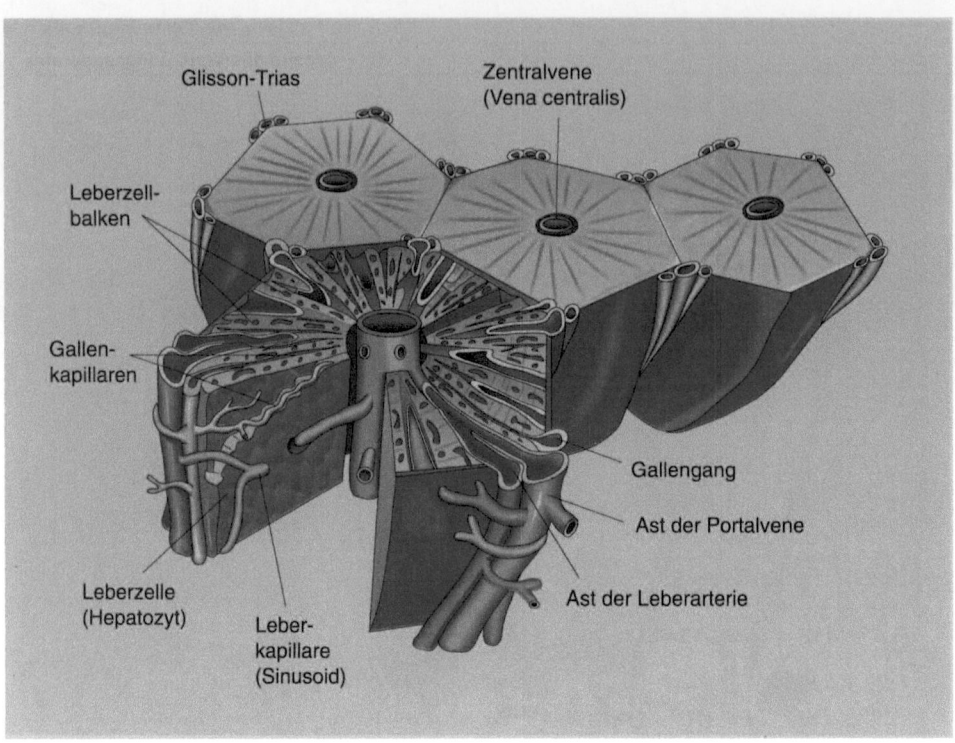

Glisson-Trias

Zentralvene
(Vena centralis)

Leberzell-
balken

Gallen-
kapillaren

Gallengang

Ast der Portalvene

Ast der Leberarterie

Leberzelle
(Hepatozyt)

Leber-
kapillare
(Sinusoid)

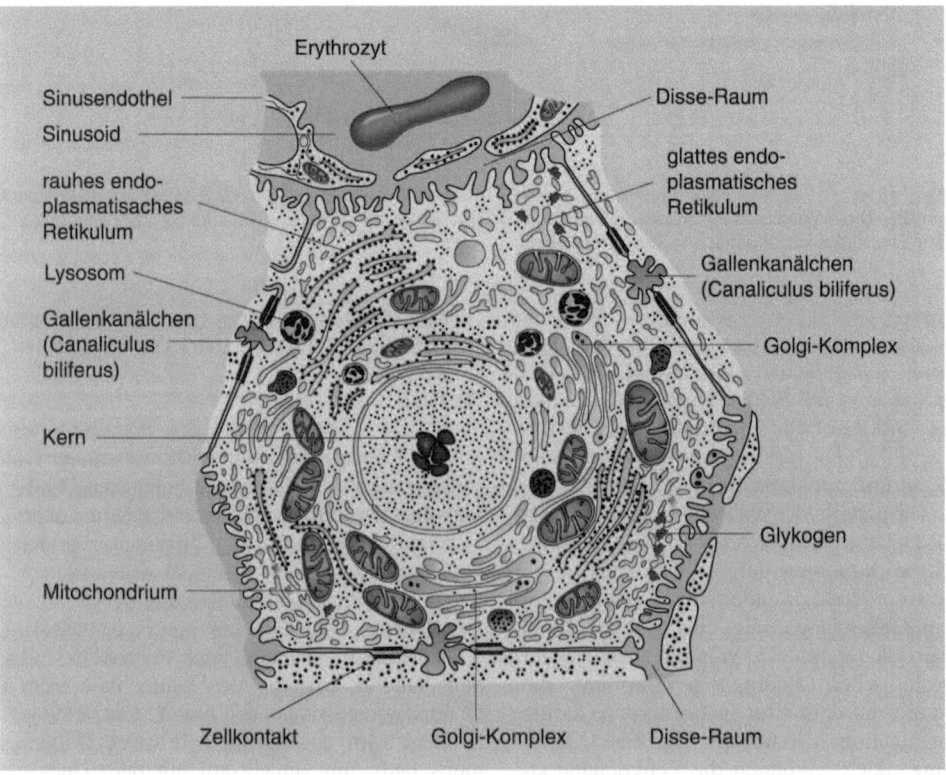

Erythrozyt

Sinusendothel

Disse-Raum

Sinusoid

rauhes endo-
plasmatisaches
Retikulum

glattes endo-
plasmatisches
Retikulum

Lysosom

Gallenkanälchen
(Canaliculus biliferus)

Gallenkanälchen
(Canaliculus
biliferus)

Golgi-Komplex

Kern

Mitochondrium

Glykogen

Zellkontakt

Golgi-Komplex

Disse-Raum

◄

Abb. 10.21. Schnittbild durch mehrere Leberläppchen. Hier wird die radiäre Anordnung der Sinusoide um die Zentralvene deutlich. Zwischen den Sinusoiden befinden sich die Leberzellbalken mit den Leberzellen (Hepatozyten). Die Glisson-Trias (je ein Ast der A. hepatica, V. portae und des Gallengangs) befindet sich im periportalen Feld. Die Gallenkapillaren verlaufen innerhalb der Leberzellbalken

◄

Abb. 10.22. Leberzelle (Hepatozyt). An 3 Seiten der Leberzelle sind Gallenkapillaren zwischen benachbarten Zellen ausgebildet, deren Wand lediglich aus den Leberzellmembranen besteht. In den Disse-Raum, der über Lücken im Endothel mit dem Lumen der Sinusoide in Verbindung steht, ragen Mikrovilli der Leberzellen hinein

Muskel verschlossen (Sphincter ampullae). Kurz vor der Vereinigung der beiden Gänge miteinander besitzt jeder noch einen eigenen Sphinkter, der eine individuelle Regulierung erlaubt.

Die **Gallenblase** (Vesica biliaris) ist ein birnenförmiger, etwa 8–12 cm langer und 4–5 cm breiter, dünnwandiger Sack, der über den Ductus cysticus, quasi im Nebenschluß, mit den Gallenwegen verbunden ist. Man unterscheidet einen Hals, Körper und Gallenblasengrund (Collum, Corpus und Fundus). Der Gallenblasengrund überragt auf der Unterseite die Leber und steht mit der Bauchwand in Berührung (Abb. 10.23).

Die Schleimhaut der Gallenblase bildet Falten, die häufig miteinander verschmolzen sind, so daß Schleimhautnischen und Tunnel zustande kommen. Durch diese wird die innere Oberfläche der Gallenblase vergrößert. Einige Zellen des Gallenblasenepithels sezernieren (d.h. absondern) schleimiges Glykoprotein, das die Epitheloberfläche vor der ätzenden Wirkung der Galle schützt. Die in der Wand der Gallenblase vorkommende glatte Muskulatur dient bei Bedarf der Austreibung der Galle. Sie verläuft deshalb spiralförmig.

Galle und Gallensekretion

Die täglich von den Hepatozyten (Leberzellen) produzierte Gallenmenge beträgt ca. 600–800 ml. Gallenfluß und Zusammensetzung der Galle variieren in Abhängigkeit von der Art und Menge der Nahrungszufuhr. Die Galle ist mit dem Blut isoton und besitzt einen pH-Wert von 7,4–8,5. Hauptbestandteil der Galle ist Wasser, das ca. 95% des Volumens ausmacht.

Bestandteile der Galle

- Gallensäuren,
- Gallenfarbstoffe,
- Cholesterin,
- Phospholipide (hauptsächlich Lezithin).

Mit der Galle werden auch verschiedene Medikamente sowie Produkte des Intermediärstoffwechsels (z.B. Abbauprodukte der Hormone etc.) ausgeschieden. Die Gallensäuren entstehen in der Leber aus Cholesterin in Form der Cholsäure und der Chenodesoxycholsäure. Die wichtigste **physiologische Funktion der Gallensäuren** liegt in der Emulgierung (Verteilung) und Dispergierung (Zerkleinerung) von wasserunlöslichen Verbindungen, z.B. Fetten. Dadurch wird die durch Enzyme angreifbare Oberfläche der Fette stark vergrößert, und sie werden damit erst der Verdauung zugänglich. Gallensäuren sind außerdem an der Aktivierung der Pankreaslipase (fettspaltendes Enzym) sowie der Hemmung der Magensaftsekretion beteiligt. Die von der Leber mit der Galle ausgeschiedenen Gallensäuren werden zu ca. 95% wieder im unteren Teil des Ileums rückresorbiert. Sie gelangen mit dem Blut der V. portae wieder in die Leber und werden dort erneut mit der Galle ausgeschieden. Dieser Vorgang wird als **enterohepatischer Kreislauf** bezeichnet. Die Bedeutung des enterohepatischen Kreislaufs liegt darin, daß täglich nur ca. 5% der für den Verdauungsvorgang wichtigen Gallensäuren verlorengehen. Der Verlust wird durch Neusynthese ausgeglichen.

Die in der Galle vorhandenen Gallenfarbstoffe stammen aus dem Abbau von Hämoglobin (Blutfarbstoff) und anderen Hämoproteinen (z.B. Myoglobin, Cytochrom etc.). Der bei diesem Abbau zuerst auftretende Farbstoff ist das Biliverdin (grün), das durch Hydrierung zu Bilirubin, dem wichtigsten Gallenfarbstoff, reduziert wird. Im Darm erfolgt dann die Umwandlung über verschiedene Zwischenstufen zu einem Farbstoff, der Stercobilin genannt wird und der dem Kot seine typische Farbe gibt.

Die Gallenblase dient der Speicherung von Galle, die dann bei Bedarf relativ rasch in größeren Mengen zur Verfügung steht. Um die Galle besser auf kleinem Raum speichern

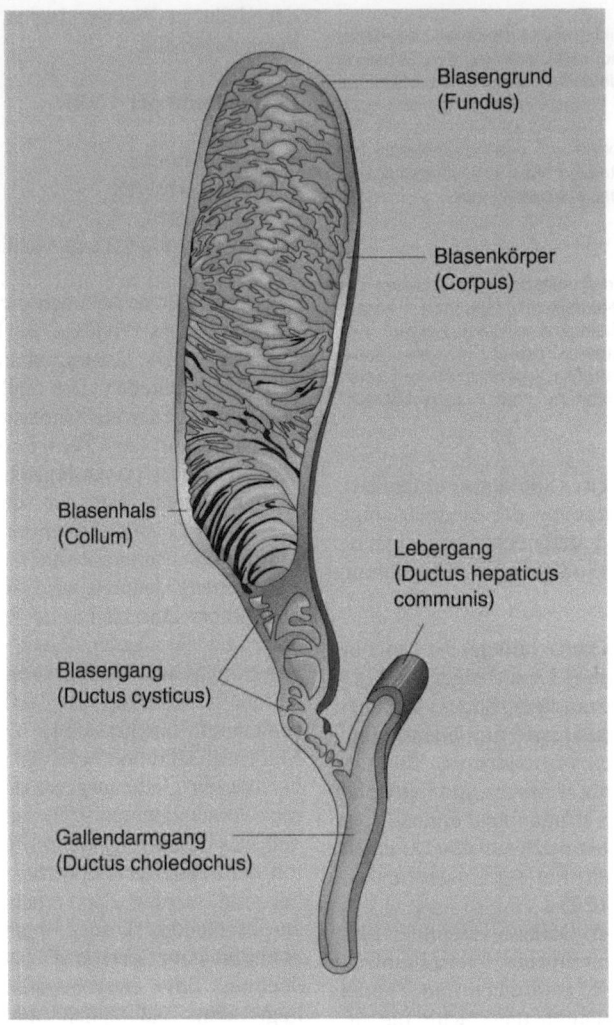

Abb. 10.23. Gallenblase (Vesica biliaris), die über den Blasengang (Ductus cysticus) mit dem Lebergang (Ductus hepaticus communis) verbunden ist, der nach dieser Verbindung zum Gallen-Darm-Gang (Ductus choledochus) wird

zu können, wird ihr Flüssigkeit entzogen. Damit wird sie – bis zu einem gewissen Grade – eingedickt.

10.1.10 Bauchspeicheldrüse (Pankreas)

Aufbau

Die Bauchspeicheldrüse (Pankreas) ist eine exokrine Drüse, in deren Gewebe endokrine Zellinseln eingestreut sind. Die Gesamtheit dieser **endokrinen Anteile** des Pankreas heißt Inselorgan und ist verantwortlich für die **Produktion von Insulin und Glukagon**, 2 Hormonen, die den Kohlenhydratstoffwechsel sehr stark beeinflussen. Die **exokrinen Anteile** des Pankreas hingegen sind verantwortlich für die Sekretion von Verdauungsenzymen. Das Pankreas hat ein durchschnittliches Gewicht von 70–90 g; es hat die Form eines verdickten L und liegt hinter dem Magen in der oberen Bauchhöhle. Dort spannt es sich zwischen dem C des Duodenums und der Milz aus, auf einer Länge von ca. 25 cm. Man unterscheidet am Pankreas 3 verschiedene Anteile (Abb. 10.24):

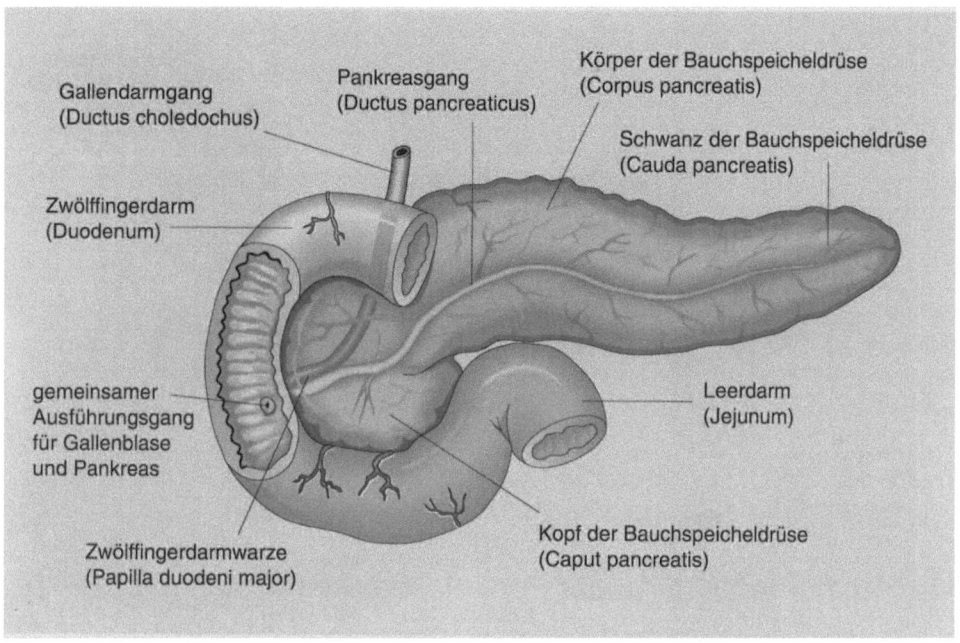

Gallendarmgang
(Ductus choledochus)

Pankreasgang
(Ductus pancreaticus)

Körper der Bauchspeicheldrüse
(Corpus pancreatis)

Schwanz der Bauchspeicheldrüse
(Cauda pancreatis)

Zwölffingerdarm
(Duodenum)

gemeinsamer
Ausführungsgang
für Gallenblase
und Pankreas

Leerdarm
(Jejunum)

Zwölffingerdarmwarze
(Papilla duodeni major)

Kopf der Bauchspeicheldrüse
(Caput pancreatis)

Abb. 10.24. Bauchspeicheldrüse (Pankreas). Der Kopf der Bauchspeicheldrüse liegt im C-förmigen Zwölffingerdarm (Duodenum). Im Zwölffingerdarm münden der Ausführungsgang der Bauchspeichel- drüse (Ductus pancreaticus) und der Gallen-Darm- Gang (Ductus choledochus) auf der Zwölffingerdarm- warze (Papilla duodeni major)

- Caput (Kopf),
- Corpus (Körper),
- Cauda (Schwanz).

Der Kopf liegt im C des Duodenums, der Körper überquert in Höhe der beiden ersten Lendenwirbelkörper die Wirbelsäule, der Schwanz reicht bis an das Milzhilum. Das Pankreas ist nur auf der Vorderseite von Peritoneum bedeckt und liegt somit retroperitoneal.

Das Pankreas besteht aus größeren Lappen, die sich an der Oberfläche durch eine Vorbuchtung deutlich zeigen. Diese größeren Lappen sind wiederum aus kleineren Läppchen zusammengesetzt, die ihrerseits aus einzelnen azinösen (beerenförmigen) Drüsenstücken gebildet werden (Abb. 10.25). Die kleinste Einheit dieser Acini (Singular: Acinus) sind die Acinuszellen, die in ihrem apikalen Zytoplasma sog. Zymogengranula enthalten, das sind noch nicht sezernierte inaktive Vorstufen der Pankreasenzyme.

Pankreassekretion

Pro Tag werden vom Pankreas durchschnittlich ca. 2000 ml Sekret produziert. Pankreassekret ist isotonisch mit dem Blut und weist einen pH-Wert von 8–8,4 auf. Dieser **alkalische pH-Wert** ist auf einen hohen Gehalt an Bikarbonat zurückzuführen. Die Bedeutung des hohen pH-Wertes von Galle und Pankreassaft liegt darin, daß der saure Mageninhalt neutralisiert werden muß, damit die im Duodenum und den weiteren Dünndarmabschnitten vorhandenen Enzyme ihre volle Wirkung entfalten können. Für die meisten dieser Enzyme liegt das Wirkungsoptimum in einem pH-Bereich zwischen 7 und 8.

Neben verschiedenen Elektrolyten enthält das Pankreassekret vor allem Verdauungsenzyme. Diese Enzyme liegen in den Acinuszellen meist in inaktiver Form vor, damit die Zellen nicht selber verdaut werden. Sie werden vielfach erst unter Wirkung des Milieus im Dünndarm aktiviert (durch Säure, Enzyme etc.).

Im Pankreas sind 3 Gruppen von Enzymen vorhanden:

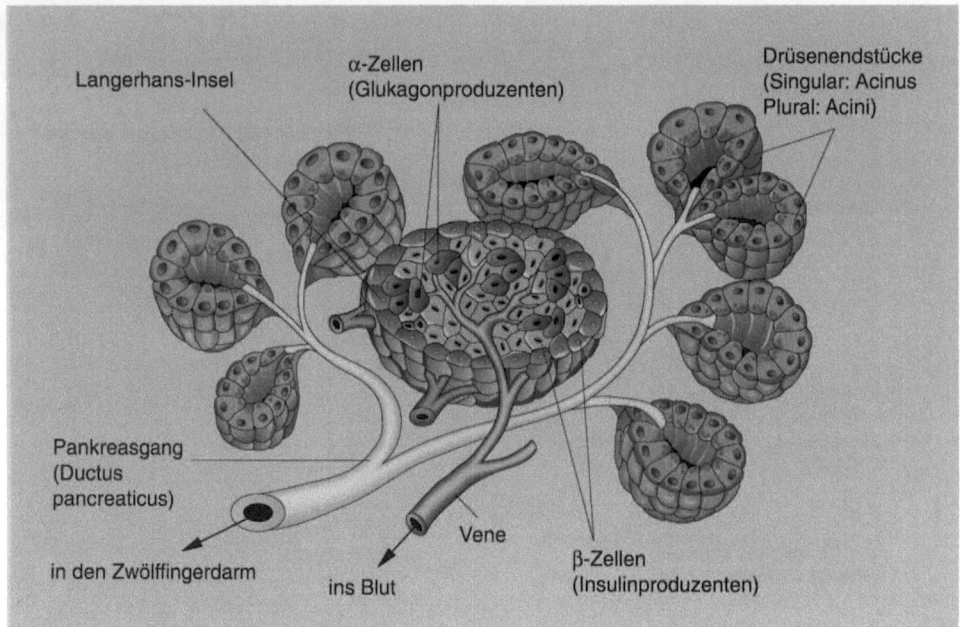

Langerhans-Insel

α-Zellen
(Glukagonproduzenten)

Drüsenendstücke
(Singular: Acinus
Plural: Acini)

Pankreasgang
(Ductus
pancreaticus)

Vene

in den Zwölffingerdarm

ins Blut

β-Zellen
(Insulinproduzenten)

Abb. 10.25. Schnitt durch die sezernierenden Drüsenstücke (Acini) des exokrinen Pankreas. Im Zentrum ist eine Langerhans-Insel angeschnitten, die zum endokrinen Pankreas gehört und in ihren a-Zellen Glukagon und in ihren β-Zellen Insulin produziert

- **Eiweißspaltend:**
  - Trypsin,
  - Chymotrypsin,
  - Carboxypeptidase,
  - Elastase.
- **Fettspaltend:**
  - Pankreaslipase,
  - Phospholipase,
  - diverse Esterasen.
- **Kohlenhydratspaltend:**
  - a-Amylase.

Das Pankreas sezerniert auch ohne Nahrungs-aufnahme geringe Mengen von Bauchspei-chel (Basalsekretion). Im Zusammenhang mit der Nahrungsaufnahme wird eine verstärkte Sekretion reflektorisch durch den N. vagus eingeleitet. Die weitere Sekretion wird dann durch Freisetzung von gastrointestinalen Hor-monen geregelt: Sekretin und Cholezystoki-nin-Pankreozymin (CCK-PZ).

Sekretin bewirkt die Ausscheidung größerer Mengen eines stark alkalischen, aber enzym-armen Sekretes; **CCK-PZ** löst die Sekretion eines enzymreichen Pankreassekretes aus.

10.2 Nahrungsbestandteile

Die wichtigsten Grundbestandteile des menschlichen Körpers, wie auch der mensch-lichen Nahrung, sind Lipide, Kohlenhydrate und Proteine (s. 1.4.4). Sie werden meist in einer Form mit der Nahrung aufgenommen, die nicht der menschlichen Form entspricht. Deshalb müssen sie durch enzymatischen Abbau in ihre Untereinheiten zerlegt werden, die dann wieder zu körpergerechten eigenen Substanzen aufgebaut werden können.

10.2.1 Lipide

Die Lipide bestehen zu 95% aus Triglyzeriden. Dies sind Glyzerinmoleküle, an die 3 Fettsäu-remoleküle gebunden sind. Die Fettsäuremole-küle können ungesättigt und gesättigt sein (Tabelle 10.1). Wenn sie zwischen den einzel-nen Kohlenstoffatomen ihrer Kette lediglich einfache Bindungen aufweisen, dann werden sie als **gesättigt** bezeichnet. Wenn sie Doppel-bindungen aufweisen, dann bezeichnet man sie als **ungesättigt**. Ungesättigte Fettsäuren lassen sich leichter abbauen als gesättigte Fettsäuren.

Tabelle 10.1. Vorkommen der verschiedenen Fettsäuren

Ungesättigte Fettsäuren	Gesättigte Fettsäuren
Olivenöl	Fleisch
Erdnußöl	Eier
Fisch	Nüsse
Sonnenblumenöl	Palmenöl
Maisöl	Milchprodukte

Deshalb ist es von Vorteil, mit der Nahrung wenigstens einen Teil an ungesättigten Fettsäuren aufzunehmen.

Die restlichen 5% der Fette bestehen zum größten Teil aus Cholesterin, das in pflanzlichen Nahrungsmitteln in der Regel nicht vorkommt. Außerdem benötigt der Körper noch Phospholipide, die in einer großen Anzahl von Nahrungsmitteln enthalten sind.

10.2.2 Proteine

Im menschlichen Körper existieren eine Vielzahl von Proteinen, die alle einen spezifischen Aufbau nachweisen. Dieser Aufbau wird bestimmt durch das Vorhandensein der verschiedenen Aminosäuren. Aminosäuren sind die Grundbausteine der Proteine. Sie werden bei der Proteinsynthese an den Ribosomen zunächst zu Ketten aneinander gereiht und bilden erst danach unterschiedliche dreidimensionale Strukturen. Die Reihenfolge der Aminosäuren ist verantwortlich für die Art des Proteins, das synthetisiert worden ist. Insgesamt existieren 20 verschiedene Aminosäuren. Um aus fremdem Protein eigenes Protein herstellen zu können, müssen zunächst die Aminosäuren abgespalten werden. Diese können resorbiert werden, um dann im Körper wieder zu körpereigenen Proteinen zusammengesetzt zu werden.

Von den 20 verschiedenen Aminosäuren können 12 durch Umbau und Neusynthese selber im menschlichen Körper hergestellt werden. 8 Aminosäuren kann der Körper nicht selber herstellen, sie müssen von außen mit der Nahrung in den Körper gelangen. Diese Aminosäuren werden darum als **essentielle Aminosäuren** bezeichnet.

10.2.3 Kohlenhydrate

Zu den Kohlenhydraten rechnen wir Monosaccharide (Einfachzucker), Disaccharide (Zweifachzucker) und Polysaccharide (Vielfachzucker). Die wichtigsten sind

- Glykogen (Polysaccharid der Glukose),
- Glukose (Traubenzucker, Monosaccharid),
- Maltose (Disaccharid der Glukose),
- Galaktose (Milchzucker, Monosaccharid),
- Fruktose (Fruchtzucker, Monosaccharid),
- Saccharose (Kochzucker, Disaccharid aus Glukose und Fruktose),
- Amylopektin (pflanzliches Polysaccharid der Glukose, in der Stärke vorhanden).

Das wichtigste Kohlenhydrat ist sicher die Glukose, da die Energieproduktion des Körpers zu einem Großteil von der Verbrennung von Glukose abhängt (s. Kap. 9 Atmung).

Wenn nicht genügend Glukose vorhanden ist, kann der Körper Glukose entweder durch Umbau von anderen Zuckerarten oder durch Neusynthese herstellen. Die Neusynthese ist jedoch auf das Vorhandensein von sogenannten glukoplastischen Aminosäuren angewiesen. Es werden also Aminosäuren, die meist durch Proteinabbau zur Verfügung gestellt werden, für den Umbau in Glukose benötigt.

10.3 Enzymatischer Abbau der Nahrung

Wie eingangs erwähnt, ist es die Aufgabe des Verdauungsapparates, die Nahrung in ihre Untereinheiten zu zerlegen, damit diese im Darm resorbiert werden können. Die Verdauung umfaßt die **Zerkleinerung in der Mundhöhle** durch den Kauapparat, aber v.a. auch den **enzymatischen Abbau** durch die Enzyme der Verdauungssäfte.

Dieser Abbau beginnt bereits mit der Einspeichelung in der Mundhöhle. Dann schließen sich die Enzyme des Magensaftes und des Pankreas an. Außerdem werden in der Wand des Dünndarms Enzyme gebildet, die ebenfalls an der Verdauung teilnehmen. Die Wirkung der einzelnen Verdauungsenzyme ist an den 3 Hauptnahrungsbestandteilen Kohlenhydrat (Zucker), Protein (Eiweiß) und Lipid (Fett) in den Abb. 10.26–10.28 dargestellt.

Für den Abbau der **Fette** (Triglyzeride) werden die Fetttröpfchen durch die Gallensäuren zunächst aufgespalten in kleinste Fettpartikel

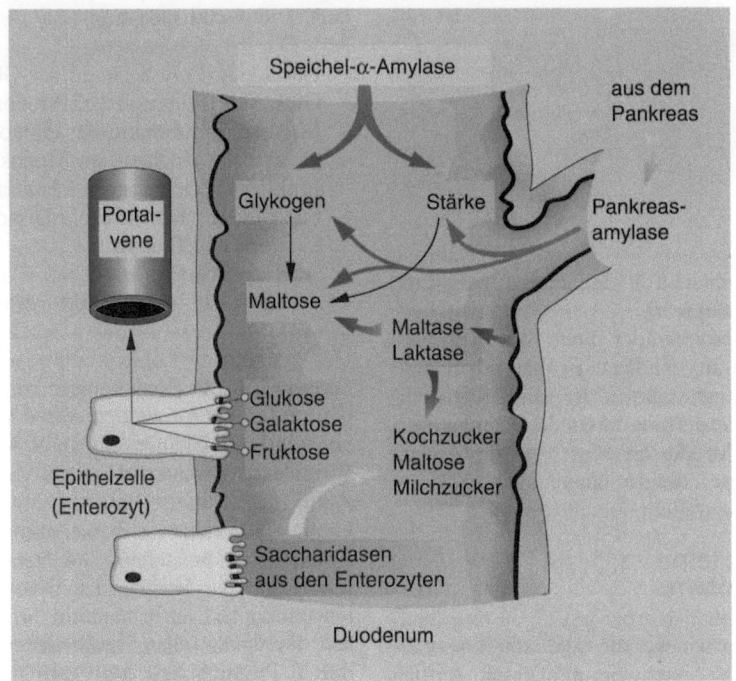

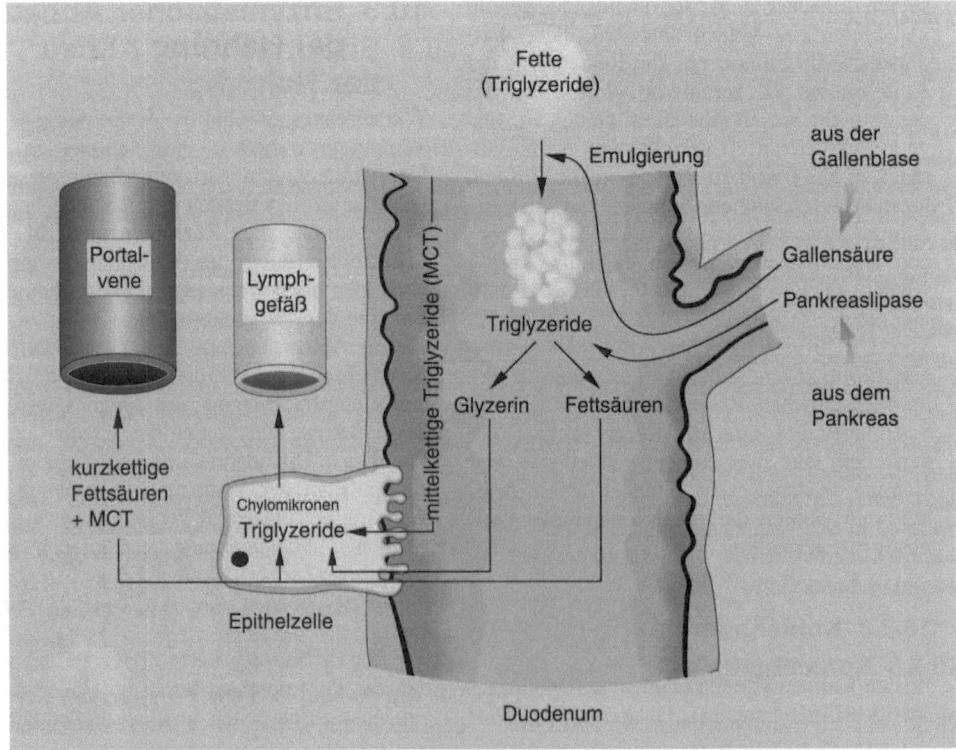

◄

Abb. 10.26. Unter der Wirkung der Speichelamylase und der Pankreasamylase werden Glykogen und Stärke in ihre Baueinheiten abgebaut. Die verschiedenen aus tierischer wie aus pflanzlicher Nahrung stammenden Monosaccharide (z. B. Glukose, Fruktose), die durch diese aus größeren Molekülen abgebaut werden, werden anschließend von den Saumzellen (Enterozyten) aufgenommen und gelangen über die Portalvene in den Kreislauf

◄

Abb. 10.27. Durch Gallensäuren werden Fette emulgiert und dispergiert (fein zerteilt und zerstreut), so daß sie für die Pankreaslipase besser angreifbar sind. Die Pankreaslipase verdaut die Triglyzeride zu Glyzerin und Fettsäuren, die von den Saumzellen (Enterozyten) aufgenommen werden. Sie können als kurzkettige und mittelkettige Fettsäuren in die Darmzellen transportiert werden. In den Enterozyten werden Glyzerin und Fettsäuren in Triglyzeride aufgebaut und dann zu Chylomikronen verpackt, die über die Lymphgefäße abtransportiert werden. Mittelkettige Fettsäuren können wie die kurzkettigen, aber auch direkt über die Portalvene transportiert werden

(Dispergierung und Emulgierung). Dadurch wird die Oberfläche der Fettpartikel vergrößert und damit besser zugänglich für den anschließenden enzymatischen Abbau. Der enzymatische Abbau geschieht durch die Pankreaslipase. Dabei entstehen Fettsäuren und Glyzerin. Beide werden in die Enterozyten aufgenommen, dort umgebaut zu Chylomikronen (kleine Fetttröpfchen mit einer Proteinhülle) und dann über das Lymphgefäßsystem abtransportiert (s. Kap. 8 Immunologie). Eine Ausnahme bilden die mittelkettigen Triglyzeride (MCT), diese können auch ungespalten von den Enterozyten aufgenommen werden. Sie werden, wie die kurzkettigen Fettsäuren, direkt über die Portalvene abtransportiert. Bei Fehlen oder Unterfunktion der entsprechenden Enzyme können diätetisch verwendete mittelkettige Triglyzeride auch ohne Spaltung resorbiert werden und über die Portalvene abtransportiert werden.

Die **Kohlenhydrate** werden in ihre diversen Zuckermoleküle wie Traubenzucker (Glukose), Milchzucker (Galaktose) sowie Fruchtzucker (Fruktose) gespalten. Beim enzymatischen Abbau werden aus den vorhandenen „Vielzuckern" (Polysacchariden) zunächst „Wenigzucker" (Oligosaccharide) und dann meist Einfachzucker (Monosaccharide), die dann resorbiert werden. Die dazu nötigen Enzyme stammen aus dem Speichel (α-Amylase), dem Pankreassekret (Pankreasamylase), aber auch aus den Enterozyten des Darmepi-

thels (z.B. Saccharidasen, die das Disaccharid Saccharose in Fruktose und Glukose spalten können).

Die **Proteine** können unter der Wirkung der eiweißspaltenden Enzyme zunächst in Polypeptide (bestehend aus vielen Aminosäuren), dann in Oligopeptide (bestehend aus wenigen Aminosäuren) und schließlich direkt in einzelne Aminosäuren zerlegt werden. Die dazu benötigten Enzyme stammen aus dem Magen (Pepsin), dem Pankreas (Trypsin, Chymotrypsin, Carboxypeptidase), aber auch aus den Enterozyten des Darmepithels (Peptidasen). Die aus diesem Abbau resultierenden Aminosäuren werden schließlich über die Enterozyten aufgenommen und über die Portalvene in die Leber transportiert.

10.4 Resorption der Nahrung

Die durch enzymatischen Abbau freigesetzten Untereinheiten der Proteine, Lipide und Kohlenhydrate werden in den oberen Darmabschnitten resorbiert, d.h. insbesondere im Duodenum und im oberen Teil des Jejunums. Der untere Teil des Jejunums und das Ileum dienen hauptsächlich als Resorptionsreserve. Hier kann bei Hungerzuständen auch noch das Letzte aus der Nahrung entnommen werden.

Ein Teil der Resorption geschieht passiv durch Mechanismen der Diffusion etc., ein anderer Teil geschieht aktiv unter Energieverbrauch. So wird z.B. für die rasche (notwendige) Resorption von Glukose ein aktiver Transportmechanismus eingesetzt. Der größte Teil der resorbierten Nahrungsbestandteile wird über das Pfortadersystem zunächst in die Leber transportiert. Erst nachdem die Leber dem Pfortaderblut die notwendigen Nahrungsbestandteile entnommen hat, gelangt das Blut über den Kreislauf zu den anderen Organen.

Die in die Lymphgefäße aufgenommenen Chylomikronen werden über den Ductus thoracicus aus dem Magen-Darm-Trakt abtransportiert. Im Venenwinkel (zwischen linker V. subclavia und linker V. jugularis interna) gelangt die Lymphe dann in das Blut. Nach Nahrungsaufnahme führt die Lipidresorption zur Bildung von Chylomikronen (kleine Lipidtropfen), die über den Ductus thoracicus abtransportiert werden. Dadurch entsteht eine weißliche Färbung der Lymphe, die zu der deutschen Bezeichnung Brustmilchgang für den Ductus thoracicus geführt hat.

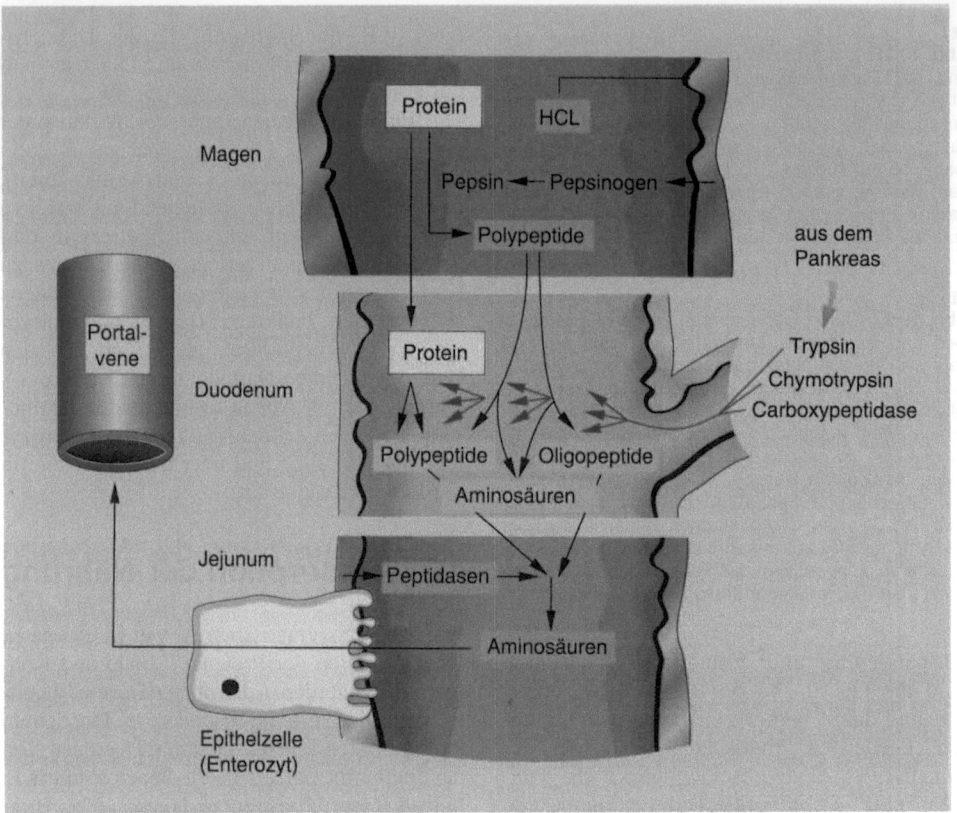

Abb. 10.28. Das durch Salzsäurewirkung denaturierte Protein (Denaturierung: Entzug des Hydratmantels) wird durch Pepsin bereits im Magen und durch Trypsin und andere Enzyme dann weiter im Dünndarm in Peptide und Aminosäuren gespalten. Diese werden über die Enterozyten aufgenommen und ins Blut der Portalvene transportiert

Über den Resorptionsmechanismus im Darm werden aber auch die **Vitamine**, **Elektrolyte** und **Spurenelemente**, die für unseren Körper wichtig sind, aus der Nahrung (dem Chymus) aufgenommen.

Pro Tag werden ca. 10 l Flüssigkeit aus dem Chymus resorbiert. Ein großer Teil stammt aus den Verdauungssäften. Die Menge an Flüssigkeit, die pro Tag mit dem Stuhl ausgeschieden wird, beträgt ca. 150 ml. Das bedeutet, daß der größte Teil der Flüssigkeit, die in der Nahrung und den Verdauungssäften vorhanden ist, resorbiert wird.

10.5 Zusammenfassung Verdauungsapparat

Aufgaben des Verdauungsapparates

- Zerlegung der Nahrung (eigentliche Verdauung) in resorbierbare Untereinheiten,
- Aufnahme (Resorption) dieser Untereinheiten über das Darmepithel.

Mundhöhle und Inhaltsgebilde

- **Mundvorhof** (Vestibulum oris) liegt zwischen den Wangen/Lippen und den Zähnen. Zum Inhalt der Mundhöhle werden die Zähne, die Zunge sowie die Speicheldrüsen gerechnet.

- **Zunge:**
  Sie ist ein mit Schleimhaut bedeckter Muskelkörper; sie besteht aus Eigenmuskulatur (innerhalb der Zunge verlaufende Fasern) und Fremdmuskulatur (von außen einstrahlende Muskulatur).
  Die Schleimhaut des Zungenrückens besteht aus einem mehrschichtig leicht verhornten Plattenepithel. In der Schleimhaut des Zungenrückens befinden sich Papillae filiformes (Fadenpapillen), Papillae foliatae (Blattpapillen), Papillae vallatae (Wallpapillen) und Papillae fungiformes (Pilzpapillen). Im Zungengrund liegt die Tonsilla lingualis („Zungenmandel").

- **Zahn:**
  Er besteht aus einer Krone und einer Wurzel. Die **Krone** ist mit Schmelz überzogen und überragt das Zahnfleisch (Gingiva). Die **Wurzel** ist mit Zement überzogen und befindet sich in der knöchernen Zahnalveole. Unter dem Schmelz und dem Zement liegt das Dentin. Dentin wird von Odontoblasten gebildet, die mit ihrem Zellkörper in der Zahnpulpa liegen. Das Desmodontium (Wurzelhaut) befestigt den Zahn in der Zahnalveole. Die Sharpey-Fasern des Desmodontiums sind schräg angeordnet, so daß sie Druck in Zug umwandeln können. Das definitive Gebiß umfaßt 32 Zähne (8 Schneidezähne, 4 Eckzähne, 8 Backenzähne und 12 Mahlzähne).

- **Speicheldrüsen:**
  Die **Ohrspeicheldrüse** (Glandula parotis) liegt in einer gemeinsamen Faszie mit dem M. masseter. Sie produziert einen dünnflüssigen (serösen) enzymhaltigen Speichel (α-Amylase). Ihr Ausführgang mündet in der Backe gegenüber dem 2. Backenzahn.

  Die **Unterkieferdrüse** (Glandula submandibularis) liegt innen neben dem Unterkiefer. Sie produziert eine Mischung aus serösem und muCösem Speichel. Ihr Ausführgang mündet links und rechts neben dem Frenulum linguae (Zungenbändchen) auf der Caruncula.

  Die **Unterzungendrüse** (Glandula sublingualis) liegt unterhalb der Zunge auf dem Mundboden. Sie produziert ein muköses Sekret (Gleitspeichel) und mündet mit mehreren Öffnungen auf der Plica sublingualis.

- **Speichel:**
  Pro Tag werden ca. 1–1,5 l Speichel produziert, der einen pH-Wert zwischen 6,2 und 7,4 hat. Durch **Parasympathikuswirkung** wird die Absonderung eines dünnflüssigen, enzymhaltigen Speichels angeregt, durch die **Sympathikuswirkung** die Absonderung eines dickflüssigen Gleitspeichels.

- **Gaumen:**
  Man unterscheidet einen harten (Palatum durum) von einem weichen Teil (Palatum molle). Der weiche Gaumen geht in das Gaumensegel mit dem Zäpfchen über (Uvula). Im Bereich der Gaumenschleimhaut münden muköse Glandulae palatinae (Gaumendrüsen), die einen Gleitspeichel produzieren.

Rachen (Pharynx):
Er besteht aus 3 Abschnitten:

- hinter der Nasenhöhle: Pars nasalis,
- hinter der Mundhöhle: Pars oralis und
- hinter dem Kehlkopf: Pars laryngea.

In der Pars oralis kreuzen Luft- und Speiseweg.

Magen-Darm-Trakt

- **Bauplan** des Magen-Darm-Traktes:
  Die röhrenförmigen Hohlorgane des Magen-Darm-Traktes weisen einen gemeinsamen Bauplan auf:

  - Mukosa (Epithel, Propria und Lamina muscularis mucosae),
  - Submukosa (Bindegewebe mit Plexus submucosus),
  - Muskularis (innere Ring-, äußere Längsmuskulatur mit dazwischenliegendem Plexus myentericus) und
  - Adventitia (Bindegewebe) oder Serosa (Peritonealüberzug).

- **Ösophagus** (Speiseröhre):
  Er ist mit einem mehrschichtig unverhornten Plattenepithel ausgekleidet. In das Lumen münden muköse Glandulae oesophageae. Der Ösophagus weist 3 Engstellen auf:

  - den oberen Ösophagussphinkter,
  - die Aortenenge (engste Stelle, max. Durchmesser 13 mm) und
  - den unteren Ösophagussphinkter.

- **Magen:** wird unterteilt in Pars cardiaca (am Mageneingang), Fundus (Magenkuppel), Korpus (Magenkörper), Antrum (Erweiterung im Bereich des Magenausgangs) und Pars pylorica (Magenpförtner). Durch den gekrümmten Verlauf entsteht eine konkave kleine Kurvatur und eine konvexe große Kurvatur. Von der kleinen Kurvatur erstreckt sich das kleine Netz (Omentum minus) bis zur Leber, von der großen Kurvatur nimmt das große Netz (Omentum majus) seinen Ursprung.

  Histologie des Magens:
  Die Magenschleimhaut besteht aus einem einschichtigen Zylinderepithel, das Felder (Areae gastricae) und Grübchen (Foveolae gastricae) aufweist. In die Foveolae gastricae münden die Magendrüsen (Glandulae gastricae). Es werden schleimproduzierende **homokrine Drüsen** (Pars pylorica, Pars cardiaca) von **heterokrinen Drüsen** unterschieden (Korpus, Fundus). Die heterokrinen Drüsen produzieren Schleim (Nebenzellen), Pepsinogen (Hauptzellen) und Salzsäure (Belegzellen). Basalgekörnte G-Zellen produzieren Gastrin. In der Magenwand wird der „intrinsic factor" (ein Glykoprotein) gebildet, der für die Aufnahme von Vitamin B_{12} verantwortlich ist.

- **Magensaftsekretion:** Die Magendrüsen produzieren pro Tag ca. 3 l Magensaft. Auch nüchtern werden 5–15 ml Magensaft pro Stunde sezerniert. In Ruhe ist der Magensaft neutral. Nach HCl-Sekretion wird ein pH-Wert von ca. 1 erreicht.

HCl aktiviert Pepsin aus Pepsinogen, denaturiert Proteine und tötet Bakterien. Pepsin spaltet Eiweiße (Proteine) in Polypeptide, die dann durch Einwirkung weiterer Enzyme in Aminosäuren gespalten werden können. Muzin dient dem Schutz der Magenschleimhaut.

Bei der Regulation der Magensaftsekretion unterscheidet man 3 Phasen: kephale Phase, gastrische Phase, intestinale Phase. Über den N. vagus wird sowohl die kephale wie auch die gastrische Phase vermittelt. Gastrointestinale Hormone sind an der Regulation beteiligt: Gastrin regt die Sekretion von HCl an, Sekretin bewirkt die HCl-Hemmung und regt die Pepsinogensekretion an.

- **Peristaltik:** Sie ist die Grundlage des Transportes von Nahrung durch den Magen-Darm-Trakt. Sie besteht aus einer Erschlaffungswelle, der sofort eine Kontraktionswelle der Ring- und Längsmuskulatur folgt.
  Man unterscheidet: Segmentationen von Peristaltik und Antiperistaltik. Propulsive Peristaltik verschiebt den Darminhalt über größere Strecken.

Dünndarm:

Er besteht aus **Duodenum** (Zwölffingerdarm), **Jejunum** (Leerdarm) und **Ileum** (Krummdarm). Im Duodenum mündet der Ductus choledochus (Galle) und der Ductus pancreaticus (Verdauungssaft des Pankreas).

Die Glandulae duodenales produzieren ein alkalisches Sekret, das den sauren Mageninhalt neutralisiert.

Die Dünndarmoberfläche ist durch Falten, Zotten, Krypten und Mikrovilli stark vergrößert (von 0,33 m^2 auf 200 m^2!). Ein Großteil des Darms ist von Peritoneum überzogen und besitzt deshalb ein Mesenterium (Dünndarmgekröse). Dieses Mesenterium führt Gefäße und Nerven an das Darmrohr heran und dient der Aufhängung des Darms. Die Blutversorgung des Dünndarms erfolgt über die A. mesenterica superior.

Das Epithel der Dünndarmschleimhaut besteht aus Enterozyten (mit Mikrovilli besetzt) und Becherzellen (Schleimproduktion). In den Zotten verlaufen Lymphgefäße (Chylusgefäße), die durch Muskelfasern der Lamina muscularis mucosae „gepumpt" werden können.

Dickdarm:

Am Übergang vom Dünndarm in den Dickdarm sitzt die Valva ilealis („Blinddarmklappe").

Der Dickdarm besteht aus: Zäkum, Kolon (ascendens, transversum, descendens, sigmoideum) und dem Rektum.

Im Dickdarm sind keine Zotten vorhanden, nur Krypten.

Die **Hauptfunktion** des Dickdarms ist die Wasserrückresorption, d.h. Eindickung des Chymus. Um die Gleitfähigkeit der Fäzes zu erhalten, sind sehr viele Becherzellen im Epithel vorhanden. Das Kolon besitzt Haustren (Ausbuchtungen), Tänien (Längsmuskelzüge) und Appendices epiploicae (Fettanhängsel).

Der **Defäkationsreflex** wird über afferente Nervenfasern in der Ampulla recti ins Centrum anospinale des Rückenmarks geleitet und von dort aus an den glatten M. sphincter ani internus und den gestreiften M. sphincter ani externus.

Leber:

- Aufbau: Die Leber besteht aus 4 Lappen: Lobus dexter, sinister, quadratus, caudatus.
  Sie ist zum größten Teil von Peritoneum überzogen; Ausnahme: Area nuda, die direkt mit dem Diaphragma in Kontakt steht.

An der Leberpforte treten die V. portae (nährstoffreich, 75%) und die A. hepatica (sauerstoffreich, 25%) in die Leber ein.

• **Histologie:** Die Baueinheit ist das Leberläppchen (Lobulus). Es besteht aus radiär um eine Zentralvene angeordneten Platten von Hepatozyten. Zwischen den Platten verlaufen die Sinusoide (gefensterte unregelmäßige Leberkapillaren). Zwischen dem Endothel und den Hepatozyten liegt der Disse-Raum. Zwischen den Hepatozyten verlaufen die Gallenkapillaren, die keine eigene Wand besitzen. Sie werden nur von der Hepatozytenmembran begrenzt. Die Blutversorgung der Lobuli erfolgt durch Äste der A. hepatica und der V. portae, die zusammen mit einem Gallengang (mit eigener Wand) im periportalen Feld die Glisson-Trias bilden. Die Wand der Lebersinusoide wird von gefenstertem Endothel und von Kupffer-Zellen, die zum MPS gehören, gebildet.

Gallenblase (Vesica biliaris):
Sie speichert die von der Leber produzierte **Galle**. Sie mündet über den Ductus cysticus in den Ductus hepaticus, der damit zum Ductus choledochus wird.
Pro Tag werden von der Leber ca. 600–800 ml Galle gebildet.

Bestandteile der Galle:

– Gallensäuren (Emulgierung und Dispergierung von Lipiden),
– Gallenfarbstoffe (Biliverdin, Bilirubin aus dem Hämoglobinabbau),
– Cholesterin,
– Phospholipide (Lezithin) und Enzyme.

5% der Gallensäuren müssen täglich neu produziert werden; 95% werden durch den enterohepatischen Kreislauf wieder aus dem Darm, über das Blut, in die Galle zurückgeführt.

Bauchspeicheldrüse (Pankreas):
Das Pankreas ist eine exokrine Drüse, die endokrine Inseln enthält (Glukagon, Insulin).
Am Pankreas unterscheidet man: Caput, Corpus, Cauda.

Die **Cauda** läuft bis zur Milz, der **Caput** liegt im C des Duodenums. Der Ductus pancreaticus mündet im Duodenum auf der Papilla duodeni. Die Drüsenendstücke des exokrinen Pankreas (Acini) bilden den Pankreassaft in Form von Zymogengranula. Die **Zymogengranula** enthalten inaktive Vorstufen von Enzymen:

Proteolytisch (eiweißzersetzend) wirken Trypsin, Chymotrysin, Carboxypeptidase, Elastase. **Lipolytisch** (fettzersetzend) wirken Pankreaslipase, Phospholipase, diverse Esterasen. **Kohlenhydratspaltend** wirkt die α-Amylase.

Wirkung der Enzyme:
Proteolytische Enzyme zerlegen die Proteine und Peptide in Aminosäuren. Lipolytische Enzyme (Lipasen) setzen aus den Lipiden (Triglyzeride) Fettsäuren, Glyzerin und Monoglyzeride frei.
Kohlenhydratspaltende Enzyme zerlegen Stärke, Glykogen und hochmolekulare Zucker in Glukose und niedermolekulare Zuckermoleküle.

Mit der **Resorption** werden die Untereinheiten der Nahrung in den Körper aufgenommen, um dann in körpereigene Proteine, Lipide und Kohlenhydrate umgebaut zu werden. Gleichzeitig werden dem Chymus Elektrolyte, Vitamine und Spurenelemente entnommen; sie sind für den Körper lebensnotwendig.

11 Harnapparat

Noch im letzten Jahrhundert war man der Auffassung, daß der Harnapparat lediglich exkretorische Funktion habe. Heute weiß man, daß er darüber hinaus für die Regulation des Wasser-Elektrolyt-Haushalts und des Säure-Basen-Haushalts verantwortlich ist. Außerdem ist die Niere als endokrines Organ tätig. In Tabelle 11.1 sind die wichtigsten Funktionen, die der Harnapparat ausführt oder an denen er teilnimmt, aufgeführt.

Um die in Tabelle 11.1 genannten Aufgaben durchführen zu können, stehen dem Körper folgende Organe zur Verfügung (s. Abb. 11.1):

Bestandteile des Harnapparates:
- Niere (Ren)
- Nierenbecken (Pelvis, Pyelon) ⎫
- Harnleiter (Ureter)   ⎬ ableitende
- Harnblase (Vesica urinaria)   ⎪ Harnwege
- Harnröhre (Urethra)   ⎭

11.1 Anatomie der Niere

11.1.1 Größe, Form und Lage

Größe: Die Niere ist 12 cm lang, 6 cm breit und 3–4 cm hoch.
Eine Niere hat ein Gewicht von ca. 150 g.

Tabelle 11.1. Funktionen des Harnapparates

Funktion	Betroffen
Exkretion	Harnstoff
	Harnsäure
	Kreatinin
	Giftstoffe
	Pharmaka etc.
Regulation	Wasser-Elektrolyt-Haushalt (osmot. Druck)
	Säure-Basen-Haushalt
Hormonsekretion	Renin
	Erythropoietin
	Vitamin-D-Hormon

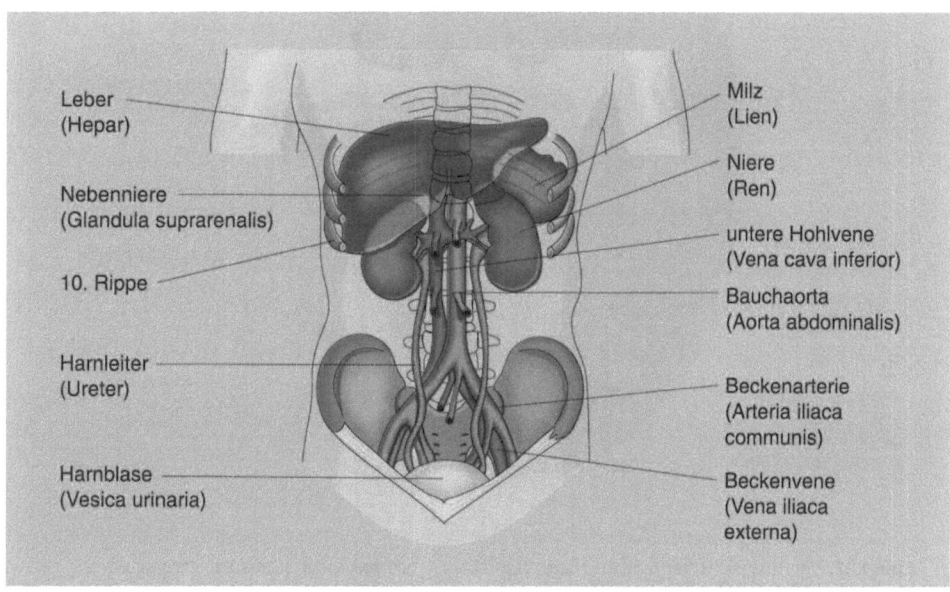

Leber (Hepar)

Nebenniere (Glandula suprarenalis)

10. Rippe

Harnleiter (Ureter)

Harnblase (Vesica urinaria)

Milz (Lien)

Niere (Ren)

untere Hohlvene (Vena cava inferior)

Bauchaorta (Aorta abdominalis)

Beckenarterie (Arteria iliaca communis)

Beckenvene (Vena iliaca externa)

Abb. 11.1. Ventralansicht der inneren Organe des Harnapparates und ihre Lage im Körper

Form: Ihre Form ist allgemein so gut bekannt, daß daraus der geläufige Ausdruck „nierenförmig" entstanden ist (Abb. 11.2).

Lage: Die beiden Nieren liegen in der Lendengegend beiderseits der Wirbelsäule und hinter dem Bauchfell, d.h. retroperitoneal. Mit ihrem oberen Pol grenzt die linke Niere an die 11. Rippe, die rechte Niere liegt etwas tiefer und reicht mit ihrem oberen Pol nur bis an die 12. Rippe. Auf beiden Nieren sitzt am oberen Pol die Nebenniere (s. Kap. 12 Endokrinologie). Oberhalb der linken Niere befindet sich die Milz, oberhalb der rechten Niere die Leber. Der untere Pol der Nieren liegt in der Gegend des 3. Lendenwirbels, links ca. 4 cm und rechts ca. 2,5 cm oberhalb des Darmbeinkamms (Crista iliaca). An der medialen Seite sind die Nieren stark eingebuchtet. Hier treten die Arterien und die vegetativen Nerven ein,

die Venen und Lymphgefäße sowie das Nierenbecken dagegen treten aus. Dieses Gebiet wird wie bei den anderen Organen auch als Pforte (Hilum) bezeichnet. Die nach Entfernung der entsprechenden zu- und ableitenden Strukturen verbleibende Einbuchtung der medialen Nierenseite wird als Nierenbucht oder Nierensinus (Sinus renalis) bezeichnet.

11.1.2 Befestigung und Beweglichkeit der Niere

Die unmittelbare Nähe des Zwerchfells, das sich bei Atmung nach oben und unten bewegt, bringt es mit sich, daß die Nieren, die im Fett des Retroperitonealraums (hinter dem Bauchfell) eingebettet sind, mit jedem Atemzug die Bewegungen des Zwerchfells mitmachen. Dabei beträgt die maximale Lagever-

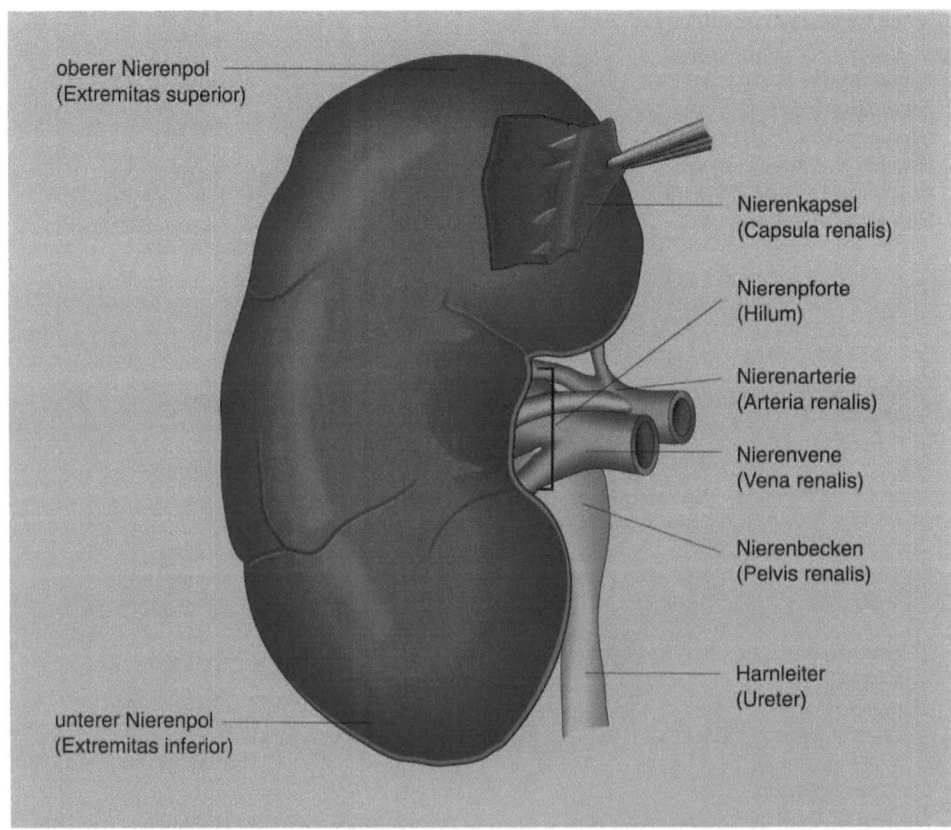

oberer Nierenpol
(Extremitas superior)

Nierenkapsel
(Capsula renalis)

Nierenpforte
(Hilum)

Nierenarterie
(Arteria renalis)

Nierenvene
(Vena renalis)

Nierenbecken
(Pelvis renalis)

Harnleiter
(Ureter)

unterer Nierenpol
(Extremitas inferior)

Abb. 11.2. Ventralansicht der rechten Niere. Das Nierenbecken befindet sich hinter dem Gefäßstiel und ist damit operativ gut zugänglich. Der äußere Teil der Nierenkapsel (Capsula fibrosa) ist nur mit wenigen Bindegewebsfasern mit der Niere verbunden und kann bei einer Dekapsulation entfernt werden

schiebung zwischen Inspiration und Exspiration ca. 3 cm.

Die Lageveränderung der Niere, die auch beim Übergang zwischen Stehen, Sitzen und Liegen stattfindet, wird ermöglicht durch den relativ lockeren Einbau der Niere in das retroperitoneale Fettgewebe, das seinerseits von einem Fasziensack, der aus derbem Bindegewebe besteht, umschlossen wird. Dieser Fasziensack ist nach medial und kaudal hin offen.

Das Fett, in das die Nieren eingebettet sind, wird mit einem Teil zum Baufett (innerer Teil) und mit einem anderen Teil zum Speicherfett (äußerer Teil) gerechnet. Bei langdauernden Hungerzuständen und unter pathologischen Bedingungen kann sowohl das Speicherfett wie letztlich auch das Baufett eingeschmolzen werden. Daraus resultiert eine größere Beweglichkeit der Niere (Ren mobilis, Wanderniere).

Für eine gewisse Lagebeständigkeit der Niere sind neben dem Fettkörper aber auch der Gefäßstiel und der Bauchhöhleninnendruck verantwortlich. Bänder zur Befestigung – wie bei anderen Organen – sind bei den Nieren nicht vorhanden.

Durch die Lage der Nieren direkt unterhalb der 11. bzw. 12. Rippe ist bei stumpfen Traumen in der Brustregion mit Rippenbrüchen auch immer die Gefahr einer Nierenverletzung gegeben. Daran sollte man bei Brüchen der unteren Rippen denken.

11.1.3 Bestandteile der Niere

Am Längsschnitt durch die Nieren (Abb. 11.3) lassen sich makroskopisch folgende Bestandteile erkennen:

- Kapsel (Capsula fibrosa),
- Rinde (Cortex renalis),
- Mark (Medulla renalis),
- Nierenbecken (Pelvis renalis).

Nierenkapsel

Die Nieren sind von einer zweischichtigen fibrösen Kapsel überzogen:
Tunica fibrosa, außen: Sie besteht aus derbem Bindegewebe.
Tunica subfibrosa, innen: Sie ist von glatten Muskelzellen durchzogen und mit der Nierenoberfläche verwachsen.

Die äußere Fibrosa ist nur durch lockere Bindegewebefasern mit der Subfibrosa verbunden, so daß sie von dieser abgestreift werden kann.

Eine Dehnung der Niere führt zu einem Druck auf die Nierenkapsel, die sehr viele schmerzleitende Nervenfasern enthält und damit der eigentliche Ort der Empfindung von Nierenschmerzen ist. Das Nierenparenchym selbst enthält keine Schmerzfasern. Nierenkoliken z.B. werden durch die Schmerzfasern der Kapsel empfunden.

Wenn bei Stauungsnieren extreme Schmerzen auftreten und die Gefahr einer Nierenkompression (Quetschung) besteht, kann es nötig werden, die Nierenkapsel zu entfernen. Dies wird als Dekapsulation bezeichnet (s. Abb. 11.2).

Die äußere Schicht (Tunica fibrosa) besteht v.a. aus Kollagenfasern, die nur sehr wenig dehnbar sind. Deshalb kann es bei Vorhandensein einer Stauungsniere zur Kompression des Nierenparenchyms mit daraus resultierender Degeneration (Rückbildung) einzelner Nierenbezirke oder der ganzen Niere kommen.

Nierenrinde und Nierenmark

Ein Längsschnitt durch die Nieren zeigt ihren Aufbau deutlich (s. Abb. 11.3). Unter der bindegewebigen **Nierenkapsel** liegt eine ca. 1 cm breite braune Zone, in der auch mit bloßem Auge eine Vielzahl feinster dunkelroter Punkte sichtbar ist. Diese braun gefärbte Zone ist die **Nierenrinde** (Cortex renalis), die roten Pünktchen sind die **Nierenkörperchen** (Corpuscula renalia).

Neben den Nierenkörperchen enthält die Rinde aber auch die gewundenen Anteile der Nierenkanälchen und eine große Anzahl von Gefäßen.

Die Nierenrinde sitzt auf Markpyramiden (Pyramides renales) und umgreift diese auch mit sog. **Bertini-Säulen** (Columnae renales), die bis an das Nierenhilum heranreichen. Die Rinde ist also nicht nur auf den äußeren Bereich der Niere begrenzt, sondern sitzt kappenförmig auf den **Markpyramiden** und reicht damit bis in das Innere der Niere, d.h. bis an das Nierenbecken heran. Die Spitzen der Markpyramiden ragen in das Nierenbecken hinein und bilden die **Nierenpapillen** (Papillae renales).

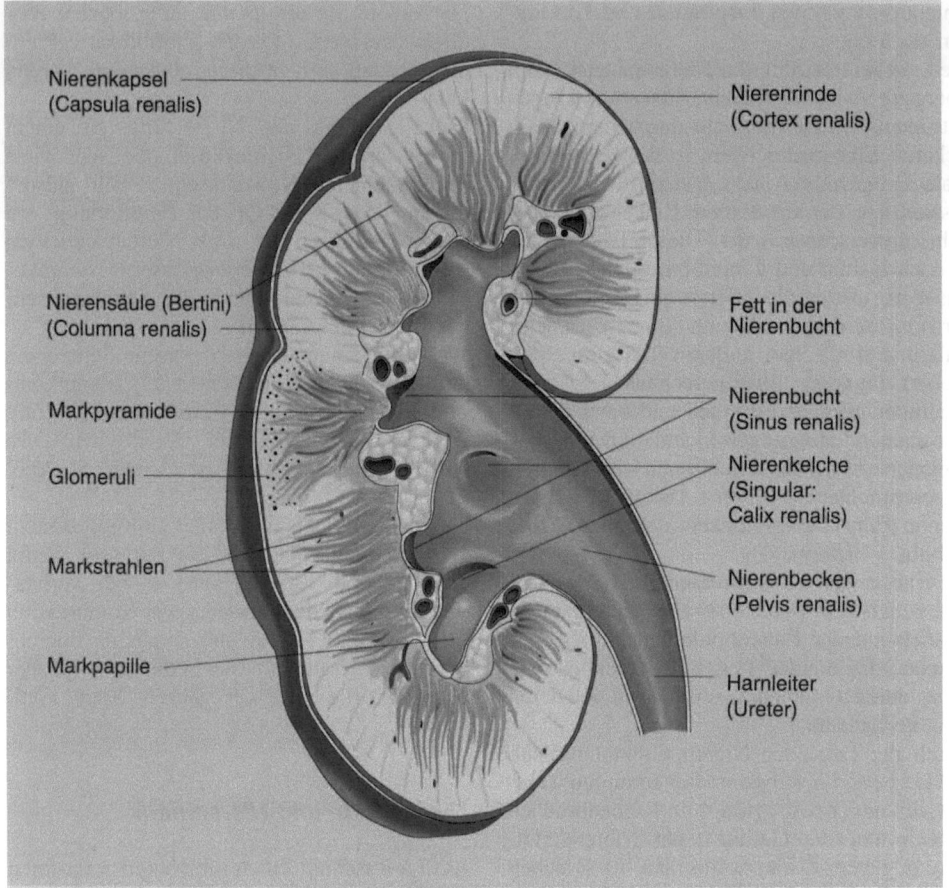

Nierenkapsel
(Capsula renalis)

Nierensäule (Bertini)
(Columna renalis)

Markpyramide

Glomeruli

Markstrahlen

Markpapille

Nierenrinde
(Cortex renalis)

Fett in der
Nierenbucht

Nierenbucht
(Sinus renalis)

Nierenkelche
(Singular:
Calix renalis)

Nierenbecken
(Pelvis renalis)

Harnleiter
(Ureter)

Abb. 11.3. Längsschnitt durch die Niere, auf dem die Unterteilung in Rinde und Mark deutlich wird. Die Rinde besteht aus dem äußeren helleren Randgebiet und den zwischen die Markpyramiden reichenden Bertini-Säulen. Die Spitzen der Markpyramiden, die Nierenpapillen, werden von den Nierenkelchen umgriffen, die damit den aus den Papillenspitzen herausträufelnden Harn aufnehmen und in das Nierenbecken weiterleiten

Auf einem Nierenschnitt sieht man bei näherer Betrachtung, daß die Rindensubstanz nicht nur die Markpyramiden umgreift, sondern daß von den Markpyramiden auch sog. **Markstrahlen** in die Rinde aufsteigen. Markpyramiden und Markstrahlen weisen eine Längsstreifung auf. Diese Längsstreifung ist durch parallele Anordnung der geraden Anteile der Nierenkanälchen sowie durch die Sammelrohre und die Kapillaren entstanden. Damit wird die Gliederung der Niere in Rinde und Mark verständlich:

Die **Rinde** enthält zur Hauptsache die Nierenkörperchen und die gewundenen Anteile der Nierenkanälchen.

Das **Mark** enthält v.a. die Sammelrohre und die geraden Teile der Nierenkanälchen.

Entsprechend dem Aufbau des Marks in Pyramiden, die an der Spitze zusammenlaufen (konvergieren), fließen die Sammelrohre ebenfalls konvergierend und in ihrer Zahl abnehmend auf die Spitze der Pyramide zu, wo sie in sog. Papillengängen (Ductus papillares) einmünden, die in einer Art Siebplatte (Area cribrosa) schließlich in die **Nierenkelche** münden.

Nierenbecken

Das Nierenbecken (Pelvis renalis) kleidet, quasi als Futter, den Nierensinus aus. Im Bereich der Papillen ist das Nierenbecken fest mit der Niere verwachsen, so daß es sich becherartig über die einzelnen Papillen stülpt. Damit liegen die Spitzen der Markpyramiden, nämlich die Papillen, in einer kelchartigen Einstülpung des Nierenbeckens. Aus diesem Grund werden die Einstülpungen auch **Nierenkelche** (Singular: Calix renalis) genannt.

Zwischen den einzelnen Papillen liegt das Nierenbecken locker auf einer fettreichen Bindegewebeschicht. Je nach Anzahl der vorhandenen Nierenpapillen münden ca. 5–20 Nierenkelche in das Nierenbecken.

Der griechische Name für Nierenbecken ist **Pyelon**: Daraus leiten sich verschiedene in der Klinik gebräuchliche Bezeichnungen ab, z.B. **Pyelogramm** (Röntgenaufnahme des Nierenbeckens), **Pyelitis** (Nierenbeckenentzündung).

11.1.4 Gefäßversorgung der Niere

Die Gefäßversorgung der Niere ist komplex, da dieselben Gefäße auf der einen Seite der Funktion und auf der anderen Seite der Ernährung der Niere dienen. Die linke und die rechte Nierenarterie (A. renalis sinistra und A. renalis dextra) sind Äste der unteren Körperschlagader (Aorta abdominalis). Sie treten am Hilum der jeweils zugehörigen linken oder rechten Niere ein, wo sie sich in 5 Hauptäste (**Segmentarterien**) aufteilen.

Morphologisch und funktionell sind die Segmentarterien Endarterien. Mit dem lateinischen Namen heißt die einzelne Segmentarterie A. interlobaris. Aus ihr geht die **Bogenarterie** hervor (A. arcuata), die radiär gestellte, in die Rinde verlaufend **Radiärarterien** (A. interlobularis) abgibt. Aus diesen Radiärarterien entspringen viele zuführende Arterien (A. oder Vas afferens). Diese münden schließlich in den für die Funktion der Niere so wichtigen **Glomerulus**. Das ist ein Knäuel von Kapillaren, aus dem im Nierenkörperchen der Primärharn abfiltriert wird.

Dem Glomerulus schließt sich die abführende Arterie (A. oder Vas efferens) an, die in ein Kapillarnetz übergeht, aus dem der venöse Schenkel des Nierengefäßsystems hervorgeht (s. unten). Schematisch können die **Nierengefäße** wie folgt dargestellt werden:

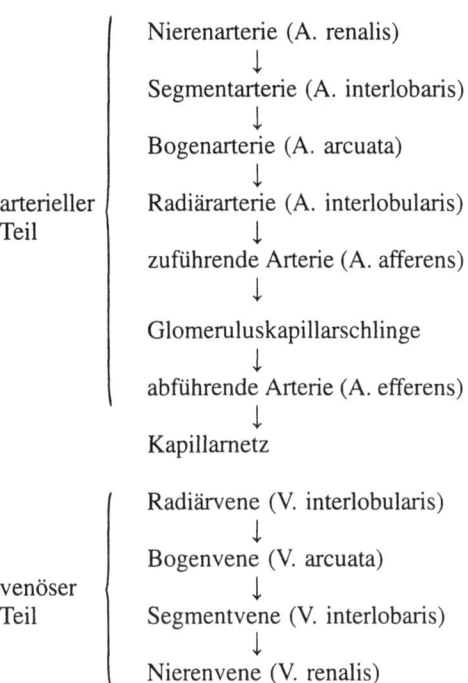

arterieller Teil

Nierenarterie (A. renalis)
↓
Segmentarterie (A. interlobaris)
↓
Bogenarterie (A. arcuata)
↓
Radiärarterie (A. interlobularis)
↓
zuführende Arterie (A. afferens)
↓
Glomeruluskapillarschlinge
↓
abführende Arterie (A. efferens)
↓
Kapillarnetz

venöser Teil

Radiärvene (V. interlobularis)
↓
Bogenvene (V. arcuata)
↓
Segmentvene (V. interlobaris)
↓
Nierenvene (V. renalis)

Die **A. renalis** entspringt aus der Aorta abdominalis, die **V. renalis** mündet in die V. cava inferior.

Neben den Verbindungen zwischen Arterien und Venen, die über den Glomerulus laufen, sind in der Niere viele direkte Verbindungen zwischen Arterien und Venen vorhanden (Anastomosen).

Das Mark wird über gestreckte Gefäße versorgt (Arteriolae rectae), die entweder aus der A. efferens oder aus der A. arcuata hervorgehen. Nach Aufzweigung in ein Kapillarnetz fließt das Blut aus dem Mark wieder über gestreckte Venen (Venulae rectae) in die Bogenvenen zurück (s. Abb. 11.4).

11.1.5 Mikroskopische Anatomie und Histologie der Niere

Nephron

Die morphologische **Baueinheit** der Niere ist das **Nephron**. Es besteht aus dem Nierenkörperchen (Corpusculum renale) und dem dazugehörigen Nierenkanälchen (Tubulus renalis) mit seinen gewundenen und geraden Anteilen bis zu dessen Einmündung in das Sammelrohr (Abb. 11.5).

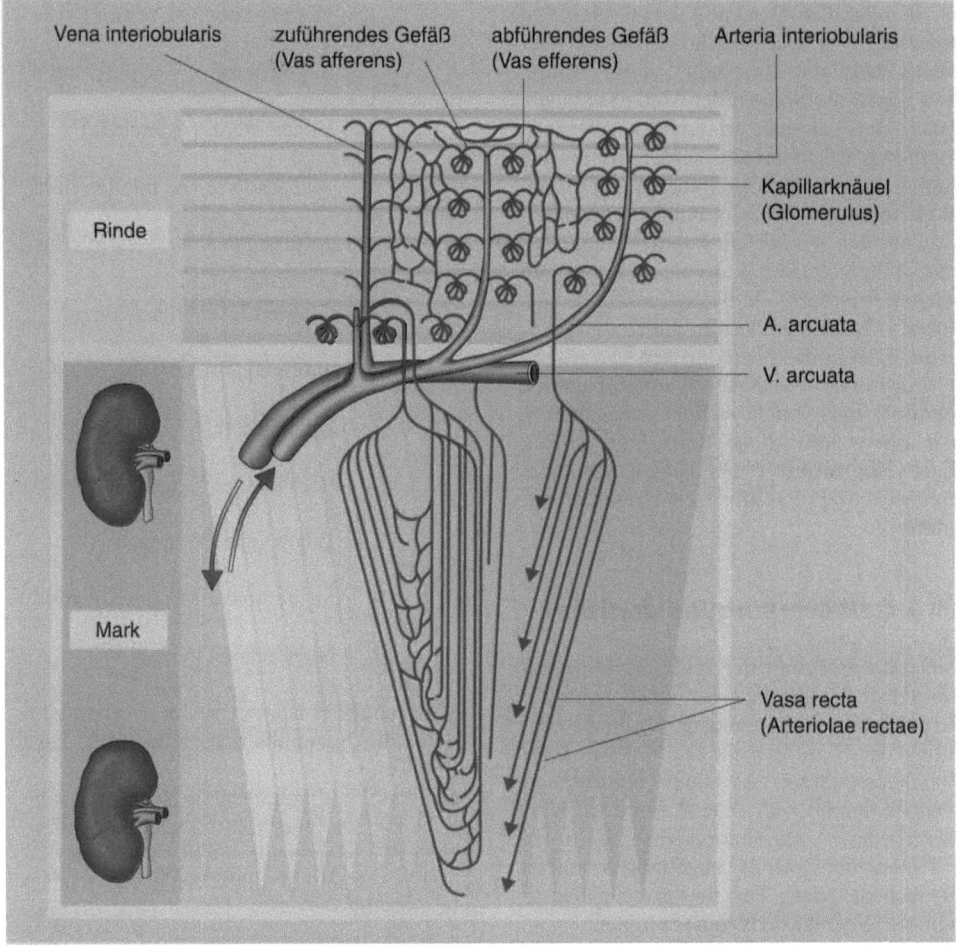

Abb. 11.4. Gefäßversorgung der Niere. Die beiden *Pfeile* geben die Flußrichtung des Blutes in der A. und V. interlobaris an, aus denen die A. und V. acruata (Bogenarterie und Bogenvene) hervorgehen. Diese verlaufen an der Grenze zwischen Rinde und Mark.

Zwischen dem Vas afferens (zuführende Arterie) und dem Vas efferens (abführende Arterie) ist ein Kapillarknäuel (Glomerulus) eingeschaltet. Zusammen mit der Bowman-Kapsel bilden die Kapillarknäuel das Nierenkörperchen

Bestandteile des Nephrons:

- Nierenkörperchen (Corpusculum renale) mit Bowman-Kapsel und Glomerulus,
- proximaler Tubulus mit Pars recta und Pars convoluta,
- Intermediärtubulus mit Pars descendens und Pars ascendens,
- distaler Tubulus mit Pars recta und Pars convoluta.

Pars recta des proximalen Tubulus und Pars recta des distalen Tubulus werden mit dem Intermediärtubulus zur Henle-Schleife zusammengefaßt.

Jede menschliche Niere enthält ungefähr *eine Million* solcher Nephrone, die in ihrer Gesamtheit den größten Teil des Nierenparenchyms ausmachen.

Nierenkörperchen

Das Nierenkörperchen ist ca. 200–300 μm groß und makroskopisch gerade noch als roter Punkt im Nierenschnitt sichtbar (die Auflösungsgrenze des Auges liegt bei ca. 100 μm). Seine Bestandteile sind der Glomerulus und die Bowman-Kapsel.

Der **Glomerulus** ist eine Ansammlung von ca. 30 Kapillarschlingen, die aus der Arteriola afferens hervorgehen und den blindsack-

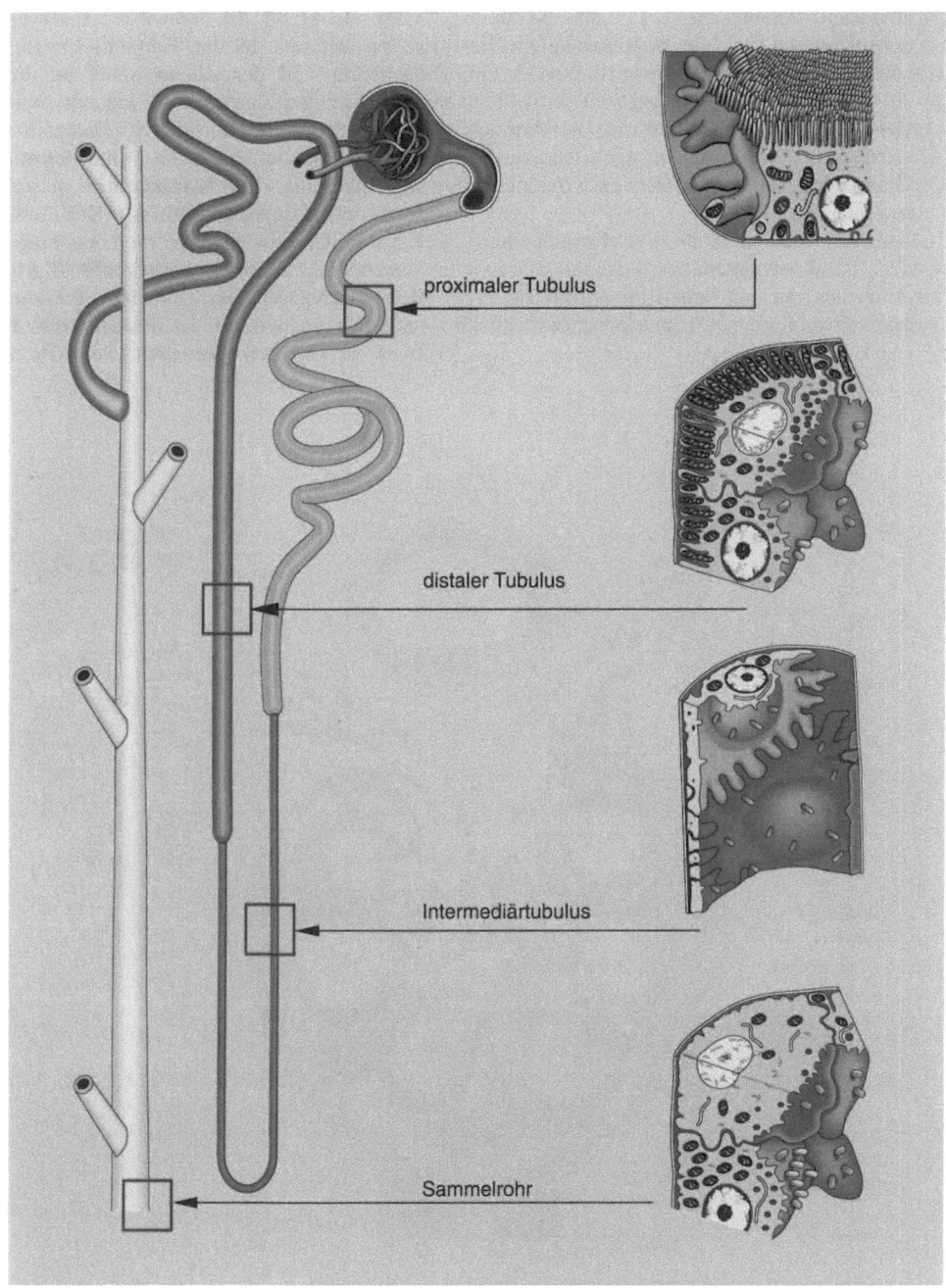

proximaler Tubulus

distaler Tubulus

Intermediärtubulus

Sammelrohr

Abb. 11.5. Schema des Nephrons und des Sammelrohrs. Das Nephron besteht aus proximalem Tubulus, Intermediärtubulus und distalem Tubulus. Die geraden Bestandteile des Nephrons (Singular: Pars recta, Plural: Partes rectae) befinden sich im Mark oder in den Markstrahlen, die gewundenen Bestandteile (Singular: Pars convoluta, Plural: Partes convolutae) befinden sich in der Rinde. Auf der *rechten Seite* sind die histologischen Merkmale der Nephronabschnitte und des Sammelrohrs dargestellt. Für den proximalen Tubulus ist ein Bürstensaum aus Mikrovilli typisch, der distale Tubulus weist eine basale Streifung auf, die aus Mitochondrien und interdigitierenden Zellausläufern besteht

ähnlichen Anfangsteil des Tubulussystems einstülpen, so daß ein doppelwandiger Becher, die Bowman-Kapsel, entsteht. Der Ort, an dem diese Kapsel eingestülpt wird, heißt Gefäßpol. An diesem Ort tritt die Arteriola afferens in die Kapsel ein; nach Bildung des Glomerulus tritt sie als Arteriola efferens hier auch wieder aus.

Auf der anderen Seite des Korpuskulums, dem Gefäßpol gegenüber, liegt der Harnpol, durch den der aus dem Blut abfiltrierte Primärharn in das Tubulussystem eintritt (Abb. 11.6).

Wird die Wand der Bowman-Kapsel eingestülpt, legt sich der den Kapillarschlingen benachbarte Teil der Kapsel sehr eng an die einzelnen Schlingen an. Dadurch entsteht zwischen dem auf diese Art gebildeten Glomerulus und der seitlichen Wand der Kapsel ein Spaltraum, der **Kapselraum**. In diesen wird der Primärharn filtriert. Der Teil der Kapsel, der das Nierenkörperchen nach außen begrenzt, ist das **parietale Blatt** der Bowman-Kapsel. Der Teil, der die Glomeruluskapillaren bedeckt, ist das **viszerale Blatt** (Abb. 11.7). Parietales und viszerales Blatt

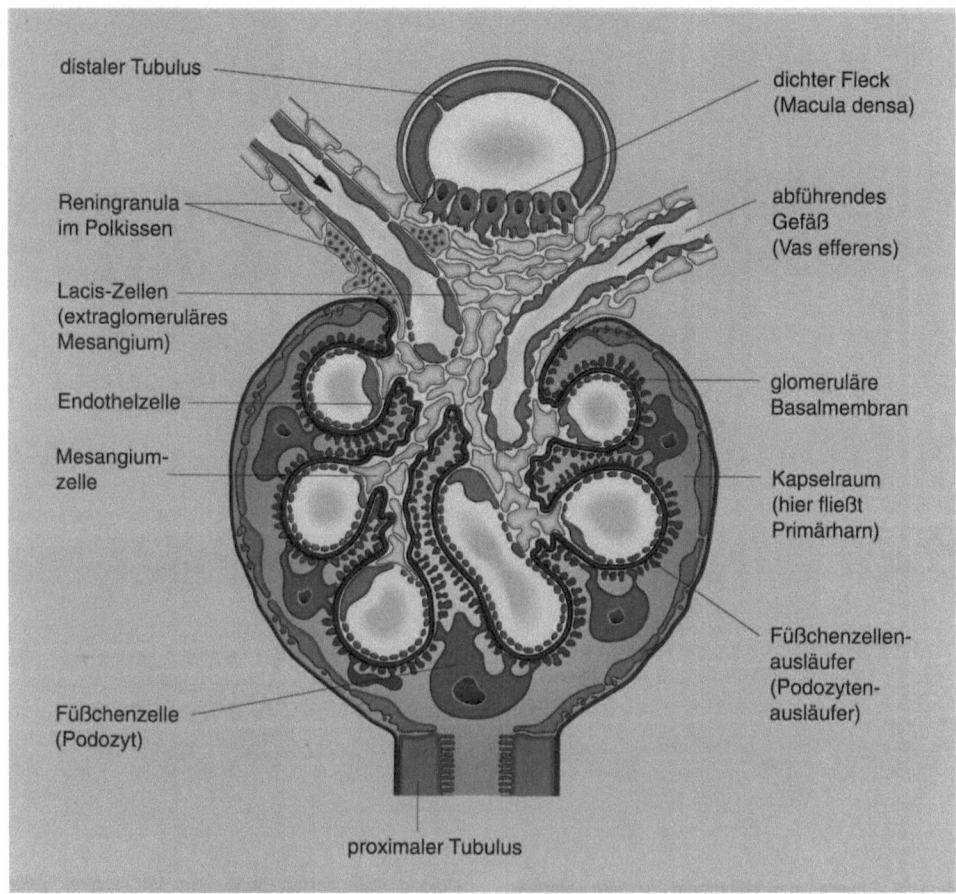

Abb. 11.6. Nierenkörperchen (Corpusculum renale) mit dem juxtaglomerulären Apparat. Dieser besteht aus der Macula densa (dichter Fleck), dem Polkissen und den Lacis-Zellen (extraglomeruläres Mesangium). Am oberen Teil des Nierenkörperchens befindet sich der Gefäßpol, an dem die Gefäße (Vas afferens und Vas efferens) ein- und austreten. Am unteren Teil der Kapsel befindet sich der Harnpol, an dem der

Primärharn aus dem Kapselraum in den proximalen Tubulus fließt. Die eigentlichen Mesangiumzellen (innerhalb des Nierenkörperchens) gehören zum Aufhängeapparat des Nierenkörperchens und sind am Abbau der glomulären Basalmembran beteiligt. Die Füßchenzellen (Podozyten) bilden mit der glomerulären Basalmembran und dem Kapillarendothel das Filter für die Primärharnbildung

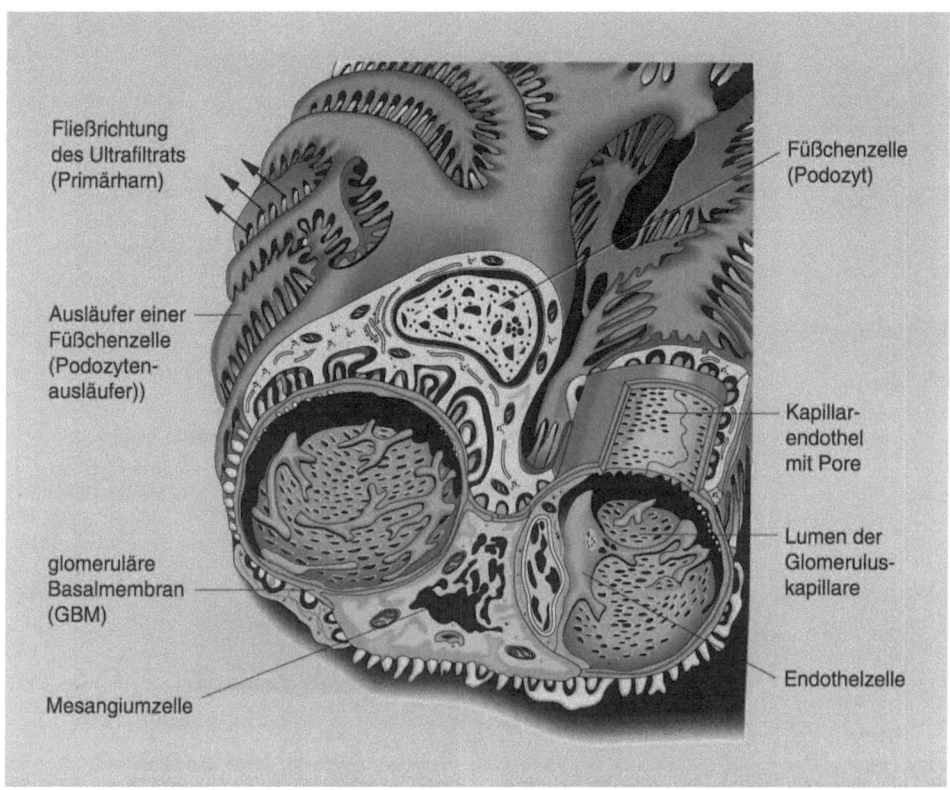

Fließrichtung des Ultrafiltrats (Primärharn)

Ausläufer einer Füßchenzelle (Podozyten- ausläufer))

glomeruläre Basalmembran (GBM)

Mesangiumzelle

Füßchenzelle (Podozyt)

Kapillar- endothel mit Pore

Lumen der Glomerulus- kapillare

Endothelzelle

Abb. 11.7. Detailzeichnung zweier Kapillarschlingen des Glomerulus mit Darstellung des Nierenfilters. Der innerste Teil des Filters wird durch das mit Poren versehene Kapillarendothel gebildet. Die glomeruläre Basalmembran steht in direktem Kontakt mit den Zellen des Mesangiums und kann durch diese im Rahmen der Erneuerung abgebaut werden (s. auch Abb. 11.6). Der äußerste Teil des Nierenfilters wird durch die miteinander verzahnten Ausläufer der Füßchenzellen (Podozyten) gebildet. Die Kapillarschlingen ragen in den Kapselraum hinein, sie werden von Primärharn umgeben

gehen am Gefäßpol ineinander über. Die Zellen des viszeralen Blattes sind außerordentlich stark verästelt und bedecken mit ihren Ausläufern (Fußfortsätze) die zwischen ihnen und dem Endothel der Kapillaren gelegene Basalmembran vollständig. Damit kommt ihnen (im weiter unten besprochenen Filtrationsvorgang) eine entscheidende Rolle zu. Wegen ihrer Fußfortsätze werden diese Zellen Füßchenzellen (Podozyten) genannt.

Das Kapillarendothel des Glomerulus ist gefenstert; seine Poren haben eine Größe von ca. 20–30 nm.

Die Basalmembran zwischen Endothel und Podozyten sieht im Elektronenmikroskop zwar homogen aus (Abb. 11.8), weist aber trotzdem Poren auf, die eine Größe zwischen 7 und 12 nm besitzen. Die zwischen den Fußfortsätzen der Podozyten liegenden Zwischenräume schließlich haben eine Größe von ca. 8 nm.

Zwischen den Kapillarschlingen befinden sich Zellen, deren Gesamtheit als Aufhängeapparat des Glomerulus (Mesangium) bezeichnet wird. Die Zellen heißen **Mesangiozyten** (s. Abb. 11.7). Sie sind am Abbau der glomerulären Basalmembran beteiligt, die von 2 Seiten, dem Kapillarendothel und den Podozyten, aufgebaut wird. Die Mesangiozyten sind für die Aufrechterhaltung des Gleichgewichts zuständig. Sie dürfen nicht verwechselt werden mit den Lacis-Zellen, die außerhalb des Korpuskulums zwischen A. afferens und A. efferens sitzen und auch als extraglomeruläres Mesangium bezeichnet werden.

Die Gesamtlänge der Glomeruluskapillarschlingen beträgt ca. 25 km pro Niere. Bei

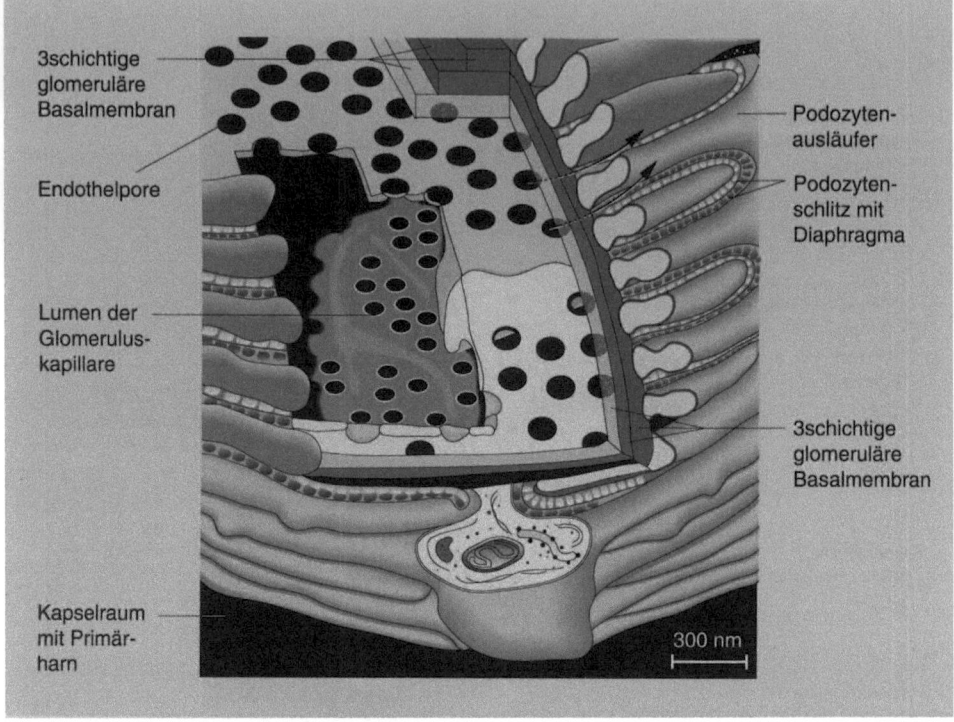

3schichtige
glomeruläre
Basalmembran

Endothelpore

Lumen der
Glomerulus-
kapillare

Podozyten-
ausläufer

Podozyten-
schlitz mit
Diaphragma

3schichtige
glomeruläre
Basalmembran

Kapselraum
mit Primär-
harn

300 nm

Abb. 11.8. Stark vergrößerte Zeichnung des Nierenfilters mit Blickrichtung aus dem Kapselraum auf die Podozyten (Füßchenzellen). Die glomeruläre Basalmembran ist 3schichtig. Der Schlitz zwischen den Ausläufern der Podozyten wird durch das Schlitzdiaphragma überdeckt. Durch das *Fenster auf der linken Seite* blickt man in das Lumen der Glomeruluskapillare und auf das Kapillarendothel der gegenüberliegenden Gefäßseite mit seinen Poren. Einige Poren können mit einem Diaphragma verschlossen sein

einem durchschnittlichen Durchmesser der Kapillaren von 10 μm ergibt sich daraus für beide Nieren zusammen eine Filtrationsfläche von 1,5 m². Über diese enorme Filtrationsfläche wird der Primärharn (ca. 150–180 l/Tag) gebildet. Da die Kapillarschlingen, die den Primärharn abfiltrieren, innerhalb des Corpusculum renis liegen, wird das Korpuskulum auch als **Primärharnbildner** bezeichnet.

Als **Sekundärharnbildner** werden die Nierentubuli und die Sammelrohre bezeichnet.

Nierentubulus

Obwohl der Primärharn durch die Tubuli fließt, sind diese nicht zum ableitenden Harnsystem zu rechnen, sondern sie gehören im eigentlichen Sinn zum harnbildenden System. In den Tubuli laufen alle Prozesse ab, die den Sekundärharn in seiner Form, wie er als Urin ausgeschieden wird, entstehen lassen. Der in den Nierenkörperchen abfiltrierte Primärharn wird durch Sekretion sowie aktive und passive Rückresorption derart verändert, daß dar-

aus die 1,5 l definitiven Harns entstehen, die der Mensch durchschnittlich pro Tag abgibt.

Die verschiedenen Vorgänge wie Sekretion, aktive und passive Rückresorption finden ihren morphologischen Ausdruck in der unterschiedlichen Ausbildung der einzelnen Tubulusabschnitte.

Der Nierentubulus (Tubulus renalis) ist in der Regel mehrere Zentimeter lang und unverzweigt. Er beginnt am Harnpol des Nierenkörperchens und ist aus einem einschichtigen Epithel aufgebaut, das auf einer Basallamina sitzt. Am Nierentubulus werden 3 Abschnitte unterschieden. Diese Abschnitte unterscheiden sich hinsichtlich der Anordnung (gewunden oder gestreckt) und hinsichtlich der Strukturen ihrer Epithelzellen deutlich voneinander. Es sind dies:

- proximaler Tubulus (frühere Bezeichnung: Hauptstück),
- Intermediärtubulus (frühere Bezeichnung: Überleitungsstück),

- distaler Tubulus (frühere Bezeichnung: Mittelstück).

Proximaler Tubulus: Der proximale Tubulus ist ca. 15 mm lang. Er beginnt am Harnpol des Nierenkörperchens mit der Pars convoluta, die in der Umgebung des Nierenkörperchens ein Knäuel bildet. Der Pars convoluta schließt sich die Pars recta an, die mehr oder weniger gestreckt im Mark oder in den Markstrahlen verläuft. Morphologisch sind die Zellen des proximalen Tubulus gekennzeichnet durch ein hohes kubisches Epithel, dessen Zellgrenzen im Lichtmikroskop nicht klar hervortreten. Die an die Tubuluslichtung grenzende Oberfläche der Zellen ist mit einem aus Mikrovilli bestehenden „Bürstensaum" besetzt. An der Zellbasis ist eine deutliche Streifung sichtbar, die durch Einstülpung der Zellmembran hervorgerufen wird, in die zahlreiche längsgestellte Mitochondrien eingelagert sind (s. Abb. 11.5). Dies wird basale Streifung oder **basales Labyrinth** genannt und ist ein Ausdruck der starken Transportaktivität dieser Zellen. Die Mitochondrien, als Kraftwerke der Zellen, stellen die für den Transport benötigte Energie zur Verfügung.

Intermediärtubulus: Der Intermediärtubulus ist unterschiedlich lang. Seine Länge ist abhängig davon, ob er zu einem marknahen oder zu einem weiter oben in der Rinde gelegenen Korpuskulum gehört. Er kann bis zu 10 mm lang sein. Er ist immer gestreckt (nicht gewunden) und zieht haarnadelförmig durch das Mark hindurch. Wegen seines sehr dünnen Epithels hat er den kleinsten Querschnitt im Tubulussystem. Seine Zellkerne springen buckelartig ins Lumen vor. Das Zytoplasma ist im Vergleich zu den beiden anderen Tubulusabschnitten relativ arm an Organellen.

Distaler Tubulus: Der distale Tubulus ist ca. 12 mm lang und setzt mit seiner Pars recta den wieder aus dem Mark aufsteigenden Schenkel des Intermediärtubulus fort. Er kehrt in die Nähe des zugehörigen Nierenkörperchens zurück und bildet in dessen Umgebung die knäuelförmige Pars convoluta. Im Gegensatz zum proximalen Tubulus trägt der distale Tubulus an seiner freien Oberfläche keinen Bürstensaum, er ist somit im Lichtmikroskop scharf abgegrenzt (s. Abb. 11.5). Sein Lumen ist weiter, die Epithelzellen sind niedriger und heller. Am Übergang der Pars recta in die Pars convoluta legt sich die Wand des Tubulus der Wand der Arteriola afferens an und bildet hier die Macula densa. Die Macula densa gehört zum sog. juxtaglomerulären Apparat, der weiter unten im Zusammenhang mit den endokrinen Funktionen der Niere besprochen wird. Der distale Tubulus mündet über einen Verbindungstubulus, der selber schon Teil des Sammelsystems ist, in das Sammelrohr.

11.1.6 Sammelsystem

Die **Sammelrohre** stellen den in der Niere gelegenen Teil des ableitenden Harnsystems dar. Sie sind etwa 20–22 mm lang und liegen entweder in den Markpyramiden oder in den Markstrahlen, je nachdem ob sie den Harn aus subkapsulären (unter der Kapsel gelegenen) oder aus juxtamedullären (in Marknähe liegenden) Nierenkörperchen aufnehmen.
In das einzelne Sammelrohr münden während seines Verlaufs viele **Nierenkanälchen** ein. Gegen die Papillenspitze laufen die einzelnen Sammelrohre zusammen und münden in größere Rohre, deren Durchmesser zunimmt. Dies sind die **Papillengänge** (Singular: Ductus papillaris).
Die Sammelrohre sind aus einem einschichtigen Epithel aufgebaut und weisen keine besonderen Strukturmerkmale auf. Die Papillengänge münden in der Area cribrosa (Siebplatte) in die **Nierenkelche** ein, von denen der Harn dann über das Nierenbecken in den **Harnleiter** (Ureter) fließt.

11.2 Anatomie der ableitenden Harnwege

Zu den ableitenden Harnwegen rechnet man folgende Teile:

- Nierenbecken (Pelvis renalis, Pyelon),
- Harnleiter (Ureter),
- Harnblase (Vesica urinaria),
- Harnröhre (Urethra).

11.2.1 Nierenbecken (Pelvis renalis, Pyelon)

Die Nierenkelche sind Teil des Nierenbeckens. Sie stülpen sich über die Markpapillen, um den aus den Papillengängen träufelnden Harn aufzunehmen. Wie bereits gesagt, kann die Anzahl der Nierenkelche je nach Anzahl der vorhandenen Markpapillen zwischen 5 und 20 schwanken.

Im Bereich der Nierenkelche sind ringförmige Muskelfasern vorhanden, die sich außen um die Kelche gebildet haben. Diese Muskelfasern wirken bei den peristaltischen Bewegungen mit, die der Harnaustreibung dienen. Gleichzeitig verhindern diese Muskeln einen Rückstrom des Harns in die Papillengänge.

Man unterscheidet 2 prinzipielle Nierenbeckenformen (Abb. 11.9):

- das ampulläre Nierenbecken (trichterförmig, weit),
- das dendritische Nierenbecken (verästelt, eng).

Die Durchschnittsgröße des Nierenbeckens liegt bei 3–8 cm^3 Fassungsvermögen. Das Nierenbecken ist vollständig von Übergangsepithel ausgekleidet. Da das Übergangsepithel im gesamten ableitenden Harnsystem vorkommt, wird es auch **Urothel** genannt. Es ist ein mehrschichtiges Epithel, das hochspezialisiert ist und sich den unterschiedlichen Dehnungs- bzw. Füllungszuständen der Blase anpassen kann. Typisch für das Übergangsepithel ist die oberste Zellschicht. Sie besteht aus großen Deckzellen, die häufig mehrkernig sind. Der nach innen gerichtete oberste Teil der Zellen besteht aus einer dünnen Schicht, die im Lichtmikroskop homogen erscheint, der Crusta. Die Funktion der **Crusta** besteht darin, die Zellen gegen die unterschiedlichen Osmolaritäten und Säuregrade des abfließenden Harns zu schützen. Die Bil-

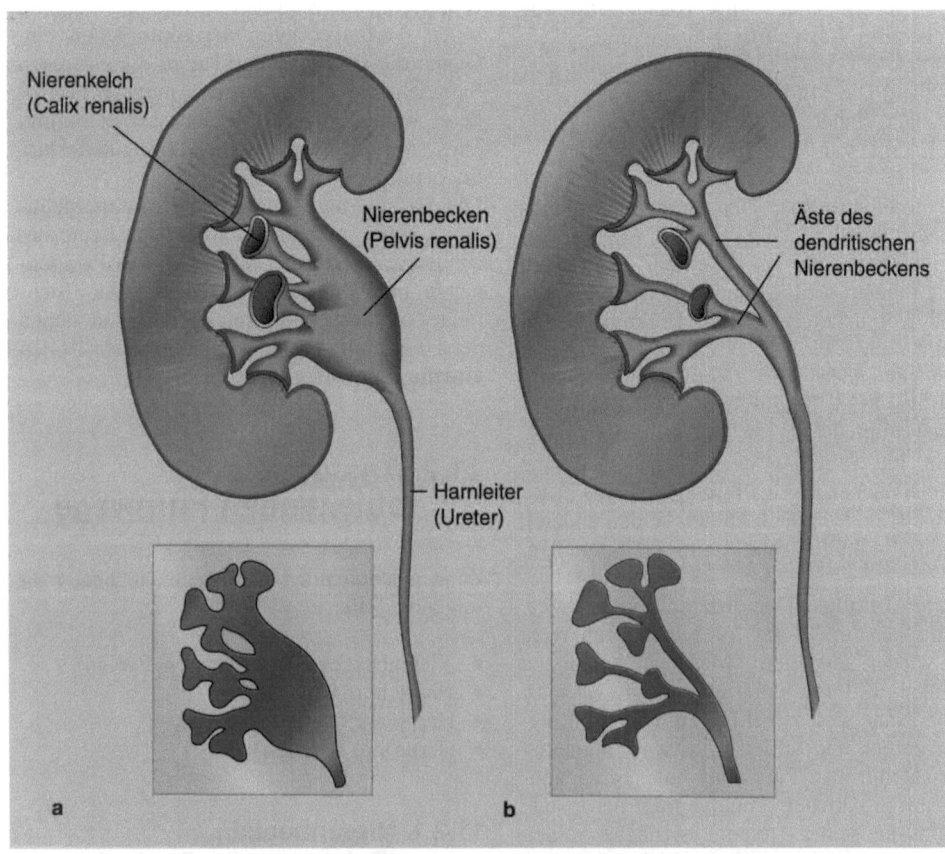

Abb. 11.9 a, b. Darstellung zweier typischer Formen des Nierenbeckens. **a** Ampulläres Nierenbecken, **b** dendritisches Nierenbecken. *Unten* ist jeweils das Röntgenbild gezeigt, das aus der Aufnahme (Pyelogramm) eines mit Kontrastmittel gefüllten Nierenbeckens resultiert

dung der Crusta ist eine direkte Reaktion des Epithels auf den Harn. Wie man experimentell zeigen konnte, entwickelt sich auch bei anderen Schleimhäuten eine solche Crusta, wenn längere Zeit Harn darüberläuft.

11.2.2 Harnleiter (Ureter)

Der Harnleiter (Ureter) übernimmt den Harn aus dem Nierenbecken und befördert ihn in kleinen Portionen (durch peristaltische Wellen) bis in die Harnblase.
Der Ureter ist ein ovales, röhrenförmiges muskulöses Organ, das einen Durchmesser von 4–7 mm hat. Die Länge des Harnleiters hängt von der Körpergröße des einzelnen Individuums ab. Sie beträgt beim Mann ca. 30 cm, bei der Frau entsprechend weniger.

Abschnitte

Man unterscheidet beim Harnleiter (Ureter) einen Bauchteil (Pars abdominalis) und einen Beckenteil (Pars pelvina).

Bauchteil (Pars abdominalis)
Dieser Teil liegt wie die Niere selber retroperitoneal, d.h. hinter dem Bauchfell. Er verläuft auf der Oberfläche des Psoasmuskels und unterkreuzt bei der Frau die Vasa ovarica und beim Mann die Vasa testicularia. Im Bereich des Darmbein-Kreuzbein-Gelenks (Art. sacroiliaca) überkreuzen die beiden Harnleiter die Vasa iliaca. Gleichzeitig ändern sie ihren Verlauf. Sie biegen um und legen sich der Wand des kleinen Beckens an, jetzt redet man von der Pars pelvina (Pars: Teil, Pelvis: Becken).

Beckenteil (Pars pelvina)
Dieser Teil liegt subperitoneal, d.h. ebenfalls nicht innerhalb des Bauchfells. Die beiden Harnleiter konvergieren nun in ihrem Verlauf und treten in die Blasenwand ein, um noch einige Zentimeter in der Blasenwand zu verlaufen, ehe sie in das Blaseninnere münden. Dadurch liegen ihre Mündungsstellen näher beieinander (2,5 cm) als ihre Eintrittsstellen (5 cm). Dieser Eintritt der Harnleiter in die Harnblase ist von Vorteil im Fall einer starken Blasenfüllung. Dabei wird automatisch dafür gesorgt, daß durch den Druck des Blaseninhalts die Einmündungsstellen verschlos-

sen werden und es zu keinem Harnrückfluß mit entsprechendem Verschleppen von Keimen in die Ureter kommen kann.

Aufbau

Die Wand des Harnleiters besteht innen aus einer Schleimhaut (Tunica mucosa), in der Mitte aus einer Muskelhaut (Tunica muscularis) und außen aus einer Hülle von lockerem Bindegewebe (Adventitia).
Die **Schleimhaut** wird aus dem Übergangsepithel und dem darunterliegenden Bindegewebe gebildet. Im normalerweise kontrahierten Querschnitt durch den Harnleiter ist das Epithel in Längsfalten geworfen, so daß das Lumen dadurch ein sternförmiges Aussehen erhält. Diese Schleimhautfalten sind Reservefalten, die sich bei der erforderlichen Dehnung während des Harntransports glätten.
Die **Muskelhaut** besteht aus 2 Muskelschichten, einer inneren Längs- und einer äußeren Ringmuskulatur (anders als im Darmrohr). Durch peristaltische Kontraktionen, die bereits im Nierenbecken beginnen, wird der Harn durch den Harnleiter (Ureter) in die Harnblase transportiert. Diese peristaltischen Kontraktionen finden durchschnittlich 3- bis 6mal/min statt.
Während seines Transports hat der Harn 3 Engpässe im Harnleiter zu überwinden (Abb. 11.10), die v.a. bei Steinen (Nierensteine, Uretersteine) Hindernisse darstellen: Die 1. Enge des Harnleiters liegt gleich beim Abgang aus dem Nierenbecken, die 2. bei der Überkreuzung der großen Beckengefäße, die 3. und ausgeprägteste liegt an der Einmündungsstelle in die Blase (prävesikale Uretersteine). Hier ist es auch am schwierigsten, Steine operativ zu entfernen.
Durch die **Bindegewebehülle** (Adventitia) sind die Harnleiter locker und verschieblich in ihre Umgebung eingebaut. Im Bindegewebe der Adventitia verlaufen auch die Nerven sowie die Blut- und Lymphgefäße.

11.2.3 Harnblase (Vesica urinaria)

Form und Größe der Harnblase als Hohlorgan sind vom Füllungszustand abhängig. Ihre Aufgabe liegt darin, den Harn zwischen 2 Entleerungen (Miktionen) zu sammeln.

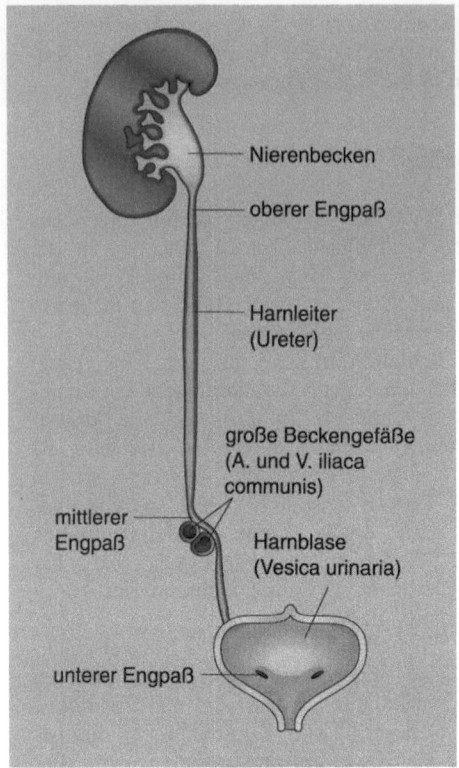

Nierenbecken

oberer Engpaß

Harnleiter
(Ureter)

große Beckengefäße
(A. und V. iliaca
communis)

mittlerer
Engpaß

Harnblase
(Vesica urinaria)

unterer Engpaß

Abb. 11.10. Harnleiter (Ureter) mit Bauchteil (Pars abdominalis) und Beckenteil (Pars pelvina). Beide Teile sind ungefähr gleich lang. Der Bauchteil erscheint länger, weil er gestreckt verläuft. Im Verlauf des Harnleiters bestehen 3 Engpässe. Der obere Engpaß entsteht beim Hinzukommen der Ringmuskulatur am Übergang vom Nierenbecken in den Harnleiter, der mittlere Engpaß entsteht beim Abknicken des Bauchteils in den Beckenteil, und der untere Engpaß entsteht beim Eingang in die Harnblasenwand. Wenn hier z.B. Nierensteine stecken bleiben, sind sie nur sehr schwer zugänglich. Der *Hinweisstrich* im Bereich des unteren Engpasses weist u.a. auch auf die Öffnung des Ureters in die Harnblase hin

Im gefüllten Zustand hat die Harnblase eine fast kugelige Form, entleert sieht sie von vorn eher herzförmig oder taschenförmig aus. Die Harnblase liegt subperitoneal bzw. präperitoneal. Das Bauchfell (Peritoneum) bedeckt bei der leeren Blase nur ihre Oberfläche, bei gefüllter Blase auch ihre Rückseite.
Die Harnblase liegt im kleinen Becken hinter der Schamfuge. Beim Mann liegt sie vor dem Rektum und auf der Vorsteherdrüse (Prostata), bei der Frau vor der Scheide und der Gebärmutter.

Blasenfüllung

Bei stärkster Füllung kann die Blase ca. 1 l Flüssigkeit aufnehmen. Dies ist allerdings schmerzhaft und mit der Gefahr eines Rückstaus in die Harnleiter verbunden. Das normale Volumen der Harnblase beträgt lediglich 250–500 ml. Bereits bei einer Blasenfüllung in dieser Größenordnung kommt es zu einer automatischen Kontraktion der Blasenmuskulatur, die nur durch aktive Betätigung der Schließmuskulatur, die der Willkürmotorik unterworfen ist, eingedämmt werden kann. Aus diesem Grund empfiehlt es sich, für Blasenspülungen nicht mehr als ca. 120 ml Flüssigkeit zu verwenden, um die Wandmuskulatur nicht zur Kontraktion zu reizen.

Aufbau der Harnblasenwand

Die Harnblasenwand besteht aus 3 funktionellen Schichten:

- Schleimhaut (Tunica mucosa),
- Muskelhaut (Tunica muscularis),
- Peritoneum (Tunica serosa) an den Stellen, an denen die Harnblase von Peritoneum überzogen ist, *oder*
  Bindegewebe (Tunica adventitia) an den Stellen, an denen kein Peritonealüberzug besteht.

Die **Schleimhaut** kann mit einem Zystoskop (Blasenspiegel) direkt am Menschen beobachtet werden. Sie ist rötlich gefärbt und weist mehr oder weniger deutliche Falten auf. Am Boden der Blase findet sich ein dreieckiges Feld mit völlig glatter Schleimhaut, also ohne Falten. Dies ist das Trigonum vesicae, an dessen 3 Eckpunkten sich die Harnleiteröffnungen und die Harnröhrenöffnung befinden. Auch in der Harnblase besteht das Schleimhautepithel aus Übergangsepithel mit den typischen crustabildenden Deckzellen, die auch hier vor dem ätzenden und hypertonen Harn schützen.
Die **Muskulatur** der Harnblasenwand wird durch den komplex gebauten und stark verwobenen Detrusormuskel (M. detrusor) gebildet, der aus glatter Muskulatur besteht. Er hat die Aufgabe, durch seine Kontraktion zusammen mit der Bauchpresse die Harnblase vollständig zu entleeren. Das Verbleiben von Restharn ist pathologisch und kommt bei Ab-

flußhindernissen, z.B. bei stärker entwickelten Prostataadenomen, regelmäßig vor.

Aus dem M. detrusor geht eine Muskelschlinge hervor, die von hinten kommend das Orificium vesicae (d.h. die im Boden der Harnblase gelegene Öffnung zur Harnröhre) umkreist. Dieser Muskel heißt M. sphincter vesicae. Bei Kontraktion des M. detrusor erschlafft dieser Muskel. Dadurch kommt es zur Öffnung des sonst automatisch verschlossenen Orifiziums. Gekoppelt mit diesem Mechanismus ist der gleichzeitige Verschluß der Ureterschlitze, so daß durch Kontraktion des Harnblasenmuskels (M. detrusor) kein Harn in die Harnleiter zurückfließen kann. Etwas weiter distal vom M. sphincter vesicae liegt der quergestreifte und damit der Willkürmotorik unterworfene Teil des Blasenverschlußmechanismus. Dies ist der M. sphincter urethrae. Dieser Muskel ist eine Abspaltung der tiefen Beckenbodenmuskulatur (des M. transversus perinei profundus). Durch Betätigung dieses Muskels ist es möglich, die Harnentleerungen zu kontrollieren. Dieser Vorgang muß von Kleinkindern mühsam erlernt werden.

Unter dem Einfluß des Sympathikus erschlafft die Blasenwandmuskulatur, und das Orifizium verschließt sich. Unter dem Einfluß des Parasympathikus kontrahiert die Wandmuskulatur, und das Orifizium öffnet sich. Die Entleerung (Miktion) wird wahrscheinlich eingeleitet durch eine willkürliche Erschlaffung des M. sphincter urethrae und der gesamten Beckenbodenmuskulatur. Dadurch kommt auch eine Zugwirkung auf den Blasenmuskel zustande, der sich darauf zu kontrahieren beginnt. Gleichzeitig setzt die Bauchpresse ein, die den Harnfluß beschleunigt. Der normalerweise erreichbare Harnfluß sollte nicht unter 20 ml/s liegen; darunterliegende Werte deuten auf ein Abflußhindernis hin und sind pathologisch.

11.2.4 Harnröhre (Urethra)

Die Harnröhre bildet den letzten Teil der harnableitenden Wege. Sie leitet den Harn von der Harnblase bis zur Körperöffnung. Beim Mann liegt diese Öffnung auf der Penisspitze, bei der Frau im Vorhof der Vagina, unterhalb der Klitoris.

Die Harnröhre zeigt wesentliche geschlechtsspezifische Unterschiede, so daß die männliche Harnröhre (Urethra masculina) und die weibliche Harnröhre (Urethra feminina) getrennt betrachtet werden.

Weibliche Harnröhre (Urethra feminina)

Die weibliche Harnröhre ist lediglich 3–5 cm lang. Dadurch können pathogene Keime rascher in die Harnblase gelangen. Harnblasenentzündungen sind deshalb bei der Frau wesentlich häufiger als beim Mann.

Die weibliche Harnröhre folgt meist in schwachem Bogen dem Hinterrand der Schambeinfuge (Symphyse) (Abb. 11.11). Die Schleimhaut besteht am blasennahen Teil aus Übergangsepithel, dem weiter nach außen ein mehrreihiges Zylinderepithel folgt. Die Schleimhaut ist in Falten gelegt, die das Lumen der Urethra normalerweise verschließen. In das Epithel münden kleine muköse Drüsen, die Glandulae urethrales.

Männliche Harnröhre (Urethra masculina)

Durch die Einmündung des Samenweges und der Geschlechtsdrüsen wird die männliche Harnröhre zur Harn-Samen-Röhre (Abb. 11.12). Sie ist ca. 25–30 cm lang und kann in 4 verschiedene Teile gegliedert werden (Abb. 11.13):

- **Pars intramuralis:** Dieser Teil beinhaltet die innere Harnröhrenöffnung (Ostium urethrae internum), liegt direkt in der Blasenwand und ist entsprechend kurz.
- **Pars prostatica:** Das ist der weiteste Teil der Harnröhre (ca. 1 cm weit), ca. 3–3,5 cm lang und liegt innerhalb der Vorsteherdrüse (Prostata). Hier liegt auch der ca. 2 cm lange Samenhügel, auf dem die beiden Spritzkanälchen (Singular: Ductus ejaculatorius) münden. Erst durch diese Mündungen wird der weitere Teil der Urethra masculina zur Harn-Samen-Röhre.
- **Pars membranacea:** Das ist ein kurzer Teil von ca. 1 cm Länge, mit dem die Harnröhre die Muskulatur des Beckenbodens durchstößt (den M. transversus perinei profundus).
- **Pars spongiosa:** Mit ca. 25 cm ist das der längste Teil; er ist in den Harnröhrenschwellkörper eingebettet. Dieser Teil

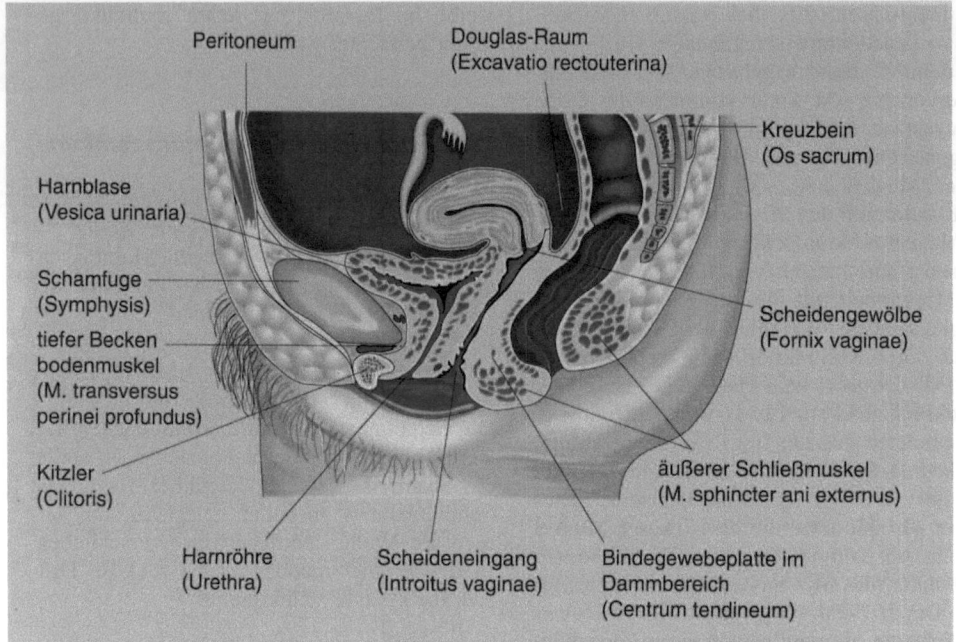

Abb. 11.11. Medianschnitt durch ein weibliches Bekken. Der Douglas-Raum (Excavatio rectouterina) ist der tiefste Punkt in der weiblichen Bauchhöhle. Bei Füllung der Blase steigt diese über den Rand der Symphyse auf, wie hier gezeichnet

mündet an der Penisspitze in der Fossa navicularis, einer buchtartigen Erweiterung.

Das Epithel der Urethra masculina besteht nur bis zur Pars prostatica aus Übergangsepithel. Auf dem weiteren Weg nach außen wird es durch ein mehrreihiges hochzylindrisches Epithel ersetzt, das schließlich in der Eichel (Glans penis) in ein mehrschichtig verhorntes Plattenepithel übergeht.

Der S-förmige Verlauf der männlichen Harnröhre erschwert eine Katheterisierung. Durch entsprechende Bewegungen mit dem Penis während des Einführens mit dem Katheter (zuerst nach oben, dann für das weitere Einführen nach unten) können diese Hindernisse umgangen werden.

11.3 Physiologie der Niere

11.3.1 Ultrafiltration

Nierenfilter

Die grundlegende Voraussetzung für das Verständnis der Nierenfunktion ist die Kenntnis der Bildung des Primärharns und damit die Kenntnis der **Filtration des Blutes**, das die Nieren durchfließt.

Das Nierenfilter besteht aus 3 Schichten (s. Abb. 11.8):

- Kapillarendothel,
- glomeruläre Basalmembran,
- Füßchenzellen (Podozyten).

Vereinfachend kann man annehmen, daß die durchschnittliche Porengröße dieses 3fachen Filters ca. 10 nm beträgt[13]. Wegen dieser extrem kleinen Porengröße spricht man von ei-

---

[13] 1 nm (1 Nanometer)=10^{-6} mm; das ist 1 Millionstel Millimeter.

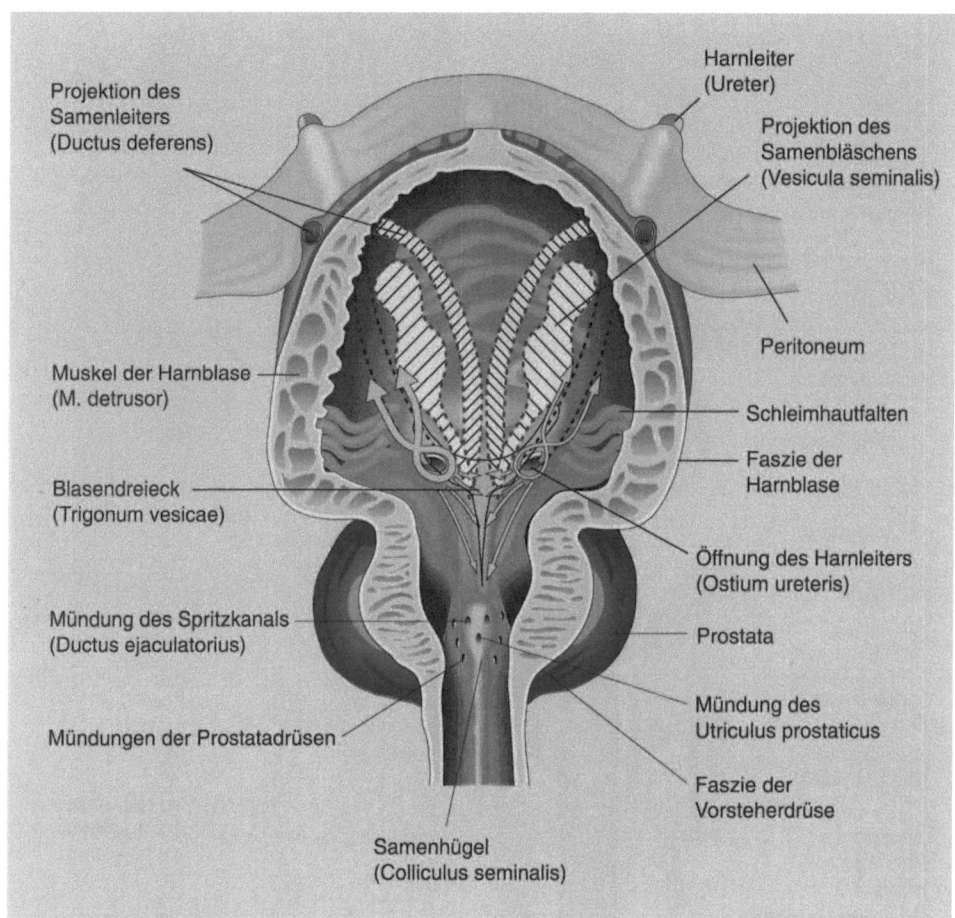

Abb. 11.12. Männliche Harnblase (Vesica urinaria) in der Frontalebene geschnitten. Die hinter der Harnblase gelegenen Organe (Harnleiter und Samenblase) sind in der Projektion auf die hintere Harnblasenwand gezeichnet. *Oben* ist die Harnblase vom Peritoneum bedeckt. Im Bereich der Vorsteherdrüse (Prostata) münden links und rechts jeweils der Spritzkanal (Ductus ejaculatorius) sowie die Gänge der Vorsteherdrüse. Die *Pfeile* im Bereich des Trigonum vesicae (Blasendreieck) zeigen auf den Verlauf der Öffnungs- (*links*) und der Verschlußmuskeln (*rechts*) für die Harnleiter

ner **Ultrafiltration**. Bereits in der Mitte des letzten Jahrhunderts hatte man festgestellt, daß auf Schnitten durch gekochte Nieren keine Eiweißgerinnsel im Kapselraum vorhanden sind. Daraus wurde geschlossen, daß das Ultrafiltrat eiweißfrei sein muß. Heute weiß man, daß dies im großen und ganzen stimmt. Substanzen bis zu einer maximalen relativen Molekülmasse von ca. 65000 gelangen in das Ultrafiltrat. Viele Plasmaproteine liegen oberhalb dieser Größe, sind also **hochmolekular** (z.B. Albumin: 69000). **Niedermolekulare** Proteine und Polypeptide passieren ihrer Form und Größe entsprechend das Nierenfilter leichter. Wegen der geringen

Plasmakonzentration an Proteinen und Peptiden dieser Größenordnung enthält das Ultrafiltrat aber auch nur Spuren von Eiweiß. Bei einer Erkrankung der Nieren ist vielfach die Permeabilität des Glomerulusfilters erhöht, so daß Plasmaproteine in den Harn gelangen können. In diesem Fall redet man von einer **Albuminurie** oder allgemeiner von einer **Proteinurie**.

Die Poren des **Kapillarendothels** sind gerade so groß, daß keinerlei geformte Blutbestandteile hindurchtreten können.

Die **glomeruläre Basalmembran** (GBM) wird sowohl von den Podozyten als auch vom Kapillarendothel aufgebaut und ist des-

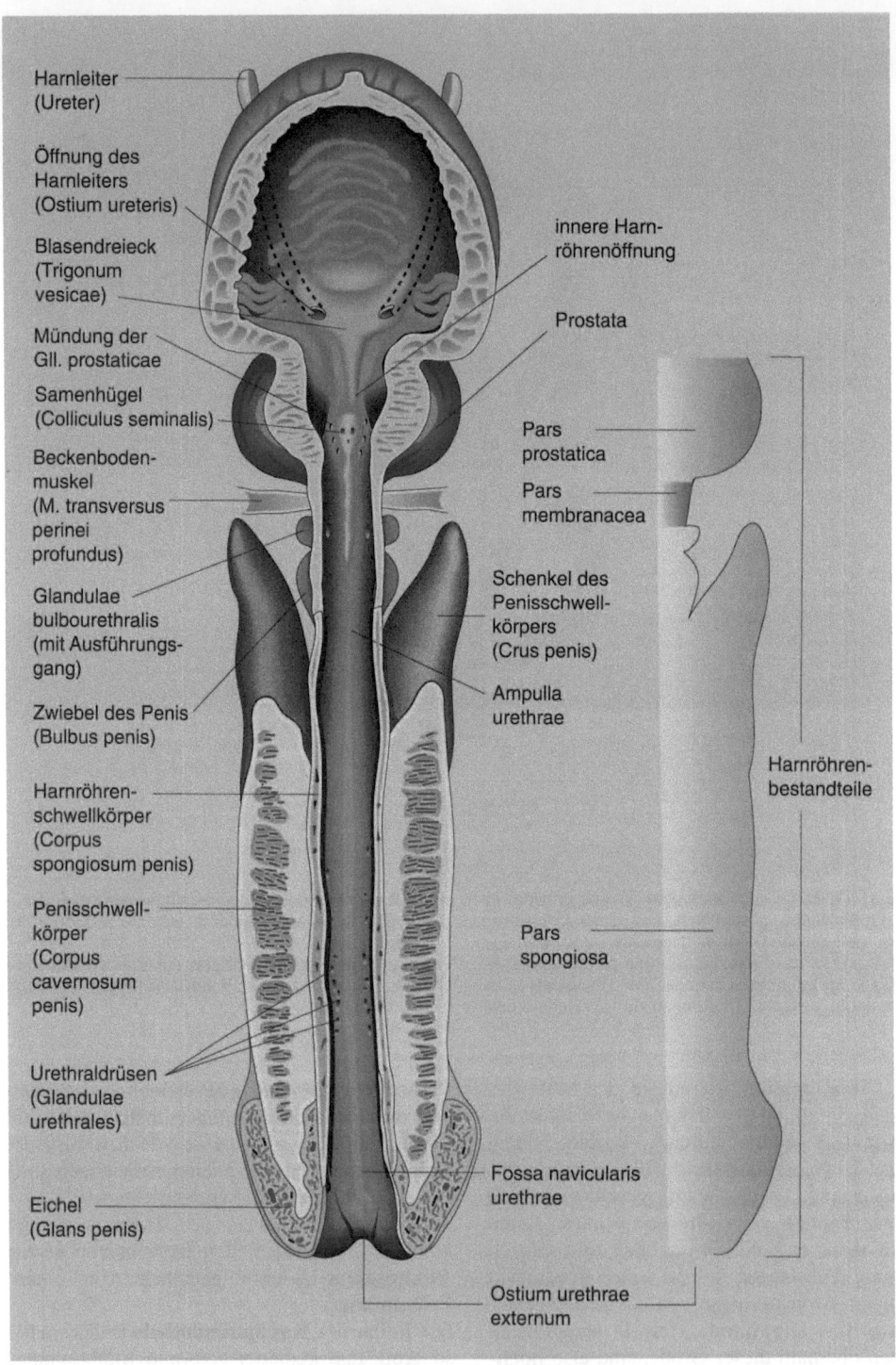

Harnleiter
(Ureter)

Öffnung des
Harnleiters
(Ostium ureteris)

Blasendreieck
(Trigonum
vesicae)

Mündung der
Gll. prostaticae

Samenhügel
(Colliculus seminalis)

Beckenboden-
muskel
(M. transversus
perinei
profundus)

Glandulae
bulbourethralis
(mit Ausführungs-
gang)

Zwiebel des Penis
(Bulbus penis)

Harnröhren-
schwellkörper
(Corpus
spongiosum penis)

Penisschwell-
körper
(Corpus
cavernosum
penis)

Urethraldrüsen
(Glandulae
urethrales)

Eichel
(Glans penis)

innere Harn-
röhrenöffnung

Prostata

Pars
prostatica

Pars
membranacea

Schenkel des
Penisschwell-
körpers
(Crus penis)

Ampulla
urethrae

Pars
spongiosa

Harnröhren-
bestandteile

Fossa navicularis
urethrae

Ostium urethrae
externum

Abb. 11.13. Schnitt durch die männliche Harnblase
und den Penis. Im Blasendreieck (Trigonum vesicae)
ist die Wand der Harnblase nicht in Falten geworfen
wie im restlichen Teil der Harnblase, sondern glatt.
Hier sitzen auch die Verschluß- und Öffnungsme-
chanismen der Harnblase

halb fast 10mal so dick wie die Basallamina normaler Epithelien. Durch elektrische Ladung der Bestandteile der GBM wird verhindert, daß Proteine – auch wenn sie kleiner sind als die eigentliche Porengröße – durch die Membran hindurchtreten können, da sie negativ geladen sind.

Filtrationsdruck

Um eine Filtration (Filterungsvorgang) zu bewirken, muß das Blut die Nierenkapillaren mit einem gewissen Druck durchströmen. Beim Menschen beträgt der Blutdruck in den Glomeruluskapillaren ca. 50 mmHg. Diesem **kapillaren Blutdruck** wirkt der Flüssigkeitsdruck des Primärharns (Ultrafiltrat) sowie der osmotische Gradient zwischen Kapillarblut und Primärharn entgegen. Dieser **osmotische Gradient** entsteht durch den onkotischen Druck der Plasmaproteine, die im Blut vorhanden sind, im Primärharn hingegen fehlen. Wenn man die einzelnen Werte des Drucks addiert, erhält man einen daraus resultierenden Nettofiltrationsdruck von ca. 15 mmHg:

Kapillardruck	50 mmHg
Ultrafiltrat	–10 mmHg
onkotischer Druck	–25 mmHg
Nettofiltrationsdruck	15 mmHg

Dieser **effektive Filtrationsdruck** (Nettofiltrationsdruck) ist die treibende Kraft für die Produktion des Primärharns.

Glomeruläre Filtrationsrate (GFR) und renaler Plasmafluß (RPF)

Da der Primärharn ein Ultrafiltrat des Blutplasmas ist, ist natürlich auch die Gesamtmenge des Blutes, das die Niere durchströmt, für die Bildung des Primärharns von Bedeutung. In körperlicher Ruhe erhält die Niere ca. 1,3 l Blut/min. Das sind mehr als 20% des Herzminutenvolumens (HMV). Bei einem Hämatokrit (s. Kap. 7 Herz-Kreislauf-System) von 45% ergibt sich daraus ein renaler Plasmafluß (RPF) von 700 ml/min. Die **glomeruläre Filtrationsrate** (GFR) kann durch Bestimmung der Ausscheidungsrate einer Substanz durch die Niere gemessen werden. Die Substanz darf dabei weder aus dem

Primärharn rückresorbiert werden noch darf sie zusätzlich in die Nierenkanälchen sezerniert werden. Eine solche Substanz ist z.B. das Inulin (ein Fruktosepolymer, das aus Dahliengewächsen isoliert wird). Das Inulin wird intravenös injiziert, bis eine konstante arterielle Plasmakonzentration erreicht ist. Die Formel zur Berechnung der glomerulären Filtrationsrate (GFR) sieht folgendermaßen aus:

$$GFR = \frac{U_{In} \cdot V}{P_{In}}$$

U_{In}: Konzentration des Inulins im Harn,
V: Harnvolumen pro Minute,
P_{In}: Plasmakonzentration des Inulins.

Setzen wir einmal konkrete Zahlen in die Formel ein, wie sie für einen derartigen Versuch beim Mann zutreffen, z.B.:

U_{In} = 1250 mg/100 ml
V = 1 ml/min
P_{In} = 10 mg/100 ml

Die Formel lautet dann:

$$\frac{1250 mg/100ml \cdot 1 ml/min}{10 mg/100ml} = 125 ml/min$$

Es ergibt sich also eine GFR von 125 ml/min. Das sind 7,5 l/h (Liter pro Stunde) oder 180 l pro Tag. Wenn wir das in Relation zur täglich abgegebenen Harnmenge von ca. 1–1,5 l/Tag setzen, so wird deutlich, daß ungefähr 99% des Primärharns in den Nierenkanälchen und den Sammelrohren **rückresorbiert** werden.

11.3.2 Autoregulation der Nierendurchblutung

Man müßte annehmen können, daß zwischen Blutdruck (der ja für den Filtrationsdruck verantwortlich ist) und glomerulärer Filtrationsrate (GFR) ein direkter Zusammenhang besteht, d.h., daß die GFR proportional zum Blutdruck ansteigt oder abfällt. Eigenartigerweise besteht dieser Zusammenhang jedoch nur bei einem Blutdruck (arteriell in der Niere gemessen) unter 80 mmHg und bei über 220 mmHg, also eigentlich in sehr unüblichen, d.h. unphysiologischen Bereichen. Im Bereich zwischen 80 mmHg und 220 mmHg bleiben sowohl RPF (renaler

Plasmafluß) und GFR (glomuläre Filtrationsrate) ziemlich konstant, die zu erwartende
Beziehung zwischen Druck und Durchbu-
tung wird also nicht beobachtet. Dieses Phänomen wird **Autoregulation** genannt
(Abb. 11.14).
Über die Autoregulation der Nierendurchblutung sind verschiedene Theorien aufgestellt
worden. Die einleuchtendste und heute auch
weitgehend akzeptierte Theorie ist die **Theorie der „myogenen Autoregulation"**:

Isolierte und perfundierte Nieren, d.h.
Nieren, die entsprechend nicht innerviert sind, zeigen diese Autoregulation
ebenfalls. Sie ist also nichtnervöser
Natur. Gabe von Medikamenten, die
die glatte Muskulatur, d.h. die Muskulatur der Gefäßwände, lähmen, heben
die Autoregulation auf (z.B. Procain).
Die Autoregulation ist deshalb wahrscheinlich als direkte Reaktion der Ge-
fäßmuskulatur im Bereich der afferen-

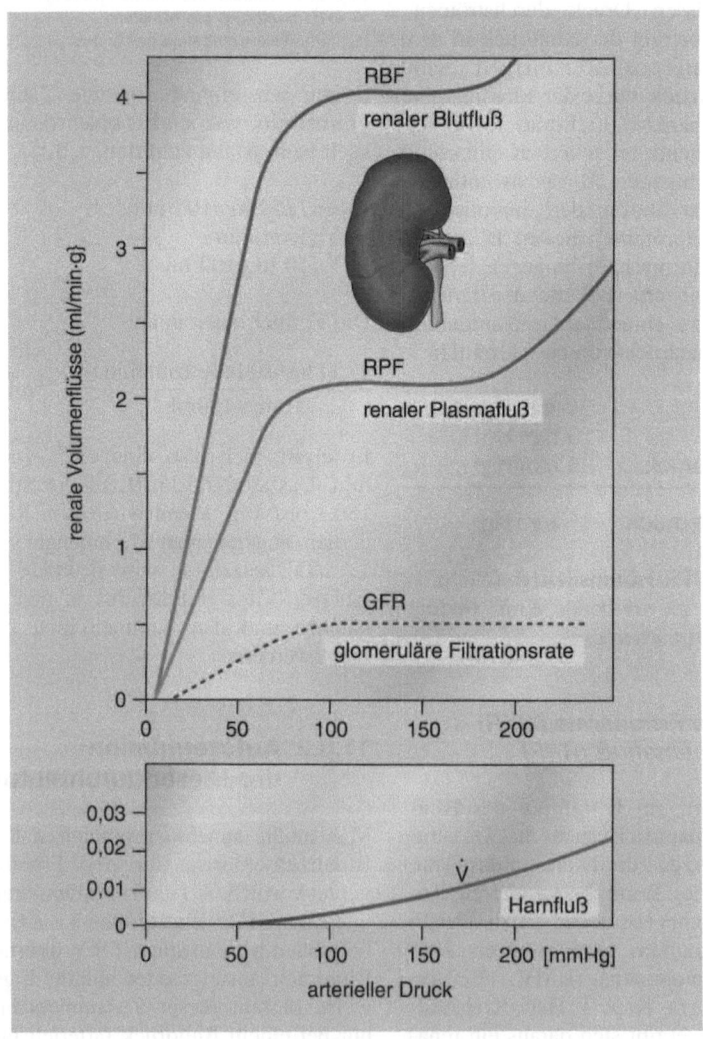

Abb. 11.14. Im physiologischen Bereich zwischen 80
und 200 mmHg sind durch die Autoregulation der
Nierendurchblutung sowohl die glomeruläre Filtrationsrate (GFR) als auch der renale Plasmafluß (RPF)
konstant. Trotzdem kommt es zu einer Erhöhung des
Harnflusses (*unterer Teil* des Schemas), weil das

Nierenmark nicht der Autoregulation unterliegt und
durch die höhere Markdurchblutung der osmotische
Gradient zwischen Sammelrohr und Mark reduziert
ist. Dieser Gradient ist für die Harnmenge eine führende Größe

ten Arteriole zu verstehen: deshalb der Ausdruck „myogen" (im Muskel entstanden oder vom Muskel ausgehend).

Diese myogene Autoregulation der Nierendurchblutung trifft nur auf die Nierenrinde, nicht jedoch auf das Nierenmark zu. Bei gesteigertem Blutdruck erhöht sich auch die Markdurchblutung; als Resultat erhöht sich auch der Harnfluß (meist verbunden mit einer Reduktion der Harnkonzentration). Diesen Vorgang bezeichnet man als **Druckdiurese** (Diurese: Harnausscheidung). Bei pathologischer einseitiger Nierenarterienstenose (die zu Hochdruck führt) steht die gesunde zweite Niere unter erhöhtem Druck und zeigt dann die Symptome einer Druckdiurese (erhöhte Wasser- und Natriumausscheidung).

11.3.3 Clearance

Definition

Die Ausscheidungsfähigkeit der Nieren für eine gewisse Substanz wird als Clearance dieser Substanz bezeichnet.

Für die Berechnung der Clearance wird die gleiche Formel wie für die GFR verwendet. Ob Clearance und GFR jedoch gleich groß sind oder nicht, hängt u.a. davon ab, ob die zu untersuchende Substanz im Tubulussystem bei der Aufbereitung des Sekundärharns noch zusätzlich beim Durchfließen der Tubulusabschnitte in den Primärharn abgegeben (**sezerniert**) bzw. beim Durchfließen zusätzlich aus dem Primärharn entnommen (**rückresorbiert**) wird oder nicht. Wenn dies der Fall ist, was – wie wir später noch sehen werden – für viele Substanzen zutrifft, dann dient die Berechnung der Clearance hauptsächlich als Index für die Nierenfunktion. Das bedeutet, es läßt sich durch die Ermittlung einer zu niedrigen oder zu hohen Clearance feststellen, ob eine gestörte Nierenfunktion vorliegt. Der Glomerulus ist für die Bildung des Primärharns zuständig; diese erfolgt – wie die Kapillarfunktion im übrigen Körper – durch passive Filtration. Die Glomerulusfunktion kann also nicht zur Regulation der chemischen Zusammensetzung der Körperflüssigkeiten beitragen.

Die Regulation der chemischen Zusammensetzung erfolgt fast ausschließlich durch die Funktion des Tubulussystems sowie zu einem gewissen Anteil durch Vorgänge im Sammelrohrsystem.

Die Tubuluszellen können entsprechend ihrer Aufgabe der Regulation des inneren Milieus nach 3 verschiedenen Prinzipien arbeiten (Abb. 11.15):

- **Sekretion:** Die Tubuluszellen geben eine Substanz zusätzlich in den Primärharn ab. Beispiel: Paraaminohippursäure (PAH).
- **Rückresorption:** Die Tubuluszellen nehmen die Substanz aus dem Primärharn wieder auf und geben sie an das Blut ab. Beispiel: Glukose.
- **Filtration:** Diese Substanz wird von den Tubuluszellen weder sezerniert noch rückresorbiert. Beispiel: Inulin.

Berechnungen

Die Menge einer Substanz, die in der Niere filtriert wird, ist das Produkt der GFR und des Plasmaspiegels dieser Substanz.

Die Menge der mit dem Harn ausgeschiedenen Substanz hingegen hängt von ihrer Behandlung im Tubulussystem ab. Sie ist gleich der filtrierten Menge plus der Nettomenge des transtubulären Transports, d.h. der resorbierten oder sezernierten Menge. Mit einer einfachen Formel ausgedrückt heißt das:

$$GFR \cdot (P_X + T_X) = U_X \cdot V$$

GFR: glomuläre Filtrationsrate,
P_X: Plasmakonzentration der Substanz X,
T_X: Nettomenge des transtubulären Transports der Substanz X,
U_X: Konzentration der Substanz X im Harn,
V: Harnvolumen pro Minute.

Sekretion

Verschiedene, v.a. körperfremde Substanzen werden im Sinne einer Entgiftung so vollständig aus dem Kreislauf herausgelöst (extrahiert), daß das Blut bei einer einmaligen Passage durch die Niere (Nephron) davon vollständig gereinigt wird.

Eine derartige Substanz ist z.B. die Paraaminohippursäure (PAH). Sie ist deshalb besonders gut geeignet zum Nachweis und zur Beurteilung der tubulären Sekretion. Wenn diese Substanz injiziert wird, so gelangt das arterielle Blut in den Glomerulus mit einer Konzentration dieser Substanz, die man mit P_{PAH} bezeichnet. Die Ultrafiltration entzieht nun dem Plasma eine Flüssigkeitsmenge mit der gleichen Konzentration. Ebenso enthält das aus dem Glomerulus ausfließende Blut im Vas efferens die gleiche Konzentration. Aus diesem Blut wird jetzt allerdings die gesamte verbleibende Menge PAH während des Vorbeiströmens durch die Tubuluszellen entfernt und in den Urin überführt, so daß die PAH-Konzentration im venösen Blut (d.h. beim Ausfluß aus der Niere) gleich Null ist. Somit ist die gesamte dem Nephron zugeführte PAH bei einer Passage des Blutes durch die Niere entfernt worden:

- zum einen durch die Filtration,
- zum anderen und weitaus größeren Teil durch transtubulären Transport, in diesem Fall durch Sekretion.

Mit der Paraaminohippursäure läßt sich auch der renale Plasmafluß (RPF) bestimmen. Der RPF ist ein wichtiges Maß für die Nierendurchblutung. Er wird mit folgender Formel berechnet:

$$\frac{U_{PAH} \cdot V}{P_{PAH}} = RPF$$

U_{PAH}: Konzentration der PAH im Urin,
V: Harnvolumen pro Minute,
P_{PAH}: Konzentration der PAH im Plasma.

Setzen wir konkrete Zahlen in die Formel ein (Beispiel):
$U_{PAH} = 14$ mg/ml
$V \quad = 1$ ml/min,
$P_{PAH} = 0{,}02$ mg/ml

Die Formel lautet dann:

$$\frac{14\text{mg/ml} \cdot 1\text{ml/min}}{0{,}02\text{mg/ml}} = 700\text{ml/min}$$

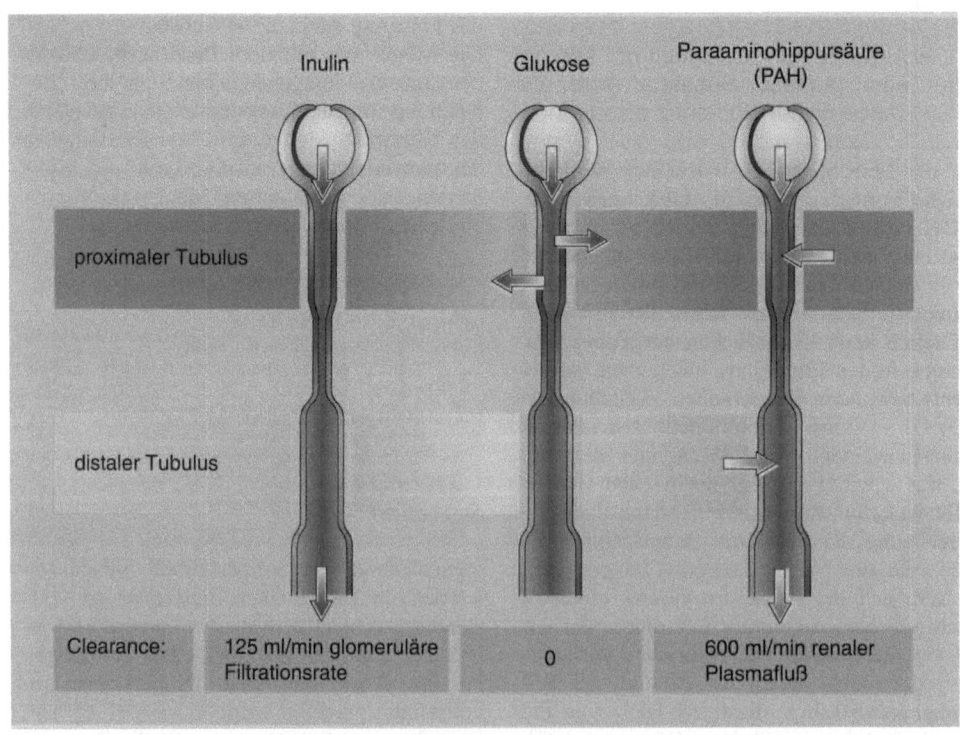

Abb. 11.15. Schematische Darstellung der Filtration (*links*), Rückresorption (*Mitte*) und Sekretion (*rechts*). Wenn lediglich filtriert wird, entspricht die Clearance der glomerulären Filtrationsrate (GFR), wenn vollständig rückresorbiert wird, ist die Clearance Null, wenn vollständig sezerniert wird, entspricht die Clearance dem renalen Plasmafluß (RPF)

In unserem Beispiel beträgt also der renale Plasmafluß 700 ml/min. Unter Zuhilfenahme des Hämatokritwertes läßt sich somit auch der renale Blutfluß (Blutmenge) wie folgt errechnen:

$$\text{Blutmenge} = RPF \cdot = \frac{100}{100 - 45}$$
$$= \frac{700\,ml/min \cdot 100}{55} = 1273\,ml/min$$

Somit wurde über die PAH-Clearance der renale Plasmafluß (RPF) und unter Zuhilfenahme des Hämatokritwertes auch der renale Blutfluß (Nierendurchblutung) errechnet (1273 ml/min).

Neben der Paraaminohippursäure werden auch andere körperfremde Substanzen (z.B. Penizillin, Phenolrot), jedoch auch körpereigene Stoffe (z.B. Steroide oder 5-Hydroxyindolazetat, ein wichtiges Abbauprodukt des Serotonins) sezerniert. Im Rahmen der Regulation des Elektrolythaushalts und des Säure-Basen-Haushalts (s. 11.3.4) werden auch Ionen aktiv sezerniert.

Daß Substanzen bereits bei einem Durchgang durch die Niere vollständig aus dem Blut entfernt werden – wie in unserem Beispiel die PAH – trifft natürlich nicht immer zu. Die Sekretionsrate für einzelne Substanzen kann beträchtlich schwanken.

Rückresorption

Glukoserückresorption
Das Phänomen der Rückresorption soll am Beispiel der Glukose verdeutlicht werden:
Bei gesunden Individuen wird im Harn nur eine ganz geringe Menge an Glukose ausgeschieden. Daraus könnte man schließen, daß die Glukose nicht in der Lage ist, das Filter des Glomerulus zu passieren. Aus Mikropunktionsuntersuchungen (Untersuchung der Flüssigkeit in den verschiedenen Tubulusabschnitten, s. unten) weiß man aber, daß dies nicht der Fall ist. Glukose ist zudem ein kleines Molekül, das ohne weiteres in der Lage ist, das Nierenfilter zu passieren. Glukose erscheint im Ultrafiltrat des Primärharns in der gleichen Konzentration, die sie im Plasma hat. Aufgrund der Plasmakonzentration und der GFR läßt sich auch die pro Zeiteinheit filtrierte Menge berechnen: es sind 100 mg/min. Wenn also im Harn keine Glukose erscheint, im Ultrafiltrat hingegen 100 mg/min abfiltriert sind, muß ein anderer Mechanismus wirken, der in der Lage ist, die gesamte filtrierte Glukose wieder ins Blut zurückzuführen. Dieser Mechanismus ist die **aktive Rückresorption**; darunter versteht man einen energieverbrauchenden transmembranalen Transportvorgang.

Übersicht über Substanzen, die im Tubulussystem aktiv rückresorbiert werden:

* Glukose,
* Aminosäuren,
* Ketonkörper (Azetoazetat, β-Hydroxybutyrat etc.),
* Sulfat,
* Harnsäure,
* Askorbinsäure,
* Kreatin,
* Elektrolyte (z.B. Na^+, K^+, Phosphat).

Im Gegensatz zur Sekretion, bei der ein Transportmechanismus für praktisch alle sezernierten Substanzen verantwortlich ist, gibt es für die Rückresorption viele verschiedene Transportmechanismen.

Nierenschwelle und Transportmaximum
Wie bei jedem Transportvorgang ist auch für die Glukoserückresorption eine Sättigung zu beobachten. Man redet von einem Transportmaximum (Tm). Für Glukose wird dies als Tm_g bezeichnet. Das Transportmaximum von Glukose (Tm_g) ist erreicht, wenn mehr Glukose im Ultrafiltrat (bzw. im Plasma) vorhanden ist, als das Tubulussystem rückresorbieren kann (Abb. 11.16). Das Tm_g beträgt beim Mann ca. 375 mg/min, bei der Frau ca. 300 mg/min. Wenn das Transportmaximum überschritten wird, d.h. die Glukosekonzentration im Plasma zu hoch ist, erscheint Glukose im Harn. Die Plasmakonzentration, bei der dies der Fall ist, wird als **Nierenschwelle** bezeichnet. Die Nierenschwelle für Glukose liegt bei 8,88 mmol/l (160 mg/100 ml). Sie ist von großer Bedeutung, da das Erscheinen von Glukose im Harn ein wichtiger Indikator für die Zuckerkrankheit (Diabetes mellitus) ist. In Fällen, in denen die Rückresorption von Glukose in den Tubuli gestört ist, redet man von einem **renalen Diabetes**. Das heißt, Glukose erscheint im Harn, bevor der Plasmaspiegel eine entsprechende Höhe erreicht hat.

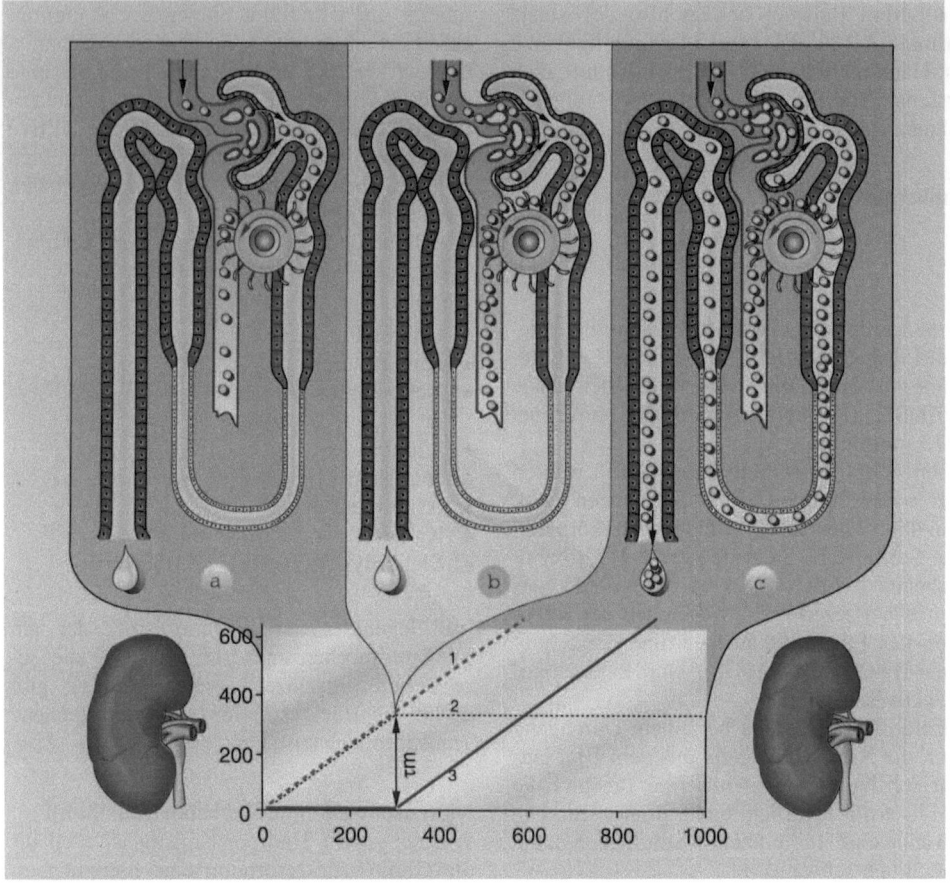

Abb. 11.16a–c. Darstellung des Transportmaximums (*Tm*) am Beispiel der Glukose. **a** Die Anzahl der filtrierten Teilchen liegt deutlich unterhalb der Transportmöglichkeit des Transportsystems. **b** Die Anzahl der filtrierten Teilchen entspricht genau der Transportmöglichkeit des Systems, d.h. das System ist gesättigt, es arbeitet am Transportmaximum. **c** Die Anzahl der filtrierten Teilchen ist deutlich größer als die Transportmöglichkeit des Systems, das Transportmaximum ist überschritten, es werden gelöste Teilchen mit dem System ausgeschieden. Dies würde am Beispiel der Glukose bedeuten, daß Glukose im Harn erscheint. Auf dem Diagramm der *unteren Abbildungshälfte* stellt *1* den filtrierten, *2* den rückresorbierten und *3* den ausgeschiedenen Anteil dar

- Die Nierenschwelle bezeichnet eine Menge pro Volumen (z.B. Glukosekonzentration im Blut).
- Das Transportmaximum bezeichnet eine Menge pro Zeiteinheit (die maximal transportiert werden kann).

Ein wichtiges Instrument der experimentellen Nierenuntersuchung ist die **Mikropunktion**. Dabei werden die einzelnen Tubulusabschnitte direkt angestochen mit einer Mikrokapillare. Auf diese Weise wird Flüssigkeit aus dem Tubulussystem entnommen, die dann auf ihre Zusammensetzung untersucht wird. Durch solche Mikropunktionen weiß man, daß Glukose zu 99% in der Pars convoluta des proximalen Tubulus resorbiert wird.

> Für die meisten aktiv rückresorbierten Substanzen liegt der Transportmechanismus im Bereich des proximalen Tubulus. Ausnahme: der Transportmechanismus für die Na$^+$-Rückresorption, der im distalen Tubulus und im Sammelrohr lokalisiert ist.

Filtration

Die dritte Art der Ausscheidung in der Niere läuft ohne Veränderung des Primärharns durch die Tubuluszellen. Dies ist die reine Filtration. Bei der Inulinclearance, d.h. der Methode zur Bestimmung der GFR (glomeruläre Filtrationsrate), ist der Vorgang der Filtration schon besprochen worden (s. 11.3.1).

11.3.4 Regulationsmechanismus der Niere

Wasserhaushalt

Durch Umrechnung der glomerulären Filtrationsrate (GFR) auf den Zeitraum von 24 h weiß man, daß in der Niere pro Tag ca. 180 l Primärharn produziert werden. Der größte Teil muß wieder rückresorbiert werden.
Die Niere ist in der Lage, dieselbe Menge an gelösten Substanzen pro 24 h sowohl in einem Harnvolumen von 500 ml (**Antidiurese**) mit einer Konzentration von 1400 mosmol als auch in einem Volumen von 23,3 l mit einer Konzentration von 30 mosmol auszuscheiden (**Wasserdiurese**).
Dieses Beispiel zeigt 2 wesentliche Tatsachen auf:

- Auch wenn das Harnvolumen 23,3 l beträgt, werden noch mindestens 88% des filtrierten Wassers rückresorbiert.
- Die Menge des filtrierten Wassers kann verändert werden, ohne daß die Menge der pro Tag ausgeschiedenen gelösten Substanzen davon betroffen wird.

In beiden Beispielen (500 ml mit 1400 mosmol und 23,3 l mit 30 mosmol) wird genau die gleiche Menge an gelösten Teilchen ausgeschieden. Dies ist für den Körperhaushalt und die **Regulation der Osmolalität** der Körperflüssigkeit von großer Bedeutung.
Aus Mikropunktionsuntersuchungen weiß man, daß die Tubulusflüssigkeit mindestens bis zum Ende des proximalen Tubulus **isoton** bleibt, d.h. daß sie den gleichen osmotischen Wert aufweist wie das Blut. Wenn man die Konzentration des Inulins am Ende des proximalen Tubulus mißt, so stellt man allerdings fest, daß sie 4mal höher ist als die Plasmakonzentration. Wie wir wissen, wird Inulin weder sezerniert noch rückresorbiert. Wenn sich seine

Konzentration also erhöht hat, muß aus dem Tubulus eine entsprechende Menge an Wasser rückresorbiert worden sein. Da die Tubulusflüssigkeit am Ende des proximalen Tubulus immer noch isoton ist, muß mit dem Wasser auch eine entsprechende Menge gelöster Substanzen rückresorbiert worden sein.
Die **Wasserrückresorption** geschieht, wie aus der Inulinkonzentration hervorgeht, zur Hauptsache – nämlich zu 75% – im proximalen Tubulus. Der proximale Tubulus nimmt also allgemein ausgedrückt die Grobregulation der Harnzusammensetzung vor. Die Feinregulation dagegen geschieht im distalen Tubulus und – was die Wasserausscheidung anbelangt – auch im Sammelrohr.

Die Veränderung des Flüssigkeitsvolumens und der Osmolalität des Harns im distalen Tubulus und im Sammelrohr hängt von der Anwesenheit eines im Hypophysenhinterlappen produzierten Hormons ab (s. 12.4.4), dem antidiuretischen Hormon (**ADH**). Es wird gelegentlich auch als Vasopressin-ADH bezeichnet. Dieses Hormon erhöht die Permeabilität der Sammelrohre für Wasser. In der Gegenwart dieses Hormons werden geringe Mengen konzentrierten Harns, bei seinem Fehlen große Mengen verdünnten Harns ausgeschieden. Durch verschiedene Mechanismen, die mit dem Gegenstromprinzip funktionieren oder daran gekoppelt sind, ist das Interstitium in den Markpyramiden stark hyperton. Somit strömt Wasser aus den Sammelrohren in das Markinterstitium, sobald durch ADH die Wasserpermeabilität der Sammelrohre erhöht worden ist. Die treibende Kraft ist der osmotische Gradient zwischen Sammelrohr und dem Markinterstitium. Aus dem Mark wird das Wasser mit dem Blut wieder abtransportiert. Somit ist das ADH mitverantwortlich für die Regulation der täglich ausgeschiedenen Harnmenge. Bei Mangel an ADH (Diabetes insipidus) können bis zu 12% der GFR (glomeruläre Filtrationsrate) über den Harn ausgeschieden werden. Dieser große Wasserverlust muß über die Aufnahme einer entsprechend großen Wassermenge wieder kompensiert werden. Bei Vorhandensein eines Diabetes insipidus (Wasserharnruhr) kann es dementsprechend bis zu täglichen Harnflußmengen von über 20 l kommen. Allgemein wird eine stark erhöhte Harnmenge als *Polyurie* und eine stark erhöhte Flüssigkeitsaufnahme als *Polydipsie* bezeichnet.

Elektrolythaushalt

Wasser- und Elektrolythaushalt sind immer eng miteinander verbunden wegen der Tendenz des osmotischen Ausgleichs an halbdurchlässigen (semipermeablen) Membranen. Die mit dem Ultrafiltrat pro Tag aus dem Blut herausgepreßte Menge an Elektrolyten beträgt rund das 10fache der im Extrazellulärraum des Körpers überhaupt vorhandenen Menge an Elektrolyten. Ohne quantitativ leistungsfähige und qualitativ fein regulierende Mechanismen der tubulären Rückresorption würden die Elektrolytverluste mit dem Harn rasch zum Tod führen.

Rückresorption

Im Zentrum des Geschehens der Rückresorption der Elektrolyte steht das Natrium.
Natrium wird über einen aktiv erfolgenden transtubulären Transport aus dem Primärharn entnommen. Dies ist ein energieverbrauchender Prozeß, der ca. 10% des Grundumsatzes beansprucht. Wenn man bedenkt, daß pro Tag mit dem Harn eine Menge von ca. 1,4 kg Natrium abfiltriert wird und der größte Teil davon wieder rückresorbiert wird, ist das natürlich nicht erstaunlich.
Den positiv geladenen Natriumionen (Na^+), die aktiv transportiert werden, folgen andere, negativ geladene Ionen (z.B. Chlorid, Cl^-) entlang einem elektrischen Gradienten passiv nach. Auf diese Weise wird auch die nötige Elektroneutralität des Transportprozesses gewährleistet. Ebenso zieht das transportierte Natrium Wasser durch osmotische Kräfte passiv in die Blutbahn zurück. Die gesamte Rückresorption in den oberen Tubulusabschnitten verläuft isoosmotisch und ist qualitativ wie quantitativ unabhängig von der jeweiligen Bilanz des Elektrolyt- und Wasserhaushalts.
Im Gegensatz dazu steht die Rückresorption im distalen Tubulus. Hier wird ebenfalls Natrium rückresorbiert, allerdings wird hier die Rückresorption durch das Hormon Aldosteron und andere ebenfalls aus der Nebennierenrinde (NNR) stammende **Mineralokortikoide** gesteuert (s. 12.7.2). Die Sekretion von Aldosteron aus der Nebennierenrinde wird durch relativen Natriummangel oder durch Blutverlust hervorgerufen. Bei der Freisetzung des Aldosterons spielt der juxtaglomeruläre Apparat eine Rolle (s. 11.3.7).
Die Wirkung des Aldosterons besteht darin, daß die Natriumpumpe im distalen Tubulus aktiviert wird und somit vermehrt Natrium rückresorbiert werden kann. Beim Natriumtransport im distalen Tubulus wird die Elektroneutralität des Transportes nicht wie im proximalen Tubulus zur Hauptsache über passives Nachdiffundieren von Chloridionen bewerkstelligt, sondern hier wird im Austausch für jedes Na^+-Ion, das in den Interstitialraum transportiert wird, ein K^+-Ion aus diesem heraustransportiert. Auf diese Weise ist im distalen Tubulus die Natriumpumpe an die Kaliumse-

kretion gekoppelt. Durch Aldosteron wird also nicht nur vermehrt Natrium zurückgesaugt (rückresorbiert), sondern auch vermehrt Kalium ausgeschieden (sezerniert).
Mit dem Aldosteronmechanismus und der ADH-Wirkung verfügt die Niere über die Möglichkeit, den Wasser- und Elektrolythaushalt den jeweiligen Erfordernissen anzupassen.

Säure-Basen-Haushalt

Der Säure-Basen-Haushalt des Körpers wird durch 2 Komponenten reguliert:

- die respiratorische Komponente (s. Kap. 8 Atmungsapparat) und
- die metabolische Komponente bzw. renale Regulation, die in der Niere abläuft.

Die einzelnen Vorgänge bei der Regulation des Säure-Basen-Haushalts sind äußerst komplex. Deshalb sollen nur ein paar Grundprinzipien dargestellt werden.
In Abhängigkeit von der metabolischen Ausgangslage hat die Niere verschiedene Möglichkeiten, regulatorisch einzugreifen. Die beiden wichtigsten Mechanismen sind:

- Bei **azidotischer (saurer) Ausgangslage** wird alles filtrierte Bikarbonat wieder rückresorbiert; die entstandene Säure wird in Form von H^+ oder NH_4^+ (Ammoniumionen) ausgeschieden.
- Bei **alkalotischer (basischer) Ausgangslage** wird von dem filtrierten Bikarbonat ein entsprechender Teil nicht rückresorbiert, sondern mit dem Harn ausgeschieden.

Wie die Zellen des Magens sind auch die Zellen des Tubulussystems in der Lage, H^+-Ionen auszuscheiden. Dies geschieht über einen Mechanismus, der gewährleistet, daß für jedes H^+-Ion, das aus den Zellen heraustransportiert wird, ein Na^+-Ion in die Zellen hineintransportiert wird. Damit wird auf der einen Seite das für den Körper wichtige Natrium rückresorbiert, auf der anderen Seite aber auch die nötige **Elektronenneutralität** des Transportes gewährleistet.
Im Unterschied zur Natrium-Kalium-Pumpe (Na-K-Pumpe; s. oben), die auf der basalen Seite[14] der Zellen liegt (gegen das Intersti-

---

[14] Basal: an der Zellbasis, d.h. gegen außen.

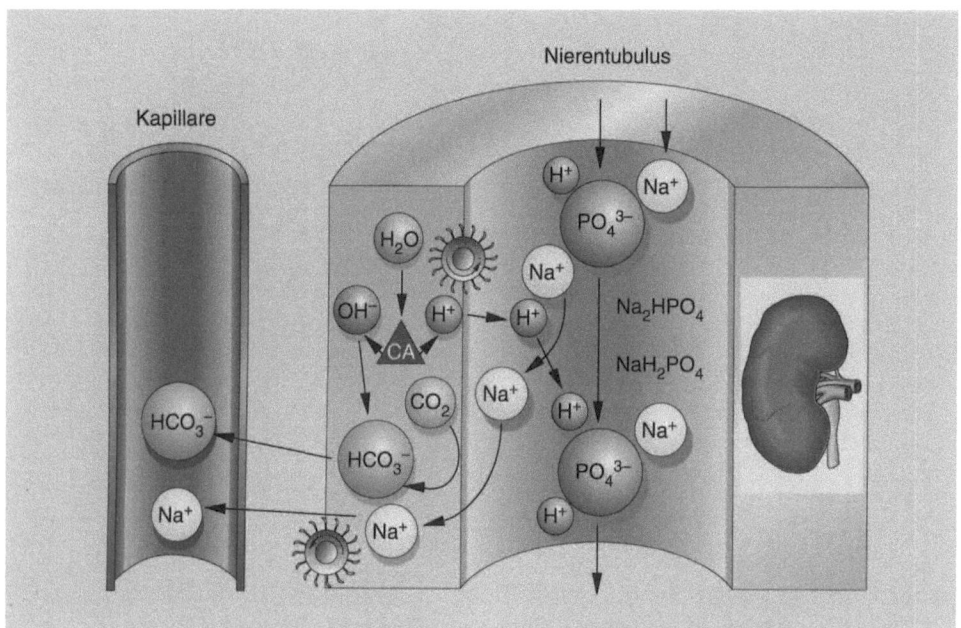

Abb. 11.17. Schematische Darstellung der H$^+$-Ausscheidung am Beispiel des Natriumphosphats. Das im Tubuluslumen vorhandene Dinatriumhydrogenphosphat (Na$_2$HPO$_4$) wird durch entsprechende Abspaltung von Na$^+$ und Anlagerung von H$^+$ in Natriumdihydrogenphosphat (NaH$_2$PO$_4$) umgewandelt. Das mit *CA* beschriftete Dreieck stellt das Enzym Carbo-anhydrase dar, das u.a. die Spaltung von H$_2$O zu H$^+$ und OH$^-$ katalysiert. Das aus der Spaltung entstehende OH$^-$-Ion verbindet sich innerhalb der Zelle mit CO$_2$ zu HCO$_3^-$; dieses wird an das Kapillarblut abgegeben. Das *Schaufelrad* stellt den Ort des aktiven (energieverbrauchenden) Transports über die Zellmembran dar

tium zu), ist die Natrium-Wasserstoff-Pumpe (Na-H-Pumpe) auf der luminalen Seite[15] der Zellen lokalisiert. Da die Niere nur in einem begrenzten Rahmen gegen einen H$^+$-Gradienten arbeiten kann (limitierender pH=4,5), müssen die in den Harn transportierten H$^+$-Ionen gebunden werden. Ansonsten würde der pH-Wert von 4,5 ziemlich schnell erreicht, und es könnte kein weiterer Transport erfolgen. Es stehen verschiedene Systeme (Puffer) zur Verfügung, die gewährleisten, daß es zu keiner Übersäuerung des Harns kommt. Natriumhydrogenphosphat, Bikarbonat und Ammonium sind die dabei wirkenden Puffersysteme. Dies ist in Abb. 11.17 und 11.18 dargestellt. Der pH-Wert des Harns bewegt sich durch Zusammenwirken der Säuresekretion und der Puffersysteme in den physiologischen Grenzen von pH 4,5 bis 8,2. Die Bikarbonatrückresorption ist im wesentlichen an die Sekretion von H$^+$-Ionen gekop-

pelt. Die im Tubulus vorhandenen HCO$_3^-$-Ionen verbinden sich mit H$^+$-Ionen zu H$_2$CO$_3$, das in H$_2$O und CO$_2$ zerfällt. CO$_2$ kann leicht durch die Membranen diffundieren. Es gelangt in die Tubuluszellen zurück. Dort entsteht in Verbindung mit H$_2$O wieder HCO$_3^-$. Nach Umwandlung in NaHCO$_3$, unter Verwendung von Na$^+$, das im Gegenzug zur H$^+$-Sekretion in die Tubuluszellen gelangte, wird das NaHCO$_3$ anschließend ins Blut abgegeben. Die Regulation des Blut-pH-Werts erfolgt relativ rasch über die Ausatmung von CO$_2$. Die Regulation über die Niere mit Säureausscheidung und Bikarbonatrückresorption verläuft langsam und kann sich über mehrere Tage erstrecken.

11.3.5 Gegenstromprinzip

In der Technik wird das Gegenstromprinzip in vielfältiger Weise nutzbringend eingesetzt. Ein kleiner Vergleich aus der Technik soll deshalb helfen, das Grundprinzip des Gegenstroms zu verstehen:

---

[15] Luminal: an das Lumen angrenzend, d.h. gegen innen.

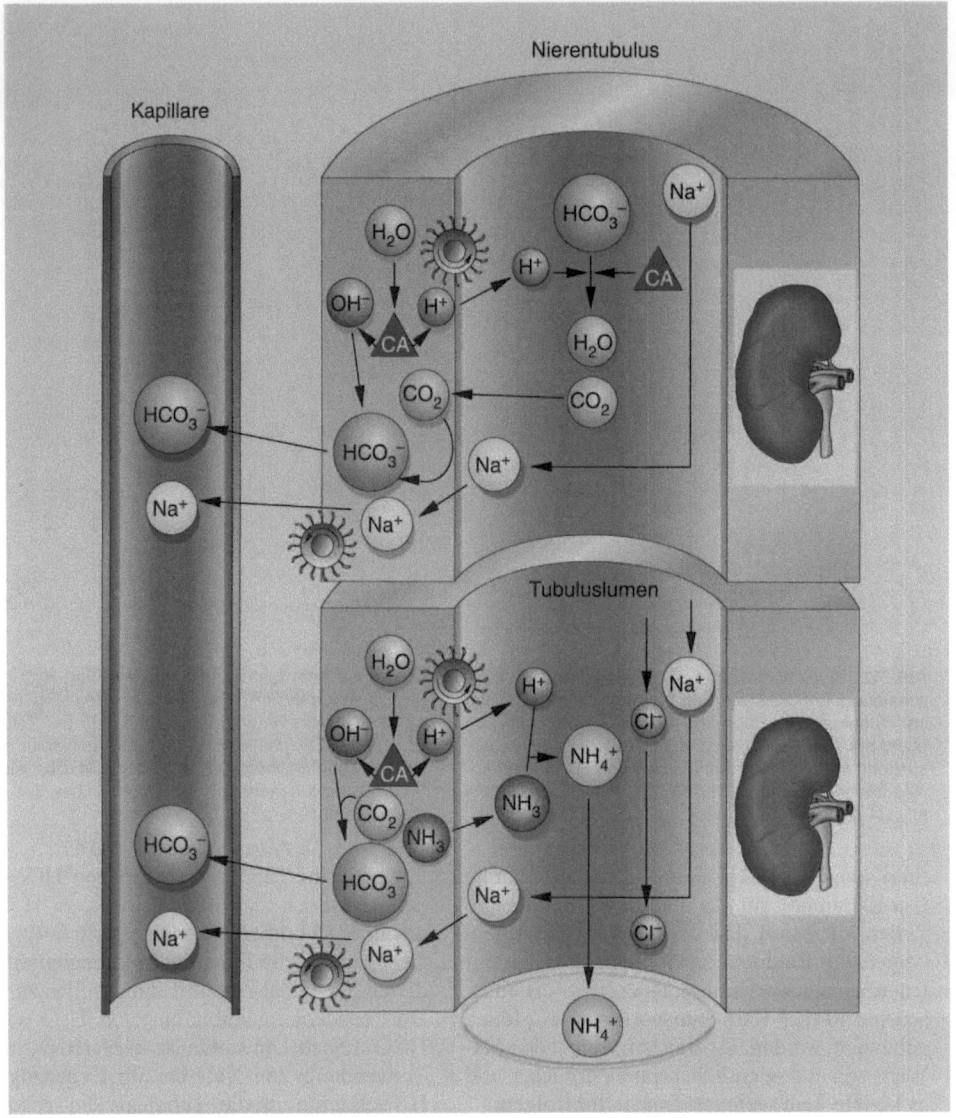

Abb. 11.18. Schematische Darstellung der pH-Regulation am Beispiel der Bikarbonatrückresorption (*oberer Teil* der Abbildung) und der pH-Regulation unter gleichzeitiger Stickstoffausscheidung in Form von Ammoniumionen (NH$_4^+$; *unterer Teil* der Abbildung). Das mit *CA* beschriftete Dreieck stellt das Enzym Carboanhydrase dar, das u. a. die Spaltung von H$_2$O zu H$^+$ und OH$^-$ katalysiert. Die Glutaminsäure (eine Aminosäure) ist der Lieferant der Aminogruppe NH$_3$, die sich mit H$^+$ zum Ammoniumion (NH$_4^+$) verbindet. Das *Schaufelrad* stellt den Ort des aktiven (energieverbrauchenden) Transports über die Zellmembran dar

Wenn man um ein Wasserrohr, durch das eine Menge von 10 ml Wasser pro min fließt, eine Heizmanschette mit einem Heizwert von 100 cal/min legt, dann kann man die Temperatur des Wassers maximal um 10°C erhöhen.

Wenn das Wasserrohr allerdings U-förmig gebogen wird, so daß die beiden Rohrteile einander eng anliegen, kann vorübergehend eine wesentlich höhere Temperatur erreicht werden. Die Heizquelle ist in diesem Beispiel am untersten Punkt des U angeordnet. Auf diese Art kann das kalte absteigende Wasser vom warmen aufsteigenden Wasser des anderen Schenkels bereits aufgewärmt werden. In der Region der Heizmanschette kann so eine Temperatur von nahezu 100°C erreicht werden, obwohl das ausfließende Wasser ebenfalls nur eine Temperatur hat, die 10°C über der Temperatur des einlaufenden Wassers liegt. Die relativ starke Erhöhung der Temperatur im Bereich der Heizmanschette wird durch das Gegenstromprinzip erreicht (Abb. 11.19).

In der Niere kommt ebenfalls das Gegenstromprinzip zur Wirkung, das v.a. darauf basiert,

daß über die Membranen des Tubulussystems zwar aktiv Elektrolyte (v.a. Natrium) transportiert werden können, jedoch die aus dem Mark wiederaufsteigenden Anteile der Henle-Schleife für Wasser ziemlich undurchlässig sind. Somit kann aus dem aufsteigenden Schenkel Natrium (Na^+) in den absteigenden Schenkel der Henle-Schleife transportiert werden, ohne daß Wasser passiv nachfolgt.

Durch den Gegenstrommechanismus werden im Interstitium der Markpyramide osmotische Werte von ca. 1400 mosmol erreicht. Diese hohen Werte bilden wiederum die Grundlage für die Wasserrückresorption aus den Sammelrohren. Wenn die Sammelrohre durch ADH-Wirkung ihre Wasserpermeabilität erhöhen, folgt Wasser dem osmotischen Gradienten und fließt ins Markinterstitium ein. Von

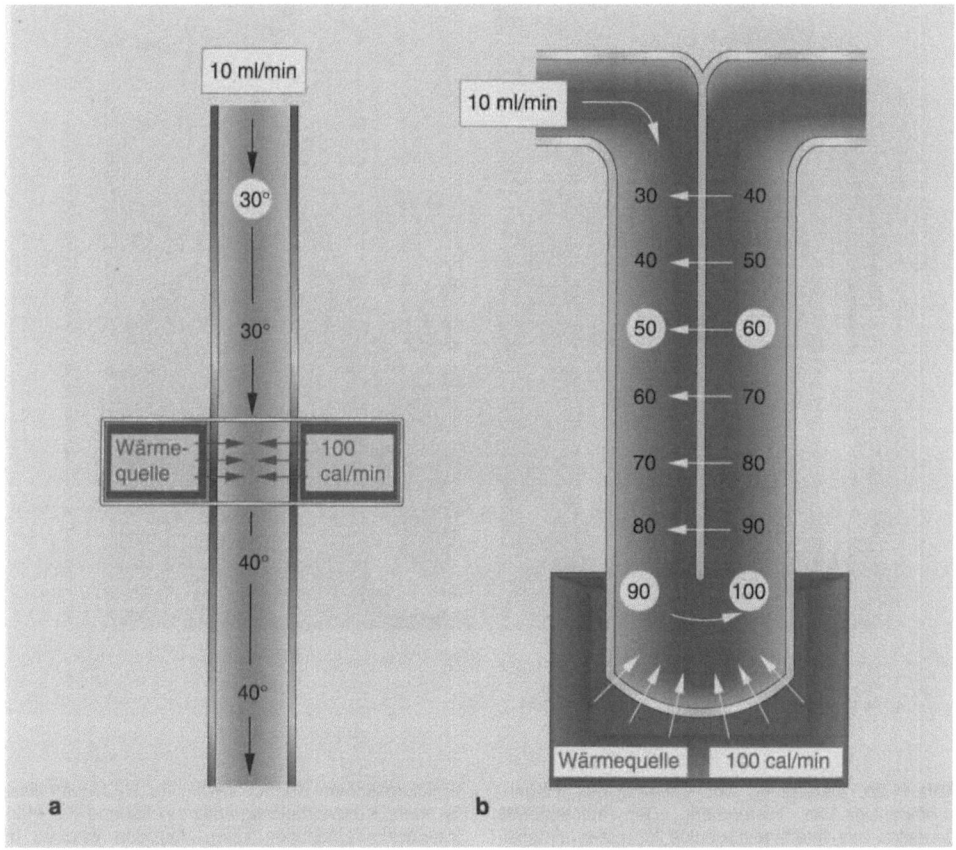

Abb. 11.19. Schema des Gegenstromprinzips am Beispiel einer Heizmanschette (**a**) und einer Heizkalotte (**b**) verdeutlicht. Bei gleicher Heizleistung von 100 cal/min kann bei Ausnutzung des Gegenstromprinzips (**b**) die Temperatur am Kehrpunkt des U-förmigen Rohres vorübergehend bis auf fast 100°C angehoben werden. Bei einem reinen Durchlaufsystem ohne Gegenstrom kommt es lediglich zu einer Aufheizung von 30 auf 40°C

hier wird es mit dem Blut der Gefäße wieder in den Körper zurückgeführt.

Der unter Normalbedingungen ausgeschiedene Harn ist stark hyperton, d.h. er hat einen höheren osmotischen Druck als das Blutplasma. Diese Hypertonie des Harns ist jedoch nicht allein durch die Permeabilität der Sammelrohre zu erreichen. Sie erfolgt vielmehr dadurch, daß gelöste Teilchen aktiv aus dem Harn entfernt und nach dem Gegenstromprinzip in den Markpyramiden konzentriert werden. Dadurch entsteht ein Konzentrationsgradient zwischen dem Harn der Sammelrohre und dem Markinterstitium, der die treibende Kraft für das Eindringen des Wassers aus dem Sammelrohr ins Mark darstellt (Abb. 11.20). Der Wasserstrom ins Mark ist kein aktiver Transportvorgang, sondern erfolgt passiv durch den bestehenden osmotischen Gradienten.

11.3.6 Harnausscheidung (Diurese)

Je nach Ausgangslage im Körper werden 2 Hauptarten der Harnausscheidung (Diurese) unterschieden:

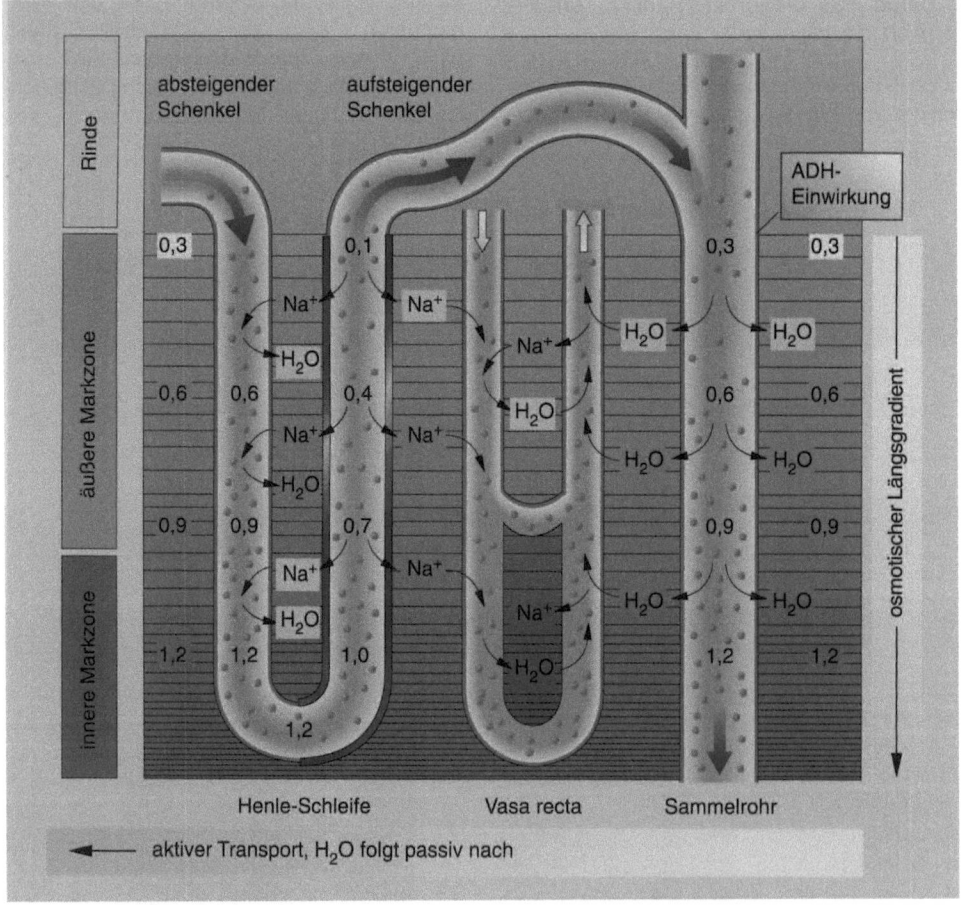

Abb. 11.20. Darstellung der Wirkung des Gegenstromprinzips im Nierenmark. Der aufsteigende Schenkel des Intermediärtubulus führt zwar intensiven Na^+-Transport durch, H_2O kann jedoch nicht passiv folgen, da die Wand für H_2O undurchlässig ist. Dadurch kommt es zu einer Anreicherung von Na^+ im Interstitium des Marks auf Werte von über 1200 mosmol (1,2 osmol). Das bedeutet, daß H_2O aus dem Sammelrohr, das unter der Wirkung von antidiuretischem Hormon (ADH) für H_2O durchlässig ist, dem Konzentrationsgradienten folgend ins Markinterstitium eindringen kann. Von dort wird es mit dem Blut der geraden Gefäße (Vasa recta) abtransportiert und bleibt somit dem Körper erhalten. Eine wichtige Voraussetzung für das Funktionieren des Gegenstromprinzips ist also die Undurchlässigkeit des aufsteigenden Teils des Intermediärtubulus für Wasser

- die Wasserdiurese und
- die osmotische Diurese.

Wasserdiurese

Im Hypothalamus (s. Kap. 5 Nervensystem) befinden sich spezifische Zellen, die auf osmotische Veränderungen des Plasmas reagieren. Bei Verdünnung des Plasmas, d.h. Absinken der Osmolalität des Plasmas durch Aufnahme großer Wassermengen, verhindern diese Osmorezeptoren eine Ausschüttung des ADH, so daß die Permeabilität der Sammelrohre für Wasser abnimmt. Auf diese Art wird vermehrt Wasser ausgeschieden. Da die Halbwertszeit des ADH nur ca. 18 min beträgt, funktioniert dieses System innerhalb von ca. 15–20 min.

Das Trinken größerer Mengen hypotoner Lösungen bewirkt also eine Erhöhung der Wasserausscheidung. Dieses Phänomen wird als Wasserdiurese bezeichnet.

Alkoholische Diurese
Die alkoholische Diurese kann als Spezialfall der Wasserdiurese angesehen werden. Nach Genuß von Alkohol kommt es zu einer Hemmung der ADH-Ausschüttung in der Hypophyse. Dies ist eine direkte Wirkung des Alkohols, die im Unterschied zur Wasserdiurese nicht über die hypothalamischen Osmorezeptoren vermittelt wird. Durch die verminderte ADH-Ausschüttung wird in den Sammelrohren die Permeabilität nicht erhöht. Dadurch kommt es zu einer vermehrten Wasserausscheidung.

Osmotische Diurese

Die osmotische Diurese ist das „Gegenstück" zur Wasserdiurese. Hierzu kommt es, wenn zu viele osmotisch wirksame Teilchen im Harn zurückbleiben, d.h. nicht rückresorbiert werden. Diese Teilchen üben einen merklichen osmotischen Effekt aus, indem sie Wasser im Harn zurückbehalten. Es kommt dadurch zu einer Verkleinerung des osmotischen Gradienten zwischen Markinterstitium und Sammelrohren, so daß aus den Sammelrohren weniger Wasser ins Markinterstitium zurückdringen kann. Osmotische Diurese kann z.B.

durch Mannitol (ein Polysaccharid), das filtriert, aber nicht rückresorbiert wird, hervorgerufen werden. Es kann aber auch durch eine Überkonzentration von normalen Filtratbestandteilen hervorgerufen werden. So ist z.B. die beim Diabetes mellitus bestehende Polyurie (mit daraus resultierendem verstärktem Durstgefühl) durch osmotische Diurese hervorgerufen. Es ist im Harn mehr Glukose vorhanden, als rückresorbiert werden kann (Glukosurie), da das Glukosetransportmaximum (Tm_g) der Niere überschritten worden ist. Die in den Tubuli verbleibende Glukose hält Wasser zurück, so daß als Resultat vermehrt Harn ausgeschieden wird.

11.3.7 Endokrine Funktion der Niere

Juxtaglomerulärer Apparat

Im Bereich des Gefäßpols sind am Nierenkörperchen verschiedene Zelldifferenzierungen vorhanden, die unter dem Begriff „juxtaglomerulärer Apparat" zusammengefaßt werden. Der juxtaglomeruläre Apparat setzt sich aus 3 Bestandteilen zusammen:

- vaskuläre Komponente,
- tubuläre Komponente,
- mesangiale Komponente.

Vaskuläre Komponente
Kurz vor Eintritt der Arteriola afferens in den Glomerulus ist in der Wand des Gefäßes eine Spezialisierung, das Polkissen, vorhanden. Die Media (eigentlich aus Muskelzellen aufgebaut) ist zu Epithelzellen modifiziert, die nur noch entfernt an Myozyten erinnern. Im Inneren dieser Zellen liegen Sekretgranula, die ein Hormon enthalten, das **Renin**. Dieses Polkissen stellt die vaskuläre Komponente des juxtaglomerulären Apparates dar (da das Polkissen in der Gefäßwand liegt; Abb. 11.21).

Tubuläre Komponente
In der Nähe des Polkissens liegt die tubuläre Komponente (Macula densa), eine Differenzierung des distalen Tubulus. Es handelt sich hierbei um eine Platte von Epithelzellen in der Wand des distalen Tubulus, in der die Zellkerne relativ dicht beieinander stehen (deshalb Macula densa: dichter Fleck).

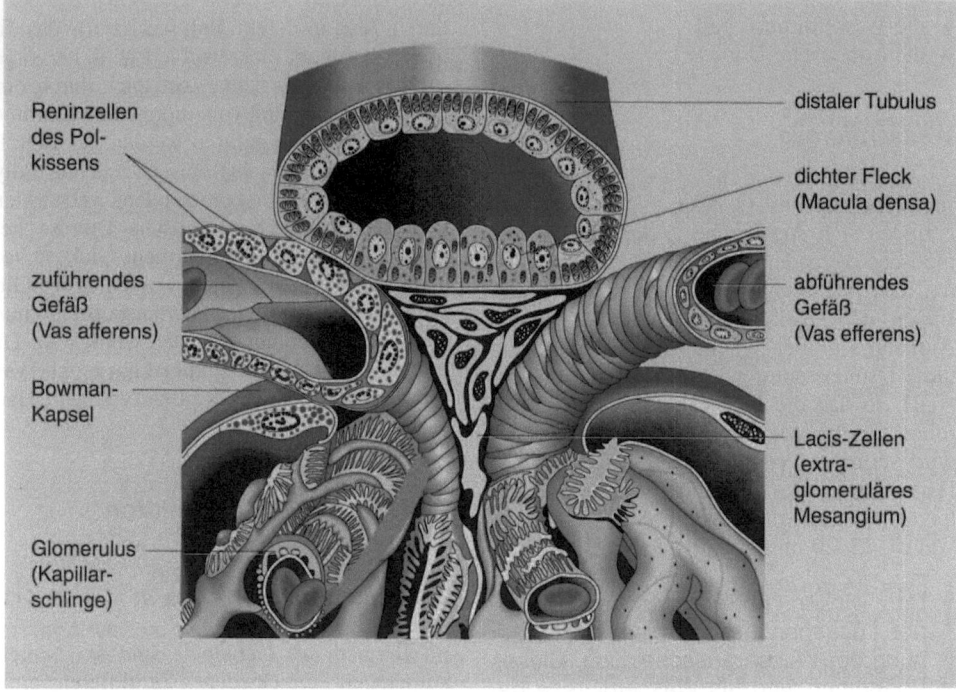

Reninzellen
des Pol-
kissens

zuführendes
Gefäß
(Vas afferens)

Bowman-
Kapsel

Glomerulus
(Kapillar-
schlinge)

distaler Tubulus

dichter Fleck
(Macula densa)

abführendes
Gefäß
(Vas efferens)

Lacis-Zellen
(extra-
glomeruläres
Mesangium)

Abb. 11.21. Der juxtaglomeruläre Apparat, dargestellt anhand einer Detailzeichnung aus der Region des Gefäßpols eines Nierenkörperchens (als Übersicht s. Abb. 11.6). Die 3 Bestandteile des juxtaglomerulären Apparates sind das Polkissen im zuführenden Gefäß (*links*), der dichte Fleck (Macula densa) im distalen Tubulus (*Mitte*) und die Lacis-Zellen (extraglomeruläres Mesangium) zwischen zuführendem und abführendem Gefäß (*rechts*). Die Zellen des Polkissens enthalten Renin, das Teil des Renin-Angiotensin-Aldosteron-Systems ist

Die Macula densa transportiert Natrium in eine Gruppe von Zellen, die zwischen den Zellen der Wand der Macula densa und dem Polkissen liegen.

Mesangiale Komponente
Die Zellen, die zwischen Macula densa und A. afferens liegen, sind die Lacis-Zellen. Sie werden auch als extraglomeruläres Mesangium bezeichnet und stellen die mesangiale Komponente dar.
Die Lacis-Zellen sind in der Lage, die jeweilige Natriumkonzentration zu registrieren. Bei zu geringer Natriumkonzentration stimulieren sie die Zellen des Polkissens zur Abgabe von Renin. Sowohl Natriummangel wie auch zu geringe Nierendurchblutung führen zu einer Reninausschüttung aus dem Polkissen. Unter der Wirkung von Renin wird das im Blut zirkulierende Angiotensinogen in Angiotensin I umgewandelt. Angiotensin I wird durch ein Enzym (Converting-Enzym) in Angiotensin II umgewandelt.

Angiotensin II wirkt auf 2 Arten: Auf der einen Seite setzt es Aldosteron aus der Nebennierenrinde frei, daraus folgt eine vermehrte Natriumrückresorption. Auf der anderen Seite ist Angiotensin II das stärkste heute bekannte blutdrucksteigernde Mittel. Es wirkt v.a. lokal in der Niere, indem es die Wandzellen der Arteriola efferens veranlaßt, das Gefäßlumen zu verengen. Dadurch wird der Filtrationsdruck im Glomerulus gesteigert.

Die durch Aldosteron hervorgerufene vermehrte Natriumrückresorption bedingt aber auch eine passive Rückresorption von Wasser. Dadurch wird das im Plasma vorhandene Flüssigkeitsvolumen erhöht. Dies wirkt einer Eindickung des Blutes entgegen und erhöht indirekt auch den Blutdruck.
Durch einen zu geringen Natriumgehalt des Blutes wird auch zu wenig Wasser im Blut

zurückbehalten, so daß das Blut unter Natriummangel dicker wird.

Erythropoietin

Zu den endokrinen Aufgaben der Niere gehört auch die Bildung eines Hormons, das die Erythrozytenbildung stimuliert. Der genaue Ort der Bildung dieses Hormons in der Niere ist noch nicht lokalisiert worden. Man nimmt an, daß es in den Gefäßwänden vom Endothel gebildet wird. Es handelt sich dabei um ein Glykoproteid, das die Bezeichnung renaler erythropoietischer Faktor (REF) erhalten hat. Unter der Wirkung des REF wird ein im Plasma zirkulierendes Globulin, das „Proerythropoietin", in Erythropoietin umgewandelt. Erythropoietin ist in der Lage, die Erythrozytenbildung im Knochenmark zu stimulieren. Dadurch steigt die Anzahl der zirkulierenden Erythrozyten. Die auslösenden Faktoren für die Sekretion des REF (renaler erythropoietischer Faktor oder Erythrogenin) sind Anämie, Hypoxie sowie eine Erhöhung des Kobaltspiegels im Blut (s. Kap. 6 Blut).

Vitamin-D-Hormon

In den Zellen des proximalen Tubulus wird aus einer bereits in der Leber umgebauten Form des Vitamin D_3 das Vitamin-D-Hormon gebildet, das auch als Cholekalziferol bezeichnet wird. Dieses Hormon ist gemeinsam mit Parathormon und Kalzitonin an der Regulation des Kalziumhaushalts beteiligt (s. 12.6.2).

11.3.8 Eigenschaften des Harns

Die Untersuchung des Harns ist eine der Routinemethoden, die es dem Arzt ermöglichen, erste Aussagen über Abweichungen der Körperfunktionen vom Normalen zu machen. Störungen im Körperhaushalt äußern sich häufig in einer Änderung der Zusammensetzung, Farbe oder Menge des Harns. Menschlicher Harn ist eine klare gelbliche Flüssigkeit, die beim Schütteln schäumt und beim Stehen einen leichten wolkigen Niederschlag bilden kann. Er besteht aus Spuren von Eiweiß, das mit den abgestoßenen Harnwegsepithelzellen in den Harn gelangt ist. Beim Abkühlen kann aus stark konzentrier-

Tabelle 11.2. Normale und pathologische Bestandteile bei der Sedimentuntersuchung

Normale Harnbestandteile	Pathologische Harnbestandteile
Harnsäurekristalle (Urate)	Erythrozyten (einzelne)
Kalziumoxalatkristalle Phosphat (z.B. Ammonium-Magnesium-Phosphat)	Erythrozytenzylinder Leukozyten (einzelne) Leukozytenzylinder
Epithelzellen aus dem äußeren Geschlechtsbereich	Epithelzellen der ableitenden Harnwege

tem Harn ein Sediment von Uraten ausfallen, die sich beim Erwärmen wieder lösen.

Das spezifische Gewicht des Harns ist ebenfalls eine leicht zu untersuchende Eigenschaft, die über die Konzentration Auskunft gibt. Das spezifische Gewicht beträgt im Mittel 1016–1020 und kann bei extrem konzentriertem Harn bis auf 1035 ansteigen. Heute sind vielfach osmometrische Messungen üblich, da sie wesentlich genauer sind. Die osmotische Konzentration kann im Fall der Wasserdiurese bei 50 mosmol und im Fall der Antidiurese bei 1400 mosmol liegen. Bei verschiedenen Formen der Nierenschädigung hat die Niere die Fähigkeit verloren, die Harnkonzentration den Erfordernissen des Flüssigkeitshaushalts anzupassen. Das spezifische Gewicht des Harns entspricht dann der Osmolalität des Ultrafiltrats (ca. 1010 = Isosthenurie, ca. 290 mosmol). Der **pH-Wert** des Harns liegt normalerweise bei 5,5. Je nach Kost kann er aber auch bis auf 4,5 sinken oder bis auf über 8 ansteigen. Ein Anstieg ist z.B. bei pflanzlicher Kost zu beachten, ein Abfall v.a. bei eiweißreicher Kost (wegen der im Protein enthaltenen Aminosäuren). Für die normale Untersuchung des Harns stehen verschiedene Methoden zur Verfügung.

Gängige Harnuntersuchungen:
- Eiweißprobe,
- Zuckerprobe,
- Sedimentuntersuchung.

Bei der Sedimentuntersuchung unterscheidet man normale und pathologische Bestandteile (Tabelle 11.2).
Mit Schnelltestmethoden (Teststreifen) lassen sich heute innerhalb von Minuten Aussagen über pH-Wert, vorhandene Bakterien, Blut, Zucker etc. machen.

11.4 Zusammenfassung Harnapparat

Organe
Zum Harnapparat rechnet man: die Niere als harnbereitendes Organ; das Nierenbecken, der Harnleiter, die Harnblase und die Harnröhre als harnableitende Organe.

Niere
Die Niere nimmt an folgenden Funktionen teil:

- an der Exkretion (z.B. Harnstoff, Harnsäure, Pharmaka etc.),
- an der Regulation des inneren Milieus (Wasser-Elektrolyt-Haushalt, Säure-Basen-Haushalt) und
- an der Hormonsekretion (Renin, Erythropoietin, Vitamin-D-Hormon).

Die beiden Nieren liegen retroperitoneal links und rechts der Wirbelsäule. Die linke
Niere liegt mit ihrem oberen Pol auf der Höhe der 11. Rippe, die rechte Niere auf
der Höhe der 12. Rippe.
Die Nieren sind verschieblich in die Umgebung eingebaut. Zwischen Inspiration
und Exspiration variieren sie um 3–4 cm in ihrer Position.

Bestandteile: Die Nieren sind außen von einer Kapsel überzogen. Das Innere der
Niere (Parenchym) wird in Rinde und Mark unterteilt.

Die **Nierenkapsel** besteht aus einer Tunica fibrosa und einer Tunica subfibrosa.
Die Tunica fibrosa ist nur locker mit der Tunica subfibrosa verbunden. Bei einer
notwendigen Dekapsulation wird die nervenreiche Tunica fibrosa abgestreift. Das
Nierenparenchym selber enthält keine Schmerzfasern.

Die **Nierenrinde** enthält die gewundenen Anteile der Nephrone, die Nierenkörperchen sowie Gefäße. Das **Mark** besteht aus Markpyramiden, in denen sich die geraden Anteile der Nephrone (Henle-Schleife), die Sammelrohre und gestreckt verlaufende Gefäße befinden. Von den Markpyramiden verlaufen Markstrahlen in die
Rinde. Die Rinde umgibt die Markpyramiden vollständig, so daß diese isoliert sind.
5–20 Markpyramiden mit ihren Papillen münden in die Nierenkelche, die ihrerseits
Teil des Nierenbeckens sind.

Nierengefäße: Die für die Primärharnbildung wichtigen Gefäßabschnitte der Niere
sind die A. afferens (zuführende Arterie), der Glomerulus (Kapillarschlingen) und
die A. efferens (abführende Arterie).

Das **Nephron** ist die morphologische Baueinheit der Niere. Es besteht aus: Nierenkörperchen (Corpusculum renis) mit Bowman-Kapsel und Glomerulus, dem proximalen Tubulus mit Pars convoluta und Pars recta, dem Intermediärtubulus mit
Pars descendens und Pars ascendens sowie dem distalen Tubulus mit Pars recta
und Pars convoluta:

- Die **Bowman-Kapsel** des Nierenkörperchens besteht aus einem dünnen parietalen und einem zu Podozyten differenzierten viszeralen Blatt. Die Podozyten
  sind Teil des Nierenfilters.

- Der **proximale Tubulus** hat auf der luminalen Seite einen ausgeprägten Bürstensaum (Mikrovilli) und auf der basalen Seite sehr deutliche Interdigitationen

und Einfaltungen, in denen sich Mitochondrien befinden (basale Streifung). Bürstensaum und basale Streifung sind Ausdruck der hohen Transportaktivität des proximalen Tubulus.

- Der **Intermediärtubulus** ist der dünnste Teil des Nephrons, er besitzt weder basale Streifung noch Mikrovilli. Er ist Teil des Gegenstrommechanismus.

- Der **distale Tubulus** besitzt auf der luminalen Seite nur wenige Mikrovilli und auf der basalen Seite eine noch deutlichere basale Streifung als der proximale Tubulus.

Ableitende Harnwege:
Dazu gehören das Nierenbecken (Pelvis), die Harnleiter (Ureter), die Harnblase (Vesica urinaria) und die Harnröhre (Urethra).

- Der aus den Markpapillen träufelnde Harn wird von den Nierenkelchen aufgenommen und in das **Nierenbecken** geleitet. Man unterscheidet ein dendritisches (englumig, verzweigt) von einem ampullären Nierenbecken (weitlumig, unverzweigt).

- Die **Harnleiter** sind ovale, röhrenförmige Hohlorgane mit einem Durchmesser von ca. 4–7 mm. Sie verbinden die Niere mit der Harnblase und sind ca. 29–30 cm lang. Sie werden entsprechend ihrem Verlauf in eine jeweils gleichlange Pars abdominalis (Bauchteil) und eine Pars pelvina (Beckenteil) unterteilt.

Die Harnleiter sind aus einer Schleimhaut (Tunica mucosa), einer Muskelhaut (Tunica muscularis) und einer bindegewebigen äußeren Hülle (Adventitia) aufgebaut. Die Schleimhaut besteht aus Übergangsepithel (mit Deckzellen und Crusta). Die Muskelhaut besteht aus einer inneren Längs- und einer äußeren Ringmuskulatur. Durch die Muskelschichten wird der peristaltische Harntransport (3- bis 6mal pro min) ermöglicht.
3 Engpässe der Harnleiter sind klinisch (Nierensteine) von Bedeutung:
- am Übergang vom Nierenbecken in den Harnleiter,
- am Übergang der Pars abdominalis in die Pars pelvina,
- beim Eintritt der Harnleiter in die Harnblase.

- Die **Harnblase** dient der Sammlung des Harns zwischen 2 Entleerungen (Miktionen). Sie ist ebenfalls aus Schleimhaut, Muskelhaut und Adventitia aufgebaut. Die Muskulatur ist 3schichtig und wird als M. detrusor (Austreiber) bezeichnet. Die Harnblase liegt im kleinen Becken hinter der Schamfuge und ist nur auf der Oberseite (kranial) von Peritoneum bedeckt.

Die Harnblase ist durch einen inneren glatten (M. sphincter vesicae) und einen äußeren quergestreiften Muskel (M. sphincter urethrae) verschlossen. Sympathikuseinfluß führt zu einer Erschlaffung des M. detrusor und zu einer Kontraktion des M. sphincter vesicae. Parasympathikuseinfluß führt zum Austreiben des Harns. Der Vorgang wird durch die Bauchpresse unterstützt. Normalerweise sollten Harnflußmengen von 20 ml/s erreicht werden.

- Die Urethra feminina (**weibliche Harnröhre**) ist nur ca. 3–5 cm lang (deshalb leichter Aufstieg von Bakterien in die Harnblase) und folgt in schwachem Bogen dem Hinterrand der Schamfuge. In das Lumen der Urethra feminina münden muköse Drüsen (Glandulae urethrales).

- Die Urethra masculina (**männliche Harnröhre**) besteht aus einer Pars intramuralis (in der Harnblasenwand), einer Pars prostatica (in der Prostata), einer Pars membranacea (im Beckenbodenmuskel, M. transversus perinei profundus) und einer Pars spongiosa (im Corpus spongiosum). Die Pars spongiosa mündet an der Penisspitze mit der Fossa navicularis.

Physiologie der Niere

Das **Nierenfilter** besteht aus 3 Schichten: Kapillarendothel mit Poren, glomeruläre Basalmembran und den Podozyten mit ihren Interdigitationen und dem Schlitzdiaphragma. Die durchschnittliche Porengröße des Nierenfilters beträgt ca. 10 nm (1 Nanometer=10^{-6} mm). Wegen der elektrischen Ladung der Filterporen können auch geladene Partikel, die kleiner sind als 10 nm, nicht durch das Filter verlorengehen. Albumin mit einer relativen Molekülmasse von ca. 65000 kann das Filter nicht passieren und erscheint nicht im Ultrafiltrat. Bei Proteinurie ist das Nierenfilter defekt.

- Der **Nettofiltrationsdruck** beträgt 15 mmHg. Er entsteht durch den Kapillardruck (50 mmHg), von dem der Druck des Ultrafiltrats (10 mmHg) und der onkotische Druck (25 mmHg) abgezogen werden müssen.

- Die **glomeruläre Filtrationsrate** (GFR) kann durch die Inulinclearance berechnet werden. Sie beträgt 125 ml/min (180 l Primärharn/Tag). Der renale Plasmafluß (RPF) beträgt 700 ml/min und der renale Blutfluß (RBF) 1270 ml/min.

Clearance:

Die Clearance bezeichnet die Ausscheidungsfähigkeit der Niere für eine gewisse Substanz. Die Größe der Clearance hängt davon ab, wie die entsprechende Substanz im Tubulussystem verarbeitet wird. Die Möglichkeiten sind:
- reine Filtration (Beispiel: Inulin),
- Rückresorption (Beispiel: Glukose),
- Sekretion (Beispiel: Paraaminohippursäure, PAH).
Die Durchblutung der Nierenrinde unterliegt einer myogenen **Autoregulation**. Im Druckbereich zwischen 80 und 200 mmHg verändern sich GFR, renaler Plasmafluß und renaler Blutfluß nicht. Die Markdurchblutung unterliegt nicht der Autoregulation, so daß ein erhöhter Blutdruck zu einer Erhöhung des Harnflusses führt (Druckdiurese).

Die **Rückresorption** unterliegt der Transportmöglichkeit der Niere. Wenn diese erschöpft ist (Transportmaximum), erscheint die entsprechende Substanz im Harn (Nierenschwelle ist erreicht). Die Nierenschwelle (Konzentration=Menge pro Volumen) für Glukose beträgt 160 mg/100 ml. Das Transportmaximum (Menge pro Zeiteinheit) für Glukose beträgt 300 mg/min. Bei 160 mg Glukose/100 ml Blut ist das Transportmaximum der Niere erreicht, und Glukose kann nicht mehr rückresorbiert werden; sie erscheint im Harn.
Die Niere kann die gleiche Menge an gelöster Substanz in 500 ml oder in maximal 23 l (z.B. bei Diabetes insipidus) ausscheiden.
Bis zum Ende des proximalen Tubulus ist das Ultrafiltrat isoton, da den rückresorbierten Primärharnbestandteilen Wasser passiv folgt.

Gegenstromprinzip:

Das Gegenstromprinzip basiert auf 2 Fakten:
Der Intermediärtubulus transportiert aktiv Na^+ vom aufsteigenden in den absteigenden Schenkel.
Wasser kann nicht folgen, da dieser Teil des Tubulus für Wasser undurchlässig ist.

Harnausscheidung (Diurese):

- **Wasserdiurese** beruht auf der fehlenden oder reduzierten Wirkung von ADH (antidiuretisches Hormon). Über Osmorezeptoren wird die Ausschüttung von ADH reguliert. Wenig oder kein ADH hat Wasserdiurese zur Folge, da die Sammelrohrpermeabilität reduziert ist.

- Die **alkoholische Diurese** ist ein Spezialfall der Wasserdiurese, da Alkohol die Ausschüttung von ADH vermindert. Dadurch kommt es zu einem erhöhten Harnfluß.

- **Osmotische Diurese** kommt durch zu viele osmotisch wirksame Teilchen im Harn zustande. Dadurch wird der Gradient zwischen Sammelrohr und Markinterstitium reduziert, so daß weniger Wasser diesem Gradienten folgend ins Mark einströmt. Das kann u.a. bei Diabetes mellitus der Fall sein, wenn sich zu viele Glukosemoleküle im Harn befinden.

Wasser- und Elektrolythaushalt:

Durch die Tendenz des osmotischen Ausgleichs an semipermeablen Membranen sind Wasser- und Elektrolythaushalt immer eng miteinander verbunden.

Die täglich in der Niere filtrierte Menge an Elektrolyten beträgt rund das 10fache der im Extrazellularraum vorhandenen Elektrolytmenge. Entsprechend hoch ist die Rückresorptionsrate. Natrium nimmt eine zentrale Stellung ein. 10% des Grundumsatzes werden für die aktive Natriumrückresorption beansprucht (ca. 1,4 kg Natrium). Die notwendige Elektroneutralität des Natriumtransports wird entweder durch passiv nachströmendes Cl^- oder durch im Austausch auf die Gegenseite transportiertes K^+ ermöglicht.

Bei **azidotischer (saurer) Ausgangslage** wird alles filtrierte Bikarbonat wieder rückresorbiert, und es werden saure Valenzen in Form von H^+ oder NH_4^+ (Ammonium-Ionen) ausgeschieden.

Bei **alkalotischer (basischer) Ausgangslage** wird vom filtrierten Bikarbonat nur ein Teil rückresorbiert.

Der limitierende **pH-Wert** für die Abgabe von H^+ aus den Tubuluszellen beträgt 4,5. Der pH-Wert des Harns schwankt maximal zwischen 4,5 und 8,2. Der Normalwert beträgt 5,5.

Juxtaglomerulärer Apparat:

Der juxtaglomeruläre Apparat besteht aus dem Polkissen (vaskuläre Komponente), der Macula densa (tubuläre Komponente des distalen Tubulus) und den Lacis-Zellen (mesangiale Komponente).

Die Macula densa transportiert Na^+ in den Bereich der Lacis-Zellen. Bei zu geringer Na^+-Konzentration lösen die Lacis-Zellen an den Zellen des Polkissens die Sekretion von Reningranula aus.

- Renin bewirkt die Umwandlung von Angiotensinogen in Angiotensin I. Angiotensin I wird durch ein Enzym (Converting-Enzym) in Angiotensin II umgewandelt. Angiotensin II ist die stärkste blutdrucksteigernde Substanz des menschlichen Körpers. Sie bewirkt eine Regulation des Filtrationsdrucks im Korpuskulum. Gleichzeitig wird unter der Wirkung von Angiotensin II Aldosteron aus der Nebennierenrinde freigesetzt. Dies bewirkt eine Erhöhung der Natriumrückresorption, das damit dem Körper weiterhin zur Verfügung steht.

- Wegen der Koppelung der Natriumrückresorption und dem passiv nachfolgenden Wasser wird Renin auch bei Blutverlust ausgeschüttet. Dadurch wird Wasser vermehrt im Körper zurückbehalten; so kann wenigstens das Blutvolumen erhöht werden, bis durch entsprechende Neubildung der verlorengegangenen Zellen das Volumen wieder ausgeglichen wird.

Erythropoietin:
In der Niere wird ein Glykoproteid produziert, der renale erythropoietische Faktor (REF). Er wandelt im Blut vorhandenes „Proerythropoietin" in Erythropoietin um. Erythropoietin stimuliert im Knochenmark die Blutbildung. Auslösende Faktoren für die Sekretion von REF sind Hypoxie, Anämie und die Erhöhung des Kobaltspiegels im Blut.
Der osmotische Wert des Harns schwankt physiologischerweise zwischen 30 und 1400 mosmol (spezifisches Gewicht 1016–1020).

Vitamin-D-Hormon:
In den Zellen des proximalen Tubulus wird das Vitamin-D-Hormon produziert. Es ist mit dem Parathormon und dem Kalzitonin an der Regulation des Kalziumhaushalts beteiligt.

12 Endokrinologie

12.1 Regulation der Körperfunktionen

Der menschliche Körper ist mit 2 Steuersystemen ausgestattet, die sämtliche Aktivitäten des Organismus regulieren und koordinieren. Das eine System ist das **Nervensystem** (s. Kap. 5 Nervensystem). Das andere ist das **endokrine System**. Es besteht aus einer Anzahl von Drüsen und Zellen, die Wirkstoffe zur Regulation von Körperaktivitäten bilden. Diese Wirkstoffe nennt man Hormone. Die Drüsen und Gewebe, die diese Hormone herstellen, bilden das „endokrine System". Die **Lehre von den Hormonen** heißt dementsprechend Endokrinologie[16].

Das Nervensystem kann man mit einer komplizierten technischen Einrichtung vergleichen, in der Informationen auf dem Leitungsweg übertragen und verarbeitet werden. Die Nachrichten werden als eine Folge von Nervenimpulsen über die Nervenbahnen geleitet und lösen im Erfolgsorgan eine bestimmte sofort erfolgende, kurzdauernde Reaktion aus.

Das **endokrine System** kann demgegenüber mit einem drahtlosen Kommunikationssystem verglichen werden. Der Inhalt der Nachrichten ist dabei in der chemischen Struktur hochspezialisierter Substanzen verschlüsselt, die auf dem Blutweg die Körperzellen erreichen und sie zu bestimmten Reaktionen veranlassen. Die Auslösung der Reaktion benötigt in der Regel Zeit und ist vielfach von längerer Dauer.

12.2 Endokrine Organe

Die wichtigsten endokrinen Organe werden in diesem Kapitel behandelt (Abb. 12.1). Dies sind:

Deutscher Begriff	Medizinischer Fachausdruck
Vegetativer Regelteil des Zwischenhirns	Hypothalamus
Hirnanhangsdrüse	Hypophyse oder Glandula pituitaria
Zirbeldrüse	Epiphyse oder Corpus pineale
Schilddrüse	Glandula thyroidea
Nebenschilddrüsen	Singular: Glandula parathyroidea; Plural: Glandulae parathyroideae
Nebennieren	Singular: Glandula suprarenalis Plural: Glandulae suprarenales
Bauchspeicheldrüse	Pankreas

Weitere hormonproduzierende Organe werden in anderen Kapiteln behandelt, z.B. die Keimdrüsen (Gonaden) im Kapitel 13 Geschlechtsapparat und Fortpflanzung.

12.3 Hormone

Hormone sind Regulationsstoffe, die vom Körper in speziellen Organen (endokrinen Drüsen) hergestellt werden, über die Blutbahn ein oder mehrere Erfolgsorgane erreichen und deren Stoffwechsel in spezieller Weise beeinflussen.

Für die Beeinflussung sind meist nur sehr geringe Hormonkonzentrationen notwendig. In der Regel werden weniger als 10^{-5} mmol/l

---

[16] Das Wort Endokrinologie leitet sich aus dem Griechischen ab und bedeutet: die Lehre der inneren Sekretion.

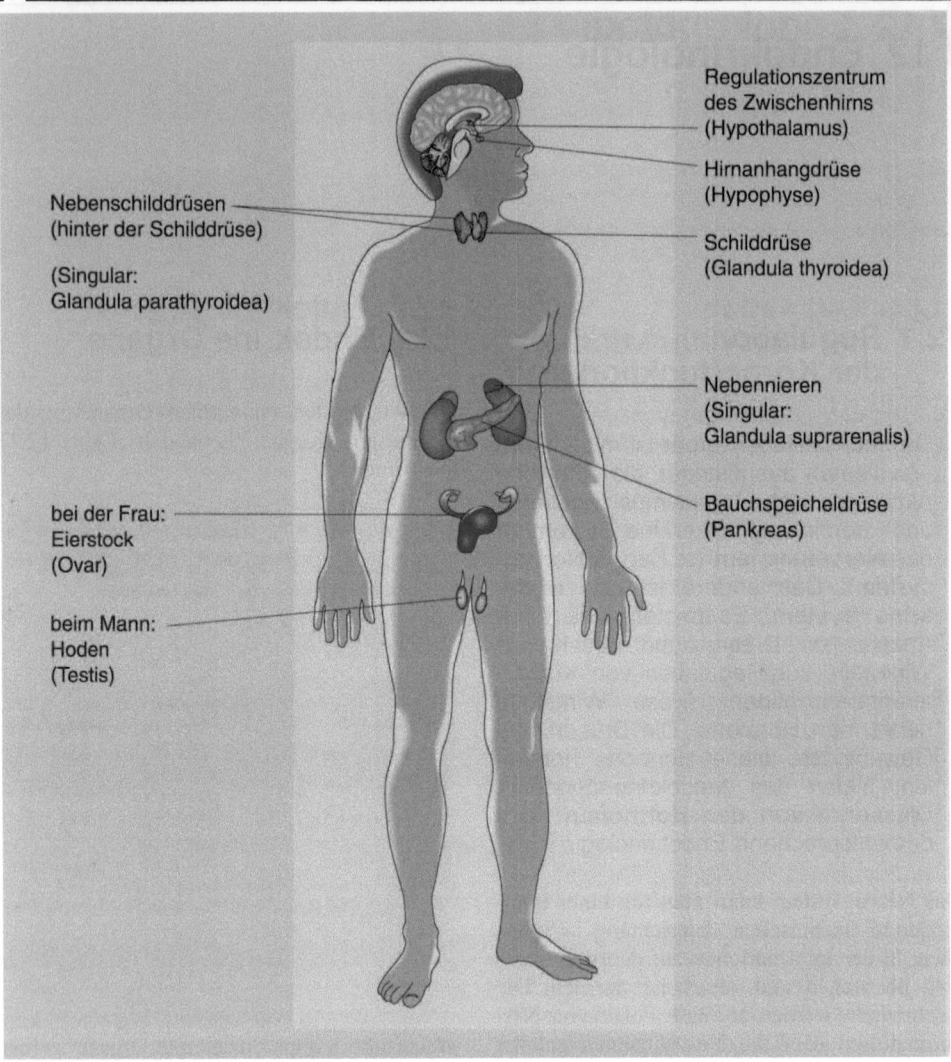

Regulationszentrum
des Zwischenhirns
(Hypothalamus)

Hirnanhangdrüse
(Hypophyse)

Schilddrüse
(Glandula thyroidea)

Nebennieren
(Singular:
Glandula suprarenalis)

Bauchspeicheldrüse
(Pankreas)

Nebenschilddrüsen
(hinter der Schilddrüse)

(Singular:
Glandula parathyroidea)

bei der Frau:
Eierstock
(Ovar)

beim Mann:
Hoden
(Testis)

Abb. 12.1. Übersicht über die Lage der wichtigsten endokrinen Organe im menschlichen Körper

(Millimol pro Liter; Mol: Einheit, die so viele Teilchen enthält, wie es der relativen Molekülmasse in Gramm entspricht) benötigt, um eine spezifische Wirkung zu erzeugen. Von der absoluten Menge her gesehen sind das je nach relativer Molekülmasse von <1 μg (10^{-6} g) bis zu mehreren Milligramm (mg; 10^{-3} g).

12.3.1 Einteilungsmöglichkeiten der Hormone

Einteilung nach der chemischen Struktur

Aufgrund ihrer chemischen Struktur unterscheidet man 3 Hauptgruppen von Hormonen:

- Steroidhormone,
- Aminosäurederivate,
- Proteo- und Peptidhormone.

Steroidhormone

Dies sind Hormone, die alle vom Steranring-system (Abb. 12.2a) abgeleitet sind.

Zu den Steroidhormonen gehören v.a. die Geschlechtshormone und die Nebennierenrin-denhormone (NNR-Hormone). Die gleiche Grundstruktur weisen aber auch andere Substanzen auf, die nicht zu den Hormonen gerechnet werden, z.B. Cholesterin, Vitamin D und Gallensäuren. Für die unterschiedliche Wirkung dieser Moleküle sind die Anzahl der C-Atome sowie die Bindungsart und die räumliche Verteilung der reaktiven Gruppen am Steranringsystem verantwortlich.

Aminosäurederivate

Dies sind Hormone, die sich vom Grundbaustein der Proteine, d.h. den Aminosäuren, ableiten. Dazu gehören so unterschiedliche Wirkstoffe wie Adrenalin und das Schilddrüsenhormon (Abb. 12.2b).

Peptid- und Proteohormone

Das sind Hormone, die aus wenigen bis sehr vielen Aminosäuren zusammengesetzt werden (Abb. 12.2c, d). In diese Gruppe gehören z.B. die Hypophysenhormone, die Pankreashormone, das Parathormon und auch die meisten hypothalamischen Wirkstoffe (Releasingfaktoren oder Liberine).

Einteilung nach dem Entstehungsort

Eine andere Einteilung der Hormone ist möglich unter Berücksichtigung ihres Entstehungsortes (Abb. 12.3). Diese Einteilung zeigt auch ein wesentliches Prinzip der Endokrinologie, die Eigenregulation des endokrinen Systems. Unter Zuhilfenahme dieser Einteilung ergeben sich 4 Gruppen von Hormonen.

Releasingfaktoren oder Liberine

Der Hypothalamus (als Teil des Zentralnervensystems) stellt die Verbindung her zwischen schnell arbeitendem Nervensystem und langsam arbeitender Hormonsteuerung. In einigen Hypothalamuskernen (Ansammlung von Nervenzellen, s. Kap. 5 Nervensystem) werden Neurosekrete (Releasingfaktoren oder Liberine) gebildet. Diese Hormone wirken auf den Hypophysenvorderlappen, der den anderen Hormondrüsen übergeordnet ist, indem sie die Neubildung und/oder Abgabe

von dort gespeicherten sog. glandotropen Hormonen bewirken.

Glandotrope Hormone

Mit dem Begriff glandotrop bezeichnet man Hormone, die „drüsenwirksam" sind, d.h. sie wirken auf die der Hypophysenwirkung unterstellten Hormondrüsen und veranlassen diese, effektorische Hormone (s. unten) in die Blutbahn abzugeben.

Effektorische Hormone

Die effektorischen Hormone (Drüsenhormone) schließlich wirken direkt auf die Gewebe der Zielorgane und verursachen dort einen Effekt im Stoffwechsel der betroffenen Zellen.

Gewebshormone

Die Gewebshormone gewinnen heute zunehmend an Bedeutung, weil man ihre Funktionen immer besser versteht. Diese Hormone werden mehr oder weniger diffus in verschiedenen Gewebearten gebildet, um dann im gleichen Gewebe oder in Nachbarorganen ihre Wirkung zu entfalten. Das Besondere an diesen Gewebshormonen ist die Tatsache, daß sie vielfach in Organen produziert werden, die andere Aufgaben haben, die also nicht zu den eigentlichen endokrinen Organen gerechnet werden.

In diese Gruppe der Gewebshormone gehören auch die gastrointestinalen Hormone, z.B. Gastrin, Sekretin, Motilin, CCK-PZ etc. (s. Kap. 10 Verdauungsapparat).

Eine weitere Einteilung der Hormone – nach ihrer Wirkung auf den Stoffwechsel – ist praktisch nicht möglich, denn einerseits erzeugen oft mehrere Hormone ähnliche Stoffwechselwirkungen, andererseits werden die Stoffwechselwirkungen eines Hormons von fördernden oder hemmenden Einflüssen des Nervensystems überlagert. Außerdem können antagonistische Hormonwirkungen die typische Stoffwechselwirkung eines Hormons verdecken.

12.3.2 Regulationsmechanismen

Für einen Teil der Hormone läßt sich entsprechend ihrer Wirkungsweise ein Schema aufstellen, das einen 3stufigen, hierarchischen Aufbau zeigt (Abb. 12.4):

An der Spitze steht ein Regulationszentrum, das sich im Hypothalamus befindet. Ein hier

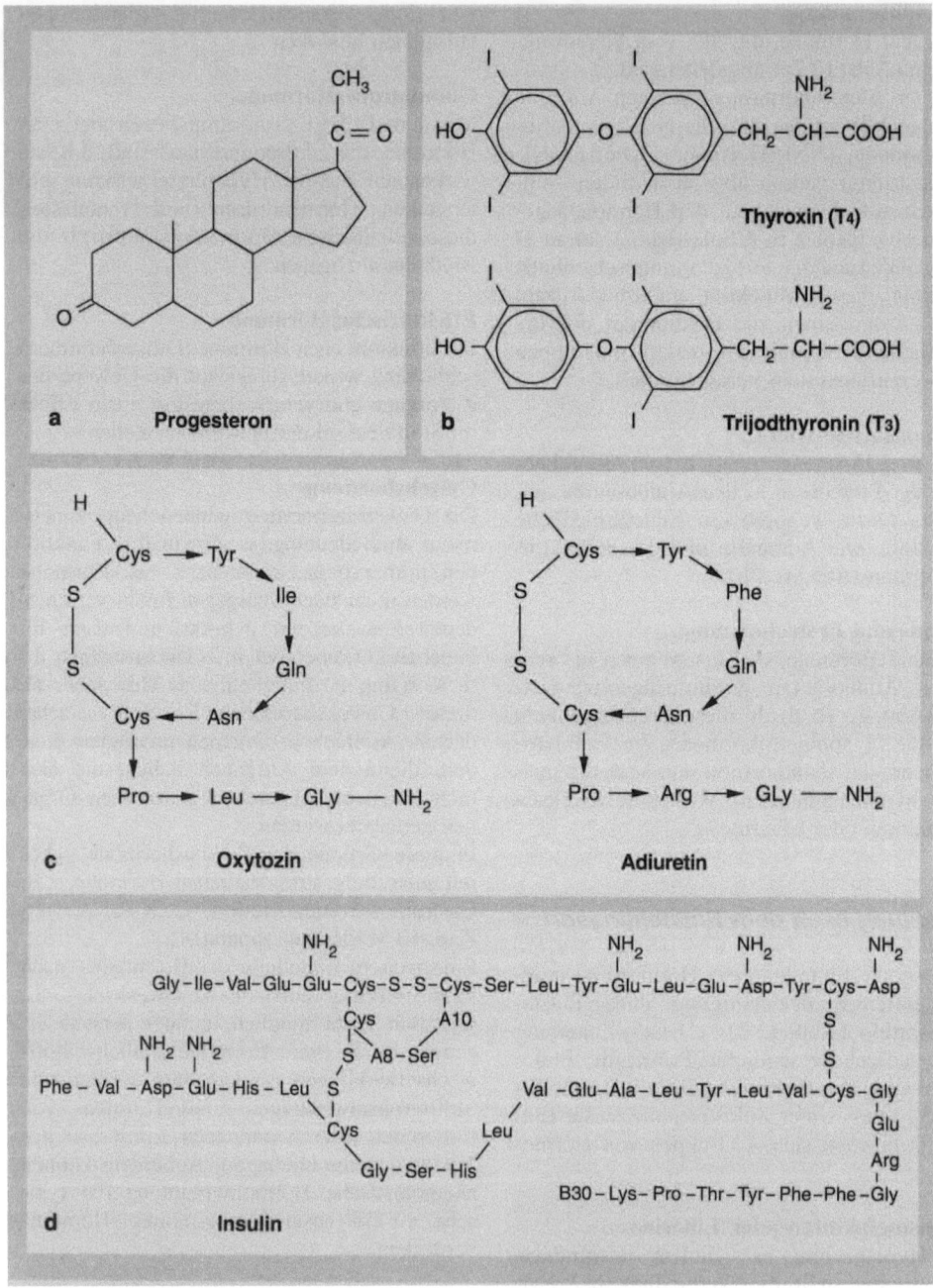

Abb. 12.2 a–d. Darstellung verschiedener Hormonarten. **a** Steranring der Steroidhormone am Beispiel des Gelbkörperhormons (Progesteron). **b** Beispiel zweier Hormone, die von Aminosäuren abgeleitet sind. Am T3 (Trijodthyronin) befinden sich 3 und am T4 (Thyroxin) 4 Jodatome. **c** Beispiel zweier Peptidhormone, die aus 9 Aminosäuren aufgebaut sind. Das wehenauslösende Oxytozin unterscheidet sich vom antidiuretischen Hormon (Adiuretin) lediglich durch 2 Aminosäuren (Ile: Isoleuzin und Leu: Leuzin beim Oxytozin; am gleichen Ort sitzen beim Adiuretin Phe: Phenylalanin und Arg: Arginin. **d** Das Bauchspeicheldrüsenhormon Insulin ist aus 2 Peptidketten aufgebaut, die über 2 Disulfidbrücken (S–S) miteinander verbunden sind. Die verschiedenen Aminosäuren der Peptidketten sind jeweils durch 3 Buchstaben gekennzeichnet

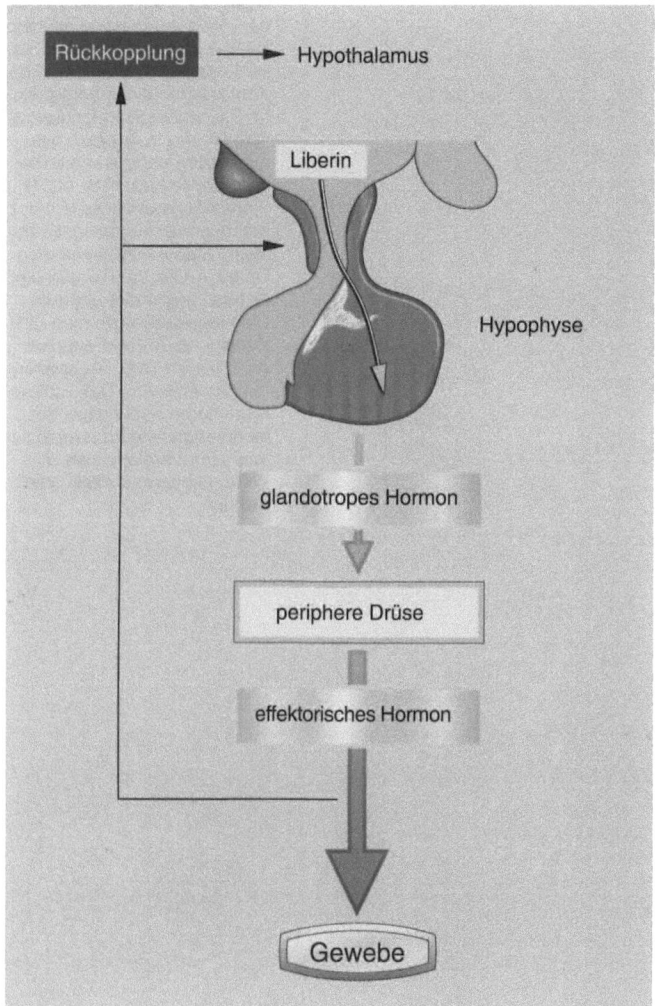

Liberin

Hypophyse

glandotropes Hormon

periphere Drüse

effektorisches Hormon

Gewebe

Abb. 12.3. Schema der Regulation im hypothlamohypophysären System. Ein Liberin (Releasinghormon) wird im Hypothalamus freigesetzt, wirkt auf den Hypophysenvorderlappen, der seinerseits ein glandotropes Hormon freisetzt. Dies wiederum wirkt auf eine untergeordnete periphere Drüse, die selber ein effektorisches Hormon produziert, das im Zielorgan, dem Gewebe, seine Wirkung entfaltet. Voraussetzung für diese Wirkung ist das Vorhandensein von Rezeptoren im Gewebe. Der Blutspiegel des effektorischen Hormons wirkt im Sinne einer Rückkoppelung auf den Hypothalamus und führt dort zur Beendigung der Liberinproduktion. Dieses Schema verdeutlicht die Einteilung der Hormone nach dem Herkunftsort

von sekretorischen Nervenzellen gebildetes 1. Hormon, das als **Releasinghormon** oder **Liberin** bezeichnet wird, gelangt in die Hypophyse und steuert dort die Bildung und Freisetzung („release") eines 2. Hormons, des Hypophysenhormons. Dieses beeinflußt eine periphere endokrine Drüse und wird deshalb **glandotropes Hormon** genannt. Unter der Wirkung des glandotropen Hormons wird aus der peripheren Drüse ein 3. Hormon freigesetzt, das sich mit dem Blutstrom über den ganzen Körper verteilt und in den Zellen der Erfolgsorgane eine spezifische Reaktion auslöst. Diese Hormone werden **effektorische Hormone** genannt.

Die Menge des zirkulierenden effektorischen Hormons (Ist-Wert) wird im Hypothalamus quasi gemessen und mit dem Soll-Wert verglichen. Je nach Resultat werden dann vom Hypothalamus stimulierende Hormone (Releasingfaktoren oder Liberine) oder hemmende Hormone (Inhibitingfaktoren oder Statine) an den Hypophysenvorderlappen abgegeben, der dann mit einer Erhöhung oder Erniedrigung der Sekretionsrate des dazugehörigen glandotropen Hormons reagiert. Damit ist der Regelkreis geschlossen (Abb. 12.4).
Andere Hormone unterliegen nicht diesem 3stufigen Regelmechanismus, sondern werden vielfach direkt über die Menge des gebil-

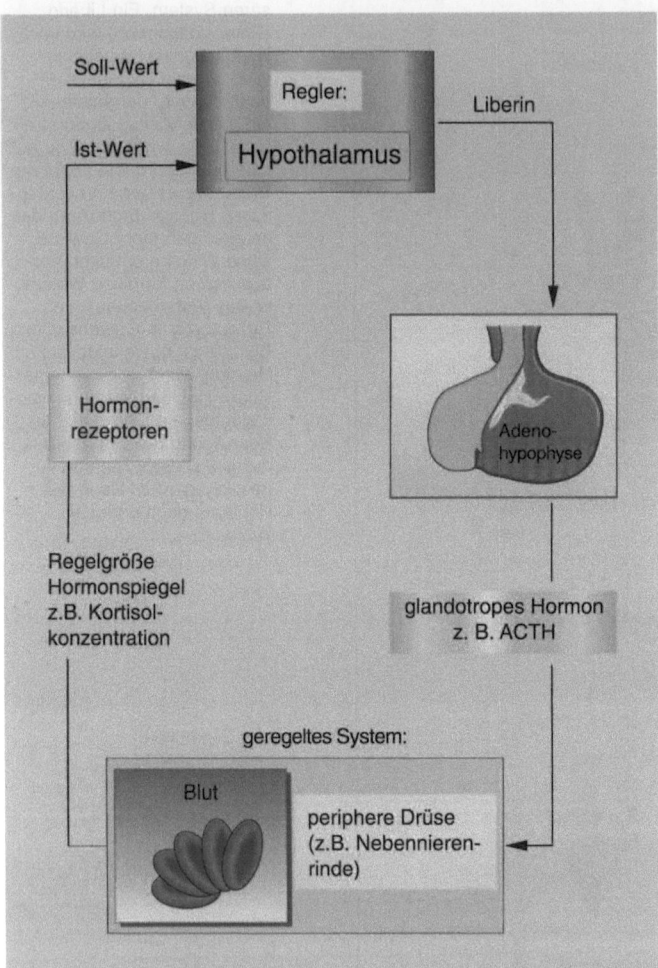

Abb. 12.4. Konkretes Beispiel der Hormonregulation mit dem Hypothalamus als Regler. Hier wird der Soll-Wert mit dem Ist-Wert des Hormons verglichen. Im Falle eines Hormondefizits wird Liberin freigesetzt, das auf die Hypophyse wirkt. Die Hypophyse setzt z.B. ACTH (adrenokortikotropes Hormon) frei, das auf das geregelte System (Blut mit der peripheren Drüse, in diesem Beispiel die Nebennierenrinde) einwirkt. Die Regelgröße (Hormon, z.B. Kortisol als Antwort auf das ACTH) wirkt über Rezeptoren auf das Gewebe. Die nicht an Rezeptoren gebundene Hormonmenge wird im Hypothalamus zum Vergleich des Soll-Werts mit dem Ist-Wert verwendet

deten Hormons oder die dadurch bewirkte Stoffwechselreaktion gesteuert. Für diese Hormone werden bei der folgenden Beschreibung entsprechende Beispiele genannt.

Hormoninaktivierung

Damit Hormone nicht durch ständige Bildung (Synthese) und Abgabe an die Blutbahn im Körper zu hohe Konzentrationen erreichen, werden sie vielfach durch Veränderung im Erfolgsorgan unwirksam gemacht (inaktiviert). Sie können aber auch in der Leber durch Umbau in verwandte Stoffe inaktiviert oder mit dem Harn ausgeschieden werden.

12.3.3 Wirkungsmechanismen der Hormone

Der eigentliche Wirkungsort der Hormone ist die Zelle und deren Stoffwechsel. Es lassen sich dabei 3 Eingriffe in den Stoffwechsel unterscheiden:

Permeabilitätsänderungen

Hormone können die Durchlässigkeit (Permeabilität) der Zellmembranen oder der Membranen subzellulärer Partikel (z.B. Lysosomen) verändern. Dadurch wird die Stoffaufnahme in die Zelle oder die Abgabe von Zellinhalt in den Extrazellulärraum erhöht.

Enzymaktivierung

Hormone können verschiedene, bereits in den Zellen vorhandene, inaktive Enzyme aktivieren. Damit werden diese Enzyme in Gang gesetzt und führen die von ihnen abhängigen Stoffwechselreaktionen durch.

Die Erhöhung der Membrandurchlässigkeit (Permeabilität) und die Enzymaktivierung erfolgen in allen Erfolgsorganen mehr oder weniger unabhängig vom Hormon auf die gleiche Art: Es wird an der Zellmembran eine Substanz aktiviert (cAMP, zyklisches Adenosinmonophosphat), die ihrerseits die weiteren Vorgänge in der Zelle auslöst.

Genaktivierung

Hormone können im Zellkern die auf den Chromosomen liegenden Gene aktivieren. Dies führt zur Bildung von mRNA (Messenger-Ribonukleinsäure; s. 2.3.2). mRNA-Synthese und Proteinsynthese (z.B. Enzymsynthese) sind miteinander gekoppelt. So kann die intrazelluläre Enzymkonzentration durch Ankurbelung der Enzymproduktion erhöht werden.

Bei der Genaktivierung verbindet sich das Hormon im Zellkern mit einem Proteinmolekül (Suppressor), das die DNA auf den Genen verdeckt, so daß sie nicht abgelesen werden können. Durch diese Verbindung wird das Gen „frei"; damit wird die Bildung von mRNA ermöglicht.

Zielorgane und Rezeptorwirkung

Die meisten Hormone wirken nur auf bestimmte Organe und Gewebe, die man Ziel- oder Erfolgsorgane nennt. Der Grund für diese selektive Wirkung liegt darin, daß nur die entsprechenden Organe und Gewebe in ihren Zellen und Zellmembranen Moleküle besitzen, die in der Lage sind, mit dem Hormonmolekül zu reagieren. Diese Moleküle nennt man **Rezeptoren**. Wenn die Rezeptoren mit dem Hormon in Verbindung treten, löst dies meist eine typische Reaktion in den Zellen aus. So wird z.B. unter der Wirkung von Adrenalin an den Leberzellmembranen zyklisches Adenosinmonophosphat (cAMP) gebildet, das in den Leberzellen die Phosphorylase aktiviert. Phosphorylase führt dann zum Abbau des Leberglykogens (Abb. 12.5).

12.3.4 Medizinische Bedeutung der Hormone

Als Regulatoren des Stoffwechsels, des Wasser- und Elektrolythaushalts, des Wachstums, der sexuellen Entwicklung und der Sexualfunktion sind Hormone lebenswichtige Wirkstoffe. Ihr völliges Fehlen führt in vielen Fällen zum Tode. Viel häufiger als das völlige Fehlen von Hormonen tritt eine **Unter**- oder **Überfunktion der Hormondrüsen** auf. Das kann zu stark gestörten Organfunktionen mit den entsprechenden Krankheitsbildern und z.T. lebensbedrohlichen Zuständen führen. Daher ist die Funktionsprüfung der Hormondrüsen von großer Bedeutung. Man bedient sich dazu hauptsächlich zweier Möglichkeiten:

- quantitative Hormonbestimmung im Blut,
- Messung von hormonabhängigen Stoffwechselvorgängen.

12.3.5 Permissive Hormonwirkungen

Vielfach sind Hormonwirkungen direkt dosisabhängig, d.h. bei einer höheren Konzentration wird auch eine stärkere Wirkung erzielt. Einige Hormonwirkungen erfolgen nicht aufgrund der Dosisabhängigkeit, sondern durch das Zusammenwirken zweier Hormone. Das bedeutet, daß diese Hormone zum Erreichen ihres optimalen Effekts ein zweites Hormon als Kofaktor bzw. als Vorbedingung ihrer eigenen Wirkung benötigen. Dieses Zusammenspiel nennt man **permissive Wirkung**. Ein Beispiel dafür ist die permissive Wirkung von Kortisol auf den Gefäßtonus. Der Gefäßtonus wird prinzipiell von Noradrenalin gesteuert, es muß jedoch auch Kortisol (als Kofaktor) vorhanden sein, damit es zu einer optimalen Wirkung kommt. Eine Erhöhung der Kortisolkonzentration über den Punkt, an dem die Wirkung überhaupt eintritt, bewirkt jedoch keine Verstärkung der Reaktion.

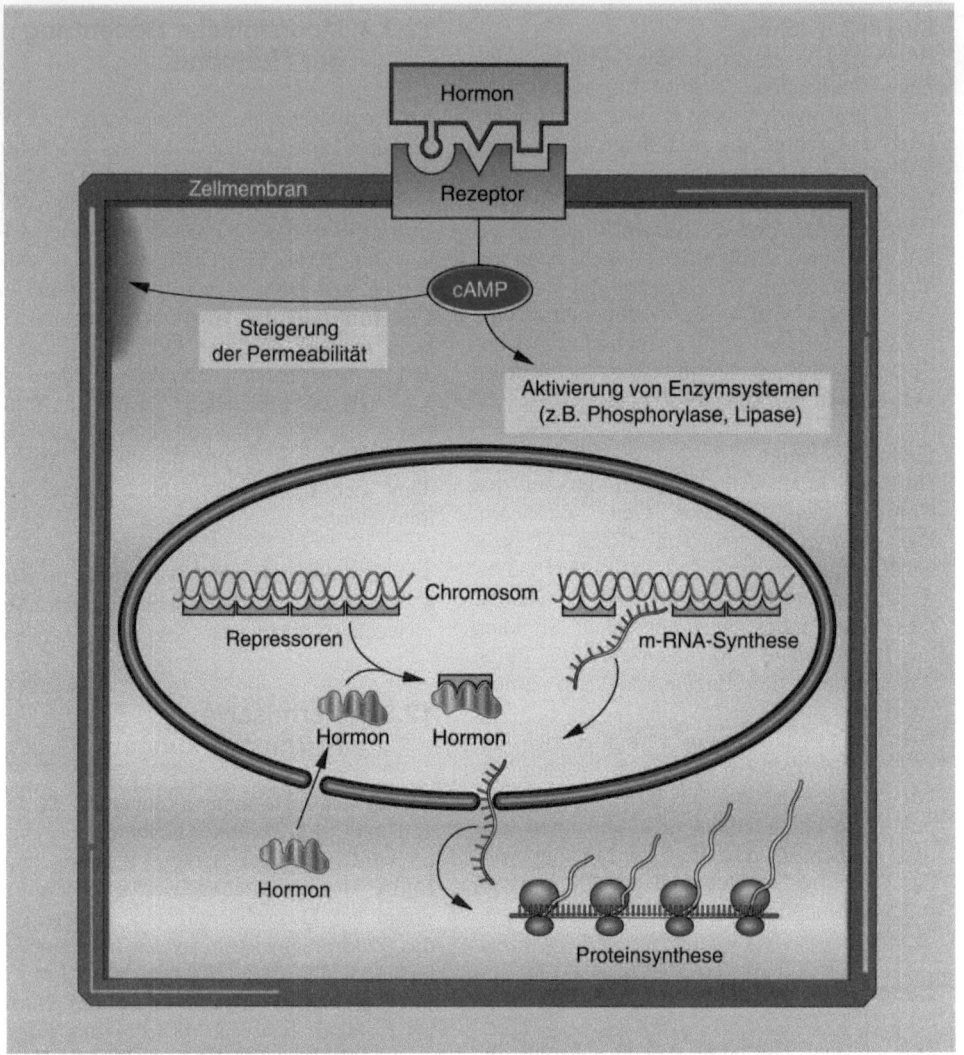

Abb. 12.5. Schema der möglichen Hormonwirkungen auf zellulärer Ebene. Die Hormone wirken an der Zellmembran über Rezeptoren nach dem Schlüssel-Schloß-Prinzip. Nur bei Vorhandensein des richtigen Rezeptormoleküls kann das Hormon die Bildung von cAMP (zyklisches Adenosinmonophosphat) verursachen. cAMP kann vorhandene Enzyme aktivieren oder die Zellmembrandurchlässigkeit (Permeabilität) steigern. Die Bildung von Enzymen, die nicht vorliegen, kann über eine Bindung des Hormons mit Repressoren im Zellkern ausgelöst werden. Die Repressoren werden bei diesem Vorgang vom Chromosom gelöst, so daß das entsprechende Gen abgelesen werden kann. Dies führt zur Bildung von mRNA (messenger Ribonukleinsäure) im Zellkern, der sogenannten Transkription. In das Zytoplasma ausgeschleust, führt die mRNA an den Ribosomen zur Proteinsynthese. *Unten rechts* ist dieser Vorgang anhand von 4 Ribosomen abgebildet. Der entstehende Proteinfaden ist *rechts* am längsten, da dort schon die gesamte Information der mRNA umgesetzt worden ist (Translation, s. Kap. 2 Zytologie)

12.4 Hypothalamus-Hypophysen-System

Die vegetativen Regulationen der Körperfunktionen werden zum Teil über das endokrine System und zum Teil über das vegetative Nervensystem vermittelt. Das Zusammenspiel dieser beiden Systeme erfordert eine enge Koordination, für die der Hypothalamus verantwortlich ist. Hier liegen die übergeordneten vegetativen Zentren, die einerseits die Aktivität des Nervensystems (Sympathikus und Parasympathikus) und andererseits die Hormonabgabe der Hypophyse beeinflussen.

Hypothalamus und Hypophyse bilden eine übergeordnete Funktionseinheit für verschiedene (nicht alle) hormonale Regulationen. Diese werden als Hypothalamus-Hypophysen-System (auch hypothalamohypophysäres System) bezeichnet.

12.4.1 Hirnanhangsdrüse (Hypophyse)

Die Hirnanhangsdrüse (Hypophyse) ist ein 0,6 g schweres Organ, das in einer Grube des Keilbeins (Os sphenoidale), der Hypophysengrube, liegt. Über den Hypophysenstiel ist die Drüse mit dem Boden des Zwischenhirns (Dienzephalon) verbunden.
Die Hypophyse gliedert sich in 2 Hauptanteile:

- den Hypophysenhinterlappen (HHL) oder Neurohypophyse und
- den Hypophysenvorderlappen (HVL) oder Adenohypophyse.

Diese beiden Anteile sind entwicklungsgeschichtlich sehr verschieden entstanden. Die größere Adenohypophyse ist eine abgeschnürte Ausstülpung des primitiven Rachendaches (Rathke-Tasche), die Neurohypophyse ist aus einer Ausstülpung des Zwischenhirnbodens (im Bereich des III. Ventrikels) entstanden.
Zwischen Vorder- und Hinterlappen der Hypophyse läßt sich noch ein schmaler Zwischenlappen (Pars intermedia) mit zahlreichen kleinen Zysten abgrenzen.

Das histologische Bild der Hypophyse ist durch ihre entwicklungsgeschichtliche Herkunft geprägt. Die Neurohypophyse besteht aus Gliagewebe, das von marklosen Nervenfasern und Gefäßen durchzogen wird. Die Adenohypophyse dagegen ist aus Epithelzellen aufgebaut, die zu größeren Verbänden zusammengefaßt und von Kapillaren umgeben sind. Aufgrund ihrer Anfärbbarkeit lassen sich in der Adenohypophyse schon mit einfachen Methoden 3 verschiedene Zelltypen darstellen:

- azidophile α-(Alpha-)Zellen (mit sauren Farbstoffen färbbar),
- basophile β-(Beta-)Zellen (mit basischen Farbstoffen leicht färbbar),
- chromophobe γ-(Gamma-)Zellen (schwer bzw. gar nicht färbbar).

12.4.2 Hypothalamus

Der Hypothalamus gliedert sich in einen Teil mit markreichen Nervenfasern, zu dem die Corpora mamillaria (erbsengroße Erhebungen auf beiden Seiten der Hirnbasis) gehören, und in einen Teil mit markarmen Fasern, der in der Nähe der Hypophyse lokalisiert ist. Für die Regulation der vegetativen Funktionen ist v.a. der markarme (aber zellreiche) Hypothalamus zuständig. Dementsprechend finden sich hier mehrere Kerngebiete, d.h. Ansammlungen von Neuronen. Von diesen Nervenkernen im Bereich des Hypothalamus besitzen 2 eine besondere Bedeutung:

- der Nucleus supraopticus, der oberhalb des Chiasma opticum liegt,
- der Nucleus paraventricularis, der dem III. Hirnventrikel benachbart ist.

Von beiden Kernen ziehen markarme Nervenfasern zum Hypophysenhinterlappen (Neurohypophyse). Ein in den Neuronen dieser Kerne gebildetes Neurosekret, das Hormone bzw. deren Vorstufen enthält, wird auf dem Weg über diese Nervenfasern zur Neurohypophyse transportiert.
Der Hypophysenvorderlappen (Adenohypophyse) hat keine Nervenverbindungen zum Hypothalamus, hier geschieht die Regulation auf dem Blutweg (Abb. 12.6). Die Grundlage dafür liegt in der Kapillarversorgung der Adenohypophyse. Die Kapillaren des unteren Hypo-

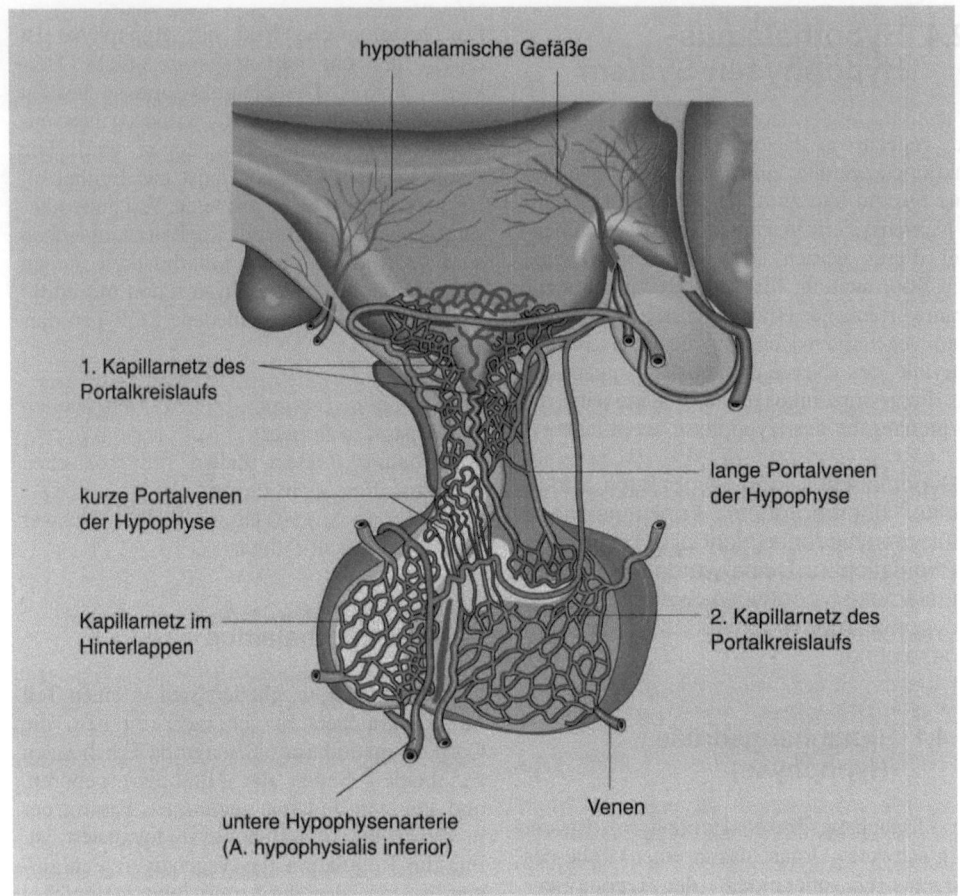

hypothalamische Gefäße

1. Kapillarnetz des
Portalkreislaufs

kurze Portalvenen
der Hypophyse

Kapillarnetz im
Hinterlappen

lange Portalvenen
der Hypophyse

2. Kapillarnetz des
Portalkreislaufs

untere Hypophysenarterie
(A. hypophysialis inferior)

Venen

Abb. 12.6. Verbindung des Hypothalamus mit dem Hypophysenvorderlappen (Adenohypophyse) über die Blutbahn. Beim Durchlaufen des 1. Kapillarnetzes im Hypothalamus werden Liberine (Releasinghormone) ins Blut aufgenommen und nach Transport über kurze Portalvenen in das 2. Kapillarnetz des Hypophysenvorderlappens eingespeist. Hier wirken sie induzierend auf die Bildung von glandotropen, gonadotropen oder effektorischen Hormonen. In Analogie zum Portalkreislauf der Leber (s. Kap. 10 Verdauungsapparat), bei dem auch 2 Kapillarnetze hintereinandergeschaltet sind, wird diese Verbindung zwischen Hypothalamus und Hypophyse auf dem Blutweg ebenfalls als Pfortadersystem bezeichnet

thalamusgebietes münden in ein sog. Pfortadersystem, das sich im Hypophysenvorderlappen zu einem zweiten Kapillarnetz verzweigt. Auf diesem Wege gelangen im Hypothalamus gebildete Hormone (Releasingfaktoren/Liberine) in den Hypophysenvorderlappen. Die Releasingfaktoren werden ebenfalls in hypothalamischen Ansammlungen von Nervenzellkörpern gebildet, die als Kerngebiete bezeichnet werden. Die 3 wichtigsten vorderlappenwirksamen Kerngebiete sind (Abb. 12.7):

- Nucleus dorsomedialis,
- Nucleus ventromedialis,
- Nucleus infundibularis.

12.4.3 Hormone des Hypophysenvorderlappens (Adenohypophyse)

Azidophile Zellen: Sie lassen sich mit sauren Farbstoffen gut färben und bilden Wachstumshormon (**STH**) und Prolaktin (**PRL**).

Basophile Zellen: Sie lassen sich mit basischen Farbstoffen gut färben und bilden das follikelstimulierende Hormon (**FSH**), das luteinisierende Hormon (**LH**), das thyroideastimulierende Hormon (**TSH**) und das adrenokortikotrope Hormon (**ACTH**).

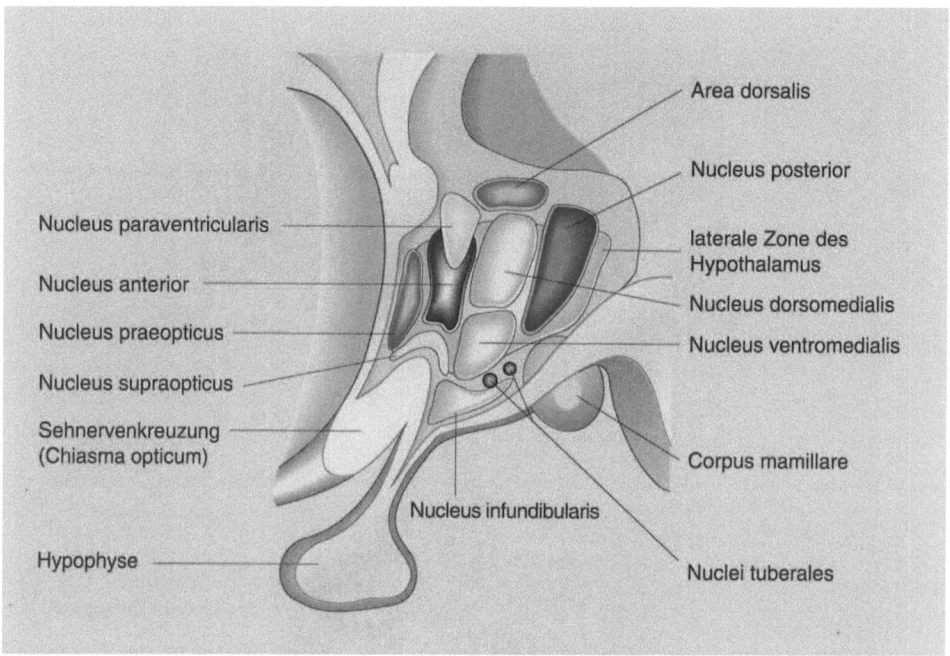

Area dorsalis

Nucleus posterior

Nucleus paraventricularis

laterale Zone des
Hypothalamus

Nucleus anterior

Nucleus dorsomedialis

Nucleus praeopticus

Nucleus ventromedialis

Nucleus supraopticus

Sehnervenkreuzung
(Chiasma opticum)

Corpus mamillare

Nucleus infundibularis

Hypophyse

Nuclei tuberales

Abb. 12.7. Darstellung hypothalamischer Kerngebiete. Für die Verbindung mit dem Hypophysenvorderlappen (Adenohypophyse) auf dem Blutweg sind der Nucleus dorsomedialis, Nucleus ventromedialis und Nucleus infundibularis wichtig, für die Verbindung des Hypothalamus mit dem Hypophysenhinterlappen (Neurohypophyse) auf dem Nervenweg der Nucleus supraopticus und der Nucleus paraventricularis

Chromophobe Zellen: Sie werden als erschöpfte Sekretzellen in der Erholungsphase und als Reservezellen angesehen. Sie machen den größten Teil der Zellen im Hypophysenvorderlappen aus.

Die Hormone des Hypophysenvorderlappens können entsprechend ihres Wirkungsortes unterteilt werden in (Abb. 12.8):

- 2 glandotrope Hormone (TSH und ACTH),
- 2 gonadotrope Hormone (LH und FSH) sowie
- 3 effektorische Hormone (STH, Prolaktin und MSH).

Glandotrope Hormone

Thyroideastimulierendes Hormon (TSH)
TSH stimuliert die Produktion und Abgabe von Schilddrüsenhormon. TSH ist das Musterbeispiel der hypothalamohypophysären Regulation, da sein Blutwert relativ konstant gehalten wird – im Unterschied zu anderen Hormonen, die eine wechselnde Konzentration aufweisen. Je nach Menge des ausgeschütteten Hormons kann sich die Schilddrüse vergrößern oder verkleinern und mehr oder weniger Hormon produzieren.

Adrenokortikotropes Hormon (ACTH)
Die ACTH-bildenden Zellen werden auch als POMC-Zellen bezeichnet (*Prä*opiomelanocortin-Zellen), da sie ein großes Vorläuferprotein produzieren, aus dem verschiedene Hormone abgespalten und bei Bedarf abgegeben werden. Zu diesen Hormonen gehören neben dem ACTH das MSH (*M*elanozyten*s*timulierendes *H*ormon; s. unten) und das beta-Endorphin (s. Kap. 5 Nervensystem).
ACTH als wichtigstes Spaltprodukt des Vorläuferproteins stimuliert das Wachstum der Nebennierenrinde (NNR) und fördert die Sekretion der Nebennierenrindenhormone. Es nimmt hauptsächlich Einfluß auf die Sekretion der Glukokortikoide (Kortisol und Kortikosteron) der Zona fasciculata und auf die

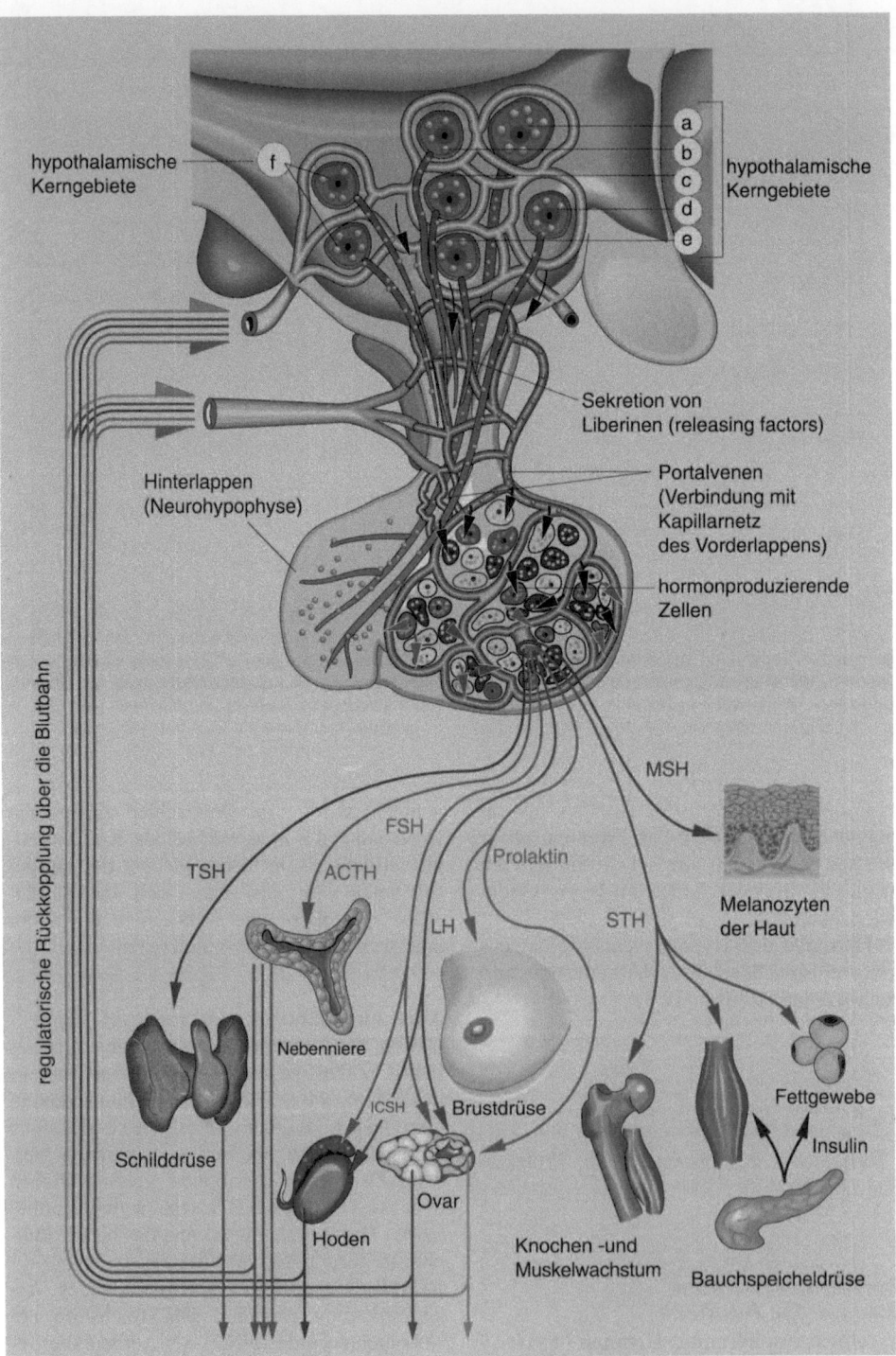

hypothalamische
Kerngebiete

a
b
c
d
e

f

hypothalamische
Kerngebiete

Sekretion von
Liberinen (releasing factors)

Hinterlappen
(Neurohypophyse)

Portalvenen
(Verbindung mit
Kapillarnetz
des Vorderlappens)

hormonproduzierende
Zellen

regulatorische Rückkopplung über die Blutbahn

MSH

FSH

Prolaktin

TSH

ACTH

LH

STH

Melanozyten
der Haut

Nebenniere

Fettgewebe

Insulin

ICSH

Brustdrüse

Schilddrüse

Ovar

Hoden

Knochen -und
Muskelwachstum

Bauchspeicheldrüse

Sekretion der Androgene (vermännlichende Hormone) der Zona reticularis in der Nebennierenrinde. Es hat nur beschränkten Einfluß auf die Bildung der Mineralokortikoide in der Zona glomerulosa (s. 12.7.2 Hormone der Nebennierenrinde). Da ACTH v.a. auf die Sekretion von Kortisol Einfluß nimmt, ist es nicht verwunderlich, daß die Kortisolmenge im Blut auch die Regelgröße für die ACTH-Ausschüttung ist. Damit ist der Regelkreis geschlossen.

Gonadotrope Hormone

In der Gruppe der glandotropen Hormone (auf untergeordnete Hormondrüsen wirkende Hormone) befinden sich 2 Hormone, die auch als gonadotrope Hormone bezeichnet werden: LH (luteinisierendes Hormon) und FSH (follikelstimulierendes Hormon). Sie werden deshalb als gonadotrop bezeichnet, weil sie auf die Gonaden wirken (Hoden und Eierstöcke). Beide Hormone sind sowohl beim Mann als auch bei der Frau vorhanden und bei beiden Geschlechtern in ihrer Struktur identisch.

◄
Abb. 12.8. Übersicht über die wichtigsten Zielorgane der einzelnen Hormone sowie Darstellung der Verbindung zwischen Hypothalamus mit seinen Kerngebieten (*a–f*) und dem Hypophysenvorderlappen. *Unten rechts* ist die Bauchspeicheldrüse eingezeichnet, deren Hormon Insulin aufbauend auf Muskulatur und Fett wirkt. Thyroideastimulierendes Hormon (TSH) und adrenokortikotropes Hormon (ACTH) werden als glandotrope Hormone bezeichnet. Follikelstimulierendes Hormon (FSH) und luteinisierendes Hormon (LH) werden als gonadotrope Hormone bezeichnet, da sie auf die Geschlechtsdrüsen (Gonaden) einwirken. Prolaktin, somatotropes Hormon (STH) und melanozytenstimulierendes Hormon (MSH) werden als effektorische Hormone bezeichnet. *a* Nucleus paraventricularis (ADH+Oxytozin), *b* Kerngebiet für die Bildung von STH-Liberin, *c* Kerngebiet für die Bildung von LH-Liberin, *d* Nucleus supraopticus (ADH+Oxytozin), *e* Kerngebiet für die Bildung von TSH-Liberin, *f* Kerngebiet für die Bildung von FSH-Liberin und ACTH-Liberin. Die *links unten* eingezeichneten *Pfeile* stehen jeweils für ein entsprechendes Hormon. Aus der Schilddrüse sind es Thyroxin und Trijodthyronin, aus der Nebennierenrinde Mineralokortikoide, Glukokortikoide und Androgene, aus dem Hoden ist es Testosteron, und aus dem Ovar sind es Östrogen und Progesteron, die alle über den Blutspiegel auf Hypophyse und Hypothalamus im Sinne einer Rückkoppelung wirken

Follikelstimulierendes Hormon (FSH)
FSH bewirkt Wachstum der Follikel im Ovar und regt die Östrogenproduktion an. Beim Mann stimuliert dieses Hormon die Entwicklung der Hodenkanälchen und die Reifung der Spermien.

Luteinisierendes Hormon (LH)
LH bewirkt bei der Frau die Ovulation und die Gelbkörperbildung und damit auch die Synthese des Progesterons (Gelbkörperhormon). Beim Mann heißt das LH „interstitial cells stimulating hormone" (ICSH); es regt die Leydig-Zwischenzellen zur Bildung von Testosteron an (s. Kap. 13 Fortpflanzung und Geschlechtsapparat).

Effektorische Hormone (Adenohypophyse)

Vom Hypophysenvorderlappen werden neben den glandotropen (und gonadotropen) Hormonen auch Hormone abgegeben, die effektorisch wirken, d.h. sie rufen direkt Gewebereaktionen hervor.

Somatotropes Hormon (STH)
STH ist das wichtigste effektorische Hormon; es ist das Wachstumshormon.

Das STH ist ein typisches Beispiel für ein Proteohormon, es besteht aus einer Kette von 190 Aminosäuren. Seine Wirksamkeit ist streng artspezifisch, so daß etwa aus Rinderhypophysen gewonnenes STH beim Menschen wirkungslos bleibt, obwohl nur wenige Aminosäuren des Rinder-STH anders sind als im menschlichen STH.

STH besitzt ein sehr breites Wirkungsspektrum: Es steigert den Aminosäuretransport durch die Zellmembranen, stimuliert die Bildung von Ribonukleinsäuren und damit die Proteinsynthese. Es hat eine aufbauende (anabole) Wirkung. Beim Jugendlichen steigert es die Aktivität des Epiphysenknorpels und damit das Längenwachstum, indem es u.a. die Osteoblasten stimuliert. Die Wirkung auf die Knochen wird über Somatomedine bewirkt. Unter dem Einfluß von STH entstehen in der Leber und der Niere Somatomedine (Polypeptide), die stimulierend auf den Epiphysenknorpel wirken. Außerdem haben die Somatomedine eine insulinartige Wirkung (s. 12.7 Pankreas).
Beim Erwachsenen fördert STH das appositionelle Knochenwachstum (d.h. durch Anla-

gerung erfolgendes Wachstum). Die volle Wirkung des STH wird nur erreicht, wenn gleichzeitig Schilddrüsen-, Nebennierenrinden- und Sexualhormone in physiologischen Konzentrationen vorhanden sind (permissive Wirkungen).

Somatotropes Hormon mobilisiert außerdem das Depotfett, es setzt Fettsäuren frei und steigert die Fettverbrennung. Daneben hemmt es den Glukoseabbau, so daß der Blutzuckerspiegel ansteigt, dessen Höhe im Hypothalamus gemessen wird.

STH-Überschuß/STH-Mangel

Wenn vor dem Schluß der Epiphysen zuviel STH produziert wird, kommt es zum **Riesenwuchs** (Gigantismus). Dabei sind Körpergrößen bis über 2,40 m gemessen worden.

Nach dem Schluß der Epiphysenfugen ist kein Längenwachstum mehr möglich; es kommt zu Knochen- und Weichteilvergrößerungen, die in ihrer Gesamtheit als **Akromegalie** bezeichnet werden (Abb. 12.9). Menschen, die unter Akromegalie leiden, haben in der Regel vergrößerte Körperspitzen (Akren) wie Hände und Füße, einen vergrößerten Unterkiefer (Prognathie) sowie hyperostotische Skelettveränderungen. Weichteile und Eingeweide sind ebenfalls vergrößert. Da die zu hohe Produktionsrate von STH meist durch Hypophysentumoren hervorgerufen wird, ist auch die Hypophyse stark vergrößert; es kann dabei durch Einwirkung auf die Kreuzung des N. opticus, die über der Hypophyse liegt, auch zur Einengung des seitlichen Gesichtsfeldes kommen (bitemporale Hemianopsie). Ein Mangel an STH während der Wachstumsperiode führt zu normal proportioniertem **Zwergwuchs** (Hypopituitarismus, hypophysäre Zwerge).

Prolaktin

Prolaktin gehört ebenfalls zu den in der Adenohypophyse hergestellten Hormonen; es wird gelegentlich auch als LTH bezeichnet (luteotropes Hormon). Es wird sowohl beim Mann wie auch bei der Frau gebildet. Eine gesicherte Funktion ist jedoch nur bei der Frau bekannt. Es wirkt gegen Ende der Schwangerschaft auf die Brustdrüse und stimuliert dort die Milchproduktion. Voraussetzung für die Wirkung des Prolaktins ist, daß während der Schwangerschaft unter der Wirkung von Östrogen und Progesteron bereits die Milchgänge und die sezernierenden End-

stücke des Drüsengewebes gebildet worden sind. Die gemeinsame Wirkung aller 3 Hormone kann zu einer enormen Vergrößerung der Brust führen.

Melanozytenstimulierendes Hormon (MSH)

Bei Amphibien wird MSH vor allem im Hypophysenzwischenlappen gebildet, und es wirkt bei ihnen auf die Pigmentzellen der Haut (Melanozyten) ein. Amphibien können so ihre Hautfarbe dem Untergrund anpassen, indem die Melanozyten unter MSH-Wirkung ihre Ausläufer ausstrecken, so daß die Haut dunkler wird. Beim Menschen wird MSH während der ACTH-Produktion ebenfalls aus dem Vorläuferprotein abgespalten, es hat allerdings nur eine sehr untergeordnete Bedeutung für die Pigmentierung der Haut. Eine Stimulation der Melanozyten (Abb. 14.3) mit vermehrter Pigmentbildung geschieht vor allem durch UV-Strahlen (s. Kap. 14 Haut und Anhangsorgane). Bei massiver Überproduktion an ACTH (z.B. Morbus Addison, s. 12.7.2) wird durch die oben erwähnte Koppelung an die MSH-Bildung allerdings auch beim Menschen eine verstärkte Pigmentation der Haut und der Mundhöhlenschleimhaut hervorgerufen.

12.4.4 Hormone des Hypophysenhinterlappens (Neurohypophyse)

Vom Hypophysenhinterlappen (HHL, Neurohypophyse) werden 2 Hormone abgegeben, die direkt auf periphere Organe einwirken. Da keine periphere Drüse in den hormonalen Regelkreis eingeschaltet ist, zählen beide Hormone zu den effektorischen Hormonen. Diese 2 Hormone sind das antidiuretische Hormon (ADH) und Oxytozin (gelegentlich auch als Ocytocin bezeichnet). Beide Hormone werden im Hypothalamus in den Kerngebieten des Nucleus supraopticus und des Nucleus paraventricularis gebildet; sie werden auf dem Nervenweg, d.h. über die Axone der Nervenzellen, in die Neurohypophyse transportiert (Abb. 12.10), wo sie gespeichert und bei Bedarf abgegeben werden. Die Neurohypophyse bildet also selber keine Hormone, sondern setzt sie nur bei Bedarf frei.

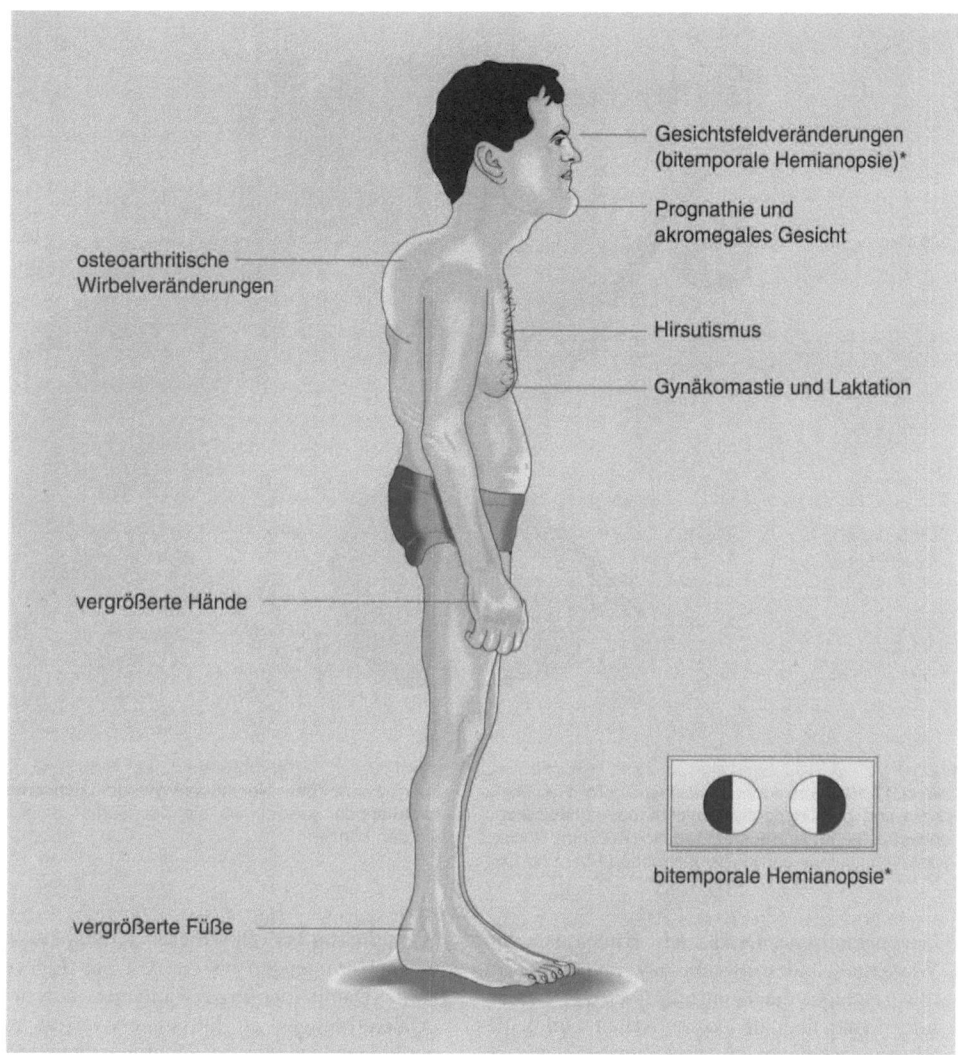

Abb. 12.9. Typisches Bild der Akromegalie, die durch Wucherung der STH-bildenden Zellen des Hypophysenvorderlappens entsteht. Es wird nach Schluß der Epiphysenfugen zuviel Wachstumshormon in den Körper abgegeben, was zu den gezeigten Veränderungen führt. Durch den Druck des Hypophysenadenoms auf die Kreuzung des N. opticus (Chiasma opticum) kommt es auch zu einer Einschränkung des Gesichtsfeldes auf den Seiten, die als Halbseitenblindheit (bitemporale Hemianopsie) bezeichnet wird. Gynäkomastie ist eine Brustentwicklung beim Mann, Laktation bezeichnet die Milchproduktion, Prognathie einen vorstehenden Unterkiefer

Antidiuretisches Hormon (ADH)

Das ADH ist ein Peptidhormon, das aus 9 Aminosäuren besteht. Es wird wegen seiner Wirkung auf die Nierenfunktion als antidiuretisches Hormon bezeichnet. Seine Aufgabe besteht darin, die Harnkonzentrierung zu fördern (s. auch Kap. 11 Harnapparat).

Die Kontrolle über die Hormonwirkung erfolgt 2fach:

- über Barorezeptoren (Druckrezeptoren) in den Vorhöfen des Herzens und
- über Osmorezeptoren im Hypothalamus, die laufend den osmotischen Druck des Blutes überwachen.

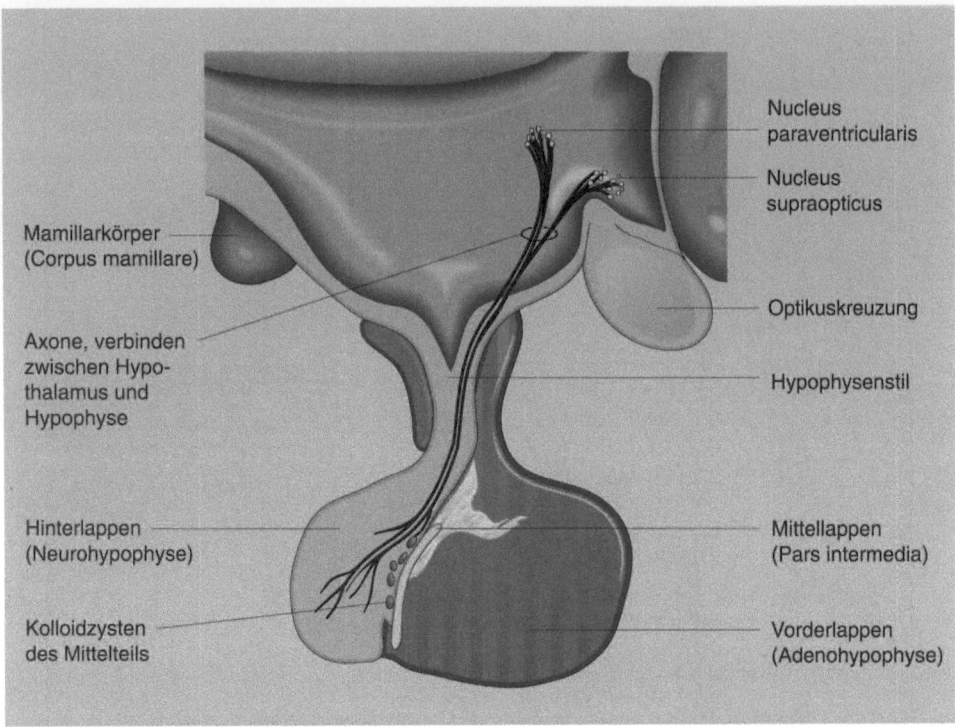

Abb. 12.10. Verbindung zwischen dem Hypothalamus und dem Hypophysenhinterlappen (Neurohypophyse). Die im Nucleus supraopticus und im Nucleus paraventricularis gebildeten Hormone (ADH und Oxytozin) werden über Nervenfasern in den Hypophysenhinterlappen geleitet, wo sie bei Bedarf freigesetzt werden können

Der osmotische Druck des Blutes ist vom Wassergehalt des Blutes stark abhängig. Somit geschieht die Kontrolle über das Blutvolumen und über den osmotischen Druck des Blutes. Dabei genügt eine Zunahme des osmotischen Drucks um 1%, um eine vermehrte ADH-Ausschüttung zu veranlassen. Das ADH bewirkt eine Erhöhung der Permeabilität am distalen Tubulus und am Sammelrohr (s. 11.3.4), so daß vermehrt Wasser in das Interstitium und damit in das Blut aufgenommen wird. Daraus folgt eine Verminderung des osmotischen Drucks. Als Resultat kommt es zu Wirkungen auf den Hypothalamus, die zu einer Verminderung der ADH-Bildung und -Ausschüttung führen. Beide werden also über die Soll-Wertkontrolle des osmotischen Drucks im Hypothalamus reguliert.

ADH-Mangel

Unterfunktion bzw. ADH-Mangel führt zu Diabetes insipidus (unstillbarer Durst oder Wasserharnruhr). Bei dieser Krankheit kann es zu Harnmengen bis zu 20 l pro Tag kommen. Damit derartige Patienten durch die großen Mengen an Flüssigkeitsverlust nicht verdursten, müssen sie die abgegebenen Flüssigkeitsmengen durch konstantes Trinken wieder ausgleichen.

Als einfaches Peptidhormon kann ADH in ausreichenden Mengen synthetisch produziert werden, so daß Diabetes insipidus heute eine therapierbare Erkrankung ist. Bei genügend hohem ADH-Spiegel im Blut beträgt die tägliche Normalharnmenge ca. 1,5 l. Die Bildung von ADH wird durch Angst, Schmerz, Nikotin etc. stimuliert und durch Alkohol gehemmt (alkoholische Diurese; s. Kap. 11 Harnapparat).

Oxytozin (Ocytocin)

Das zweite Neurohypophysenhormon ist Oxytozin (Ocytocin). Es ist ein dem ADH ähnliches Hormon, bei dem lediglich 2 Aminosäuren anders sind. Ebenso wie ADH wird auch Oxytozin im Hypothalamus gebildet und gelangt auf dem Nervenweg in die Neurohypophyse; von dort wird es bei Bedarf abgegeben. Oxytozin bewirkt die rhythmischen Kontraktionen der glatten Uterusmuskulatur (Wehen) gegen Ende der Schwangerschaft, die schließlich zur Austreibung des Kindes führen. Der Beginn dieser Kontraktion wird wahrscheinlich durch die Konzentration der weiblichen Sexualhormone bestimmt, die gegen Ende der Schwangerschaft stark ansteigt. Sobald im Zervixbereich des Uterus (s. Kap. 13 Geschlechtsapparat und Fortpflanzung) durch mechanischen Kontakt Rezeptoren angeregt werden, führt dies über das Nervensystem zur Auslösung der Oxytozinausschüttung (Abb. 12.11). Auf dem Blutweg gelangt das Oxytozin zur glatten Muskulatur (dem Myometrium) und veranlaßt diese zu Kontraktionen, die dann zur Austreibung des Kindes während der Geburt führen. Es wird heute aber auch ein anderer Auslösemechanismus für den Geburtsvorgang diskutiert: Das Kind produziert gegen Ende der Schwangerschaft eine größere Menge an ACTH, das auf die Nebennierenrinde wirkt. Dort werden Glukokortikoide produziert, die in die Plazenta gelangen und die Sekretion von Progesteron reduzieren, aber auch die Bildung von Prostaglandinen induzieren. Diese wirken in der Muskulatur der Gebärmutter (Myometrium) und führen somit zur Auslösung der Gebärmutterkontraktionen, den Wehen.

Eine weitere Funktion des Oxytozins ist die Beeinflussung der Milchabgabe aus der Brustdrüse. Durch Prolaktin wird gegen Ende der Schwangerschaft die Synthese der Milchsekrete in Gang gesetzt, und durch die Oxytozinwirkung kommt es zur Austreibung der Milch. Taktile Reize (z.B. Saugen) lösen den Milchaustreibungsreflex auf dem Nervenweg aus. Es wird vermehrt Oxytozin ausgeschüttet, das dann die Myoepithelien der Brustdrüse zur Kontraktion und damit zur Milchaustreibung anregt. Dies erleichtert dem Säugling den Saugvorgang.

12.5 Schilddrüse (Glandula thyroidea)

12.5.1 Anatomie

Die Schilddrüse besteht aus 2 ovalen Lappen, die auf beiden Seiten der Luftröhre in Höhe des 2.–4. Trachealknorpels liegen und teilweise direkt an den Schildknorpel des Kehlkopfes angrenzen (Abb. 12.12). Diese beiden Drüsenlappen sind über eine schmale Gewebebrücke (Isthmus) auf der Vorderseite der Luftröhre miteinander verbunden. Aus dem Isthmus steigt in 50% der Fälle noch ein schmaler „Pyramidenlappen" (Lobus pyramidalis) nach oben in Richtung Zungenbein. Die Schilddrüse entsteht während der Entwicklung aus einer Vertiefung im Zungenbereich, die sich als Ductus thyroglossus (Zungen-Schilddrüsen-Gang) bis auf die Höhe des 2.–4. Trachealknorpels senkt und dort die beiden Schilddrüsenlappen und den Isthmus bildet. Der Lobus pyramidalis, wenn vorhanden, ist ein Überbleibsel aus diesem Entwicklungsablauf. Im Bereich der Zunge bleibt zeitlebens das Foramen caecum (blindes Loch) bestehen, das den Abgangsort des Ductus thyroglossus markiert.

Individuell schwankt die Größe der Schilddrüse. Das sonographisch (durch Ultraschall) bestimmte Volumen der Schilddrüse beträgt bei Frauen im Durchschnitt 20 ml und bei Männern 25 ml.

12.5.2 Bau

Das Drüsengewebe besteht aus bläschenförmigen Follikeln, die unregelmäßig gestaltet sind. Die Wand dieser Follikel wird aus einem geschlossenen einschichtigen Epithel gebildet. Im Inneren der Follikel befindet sich eine homogene Masse, das Kolloid, in dem die Schilddrüsenhormone enthalten sind. Das Hormon wird in den Epithelzellen der Follikel gebildet und in die Follikel in einer Speicherform (Thyroglobulin) abgegeben, die in ihrer Gesamtheit das Kolloid ausmacht. Bei Bedarf kann das Kolloid verflüssigt werden, wobei die an das Thyroglobulin gebundenen Hormone abgespalten werden. Inaktive Follikel zeichnen sich durch ein flaches Epithel und große Mengen an homogen verteiltem Kolloid aus. Sekretorisch aktive Follikel ha-

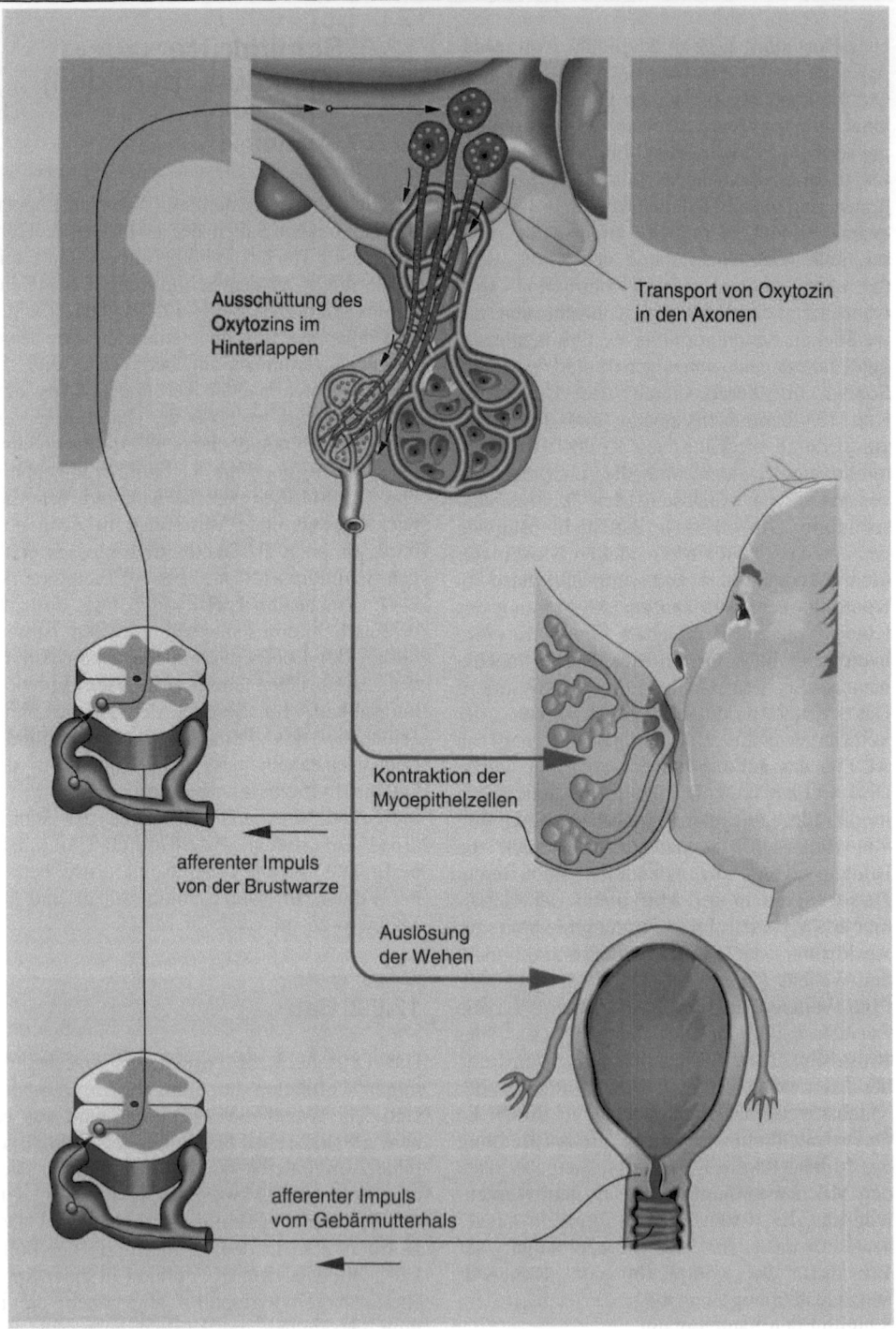

Ausschüttung des
Oxytozins im
Hinterlappen

Transport von Oxytozin
in den Axonen

Kontraktion der
Myoepithelzellen

afferenter Impuls
von der Brustwarze

Auslösung
der Wehen

afferenter Impuls
vom Gebärmutterhals

Abb. 12.11. Schematische Darstellung der Oxytozin-wirkung. Taktile Reize, die über das Rückenmark bis in die Region des Hypothalamus geleitet werden, lösen die Sekretion von Oxytozin aus. Dieses gelangt über die Blutbahn an die Uterusmuskulatur, wo es Wehen auslöst oder an die Myoepithelien der Brust-drüse, die es zur Kontraktion veranlaßt, wodurch die Milch ausgetrieben wird

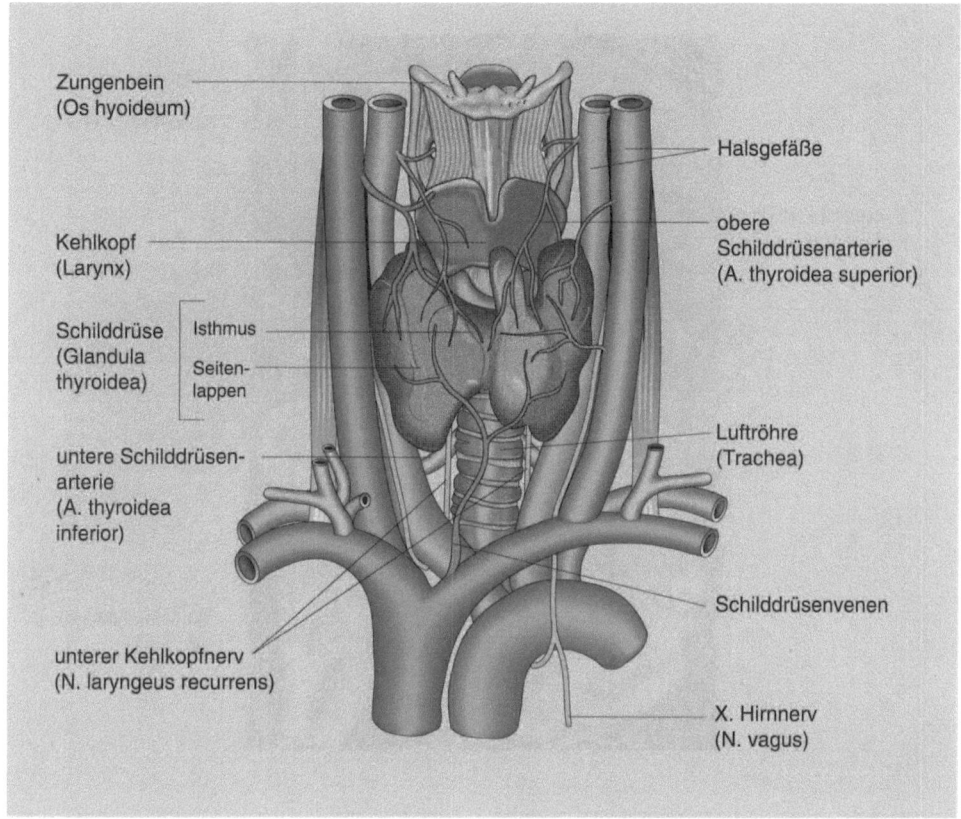

Abb. 12.12. Ventralansicht der Organe der Halsregion mit den Lagebeziehungen von Schilddrüse (Glandula thyroidea), Blutgefäßen und Luftröhre (Trachea). Der vom mittleren Drüsenteil (Isthmus) nach oben verlaufende Strang ist nicht immer ausgebildet. Es ist der Pyramidenlappen, der als Rest der Schilddrüsenentwicklung aus dem Zungen-Schilddrüsen-Gang (Ductus thyroglossus) gelegentlich bestehen bleibt

ben demgegenüber ein hohes Epithel und vakuolisiertes Kolloid. Entsprechend ihrer Funktion – als endokrine Drüse – ist die Schilddrüse reichlich mit Gefäßen versorgt (Abb. 12.13).

12.5.3 Hormone der Schilddrüse

Von den Follikelepithelzellen werden 2 Hormone gebildet, die für den Stoffwechsel des gesamten Körpers von größter Bedeutung sind:

- Thyroxin (Tetrajodthyronin, T_4) und
- Trijodthyronin (T_3).

Die beiden Hormone Thyroxin und Trijodthyronin leiten sich von der Aminosäure Tyrosin ab. T_3 enthält 3 und T_4 4 Jodatome

(s. Abb. 12.2 b). Das für die beiden Hormone benötigte Jod wird von den Follikelepithelzellen aus dem Blut entnommen. Dies geschieht gegen hohe Konzentrationsgradienten. In den Zellen des Follikelepithels ist bis zu 1000mal mehr Jod vorhanden als außerhalb. Das Jod wird über aktiven Transport – mit der Jodidpumpe – in die Zellen gebracht. 98% des im Körper zirkulierenden Jods wird von der Schilddrüse aufgenommen und dort in die entsprechenden Hormone eingebaut. Die Biosynthese von T_3 und T_4 ist von einer ausreichenden Jodzufuhr durch die Nahrung abhängig. In verschiedenen Ländern, in denen teilweise zu wenig Jod im Trinkwasser enthalten ist, hat man sich zu einer allgemeinen Jodierung des Kochsalzes entschlossen (z.B. in der Schweiz).

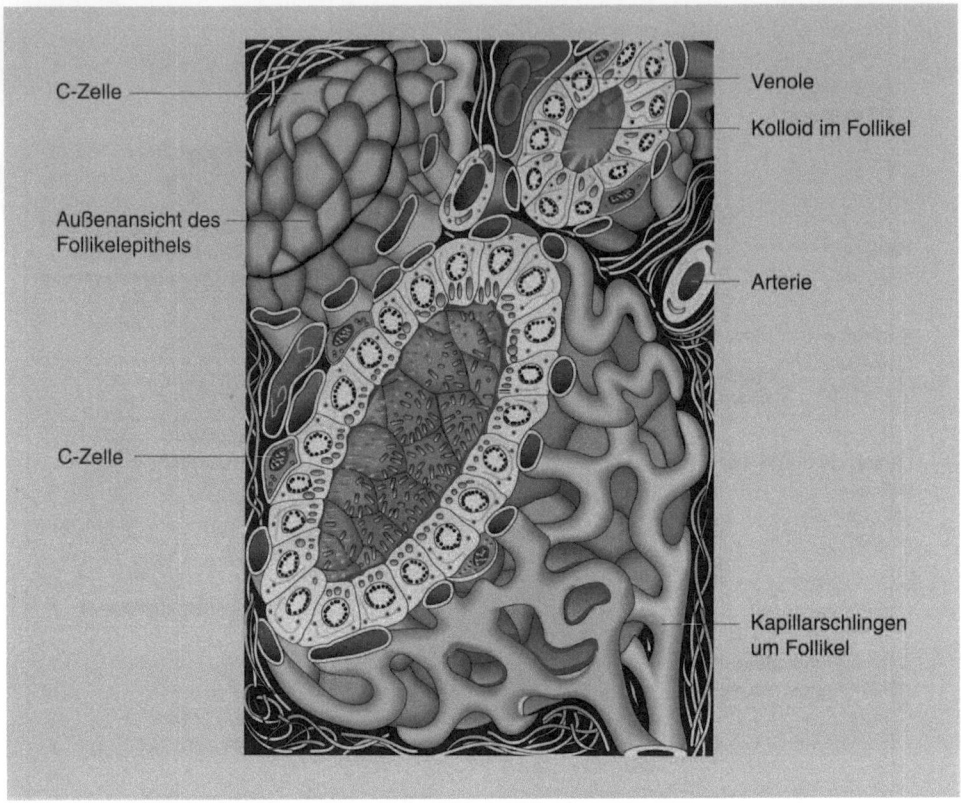

Abb. 12.13. Ausschnittzeichnung des Schilddrüsengewebes. Es sind 3 Schilddrüsenfollikel zu sehen. Der *linke obere* Follikel ragt aus der Schnittfläche heraus, so daß das Follikelepithel und eine kalzitoninproduzierende C-Zelle von außen zu sehen sind.

Der *rechte obere* Follikel ist mit Kolloid gefüllt. Beim *unteren* Follikel ist die Innenseite des Follikelepithels zu sehen. Alle Follikel sind typischerweise von einem gut ausgebildeten Kapilarnetz umgeben

Biologische Wirkungen von T_3 und T_4

Die Hauptfunktion von Thyroxin und Trijodthyronin besteht in einer Beschleunigung der oxidativen Stoffwechselvorgänge in den meisten Zellen. Dies führt zu einer Steigerung des Energieverbrauchs und des Grundumsatzes. Kohlenhydrate, Proteine und Fette sind davon gleichermaßen betroffen.

Die Hormonwirkung kommt durch eine Aktivierung von Enzymen, v.a. der Mitochondrienenzyme, zustande. Die Steigerung der Mitochondrienaktivität führt zu einem erhöhten Sauerstoffverbrauch; dies bezeichnet man als kalorigene Wirkung.

Die durch T_3 erreichte Wirkung ist bei gleicher Hormonkonzentration ca. 5mal höher als die durch T_4 erreichbare Wirkung. Dagegen ist die Wirkungsdauer von T_4 erheblich länger als die von T_3.

Regulation der Hormonkonzentration

Das Schema der hierarchisch gegliederten Regulationspyramide: Hypothalamus – Hypophyse – periphere Drüse – Blutkonzentration des Hormons findet auch bei den Schilddrüsenhormonen Anwendung (Abb. 12.3 und 12.4): Durch Verringerung des Blutspiegels kommt es zur Freisetzung des Liberins TRH (Thyreotropin-Releasinghormon) im Hypothalamus. Dieses Liberin wird auf dem Blutweg in die Adenohypophyse transportiert (Pfortadersystem). Hier bewirkt es die Ausschüttung von TSH (die Schilddrüse stimulierendes Hormon). TSH wiederum stimuliert die Aufnahme von Jod in die Schilddrüse, aktiviert die Jodierung von Tyrosin und setzt gleichzeitig T_3 und T_4 aus dem Kolloid frei, die dann an das Blut abgegeben werden. Im zirkulierenden Blut sind T_3 und T_4 an Protein gebunden, v.a. an Albumin und ein spezifisches α-Globulin. Das auf diese Weise gebundene Hormon wird als PBI („protein-bound iodine", proteingebundenes Jod) bezeichnet. Im Gewebe kann das PBI T_3 und T_4 abgeben, so daß diese ihre Wirkung entfalten können. Aus diagnostischen Gründen ist es vielfach notwendig, sowohl TSH wie auch Gesamt-Thyroxin zu bestimmen. Beides kann mit Radio-Immunoassay (RIA) oder Enzyme-Immunoassay (EIA) durchgeführt werden.

Störungen der Schilddrüsenfunktion

Die Bedeutung der meisten endokrinen Organe ist erst im Falle von Funktionsstörungen erfaßt und verstanden worden. Auch bei der Schilddrüse sind die beiden wichtigsten Störungen die Über- und die Unterfunktion.

Hypothyreose (Schilddrüsenunterfunktion)
Die Ursachen der Schilddrüsenunterfunktion sind entweder

- ein Mangel an Jod oder
- eine eigentliche Drüsenunterfunktion, d.h. die Unfähigkeit der Drüse, die Hormone T_3 und T_4 herzustellen.

Ein völliges oder teilweises Fehlen der Drüse (Aplasie) kann ebenfalls dramatische Folgen haben. Je nach Ursache und Beginn der Hypothyreose ergeben sich unterschiedliche Auswirkungen. Bei Auftritt im Erwachsenenalter ist eine Abhilfe durch Gabe von Schilddrüsenhormonen in den meisten Fällen möglich.
Es gibt folgende Formen der Schilddrüsenunterfunktion

- endemischer Kretinismus,
- sporadischer Kretinismus,
- Myxödem.

Endemischer Kretinismus: Der endemische Kretinismus kommt v.a. in Regionen mit mangelndem Jodgehalt des Trinkwassers vor. Dies führt bei der betroffenen Bevölkerung zu einer Schilddrüsenvergrößerung (Struma oder Kropf). Da infolge Jodmangels zu we-

nig Thyroxin und Trijodthyronin ausgeschüttet werden, sezerniert die Hypophyse konstant Thyrotropin, das das Wachstum der Schilddrüse fördert. Wenn Frauen mit derartigem Jodmangelkropf schwanger werden, besteht beim sich entwickelnden Fetus ebenfalls eine Jodmangelsituation, die dann irreversible Entwicklungsstörungen zur Folge hat: disproportionierter Zwergwuchs, faltiges Gesicht, wulstige Lippen, übergroße Zunge, trockene schuppige Haut, Debilität und vielfach Taubheit. Allgemein sind der Grundumsatz, die Körpertemperatur und der Herzschlag reduziert. Solche Menschen bezeichnet man als Kretins. Da diese Schäden schon während der Entwicklung aufgetreten sind, können sie auch durch postnatale (nachgeburtliche) Verabreichung von Hormonen nicht mehr behoben werden.

Sporadischer Kretinismus: Anders sieht die Situation bei genetisch bedingten Störungen der Schilddrüsenfunktion aus, z.B. totales Fehlen der Schilddrüse beim Kind. Da diese Kinder während des intrauterinen Lebens über die Mutter ausreichend mit Hormonen versorgt waren, kann die rechtzeitige Gabe von Hormonen nach der Geburt zu normaler geistiger und körperlicher Entwicklung führen. Das Problem bei diesen Kindern liegt darin, daß derart genetisch bedingte Unterfunktionen vielfach erst nach Auftreten von entsprechenden Fehlentwicklungen entdeckt werden. Dann ist es meist schon zu spät für eine Korrektur. Die sich auf diese Art entwickelnden Formen des Kretinismus werden als sporadischer Kretinismus bezeichnet. Um dies zu verhindern, wird heute in vielen Ländern der Nachweis von TSH bei den Neugeborenen durchgeführt.

Myxödem: Kommt es beim Erwachsenen zur Schilddrüsenunterfunktion, so werden vermehrt Glukosaminoglykane und Wasser in das subkutane Bindegewebe eingelagert. Dies führt zu einer teigigen Schwellung der Haut und wird als Myxödem bezeichnet. Ebenfalls kennzeichnend für das Myxödem ist eine Reduktion des Grundumsatzes (bis 40%), der Herzfrequenz, Körpertemperatur und der geistigen Beweglichkeit. Die davon betroffenen Individuen sind extrem langsam in ihren Gedanken, aber auch in ihren Bewegungen. Durch Gabe von Schilddrüsenhormon ist das Myxödem heilbar.

Hyperthyreose (Schilddrüsenüberfunktion)

Bei einer Überfunktion der Schilddrüse (Hyperthyreose) ist die Ausschüttung von Schilddrüsenhormon gesteigert. Dadurch sind der Grundumsatz, die Körpertemperatur, Herzfrequenz und Erregbarkeit heraufgesetzt. Die Patienten schwitzen sehr leicht und leiden unter Gedankenjagen und Schlaflosigkeit. Durch den erhöhten Grundumsatz etc. kommt es vielfach zu einer negativen Stickstoffbilanz und damit zum Abbau von körpereigenem Protein, was schließlich zur Abmagerung führt. Vielfach (nicht immer) ist bei Hyperthyreose auch ein charakteristisches Hervortreten der Augäpfel (Exophthalmus) vorhanden. Diese Form der Hyperthyreose wird „Morbus Basedow" genannt. In diesen Fällen wird sowohl die Hyperthyreose wie auch der Exophthalmus durch ein Lymphozytenprodukt hervorgerufen, das thyroideastimulierende Immunglobulin (TSI). Dieses TSI unterliegt nicht der hypothalamohypophysären Kontrolle und kann deshalb ungehindert die Schilddrüse stimulieren. Das Hervortreten der Augäpfel ist durch eine Verdickung der Augenmuskeln (zum Teil bis zum 8fachen Volumen der Muskeln) bedingt.

Hyperthyreose kann durch teilweise operative Entfernung der Schilddrüse oder durch Gabe von bremsenden Medikamenten (Thyreostatika) meist gut behandelt werden.

Kropf (Struma)

Der Regelkreis Hypothalamus/Hypophyse/Schilddrüse/Thyroxinspiegel im Blut führt normalerweise zu einem Gleichgewicht zwischen Schilddrüsenstimulation und Thyroxinspiegel. Wenn dieser Regelkreis aus verschiedenen Gründen unterbrochen wird, z.B. wenn sich zu wenig Iod im Trinkwasser befindet, so daß kein Thyroxin (oder kein T_3) gebildet werden kann, wird vermehrt schilddrüsenstimulierendes Hormon (TSH) ausgeschüttet, das u.a. auch zu vermehrtem Wachstum des Schilddrüsengewebes führen kann. Als Folge davon vergrößert sich die Schilddrüse, sei dies einseitig, knotenartig oder auch gesamthaft. Dies wird als Kropf oder mit dem medizinischen Fachbegriff als Struma bezeichnet. Neuere Untersuchungen haben gezeigt, daß in Deutschland bis zu 10% der Bevölkerung unter einer durch Iodmangel bedingten Vergrößerung der Schilddrüse leiden. Die Verwendung von iodiertem Kochsalz kann in vielen Fällen Abhilfe schaffen.

12.5.4 C-Zellen (parafollikuläre Zellen)

Zwischen den Follikeln und den Gefäßen, welche die Follikel engmaschig umspannen, sind sog. C-Zellen oder parafollikuläre Zellen vorhanden (Abb. 12.13), die in Gruppen angeordnet ein spezielles Hormon, das nicht in den Follikeln gespeichert wird, produzieren. Dieses Hormon ist das **Kalzitonin**.

Kalzitonin bewirkt eine Senkung des Kalziumspiegels im Blut und ist damit ein partieller Antagonist des Parathormons (s. unten). Es wird deshalb zusammen mit dem Parathormon bei der Schilderung der Nebenschilddrüse (Parathyroidea) behandelt.

12.6 Nebenschilddrüse (Glandula parathyroidea)

12.6.1 Lage und Bau

Die Nebenschilddrüsen (oder Epithelkörperchen) sind winzige, ungefähr linsengroße Drüsen, die auf der Hinterseite des rechten und linken Schilddrüsenlappens liegen. Meist sind auf jeder Seite 2 Drüsen (eine obere und eine untere) vorhanden, also insgesamt 4. Es können jedoch auch nur 2 oder aber auch 6 dieser Epithelkörperchen vorhanden sein. Zusammen haben diese Drüsen in der Regel ein Gewicht von ca. 150 mg (Abb. 12.14).

Sie sind in die Bindegewebekapsel der Schilddrüse eingeschlossen, so daß sie erst relativ spät entdeckt wurden.

Die Nebenschilddrüsen werden häufig auch als Epithelkörperchen bezeichnet, da sie einen epithelialen Aufbau haben. Man unterscheidet 3 verschiedene Drüsenzelltypen:

- helle Hauptzellen,
- dunkle Hauptzellen,
- oxyphile Zellen.

Die hellen Hauptzellen werden als die aktiven Hormonbildner angesehen, sie enthalten größere Mengen an Glykogen. Die dunklen Hauptzellen sind wahrscheinlich erschöpfte helle Hauptzellen. Die oxyphilen Zellen enthalten sehr viele Mitochondrien. Über die Funktion dieser Zellen ist nichts bekannt.

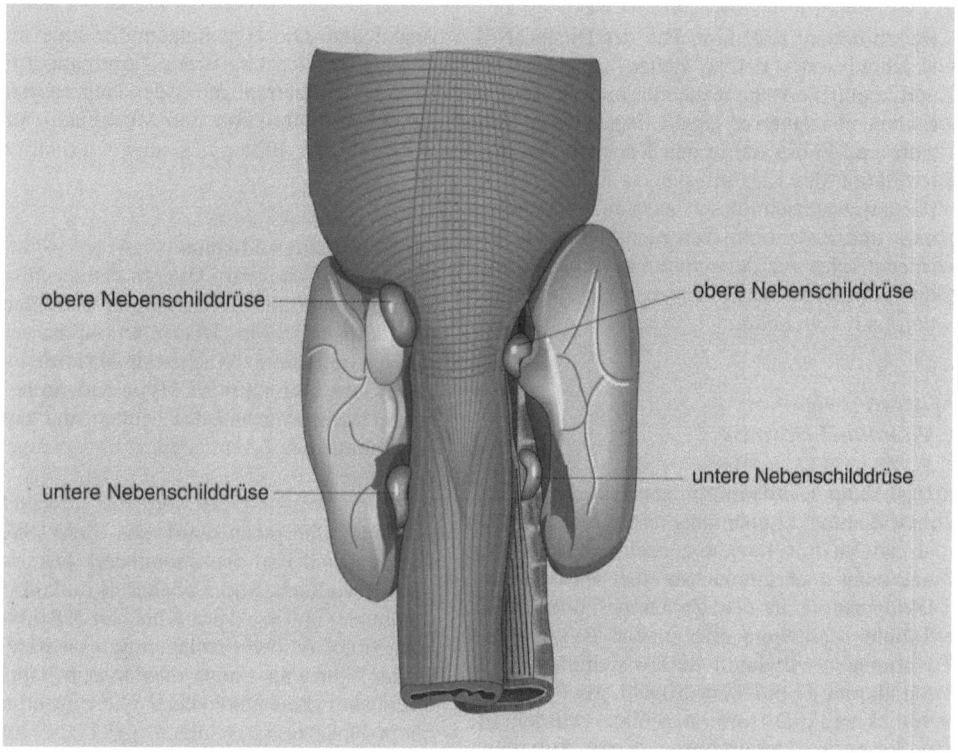

obere Nebenschilddrüse

obere Nebenschilddrüse

untere Nebenschilddrüse

untere Nebenschilddrüse

Abb. 12.14. Dorsalansicht der Schilddrüse. *Oben* ist die Rachenmuskulatur (Pharynxmuskulatur) zu sehen, die unten in die Wand der Speiseröhre (Öso-phagus) übergeht. Innerhalb der Organkapsel der Schilddrüse liegen die 4 Nebenschilddrüsen (2 obere und 2 untere)

12.6.2 Hormon und Hormonwirkungen

In den Zellen der Nebenschilddrüsen wird **Parathormon**, ein Polypeptid, produziert. Die Aufgabe des Parathormons besteht darin, den Kalzium- und Phosphathaushalt des Körpers zu regulieren, d.h. auf normale Werte einzustellen. Um dies zu erreichen, greift das Hormon an 3 Orten an:

● Im Darm:
Hier fördert es die Kalziumresorption. Daraus resultiert ein erhöhter Kalziumspiegel im Blut.

● An den Nierentubuli:
Hier hemmt es die Phosphatresorption. Daraus resultiert eine erhöhte Ausscheidung von Phosphat.

● In den Knochen:
Hier bewirkt es eine Mobilisierung des Hydroxylapatits, indem die Osteoklasten stimuliert werden und diese Knochen abbauen.

Unter der Wirkung des Parathormons kommt es also zu einer Erhöhung des Kalziumspiegels im Blut. Durch gleichzeitig erhöhte renale (in der Niere erfolgende) Phosphatausscheidung bleibt eine Erhöhung des Phosphatspiegels aus.

Kalzitonin

Das in den C-Zellen der Schilddrüse produzierte Kalzitonin ist ein **partieller Antagonist** (teilweiser Antagonist) des Parathormons, da es nur auf den Kalziumgehalt des Blutes, aber nicht auf den Phosphatgehalt einwirkt.

Bei zu hohem Kalziumgehalt des Blutes wird Kalzitonin aus den C-Zellen ausgeschüttet und mobilisiert die Osteoblasten, die durch Einbau von Hydroxylapit (besteht aus Kalzium und Phosphat) in den Knochen zu einer Reduktion des Kalziumspiegels führen.

Kreuzweise beeinflussen sich auch Parathormon und Kalzitonin: Ein niedriger Kalziumspiegel führt zur Ausschüttung von Parathormon, ein hoher Kalziumspiegel zur Ausschüttung von Kalzitonin.

Vitamin-D-Hormon

Das Vitamin-D-Hormon entsteht durch Hydroxylierung (Anhängung einer OH-Gruppe) an das Vitamin D_3, die zunächst in der Leber und dann noch einmal, an einer anderen Molekülposition, in den Zellen des proximalen Tubulus der Niere erfolgt. Die Bildung des Hormons wird durch die Ausschüttung von Parathormon stimuliert. Sobald, als Folge davon, Vitamin-D-Hormon gebildet worden ist, wirkt es im Darm, um dort die Aufnahme von Kalzium zu ermöglichen. Somit wird also die Parathormonwirkung auf den Darm erst durch das Vitamin-D-Hormon ermöglicht. Bei zu geringem Vitamin-D-Spiegel ist auch die Kalziumaufnahme aus dem Darm zu gering. Dies hat z.B. in der Kindheit das Krankheitsbild der Rachitis (Knochenverformung durch Kalziummangel) zur Folge.

Störungen der Nebenschilddrüsenfunktion

Hypoparathyroidismus

Unter dem Begriff Hypoparathyroidismus versteht man die Unterfunktion der Nebenschilddrüsen. Primäre Unterfunktionen der Nebenschilddrüsen sind sehr selten, ihre Ursache ist noch nicht eindeutig geklärt.

Sekundäre Unterfunktion kommt in der Regel nach ausgedehnten Schilddrüsenoperationen vor, bei denen die Nebenschilddrüse oder deren Blutversorgung verletzt wurde. Daraus resultiert eine **Hypokalzämie** (Verminderung des Kalziumgehalts im Blut) und eine **Hyperphosphatämie** (starke Erhöhung des Phosphatgehalts im Blut). Es wird zu wenig Kalzium resorbiert und zu wenig Phosphat ausgeschieden. Die Hypokalzämie mündet meist in eine Tetanie, d.h. der Kalziummangel führt zu einer Übererregbarkeit des Nervensystems mit Dauerkontraktion der Muskulatur. Ohne Kalziumgabe führt dies unweigerlich zum Tod.

Hyperparathyroidismus

Unter dem Begriff Hyperparathyroidismus versteht man die Überfunktion der Nebenschilddrüsen. Eine Überfunktion ist meist durch krankhafte Wucherungen (Adenome) verursacht und führt zu **Hyperkalzämie** (erhöhter Kalziumgehalt des Blutes) und **Hypophosphatämie** (verminderter Phosphatgehalt des Blutes).

Unter der Wirkung des vermehrt ausgeschütteten Parathormons wird aus dem Skelett Kalzium und Phosphat mobilisiert. Daraus resultiert vielfach eine Knochenerkrankung mit Bildung von Zysten im Knochen (Ostitis cystica fibrosa) sowie Ablagerung von Kalzium in der Niere, als Steine oder in den Papillen. Dies kann die Funktion der Niere in erheblichem Maße beeinträchtigen.

Hyperparathyroidismus kann in der Regel nur durch operative Entfernung des Drüsengewebes behoben werden.

12.7 Nebennieren (Glandulae suprarenales)

12.7.1 Lage und Entwicklung

Die Nebennieren sind 2 pyramidenförmige Drüsen, die locker auf dem oberen Pol der Nieren sitzen und zusammen ca. 10 g wiegen. Wenn die Nieren während der Entwicklung nicht an den Ort aufgestiegen sind, wo sie auf die Nebennieren treffen, dann sind die Nebennieren unabhängig davon am richtigen Ort vorhanden. Nieren und Nebennieren sind also von ihrer Lage her gesehen nicht voneinander abhängig.

Die Nebennieren bestehen aus je 2 Hormondrüsen (Abb. 12.15) verschiedenen entwicklungsgeschichtlichen Ursprungs und mit unterschiedlicher Funktion:

- der Nebennierenrinde (NNR) und
- dem Nebennierenmark (NNM).

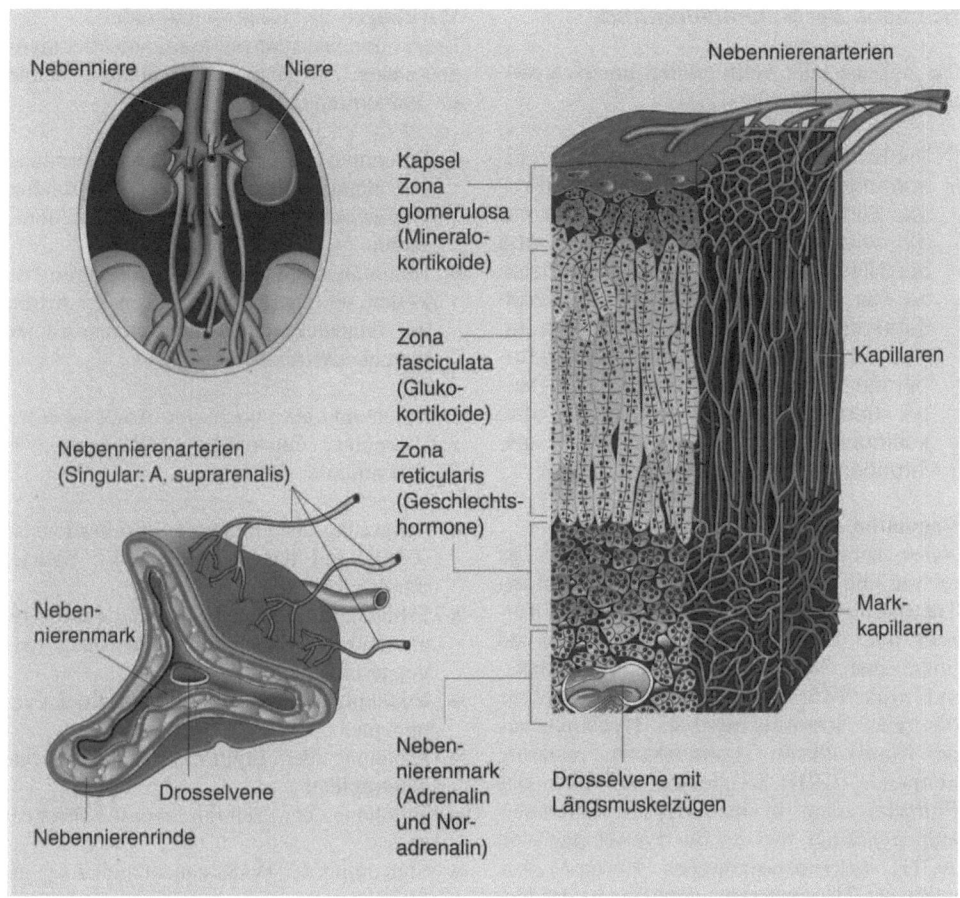

Abb. 12.15. Nebennieren. *Oben links* ist die Lage der Nebennieren auf dem oberen Nierenpol gezeigt, *unten links* ein Schnittbild durch die Nebenniere, auf dem das Nebennierenmark und die Nebennierenrinde mit ihren 3 Schichten zu sehen sind. Die *rechte* Abbildung zeigt einen zweigeteilten histologischen Schnitt durch die Nebenniere. Auf der *linken* Hälfte ist das Gewebe von der Kapsel bis ins Mark dargestellt, auf der *rechten* Hälfte die Blutgefäße von Rinde und Mark

Die **Nebennierenrinde** entwickelt sich aus einer Epithelwucherung des Mesoderms (mittleres Keimblatt). Das **Nebennierenmark** ist entwicklungsgeschichtlich von gleicher Herkunft wie das sympathische Nervensystem, es ist aus dem Ektoderm (äußeres Keimblatt) hervorgegangen.

12.7.2 Nebennierenrinde (NNR)

Bau der Nebennierenrinde

Die Nebennierenrinde (NNR) umfaßt ca. 80% der Nebennierensubstanz. Sie gliedert sich histologisch in 3 Zonen, die mehr oder weniger fließend ineinander übergehen (s. Abb. 12.15):

- Zona glomerulosa: Sie liegt in Form von Zellnestern außen unter der Organkapsel.
- Zona fasciculata: Das ist der mittlere und breiteste Abschnitt der NNR. Die Zellen dieser Zone sind in radiären Streifen angeordnet.
- Zona reticularis: Das ist die marknahe innerste Zone, deren Zellen einen lockeren, pigmentreichen, netzartigen Verband darstellen.

Hormone der Nebennierenrinde

Die 3 Zonen der NNR bilden unterschiedliche Hormone (Tabelle 12.1).

> Als Kortikoide bezeichnet man Steroidhormone der Nebennierenrinde (Kortex: Rinde). Bisher wurden schon ca. 50 verschiedene Verbindungen aus der NNR isoliert, die alle ausnahmslos zu den Steroiden gehören und sich dementsprechend vom Steranring (s. Abb. 12.2) ableiten lassen. Die Vorstufen dieser Hormone werden in der Regel über Cholesterin aufgebaut, das seinerseits ein Steranringsystem als Grundstruktur besitzt.

Regulation der NNR-Hormone:

Neben äußeren Faktoren, wie Streß etc., ist es v. a. die Menge des frei (d.h. nicht an Transkortin gebundenen) zirkulierenden Kortisols (ca. 10% der Gesamtmenge), das im Sinne einer Regulation auf den Hypothalamus wirkt (Abb. 12.16). Bei einer Abnahme des freien Kortisols wird im Hypothalamus das Kortikoliberin („corticotropin releasing hormone", CRH) freigesetzt, das über das Pfortadersystem in den Hypophysenvorderlappen gelangt, wo es die Freisetzung von ACTH (adrenokortikotropes Hormon) bewirkt. ACTH seinerseits stimuliert in der Nebennierenrinde die Ausschüttung von Glukokortikoiden.

Glukokortikoide

Die beiden wichtigsten Glukokortikoide sind **Kortisol** und **Kortikosteron**. Sie sind normalerweise in einem typischen Verhältnis von 7:1 (Kortisol:Kortikosteron) vorhanden. Der Hauptanteil dieser Hormone ist im Plasma an ein α-Globulin (Transkortin) gebunden. In dieser Form sind die Hormone inaktiv; sie können ihre Wirkung erst entfalten, wenn sie vom Trägerprotein (Transkortin) abgetrennt sind.

Tabelle 12.1. Hormone der 3 Zonen der Nebennierenrinde

Zone	Hormon	(Beispiel)
Zona glomerulosa	Mineralokortikoide	(Aldosteron)
Zona fasciculata	Glukokortikoide	(Kortisol)
Zona reticularis	Androgene	(Dehydroepiandrosteron, DHEA)

Wirkungen der Glukokortikoide:

Unter normalen physiologischen Bedingungen stehen 2 Wirkungen der Glukokortikoide im Vordergrund:

- Förderung des Proteinabbaus, verbunden mit starker Glukoneogenese (Neubildung von Zucker) aus den freigesetzten Aminosäuren,
- Hemmung der Glukoseverwertung in den Zellen und daraus resultierender Anstieg des Blutzuckerspiegels (letzteres v.a. bei therapeutisch hohen Dosen).

Daneben sind aber noch eine Anzahl anderer, z.T. weniger augenfälliger Wirkungen der Glukokortikoide bekannt:

- Steigerung der glomerulären Filtrationsrate (GFR) und daraus resultierende Wasserdiurese,
- Erhöhung der Magensäure und damit Herabsetzung der Schleimhautresistenz (Magengeschwüre),
- Reduktion der Eosinophilen und der Lymphozyten,
- Erhöhung der Erythrozytenzahl und der Neutrophilen,
- Erhöhung der zentralnervösen Erregbarkeit,
- Steigerung der Widerstandsfähigkeit gegen Streß,
- vielseitige permissive Wirkungen.

Pharmakologische Wirkungen der Glukokortikoide: Von besonderer Bedeutung sind die pharmakologischen Wirkungen der Glukokortikoide, d.h. die Wirkung von unphysiologisch hohen, therapeutischen Dosen, also ihr Einsatz als Arzneistoff.

Diese therapeutischen Wirkungen sind:

- Entzündungshemmung – durch Herabsetzung der Leukozyteninfiltration und Stabilisierung aller Zellmembranen,
- antiallergische Wirkung – durch verminderte Antikörperbildung und Verminderung der Histaminfreisetzung.

Histamin ist für viele Symptome von Allergien verantwortlich.

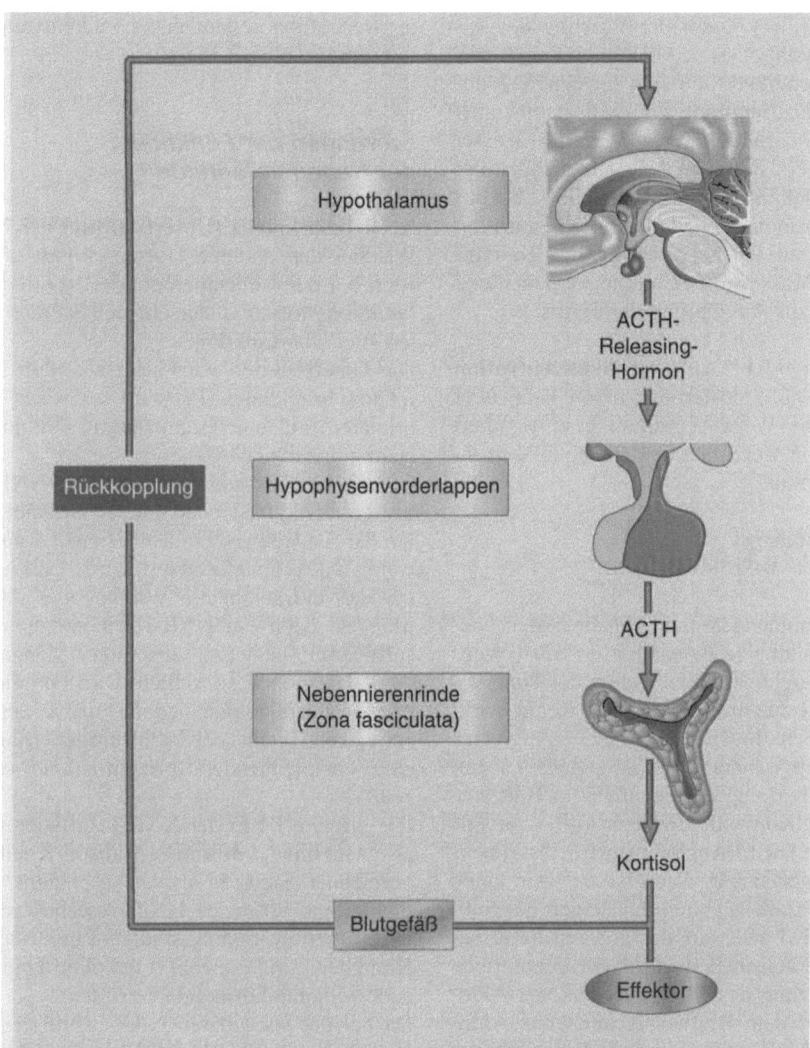

Abb. 12.16. Regulation der Kortisolfreisetzung. Aus dem Hypothalamus wird ein Kortikotropin-Releasing-Hormon freigesetzt, das im Hypophysenvorderlappen die Produktion von ACTH (adrenokortikotropes Hormon) bewirkt. Das ACTH wirkt auf die Zona fasci-culata der Nebennierenrinde und regt dort die Produktion des Kortisols an. Die Menge des im Blut zirkulierenden Kortisols wird im Sinne einer Rückkoppelung gemessen und im Hypothalamus mit dem Soll-Wert verglichen

Bei Infektionskrankheiten ist Glukokortikoidmedikation nicht ungefährlich. Die Symptome der Krankheit, z.B. Entzündungen etc., verschwinden zwar, aber es kann zur Ausbreitung der Bakterien im Körper kommen. Dies entzieht sich durch den Wegfall der Symptome aber einer Diagnose, so daß die Gabe von Antibiotika unter Umständen zu spät einsetzt.

Mineralokortikoide

In der Zona glomerulosa der NNR werden die Mineralokortikoide gebildet. Das wichtigste Mineralokortikoid ist das **Aldosteron**. Wie die anderen NNR-Hormone gehört auch das Aldosteron zu den Steroidhormonen. Mineralokortikoide, v.a. aber das Aldosteron, sind an der Regulation des Elektrolyt- und Wasserhaushaltes beteiligt. Die primäre Wirkung des Aldosterons besteht in einer **Erhöhung der Natriumrückresorption** in der

Niere (s. 11.3.4). Unter der Wirkung des Aldosterons kommt es zur Bildung von Enzymen, die verantwortlich sind für den ATP-abhängigen Natriumtransport. Mit dem transportierten Natrium wird gleichzeitig Wasser rückresorbiert, das dem Natrium passiv folgt unter Einhaltung der Isotonizität (d.h. des gleichen osmotischen Drucks). Gleichzeitig kommt es zu einer Förderung der Kalium-(K^+)- und Wasserstoff(H^+)-Ionenausscheidung und damit zur Ansäuerung des Harns.

Regulation der Aldosteronkonzentration im Blut: Die Aldosteronsekretion kann über verschiedene Wege beeinflußt bzw. reguliert werden. Von wesentlicher Bedeutung sind jedoch 2 Stimuli:

● Natriummangel,
● Abnahme des Blutvolumens.

Bei Natriummangel und Abnahme der Nierendurchblutung (z.B. nach Blutverlust) wird in den juxtaglomerulären Zellen der Niere (s. Kap. 11) Renin freigesetzt. Das Renin wirkt auf das bereits im Blut vorhandene Angiotensinogen und wandelt es in Angiotensin I um. Unter der Wirkung des ebenfalls im Blut vorhandenen „Konvertierungsenzyms" (converting enzyme) wird Angiotensin I in Angiotensin II umgewandelt. Dies ist auf der einen Seite die stärkste blutdrucksteigernde Substanz des Körpers, auf der anderen Seite bewirkt Angiotensin II in der Nebennierenrinde die Freisetzung des Mineralokortikoids Aldosteron. Auf dem Blutweg gelangt das Aldosteron in die Niere, wo es eine Erhöhung der Natriumrückresorption in Gang setzt. Dem rückresorbierten Natrium folgt Wasser passiv nach, so daß damit auch eine Vergrößerung des Blutvolumens einhergeht. Auf diese Art kann also bei Blutverlust ein Volumenersatz durchgeführt wie auch ein Natriummangel ausgeglichen werden.

Androgene
In der Zona reticularis werden Androgene produziert. Dies sind ebenfalls Kortikoide, die zu den Steroiden gehören. Sie haben vermännlichende Wirkung und kommen sowohl beim Mann wie auch bei der Frau vor. Unter physiologischen Bedingungen sind diese NNR-Androgene jedoch von untergeordneter funktioneller Bedeutung. Erst unter pathologischen Verhältnissen können sie eine größe-

re Bedeutung erlangen (s. adrenogenitales Syndrom, Abb. 12.18).

Störungen der Funktion der Nebennierenrinde

NNR-Insuffizienz (Unterfunktion der NNR)
Wie bei den anderen Hormondrüsen können auch bei der Nebennierenrinde 2 Formen der Funktionsstörung unterschieden werden: Unter- und Überfunktion.
Die Unterfunktion wird auch als NNR-Insuffizienz bezeichnet. Es wird zwischen einer primären und einer sekundären NNR-Insuffizienz unterschieden:
Primär wird sie genannt, wenn die NNR selber geschädigt ist oder unterfunktioniert. Sekundär ist die NNR-Insuffizienz, wenn zu wenig ACTH abgesondert wird. Das bedeutet, daß die sekundäre Wirkung des ACTH-Mangels dann ein NNR-Hormonmangel (Insuffizienz) ist. Ein absoluter Mangel an NNR-Hormonen ist tödlich. Da sich eine solche Mangelsituation jedoch meist langsam entwickelt, kann bei rechtzeitiger Diagnose eine entsprechende Hormontherapie einsetzen.
Die primäre Form der NNR-Insuffizienz wird als **Morbus Addison** (Addison-Krankheit) bezeichnet. Sie wird als solche erkannt, wenn mindestens 90% des NNR-Gewebes zerstört oder funktionsunfähig sind. Bei der Addison-Krankheit sind sowohl Glukokortikoide als auch Mineralokortikoide betroffen.
Da bei der sekundären NNR-Insuffizienz die Ursache im ACTH-Mangel liegt, die Mineralokortikoide jedoch nur unwesentlich durch ACTH stimuliert werden, treten in diesem Fall in der Regel keine Mineralokortikoidmangelerscheinungen auf. Unter einer sich entwickelnden NNR-Insuffizienz kommt es zu Müdigkeit, Schwäche, Erbrechen, Muskelkrämpfen, psychischen Störungen, verstärkter Pigmentation von Haut und Schleimhaut, Azidose, Tachykardie, Hypotonie etc.

NNR-Überfunktion
Die Überfunktion der NNR hat ebenfalls ein typisches klinisches Bild zur Folge, das als **Cushing-Syndrom** bezeichnet wird (Abb. 12.17). Dieses Krankheitsbild ist die Folge einer überhöhten Produktion von Glukokortikoiden, besonders des Kortisols. Charakteristisch für das Cushing-Syndrom sind

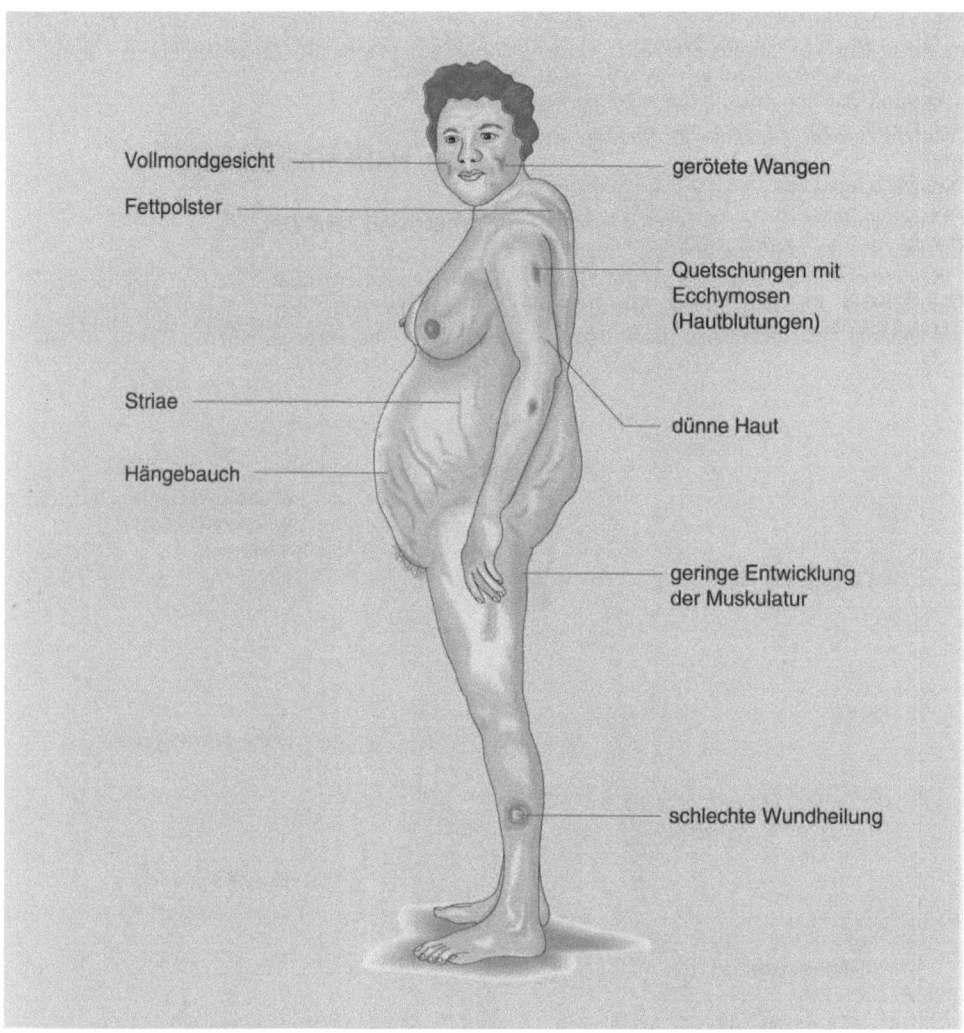

Vollmondgesicht

Fettpolster

gerötete Wangen

Quetschungen mit
Ecchymosen
(Hautblutungen)

Striae

dünne Haut

Hängebauch

geringe Entwicklung
der Muskulatur

schlechte Wundheilung

Abb. 12.17. Typische Cushing-Syndrom-Patientin.
Die dargestellten Veränderungen entstehen durch zu

hohe Mengen an zirkulierenden Glukokortikoiden
(primär durch Kortisol)

ein ausdrucksloses Vollmondgesicht, Stammfettsucht (d.h. starke Fettpolster an Rumpf
und Kopf bei relativ dünnen oder normalen
Extremitäten), Striae in der Bauch- und Hüft-
gegend (Brüche des Bindegewebes in der
Unterhaut), geringe Entwicklung der Muskulatur etc.
Als Ausdruck einer starken Kortisolwirkung
kommt es zu übermäßigem Proteinabbau und
zum Abbau der Knochenmatrix, aus dem
vielfach eine Osteoporose resultiert. Als Auswirkung des Proteinabbaus ist mit dem Cushing-Syndrom in der Regel auch eine schlechte Wundheilung verbunden.

Adrenogenitales Syndrom
Infolge von angeborener oder erworbener
Störung der Glukokortikoidproduktion in der
Zona fasciculata gelangt zu wenig Kortisol
ins Blut, so daß die Hypophyse konstant
ACTH in großen Mengen ausschüttet. ACTH
hat normalerweise die Funktion, sowohl die
Zona fasciculata zur Bildung von Glukokorti-
koiden anzuregen wie auch die Zona reticula-
ris zur Bildung von Androgenen. Dabei wird
die Androgenbildung also auch durch die
Menge des zirkulierenden freien Kortisols re-
guliert (hoher Kortisolspiegel → geringe
ACTH-Ausschüttung und umgekehrt). Da

aber durch die Unterfunktion der Zona fasciculata kein Kortisol produziert wird, verursacht die große Menge an ACTH eine Überfunktion der Zona reticularis, so daß es zur Bildung großer Mengen an Androgenen kommt.

Bei Mädchen führt dies schließlich zu Virilismus (Vermännlichung des äußeren Genitale, männliche Behaarung/Hirsutismus, männlicher Körperbau etc.; Abb. 12.18). Bei Knaben kommt es zur vorzeitigen Ausbildung der sekundären Geschlechtsmerkmale und ei-

ner Überentwicklung des äußeren Genitale ohne entsprechende Entwicklung der Keimdrüsen.

12.7.3 Nebennierenmark

Entstehung und Bau

Das Nebennierenmark ist entwicklungsgeschichtlich aus dem Ektoderm (äußeres Keimblatt) hervorgegangen und steht in en-

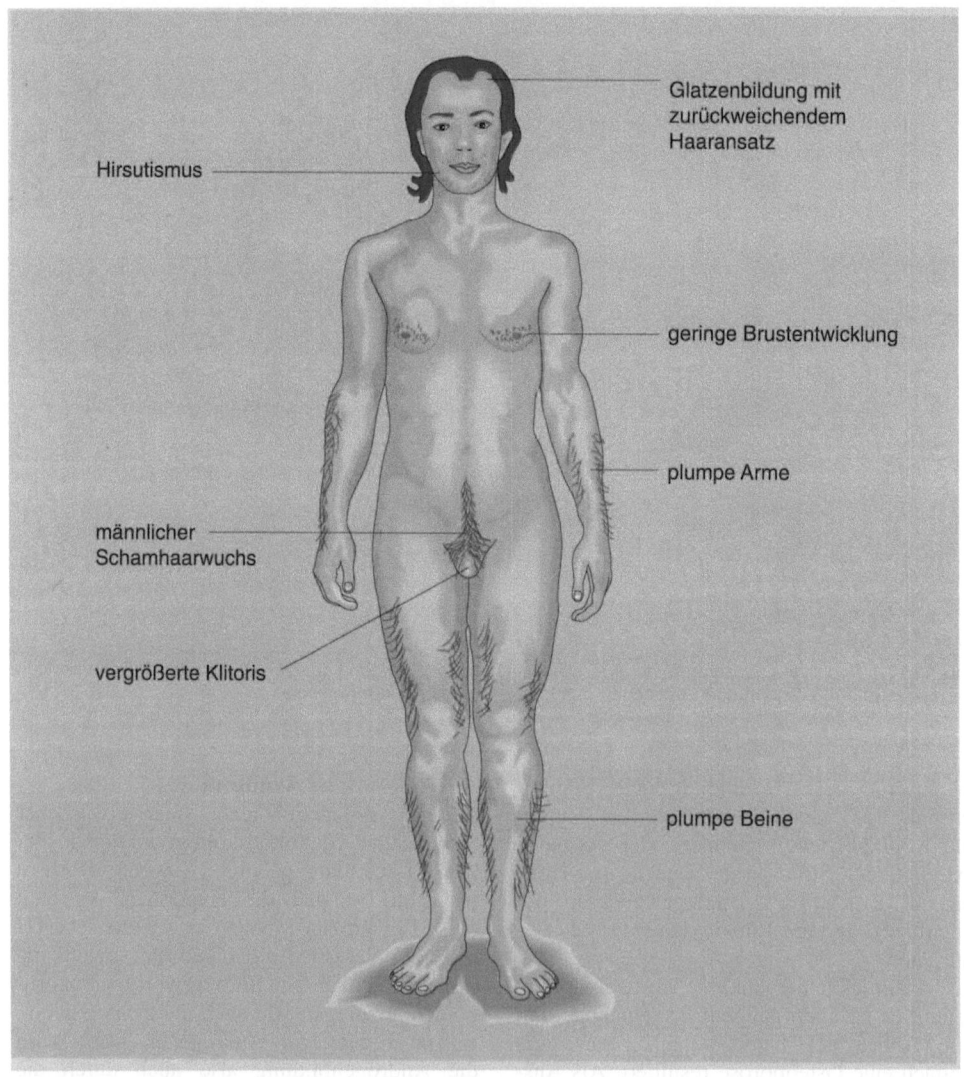

Abb. 12.18. Bild einer Patientin mit adrenogenitalem Syndrom. Durch die großen Mengen an Androgenen aus der Zona reticularis der Nebennierenrinde kommt es zu Vermännlichung (Virilismus) mit starker Behaarung (Hirsutismus) und männlicher Statur

ger Beziehung zum sympathischen Nervensystem. Die Zellen des Marks lassen sich mit Chromsalzen anfärben. Deshalb werden sie als chromaffine (phäochrome) Zellen bezeichnet. Mit spezifischen Färbungen kann man 2 verschiedene Zelltypen unterscheiden, denen die Hormone Adrenalin und Noradrenalin zugeordnet sind. Diese Zellen werden als modifizierte Sympathikuszellen aufgefaßt. Sie werden mit Fasern des Sympathikus versorgt, deren Reizung eine Hormonausschüttung bewirkt.

Die beiden Hormone Adrenalin und Noradrenalin werden zu einer Stoffgruppe gerechnet, die man als **Katecholamine** bezeichnet, die ihrerseits zu den Aminosäurederivaten gehören. Sie leiten sich durch entsprechenden Umbau von der Aminosäure Tyrosin ab. Adrenalin hat eine Methylgruppe (CH_3) mehr als Noradrenalin.

Biologische Wirkungen der Hormone Adrenalin und Noradrenalin

Beide Hormone beeinflussen in erster Linie das Herz-Kreislauf-System (s. Abb. 12.19). **Adrenalin** hat eine positive Wirkung auf das Herzzeitvolumen. **Noradrenalin** hingegen erhöht hauptsächlich den peripheren Gefäßwiderstand. Somit steigert es auch den systolischen und diastolischen Blutdruck.

Darüber hinaus hat Adrenalin eine größere Wirkung auf den Stoffwechsel; es ist in der Lage, durch Mobilisierung des Glykogens aus der Leber die Blutglukosekonzentration zu erhöhen.

Allgemein beeinflußt Adrenalin die Mechanismen, die eine erhöhte Leistung des Körpers ermöglichen (Abb. 12.19).

Steuerung der Hormonabgabe

Die Menge des abgegebenen Hormons wird praktisch nur auf nervösem Weg gesteuert. Unter Ruhebedingungen ist die Sekretionsrate gering; bei physischen und psychischen Belastungen steigt sie jedoch an. Gesteigerte NNM-Sekretion kommt in Streßsituationen vor und ist als Alarmbereitschaft zu interpretieren, da die erhöhte Ausschüttung nicht nur Energiereserven mobilisiert, sondern auch zu erhöhter Aktivität des Gehirns führt. Sehr hohe Adrenalinausschüttung verursacht außer-

dem Angstgefühl. Da die beiden Substanzen Adrenalin und Noradrenalin auch an anderen Orten des Körpers gebildet werden (als Transmittersubstanzen an den Nervenendigungen des sympathischen Nervensystems sowie in den Paraganglien), ist eine Unterfunktion praktisch nicht nachweisbar. Überfunktion kommt zur Hauptsache als Folge von Tumoren vor (sog. Phäochromozytom). Diese Tumoren selbst sind harmlos, jedoch ihre Auswirkung kann lebensbedrohend sein, da sie eine sehr starke Erhöhung des Blutdrucks bewirken.

12.8 Endokrines Pankreas[17]

Die Zellen des endokrinen Pankreas sind während der Entwicklung aus dem exokrinen Pankreas hervorgegangen und liegen in Gruppen über das ganze Pankreas verstreut. Im histologischen Schnitt sieht das aus wie Gewebsinseln zwischen den exokrinen Zellen. Deshalb wird die Gesamtheit aller dieser 1–2 Millionen Inseln als **Inselorgan** bezeichnet. Nach ihrem Entdecker werden diese Inseln auch **Langerhans-Inseln** genannt. Im Schwanzteil der Bauchspeicheldrüse liegen die meisten Inseln, im Korpus weniger und im Kopf schließlich die wenigsten (Abb. 12.20).

12.8.1 Hormone des endokrinen Pankreas

Mit entsprechenden Methoden lassen sich 2 verschiedene Zelltypen in den Inseln unterscheiden: die a-Zellen und die β-Zellen (Abb. 12.20).

Die **a-Zellen** machen 20% der Inselzellen aus; sie produzieren das Hormon **Glukagon**.

Die **β-Zellen** machen 80% der Zellen aus; sie produzieren das Hormon **Insulin**.

---

[17] Das Pankreas (Bauchspeicheldrüse) ist eine Drüse mit äußerer und innerer Sekretion.
Das endokrine Pankreas hat eine innere Sekretion → Insulin und Glukagon.
Das exokrine Pankreas hat eine äußere Sekretion → Verdauungsenzyme (s. Kap. 10 Verdauungsapparat).

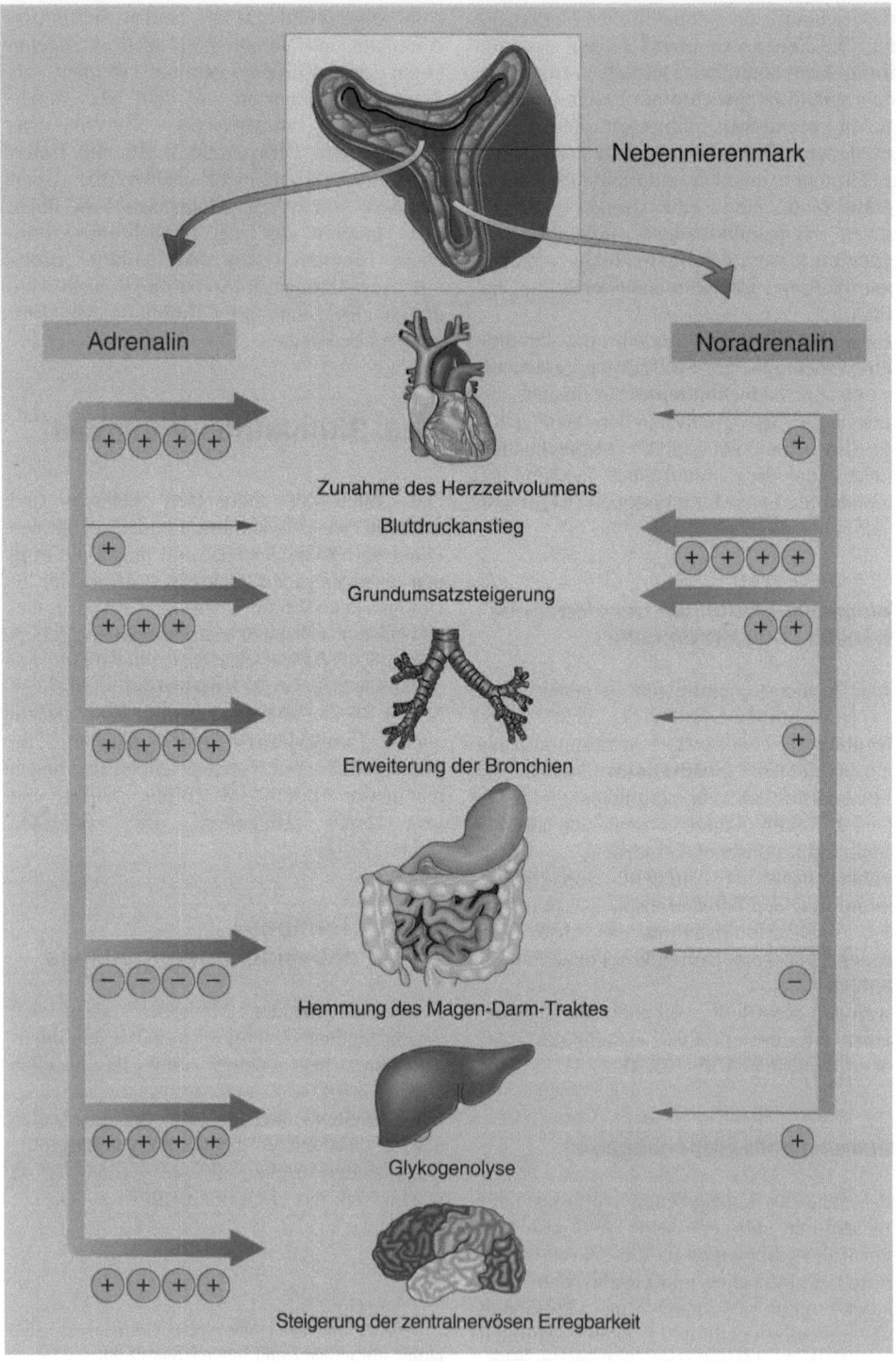

Abb. 12.19. Vergleich und Darstellung der wichtigsten Wirkungen von Adrenalin und Noradrenalin aus dem Nebennierenmark. Prinzipiell kommt es unter der Wirkung dieser Hormone zu einer Leistungssteigerung. Bei Adrenalin ist es eine allgemeine Leistungsteigerung in den meisten Organen, bei Noradrenalin steht v. a. der Blutdruckanstieg im Vordergrund

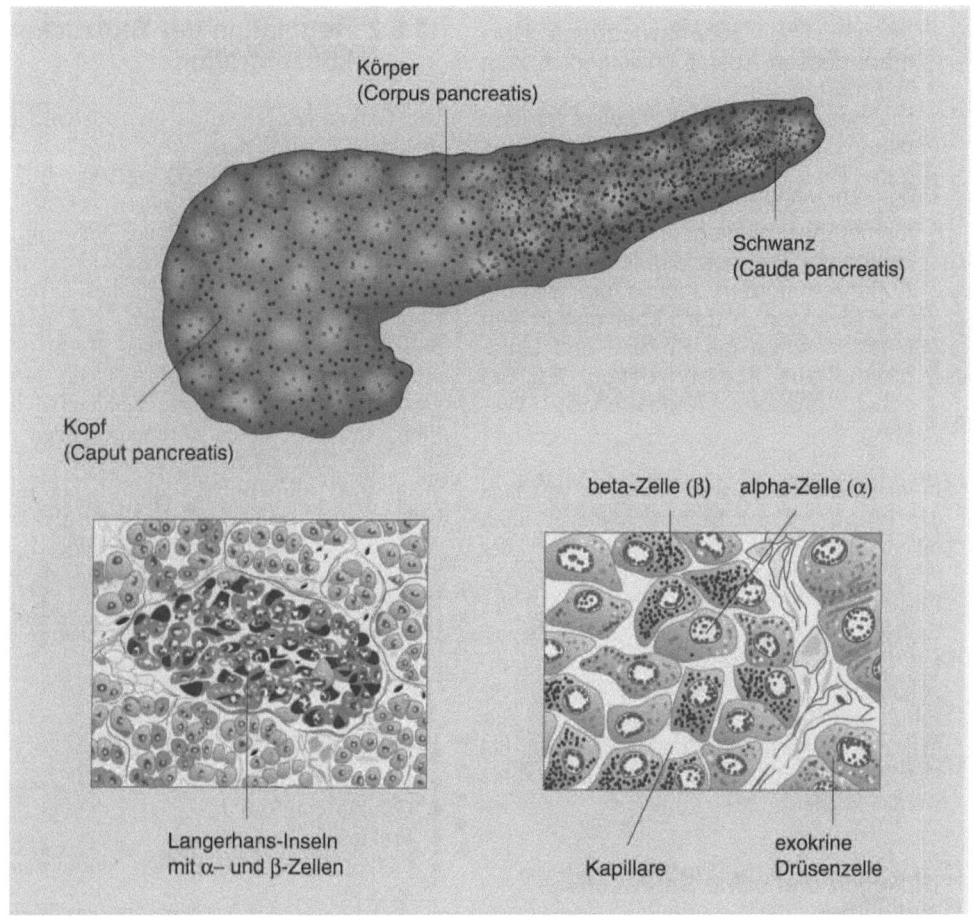

Abb. 12.20. Bauchspeicheldrüse (Pankreas) mit Kopf, Körper und Schwanz. Die *schwarzen* Punkte auf der Oberfläche der Bauchspeicheldrüse sollen die ungefähre Verteilung der Langerhans-Inseln andeuten, im Schwanzteil ist ihre Anzahl am größten.

Unten links ist eine Langerhans-Insel innerhalb des Gewebes der exokrinen Bauchspeicheldrüse gezeichnet, *unten rechts* sind die beiden Zelltypen des endokrinen Pankreas zu sehen; die α-Zellen produzieren Glukagon, die β-Zellen produzieren Insulin

Insulin und seine Stoffwechselwirkungen

Insulin ist ein Polypeptid, das aus 51 Aminosäuren zusammengesetzt ist; diese wiederum sind in 2 Peptidketten miteinander verbunden. Die Insuline verschiedener Tierarten unterscheiden sich nur geringfügig. Sie sind in ihrer biologischen Wirkung auch für den Menschen brauchbar (Rind und Schwein). Dies ist die Grundlage für die Herstellung großer Mengen von tierischem Insulin zu therapeutischen Zwecken. Heute ist es auch möglich, mit gentechnisch veränderten Bakterien ein humanes (menschliches) Insulin produzieren zu lassen. Obwohl es einen – mit dem menschlichen Insulin – identischen Aufbau aufweist, muß es viel genauer dosiert werden als tierisches Insulin, da die Gefahr einer rasch – ohne Vorwarnung – auftretenden Hypoglykämie (d.h. stark herabgesetzter Zuckergehalt des Blutes) besteht.

Unabhängig von der Hormonwirkung kann jedoch durch das tierische Insulin eine allergische Reaktion hervorgerufen werden. Bei Unverträglichkeit des Schweineinsulins kann meist das Rinderinsulin eingesetzt werden und umgekehrt.

Insulin ist ein **lebenswichtiges Hormon**, dessen Ausfall unweigerlich zum Tod führt.
Die Hauptaufgabe des Insulins besteht darin, die Glukoseverwertung zu steigern. Dies geschieht durch Förderung des Glukosetransports über die Zellmembranen hinweg und durch Stimulierung der Glukoseoxidation.
Außerdem fördert Insulin die Bildung von Glykogen in der Leber und in den Muskeln sowie die Protein- und Lipidbildung aus Kohlenhydraten. Es hat somit anabole (aufbauende) Wirkung.[18]

In ihrer Gesamtheit haben alle diese Vorgänge den Effekt, daß der Blutzuckerspiegel sinkt, indem Glukose entweder abgebaut wird oder in die entsprechenden Depots eingebaut wird. Eine weitere Wirkung ist die Förderung des Einbaus von freien Fettsäuren in das Depotfett. Insulin wirkt also dem Fettabbau (antilipolytische Wirkung) und damit auch gleichzeitig der Bildung von Ketonkörpern entgegen (z.B. Azetoazetat und Azeton, die bei Diabetikern mit der Atemluft ausgeatmet werden können).

Glukagon und seine Stoffwechselwirkungen

Das in den a-Zellen des Inselorgans produzierte Glukagon ist ebenfalls ein Polypeptidhormon. Es besteht aus einer Kette von 29 Aminosäuren. Glukagon kann als **Antagonist des Insulins** angesehen werden, da es den Glykogenabbau fördert und damit den Blutzuckerspiegel erhöht. Im Gegensatz zu Adrenalin, das u.a. den Abbau von Leber- und Muskelglykogen bewirkt, fördert Glukagon lediglich den Abbau des Leberglykogens. Auf den Fettstoffwechsel wirkt Glukagon im Sinne einer Förderung der Fettsäureoxidation, also fettspaltend (lipolytisch).

---

[18] Anabolie: Aufbauphase des Stoffwechsels; Metabolie: Umbauphase des Stoffwechsels; Katabolie: Abbauphase des Stoffwechsels.

12.8.2 Regulation der Blutzuckerkonzentration

Die Glukosekonzentration im Blut wird normalerweise auf einem Wert zwischen 3,33 und 5,55 mmol/l (60–100 mg/100 ml) konstant gehalten. Obwohl durch wechselnde Kohlenhydrataufnahme mit der Nahrung und Veränderungen der Glukoseoxidationsrate, die bei Arbeit um ein Vielfaches ansteigen kann, ständig Abweichungen von diesem Soll-Wert auftreten, ist das Regelsystem meist in der Lage, dies sofort wieder auszugleichen. Nur eine massive Kohlenhydratzufuhr kann u.U. einen vorübergehenden Anstieg des Blutzuckerspiegels bewirken. Dies nennt man **alimentäre** (durch Lebensmittel bedingt) oder **postprandiale Hyperglykämie** (d.h. nach Nahrungsaufnahme auftretend).
Die Blutglukosekonzentration kann als eine Resultante aus glukoseliefernden und -verbrauchenden Vorgängen im Organismus aufgefaßt werden.
Glukoseliefernde Prozesse:

- Glukosezufuhr (mit der Nahrung),
- Glykogenabbau,
- Galaktoseumbau,
- Fruktoseumbau,
- Glukoneogenese (z.B. aus Aminosäuren etc.).

Glukoseverbrauchende Prozesse:

- Glukoseoxidation,
- Glykogenaufbau,
- Fettbildung.

Durch Aktivierung oder Hemmung der einzelnen, vorwiegend hormonell gesteuerten Vorgänge wird das System auf dem vorgegebenen Soll-Wert des Blutzuckerspiegels konstant gehalten. Eine wesentliche Funktion bei dieser Regulation hat das Insulin. Steigt die Glukosekonzentration im Blut (z.B. nach Nahrungsaufnahme), so wird Insulin in verstärktem Maße sezerniert und damit der Blutzuckerwert wieder gesenkt. Daneben sind aber auch Adrenalin, Glukagon und Somatotropin (STH) an der Blutzuckerregulation beteiligt. Diese 3 Antagonisten des Insulins werden vermehrt freigesetzt, wenn die Glukosekonzentration unter den Normalwert absinkt. Dadurch wird ein Konzentrationsanstieg eingeleitet. Die Ausschüttung dieser 3 Hormone erfolgt unter der Kontrolle des Hypothalamus, in dem die Höhe des Glukosespiegels von sog. Glukostaten (glukoseempfindlichen Zellen) gemessen wird. Kortisol und Thyroxin sind offensichtlich an der Regulation nicht beteiligt.

Hypoglykämien

> Unter Hypoglykämie versteht man den stark herabgesetzten Zuckergehalt des Blutes (Blutzuckerspiegel<3,33 mmol/l).

Es wird dabei unterschieden zwischen exogenen und endogenen Hypoglykämien. **Exogene Hypoglykämien** können durch unsachgemäße Medikationen auftreten (zu hohe Dosen von Insulin oder oralen Antidiabetika) sowie nach exzessivem Alkoholgenuß durch Hemmung der Glukoneogenese.
Den **endogenen Hypoglykämien** liegen verschiedene Ursachen zugrunde: z.B. insulinbildende Inselzelltumoren, schwere Lebererkrankungen mit Glukosebildungsstörungen, angeborene Stoffwechselerkrankungen mit Störung der glykolytischen Enzyme etc.
Rascher Blutzuckerabfall führt infolge sympathischer Gegenregulation (Adrenalinausschüttung) zu Unruhe, Angstgefühl, Übelkeit, Zittern und Schwitzen. Hinzu kommen zentralnervöse Symptome wie Verwirrtheit, Sprach- und Sehstörungen. Sehr niedrige Blutzuckerwerte schließlich führen zu **hypoglykämischem Schock** (Koma). Dies kommt meist infolge von Insulinüberdosierung vor.

Hyperglykämien

> Unter Hyperglykämie versteht man den erhöhten Zuckergehalt des Blutes.

Die wichtigste Ursache für eine Hyperglykämie ist der Diabetes mellitus (Zuckerkrankheit); er stellt gleichzeitig die häufigste Stoffwechselerkrankung dar (2–3% der Bevölkerung). Die Ursache des Diabetes mellitus ist ein relativer oder absoluter **Insulinmangel**. Dadurch kommt es zu charakteristischen Störungen des Kohlenhydrat-, Fett- und Eiweißstoffwechsels. Im Vordergrund stehen dabei allerdings die Störungen der Glukoseverwertung mit den daraus resultierenden Folgen.

Eine der wichtigsten Spätfolgen von Diabetes mellitus ist die **Mikroangiopathie**. Das ist eine krankhafte Veränderung der kleinen und kleinsten Gefäße. Durch Mikroangiopathien können an verschiedenen Orten wie in der Netzhaut des Auges, dem Innenohr, der Niere schwere Störungen auftreten, die zu Blindheit, Taubheit, Proteinverlust etc. führen.
Aufgrund der Abhängigkeit von Insulin wird unterschieden zwischen Diabetes vom Typ I (insulinabhängig) und Diabetes vom Typ II (von Insulin nicht abhängig).

12.9 Zirbeldrüse (Corpus pineale, Epiphyse)

12.9.1 Die Epiphyse und ihre Zelltypen

Am Dach des 3. Ventrikels befindet sich eine pinienzapfenartige Ausstülpung, die Zirbeldrüse. Das organspezifische Gewebe (Parenchym) der Zirbeldrüse besteht aus den Zirbeldrüsenzellen (Pinealozyten) und den Zwischenzellen (interstitielle Zellen). Die interstitiellen Zellen sind wahrscheinlich umgewandelte Gliazellen (Astrozyten, s. Kap. 5 Nervensystem). Die Pinealozyten bilden strang- und kugelförmige Zellgruppen, die von den interstitiellen Zellen umgeben sind. Pinealozyten sind über lange Zellausläufer mit den Blutgefäßen verbunden. Sie sind die Produzenten des Melatonins.

12.9.2 Wirkungen des Melatonins

Bei Amphibien stellt das Melatonin den Antagonisten des MSH (Melanozyten-stimulierendes Hormon) dar. Es veranlaßt die Melanozyten zum Zurückziehen ihrer Zellausläufer, dadurch wird die Haut der Tiere heller. Bei Säugetieren und im besonderen beim Menschen hat die Zirbeldrüse mit ihrem Hormon Melatonin die Aufgabe, Tagesrhythmen zu steuern (biologische Uhr). Bei Dunkelheit wird viel Melatonin produziert, bei Tageslicht sehr wenig. Die Rezeptoren für die Lichtempfindlichkeit sind die Photorezeptoren der Netzhaut (s. Kap. 16 Sinnesorgane). Es konnte gezeigt werden, daß Melatonin in der Lage ist, die Probleme der raschen Zeitverschiebung (jet lag), wie sie bei Langstrecken-flügen auftreten, zu mildern bzw. in kürzester Zeit vollständig zu beheben.

Darüber hinaus übt Melatonin einen hemmenden Einfluß auf die Entwicklung der Keimdrüsen aus. Dies wird deutlich an jugendlichen Patienten mit einer durch Tumor zerstörten Epiphyse, die eine verfrühte (Pubertas praecox) und stärkere Entwicklung der Keimdrüsen und des äußeren Genitales aufweisen. Wegen der vielen möglichen und wahrscheinlich noch größtenteils unbekannten Wirkungen ist von einer Einnahme von Melatoninpräparaten, wie sie heute in USA und als Resultat diverser Fernsehberichte auch in Europa in Mode gekommen ist, jedoch sehr abzuraten.

12.10 Zusammenfassung Endokrinologie

Definitionen
Endokrinologie ist die Lehre der inneren Sekretion. Endokrine Drüsen sind Drüsen ohne Ausführgang, die ihre Wirkstoffe über das Interstitium an das Blut abgeben.
Hormone sind Regulationsstoffe, die in den endokrinen Drüsen hergestellt werden. Sie gelangen über die Blutbahn an ein oder mehrere Erfolgsorgane und beeinflussen deren Stoffwechsel in charakteristischer Weise.

Einteilungsmöglichkeiten
- Aufgrund der **chemischen Struktur** der verschiedenen Hormone unterscheiden wir: Steroidhormone, Aminosäurederivate, Proteo- und Peptidhormone:

  Steroidhormone: Dazu gehören die Geschlechtshormone und die Nebennierenrindenhormone. Sie besitzen einen Steranring als Grundstruktur (wie Cholesterin, Vitamin D und die Gallensäuren).

  Aminosäurederivate: Sie leiten sich von Aminosäuren ab; Beispiel: Adrenalin, Schilddrüsenhormon.

  Proteo- und Peptidhormone: Sie bestehen aus wenigen bis sehr vielen Aminosäuren. Dazu gehören u.a. die Hypophysenhormone, die Releasingfaktoren, Parathormon, Insulin und Glukagon.

- Aufgrund ihres **Entstehungsortes** und ihrer hierarchischen Strukturierung kann ein Teil der Hormone eingeteilt werden in: Releasingfaktoren oder Liberine, glandotrope Hormone, oder effektorische Hormone, Gewebshormone:

  Releasingfaktoren oder **Liberine:** Das sind hypothalamische Wirkstoffe, die auf die untergeordnete Adenohypophyse wirken und diese zur Sekretion von glandotropen oder effektorischen Hormonen veranlassen.

  Glandotrope Hormone (z.B. die Schilddrüse stimulierendes Hormon): Sie wirken auf periphere Drüsen (Glandulae) und veranlassen diese zur Produktion von effektorischen Hormonen (z.B. T_3 und T_4), die den Stoffwechsel der Zielorgane beeinflussen.

  Gewebshormone: Das ist eine Gruppe von Hormonen, die in den einzelnen Geweben gebildet werden, meist in diffus verteilten hormonproduzierenden Zellen. Beispiel sind die gastrointestinalen Hormone, z.B. Gastrin und Sekretin (s. auch Kap. 10 Verdauungsapparat).

Regulation der Hormone

Die Regulation eines Teils der Hormone geschieht über einen 3stufigen Regulationsmechanismus:

An der Spitze steht der **Hypothalamus** mit seinen Releasingfaktoren, die in der **Adenohypophyse** die Freisetzung von glandotropen Hormonen bewirken, die ihrerseits auf eine **periphere Drüse** wirken, die dann ein effektorisches Hormon produziert.

Damit Hormone nicht zu hohe Konzentrationen erreichen und ihre Wirkung begrenzt werden kann, kommt es vielfach zur Hormoninaktivierung im Erfolgsorgan oder zum Abbau in der Leber.

Wirkungsmechanismen der Hormone

Es werden 3 Wirkungsmechanismen unterschieden:

Permeabilitätsänderungen, Enzymaktivierung, Genaktivierung.

Hormone wirken nur an den „Zielorganen", weil diese mit spezifischen Hormonrezeptoren ausgestattet sind.

Permissive Wirkung: Dies bedeutet, daß als Vorbedingung für die Wirkung verschiedener Hormone die vorausgegangene Einwirkung eines zweiten Hormons nötig ist.

Hypothalamus und Hypophyse:

Im **Hypothalamus** unterscheidet man einen markreichen Teil mit vielen Nervenfasern und einen markarmen Teil mit vielen Kerngebieten. Im markarmen Teil sind diverse vegetative Regulationszentren vorhanden (s. Kap. 5 Nervensystem).

Der Nucleus supraopticus und der Nucleus paraventricularis sind über Nervenbahnen mit der Neurohypophyse (Hypophysenhinterlappen) verbunden. In den beiden Kerngebieten wird Oxytozin und ADH (antidiuretisches Hormon) gebildet, über Axone transportiert und in der Neurohypophyse bei Bedarf freigesetzt:

- **Oxytozin** wirkt bei der schwangeren Frau auf die Uterusmuskulatur und leitet damit die Wehen ein. In der laktierenden Brustdrüse wirkt es kontrahierend auf die Myoepithelien, die damit zur Milchaustreibung veranlaßt werden.

- **ADH** wirkt u.a. auf die Sammelrohre der Niere (s. Kap. 11) und bewirkt eine Permeabilität für Wasser, das damit unter dem vorhandenen hohen osmotischen Gradienten ins Nierenmark strömen kann und so dem Körper erhalten bleibt. Wenn zu wenig ADH gebildet oder abgegeben wird, kommt es zu Diabetes insipidus (Wasserharnruhr) mit Wasserabgabe bis 20 l pro Tag.

Die **Hypophyse** entsteht während der Entwicklung als Ausstülpung des Rachendaches und als Ausstülpung des III. Ventrikels (s. Kap. 5 Nervensystem). Beide Teile treffen sich und bilden die Adenohypophyse (aus dem Rachendach) und die Neurohypophyse (aus dem Boden des Dienzephalon). Zwischen beiden liegt die Pars intermedia. Die Hypophyse liegt in der Hypophysengrube auf dem Türkensattel. Sie wiegt ca. 0,6 g.

Über einen Portalkreislauf (ähnlich wie bei der Leber) ist der markarme Hypothalamus mit der Adenohypophyse verbunden. Aus den Kerngebieten des Nucleus ventromedialis, dorsomedialis und infundibularis gelangen Releasingfaktoren auf dem

Blutweg in die Adenohypophyse, die dadurch zur Bildung glandotroper und effekto-
rischer Hormone angeregt wird.

- Glandotrope Hormone der Hypophyse:
  TSH (schilddrüsenstimulierendes Hormon),
  ACTH (adrenokortikotropes Hormon) sowie
  FSH (follikelstimulierendes Hormon) und
  LH (luteinisierendes Hormon).
  Die beiden letzteren werden auch als **gonadotrope** Hormone bezeichnet, da
  sie auf die Gonaden (Hoden und Eierstock) wirken (s. auch Kap. 13 Ge-
  schlechtsapparat).

- Effektorisches Hormon: Aus der Pars intermedia der Hypophyse stammt das
  MSH (melanozytenstimulierendes Hormon), das beim Menschen nur untergeordnete Bedeutung hat. Zusammen mit **STH** (somatotropes Hormon) und **Prolaktin** wird es als effektorisches Hormon bezeichnet.

- **STH** (somatotropes Hormon) hat eine anabole Wirkung. Es fördert die Proteinsynthese, hemmt die Glukoseverwertung und führt zum Abbau von Depotfett.
  STH fördert den Knochenaufbau. STH-Überschuß führt beim Kind und Jugendlichen zu Gigantismus, da die Epiphysenfugen der Röhrenknochen noch nicht
  geschlossen sind. Beim Erwachsenen führt es zu Akromegalie. STH-Mangel
  während der Wachstumsperiode führt zu hypophysärem Zwergwuchs.

Schilddrüse
Bau und Lage:
Die Schilddrüse (Glandula thyroidea) besteht aus einem linken und einem rechten
Lappen, die miteinander über den Isthmus verbunden sind. Sie liegt auf beiden
Seiten der Trachea (2.–4. Trachealknorpel). Ein fakultativer Pyramidenlappen (Lo-
bus pyramidalis) entsteht durch eine mangelhafte Rückbildung des Ductus thyro-
glossus, der vom Foramen caecum der Zunge ausgehend die Entwicklung der
Schilddrüse markiert.

Hormone der Schilddrüse:
Das Drüsengewebe besteht aus Follikeln, die mit Kolloid gefüllt sind. Im Kolloid
sind die Hormone T_3 und T_4 an Thyroglobulin (ein Protein) gebunden. Bei Bedarf
können sie davon abgespalten werden und gelangen dann in die Blutbahn.

T_3 enthält pro Molekül 3 Atome Jod, T_4 enthält 4 Atome Jod. Die Bildung beider ist
von einer ausreichenden Jodzufuhr mit der Nahrung oder dem Wasser abhängig.
98% des Jods im Körper werden in die Schilddrüse mit der Jodidpumpe transportiert. T_3 hat eine stärkere, T_4 eine längere Wirkung zur Folge.

T_3 und T_4 bewirken eine Beschleunigung aller oxidativen Stoffwechselvorgänge.
Dies führt zu einer Steigerung des Energiebedarfs und des Grundumsatzes. Davon sind Proteine, Fette und Kohlenhydrate gleichermaßen betroffen.

Die Regulation des Blutspiegels von T_3 und T_4 geschieht im Sinne der klassi-
schen, hierarchisch gegliederten Pyramide (Hypothalamus, Hypophyse, periphere
Drüse).

Hypothyreose:

Unterfunktion der Schilddrüse (Hypothyreose) tritt in 3 Formen auf:
- endemischer Kretinismus (wegen der Jodierung von Kochsalz heute selten),
- sporadischer Kretinismus (Fehlen der Schilddrüse) und
- Myxödem (kann durch Gabe von T_3 und T_4 geheilt werden).

Hyperthyreose:

Überfunktion (Hyperthyreose) führt u.a. zu stark erhöhtem Grundumsatz, erhöhter Herzfrequenz, Körpertemperatur, Erregbarkeit und Gedankenjagen. Wenn es zur Bildung eines von Lymphozyten produzierten Antigens (TSI) kommt, das die Schilddrüse unabhängig vom Hypothalamus-Hypophysen-Regelkreis stimuliert, kann dieses Antigen die äußeren Augenmuskeln verdicken. Die Folge davon ist ein Hervortreten der Augäpfel (Exophthalmus). Hyperthyreose mit Exophthalmus wird als **Morbus Basedow** bezeichnet.

Nebenschilddrüsen (Parathyroidea)
Lage:

Die beiden oberen und die beiden unteren Nebenschilddrüsen (Glandulae parathyroideae) sitzen auf der Rückseite der Schilddrüse, in die Faszie der Schilddrüse eingebaut. Sie produzieren das lebensnotwendige Parathormon und wiegen zusammen nur 150 mg.

Hormon der Nebenschilddrüsen:

Das **Parathormon** greift an 3 Orten ein:
- Abbau von Hydroxylapatit im Knochen (durch die Mobilisierung der Osteoklasten; dies führt zu einer Erhöhung des Kalziumspiegels);
- Hemmung der Phosphatrückresorption in der Niere (damit erhöhte Ausscheidung von Phosphat);
- Erhöhung der Kalziumresorption im Darm.

Ziel der Parathormonwirkung ist eine Erhöhung des Kalziumspiegels im Blut. C-Zellen (parafollikuläre Zellen der Schilddrüse) produzieren **Kalzitonin**, das als partieller Antagonist des Parathormons wirkt, da es über Aktivierung der Osteoblasten zum Einbau von Kalzium in die Knochen führt, aber keinen Einfluß auf die Phosphatausscheidung in der Niere hat.

Vitamin-D-Hormon

Die Bildung von Vitamin-D-Hormon wird durch Parathormon stimuliert. Vitamin-D-Hormon fördert die Aufnahme von Kalzium aus dem Darm.

Nebennieren

Die Nebennieren bestehen aus 2 funktionell und entwicklungsgeschichtlich unterschiedlichen Anteilen: Nebennierenrinde (NNR, aus dem Mesoderm) und Nebennierenmark (NNM, aus dem Nervensystem entstanden). Beide Anteile haben endokrine Funktion.

Nebennierenrinde (NNR)

Die Nebennierenrinde (NNR) besteht aus: Zona glomerulosa (Mineralokortikoide), Zona fasciculata (Glukokortikoide), Zona reticularis (Androgene).

- **Mineralokortikoide:**
  Der wichtigste Vertreter der Mineralokortikoide ist das **Aldosteron**. Es wird bei Natriummangel über das Nierenhormon Renin (mit den Zwischenstufen: Angiotensinogen, Angiotensin I, Angiotensin II) freigesetzt und bewirkt eine Erhöhung der Elektrolytrückresorption in der Niere.

- **Glukokortikoide:**
Die wichtigsten Vertreter der Glukokortikoide sind **Kortisol** und **Kortikosteron**, die im Verhältnis 7:1 im Körper vorkommen. Glukokortikoide bewirken physiologischerweise eine Vielzahl von Mechanismen; die wichtigsten sind: Förderung des Proteinabbaus und Neubildung von Blutzucker durch Umbau von Aminosäuren sowie Hemmung der Glukoseverwertung.

In therapeutischen Dosen eingesetzt, kommt es zu 2 wichtigen pharmakologischen Wirkungen: Entzündungshemmung (Herabsetzung der Leukozyteninfiltration und Stabilisierung der Zellmembranen), antiallergische Wirkung (verminderte Antikörperbildung und reduzierte Histaminfreisetzung).

- **Androgene:**
NNR-Androgene sind unter normalen Bedingungen von untergeordneter Bedeutung. Beim adrenogenitalen Syndrom (Überfunktion der NNR durch Fehlsteuerung) führen sie bei der Frau zu Virilismus (Vermännlichung) mit Hirsutismus (männliche Behaarung), männlichem Körperbau, männlicher Brustdrüse etc.

Folgen der Über- bzw. Unterfunktion:
Überfunktion der Zona fasciculata (Glukokortikoide) führt zum Cushing-Syndrom (Vollmondgesicht, Knochenabbau mit Osteoporose, Proteinabbau mit schlechter Wundheilung, Stammfettsucht, Ecchymosen, Striae in der Bauchhaut etc.).

Unterfunktion wird als NNR-Insuffizienz bezeichnet. Die primäre NNR-Insuffizienz (Morbus Addison) entsteht, wenn mindestens 90% der NNR nicht mehr funktionstüchtig oder zerstört sind. Es sind in diesem Fall Mineralo- wie auch Glukokortikoide betroffen. Bei der sekundären Form (ACTH-Mangel) sind v.a. die Glukokortikoide betroffen, da die Mineralokortikoide praktisch nicht durch ACTH stimuliert werden.

Wichtige Symptome einer sich entwickelnden NNR-Insuffizienz sind: Müdigkeit, Schwäche, Muskelkrämpfe, verstärkte Pigmentation der Haut und Schleimhaut, psychische Störungen etc.

Nebennierenmark (NNM):
Hormone: Im Nebennierenmark (NNM) werden **Noradrenalin** und **Adrenalin** produziert. Die Hormonproduktion und -abgabe wird auf nervösem Wege reguliert.

Wirkungen der Hormone:
- Adrenalin: Zunahme des Herzminutenvolumens (HMV), Erweiterung der Bronchien, Steigerung des Glykogenabbaus (zur Energieproduktion) und Steigerung der zentralnervösen Erregbarkeit.
- Noradrenalin: Erhöhung des Blutdrucks.

Unterfunktionen sind praktisch nicht bekannt, da beide Hormone auch an anderen Orten des Körpers gebildet werden, z.B. als Transmittersubstanz (Noradrenalin). Durch einen gutartigen Tumor (Phäochromozytom) können Adrenalin und Noradrenalin in lebensbedrohender Menge produziert werden.

Endokrines Pankreas (Bauchspeicheldrüse):
Die Zellen des endokrinen Pankreas sind während der Entwicklung aus den Zellen des exokrinen Pankreas (s. Kap. 10 Verdauungsapparat) hervorgegangen. Sie liegen v.a. im Schwanz der Bauchspeicheldrüse (Cauda pancreatis), in ca. 1–2 Millionen Langerhans-Inseln.

Die Langerhans-Inseln bestehen aus **glukagonproduzierenden** *α*-Zellen (20%) und **insulinproduzierenden** *β*-Zellen (80%).

Hormone und ihre Wirkungen

- Insulin steigert die Glukoseverwertung. Es fördert den Transport von Glukose in die Zellen und stimuliert die Glukoseoxidation. Außerdem fördert es die Bildung von Glykogen sowie die Synthese von Protein und Lipid aus Kohlenhydraten.
- **Glukagon** ist ein Antagonist des Insulins. Es fördert den Abbau von Glykogen in Muskulatur und Leber sowie die Fettverbrennung (Lipolyse).

Regulation der Blutzuckerkonzentration:

Die **Glukosekonzentration im Blut** wird in der Regel zwischen 3,33 und 5,55 mmol/l konstant gehalten. Daran sind glukoseverbrauchende (Glukoseoxidation, Glykogenaufbau, Fettbildung) und glukoseliefernde Mechanismen (Glukosezufuhr, Glykogenabbau, Galaktoseumbau, Fruktoseumbau, Glukoneogenese) beteiligt.

Die Aufrechterhaltung des notwendigen Glukosespiegels im Blut geschieht unter der Beteiligung von Insulin und Glukagon (diese beiden sind führend) sowie von Adrenalin und STH.

Hypoglykämien liegen bei Blutzuckerwerten unter 3,33 mmol/l vor. Man unterscheidet endogene und exogene Hypoglykämien. Endogene Hypoglykämien treten z.B. bei Inselzelltumoren auf, exogene entstehen v.a. durch Überdosierung von gespritztem Insulin.

Hyperglykämien entstehen in den meisten Fällen durch Diabetes mellitus (Zuckerkrankheit). Es handelt sich dabei um einen relativen oder absoluten Insulinmangel. Neben Störungen des Fett- und Proteinstoffwechsels kommt es v.a. zu Störungen im Kohlenhydratstoffwechsel. Dies führt u.a. als Spätfolge zu Mikroangiopathien.

Zirbeldrüse (Epiphyse, Corpus pineale)

Die Zirbeldrüse sitzt, als Ausstülpung, am Dach des 3. Hirnventrikels. Sie besteht aus Zirbeldrüsenzellen (Pinealozyten) und Zwischenzellen (interstitielle Zellen). Sie produziert das Hormon Melatonin, das bei der Regulation von Tagesrhythmen (biologische Uhr) und der Hemmung der Keimdrüsenentwicklung bis zur Pubertät wirksam ist.

13 Geschlechtsapparat und Fortpflanzung

13.1 Geschlechtsmerkmale

Die Gesamtheit der Unterscheidungsmerkmale zwischen Mann und Frau wird als Geschlechtsmerkmale bezeichnet. Man unterscheidet zwischen primären, sekundären und tertiären Geschlechtsmerkmalen:

- **Primär** werden sie genannt, wenn sie schon zum Zeitpunkt der Geburt vorhanden sind. Es handelt sich bei den primären Geschlechtsmerkmalen sowohl um die inneren (Hoden, Eierstöcke etc.) als auch die äußeren Geschlechtsorgane (Penis, Schamlippen etc.), die beim Neugeborenen schon ausgebildet sind.
- Die **sekundären** Geschlechtsmerkmale entwickeln sich erst zum Zeitpunkt der Pubertät unter der Wirkung der dann vermehrt im Körper produzierten Geschlechtshormone. Unter ihrer Wirkung entwickelt sich die Brust, die Schambehaarung; es kommt zu einer geschlechtsspezifischen Körperbehaarung, unterschiedlichen Proportionen im Bau des Kehlkopfes, zu einer typisch männlichen bzw. weiblichen Verteilung der subkutanen Fettpolster etc.
- Als **tertiäre** Geschlechtsmerkmale bezeichnet man die unterschiedliche Leistung der einzelnen Organe bei der Frau und beim Mann, z.B.:
  - die glomeruläre Filtrationsrate (GFR), eine Funktionsgröße der Niere, die bei der Frau niedriger ist als beim Mann;
  - die Anzahl der Erythrozyten pro mm^3 Blut, die ca. 4,6 Mio. bei der Frau und ca. 5,2 Mio. beim Mann beträgt.

Der eigentliche „kleine" Unterschied zwischen Frau und Mann liegt jedoch, wie schon in den Kapiteln 2 und 3 (Zytologie und Histologie) beschrieben, in der genetischen Konstitution, d.h. im Vorhandensein der entsprechenden Chromosomen (Heterosomenpaar). Dies sind die 2 X-Chromosomen bei der Frau und das XY-Paar beim Mann. Strenggenommen ist das Vorhandensein oder Fehlen des Y-Chromosoms der entscheidende Faktor in der Entwicklung von Mann und Frau.

13.1.1 Geschlechtliche Differenzierung

Wenn man einen weiblichen und einen männlichen Embryo während der 4. bis 8. Entwicklungswoche miteinander vergleicht, so kann man aufgrund der ausgebildeten inneren und äußeren Strukturen keinen Unterschied zwischen beiden feststellen. Dies liegt daran, daß alle Teile des Geschlechtsapparates bei beiden Geschlechtern zunächst gleich angelegt werden. Man spricht von einem **Indifferenzstadium**.

Von der 9. Entwicklungswoche an beginnen sich die beiden Geschlechter unterschiedlich zu entwickeln. Erst gegen Ende des 4. Monats jedoch sind die Unterschiede so deutlich, daß auf dem Ultraschallbild eine Identifikation des Geschlechts vorgenommen werden kann.

Die oben erwähnte Zusammensetzung der Chromosomen ist für die geschlechtliche Differenzierung verantwortlich. Neben dem Normalfall mit XX (weiblich) oder XY (männlich) sind allerdings viele Abweichungen bekannt, die auf einer Fehlverteilung der Heterosomen (Geschlechtschromosomen) basieren. So können zusätzliche Chromosomen vorhanden sein (XXY, XYY etc.); es kann aber auch ein X- bzw. das Y-Chromosom fehlen (XO). Ein sehr häufiger Fall der chromosomal bedingten „Intersexualität" ist das **Klinefelter-Syndrom** (XXY), das mit einer Häufigkeit von ca. 1:1000 auftritt. Patienten mit dem Klinefelter-Syndrom weisen einen eunuchoiden[19] Hochwuchs und eine feminine

---

[19] Eunuchen sind kastrierte Haremswächter.

Fettverteilung auf, ihre Hoden sind nicht voll entwickelt. Es können keine befruchtungsfähigen Spermien gebildet werden.

Neben einer Chromosomenfehlverteilung können auch andere Faktoren zu **Intersexualität** führen. Zum Beispiel kann bei normalem Chromosomensatz eine testikuläre Feminisierung auftreten, d.h. das Individuum weist ein weibliches Erscheinungsbild auf, besitzt allerdings nur eine blind endigende Vagina, und anstelle von Eierstöcken sind lediglich rudimentäre Hoden in der Bauchhöhle vorhanden. Ein solcher Fall wird als **Pseudohermaphroditismus**[20] bezeichnet. Echter Hermaphroditismus besteht dann, wenn gleichzeitig Eierstöcke und Hoden vorhanden sind. Dies kann bei niederen Wirbeltieren (z.B. Fröschen) relativ häufig beobachtet werden, kommt beim Menschen allerdings praktisch nicht vor.

13.1.2 Pubertät

Der Beginn der Pubertät ist gekennzeichnet durch eine vermehrte Bildung von Geschlechtshormonen in den entsprechenden Drüsen. So werden z.B. im Ovar vermehrt Östrogene und im Hoden vermehrt Testosteron gebildet. Diese Hormonproduktion wird in Gang gesetzt durch die Ausschüttung von übergeordneten Hormonen aus der Hirnanhangsdrüse. Allgemein kommt es dadurch zu Veränderungen im Körper. Besonders auffällig ist die „puberale Streckung", ein durch die Hormone ausgelöster Wachstumsschub. Der Kehlkopf des Mannes ändert seine Dimensionen, dadurch kommt es zum Stimmbruch (s. Kap. 9 Atmungsapparat).

Die apokrinen Schweißdrüsen, mit ihrem durch Bakterien zersetzbaren Sekret, beginnen mit der Schweißproduktion.

In Europa liegt der Beginn der Pubertät bei der Frau zwischen dem 10. und 14. Lebensjahr, beim Mann in der Regel etwas später, zwischen dem 12. und 14. Lebensjahr. In diese Zeit fällt auch das Erwachen des Geschlechtstriebes; es zeigen sich die Wirkungen der Hormone auf den Geschlechtsapparat. Die hormonellen Veränderungen äußern sich bei der Frau in der ersten Regelblutung

(Menarche) und beim Mann in der Möglichkeit zum Samenerguß.

13.2 Weibliche Geschlechtsorgane

Die primären weiblichen Geschlechtsorgane sind bereits zum Zeitpunkt der Geburt vorhanden (Abb. 13.1). Man rechnet dazu sowohl die inneren als auch die äußeren Geschlechtsmerkmale.

Innere Geschlechtsorgane der Frau:
- Eierstock (Ovarium),
- Eileiter (Tuba uterina),
- Gebärmutter (Uterus),
- Scheide (Vagina),
- akzessorische Drüsen:
  kleine Vorhofdrüsen (Glandulae vestibulares minores),
  große Vorhofdrüsen (Glandulae vestibulares majores).

Äußere Geschlechtsorgane der Frau:
- Schamberg (Mons pubis),
- kleine Schamlippe (Labium minus; Plural: Labia minora),
- große Schamlippe (Labium majus; Plural: Labia majora),
- Scheidenvorhof (Vestibulum vaginae),
- Kitzler (Klitoris).

Die inneren Geschlechtsorgane liegen im weiblichen Becken in einer Peritonealduplikatur, die quasi als quergestellte Platte zwischen dem Rektum und der Harnblase eingeschoben ist (Abb. 13.2). Diese Peritonealduplikatur wird in ihrer Gesamtheit als Ligamentum latum (breites Mutterband) bezeichnet. Durch das Ligamentum latum werden die einzelnen Organe überzogen.

13.2.1 Primäre weibliche Geschlechtsorgane: innere Organe

Eierstöcke (Ovarien)

Anatomie der Eierstöcke (Ovarien)
Die Ovarien liegen auf jeder Seite des kleinen Beckens in einer Grube (Fossa ovarica),

---

[20] Nach den griechischen Göttern Hermes und Aphrodite.

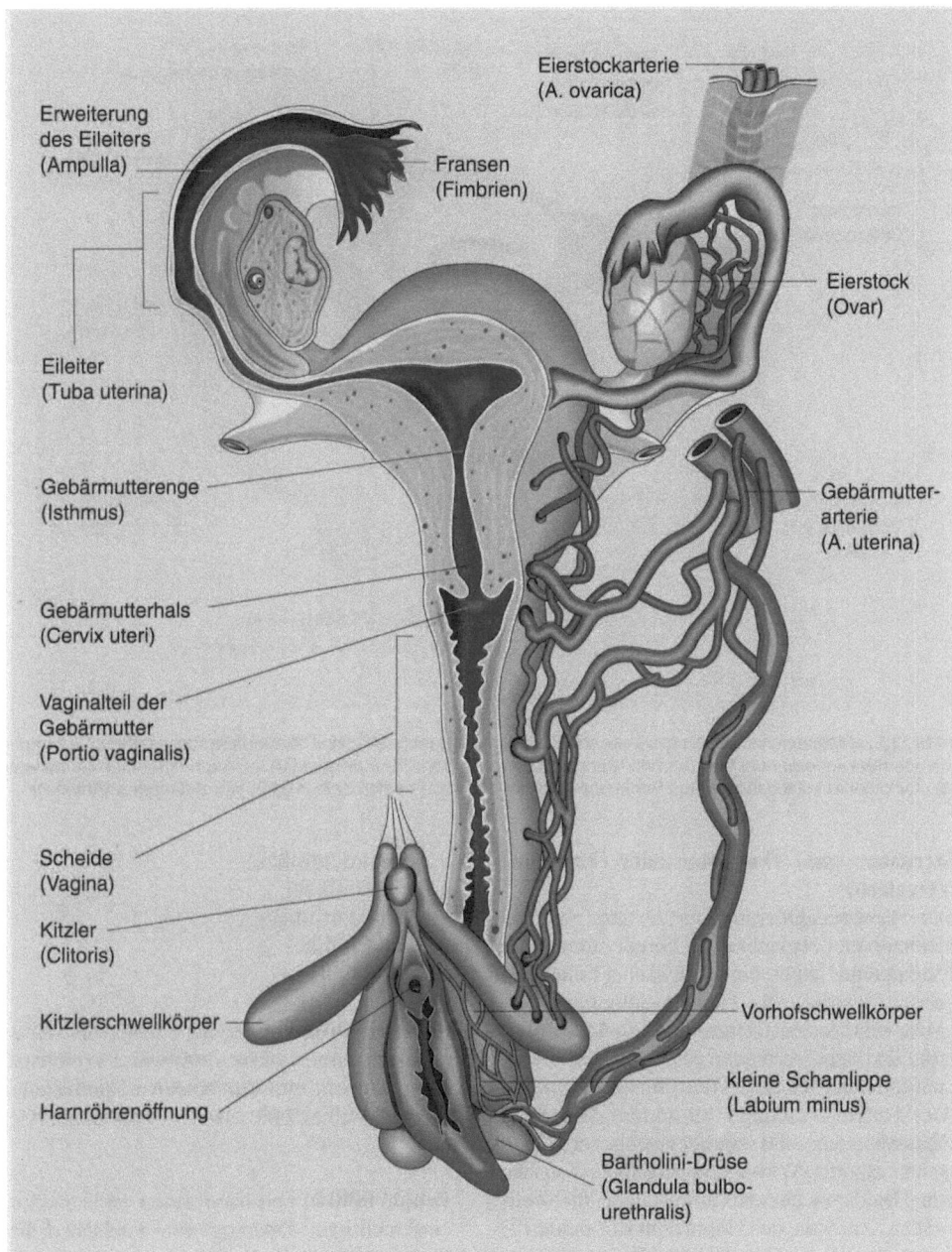

Abb. 13.1. Übersicht über die inneren und äußeren weiblichen Geschlechtsorgane

die sich zwischen den beiden großen Becken-gefäßen befindet (A. iliaca externa und A. iliaca interna).

Sie haben die Form und Größe einer Mandel in ihrer Schale (ca. 3 cm lang). Durch das Ligamentum latum bedeckt, sind sie mit die-sem über das Mesovar (ebenfalls eine Perito-nealduplikatur) verbunden. Neben dem Meso-var sind 2 Ligamente vorhanden, die das Ovar befestigen: das Lig. ovarii proprium und das Lig. suspensorium ovarii.

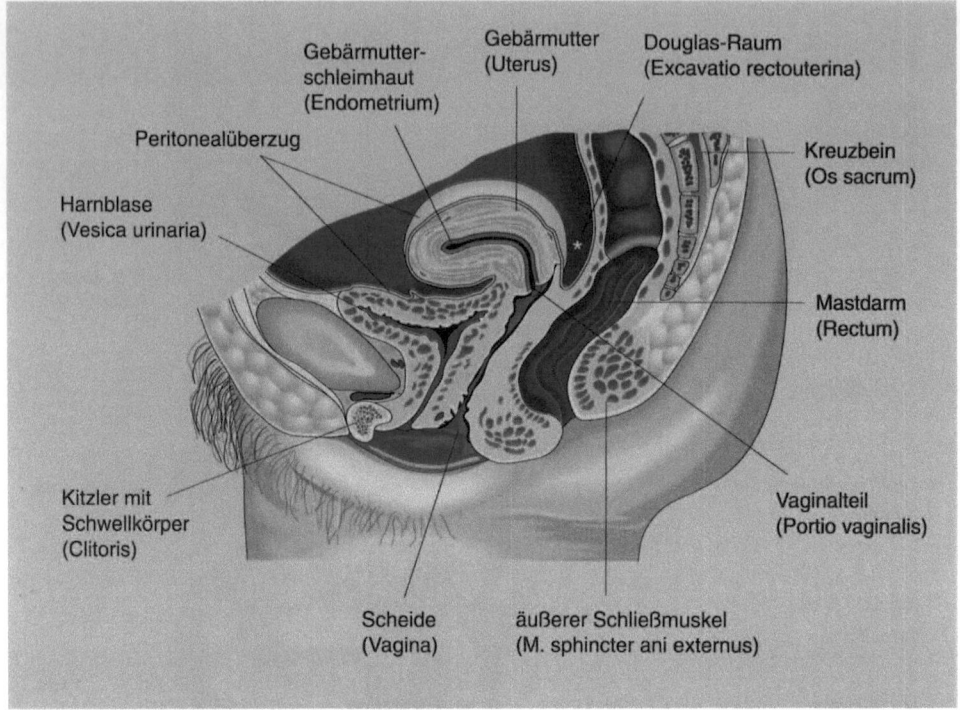

Abb. 13.2. Medianschnitt durch ein weibliches Becken mit den Beckenorganen. Der Douglas-Raum (Excavatio rectouterina) stellt den tiefsten Punkt der weiblichen Bauchhöhle dar. Die Gebärmutter (Uterus) ist gegenüber der Scheide nach vorne geneigt (Anteversio) und in sich selber nach vorne gebogen (Anteflexio)

Struktur und Funktion der Eierstöcke (Ovarien)

Der Peritonealüberzug der Ovarien wird als Keimepithel bezeichnet. Direkt unter dem Keimepithel liegt eine schwache kollagenfaserige Kapsel, die Tunica albuginea. Das Ovar wird in eine Rinde und ein Mark unterteilt. Im Mark befinden sich v.a. die zu- und abführenden Gefäße. Die für die Funktion der Ovarien wichtigen Strukturen liegen im Rindenbereich. Das Bindegewebe der Rinde ist in starken Wirbeln angeordnet. Zwischen den Bindegewebestrukturen liegen die Keimzellen. Zur Zeit der Geburt sind in beiden Eierstöcken ca. 1 Mio. Keimzellen vorhanden. Während des weiteren Lebens werden keine zusätzlichen Keimzellen mehr produziert, im Gegenteil, ein großer Teil dieser Keimzellen geht im Laufe des Lebens zugrunde.

Die Keimzellen liegen in der Rinde in Form von Follikeln, die während des weiteren Lebens verschiedene Entwicklungsstadien durchlaufen. Die einzelnen Follikelstadien sind (Abb. 13.3 und 13.4):

- Primordialfollikel,
- Primärfollikel,
- Sekundärfollikel,
- Tertiärfollikel,
- Graaf-Follikel.

Primordialfollikel: bestehen aus der Keimzelle und einer dünnen, teilweise unvollständigen Schicht von umgebenden Epithelzellen, die als Follikelepithelzellen bezeichnet werden.

Primärfollikel: besitzen einen vollständigen, einschichtigen Überzug von kubischen Follikelepithelzellen.

Sekundärfollikel: besitzen einen mehrschichtigen Überzug von Follikelepithel. Zwischen dem Follikelepithel und der Eizelle befindet sich eine Glashaut, die Zona pellucida.

Tertiärfollikel: besitzen einen Hohlraum im Follikel, das Antrum folliculi, das eine proteinreiche Flüssigkeit enthält, den Liquor folliculi. Das Follikelepithel ist im Bereich des

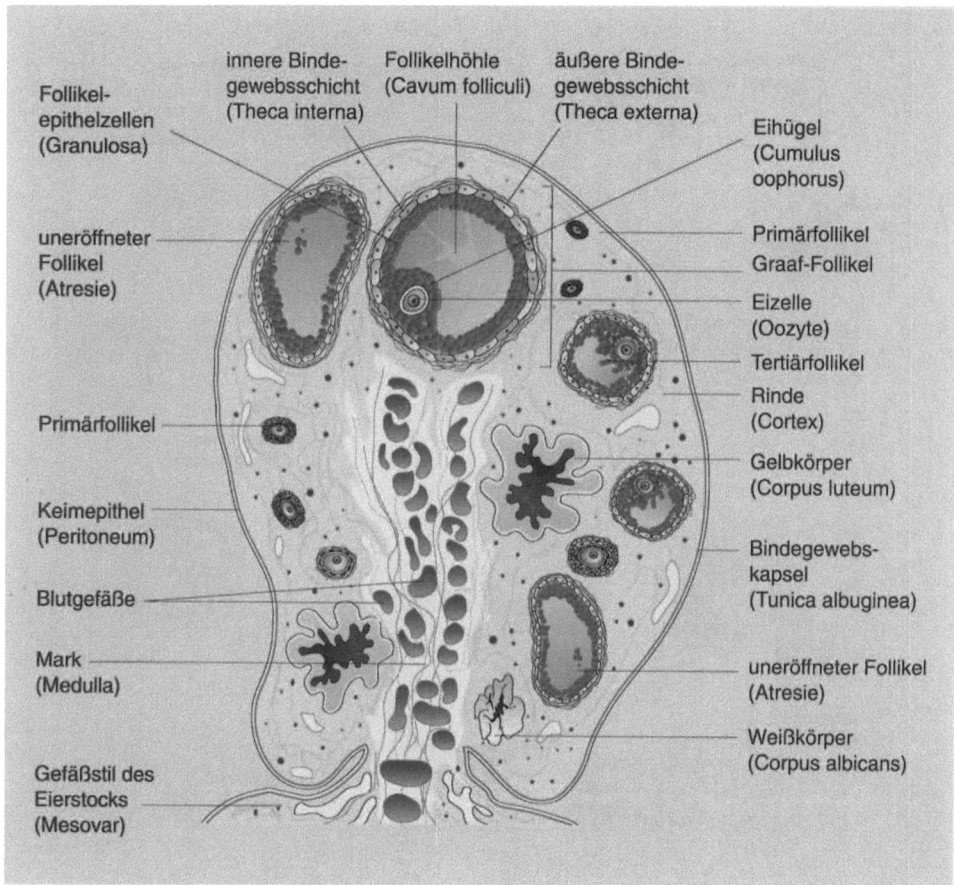

Follikel-
epithelzellen
(Granulosa)

innere Binde-
gewebsschicht
(Theca interna)

Follikelhöhle
(Cavum folliculi)

äußere Binde-
gewebsschicht
(Theca externa)

Eihügel
(Cumulus
oophorus)

uneröffneter
Follikel
(Atresie)

Primärfollikel
Graaf-Follikel

Eizelle
(Oozyte)

Tertiärfollikel

Rinde
(Cortex)

Primärfollikel

Gelbkörper
(Corpus luteum)

Keimepithel
(Peritoneum)

Bindegewebs-
kapsel
(Tunica albuginea)

Blutgefäße

Mark
(Medulla)

uneröffneter Follikel
(Atresie)

Weißkörper
(Corpus albicans)

Gefäßstil des
Eierstocks
(Mesovar)

Abb. 13.3. Schematisierter Schnitt durch einen Eierstock. Die hier gezeigten verschiedenen Stadien der Follikelreifung und des Abbaus sind in dieser Art nicht gleichzeitig im Eierstock vorhanden, vor allem tritt nicht ein reifer Follikel (Graaf-Follikel) gemeinsam mit einem Gelbkörper auf. Der *unten* gezeichnete Gefäßstiel ist, wie das ganze Organ, von Bauchfell umgeben. Im Mark befinden sich größere Gefäße, jedoch keine Entwicklungsstadien der Follikel. Die Follikel und die Reifungsvorgänge sind ausschließlich in der Rinde des Eierstocks anzutreffen

Eihügels (Cumulus oophorus) in das Cavum vorgewölbt. Im Cumulus oophorus befindet sich die Eizelle (Oozyte). Die Zellen, die die Oozyte umgeben, werden als Corona radiata bezeichnet. Sie werden beim Eisprung zusammen mit der Eizelle ausgestoßen.

Graaf-Follikel: sprungreife Follikel, die einen Durchmesser von bis zu 1 cm besitzen. Sie wölben die Oberfläche des Ovars deutlich aus, so daß bei Betrachtung von außen eine bevorstehende Ovulation (Eisprung) daran erkannt werden kann.

Um den Tertiärfollikel wie auch um den Graaf-Follikel ist das umgebende Bindegewebe in 2 Schichten organisiert: die zellreiche innere Schicht (Theca interna) und die faserreiche äußere Schicht (Theca externa).

Die **zellreiche Theca interna** produziert Geschlechtshormone, vornehmlich **Östrogene**. Sie wird deshalb auch als Thekaorgan bezeichnet, das eine selbständige Aufgabe zu erfüllen hat.

Die verschiedenen Stadien der Follikelreifung werden nacheinander durchlaufen. Unter der Wirkung der Hypophysenhormone treten jeweils nur wenige Follikel gleichzeitig in diesen Reifungsprozeß ein.

Bereits zum Zeitpunkt der Geburt haben die Keimzellen mit der **Meiose** (Reduktionsteilung) begonnen. Die Meiose ist notwendig, um aus den diploiden Oogonien (mit 46

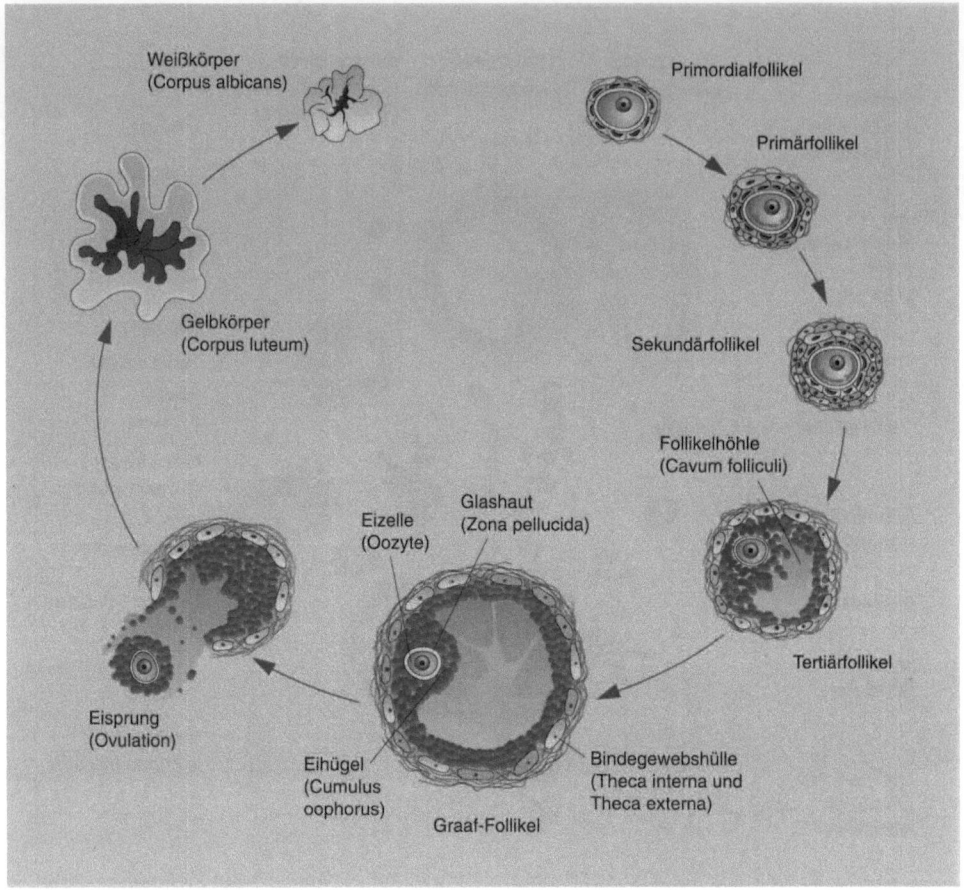

Abb. 13.4. Schema der Entwicklungsvorgänge im Eierstock (Ovar) vom Primordialfollikel über den Eisprung bis hin zum Weißkörper (Corpus albicans)

Chromosomen) die haploiden Eizellen (mit 23 Chromosomen) werden zu lassen:

Zunächst treten die unreifen Eizellen (primäre Oozyten) in die Prophase der 1. Reifeteilung ein. In ihr können sie bis zum Ende des Klimakteriums verweilen, es sei denn, sie entwickeln sich weiter zu sprungreifen Keimzellen. Da dieses Stadium so lange dauern kann, hat es einen eigenen Namen bekommen: **Diktyotän**.

Bereits im Diktyotän paaren sich die homologen Chromosomen (s. Kap. 2 Zytologie). Dies kann bei Frauen über 34 Jahren vermehrt dazu führen, daß in den weiteren Stadien der Keimzellbildung die Chromosomen nicht mehr auseinanderweichen können (chromosomale Nondisjunction). Das wiederum führt zu **Trisomien**, z.B. Mongolismus. Deshalb ist man in vielen Ländern dazu über-

gegangen, schwangeren Frauen, die älter als 34 Jahre sind, eine Untersuchung vorzuschlagen, durch die ein derartiger Defekt entdeckt werden kann.

Sobald der Tertiärfollikel reif ist, verläßt die primäre Oozyte das Diktyotänstadium und setzt die 1. Reifeteilung fort. Aus dieser Teilung gehen 2 unterschiedliche Tochterzellen hervor, die je 23 Chromosomen besitzen. In jedem dieser 23 Chromosomen ist allerdings die DNA bereits identisch redupliziert.

Eine der beiden Tochterzellen, die aus dieser Teilung hervorgeht, enthält das gesamte Zytoplasma, sie wird als **sekundäre Oozyte** bezeichnet. Die andere Tochterzelle enthält praktisch nur den Kern, sie wird als **Polkörperchen** bezeichnet und liegt vorläufig zwischen der Zona pellucida und der Oozyte. In der Regel schließt sich die **2. Reifeteilung** der 1. Reifeteilung sofort an. Sie wird jedoch nur vollendet, wenn die Eizelle befruchtet ist; sonst degeneriert sie. Bei der 2. Reifeteilung wird schließlich der DNA-Gehalt der Oozyte auf den haploiden Wert reduziert (Meiose), und die Oozyte enthält nur noch 23 Chromosomen, deren DNA noch nicht identisch redupliziert ist. Die Reduktion geschieht durch die Bildung eines weiteren Polkörperchens. Danach erfüllen die beiden Polkörperchen keine Aufgabe mehr und degenerieren vollständig.

Ovulation (Eisprung)

Unter der Wirkung von 2 Hormonen aus der Hypophyse (Hirnanhangsdrüse) wachsen die Sekundärfollikel zu Tertiär- und Graaf-Follikeln. Diese beiden Hormone sind **FSH** (follikelstimulierendes Hormon) und **LH** (luteinisierendes Hormon) (s. Kap. 12 Endokrinologie).

FSH ist für den Beginn der Follikelreifung verantwortlich, FSH und LH gemeinsam für die abschließende Reifung. Durch einen weiteren Anstieg des LH gegen die Mitte des Zyklus kommt es zur Ovulation. Bei den geringen Mengen von Hypophysenhormon, die jeweils im Blut zirkulieren, sind nur wenige Oozyten von diesem Reifungsprozeß betroffen.

In den Tagen kurz vor der Ovulation wird einer der vorhandenen Tertiärfollikel zum Graaf-Follikel. Die Vorwölbung der Ovaroberfläche führt zu einer starken Strapazierung der Tunica albuginea. Zusätzlich kommt es unter Enzymwirkung zu einer leichten Verdauung der Tunica albuginea. Im Inneren des Follikels führt ein anderes Enzym zur Spaltung der Proteine in Peptide. Durch diese Erhöhung der Anzahl der osmotisch wirksamen Teilchen kommt es zu einem intrafollikulären Druckanstieg. All diese Faktoren gemeinsam führen zu einem Platzen des Graaf-Follikels, so daß die Eizelle mitsamt der anhängenden Corona radiata ausgespült wird.

Corpus luteum (Gelbkörper)

Unter der Wirkung des LH werden die nach der Ovulation im Graaf-Follikel zurückbleibenden Follikelepithelzellen (Granulosazellen) innerhalb weniger Tage umgebaut in Corpus-luteum-Zellen. Der Name Corpus luteum (Gelbkörper) kommt von den leuchtend gelben Lipiden, die in den Zellen des Corpus luteum synthetisiert werden. Diese Lipide

werden benötigt für die Synthese des Steroidhormons **Progesteron**. Cholesterin und Steroidhormone (z.B. Nebennierenrindenhormone und Geschlechtshormone) haben das gleiche Grundgerüst (s. Abb. 1.6 und 12.2).

Unter normalen Bedingungen, d.h. wenn keine Befruchtung der Eizelle stattgefunden hat, bleibt das Corpus luteum während ca. 2 Wochen funktionstüchtig und sondert Progesteron ab. Danach geht es zugrunde. Ein solches Corpus luteum bezeichnet man als **Corpus luteum menstruationis**, weil am Ende eines solchen Zyklus die Menstruation einsetzt. Aus diesem Corpus luteum geht durch Abbau ein weißliches Gebilde hervor, das Corpus albicans, das schließlich vollständig abgebaut wird.

Neben dem Gelbkörperhormon (Progesteron) wird vom Gelbkörper auch reichlich Östrogen gebildet. Dies ist vor allem im Schwangerschaftsgelbkörper von Bedeutung, der für die Aufrechterhaltung eines hohen Östrogen- und Progesteronspiegels während der ersten 3 Monate verantwortlich ist.

Im Falle der Befruchtung einer Eizelle und nachfolgender Einnistung (Implantation) des Keimlings bleibt das Corpus luteum bis zum 4. Monat der Schwangerschaft (Gravidität) funktionstüchtig. Das ausgeschüttete Progesteron sorgt u.a. dafür, daß es zu keiner weiteren Ovulation kommt.

Ein solches Corpus luteum nennt man **Corpus luteum graviditatis**. Wenn es die Hormonproduktion endgültig einstellt, wird seine Funktion durch die Plazenta übernommen, die dann selber in der Lage ist, vermehrt Hormone zu produzieren.

Follikelatresie

Während der fruchtbaren Periode im Leben einer Frau (von der **Menarche**: 1. Regelblutung bis zum **Klimakterium**: Wechseljahre) und der anschließenden Menopause (Zeit ohne Zyklus) werden in der Regel maximal 400 Eizellen reif. Etwa 1 000 000 Eizellen sind jedoch bei der Geburt bereits angelegt; d.h. der überwiegende Teil der Eizellen gelangt also nicht zur Ovulation, sie bleiben uneröffnet (atretisch). In diesem Fall degenerieren sowohl Eizelle als auch das Follikelepithel. Dieser Vorgang wird Follikelatresie genannt; er ist funktionell sehr wichtig.

Bei der Follikelatresie werden zwar keine befruchtungsfähigen Eizellen gebildet, wohl aber funktionstüchtige Thekaorgane. Durch den ständigen Untergang einzelner Follikel entstehen somit ständig neue Östrogenquellen. Die atresierenden Follikel sind damit verantwortlich für die Aufrechterhaltung des nötigen Östrogenspiegels im weiblichen Körper.

Eileiter (Tuba uterina, Salpinx)

Im Eileiter findet die Befruchtung statt, dementsprechend müssen die Eileiter das richtige Milieu für die Befruchtung bereitstellen sowie die ovulierte Eizelle von der Oberfläche des Ovars abnehmen und in die Gebärmutter leiten. Außerdem werden die Spermien an den Ort der Befruchtung geleitet.

Der Bau der Eileiter ist für diese Funktionen optimal. Sie besitzen eine durchschnittliche Länge von ca. 12 cm und sind vom Ligamentum latum überzogen, das hier die Mesosalpinx bildet (Salpinx: griechischer Begriff für Tuba uterina). Die Eileiter beginnen am Ovar und laufen auf die Gebärmutter zu, in der sie im Bereich des Tubenwinkels münden (s. Abb. 13.1).

Am Eileiter werden **4 große Abschnitte** unterschieden (Abb. 13.5 und 13.6):

- Infundibulum mit den Fimbrien (Trichter mit Fransen),
- Ampulla (Ampulle),
- Isthmus (verengte Stelle),
- Pars intramuralis (in der Wand der Gebärmutter).

Das **Infundibulum** (Trichter) ist der Anfangsteil der Tuba uterina, hier befindet sich die Öffnung in die Bauchhöhle. Es ist trichterförmig und läuft in Fimbrien (Fransen) aus. Die größte dieser Fimbrien (Fimbria ovarica) ist konstant mit der Oberfläche des Ovars verbunden. Neben der Fimbria ovarica sind noch ca. 10–15 weitere Fimbrien vorhanden, die frei beweglich und ohne Verbindung mit dem Ovar sind. Die Aufgabe des Infundibulums mit seinen Fimbrien ist es, sich an die Stelle des Ovars, an der das Ei ovuliert wird, anzulegen und das ovulierte Ei aufzunehmen, damit es sicher in die Gebärmutter und nicht in die Bauchhöhle gelangt.

Dem Infundibulum folgt die **Ampulle** (Ampulla tubae), die ca. zwei Drittel der Gesamtlänge der Tuba uterina ausmacht. Die Ampulle hat den größten Querschnitt, hier ist das Tubenlumen am weitesten. In der Ampul-

la findet normalerweise die Befruchtung des ovulierten Eies statt. Die lichte Weite der Ampulle beträgt ca. 4–10 mm. Auf die Ampulle folgt ein relativ kurzer verengter Teil, der **Isthmus**. Der Isthmus führt bis in den Uterus hinein. Dort liegt dann der kürzeste Teil der Tube mit dem engsten Querschnitt, die **Pars intramuralis**.

Die Wand des Eileiters besteht aus 3 Schichten:

- Schleimhaut (Tunica mucosa),
- Muskulatur (Tunica muscularis),
- Peritonealüberzug (Tunica serosa).

Die **Schleimhaut** (Tunica mucosa) besteht aus einem durchgehend einschichtigen, hochprismatischen Flimmerepithel, das zwischen den Ziliarzellen auch Sekretzellen enthält. Die Ziliarzellen erzeugen einen hauptsächlich in Richtung Uterus gerichteten Flimmerschlag. Gegen diesen Flimmerschlag und den von ihm erzeugten leichten Flüssigkeitsstrom schwimmen die Spermien an. Sie können nur gegen den Strom schwimmen (positive Rheotaxie).

Zwischen die Ziliarzellen sind die Sekretzellen unregelmäßig eingestreut. Sie sorgen mit ihrem Sekret für eine Ernährung des befruchteten Eies während seiner Tubenwanderung, die mehrere Tage dauert (4–6 Tage). Die Ernährung von außen ist in dieser Zeit für den Keim von großer Bedeutung, da er selber zu wenig Energiereserven für seine Entwicklung mit sich trägt.

Im Querschnitt durch den Eileiter wird deutlich, daß die Schleimhaut stark gefaltet ist, es sind Primär-, Sekundär- und Tertiärfalten vorhanden. Besonders im Ampullenbereich sind die Schleimhautfalten sehr ausgeprägt und füllen praktisch das ganze Lumen der Ampulle aus (Abb. 13.5). Im Isthmusbereich sind die Falten deutlich weniger stark ausgebildet, und in der Pars intramuralis schließlich fehlen sie fast ganz.

Die **Muskulatur** der Tuba uterina läßt sich in 2 unscharf voneinander trennbare Muskelschichten teilen: eine innere, längs angeordnete und eine äußere, mehr ringförmig orientierte Muskelschicht. Diese beiden Muskelschichten sind in der Lage, eine Peristaltik und Antiperistaltik zu erzeugen, die einmal dem Eitransport in den Uterus, zum anderen aber auch dem Spermientransport vom Uterus bis in die Ampulle dienen.

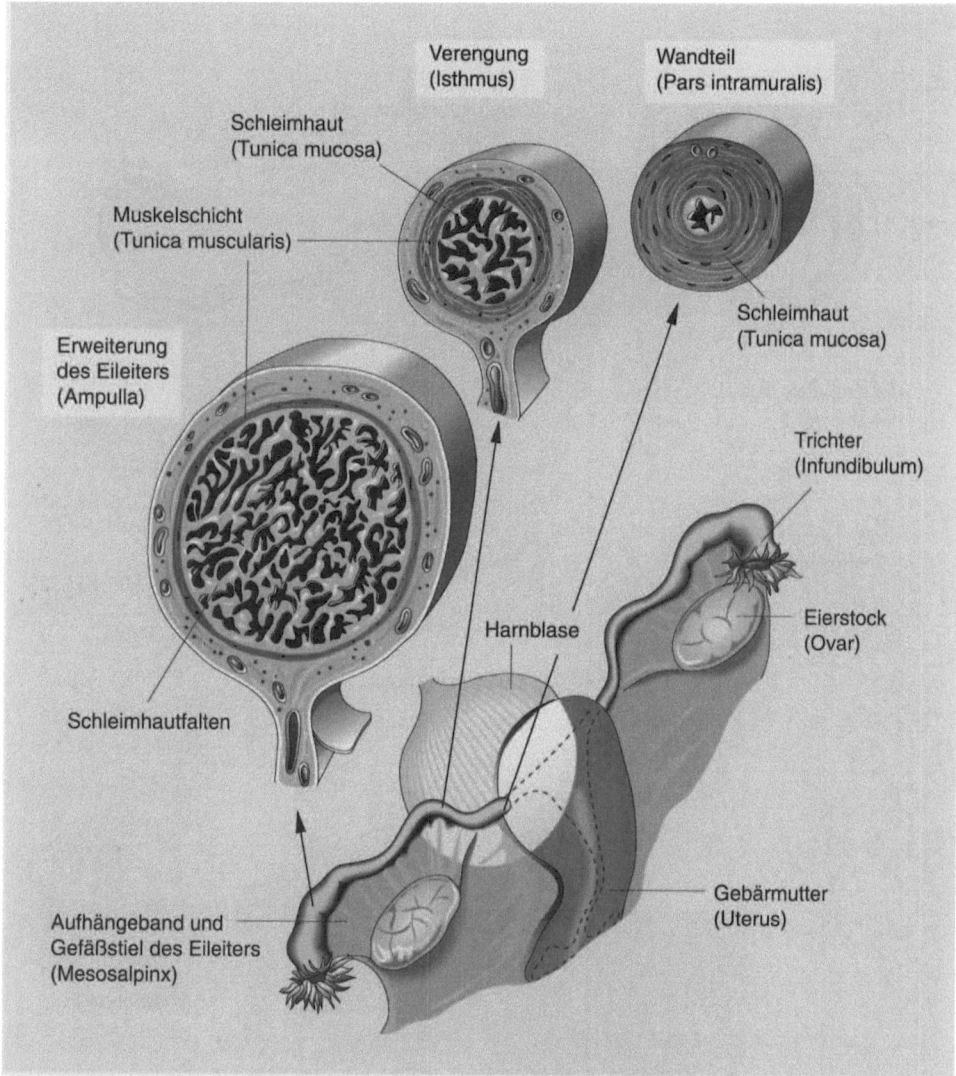

Abb. 13.5. Lage und Bau der Eileiter (Tuba uterina). Im *unteren Teil* der Zeichnung ist eine Dorsalansicht von Gebärmutter (Uterus), Eierstöcken (Ovarien) und Eileiter (Tuba uterina) vor der Harnblase (Vesica urinaria) gezeichnet (Dorsalansicht). *Oben* sind die histologischen Schnittbilder der einzelnen Abschnitte des Eileiters zu sehen. In der Ampulla (Erweiterung des Anfangsteils) sind die Schleimhautfalten besonders ausgeprägt, hier findet in der Regel die Befruchtung der Eizelle statt

Auf den Querschnitten wird auch deutlich, daß unter der **Tunica serosa** noch eine bindegewebige Schicht (Tela subserosa) vorhanden ist, die bei den Peristaltikbewegungen des Eileiters für die nötige Verschieblichkeit gegenüber der Umgebung sorgt.

Gebärmutter (Uterus)

Die beiden Eileiter münden von links und rechts in die Gebärmutter (Pars intramuralis). Die Gebärmutter ist ein muskuläres Organ, das als „Fruchthalter" dient. Die im Inneren der Gebärmutter liegende Schleimhaut (Endometrium) dient der Ernährung der sich entwickelnden Frucht (s. Abb. 13.6 und 13.7). Die Uterusmuskulatur paßt sich der

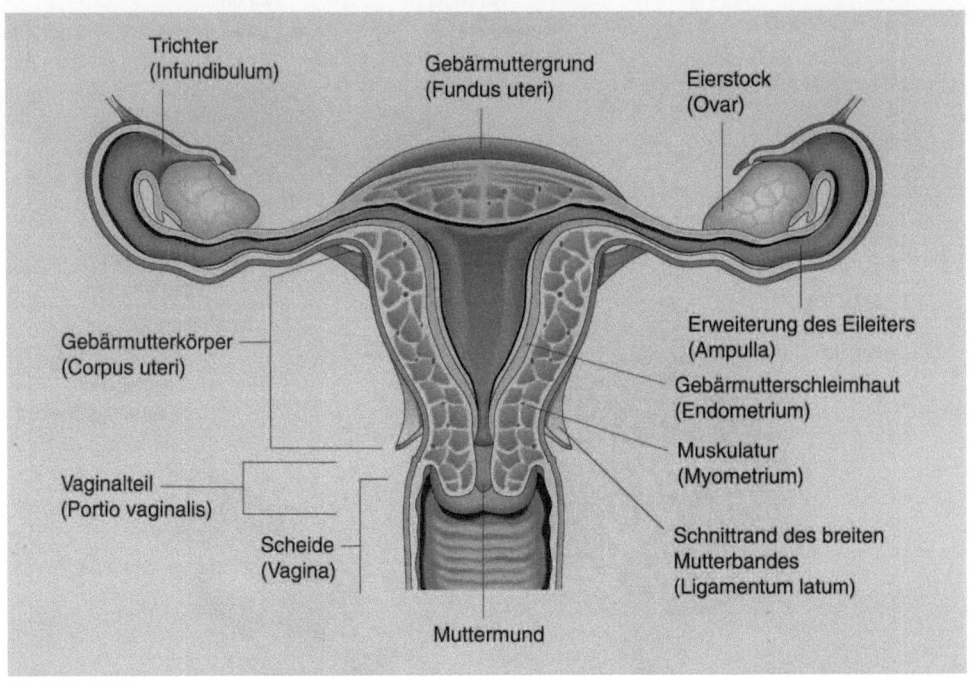

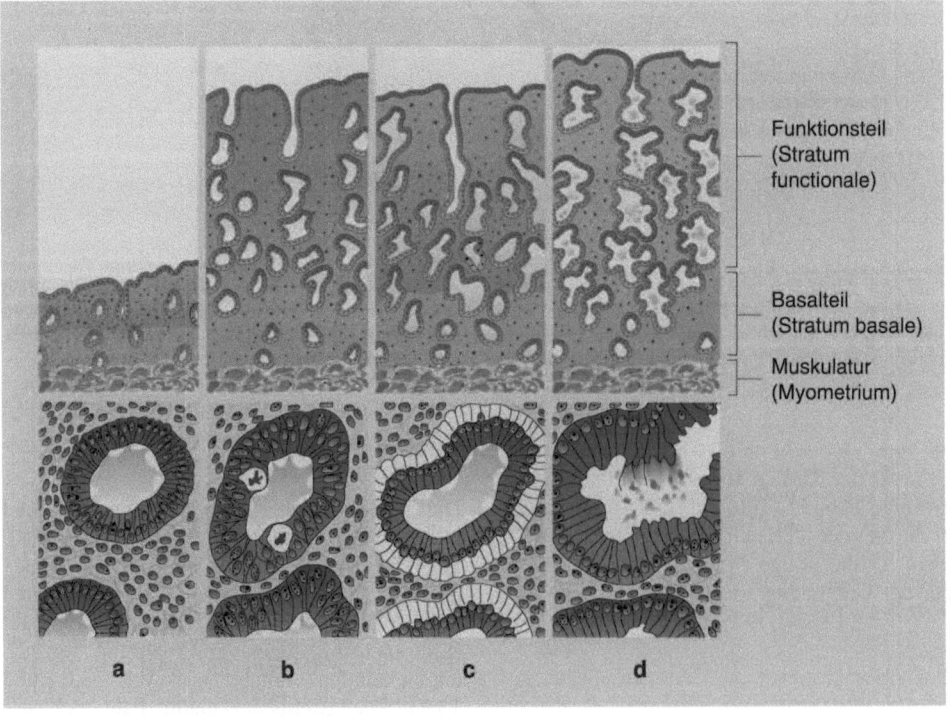

◄
Abb. 13.6. Frontalschnitt durch die Gebärmutter (Uterus) mit den beiden Eileitern (Singular: Tuba uterina). Der Vaginalteil der Gebärmutter ragt in die Scheide (Vagina) hinein und wird deshalb mit dem Fachausdruck als Portio vaginalis und in der Kurzform als Portio bezeichnet. Die Gebärmutterhöhle (Cavum uteri) ist vollständig von der Gebärmutterschleimhaut (Endometrium) ausgekleidet

◄
Abb. 13.7 a–d. Gebärmutterschleimhaut (Endometrium) während der verschiedenen Zyklusphasen. *Oben* als Längsschnitt, *unten* als Querschnitt durch die Endometriumsdrüsen gezeichnet. **a** Frühe Proliferationsphase, das Epithel ist niedrig; **b** mittlere Proliferationsphase, das Epithel ist stark in der Höhe gewachsen, im *unteren Bild* sind Mitosen zu sehen; **c** frühe Sekretionsphase, das Lumen der Drüsen ist erweitert, im Querschnittsbild des Drüsentubulus sind basale Vakuolen, d. h. Glykogenansammlungen, zu sehen; **d** späte Sekretionsphase, im Lumen der Drüsen sind Drüsensekrete vorhanden, die Kontur der Drüsen erscheint im Längsschnitt „sägeblattartig"

wachsenden Größe des Keims an und dient bei der Geburt der Austreibung des Kindes.

Anatomie des Uterus

Die Gebärmutter hat die Form einer auf die Spitze gestellten Birne. Sie liegt im kleinen Becken zwischen Harnblase und Enddarm. Dadurch entstehen 2 Ausbuchtungen im Beckenbereich: die Excavatio rectouterina zwischen Rektum und Uterus und die Excavatio vesicouterina zwischen Harnblase und Uterus. Die Excavatio rectouterina wird auch Douglas-Raum genannt, sie stellt den tiefsten Punkt der weiblichen Bauchhöhle dar.
Die Gebärmutter wird in ihrer Lage durch die Beckenbodenmuskulatur (M. transversus perinei profundus, s. Kap. 4 Bewegungsapparat) gestützt und gehalten. Der Uterus hat eine Größe von ca. 6,5–8 cm. Er sitzt auf der Scheide, in die er mit einem Teil (Portio vaginalis) hineinragt. Der Uterus ist vom Ligamentum latum überzogen und liegt damit zum größten Teil intraperitoneal. An den Orten, an denen der Uterus nicht vom Peritoneum (Bauchfell) überzogen ist, sitzt er im subperitonealen Bindegewebe durch Ligamente verankert. Außerdem sind im oberen Bereich des Uterus links und rechts je ein „rundes Mutterband" (Ligamentum teres uteri) vorhanden. Diese beiden Bänder sind verantwortlich für eine gegenüber der Scheide nach vorne geneigte Stellung (**Anteversio**). Zusätzlich ist die Gebärmutter noch in sich selber nach vorne abgewinkelt (**Anteflexio**, s. Abb. 13.2). Somit

liegt sie praktisch zum größten Teil auf der Harnblase und folgt dieser bei ihren Füllungs- und Entleerungsbewegungen. Trotz der Befestigung durch das Ligamentum latum, das Ligamentum teres uteri sowie die anderen Bänder im subperitonealen Bindegewebsraum besitzt der Uterus eine relativ große Lageverschieblichkeit, so daß man nicht von einer Normallage, sondern von einer normalen Ausgangslage reden kann.
Man unterscheidet an der Gebärmutter **4 verschiedene Abschnitte** (Abb. 13.6):

- Gebärmuttergrund (Fundus uteri),
- Gebärmutterkörper (Corpus uteri),
- Gebärmutterhals (Cervix uteri),
- Scheidenteil (Portio vaginalis).

Der **Gebärmuttergrund** ist der oberste Teil, der mit seiner Kuppe die Einmündungen der Eileiter überragt. An den Gebärmuttergrund schließt sich der **Gebärmutterkörper** an. Er macht den größten Teil der Gebärmutter aus. Der Gebärmutterkörper verjüngt sich nach unten und geht in den **Gebärmutterhals** über. Die Verengung zwischen Gebärmutterkörper und Gebärmutterhals ist die Gebärmutterenge (Isthmus uteri, Abb. 13.1). Der unterste Teil des Gebärmutterhalses ragt als **Portio vaginalis** in die Scheide hinein. In der Portio liegt auch der **Muttermund**, die äußere Öffnung des Uterus, durch die bei einer Geburt das Kind ausgetrieben wird und durch die die Spermien für die Befruchtung eindringen müssen. Der Muttermund ist durch einen Schleimpfropf (Zervikalschleim) normalerweise verschlossen. Die Aufgabe des Pfropfes ist es u.a., Bakterien am Eintritt in die Gebärmutter zu hindern. Dies geschieht durch einen niedrigen pH-Wert (ca. 4,5). Bei Frauen, die noch nicht geboren haben, ist der Muttermund eine runde Öffnung. Nach der Geburt wird daraus ein querer Spalt, an dem eine vordere und eine hintere Lippe (dorsal und ventral) unterschieden werden.

Wandbau des Uterus

Auf einem Längsschnitt durch den Uterus, parallel zum Verlauf des Ligamentum latum, wird der Wandbau des Uterus deutlich. Man unterscheidet hier ebenfalls **4 Bestandteile**:

- Perimetrium,
- Parametrium,

- Myometrium,
- Endometrium.

Das **Perimetrium** ist der äußere Überzug von Peritoneum. Es ist fest mit der darunterliegenden Muskulatur verwachsen. Am seitlichen Uterusrand geht das Perimetrium in das Ligamentum latum über.

An den Orten, an denen die Gebärmutter nicht von Peritoneum überzogen ist, steht sie mit dem Bindegewebe in Kontakt, das hier **Parametrium** genannt wird. Dies ist der Fall an den seitlichen Rändern (wo das Perimetrium in das Ligamentum latum übergeht) sowie im Bereich des Gebärmutterhalses.

Den stärksten Anteil an der Uteruswand hat die Muskulatur, das **Myometrium**. Im Normalfall beträgt die Wandstärke mindestens 10 mm. Es sind 3 stark miteinander verwobene Muskelschichten vorhanden. Der teilweise recht komplizierte Verlauf der Muskelfasern, vielfach spiralig, ermöglicht während der Schwangerschaft eine enorme Weiterstellung der Fasern, so daß das Uteruslumen der Größe des Fetus angepaßt werden kann. Während der Schwangerschaft hypertrophieren die Muskelfasern außerdem auf die ca. 10fache Größe, d.h. von 50 μm auf ungefähr 500 μm.

Solange keine Schwangerschaft vorliegt, ist die Uterusmuskulatur praktisch funktionslos.

Die innerste Schicht des Uterus ist das **Endometrium**, die Uterusschleimhaut. Sie dient im Korpus- und Fundusbereich der Einnistung des befruchteten Eies. Um dies zu ermöglichen, ist sie zyklischen Veränderungen unterworfen, die dazu führen, daß sie größtenteils abgestoßen (während der Menstruation) und anschließend wieder neu aufgebaut wird.

Auf einem Schnitt durch den Uterus parallel zum Ligamentum latum ist zu erkennen, daß die Uterushöhle vollständig mit einer Schleimhaut ausgekleidet ist (Abb. 13.6). Im Bereich des Fundus und Korpus ist es das Endometrium, das im Bereich des Gebärmutterhalses in das Zervixepithel übergeht. In der Zervixschleimhaut liegen die Schleimdrüsen (Glandulae cervicales), die den Schleimpfropf des äußeren Muttermundes bilden. Das Zervixepithel ist in weitaus geringerem Maße den zyklischen Veränderungen unterworfen. In Abhängigkeit vom Zykluszeitpunkt ändert sich jedoch die Konsistenz des Zervikalschleims. Unter dem Einfluß von Östrogen (1. Zyklushälfte) läßt er sich zu relativ langen Fäden ziehen, unter dem Einfluß von Progesteron (2. Zyklushälfte) ist das nicht möglich. Die Fähigkeit, sich zu einem Faden ziehen zu lassen, wird als „Spinnbarkeit" bezeichnet. Das Ausmaß der Spinnbarkeit gibt also Auskunft über den Zykluszeitpunkt.

Aufbau des Endometriums (Abb. 13.7):
Die Uterusschleimhaut sitzt direkt auf der Uterusmuskulatur auf. Sie trägt an der Oberfläche ein einschichtiges prismatisches Epithel, in das stellenweise Inseln mit Ziliarzellen eingestreut sind. Das Oberflächenepithel geht in das Drüsenepithel über, das die Uterusdrüsen (Glandulae uterinae) bildet. Dies sind tubulöse unverzweigte Drüsen, die sich gestreckt in die Tiefe der Mukosa senken und teilweise bis in die Muskulatur hineinreichen. Die Wand der Uterusdrüsen wird ebenfalls aus einem einschichtigen Epithel gebildet, das ähnlich strukturiert ist wie das Oberflächenepithel. Das Drüsenepithel ist umgeben von Schleimhautbindegewebe (Stroma), das zellreich und faserarm ist. In diesem Bindegewebe verlaufen vielfältige Gefäße. Am Endometrium werden 2 Schichten unterschieden:

- Stratum basale (vielfach auch nur Basalis genannt),
- Stratum functionale (vielfach auch nur Funktionalis genannt).

Das Stratum basale sitzt direkt auf der Muskulatur, es nimmt an den zyklischen Veränderungen nur in geringem Maße teil und wird auch während der Menstruation nicht abgestoßen. Aus ihm heraus regeneriert das neue Endometrium. Die Lamina basalis hat eine Höhe von ca. 1 mm.

Das Stratum functionale kann als eigentliches Zielorgan für die im Ovar gebildeten Hormone angesehen werden. Die zyklischen Veränderungen sind direkt korrelierbar mit den Veränderungen des Hormonspiegels der ovariellen Hormone (Östrogen und Progesteron). Gegen Ende des endometriellen Zyklus erreicht die gesamte Mukosa (Funktionalis und Basalis) eine Höhe von ca. 8–11 mm.

Für die zyklischen Veränderungen spielt die Blutversorgung des Endometriums eine wichtige Rolle. Diese erfolgt über die A. uterina, aus der nach einigen Aufzweigungen die Basalarterien hervorgehen. Sie verlaufen an der Grenze zwischen Myometrium und Basalis in geradem Verlauf in die Mukosa hinein.

Aus den Basalarterien gehen die Spiralarterien hervor, die sich unter Abgabe von Arteriolen spiralartig bis unter die Oberfläche des Endometriums schlängeln. Auf ihrem Weg dorthin versorgen sie ein ausgedehntes Kapillarnetz. Die Spiralarterien haben die Möglichkeit, sich zu kontrahieren und damit die Blutversorgung der Funktionalis stark zu reduzieren oder gar zu stoppen.

Menstruationszyklus

Die Dauer eines durchschnittlichen Menstruationszyklus beträgt ca. 28 Tage (Abb. 13.8). Dieser Wert kann jedoch je nach Individuum, Lebensrhythmus etc. stark nach unten oder oben abweichen, ohne daß es sich dabei um eine pathologische Veränderung handelt.

Uteriner Zyklus

Im uterinen Zyklus (Gebärmutterzyklus) werden **4 Phasen** unterschieden:

- Proliferationsphase (Phase der Erneuerung),
- Sekretionsphase (Phase der Sekretbildung),
- Ischämiephase (Phase der „Blutleere"),
- Desquamationsphase (Phase der Abstoßung).

Da der Menstruationszyklus am besten berechnet werden kann in Relation zum 1. Blutungstag, wird dieser Tag auch als 1. Tag des Zyklus bezeichnet, obwohl die Desquamation des Endometriums ja eigentlich einen Endpunkt der zyklischen Abläufe darstellt.

In der folgenden Beschreibung soll die Neubildung des Endometriums an den Anfang gestellt werden.

Proliferationsphase: Unter der Wirkung des im Ovar gebildeten Östrogens kommt es in der Funktionalis zu einer Zellneubildung (Proliferation). Die Proliferation nimmt ihren Ausgang von Drüsenstümpfen, die in der Basalis liegen und mit ihrem untersten Teil im Myometrium verankert sind. Aus diesen Drüsenstümpfen wächst das neue Oberflächenepithel aus.

Die Proliferationsphase dauert meist vom 5.–14. Tag des Zyklus. In dieser Zeit wächst die Schleimhaut bis zu 4 mm an. Ein deutliches

Zeichen der Proliferationsphase sind die häufigen Mitosen, die sowohl im Stroma als auch im Bereich des Drüsen- und Oberflächenepithels ablaufen.

Die Drüsentubuli verlaufen zu diesem Zeitpunkt noch gestreckt und zeigen keinerlei Anzeichen einer Sekretion. Ihr Epithel ist prismatisch, die Drüsenlumina sind eng.

Um den 14. Zyklustag herum kommt es im Ovar zu einem Follikelsprung, und unter der Wirkung des Hypophysenhormons LH (luteinisierendes Hormon) wird das Corpus luteum im Ovar gebildet. Das äußerlich feststellbare Zeichen einer stattgefundenen Ovulation ist ein Anstieg der Basaltemperatur (prämenstruelle Hyperthermie), der zwischen 0,2 und 0,5°C ausmacht (s. Abb. 15.2).

Sekretionsphase: Die Sekretionsphase ist v.a. durch das im Corpus luteum gebildete Progesteron bestimmt. Unter der Wirkung des Progesterons beginnen die Drüsentubuli zu wachsen. Dies führt zu einer Schlängelung. Die Epithelzellen beginnen mit der Bildung eines Sekrets, das v.a. Glykogen enthält. Das Sekret ist wichtig für den Stoffwechsel eines sich evtl. implantierenden Keims. Die Drüsentubuli erweitern sich und erscheinen schließlich im Längsschnitt gezähnt. Man spricht von einer Sägeblattkontur, die als Zeichen einer fortgeschrittenen Sekretionsphase gewertet wird.

Die Spiralarterien des Stromas wachsen und spiralisieren sich stärker. Im Stroma differenzieren sich die Zellen in Prädeziduazellen. Gleichzeitig bilden sich aus einwandernden Lymphozyten Körnchenzellen (K-Zellen), die nach heutiger Auffassung auch als große granulierte Lymphozyten bezeichnet werden (LGL, large granular lymphocytes). Beide Zellarten, die Prädeziduazellen und die Körnchenzellen, sind beim Aufbau der Grenzschicht zwischen mütterlichem und kindlichem Gewebe von Bedeutung. Auf der einen Seite darf sich der (evtl.) implantierende Keim nicht zu weit in das mütterliche Gewebe einnisten, auf der anderen Seite darf das mit körperfremden antigenen Determinanten ausgestattete Gewebe des sich entwickelnden Embryos nicht abgestoßen werden. Das sind die Aufgaben der beiden Stromazellarten. Die Sekretionsphase dauert vom 15. bis zum 28. Tag.

Ischämiephase: Wenn das Corpus luteum nicht durch eine Schwangerschaft als Corpus luteum graviditatis in Funktion gehalten wird, hört es spätestens 2 Wochen nach der Ovulation mit der Sekretion von Progesteron auf. Durch diesen Abbruch der Progesteronsekretion kommt es zu Veränderungen im Endometrium, besonders in der Wand der

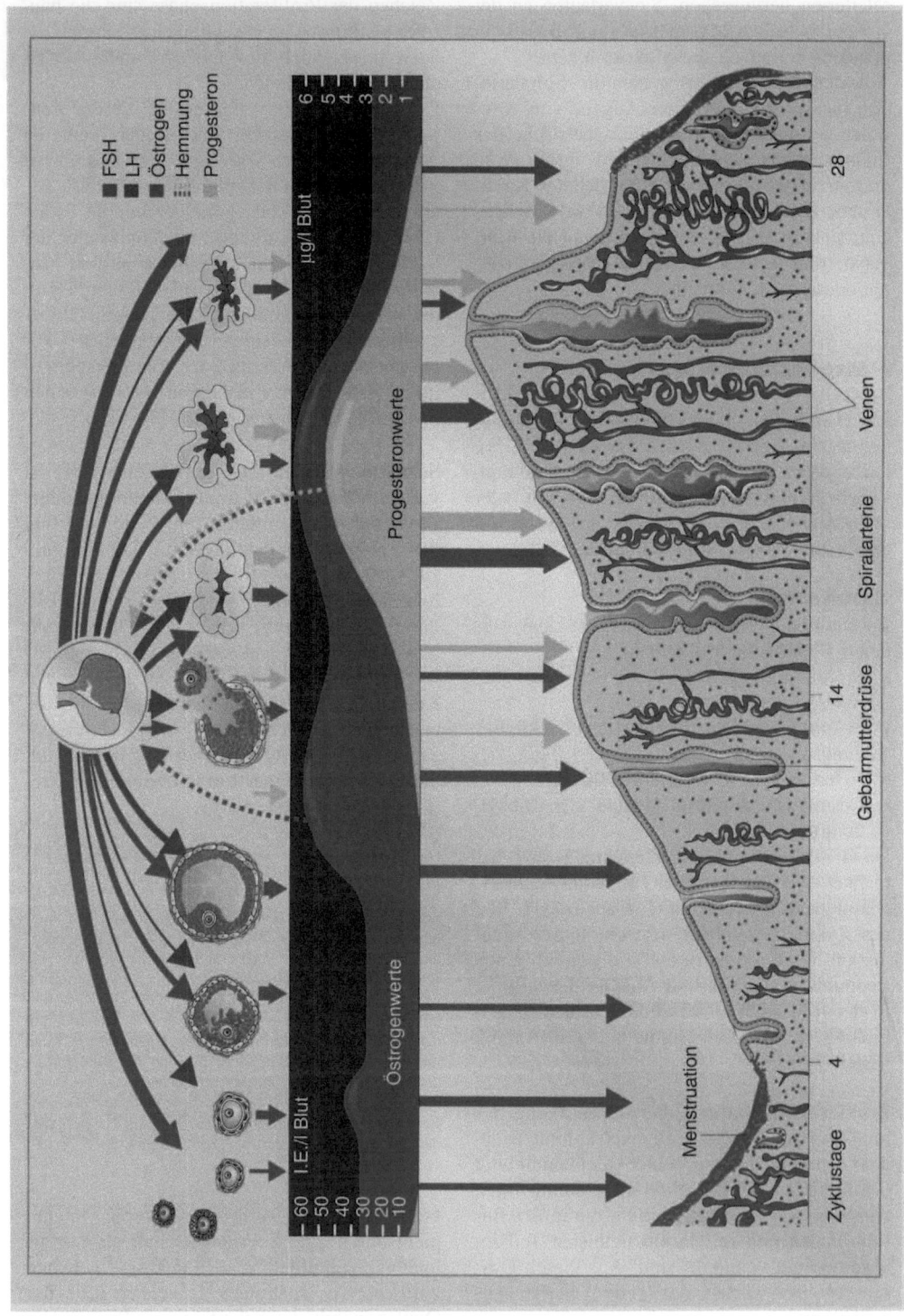

◄
Abb. 13.8. Darstellung der Zusammenhänge zwischen Hormonausschüttung aus der Hypophyse, Entwicklung der Follikelstadien und der Gelbkörperreifung, dem daraus resultierenden Blutspiegel von Östrogen und Progesteron sowie der vom Östrogen- und Progesteronspiegel abhängigen Entwicklung des Endometriums. *Unten* ist mit den angegebenen Tagen (4., 14., 28.) eine zeitliche Korrelation der Ereignisse gegeben

Spiralarterien. An der Grenze zwischen Basalis und Funktionalis kontrahieren sich die Spiralarterien, so daß der Blutfluß unterbunden wird. Ohne Blutfluß kann die Funktionalis ihren Stoffwechsel nicht aufrechterhalten; sie fängt an zu degenerieren. Die Blutleere der Funktionalis hat zur Prägung des Begriffs Ischämiephase geführt (Ischämie=Blutleere).
Die Ischämiephase dauert nur wenige Stunden. Durch die Kontraktion wird auch die Muskulatur der Gefäße nicht mehr ausreichend versorgt und verliert an Kraft.

Desquamationsphase: Durch die Schädigungen, die während der Ischämiephase in der Funktionalis und besonders in den oberen Abschnitten der nicht mehr durchbluteten Gefäße entstanden sind, kommt es zur Desquamation. Die Funktionalis ist nicht mehr funktionstüchtig. Die Gefäßwände können dem Blutdruck nicht mehr standhalten, so daß sich die Kontraktionen lösen und Blut über die geschädigten Gefäßwände ins Stroma (Bindegewebe des Endometriums) fließt. Dadurch wird die Funktionalis quasi in das Uteruslumen hinein abgeschwemmt. Das während der Menstruation ausgestoßene Blut koaguliert nicht, denn dies würde zur Verstopfung des Uteruslumens führen. Menstruationsblut enthält fibrinolytische Faktoren und nur wenige Thrombozyten.
Die Desquamationsphase dauert vom 1. bis zum 4. Tag des Zyklus.

Ovarieller Zyklus
Durch den Hormonabfall kurz vor Beginn der Menstruation kommt es bei sensiblen Frauen zum **prämenstruellen Syndrom**: Es äußert sich häufig in einer veränderten Stimmungslage. Während der Menstruation werden ca. 30–50 ml Blut abgegeben.
Im Falle einer **Hypermenorrhö** (starke Regelblutung) kann die Blutmenge allerdings ein Mehrfaches dieses Wertes betragen.
Die Dauer der Menstruation mit ca. 4–5 Tagen scheint von äußeren Faktoren beeinfluß-

bar zu sein. So sind z.B. in New York Menstruationsblutungen von 6–7 Tagen keine Seltenheit.
Wehenartige Kontraktionen der Uterusmuskulatur können den Menstruationsschmerz hervorrufen. Außerdem kann durch die Tuba uterina Blut in die Bauchhöhle gelangen, das führt dann ebenfalls zu einer schmerzhaften Peritonealreizung.
Während der Schwangerschaft kommt es nicht zu Menstruationen. Nach der Schwangerschaft tritt die 1. Menstruation meist erst nach ca. 6 Wochen bei nichtstillenden Müttern wieder auf. Bei Stillenden tritt die Menstruation vielfach erst nach Ende der Stillperiode wieder auf. Trotzdem kann es in dieser Zeit zu Ovulationen kommen; es besteht also kein absolut sicherer Schutz vor Empfängnis.
Die Ereignisse des Menstruationszyklus stehen eindeutig unter dem Einfluß des Geschehens im Ovarium (Eierstock), d.h. der dort gebildeten Hormone. Menstruationszyklen treten in der Regel zwischen dem 10. und 45. Lebensjahr auf.
Die **Menarche** ist die 1. Regelblutung.
Während des **Klimakteriums** (Wechseljahre) hören die Eireifungen und die damit verbundenen Hormonausschüttungen langsam auf. Die Schwankungen im Hormonspiegel können dann zu Hitzewallungen, Gemütsschwankungen bis hin zu Depressionen führen. Aus diesem Grunde wird häufig in dieser Zeit eine Östrogenersatztherapie durchgeführt, die die Beschwerden der Wechseljahre lindern kann.
Die **Menopause** ist der postklimakterische Abschnitt im Leben einer Frau, in dem weder ein uteriner noch ein ovarieller Zyklus abläuft. Im Ovar befinden sich in diesem Lebensabschnitt keine Keimzellen mehr, und das Endometrium weist nur wenige inaktive Drüsen auf.

Scheide (Vagina)

Der Uterus (Gebärmutter) ragt mit seinem untersten Teil, der Portio vaginalis (meist kurz Portio genannt), in die Scheide hinein. Die Portio wird dementsprechend vom oberen Scheidenteil umgriffen. Die Scheide dient zur Aufnahme der ejakulierten Samenflüssigkeit und als Geburtskanal. Entsprechend den Bedürfnissen dieser Funktionen ist die Scheide sehr elastisch; sie läßt sich dehnen, ist

verformbar und legt sich trotzdem beim Geschlechtsakt fest um den Penis.

Bei der Geburt ist die Scheide locker und
nachgiebig, um den kindlichen Kopf und
Körper passieren zu lassen.

Anatomie der Scheide (Vagina)

Die Vagina ist ein 8–12 cm langer häutig-
muskulärer Schlauch (Abb. 13.9). Das blinde
Ende dieses Schlauches umgibt als Scheidengewölbe (Fornix vaginae) ringförmig die Portio vaginalis des Uterus. Der dorsal liegende
Teil, das hintere Scheidengewölbe, grenzt an
den tiefsten Punkt des Peritonealraumes, an
die Excavatio rectouterina (Douglas-Raum).

Normalerweise liegen die Wände der Vagina
flach aufeinander und bilden einen H-förmi-
gen schmalen Spalt. Unter der Wirkung einer

schwachen Muskelschicht ist die Wand in
Falten geworfen (Rugae vaginales), die als
Reservefalten für den Geburtsvorgang angesehen werden können, aber auch beim Geschlechtsakt (Koitus) als Reibefläche für den
Penis dienen. Vor dem ersten Koitus wird die
Vagina nach außen durch eine Schleimhaut-
platte („Jungfernhäutchen", Hymen) unvollständig verschlossen. Beim ersten Eindringen
eines Penis (Immissio penis) wird dieses
Häutchen bis auf kleine Reste zerstört (Defloration), ein Vorgang der schmerzhaft sein
kann und vielfach zu einer kleinen Blutung
führt.

Bau der Vaginalwand

Die Scheidenwand besteht aus einer Tunica
mucosa und einer Tunica muscularis.

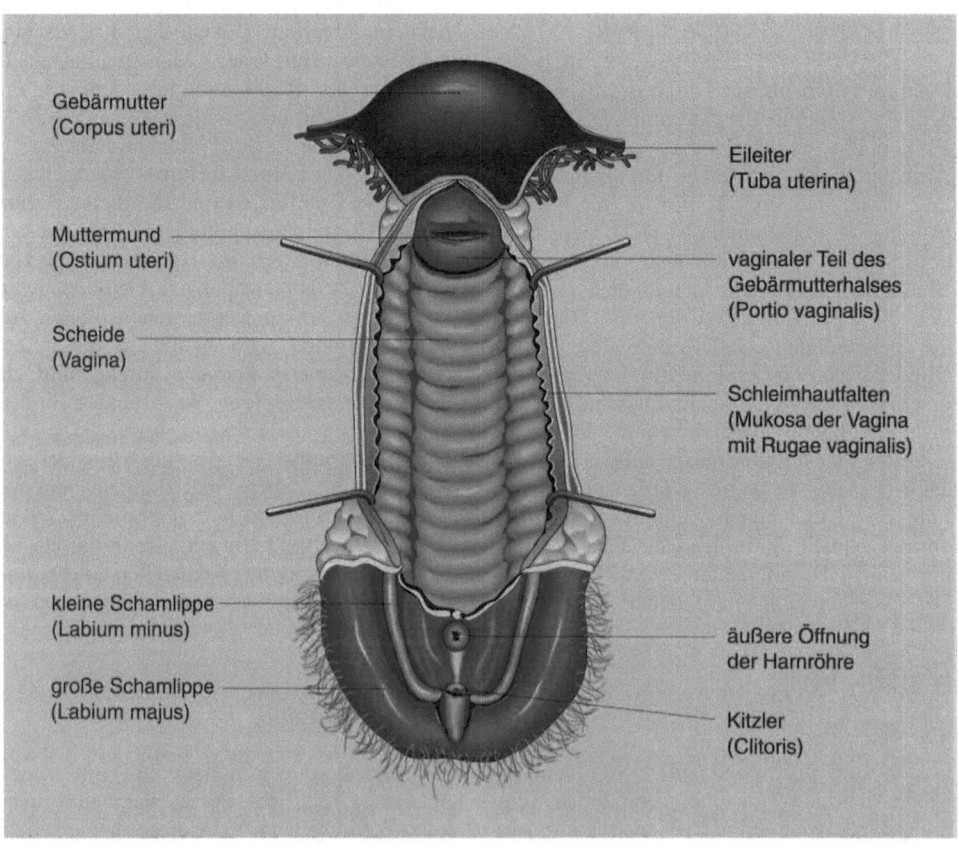

Abb. 13.9. Schnitt durch den weiblichen Genitaltrakt,
ausgehend vom Douglas-Raum (Excavatio rectouterina), dem tiefsten Punkt in der weiblichen Bauchhöhle. Der Muttermund ist als breiter Spalt ausgebildet,
wie er nach mehreren Geburten aussieht. Bei Frau-
en, die noch nicht geboren haben, ist er meist punktförmig. Die Schleimhautfalten der Vaginalwand können sich bei einem Geburtsvorgang strecken und dienen somit als Reservefalten für die Vergrößerung des
Geburtskanals. Die Vaginalwand ist mit Haken auf
die Seite gezogen, um einen besseren Einblick zu ermöglichen

Das Epithel der **Tunica mucosa** ist ein mehrschichtiges unverhorntes Plattenepithel. Die oberen Zellagen schilfern konstant ab und werden durch Neubildung aus der basalen Zellschicht ersetzt. Je nach Zykluszeitpunkt ändern die Zellen der Vaginalwand ebenfalls ihre Struktur, so daß sie auch für die Zyklusdiagnostik herangezogen werden können. Auffallend ist der hohe Gehalt an Glykogen in den oberen Zellagen. Das Glykogen dient den physiologischerweise in der Scheide vorhandenen Milchsäurebakterien (Lactobacillus vaginalis) als Nahrung. Das Glykogen der abgeschilferten Epithelzellen wird von den Bakterien (nach ihrem Entdecker auch als Döderlein-Stäbchen bezeichnet) zu Milchsäure zersetzt. Dadurch entsteht in der Scheidenflüssigkeit ein pH-Wert von 4,5, der als Säureschutz eine Besiedelung der Vagina mit pathogenen Keimen verhindern kann. Bei massivem Auftreten von pathogenen Keimen, z.B. durch Geschlechtsverkehr eingeführte Bakterien, ist dieser Säureschutz hoffnungslos überfordert.

Im Vaginalepithel sind keinerlei Drüsen vorhanden. Bei der Scheidenflüssigkeit handelt es sich um Sekrete aus den oberen Bereichen des Genitaltrakts sowie um ein Transsudat der in der Scheidenwand liegenden Blutgefäße. Beim Koitus werden diese Gefäße stärker durchblutet, so daß dann vermehrt Transsudat durch die Wand der Scheide tritt. Dies dient der Lubrikation (Erhöhung der Gleitfähigkeit) der Scheide. Die Propria (Schleimhautbindegewebe) der Tunica mucosa ist aufgrund der großen Anzahl feiner Blutgefäße sehr gut durchblutet.

Die Tunica muscularis besteht nur aus wenigen Fasern glatter Muskelzellen, die von Bindegewebezügen durchsetzt sind. Die Muskulatur geht ohne scharfe Begrenzung in adventitielles Bindegewebe über, das die Vagina mit der Urethra (Harnröhre) fest, mit den übrigen Organen des subperitonealen Raums (z.B. Rektum) aber nur locker verbindet. Die Scheide mündet in den Scheidenvorhof (Vestibulum vaginae), der Teil der äußeren Geschlechtsorgane ist.

Akzessorische Geschlechtsdrüsen

Im Bereich der Harnröhrenöffnung liegen im Vorhof die Ausführgänge kleiner muköser Drüsen, die der Vorhofbefeuchtung dienen.

Sie werden als **kleine Vorhofdrüsen** bezeichnet (Glandulae vestibulares minores). Diese Drüsen werden v.a. dann auffällig, wenn pathogene Keime in sie eindringen und sie sich entzünden.

Neben den kleinen Vorhofdrüsen sind auch **2 große Vorhofdrüsen** vorhanden (Glandulae vestibulares majores), die auch mit dem Eigennamen Bartholini-Drüsen bezeichnet werden. Das sind 2 ca. bohnengroße Drüsen, die in der Beckenbodenmuskulatur liegen. Die Ausführgänge der Drüsen münden im unteren Drittel auf der Innenseite der kleinen Schamlippen. Das Sekret der Bartholini-Drüsen ist leicht alkalisch und dient der Befeuchtung des Vorhofs während sexueller Erregung.

13.2.2 Primäre weibliche Geschlechtsorgane: äußere Organe (Vulva)

Die äußeren Geschlechtsorgane der Frau werden in ihrer Gesamtheit als **Vulva** bezeichnet (Abb. 13.10).

Schamberg (Mons pubis)

Der Schamberg (Mons pubis) als Teil der Vulva wölbt sich über der Symphyse vor (Abb. 13.10). Er wird gebildet durch subkutanes Fettgewebe, das in dieser Region stärker als in den angrenzenden Gebieten vorhanden ist. Die Haut des Schambergs wird durch Schamhaare bedeckt. Neben Talgdrüsen, die in die Trichter der Schamhaare münden, sind im Bereich des Mons pubis auch apokrine Schweißdrüsen (Duftdrüsen) vorhanden, die allerdings beim Menschen ihre Bedeutung weitgehend verloren haben.

Schamlippen (Labia pudendi)

An den Mons pubis schließen sich nach unten, zu beiden Seiten der Schamspalte (Rima pudendi), die **großen Schamlippen** an (Plural: Labia majora pudendi). Die großen Schamlippen sind fettreiche Hautfalten, die entwicklungsgeschichtlich dem Hodensack des Mannes entsprechen. Auf ihrer Außenseite tragen sie Schamhaare sowie apokrine und ekkrine Schweißdrüsen. Auf der Innenseite fehlen die Haare, es sind jedoch freie Talg-

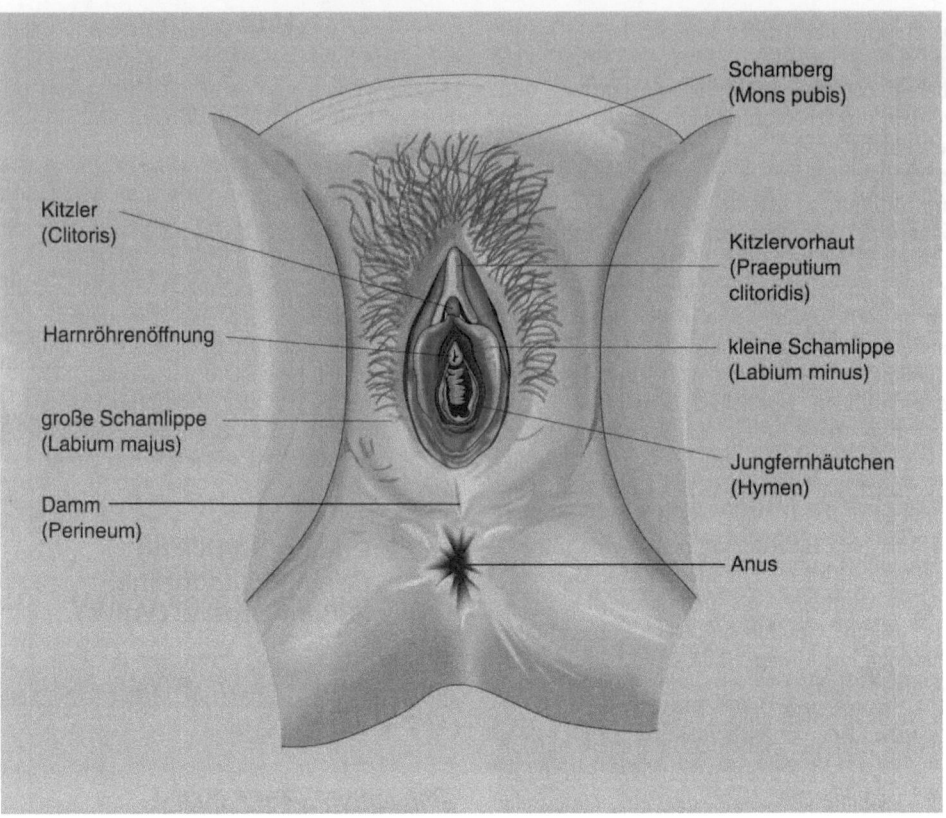

Schamberg
(Mons pubis)

Kitzler
(Clitoris)

Kitzlervorhaut
(Praeputium
clitoridis)

Harnröhrenöffnung

kleine Schamlippe
(Labium minus)

große Schamlippe
(Labium majus)

Jungfernhäutchen
(Hymen)

Damm
(Perineum)

Anus

Abb. 13.10. Äußere weibliche Genitalorgane. Damit bei einer Geburt der Dammbereich zwischen Vagina und Anus nicht reißt, wird häufig seitlich davon ein schräger Dammschnitt (Episiotomie) durchgeführt

drüsen vorhanden. An der Innenseite der großen Schamlippen liegen die **kleinen Schamlippen** (Labia minora pudendi). Sie umfassen den Scheideneingang. Die kleinen Schamlippen sind ähnlich gebaut wie die Innenseite der großen Schamlippen. Sie sind nicht behaart, tragen ein leicht verhorntes Plattenepithel und besitzen ebenfalls freie Talgdrüsen. Entwicklungsgeschichtlich entsprechen sie der Haut des Penis.

Die kleinen Schamlippen sind schlaffe Hautduplikaturen, die keine Subkutis (s. Kap. 14 Haut und Anhangsorgane) enthalten, im Gegensatz zu den großen Schamlippen. Im oberen Teil sind die kleinen Schamlippen aufgespalten. Die daraus entstehenden Hautfalten der beiden Schamlippen vereinigen sich oberhalb und unterhalb des Kitzlers (Glans clitoridis) und bilden auf diese Art eine Schutzkappe (Präputium), ähnlich der männlichen Vorhaut.

Vorhof (Vestibulum vaginae)

Die kleinen Schamlippen umgeben den Scheidenvorhof (Vestibulum vaginae). Der Vorhof wird gegen die Scheide durch das Hymen, eine halbmondförmige Hautfalte („Jungfernhäutchen"), begrenzt. Die Ausbildung des Hymens ist individuell sehr verschieden. Sie reicht von völligem Fehlen bis zu völligem Verschluß der Scheide. Beide Extremfälle treten allerdings nur sehr selten auf. Die nach der Durchstoßung des Hymens und v.a. nach einer Geburt noch vorhandenen Reste werden als Carunculae hymenales bezeichnet. Im Bereich des Vorhofs münden die kleinen und großen Vorhofdrüsen. Zwischen der Klitoris und der Scheide mündet die Harnröhre (Urethra) in den Vorhof (Abb. 13.10).

Kitzler (Klitoris, Glans clitoridis)

Die Klitoris ist Teil des Klitorisschwellkörpers (Corpus cavernosum clitoridis), der mit 2 Ästen auf beiden Seiten unter dem Schambein beginnt. Diese beiden Äste verschmelzen miteinander und bilden die Klitoris (Glans clitoridis) (Abb. 13.10). Der gesamte Schwellkörper inklusive Klitoris besteht aus Hohlräumen, die während sexueller Erregung mit Blut gefüllt werden. Dadurch wird die Klitoris aus den Hautfalten der Vorhaut herausgeschoben. Sie ist infolge ihres Nervenreichtums sehr empfindlich. Neben Tastkörperchen kommen v.a. Genitalnervenkörperchen vor.

Unterhalb der Klitoris, d.h. zwischen Klitoris und Vaginamündung, befindet sich die Harnröhrenmündung. Zu beiden Seiten des Scheidenvorhofs liegen an der Basis der kleinen Schamlippen die Vorhofschwellkörper (Singular: Bulbus vestibuli). Sie enthalten ebenfalls Hohlräume, die sich während sexueller Erregung mit Blut füllen, wodurch die kleinen Schamlippen stärker an den Penis gedrückt werden.

13.2.3 Sekundäre weibliche Geschlechtsmerkmale

Brustdrüse (Mamma)

Als sekundäres weibliches Geschlechtsmerkmal soll die Brustdrüse hier im Kapitel Geschlechtsapparat behandelt werden, obwohl sie von der Herkunft her (als Hautdrüse) eigentlich in Kap. 14 (Haut und Anhangsorgane) gehört.

Nach den Brustdrüsen bzw. ihrer Funktion ist eine ganze Tierklasse benannt worden: die Säugetiere (Mammalia).

Die Brustdrüse ist die größte Hautdrüse. Ihr Sekret, die Muttermilch, dient der Ernährung der Säuglinge. Sie ist die einzige Drüse, deren Sekret nicht dem eigenen Körper dient.

Die Entwicklung von der kindlichen Brustdrüse zur weiblichen Brust wird durch die Geschlechtshormone gesteuert.

Anatomie der Brustdrüse
Die Brustdrüse liegt verschieblich auf der Faszie des M. pectoralis major (Abb. 13.11), in Höhe der 3.–7. Rippe. Bei der unreifen Brustdrüse sowie bei der männlichen Brustdrüse (die zeitlebens auf der kindlichen Entwicklungsstufe stehenbleibt), liegt die Brustwarze (Papilla mammae) auf der Höhe des 4. Interkostalraums. Durch ein Aufhängeband (Ligamentum suspensorium mammae) ist die Brust an der Faszie des M. pectoralis aufgehängt. Daneben sind in der Brust Bindegewebezüge vorhanden, die ebenfalls an der Faszie ansetzen. Form und Größe der Brust sind sehr variabel und hängen von vielen Faktoren ab, z.B. Rasse, Alter, vorangegangene Schwangerschaften, Hormonspiegel im Blut sowie allgemeine Konstitution.

Die Vertiefung zwischen beiden Brüsten heißt Busen (Sinus mammarum) und nicht – wie fälschlicherweise oft angenommen wird – die Brust selbst.

Bau der Brust
Die Brustdrüse besteht aus einem Drüsenkörper, der in 15–20 **Lappen** aufgeteilt ist. Zwischen den einzelnen Lappen liegt Bindegewebe, das je nach Individuum mehr oder weniger mit Fett durchsetzt ist. In der nichtstillenden Brust (Mamma non lactans) ist es zur Hauptsache der **Fettkörper**, der durch seine Größe die Brustgröße bestimmt, nicht das Drüsengewebe selber.

Während der Schwangerschaft und der anschließenden Stillperiode ist eine Größenzunahme dann v.a. durch Vermehrung des **Drüsengewebes** bedingt. Die einzelnen Drüsenlappen sind radiär um die Brustwarze angeordnet. Jeder dieser Lappen stellt eine Einzeldrüse dar, die vom Typ her zu den tubuloalveolären Drüsen gehört. Jede dieser Drüsen besitzt einen **Milchgang** (Ductus lactiferus). Dies ist ein verzweigtes, teilweise bis zu 2 mm weites Röhrchen, in das das Drüsensekret, aus den Alveolen kommend, fließt. Die Milchgänge münden in **Milchbuchten** (Sinus lactiferi, Abb. 13.11); das sind Erweiterungen kurz vor der Brustwarze. Die Milchbuchten können bis zu 7–8 mm weit werden und dienen zur Zeit der Milchabsonderung als Behälter. Ehe sie in die Brustwarze münden, verengen sich die Milchbuchten wieder. Die **Brustwarze** (Papilla mammae) ist ein konischer Vorsprung, der von einem pigmentierten Warzenhof (Areola mammae) umgeben ist. Auf dem **Warzenhof** münden ca. 10–15 kreisförmig um die Warze angeordnete kleine Drüsen, die Montgomery-Knötchen (Glandulae areolares). Sie ähneln in ihrem Bau den Milchdrüsen. Ihre Funktion ist es, während des Stillvorgangs den für das Saugen nötigen

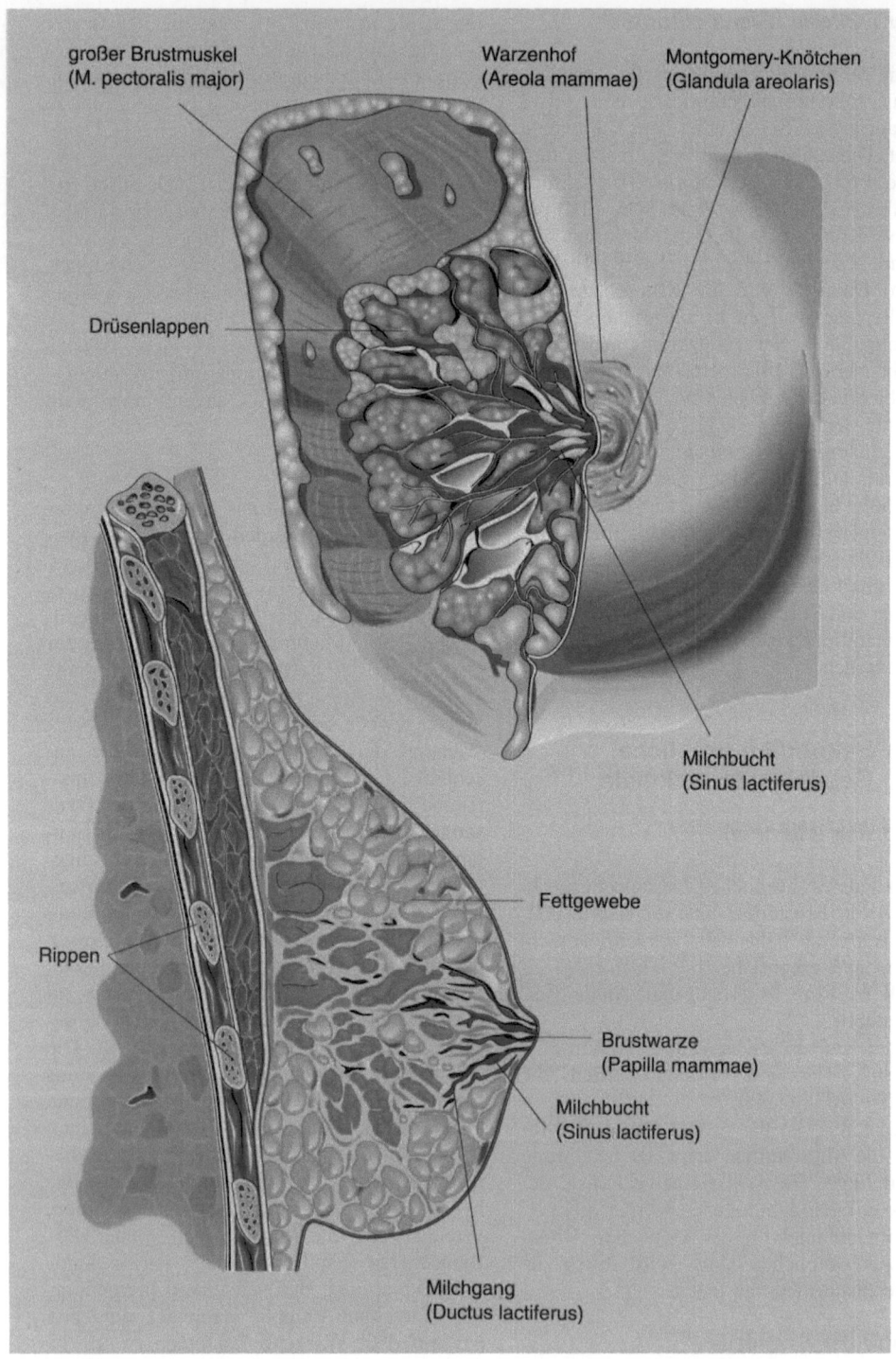

Abb. 13.11. Weibliche Brustdrüse mit den Drüsenlappen, *oben* in der Aufsicht, *unten* in einem Sagittalschnitt dargestellt. Die Brustwarze befindet sich bei einer jugendlich-straffen Brust auf der Höhe des vierten Zwischenrippenraums (Intercostalraum)

hermetischen Verschluß zwischen Mund des Säuglings und Warzenhof zu ermöglichen, indem sie eine geringe Menge an Flüssigkeit während des Saugaktes absondern.

In der Warze und im Warzenhof verlaufen Bündel von glatter Muskulatur, die sich bei Berührung der Brustwarze kontrahieren und damit zur Erektion der Brustwarze führen. Dies erleichtert den Saugvorgang. Hohlwarzen oder Flachwarzen, die sich nicht aufstellen (erigieren) können, bereiten häufig Schwierigkeiten beim Stillen.

Entwicklung der Brust

In Frühstadien der menschlichen Entwicklung ist auf jeder Körperseite eine **Milchleiste** vorhanden (Abb. 13.12). Eine solche Milchleiste besteht auch bei anderen Säugern und führt

bei diesen zur Entwicklung einer größeren Anzahl von Brustdrüsen.

Beim Menschen wird im Normalfall nur das 4. Paar dieser embryonalen Brustdrüsen entwikkelt, die anderen werden wieder zurückgebildet. Gelegentlich kann es jedoch vorkommen, daß durch Fehlentwicklung überzählige Brustdrüsen (**Hypermastie**) oder häufiger noch überzählige Brustwarzen (**Hyperthelie**) ausgebildet werden. Diese akzessorischen Warzen oder Drüsen liegen dann immer in der als Milchleiste bezeichneten Region.

Funktion der Brustdrüse

Von der Funktion und der damit in Verbindung stehenden Struktur der Brustdrüse unterscheidet man eine laktierende (Mamma lactans, milchgebende Drüse) von einer nichtlaktieren-

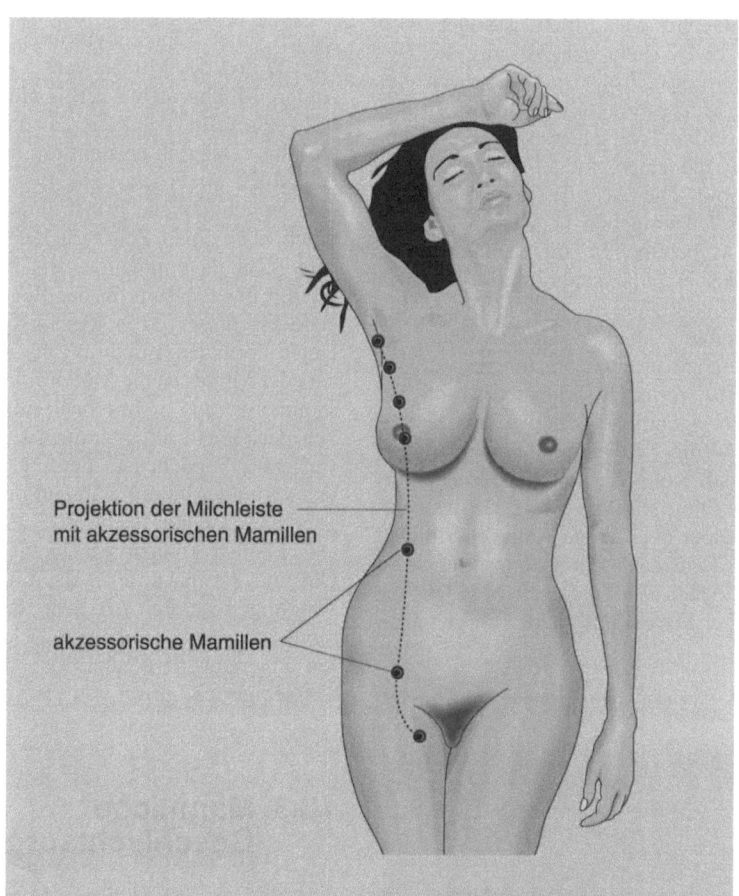

Projektion der Milchleiste
mit akzessorischen Mamillen

akzessorische Mamillen

Abb. 13.12. Milchleiste, auf die Körperoberfläche gezeichnet. Entlang dieser Leiste können zusätzliche Brustwarzen (Hyperthelie) oder zusätzliche Brustdrüsen (Hypermastie) vorkommen. Im Normalfall ist nur das 4. Paar der 7–8 embryonal vorhandenen Anlagen ausgebildet

den Brustdrüse (Mamma non lactans, nicht-milchgebende Brustdrüse).

Die Brüste entwickeln sich während der Pubertät unter dem Einfluß der weiblichen Hormone. Durch Östrogen kommt es zum Aussprossen der Drüsen. Dabei kann es häufig zu einer überschießenden Reaktion kommen. Große Brüste zur Zeit der Pubertät bilden sich häufig nach Abfall des Hormonspiegels in späteren Jahren wieder zurück. Die eigentliche Entwicklung des Drüsengewebes, d.h. der milchproduzierenden Gewebe (sezernierende Drüsenendstücke), setzt erst zur Zeit einer Schwangerschaft ein. Nach der Pubertät sind die Drüsengänge meist noch ohne Lumen und die Drüsenalveolen als sezernierende Endstücke gar nicht vorhanden. Während der Schwangerschaft kommt es unter der Wirkung von ovariellen und plazentaren Hormonen zu einer Aussprossung der Drüsengänge und Bildung der Alveolen, in denen nach der Geburt die Milch gebildet wird (s. Tabelle 13.1). Unter der Wirkung des Hypophysenhormons Prolaktin wird nach der Geburt die Milchproduktion gesteuert. In den Alveolen werden 2 verschiedene Sekretgranula gebildet; die einen enthalten Protein, die anderen Lipid. Die Alveolen sind von kontraktilen Zellen umgeben (s. Kap. 3 Histologie), den Myoepithelien, die sich unter der Wirkung des Hypophysenhormons Oxytozin (Ocytocin) kontrahieren und dadurch der Milchaustreibung dienen. Gegen Ende der Schwangerschaft produzieren die Brustdrüsen zunächst eine Vormilch (**Kolostrum**), die anders als die eigentliche Milch sehr viel Proteine und wenig Fett enthält. Es wird angenommen, daß Kolostrum auch viele Antikörper enthält. Dies ist sehr wichtig, da das Neugeborene selber noch keine Antikörper bildet. Erst ca. 3 Tage nach der Geburt kommt es zum Einschießen der eigentlichen Milch, die dann weniger Eiweiß und mehr Fett enthält.

Tabelle 13.1. Wirkungen der Hormone auf die Brustdrüse

Hormon	Wirkung
Östrogen	Wachstum der Milchgänge, Vorbedingung für Progesteronwirkung
Progesteron	Alveolenwachstum (Alveolen: Drüsenendstücke)
Prolaktin	fördert Milchproduktion
Oxytozin	fördert Milchfluß durch Kontraktion der Myoepithelien

Tabelle 13.2. Zusammensetzung der Muttermilch

Bestandteil	Menge/Anteil
Proteine	1–2%
Lipide	3–4%
Zucker	6–7%
Elektrolyte	0,2%
Wasser	87%
Nährwert	280 kJ/100 ml

In der Mamma non lactans sind praktisch keine Drüsenendstücke vorhanden.

Muttermilch

Die Lipide der Muttermilch liegen in kleinen membranumschlossenen Tröpfchen vor, d.h. sie sind emulgiert. Dadurch kommt die weiße Farbe der Milch zustande. Die Zusammensetzung der Muttermilch ist in Tabelle 13.2 angegeben.

Das wichtigste Milchprotein ist das **Kasein**, das unter Hitzeeinwirkung nicht denaturiert, jedoch unter Säureeinwirkung. Es macht ca. zwei Drittel des Milcheiweißes aus.

Andere Milchproteine, z.B. **Laktalbumin** und **Laktoglobulin** denaturieren unter Hitzeeinwirkung. Dadurch entsteht die Milchhaut.

Da Milch praktisch kein Eisen enthält, ist eine ausschließliche Ernährung durch Muttermilch über einen Zeitraum länger als 6 Monate nicht zu empfehlen. Bis zu 6 Monaten verfügt der Säugling in der Regel über genügend Eisenreserven in seinem Körper.

Unter normalen Ernährungsbedingungen seitens der Mutter ist die Muttermilch in ihrer Zusammensetzung nicht sehr beeinflußbar, lediglich der Gehalt an Vitaminen kann sehr stark variieren. Vorsicht ist allerdings bei Medikamenten und Alkohol während der Stillperiode geboten, da beide leicht in die Milch übertreten. Ebenso können verschiedene ätherische Öle und Aromastoffe in die Milch gelangen. Säuglinge reagieren z.B. sehr stark mit Ablehnung auf eine übermäßig mit Geschmacksstoffen angereicherte Muttermilch, wie u.a. nach ausgiebigem Konsum von Orangen.

13.3 Männliche Geschlechtsorgane

Wie bei der Frau sind auch beim Mann die primären Geschlechtsmerkmale bereits zum Zeitpunkt der Geburt vorhanden. Dazu gehören

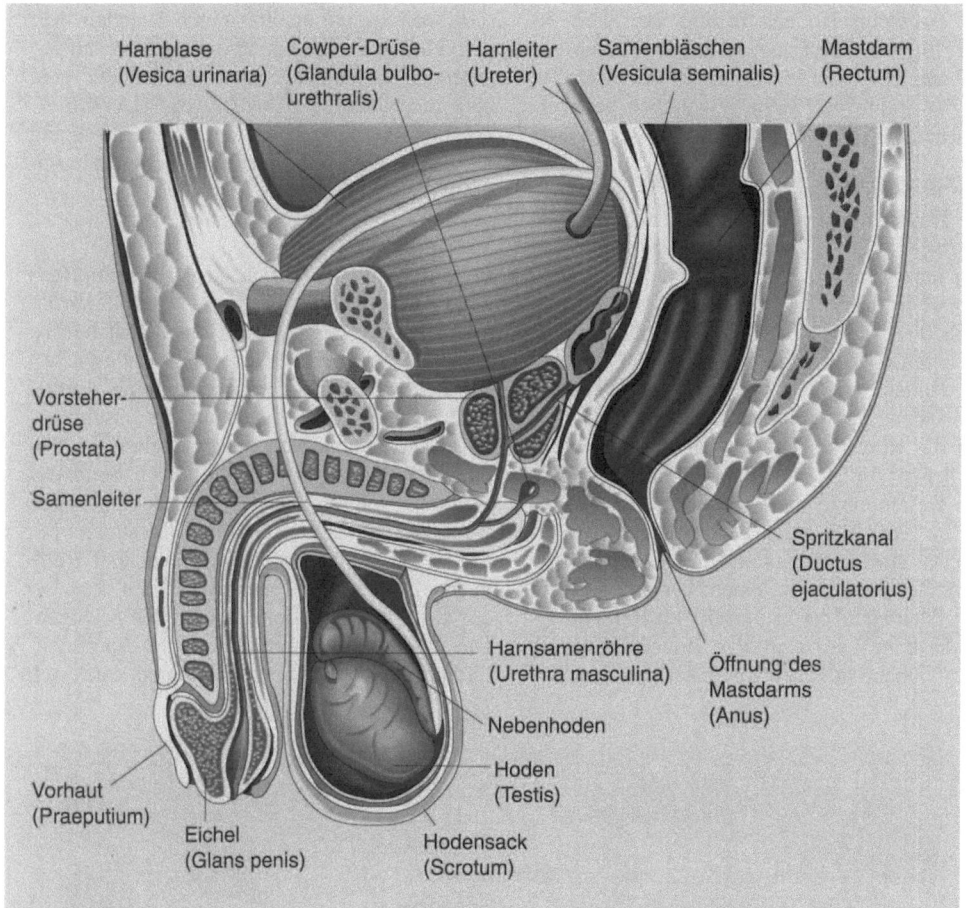

Harnblase
(Vesica urinaria)

Cowper-Drüse
(Glandula bulbo-
urethralis)

Harnleiter
(Ureter)

Samenbläschen
(Vesicula seminalis)

Mastdarm
(Rectum)

Vorsteher-
drüse
(Prostata)

Samenleiter

Spritzkanal
(Ductus
ejaculatorius)

Harnsamenröhre
(Urethra masculina)

Öffnung des
Mastdarms
(Anus)

Nebenhoden

Vorhaut
(Praeputium)

Hoden
(Testis)

Eichel
(Glans penis)

Hodensack
(Scrotum)

Abb. 13.13. Medianschnitt durch den männlichen Beckenbereich. Der Samenleiter befindet sich eigentlich außerhalb der Schnittebene, ist aber wegen der Verdeutlichung der Zusammenhänge mit eingezeichnet worden. Auf der Höhe des Samenleiters sind deshalb auch 2 Anschnitte des Schambeins (Os pubis) dargestellt

folgende innere und äußere Geschlechtsorgane (Abb. 13.13).

Innere Geschlechtsorgane des Mannes:
- Hoden (Testis),
- Nebenhoden (Epididymis),
- Samenleiter (Ductus deferens),
- akzessorische Drüsen:
Cowper Drüse (Glandula bulbourethralis),
Vorsteherdrüse (Prostata),
Samenbläschen (Vesicula seminalis).

Äußere Geschlechtsorgane des Mannes:
- Glied (Penis oder Phallus[21]),
- Hodensack (Skrotum).

---

[21] Phallus: in der naturwissenschaftlichen Terminologie selten bzw. nicht mehr verwendet; wird meist als Symbol der Kraft und Fruchtbarkeit gebraucht.

13.3.1 Innere Geschlechtsorgane des Mannes

Hoden (Testis)

Anatomie
Die Hoden haben wie die Ovarien eine Doppelfunktion. Auf der einen Seite sind sie verantwortlich für die Keimzellenbildung, auf der anderen Seite funktionieren sie als Hormonproduzenten.
Die ausgewachsenen Hoden haben ungefähr die Form und Größe eines kleinen Hühnereies. Sie liegen außerhalb der Bauchhöhle in einer Hauttasche, dem Hodensack (Skrotum). Oben auf den Hoden und entlang ihrer Rückseite liegen die Nebenhoden. Das Gewicht ei-

nes einzelnen Hodens beträgt zwischen 30 und 50 g. In der Länge mißt ein Hoden ca. 4–5 cm. Der linke Hoden ist oft etwas größer als der rechte und steht gewöhnlich auch etwas tiefer im Hodensack.

Bau und Funktion des Hodens

Die Hoden sind außen von einer derben Bindegewebehülle (Tunica albuginea) umgeben. Von ihr strahlen radiär Septen auf einen Bindegewebekörper zu, das Mediastinum testis (Abb. 13.14). Diese Scheidewände sind v.a. im unreifen Hoden stark ausgebildet. Im reifen Hoden sind sie nur noch unvollständig vorhanden. Zwischen den Scheidewänden liegen die Hodenkanälchen (Tubuli seminiferi), in denen die Keimzellen gebildet werden. Die Gesamtlänge aller Hodenkanälchen wird auf ca. 200–300 m geschätzt. Die Hodenkanälchen sind stark gewunden, sie stellen eine Schlaufe dar, die in einen kurzen, geraden Anteil mündet, der seinerseits im Bereich des Mediastinum testis in das Hodennetz (Rete testis) übergeht. Das Hodennetz ist ein Sy-

stem von weiten spaltförmigen Kanälen. Mit dem Hodennetz beginnen die eigentlichen ableitenden Samenwege. Das Hodennetz geht über die ableitenden Samenwege (Ductuli efferentes; ca. 12–20) in den Nebenhodengang über, der seinerseits in den Samenleiter mündet (s. unten).

Spermienbildung

In den Hodenkanälchen (Tubuli seminiferi) liegen die samenbildenden Zellen, die Spermatogonien. Das Epithel der Hodenkanälchen ist so angelegt, daß die am wenigsten entwickelten Zellen in einem mehrschichtigen Epithel an der Basis liegen, direkt auf der Basalmembran. Die am weitesten entwickelten Stadien hingegen liegen auf der luminalen Seite des Epithels. Während der Reifung zu Spermien wandern die Zellen von der Basalmembran nach oben, um dort bei entsprechender Reife in das Lumen abgegeben zu werden, von wo aus sie zunächst in den Nebenhoden gelangen. Die eigentlichen Stammzellen der Spermienbildung sind die Spermatogonien, die sich

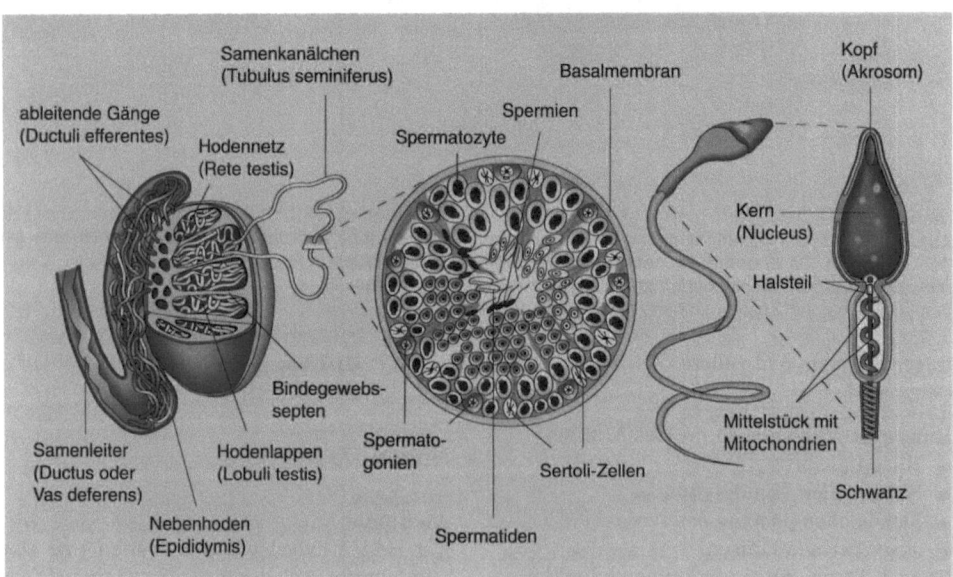

Abb. 13.14. Hoden mit Nebenhoden, auf der *linken Seite* der Abbildung dargestellt. Die ableitenden Gänge (Plural: Ductuli efferentes) leiten die Spermien aus dem Hoden in den Nebenhodengang (Ductus epididymidis), der seinerseits im Samenleiter (Ductus/Vas deferens) mündet. In der *Mitte* ist ein Samenkanälchen (Tublus seminiferus) des Hodens gezeigt mit verschiedenen Reifungsstadien von der Spermatogonie bis hin zum reifen Spermium. Auf der *rechten Seite* der Abbildung ist ein ganzes Spermium und

sein Kopf und Mittelstückteil dargestellt. Im Mittelstück ist ein Mitochondrium um den Zentralteil gewunden. Auf dem Kopf sitzt die Kopfkappe (Akrosom), in der sich die für die Durchdringung der Eihüllen notwendigen Enzyme befinden (Akrosin, koronapenetrierendes Enzym und Hyaluronidase). Die *gestrichelten Linien* weisen auf den verwendeten Ausschnitt für die Detailzeichnungen (*Mitte* und *rechts*) hin

vom Beginn der Pubertät bis zum Lebensende konstant durch Mitose teilen. Dadurch werden 2 Zelltypen gebildet, die Spermatogonien A (die sich weiter mitotisch teilen) und die Spermatogonien B (die in die Meiose eintreten). Durch die Meiose resultieren aus einer Spermatogonie B, über verschiedene Zwischenstadien, 4 Spermien, die alle nur einen haploiden Chromosomensatz besitzen (23 Chromosomen). An der Reifung der verschiedenen Zwischenstadien, bis hin zum reifen Spermium, sind Sertoli-Zellen maßgeblich beteiligt. Sie erfüllen die Funktion einer Ammenzelle, die während der Reifung die Zellen mit ihrem Zytoplasma umfließt. Von der Spermatide (schwanzlose Vorstufe des Spermiums) bis hin zum reifen Spermium stehen die Sertoli-Zellen in engem Kontakt mit den diversen Entwicklungsstadien (Abb. 13.14).

Hormonproduktion

Durch Hypophysenhormon gesteuert (ICSH, interstitial cell stimulating hormone), das mit dem LH (luteinisierendes Hormon der Frau) identisch ist, beginnen im interstitiellen Bindegewebe liegende Zellen zum Zeitpunkt der Pubertät, ihre Funktion aufzunehmen. Diese Zellen werden nach ihrem Entdecker auch als Leydig-Zwischenzellen bezeichnet. Sie sind verantwortlich für die Bildung von Testosteron, das primäre männliche Geschlechtshormon. Testosteron ist für die Ausbildung der sekundären Geschlechtsmerkmale verantwortlich und spielt auch bei der Reifung der Samenzellen eine bedeutende Rolle. Auch für die Steuerung des Geschlechtstriebs hat Testosteron eine große Bedeutung.

Spermien

Während der Reifung von der Spermatogonie bis zum reifen Spermium verlieren die Zellen den größten Teil ihres Zytoplasmas. Das reife Spermium besteht aus Kopf, Hals, Mittelstück und Schwanz (Abb. 13.14).
Der **Kopf** enthält praktisch nur noch den Zellkern der Spermatide mit den dicht gepackten Chromosomen. Oben auf dem Kopf sitzt eine aus dem Golgi-Apparat hervorgegangene **Kopfkappe**, das Akrosom. Es enthält Enzyme (Hyaluronidase, Akrosin, corona penetrating enzyme), die für den Befruchtungsvorgang von größter Bedeutung sind.
Über einen engen **Halsteil** ist der Kopf mit dem Mittelstück verbunden. Das **Mittelstück**

enthält den Achsenfaden (wichtig für die Bewegung des Spermiums), um den herum Mitochondrien als Energielieferanten angeordnet sind. Der längste Teil des Spermiums, der **Schwanz**, ist ebenfalls vom Achsenfaden durchzogen, er enthält sonst praktisch keine weiteren Strukturen. Der Achsenfaden besteht aus Mikrotubuli, die durch kontraktile Proteine eine Bewegung des Spermienschwanzes ermöglichen. Der Kopf hat eine Länge von ca. 3–5 µm, ist in der Aufsicht oval, von der Seite betrachtet birnenförmig. Das Mittelstück ist ca. 6 µm lang, und der Schwanz hat eine Länge von 30–40 µm.

Abstieg der Hoden (Descensus testis)

Die Hoden liegen während der Entwicklung in der Bauchhöhle. Erst am Ende der Fetalzeit treten sie in den Hodensack ein. Hierbei werden sie geleitet vom unteren Keimdrüsenband (Gubernaculum testis). Durch diesen Vorgang werden sie der intraabdominalen Körperwärme entzogen, die ca. 3–5 °C über der Temperatur im Hodensack liegt. Die tiefere Temperatur des Hodensacks ist notwendig für die Spermienbildung.
Wenn der Abstieg der Hoden nicht erfolgt, spricht man von Kryptorchismus (Hodenhochstand). Kryptorche Hoden sind nicht in der Lage, Spermien zu bilden, jedoch können sie Testosteron bilden.
Die Hoden sollten am Beginn des 8. Schwangerschaftsmonats im äußeren Leistenring liegen, also schon durch den Leistenkanal hindurchgetreten sein. Am Anfang des 9. Monats sollten sie im Skrotum liegen.
Der Descensus (der Abstieg) nimmt seinen Weg entlang der hinteren Wand einer Peritonealausstülpung, die in den Hodensack hineinreicht. Die Verbindung mit dem Bauchraum verödet in der Regel. Geschieht das nicht, können Darmschlingen bis in das Skrotum gelangen (Bruch). Wenn die Verbindung mit dem Bauchraum nur teilweise verödet, können aus den Resten flüssigkeitsgefüllte Zysten werden; diese bezeichnet man als Hydrozoele.
Aus der Peritonealausstülpung, die während des Descensus testis mit in den Hodensack gelangt, bildet sich um die Hoden und Nebenhoden ein doppelwandiger Serosaüberzug. Dadurch wird die Beweglichkeit der Hoden und Nebenhoden gewährleistet. Das innere Blatt dieses Überzugs ist das Epiorchium, das äußere Blatt das Periorchium. Zwischen

beiden ist eine geringe Menge an Flüssigkeit
vorhanden.

Nebenhoden (Epididymis)

Die Nebenhoden sitzen oben auf und hinter
den Hoden, mit denen sie fest verwachsen
sind. Am Nebenhoden unterscheidet man:
- Kopfteil (Caput epididymidis),
- Körper (Corpus epididymidis),
- Schwanz (Cauda epididymidis).

Der **Kopfteil** sitzt oben dem Hoden auf und
enthält v.a. die Ductuli efferentes (ausführen-
de Gänge) und einen Teil des Nebenhodengan-
ges.
Der **Körper** verjüngt sich entlang der Hinterseite des Hodens und geht über in den **Nebenhodenschwanz**, der seinerseits in den
Ductus (Vas) deferens mündet.
Im Körper und im Schwanz befindet sich ein
unverzweigtes stark gewundenes Gangsy-
stem, das der endgültigen Reifung der Spermien und ihrer Speicherung dient, der Nebenhodengang. Er schlängelt sich durch das
ganze Organ und hat eine Gesamtlänge von
ca. 5 m. Im Nebenhoden machen die Spermien einen letzten Reifungsprozeß durch, indem sie ihre endgültige Form annehmen, d.h.
letzte Zytoplasmabezirke abschnüren.
Da der Energievorrat der Spermien nur sehr
beschränkt ist, dürfen sie sich nicht bewegen,
bevor sie sich nicht im weiblichen Genitalapparat befinden. Aus diesem Grunde wird
vom Nebenhodengang ein leicht saures Sekret abgegeben, das u.a. dazu dient, die Spermien in ihrer Beweglichkeit zu hemmen. Sie
können bei saurem pH-Wert keine Eigenbewegung durchführen. Erst durch die – während der Ejakulation beigefügten – alkalischen Sekrete werden sie mobil.
Die eigentliche Speicherung der Spermien
geschieht im Nebenhodengangteil, der sich
im Nebenhodenschwanz befindet. Von hier
werden sie durch Kontraktion der Muskulatur
im Nebenhodengang peristaltisch in den Samenleiter (Ductus deferens) transportiert.

Samenleiter (Ductus deferens)

Für den **Samenleiter** wird auch der Begriff
Vas deferens verwendet, von dem sich der
Begriff Vasektomie (Unterbindung) ableitet.

Der Samenleiter schließt sich an den Nebenhodengang an. Er ist ein ca. 3–4 mm dickes
sehr muskelstarkes Hohlorgan, das die Spermien während der Ejakulation (Austreibung
der Samenflüssigkeit) transportiert. Die Länge des Samenleiters beträgt ca. 50–60 cm. Er
läuft, in Fortsetzung des Nebenhodenschwan-
zes, vom unteren Hodenpol am Nebenhoden
entlang aufwärts. Gemeinsam mit der Hodenarterie (A. testicularis), den dazugehörigen
Venen (Plexus pampiniformis) und verschiedenen Nerven bildet er den Samenstrang
(Funiculus spermaticus). Dieser ist vom Ho-
denhebermuskel (M. cremaster) und verschiedenen Bindegewebehüllen umschlossen. All
diese im Samenstrang zusammengefaßten Gebilde ziehen über die Leistenregion durch
den Leistenkanal (Canalis inguinalis), d.h.
von außen, in die Bauchhöhle hinein. Hier
erreicht der Samenleiter unter dem Harnbla-
senboden die Vorsteherdrüse (Prostata) und
mündet innerhalb dieser Drüse auf dem Samenhügel (Colliculus seminalis).
Die **Wand des** Ductus deferens ist sehr mus-
kelstark. Es sind 3 Muskelschichten vorhanden:
- eine innere Längsmuskelschicht,
- eine mittlere Ringmuskelschicht und
- eine äußere Längsmuskelschicht.

Dadurch erhält der Ductus deferens fast eine
knorpelige Konsistenz. Die Schichten der
Muskulatur sind spiralig gewunden und stehen untereinander in Verbindung.

Akzessorische Geschlechtsdrüsen

Samenbläschen (Vesicula seminalis)
Einige Zentimeter vor der Prostata erweitern
sich die Samenleiter zur Ampulle (Ampulla
ductus deferentis). Bevor sie in der Prostata
münden, nehmen sie noch die Ausführgänge
des Samenbläschens (Vesicula seminalis) auf
(Abb. 13.13 und 13.15). Diese ca. 4–5 cm lange, bauchig gewundene Drüse bildet ein alkalisches Sekret, das zusammen mit dem Prosta-
tasekret die Hauptmenge des Ejakulats ausmacht. Die alkalische Reaktion des Sekrets
fördert die Beweglichkeit der Spermien, die
ja – da aus saurem Milieu kommend – zuerst
mobilisiert werden müssen. Die im Körper
weit verbreiteten Prostaglandine wurden zuerst in der Samenflüssigkeit entdeckt. Sie
stammen jedoch nicht, wie anfangs angenom-

men, aus der Prostata, sondern aus dem Samenbläschen. Prostaglandine haben vielfältige Wirkungen, so wirken sie z.B. sowohl entspannend wie auch kontrahierend auf die Eingeweidemuskulatur.

Der letzte Teil des Vas deferens liegt in der Prostata und heißt Spritzkanal (Ductus ejaculatorius). Das Lumen dieses Spritzkanals ist sehr eng, dadurch erhält das Ejakulat eine hohe Beschleunigung, bevor es in die Harnröh-

re mündet, die damit zur Harnsamenröhre wird. Diese Beschleunigung ist notwendig, damit das Ejakulat bis an die Körperoberfläche gelangen kann.

Vorsteherdrüse (Prostata)

Die Vorsteherdrüse hat ihren Namen der Tatsache zu verdanken, daß sie vor der Harnblase steht (Abb. 13.13 und 13.15). Sie umschließt ringförmig das aus der Harnblase

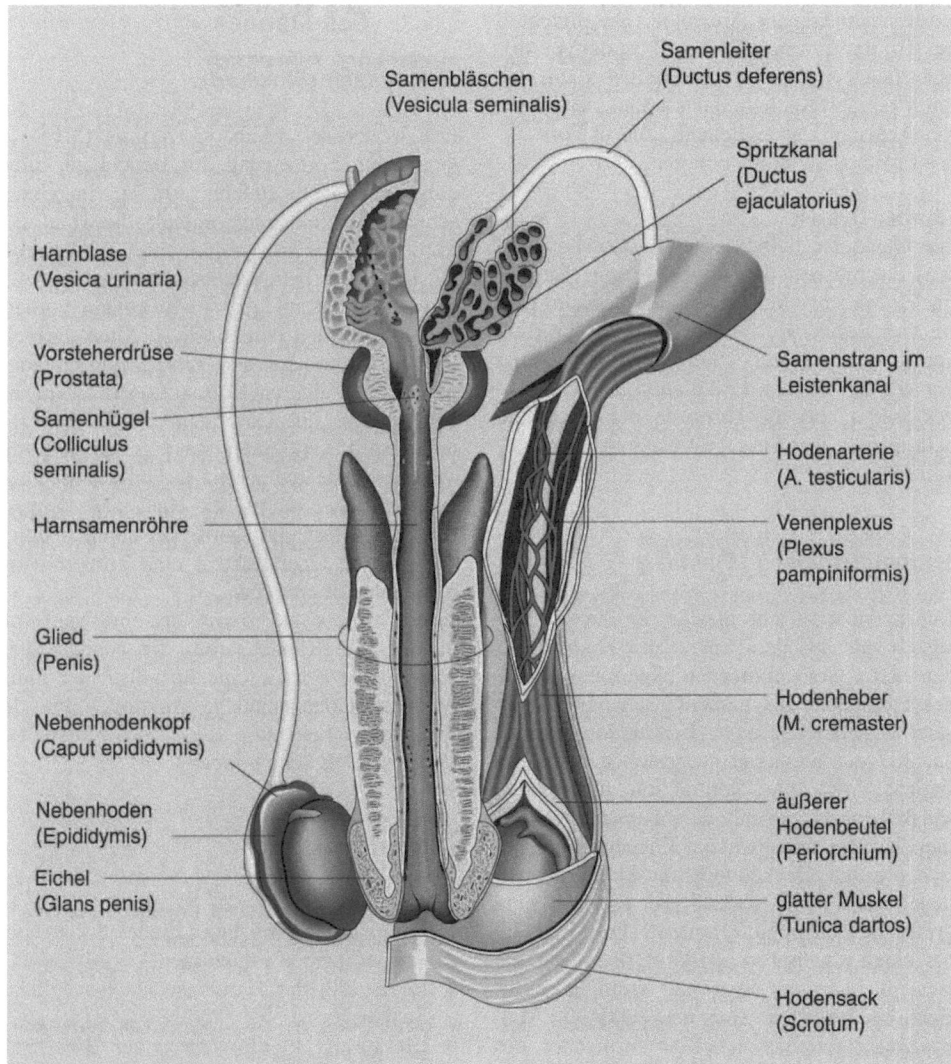

Abb. 13.15. Ventralansicht der inneren und äußeren männlichen Geschlechtsorgane. Die Harnsamenröhre ist in aufgeschnittenem Zustand gezeichnet. Auf der *rechten* Abbildungsseite ist der Samenstrang (Funiculus spermaticus) gezeichnet mit Samenleiter und

dem Venenplexus (Plexus pampiniformis). Auf der *oberen rechten* Abbildungshälfte ist anstatt der Harnblase (wie *links* zu sehen) das hinter der Harnblase liegende Samenbläschen (Vesicula seminalis) und der Samenleiter (Ductus deferens) gezeichnet

austretende Stück der Harnröhre (Pars prostatica). Die Prostata hat ungefähr die Größe einer Eßkastanie. Sie besteht aus ca. 30–50 tubuloalveolären Einzeldrüsen, die ein glasiges,
leicht saures Sekret sezernieren. Gelegentlich
dickt das Sekret bereits im Lumen der Drüse
ein und gibt damit Anlaß zur Bildung von
Prostatasteinen.

Die Ausführgänge der Prostata münden links
und rechts des Colliculus seminalis in die
Harnsamenröhre. Die Prostata besitzt einen
östrogenabhängigen Innenteil und einen te-
stosteronabhängigen Außenteil. Der Innenteil
ist für die physiologische Prostatahypertro-
phie (auch Hyperplasie) verantwortlich, die
im Alter gelegentlich das Lumen der Harnröhre beengt. Der Außenteil kann in Form eines Prostatakarzinoms entarten.

Cowper-Drüsen
Die Glandulae bulbourethrales (Cowper-Drüsen) entsprechen den Vorhofdrüsen (Bartholini-Drüsen) der Frau. Sie sind ebenfalls paarig und liegen wie bei der Frau in der Bek-
kenbodenmuskulatur. Sie sezernieren kurz
vor der eigentlichen Ejakulation ein schleimiges Sekret, das die Urinreste der Harnröhre
neutralisiert. Das Sekret ist wasserklar und alkalisch.

Samenflüssigkeit (Ejakulat)

Das Ejakulat ist eine glasige, weißliche Flüssigkeit, die aus dem Sekret des Hodens mit
den darin schwimmenden Spermien sowie
der Flüssigkeit aus Samenbläschen und Prostata besteht. Bei einer Ejakulation werden
ca. 2–3 ml Flüssigkeit ausgestoßen. Dies geschieht durch die Kontraktion der glatten
Muskulatur in Nebenhoden, Samenleiter, Samenbläschen und Prostata. Gleichzeitig zieht
sich die tiefe Beckenbodenmuskulatur rhythmisch zusammen, so daß das Ejakulat eine
große Beschleunigung erfährt. Das Ejakulat
hat einen alkalischen pH-Wert (8,3), der die
Beweglichkeit der Spermien ermöglicht. Im
Ejakulat befinden sich ca. 200–300 Mio.
Spermien, die aus dem Samenspeicher des
Nebenhodens stammen.

Ein folgendes zweites und drittes Ejakulat
enthält in der Regel weniger Spermien; jedoch sollte man nicht darauf vertrauen, daß
weitere Ejakulate nicht mehr zu einer Befruchtung führen können.

Im Unterschied zum Menstruationszyklus der
Frau werden beim Mann kontinuierlich, ohne
zyklischen Ablauf, Spermien gebildet. Auch
wenn die Menge an Spermien ca. ab dem 25.
Lebensjahr kontinuierlich abnimmt, bleibt die
Zeugungsfähigkeit teilweise bis ins hohe Alter erhalten. Eine dem Klimakterium der Frau
vergleichbare Phase des Lebens gibt es beim
Mann nicht.

13.3.2 Äußere Geschlechtsorgane des Mannes

Hodensack (Skrotum)

Der Hodensack (Abb. 13.13 und 13.15) ist
quasi eine Fortsetzung der Bauchhaut, allerdings mit einem anderen Aufbau. Im Unterschied zur Bauchhaut enthält die Haut des
Skrotums keinerlei subkutanes Fettgewebe.
Anstelle des Fettgewebes ist eine spezielle
Muskelschicht aus glatter Muskulatur vorhanden, die Tunica dartos. Diese Muskelschicht
ist die Grundlage der Temperaturregulation
im Skrotum. Durch Kontraktion der Muskelzellen kann die Oberfläche stark gerunzelt
und damit verkleinert werden, so daß die
Wärmeabgabe reduziert ist. Umgekehrt kann
sich bei hoher Wärme die Haut stark dehnen,
so daß sie fast glatt wird, um damit – durch
die größere Oberfläche – eine größere Wärmeabgabe zu erreichen.

In der Mitte des Skrotums ist eine Naht vorhanden, die Raphe scroti, die aus der Verschmelzung der Geschlechtswülste der indifferenten Gonadenanlage stammt. Bei der
Frau entwickeln sich die Geschlechtswülste
in die großen Schamlippen.

Glied (Penis)

Anatomie
Der Bau des männlichen Gliedes erklärt sich
aus seinen beiden Funktionen:
- Entleerung der Harnblase als beweglicher
  Schlauch,
- Einführung in die Vagina zur Samenent-
  leerung als versteiftes Glied.

Rein äußerlich unterscheidet man am Penis
den Schaft (Corpus penis) und die Eichel
(Glans penis) mit der Vorhaut (Preputium)
(Abb. 13.16).

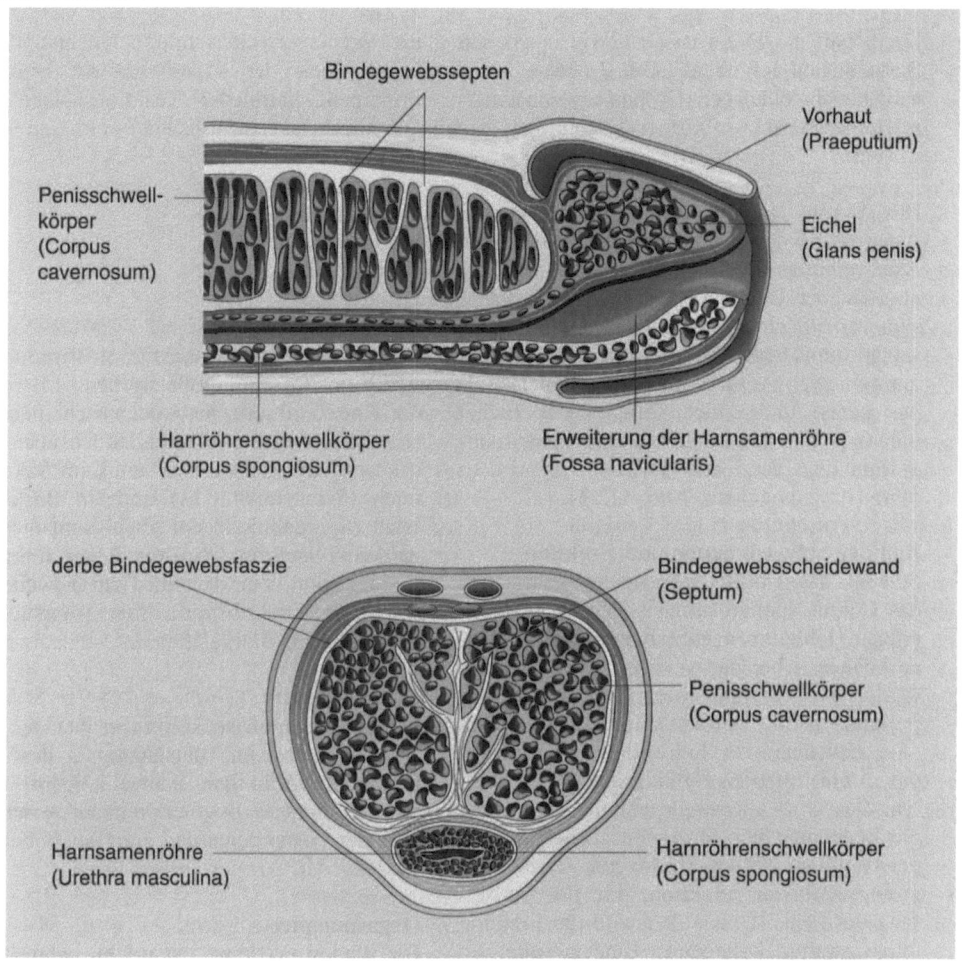

Bindegewebssepten

Vorhaut
(Praeputium)

Penisschwell-
körper
(Corpus
cavernosum)

Eichel
(Glans penis)

Harnröhrenschwellkörper
(Corpus spongiosum)

Erweiterung der Harnsamenröhre
(Fossa navicularis)

derbe Bindegewebsfaszie

Bindegewebsscheidewand
(Septum)

Penisschwellkörper
(Corpus cavernosum)

Harnsamenröhre
(Urethra masculina)

Harnröhrenschwellkörper
(Corpus spongiosum)

Abb. 13.16. Längsschnitt (*oben*) und Querschnitt (*unten*) durch den Penis. Auf der oberen Abbildung wird deutlich, daß der Penisschwellkörper (Corpus cavernosum) von bindegewebigen Septen unterkammert ist. Der Harnröhrenschwellkörper (Corpus spongiosum) ist schwächer ausgebildet als der Penisschwellkörper, damit während der Ejakulation das Lumen nicht vollständig verschlossen wird

Die Haut des Schaftes ist sehr dehnbar und verschieblich. Sie muß sich den verschiedenen Dehnungszuständen anpassen können. Der Vorderteil der Penishaut, das Preputium, ist eine Hautduplikatur, die die Eichel bedeckt, schützt und die als Reservefalte dient. Wenn die Vorhaut zu eng ist, so daß sie nicht über die Eichel geschoben werden kann, redet man von einer **Phimose** (Vorhautverengung). Wenn bei einer Phimose die Vorhaut gewaltsam zurückgezogen wird, kann die Glans penis eingeschnürt und von der Blutversorgung abgeschnitten werden. Durch eine Vorhautverengung kommt es zu Problemen bei der Kohabitation (Beischlaf). Aus diesen Gründen muß eine Phimose durch einen kleinen Eingriff behoben werden.

Das Smegma, das aus der Absonderung der Vorhautdrüse, und aus abgeschilferten Epithelzellen und deren durch Bakterien gebildeten Zersetzungsprodukten besteht, kann im Falle einer Phimose zu Entzündungen führen (Balanitis). In warmen Ländern, in denen das Smegma rascher durch Bakterien zersetzt wird als in gemäßigten Klimazonen, hat man schon seit Jahrhunderten solchen Zuständen durch Beschneidungen (Zirkumzision) vorgebeugt.

Der Schaft des Penis ist aus 2 verschiedenen Bestandteilen aufgebaut (Abb. 13.16):
● Penisschwellkörper (Corpus cavernosum),
● Harnröhrenschwellkörper (Corpus spongiosum).

Das Corpus cavernosum entspringt mit 2 Ästen unterhalb des Schambeins. Die beiden Äste vereinigen sich an der Wurzel des Penis. Auf der Unterseite des Corpus cavernosum verläuft eine Furche, in der das Corpus spongiosum liegt. Das Corpus spongiosum nimmt seinen Anfang mit der Zwiebel (Bulbus penis) und endet vorn in der Eichel (Glans penis). Im Inneren des Corpus spongiosum liegt der letzte Teil der Harnsamenröhre (Pars spongiosa, Abb. 11.13).

Bau der Schwellkörper und Erektion

Sowohl das Corpus cavernosum wie auch das Corpus spongiosum sind aus schwammartigen Hohlräumen aufgebaut, die Blut stauen können. Über das versorgende Gefäß, die A. dorsalis penis und ihren tiefen Ast der A. profunda penis, werden spiralartige Arterien (Aa. helicinae) im Schwellkörper versorgt, die zu einer starken Füllung des Organs führen. Das wird allerdings erst möglich durch die Betätigung von Drosselmechanismen, die den venösen Abfluß erschweren. Dies führt zwangsläufig zur Erektion, d.h. der Versteifung des Penis. Unterstützt wird die Erektion durch straffes kollagenes Bindegewebe um das Corpus cavernosum herum, das der Blutfüllung Widerstand leistet und damit für den Druckaufbau mitverantwortlich ist.

Das Corpus spongiosum enthält die Harnsamenröhre, die während der Ejakulation Samenflüssigkeit passieren lassen muß. Es darf aus diesem Grunde nicht so stark erigieren wie das Corpus cavernosum, sonst wäre der Transport des Ejakulates nicht mehr möglich.

13.4 Fortpflanzung

13.4.1 Geschlechtsverkehr (Kohabitation)

Für die Befruchtung einer Eizelle ist in der Regel der Geschlechtsverkehr die Voraussetzung. Die Potentia coeundi (Fähigkeit zum Geschlechtsverkehr) setzt beim Mann voraus, daß der Penis erigiert, und bei der Frau, daß die Vagina erweitert und befeuchtet werden kann.

Prinzipiell kann der Reaktionsablauf beim Geschlechtsakt in folgende 4 Phasen unterteilt werden:
● Erregungsphase,
● Plateauphase,
● Orgasmusphase,
● Rückbildungsphase.

Erregungsphase

Die Erregungsphase kann auf verschiedene Arten positiv beeinflußt werden, z.B. durch optische, olfaktorische, mechanische und psychische Reize, die alle schließlich über Teile des vegetativen Nervensystems im Sakralbereich (Parasympathikus) und im Beckenbereich (Sympathikus) das Erfolgsorgan (Vagina/Penis) beeinflussen. Beim Mann führt dies zur Erektion, bei der Frau zur Erweiterung der Vagina und zu vermehrter Transsudatbildung aus den Blutgefäßen der Vaginalwand.

Plateauphase

In der Plateauphase kommt es bei der Frau zu einer massiven Blutstauung in der Vaginalwand und in den Schwellkörpern. Beim Mann kommt es zu einer weiteren Anschwellung der Glans penis und zum Ausstoßen des Sekretes der Cowper-Drüsen.

Orgasmusphase

Die Orgasmusphase entspricht beim Mann der Ejakulation und dauert damit nur wenige Sekunden. Während der Ejakulation kommt es zu einer Kontraktion der Muskulatur des Beckenbodens sowie zur Kontraktion sämtlicher glatten Muskelzellen in den an der Ejakulatbildung beteiligten Organen.

Bei der Frau kommt es zur Ausbildung einer orgastischen Manschette in der Vaginalwand, bedingt durch vermehrte Füllung der Venen. Gleichzeitig treten rhythmische Kontraktionen der Vaginalmuskulatur, der Beckenbodenmuskulatur und der Uterusmuskulatur auf, die im Abstand von ca. 0,8 s aufeinanderfolgen. Die Orgasmusphase kann bei der Frau wesentlich länger als beim Mann dauern.

Gleichzeitig kommt es bei beiden Geschlechtern, durch die Genitalnervenendigungen im Genitalbereich vermittelt, zu einer maximalen Nervenreizung, die einerseits die reflexartig ablaufenden Muskelkontraktionen erst auslöst, andererseits als Höhepunkt des Geschlechtsaktes empfunden wird.

Rückbildungsphase

In der Rückbildungsphase nimmt bei der Frau der Muskeltonus in den beteiligten Organen wieder ab, die Schwellkörper entleeren sich, und die Blutmenge im kleinen Becken wird reduziert. Beim Mann kommt es durch nervöse Gegenregulation ebenfalls zu einer Leerung der Schwellkörper und damit zu einer Erschlaffung und Verkleinerung des Penis. Die Rückbildungsphase dauert beim Mann wesentlich kürzer als bei der Frau.

13.4.2 Befruchtung (Fertilisation)

Mit der Ejakulation werden die Spermien in die Nähe des äußeren Gebärmuttermundes gebracht. Von hier aus müssen sie den Pfropf aus Zervikalschleim durchdringen, um in den Uterus zu gelangen. Dies können sie nur mit Eigenbewegung, durch Schlängeln des Spermienschwanzes, durchführen. Der Schleimpfropf ist nur durchdringbar, wenn er noch unter der Wirkung des maximalen Östrogenspiegels steht, d.h. nur um den Zeitpunkt der Ovulation. Sobald Progesteron auf den Schleimpfropf einwirkt, wird er unpassierbar für die Spermien. Spermien sind ca. 1,5 Tage lang in der Lage, eine Eizelle zu befruchten. Danach zeigen sie zwar durchaus noch Zeichen von Aktivität, sind allerdings nicht mehr zu einer Befruchtung fähig.

Bevor es zu einer Befruchtung kommen kann, müssen die Spermien allerdings einen Prozeß durchmachen, der ihre Befruchtungskapazität erst in Gang setzt. Dies geschieht durch den Kontakt mit den Flüssigkeiten des weiblichen Genitalapparates. Dieser Prozeß wird als **Kapazitation** bezeichnet. Teil der Kapazitation ist die Akrosomreaktion, bei der die Enzyme des Akrosoms aktiviert werden. Sie werden damit in die Lage versetzt, bei Kontakt mit einer Eizelle die Corona radiata und die Zona pellucida sowie die Eizellmembran zu durchdringen. In dem Moment, in dem ein Spermium als erstes die Zona pellucida durchdrungen hat und mit seinem Kopfteil in das Ei eingedrungen ist, kommt es zu einer Blockierung der Zona pellucida und der Zellmembran, so daß keine weiteren Spermien eindringen können. Dieser Polyspermieblock ist absolut notwendig, da sonst mehr als nur ein diploider Chromosomensatz in einer Eizelle vorhanden wäre (Abb. 13.17).

Zum Zeitpunkt der Befruchtung beendet die Eizelle die 2. Reifeteilung, und das zweite Polkörperchen wird abgeschnürt. Der Spermienkopf quillt im Eiplasma und bildet ein Bläschen. Mittelstück und Schwanz werden in der Regel abgestoßen. Nach der 2. Reifeteilung bildet sich aus dem Eikern der weibliche Vorkern und aus dem Spermienkopf der männliche Vorkern. Die befruchtete Eizelle ist damit wieder diploid (46 Chromosomen). Sie beginnt nun mit den mitotischen Zellteilungen, die schließlich zur Ausbildung des Embryos und seiner Hüllen führen.

13.4.3 Bildung der Keimblase (Blastozyste)

Aus der 1. Teilung geht das 2-Zellstadium hervor, dann entsteht das 4- und das 8-Zellstadium (s. Abb. 13.1). Bereits zu diesem Zeitpunkt (nach der 3. Teilung) kann man größere und kleinere Zellen unterscheiden (je 4):

- Die kleinen Zellen bilden den **Embryoblasten**, aus dem der Embryo gebildet wird;
- die größeren Zellen bilden den **Trophoblasten**, aus dem der kindliche Anteil der Plazenta gebildet wird.

Es schließen sich weitere Zellteilungen an, an denen beide Zellarten teilnehmen. Die Trophoblastzellen hüllen schließlich die Embryoblastzellen ein. Sie eilen auch in der Entwicklung etwas voraus, so daß sie eine Höhle, das Blastocoel, bilden. Damit wird der Keimling zur **Keimblase** (Blastozyste, Abb. 13.18).

Rund 100 Stunden nach der Befruchtung gelangt die Blastozyste von der Tuba uterina in die Uterushöhle. Ungefähr 5–6 Tage nach der Ovulation kommt es zur Einnistung (Implantation) der Blastozyste in das Endometrium (Abb. 13.19), in dem bereits Deziduazellen und Körnchenzellen gebildet worden sind. Bei der **Implantation** dringen die Trophoblastzellen zwischen die Epithelzellen der Uterusschleimhaut ein. Dieses Eindringen wird sowohl durch Enzyme aus der Blastozyste wie auch durch Sekret der Körnchenzellen erleichtert, wodurch das Endometrium gelockert wird.

Kurze Zeit nach dem Eindringen der Blastozyste in das Endometrium bildet der Embryoblast 3 Schichten aus, die **Keimblätter**. Man unterscheidet ein Entoderm, Mesoderm und Ektoderm (s. Kap. 3 Histologie). Gleichzeitig

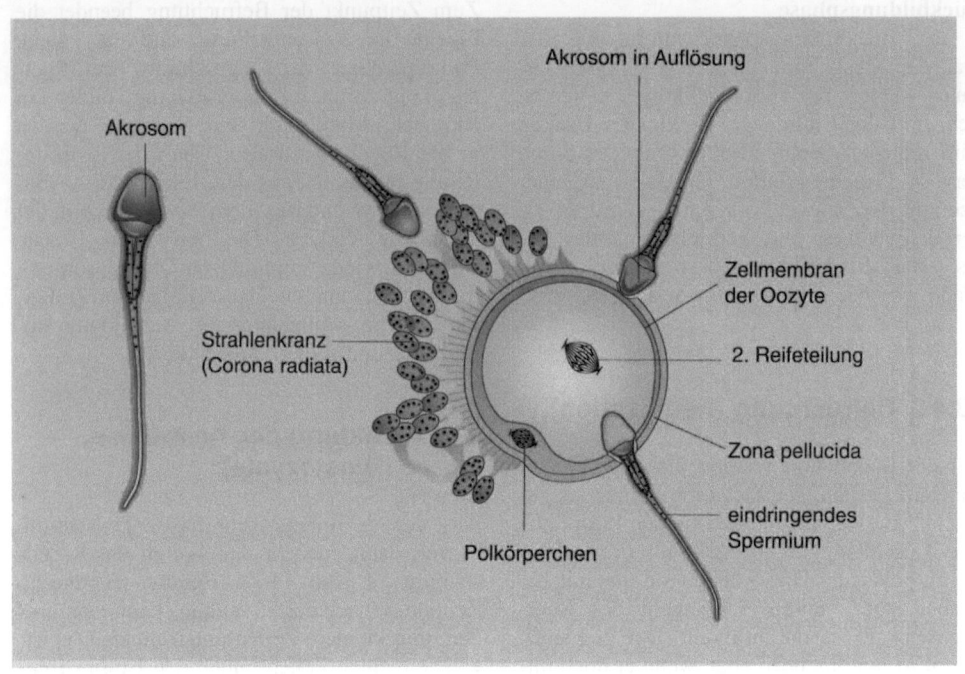

Akrosom

Akrosom in Auflösung

Strahlenkranz
(Corona radiata)

Zellmembran
der Oozyte

2. Reifeteilung

Zona pellucida

eindringendes
Spermium

Polkörperchen

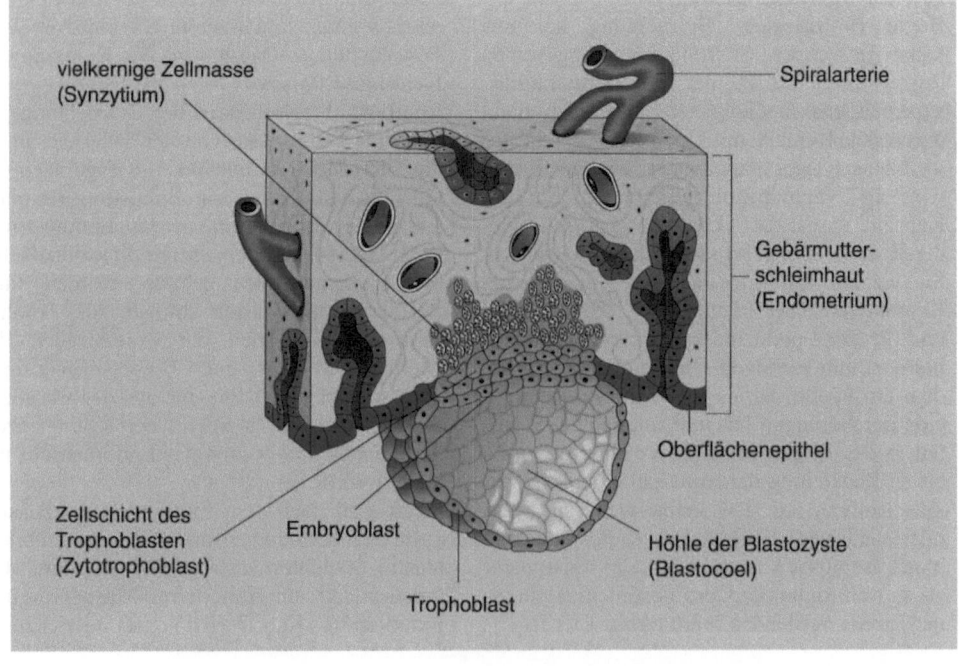

vielkernige Zellmasse
(Synzytium)

Spiralarterie

Gebärmutter-
schleimhaut
(Endometrium)

Oberflächenepithel

Zellschicht des
Trophoblasten
(Zytotrophoblast)

Embryoblast

Höhle der Blastozyste
(Blastocoel)

Trophoblast

◄
Abb. 13.17. Verschiedene Stadien der Befruchtung einer Eizelle. Auf der *linken Seite* sind noch die Zellen des Eihügels (Cumulus oophorus) eingezeichnet, die als Strahlenkranz (Corona radiata) der ovulierten Eizelle anhaften. Zuerst muß das Spermium die Zellen des Strahlenkranzes durchdringen, dann die Zona pellucida und zum Schluß die Oozytenmembran. Erst wenn dies geschieht, wird die 2. Reifeteilung vollendet. Die im Polkörperchen dargestellte Zellteilung findet nur in seltenen Fällen noch statt, da das Polkörperchen in der Regel voher degeneriert

◄
Abb. 13.18. Blastozyste, mit ihren Bestandteilen (Trophoblast, Embryoblast und Blastozystenhöhle) beim Vorgang der Einnistung (Implantation) in die Gebärmutterschleimhaut (Endometrium). Der eindringende Trophoblast bildet eine vielkernige Zellmasse (Synzytiotrophoblast, Synzytium) und eine zellhaltige Schicht (Zytotrophoblast)

bildet das äußere Keimblatt das Amnion, das zusammen mit dem Chorion (kindlicher Teil der Plazenta) und der Dezidua die Embryonalhüllen bildet. Die Zellen des Trophoblasten bilden den fetalen Anteil der Plazenta, das Chorion. Der mütterliche Anteil

der Plazenta geht aus den Deziduazellen hervor.

In Abb. 13.1 und 13.19 sind die Entwicklungsstadien der Eizelle zusammenfassend dargestellt.

Implantationsorte

Die Blastozyste nistet sich normalerweise in der oberen Hälfte der vorderen oder hinteren Uteruswand ein. Bei tieferer Implantation kann es zur Ausbildung einer Placenta praevia (d.h. vor dem Geburtskanal) kommen, was bei der Geburt zum Zerreißen der Plazenta oder der Nabelschnur führt. Da die Plazenta bei der Geburt noch nicht gelöst ist, kann das zur Verblutung der Mutter führen. Außer dieser zu tiefen Implantationsstelle kann sich der befruchtete Keim noch an verschiedenen anderen Orten einnisten, die meist ebenfalls mit großen Gefahren für die Mutter verbunden sind und die deshalb sofort durch einen Abort abgewendet werden müssen. Diese Schwangerschaften werden als Extra-

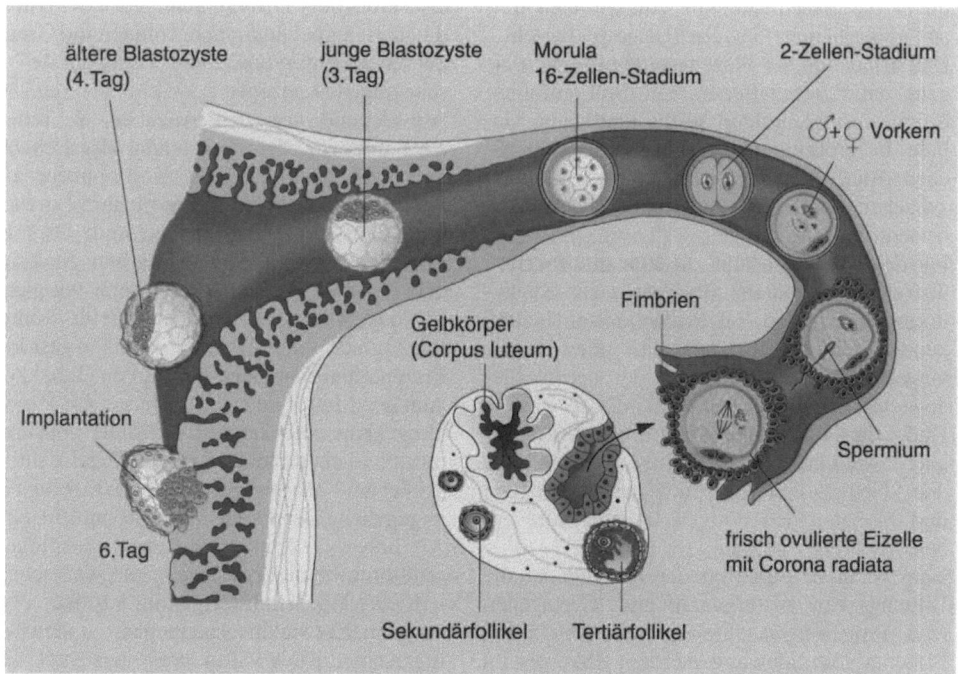

Abb. 13.19. Entwicklungsstadien der Eizelle. Vom Eisprung (Ovulation) über die Befruchtung bis hin zur Einnistung (Implantation) vergehen in der Regel 5–6 Tage. Während dieser Zeit entwickelt sich die befruchtete Eizelle (Zygote) bis zur Blastozyste

uteringraviditäten (EUG) bezeichnet. Extra-uterine Implantationsorte können in der Bauchhöhle, in der Tuba uterina oder auf dem Ovar liegen.

13.4.4 „Mutterkuchen" (Plazenta)

Eine vollständig ausgebildete Plazenta besteht aus einem mütterlichen und einem kindlichen Anteil. Der mütterliche Anteil geht aus der Dezidua hervor, der kindliche Anteil aus dem Trophoblasten (s. oben). Auf der kindlichen Seite befindet sich die Chorionplatte, der auf der mütterlichen Seite die Basalplatte gegenübersteht (Abb. 13.20). Die Chorionplatte ist durch Gefäße, die in der Nabelschnur verlaufen (A. und V. umbilicalis), mit dem kindlichen Kreislauf verbunden. Von der Chorionplatte gehen vielfältig verzweigte Zottenbäume ab, die in den mütterlichen Blutraum tauchen (intervillöser Raum).

Der **intervillöse Blutraum** wird über Spiralarterien aus dem Bereich des Myometriums versorgt und über entsprechende Venen entsorgt. Den Boden des intervillösen Raums bildet die Basalplatte, die zum größten Teil aus mütterlichem Gewebe (Dezidua) besteht.

Damit tauchen die Plazentazotten in einen eigens dafür geschaffenen, mit Blut gefüllten Raum ein. Sie bringen so die kindlichen Gefäße in größtmögliche Nähe zum mütterlichen Blut, ohne daß ein direkter Kontakt zwischen kindlichem und mütterlichem Blut besteht.

Für den Austausch muß die **Plazentabarriere** überwunden werden. Sie besteht aus Synzytiotrophoblast (ein die Plazentazotten bedeckendes Epithel), dem anschließenden Bindegewebe und dem Endothel der darunterliegenden Blutgefäße.

Über die Plazentabarriere hinweg können auch Antikörper transportiert werden, die dem Neugeborenen in den ersten Wochen und Monaten den nötigen Immunschutz geben.

Eine wichtige Funktion der Plazenta ist die Bildung von Östrogenen und Gestagenen (z.B. Progesteron), eine Aufgabe, welche die Plazenta vom Schwangerschaftsgelbkörper im 3.–4. Schwangerschaftsmonat übernimmt. Außerdem bildet sie das brustdrüsenanregende menschliche Plazentalaktogen (HPL: humanes Plazentalaktogen). Um die Funktion der Plazenta zu überprüfen, wird u.a. die Konzentration der Östrogene und des HPL im mütterlichen Blut bestimmt.

13.4.5 Schwangerschaft und Entwicklung des Kindes

Gerechnet vom 1. Tag der letzten Menstruation beträgt die Schwangerschaftsdauer genau 280 Tage oder 40 Wochen. Gerechnet vom eigentlichen Zeitpunkt der Befruchtung beträgt sie jedoch nur 266 Tage oder 38 Wochen. Meist ist die Menstruation genauer bestimmbar als der Tag der Befruchtung, so daß man vielfach von der Menstruation ausgehend das Alter der sich entwickelnden Schwangerschaft berechnet.

Die Entwicklungsperiode zwischen der Befruchtung und dem Ende des 2. Entwicklungsmonats wird als **Embryonalperiode** bezeichnet. Entsprechend heißt die sich entwickelnde Frucht in diesem Zeitraum auch **Embryo**. Vom 3. Entwicklungsmonat an bezeichnet man den Entwicklungszeitraum als **Fetalperiode** und den sich entwickelnden Keim als **Fetus** (oder Foetus). Sehr häufig wird allerdings im täglichen Sprachgebrauch die Grenze zwischen Embryonal- und Fetalperiode nur sehr ungenau gezogen.

Abweichend von den Angaben in Tabelle 13.3 und von der Berechnung der Schwangerschaftsdauer kann es vorkommen, daß Kinder geboren werden, die für ihre Entwicklung zu klein und zu leicht sind. Dies bezeichnet man mit dem englischen Ausdruck „small for date", was so viel heißt wie: klein für das Alter. Die Ursachen dafür können mannigfach sein, z.B. auch in einer gestörten Plazentafunktion oder im starken Tabakkonsum der Mutter liegen.

Umgekehrt ist bekannt, daß Kinder von Frauen mit Zuckerkrankheit in der Regel deutlich größer und schwerer sind, als in Tabelle 13.3 angegeben. Der Grund dafür könnte in einer zu hohen (kompensatorischen) Insulinausschüttung beim Fetus liegen, die wahrscheinlich eine Wachstumssteigerung auslöst.

Je nach Entwicklungszeitpunkt, zu dem die unterschiedlichen Strukturen wie z.B. die Keimblätter oder die aus ihnen hervorgehenden Organe in Entwicklung begriffen sind, können innere und äußere Faktoren die Entwicklung eines Kindes erheblich stören oder

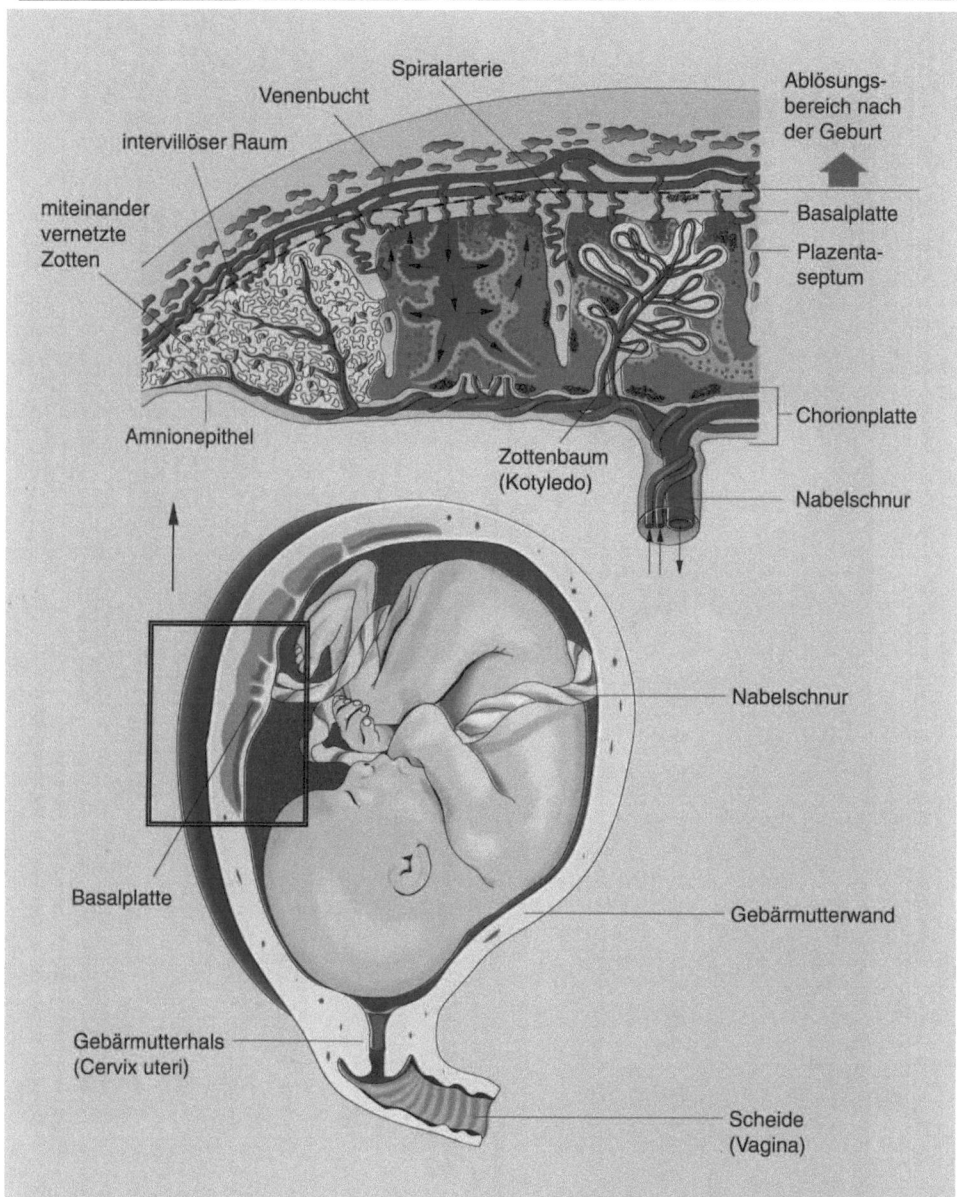

Spiralarterie

Venenbucht

intervillöser Raum

Ablösungs-
bereich nach
der Geburt

miteinander
vernetzte
Zotten

Basalplatte

Plazenta-
septum

Amnionepithel

Zottenbaum
(Kotyledo)

Chorionplatte

Nabelschnur

Nabelschnur

Basalplatte

Gebärmutterwand

Gebärmutterhals
(Cervix uteri)

Scheide
(Vagina)

Abb. 13.20. Schema einer Plazenta. Im Bereich der Nabelschnur verlaufen 2 Arterien (Singular: A. umbilicalis) und eine Vene (V. umbilicalis). Von der Chorionplatte (auf der kindlichen Seite) ragen die Plazentazotten in den mütterlichen Blutraum (intervillöser Raum), der über Spiralarterien versorgt und über venenartige Spalten entsorgt wird (*Pfeilrichtung*). Auf der *linken Seite* ist der vollständige Zottenbaum, in der *Mitte* die Blutversorgung von der mütterlichen Seite und auf der *rechten* Abbildungsseite die kindliche Blutversorgung eingezeichnet. Die Plazentasepten unterkammern die von den Zottenbäumen (Singular: Kotyledo) ausgefüllten intervillösen Räume. Auf der *unteren Zeichnung* ist die Gebärmutter mit dem Foetus kurz vor der Geburt gezeichnet. Der kindliche Kopf liegt zu diesem Zeitpunkt in der Regel in der Nähe des inneren Muttermundes. Die Nabelschnur verbindet den Foetus mit der Plazenta. Die Basalplatte ist der mütterliche Anteil der Plazenta, der aus der Dezidua hervorgegangen ist

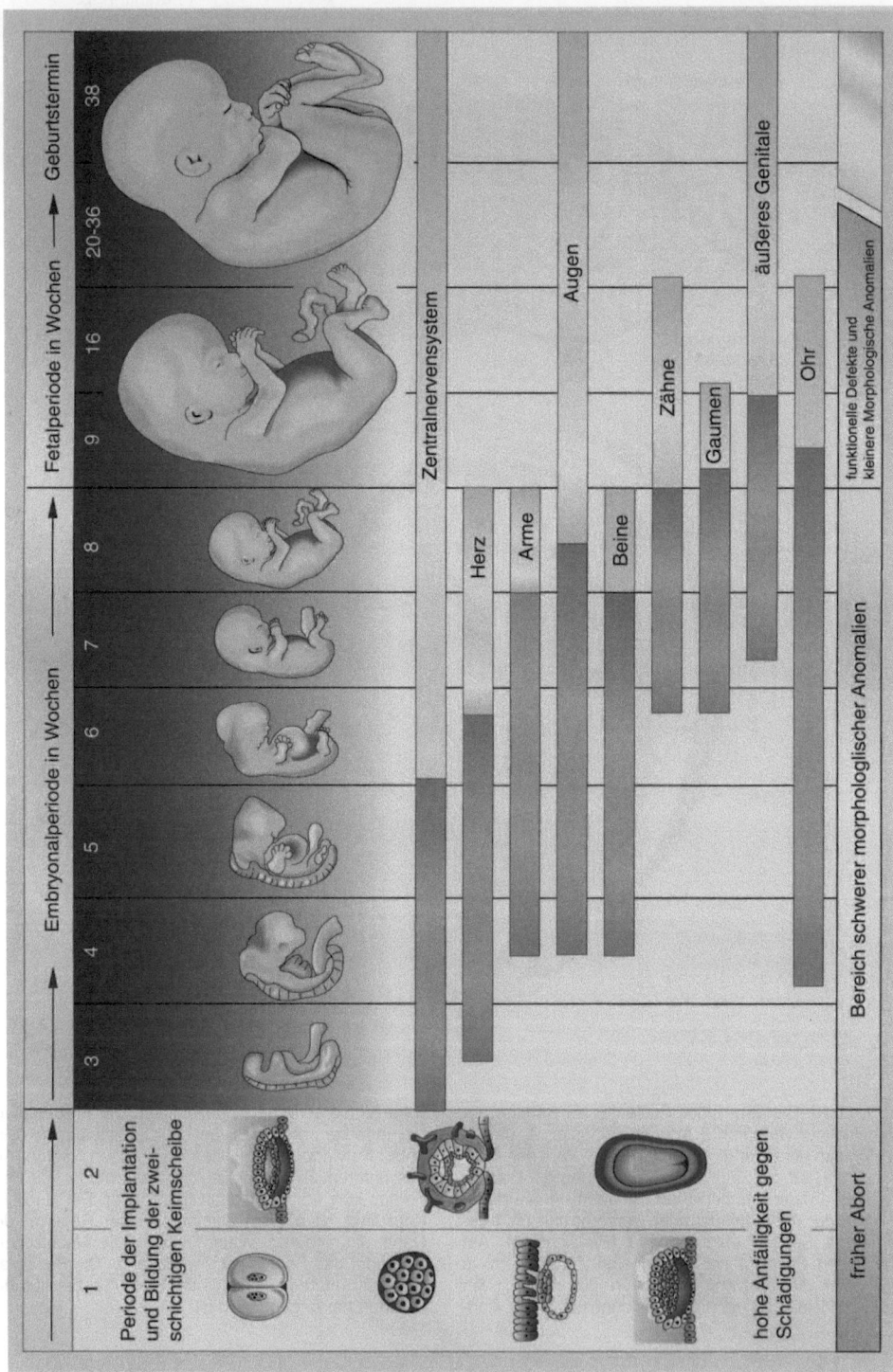

◀
Abb. 13.21. Darstellung der Entwicklung, angefangen beim 2-Zellstadium über die Embryonalperiode bis zur Fetalperiode. Die *Balken* stellen die kritischen Phasen für die entsprechenden Organsysteme während der Entwicklung dar. In den *dunkler* gefärbten Abschnitten sind diese Organsysteme besonders empfänglich für schädigende Einflüsse, wodurch Veränderungen oder Mißbildungen entstehen können; sie bleiben allerdings auch in den *heller* gefärbten Abschnitten schädigenden Einflüssen gegenüber empfänglich

Tabelle 13.3. Längenwachstum und Gewichtsentwicklung in der Fetalperiode

Woche	Scheitel-Steiß-Länge (cm)	Gewicht (g)
9–12	5–8	10–45
13–16	9–14	60–200
17–20	15–19	250–450
21–24	20–23	500–820
25–28	24–27	900–1300
29–32	28–30	1400–2100
33–36	31–34	2200–2900
37–40	35–36	3000–3400

Die hier aufgeführten Werte sind Durchschnittswerte, die je nach Individuum nach oben und nach unten abweichen können.

sogar schädigen. Eine Übersicht über die wichtigsten Zeiträume und die möglichen Schäden bei der Einwirkung von schädigenden Faktoren sind in Abb. 13.21 dargestellt.

13.5 Zusammenfassung Geschlechtsapparat und Fortpflanzung

Die primären Geschlechtsmerkmale sind bereits bei der Geburt vorhanden. Die sekundären Geschlechtsmerkmale entwickeln sich während der Pubertät. Die tertiären Merkmale bestehen in den unterschiedlichen Organleistungen.

Embryonal werden die Geschlechtsorgane beider Geschlechter gleich angelegt. Geschlechtsbestimmend ist das Y-Chromosom. Intersexualität kommt sowohl phänotypisch (äußere Erscheinung) als auch genotypisch (Fehlverteilung der Heterosomen) beim Menschen vor.

Die **Pubertät** wird durch vermehrte Ausschüttung von Geschlechtshormonen bewirkt.

Weibliche Geschlechtsorgane

Innere weibliche Geschlechtsorgane:
Die inneren weiblichen Geschlechtsorgane sind vom Peritoneum überzogen, das hier Ligamentum latum heißt. Die Umschlagsfalte um Ovar und Tuba uterina führt zur Bildung eines Meso (Mesovar, Mesosalpinx).

Die **Ovarien** (Eierstöcke) bilden Oozyten (Keimzellen) und dienen als Hormonproduzenten (Östrogen und Progesteron). Die Oozyten liegen in Follikeln, die entsprechend ihrer Entwicklung in Primordial-, Primär-, Sekundär-, Tertiär- und Graaf-Follikel eingeteilt werden.

Durch FSH- und LH-Wirkung kommt es zur **Ovulation** (Eisprung). Nach der Ovulation bildet sich aus dem Follikelepithel mit seiner Theca das Corpus luteum (Gelbkörper), das Progesteron und Östrogen sezerniert. Ohne Schwangerschaft funktioniert das Corpus luteum 2 Wochen, bei Schwangerschaft bis zum 4. Monat. Atretische Follikel sind an der Östrogenbildung beteiligt.

Die **Oozyten** befinden sich bis zum Beginn der Follikelreifung im Diktyotän. Dies kann bis zu 50 Jahre dauern und führt gelegentlich zu Trisomien (chromosomale Nondisjunction). Kurz vor der Ovulation kommt es zur 2. Reifeteilung, die zum haploiden Chromosomensatz führt. Sie wird nur vollendet, wenn die Eizelle befruchtet ist.

Die **Tuba uterina** (Eileiter) nimmt die ovulierten Eizellen mitsamt ihrer Corona radiata auf. Die Tuba uterina besteht aus Infundibulum mit den Fimbrien, der Ampulle (hier findet die Befruchtung statt), dem Isthmus und der Pars intramuralis. Neben Flimmerepithelzellen befinden sich in der Mukosa auch Sekretzellen (Ernährung des ovulierten Eies).

Der **Uterus** (Gebärmutter) besteht aus Fundus, Korpus, Zervix und Portio vaginalis (die in die Vagina ragt). Die Wand wird aufgebaut aus Perimetrium (Ligamentumlatum-Überzug), Parametrium, Myometrium und Endometrium.

In perimetriumfreien Bezirken befindet sich das Parametrium.

Das **Endometrium** (Uterusschleimhaut) besteht aus Funktionalis und Basalis. Die Funktionalis ist Zielorgan der ovariellen Hormone. Die Proliferationsphase steht unter Östrogen-, die Sekretionsphase unter Progesteroneinfluß. Im Stroma entstehen während der Sekretionsphase K-Zellen und Prädeziduazellen, die ohne Implantation funktionslos bleiben. Durch den Hormonabfall am Ende der Sekretionsphase kommt es zunächst zu Ischämie (Blutleere) und anschließender Desquamation (Abstoßung). Der 1. Tag der Blutung wird als 1. Tag des Monatszyklus gerechnet. Die **Menarche** ist die 1. Regelblutung, das **Klimakterium** die Zeit der Wechseljahre, der die **Menopause** folgt.

Die **Vagina** (Scheide) ist ein häutig-muskulärer Schlauch, dessen Wände relativ dünn sind. Sie ist in Falten geworfen, die bei der Geburt als Reservefalten dienen. Die Muskulatur dient der Anpassung an den Penis während des Koitus.

Vor der Defloration grenzt das Hymen (dünnes Häutchen) die Vagina vom Vorhof ab. Das Vaginaepithel enthält viel Glykogen, das – durch Lactobacillus vaginalis abgebaut – als Säureschutz gegen Bakterien dient. Befeuchtung entsteht v.a. durch Transsudation aus den Venen der Vaginalwand.

Äußere weibliche Geschlechtsorgane:
Die äußeren weiblichen Genitalorgane (**Vulva**) bestehen aus den großen und kleinen Schamlippen, dem Vorhof, der Klitoris und dem Schamberg (Mons pubis).

Die Klitoris ist der vereinigte äußerste Teil zweier Schwellkörper. Zwischen den großen und kleinen Schamlippen liegen 2 weitere Schwellkörper. In den Vorhof münden die Glandulae vestibulares majores (große Vorhofdrüsen im unteren Teil des Labium minus), die der Befeuchtung des Vorhofs dienen.

Die **Mamma** (Brustdrüse) entsteht aus der embryonalen 4. Anlage auf der Milchleiste. Sie ist aus 15–20 Lappen aufgebaut, die im Zustand der Mamma non lactans (nichtmilchgebende Brustdrüse) fast keine Drüsenendstücke aufweisen, sondern v.a. aus Ductus lactiferi und Sinus lactiferi bestehen.

Östrogen läßt die Ductus lactiferi (Milchgänge) wachsen, **Progesteron** läßt die Alveolen wachsen. Unter der Wirkung von **Prolaktin** kommt es am Ende der Schwangerschaft zur Milchbildung. **Oxytozin** treibt die Milch über Myoepithelien aus. Auf dem pigmentierten Warzenhof sitzen die Montgomery-Knötchen, deren Sekret beim Stillvorgang eine Abdichtung der Lippen auf der Brusthaut bewirkt.

Zusammensetzung der Muttermilch: Sie enthält 1–2% Protein, 3–4% Lipid, 6–7% Zucker, 87% Wasser und 0,2% Elektrolyte. Sie hat einen Nährwert von ca. 280 kJ/100 ml.

Männliche Geschlechtsorgane

Innere männliche Geschlechtsorgane:
Hoden (Testis) sind 4–5 cm lang, 30–50 g schwer und liegen außerhalb der Bauchhöhle im Skrotum (Hodensack), da die Spermienreifung eine tiefere Temperatur als in der Bauchhöhle erfordert.

Außen sind sie von einer derben Bindegewebehülle (Tunica albuginea) umgeben. Von dieser strahlen Septen (Wände) auf das Mediastinum testis. Zwischen den Septen befinden sich Tubuli seminiferi, die über das Hodennetz (Rete testis) und die ableitenden Samenwege (Ductuli efferentes) mit dem Nebenhodengang verbunden sind. In den Hodenkanälchen (Tubuli seminiferi) entstehen aus Spermatogonien über diverse Reifungsschritte die Spermien mit ihrem haploiden Chromosomensatz. Sertoli-Zellen unterstützen die Reifung als Ammenzellen.

Zwischen den Tubuli seminiferi liegen die Leydig-Zwischenzellen, die Testosteron produzieren.

Spermien bestehen aus: Kopf, Hals, Mittelstück und Schwanz (Hauptstück). Im Kopf befinden sich die Chromosomen in kondensiertem Zustand. Darüber sitzt das Akrosom, das für die Befruchtung wichtig ist.

Im **Nebenhoden** müssen die Spermien ausreifen. Sie werden hier gespeichert in einem sauren Milieu, damit sie nicht durch Bewegung ihre Energie verbrauchen.

An den Nebenhodengang schließt der Samenleiter (Ductus deferens) an. Er ist ca. 50 cm lang und mündet mit dem Spritzkanal auf dem Samenhügel (Colliculus seminalis) der Prostata in die Harnröhre. Vor dem Spritzkanal wird die Ampulle gebildet, in die auch das Samenbläschen (Vesicula seminalis) mündet. Die Muskulatur des Samenleiters ist 3schichtig und dient der Peristaltik, mit der die Spermien transportiert werden.

Die **Prostata** (Vorsteherdrüse) besteht aus 30–50 Einzeldrüsen, die neben dem Colliculus seminalis in die Harnsamenröhre münden. Das Sekret der Prostata ist alkalisch, es fördert die Beweglichkeit der Spermien.

Im **Ejakulat** (Samenflüssigkeit), 2–3 ml, befinden sich 200–300 Mio. Spermien. Es hat einen pH-Wert von ca. 8,3. Neben den Spermien enthält es die Flüssigkeit aus Nebenhoden, Vesicula seminalis und Prostata.

Das Sekret der **Cowper-Drüsen** dient der Neutralisation und Befeuchtung der Harnsamenröhre.

Äußere männliche Geschlechtsorgane:
In der Haut des Skrotums (Hodensack) befindet sich die Tunica dartos (spezielle Muskelschicht), durch die die Oberfläche verkleinert werden kann – zur Regulation der Temperaturabgabe. Das Skrotum entspricht den großen Schamlippen der Frau.

Der **Penis** enthält das Corpus cavernosum und das Corpus spongiosum. Das Corpus cavernosum (Penisschwellkörper) ist der Hauptträger der Erektion, das Corpus spongiosum (Harnröhrenschwellkörper) enthält die Harnsamenröhre, die auch während der Erektion durchgängig bleiben muß. Durch vermehrten Zufluß und gedrosselten Abfluß des Blutes kommt es zur Erektion.

Fortpflanzung

Geschlechtsverkehr

Der Reaktionsablauf des Geschlechtsverkehrs (Kohabitation) wird in 4 Phasen unterteilt: Erregungsphase, Plateauphase, Orgasmusphase, Rückbildungsphase. Während der Orgasmusphase kommt es zur Ejakulation beim Mann, dadurch wird das Ejakulat im Fornix der Vagina deponiert.

Befruchtung (Fertilisation):

Voraussetzung ist die Kapazitation der Spermien. Darunter versteht man alle im weiblichen Genitaltrakt ablaufenden physiologischen Vorgänge, die den Samenfaden befruchtungsfähig machen. Ein Teil der Kapazitation ist die Akrosomreaktion; durch sie wird das Spermium in die Lage versetzt, die Eizelle zu befruchten.

Sobald ein Spermium die Zona pellucida durchdrungen hat und von der Eizelle aufgenommen worden ist, kommt es zum Polyspermieblock. Die Befruchtung findet in der Ampulle der Tuba uterina (Eileiter) statt.

Bildung der **Blastozyste** (Keimblase)

Die befruchtete Eizelle bildet einen mütterlichen und einen väterlichen Vorkern, die homologen Chromosomen paaren sich, und durch mitotische Teilungen wird schließlich die Blastozyste gebildet.

Die Blastozyste besteht aus einem äußeren Trophoblasten und einem inneren Embryoblasten. Der Embryoblast wird zum Embryo, der Trophoblast bildet den kindlichen Anteil der Plazenta.

Implantation (Einnistung): Die Blastozyste wird nach 5–6 Tagen im Endometrium implantiert. Dabei lockern die Körnchenzellen das Gewebe auf. Die Deziduazellen bilden einen wichtigen Teil der uteroplazentaren Grenzschicht, die ein zu tiefes Eindringen der Blastozyste und eine Abstoßungsreaktion verhindert.

Die Plazenta besteht aus der Chorionplatte mit dem Zottenbaum und der Basalplatte mit der Dezidua. Die Zotten des Zottenbaums baden im mütterlichen Blut des intervillösen Raums. Über die Plazenta hinweg findet der Austausch zwischen Kind und Mutter statt. Auch Antikörper können die Plazentabarriere überwinden.

Extrauterine Implantationsorte können die Mutter gefährden. Sie müssen deshalb durch einen Schwangerschaftsabbruch beendet werden.

14 Haut und Anhangsorgane

Die Haut bedeckt die äußere Körperoberfläche und liegt damit genau an der Grenze zwischen Körperinnerem und Umwelt. Dementsprechend kommt der Haut eine große Bedeutung zu, die sich in ihren Funktionen deutlich zeigt.

Funktionen der Haut:
- Schutzfunktion gegen mechanische, chemische, thermische, bakterielle Einflüsse etc.,
- Temperaturregulation über Schweißsekretion, Strahlung etc.,
- Regulation des Wasserhaushaltes über Wasserretention und Wasserabgabe,
- Sinnesorgan: Tastsinn, Temperatursinn,
- Kommunikationsorgan: Erröten, Erblassen etc.

Daneben ist die Haut aber auch am Gasaustausch (Atmung) sowie an der Ausscheidung von Elektrolyten, z.B. Salz im Schweiß, beteiligt.

Die Haut als gesamtes Organ hat eine Größe von ca. 1,5–1,8 m², abhängig von der Größe des einzelnen Individuums.

In der Klinik wie auch in der Pathologie spielt die Haut eine große Rolle, einerseits wegen ihrer leichten Zugänglichkeit, andererseits wegen der Vielzahl der bekannten Hautaffektionen. Bei größeren Hautverbrennungen wird die Bedeutung der Haut als Schutzorgan deutlich. Eiweiß- und Flüssigkeitsverlust sowie die große Infektionsgefahr sind der beste Beweis.

Die Haut kann auch als Eingangsort in den Körper dienen. Eine Reihe von Molekülen, bis zu einer relativen Molekülmasse von ca. 1000, kann über die Haut (d.h. transdermal) verabreicht werden. Dies macht man sich u.a. mit Östrogenpflaster oder Pflaster gegen Reisekrankheit zunutze in Form von transdermalen therapeutischen Systemen (TTS).

Die Haut ist wie das Nervensystem, mit dem sie funktionell zusammengehört, ein Abkömmling des äußeren Keimblatts (Ektoderm). Zur Haut rechnet man auch die Hautanhangsgebilde:

- Hautdrüsen: Schweißdrüsen, Brustdrüse, Talgdrüsen, Duftdrüsen,
- Haare,
- Nägel.

Wegen des Zusammenhangs mit der Funktion des weiblichen Genitalapparates wurde die Brustdrüse im Zusammenhang mit dem Genitalapparat behandelt (s. Kap. 13).

14.1 Behaarte und unbehaarte Haut

Schon bei oberflächlicher Betrachtung fällt auf, daß der Körper von 2 Hauttypen bedeckt ist: von behaarter und unbehaarter Haut.

Die behaarte Haut wird als **Felderhaut** (Abb. 14.1) und die unbehaarte Haut als **Leistenhaut** (Abb. 14.2) bezeichnet.

Durch rillenförmige Furchen werden praktisch überall, mit Ausnahme der Fußsohlen und der Handflächen, felderartige Bereiche markiert. In diesen Furchen stehen die Haare. Leistenartige Aufwölbungen an Handflächen und Fußsohlen geben der Leistenhaut ihr typisches Aussehen. Die Fingerabdrücke sind durch diese Leisten bedingt. Sie sind individuell so unterschiedlich ausgebildet, daß es wahrscheinlich keine 2 Menschen auf der Welt gibt, die genau die gleichen Fingerabdrücke aufweisen, eineiige Zwillinge ausgenommen.

Beide Hauttypen weisen in bezug auf die Haut- und Unterhautschichten grundsätzlich die gleiche Struktur auf. Die eigentliche Haut (Kutis) besteht aus 2 Schichten, aus der Oberhaut (Epidermis) und der Lederhaut (Korium bzw. Dermis). Je nach mechanischer Belastung der einzelnen Hautbereiche (z.B. Bauchhaut und Haut der Handflächen) sind

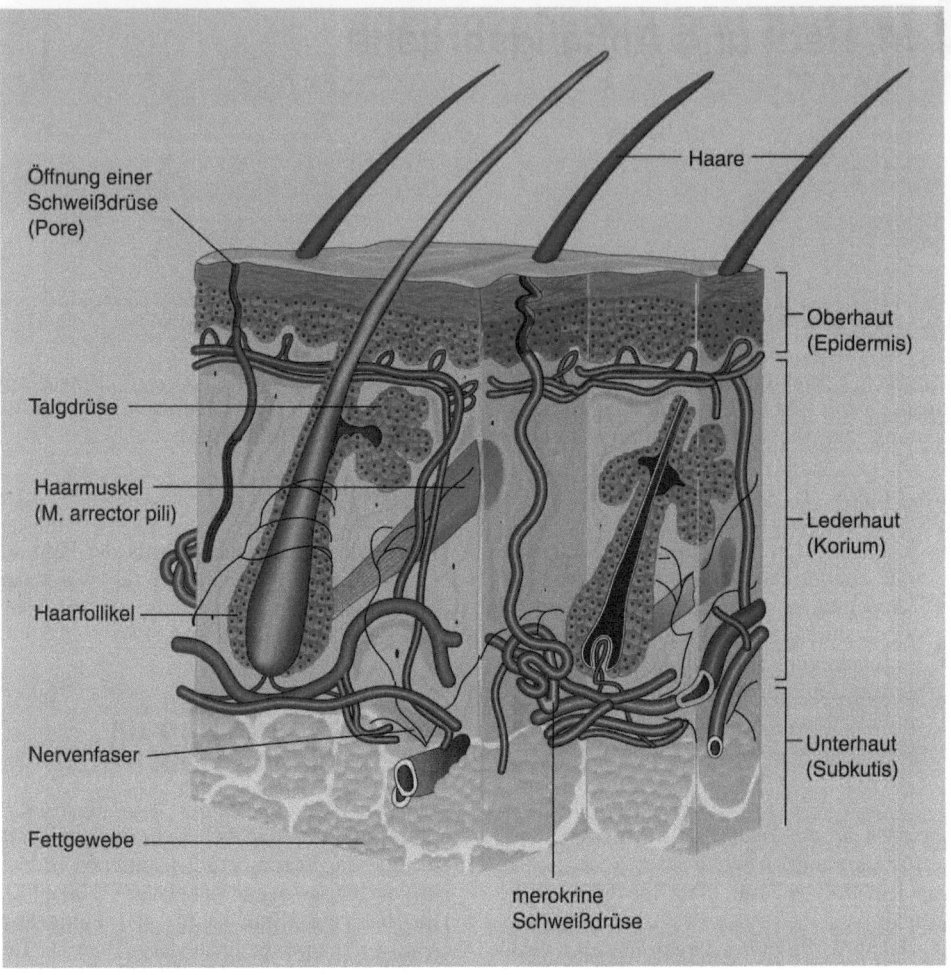

Öffnung einer
Schweißdrüse
(Pore)

Haare

Oberhaut
(Epidermis)

Talgdrüse

Haarmuskel
(M. arrector pili)

Lederhaut
(Korium)

Haarfollikel

Nervenfaser

Unterhaut
(Subkutis)

Fettgewebe

merokrine
Schweißdrüse

Abb. 14.1. Schnitt durch die Felderhaut (behaart). Die merokrinen Schweißdrüsen münden direkt an der Oberfläche, die holokrinen Talgdrüsen münden in die Haartrichter. Der Aufrichter des Haares (M. arrector pili) zieht von der Haarwurzel ins Stratum papillare der Lederhaut (Korium). In der Subkutis befindet sich das Unterhautfettgewebe

Epidermis und Korium mehr oder weniger fest miteinander verzahnt. Die Ausstülpungen der Epidermis werden als Epithelleisten, die komplementären Ausstülpungen des Koriums hingegen als Bindegewebspapillen bezeichnet. Das Korium geht ohne feste Grenze in die Unterhaut (Subkutis) über, die funktionell – aber nicht entwicklungsgeschichtlich – zur Haut gehört.

14.1.1 Oberhaut (Epidermis)

Die Epidermis ist ein sehr dynamisches Gewebe, das konstant erneuert wird. Durch die Vorgänge der Abschilferung und der Neubildung bedingt, besteht die Epidermis aus 5 Schichten (Abb. 14.2):

- Stratum basale,
- Stratum spinosum,
- Stratum granulosum,
- Stratum lucidum,
- Stratum corneum.

Stratum basale und Stratum spinosum werden häufig als **Regenerationsschicht** (Stratum germinativum) zusammengefaßt. Als **Verhornungsschichten** bezeichnet man Stratum granulosum und Stratum lucidum.

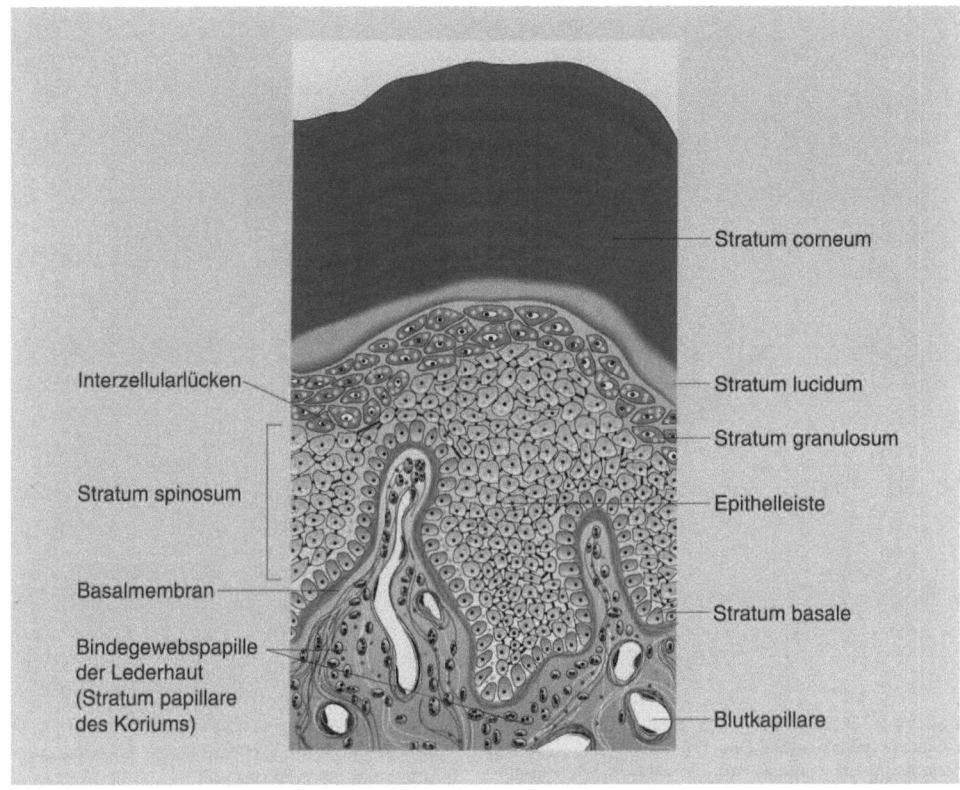

Abb. 14.2. Schichten der Epidermis am Beispiel der stark verhornenden Leistenhaut. In den Bindege-webspapillen der Lederhaut (Stratum papillare des Koriums) verlaufen die versorgenden Blutkapillaren

Stratum basale

Im Stratum basale laufen ständig Mitosen ab, durch welche die im Stratum corneum (ver-hornte Schicht) abgeschilferten Zellen ersetzt werden. Durch Reifungsvorgänge werden aus den neugebildeten Zellen die verhornten Zel-len des Stratum corneum. Dafür werden der Reihe nach über verschiedene Entwicklungs-stufen die Hautschichten durchlaufen. Was oben abgestoßen wird, wird unten neu gebil-det.

Pigmentzellen

Im Stratum basale sind neben den sich mito-tisch teilenden Hautzellen auch noch Melano-zyten (Pigmentzellen) vorhanden. Diese ge-ben Pigmentgranula an die Zellen des Stra-tum basale und Stratum spinosum ab. Da-durch können die empfindlichen Mitosen des Stratum basale vor den energiereichen Son-nenstrahlen geschützt werden. Durch Sonnen-einstrahlung wird die Pigmentproduktion an-geregt.

Bei dunkelhäutigen Rassen sind Melanozyten in allen Schichten der Haut vorhanden, bei hellhäutigen nur im Stratum basale (Abb. 14.3).

Stratum spinosum

Im Stratum spinosum (Stachelzellschicht) sind die Zellen durch Desmosomen fest mit-einander verbunden. Gleichzeitig weisen sie große Interzellularspalten auf, wodurch ein stechapfelförmiges Aussehen entsteht.

Stratum granulosum

Im Stratum granulosum bilden die Zellen Ke-ratohyalingranula und Tonofilamente. Das sind weiche Vorstufen der Hornsubstanz (Keratin), aus der das Stratum corneum be-steht. Gleichzeitig kommt es zur Bildung und Ausstoßung von lipidhaltigen Granula (MCG: *„membrane coating granules"*). Die

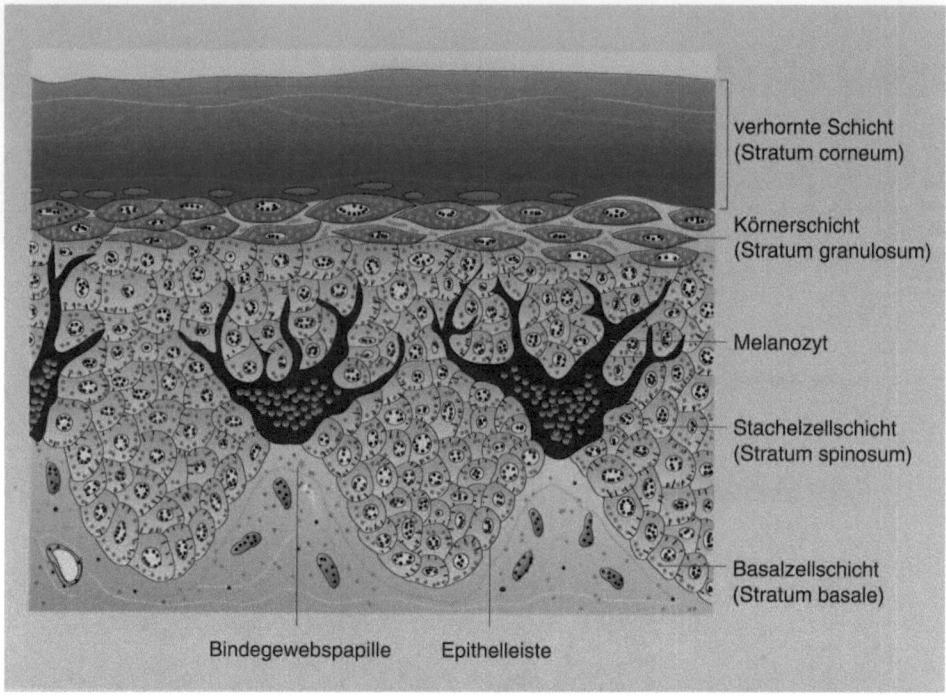

verhornte Schicht
(Stratum corneum)

Körnerschicht
(Stratum granulosum)

Melanozyt

Stachelzellschicht
(Stratum spinosum)

Basalzellschicht
(Stratum basale)

Bindegewebspapille   Epithelleiste

Abb. 14.3. Pigmentzellen im Stratum basale der Oberhaut (Epidermis). Die Pigmentzellen „impfen" Melaningranula in die Zellen des Stratum basale und des Stratum spinosum, verbleiben jedoch selber innerhalb des Stratum basale

MCG stellen einen wichtigen Teil der Wasserregulationsfunktion der Haut dar, indem sie den Interzellularraum so abdichten, daß der Körper nicht zuviel Wasser verliert.

Stratum lucidum

Das Stratum lucidum ist in stark verhornender Haut besonders ausgeprägt, also in der Leistenhaut (Handflächen und Fußsohlen). Während der Verhornung werden die Zellen zunächst im Stratum granulare und dann im Stratum lucidum so verändert, daß sie fast homogen aussehen. Dies geschieht durch Abbau der Organellen und Verbindung von Keratohyalingranula und Tonofilamenten.

Stratum corneum

In der äußersten Schicht (Stratum corneum) sind praktisch keine Zellen mehr zu identifizieren. Die Zellkerne und alle Organellen sind ab- und umgebaut, so daß das Stratum corneum kaum noch Zellgrenzen aufweist.

Damit weist praktisch nichts mehr auf die zelluläre Herkunft hin.

14.1.2 Lederhaut (Korium)

Direkt unter der Basalmembran der Epidermis beginnt das Korium. Es besteht zur Hauptsache aus Bindegewebe und gliedert sich entsprechend der Dichte und der Anordnung der Fasern in 2 Schichten:

- Stratum papillare,
- Stratum reticulare.

Das Bindegewebe des Koriums ist von einem dichten Flechtwerk von elastischen und kollagenen Fasern durchzogen. Durch diese Fasern ist die Haut stabil und trotzdem elastisch verformbar.

Das **Stratum papillare** hat seinen Namen der Tatsache zu verdanken, daß es papillenartige Ausstülpungen gegen die Epidermis gebildet hat, die mit den Epithelleisten verzahnt sind. In den Bindegewebspapillen des Stratum papillare liegen häufig Kapillaren sowie

Tastkörperchen (s. Abb. 14.7). Die Kapillaren dienen der Versorgung der Haut. Durch ihre Nähe zur Hautoberfläche spielen sie bei der Beurteilung der Haut eine wichtige Rolle. Eine stärkere Durchblutung kann z.B. zu einer Rötung (z.B. bei einer Entzündung) und eine mangelnde Sauerstoffversorgung (z.B. bei schlechter Durchblutung) zu einer Blaufärbung führen (Zyanose).

Die Menge der Fasern ist im Stratum papillare geringer als im Stratum reticulare. Die Kollagenfasern sind in beiden Schichten in einer spezifischen Ausrichtung angeordnet. Dadurch entstehen zwischen den Faserbündeln charakteristische Spaltlinien, die v.a. bei Operationen von Bedeutung sind. Quer zum Verlauf der Spaltlinien geschnittene Wunden klaffen und verheilen schlechter. Der Chirurg wird deshalb – wenn immer möglich – parallel zum Spaltlinienverlauf in die Haut einschneiden. Im **Stratum reticulare** sind nur wenige Zellen vorhanden. Dafür befinden sich darin um so mehr Kollagenfasern, die der Haut ihre Festigkeit geben. Dies ist bei tierischer Haut die Grundlage für ihre Gerbfähigkeit und Umwandlung in Leder; das ist auch der Grund dafür, daß das Korium auf Deutsch als Lederhaut bezeichnet wird.

14.2 Unterhaut (Subkutis)

Die Unterhaut (Subkutis) gehört eigentlich nicht mehr zur Haut. Sie ist aber funktionell mit ihr verbunden, z.B. durch die von der Subkutis ausgehende Verschieblichkeit der Haut. Ein wesentliches Charakteristikum der Unterhaut ist das Vorhandensein von Fettgewebe. Dies ist zum Teil Baufett (Fußsohle), zum größten Teil jedoch Speicherfett. Die lokalen Differenzen (z.B. Bauch und Handrücken) sind genetisch bedingt und bleiben auch bei einer Transplantation bestehen. Wenn Bauchhaut auf den Handrücken verpflanzt wird, dann kommt es bei einem ernährungsbedingten Überangebot an Kalorien auch auf dem Handrücken zur Bildung eines „Bäuchleins". Das Fett der Subkutis ist durch Bindegewebebezüge steppkissenartig unterkammert. Neben der Funktion als Fettspeicher („Notvorrat") dient das Fett der Subkutis aber auch der Isolation. Dies ist besonders für die Temperaturregulation von großer Bedeutung (s. Kap. 15 Temperaturregulation). Bei Übergewicht ist die Schicht des subkutanen Fettgewebes überall am Körper verstärkt. Es kann in der Bauch- und Hüftregion mehrere Zentimeter stark werden.

In der Subkutis liegen die Haarzwiebeln sowie die Vater-Pacini-Lamellenkörperchen. Das sind Rezeptoren für den Vibrationssinn (s. 14.5 Hautrezeptoren).

An mechanisch stark belasteten Orten (im Bereich der Leistenhaut, also an den Handflächen und den Fußsohlen) sowie an funktionell wichtigen Orten (mimische Muskulatur) ist die Subkutis relativ straff mit dem Korium verbunden. An einigen Orten fehlt das Fett der Subkutis weitgehend (z.B. Augenlid, Penis, kleine Schamlippen).

14.3 Altersveränderungen der Haut

Im Alter kommt es zu einer Abnahme der Elastizität der Haut. Das ist durch einen Abbau der elastischen Fasern bedingt. Außerdem wird das Stratum papillare reduziert. Auch die Schweiß- und Talgdrüsen verringern ihre Sekretion, was zu einer trockenen Haut führt. Die Melanozytentätigkeit nimmt allgemein ab. In einigen Bereichen, z.B. Gesicht und Handrücken, nimmt die Melanozytentätigkeit jedoch zu, so daß an diesen Orten die bekannten Altersflecken entstehen.

14.4 Hautanhangsgebilde

14.4.1 Haare

Beim ungeborenen Kind beginnt die Haarbildung mit einem trichterförmigen Einwachsen der Haut in das darunterliegende Gewebe. Dadurch werden die Haartrichter gebildet und alle Schichten, auch die Regenerationsschichten (Stratum basale und Stratum spinosum), in die Tiefe gesenkt. Dort werden sie umgewandelt, so daß sie in der Lage sind, Haare zu bilden.

Haare bestehen – wie auch die Haut – aus Keratin. Allerdings ist hier die Anordnung der Moleküle etwas anders als bei den verhornten Hautschichten. Aus den Regenerationsschichten werden im Bereich der Subkutis die Haarzwiebeln, aus denen das Haar gebildet wird. Die Haarzwiebeln sind leicht ange-schwollene Zonen am Ende des Haartrich-ters; sie werden über eine Bindegewebspa-pille ernährt. Am Haar unterscheidet man die Wurzel, die in einer Wurzelscheide im Haar-trichter sitzt, und den Haarschaft, der über die Ebene der Haut hinausragt (Abb. 14.4).

Die während des vorgeburtlichen Lebens ge-bildeten Haare werden als **Lanugohaare** be-zeichnet. Sie wurzeln im Korium und verlie-ren sich meist kurz nach der Geburt und wer-den durch die **Terminalhaare** ersetzt. Zu den Terminalhaaren gehören die Haare des Kop-fes, die Pubertätshaare (Scham-, Bart- und Achselhaare) und die Körperhaare. Die Kopf- und Pubertätshaare wurzeln in der Subkutis, die Körperhaare wurzeln – ähnlich wie die Lanugohaare des Fetus – im Korium.

Die Körperbehaarung des Menschen besteht aus relativ kleinen Haaren, die als Überreste einer ausgedehnten Körperbehaarung (wie z.B. bei Affen) betrachtet werden kann. Sie sind im Gesicht, auf dem Rumpf und den Extremitäten vorhanden. Auf der Streckersei-te der Extremitäten sind sie meist stärker aus-gebildet als auf der Beugerseite.

In den Haartrichter münden Talgdrüsen, die Glandulae sebaceae. Sie sondern über holo-krine Sekretion Talg ab für die Einfettung der Haut und der Haare.

Unterhalb der Talgdrüsen setzt ein Muskel an, der vom Haar an die Hautoberfläche zieht: der M. arrector pili (Aufrichter des Haares). Dies ist v.a. im Bereich der Körper-haare der Fall, nicht jedoch bei den Kopfhaa-ren und den Pubertätshaaren. Bei Tieren dient der M. arrector pili dazu, bei Kälte das Haar aufzurichten und damit zwischen die Haare und den Körper eine schützende und isolierende Luftschicht treten zu lassen. Als Überbleibsel dieser bei Tieren vorhandenen Funktion entsteht deshalb beim Menschen die „Gänsehaut" (z.B. bei Frieren), bei der sich alle vorhandenen Mm. arrectores pilo-rum kontrahieren.

Haare erreichen ein Alter von mehreren Jah-ren. Sie weisen ein tägliches Wachstum von ca. 0,2–0,3 mm auf. Gegen das Lebensende eines Haares löst es sich von der Bindege-webspapille und gleitet im Haartrichter lang-sam nach außen. Gleichzeitig wird an der Haarbasis eine kolbenartige Auftreibung ge-

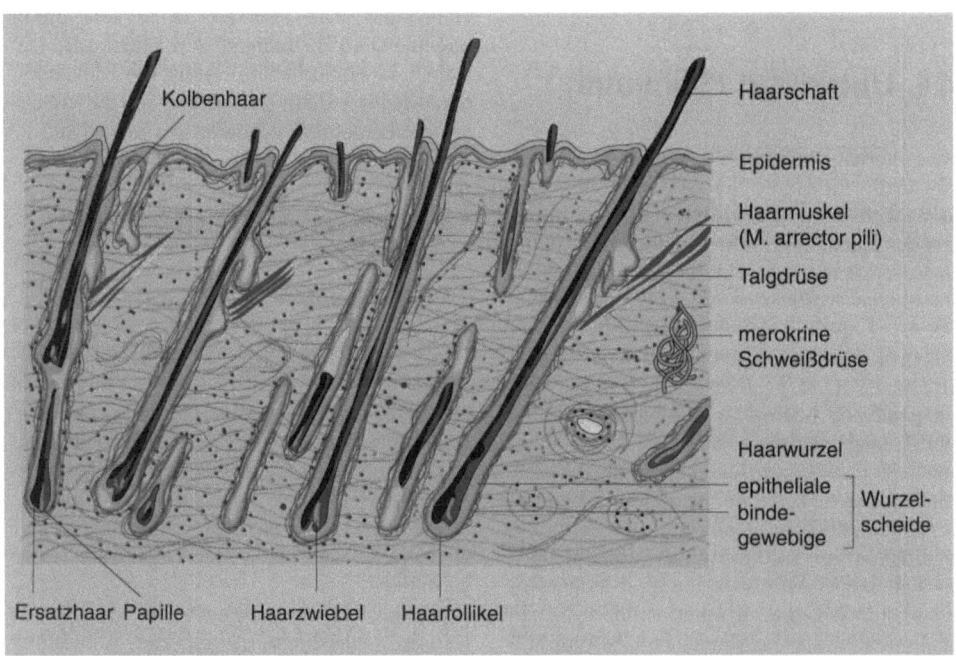

Abb. 14.4. Schnitt durch die behaarte Felderhaut. Die Aufrichtermuskeln (Singular: M. arrector pili) der Haa-re sind deutlich zu sehen. Auf der *linken Seite* der Abbildung ist ein Kolbenhaar eingezeichnet, das be-

reits innerhalb des Haartrichters nach oben gerutscht ist und bei Gelegenheit ausfallen wird. Darunter ist an der Haarpapille bereits ein neues Haar entstan-den

bildet. Deshalb bezeichnet man dieses Haar als Kolbenhaar. Kolbenhaare können über längere Zeit noch im Haartrichter verbleiben, während gleichzeitig an der Bindsgewebepapille ein neues Haar gebildet wird. Pro Tag verliert man im Durchschnitt ca. 50–80 Kopfhaare. Größere individuelle und auch jahreszeitliche Schwankungen sind jedoch normal. Die Haarfarbe wird durch eingelagerte Pigmente und auch durch rötlichen Farbstoff bestimmt. Beim Ergrauen hört die Pigmentfarbstoffeinlagerung auf. Beim weißen Haar schließlich wird anstelle des Pigments Luft eingelagert, die durch ihren anderen Brechungsindex für die weiße Farbe verantwortlich ist.

Haare stehen schräg in der Haut. Meist sind sie gruppenweise mit der gleichen Verlaufsrichtung angeordnet. Wenn sich die Verlaufsrichtung ändert, entstehen Haarwirbel.

14.4.2 Nägel

Die Nägel (Ungues) dienen als Widerlager der Fingerbeeren. Ohne Nägel ist eine Greif- und Haltefunktion der Finger nur sehr schwer möglich und teilweise sogar schmerzhaft, z.B. wenn ein Nagel verlorengeht.

Besonders für die Tastfunktion der Finger ist das Widerlager der Nagelplatte unerläßlich, da die Tastfähigkeit ohne Nagel stark reduziert ist.

Der Nagel sitzt in der hufeisenförmigen Nageltasche, deren Rand die Nagelplatte als Nagelwall umgibt. Die weißliche Zone, die unter der Nagelplatte sichtbar ist (Lunula), ist Teil der Nagelmatrix, die für die Nagelbildung verantwortlich ist. Vom freien Rand des Nagelwalls wird ein feines Häutchen gebildet, das sich besonders im hinteren Teil über den Nagel schiebt. Dies ist das Eponychium (Abb. 14.5). Verletzung oder Zerstörung der Nagelmatrix führt zu einem bleibenden Verlust des Nagels, da nur sie für die Bildung des Nagels verantwortlich ist. Der vor der Lunula gelegene, rötlich durchschimmernde Teil des Nagelbetts ist nicht am Aufbau des Nagels beteiligt, er dient quasi als Gleitlager für die nach vorne wachsende Nagelplatte.

Der Nagel entspricht den verhornten Schichten der Haut. Er wird von den Regenerationsschichten der Epidermis gebildet, die in Form der Matrix spezifisch differenziert ist.

14.4.3 Hautdrüsen

In der Haut kommen 3 verschiedene Drüsen vor:

- holokrine Talgdrüsen,
- merokrine Schweißdrüsen,
- apokrine Duftdrüsen.

Holokrine Talgdrüsen

Abgesehen von wenigen Ausnahmen sind Talgdrüsen meist mit Haaren verbunden, indem sie in die Haartrichter einmünden (s. oben). An den Lippen und den kleinen Schamlippen münden sie jedoch mit einem eigenen Ausführungsgang an die Oberfläche der Haut. Die Talgdrüsen sondern ein Sekret nach dem holokrinen Sekretionsmodus[22] ab (s. 3.2.2 und Abb. 14.6).

Talgdrüsen werden durch Androgene (vermännlichende Hormone, die sowohl beim Mann wie auch bei der Frau gebildet werden) stimuliert und sezernieren dementsprechend bei beiden Geschlechtern erst vermehrt nach der Pubertät. Bei einer Abflußbehinderung, wie sie immer wieder vorkommen kann, werden Mitesser gebildet (Singular: Comedo, Plural: Comedones). Durch den unter der Talgdrüse verlaufenden glatten Muskel (M. arrector pili) können die Talgdrüsen stärker ausgepreßt werden.

Merokrine Schweißdrüsen

Entwicklungsgeschichtlich betrachtet sind die merokrinen[23] Schweißdrüsen relativ junge Drüsen, da sie nur bei den Primaten[24] vorkommen. Sie liegen an der Grenze zwischen Korium und Subkutis in Form von unverzweigten, geknäuelten Drüsen, die deshalb auch häufig Knäueldrüsen genannt werden. Ihre Ausführungsgänge laufen an die Spitze der Epithelzapfen der Haut, wo sie sich dann ohne eigenen Ausführungsgang durch die

---

[22] Holokrine Sekretion: Die Zellen dieser Talgdrüsen lösen sich bei der Sekretbildung gänzlich auf.
[23] Merokrine Sekretion: Die Drüsen sondern ihren Inhalt ohne sichtbaren Substanzverlust ab.
[24] Primat: die am höchsten stehende Ordnung der Säugetiere, zu denen der Mensch, die Halbaffen und die Affen gehören.

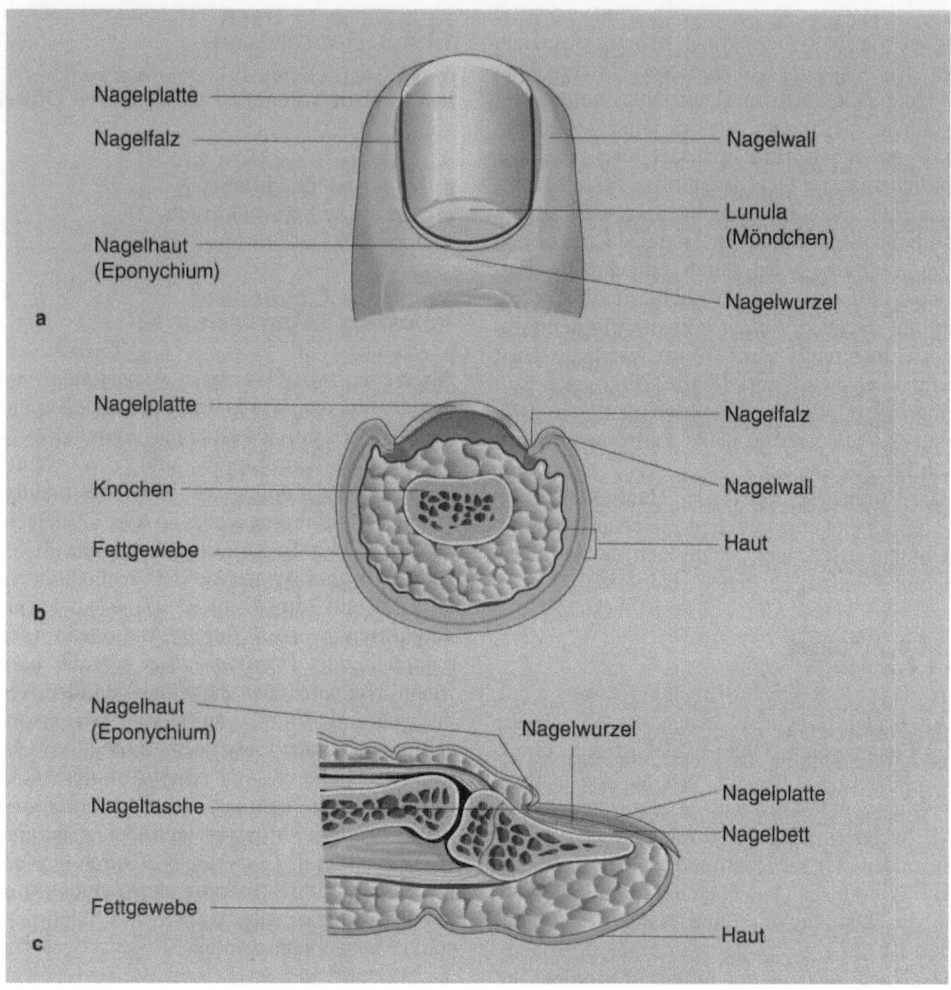

Abb. 14.5 a–c. Nagel an einem Fingerendglied. **a** Aufsicht von oben. Die Lunula, die weißliche, zum Teil von der Haut bedeckte Zone ist Teil der Nagelmatrix, die für die Nagelbildung verantwortlich ist. **b** Querschnitt durch das Nagelglied, an dem deutlich wird, daß sich zwischen Haut und dem Knochen vor allem Fettgewebe befindet. **c** Längsschnitt durch das Nagelglied mit Nagelwurzel und Nagelmatrix. Der Nagel gleitet bei seinem Wachstum auf dem Nagelbett in Richtung Fingerspitze

Schichten der Epidermis schlängeln, um mit einer Pore auf einer Leiste im Bereich der Handflächen und Fußsohlen oder in einem Feld der Felderhaut zu münden. Über den ganzen Körper verteilt sind etwa 2–3 Mio. Schweißdrüsen vorhanden (das entspricht ca. 360 Drüsen pro cm^2). Dunkelhäutige weisen z.T. die doppelten Werte auf. An den Fußsohlen und den Handflächen sind die meisten Drüsen vorhanden. Diese Drüsen haben eine wesentliche Funktion bei der Temperaturregulation (s. Kap. 15 Temperaturregulation). Ihr Sekret verdunstet an der Körperoberfläche und führt damit zu einer Abkühlung. Das Sekret der merokrinen Drüsen ist sauer, mit einem pH-Wert von ca. 4,5, und wirkt damit antibakteriell. Es baut einen Säureschutzmantel an der Haut auf. Der Sekretionsmodus dieser Drüsen ist merokrin, d.h. ohne lichtmikroskopisch sichtbaren Substanzverlust.

Apokrine Schweiß- oder Duftdrüsen

Dieser Drüsentyp ist bei Tieren häufig über die ganze Körperoberfläche verteilt. Beim

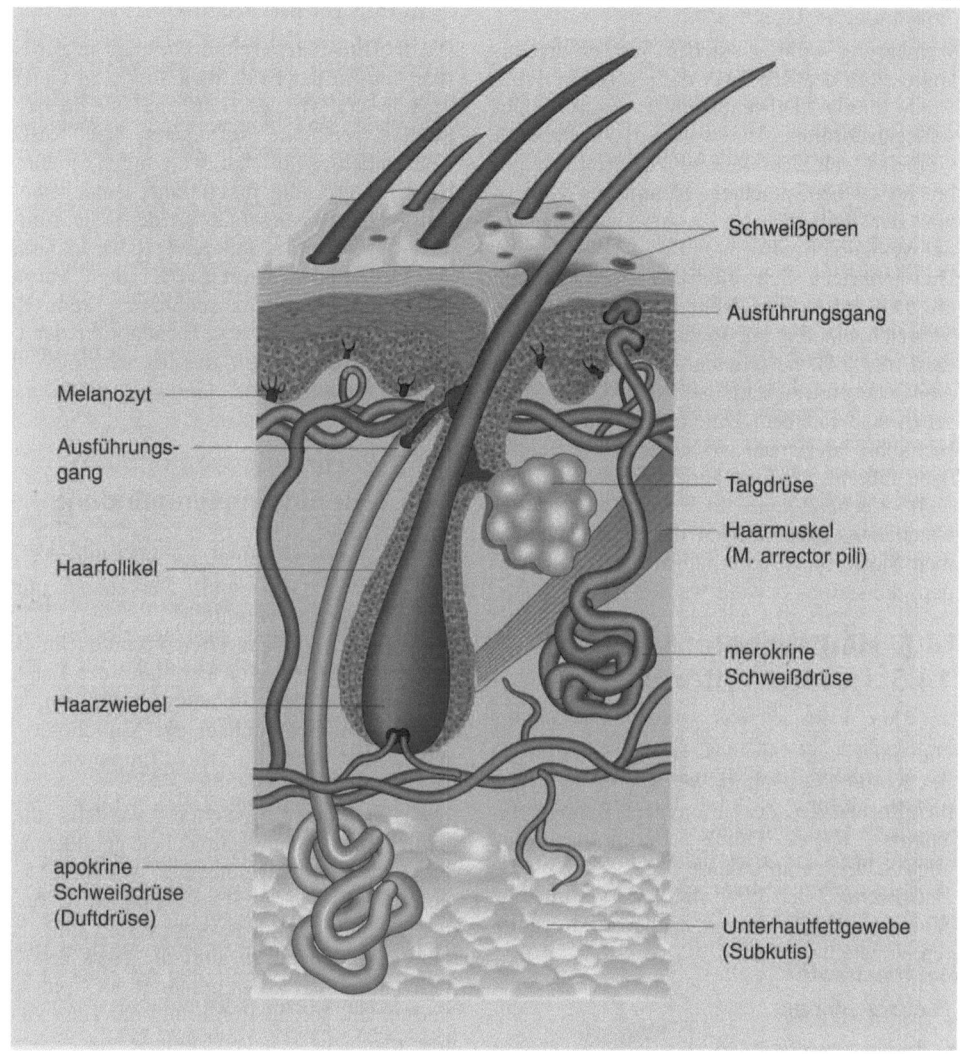

Schweißporen

Ausführungsgang

Melanozyt

Ausführungs-gang

Haarfollikel

Haarzwiebel

Talgdrüse

Haarmuskel (M. arrector pili)

merokrine Schweißdrüse

apokrine Schweißdrüse (Duftdrüse)

Unterhautfettgewebe (Subkutis)

Abb. 14.6. Darstellung der verschiedenen Hautdrüsen und ihre Relation zum Haar. Die holokrinen (Talgdrüsen) und die apokrinen Drüsen (Duftdrüsen) münden in den Haartrichter, die merokrine Schweißdrüse mündet an der Hautoberfläche. Der Aufrichtermuskel des Haares (M. arrector pili) zieht direkt unterhalb der Talgdrüse hindurch und führt bei einer Kontraktion auch zum Auspressen der Talgdrüse

Menschen kommt er lediglich in speziellen Regionen vor.

Vorkommen der apokrinen Duftdrüsen[25]:
- auf dem Mons pubis („Schamberg"),
- an den großen Schamlippen,
- in der Achselhöhle,
- auf der Brustwarze und dem Warzenhof,
- in der Analregion.

---

[25] Apokrine Sekretion: Sekretabgabe mit sichtbarem Substanzverlust.

In der Axilla (Achselhöhle) sind sie besonders ausgeprägt, bei der Frau stärker als beim Mann. Sie münden ebenfalls in den Haartrichter, z.B. bei den Achselhaaren, und sezernieren ein alkalisches Sekret, das keinen Schutz gegen Bakterien bietet, sondern im Gegenteil durch Bakterien leicht zersetzbar ist. Dies führt zum typischen Schweißgeruch (der von den bakteriellen Zersetzungsprodukten des apokrinen Sekretes ausgeht, z.B. von Buttersäure). Da das Sekret der apokrinen Drüsen nicht hemmend auf die Bakterienvermehrung wirkt, entstehen Schweißdrüsen-abszesse in der Regel bei diesem Drüsentyp. Auch dieser Drüsentyp wird durch Geschlechtshormone, die während der Pubertät vermehrt gebildet werden, zur Reifung gebracht. Dementsprechend kommt bei Kindern vor der Pubertät auch nie ein typischer Schweißgeruch vor.

Die apokrinen Schweißdrüsen werden auch als Duftdrüsen bezeichnet, da sie v.a. im Tierreich einen ganz speziellen Duft absondern, der z.B. bei Hunden perianal (um den Anus) besonders stark ist. Auch beim Menschen sind mit dem Duft der Duftdrüsen geruchliche Merkmale verbunden, die häufig dazu führen, daß man jemanden gut oder gar nicht „riechen" kann, auch wenn die entsprechenden Konzentrationen der geruchswirksamen Stoffe meist unterhalb der Schwelle liegen, die sie uns bewußt werden läßt.

14.5 Hautrezeptoren

Die Haut kann als das größte Sinnesorgan des Körpers bezeichnet werden. In ihr liegen die Rezeptoren der afferenten Bahnen für Wärme-, Kälte-, Druck-, Berührungs- und auch Schmerzempfindung.

Entsprechend der durch die Haut vermittelten Sinnesqualitäten können auch ihre Rezeptoren eingeteilt werden.

Hautrezeptoren:

- Druckrezeptoren,
- Berührungsrezeptoren, } Mechano-
- Vibrationsrezeptoren, } rezeptoren
- Temperaturrezeptoren,
- Schmerzrezeptoren.

Die ersten 3 der genannten Rezeptoren werden als **Mechanorezeptoren** bezeichnet, da sie mechanische Reizqualitäten aufnehmen (perzipieren).

14.5.1 Druckempfindung

Druckempfindung wird über Merkel-Zellen und Ruffini-Körperchen vermittelt.

Merkel-Zellen sitzen in der Haut und auch z.T. in der Schleimhaut bei mehrschichtigen Plattenepithelien im Stratum basale. Hier können sie auch in Form von Zellgruppen die Merkel-Tastscheiben bilden.

Die **Ruffini-Körperchen** kommen in der Leisten- und in der Felderhaut sowie an Gelenkkapseln vor. In der Haut sind sie meist im Stratum reticulare vorhanden. Die Ruffini-Körperchen sind Aufzweigungen mehrerer Nervenfasern, die durch eine Bindegewebekapsel zusammengefaßt werden. Sie fungieren als langsam adaptierende (sich anpassende) Dehnungsrezeptoren. (Bei dem Vorgang der Adaptation wird schließlich kein Reiz mehr wahrgenommen; z.B. adaptiert der Geruchssinn sehr schnell, das hat zur Folge, daß man gleichbleibende Gerüche nicht mehr wahrnimmt).

14.5.2 Berührungsempfindung

Die Berührungsempfindung wird über Meissner-Tastkörperchen und Nervenendigungen um Haarwurzeln vermittelt.

Die **Meissner-Körperchen** kommen im Bindegewebe des Stratum papillare, der Leistenhaut, d.h. in den Bindegewebspapillen, und auch in der Schleimhaut der Mundhöhle sowie im Bereich des Lippenrots vor (Abb. 14.7).

Die Meissner-Körperchen werden durch Schichten von Schwann-Zellen gebildet, zwischen denen unmyelinisierte Axone (s. 5.4.1 und 3.7.2) verlaufen. Das Ganze wird von einer feinen Bindegewebskapsel umgeben. Über Kollagenfasern sind die Meissner-Körperchen mit der Basalmembran der Epidermis verbunden, so daß Berührung der Haut zu einer mechanischen Verformung des Körperchens führt, die ein Aktionspotential auslöst.

▶

Abb. 14.7. Meissner-Tastkörperchen in einer Bindegewebspapille des Stratum papillare. Die Tastzellen (Schwann-Zellen) sind übereinander geschichtet. Zwischen ihnen verlaufen die Endverzweigungen der Nervenfasern. Durch Kollagenfasern sind die Tastzellen mit der Basalmembran der Epidermis verbunden. Auf diese Weise können die kleinsten Bewegungen wahrgenommen werden, die über die Tastzellen an die Nervenzellen weitergeleitet werden

▶

Abb. 14.8. Vater-Pacini-Körperchen mit dem dendritischen Ende einer Nervenzelle, das hier zum Innenkolben verdickt ist. Der Innenkolben dient der Reizaufnahme. Die Lamellenschichten dämpfen die Vibrationen unterhalb der Schwelle von ca. 40 Hz, so daß niederfrequente Schwingungen nicht wahrgenommen werden

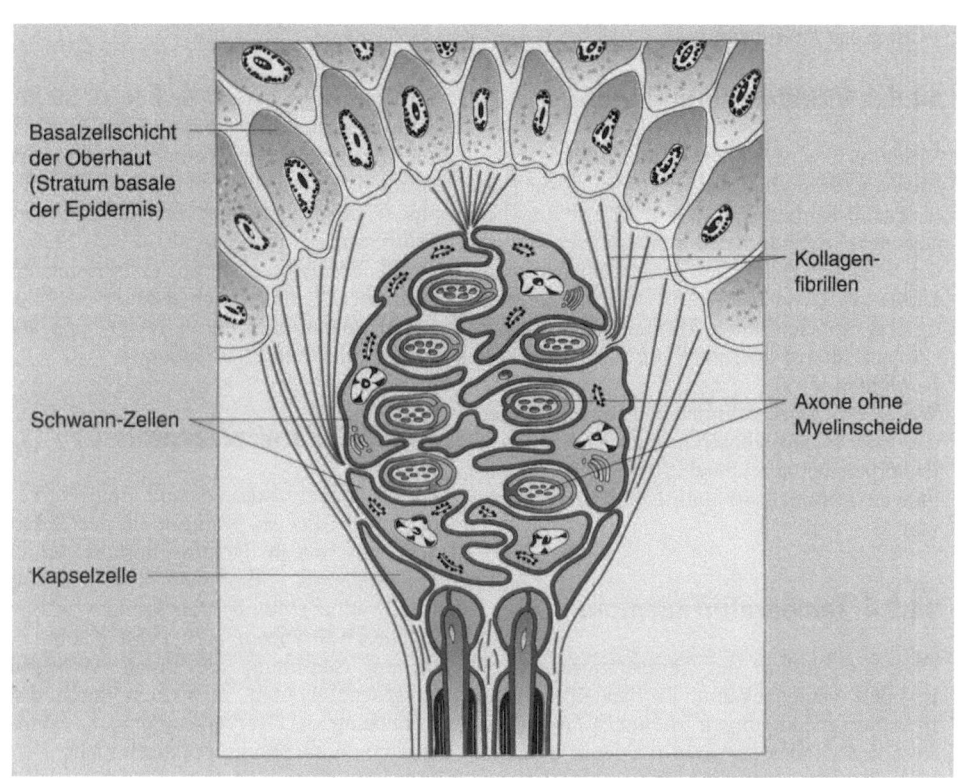

Basalzellschicht der Oberhaut (Stratum basale der Epidermis)

Kollagen-fibrillen

Schwann-Zellen

Axone ohne Myelinscheide

Kapselzelle

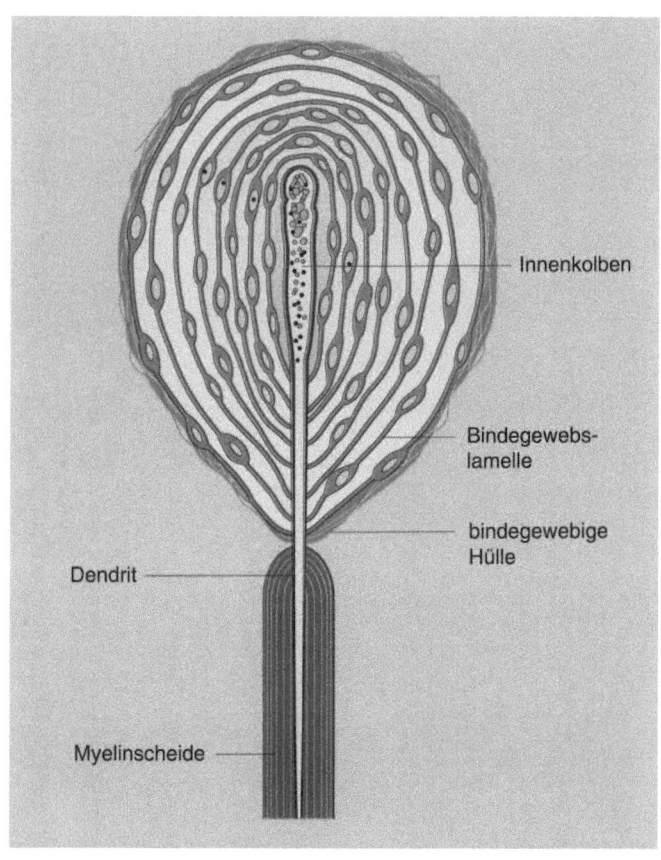

Innenkolben

Bindegewebs-lamelle

bindegewebige Hülle

Dendrit

Myelinscheide

14.5.3 Vibrationsempfindung

Vibration wird über die größten der Mechanorezeptoren wahrgenommen, die Vater-Pacini-Körperchen (Abb. 14.8). Sie bestehen aus einem Dendriten, um den herum die Schwann-Zellen den Innenkolben bilden. Dieser wird von bis zu 70 zwiebelschalenartig angeordneten feinen Bindegewebslamellen (Zellausläufern) umgeben, die den Außenkolben bilden.

Wegen des zwiebelähnlichen Aufbaus werden die Vater-Pacini-Körperchen auch als Lamellenkörperchen bezeichnet. Sie können Schwingungen zwischen 40 und 1000 Hz wahrnehmen.

14.5.4 Temperaturrezeptoren

Über die Struktur der Temperaturrezeptoren ist noch wenig bekannt. Es handelt sich um freie Nervenendigungen, die meist unmyelinisiert sind. Kälterezeptoren reagieren maximal auf Reize zwischen 17 und 36°C. Sie liegen direkt unterhalb der Epidermis und vermitteln v.a. die Qualität der Temperaturveränderung. Wärmerezeptoren liegen im Korium und reagieren mit maximalen Nervenimpulsen bei Temperaturen zwischen 40–47°C. Selbstverständlich reagieren sie auch – wie die Kälterezeptoren – im Bereich darüber oder darunter. Temperaturrezeptoren zeigen eine ausgeprägte Adaptation (Anpassung).

14.5.5 Schmerzrezeptoren

Die Schmerzrezeptoren sind freie Nervenendigungen, die im Korium, in der Subkutis, aber auch bis in die unverhornten Schichten der Epidermis vorkommen. Ihre Erregung erfolgt vielfach durch Freisetzung von körpereigenen Substanzen, z.B. Prostaglandine, Histamin, Serotonin, die durch Verletzungen freigesetzt werden, aber auch durch direkte Verletzung der Nervenendigungen. Schmerzrezeptoren adaptieren praktisch nicht.

14.6 Zusammenfassung Haut und Anhangsorgane

Aufgaben:
Die Haut hat folgende Aufgaben: Sie fungiert als Schutzorgan gegen mechanische, thermische, chemische, bakterielle Einflüsse etc.; sie ist an der Temperaturregulation und der Regulation des Wasserhaushalts beteiligt; sie dient als Sinnes- und als Kommunikationsorgan.

Bestandteile: Zur Haut rechnet man auch die Hautanhangsgebilde: Hautdrüsen, Brustdrüse, Haare, Nägel.

Hautarten:
Es wird zwischen 2 Arten der Haut unterschieden: Leistenhaut (Fußsohlen, Handflächen) und Felderhaut (behaarte Haut).

Aufbau:
Die Haut besteht aus Epidermis und Korium. Die Unterhaut (Subkutis) gehört nicht zur Haut, ist aber funktionell mit ihr verbunden.

Die **Epidermis** setzt sich aus folgenden Schichten zusammen (von innen nach außen): Stratum basale, Stratum spinosum, Stratum granulosum, Stratum lucidum, Stratum corneum.

- **Stratum basale:** Die Regeneration der Haut erfolgt durch Mitosen im Stratum basale. Hier befinden sich auch Melanozyten, die Pigmentgranula an die Zellen der Epidermis abgeben und damit die empfindlichen Mitosestadien vor der schädlichen UV-Strahlung schützen.

- **Stratum granulosum:** Im Stratum granulosum werden Keratohyalingranula und Tonofilamente gebildet, Grundlage des Keratins. Die ebenfalls gebildeten MCG („*membrane coating granules*") sind lipidhaltig. Sie werden ausgestoßen und dienen der Abdichtung des Interzellularraums.

- **Stratum corneum:** Das Stratum corneum läßt keinerlei Zellen mehr erkennen. Im Bereich der Felderhaut ist es weniger stark ausgebildet als im Bereich der Leistenhaut.

Das **Korium (Lederhaut)** baut sich aus Stratum papillare und Stratum reticulare auf:

- **Stratum papillare:** Hier sind Bindegewebspapillen mit den Epithelleisten verzahnt (besonders ausgeprägt in der Leistenhaut). Kapillaren und Meissner-Tastkörperchen liegen ebenfalls im Stratum papillare.

- **Stratum reticulare:** Die Kollagenfasern des Stratum reticulare sind die Grundlage für die Gerbfähigkeit der Haut. Sie sind in deutlicher Orientierung angeordnet. Daraus entstehen die Spaltlinien der Haut.

Die **Subkutis** besteht aus steppkissenartig gekammertem Fettgewebe: dem subkutanen Fettgewebe. Mit Ausnahme der Fußsohlen und der Handflächen wird das subkutane Fett zum Speicherfett gerechnet. Neben seiner Funktion als Energiespeicher dient es v.a. der thermischen Isolation. In der Subkutis liegen die Haarzwiebeln sowie die Vater-Pacini-Lamellenkörperchen.

Altersveränderungen

Im Alter kommt es zu einer Abnahme der elastischen Fasern der Haut (v.a. im Korium) und damit zu einer Abnahme der Elastizität der Haut. Außerdem verringern die Schweißdrüsen und Talgdrüsen ihre Tätigkeit. Daraus ergibt sich die trockene Haut des Alters.

Haare

Die Haare entstehen durch trichterförmige Einsenkungen der Haut bis in die Subkutis. Die Regenerationsschichten der Haut werden damit zu Haarbildungsschichten. Am Haar unterscheidet man den Haarschaft, der über die Haut herausragt, und die Haarzwurzel, die im Haartrichter steckt. Im unteren Wurzelbereich liegt die Haarzwiebel als Verdickung. Von der Haarzwiebel geht das Wachstum der Haare aus.

Kolbenhaare haben ihren Kontakt zur Haarpapille (Bindegewebe) verloren und können längere Zeit im Haartrichter steckenbleiben. Von der bindegewebigen Haarpapille und der neu gebildeten Haarzwiebel geht die Bildung des neuen Haares aus.

Die vor der Geburt gebildeten Haare werden als **Lanugobehaarung** bezeichnet. Die Lanugohaare verlieren sich nach der Geburt. Sie reichen mit ihren Haarzwiebeln nur bis in das Korium hinein. Die **Terminalhaare** sind als Körperhaare ebenfalls nur bis ins Korium verwurzelt, als Kopfhaare und als Pubertätshaare (Bart-, Achsel- und Schamhaare) hingegen reichen sie mit ihren Wurzeln bis in die Subkutis hinein.

Nägel

Die Nägel dienen als Widerlager für Tast- und Greiffunktionen. Der Nagel besteht aus einer Nagelplatte, die mit einer Nagelwurzel in der Nageltasche sitzt. Die Nagelplatte wird vom Nagelwall umgeben, von dem ein feines Häutchen gebildet wird, das Eponychium. Der Boden der Nageltasche wird von der Nagelmatrix gebildet, die im vorderen Teil als weiße halbmondförmige Zone (Lunula) durch den Nagel sichtbar ist. Die Nagelmatrix bildet den Nagel.

Hautdrüsen

Wir unterscheiden 3 verschiedene Hautdrüsen:
- merokrine Schweißdrüsen (am ganzen Körper verteilt),
- apokrine Duftdrüsen (Axilla, Mons pubis, perianale Region, um die Brustwarze) und
- holokrine Talgdrüsen (meist in Haartrichter mündend, aber auch im Bereich des Lippenrots wie auch an den kleinen Schamlippen).

Hautrezeptoren

Die in der Haut vorhandenen Hautrezeptoren werden unterteilt in:
- Druckrezeptoren (Merkel-Zellen, Ruffini-Körperchen),
- Berührungsrezeptoren (Meissner-Tastkörperchen, Nervenmanschetten um Haarwurzeln),
- Vibrationsrezeptoren (Vater-Pacini-Lamellenkörperchen),
- Temperaturrezeptoren (freie Nervenendigungen),
- Schmerzrezeptoren (freie Nervenendigungen).

15 Temperaturregulation

Eine Abweichung der Temperaturkonstanz vom normalen Bereich ist beim **Fieber** gegeben. Fieber tritt bei den meisten Infektionskrankheiten als Begleiterscheinung, sowohl beim Menschen wie auch bei Tieren auf.

Der Mensch gehört zu den Lebewesen, die ihre Körpertemperatur relativ unabhängig von der Außentemperatur über weite Bereiche konstant halten können. Diese Konstanz der Körpertemperatur ist nur möglich, wenn sich die Mechanismen der Wärmeproduktion und der Wärmeabgabe im Gleichgewicht befinden. Eine gleichbleibende Körpertemperatur ist eine Grundvoraussetzung für die normale Körperfunktion der Warmblüter, da die Enzymfunktionen des Organismus nur in sehr engen Temperaturgrenzen optimal gewährleistet sind.

15.1 Kern- und Schalentemperatur

In unserem Körperinneren wird durch Verbrennung von Nahrungsbestandteilen Wärme produziert. Am Ort der Wärmeproduktion ist es am wärmsten, gegen die Körperoberfläche nimmt die Temperatur ab. Es besteht also ein Temperaturgradient (Gefälle) von innen nach außen. Daneben besteht noch ein Temperaturgradient von proximal nach distal, d.h. in der Schulterregion ist es wärmer als an den Fingerspitzen.

Wenn wir die Punkte unseres Körpers, die die gleiche Temperatur haben, miteinander verbinden, dann erhalten wir dreidimensionale Gebilde, die genau dem Temperaturgefälle entsprechen (Abb. 15.1). Dabei wird deutlich, daß wir einen **Körperkern** besitzen, der relativ konstantwarm ist, und eine **Körperschale**, die je nach Außentemperatur wärmer oder kälter sein kann. Eigentlich konstantwarm ist nur das Körperinnere (Kern), während die Körperschale wechselwarm ist.

Als Körperschale bezeichnen wir die Haut und die Extremitäten, als Körperkern das Innere des Rumpfes und des Kopfes.

Bei hohen Außentemperaturen ist das Temperaturgefälle zwischen Kern und Schale nur gering, bei tiefen Außentemperaturen dagegen ist es relativ groß. Vor allem die Temperatur der Extremitäten liegt dann deutlich unterhalb der Kerntemperatur (Abb. 15.1).

15.1.1 Temperaturmessung

Als Maß für die Kerntemperatur wird meist die **Rektaltemperatur** (Temperatur im Rektum; s. Kap. 10 Verdauungsapparat) benutzt. Für viele Zwecke genügt es, die **Axillartemperatur** (Temperatur in der Achselhöhle) und die **Oraltemperatur** (Temperatur in der Mundhöhle) zu messen. Beide Temperaturen schwanken allerdings stärker als die Rektaltemperatur. Auch die Kerntemperatur unterliegt Schwankungen, die eine deutliche Tagesrhythmik zeigen; das Minimum liegt am frühen Morgen und das Maximum am späten Nachmittag.

Die Amplitude dieser Schwankungen (d.h. der Abstand zwischen Minimum und Maximum) beträgt im Durchschnitt ca. 1°C (Abb. 15.2). Diese Schwankungen werden durch einen **endogenen Rhythmus** erzeugt, den man als biologische Uhr bezeichnet und der bei Zeitverschiebungen, z.B. bei Langstreckenflügen („*jet lag*"), erst nach einigen Tagen wieder der Lokalzeit angepaßt ist.

15.2 Wärmebildung

Die Wärmebildung im Körper basiert v.a. auf den konstant ablaufenden Stoffwechselvorgängen (Grundumsatz)[26]. Sie ist aber auch abhängig von der Außentemperatur.

---

[26] Grundumsatz: Energiemenge, die der Körper bei völliger Ruhe verbraucht, d.h. die nur der Erhaltung der Lebensvorgänge dient.

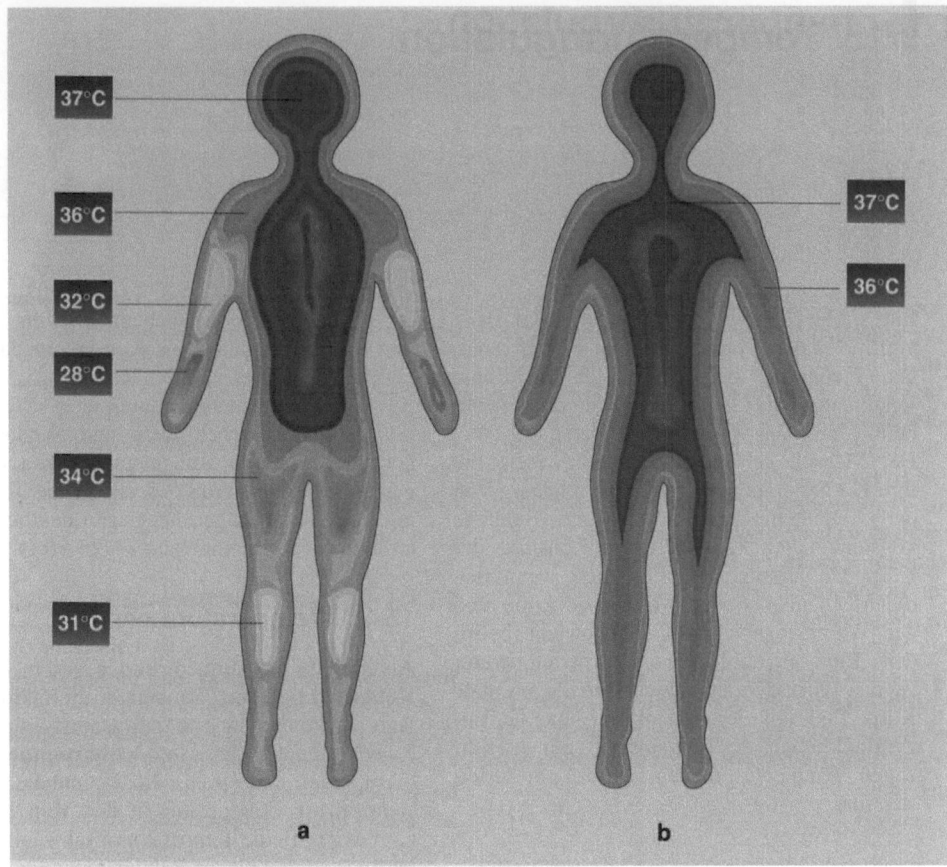

Abb. 15.1 a, b. Zonen mit gleicher Temperatur (Iso-
thermen), auf der Körperoberfläche eingezeichnet.
Hell ist die Zone der Schalentemperatur, *dunkel* die
Zone der Kerntemperatur; **a** entspricht den Verhältnissen bei tiefen Außentemperaturen, **b** entspricht
den Verhältnissen bei hohen Außentemperaturen

Bei Temperaturen zwischen 28 und 30°C und einer relativen Luftfeuchtigkeit von ca. 50% wird die Wärmebildung
bei einem unbekleideten Menschen, der sich in Ruhe befindet, ein Minimum aufweisen. Sobald die Temperatur
sinkt, steigt die Wärmebildung an. Sie steigt in dem
Maße, das nötig ist, den Verlust von Körperwärme auszugleichen. Die Zunahme der Wärmebildung wird zunächst durch eine Erhöhung des Muskeltonus erreicht.
Wenn diese nicht mehr genügt, dann kommt es zum Kältezittern. Das ist eine rhythmische Kontraktion der Muskulatur, wodurch Wärme produziert wird. Bei starker körperlicher Arbeit kann die Wärmeproduktion durch die Muskeltätigkeit auf den 10fachen Wert gesteigert werden und
dann 90% der gesamten Wärmeproduktion betragen.

Trotz der wechselnden Außentemperaturen
muß die Körpertemperatur in den absoluten
Grenzen zwischen 29 und 43°C geregelt werden. Tiefere und höhere Temperaturen sind in
der Regel tödlich. Das bedeutet, daß Unterkühlung und Überhitzung, wie sie vorkommen können, bis zu diesen Grenztemperatu-
ren gerade noch mit dem Leben zu vereinbaren sind. Im Normfall wird allerdings eine
Temperatur von 37±0,5°C strikt eingehalten.
Damit es nicht zu einer Überhitzung oder
Unterkühlung des Körpers kommt, müssen
Regelmechanismen vorhanden sein, die eine
Temperaturkonstanz gewährleisten. Vor allem
der Ableitung der Wärme, die bei der Muskelkontraktion entsteht, kommt eine große
Bedeutung zu, weil wir den Körper nicht ge-
gen Wärme schützen können, wie das bei
Kälte möglich ist.

15.3 Wärmeabgabe

Für die Wärmeabgabe stehen dem Körper
verschiedene Mechanismen zur Verfügung:

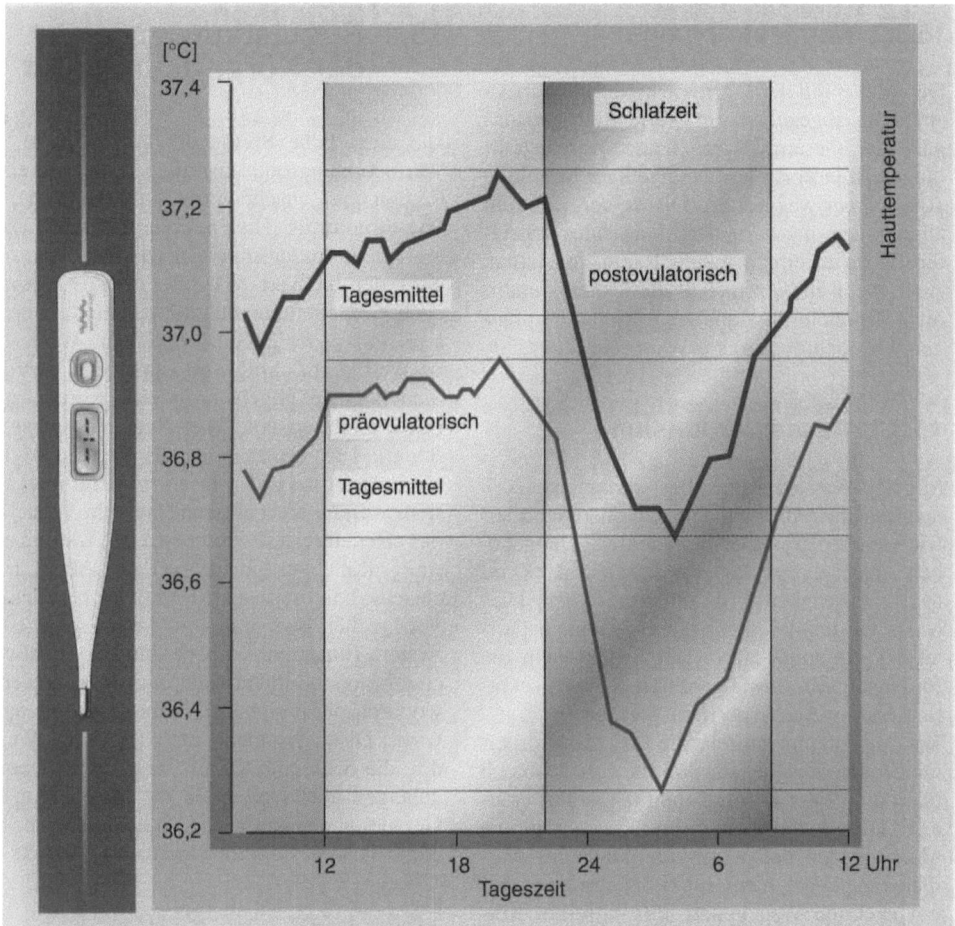

Abb. 15.2. Schwankungen der Tagestemperaturen einer Frau, *unten* vor dem Eisprung (präovulatorisch), *oben* nach dem Eisprung (postovulatorisch). Auch bei Männern tritt eine ähnliche Tagesrhythmik der Körpertemperatur auf, allerdings ohne Temperatursprung wie bei der Frau während des monatlichen Zyklus. Die tiefste Temperatur wird nachts um 3.00 Uhr, die höchste Temperatur abends um 19.00 Uhr erreicht. Die Amplitude (Ausschlag) der Temperaturkurve beträgt ca. 0,8°C

- Wärmeleitung und Wärmebewegung (Konvektion),
- Wärmestrahlung,
- Wasserverdunstung.

15.3.1 Wärmeleitung und Wärmebewegung (Konvektion)

Durch Wärmeleitung und Konvektion werden ca. 25% der Gesamtwärme abgegeben. Dabei geschieht folgendes: Die Wärme wird durch direkten Kontakt der Körperoberfläche mit der Luft abgegeben. Diese erwärmte Luft wird durch Wärmebewegung (Konvektion) vom Körper weggeführt. Auch innerhalb des Körpers wird die Wärme durch Konvektion, d.h. durch den Transport über das Blut, weitergeleitet.

Eine Wärmeleitung an die Haut ist nur dann sinnvoll bzw. möglich, wenn die Hauttemperatur niedriger als die Kerntemperatur ist.

Den Gefäßen kommt für die Wärmeleitung eine große Bedeutung zu, da Wärmeleitung über das Gewebe nur sehr schlecht funktioniert. Durch Erweiterung (Vasodilatation) bzw. Verengung (Vasokonstriktion) der peripheren Gefäße kann die Menge der Wärmeleitung über die Haut reguliert werden.

15.3.2 Wärmestrahlung

Der größte Teil der Wärme wird durch Wärmestrahlung abgegeben. Im Normalfall sind das 45% der Gesamtwärme. Diese Wärmestrahlung wird in Form von langwelliger Strahlung vom Körper weggeführt. Dieser Vorgang geht ähnlich wie die Wärmestrahlung eines geheizten Ofens in einem kalten Raum vonstatten. Auch wenn in diesem Fall die Lufttemperatur nicht ausreicht, um uns zu wärmen, empfangen wir doch die direkte Wärmestrahlung.

15.3.3 Wasserverdunstung

Mit der Wasserverdunstung werden ca. 20% der Gesamtwärme an der Hautoberfläche sowie weitere 10% über die Atemwege abgegeben. Auf diese Art werden ca. 1000 ml (=1 l) Flüssigkeit pro Tag verdunstet. Dies entspricht der Wärmeabgabe von einem Drittel des Grundumsatzes. Bei Bedarf kann die Flüssigkeitsverdunstung durch Schweißsekretion noch wesentlich erhöht werden.

Bei Außentemperaturen, die über der Körpertemperatur liegen, kann Wärme fast nur noch über die Wasserverdunstung abgeführt werden. Dies hat seinen Grund darin, daß die Mechanismen der Wärmestrahlung und Wärmeleitung nicht mehr funktionieren bzw. den umgekehrten Weg gehen, d.h. unserem Körper zusätzlich Wärme zuführen.

Für den Wärmeaustausch haben Umweltfaktoren, die wir allgemein als Klima bezeichnen, eine große Bedeutung. Dazu gehören die Lufttemperatur, die Luftfeuchtigkeit, die Windgeschwindigkeit sowie die Temperatur anderer strahlender Körper in unserer näheren Umgebung (z.B. Wohnungswände, Ofen). Vor allem die Luftfeuchtigkeit darf in ihrer Wirkung nicht unterschätzt werden. Zum einen leitet eine mit Wasser gesättigte Luft viel besser. Zum anderen können wir bei hoher Luftfeuchtigkeit praktisch kein Wasser mehr verdunsten, da die Luft keine Feuchtigkeit mehr aufnehmen kann. Damit wird auch begreiflich, warum sowohl Kälte als auch Hitze bei geringer Luftfeuchtigkeit besser ertragen werden können.

15.4 Regulation der Körpertemperatur

Die eigentliche **Steuerung** der Prozesse der Wärmebildung und -abgabe geschieht in einer Region des Zwischenhirns (Dienzephalon), im **Hypothalamus**. Hier befindet sich das Thermoregulationszentrum. In diesem Zentrum wird der Ist-Wert (d.h. die effektiv vorhandene Körpertemperatur) mit einem vorgegebenen Soll-Wert (37°C) verglichen. Wenn der Ist-Wert vom Soll-Wert abweicht, werden Steuersignale gegeben, die im Körper zum Einschalten verschiedener Regelmechanismen führen. Das Ganze wird als **Regelkreis** bezeichnet (Abb. 15.3). In einem derartigen System werden die Faktoren, die zum Verstellen des Regelkreises führen (z.B. Wärmebelastung, Kältebelastung, körperliche Arbeit, psychische Faktoren) als Störgrößen bezeichnet. Von großer Bedeutung in diesem geregelten System (unserem Körper) sind die Gefäßverengung und Gefäßerweiterung (Vasomotorik), wodurch die periphere Wärmeabgabe geregelt wird. Dies geschieht auf nervösem Wege, d.h. die Steuersignale aus dem Hypothalamus gelangen über Nerven an die Muskulatur der Gefäße, aber auch an die Schweißdrüsen, die damit in ihrer Sekretion gesteuert werden.

15.4.1 Fieber

Fieber ist, wie bereits erwähnt, eine regelmäßig auftretende Begleiterscheinung der meisten Infektionskrankheiten. Es wird durch fiebererzeugende Stoffe (Pyrogene) ausgelöst. Dabei unterscheidet man zwischen körpereigenen (endogenen) und von außen zugeführten (exogenen) Pyrogenen.

- Es existieren eine Vielzahl von **exogenen Pyrogenen**, z.B. Viren oder Bestandteile der Bakterienmembranen (Lipopolysaccharide), die am Anfang einer Kette von Reaktionen stehen, durch die schließlich Fieber erzeugt wird. Diese exogenen Pyrogene lösen das Fieber nicht selber aus. Sie veranlassen die Makrophagen und andere Leukozyten dazu, endogene Pyrogene auszuschütten.
- Diese **endogenen Pyrogene** gehören zu den Wirkstoffen des Immunsystems, z.B. den Interleukinen (IL1, IL6) oder Interfero-

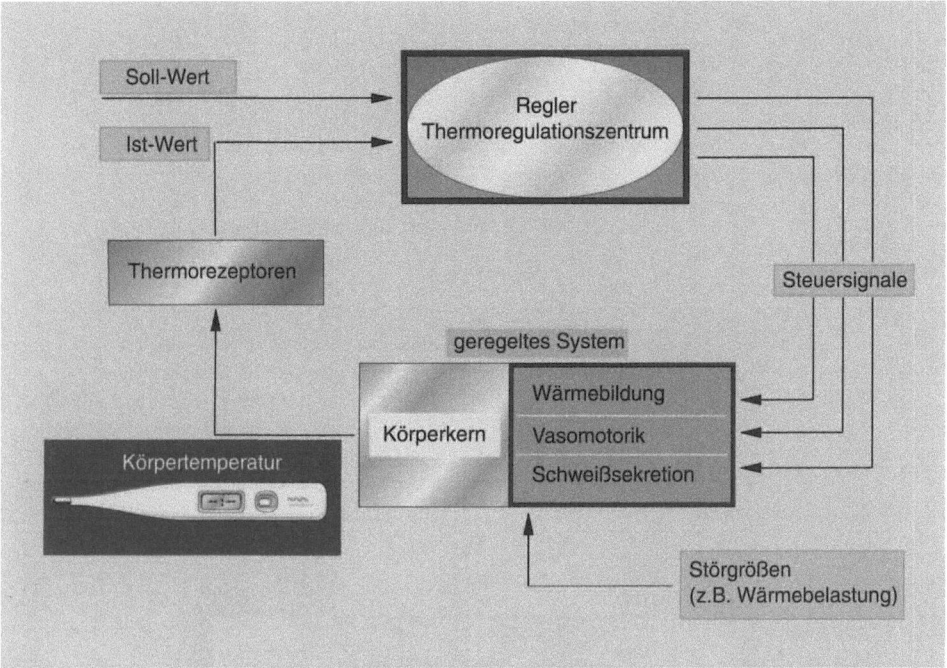

Abb. 15.3. Schema des Regelkreises für die Temperaturregulation. Im Thermoregulationszentrum des Hypothalamus (Hirnregion) wird der Ist-Wert mit dem Soll-Wert verglichen, und dem Resultat entsprechend werden Steuersignale an das geregelte System abgegeben. Diese führen entweder zur Wärmebildung oder zur Wärmeabgabe

nen (s. Kap. 8 Immunologie). Durch diese Substanzen werden auf der einen Seite Immunvorgänge in Gang gesetzt, auf der anderen Seite lösen diese endogenen Pyrogene in einer Region des Gehirns (wahrscheinlich im Hypothalamus) die Bildung von Prostaglandinen (Prostaglandin E_2) aus (Abb. 15.4). In einer anderen Region des Hypothalamus befindet sich das Thermoregulationszentrum. Hier wird durch das Prostaglandin der Soll-Wert der Temperaturregulation nach oben verstellt. Dementsprechend findet die Regulation der Körpertemperatur dann auf einem höheren Niveau statt, z.B. auf 39°C anstatt auf 37°C.

Unmittelbar nach der Wirkung der endogenen Pyrogene wirkt die normale Körpertemperatur wie eine Unterkühlungstemperatur. Sie löst eine Vasokonstriktion (Verengung) der Hautgefäße, ein subjektives Kälteempfinden und evtl. Kältezittern (Schüttelfrost) aus. Umgekehrt wird die Rückkehr zur normalen Körpertemperatur als zu warm empfunden. Schweißausbrüche, Erweiterung der Hautgefäße und

ein subjektives Wärmeempfinden sind charakteristisch für die Entfieberungsphase.

In bezug auf die Nützlichkeit des Fiebers hat man bisher noch keine plausible Erklärung finden können. Möglicherweise könnte es sich dabei um eine Heraufsetzung der Reaktionsgeschwindigkeit handeln, wie man sie aus der Chemie kennt. Die Abwehrmechanismen könnten damit auch rascher funktionieren. Fieber ist auf jeden Fall ein typisches Merkmal der Warmblüter, da es nicht nur beim Menschen, sondern bei allen untersuchten Tierarten vorkommt.

15.4.2 Hyperthermie/Hypothermie

Eine passive **Übererwärmung des Körpers** durch Wärmezufuhr bezeichnet man als Hyperthermie. Der Soll-Wert der Kerntemperatur bleibt dabei unverändert. Der Temperaturanstieg wird durch die Überlastung der Wärmeabgabemechanismen verursacht. Bei langdauernder Hyperthermie mit Temperaturen von 40–41°C kommt es wegen der maxima-

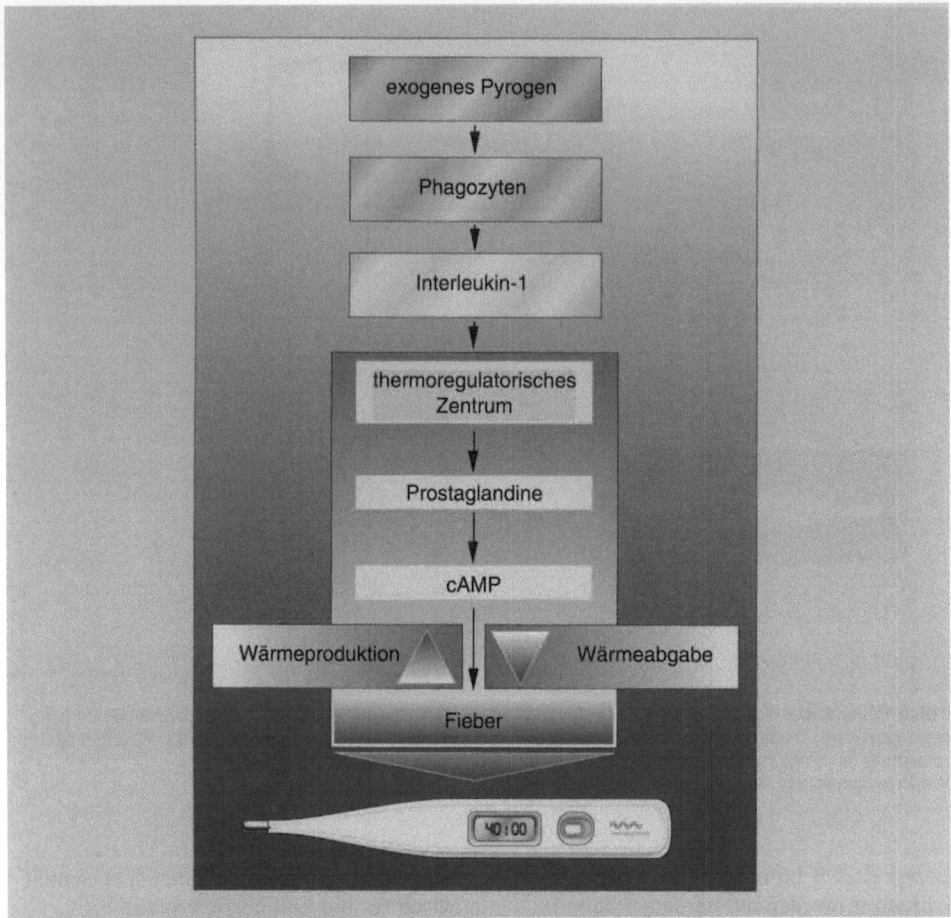

Abb. 15.4. Schema der Entstehung von Fieber. Exogene Pyrogene (z.B. Viren, Bakterien) veranlassen Phagozyten, Wirksubstanzen (z.B. Interleukin 1) abzugeben, wodurch die Bildung von Prostaglandin E_2 ausgelöst wird. Prostaglandin E_2 kann über zyklisches AMP (cAMP) im Thermoregulationszentrum des Hypothalamus den Soll-Wert heraufsetzen. Dadurch werden die Mechanismen der Wärmeproduktion und Wärmeabgabe beeinflußt, so daß Fieber entsteht

len Erweiterung der Hautgefäße zu einem Kreislaufkollaps (Hitzekollaps). Durch die maximale Vasodilatation in der Peripherie ist im Zentrum des Kreislaufs nicht mehr genügend Blut vorhanden.

Wenn die Wärmeabgabe über längere Zeit die Wärmeproduktion übersteigt, z.B. wenn der Körper ohne entsprechenden Schutz durch Kleidung der Kälte ausgesetzt ist, dann kommt es zu einer **Unterkühlung** (Hypothermie). Bei Rektaltemperaturen bis 35°C reagiert der Körper mit Kältezittern. Die Muskelkontraktionen führen zur Wärmebildung. Bei Temperaturen zwischen 34 und 30°C hingegen entwickelt sich eine Teilnahmslosigkeit; gleichzeitig kommt es zu einer Muskelstarre. Bei Temperaturen unterhalb

29°C schließlich kommt es zu Kammerflimmern (der Herzkammern), bis schließlich der Tod eintritt.

Aus einem Wärmestau kann eine Bewußtlosigkeit resultieren, die als Hitzschlag bezeichnet wird. In einem solchen Fall ist die Haut blaß und trocken. Steigt die Temperatur des Körpers dann noch weiter an, so tritt bei ca. 43°C der Tod ein, bei dem dann meist ein Hirnödem vorliegt.

Um einen weiteren Anstieg der Körpertemperatur zu verhindern, sollten die entsprechenden Personen sofort gekühlt werden. Nötigenfalls mit Wasser oder Schnee. Dabei sollte die Körpertemperatur allerdings gemessen werden, damit keine Hypothermie erzeugt wird.

15.5 Zusammenfassung Temperaturregulation

Der Mensch gehört zu den konstantwarmen Lebewesen.

Wir unterscheiden am Körper eine **Kernregion** (Schädelhöhle und Rumpfinneres) und eine **Schalenregion** (Haut und Extremitäten). Die Kerntemperatur wird mit geringen Schwankungen auf ca. 37°C geregelt. Die Schalentemperatur kann stärker schwanken. Bei warmen Außentemperaturen wird die Zone der Kerntemperatur größer.

Die Konstanz der Körpertemperatur wird durch ein Gleichgewicht zwischen Wärmeproduktion und Wärmeabgabe erreicht:

- **Wärmeproduktion** entsteht durch die Verbrennung von Nahrung in den Organen, durch Stoffwechselvorgänge, aber auch durch Muskelkontraktionen (bis zu 90% der Gesamtwärme).

- **Wärmeabgabe** ist über 3 verschiedene Mechanismen möglich:
  - Wärmeleitung und Konvektion (ca. 25% der Gesamtwärme),
  - Wärmestrahlung (45%) und
  - Wasserverdunstung (30%).

Bei Bedarf kann die Wasserverdunstung wesentlich erhöht werden durch zusätzliche Schweißsekretion. Bei Außentemperaturen oberhalb der Körpertemperatur kann Wärme nur noch über Schweißsekretion und Wasserverdunstung abgeführt werden.

Die Thermoregulation geschieht im Hypothalamus im Thermoregulationszentrum. Hier wird der Soll-Wert mit dem Ist-Wert verglichen. Abweichungen führen zu Steuersignalen an die Gefäße (Vasokonstriktion bzw. Vasodilatation), an die Muskulatur (Erhöhung des Muskeltonus) und an Schweißdrüsen (Regulation der Schweißsekretion).

Am Anfang der Fieberauslösung stehen **exogene Pyrogene** (Bakterien, Viren etc.), die Makrophagen und andere Leukozyten zur Ausschüttung von **endogenen** Pyrogenen (Interleukine, Interferone) veranlassen. Unter der Wirkung der endogenen Pyrogene wird Prostaglandin E_2 gebildet, dadurch verstellt sich der Soll-Wert im Thermoregulationszentrum nach oben. Somit wird bei Fieber auf einem höheren Niveau geregelt.

Hyperthermie kann durch maximale Dilatation der Hautgefäße zum Hitzekollaps führen. Bei längerem Anhalten der Hyperthermie kommt es zu einem Hitzschlag (Bewußtseinstrübung, blasse trockene Haut).

16 Sinnesorgane

Im 1. Kapitel (Einführung und Grundlagen) hatten wir gesehen, daß die Möglichkeit, Reize aus der Umwelt aufzunehmen ein wichtiges Kennzeichen des Lebens ist und auch schon bei einzelligen Lebensformen vorhanden ist. In unserem Körper besitzen wir sogar eine Vielzahl von Zellen, die auf die Reizaufnahme spezialisiert sind. Diese Zellen nennt man Rezeptorzellen oder in der Kurzform **Rezeptoren**. Für die verschiedenen Umweltreize wie Schall, Licht, Wärme, Berührung etc. gibt es jeweils spezialisierte Rezeptoren. Um diese Rezeptoren zu erregen, muß ein Reiz auf sie einwirken, der ihnen entspricht, z.B. Licht im Falle der Rezeptoren des Auges. Einen derartigen Reiz bezeichnen wir als **adäquaten Reiz**. Wir können die Rezeptorzellen des Auges allerdings auch durch einen „inadäquaten" Reiz erregen, z.B. durch Druck auf den Augapfel oder Schlag auf den Kopf. Auch diese Reize wirken auf die Rezeptorzellen des Auges, so daß sie den Eindruck von „Licht" vermitteln. Daran wird deutlich, daß jedes Sinnesorgan unabhängig vom auslösenden Reiz nur eine **Sinnesqualität** vermitteln kann, d.h. die ihm eigene spezifische Sinnesqualität, also Licht beim Auge, Töne oder Geräusche beim Ohr etc. Es wird aber auch klar, daß die Empfindung einer Sinnesqualität sowohl durch adäquate wie auch inadäquate Reize hervorgerufen werden kann.

Die Reize, die unsere Sinnesorgane erregen, verursachen in der Regel ein Rezeptorpotential, das über eine oder mehrere afferente Nervenfasern in das Gehirn gelangt und dort in eine Empfindung umgesetzt wird. Es spielt für die Empfindung keine Rolle, an welcher Stelle der afferenten Nervenfaser ein Impuls vermittelt wird. Im Gehirn wird ein über die entsprechende Nervenbahn einlaufendes Signal immer so interpretiert, als käme es vom eigentlichen Rezeptor. Dieses Phänomen ist allen bekannt, die sich schon einmal am „Narrenbein" (im Bereich der Medialseite des Ellenbogens) den N. ulnaris angestoßen haben und dabei den Eindruck hatten, sich am kleinen Finger elektrisiert zu haben. Dieses Phänomen ist auch z.B. für den Phantomschmerz verantwortlich, bei dem ein amputiertes Bein immer noch „Schmerzen" bereiten kann, wenn die entsprechenden Nervenfasern am Amputationsstumpf gereizt werden. Auch in diesem Fall werden die Impulse der afferenten Fasern so interpretiert, als seien sie z.B. vom Fuß gekommen, der ja effektiv gar nicht mehr vorhanden ist.

In der Alltagssprache werden die beiden Begriffe Empfindung und Wahrnehmung sehr häufig synonym verwendet. In der Sinnesphysiologie lassen sich allerdings beide Begriffe deutlich gegeneinander abgrenzen. Die **Empfindung** basiert auf dem afferenten Impuls und führt zu einer Information im Gehirn. Die **Wahrnehmung** hingegen wird stark von unseren Erfahrungen geprägt und kann bei einer gleichen Sinnesempfindung dementsprechend bei verschiedenen Personen durchaus unterschiedlich ausfallen. Besonders eindrücklich wird das bei Sprachen verdeutlicht, die für uns sehr fremd klingen, d.h. die wir bisher noch nie gehört haben. Obwohl wir genau dasselbe hören wie ein Kenner der Sprache, können wir mit der Klangfolge und dem Gehörten nichts anfangen, ja wir sind meist nicht einmal in der Lage, das Gehörte lautmalerisch richtig wiederzugeben. Ein anderes Beispiel ist die Musik, die für einen Menschen eine Bereicherung darstellt, für den nächsten hingegen nur Lärm bedeutet, obwohl beide dasselbe über ihre Rezeptoren und die afferenten Fasern der Hörbahn empfangen. Die Wahrnehmung ist also, im Gegensatz zur Empfindung, kein passives Gegenstück des auf uns einwirkenden Reizes, sondern ist gekennzeichnet durch die aktive Leistung unseres Gehirns. Wahrnehmung ist also deutlich von der Erfahrung beeinflußt und stellt quasi eine vom Gehirn vorgenommene Interpretation der Empfindung dar.

Von den vielen verschiedenen Sinnesorganen unseres Körpers sind einige bereits in anderen Kapiteln dargestellt worden, z.B. Tastsinn im Kapitel 15 (Haut), Schmerzempfindung im Kapitel 5 (Nervensystem). Zwei der wichtigsten Sinnesorgane sind das Auge und das Ohr mit dem Gehörorgan und dem Gleichgewichtsorgan, die in diesem Kapitel speziell behandelt werden.

16.1 Auge

Das Auge (Bulbus oculi) liegt in der Augenhöhle (Orbita) in einen Fettkörper (Corpus adiposum orbitae) eingebettet. Durch die Wirkung der Augenmuskeln kann das Auge in diesem Fettkörper wie in einem Kugelgelenk bewegt werden.

16.1.1 Schichten des Augapfels

Der Augapfel hat mit Ausnahme der Hornhautregion, die stärker gekrümmt ist, eine nahezu kugelförmige Gestalt. Er besteht aus 3 Schichten (Abb. 16.1):

- äußere Augenhaut (Tunica fibrosa),
- mittlere Augenhaut (Tunica vasculosa),
- innere Augenhaut (Tunica nervosa oder interna).

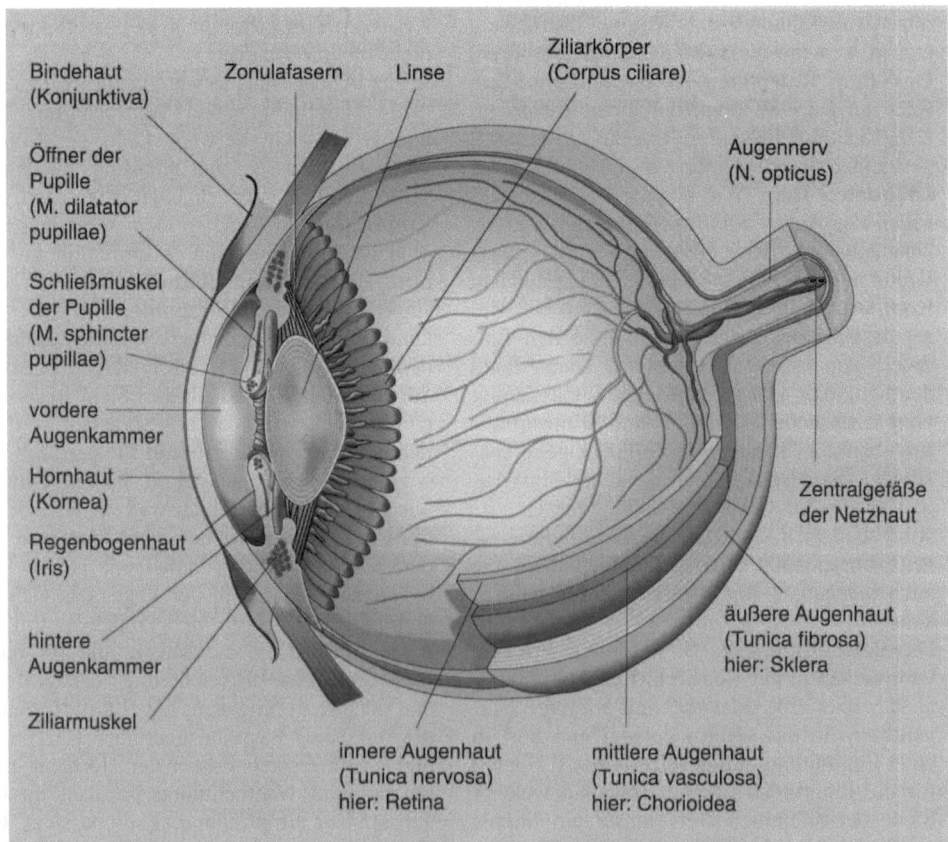

Abb. 16.1. Schema des Augapfels, das in einigen Aspekten als Schnitt, in anderen Aspekten in der Aufsicht dargestellt ist. Zwischen der Linse und der Netzhaut des Auges befindet sich der Glaskörper. Der Schnitt führt durch die Region des blinden Flecks (Austritt der Fasern des N. opticus). Die 3 Schichten der Wand des Augapfels (innere, mittlere und äußere Augenhaut) sind eingezeichnet. Im vorderen Teil des Augapfels ist die Linse durch die Zonulafasern in ihrer Lage befestigt. Die Iris unterteilt den Raum vor der Linse in eine vordere und eine hintere Augenkammer

Äußere Augenhaut (Tunica fibrosa)

Im hinteren Teil besteht die Tunica fibrosa aus einer derben bindegewebigen Lederhaut (Sklera). Sie ist weiß durch die straff geordneten Kollagenfasern, die den größten Teil des Materials der äußeren Augenhaut bilden. Die Sklera ist vorne von Bindehaut (Konjunktiva) überzogen, die am Hornhautwulst (Limbus corneae) in die Hornhaut übergeht. Die Hornhaut besteht aus einem mehrschichtigen unverhornten Plattenepithel, unter dem sich eine breite bindegewebige Schicht, das Stroma der Hornhaut, befindet. Gegen die Iris zu ist die Hornhaut von einem einschichtigen Plattenepithel, dem Hornhautendothel, überzogen. Das Hornhautendothel begrenzt die vordere Augenkammer.

Mittlere Augenhaut (Tunica vasculosa)

Die mittlere Augenhaut besteht aus 3 Abschnitten: Im hinteren Bereich ist es die Aderhaut (Choroidea), im vorderen Bereich der Ziliarkörper (Corpus ciliare) und die Regenbogenhaut (Iris).

Die **Aderhaut** ist stark durchblutet, um die Ernährung der verschiedenen Schichten des Auges zu ermöglichen. Sie ist sowohl für die Versorgung der Sklera, der Choroidea, wie auch der äußersten Schichten (Photorezeptoren) der Retina verantwortlich. Für die äußersten Schichten der Retina ist im Bereich der Choroidea ein eigenes Kapillarnetz (Lamina choroidocapillaris) aufgebaut, die direkt dem Pigmentepithel anliegt.

Die **Iris** stellt quasi die – einem Photoapparat vergleichbare – Blendenöffnung des Auges dar. Je nach Lichtintensität kann sie vergrößert oder verkleinert werden, um so die optimale Menge des Lichteinfalls auf die Retina zu gewährleisten. Sie ist auf der Vorderseite nicht von einem Epithel bedeckt, so daß der Betrachter der Iris direkt auf das nach außen gerichtete Stroma schaut. Der hinterste Teil der Iris ist pigmentiert, in Richtung Glaskörper ist sie auf ihrer Rückseite zusätzlich vom Pigmentepithel der Retina bedeckt. In das Bindegewebe der Iris (Stroma) sind 2 Muskeln integriert:

- M. sphincter pupillae (Schließmuskel der Pupille); er wird durch den Parasympathikus innerviert;

- M. dilatator pupillae (Öffner der Pupille); er wird durch den Sympathikus innerviert.

In Anpassung an die Helligkeit des Lichts regeln diese beiden glatten Muskeln die Weite der Pupille, indem sie die Iris mehr oder weniger öffnen.

Im Irisstroma kann Pigment eingelagert sein, das für die Farbe der Iris (braun oder grün) verantwortlich ist. Bei blauen Augen fehlt in der Regel das Pigment, so daß die Blutgefäße und die pigmentierte Hinterseite der Iris blau durchschimmern.

Ziliarkörper (Corpus ciliare)

Hinter der Iris und damit quasi in der hinteren Augenkammer befindet sich der Ziliarkörper (Abb. 16.2), der kranzartig (Orbiculus ciliaris) die Linse des Auges umgibt. Vom Ziliarkörper verlaufen feine Fasern an die Linse, die Zonulafasern (Fibrae zonulares). Über die Zonulafasern ist die Linse in ihrer Lage fixiert. Im Ziliarkörper befindet sich der Ziliarmuskel (M. ciliaris), der den Ziliarkörper bei Kontraktion der Linse nähert und dadurch die Zonulafasern entspannt. Die Kontraktion dieses Muskels ist die Grundlage für die „Scharfstellung" (Akkommodation) des Auges (s. 16.1.6). Der Ziliarkörper ist für die Produktion der Flüssigkeit in den Augenkammern, das Kammerwasser, verantwortlich. Das Kammerwasser stellt eine Absonderung (Transsudat) aus den Gefäßen des Ziliarkörpers dar.

Kammerwinkel (Angulus iridocornealis)

Im Bereich der vorderen Augenkammer, wo die Sklera in die Kornea übergeht, heftet auch die Iris an. Durch die Iris wird der Raum zwischen Hornhaut und Glaskörper in eine **vordere** und eine **hintere Augenkammer** unterteilt (Abb. 16.3). Vor der Iris liegt der **Kammerwinkel** (Angulus iridocornealis), d.h. der Winkel zwischen Iris und Hornhaut. Hier sind reusenartige Bindegewebezüge vorhanden, die in ihrer Gesamtheit als Ligamentum pectinatum bezeichnet werden. Die zwischen den Bindegewebezügen liegenden Spalträume werden Fontana-Räume genannt. Die Fontana-Räume verengen sich in Rich-

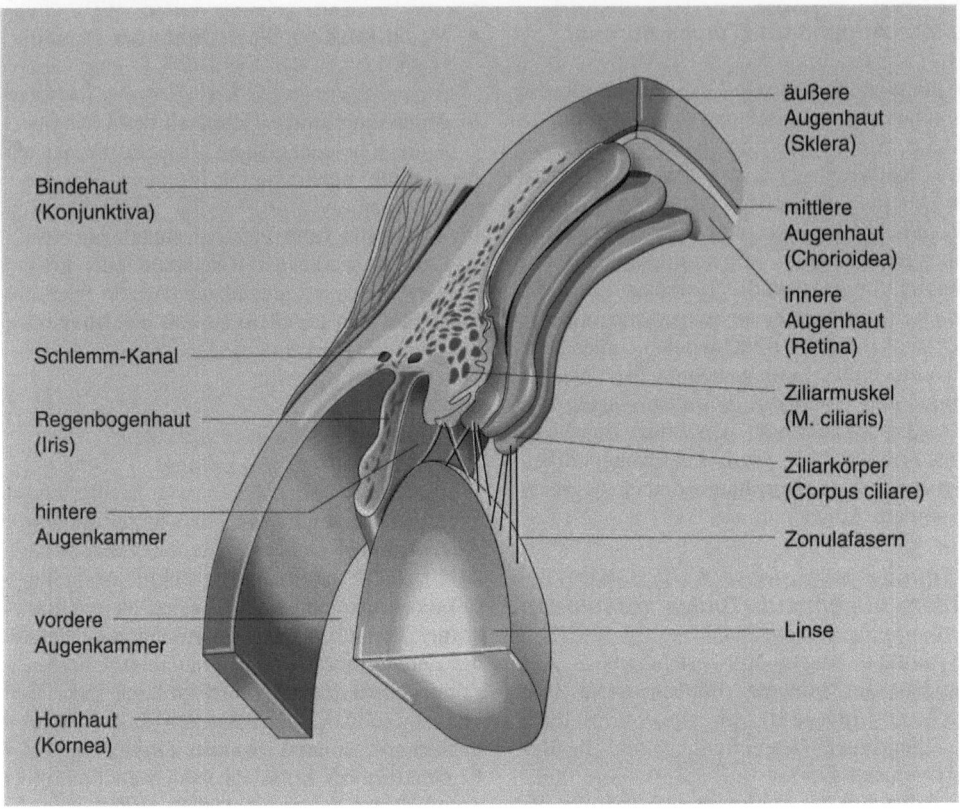

Bindehaut
(Konjunktiva)

Schlemm-Kanal

Regenbogenhaut
(Iris)

hintere
Augenkammer

vordere
Augenkammer

Hornhaut
(Kornea)

äußere
Augenhaut
(Sklera)

mittlere
Augenhaut
(Chorioidea)

innere
Augenhaut
(Retina)

Ziliarmuskel
(M. ciliaris)

Ziliarkörper
(Corpus ciliare)

Zonulafasern

Linse

Abb. 16.2. Schnitt durch die Region des Kammerwinkels (Angulus iridocornealis). Im Ziliarkörper befindet sich der M. ciliaris, der für die Akkomodation des Auges wichtig ist. Vom Ziliarkörper verlaufen die Zonulafasern an die Linse. Im *oberen Bereich* der Abbildung ist der Übergang des lichtempfindlichen Teils der Netzhaut (Pars optica) in den blinden Teil der Netzhaut (Pars caeca) zu sehen. Dieser wellenförmige Rand wird als Ora serrata bezeichnet. Im Kammerwinkel befindet sich der Schlemm-Kanal, über den das vom Ziliarkörper gebildete Kammerwasser abfließt

tung Sklera und münden schließlich in den Schlemm-Kanal. Über den Schlemm-Kanal wird das Kammerwasser in das Blutgefäßsystem geführt. Da Kammerwasser fortlaufend produziert wird, muß es auch fortlaufend abfließen können. Verstopfung des Schlemm-Kanals führt zu einem erhöhten Augeninnendruck, der bei längerem Bestehen ein Glaukom (grüner Star) verursachen kann. Der normale Augeninnendruck beträgt ca. 15–22 mm Hg. Werte über 25 mm Hg sind pathologisch.

Innere Augenhaut (Tunica interna)

Pigmentepithel
Die innere Augenhaut setzt sich aus 2 Blättern zusammen, dem Pigmentepithel und der

Retina. Das Pigmentepithel steht in engem Kontakt mit den Sinneszellen der Netzhaut (Retina). Wenn der Kontakt zwischen beiden unterbrochen wird, z.B. bei einer Netzhautablösung (Ablatio retinae), dann verlieren die Lichtrezeptoren ihre Funktionstüchtigkeit, und das Auge erblindet. Netzhautablösungen können heute häufig mit Laserbehandlung wieder behoben werden.

Netzhaut (Retina)
Die Netzhaut (Retina) besteht im hinteren Augenbereich aus dem **lichtempfindlichen Teil** (Pars optica retinae), der am Rand des Ziliarkörpers (Ora serrata) in den **blinden Teil** (Pars caeca retinae) übergeht. Der blinde Teil (Pars caeca) überdeckt den Ziliarkörper und die der hinteren Augenkammer zugewandte Seite der Iris.

Im lichtempfindlichen Teil der Retina sind **3 Nervenzellschichten** vorhanden:

- *außen* (vom Licht abgewandt): Schicht der Photorezeptoren (Stratum neuroepitheliale),
- *in der Mitte:* Schicht der bipolaren Nervenzellen (Stratum ganglionare retinae),
- *innen* (dem Licht zugewandt): Schicht der multipolaren Nervenzellen (Ganglienzellschicht, Stratum ganglionare nervi optici). Von hier gehen die Nervenfasern aus, die am blinden Fleck die Sklera durchbrechen und den N. opticus bilden.

Insgesamt besteht der lichtempfindliche Teil der Retina (Pars optica) aus 10 Schichten. Da aber die Kenntnis dieser Schichten nicht für das Verständnis der Funktion des Auges von Bedeutung ist, sollen sie hier nicht weiter erwähnt werden. Die wichtigsten Schichten der Retina sind in Abb. 16.3 dargestellt.

Die eigentliche lichtempfindliche Schicht der Retina ist beim menschlichen Auge vom Licht abgewandt. Es ist das Stratum neuroepitheliale mit den **Photorezeptoren**. Man unterscheidet 2 Hauptarten von Rezeptoren:

- die **Stäbchen** für das Dämmerungssehen (skotopisches Sehen) und
- die **Zapfen** für das Farbsehen (photopisches Sehen).

Es sind ca. 7 Mio. Zapfen und ca. 120 Mio. Stäbchen im Auge vorhanden (Abb. 16.4). An diesen Photorezeptoren unterscheidet man ein lichtempfindliches Außenglied, das durch dicht an dicht gelagerte membranbegrenzte Scheibchen (Singular: Discus, Plural: Disci) gebildet wird, von einem Innenglied, das den Zytoplasmateil oberhalb des Zellkerns umfaßt. In den Scheibchen befindet sich der Sehfarbstoff, der für den Sehvorgang nötig ist (s. 16.1.7).

Von den Photorezeptoren (1. Neuron) wird der gebildete Impuls auf die bipolaren Zellen (Stratum ganglionare retinae) übertragen (2. Neuron), die den Impuls ihrerseits an die multipolaren Zellen weiterleiten (3. Neuron). Außerdem befinden sich in der Retina noch verschiedene andere Zellen, die für vielfältige Verschaltungen benötigt werden. Zu diesen Zellen zählen die Horizontalzellen und die amakrinen Zellen. Der großen Zahl von Stäbchen und Zapfen (insgesamt ca. 130 Mio.) stehen nur ca. 1 Mio. Zellen im Bereich des

3. Neurons (multipolare Zellen) gegenüber. Das bedeutet, daß die eingehenden Impulse der Rezeptoren im Verhältnis 1:130 auf die multipolaren Zellen weitergeleitet werden (Konvergenz). Lediglich im Bereich der Fovea centralis (s. unten) liegt eine Verschaltung 1:1 vor.

16.1.2 Glaskörper (Corpus vitreum) und Linse (Lens)

Glaskörper

Der weitaus größte Teil des Augapfels wird vom Glaskörper ausgefüllt. Dies ist eine gallertige Masse, die aus Proteoglykanen, Glukosaminoglykanen und ca. 98% Wasser besteht. Der Glaskörper füllt den notwendigen Raum zwischen Linse und Retina mit einer farblosen und glasklaren Substanz aus. Die Distanz zwischen Linse und Retina ist notwendig wegen der Brechungseigenschaften des Auges. Die Länge des Augapfels muß genau auf die Brechkraft des Auges abgestimmt sein, da bei zu kurzem Augapfel (zu kurze Brennweite) eine Weitsichtigkeit und bei zu langem Augapfel (zu lange Brennweite) eine Kurzsichtigkeit entsteht (s. 16.1.8). Im Glaskörper finden sich bei fast allen Individuen winzige kleine Trübungen oder Reste von Gefäßen (als Überbleibsel aus der Entwicklung), die als „mouches volantes" bezeichnet werden.

Linse

Die Linse ist bikonvex (auf beiden Seiten nach außen gekrümmt), wobei die vordere Krümmung weniger stark als die hintere, gegen den Glaskörper zugewandte ist.

Von den ursprünglichen Zellen, aus denen die Linse entstanden ist, sind in der reifen Linse nur noch wenige vorhanden. Zum größten Teil haben sich diese Zellen in Linsenfasern umgewandelt. Außen ist die Linse von einer aus Glykoproteinen aufgebauten Linsenkapsel überzogen, unter der auf der Vorderseite der Linse ein Linsenepithel liegt. Hinten wurde dieses Linsenepithel in die Linsenfasern umgewandelt. Die Linsenfasern stellen u.a. die Grundlage für die Elastizität

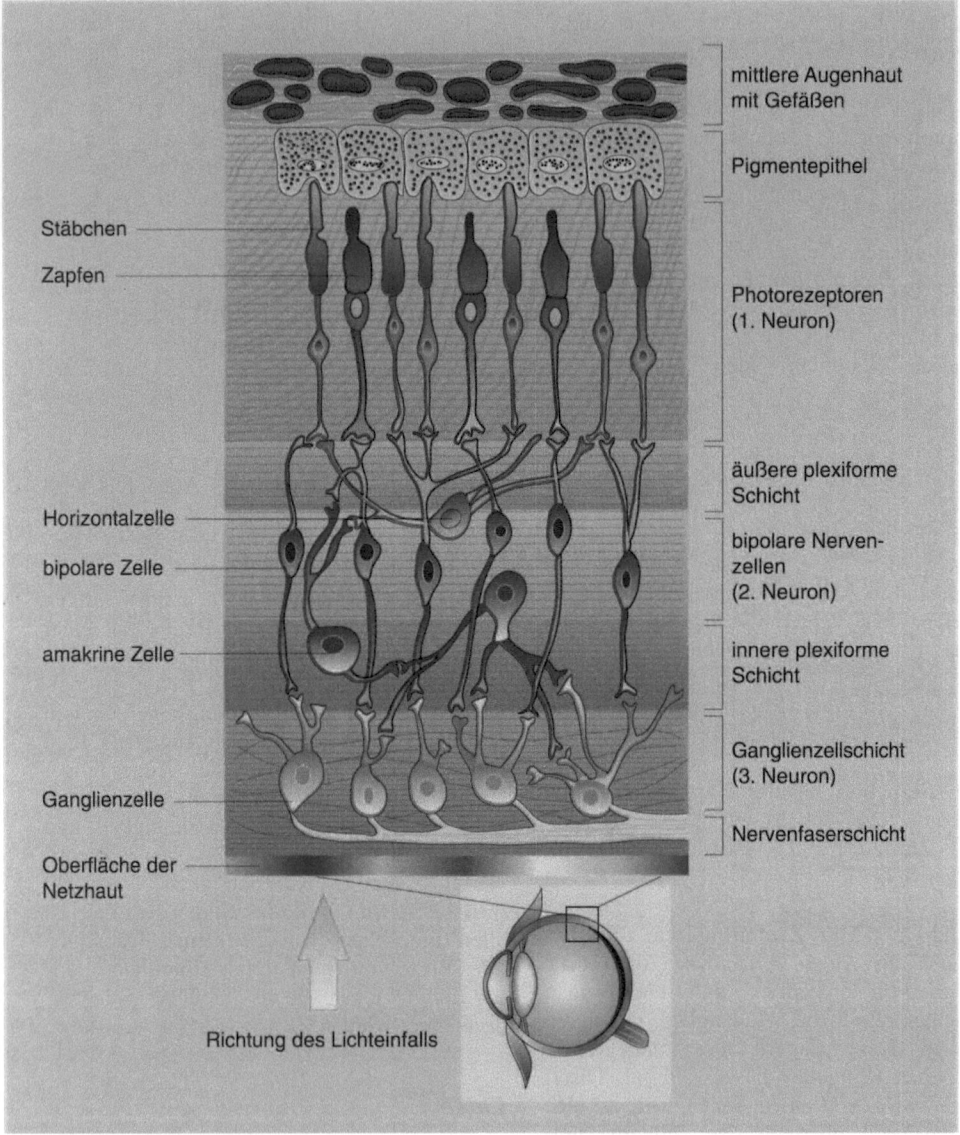

Stäbchen

Zapfen

Horizontalzelle

bipolare Zelle

amakrine Zelle

Ganglienzelle

Oberfläche der
Netzhaut

Richtung des Lichteinfalls

mittlere Augenhaut
mit Gefäßen

Pigmentepithel

Photorezeptoren
(1. Neuron)

äußere plexiforme
Schicht

bipolare Nerven-
zellen
(2. Neuron)

innere plexiforme
Schicht

Ganglienzellschicht
(3. Neuron)

Nervenfaserschicht

Abb. 16.3. Vereinfachtes Schema der Netzhaut (Retina) mit den wichtigsten Schichten. Die Stäbchen und Zapfen (Rezeptoren für Licht) stellen das 1. Neuron der Sehbahn dar, die Zellen der inneren Körperschicht das 2. Neuron (bipolare Zellen) und die Zellen der Ganglienzellschicht des N. opticus das 3. Neuron. Der *Pfeil* bezeichnet die Richtung des Lichteinfalls

der Linse dar. Diese Elastizität ist notwendig für die Schärfenanpassung (Akkommodation) des Auges.

16.1.3 Augenhintergrund

Durch die Linse und den Glaskörper hindurch kann der Augenhintergrund direkt beobachtet werden (Abb. 16.5). Er erscheint bei der Augenspiegelung orange-rot. Auf der nasalen Seite des Augenhintergrundes liegt der „blinde Fleck", ein Ort, an dem keine Rezeptoren vorhanden sind. Hier treten die Gefäße ein und aus, und hier verlassen die Fasern des N. opticus den Bulbus. Die Gefäße, die hier ein- und austreten, sind für die Versorgung der gegen den Glaskörper gerichteten zwei Drittel

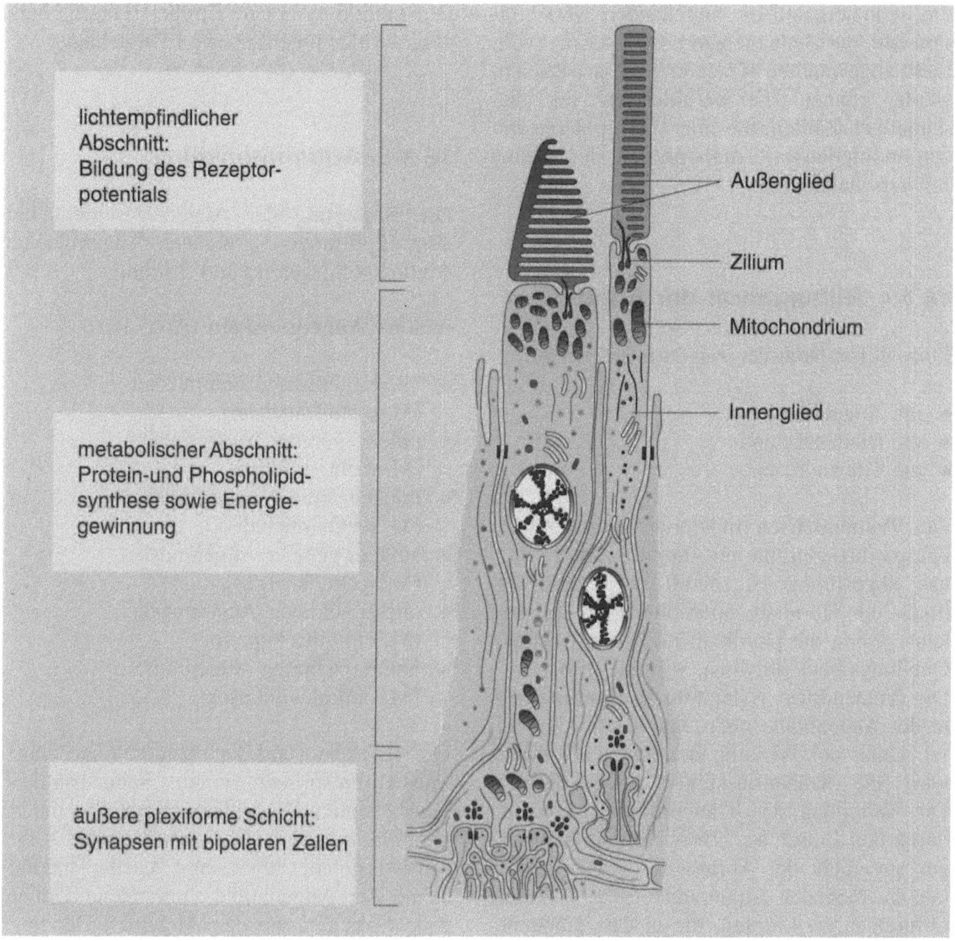

lichtempfindlicher
Abschnitt:
Bildung des Rezeptor-
potentials

Außenglied

Zilium

Mitochondrium

Innenglied

metabolischer Abschnitt:
Protein-und Phospholipid-
synthese sowie Energie-
gewinnung

äußere plexiforme Schicht:
Synapsen mit bipolaren Zellen

Abb. 16.4. Rezeptoren des Auges, *links* ein Zapfen und *rechts* ein Stäbchen. Im *unteren Teil* der Zeichnung ist die Synapsenzone mit den Zellen des 2. Neurons der Sehbahn (bipolare Zellen) eingezeichnet. Im Außenglied liegen die Disci (Membranscheibchen), die für die Umwandlung des Sehfarbstoffs während des Sehvorgangs verantwortlich sind

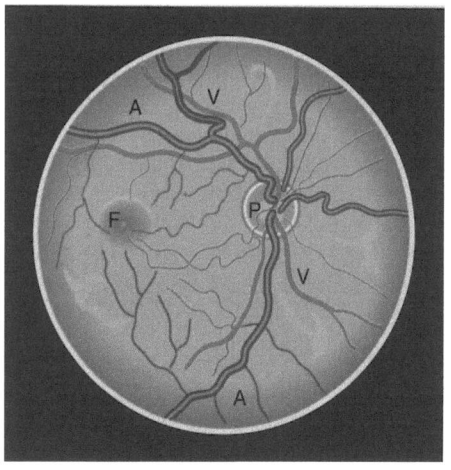

der Retina verantwortlich. Die gegen das Pigmentepithel gerichtete Retinaschicht der Photorezeptoren wird von der Choroidokapillaris versorgt. Genau in der optischen Achse liegt der gelbe Fleck (Macula lutea), in dessen Zentrum sich eine Vertiefung befindet, die Zone des schärfsten Sehens (Fovea centralis). In der Fovea centralis sind die Schichten der Re-

◄
Abb. 16.5. Augenhintergrund, wie er bei einer Augenspiegelung zu sehen ist. *P* blinder Fleck (Papilla nervi optici), hier treten die Fasern des N. opticus aus, *A* Arterie, *V* Vene, *F* Stelle des schärfsten Sehens (Fovea centralis). Die Zeichnung ist stark schematisiert, der Ring um den blinden Fleck ist lediglich zur Verdeutlichung gezeichnet

tina reduziert und die abgehenden Nervenfasern auf die Seite gelagert, so daß die vom Licht abgewandten Rezeptoren besser erreicht werden können. Hier befinden sich fast ausschließlich Zapfen, die über die bipolaren mit den multipolaren Ganglienzellen der Retina 1:1 verschaltet sind.

16.1.4 Hilfsapparat der Augen

Zum Hilfsapparat der Augen rechnet man:

- die Augenlider,
- die Bindehaut und
- die Tränendrüsen.

Die **Tränendrüsen** müssen ständig Flüssigkeit produzieren, die mit ihrem Salzgehalt genau abgestimmt ist, damit der Quellungsdruck der Hornhaut aufrechterhalten bleiben kann. Wenn die Hornhaut nicht den richtigen Quellungsdruck aufweist, wird sie trübe.
Die Tränendrüse (Glandula lacrimalis) liegt in der Augenhöhle oben, lateral vom Augapfel. Unter der Wirkung des Parasympathikus wird die Tränenflüssigkeit ausgeschieden. Die Verteilung der Tränenflüssigkeit erfolgt durch den Lidschlag. Unter Normalbedingungen geschieht der Abfluß der Tränenflüssigkeit im medialen Augenwinkel über 2 kleine Öffnungen im Lidrand, die in den Tränennasengang münden. Der Tränennasengang (Ductus nasolacrimalis) mündet unterhalb der unteren Nasenmuschel in die Nasenhöhle. Durch psychische Einflüsse kann es zu einer so starken Aktivierung der Tränendrüse kommen, daß ihr Sekret nicht mehr über den Tränennasengang abfließen kann, sondern als Tränen über den Lidrand fließt.
Am Hornhautrand (Limbus corneae) beginnt der Überzug des Auges mit **Bindehaut** (Konjunktiva), die sich auf der Innenseite der Augenlider fortsetzt. Die Bindehaut besteht aus einem mehrschichtigen unverhornten Plattenepithel.
Die **Lider** schützen das Auge nach außen. Sie bestehen aus einer bindegewebigen Platte (Tarsus), auf der ein Sphinktermuskel (M. orbicularis oculi) liegt (s. Kap. 4, Abb. 4.50). Im Tarsus befinden sich große Talgdrüsen, die Meibom-Drüsen (Glandulae tarsales). Ihr Sekret dient der Einfettung des Lidrandes. Außen ist das Lid von einem mehrschichti-

gen verhornten Plattenepithel (Haut) überzogen, auf der Innenseite von Bindehaut.

16.1.5 Augenmuskeln

Die Bewegung der Augen geschieht unter dem Einfluß von 6 eigenen Augenmuskeln; davon sind 4 gerade und 2 schräg:

Äußere Augenmuskeln (Abb. 16.6)

- oberer gerader Augenmuskel (M. rectus superior),
- unterer gerader Augenmuskel (M. rectus inferior),
- innerer gerader Augenmuskel (M. rectus medialis),
- äußerer gerader Augenmuskel (M. rectus lateralis),
- oberer schräger Augenmuskel (M. obliquus superior),
- unterer schräger Augenmuskel (M. obliquus inferior).

Die 4 geraden und der obere schräge Augenmuskel entspringen einem Sehnenring, der den N. opticus bei seinem Eintritt in die Augenhöhle umgreift. Der obere schräge Augenmuskel gelangt über eine an der medialen Wand der Augenhöhle vorhandene Umlenkrolle (Trochlea) an den Augapfel. Der untere schräge Augenmuskel entspringt von der medialen Wand der Augenhöhle. Mit Ausnahme des M. obliquus superior und des M. rectus lateralis werden alle Augenmuskeln vom N. oculomotorius innerviert (III. Hirnnerv). Der M. rectus lateralis hat einen eigenen Nerv (N. abducens: VI. Hirnnerv). Auch der M. obliquus superior, der über die Trochlea bewegt wird, wird über einen eigenen Nerv (N. trochlearis: IV. Hirnnerv) innerviert.
Ein weiterer Muskel in der Augenhöhle dient nicht der eigentlichen Bewegung des Auges, sondern seinem Öffnen durch Heben des oberen Lides. Dies ist der M. levator palpebrae, seine Sehne strahlt bis in das Augenlid ein. Er ist auch durch den N. oculomotorius innerviert.
Für die Weite der Lidspalte ist ein glatter Muskel verantwortlich, der direkt im Augenlid sitzt, der M. tarsalis. Er wird durch den Sympathikus innerviert. Wenn er gelähmt ist, resultiert daraus eine enge Lidspalte (Ptosis).

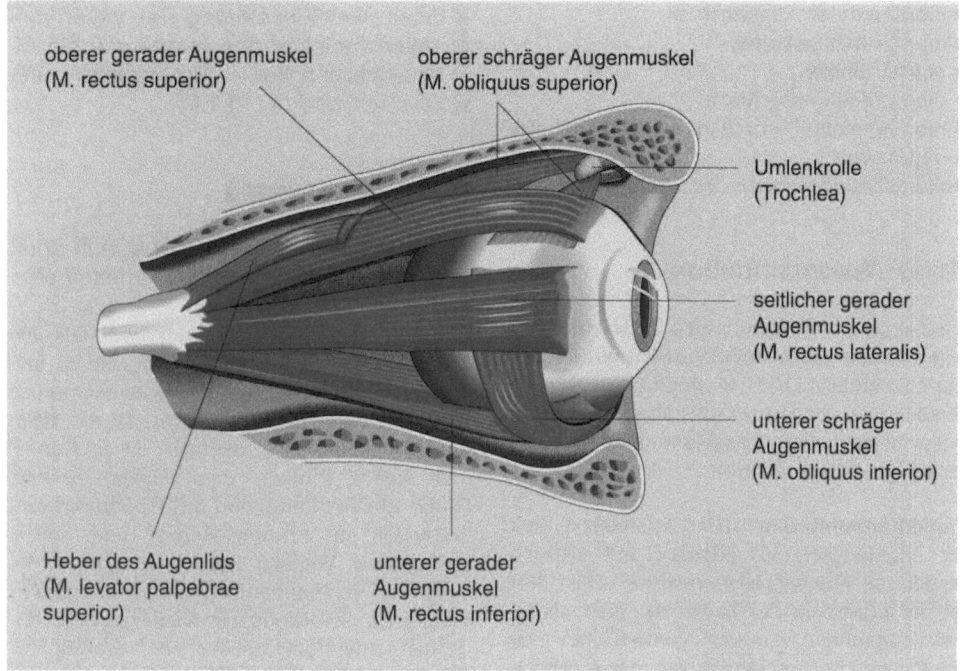

oberer gerader Augenmuskel
(M. rectus superior)

oberer schräger Augenmuskel
(M. obliquus superior)

Umlenkrolle
(Trochlea)

seitlicher gerader
Augenmuskel
(M. rectus lateralis)

unterer schräger
Augenmuskel
(M. obliquus inferior)

Heber des Augenlids
(M. levator palpebrae
superior)

unterer gerader
Augenmuskel
(M. rectus inferior)

Abb. 16.6. Äußere Augenmuskeln. Der schräge obere Augenmuskel (M. obliquus superior) zieht über eine Umlenkrolle (Trochlea) an das Auge

Augenbewegungen

Durch die äußeren Augenmuskeln können 4 verschiedene Arten der Bewegung durchgeführt werden:

- Sakkaden (Zuckungen),
- glatte Folgebewegungen,
- vestibuläre Bewegungen,
- Konvergenzbewegungen.

Sakkaden: Die Sakkaden sind ruckartige Augenbewegungen, die beim Wechseln des Blickes von einem Objektpunkt zum nächsten oder von einem Objekt zum anderen durchgeführt werden. Der fixierte Punkt wird sprunghaft gewechselt, das Auge gleitet dabei nicht langsam von einem Punkt zum nächsten.

Glatte Folgebewegungen: Glatte Folgebewegungen dienen dem Verfolgen eines bewegten Objektes mit den Augen. Dabei spielt es keine Rolle, ob diese Bewegung echt ist – wie bei einem vorbeifahrenden Auto – oder nur scheinbar – wie bei der „vorbeifahrenden" Landschaft am Fenster eines Zuges.

Vestibuläre Bewegungen: Die vestibulären Bewegungen sind Anpassungsbewegungen, die dem Fixieren eines Objektes bei bewegtem Kopf dienen. Man kann einen Blickpunkt fixieren, auch bei schnellem Schütteln des Kopfes oder bei schneller Karussellfahrt. Dies wird durch die Bogengänge des Gleichgewichtsorgans (Vestibularapparat) gesteuert (s. 16.3).

Konvergenzbewegungen: Durch die Konvergenzbewegungen wird die Sehachse zusammengeführt (konvergiert), wenn sich der Blick auf ein nahegelegenes Objekt richtet.
All diese Bewegungen müssen in hohem Maße miteinander koordiniert sein, d.h. sie müssen **für beide Augen gleichmäßig** erfolgen. Nur dadurch wird gewährleistet, daß die entsprechenden Bildpunkte auf korrespondierenden Netzhautstellen abgebildet werden. Wenn dies nicht der Fall ist, kommt es zu Doppelbildern (Diplopie). Doppelbilder kann man selbst sehr leicht erzeugen durch Druck auf einen Augapfel, so daß er sich dabei verschiebt.
Das Koordinationssystem für die Augenbewegungen ist sehr komplex. An der Koordination sind beteiligt:

- die Kerne der Augennerven,
- die Vestibulariskerne,
- das Kleinhirn,
- die Colliculi superiores,
- die Formatio reticularis (mesenzephaler Teil) sowie
- die Sehrindengebiete des Endhirns.

16.1.6 Akkommodation

Das Auge ist in der Lage, unterschiedlich weit entfernte Gegenstände scharf auf der Retina abzubilden. Dies ist möglich durch eine Veränderung der Brechkraft des Auges. Man unterscheidet eine Nahakkommodation von einer Fernakkommodation.

Nahakkommodation: Hier kontrahiert sich der Ziliarmuskel (M. ciliaris), und dadurch werden die Zonulafasern entspannt. Das führt bei der Elastizität der Linse zu einer stärkeren Krümmung, v.a. der Vorderfläche. Dadurch wird die Brechkraft des Auges erhöht, und der entsprechende Gegenstand kann scharf auf der Retina abgebildet werden.

Fernakkommodation: Die Fernakkommodation kann auch als Akkommodationsruhe bezeichnet werden. Hierbei ist der M. ciliaris nicht kontrahiert; dementsprechend sind die Zonulafasern gespannt. Dadurch steht die Linse unter einer Zugwirkung, durch die sie abgeplattet wird. Dies ist gleichbedeutend mit einer Verringerung der Brechkraft und dementsprechend mit der scharfen Abbildung von Gegenständen in der Ferne.

Die Gesamtbrechkraft des Auges beträgt ca. 60 Dioptrien. Als Dioptrie (dpt) wird die Brechkraft bezeichnet. Die Brechkraft ergibt sich aus dem reziproken Wert der Brennweite (1 geteilt durch die Brennweite in Metern).

$$\frac{1}{\text{Brennweite [m]}} = \text{Brechkraft [dpt]}$$

Die Akkommodationsbreite (Einstellbreite von ganz nah bis unendlich) des jugendlichen Auges beträgt ca. 14 dpt. Somit besitzen Jugendliche eine Gesamtbrechkraft des Auges von über 70 dpt.
Da die Elastizität der Linse mit zunehmendem Alter abnimmt, kommt es zu einer Verschlechterung der Akkommodationsfähigkeit des Auges, die als Altersweitsichtigkeit (Presbyopie) bezeichnet wird (s. 16.1.8).

16.1.7 Sehvorgang

Der eigentliche Sehvorgang läuft unter der Umwandlung von Sehfarbstoff ab.

Dabei kommt es zu einem Nervenimpuls, der über den N. opticus ins Gehirn geleitet und dort als Lichtempfindung wahrgenommen wird. Ein wichtiger Sehfarbstoff ist das **Rhodopsin** (Sehpurpur), das aus 11-cis-Retinal und einem Protein, dem Opsin, besteht. Durch Lichtwirkung wird das Rhodopsin umgewandelt in All-trans-Retinal und Opsin. Bei diesem Vorgang kommt es zur Auslösung des Nervenimpulses. Durch Enzymwirkung kann das Rhodopsin wieder aus den unter Lichteinwirkung entstandenen Stoffen aufgebaut werden. Rhodopsin ist der Sehfarbstoff der Stäbchen, die für das Dämmerungssehen verantwortlich sind.
Neben Rhodopsin gibt es noch verschiedene weitere Sehfarbstoffe, die den Zapfen zugeordnet werden können. Sie sind an der Farbwahrnehmung beteiligt. Die Farbwahrnehmung basiert auf der Unterscheidungsfähigkeit für verschiedene Wellenlängen des Lichts. Für das Farbensehen bestehen verschiedene Theorien, z.B. die Young-Helmholtz-Theorie:

Man nimmt an, daß 3 verschiedene Zapfentypen, für Rot, Grün und Blauviolett, vorhanden sind.
Farbenblinde besitzen wahrscheinlich defekte Farbrezeptoren. Man unterscheidet verschiedene Formen der Farbenblindheit, die in den meisten Fällen keine eigentliche Farbenblindheit, sondern eine Farbschwäche ist. Durch den spezifischen Erbgang der Farbenblindheit – rezessiv über das X-Chromosom – sind hauptsächlich Männer (90%) davon betroffen. Frauen hingegen fungieren meist nur als Träger des entsprechenden Gens, da sie den Fehler durch ein intaktes zweites X-Chromosom ausgleichen können. Fast jeder 10. Mann ist von einer Farbschwäche betroffen (8%). Diese kann

sich als totale Farbenblindheit (ganz selten), Rot-, Blau- oder Grünschwäche äußern. Am weitesten verbreitet ist eine kombinierte Rot-Grün-Schwäche.

Hell- und Dunkeladaptation

Das Auge besitzt eine ausgesprochen gute Fähigkeit zur Anpassung (Adaptation) an unterschiedliche Reizintensitäten (Abb. 16.7). Abgesehen von der Anpassung durch die Weite der Pupille können die Photorezeptoren selber adaptieren. Es wird eine Dunkeladaptation von einer Helladaptation unterschieden.

Dunkeladaptation: Sie dauert relativ lange. Zuerst adaptieren die Zapfen, dann die Stäbchen. Die maximale Adaptation ist innerhalb von ca. 20 min erreicht. Nachtblinde Menschen (Nachtblindheit: Hemeralopie) haben keine Stäbchenadaptation, so daß sie ihre maximale Anpassung (die für Nachtsehen nicht ausreicht) bereits nach ca. 6 min erreicht haben. Nachtblindheit tritt u.a. bei Mangel an Vitamin A (Vorstufe des Retinal) auf.

Das Auge ist in der Lage, elektromagnetische Wellen im Bereich zwischen 680 nm (Rot) und 400 nm (Blauviolett) wahrzunehmen. Beim helladaptierten Auge (photopisches Sehen) liegt die größte Empfindlichkeit bei 555 nm, d.h. bei gelbgrün, beim dunkeladaptierten Auge (skotopisches Sehen) hingegen kommt es zu einer Verschiebung zu 507 nm, d.h. blaugrün.

Helladaptation (vom Dunklen ins Helle): Dabei tritt zunächst eine kurzfristige Blendung auf. Nach ca. 15–60 s haben sich allerdings die Photorezeptoren umgestellt und die Pupille ist weitgehend verengt, so daß das Wahrnehmungsvermögen nach dieser Zeit wieder voll gewährleistet ist.

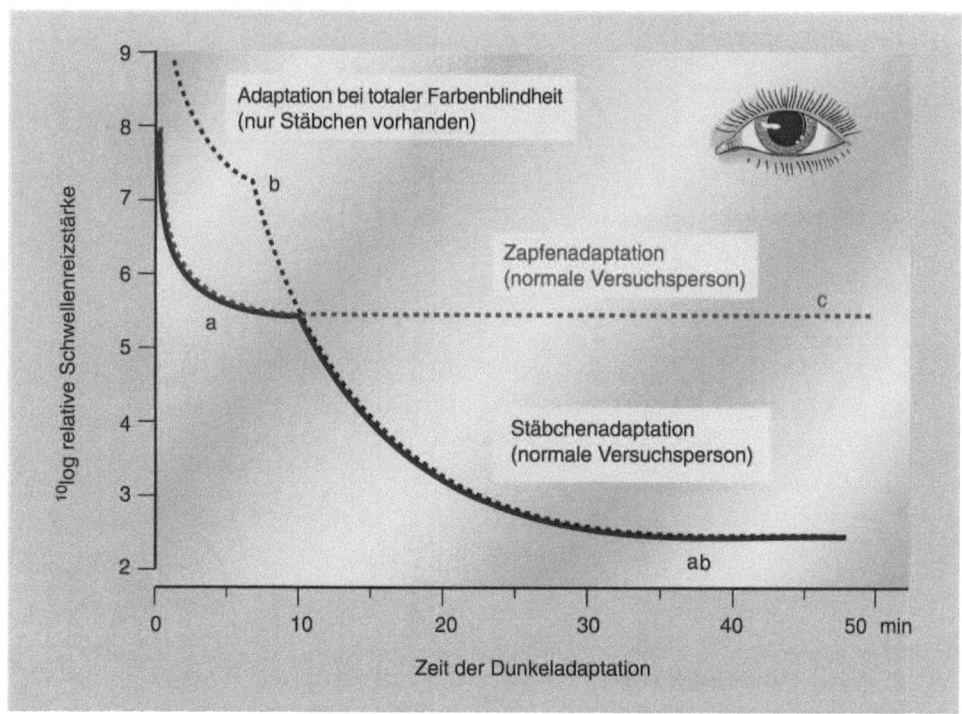

Abb. 16.7. Kurve der Dunkeladaptation des Auges. *a* ist die Kurve einer Normalsichtigen (d.h. vollkommen farbtüchtigen) Person; *b* ist die Kurve einer absolut farbenblinden Person; *c* zeigt, daß die Zapfen nach ca. 10 min ihre maximale Dunkeladaptation erreicht haben. Da Farbenblinde nur Stäbchen als funktionstüchtige Rezeptoren besitzen, deckt sich ihre Dunkeladaptation mit der Dunkeladaptation der Stäbchen Normalsichtiger (*ab*)

16.1.8 Augenfehler

Astigmatismus

Häufig verbreitet ist der Astigmatismus, bei dem ein Punkt nicht punktförmig, sondern leicht verzogen, also strichförmig, abgebildet wird. Dieser Fehler entsteht durch unterschiedliche Krümmungsradien in den lichtbrechenden Strukturen, meist in der Hornhaut.

● Er kann durch das Tragen von Brillen, die in der vertikalen Ebene einen anderen Krümmungsradius als in der horizontalen Ebene eingeschliffen haben, in der Regel behoben werden.

Kurzsichtigkeit (Myopie)

Kurzsichtigkeit besteht bei einem Augapfel, der in der optischen Achse einen zu großen Durchmesser aufweist (Abb. 16.8). In diesem Fall wird das Bild von weit entfernt liegenden Gegenständen schon vor der Netzhaut scharf abgebildet. Neben der zu langen Achse des Auges kann Kurzsichtigkeit allerdings auch durch eine Brechungsanomalie der brechenden Medien zustande kommen.

● Kurzsichtigkeit kann durch das Tragen einer Zerstreuungslinse (konkav geschliffen) behoben werden.

Weitsichtigkeit (Hypermetropie)

Die Weitsichtigkeit besteht bei einem Augapfel, der in der optischen Achse einen zu kurzen Durchmesser aufweist (Abb. 16.9). In diesem Fall wird das Bild von Gegenständen

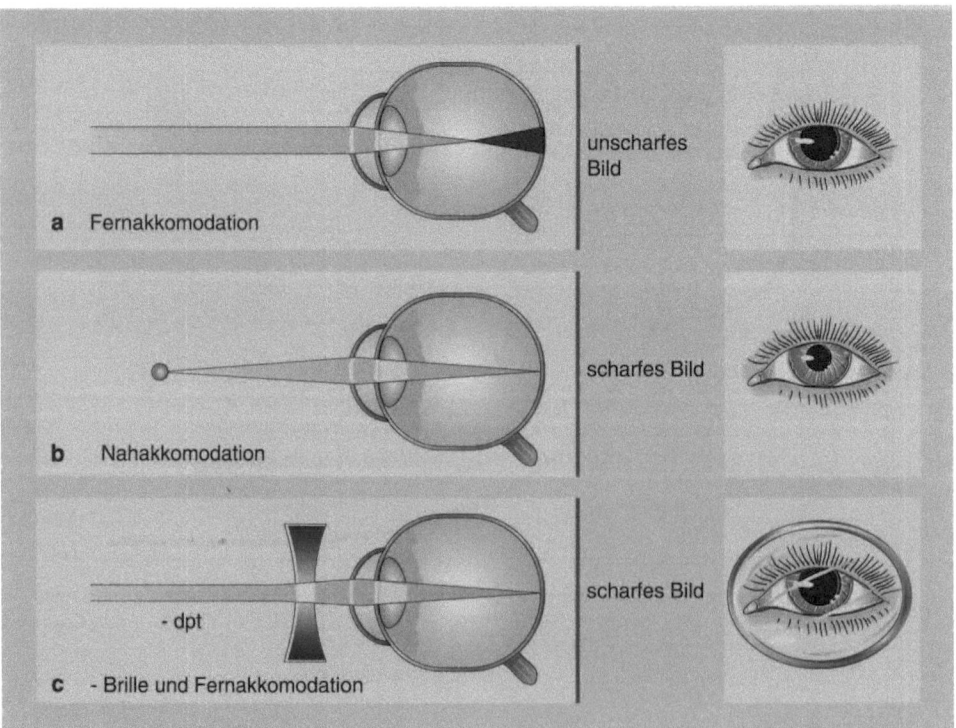

a Fernakkomodation — unscharfes Bild

b Nahakkomodation — scharfes Bild

c - Brille und Fernakkomodation — scharfes Bild

- dpt

Abb. 16.8a–c. Kurzsichtiges Auge (Myopie). Zur Verdeutlichung ist der Augapfel stärker verlängert, als das bei Kurzsichtigen in der Regel der Fall wäre. **a** Die abbildenden Strahlen kreuzen schon vor der Netzhaut. **b** Durch Nahakkommodation entsteht ein scharfes Bild. **c** Das gleiche kann mit einer Streuungslinse (mit negativer Dioptrienzahl) erreicht werden

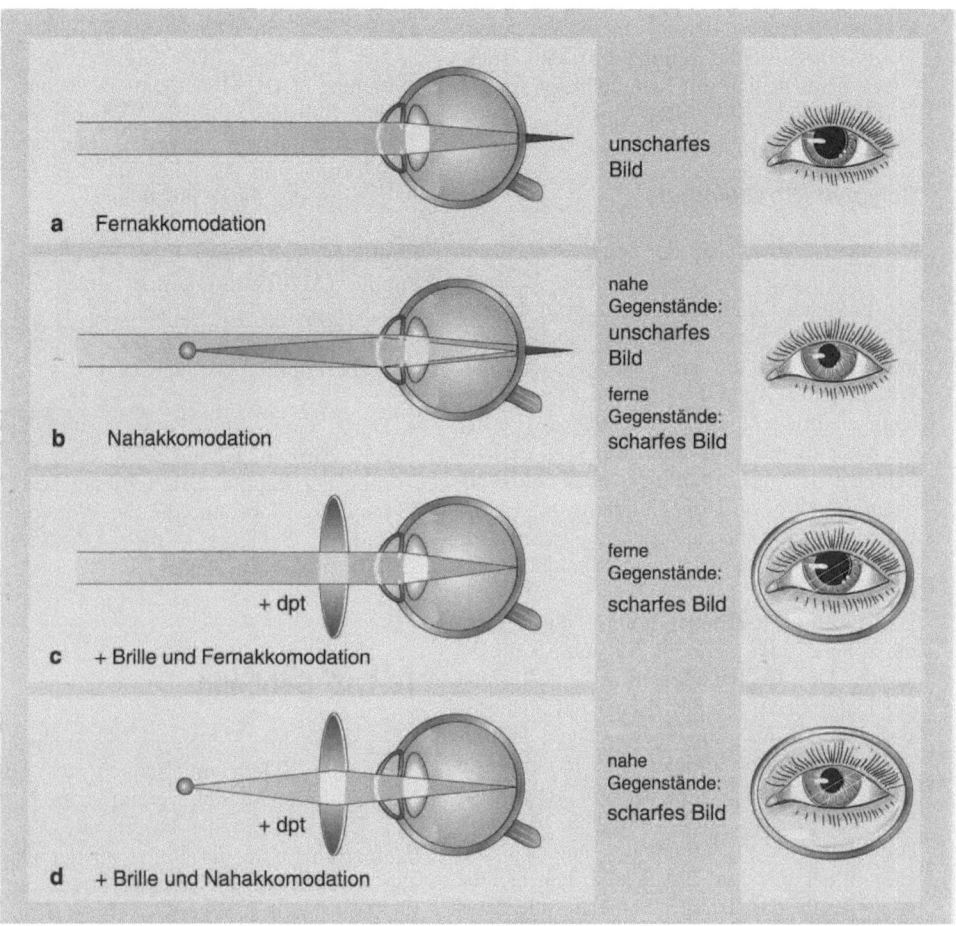

Abb. 16.9 a–d. Weitsichtiges Auge (Hypermetropie). Der Augapfel ist zu kurz, dementsprechend wird ein Abbild eines entfernten Gegenstandes bei Fernakkommodation hinter der Netzhaut abgebildet (**a**). Weitsichtige müssen deshalb nahakkommodieren, damit wenigstens weit entfernte Gegenstände scharf abgebildet werden (**b**). Bei Gegenständen aus der Nähe reicht die Akkommodationsbreite nicht, um sie scharf abzubilden. Erst bei Verwendung einer Brille mit Sammellinse reicht die vorhandene Akkommodationsbreite, um sowohl ferne (**c**) wie auch nahe (**d**) Gegenstände scharf abzubilden

aus der Nähe erst hinter der Netzhaut abgebildet. Wie bei der Kurzsichtigkeit kann die Weitsichtigkeit auch durch Fehler im Brechungsapparat des Auges zustande kommen. Die angeborene Weitsichtigkeit ist ganz deutlich von der Altersweitsichtigkeit (Presbyopie) zu unterscheiden, die durch die reduzierte Elastizität der Linse entsteht.

● Weitsichtigkeit kann durch das Tragen einer Sammellinse (bikonvex geschliffen) behoben werden.

Altersweitsichtigkeit (Presbyopie)

Auch bei Entspannung der Zonulafasern kann sich die Linse eines älteren Menschen nicht mehr genügend krümmen, so daß Gegenstände, die weit entfernt sind, immer noch gut gesehen werden können, Dinge aus der Nähe dagegen nicht. Bei einer sich entwickelnden Presbyopie werden „die Arme nach und nach zu kurz", da die Gegenstände immer weiter vom Auge weggehalten werden müssen, um sie noch scharf zu sehen.

- Ältere Personen, deren Augen sonst durchaus normalsichtig (emmetrop) sind, müssen dann Brillen mit Sammellinsen tragen, die bikonvex geschliffen sind.

Schielen (Strabismus)

Ein starkes Abweichen der beiden Augenachsen voneinander wird als Schielen bezeichnet. In vielen Fällen ist das Gehirn in der Lage, die beiden nicht miteinander übereinstimmenden Bilder, die aus den gegeneinander verschobenen Achsen entstehen, so zur Dekkung zu bringen, daß die schielende Person ein einheitliches Bild sieht. Bei sehr starkem Schielen ist das allerdings nicht möglich, dann kommt es zu Doppelbildern.

Es wird unterschieden zwischen Lähmungsschielen, Begleitschielen und latentem Schielen.

Das **Lähmungsschielen** kommt durch Lähmung eines oder mehrerer Augenmuskeln zustande. Das **Begleitschielen** ist ein Resultat der Insuffizienz des nervösen Koordinationssystems, das die Augenbewegungen koordiniert. Das **latente Schielen** wird in der Regel durch die Wirkung eines oder mehrerer Muskeln kompensiert. Bei Müdigkeit, Alkoholeinwirkung oder Betrachtung unterschiedlicher Bilder mit dem linken und dem rechten Auge kann das latente Schielen allerdings vorübergehend zur Bildung von Doppelbildern führen.

- Durch gezielte chirurgische Kürzung eines Augenmuskels oder durch Training der Augenmuskulatur können verschiedene Formen des Schielens behoben werden.

16.1.9 Pupillenreflex

Pupillenverengung: Bei Lichteinfall verengt sich reflexartig die Pupille (**Miosis**). Dies geschieht immer bei beiden Augen zusammen, auch dann, wenn nur ein Auge durch Lichteinfall erreicht wird (konsensuelle Lichtreaktion). Bei der Nahakkommodation kommt es ebenfalls reflexartig zur Verengung der Pupillen. Der Sinn liegt darin, daß bei verengter Pupille eine größere Tiefenschärfe erreicht wird, die ja bei Nahakkommodation nötig ist. Die Pupillenverengung kommt unter der Wirkung des Parasympathikus zustande.

- Die Gabe eines Parasympathomimetikums, z.B. Pilocarpin, führt zu einer Pupillenverengung. (Als Mimetikum bezeichnet man eine Substanz, die die Wirkung einer anderen Substanz imitiert – hier also die Wirkung von Azetylcholin, dem Überträgerstoff des Parasympathikus.)

Pupillenerweiterung: Eine Erweiterung der Pupille (**Mydriasis**) kommt unter Wirkung des Sympathikus zustande. So ist es verständlich, daß bei Schreckreaktionen meist auch die Pupillen erweitert sind.

- Durch Gabe eines Parasympatholytikums, z.B. Atropin, kommt es zu einer Erweiterung der Pupille. (Als Lytikum bezeichnet man eine Substanz, die die Wirkung einer anderen Substanz – hier Azetylcholin – auflöst bzw. verhindert.)

16.1.10 Sehbahn

Die gebündelten 3. Neurone der Sehbahn, die durch die Sklera im Bereich des blinden Flecks hindurchtreten, verlaufen im N. opticus. Dabei liegen die Fasern aus der Netzhautperipherie in der Regel an der Oberfläche des Nerven, die aus der Fovea centralis im Zentrum des Nerven. Auf der Höhe des Zwischenhirnbodens bilden die Nerven der beiden Augen die Sehnervenkreuzung (Chiasma opticum): Hier kreuzen die Fasern der lateralen Gesichtsfelder, die von den nasalen Augenhälften kommen, auf die Gegenseite. Zusammen mit den ungekreuzten Fasern der Gegenseite, die vom medialen Gesichtsfeld, d.h. aus der lateralen Augenhälfte stammen, bilden sie den Tractus opticus. Ein Großteil der Fasern läuft dann bis zum lateralen Kniehöcker (Corpus geniculatum laterale), wo sie auf das 4. Neuron der Sehbahn umgeschaltet werden. Dieses Neuron zieht als Sehstrahlung (Radiatio optica) durch das Marklager des Endhirns an das Rindengebiet der Area striata, die sich im Bereich des Sulcus calcarinus im Hinterhauptlappen (Lobus occipitalis) befindet (s. Kap. 5 Nervensystem). Die restlichen Fasern, die nicht zum lateralen Kniehöcker verlaufen, ziehen zu den oberen Hügeln der Vierhügelplatte (Colliculi superiores). Dort werden sie umgeschaltet und sind Teil der Reflexbahnen für Pupillen-

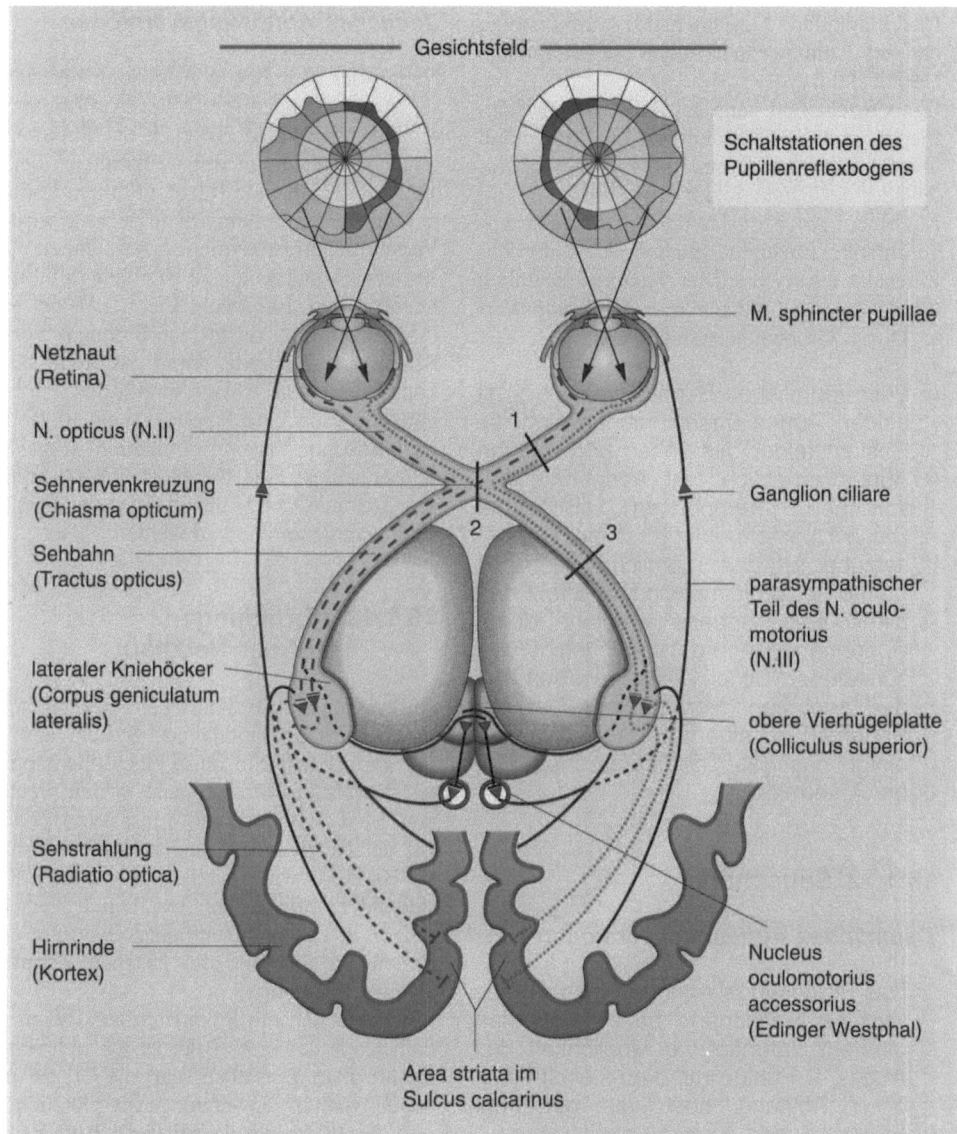

Gesichtsfeld

Schaltstationen des
Pupillenreflexbogens

M. sphincter pupillae

Netzhaut
(Retina)

N. opticus (N.II)

Sehnervenkreuzung
(Chiasma opticum)

Ganglion ciliare

Sehbahn
(Tractus opticus)

parasympathischer
Teil des N. oculo-
motorius
(N.III)

lateraler Kniehöcker
(Corpus geniculatum
lateralis)

obere Vierhügelplatte
(Colliculus superior)

Sehstrahlung
(Radiatio optica)

Hirnrinde
(Kortex)

Nucleus
oculomotorius
accessorius
(Edinger Westphal)

Area striata im
Sulcus calcarinus

Abb. 16.10. Schema der Sehbahn. Vor den Augen ist das Gesichtsfeld eingezeichnet. Die jeweils gleich *schraffierten* Areale entsprechen den gleichen Gesichtsfeldhälften. Auf beiden Seiten ist außen die Bahn für den Pupillenreflexbogen dargestellt. Es handelt sich hier um einen parasympathischen Reflex, der im Ganglion ciliare umgeschaltet wird. Die Ziffern *1–3* bezeichnen mögliche Verletzungen (Läsionen) der Sehbahn: *1* totale Erblindung des rechten Auges (Amaurose), *2* beidseitige Halbseitenblindheit (bitemporale Hemianopsie), *3* beidseitige Halbseitenblindheit der gleichen Gesichtshälften (homonyme Hemianopsie). Auf der *rechten Seite* der Abbildung sind die verschiedenen Schaltstationen des Pupillenreflexbogens aufgeführt

und Akkommodationsreflex. Ein Schema der Sehbahn zeigt Abb. 16.10.

16.1.11 Gesichtsfeld und räumliches Sehen

Das Gesichtsfeld ist der gesamte von einem unbewegten Auge aufgenommene Teil der Umwelt. Es wird als monokular bezeichnet.

Das binokulare Gesichtsfeld ist demzufolge das mit 2 unbewegten Augen aufgenommene Gesichtsfeld.

Das Gesichtsfeld kann mit Hilfe der Perimetrie ausgemessen werden und gibt Aufschluß über Defekte des Auges, des Leitungsapparates oder der Rindenfelder des Gehirns.

Mit einem Auge ist das räumliche Sehen eingeschränkt. Einäugige müssen sich unter Zuhilfenahme verschiedener Faktoren räumlich orientieren, z.B. Perspektive, Erfahrungswerte, Dunst, Größenunterschiede etc.

> Beim räumlichen Sehen (binokular) mit beiden Augen überschneiden sich die Gesichtsfelder des linken und rechten Auges erheblich, mit Ausnahme der seitlichen (temporalen) Bereiche. Diese Überschneidung ist die Voraussetzung für das räumliche Bild. Der räumliche, dreidimensionale Effekt des binokularen Sehens entsteht durch Übereinanderlagern zweier leicht verschiedener Bilder. Diese werden bei der zentralen Verarbeitung (in der Sehrinde) zu einem einzigen Bild vereinigt, das dann den räumlichen Eindruck vermittelt.

16.1.12 Sehschärfe

Räumliches Auflösungsvermögen

> Das Auflösungsvermögen des Auges wird als Sehschärfe bezeichnet. Man versteht darunter die Möglichkeit des Auges, 2 Punkte mit dem kleinstmöglichen Abstand noch als getrennte Punkte zu erkennen, also aufzulösen.

Als Faustregel gilt, daß das funktionstüchtige menschliche Auge gerade noch einen Zehntelmillimeter auflösen kann. Die Auflösungsgrenze ist durch den Abstand der Zapfen in der Zone des schärfsten Sehens (Fovea centralis) bedingt. In der Regel geht man davon aus, daß 2 Punkte, die 1,5 mm voneinander entfernt sind, noch aus einem Abstand von 5 m als getrennt wahrgenommen werden können.

In definierten Einheiten ausgedrückt beträgt die Sehschärfe (Visus) bei guter Beleuchtung 1 Winkelminute, das ist der 60. Teil eines Grades.

Zeitliches Auflösungsvermögen

Neben der räumlichen Auflösung besitzt unser Auge auch ein zeitliches Auflösungsvermögen, das auf der Trägheit der Photorezeptoren beruht. Die niedrigste Frequenz, bei der aufeinanderfolgende Reize zu einem kontinuierlichen Empfindungsablauf führen, wird als **Verschmelzungsfrequenz** bezeichnet. Die Verschmelzungsfrequenz ist abhängig von der Leuchtdichte. Bei wenig Licht, z.B. bei einer Filmvorführung, reicht eine Frequenz von 20 Bildern pro Sekunde, damit das Auge sie als kontinuierlichen Ablauf empfindet. Fernsehgeräte weisen eine Frequenz von 30 Bildern pro Sekunde auf. Bei hellem Tageslicht schließlich ist eine Frequenz von 60 Bildern pro Sekunde nötig, um nicht mehr als Flakkern wahrgenommen zu werden.

16.1.13 Abbildungen auf der Netzhaut

Aufgrund der physikalischen Gegebenheiten funktioniert das abbildende System des Auges ähnlich wie die Linse eines Photoapparates. Durch den Strahlengang in den brechenden Medien (Hornhaut, Linse etc.) entsteht auf der Netzhaut ein umgekehrtes verkleinertes Bild, das wir eigentlich als auf dem Kopf stehend empfinden müßten. Durch Verschaltungen in unserem Zentralnervensystem empfinden wir das Bild der Netzhaut allerdings als aufrecht stehend.

Bei Versuchen mit Prismenbrillen, die ein auf dem Kopf stehendes Bild der Umwelt liefern, konnte man feststellen, daß die Träger nach ca. 3 Wochen Gewöhnungszeit plötzlich das von der Prismenbrille gelieferte Bild als aufrecht stehend empfanden.

16.2 Ohr

Das Ohr besitzt als Hörorgan für die zwischenmenschliche Kommunikation größte Bedeutung. Im Kindesalter taub gewordene Menschen verlieren relativ rasch nicht nur die Sprache, sondern auch ihr Denk- und Assoziationsvermögen, denn die Anregungen für das Denken stammen zum größten Teil aus den akustischen Wahrnehmungen. Anders als bei einer Erblindung, bei der die Intelligenz der Betroffenen nicht im Entferntesten zu leiden scheint, kommt es bei einer Ertaubung häufig auch zu einem deutlichen Intelligenzverlust.

16.2.1 Abschnitte des Ohrs

Das Ohr besteht aus 3 Abschnitten (Abb. 16.11):

- äußeres Ohr (Auris externa),
- Mittelohr (Auris media),
- Innenohr (Auris interna).

Äußeres Ohr (Auris externa)

Das äußere Ohr besteht aus der Ohrmuschel, dem äußeren Gehörgang und dem Trommelfell.

Ohrmuschel
Die **Ohrmuschel** (Auricula) ist eine trichterförmige Hautfalte, die den äußeren Gehörgang umschließt; sie wird durch ein Skelett aus elastischem Knorpel formstabil gehalten. Die Form des Ohres ist individuell großen Unterschieden unterworfen, obwohl die einzelnen Bestandteile wie Ohrläppchen, Knorpelgrundgerüst, Ohrspirale (Helix, Abb. 16.12) etc. bei allen Ohren erkennbar sind. Der Ohrknorpel geht in den Knorpel des äußeren Gehörgangs über.

Äußerer Gehörgang (Meatus acusticus externus)
Beim Erwachsenen weist der äußere Gehörgang eine Länge von 30–35 mm auf. Das äußere Drittel ist aus Knorpel aufgebaut, die inneren zwei Drittel liegen im Knochen des Schläfenbeins. Der Gehörgang ist leicht S-förmig gebogen. Im Bereich der knorpeligen Wand münden Zeruminaldrüsen in den äußeren Gehörgang (Glandulae ceruminales), die

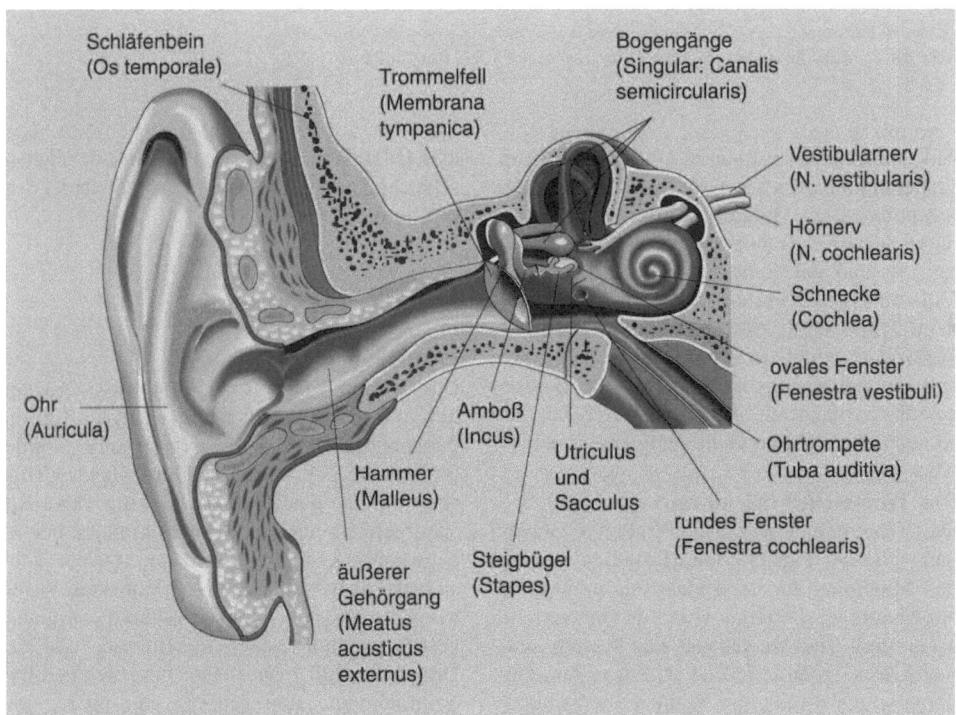

Abb. 16.11. Überblick über die Bestandteile des Ohres (äußeres Ohr, Mittelohr und Innenohr). Im Innenohr sind 2 der 3 Bogengänge aus dieser Blickrichtung deutlich zu sehen. Der N. vestibulocochlearis wird auch als N. statoacusticus bezeichnet, da er sowohl akustische wie auch der Statik dienende Impulse vermittelt

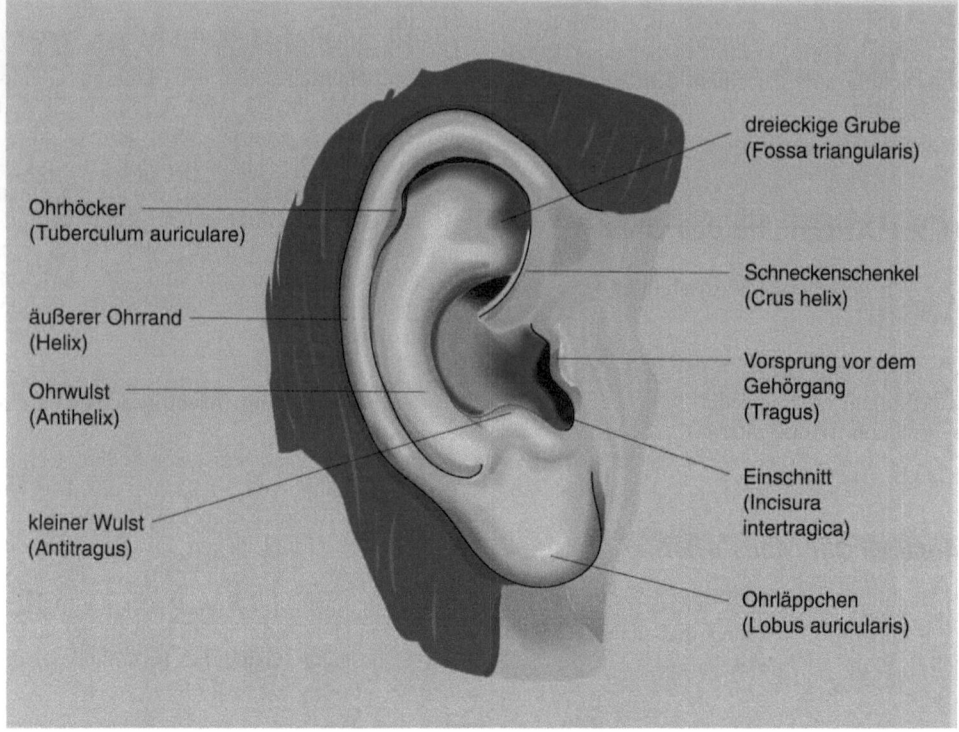

Ohrhöcker
(Tuberculum auriculare)

äußerer Ohrrand
(Helix)

Ohrwulst
(Antihelix)

kleiner Wulst
(Antitragus)

dreieckige Grube
(Fossa triangularis)

Schneckenschenkel
(Crus helix)

Vorsprung vor dem
Gehörgang
(Tragus)

Einschnitt
(Incisura
intertragica)

Ohrläppchen
(Lobus auricularis)

Abb. 16.12. Abbildung einer rechten Ohrmuschel mit ihren Bestandteilen

den Ohrschmalz absondern. Ohrschmalz kann verhärten, aber auch im weichen Zustand gelegentlich den Ohrgang verschließen. Dadurch wird das Gehör wesentlich beeinträchtigt, so daß der Schmalz in einem solchen Fall umgehend entfernt werden muß. Vor dem Trommelfell erweitert sich der äußere Gehörgang leicht. In unmittelbarer Nähe des äußeren Gehörgangs befindet sich das Kiefergelenk. Schläge auf den Unterkiefer können so auch den äußeren Gehörgang zerstören.

Das Trommelfell (Membrana tympani)
Das Trommelfell grenzt den äußeren Gehörgang von der Paukenhöhle (Cavum tympani) des Mittelohrs ab. Es besteht aus einer ovalen Membran, die einen Durchmesser von ca. 1 cm und eine Dicke von ca. 0,1 cm aufweist. Das Trommelfell ist schräg in den Gehörgang gestellt, so daß es mit seiner Außenfläche nach vorn unten geneigt ist. Dementsprechend ist der äußere Gehörgang hinten oben ca. 6 mm kürzer als vorn unten. Bereits auf der Außenseite des Trommelfelles kann man die innere Verwachsung mit dem Ham-

mer (Malleus), einem der Gehörknöchelchen, sehen. Dies wird als Trommelfellnabel (Umbo) bezeichnet.

Mittelohr (Auris media)

Paukenhöhle
Das Mittelohr besteht aus einem System von luftgefüllten Räumen, deren zentraler Teil die Paukenhöhle (Cavum tympani) bildet (s. Abb. 16.11). Über die Ohrtrompete (Tuba auditiva) ist die Paukenhöhle mit dem Rachenraum verbunden. Hier kommt es bei jedem Schluckvorgang durch die von der Tuba auditiva ausgehenden Pharynxmuskeln zu einer Öffnung der Tuba und damit zu einem Druckausgleich zwischen Mittelohr und der Umgebungsluft. Dies ist für die auditive Wahrnehmung (das Hören) von großer Bedeutung, da sonst das Trommelfell je nach Druckverhältnissen entweder nach innen oder nach außen gespannt ist und so nicht optimal auf die eintreffenden Schallwellen reagieren kann.

Gehörknöchelchen (Plural: Ossicula auditoria)

In der Paukenhöhle sind die Gehörknöchelchen (Ossicula auditoria) durch kleine Ligamente an der oberen Wand befestigt und werden so in der Schwebe gehalten (Abb. 16.13).

Gehörknöchelchen (Ossicula auditoria):

- Hammer (Malleus),
- Amboß (Incus),
- Steigbügel (Stapes).

Direkt am Trommelfell sitzt der Hammer (Malleus), der dort mit dem Griff befestigt, den äußeren Abdruck (Trommelfellnabel)

verursacht. Mit seinem Kopf steht der Hammer mit dem Amboß (Incus) in gelenkiger Verbindung. Dieser wiederum bildet am Köpfchen des Steigbügels (Stapes) ein Gelenk. Über die beiden Bügel ist das Steigbügelköpfchen mit der Steigbügelplatte verbunden. Die Steigbügelplatte hat eine ovale Form und verschließt eine kleine Öffnung in der Mittelohrwand, das **ovale Fenster** (Fenestra vestibuli, Abb. 16.13). Etwas unterhalb des ovalen Fensters liegt eine weitere Öffnung, die wie das ovale Fenster ins Innenohr führt. Dies ist das **runde Fenster** (Fenestra cochleae). Es ist nicht wie das ovale Fenster durch eine Knochenplatte

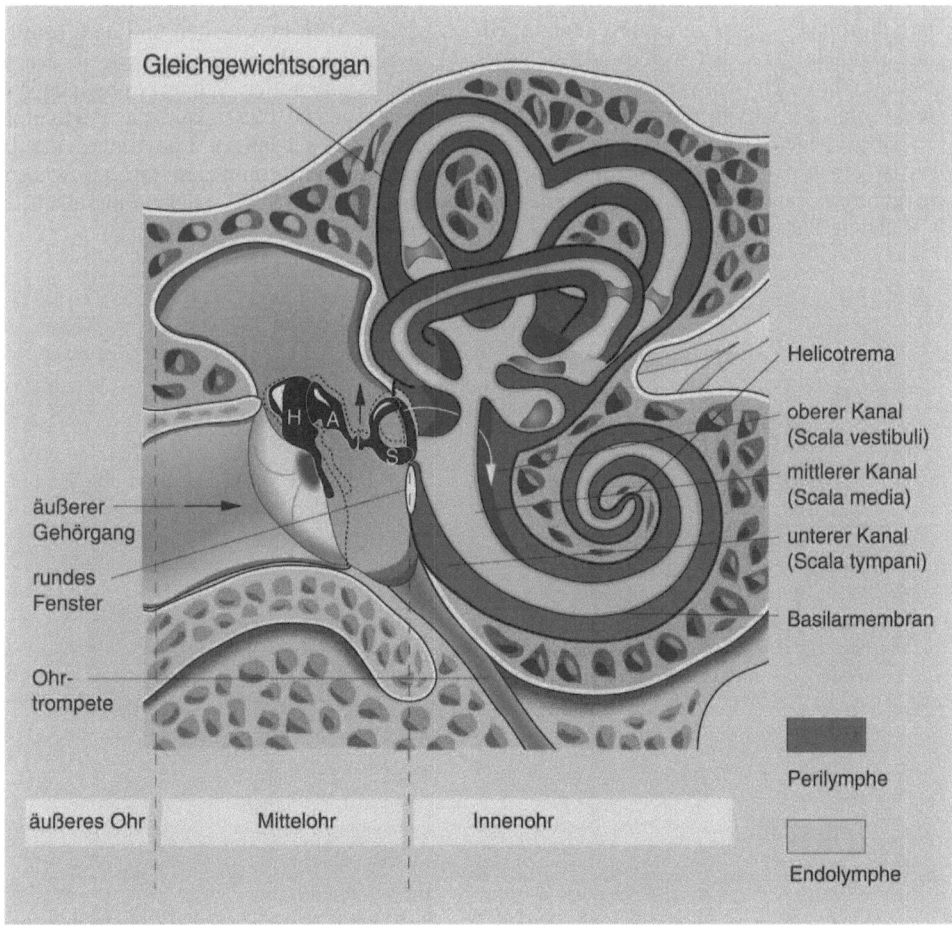

Abb. 16.13. Mittelohr und Innenohr, *M* Hammer (Malleus), *S* Steigbügel (Stapes). Die *Pfeile* zeigen die Schwingungsrichtung an, die durch den Schall erzeugt wird. Die *gestrichelten Linien* zeigen die Verschiebung des Trommelfells, des Steigbügels und

des Hammers während der Schwingung. *Rechts oben* sind die 3 Bogengänge eingezeichnet. Im Bereich des Helicotrema gehen die Scala vestibuli und die Scala tympani ineinander über

(Steigbügelplatte), sondern durch eine Membran verschlossen und kann deshalb alle Bewegungen, die durch die Steigbügelplatte ausgelöst werden, in der Flüssigkeit der Scala vestibuli und Scala tympani durch Aus- und Einbuchtung in die Paukenhöhle ausgleichen.

Die Beweglichkeit der Gehörknöchelchen kann durch 2 Muskeln beeinflußt werden, die damit direkt die Schallwellenübertragung dämpfen oder verstärken. Dies sind der M. stapedius (Steigbügelmuskel) und der M. tensor tympani (Spannmuskel des Trommelfells). Der M. stapedius ist der kleinste Muskel des Körpers; er wirkt dämpfend. Der M. tensor tympani wirkt verstärkend.

Ohrtrompete (Tuba auditiva)

Die Ohrtrompete kann zumindest funktionell zum Mittelohr gerechnet werden, da sie, wie erwähnt, für den notwendigen Druckausgleich sorgt. Sie ist von respiratorischem Epithel ausgekleidet. Der Flimmerschlag der Zilien ist gegen den Pharynx gerichtet, so daß ein geringer Flüssigkeitsstrom kontinuierlich in Richtung Pharynx läuft.

Innenohr (Auris interna)

Das Innenohr liegt im Felsenbein (Pars petrosa), das zum Schläfenbein (Os temporale) gehört. Es besteht aus mehreren Gängen und Hohlräumen, die als Labyrinth bezeichnet werden (s. Abb. 16.13). In dem durch den Knochen geformten knöchernen Labyrinth befindet sich das häutige Labyrinth, das der Knochenwand wie ein Futter aufsitzt. Im Labyrinth befinden sich das eigentliche Hörorgan und das Gleichgewichtsorgan, die man beide zusammen als **statoakustisches Organ** bezeichnet. Das Hörorgan befindet sich in der Schnecke (Cochlea, Abb. 16.14), das Gleichgewichtsorgan in den 3 Bogengängen (Singular: Ductus semicircularis) und in 2 Bläschen (Utriculus und Sacculus).

Zwischen dem knöchernen und dem häutigen Labyrinth der Bogengänge sowie in den äußeren Räumen der Schnecke befindet sich eine Na^+-reiche Flüssigkeit, die **Perilymphe**. Innerhalb des häutigen Labyrinthes der Bogengänge und im mittleren Teil der Schnecke befindet sich eine K^+-reiche Flüssigkeit, die **Endolymphe**.

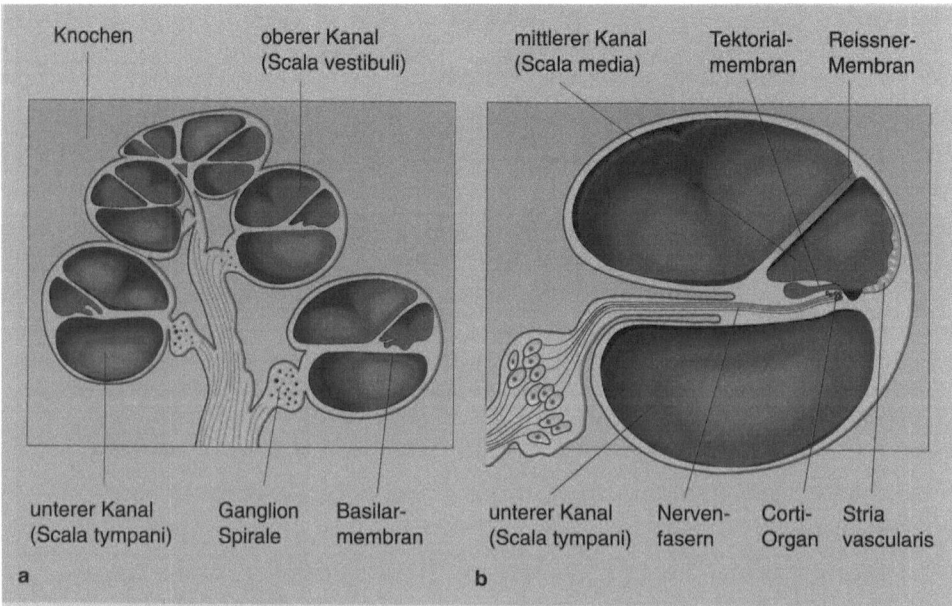

Knochen — oberer Kanal (Scala vestibuli) — mittlerer Kanal (Scala media) — Tektorial-membran — Reissner-Membran

unterer Kanal (Scala tympani) — Ganglion Spirale — Basilar-membran — unterer Kanal (Scala tympani) — Nerven-fasern — Corti-Organ — Stria vascularis

a   b

Abb. 16.14a, b. Schnitt durch das Innenohr. **a** Darstellung der Schneckenspindel eines Schneckenganges (Cochlea) mit eingezeichneter Lage der 3 Schneckengänge: Scala vestibuli, Scala media, Scala tympani. Die Perikaryen des ersten afferenten Neurons der Hörbahn liegen im Ganglion spirale (**a**). In der Scala media (**a, b**) befindet sich das Corti-Organ, das von der Basilarmembran und der Reissner-Membran begrenzt wird. Im Corti-Organ (**b**) beginnen die Nervenfasern der Hörbahn an den Sinneszellen (innere und äußere Haarzellen, s. Abb. 16.15)

Hörorgan (Organon spirale, Corti-Organ)

Die knöcherne Schnecke besteht aus einem kegelförmig gewundenen Gang, der sich um die zentrale Schneckenspindel (Modiolus) ca. zweieinhalbmal windet. In dieser knöchernen Schnecke befindet sich die häutige‹Cochlea, die in 3 übereinanderliegende Kanäle gegliedert ist (Abb. 16.14):

- Oberer Kanal (Scala vestibuli): Er grenzt an das ovale Fenster.
- Unterer Kanal (Scala tympani): Er grenzt an das runde Fenster. Beide Kanäle sind mit Perilymphe gefüllt, an der Schneckenspitze gehen sie ineinander über (Helicotrema).

- Mittlerer Kanal (Scala media): Er liegt zwischen Scala vestibuli und Scala tympani durch Membranen abgetrennt. Der mittlere Kanal wird auch als Ductus cochlearis bezeichnet. Gegen die Scala tympani (nach unten) ist die Scala media durch die Basilarmembran getrennt, gegen die Scala vestibuli (nach oben) ist sie durch die Reissner-Membran getrennt. In der Scala media befindet sich das Corti-Organ, das von Endolymphe (s. oben) umgeben ist. Die äußere Wand der Scala media wird von Epithel gebildet, das von Kapillaren durchzogen wird (einzigartig im Körper), die Stria vascularis. Die Stria vascularis ist für die Bildung der Endolymphe verantwortlich.

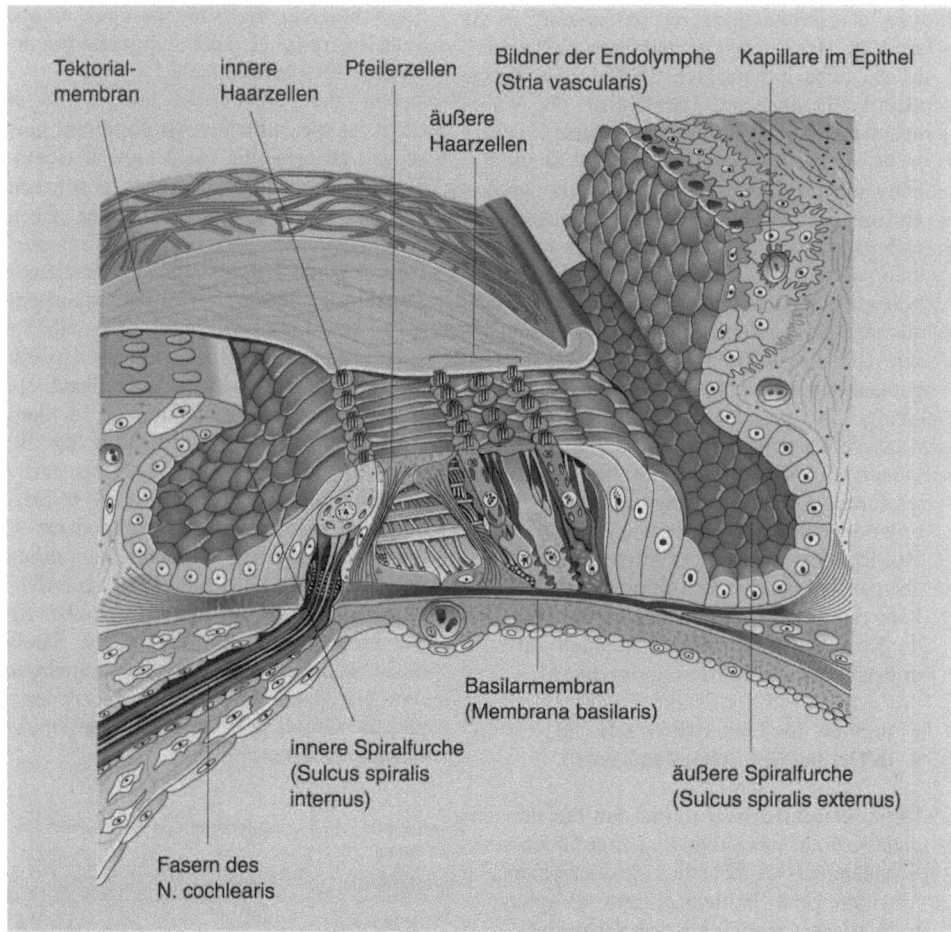

Abb. 16.15. Eigentliches Hörorgan (Corti-Organ). Hier beginnen die Nervenfasern der Hörbahn an den Sinneszellen (innere und äußere Haarzellen). Der Schall erzeugt eine Wellenbewegung in der Endolymphe, die zu einer Abscherung der Sinneshaare gegenüber der Tektorialmembran führt. Dadurch entsteht der Impuls, der über die Hörbahn in die Hörrinde des Gehirns geleitet wird. Die Stria vascularis ist ein mit Kapillaren versehenes Epithel (einzigartig im Körper), das für die Produktion der Endolymphe verantwortlich ist

Im **Corti-Organ** (Abb. 16.15) befinden sich
die Sinneszellen, über die Schallwellen aufgenommen werden. Diese Sinneszellen sind
oben von einer Dachmembran bedeckt
(Membrana tectoria). Von den Sinneszellen,
die auch als Haarzellen bezeichnet werden,
ragen Sinneshärchen in die gallertige Membrana tectoria hinein.
Zum Gleichgewichtsorgan s. 16.3.

16.2.2 Schall, Schallreize und Hörempfindung

Der eigentliche Reiz, für den unser Ohr besonders geeignet ist, ist die Schwingung der
Luft, die als Schall bezeichnet wird. Die Anzahl der Schwingungen pro Sekunde wird
meist in Hertz (Hz) ausgedrückt. Hohe Töne
haben hohe Frequenzen, tiefe Töne haben
niedrige Frequenzen. Die Grenze der Wahrnehmung für entsprechende Frequenzen liegt
beim Kind zwischen 20 und 20000 Hz.
Schwingungen unterhalb von 20 Hz werden
als **Infraschall** bezeichnet und können nicht
wahrgenommen werden. Schwingungen oberhalb von 20000 Hz werden als **Ultraschall**
bezeichnet und können ebenfalls nicht wahrgenommen werden. Die untere Frequenz-
schwelle für die Wahrnehmung von Schwingungen ändert sich im Laufe des Lebens nur
wenig. Die obere hingegen sinkt – besonders
nach dem 40. Lebensjahr – stark ab und
kann dann bis auf 8000 oder 10000 Hz reduziert sein. Dieser Vorgang ist physiologisch,
er wird **Presbyakusis** genannt.
Die Hörbarkeit eines Schallereignisses hängt
aber auch von der **Schallintensität** ab. Das
Maß für die Schallintensität ist die Amplitude der Schwingung. Die Schallintensität wird
in der Regel auf 2 Arten angegeben:

* in Phon (als Lautstärkepegel) und
* in Dezibel (als Schalldruckpegel).

Der Unterschied liegt darin, daß die Phonan-
gabe sich auf das subjektive Empfinden eines
Schallereignisses bezieht; die Dezibelangabe
(db) hingegen berücksichtigt den physikalisch effektiven (objektiven) Schalldruck. Bei
Tonfrequenzen von 1000 Hz entsprechen die
beiden Werte einander (s. Abb. 16.16).
Die **Hörschwelle**, d.h. der Punkt des gering-
sten gerade noch wahrnehmbaren Schall-
drucks, ist von der Frequenz abhängig: Bei

20 Hz ist ein wesentlich höherer Schalldruck
nötig als z.B. bei 16000 Hz. Die größte
Empfindlichkeit (d.h. die niedrigste Schwelle) liegt für das Ohr im Bereich zwischen
2000 und 4000 Hz, also in dem Bereich, der
von der Sprache verwendet wird. In Phon angegeben liegt die **mittlere Hörschwelle** bei
ca. 4 Phon (Tabelle 16.1).

16.2.3 Schalltrauma

Geräusche an oder oberhalb der Schmerzgrenze können einen bleibenden Gehörschaden (Schalltrauma) verursachen, ebenso wie
langdauernde Beschallung im Bereich oberhalb 90 Phon. Kurzfristige Beschallung an
der Schmerzgrenze kann zu einer reversiblen
Schädigung führen, die sich meist in einer erhöhten Hörschwelle äußert.
Neben der objektiven Schädigung durch
Lärm ist die subjektive Belästigung nur sehr
schwer zu erfassen. Sie hängt zu einem großen Teil nicht vom Lautstärkepegel, sondern
von der psychischen Einstellung gegenüber
der Schallquelle bzw. dem Geräusch ab. Dies
wird deutlich am Beispiel des Spielens eines
Musikinstrumentes in einem Mehrfamilien-
haus. Der Lautstärkepegel stört dabei meist
nicht, da er in der Regel sehr tief ist, sondern
es ist mehr die Tatsache, daß überhaupt ge-
spielt wird, und der Zeitpunkt, zu dem ge-
spielt wird, die zur „Lärmbelästigung" führen.
Töne haben nur eine einzige Frequenz (z.B.
400 Hz); **Klänge** enthalten mehrere Frequenzen; meist sind die dabei vorhandenen Obertöne ganzzahlige Vielfache der Grundfrequenz (400, 800, 1200, 1600 Hz etc.). **Geräusche** schließlich enthalten große Anteile
der Frequenzen des Hörbereichs. Sie lassen
meist keine Periodizität der Schwingungen
wie bei Tönen und Klängen erkennen. Aus
diesem Grund werden Geräusche meist als
unangenehm empfunden.

Tabelle 16.1. Lautstärkepegel verschiedener Geräusche in Phon

Geräusch	Phon
Hörschwelle	4
Flüstern	10
Normale Sprache	50–65
Normaler Verkehrslärm	70
Preßlufthammer (2 m Entfernung)	100–120
Diskomusik	100–125
Schmerzgrenze	ca. 130

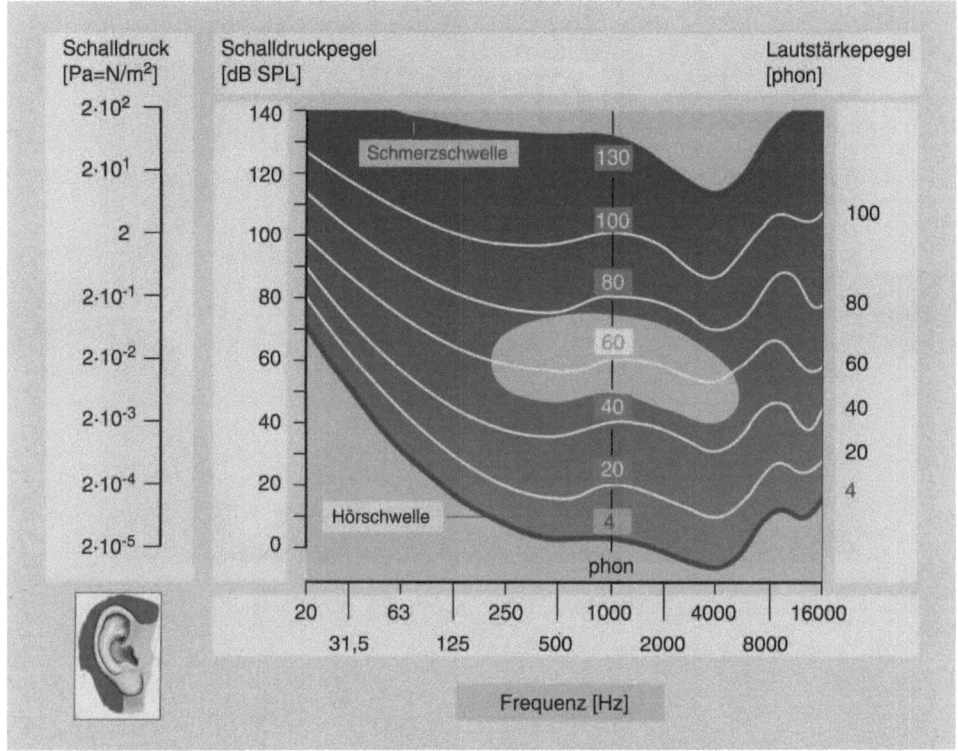

Abb. 16.16. Kurven gleicher Lautstärke (Isophone), in Relation zur Frequenz dargestellt. Auf der *linken Seite* ist der Schalldruckpegel (*SDP*) in Dezibel (dB) angegeben, auf der *rechten Seite* der Lautstärkepegel (*LSP*) in Phon. Bei 1000 Hz entsprechen die Dezibelwerte der Phonstärke. Im *Zentrum* der Abbildung ist der Hauptsprachbereich farblich markiert. Er entspricht im Bereich von 2000–4000 Hz auch der größten Empfindlichkeit des Ohrs

16.2.4 Hörvorgang

Das Trommelfell nimmt den Schall auf und gibt die Schwingungsenergie durch die Gehörknöchelchenkette verstärkt an die Perilymphe der Scala vestibuli weiter. Bei der Übertragung des Schalls von der Luft auf die Flüssigkeit der Lymphe kommt es zu einem Reflexionsverlust, der allerdings durch die Verstärkerwirkung des Mittelohrs fast ausgeglichen wird. Zum einen ist die Trommelfellfläche erheblich größer als die Steigbügelplatte, zum anderen wird durch die Hebelarmwirkung der Gehörknöchelchen eine Druckerhöhung erreicht.

Die Schwingungen der Steigbügelplatte setzen sich in der Perilymphe in Form von Wanderwellen fort (Abb. 16.17). Diese Wanderwellen haben entsprechend ihrer Frequenz ein bestimmtes Wellenmaximum. Je höher die Frequenz, desto näher am ovalen Fenster (oder der Steigbügelplatte) befindet sich dieses Maximum. Durch das Wellenmaximum wird die Basilarmembran der Scala media bewegt, so daß die in der Membrana tectoria eingebetteten Sinneshaare des Corti-Organs abgebogen werden. Dabei entsteht der eigentliche Impuls, der über den N. cochlearis in das Gehirn geleitet wird. Je nach Frequenz der eintreffenden Schwingung wird jeweils ein anderer Bereich der Basilarmembran durch das Wellenmaximum der Wanderwelle bewegt und dementsprechend eine andere Tonhöhe erzeugt.

16.2.5 Hörbahn

Die von den Sinneszellen kommenden Nervenimpulse werden über afferente Fasern weitergeleitet. Diese Fasern teilen sich in ihrem Verlauf. Ein Teil verläuft zum Nucleus cochlearis dorsalis, ein anderer Teil zum Nucleus cochlearis anterior. Vom letzteren zieht

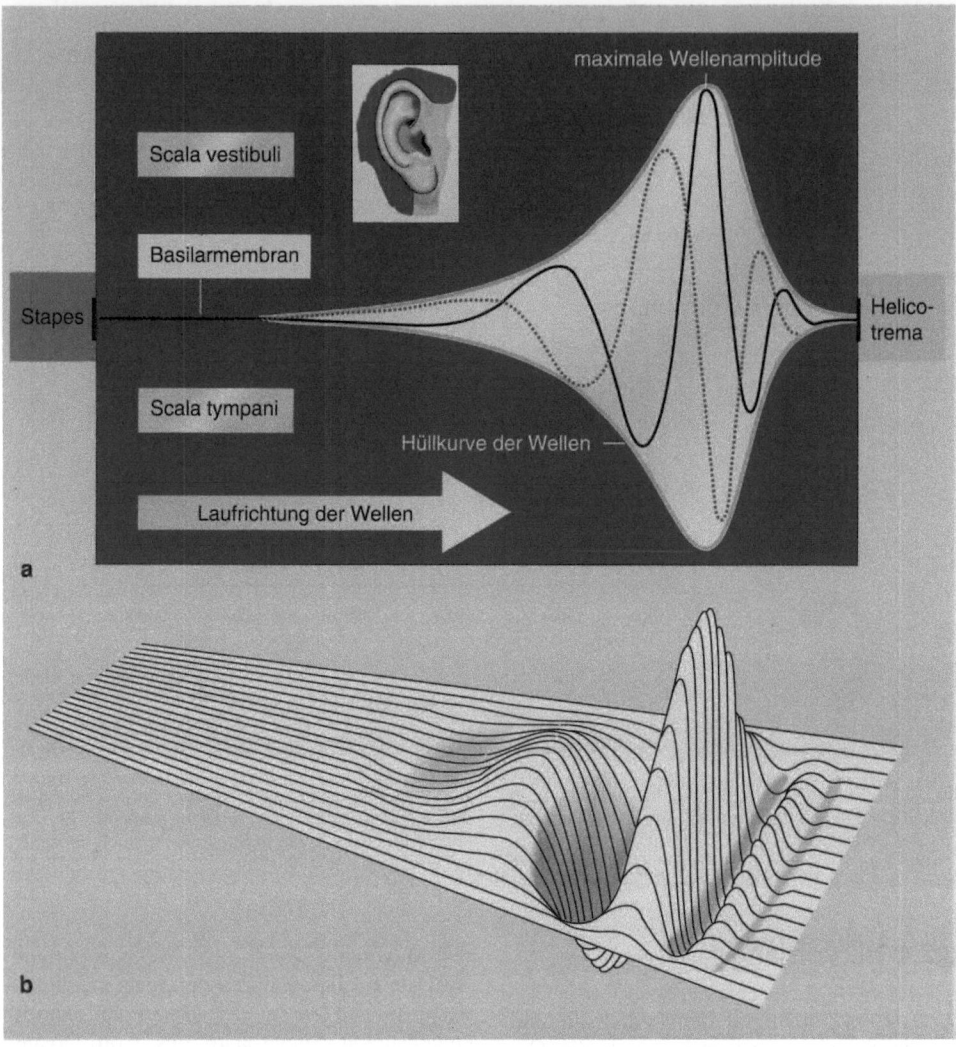

Abb. 16.17 a. Wanderwellen im Schnitt, **b** dreidimensional. Auf der *linken Seite* befindet sich das ovale Fenster mit der Steigbügelplatte, auf der *rechten Seite* der Übergang von der Scala vestibuli in die Scala tympani (Helicotrema). Im Bereich des Maximums der Wellenamplitude kommt es zu einem Ausschwingen der Basilarmembran und dementsprechend zur Einwirkung von Scherkräften auf die in der Tektorialmembran steckenden Sinneshaare des Corti-Organs

eine ventrale Bahn zur Olive (mit ihrem S-förmigen Segment und dem Nucleus accessorius) auf der gleichen wie auch auf der gegenüberliegenden Seite. Die Fasern werden im gleichseitigen und im gegenseitigen Schleifenkern (Nucleus lateralis lemnisci) umgeschaltet und ziehen dann über den unteren Hügel der Vierhügelplatte (Colliculus inferior) zum medialen Kniehöcker (Corpus geniculatum mediale). Von hier aus gelangen sie zur primären Hörrinde. Die primäre Hörrinde liegt im oberen Temporallappen in den Heschl-Querwindungen. Die Fasern aus dem Nucleus cochlearis posterior kreuzen direkt zum lateralen Schleifenkern der Gegenseite, um dann von hier aus wie die anderen Fasern weiterzulaufen. Bis zur primären Hörrinde besteht die Hörbahn somit aus mindestens 5 oder 6 Neuronen, die hintereinandergeschaltet sind. Daneben sind vielfältige, z.T. auch rückläufige Verschaltungen vorhanden, die sowohl für Reflexe, v.a. aber auch für die zentrale Verarbeitung der Impulse, vorhanden sind (Abb. 16.18).

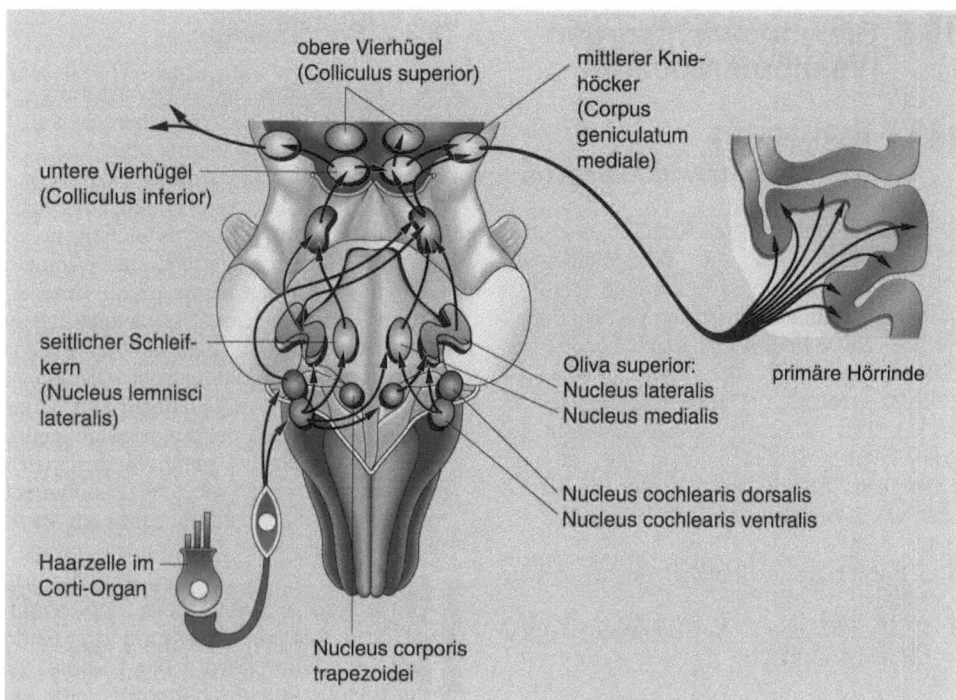

untere Vierhügel
(Colliculus inferior)

obere Vierhügel
(Colliculus superior)

mittlerer Knie-
höcker
(Corpus
geniculatum
mediale)

seitlicher Schleif-
kern
(Nucleus lemnisci
lateralis)

Oliva superior:
Nucleus lateralis
Nucleus medialis

primäre Hörrinde

Nucleus cochlearis dorsalis
Nucleus cochlearis ventralis

Haarzelle im
Corti-Organ

Nucleus corporis
trapezoidei

Abb. 16.18. Vereinfachtes Schema der Hörbahn mit den wichtigsten aufsteigenden (afferenten) Stationen. Die primäre Hörrinde befindet sich in den Heschl-Querwindungen des Temporallappens. *Links unten* ist eine Sinneszelle aus dem Corti-Organ mit ihren Sinneshaaren dargestellt, zu Details der Hörbahn s. Text

16.2.6 Hörstörungen

Die Hörstörungen können je nach Ursache in 3 Gruppen unterteilt werden:

- Schalleitungsstörungen,
- Schallempfindungsstörungen,
- Hörbahnschäden.

Schalleitungsstörungen: Hier liegt die Schädigung im Mittelohr, also im Schalleitungsapparat. Dies kann das Trommelfell oder die Gehörknöchelchen betreffen.

Schallempfindungsstörungen: Hier liegt die Ursache im Innenohr, also im Corti-Organ mit seinen Haarzellen.

Hörbahnschäden: Die Ursachen liegen im Bereich der Hörbahn, die z.B. durch einen Tumor hervorgerufen sein können, so daß die Impulse nicht mehr richtig oder gar nicht über die diversen Teilstrecken der Hörbahn laufen können.

16.2.7 Räumliches Hören

Die physikalische Grundlage für räumliches Hören liegt in der Anordnung der Ohren auf der Seite des Kopfes. So ist meist ein Ohr näher, das andere weiter von der Schallquelle entfernt. Aus diesem Grund trifft der Schall am gegenüberliegenden Ohr mit einer kurzen zeitlichen Verzögerung ein, wobei auch meist die Intensität etwas abgeschwächt ist. Dies wird offensichtlich vom verarbeitenden Zentralnervensystem ausgewertet und als Grundlage für das räumliche Hören genutzt. Die auftretenden zeitlichen Differenzen zwischen linkem und rechtem Ohr sind allerdings so klein, daß es schwerfällt, sich vorzustellen, wie die Auswertung einer derart kleinen Differenz möglich ist. Die Zeitverzögerung zwischen links und rechts beträgt ca. eine Zehntausendstelsekunde (10^{-4} s). Auch in der Unterhaltungselektronik macht man sich die Lautstärken- und Zeitdifferenzen für die Darstellung eines Raumklanges zunutze.

16.3 Gleichgewichtsorgan (Vestibularapparat)

16.3.1 Bestandteile des Gleichgewichtsorgans

Sowohl entwicklungsgeschichtlich wie auch topographisch sind die Bestandteile des Gleichgewichtsorgans eng mit dem Hörorgan verbunden. Außerdem ist der Vestibularapparat über einen Endolymphe enthaltenden Verbindungsgang mit der Scala media der Cochlea verbunden (Ductus reuniens; s. Abb. 16.11). Das Gleichgewichtsorgan stellt ein kompliziertes Schlauchsystem dar, das mit Flüssigkeit (Endolymphe) gefüllt ist. Es besteht aus 2 Anteilen (Abb. 16.19):

- 3 Bogengängen (Singular: Ductus semicircularis),
- Vestibulum mit 2 Aussackungen (Utriculus und Sacculus).

16.3.2 Bogengänge

Die 3 Bogengänge sind halbkreisförmige, in den 3 Ebenen des Raumes senkrecht aufeinanderstehende Schläuche, die über einen größeren Raum (Utriculus) miteinander verbunden sind. An jedem der 3 Bogengänge befindet sich kurz vor seiner Mündung in den Utriculus eine Erweiterung, die Ampulla. Hier sind auf einer kammartigen Erhebung Sinneszellen vorhanden. Die kammartige Erhebung zusammen mit den Sinneszellen wird als Crista ampullaris bezeichnet. Die Sinneszellen sind mit einem gallertigen Hut (Cupula) bedeckt, in den die Sinneshaare eintauchen. Die Cupula hat praktisch das gleiche spezifische Gewicht wie die Endolymphe. Deshalb wird die Cupula bei linearen Bewegungen (entlang einer Achse) nicht bewegt.

Der adäquate Reiz für die Sinneshaare ist eine relative Bewegung der Endolymphe; dadurch wird die Cupula aus ihrer Ruhestellung gebracht. Dies ge-

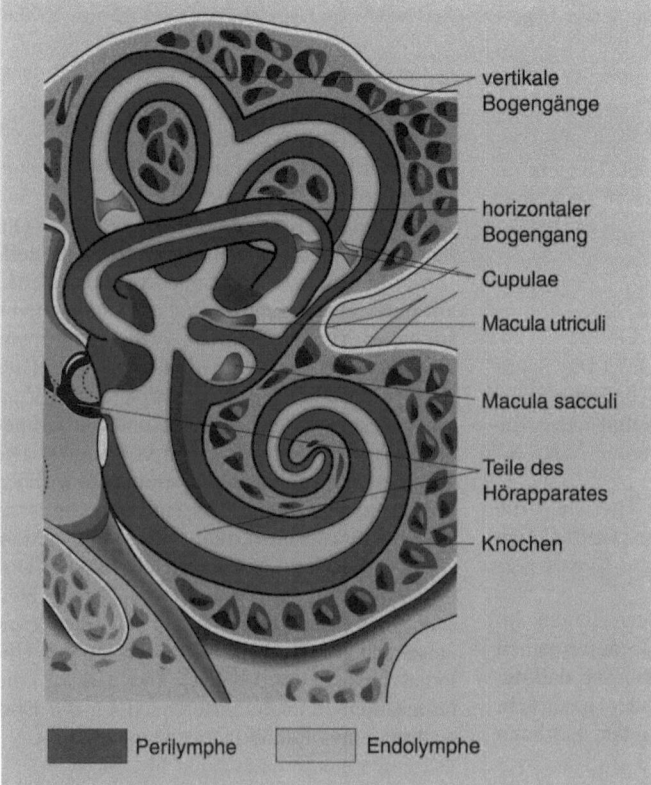

Abb. 16.19. Vestibularorgan mit den 3 Bogengängen, dem Utriculus sowie dem Sacculus. In den Bogengängen sind die Cupula der Crista ampullaris, im Sacculus und Utriculus die Sinnesfelder (Macula sacculi und Macula utriculi) dargestellt

vertikale Bogengänge

horizontaler Bogengang

Cupulae

Macula utriculi

Macula sacculi

Teile des Hörapparates

Knochen

Perilymphe   Endolymphe

schieht bei Bewegungen des Kopfes: Die Endolymphe der Bogengänge bleibt aufgrund ihrer Trägheit stehen, so daß die Cupula mit den Sinneshaaren in die Gegenrichtung der Bewegung abgeknickt wird. Die dabei entstehenden Scherkräfte lösen einen Nervenimpuls aus (Abb. 16.20).

16.3.3 Vestibulum

Das Vestibulum hat 2 sackartige Vertiefungen, in denen sich Sinnesfelder (Utriculus und Sacculus) befinden. Der Utriculus steht horizontal, der Sacculus senkrecht zur Körperachse. In diesen Sinnesfeldern sind ebenfalls Sinneszellen vorhanden, die mit ihren Sinneshaaren in eine gallertige Membran eintauchen. Diese Deckmembran wird beschwert durch Statokonien (Otolithen); das sind Kalksteinchen. Dadurch wird die Deckmembran bedeutend schwerer als die Endolymphe. Dies ist notwendig, damit der adäquate Reiz, die negative oder positive Linearbeschleunigung, optimal wirken kann. Drehbewegungen wie bei den Bogengängen haben keinen Einfluß auf die Sinneszellen von Sacculus und Utriculus. Gleichmäßig hohe Geschwindigkeit wird von ihnen nicht wahrgenommen, aber die Veränderung der Geschwindigkeit, sei es durch Beschleunigung oder durch Abbremsen.

Wegen der horizontalen Lage der Sinneszellen des Utriculus werden sie primär durch Horizontalbeschleunigungen erregt. Ebenso werden die vertikal liegenden Sinneszellen des Sacculus primär durch Vertikalbeschleunigungen erregt.

16.3.4 Vestibuläre Bahnen

Aus den Utriculus- und Sacculusrezeptoren, den Sinneszellen mit ihren Sinneshaaren,

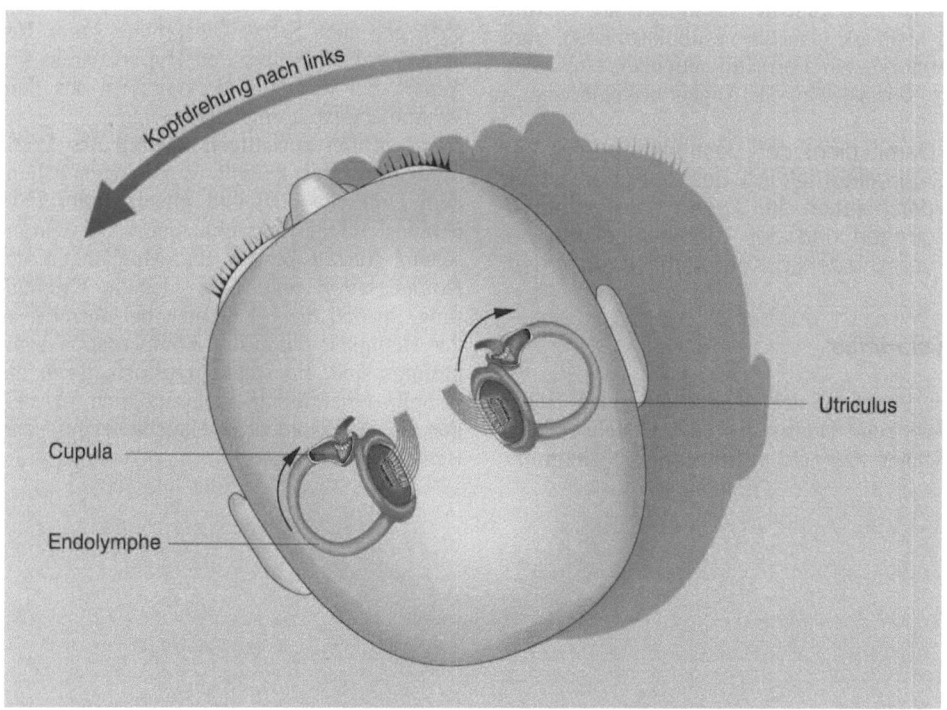

Abb. 16.20. Einfluß der Kopfdrehung in *Pfeilrichtung* auf die Cupula der horizontalen Bogengänge. Bei einer derartigen Bewegung bleibt die Endolymphe stehen, während sich die Bogengänge mit dem Kopf bewegen. Dies führt zur Biegung der Cupula-Zellen, deren Impuls die Meldung über die Stellung des Kopfes im Raum an höhergelegene Zentren ist. Diese Zentren steuern unsere Muskulatur, z.B. die Muskeln der Augen, die beim Kopfdrehen ohne Probleme den gleichen Punkt fixieren können

werden die Impulse über den N. vestibularis geleitet. Dieser Nerv ist Teil des VIII. Hirnnervs (N. statoacusticus bzw. N. vestibulocochlearis). Er entsteht aus den Fasern des Ganglion vestibulare und vereinigt sich dann mit dem N. acusticus. Auch ohne die auf die Sinneszellen einwirkenden Beschleunigungskräfte läuft über den N. vestibularis eine Ruheaktivität von ca. 10–40 Impulsen pro Sekunde. Diese Ruheaktivität wird je nach Ausscherungsrichtung der Sinneszellen erhöht oder gedämpft. Dadurch wird das Zentralnervensystem ständig über die Kopfstellung im Raum sowie über Beschleunigung bzw. Verzögerung in horizontaler wie auch in vertikaler Richtung orientiert. Horizontal z.B. bei Autofahrten, vertikal z.B. bei Liftfahrten.

Die Vestibularisfasern des N. statoacusticus enden vorwiegend in der Medulla oblongata (verlängertes Mark) an den dort liegenden Vestibulariskernen. Am gleichen Ort enden afferente Fasern von Rezeptoren der Halsmuskeln und Halsgelenke, die Informationen über die Stellung des Kopfes – relativ zum Rumpf – vermitteln. Von den Vestibulariskernen gehen sekundäre Vestibularisbahnen zum Rückenmark (Tractus vestibulospinalis), zum Kleinhirn, zur Formatio reticularis sowie zu den Kerngebieten der Augenmuskelnerven.

> Damit dient der Vestibularapparat der Aufrechterhaltung des Gleichgewichts, der Fixation der Augen bei Kopfbewegungen und der Tonuseinstellung bei verschiedenen Körperstellungen.

Nystagmus

Die Fixierung der Augen auf einen Blickpunkt beim Drehen auf einem Drehstuhl bezeichnet man als **vestibulären Nystagmus**.

Damit ist trotz ständiger Stellungsveränderung von Kopf und Körper eine optische Orientierung im Raum gewährleistet. Es kommt dabei zunächst zu einer langsamen Folgebewegung mit anschließender ruckartiger Fixierung eines neues Punktes.

Daneben gibt es noch den **optokinetischen Nystagmus**. Dieser kommt durch relative Bewegungen der Umwelt (Eisenbahnfahrt) zustande.

Vestibuläre Störungen

Reisekrankheit (Kinetose) tritt bei unphysiologischen und ungewohnten Erregungen des Vestibularapparates auf. Hierbei können meist die über die Augen eintreffenden Informationen nicht mit den Informationen aus dem Vestibularapparat in Einklang gebracht werden. So empfindet z.B. der Schiffsreisende in seiner Kabine die Schlingerbewegungen des Schiffs über seinen Vestibularapparat; über die Augen sieht er lediglich die absolut unbewegten Wände seiner Kabine. Daraus resultieren häufig Unwohlsein, Schwindel, Erbrechen und auch Schweißausbrüche. Diese Reaktionen werden über den Hypothalamus gesteuert, der ebenfalls Nervenfasern aus dem Vestibularapparat empfängt.

Beim **akuten einseitigen Ausfall des Vestibularapparates** kommt es zu langanhaltendem Drehschwindel und gleichzeitiger Fallneigung auf die erkrankte Seite. Bei chronischem Ausfall besteht die Möglichkeit der Kompensation durch die visuelle Orientierung, so daß diese Patienten bei ausreichender Helligkeit durch die Kompensation symptomlos sind. Im Dunkeln jedoch, wenn die visuelle Orientierung nicht möglich ist, zeigen sie ausgesprochene Gleichgewichts- und Bewegungsstörungen.

16.4 Zusammenfassung Sinnesorgane

Auge

Schichten des Augapfels

Das Auge besteht aus 3 Schichten: äußere Augenhaut (Tunica fibrosa), mittlere Augenhaut (Tunica vasculosa), innere Augenhaut (Tunica nervosa).

- Die äußere Augenhaut besteht im vorderen Augenbereich aus der Hornhaut (Kornea) und im hinteren aus der Lederhaut (Sklera).
- Die mittlere Augenhaut wird im hinteren Bereich aus der Aderhaut (Choroidea) gebildet, im vorderen Augenbereich aus Ziliarkörper (Corpus ciliare) und der Regenbogenhaut (Iris).

Zwischen Hornhaut und Glaskörper befindet sich die **Augenkammer**. Durch die Iris wird sie unterteilt in vordere und hintere Augenkammer. In der Augenkammer befindet sich Kammerwasser, das im Ziliarkörper gebildet wird und über die Fontana-Räume in den Schlemm-Kanal abfließt. Das Ligamentum pectinatum begrenzt die Fontana-Räume. Es befindet sich im Kammerwinkel (Angulus iridocornealis). Bei Abflußbehinderung des Kammerwassers entsteht Überdruck, der zum Glaukom (grüner Star) führen kann. Der Normaldruck im Auge beträgt ca. 15–22 mm Hg.

- Die innere Augenhaut (Tunica nervosa) besteht aus der Retina und ihrem Pigmentepithel. Man unterscheidet einen vorderen blinden Teil (Pars caeca) und einen hinteren lichtempfindlichen Teil (Pars optica).

In der Pars optica sind 3 Nervenzellschichten vorhanden:
Das 1. Neuron wird durch die Photorezeptoren gebildet, das 2. Neuron durch die bipolaren Zellen, das 3. Neuron durch die multipolaren Zellen.

Stäbchenzellen sind Photorezeptoren für das Dämmerungssehen, **Zapfenzellen** für das Farbsehen. In den Außengliedern der Photorezeptorzellen befindet sich in Membranscheibchen der Sehfarbstoff. Durch Lichteinwirkung wird der Sehfarbstoff umgewandelt, wodurch ein Nervenimpuls erzeugt wird.

Glaskörper

Der Glaskörper besteht aus Proteoglykanen, Glukosaminoglykanen und 98% Wasser. Er ist Distanzhalter, der wegen der Brennweite des Auges nötig ist.

Die Linse ist elastisch, durch Zonulafasern wird sie bei **Fernakkommodation** gespannt gehalten. Bei **Nahakkommodation** kommt es durch Kontraktion des M. ciliaris zur Entspannung der Zonulafasern, und die Linse verstärkt ihre Wölbung und damit ihre Brechkraft.

Augenhintergrund

Am Augenhintergrund sind der blinde Fleck (Papilla nervi optici) und der gelbe Fleck (Macula lutea) mit der Zone des schärfsten Sehens (Fovea centralis) wichtig. Die gegen innen gerichteten zwei Drittel der Retina werden von innen mit Blut versorgt. Die Gefäße sind von außen durch die Pupille sichtbar.

Hilfsapparat des Auges: Lider, Tränenapparat und Bindehaut.

Augenmuskeln

Die Augen werden durch 6 äußere Muskeln bewegt (4 gerade und 2 schräge). Bis auf den oberen schrägen Augenmuskel (N. trochlearis) und den äußeren geraden Muskel (N. abducens) werden sie durch den N. oculomotorius versorgt.

- **Augenbewegungen:** Man unterscheidet Sakkaden, glatte Folgebewegungen, vestibuläre Bewegungen und Konvergenzbewegungen.

Sehvorgang: Die Dunkeladaptation dauert ca. 20 min, die Helladaptation nur wenige Sekunden. Nachtblinde (Hemeralope) haben keine Stäbchenadaptation (meist wegen Vitamin-A-Mangels).

Das Auge nimmt elektromagnetische Wellen im Bereich zwischen 400 und 680 nm wahr. Beim helladaptierten Auge liegt die größte Empfindlichkeit bei 555 nm (gelbgrün), beim dunkeladaptierten Auge bei 507 nm (blaugrün).

Augenfehler

Zu den Augenfehlern rechnet man Astigmatismus, Kurzsichtigkeit (Myopie), Weitsichtigkeit (Hypermetropie) und Schielen (Strabismus).

Pupillenreflex

Der Pupillenreflex führt bei Lichteinfall automatisch bei beiden Augen zur Pupillenverengung (Miosis).

Sehbahn

Die Sehbahn verläuft über den N. opticus, Chiasma opticum, Tractus opticus zum seitlichen Kniehöcker (Corpus geniculatum laterale). Dort wird das 3. Neuron auf das 4. Neuron umgeschaltet, das dann zur Sehrinde, der Area striata, im Sulcus calcarinus läuft.

Gesichtsfeld

Das Gesichtsfeld kann mit Hilfe der Perimetrie gemessen werden. Es gibt Aufschluß über Defekte des Auges, des Leitungsapparates oder der Rindenfelder des Gehirns.

Räumliches Sehen

Das räumliche Auflösungsvermögen des Auges liegt bei ca. 1 Winkelminute (60. Teil eines Grades). Das zeitliche Auflösungsvermögen liegt bei ca. 15–20 Bildern pro Sekunde.

Ohr und Gleichgewichtsorgan

Abschnitte des Ohrs

Am Ohr unterscheidet man 3 Anteile: das äußere Ohr (Auris externa), das Mittelohr (Auris media) und das Innenohr (Auris interna).

- Zum äußeren Ohr rechnet man: die Ohrmuschel, den Gehörgang (Meatus acusticus externus) und das Trommelfell (Membrana tympani). Der äußere Gehörgang weist eine Länge von 30–35 mm auf, im äußeren Drittel ist er knorpelig, die inneren zwei Drittel sind knöchern. In den Ohrgang münden Zeruminaldrüsen (Ohrschmalz). Das Trommelfell hat einen Durchmesser von 1 cm und eine Stärke von 1 mm. Es steht schräg im Gehörgang von hinten oben nach vorn unten.

Augenmuskeln

Die Augen werden durch 6 äußere Muskeln bewegt (4 gerade und 2 schräge). Bis auf den oberen schrägen Augenmuskel (N. trochlearis) und den äußeren geraden Muskel (N. abducens) werden sie durch den N. oculomotorius versorgt.

- **Augenbewegungen:** Man unterscheidet Sakkaden, glatte Folgebewegungen, vestibuläre Bewegungen und Konvergenzbewegungen.

Sehvorgang: Die Dunkeladaptation dauert ca. 20 min, die Helladaptation nur wenige Sekunden. Nachtblinde (Hemeralope) haben keine Stäbchenadaptation (meist wegen Vitamin-A-Mangels).
Das Auge nimmt elektromagnetische Wellen im Bereich zwischen 400 und 680 nm wahr. Beim helladaptierten Auge liegt die größte Empfindlichkeit bei 555 nm (gelb-grün), beim dunkeladaptierten Auge bei 507 nm (blaugrün).

Augenfehler

Zu den Augenfehlern rechnet man Astigmatismus, Kurzsichtigkeit (Myopie), Weitsichtigkeit (Hypermetropie) und Schielen (Strabismus).

Pupillenreflex

Der Pupillenreflex führt bei Lichteinfall automatisch bei beiden Augen zur Pupillenverengung (Miosis).

Sehbahn

Die Sehbahn verläuft über den N. opticus, Chiasma opticum, Tractus opticus zum seitlichen Kniehöcker (Corpus geniculatum laterale). Dort wird das 3. Neuron auf das 4. Neuron umgeschaltet, das dann zur Sehrinde, der Area striata, im Sulcus calcarinus läuft.

Gesichtsfeld

Das Gesichtsfeld kann mit Hilfe der Perimetrie gemessen werden. Es gibt Aufschluß über Defekte des Auges, des Leitungsapparates oder der Rindenfelder des Gehirns.

Räumliches Sehen

Das räumliche Auflösungsvermögen des Auges liegt bei ca. 1 Winkelminute (60. Teil eines Grades). Das zeitliche Auflösungsvermögen liegt bei ca. 15–20 Bildern pro Sekunde.

Ohr und Gleichgewichtsorgan

Abschnitte des Ohrs

Am Ohr unterscheidet man 3 Anteile: das äußere Ohr (Auris externa), das Mittelohr (Auris media) und das Innenohr (Auris interna).

- Zum äußeren Ohr rechnet man: die Ohrmuschel, den Gehörgang (Meatus acusticus externus) und das Trommelfell (Membrana tympani). Der äußere Gehörgang weist eine Länge von 30–35 mm auf, im äußeren Drittel ist er knorpelig, die inneren zwei Drittel sind knöchern. In den Ohrgang münden Zeruminaldrüsen (Ohrschmalz). Das Trommelfell hat einen Durchmesser von 1 cm und eine Stärke von 1 mm. Es steht schräg im Gehörgang von hinten oben nach vorn unten.

Räumliches Hören

Das räumliche Hören kommt durch Intensitätsunterschiede und zeitliche Verzögerung zwischen linkem und rechtem Ohr zustande.

Gleichgewichtsorgan

Der Gleichgewichtsapparat besteht aus den 3 Bogengängen sowie dem Sacculus und dem Utriculus. In den Bogengängen ist je eine Crista ampullaris vorhanden, die auf Drehbewegungen reagiert. Im Sacculus und Utriculus sind Sinnesfelder vorhanden (Macula utriculi und Macula sacculi), die auf Linearbeschleunigung (negativ oder positiv) reagieren.

- Die Vestibularisbahn läuft über den N. vestibularis an die vestibulären Kerngebiete der Medulla oblongata (verlängertes Mark). Hier enden andere afferente Fasern von den Halsmuskeln und Halsgelenken. Als sekundäre Vestibularisbahn gehen Verbindungen zum Kleinhirn, zur Formatio reticularis, zum Rückenmark und zu den Kernen der Augenmuskelnerven.
- Der Vestibularapparat dient der Aufrechterhaltung des Gleichgewichts, der Fixation der Augen bei Kopfbewegungen und der Tonuseinstellung bei verschiedenen Körperbewegungen.

Nystagmus: Man unterscheidet vestibulären von optokinetischem Nystagmus.

Vestibuläre Störungen: Sie können durch Kinetosen (Bewegungskrankheit) hervorgerufen werden. Sie entstehen durch die Diskrepanz zwischen den optischen und vestibulären Nervenimpulsen.

Quellenverzeichnis

Die nachfolgend aufgeführten Abbildungen wurden modifiziert nach den hier genannten Vorlagen.

1. Bloom, Fawcett (1986) Textbook of Histology. Saunders, Philadelphia
   Abb. 3.21
2. Gray H (1995) Anatomy, 38th edn. Churchill Livingstone
   Abb. 16.1, 16.15
3. Krstić RV (1976) Ultrastruktur der Säugetierzelle. Springer, Heidelberg New York Tokyo
   Abb. 2.3, 2.5, 2.7, 2.9, 2.17
4. Krstić RV (1988) Die Gewebe des Menschen und der Säugetiere, 2. Aufl. Springer, Berlin Heidelberg New York Tokyo
   Abb. 3.2, 3.3, 3.5, 3.6, 3.12, 3.13, 3.16, 3.18, 3.20, 3.23
5. Krstić RC (1984) Illustrated encyclopedia of human histology. Springer, Berlin Heidelberg New York Tokyo
   Abb. 3.7, 3.17, 3.19
6. Krstić RV (1991) Human microscopic anatomy. Springer, Berlin Heidelberg New York Tokyo
   Abb. 11.7, 11.8, 11.21
7. Larsen R (1994) Anästhesie und Intensivmedizin für Schwestern und Pfleger, 4. Aufl. Springer, Berlin Heidelberg New York Tokyo
   Abb. 9.22, 9.23
8. Mörike D, Betz E, Mergenthaler W (1991) Biologie des Menschen, 13. Aufl. Quelle & Meyer, Heidelberg
   Abb. 8.1, 8.2, 8.4, 9.9
9. Netter F (1975) Ciba Collection of Medical Illustrations. Summit/NJ
   Endocrine system: Abb. 12.6, 12.8, 12.10, 12.11
   Reproductive system: Abb. 13.8
   Kidneys, ureters, and urinary bladder: Abb. 11.16
10. Schmidt RF, Thews G (1995) Physiologie des Menschen, 26. Aufl. Springer, Berlin Heidelberg New York Tokyo
    Abb. 6.7, 7.13, 9.11, 9.19, 9.24, 9.28, 12.15
11. Seeley RR, Stephans TD, Tate P (1992) Anatomy and physiology. Mosby, St. Louis
    Abb. 2.1, 2.2, 2.15, 6.4, 6.5, 6.6, 9.17, 10.21, 10.25, 13.15, 13.20

Literatur

1. Feneis H (1993) Anatomisches Bildwörterbuch, 7. Aufl., Thieme, Stutgart
2. Forssmann WG, Heym C (1985) Grundriß der Neuroanatomie, 4. Aufl. Springer, Heidelberg
3. Junqueira LC, Carneiro J (1996) Histologie, 4. Aufl. Springer, Heidelberg
4. Kahle W, Leonhardt H, Platzer W (1991) Taschenatlas der Anatomie, 6. Aufl. Bd. 1: Bewegungsapparat. Thieme, Stuttgart
5. Langmann J (1993) Medizinische Embryologie, 8. Aufl. Thieme, Stuttgart
6. Leonhardt H (1990) Histologie, Zytologie und Mikroanatomie des Menschen, 8. Aufl. Thieme, Stuttgart
7. Plötz H (1996) Kleine Arzneimittellehre, 2. Aufl. Springer, Berlin Heidelberg New York Tokyo
8. Schiebler T, Schmidt W (Hrsg) (1991) Anatomie, 5. Aufl. Springer, Heidelberg
9. Schmidt RF (Hrsg) (1993) Neuro- und Sinnesphysiologie, Springer, Heidelberg
10. Schmidt RF, Thews G (Hrsg) (1995) Physiologie des Menschen, 26. Aufl. Springer, Heidelberg
11. Silbernagl S, Despopoulos A (1988) Taschenatlas der Physiologie, 3. Aufl. Thieme, Stuttgart
12. Thews G, Mutschler F, Vaupel MA (1991) Anatomie, Physiologie und Pathophysiologie des Menschen, 4. Aufl. Wissenschaftliche Verlagsgesellschaft Stuttgart

Sachverzeichnis

A

A. arcuata   275, 390
A. axillaris   271
A. brachialis   271, 273
A. carotis communis   271, 273, 338
A. carotis communis sinistra   270, 271
A. carotis interna   98, 99
A. coronaria dextra   254
A. coronaria sinistra   254
A. digitalis   275
A. digitalis palmaris   273
A. dorsalis pedis   275
A. dorsalis penis   494
A. femoralis   271, 275
A. femoralis profunda   275
A. fibularis   275
A. hepatica   370
A. iliaca communis   272, 275
A. iliaca externa   270, 271, 275
A. iliaca interna   270, 271, 275
A. meningea media   100
A. mesenteria inferior   270, 271
A. mesenteria superior   270, 271
A. ovarica   270, 271
A. peronea   276
A. phrenica   270
A. poplitea   271, 275
A. profunda brachii   273
A. profunda penis   494
A. radialis   271
A. renalis   270, 271, 389
A. subclavia   273, 274
A. subclavia dextra   271
A. subclavia sinistra   270, 271
A. testicularis   270, 271
A. thoracica interna   273
A. tibialis anterior   275, 276
A. tibialis posterior   271, 275
A. ulnaris   271, 273
ABO-System   228
Abbau   310, 377
– aerober   310
– anaerober   310
– enzymatischer   377
Abdominalmuskulatur   132
Ablatio retinae   530
Abspreizer der Großzehe   155
Abwehr   292–294
– spezifisch zelluläre   297
– unspezifisch humorale   292, 294
– unspezifisch zelluläre   293
Abwehrmechanismus   283, 292
Abwehrorgane   283
Abwehrreaktion   298

– Schema   298
Abwehrzellen   283
Achillessehne   121, 154
Achillessehnenreflex   198
Achselarterie   271
Achselvene   274
acquired immune deficiency syndrome (Aids)   303
ACTH (s. adrenokotropes Hormon)
ACTH-Mangel   450
Adamsapfel   317
Adaptation   3, 537
– Auge (hell, dunkel)   537
adäquater Reiz   527
Addison-Krankheit   450
Adduktor   120
Adenin   27
Adenohypophyse   431, 432, 435
Adenosindiphosphat (ADP)   242
Adenosintriphosphat (ATP)   20, 309
Adergeflecht   180, 182
Aderhaut   529
ADH (s. antidiuretisches Hormon)
ADP (s. Adenosindiphosphat)
Adrenalin   453, 454
– biologische Wirkung   453, 454
adrenerge Synapse (s. auch Synapse)   71, 210
adrenogenitales Syndrom   451
adrenokotropes Hormon (ACTH)   432, 433, 435, 436, 450, 451
– Mangel   450
Adventitia   353
Aera nuda   369, 370
Aerophagie   349
afferenter Nerv (s. auch Nerv)   67
Afferenz   175
Afterheber   134, 135
Agglomerin   227
Agglutination   229
Agglutinin   228, 229
Agglutinogen   228, 229
Aids   303
Aids related complex (ARC)   303
Akkommodation   529, 532, 536
Akkommodationsreflex   541
Akromegalie   436, 437
Akromion   92, 105, 112, 114, 137, 140
Akrosin   488
Akrosom   488, 489, 496
Akrosomreaktion   495
Aktin   59, 60, 63
Aktionspotential   166, 168, 260

– Kaliumionenausstrom   168
– Natriumioneneinstrom   168
– Zündschwelle   166
aktive Insuffizienz (s. auch Bewegungshemmung)   86, 87
aktiver Transport (s. auch Transport)   15
akustische Sprachregion   194
Akute-Phase-Protein   293
Albumin   231, 401
– Bindungsfähigkeit   231
Albuminurie   401
Aldosteron   410, 449
Aldosteronkonzentration   450
– Regulation   450
Alkalose   240, 410
Allel   32
Allergenkarenz   301
Allergie   299, 302
– Glutenallergie   302
Alles-oder-nichts-Gesetz   166
Altersveränderungen   509
– Haut   509
Altersweitsichtigkeit   536, 539
alveoläre Drüse (s. auch Drüse)   42
alveoläre Ventilation   331, 333
Alveolarepithel   325, 327
Alveolarmakrophage   323, 327
Alveolen   325–327
– Epithel   325, 327
– Oberflächenspannung   325
amakrine Zelle   531, 532
Amboß   543, 545
Aminosäure   7, 377
– essentielle   9, 377
– glukoplastische   377
Amnion   497
Amnionepithel   499
Amphiarthrosen   85
Ampulla   467, 472, 473
Amputationsneurinom   71
Amputationsstumpf   527
α-Amylase   350
Anabolismus   2
Anaphase (s. auch Mitose)   29
anaphylaktische Reaktion   299
anaphylaktischer Schock   299
Anastomose   267
Anatomie   1
– makroskopische   1
– mikroskopische   1
anatomischer Hals (s. auch Oberarmknochen)   115
Androgen   450
Anenzephalus   161
Angiotensin I   416, 450

Angiotensin II 416, 450
Angiotensinogen 416
Angulus iridocornealis 529
Angulus subpubicus 106, 108
Anion 4
Annulus fibrosus 103
anorganische Substanz (s. auch
    Substanz) 5
Antagonist 89
Anteflexio 475
Anteversio 475
antiallergische Wirkung 448
Antidiurese 409, 417
antidiuretisches Hormon
    (ADH) 409, 413–415, 426,
    436–438
– Kontrolle über die Hormon-
    wirkung 437
– Mangel 438
Antigen 294
Antigen-Antikörper-Komplex
    294
Antigen-Antikörper-Reaktion 297
antigene Determinante 294
Antihelix 544
Antikoagulanzien 243
– direkt wirkende 243
– indirekt wirkende 243
Antikörper 294, 296
– Fab-Teil 296
– Fc-Teil 296
– monoklonale 294
– polyklonale 294
Antiplasmin 243
Antithrombin III 243
Antitragus 544
Anusringmuskel 134
– äußerer 134
Aorta 147
Aorta abdominalis 270, 271, 275,
    353
Aorta thoracica 270, 271, 353
Aortenbogen 251, 271
Aortenklappe 251, 253, 254
Aortenkörperchen 338
Apertura lateralis 181, 182
Apertura mediana 181, 182
Apex pulmonis 311, 324
apokrine Drüse (s. auch Haut-
    drüse) 511, 513
apokrine Sekretion (s. auch
    Sekretion) 44, 45
Aponeurose 51
Appendices epiploicae 361, 367
Appendix vermiformis 344, 361,
    366
appositionelles Wachstum (s. auch
    Wachstum) 52
Aquädukt 180, 189
– Ventrikelsystem 180, 189
Arachnoidalzotte 182
Arachnoidea 182
ARAS (s. aufsteigendes retikuläres
    Aktivierungssystem)
Arbor bronchialis 321
Arbor vitae (Lebensbaum) 186
– Kleinhirn 186
ARC (s. Aids related complex)

Arcus aortae (Aortenbogen) 251,
    271
Arcus palmaris profundus 273
Arcus palmaris superficialis 273
Arcus pubis 106, 108
Arcus venosus dorsalis pedis 276
Arcus zygomaticus 97
Area striata im Sulcus calcarinus
    541
Areola mammae 483, 484
Arm 112
Armarterie 272
Armbeuger 137, 138, 139, 141,
    143
Armmuskulatur 138
Armvene 274
Arterie 263, 264
– elastischer Typ 264
– muskulärer Typ 264
Articulatio atlantooccipitalis 99,
    104
Articulatio carpometacarpea
    pollicis 119
Articulatio coxae 119
Articulatio cubiti 119
Articulatio genu 119
Articulatio humeri 119
Articulatio humeroradialis 119
Articulatio humeroulnaris 119
Articulatio interphalangealis 119
Articulatio mediocarpea 119
Articulatio metacarpophalangea
    119
Articulatio radiocarpea 119
Articulatio radioulnaris proximalis
    119
Articulatio subtalaris 111
Articulatio talocruralis 111, 119
Aschoff-Tawara-Knoten 258
Assoziationsfaser 196
Astigmatismus 538
Astrozyt (s. auch Glia) 169, 170
Atemfrequenz 333
Atemgas 334
Atemgrenzwert 334
Atemhilfsmuskel 331
Atemmuskulatur 328
Atemstopp 314
Atemstoßtest 334
Atemtechnik 328
Atemvolumen 330
Atemzeitvolumen (AZV) 331, 339
Atemzentrum 196, 337, 338
– Einflüsse 338
Atmung 266, 310, 337
– chemische Regulation 337
– Gewebeatmung 310
– Lungenatmung 310
Atmungsapparat 309–311
– Organe 310, 311
Atmungseffekt 333
Atmungsregulation 336
Atmungsrhythmus 337
Atom 3
Atomart 3
Atomkern 4
ATP (s. Adenosintriphosphat)
Atresie 469

Atropin 540
– Wirkung auf die Pupille 540
Auerbach-Nervenplexus 352
Auflösungsvermögen 542
– räumliches 542
– zeitliches 542
Aufrichter der Wirbelsäule (s. auch
    Wirbelsäule) 128
aufsteigendes retikuläres Aktivie-
    rungssystem (ARAS) 196
Augapfel 528
– Schichten 528
Auge 528, 529, 533, 536, 537
– Brechkraft 536
– Empfindlichkeit 537
– Farbe 529
– Rezeptor 533
Augenbecher 179
Augenbewegung 535
– glatte Folgebewegung 535
– Konvergenzbewegung 535
– Sakkade 535
– vestibuläre Bewegung 535
– Zuckung 535
Augenfehler 538
– Astigmatismus 538
– Kurzsichtigkeit 538
– Weitsichtigkeit 538
Augenhaut 528–530
– äußere 528–530
– innere 528–530
– mittlere 528–530
Augenhintergrund 532, 533
Augenhöhle 97, 528
Augenhöhlenspalte 101
– untere 101
Augeninnendruck 530
Augenkammer 528–530
– hintere 529
– vordere 529
Augenlid 534
Augenmuskel 534
– äußerer 534
Augennerv 528
Augenspiegelung 533
Auris interna 546
Auris media 544
Ausatmung 329
Außenroller 149
äußere Augenhaut 528, 529
äußere Beckenarterie 275
äußere Beckenvene 276
äußerer Gehörgang 543, 545
äußerer schräger Bauchmuskel 331
äußerer Zwischenrippenmuskel 330
äußeres Ohr 543, 545
Auswärtsdreher 139, 143, 145
Autoimmunkrankheit 303
Autophagie 21
Autoregulation 403, 404
– myogene 404
Autorhythmie 257
Autosom 23
axillärer Lymphknoten (s. auch
    Lymphknoten) 285
Axillartemperatur 519
Axon 65, 163
Azetylcholin 209

azidophile Zelle 432
Azidose 240, 410
azinöse Drüse (s. auch Drüse) 42
AZV (s. Atemzeitvolumen)

B

Backenzahn 348
Balanitis 493
Balken (Corpus callosum) 192
Bänder (Ligamente) 51
– straffes Bindegewebe 51
Bandhemmung (s. auch Bewegungs-
  hemmung) 86
Bandscheibe (Discus articula-
  ris) 77, 82, 103, 104
– Faserring 103, 104
– Gallertkern 103, 104
Barorezeptor 211
Barr-Körperchen 25
Bartholini-Drüse 467, 481
basales Labyrinth 395
– Niere 395
Basalganglion 191
basalgekörnte Zelle 355
Basalkörnchen (Kinetosom) 22
Basallamina 39
Basalmembran 39
Basalplatte 499
Basaltemperatur (prämenstruelle
  Hyperthermie) 477
Base 5
Basedow-Erkrankung 444
Basilarmembran 546, 547, 549
Basophile 226
basophile Zelle 432
Bauchaorta 271, 275, 353
Bauchatmung 329
Bauchfell 362, 363
Bauchmuskel 120, 121, 127, 132,
  133
– äußerer schräger 120, 121, 127,
  132, 133
– gerader 120, 133
– innerer schräger 133
– querer 133
Bauchmuskulatur 133
Bauchnabel 133
Bauchpresse 132, 330, 368
– Muskel 132
Bauchspeicheldrüse (Pankreas)
  344, 374, 455
– Aufbau 374
– endokrine 374
– exokrine 374
Baufett 51, 387
Becherzelle 364, 365
Becken 106
– männliches 106
– weibliches 106
Beckenboden 133
Beckenbodenmuskulatur 135, 400,
  402, 475
Beckendurchmesser 106
Beckenschlagader 271
Befruchtung (Fertilisation) 473,
  495

Begleitvene (s. auch Vene) 265
Beinarterie 275
Beinmuskulatur 150
Beinvene 276
Belegzelle 355, 356
Bertini-Säule 387, 388
Berührungsempfindung 514
Berührungsrezeptor 514
Beschneidung (Zirkumzision) 493
Betz-Riesenzelle 192, 193
– motorischer Kortex 192, 193
Bewegung 535
– vestibuläre 535
Bewegungsapparat 75
– aktiver 75
– passiver 75
Bewegungshemmung 86
– aktive Insuffizienz 86, 87
– Bandhemmung 86
– Kapselhemmung 86, 87
– Knochenhemmung 86
– passive Insuffizienz 86, 87
– Weichteilhemmung 86, 87
Bewegungsunruhe 191
Bewegungsunsicherheit 196
Bewußtseinshelligkeit 196
Bikarbonat 239, 411
Bikarbonatrückresorption 411, 412
Bilirubin 371, 373
Biliverdin 371, 373
Bindegewebe (s. auch Gewebe) 37,
  45, 50, 51
– faseriges 51
– Fettgewebe 50
– lockeres faseriges 51
– retikuläres 50
– straffes faseriges 51
Bindegewebezelle 46
– fixe 46
– freie 46
Bindehaut (Konjunktiva) 528–530,
  534
biologische Uhr 457
Biopsie 12
bipolare Nervenzelle (s. auch Ner-
  venzelle) 67
bipolare Zelle 532
Bläschentransport (s. auch Trans-
  port) 15
Blasendreieck 401, 402
Blasengang 374
Blastomer 37
Blastozyste (Keimblase) 495–497
Blattpapillen (Papillae foliatae) 346
bleicher Kern 192
Blinddarm 361, 366
blinder Fleck 532
Blut 221, 249, 266
– Abwehrvorgänge 221
– Exkretion 221
– Hormonhaushalt 221
– Regulation des inneren Mi-
  lieus 221
– Strömungsgeschwindigkeit 266
– Temperaturregulation 221
– Transportfunktion 221
– Verlust 221
– Zirkulation 249

Blutbestandteile 221, 222, 230
– Blutplasma 221, 230
– Hämatokrit 221
Blutbildung 227
Blutdruck 237, 257, 267–269
– Druckrezeptor 269
– Messung 269
– Parasympathikus 269
– Regulation 267–269
– Sympathikus 269
Blutdruckregulation 267–269
Blutgerinnung (Koagulation) 240–
  243
– extravasal 241
– extrinsic 241
– Faktoren der Blutgerinnung 242
– intravasal 241
– intrinsic 241
– Phase 1 241
– Phase 2 241
– Vorphase 241
Blutgruppe 228, 230
– Häufigkeit 230
Blut-Hirn-Schranke 169
Blutkörperchen 223
Blut-Liquor-Schranke 181
– Schicht 180
Blutmenge 221
Blutplasma (s. auch Blutbestand-
  teile) 221, 230
Blutsenkungsgeschwindigkeit
  (BSG) 227
Blutserum 230
Blutstillung 240
Blutungszeit 241
Blutverlust 240
Blutzuckerkonzentration 456
– Regulation 456
Blutzuckerspiegel 456
Blutzuckerwert 234
Bogenarterie des Fußrückens 275
Bogenfasern (Fibrae arcuatae) 196
Bogengang 546, 552
– adäquater Reiz 552
Bouton 68, 163, 165
Bowman-Kapsel 390, 392, 416
Bradykardie 261
Bradykinin 204
bradytroph 52
Brechkraft des Auges 536
Bries 289
Broca-Zentrum (motorisches Sprach-
  zentrum) 194
Bronchialbaum 321
Bronchioli 321
Bronchus 326
Bronchus principalis dexter 320
Bronchus principalis sinister 320
Brücke (Pons) 184–186
Brunner-Drüsen (s. auch Magen-
  Darm-Trakt) 352, 361
Brustaorta 271, 353
Brustatmung 329
Brustbein 104, 105, 131
– Griff 104
– Körper 104
– Schwertfortsatz 104
Brustdrüse 483, 484, 486

– Anatomie 483
– Bau 483
– männliche 483
– weibliche 484
– Wirkung der Hormone auf die
   Brustdrüse 486
Brustfell 321, 323
Brustkorb 104, 328
Brustkorbmuskulatur 130
Brustmilchgang 285, 379
Brustmuskel 120, 132, 133, 135–
   138
– großer 120, 132, 133, 135–138
– kleiner 135, 136
Brustwarze 483, 484
Brustwirbel 101, 103
Brustwirbelsäule 92
Bruszungenbeinmuskel 126
BSG (s. Blutsenkungsgeschwindig-
   keit)
Bulbus oculi 528
Bulbus olfactorius 178, 313
Bulbus penis 402, 494
Bulbus vestibuli 483
Bursa articularis (Gelenkschleim-
   beutel) 79
Bürstensaum 395
Busen (Sinus mammarum) 483

C

Caecum 361, 366
Calcaneus 92, 110–112
cAMP (s. zyklisches Adenosinmono-
   phosphat)
Canaliculus biliferus 372
Canalis incisivus 101
Canalis inguinalis 133, 490
Canalis opticus 98, 100
Capsula externa 196
Capsula interna 196, 201
Caput tali 111
Carboanhydrase 223, 239, 411, 412
Cartilago arytaenoidea 319
Cartilago cricoidea 316, 318, 320
Cartilago thyreoidea 125, 316, 319,
   320, 323
Carunculae hymenales 482
Cauda equina 170, 171
Cavitas glenoidalis 112
Cavitas nasi 310, 312, 315
Cavitas oris 344
Cavum epidurale 183
Cavum subarachnoidale 182
Cavum tympani 544
CCK-PZ (s. Cholezystokinin-
   Pankreozymin)
CD (s. cluster of differentiation)
Cellulae ethmoidales 315
Centrum anospinale 368
Centrum semiovale 195
Centrum tendineum 400
Cerebellum 186
Cervix uteri 467
Chemotaxis 293
Chiasma opticum 191, 431, 433,
   540, 541

chirurgischer Hals (s. auch Oberarm-
   knochen) 115
Choanen 99, 101
Cholesterin 9, 233, 234, 373
Cholesteringehalt 234
Cholezystokinin-Pankreozymin
   (CCK-PZ) 360, 364, 376
cholinerge Synapse (s. auch Syn-
   apse) 71
chondrale Ossifikation (s. auch
   Ossifikation) 57
Chondroblast 52
Chondrozyt 52
Chorioidea (Aderhaut) 528–530
Chorion 497
Chorionplatte 498, 499
chromaffine Zelle 453
Chromatide 26
Chromatin 23
Chromosom 23, 26
X-Chromosom 23–25
Y-Chromosom 23–25
Chrondroblast 52
Chylomikronen 379
Chylus 364
Cisterna chyli 285
Clavicula 92, 105, 112, 114, 125
Clearance 405, 406
– Definition 405
cluster of differentiation (CD) 295
– CD4 295, 303
– CD8 295, 303
CO_2 239
Cochlea 543
Colliculus inferior 189, 550
Colliculus seminalis 401, 402, 491,
   492
Colliculus superior 189, 540, 541
Collum anatomicum (s. auch
   Humerus) 115
Collum chirurgicum (s. auch
   Humerus) 115
Colon ascendens 366
Colon descendens 367
Colon sigmoideum 361, 367
Colon transversum 366
Columna renalis 387, 388
Comedo 511
Concha nasalis inferior 311, 313
Concha nasalis media 311
Concha nasalis superior 311
Conchae nasales 97, 316
Condylus occipitalis 101
Conjugata vera 106
Conus elasticus 318, 319
Cordae tendineae 253
Cornu anterius 171
Cornu laterale 171
Cornu posterius 171
Corona radiata 496
Corpus adiposum orbitae 528
Corpus albicans 469
Corpus amygdaloideum 192
Corpus callosum 192
Corpus cavernosum 493, 494
Corpus cavernosum clitoridis 483
Corpus cavernosum penis 402
Corpus ciliare 528, 529

Corpus geniculatum laterale 189,
   540, 541
Corpus geniculatum mediale 190,
   550
Corpus luteum 469, 471
Corpus mamillare 433
Corpus pineale 189, 190, 457
Corpus spongiosum 493
Corpus spongiosum penis 402
Corpus striatum 191
Corpus vitreum 531
Corpusculum renis 390
Corti-Organ 546–548
Costa 92
Cowper-Drüse 487, 492, 494
CPK (s. Keratinkinase)
Crista 19, 20
Crista ampullaris 552
Crista iliaca 106, 132
Cruca cerebri 187
Crus helix 544
Crusta 42, 396
Cumulus oophorus 469
Cupula 552
Curvatura major 355
Curvatura minor 355
Cushing-Syndrom 450, 451
Cyclosporin A 302
Cytosin 27

D

Dämmerungssehen (skotopisches
   Sehen) 536
Dammregion (Perineum) 135
Dammuskel 134
– oberflächlicher 134
– tiefer 134
Darmbein 92
Darmbeindorn 106, 107
– oberer 106, 107
– unterer 106
Darmbeinkamm 106, 132
Darmbeinmuskel 146, 147
Darmbeinrippenmuskel 128–130
Darmentleerung 368
Darmlymphe 364
Daumenballen 144, 146
Daumenbeuger 139, 143, 145,
   146
– kurzer 143, 145, 146
– langer 139
Daumengegensteller 146
Daumengrundgelenk 119
Daumenheranzieher 145, 146
Daumenspreizer 139, 143–146
– kurzer 143, 145, 146
– langer 143–145
Daumenstrecker 143–145
– kurzer 139, 143–145
– langer 139, 143–145
Defäkation 368
Defektproteinämie 233
Defloration 480
Degranulation 299
– Mastzelle 299
Dekapsulation 387

Deltamuskel 120, 121, 127, 136–138, 140
Denaturierung 357
Dendrit 65, 162
Dentin 346
Depolarisation 166, 167
Depressor labii inferioris 122
Dermatom (Hautfeld) 175, 176
Descensus testis 489
Desensibilisierung 301
desmale Ossifikation (s. auch Ossifikation) 56
Desmodontium 347, 348
Desmosom 15
Desoxyribonukleinsäure (DNA) 9, 27
Desquamationsphase 477, 479
Detrusormuskel 398, 399, 401
Dezibel (Schalldruckpegel) 548
Dezidua 497, 498
Diabetes 234, 407, 409, 415, 438
– insipidus 409, 438
– mellitus 415
– renaler 234, 407
Diabetiker 234
Diameter transversa (des Beckens) 106
Diaphragma 105, 128, 131, 132, 147
Diaphyse 75
Diarthrose 79
– Einteilung 83
Diastole 256
Dickdarm 344, 366
– Abschnitte 366
Dickdarmmotilität 368
Dickenwachstum (s. auch Knochenwachstum) 78
Dienzephalon 179, 189
Differenzierung 37, 465
– geschlechtliche 465
Differenzierungsgruppe 295
Diffusion 14, 15
– erleichterte 15
– passive 14
Diffusionskapazität 335
dihybride Kreuzung (s. auch Kreuzung) 32
Diktyosom 18
Diktyotän 470
Dioptrie (dpt) 536
diploid 23, 29
Diplopie (Doppelbilder) 535
– Auge 535
Disaccharide 377
Discus 82
Discus intercalaris 64, 252
Discus intervertebralis 104
Dispergierung 373, 379
Disse-Raum 370, 372
distales Handgelenk (s. auch Handgelenk) 119
Diurese 405, 414, 415
– alkoholische 415
– osmotische 415
– Wasserdiurese 409, 415, 417
DNA (s. Desoxyribonukleinsäure)
Döderlein-Stäbchen 481

Donders-Druck 324
Doppelbilder (Diplopie) 535
– Auge 535
Dornfortsatz (s. auch Wirbel) 103, 131
Dornmuskel 128–130
dorsale Muskulatur (s. auch Muskulatur) 126
Douglas-Raum (Excavatio rectouterina) 400, 468, 475, 480
dpt (s. Dioptrie)
Drehschwindel 554
– Innenohr 554
Dreiecksbein 117
Drosselvene 447
Druck 236
– hydrostatischer 237
– kolloidosmotischer 236, 237
– onkotischer 237
– osmotischer 236
Druckdiurese 405
Druckrezeptor 211, 514
Drüse 42, 43, 355
– alveoläre 42
– azinöse 42
– endokrine 42
– exokrine 42
– heterokrine 355
– homokrine 355
– muköse 43
– seröse 42
– tubulöse 42
Drüsenepithel 42
Ductuli efferentes 488
Ductus choledochus 361, 371, 374
Ductus cysticus 371, 374
Ductus deferens 488, 490, 491
Ductus ejaculatorius 401, 487, 491
Ductus hepaticus 370
Ductus hepaticus communis 374
Ductus lactiferus 483, 484
Ductus nasolacrimalis 534
Ductus reuniens 552
Ductus submandibularis 345
Ductus thoracicus 285, 379
Ductus thyroglossus 439
Duftdrüse 511, 513
– Vorkommen 513
Dunkeladaptation 537
Dünndarm 344, 360, 362, 364
– Aufbau 362
– Blutversorgung 362
Dünndarmmotilität 366
Duodenum (Zwölffingerdarm) 355, 360
Dura mater encephali 181, 182
Dyspraxie 196
Dysproteinämie 232

E

Ecchymose 451
Eckzahn 348
Edinger-Westphal-Kern 541
EEG (s. Elektroenzephalogramm)
T-Effektorzelle 291, 295
– natürliche Killerzelle 291

– zytotoxische T-Zelle 291
efferenter Nerv (s. auch Nerv) 67
Efferenz 175
Eichel (Glans penis) 402, 487, 491, 493, 494
Eierstock 466, 468–470
– Funktion 468
– Struktur 468
Eierstockarterie 271
Eigelenk (s. auch Gelenk) 83, 84
Eigenreflex (monosynaptischer Reflex) 197–199
Eihügel 469
Eileiter 467, 472, 473
Einatmung 329
Einfachzucker 377
einschichtiges isoprismatisches Epithel (s. auch Epithel) 41
Einwärtsdreher 139, 142, 143
– runder 139, 142
– viereckiger 139, 142, 143
Eisprung 471
Eiweiß (s. auch Protein) 7
Ejakulat (Samenflüssigkeit) 490–492
EKG (s. Elektrokardiogramm)
EKG-Intervall 262
Ektoderm 39
ektodermes Keimblatt (s. auch Keimblatt) 38
elastische Faser (s. auch Faser) 49
elastischer Knorpel (s. auch Knorpel) 54
Elektroenzephalogramm (EEG) 211, 212
– Wellen 212
– Wellenformen 212
Elektrokardiogramm (EKG) 260–262
– bipolare Ableitung 261
– unipolare Ableitung 261
Elektrolyt 5
Elektrolythaushalt 235, 238, 409
– Bikarbonat 238
– Kalium 238
– Kalzium 238
– Natrium 238
– Phosphat 238
Elektromyogramm (EMG) 213
Elektron 3
Elektronenmikroskop 13
Elektrookulogramm (EOG) 213
Elektrophorese 231
– Immunelektrophorese 231
Element 3
Ellbogen 140
Elle (Ulna) 92, 116
Ellenbogengelenk 119
Ellen-Speichen-Gelenk 119
– oberes 119
Ellenvene 274
Embryoblast 38, 496
Embryonalperiode 498, 501
EMG (s. Elektromyogramm)
Empfindung 527
Emulgierung 373, 379
enchondrale Ossifikation (s. auch Ossifikation) 57

Endarterie 256, 267
Endbronchien 321
Enddarm 366
Endhirn (s. auch Hirnabschnitt)
 179, 183, 190
Endkern 185
Endknöpfchen 68, 165
endogenes Pigment (s. auch
 Pigment) 33
Endokard 252
endokrine Drüse (s. auch
 Drüse) 42
endokrines System 423
Endokrinologie 423
Endolymphe 546, 547, 552
Endometrium 475, 476, 496
– Aufbau 476
– Basalis 476
– Funktionalis 476
– Stratum basale 476
– Stratum functionale 476
Endomysium 60
Endoneurium 67
endoplasmatisches Retikulum 17,
 18
– glattes (SER) 17, 18
– rauhes (RER) 17
Endorphin 433
Endothel (s. auch Plattenepithel)
 39
Endozytose 15
Energiegewinnung 20, 309
– aerober (oxidativer) Abbau 309
– anaerober Abbau 309
– Glukose 309
Engramm 206
– Gedächtnis 206
enterohepatischer Kreislauf 373
Enterozyt 362, 364, 365
Entoderm 39
entodermes Keimblatt (s. auch
 Keimblatt) 38
Entzündungshemmung 448
Enzymaktivierung 429
Enzyminduktion 18
EOG (s. Elektrookulogramm)
Eosinophile 225
Ependymzelle (s. auch Glia) 170
Epidermis 506, 507
Epididymis 490, 491
Epiglottis 311, 316, 318
Epikard 252
Epineurium 67
Epiorchium 489
Epiphyse 190, 457
Epiphysenfuge 57
Epithalamus (s. auch Zwischen-
 hirn) 188, 190
Epithel 41, 42
– einschichtiges isoprismatisches
 41
– hochprismatisches 41
– kubisches 41
– mehrreihiges hochprismatisches
 41
– mehrschichtiges 42
– unverhorntes 42
– verhorntes 42

Epithelgewebe (s. auch Gewebe)
 37, 39
– Oberflächenepithel 39, 40
Epithelkörperchen 444
Epitop 294, 296
Eponychium 511, 512
Erbsenbein 117
Erektion 494
ergotrop 210
erleichterte Diffusion (s. auch
 Diffusion) 15
Erregbarkeit 163
Erregbarkeitsschwelle 163
Erregungsleitung 163, 168, 257
– saltatorische 168
Erregungsleitungssystem 257
Erregungsphase, Geschlechts-
 verkehr 494
Ersatzhaar 510
Erythropoietin 227, 417
Erythrozyt 222, 223, 227, 287
– Alter 287
– Form 223
– Größe 223
– Hämoglobingehalt 227
– Hauptaufgabe 223
essentielle Aminosäure (s. auch
 Aminosäure) 9
EUG (s. Extrauteringravidität)
Excavatio rectouterina (Douglas-
 Raum) 400, 468, 475, 480
Exkretion 44
exogenes Pigment (s. auch Pig-
 ment) 33
exokrine Drüse (s. auch Drüse) 42
Exophthalmus 444
Exozytose 15
Exportprotein (s. auch Protein) 29
Exspiration 329, 337
Extensor (s. auch Muskulatur) 89
extraperitoneal 362
Extrapyramidalmotorik (s. auch
 Motorik) 200, 203
extrapyramidalmotorisches
 System 202
Extrauteringravidität (EUG) 498
Extremitätenmuskulatur 156
– funktionelle Einteilung 156
exzentrische Kontraktion (s. auch
 Kontraktion) 90

F

Facies lunata 107
Fadenpapillen (Papillae filiformes)
 346
Falx cerebri 182
Farbenblindheit 536
– Erbgang 536
Farbensehen 531, 536
Farbschwäche 536
Fascia superficialis abdominis 132
Faser 47, 49
– elastische 49
– kollagene 47
– retikuläre 49
Aδ-Faser 204, 205

C-Faser 204, 205
faseriges Bindegewebe (s. auch
 Bindegewebe) 51
Faserknorpel (s. auch Knorpel) 54
Faserring (s. auch Band-
 scheibe) 103, 104
Faszien 88
Faszikel 67
Felderhaut 505
Felsenbein 97, 100
Femur 92, 108, 109
Fenestra cochlearis 543
Fenestra vestibuli 543
Fenster (Ohr) 545
– ovales 545
– rundes 545
Fernakkommodation 536
Fersenbein 92, 110–112
Fersenbeinhöcker 111, 112
Fertilisation 495
Fetalperiode 498, 501
– Gewichtsentwicklung 501
– Längenwachstum 501
Fett (s. auch Lipid) 7, 51
– braunes 51
– weißes 51
Fettanhängsel 361, 367
Fettgewebe (s. auch Binde-
 gewebe) 50, 387
– retroperitoneales 387
Fettkörper 387
– Niere 387
Fettsäure 376, 377
– gesättigte 376, 377
– ungesättigte 376, 377
Fibrae arcuatae (Bogenfasern) 196
Fibrin 241
Fibrinogen 230
Fibrinolyse 240, 243
fibröse Umlenkung 144, 145
Fibrozyten 46, 51
Fibula 92, 108, 110
Fieber 519, 522
– Interleukin 524
– Prostaglandin 524
– Schema der Entstehung 524
– zyklisches Adenosinmono-
 phosphat (cAMP) 524
Fila olfactoria 98, 313
Fila radicularia 170, 171
Filialgeneration 32
Filtrationsdruck 403, 416
– effektiver 403
Fimbrien 467, 497
Finger 117
Fingerarterie 273
Fingerbeuger 139, 142, 143
– oberflächlicher 139, 142
– tiefer 139, 142, 143
Fingergelenk 119
Fingergrundgelenk 119
Fingerknochen 118
Fingerstrecker 137, 139, 143, 144
– langer 139, 144
firing level 166
Fissura orbitalis inferior 101
fixe Bindegewebezelle (s. auch
 Bindegewebezelle) 46

Flachwarze 485
Flatus 349
Fleischtrabekel 253
Flexor (s. auch Muskulatur) 89
Flimmerepithel 321
– Raucher 321
Flimmerhaare (Zilien) 22
Flocculus 185
Flügelfortsatz 101
Flügelmuskel 123, 125
– äußerer 123, 125
– innerer 123, 125
Flüstersprache (s. auch Sprache) 319
Folgebewegung 535
– glatte 535
Follikel 439
Follikelatresie 471
Follikelreifung 468
Follikelstadium 468
follikelstimulierendes Hormon (FSH) 432, 433, 435
Foramen caecum 439
– Zunge 439
Foramen caroticum externum 99
Foramen incisivum 99
Foramen infraorbitale 96, 97
Foramen interventriculare 182
Foramen jugulare 100
Foramen lacerum 98, 100, 101
Foramen mandibulae 99
Foramen mentale 96, 97
Foramen obturatum 106, 107
Foramen occipitale magnum 99
Foramen ovale 98–101
Foramen rotundum 98, 100
Foramen stylomandibulare 99
Foramen stylomastoideum 101
Foramen supraorbitale 96
Foramen venae cavae 147
Formanten 317
Formatio reticularis 185, 196, 197
Fornix vaginae 400
Fortpflanzung 465
Fossa acetabuli 106, 107
Fossa cranii anterior 100
Fossa hypophysialis 98, 100
Fossa mandibularis 99, 101
Fossa navicularis 402, 493
Fossa rhomboidea 184
Fovea centralis 531, 533
Fovea gastrica 356
Frank-Starling-Herzgesetz 260
freie Bindegewebezelle (s. auch Bindegewebezelle) 46
freie Fettsäure 233
Freiheitsgrade der Bewegung 83
Fremdreflex (polysynaptischer Reflex) 199, 200
Frenulum 350
Frenulum linguae 345
Frontallappen 193
FSH (s. follikelstimulierendes Hormon)
funktionelles Residualvolumen 331
Funktionsprotein (s. auch Protein) 29
Füßchenzelle 393

Fußgewölbe 112
Fußmuskel 153
Fußrückenarterie 275
Fußrückenvene 276
Fußwurmmuskel 155
Fußwurzelknochen 108, 110

G

Galea aponeurotica 122
Galle 368, 373
– Cholesterin 373
– Gallenfarbstoff 373
– Gallensäure 373
– Lezithin 373
– Phospholipid 373
– Speicherung 373
Gallenblase 344, 371, 374
Gallendarmgang 374
Gallenfarbstoff 371, 373
– Bilirubin 371
– Biliverdin 371
Gallengang 370, 371
Gallenkanälchen 372
Gallenkapillare 370, 371
Gallensäure 373
– Dispergierung 373
– Emulgierung 373
– enterohepatischer Kreislauf 373
– Funktion 373
Gallensekretion 373
Gallenwege 371
– Aufbau 371
Gallertkern (s. auch Bandscheibe) 103, 104
Gallestauung (Ikterus) 371
Gameten 29
Ganglien 209, 210
– intramurale 210
– praevertebrale 209
Ganglienzellschicht 186
– Kleinhirn 186
Ganglion cervicale superius 209
Ganglion ciliare 541
Ganglion coeliacum 209
Ganglion mesentericum inferius 209
Ganglion mesentericum superius 209
Ganglion oticum 210
Ganglion pterygopalatinum 210
Ganglion spinale 173
Ganglion submandibulare 210
Gänsehaut 510
gap junction 15
Gasaustausch 335
gasaustauschendes System 321
Gaster (s. auch Magen) 344, 354
Gastrin 355, 358, 359, 364
gastrointestinales Hormon 359, 425
Gaumen 351
– harter 351
– weicher 351
Gaumenbein 101
Gaumenmandel (Tonsilla palatina) 288, 289, 316
Gaumensegel 351

GBM (s. glomeruläre Basalmembran)
Gebärmutter (Uterus) 468, 473, 475
Gebärmuttergrund 475
Gebärmutterhals 467, 475
Gebärmutterkörper 475
Gebärmutterschleimhaut 475, 496
Gebärmutterwand 499
Gebiß 348, 349
– Backenzahn 348
– Eckzahn 348
– endgültiges 348
– Mahlzahn 348, 349
– Milchgebiß 349
– Schneidezahn 348
– Weisheitszahn 349
Gedächtnis 206
– Kurzzeitgedächtnis 206
– Langzeitgedächtnis 206
– sensorisches 206
– Tätigkeitsgedächtnis 206
Gedächtniszelle 292, 296
gedehntes Sarkomer (s. auch Sarkomer) 63
Gefäß 263
– Adventitia 263
– Intima 263
– Media 263
– Wandbau 263
Gefäßart 264
Gefäßpforte 370
Gefäßwandtonus 269
Geflechtknochen (s. auch Knochen) 54
geformte Interzellularsubstanz (s. auch Interzellularsubstanz) 46
Gegensteller des Daumens 145
Gegensteller des Kleinfingers 145
Gegenstromprinzip 411, 413
Gehirn 178, 183
– Entwicklung 178
– Medianschnitt 183
Gehörgang 97, 98, 543
– äußerer 97
Gehörknöchelchen 95, 544, 545
Gehöröffnung 98
– innere 98
Gehörschaden 548
Gekröse (Mesenterium) 361–364
gelber Fleck 533
Gelbkörper (Corpus luteum) 469, 471
Gelbkörperhormon (Progesteron) 426, 471
Gelenk 83, 84, 119
– Eigelenk 83, 84
– einfaches 83
– irreguläres 83
– Kugelgelenk 83, 84
– reguläres 83
– Sattelgelenk 84, 85
– Scharniergelenk 84
– Zapfengelenk 84, 85
– zusammengesetztes 83
Gelenkband 79
Gelenkbestandteile 79
– inkonstante 79

– konstante 79
Gelenklippe 79
Gelenkmuskel 82
Gelenkschleimbeutel 79
Gelenkzusammenhalt 85
– Adhäsion 85
– Bänder 85
– Luftdruck 85
– Muskeln 85
gemeinsame Beckenarterie 275
gemeinsame Beckenvene 272, 276
Gen 25
Genaktivierung 429
Generallamelle 55
Genetik 32
Genmutation (s. auch Mutation) 26
gerader Bauchmuskel 331
Geräusch 548
Gerinnung 242
– Retraktion 242
Gerinnungsfaktor 242
– Blut 242
Gerinnungshemmung 242
Gerinnungsstörung 243, 244
Geruchswahrnehmung 314
– Hormone 314
– Schmerzkomponente 314
geruchswirksame Stoffe 314
– Buttersäure 314
– Knoblauch 314
– Merkaptane 314
Gesamtbrechkraft 536
Gesamtlipide 234
Gesäßmuskel 121, 127, 134, 146–149
– großer 121, 127, 134, 146–149
– kleiner 146–149
– mittlerer 146–149
Geschlechtsakt 480, 494
– Phasen 494
Geschlechtsapparat 465
Geschlechtschromosom (Heterosom) 23, 465
Geschlechtsdrüse 481, 490
– akzessorische 481, 490
Geschlechtsmerkmal 465, 483
– primäres 465
– sekundäres 465
– sekundäres weibliches 483
– tertiäres 465
Geschlechtsorgan 466, 486, 487
– äußeres des Mannes 492
– inneres des Mannes 487
– männliches 486
– primäres weibliches 466
– weibliches 466
Geschlechtsverkehr 494
geschweifter Kern 192
Gesichtsfeld 541, 542
Gesichtsmuskel 118, 120
Gewebe 37, 39, 45, 50, 51
– Bindegewebe 37, 45, 50, 51
– Definition 37
– Epithelgewebe 37, 39
– Fettgewebe 50
– Muskelgewebe 37
– Nervengewebe 37
– Stützgewebe 37, 45

Gewebekultur 12
GFR (s. glomeruläre Filtrationsrate)
Gigantismus 436
Gingiva (Zahnfleisch) 348
Glandula areolaris 483, 484
Glandula bulbourethralis 487, 492
Glandula ceruminalis 543
Glandula duodenalis 361
Glandula gastrica 355, 356
Glandula lacrimalis 534
Glandula lingualis 345
Glandula parathyroidea 444
Glandula parotis 349
Glandula sebacea (Talgdrüse) 506, 510
– Haut 510
Glandula sublingualis 350
Glandula submandibularis 350
Glandula suprarenalis 446
Glandula thyreoidea 125, 316, 439, 441
Glandula urethralis 399, 402
Glans clitoridis 483
Glans penis 402, 487, 491, 493
Glanzstreifen 62, 64, 252
Glaskörper 531
glatte Muskulatur (s. auch Muskulatur) 60
glattes endoplasmatisches Retikulum (s. auch endoplasmatisches Retikulum) 17, 18
Glaukom 530
GLDH (s. Glutamatdehydrogenase)
Gleichgewichtsorgan (Vestibularapparat) 552
Glia 71, 169
– Astrozyt 169, 170
– Ependymzelle 170
– Hüllzelle 169
– Mantelzelle 169
– Mikroglia 169
– Oligodendroglia 169
– periphere 71
– Schwann-Zelle 169
– zentrale 71, 169, 170
Gliazelle 65
Glied (Penis) 491, 492
– Anatomie 492
– Funktion 492
Glisson-Trias 370, 372
Globulin 231
– Blut 231
– α-Globulin 231
– β-Globulin 231
– γ-Globulin 231
γ-Globulin 231
– Antikörper 231
glomeruläre Basalmembran (GBM) 392–394, 400, 401, 403
– elektrische Ladung 403
glomeruläre Filtrationsrate (GFR) 403, 404, 409
Glomerulus 389, 390, 393, 416
Glottis 317
Glukagon 374, 453, 455, 456
– Stoffwechselwirkung 456
Glukokortikoid 433, 448
– pharmakologische Wirkung 448

– Wirkung 448
Glukoneogenese 234
Glukose 377
Glukose im Blut 234
Glutamatdehydrogenase (GLDH) 233
Glutamat-Oxalazetat-Transaminase (GOT) 233
Glutamat-Pyruvat-Transaminase (GPT) 233
Glykogen 32, 377
Golgi-Apparat (Diktyosomen) 18
gonadotropes Hormon 435
GOT (s. Glutamat-Oxalazetat-Transaminase)
GPT (s. Glutamat-Pyruvat-Transaminase)
Graaf-Follikel 469, 471
Granulozyt 222, 225, 290
– basophiler 225
– eosinophiler 225
– neutrophiler 225
graue Substanz (Hirnrinde) 191
Gravidität (s. Schwangerschaft)
Grenzstrang (Truncus sympathicus) 173, 209
Griffelfortsatz 101
Griffelzungenbeinmuskel 123, 125
Grimmdarm 366
große Hautvene der Beininnenseite 276
große Kurvatur 355
großes Netz 361
Großhirnhemisphäre 190–192
Großzehenanzieher 155
Großzehenbeuger 152, 155
– kurzer 155
– langer 152
Großzehenspreizer 155
Großzehenstrecker 152–155
– kurzer 155
– langer 152, 154
Grundumsatz 520
grüner Star (Glaukom) 530
Guanin 27
gutes Fett 234
Gynäkomastie 437
Gyrus postcentralis 194, 195
Gyrus praecentralis 193–195, 201

H

H_2CO_3 239
Haar 509, 511
– Kolbenhaar 511
Haarfarbe 511
Haarfollikel 506, 510, 513
Haarmuskel 506, 510
Haarschaft 510
Haarzelle 547
Haarzwiebel 510, 513
Habenula 190
– Epithalamus 190
Hakenarmmuskel 135, 136, 138
Hakenbein 117
Halbdornmuskel 127–130
Halbmembranmuskel 121, 148–151

Halbsehnenmuskel 121, 148–151
Halbseitenblindheit 541
Halshautmuskel 122, 126
Halsmuskel 126
– langer 126
Halsmuskulatur 123, 126
– ventrale 126
Halswender 330
Halswirbel 101, 103
Halteapparat (s. auch Zahn) 346
Hämatokrit (s. auch Blutbestand-
teile) 221
Hammer (Malleus) 543, 545
Häm-Molekül 224
Hämoglobin 223, 224, 335
– Bindungsfähigkeit 335
– Molekül 225
Hämolyse 227
Hämophilie 244
Hämostase 240
– primäre 240
– sekundäre 240, 241
Hämozyt 223
Handbeuger 139, 142, 143
– radialer 139, 143
– ulnarer 139
Handgelenk 119
– distales 119
– proximales 119
Handmuskulatur 144
Handstrecker 137, 139, 143, 144
– kurzer radialer 137, 139, 143,
144
– langer radialer 137, 139, 143,
144
– ulnarer 139, 143, 144
Handwurmmuskel 143
Handwurzelknochen (Karpalkno-
chen) 92
haploid 23, 29
Harn 411, 417-pH-Wert 411, 417
– Eigenschaften 417
– Konzentration 417
– Sediment 417
– spezifisches Gewicht 417
Harnapparat 385
– Funktionen 398
– Organe 385
Harnblase (Vesica urinaria) 385,
397, 398, 400–402
– Aufbau 398
– Füllung 398
– Muskulatur 398, 468, 487
Harnfluß 399
– Werte 399
Harnleiter (Ureter) 385, 397, 398,
487
– Aufbau 397
– Bauchteil 397
– Beckenteil 397
– Engpässe 397, 398
– Schleimhaut 397
Harnröhre (Urethra) 399, 400, 492
– Katheterisierung 400
– männliche 399, 400
– Pars intramuralis 399
– Pars membranacea 399
– Pars prostatica 399, 492

– Pars spongiosa 399
– weibliche 399
Harnröhrenschwellkörper 402, 493
Harnsamenröhre 487, 491–493
Harnsäure 235
Harnstoff 235
harter Gaumen 313
Hassal-Körperchen 289, 290
Hauptbronchus 321
Haupthistokompatibilitäts-
komplex 295
Hauptsprachbereich 549
Hauptzelle 355, 356
Haustren 367
Haut 505, 507
– Altersveränderung 509
– Anhangsorgane 505
– behaarte 505
– Funktion 505
– Größe 505
– Pigmentzelle 507
– unbehaarte 505
Hauthangsgebilde 509
Hautdrüse 511
– apokrine Duftdrüse 511, 513
– holokrine Talgdrüse 511
– merokrine Schweißdrüse 511
Hautfeld (Dermatom) 175, 176
Hautrezeptoren 514
Hautvene (s. auch Vene) 265
Havers-Kanal 55, 56
HBDH (s. Hydroxybutyratde-
hydrogenase)
HCO_3^- 239
HDL (s. high density lipoprotein)
Heber der Oberlippe 122, 124
Heber des Schulterblatts 125, 127,
128
Helferzelle 298
T-Helferzelle 291, 303
Helikotrema 545, 547
Helladaptation 537
Hemeralopie (Nachtblindheit) 537
Hemianopsie 437, 541
– bitemporale 437, 541
– homonyme 541
Hemisphäre 195
– Gehirn 195
Henle-Schleife 413
– Nierentubulus 413
Hepar 344
Heparin 243
Hepatozyt 370
Hering-Breuer-Reflex 196, 337
Hermaphroditismus 466
Herz 249, 259
– Form 249
– Größe 249
– Lage 249, 250
– linkes 249
– Pumpleistung 259
– rechtes 249
– Septum 249
Herzbeutel 252
– Epikard 252
– Perikard 252
Herzbucht 311, 325
Herzgeräusch 259

Herzinfarkt 233
Herzinnenraum 252
Herzkammer 251, 253
– linke 251
– rechte 251
Herzkranzarterie 254, 255
Herzkranzfurche 255
Herz-Kreislauf-System 249
Herzmechanik 256
Herzminutenvolumen (HMV) 259,
403
Herzmuskel 255
– Blutversorgung 255
Herzmuskulatur 61
Herznerv 259
– Parasympathikus 259
– Sympathikus 259
Herzrohr 251, 255
Herzscheidewand 249
Herzskelett 254
Herzton 259
Herzvene 254
Herzwand 250
– Aufbau 250
Heschl-Querwindung 194, 550
Heterophagie 21
Heterosom (Geschlechtschromosom)
23, 465
heterozygot 32
HHL (s. Hypophysenhinterlappen)
high density lipoprotein (HDL) 233
Hilfsapparat der Augen 534
hintere Schienbeinarterie 271, 275
hintere Schienbeinvene 276
Hinterhauptbein 96–99
Hinterhauptloch 99
Hinterhirn (s. auch Hirnabschnitt)
179, 183, 185
Hirnabschnitt 179, 183
– Endhirn (Telenzephalon) 179,
183, 190
– Hinterhirn (Metenzephalon) 179,
183, 185
– Mittelhirn (Mesenzephalon) 179,
183
– Nachhirn (Medulla oblongata)
179, 183
– Zwischenhirn (Dienzephalon)
179, 183
Hirnanhangdrüse 311, 431
Hirnhaut 181–183
– harte (Dura mater) 181, 182
– weiche (Pia mater) 181, 182
Hirnlappen 193
Hirnmark (weiße Substanz) 195
Hirnnerven 175, 177
Hirnrinde (Kortex) 191
Hirnschenkel 187
Hirnsichel 182
Hirnstamm 197
Hirnventrikel 179, 431
Hirsutismus 452
His-Bündel 257
Histamin 204, 516
Histologie 11
– Methoden 11
Hitzekollaps 524
Hitzschlag 524

HIV 303
HLA (s. humane Leukozyten-
Antigene)
HLA-System 301
HMV (s. Herzminutenvolumen)
hochprismatisches Epithel (s. auch
Epithel) 41
Hoden 487–489
– Abstieg 489
– Anatomie 487
– Bau und Funktion 488
Hodenarterie 271
Hodenheber 491
Hodenhochstand 489
Hodenkanälchen 488
Hodennetz 488
Hodensack (Skrotum) 487, 491,
492
Hohlhandmuskel 139, 142, 146
– kurzer 146
– langer 139, 142
Hohlvene 271, 272
– obere 271, 272
– untere 271, 272
Hohlwarze 485
holokrine Sekretion (s. auch
Sekretion) 44
Homöostase 6, 211
homozygot 32
Hörbahn 190, 549–551
– Schema 551
Hörbahnschaden 551
Hörempfindung 548
Hören 551
– räumliches 551
Horizontalbeschleunigung 553
– Wirkung auf Vestibular-
organe 553
Horizontalzelle 531, 532
Hormon 359, 423, 425, 427–429
– Aminosäurederivat 425
– Definition 423
– effektorisches 425, 427
– Einteilung 423
– Einteilung nach dem
Entstehungsort 425
– gastrointestinales 359
– Gewebshormon 425
– glandotropes 425, 427
– glanduläres 427
– gonadotropes 435
– medizinische Bedeutung 429
– Peptidhormon 425
– permissive Hormonwirkung 429
– permissive Wirkung 429
– Proteohormon 425
– Regulationsmechanismen 425
– Rezeptor 429
– Steroidhormon 425, 426
– Wirkungsmechanismen 428
– Zielorgan 429
Hormoninaktivierung 428
Hormonwirkung 429, 430
– permissive 429
Hörnerv 543
Hornhaut 528, 530
Hornhautendothel 529
Hornhautrand 534

Hornhautwulst 529
Hörorgan 547
Hörrinde 550
– primäre 550
Hörschwelle 548
Hörstörungen 551
Hortega-Zelle 169
– Mikroglia 169
Hörvorgang 549
Hüftbein 107
Hüftgelenk 81, 106–108, 119
Hüftlendenmuskel 146, 147
Hüftlochmuskel 146, 149
– äußerer 146, 149
– innerer 146, 149
Hüftmuskel 147
– dorsaler 147
– ventraler 147
Hüftmuskulatur 146
Hüllzelle (s. auch Glia) 169
humane Leukozyten-Antigene
(HLA) 295, 301
Humerus 92, 112, 115
– Collum anatomicum 115
– Collum chirurgicum 115
Hustenreflex 320
HVL (s. Hypophysenvorder-
lappen)
hyaliner Knorpel (s. auch Knorpel)
53
Hyaluronidase 488
hydrostatischer Druck (s. auch
Druck) 237
Hydroxybutyratdehydrogenase
(HBDH) 233
Hydroxylapatit 54
Hydrozoele 489
Hymen (Jungfernhäutchen) 480,
482
Hyperglykämie 456, 457
Hyperkalzämie 446
Hyperkinese 191
Hypermastie 485
Hypermenorrhö 479
Hypermetropie 538, 539
Hyperparathyroidismus 446
Hyperphosphatämie 446
Hyperpolarisation 166
Hyperthelie 485
Hyperthermie 523
Hyperthyreose 444
Hypertonie 267
Hypoglykämie 234, 455, 457
hypoglykämischer Schock 457
Hypokalzämie 446
Hypokinese 192
Hypoparathyroidismus 446
Hypophosphatämie 446
Hypophyse 311, 427, 431, 433
– Zwischenlappen 431
Hypophysengrube 100
Hypophysenhinterlappen (HHL)
431, 436
– Hormone 436
Hypophysenvorderlappen (HVL)
431, 432, 435
– Hormone 432
Hypoproteinämie 233

Hypothalamus (s. auch Zwischen-
hirn) 188, 190, 191, 428, 431
Hypothalamus-Hypophysen-
System 431
Hypothenar 146
Hypothermie 523, 524
Hypothyreose 443
Hypotonie 267

I

ICSH (s. interstitial cells stimulating
hormone)
Ig (s. Immunglobulin)
Ikterus 371
IL (s. Interleukin)
Ileum (Krummdarm) 360, 361
Iliofemoralband 81
immun 283
Immunglobulin (Ig) 296
– IgA 296
– IgD 296
– IgE 296
– IgG 296
– IgM 296
Immunisierung 302
– aktive 302
– passive 302
Immunität 302
Immunkomplexreaktion 299, 300
Immunogen 294
Immunologie 283
Immunsuppression 303
Immuntoleranz 302
Implantation 495, 497
Implantationsorte 497
Incisura cardiaca 311, 325
Incisura intertragica 544
Incisura supraorbitalis 97
Incus 543, 545
Indifferenzstadium 465
Infraschall 548
Infundibulum 472–474
inguinaler Lymphknoten (s. auch
Lymphknoten) 285
inkonstante Gelenkbestandteile (s.
auch Gelenkbestandteile) 79
Innenohr 545, 546
innere Augenhaut 528
innere Beckenarterie 271, 275
innere Beckenvene 272
innere Brustarterie 273
innere Drosselvene 272
innere Jochvene 274
innere Zwischenrippenmuskeln 331
innerer schräger Bauchmuskel 331
Innervation 173
– periphere 173
Inselorgan 453
Inspiration 328, 337
Insuffizienz 86, 87
– aktive 86, 87
– passive 86, 87
Insula 194
Insulin 374, 453, 455, 456
– Hauptaufgabe 456
– Stoffwechselwirkung 455

Insulinmangel 457
Interferon 293
Interkostalnerv 173
Interleukin (IL) 291, 295
Intermediärtubulus 395
interneurale Synapse (s. auch
  Synapse) 71
Intersexualität 466
interstitial cells stimulating hormone
  (ICSH) 435, 489
interstitielles Wachstum (s. auch
  Wachstum) 52
Interventrikulararterie 255
Interventrikularseptum 253
intervillöser Blutraum 498,
  499
Interzellularsubstanz 46
– geformte 46
– ungeformte 46
Intestinum crassum 344
Intestinum tenue 344
intraperitoneal 362
intrinsic factor 357
Intumescentia cervicalis 170
Intumescentia lumbalis 170
Inulin 403, 406
Ion 4
Iris 528, 529
Ischämie 479
Ischämiephase 477, 479
ischiokrurale Muskelgruppe 88,
  148, 149
isometrische Kontraktion (s. auch
  Kontraktion) 89, 90
Isophone 549
Isotherme 520
isotonische Kontraktion (s. auch
  Kontraktion) 89
Isotop 4
Isthmus 472

J

Jejunum (Leerdarm) 361
Jochbein 97, 98, 123
Jochbeinmuskel 122, 124
– großer 122, 124
– kleiner 122, 124
Jochbogen 97
Jochöffnung 100
Jod 441
Jodidpumpe 441
Jodmangel 443
Jungfernhäutchen (Hymen) 480,
  482
juxtaglomerulärer Apparat 395,
  415
– Komponenten 415

K

Kahnbein 110–112, 117
Kallus 57, 59
Kältezittern 520, 523
Kalzitonin 444, 445
Kammerwasser 529, 530

Kammerwinkel (Angulus
  iridocornealis) 529
Kammuskel 150, 151
Kanalprotein 167
Kapazitation 495
Kapillare 265
Kaposi-Sarkom 303
Kapselhemmung (s. auch
  Bewegungshemmung) 86, 87
Kapselraum 394
Kapuzenmuskel 120, 121, 127–
  129, 135, 137
Kardialdrüse 355
Karotiskörperchen 338
Karotisloch 99, 101
Karpalknochen 92
Karyoplasma 23
Kasein 486
Katabolismus 2
Katecholamin 453
Kation 5
Kaumuskel 122, 125
Kaumuskulatur 123, 125
Kauvorgang 349
Kehlkopf (Larynx) 316, 318
Kehlkopfdeckel 311, 316, 318
Kehlkopfskelett 317
Keilbein 97, 98, 111, 112
– inneres 112
– mittleres 112
Keilbeinhöhle (Sinus
  sphenoidalis) 311, 313, 316
Keimblase (Blastozyste) 495
Keimblatt 37, 38, 495
– Ektoderm 38
– Entoderm 38
– Mesoderm 38
Keimzelle 468, 469
Keith-Flack-Knoten 258
Keratin 509
Keratohyalingranula 508
Kerckring-Falten 362, 364
Kern 187
– roter 187
– schwarzer 187
Kerngebiet 184, 432
– Nucleus dorsomedialis 432
– Nucleus infundibularis 432
– Nucleus ventromedialis 432
Kernkörperchen (Nukleolus) 23, 25
Kerntemperatur 519, 520
Ketokörper 456
Kiefergelenk 97, 99, 101, 123
Kieferhöhle 315
Kiefermuskel 123, 125
– zweibäuchiger 123, 125
Kieferzungenbeinmuskel 123, 125
Kiesselbach-Fleck 311
Kinderkrankheit 302
Kinetose 554
Kinetosom 22
Kinnmuskel 122, 124
Kinnzungenbeinmuskel 123
Kinozilie 21, 22
Kitzler (Klitoris) 467
Kitzlerschwellkörper 467, 468, 483
Klang 548
Klappenapparat 254

kleine Hautvene des Unter-
  schenkels 276
kleine Kurvatur 355
kleiner Brustmuskel 330
Kleinfingerballen 146
Kleinfingerbeuger 145
Kleinfingergegensteller 146
Kleinfingerspreizer 143, 145, 146
Kleinfingerstrecker 139, 143, 144
Kleinhirn (Cerebellum) 185, 186,
  188
– Afferenz 188
– Nuclei globosi 185
– Nucleus dentatus 185, 186
– Nucleus emboliformis 185
– Nucleus fastigii 185
– Wurm 186
Kleinhirnflocke 185
Kleinhirnmandel 185
Kleinhirnrinde 186, 187
– Ganglienzellschicht 186
– Körnerzellschicht 186
– Molekularschicht 186
Kleinhirnschenkel 189
Kleinhirnwurm 185
Kleinzehenabspreizer 155
Kleinzehenbeuger 155
Kletterfaser 186, 188
Klimakterium (Wechseljahre) 471,
  479
Klinefelter-Syndrom 465
Klitoris 467, 468, 480, 483
Klitorisschwellkörper 467, 468,
  483
Kniegelenk 119
Kniehöcker 189, 190, 540, 541,
  550
– lateraler 540, 541
– medialer 550
Kniekehlenarterie 271, 275
Kniekehlenvene 276
Kniescheibe 108, 109
– M. quadriceps femoris 108
Knöchel 108, 154
– äußerer 108, 154
– innerer 108, 154
Knochen 54, 57 54
– der Mittelhand 117
– Geflechtknochen 54
– Knochenart 54
– Lamellenknochen 55
Knochenbälkchen (Spongiosa) 55,
  76
Knochenbestandteile 54
– Gelenkende 75
– plattenförmige 75
– Regeneration 57
– röhrenförmige 75
– Schaft 75
– Umbau 57
– würfelförmige 75
Knochenbruch 58
Knochenentwicklung 56
Knochenhaut (Periost) 55
Knochenhemmung (s. auch
  Bewegungshemmung) 86
Knochenmark 222
Knochenwachstum 78

- Dickenwachstum 78
- Längenwachstum 57, 78
Knorpel 53
- elastischer 54
- Faserknorpel 54
- hyaliner 53
Knorpelgewebe 51
Knorpelhaut (Perichondrium) 52
AV-Knoten 257, 258
SA-Knoten, Herz 258
Koagulation (Blutgerinnung) 240–243
Koagulopathie (Gerinnungsstörung) 243
Kohabitation 494
Kohlenhydrate 6, 377, 379
Koitus 480
Kolbenhaar 510
Kollagen Typ III (s. auch Faser) 49
kollagene Faser (s. auch Faser) 47
Kollateralkreislauf 267
Kollodiaphysenwinkel 108
Kolloid 441
kolloidosmotischer Druck (s. auch Druck) 236, 237
Kolon 366
Kolostrum (Vormilch) 486
Kommissurfaser 195
Kompakta 55
Komplement 297
Komplementsystem 293
- Abwehrreaktion 293
- alternative Kaskade 293
- klassische Kaskade 293
Königsvene 274
Koniotomie 317
Konjunktiva (Bindehaut) 528–530, 534
konstante Gelenkbestandteile (s. auch Gelenkbestandteile) 79
Kontaktallergie 302
kontrahiertes Sarkomer (s. auch Sarkomer) 63
Kontraktion 89, 257
- exzentrische 90
- isometrische 89, 90
- isotonische 89
Konvektion 521
Konvergenzbewegung 535
Konvertierungsenzym 450
Kopf-Arm-Vene 272
Kopfgelenk 99, 101, 104
Kopfkappe (Akrosom) 488, 489
Kopfmuskel 125, 126
- langer 125, 126
- vorderer gerader 126
Kopfwender 97, 120–122, 125–127
Korium 506, 508
Kornea 528, 530
koronapenetrierendes Enzym 488
Körperebene 95
Körperhaar 510
Körperkreislauf 261
Körpertemperatur 522
- Regulation 522
- Soll-Wert 522
Kortex (Rinde, graue Substanz) 184, 191

Kortexschicht 192
- Großhirnhemisphäre 192
Kortikosteron 448
Kortisol 448
- Regulation 449
Kotyledo 499
Krafteinwirkungslinie 76
Krampfadern (Varizen) 277
Kreatinin 235
Kreatinkinase (CPK) 233
Kreislauf 250
- großer 250
- kleiner 250
Kreislaufkollaps 524
Kreislaufsystem 249
Kreislaufzentrum 196
Kretinismus 443
- endemischer 443
- sporadischer 443
Kreuzbein 92, 101, 102
Kreuzung 32
- dihybride 32
- monohybride 32
- trihybride 32
Kronennaht 97
Kropf (Struma) 443, 444
Krummdarm (Ileum) 360, 361
Kryptorchismus 489
kubisches Epithel (s. auch Epithel) 41
Kugelgelenk (s. auch Gelenk) 83, 84
Kupffer-Sternzelle 370
Kurzsichtigkeit (Myopie) 538
Kyphose 102

L

Labia pudendi 481
Labium majus 480
Labium minus 480
Labium superius 345
Labrum articulare 79
Labrum glenoidale 112
Labyrinth 395, 546
- basales 395
- häutiges 546
- knöchernes 546
Lachmuskel 122, 124
Lacis-Zellen 392, 416
Lactobacillus vaginalis 481
Lagebegriffe am Körper 93, 94
Laktalbumin 486
Laktatdehydrogenase (LDH) 233
Laktoglobulin 486
Lambdanaht 99
Lamellenknochen (s. auch Knochen) 55
Lamina cribrosa 98, 100
Lamina quadrigemini 184
Längenwachstum (s. auch Knochenwachstum) 57, 78
Langerhans-Insel 453
längster Muskel (s. auch Muskel) 130
Lanugohaar 510
Lappenbronchien 321

Larynx (Kehlkopf) 316, 318
lateraler Kniehöcker 540, 541
lateraler Unterschenkelmuskel (s. auch Unterschenkelmuskel) 153
Lautstärkepegel (Phon) 548
LDH (s. Laktatdehydrogenase)
LDL (s. low density lipoprotein)
Leben 2
- Definition 2
Leber 344, 368–370
- Aufgaben 368
- Blutversorgung 370
- Histologie 370
- Lappen 368, 369
- Makroskopie 368
- nackte Zone 369, 370
- Sichelband 369
Lebergang 374
Leberkapillare 372
Leberläppchen 370
Leberpforte 369
Lebersinusoide 370
Lebervene 272
Leberzelle 370
Lederhaut (Korium) 506, 508, 529
- Stratum papillare 508, 509
- Stratum reticulare 508
Leerdarm (Jejunum) 361
Leistenband (Lig. inguinale) 133
Leistenhaut 505
Leistenkanal 133, 490
Leitungsgeschwindigkeit 168
- myelinisierte Faser 168
- nichtmyelinisierte Faser 168
Lendenmuskel 128, 133, 146, 147
- großer 146, 147
- viereckiger 128, 147
Lendenwirbel 101, 103
Lendenwirbelsäule 92
Leptomeninx 181
Letalmutation (s. auch Mutation) 25
Leukozyten 224
Leydig-Zwischenzelle 489
- Testosteron 489
Lezithin 373
LH (s. luteinisierendes Hormon)
Liberin 190, 425, 427
Lichtreaktion 540
- konsensuelle 540
Lid 534
Lidringmuskel 122, 124
Lidschlußreflex 200
Lieberkühn-Drüse 364
Lieberkühn-Krypte 364
Lien 286
Ligamentum anulare 320
Ligamentum articulare 79
Ligamentum falciforme 369
Ligamentum iliofemorale 80, 81
Ligamentum inguinale 133
Ligamentum latum 466, 474
Ligamentum ovarii proprium 467
Ligamentum pulmonale 324
Ligamentum suspensorium mammae 483
Ligamentum suspensorium ovarii 467

Ligamentum teres uteri 475
Ligamentum vocale 317, 319
limbisches System 205
– emotionelle Reaktion 205
– Kontrolle biologischer Rhythmen 205
– Sexualverhalten 205
– Verhalten bei Nahrungsaufnahme 205
AV-Rhythmus 257
Limbus corneae 534
Linea aspera 109
Linea terminalis 106
Linearbeschleunigung 553
linker Hauptbronchus 320
Linse 528, 530, 531
Linsenfaser 531
Lipiddoppelschicht 14
Lipide 7, 32, 233, 376, 377
– Blut 233
Liquor 179–181, 468
– folliculi 468
Liquor cerebrospinalis 180
Lobuli hepatis 370
Lobus auricularis 544
Lobus pyramidalis 439
lockeres faseriges Bindegewebe (s. auch Bindegewebe) 51
Lordose 102
Lösung 238
– hyperton 238
– hypoton 238
– isoton 238
– physiologische 238
low density lipoprotein (LDL) 233
Lubrikation 481
Luft 334
Luftdruck 335
luftleitendes System 321
Luftröhre (Trachea) 311, 316, 320
Lumbalpunktion 181
Lumbalwirbel 101
Lumbalwirbelsäule 92
Lunge 321–323
– Flächen 322
– Lappen 323
Lungenarterie 326
Lungenbläschen 325, 327
Lungenfell 324
Lungenflügel 321, 322
Lungenfunktionsprüfung 333
Lungenhilum 324, 325
Lungenkapazität 330
Lungenkreislauf (kleiner Kreislauf) 261
Lungenlappen 322
Lungenspitze 311, 324
Lungenvene 326
Lungenvolumina 330, 332
Lunula 511, 512
luteinisierendes Hormon (LH) 432, 433, 435, 489
Lymphe 284
Lymphfollikel 286
Lymphfollikelaggregat 365
Lymphgefäßsystem 284
Lymphknoten 284–286
– axillärer 285

– Hauptaufgabe 286
– inguinaler 285
Lymphokin 295
Lymphozyt 222, 226, 291
B-Lymphozyt 291, 292, 295
– Eigenschaften 292
– Vorkommen 292
T-Lymphozyt 291, 292, 295, 297
– Eigenschaft 292
– Vorkommen 292
Lysosom 20
Lysozym 293
Lytikum 540

M

M. abductor digiti minimi 143, 145, 146, 155
M. abductor hallucis 155
M. abductor pollicis brevis 143, 145, 146
M. abductor pollicis longus 139, 143–145
M. adductor brevis 150, 151, 157
M. adductor hallucis brevis 155
M. adductor longus 150, 151, 157
M. adductor magnus 121, 150, 151, 157
M. adductor pollicis 145, 146
M. arrector pili 506, 510, 511, 513
M. auricularis anterior 122, 124
M. auricularis posterior 122, 124
M. auricularis superior 124
M. biceps brachii 120, 137, 138, 139, 156
M. biceps femoris 121, 148–151, 157
M. brachialis 137–139, 141, 143, 156
M. brachioradialis 120, 137, 139, 143, 156
M. buccinator 122–124
M. bulbospongiosus 134, 135
M. carpi radialis brevis 143, 144
M. carpi radialis longus 143, 144
M. ciliaris 528–530
M. coracobrachialis 135, 136, 138, 156
M. corrugator supercilii 122–124
M. cremaster 490, 491
M. deltoideus 120, 121, 127, 136, 137, 140, 156
M. depressor anguli oris 122–124
M. depressor labii inferioris 124
M. detrusor 398, 399, 401
M. digastricus 123, 125
M. dilatator pupillae 528, 529
M. epicranius 124
M. epicranius venter frontalis 122
M. extensor carpi radialis brevis 137, 139
M. extensor carpi radialis longus 137, 139
M. extensor carpi ulnaris 139, 143, 144
M. extensor digiti minimi 139, 143

M. extensor digitorum 137, 139, 143, 144
M. extensor digitorum brevis 155
M. extensor digitorum longus 152, 154, 157
M. extensor hallucis brevis 155
M. extensor hallucis longus 152, 154, 157
M. extensor indicis 139, 145
M. extensor pollicis brevis 139, 143, 144, 145
M. extensor pollicis longus 139, 143, 144, 145
M. flexor carpi radialis 139, 142, 143
M. flexor carpi ulnaris 139, 142
M. flexor digiti minimi 145, 155
M. flexor digitorum brevis 155, 158
M. flexor digitorum longus 152, 157
M. flexor digitorum profundus 139, 142, 143
M. flexor digitorum superficialis 139, 142
M. flexor hallucis brevis 155
M. flexor hallucis longus 143, 152, 157
M. flexor pollicis brevis 143, 145, 146
M. flexor pollicis longus 139
M. gastrocnemius 120, 121, 148, 149, 152–154, 157
M. geniohyoideus 123
M. glutaeus maximus 121, 127, 134, 146, 148, 149, 157
M. glutaeus medius 146, 149, 156, 157
M. glutaeus minimus 146, 149, 156, 157
M. gracilis 121, 150, 152, 157
M. iliacus 146, 147
M. iliocostalis 129, 130
M. iliocostalis cervicis 128
M. iliocostalis lumborum 128
M. iliopsoas 146, 147, 157
M. infraspinatus 121, 137, 140, 141, 156
M. ischiocavernosus 134, 135
M. latissimus dorsi 121, 127, 129, 132, 133, 135, 137, 138, 140, 156
M. levator ani 134, 135
M. levator labii superioris 122, 124
M. levator palpebrae 534
M. levator scapulae 125, 127–129, 135, 136, 140, 156
M. longissimus 129, 130
M. longissimus capitis 128
M. longissimus cervicis 128
M. longissimus thoracis 128
M. longitudinalis linguae 345
M. longus capitis 125, 126
M. longus colli 126
M. masseter 122, 125
M. mentalis 122, 124
M. multifidus 129, 130
M. multifidus lumborum 128
M. mylohyoideus 123, 125

M. nasalis 122, 124
M. obliquus capitis inferior 129, 130
M. obliquus capitis superior 129, 130
M. obliquus externus abdominis 120, 121, 127, 132, 133, 331
M. obliquus inferior 534
M. obliquus internus abdominis 133, 331
M. obliquus superior 534
M. obliquus transversus abdominis 133
M. obturatorius externus 146, 149
M. obturatorius internus 146, 149, 156, 157
M. occipitofrontalis 124
M. omohyoideus 125, 126
M. opponens digiti minimi 145, 146
M. opponens pollicis 145, 146
M. orbicularis oculi 122, 124, 534
M. orbicularis oris 122–124
M. palmaris brevis 146
M. palmaris longus 139, 142
M. pectineus 150, 151, 157
M. pectoralis major 120, 132, 133, 135, 137, 138156, 484
M. pectoralis minor 135, 156, 330
M. peronaeus brevis 152, 157
M. peronaeus longus 152–154, 157
M. piriformis 146, 149, 156, 157
M. plantaris 152, 153
M. procerus 122, 124
M. pronator quadratus 139, 142, 143, 156
M. pronator teres 139, 156
M. psoas major 146, 147
M. psoas minor 147
M. pterygoideus lateralis 123, 125
M. pterygoideus medialis 123, 125
M. pyramidalis 133
M. quadratus femoris 146, 157
M. quadratus lumborum 128, 133, 147
M. quadratus plantae 158
M. quadriceps femoris 150, 157
M. rectus abdominis 120, 133, 331
M. rectus capitis anterior 126
M. rectus capitis posterior major 129, 130
M. rectus capitis posterior minor 129, 130
M. rectus femoris 120, 150, 157
M. rectus inferior 534
M. rectus lateralis 534
M. rectus medialis 534
M. rectus superior 534
M. rhomboideus major 129, 140
M. rhomboideus minor 129, 140
M. risorius 122, 124
M. sartorius 120, 148, 150, 157
M. scalenus anterior 126
M. scalenus medius 126
M. scalenus posterior 126
M. semimembranosus 121, 148–151, 157

M. semispinalis 129, 130
M. semispinalis capitis 127, 128
M. semispinalis thoracis 128
M. semitendinosus 121, 148–151, 157
M. serratus anterior 120, 130, 132, 133, 135, 137, 156
M. soleus 120, 121, 152–154, 157
M. sphincter ani externus 134, 135, 367, 400, 468
M. sphincter ani internus 368
M. sphincter pupillae 528, 529, 541
M. sphincter urethrae 399
M. sphincter vesicae 399
M. spinalis 129, 130
M. splenius 128–130
M. splenius capitis 121
M. splenius cervicis 127
M. stapedius 546
M. sternocleidomastoideus 97, 120–122, 125–127, 137, 330
M. sternohyoideus 126
M. stylohyoideus 123, 125
M. subclavius 135, 156
M. subscapularis 137, 138, 141
M. supinator 139, 143, 145, 156
M. supraspinatus 137, 140, 142, 156
M. tarsalis 534
M. temporalis 97, 122, 125
M. temporoparietalis 122, 124
M. tensor fasciae latae 120, 146, 148, 156, 157
M. tensor tympani 546
M. teres major 121, 127, 138, 140, 156
M. teres minor 140
M. thyreohyoideus 126
M. tibialis anterior 152, 154, 157
M. tibialis posterior 152, 157
M. trachealis 321
M. transversalis linguae 345
M. transversus perinei profundus 134, 135, 400, 402, 475
M. transversus perinei superficialis 134
M. trapezius 120, 121, 127–129, 135, 137, 156
M. triceps brachii 121, 137–139, 144, 156
M. triceps brachii caput longum 140
M. vastus intermedius 150, 157
M. vastus lateralis 120, 148–150, 157
M. vastus medialis 120, 150, 157
M. verticalis linguae 345
M. vocalis 317
M. zygomaticus major 122, 124
M. zygomaticus minor 122, 124
Macula densa 392, 415, 416
Macula lutea 533
Macula sacculi 552
Macula utriculi 552
Magen 344, 354
– Abschnitte 354
– Anatomie 354

– Mesenterie 354
– Histologie 354
Magen-Darm-Trakt 351, 352, 361
– Bauplan 351
– Brunner-Drüsen 352, 361
– Mukosa 352
– Schichten 352
– Submukosa 352
Magendrüse 355, 356
– Öffnung 356
Magenentleerung 354
Magenkörper 355
Magenkuppel 355
Magenmotilität 359
Magenpförtner 355
Magensaftsekretion 357
– gastrische Phase 358
– intestinale Phase 358, 359
– kephale Phase 358
– Muzinbildung 357
– N. vagus 359
– Parasympathikus 358
– Pepsinogensekretion 357
– Regulation 357
– Salzsäuresekretion 357
Magenschleim 357
Mahlzahn 349
major histocompatibility complex (MHC) 295
– MHCI 295
– MHCII 295
Majorreaktion 230
– Bluttransfusion 229
Makrophage 290, 295
Makrosmatiker 314
Malleolengabel 108, 111
Malleolus lateralis 108, 110, 154
Malleolus medialis 112, 154
Malleus 543, 545
Mamma (Brustdrüse) 483
Mamma lactans 485
Mamma non lactans 483, 486
Mandelkern 192
Mandeln (Tonsillen) 288
– Lymphfollikel 288
Mandibula 92, 96, 98, 99
Mantelzelle (s. auch Glia) 169
Mantoux-Probe 302
markhaltige Nervenfaser (s. auch Nervenfaser) 66
marklose Nervenfaser (s. auch Nervenfaser) 66
Markpapille 388, 396
Markpyramide 387, 388
Markstrahlen 388
Mastdarm 344, 366
Materie 3
– Baueinheiten 3
Maxilla 96, 98, 101
MCG (s. membrane coating granules)
MCH (s. mittleres korpuskuläres Hämoglobin)
Meatus acusticus 98
Meatus acusticus externus 543
Mechanorezeptor 514
Mediastinum 249
Mediastinum testis 488

Medulla oblongata 184
mehrreihiges hochprismatisches
  Epithel (s. auch Epithel) 41
mehrschichtiges Epithel (s. auch
  Epithel) 42
Meibom-Drüse 534
Meiose 29, 469, 471
Meissner-Körperchen 514
Meissner-Nervenplexus 352
Melanozyt 507, 508
melanozytenstimulierendes Hormon
  (MSH) 433, 436
Melatonin 457
– Wirkung 457
Membran 235, 409
– semipermeable 235, 409
Membrana basilaris 547
Membrana interossea 78
Membrana tectoria 548
Membrana thyrohyoidea 318
Membrana tympanica 543, 544
membrane coating granules
  (MCG) 507
Membranpotential 15, 257
Membrantransport 14
Membranwand 321
Menarche 471, 479
Meningen 183
Meniscus articularis 79
Meniskus 79, 81
Menopause 479
Menstruationsschmerz 479
Menstruationszyklus 477
– Desquamationsphase 477
– Ischämiephase 477
– Proliferationsphase 477
– Sekretionsphase 477
Merkel-Zelle 514
merokrine Sekretion (s. auch
  Sekretion) 44, 45
Mesangiozyten 393
Mesangium 392, 393, 416
– extraglomeruläres 392, 416
Mesangiumzelle 392, 393
Mesenchym 46
Mesenterialarterie 271
Mesenterium 352, 361–364
Mesenzephalon (Mittelhirn) 179,
  187, 189
– Crura cerebri 189
– Lamina tecti 189
– Tectum 189
– Tegmentum 189
Mesoderm 39
mesodermes Keimblatt (s. auch
  Keimblatt) 38
Mesothel (s. auch Plattenepi-
  thel) 39
messenger-RNA (s. auch
  Ribonukleinsäure) 25
Metabolismus 2
Metakarpalknochen (Mittelhand-
  knochen) 92
Metaphase (s. auch Mitose) 28, 29
Metatarsalknochen (Mittelfuß-
  knochen) 92, 108
Metathalamus (s. auch Zwischen-
  hirn) 188, 190

Metenzephalon (Hinterhirn) 179,
  185
MHC (s. major histocompatibility
  complex)
Microbodies 21
Mikroangiopathie 457
Mikroglia (s. auch Glia) 169
Mikrosmatiker 314
Mikrozephalus 161
Miktion 399
Milchbucht 483, 484
Milchgang 483, 484
Milchgebiß 349
Milchleiste 485
Milchproduktion 486
Milchproteine 486
Milchsäurebakterien 481
Milz 286–288
– Hauptaufgabe 288
– offener Kreislauf 288
– Parenchym 287
– rote Pulpa 286
– Stroma 287
– weiße Pulpa 286
Milzsinus 287
Mimetikum 540
mimische Muskulatur (s. auch
  Muskulatur) 118, 123, 124
Mineralokortikoide 410, 449
Minimax-Prinzip 76
– Knochenbau 76
Minorreaktion 230
– Bluttransfusion 229
Miosis 540
Mitesser (Comedo) 511
Mitochondrium 19, 20
Mitose 28, 29
– Anaphase 29
– Metaphase 28, 29
– Prophase 28, 29
– Telophase 29
Mitralklappe 251, 253, 254
Mittelfußknochen 92, 108, 111,
  112
Mittelhandknochen 92, 118
Mittelhirn (s. auch Hirnab-
  schnitt) 179, 187, 189
– Dach 187, 189
– Haube 187, 189
– Hirnschenkel 187, 189
– Schnitt durch das Mittelhirn 189
– Vierhügelplatte 189
Mittelohr 544, 545
mittlere Augenhaut 528, 529
mittleres korpuskuläres Hämoglobin
  (MCH) 227
Mm. gemelli 146, 149
Mm. intercostales externi 130–132,
  330
Mm. intercostales interni 130–132,
  331
Mm. interossei 146
Mm. interossei dorsales 158
Mm. interossei plantares 158
Mm. interspinales 128–130
Mm. intertransversarii 129, 130
Mm. lumbricales 143, 145, 146,
  155, 158

Mm. peronaei 120, 121
Mm. rhomboidei 112, 127, 130,
  135, 156
Mm. rotatores 129
Mm. scaleni 125, 330
Molekül 3, 5
Mondbein 117
Mongolismus 470
monohybride Kreuzung (s. auch
  Kreuzung) 32
Monosaccharide 377
monosynaptischer Reflex 197,
  198
Monozyt 222, 226, 290
Mons pubis (Schamberg) 481
Montgomery-Knötchen (Glandulae
  areolares) 483, 484
Moosfaser 186, 188
Morbus Addison 436, 450
Morbus Basedow 444
Morula 37, 497
Mosaikmodell 14
– flüssiges 14
Motoneuron 164, 200
Motorik 200
– Extrapyramidalmotorik 200
– Regulation 200
– Unwillkürmotorik 200
– Willkürmotorik 200
motorische Rinde 194
motorischer Kortex 196
mouches volantes 531
MSH (s. melanozytenstimulierendes
  Hormon)
Mukosa (s. auch Magen-Darm-Trakt)
  352
muköse Drüse (s. auch Drüse) 43
multipolare Nervenzelle (s. auch
  Nervenzelle) 67, 70
Mumps 350
Mundboden 100, 344
Mundhöhle 343, 344
Mundringmuskel 122–124
Mundvorhof 344, 345
Muskel 100, 118, 122, 128–130,
  143, 146, 149, 155–158
– birnenförmiger 146, 149
– Ellenbogengelenk 156
– Fußrücken 155
– Fußsohle 155
– Großzehenballen 155
– Hüftgelenk 156, 157
– infrahyaler 100, 122
– Kleinzehenballen 155
– Kniegelenk 157
– Kopfbereich 118
– längster 130
– Radioulnargelenk 156
– Schultergelenk 156
– Schultergürtel 156
– Sohlenmitte 155
– Sprunggelenk 157
– suprahyaler 100
– Unterarm 143
– ventraler Halsbereich 118
– vielgespaltener 128, 129
Muskelfarbstoff (Myoglobin) 61
Muskelfaser 60, 62

Muskelgewebe (s. auch Gewebe) 37, 58
Muskelhaut 352
Muskelkater 90
Muskelkraft 91
- Bewegungskomponente 91
- Gelenkkomponente 91
Muskelpumpe 266
Muskelspindel 199
Muskularis 352
Muskulatur 59, 60, 89, 90, 118, 123, 124, 126
- anatomischer Querschnitt 90
- Ansatz 89
- dorsale 126
- Einteilung 89
- Extensor 89
- Flexor 89
- glatte 59
- mimische 118, 123, 124
- physiologischer Querschnitt 90
- quergestreifte 60
- suprahyale 123
- Ursprung 89
Mutation 25, 26
- Genmutation 26
- Letalmutation 25
- numerische Chromosomen-mutation 26
- strukturelle Chromosomen-mutation 26
Mutterband 466
Mutterkuchen (Plazenta) 498
Muttermilch 486
- Eisen 486
- Zusammensetzung 486
Muttermund 474, 475
Muzin (Magenschleim) 357
Myelenzephalon 179, 184
Myelinscheide 66, 69, 169
Myofibrille 60, 62
Myoglobin (Muskelfarbstoff) 61
Myokard 252, 255
Myometrium 476
myoneurale Synapse (s. auch Synapse) 71
Myopie (Kurzsichtigkeit) 538
Myosin 59, 60, 63
Myxödem 443

N

N. abducens 178, 534
N. accessorius 178
N. alveolaris inferior 99
N. cochlearis 543, 547, 549
N. facialis 98, 178
N. glossopharyngeus 178
N. hypoglossus 178
N. laryngeus recurrens 317, 441
N. laryngeus superior 317, 318
N. lingualis 345
N. mandibularis 98, 100, 178
N. maxillaris 100, 178
N. nasopalatinus 99, 101
N. oculomotorius 178, 534
N. ophthalmicus 178

N. opticus 178, 528
N. pelvicus 210
N. statoacusticus 98, 178, 554
N. trigeminus 178
N. trochlearis 178, 534
N. vagus 178, 317
N. vestibularis 543, 554
N. vestibulocochlearis 178, 554
Nabelschnur 497, 499
Nachhirn (Metenzephalon) (s. auch Hirnabschnitt) 179, 184
Nachpotential 168
Nachtblindheit (Hemeralopie) 537
Nackenmuskel 129
- kurzer 129
nackte Zone 369, 370
Nagel 511, 512
- Tastfunktion 511
Nagelbett 512
Nagelfalz 512
Nagelhaut 511, 512
Nagelmatrix 511
Nagelplatte 511, 512
Nageltasche 512
Nagelwall 512
Nagelwurzel 512
NaH_2PO_4 411
Nahakkommodation 536
Na-H-Pumpe 411
Nahrung 343, 377, 379
- enzymatischer Abbau 377
- Resorption 379
Nahrungsbestandteile 376, 377
- essentielle Aminosäuren 377
- glukoplastische Aminosäu-ren 377
- Kohlenhydrate 377, 379
- Lipide 376, 377
- Proteine 377, 379
Nase 310
Nasenbein 98
Nasengang (Meatus nasi) 310
Nasenhöhle 310, 312, 314, 315
- Funktionen 314
Nasenknochen 97
Nasenmuschel 97, 310, 311, 313, 316
Nasenmuskel 122, 124
Nasennebenhöhlen (Sinus paranasales) 314, 315
- Funktion 315
Nasenöffnung 99, 101
- innere 99, 101
Nasenscheidewand (Septum nasi) 312
Nasenvorhof 313
Natriumpumpe 410
Natriumrückresorption 416, 449, 450
Nebenhoden 487, 488, 490, 491
Nebenhodenschwanz 490
Nebenniere 446, 447
- Entwicklung 446
- Lage 446
Nebennierenmark (NNM) 446, 447, 452
- Bau 452
- Entstehung 452

- Sekretion 453
Nebennierenrinde (NNR) 446-448
- Glukokortikoide 448
- Hormon 433, 448
- Überfunktion 450
- Unterfunktion 450
- Zona fasciculata 447
- Zona glomerulosa 447
- Zona reticularis 447
Nebennierenrindenhormon 433, 448
Nebenschilddrüse 444, 445
- Drüsenzelltypen
Nebenschilddrüsenfunktion 446
- Störung 446
Nebenzelle (Magen) 356
Nephron 389-391
- Bestandteile 390
- Schema 391
Nerv 67, 175
- afferenter 67
- efferenter 67
- peripherer 67
- sensibler 175
- sensorischer 175
Nervenfaser 66
- markhaltige 66
- marklose 66
Nervenfasertyp 175
Nervengeflecht 174, 209
Nervengewebe (s. auch Gewebe) 37
Nervenplexus 174
Nervensystem 71, 159, 207
- animales 159
- Einteilung 159
- Entwicklung 160
- Regeneration des Nerven-systems 71
- vegetatives 159, 207
- zerebrospinales 159
Nervenzelle 65, 67, 162
- bipolare 67
- Merkmal 162
- multipolare 67, 70
- polare 67
- pseudounipolare 67
- unipolare 67
Nettofiltrationsdruck 403
Netzhaut (s. auch Retina) 530-532, 541
- blinder Teil 530
- lichtempfindlicher Teil 530
- Nervenzellschichten 531
- 1. Neuron 531
- 2. Neuron 531
- 3. Neuron 531
- Schema 532
Netzhautablösung 530
Neuralleiste 162
Neuralplatte 160
Neuralrinne 160
Neuralrohr 160, 161
Neuralwulst 160
Neurit 65, 66, 163
neuroglanduläre Synapse (s. auch Synapse) 71
Neuroglia 71, 168

– Aufgabe 168
Neurohypophyse 431, 434, 436
Neuron 65, 70, 162
Neuronentyp 164
– multipolarer 164
– pseudounipolarer 164
Neurosekret 425, 431
Neutron 3
Neutrophile 225
Niere 385–390, 405, 407, 410, 415
– Befestigung 386
– Beweglichkeit 387
– endokrine Funktion 415
– Filtration 409
– Form 386
– Gefäße 389
– Histologie 389
– Kapsel 387
– Lage 386
– Mark 387, 388
– Nierenbecken 387, 388, 395, 396, 398
– Nierenkapsel 387, 388
– Rinde 387, 388
– Rückresorption 407, 410
– Schmerzfasern 387
– Sekretion 405
– Wasserhaushalt 409
Nierenarterie 271
Nierenbecken (Pelvis) 387, 388, 395, 396, 398
– ampulläres 396
– dendritisches 396
– Fassungsvermögen 396
Nierenbucht 388
Nierendurchblutung 403, 404
– Autoregulation 403, 404
Nierenfilter 400
Nierengefäße 389
– abführende Arterie 389
– Bogenarterie 389
– Glomeruluskapillarschlinge 389
– Nierenarterie 389
– Radiärarterie 389
– Segmentarterie 389
– zuführende Arterie 389
Nierenkapsel 387, 388
Nierenkelch 388, 389, 395, 396
Nierenkolik 387
Nierenkörperchen 387, 390
Nierenmark 387, 388
Nierenpapillen 387
Nierenrinde 387
Nierensäule 387, 388
Nierenschwelle 407, 408
– Glukose 407
Nierensinus 386
Nierentubulus 394, 395
Nierenvene 272
Nissl-Scholle 65, 162
Nn. splanchnici pelvini 210
NNM (s. Nebennierenmark)
NNM-Sekretion 453
NNR (s. Nebennierenrinde)
NNR-Hormon 448
– Regulation 448
NNR-Insuffizienz 450
NNR-Überfunktion 450

Noradrenalin 209, 453, 454
– biologische Wirkung 453
– Wirkung 454
Normaldruck 335
Nozizeptor 204
Nuclei globosi 185
Nuclei originis 185
Nuclei terminationis 185
Nucleus accessorius 550
Nucleus anterior 433
Nucleus caudatus 191, 192
Nucleus cochlearis anterior 549
Nucleus cochlearis dorsalis 549
Nucleus cochlearis posterior 550
Nucleus dentatus 185, 186
Nucleus dorsomedialis 433
Nucleus emboliformis 185
Nucleus fastigii 185
Nucleus infundibularis 191
Nucleus lateralis lemnisci 550
Nucleus oculomotorius accessori-
us 541
Nucleus paraventricularis 191, 431, 433
Nucleus posterior 433
Nucleus praeopticus 433
Nucleus pulposus 77, 103
Nucleus raphe magnus 205
Nucleus ruber 187, 189
Nucleus supraopticus 191, 431, 433
Nucleus ventromedialis 433
Nucleus ventroposterolateralis 205
Nukleinsäure 9
Nukleolus (Kernkörperchen) 24, 25
Nukleotid 8, 23, 27
Nukleus 184
numerische Chromosomenmutation
(s. auch Mutation) 26
Nystagmus 554

O

Oberarmarterie 271
Oberarm-Ellen-Gelenk 119
Oberarmknochen 92, 112, 115
– anatomischer Hals 115
– chirurgischer Hals 115
Oberarmmuskel 120, 121, 137–140, 144
– dreiköpfiger 121, 137, 139–140, 144
– zweiköpfiger 120, 137–139
Oberarm-Speichen-Gelenk 119
Oberarmspeichenmuskel 120, 137, 139, 143
Oberarmvene 274
obere Hohlvene 271, 272
Oberflächenepithel (s. auch Epithel-
gewebe) 39, 40
Oberflächenvergrößerung 15
Obergrätenmuskel 137, 140, 141
Oberhaut 506
– Regenerationsschicht 506
– Schichten 506
– Verhornungsschicht 506
Oberkiefer 98, 101

Oberkieferknochen 96
Oberlippe 345
Oberschenkel 92
Oberschenkelarterie 271, 275
Oberschenkelknochen 108, 109
Oberschenkelmuskel 121, 146, 148–151
– dorsaler 151
– gerader 150
– medialer 151
– ventraler 150
– viereckiger 146
– vierköpfiger 150
– zweiköpfiger 149–151
Oberschenkelmuskulatur 150
Oberschenkelvene 272, 276
Oberton 317
Ödem 237
Odontoblast 346
Öffner der Pupille 528, 529
Ohr 542, 543
– Abschnitte 543
Ohrhöcker 544
Ohrläppchen 544
Ohrmuschel 543
Ohrmuskel 122, 124
– hinterer 122, 124
– oberer 124
– vorderer 122, 124
Ohrschmalz 544
Ohrspeicheldrüse (Gl. parotis) 349
Ohrtrompete (Tuba auditiva) 543–546
– Druckausgleich 544
Ohrwulst 544
Olecranon 140
olfaktorisches Epithel 312
Oligodendroglia (s. auch Glia) 71, 169
Oligodendrozyt 69
Olive 184, 550
Omentum majus 361
Oogonien 469
Oozyte
– sekundäre 470
Opsonisierung 293
optischer Kanal 98
Oraltemperatur 519
Orbita 97, 528
Organ 423, 424
– endokrine Organe 423, 424
Organell 16
organische Substanz (s. auch
Substanz) 5, 6
Organon spirale 547
Orgasmusphase, Geschlechts-
verkehr 494
orgastische Manschette 494
Orthostase 269
– Blutdruck 269
Os capitatum 117
Os coccygis 92, 101, 134
Os coxae 107
Os cuboideum 111, 112
Os cuneiforme 111
Os cuneiforme intermedium 112
Os cuneiforme medialis 112
Os ethmoidale 98

Os frontale 96–98
Os hamatum 117
Os hyoideum 125, 316, 318
Os ilium 92
Os ischium 107
Os lunatum 117
Os metatarsale 112
Os nasale 97, 98
Os naviculare 110–112
Os occipitale 96–99
Os palatinum 101
Os parietale 96–99
Os pisiforme 117
Os pubis 107
Os sacrum 92, 101
Os scaphoideum 117
Os sphenoidale 97, 98
Os temporale 97–99
Os trapezium 117
Os trapezoideum 117
Os triquetrum 117
Os zygomaticum 97, 98, 123
Osmolalität 409
Osmorezeptor 415
Osmose 235
osmotischer Druck (s. auch
   Druck) 235, 236
Ösophagus (Speiseröhre) 147, 311,
   316, 344, 353, 354
– Aortenenge 354
– Ösophagussphinkter 354
Ossa metacarpalia 117, 118
Ossa tarsalia 110
Ossicula auditoria 544, 545
Ossifikation (Verknöcherung) 56,
   57
– chondrale 57
– desmale 56
– enchondrale 57
– perichondrale 57
Osteoid 57
Osteoklast 57, 58
Osteon 55
Osteoporose 451
Osteozyten 54
Östrogen 9
Otolith 553
ovales Fenster 543
ovales Loch 98, 100, 101
Ovar (Eierstock) 466, 470
Ovulation (Eisprung) 471, 477
Oxygenation 224
oxyphile Zelle 444
Oxytozin 436, 438–440
– Myoepithel 439, 440
– Myometrium 439
– Uterusmuskulatur 440

P

Pachymeninx 181
PAH (s. Paraaminohippursäure)
PAH-Clearance 407
Palatum durum 313, 351
Palatum molle 351
Pallidum 192
Palmaraponeurose 142

Paneth-Körnerzellen 364
Pankreas (Bauchspeichel-
   drüse) 344, 374, 453, 455
– Aufbau 374
– endokrines 374, 453
– exokrines 374
– Hormone 453
Pankreasenzyme 376
– eiweißspaltende 376
– fettspaltende 376
– kohlenhydratspaltende 376
Pankreassaft 375
– pH-Wert 375
Pankreassekretion 375
Papilla duodeni major 361, 371
Papilla mammae 483, 484
Papillae filiformes 346
Papillae foliatae 346
Papillae fungiformes 346
Papillae renales 387
Papillae vallatae
Papillarmuskel 253
Papille 347
Papillengang, Niere 388, 395
Paraaminohippursäure (PAH) 406
paradoxer Schlaf (s. REM-Schlaf)
parafollikuläre Zelle 444
Paraganglion supracardiale 338
Parallelfaser 186, 188
Parallelogramm der Kräfte 91
Parametrium 476
Paraplasma 32
Paraplegiker 329
Paraproteinämie 233
Parasympathikolytikum 360
Parasympathikus 207, 208, 210,
   259, 269
– Ganglion ciliare 210
– Ganglion oticum 210
– Ganglion pterygopalatinum 210
– Ganglion submandibulare 210
– Kopfganglien 210
Parathormon 445
– Hormonwirkung 445
Paratop 296
Parenchym 37, 45
Parenteralgeneration 32
Paries membranaceus 321
Parietallappen 194
Parodontium 346, 348
Parotis 349
Parotitis epidemica 350
Pars intermedia 431
Pars oralis 351
Pars petrosa 97, 100
Partialdruck 334, 335
– der Atemgase 336
– der Gase 335
passive Diffusion (s. auch Diffusion)
   14
passive Insuffizienz (s. auch
   Bewegungshemmung) 86, 87
Patella 108
Patellarsehnenreflex 198
Pathoproteinämie 232, 233
– Defektproteinämie 233
– Dysproteinämie 232
– Hypoproteinämie 233

– Paraproteinämie 233
Paukenhöhle 544
PBI (s. proteingebundenes Jod,
   protein-bound iodine)
Pelvis renalis (Nierenbecken) 387,
   388, 395
Penis 402, 491, 492
– Zwiebel 402
Penisschwellkörper 402, 493
Pepsin, Magensaftsekretion 357
Peptid 8
perichondrale Ossifikation (s. auch
   Ossifikation) 57
Perichondrium 52
Perikard 252
Perikaryon 65, 162
Perilymphe 546
Perimetrium 476
Perineum 135
– Centrum tendineum 135
Perineurium 67
perinuklearer Raum 23
Periorchium 489, 491
Periost (Knochenhaut) 55
periphere Glia (s. auch Glia) 71
peripherer Nerv (s. auch Nerv) 67
peripheres Nervensystem (PNS) 65,
   160
Periportalfeld 370, 371
Peristaltik 354, 359, 360
Peritoneum 362, 363
Permeabilitätsänderung 428
perniziöse Anämie 357
Peroxisom 21
Peyer-Plaques 364, 365
Pfeilnaht 99
Pferdeschweif 170, 171
Phagozytose 15
Phänotyp 32
phäochrome (chromaffine) Zelle
   453
Pharynx 315, 344, 351
– Pars laryngea 315
– Pars nasalis 315
– Pars oralis 315
Phimose (Vorhautverengung) 493
Phon (Lautstärkepegel) 548
Phonation (s. Stimmbildung)
Phospholipid 233, 373
Photorezeptor 531
phototopisches Sehen (Farbse-
   hen) 537
pH-Wert (s. auch Wasserstoffionen-
   konzentration) 5, 6, 239, 351,
   373, 375, 411, 417
– Definition 5
– Galle 373
– Harn 417
– im Blut 239
– limitierender 411
– Pankreassekret 375
– Schwankungsbreite 6
– Speichel 351
Physiologie 1
Pia mater (weiche Hirnhaut) 181,
   182
Pigment 33
– endogenes 33

– exogenes 33
Pigmentepithel 530, 532
Pilocarpin 540
– Wirkung auf die Pupille 540
Pilzpapillen, Zunge 346
Pinozytose 15
Plasmaprotein 231
– Funktion 231
– Menge 231
Plasmazelle 292, 296
Plasmin 243
Plasminogen 243
Plateauphase, Geschlechtsver-
  kehr 494
Plattenepithel 39
– Endothel 39
– Mesothel 39
Platysma 122, 126
Plazenta (Mutterkuchen) 38, 498,
  499
– Funktion 498
Plazentabarriere 498
– Antikörper 498
Plazentalaktogen 498
Plazentazotte 498
Pleura 321, 323
Pleuraspalt 324
Plexus 174, 209
Plexus brachialis 174
Plexus cervicalis 174
Plexus choroideus 180, 182
Plexus lumbalis 174
Plexus myentericus 352
Plexus pampiniformis 490, 491
Plexus sacralis 174
Plexus submucosus 352
Plica sublingualis 345, 350
Plicae circulares 362, 364
Pneumocystis-carinii-Pneumonie
  303
Pneumothorax 322
Pneumozyte Typ I 325
Pneumozyte Typ II 325, 327
PNS (s. Peripheres Nervensystem)
Podozyt 392–394
polare Nervenzelle (s. auch Nerven-
  zelle) 67
Polkissen 392, 415
Polkörperchen 470, 471, 496
Polydypsie 415
Polysaccharide 377
Polyspermieblock 495
polysynaptischer Reflex (Fremd-
  reflex) 200
Polyurie 415
Pons (Brücke) 184–186
Porta hepatis 369, 370
Portalvene 432
Portio vaginalis 467, 468, 474,
  475, 480
Porus acusticus externus 97, 101
Porus acusticus internus 98
Postikus 317
postsynaptische Membran 163
Potentialdifferenz 164
Praeputium 487
Prägung (Lymphozyten) 479
prämenstruelle Hyperthermie 477

prämenstruelles Syndrom 479
Preputium 492, 493
Presbyakusis 548
Presbyopie 536, 539
Pressorezeptor 211
Primärfollikel 468, 469
Primärharn 392–394
Primordialfollikel 468
PRL (s. Prolaktin)
Processus coracoideus 112, 114,
  136
Processus mastoideus 97–99, 101
Processus pterygoideus 101
Processus spinales 131
Processus spinosus 103
Processus styloideus 101
Processus transversus 103
Processus xiphoideus (s. auch
  Sternum) 105, 131
Proerythropoietin 417
Progesteron 426, 471
Projektionsfaser 196
Prolaktin (PRL) 432, 433, 436,
  439, 486
– Brustdrüse 436
– Schwangerschaft 436
Proliferationsphase 475, 477
Prominentia laryngea 317
Promontorium 102, 147
Pronation 144
Prophase (s. auch Mitose) 28, 29
Prosenzephalon (Vorderhirn-
  bläschen) 179
Prostaglandin 204, 439, 490, 491,
  516, 523, 524
Prostata (Vorsteherdrüse) 401, 487,
  491
Prostatastein 492
Protamin 243
– Blutgerinnung 243
Protein C 243
Proteine (Eiweiße) 7, 8, 29, 377,
  379
– Exportprotein 29
– Funktionsprotein 29
– Strukturprotein 29
proteingebundenes Jod (PBI) 443
Proteinsynthese 29
Proteinurie 401
Prothrombin 242
Proton 3
proximales Handgelenk (s. auch
  Handgelenk) 119
Pseudohermaphroditismus 466
pseudounipolare Nervenzelle (s. auch
  Nervenzelle) 67
Ptosis 534
Pubertas praecox 457
Pubertät 466
Pubertätshaare 510
Puffersystem 239, 411
– Blut 239
– Niere 411
Pulmonalarterie 251
Pulmonalklappe 251, 253, 254
Pulmonalvene 251
Pulmones (Lungenflügel) 321
Pulpahöhle 346

Pulswelle 267
Pumpleistung des Herzens 259
Punctum fixum 90
Punctum mobile 90
Pupillenerweiterung (Mydriasis)
  540
– Atropin 540
Pupillenreflex 540
Pupillenverengung (Myosis) 540
– Pilocarpin 540
Purkinje-Faser 257
Putamen 191, 192
Pyelogramm 389
Pylorus 355
Pylorusdrüse 355
Pyramidalmotorik 201
Pyramide 184
Pyramidenbahn 187
Pyramidenkreuzung 184
Pyramidenlappen 439
Pyramidenmuskel 133
Pyrogene 522
– endogene 522
– exogene 522

Q

Querfortsatz (s. auch Wirbel) 103
quergestreifte Muskulatur (s. auch
  Muskulatur) 60

R

Rabenschnabelfortsatz 112, 114,
  136
Rachen 315, 316, 344, 351
Rachenmandel 288, 289, 316
Rachitis 446
– Vitamin-D-Hormon 446
Radialarterie 271
Radiatio optica 540, 541
Radius (Speiche) 92, 116, 117
Radix dorsalis 172
Radix mesenterii 363
Radix ventralis 172
Ramus communicans albus 173,
  174, 209
Ramus communicans griseus 173,
  209
Ramus meningeus 173, 174
Ranvier-Schnürring 67, 69, 168
Raphe scroti 492
Raphekern 205
rapid eye movement (REM) 213
– REM-Schlaf 213
Rathke-Tasche 431
rauhes endoplasmatisches Retikulum
  (s. auch endoplasmatisches
  Retikulum) 17
Raumklang 551
Rautengrube 184
Rautenmuskel 127, 130, 135
– großer 129, 135, 140
– kleiner 129, 135, 140
RBF (s. renaler Blutfluß)
Reaktion vom verzögerten Typ 299

Recessus costodiaphragmaticus 311, 324, 329
Recessus costomediastinalis 311, 324
rechter Hauptbronchus 320
Reduplikation 28
– identische 28
REF (s. renaler erythropoietischer Faktor)
Reflex 196–198, 200, 359
– bedingter 359
– konditionierter 359
– monosynaptischer 197, 198
– polysynaptischer 200
Reflexbogen 197, 198
Refraktärperiode 168
Regelblutung 471, 479
– 1. (Menarche) 471, 479
Regenbogenhaut 528
Regio olfactoria 312
Regio respiratoria 312
T-Regulatorzelle 291, 298
1. Reifeteilung 470
2. Reifeteilung 470
Reisekrankheit (Kinetose) 554
Reissner-Membran 546
Reizbildung 257
Reizleitungsfasern 257
– Herz 257
Reizleitungssystem (s. Erregungsleitungssytem)
Rektaltemperatur 519
Rektum 344, 366, 367
Rektusscheide 133
Releasing-Faktor 190, 425
Releasinghormon 427
REM (s. rapid eye movement)
REM-Schlaf 213
Ren 385
Ren mobilis (Wanderniere) 387
renaler Blutfluß (RBF) 404
renaler erythropoietischer Faktor (REF) 417
renaler Plasmafluß (RPF) 403, 404
Renin 415
Reningranula 392
Renshaw-Zelle 200
Repolarisation 166, 167
RER (s. endoplasmatisches Retikulum)
Reservevolumen 330
– exspiratorisches 330
– inspiratorisches 330
Residualvolumen 331
Resorption, Verdauung 343
respiratorischer Quotient (RQ) 309
respiratorisches Epithel 313, 326
Restharn 398
Reststickstoff im Blut (Rest-N) 234
– Harnsäure 235
– Harnstoff 235
– Kreatinin 235
Rete testis 488
retikuläre Faser (s. auch Faser) 49
retikuläres Bindegewebe (s. auch Bindegewebe) 50
Retikulumzelle 287
Retina 528–532, 541

11-cis-Retinal 536
Retinaculum 120, 144, 145
Retraktion, Blutgerinnung 242
retroperitoneal 362
retrosternaler Fettkörper 290
Retrovirus 303
Rezeptor 429, 527
α-Rezeptoren 210
– vegetatives Nervensystem 210
β-Rezeptoren 210
– vegetatives Nervensystem 210
Rezeptorpotential 527
Rezeptorwirkung 429
Rheotaxie 472
Rhesusfaktor 230
Rhesussystem 230
Rhodopsin (Sehpurpur) 536
Rhombenzephalon (Rautenhirn) 179
Ribonukleinsäure (RNA) 9, 25
Ribosom 17
Richtungsbegriffe am Körper 93, 94
Riechfäden 98, 313
Riechnerv 313
Riemenmuskel 127, 129, 130
Riemenmuskulatur 121
Riesenwuchs 436
Rinde 184
Rindenfeld 193
Ringknorpel, Kehlkopf 316, 318, 320
Rippe 92, 105, 106
– fliegende 106
Rippenfell 324
Rippenhalter 126
– hinterer 126
– mittlerer 126
– vorderer 126
Rippenheber 125
Riva-Rocci 270
RNA (s. Ribonukleinsäure)
m-RNA (s. messenger-RNA)
t-RNA (s. transfer RNA)
Rollhügel 109
– großer 109
– kleiner 109
Rotatorenmanschette 136, 138
Rot-Grün-Schwäche 537
– Farbensehen 537
RPF (s. renaler Plasmafluß)
RQ (s. respiratorischer Quotient)
Rückbildungsphase, Geschlechtsverkehr 495
Rückenmark 170–172
– Aufbau 170
– Entstehung 170
– graue Substanz 171
– Hinterhorn 171
– Hintersäule 172
– Hinterstrang 172
– Seitenhorn 171
– Seitensäule 172
– Seitenstrang 172
– Vorderhorn 171
– Vordersäule 172
– Vorderstrang 172
– weiße Substanz 171

Rückenmarkhaut 181
– harte 181
– weiche 181
Rückenmarkssegment 171
Rückenmuskel 121, 127–129, 132, 135–138, 140
– breiter 121, 127, 129, 133, 135–137, 138, 140
– längster 128, 129
Rückenmuskulatur 128, 130
– echte 130
– oberflächliche 128
– tiefe 130
– tiefe Schicht 128
Rückresorption 407, 410
– Substanzen 407
Ruffini-Körperchen 514
Rugae vaginales 480
Ruheatmung 333
Ruhemembranpotential 166, 260
– Ionenstrom 166
– Ladungsdifferenz 166
Rumpfmuskulatur (s. Bauchmuskulatur, Rückenmuskulatur)
runder Muskel 137
– großer 137
– kleiner 137
rundes Fenster (Fenestra cochleae) 543
rundes Loch (Foramen rotundum) 98, 100
rundes Mutterband 475
Rundmuskel 121, 127, 137, 138, 140
– großer 121, 127, 137, 138, 140
– kleiner 140

S

Sacculus 543, 546, 552, 553
Sägeblattkontur 477
Sägemuskel 120, 130, 132, 133, 135, 137
– vorderer 120, 132, 133, 135, 137
Sakkade 535
Salpinx (s. auch Eileiter) 472
saltatorische Erregungsleitung (s. auch Erregungsleitung) 168
Samenbläschen (Vesicula seminalis) 401, 487, 490, 491
Samenflüssigkeit (Ejakulat) 492
– pH-Wert (8,3) 492
Samenhügel 401, 402, 491
Samenleiter 487, 488, 490, 491
– Wand 490
Samenstrang im Leistenkanal 491
Samenweg 488
– ableitender 488
Sammelrohre, Niere 395
Sarkomer 60, 62, 63
– gedehntes 63
– kontrahiertes 63
Sattelgelenk (s. auch Gelenk) 84, 85
Saumzelle 362, 364, 365
Säure 5

Säure-Base-Haushalt 239, 410
- Bikarbonat 239
- Hämoglobin 239
- Protein 239
- Regulation 410
Scala media 545–547, 549
Scala tympani 545–547
Scala vestibuli 545–547
Scapula 92, 112
Schädel 92, 95, 96
- Ansicht von oben 96
- Seitenansicht 98
Schädelbasis 98, 99
- äußere 99
- innere 98
Schädelgrube 98, 100
- hintere 98
- mittlere 98
- vordere 98, 100
Schädelgruppe 100
- hintere 100
Schädelhaubenmuskel 122, 124
Schädelsehne 122
Schalenkern 192
Schalentemperatur 519, 520
Schall 548
Schalldruckpegel (Dezibel) 548
Schalleitungsstörung 551
Schallempfindungsstörung 551
Schallintensität 548
Schallreiz 548
Schalltrauma 548
Schambein 107
Schambeinfuge 106
Schamberg 481
Schamlippe 467, 480–482
Scharfstellung, Auge 529
Scharniergelenk (s. auch Ge-
lenk) 84
Scheide 467, 468, 474, 479
- Anatomie 480
- Funktion 479
Scheidenflüssigkeit 481
Scheidengewölbe 400
Scheidenvorhof 481
Scheitelbein 96–99
Scheitellappen 194
Schenkelanzieher 121, 150, 151
- großer 121, 150, 151
- kurzer 150, 151
- langer 150, 151
Schenkelhalsbruch 108
Schenkelmuskel 120, 148, 149
- äußerer 120, 140, 149
- gerader 120, 148
- mittlerer 120
- viereckiger 149
Schielen (Strabismus) 540
- Begleitschielen 540
- Lähmungsschielen 540
- latentes Schielen 540
Schienbein 92, 108, 110, 154
Schienbeinmuskel 152–154
- hinterer 152
- vorderer 152–154
Schilddrüse 125, 316, 439, 441
- Anatomie 439
- Bau 439

- Hormone 441
- Volumen 439
Schilddrüsenfollikel 442
Schilddrüsenüberfunktion 444
Schilddrüsenunterfunktion 443
Schilddrüsenvergrößerung 443
Schildknorpel 125, 316, 318–320,
323
Schildknorpelzungenbeinmuskel
126
Schlaf 212
Schläfenbein 97–99
Schläfenlappen (Lobus temporalis)
194
Schläfenmuskel 97, 122, 125
Schläfenscheitelteil 122
Schlagvolumen 259
Schlankmuskel 121, 150, 151
Schleifenkern 550
Schleimbeutel 82
Schleimhaut 352
Schlemm-Kanal 530
Schließmuskel der Pupille 528, 529
Schließmuskel des Enddarms 135
Schlitzdiaphragma 394
Schluckakt 319, 349, 351, 354
Schluckreflex 349
Schluckzentrum 349
Schlüsselbein (Clavicula) 92, 105,
112, 114, 125
Schlußrotation 149
Schmerz 202, 203, 205
- emotionelle Reaktion 205
- Morphin 205
- Oberflächenschmerz 202, 203
- 1. Schmerz 203
- 2. Schmerz 203
- Schmerzkomponente 202
- somatischer 203
- Tiefenschmerz 203
- vegetative Reaktion 205
- viszeraler 203
Schmerzauslösung 204
Schmerzbahn 204
Schmerzbewertung 205
Schmerzgrenze 548
- Ohr 548
schmerzhemmendes absteigendes
System 205
Schmerzkomponente 202
- affektive 202
- motorische 202
- sensible 202
- vegetative 202
Schmerzpunkt 204
Schmerzrezeptor 204, 514, 516
- freie Nervenendigung 204
Schnecke 543
Schneidermuskel 120, 148, 150
Schneidezahn 348
Schnittpräparat 12
Schock 299, 457
- anaphylaktischer 299
- hypoglykämischer 457
Schollenmuskel 120, 121, 152–154
Schrittmacher 258, 259
Schulterblatt 92, 112
Schulterblattheber 129, 135, 140

Schultergelenk 119
Schultergräte 114, 137, 140
Schultergürtel 112
Schultergürtelmuskulatur 135, 136
- dorsale 136
- ventrale 136
Schulterheber 136
Schulterhöcker 112
Schulterhöhe (Acromion) 92, 105,
114, 137, 140
Schultermuskulatur 136
Schulterzungenbeinmuskel 125,
126
Schüttelfrost 523
Schwangerschaft (Gravidität) 498
Schwangerschaftsdauer 498
Schwann-Zelle (s. auch Glia) 67,
71, 169
Schweißdrüse 494, 506, 510–512,
514
- apokrine 514
- Funktion 512
- merokrine 494, 511
Schweißgeruch 513
Schweißpore 513
Schwellkörper 483, 493, 494
- Harnröhre, 493, 493
- Klitoris 483
- Penis 493
- Vorhof 483
Schwertfortsatz (s. auch Brust-
bein) 104, 105, 131
Schwindel 554
- Reisekrankheit 554
Segelklappen 254, 256
- Herz 254, 256
Segmentationen 359
Segmentbronchien 321
Sehbahn 190, 540, 541
- Schema 541
Sehen 541, 542
- räumliches 541, 542
Sehfarbstoff 536
Sehnenfäden, Herzklappen 253
Sehnenspindel 199
Sehnervenkreuzung 191, 431, 433
Sehnervenkreuzung 540, 541
Sehpurpur 536
Sehrinde 194
Sehschärfe 542
Sehstrahlung (Radiatio optica) 540,
541
Sehvorgang 536
- Opsin 536
Sekretantikörper 296
Sekretin 359, 360, 364, 376
Sekretion 44
- apokrine 44, 45
- holokrine 44
- merokrine 44, 45
Sekretionsphase, uteriner Zy-
klus 475, 477
Sekretzelle 472
sekundäre Hämostase 240, 241
sekundäre Oozyte (s. auch Oozyte)
470
Sekundärfollikel 468, 497
Sekundärharn 394

– Rückresorption 394
Sekundenvolumen 334
semipermeable Membran 235
Senker der Unterlippe 122, 124
Senker des Mundwinkels 122, 124
Sensibilisierung 299
Sensibilität 175
sensible Rinde 194
Septum (s. auch Herz) 249
SER (s. endoplasmatisches
  Retikulum)
Serosa 352, 353
seröse Drüse (s. auch Drüse) 42
Serotonin 204, 516
Sertoli-Zelle 489
Serum (s. Blutserum)
Sesambein 89
Sexchromatin 25
Sharpey-Fasern 348, 349
– Zement 348, 349
Sichelband 369
Siebbein (Os ethmoidale) 98
Siebbeinplatte 98
Siebbeinzelle 315
Siebplatte 100, 388
Sinnesorgane 527
– adäquater Reiz 527
Sinnesqualität 527
Sinus durae matris 181
Sinus ethmoidalis (Siebbein-
  zelle) 315
Sinus frontalis 311, 313, 315
Sinus lactiferus 483, 484
Sinus mammarum 483
Sinus maxillaris 315
Sinus paranasales 314, 315
Sinus renalis 386, 388
Sinus sagittalis superior 182
Sinus sigmoideus 100
Sinus sphenoidalis 311, 313, 316
Sinusknoten (SA-Knoten) 257, 258
Sinusoid 265, 370–372
Sitzbein 107
Sitzbeinhöcker 107, 149, 151
Sitzbeinkammermuskel 134
Sitzbeinschwellkörpermuskel 135
Skelett 92, 95, 100, 108
– Bein 108
– Rumpf 100
– Schädel 95
Skelettmuskulatur 60
Sklera 528–530
skotopisches Sehen (Dämmerungs-
  sehen) 537
Skrotum (Hodensack) 487, 491,
  492
Smegma 493
Sohlenspanner 152, 153
Sohlenviereckmuskel 158
somatomotorische Faser 173
somatosensible Faser 173
Somatotopie 195
somatotropes Hormon (STH) 432,
  433, 435, 436
– Mangel 436
– Überschuß 436
– Wirkung 436
– Wirkungsspektrum 435

Spaltlinie, Haut 509
Spanner der Oberflächenfaszie 148
Spanner der Oberschenkelfas-
  zie 146
Speiche (Radius) 92, 116, 117
Speichel 350, 351
– Funktionen 350
– Parasympathikus 351
– pH-Wert 351
– Sympathikus 351
Speicheldrüse 344, 349
Speichelsekretion 350
Speichenarterie 273
Speichenvene 274
Speicherfett 387
Speicherprotein 33
Speicherung 490
Speiseröhre (Ösophagus) 147, 311,
  316, 344, 353
Spermatide 489
– Spermienbildung 488, 489
Spermatogonien 488
Spermienbildung 488, 489
Spermium 488–490
– Reifungsprozeß 490
Speziallamelle, Knochen 55
Spina bifida 161
– Folsäure 161
Spina iliaca anterior inferior 106
Spina iliaca anterior superior 106,
  107
Spina scapulae 114, 137, 140
Spinalganglion 172
Spinalnerv 171–174
– Afferenz 173
– Bestandteil 173
– Efferenz 173
– hintere Wurzel 172, 173
– hinterer Ast 173
– Ramus communicans albus 174
– Ramus dorsalis 174
– Ramus meningeus 174
– Ramus ventralis 174
– vordere Wurzel 172, 173
– vorderer Ast 173
Spinalnervenpaar 171
Spinnbarkeit, Zervikalschleim 476
Spinnwebhaut 181, 182
Spinnwebraum 182
Spinnwebzotten 181, 182
Spiralarterie 477, 496, 499
Spiralfurche 547
Splen 286
Spongiosa (Knochenbälkchen) 55,
  75
Sportlerherz 249
Sprache 319
– stimmhafte 319
– Flüstersprache 319
Sprachzentrum (Broca-Zen-
  trum) 194
Spritzkanal 401, 491, 497
Sprungbein 110, 112
Sprungbeinkopf 111
Sprungbeinrolle 111, 112
Sprunggelenk 110, 111, 119
– oberes 111, 119
– unteres 111, 119

Stäbchen, Netzhaut 531–533
Stapes 543, 545
Statokonien 553
Stauungsniere 387
Steigbügel 543, 545
Steißbein 92, 101, 102, 134
Stellknorpel, Kehlkopf 319
Steranring 9, 426, 448
Steranringsystem 425
Stercobilin 373
Sternum 104, 105
– Corpus 104
– Manubrium 104
– Processus 104, 105
Steroide 7, 9
Steroidhormon 425, 426
STH (s. somatotropes Hormon)
Stickstoff (s. Reststickstoff im Blut,
  Rest-N)
Stimmband 317, 319
Stimmbildung (Phonation) 317,
  319
– Grundfrequenz 317
Stimmbruch 317
Stimmritze 317
Stirnbein 96–98
Stirnhöhle (Sinus frontalis) 311,
  313, 315
Stirnlappen 193
Stirnrunzler 122, 124
Stirnsenker 122, 124
Stoffwechsel 2
Strabismus (Schielen) 540
straffes faseriges Bindegewebe (s.
  auch Bindegewebe) 51
Strahlenkranz 496
Stratum basale 474, 506, 507
Stratum corneum 506, 508
Stratum functionale 474
Stratum granulosum 506, 507
Stratum lucidum 506, 508
Stratum papillare 508, 509
Stratum reticulare 509
Stratum spinosum 506, 507
A-Streifen 63
I-Streifen 60, 63
Z-Streifen 60
Streifenkörper (Corpus stria-
  tum) 191
Stria vascularis 546, 547
Strickleitervenen 265
Stroma 37
strukturelle Chromosomenmutation
  (s. auch Mutation) 26
Strukturprotein (s. auch Protein) 29
Struma 443, 444
Stützgewebe (s. auch Gewebe) 37,
  45
Subarachnoidalraum 181, 182
Subkutis (Unterhaut) 506, 509
Submukosa (s. auch Magen-Darm-
  Trakt) 352
Subokzipitalpunktion 181
Substantia grisea centralis 184, 205
Substantia nigra 187, 189
Substanz 5
– anorganische 5
– organische 5, 6

Substanz P 204
Sulcus calcarinus 194, 540
Sulcus centralis 194
Sulcus coronarius (Herzkranzfur-
che) 255
Sulcus spiralis internus 547
Supination 144
T-Suppressorzelle 292
suprahyale Muskulatur (s. auch
Muskulatur) 123
Surfactant 325, 327
Sutur 78
Sutura coronalis 96, 97
Sutura lambdoidea 96, 97, 99
Sutura sagittalis 96, 99
Sympathikus 207–209, 259, 269
– Ganglion coeliacum 209
– Ganglion mesentericum inferi-
us 209
– Ganglion mesentericum supe-
rius 209
– Plexus caroticus internus 209
Symphyse 106
Synapse 67, 69, 71, 163, 165, 210
– adrenerge 71, 210
– cholinerge 71
– en passent 71
– erregende 163
– hemmende 163
– interneurale 71
– myoneurale 71
– neuroglanduläre 71
Synarthrose 78
Synchondrose 78
Syndesmose 78
Synergist 89
Synostose 78
Synzytiotrophoblast 498
– Plazenta 498
Synzytium 496
Systole 256, 257
– Anspannungszeit 257
– Austreibungszeit 257

T

T3 (s. Trijodthyronin)
T4 (s. Thyroxin)
Tabatière anatomique 144
Tachykardie 261
Tagestemperatur 521
– postovulatorisch 521
– präovulatorisch 521
– Schwankung 521
Talgdrüse (Glandula sebacea) 506,
510
– Haut 510
Talus 110, 112
Tänie, Dickdarm 361, 367
Tarsalknochen 108
Tastkörperchen 509
Tectum 187
Tegmentum 187
Tektorialmembran 546, 547, 550
Telenzephalon (Endhirn) 179,
190
Telophase (s. auch Mitose) 29

Temperatur 519
– Schwankung 519
Temperaturmessung 519
Temperaturregulation 519
Temperaturrezeptor 514, 516
Temporallappen 194
Tendo calcaneus 121
Terminalhaare 510
Tertiärfollikel 468, 497
Testis (Hoden) 487
Testosteron 489
Tetrajodthyronin 426, 441
Tetraplegiker 329
Thalamus (s. auch Zwischenhirn)
188–190, 192
Theca externa 469
Theca interna 469
Thekaorgane 471
Thenar 146
Thorakalwirbel 101
Thorakalwirbelsäule 92
Thorax 104, 328
Thoraxmuskulatur 130
Thrombin 242
Thrombozyt 222, 226, 241
Thymin 27
Thymus 289, 290
– Involution 290
Thyreostatikum 444
Thyreotropin-Releasing-Hormon
(TRH) 442
Thyroglobulin 439
thyroideastimulierendes Hormon
(TSH) 432, 433, 442
thyroideastimulierendes Immun-
globulin (TSI) 444
Thyroxin (T4) 426, 441–443
– biologische Wirkung 442
– Regulation der Hormon-
konzentration 442
Tibia 92, 108, 154
tiefe Oberarmarterie 272, 273
tiefe Oberschenkelarterie 275
Tiefschlaf 213
Tiffeneau-Test 334
– Atemstoßtest 334
tight junction 15, 371
Töne 548
Tonofilamente 508
Tonsilla cerebelli 185
Tonsilla lingualis 288, 289, 316
Tonsilla palatina 288, 289, 316
Tonsilla pharyngealis 288, 289,
316
Tonsilla tubaria 288, 289
Tonsillen (Mandeln) 288
Totraum 331
Trachea (Luftröhre) 311, 316, 320
Tracheotomie 317
Tractus corticospinalis anterior 201
Tractus corticospinalis lateralis 201
Tractus iliotibialis 149
Tractus opticus 540, 541
Tractus spinothalamicus latera-
lis 204, 205
Tragus, Ohr 544
Trajektorie 67
Tränendrüse 534

Tränenflüssigkeit 534
– Parasympathikus 534
Tränennasengang 534
Transaminasen 233
– im Blut 233
transfer-RNA (s. auch Ribonuklein-
säure) 25
Transfusion, Blut 229
Transfusionszwischenfall 229
Transkortin 448
Transkription 29, 30
Translation 30
Transmittersubstanz 68, 71, 163,
209
– Azetylcholin 209
– erregende 209
– hemmende 163
– Noradrenalin 209
– postganglionäre 209
– präganglionäre 209
Transplantatabstoßung 301
Transport 15
– aktiver 15
– Bläschentransport 15
Transportmaximum, Niere 407,
408, 415
– Glukose 408, 415
Transsudat 481
Transsudatbildung 494
Treppenmuskel 330
TRH (s. Thyreotropin-Releasing-
Hormon)
Triglyzeride 233, 376, 379
– mittelkettige 379
Trigonum vesicae 401, 402
trihybride Kreuzung (s. auch
Kreuzung) 32
Trijodthyronin (T3) 426, 441–443
– biologische Wirkung 442
– Regulation der Hormon-
konzentration 442
Trikuspidalklappe, Herz 251, 253,
254
Trinkwasser 441
– Jodierung 441
Triplett 25
Trisomie 370
Trochanter major 80, 108, 109
Trochanter minor 108, 109
Trochlea tali 111, 112
Trommelfell 543, 544
Trommelfellnabel 544
Trophoblast 38, 496, 498
trophotrop 211
Tropomyosin 59
Troponin 59
Truncus brachiocephalicus 270,
271, 273
Truncus coeliacus 270, 353
Truncus pulmonalis 253
Truncus sympathicus (Grenz-
strang) 209
TSH (s. thyroideastimulierendes
Hormon)
TSI (s. thyroideastimulierendes
Immunglobulin)
Tuba auditiva (Tuba auditiva) 543,
544, 546

Tuba uterina (s. auch Eileiter) 467, 472, 473
– Muskulatur 472
Tubenmandel 288, 289
Tubenwanderung 472
Tuber calcanei 111, 112
Tuber ischiadicum 107, 149
Tuberculum auriculare 544
Tuberculum minus 115
Tuberkulin, Überempfindlichkeits-reaktion 302
tubulöse Drüse (s. auch Drüse) 42
Tubulus seminiferus 488
Tubulus, Niere 390, 391, 394, 395, 416
– distaler 390, 391, 395, 416
– Intermediärtubulus 391, 395
– proximaler 390, 391, 395
Tunica albuginea 471
Tunica dartos 492
Tunica fibrosa 387, 528, 529
Tunica interna 530
Tunica nervosa 528
Tunica subfibrosa 387
Tunica vasculosa 528, 529

U

Überempfindlichkeitsreaktion (Allergie) 299, 301
– generalisierte 301
Übergangsepithel 41, 396
Überleitungszeit, Herz 258
Ulna (Elle) 92, 116
Ulnararterie 271
Ultrafiltration, Niere 400, 401
Ultraschall 548
Umbo, Trommelfell 544
Umlenkung 88, 89
– fibröse 89
– knöcherne 89
Umwendbewegung 144
– der Hand 144
– des Unterarms 144
ungeformte Interzellularsubstanz (s. auch Interzellularsubstanz) 46
Ungues 511
unipolare Nervenzelle (s. auch Nervenzelle) 67
Unterarmmuskel 142
untere Hohlvene 271, 272, 276
unterer Kehlkopfnerv 441
Untergrätenmuskel 121, 137, 140, 141
Unterhaut (Subkutis) 506, 509
– Funktion 509
Unterkiefer 92, 96, 98, 99
Unterkieferdrüse 345, 350
Unterkühlung (Hypothermie) 524
Unterschenkelbeuger 153
Unterschenkelmuskel 153
– lateraler 153
Unterschenkelmuskulatur 152, 153
– dorsale 152
– ventrale 153
Unterschlüsselbeinarterie 273
Unterschlüsselbeinmuskel 135

Unterschlüsselbeinvene 272, 274
Unterschulterblattmuskel 137, 138, 141
Unterzungenbeinmuskel 122
Unterzungendrüse 350
unverhorntes Epithel (s. auch Epithel) 42
Unwillkürmotorik (extrapyramidal-motorisches System) 202, 203
Uracil 27
Ureter 385, 397, 398, 487
Urethra 399
Urethra feminina 399
Urethra masculina 399, 487, 491–493
– Teile 399
Urethraldrüse 399, 402
Urothel 396
Ursprungskern (Nucleus origi-nis) 185
uteriner Zyklus 477
Uterus 468, 473, 475
– Wandbau 475
Uterusdrüse 476
Utriculus 543, 546, 552, 553
Uvula 313, 351

V

V. arcuata 390
V. axillaris 274
V. azygos 272
V. basilaris 274
V. brachialis 274
V. brachiocephalica 271, 272
V. cardiaca magna 254
V. cava inferior 271, 272, 276
V. cava superior 271, 272
V. cephalica 274
V. digitalis 276
V. femoralis 272, 276, 277
V. hemiazygos 272
V. iliaca communis 271, 276
V. iliaca externa 276
V. iliaca interna 272
V. intermedia cubiti 274
V. jugularis interna 271, 272, 274
V. poplitea 276, 277
V. portae 370
V. radialis 274
V. renalis 272
V. saphena magna 276, 277
V. saphena parva 276
V. subclavia 271, 272
V. tibialis anterior 276
V. tibialis posterior 276
V. ulnaris 274
Vagina 467, 468, 474, 479, 480
Vaginalepithel 481
Vaginalteil der Gebärmutter 467
Vaginalwand 480
– Bau 480
Valva ilealis 366
Varizen (Krampfadern) 277
Vas deferens 488, 490
Vasektomie 490
Vasodilatation 269, 521

Vasokonstriktion 241, 521
Vasomotorik 522
Vasopressin 409
Vater-Paticini-Lamellen-körperchen 509, 516
vegetatives Nervensystem (s. auch Nervensystem) 207
Velum palatinum 351
Vena centralis 372
Vene (s. auch V.) 264, 265
– Begleitvene 265
– Hautvene 265
Venenbogen des Fußrückens 276
Venenplexus 267
Venenwinkel 285
Venter 344
Ventilation 333
– alveoläre 333
Ventilationsstörung 333
– obstruktive 333
– restriktive 333
Ventilebene 254
Ventrikel 179, 180
– Aquädukt 180
– Seitenventrikel 180
– 3. Ventrikel 180
– 4. Ventrikel 180
4. Ventrikel 180, 181
– Apertura lateralis 181, 182
– Apertura mediana 181, 182
Ventrikulographie 181
Ventrikulus (s. auch Magen) 354
Verdauung 343
Verdauungsapparat 343, 344
– Organe 343, 344
Verdauungsenzyme 377–379
verhorntes Epithel (s. auch Epithel) 42
Verknöcherung (s. auch Ossifikation) 56
– chondrale 56
– desmale 56
Vermis cerebelli 185
Vermis, Kleinhirn 186
Verrenkung 86
Verschmelzungsfrequenz 542
Verstauchung 86
verstopftes Loch 106, 107
Vertikalbeschleunigung 553
very low density lipoprotein (VLDL) 233
Vesica biliaris 344
Vesica fellea 374
Vesica urinaria 385, 397, 398, 400–402, 468, 487
Vesicula seminalis 401, 487, 490
Vestibularapparat (Gleichgewichts-organ) 552
vestibuläre Bahn 553
vestibuläre Bewegung 535
vestibuläre Störung 554
Vestibulariskern 554
Vestibularnerv 543
Vestibulum nasi 313
Vestibulum oris 344, 345
Vestibulum vaginae 481, 482
Vestibulum, Innenohr 552, 553
Vibrationsempfindung 516

Vibrationsrezeptor 514
Vieleckbein 117
– großes 117
– kleines 117
Vielfachzucker 377
vielgespaltener Muskel (s. auch
Muskel) 128, 129
Vierhügel 189
Vierhügelplatte 184, 187, 540, 541,
550
Villi intestinales (Darmzotten) 362,
364
Virilismus 452
viszeromotorische Faser 173
viszerosensible Faser 173
Vitalkapazität 331
Vitamin B 12 357
– extrinsic factor 357
Vitamin-D-Hormon 417, 446
VLDL (s. very low density
lipoprotein)
Volkmann-Kanal 56
vordere Schienbeinarterie 275
vordere Schienbeinvene 276
Vorderseitenstrang 204
Vorhaut 487, 492, 493
Vorhof, Herz 252
– linker 252
– rechter 252
– Scheide 482
Vorhofdrüse 481
Vorhofschwellkörper 467, 483
Vormilch 486
Vorsteherdrüse (s. auch Prosta-
ta) 401, 487, 491
Vulva 481
Vv. hepaticae 272

W

Wachstum 52
– appositionelles 52
– interstitielles 52
Wachstumshormon 432
Wadenbein 92, 108, 110
Wadenbeinarterie 275
Wadenbeinmuskel 120, 121, 152–
154
– kurzer 152, 153
– langer 152–154
Wahrnehmung 527
Wallpapillen, Zunge 346
Wanderniere 387
Wanderwelle, Hörvorgang 549, 550
Wangenmuskel 122–124
Wärmeabgabe 521
Wärmebewegung 521
Wärmebildung 519
Wärmeleitung 521
Wärmestrahlung 522
Warzenbein 97
Warzenfortsatz 98, 99, 101
Warzenhof, Mamma 483, 484
Wasserdiurese 409, 415, 417
Wasserhaushalt 190, 235, 238, 409
– Veränderung 238
Wasserstoffionenkonzentration 5

Wasserverdunstung 522
Wasserverteilung im Körper 235
Wechseljahre (Klimakterium) 471,
479
Wehen 439
– Gebärmutter 439
weibliches Genitalorgan 482
– äußeres 482
Weichteilhemmung (s. auch
Bewegungshemmung) 86, 87
Weisheitszahn 349
weiße Substanz, Gehirn 195
weißes Blutkörperchen 224
Weißkörper 469
Weitsichtigkeit (Hypermetro-
pie) 538, 539
Wernicke-Zentrum 194
Willkürmotorik (s. auch Moto-
rik) 194, 200, 201
Windkesselfunktion, Gefäße 264
Wirbel 102
– Bauplan 102
– Dornfortsatz 103
– Querfortsatz 103
– Wirbelkörper 103
Wirbeldreher 129
Wirbelkörper (s. auch Wirbel) 77,
103
Wirbelsäule 101, 102, 104, 128
– Aufrichter der Wirbelsäule 128
– Bauplan 104
– Bewegung 104
Würfelbein 110–112
Wurmfortsatz 344, 361, 366
Wurmmuskel 145, 146, 158
Wurzel des Gekröses 363
Wurzelfäden (Fila radicularia) 170,
171
Wurzelhaut 347, 348

Y

Young-Helmholtz-Theorie 536
– Farbensehen 536

Z

Zahn 346
– Halteapparat 346
– Wurzel 346, 348
– Zahnhals 348
– Zahnkrone 346, 348
Zahnbein 346
Zahnfleisch (Gingiva) 348
Zahnfleischtonsille 348
Zahnhals 348
Zahnregulierung 57
Zahnschmelz 346, 348
Zahnwurzel 346, 348
Zäkum 361, 366
Zäpfchen (Uvula) 313, 351
Zapfen, Netzhaut 531–533
Zapfengelenk (s. auch Gelenk) 84,
85
Zehen 108, 111, 112
Zehenarterie 275

Zehenbeuger 152, 155, 158
– kleiner 155
– kurzer 158
– langer 152
Zehengrundgelenk 119
Zehenstrecker 152–155
– kurzer 155
– langer 152, 154
Zehenvene 276
Zehenzwischengelenk 119
Zeigefingerstrecker 139, 143, 145
Zelle 295
– immunkompetente 295
α-Zelle 453
β-Zelle 453
C-Zelle 441, 444, 445
Zellkern 23, 24
Zellkontakte 15
Zellmembran 13, 14, 16
Zellorganellen 16
Zellteilung 26
zelluläre Proteine 233
– Glutamatdehydrogenase
(GLDH) 233
– Glutamat-Oxalazetat-Transaminase
(GOT) 233
– Glutamat-Pyruvat-Transaminase
(GPT) 233
– Hydroxybutyratdehydrogenase
(HBDH) 233
– im Blut 233
– Keratinkinase (CPK) 233
– Laktatdehydrogenase (LDH) 233
Zement 347, 348
zentrale Glia (s. auch Glia) 71
zentrales Höhlengrau 205
Zentralfurche 194
Zentralkanal 172
Zentralnervensystem (ZNS) 65,
160
Zentralvene 372
Zentralvenendruck (ZVD) 267
Zentriole 21
zerissenes Loch 98, 100, 101
Zeruminaldrüse, Ohr 543
Zervikalschleim 475, 476
Zervikalwirbel 101
Zervixepithel 476
Zielorgan 429
Ziliarkörper 528–530
Ziliarmuskel 528–530
Ziliarzelle 472
Zilien (Flimmerhaare) 22
Zirbeldrüse 189, 190, 457
Zirkumzision 493
ZNS (s. Zentralnervensystem)
Zona fasciculata 447
Zona glomerulosa 447
Zona haemorrhoidalis 368
Zona pellucida 496
Zona reticularis 447, 452
Zone des schärfsten Sehens 533
Zonulafasern 528–530
Zotten 362, 364
Zottenbaum 499
Zottenpumpe 364
– Verdauungsapparat 364
Zucker (s. auch Kohlenhydrate) 6

Zunge 345, 346
- Eigenmuskulatur 345
- Fremdmuskulatur 345
- Papillen 346
Zungenbälge 288, 289
Zungenbändchen 345, 350
Zungenbein 100, 125, 316, 318
Zungenbeinmuskel 123
- oberer 123
Zungenbewegung 349
Zungenmandel 316
Zungennerv 345
Zungenrücken 347
Zungenspeicheldrüse 345
ZVD (s. Zentralvenendruck)
Zweifachzucker 377
Zwerchfell 105, 128, 130–132,
  147, 353
Zwergwuchs 436

Zwiebel, Penis 494
Zwiebelschwammuskel 134
Zwillingsmuskel 146, 149
Zwillingswadenmuskel 120, 121,
  148, 149, 152–154
Zwischendornmuskel 128–130
Zwischenhirn (Dienzephalon) (s.
  auch Hirnabschnitt) 179, 188–
  190
- Epithalamus 188, 190
- Hypothalamus 188, 190, 191
- Metathalamus 188
- Thalamus 188
Zwischenknochenmuskel 146–
  158
Zwischenneuron 199
Zwischenquerfortsatzmuskel 129,
  130
Zwischenrippenmuskel 130–132

- äußerer 130–132
- innerer 130–132
Zwölffingerdarm 355, 360
Zygote 32, 37
zyklisches Adenosinmonophosphat
  (cAMP) 429, 524
- Fieber 524
- Genaktivierung 429
Zyklus 477, 479
- ovarieller 479
- uteriner 477
Zymogengranula 375
Zytokine 291, 295
Zytologie 11
- Methode 11
Zytoplasma 11
zytotoxische Reaktion 299
zytotoxische T-Zelle 295
Zytotrophoblast 496

Blut und Blutbestandteile

Merkmal	Wert
Gesamtgewicht des blutbildenden Knochenmarks beim Erwachsenen	1400 g
Anzahl Erythrozyten (pro mm^3)	♂ 5,2 Mio. (± 0,9 Mio.) ♀ 4,6 Mio. (± 0,6 Mio.)
Anzahl Leukozyten (pro mm^3)	3500 – 9000
Anzahl Thrombozyten (pro mm^3)	200 000 – 300 000
Produktion pro Tag	ca. 250 Mrd. Erythrozyten
	ca. 15 Mrd. Granulozyten
	ca. 15 Mrd. Monozyten
	ca. 500 Mrd. Thrombozyten
Blutmenge	8% des Körpergewichts 4 – 6 l bei 50 – 70 kg Körpergewicht
Blutsenkungsgeschwindigkeit	♂ 1 Stunde bis 5 mm 2 Stunden bis 15 mm
	♀ 1 Stunde bis 8 mm 2 Stunden bis 20 mm

Ausgewählte Blutwerte

Merkmal	Wert
Hämatokrit	ca. 45%
Hämoglobin	ca. 14,5 g/100 ml
MCH (mittleres korpuskuläres Hämoglobin: Gehalt des einzelnen Erythrozyten)	28 – 32 pg (Pikogramm)
MCV (mittleres korpuskuläres Volumen)	87 μm^3
C-reaktives Protein	bis 10 mg/l
Natrium	132 – 145 mmol/l
Kalium	3,6 – 5,0 mmol/l
Gesamteiweiß	62 – 83 g/l
Harnstoff	♀ 3,0 – 7,8 mmol/l ♂ 3,4 – 8,7 mmol/l
Kreatinin	♀ 45 – 93 µmol/l ♂ 60 – 117 µmol/l
Kreatinin-Clearance	79,8 – 100 ml/min
Bilirubin total	♀ 5,0 – 18,0 µmol/l ♂ 5,0 – 26,0 µmol/l
Harnsäure	♀ 175 – 359 µmol/l ♂ 258 – 491 µmol/l
Cholesterin (gesamt)	< 5,2 mmol/l
HDL-Cholesterin	♀ 1,0 – 2,5 mmol/l ♂ 0,8 – 1,9 mmol/l
Triglyzeride	bis 2,3 mmol/l

Lungenräume und Lungenvolumina

Raum	Volumen
Totraum	150 ml
Residualvolumen	1200 ml
exspiratorisches Reservevolumen	1100 ml
Atemvolumen (Atemzug)	500 ml
inspiratorisches Reservevolumen	3000 ml
Vitalkapazität	♂ 4600 ml ♀ 3600 ml

Nierenwerte

Merkmal	Wert	Besonderes
glomeruläre Filtrationsrate (GFR)	125 ml/min	Primärharn
Primärharn	180 l/Tag	Tagesmenge der GFR
renaler Plasmafluß (RPF)	700 ml/min	
renaler Blutfluß (RBF)	1270 ml/min	Gesamtmenge des Blutes, das die Niere pro min erhält
Nierenschwelle für Glukose	8,88 mMol/l	160 mg/100 ml
Transportmaximum für Glukose	375 mg/min	
minimale Harnkonzentration	30 mosmol	Wasserdiurese
maximale Harnkonzentration	1400 mosmol	Antidiurese

Größe verschiedener Oberflächen

Organ	Größe
alle Erythrozyten	ca. 3000 m^2
Lungenalveolen	ca. 100 – 125 m^2
innere Darmoberfläche	ca. 200 m^2
Körperoberfläche	ca. 1,5 – 1,8 m^2
Gesamtaustauschfläche aller Kapillaren	ca. 600 m^2

If you have any concerns about our products,
you can contact us on
ProductSafety@springernature.com

In case Publisher is established outside the EU,
the EU authorized representative is:
Springer Nature Customer Service Center GmbH
Europaplatz 3, 69115 Heidelberg, Germany

Printed by Libri Plureos GmbH
in Hamburg, Germany